"101 计划"核心教材
计算机领域

"101 计划"核心教材

深入理解计算机网络

袁 华 王昊翔 黄 敏 主编

清華大學出版社
北京

内容简介

本书是教育部“101计划”的“计算机网络”课程配套教材，以信息经过源主机的封装变成比特流，流出接口，流经传输介质，穿过中间网络，穿过路由器，穿过交换机，直到目的主机，目的主机从接口收到比特流，解封装获得信息这一主线索，系统讲授计算机网络的基本概念、基本原理与实现技术。全书共9章，第1章从用户用网角度出发，介绍计算机网络相关概念和总体概况；第2～7章介绍物理层、数据链路层、介质访问控制和局域网、网络层、传输层、应用层的基本功能，阐述相关理论、技术、协议和发展趋势；第8～9章介绍新型网络、网络管理和网络安全等内容。

本书线索清晰、图文并茂、深入浅出、资源丰富，具有先进性和趣味性，非常适合作为计算机科学与技术、信息与通信工程、软件工程、网络空间安全、控制科学与工程等学科相关专业的“计算机网络”专业基础课教材和研究生入学考试用书，也可作为对计算机网络原理感兴趣的读者系统学习的参考书。

图书在版编目(CIP)数据

深入理解计算机网络/袁华，王昊翔，黄敏主编. —北京：清华大学出版社，2024.5（2024.8重印）
“101计划”核心教材
ISBN 978-7-302-66270-9

Ⅰ.①深… Ⅱ.①袁… ②王… ③黄… Ⅲ.①计算机网络－教材 Ⅳ.①TP393

中国国家版本馆CIP数据核字(2024)第096692号

责任编辑：龙启铭　王玉梅
封面设计：刘　键
责任校对：申晓焕
责任印制：杨　艳

出版发行：清华大学出版社
网　　址：https://www.tup.com.cn，https://www.wqxuetang.com
地　　址：北京清华大学学研大厦A座　　**邮　　编**：100084
社 总 机：010-83470000　　**邮　　购**：010-62786544
投稿与读者服务：010-62776969，c-service@tup.tsinghua.edu.cn
质量反馈：010-62772015，zhiliang@tup.tsinghua.edu.cn
课件下载：https://www.tup.com.cn，010-83470236
印 装 者：三河市铭诚印务有限公司
经　　销：全国新华书店
开　　本：185mm×260mm　　**印　　张**：33.75　　**字　　数**：821千字
版　　次：2024年5月第1版　　**印　　次**：2024年8月第2次印刷
定　　价：69.00元

产品编号：105659-01

出版说明

为深入实施新时代人才强国战略，加快建设世界重要人才中心和创新高地，教育部在2021年底正式启动实施计算机领域本科教育教学改革试点工作（简称“101计划”）。“101计划”以计算机专业教育教学改革为突破口与试验区，从教学教育的基本规律和基础要素着手，充分借鉴国际先进资源和经验，首批改革试点工作以33所计算机类基础学科拔尖学生培养基地建设高校为主，探索建立核心课程体系和核心教材体系，提高课堂教学质量和效果，引领带动高校人才培养质量的整体提升。

核心教材体系建设是“101计划”的重要组成部分。“101计划”系列教材基于核心课程体系的建设成果，以计算概论（计算机科学导论）、数据结构、算法设计与分析、离散数学、计算机系统导论、操作系统、计算机组成与系统结构、编译原理、计算机网络、数据库系统、软件工程、人工智能引论等12门核心课程的知识点体系为基础，充分调研国际先进课程和教材建设资源和经验，汇聚国内具有丰富教学经验与学术水平的教师，成立本土化“核心课程建设及教材写作”团队，由12门核心课程负责人牵头，组织教材调研、确定教材编写方向以及把关教材内容，工作组成员高校教师协同分工、一体化建设教材内容、课程教学资源和实践教学内容，打造一批具有“中国特色、世界一流、101风格”的精品教材。

在教材内容上，“101计划”系列教材确立了如下的建设思路和特色：坚持思政元素的原创性，积极贯彻《习近平新时代中国特色社会主义思想进课程教材指南》；坚持知识体系的系统性，构建专业课程体系知识图谱；坚持融合出版的创新性，规划“新形态教材＋网络资源＋实践平台＋案例库”等多种出版形态；坚持能力提升的导向性，以提升专业教师教学能力为导向，借助“虚拟教研室”组织形式、“导教班”培训方式等多渠道开展师资培训；坚持产学协同的实践性，遴选一批领军企业参与，为教材的实践环节及平台建设提供技术支持。总体而言，“101计划”系列教材将探索适应专业知识快速更新的融合教材，在体现爱国精神、科学精神和创新精神的同时，推进教学理念、教学内容和教学手段方面的有效提升，为构建高质量教材体系提供建设经验。

本系列教材是在教育部高等教育司的精心指导下，由高等教育出版社牵头，联合清华大学出版社、机械工业出版社、北京大学出版社等共同完成系列教材出版任务。“101计划”工作组从项目启动实施至今，联合参与高校、教材编写组、参与出版社，经过多次协调研讨，确定了教材出版规划和出版方案。同时，为保障教材质量，工作组邀请23所高校的33位院士和资深专家完成了规划教材的编写方案评审工作，并由21位院士、专家组成了教材主审专家组，对每本教材的撰写质量进行把关。

感谢“101计划”工作组33所成员高校的大力支持，感谢教育部高等教育司的悉心指导，感谢北京大学郝平书记、龚旗煌校长和学校教师教学发展中心、教务部等相关部门对“101计划”从酝酿、启动到建设全过程中给予的悉心指导和大力支持。感谢各参与出版社在教材申报、立项、评审、撰写、试用整个出版流程中的大力投入与支持。也特别感谢12位课程建设负责人和各位教材编写教师的辛勤付出。

“101计划”是一个起点，其目标是探索适合中国本科教育教学的新理念、新体系和新方法。“101计划”系列教材将作为计算机专业12门核心课程建设的一个里程碑，与“101计划”建设中的课程体系、知识点教案、课堂提升、师资培训等环节相辅相成，有力推动我国计算机领域本科教育教学改革，全面促进课堂教学效果的进一步提升。

“101计划”工作组

前　言

全球网民人数约55亿，普及率近七成，中国网民约11亿，普及率近八成；我们的工作、学习和生活已经离不开网络。无疑，这是一个网络时代。当我们点击下单、打开视频会议、发送电子邮件时，作为基础支撑的计算机网络到底是怎么运作的呢？本书力图回答这个问题。

本书的主要内容

第1章　绪论：计算机网络是本书的第一个概念，本章探讨了其内涵，并按照不同的口径，对其进行了分类：按照采用的交换技术划分，可分为电路交换网络和分组交换网络；按照传输介质划分，可分为有线网络和无线网络；按照拓扑划分，可分为总线状、星状/扩展星状、环状、树状、蜂窝、网状等不同形状的网络等；按照覆盖范围划分，可分为个域网、局域网、城域网、广域网和互联网；等等。

一次网络通信的发生，总是从发送方的封装开始，到接收方的解封装结束；封装好的报文，一路穿越交换机、路由器等，最终到达目的主机，这是全书的主线索。本书将带领读者，顺着这条线索，探索其中所用到的技术和协议，知悉其来龙去脉、工作原理、优缺点、发展现状和趋势。

计算机网络已经成为覆盖全球的互联网，是一个复杂网络，将网络进行分层，便于标准化，也便于理解。本章探讨了两个著名的分层模型，并按照物理层、数据链路层、网络层、传输层和应用层共5层组织本书的主要内容(1.4.5节)，这是本书组织的主线索。

封装好的报文在每一层上都有独特的表示，称为协议数据单元(PDU)，物理层、数据链路层、网络层、传输层和应用层的PDU分别是比特流、数据帧、分组、段和数据流。本章力图站在读者使用和感受网络的角度，介绍计算机网络及相关概念，比如带宽、吞吐量、时延、丢包率、信道利用率等。

第2章　物理层：物理层提供了透明的比特流传输。本章分析了信号的特点，信号在介质上的数字带宽受到了介质的物理特性的限制，奈奎斯特定理和香农定理描述了这种限制。可通过线路编码实现信号的基带传输，通过调制技术实现通带传输；可采用复用技术，提高介质的传输效率。传输介质分为导引性介质和非导引性介质两大类，前者提供了有线传输服务，包括同轴电缆、双绞线、光纤等；后者提供了无线传输服务，包括各种频段的电磁波。本章详细介绍了主要传输介质的特点、优缺点、主要技术指标以及使用场景等。本章还从用户接入的角度，介绍了公共交换电话网络、蜂窝移动网络(2G/3G/4G/5G)、有线电视网络、卫星通信网络共4种接入网络的基本技术，同时介绍了物理层的主要设备——收发器、中继器和集线器，以及它们的主要功能、带来的问题。

第3章　数据链路层：数据链路层提供了可靠的数据帧传输服务。数据链路层的根本功能是实现在相邻机器间的可靠通信。数据链路层定义了将物理层传输的连续二进制串分割为离散数据帧的方法,并以数据帧为基本单位进行传输错误的检测和纠正。除了要保障每个数据帧内的数据正确之外,数据帧也必须以正确的顺序接收,对于重复的数据帧必须加以识别和丢弃。根据数据链路层提供的主要功能,本章介绍了 4 种成帧的方法,不同的检错和纠错方法,以及利用滑动窗口、捎带确认、序列号和确认等机制实现的可靠传输协议。在此基础上,本章还对 HDLC 协议、PPP 及 PPPoE 等数据链路层协议实例进行了介绍。

第 4 章 介质访问控制和局域网:介质访问控制子层和逻辑链路子层一起构成数据链路层,介质访问控制子层提供了介质的访问控制服务。局域网通常是广播网络,必须解决广播信道由谁使用的问题,这正是介质访问控制要做的主要事情。本章介绍了介质访问控制的技术和协议——ALOHA 协议、分槽 ALOHA 协议、各种载波侦听多路访问(Carrier Sense Multiple Access,CSMA)协议,还介绍了其他无冲突的介质访问协议,比如位图协议、二进制倒计数协议、令牌传递协议等,以及有限竞争协议。

载波侦听多路访问协议被用于共享式以太网中,因此,本章介绍了最流行的局域网——以太网的历史变迁、拓扑、主要技术参数、CSMA/CD、二进制指数退避算法及它成功的经验等。虚拟局域网(Virtual LAN,VLAN)解决了传统局域网的扩展难、存在安全风险、广播泛滥等问题;生成树协议(Spanning Tree Protocol,STP)解决了二层环的问题,本章介绍了 VLAN 和 STP 的基本概念和原理。局域网中不停发生着二层交换,本章介绍了二层(数据链路层)交换的基本原理、二层交换执行设备(交换机)的工作原理等。4 个关键词描述了二层交换核心:广播、逆向地址学习、转发和过滤。

无线网络的部署和使用越来越广,本章介绍了无线局域网(无线以太网,即 IEEE 802.11)的来龙去脉、物理构成、介质访问控制方法、数据帧格式等内容;还介绍了蓝牙技术的发展历程、物理构成、体系结构、数据帧格式及其应用,展望了其他无线技术[ZigBee(紫蜂)、6LowPan、Z 波、近场通信(NFC)等]的特点和应用场景。

第 5 章 网络层:网络层提供了将分组从源主机一路尽力而为地送达目的主机的功能;为了实现此功能,组织了 3 大块内容:IP 协议、路由协议和其他协议或技术。

IP 协议为路由提供必需的信息和分组封装服务,包括两个版本:IPv4 和 IPv6。这两个版本的 IP 都包括地址、分组格式及 IP 相关协议等 3 部分内容。IPv4 分组由头部和数据载荷两部分构成,头部包含总长度、生存时间(TTL)、协议、源 IP 地址(从哪儿来)、目的 IP 地址(到哪儿去)等 12 个基本字段;IPv4 地址由 32 位二进制位表示,包含网络号和主机号两部分,对应了网络和主机两层结构;IPv4 地址分为 A、B、C、D 和 E 共 5 类,其中包含广播地址、网络地址等特殊的保留地址。IPv4 地址的紧缺,使管理员总是精打细算,IP 地址的规划是本章的重点之一。本章介绍了 BOOTP、RARP,重点探讨了 DHCP 等协议获取 IP 地址等网络参数的原理;引入了 IP 寻址的概念,它与 MAC 寻址共同完成报文的寻址。为遏制地址枯竭的趋势和解决路由表膨胀问题,本章讨论了无类域间路由(CIDR)技术。本章还探讨了地址解析协议(ARP)、互联网控制消息协议(ICMP)和网络地址转换(NAT)技术。

IPv6 取代 IPv4 势在必行,但目前仍处于过渡时期。本章探讨了 IPv6 分组所做的改变,IPv6 对分组头部做了精简和固化,IPv6 扩展头提供了协议扩展的各种可能,IPv6+仅在原生 IPv6 之上即可开展,比如 SRv6。128 位的 IPv6 地址空间巨大,彻底解决了 IP 地址不够用的问题。本章探讨了 IPv6 地址的种类、无状态地址自动配置、动态主机配置协议(DHCPv6),特别介绍了邻居发现(ND)协议;还介绍了双协议栈、隧道技术和NAT-PT等3类过渡技术。

路由选择是本章的重点内容之一,为分组提供最优的去往目的主机的路径。按照运行的位置,路由协议分为内部网关协议(IGP)和边界网关协议(BGP)。本章介绍了IGP中距离矢量路由协议的基本原理,探讨了早期网络中的路由信息协议(RIP)的工作原理、存在的计数到无穷、路由环等问题,以及解决的方法。

链路状态(LS)路由协议的基本原理是发现、设置、构造、分发和计算。开放的最短路径优先(OSPF)是典型的LS路由协议,本章探讨了5种OSPF报文及作用、全毗邻关系的建立、DR的选举、OSPF路由器状态的迁移等。OSPF可运行在大型网络中,本章对分区域运行的原因和效果进行了探讨。

网络从免费走向商用时,出现服务质量问题就不可回避了。本章探讨了3个QoS模型或技术——综合服务模型、区分服务模型和多协议标签交换技术。

第6章　传输层:传输层提供了进程(端)到进程(端)的数据段传输服务。数据交付从两台主机扩展到了两台主机上的进程,向用户屏蔽了底层网络的实现细节,多路复用/分用和套接字技术正是实现这一服务的关键。无连接的UDP和面向连接的TCP都满足了进程到进程数据段传输的设计要求,UDP简单且高效,衍生了远程过程调用和实时传输协议,TCP通过三次握手建立连接,四次握手释放连接,利用序号、确认和重传机制实现数据的可靠交付。本章介绍了如何通过滑动窗口、计时器和拥塞控制机制应对网络状况的变化,保证数据段传输的可靠;还介绍了新一代传输层协议QUIC,提供了基于"流"这一概念的传输模型,展现了当今万物互联的网络时代的鲜明技术特征。

第7章　应用层:应用层直接面对用户,提供了各式各样的应用。本章介绍了两个应用设计的基准模型,即客户/服务器模型和P2P模型,后者又分为集中式和全分布式。应用层借助套接字接口API,无须考虑复杂的底层细节以实现应用开发。域名系统将主机名与IP地址分离,帮助人们以更加直观的方式记忆主机以获取服务。本章介绍了域名系统的技术细节,包括域名结构、域名服务器和域名解析。本章列举了经典的互联网应用,包括文件传输、远程登录和电子邮件。21世纪兴起了多媒体应用,例如视频直播/点播、IP电话/视频等,内容分发网络(CDN)技术使得每秒数太比特的视频流数据分发成为现实。本章还介绍了万维网,包括其实现原理和组成要素。应用层是开放的,可以预见,无数的新应用将继续带给我们惊喜。

第8章　新型网络:随着计算机网络技术和人工智能、大数据、云计算等创新技术的不断融合,近十年来,网络基础架构及网络技术体系都得到了快速发展和变革,以物联网、工业互联网、软件定义网络等为代表的新型网络相继出现。本章对物联网、工业互联网、软件定义网络等新型网络的发展历史和现状进行了介绍,也对这些新型网络所涉及的关键技术、体系架构进行了阐述。希望通过对这些知识的学习,读者可从中一窥计算机网络的未来趋势。

第9章　网络管理和网络安全:网络管理和网络安全是为了保证网络基础设施稳定安全地运行,本章主要涵盖了包括数据中心网络在内的网络管理和网络安全两方面的内容。网络管理提供了网络基础设施运行的监控管理,包括配置管理、故障管理、性能管理、计费管理和安全管理。本章重点介绍了简单网络管理框架,包括管理信息结构、管理信息库、简单网络管理协议及安全性和管理等 4 方面的内容；为了做到理论落地，本章还介绍了使用 MIB 浏览器查看 MIB 库信息的方法。远程网络监视(RMON)定义了一个 MIB 模块，补充了简单网络管理框架，可使用专用网络管理设备，比如网络分析仪、监视器和探针有效地远程管理网络。数据中心网络是网络基础设施中不可或缺的一部分，本章介绍了数据中心网络的物理拓扑变迁、路由协议和管理。

网络安全是本章的另一主要内容，本章介绍了网络的安全运行技术和协议。为了保证网络安全，本章介绍了密码学基础的对称密钥体系、公开密钥体系和散列函数，以及密钥、明文、唯密文、块密码、DES/3DES/AES、RSA/DSA/DH/ECC、MD5/SHA-1/SHA-2 等基础概念。本章探讨了报文认证的方法——加密的方法和报文认证码的方法；介绍了使用口令、信物、地址、用户特征等进行身份认证的方法，还介绍了基于密码学进行身份认证的方法。本章还探讨了网络层、传输层和应用层的 3 个典型而重要的安全技术。IPSec 框架部分涉及认证头(AH)、封装安全载荷(ESP)、网络密钥交换(IKE)等内容，本章介绍了它们的报文格式、使用方法，以及 IPSec 的应用，比如 IPSec 专网。构建于 TCP 之上的 TLS 为应用层提供了安全的套接字，嵌入在传输层和应用层之间，本章介绍了 TLS 1.3 的握手过程。DNS 工作简单高效，却因明文传输和广泛使用，面临各种威胁，成为网络中的最薄弱环节。DNSSEC 在现有的 DNS 基础上进行扩展，提供了源认证和完整性验证服务，但不提供机密性验证服务；新增了 4 种资源记录，且支持扩展 DNS(EDNS)，对现有 DNS 进行了向后兼容的修改。网络防火墙包含包过滤防火墙和应用网关防火墙，本章介绍了包过滤方法，同时列出了国标要求的防火墙性能指标。入侵检测是防火墙的有力补充，有特征检测和异常检测两类方法。

本书的主要特点

如此多的内容，怎么记得住？怎么学得会啊？这是学生发出的最多的灵魂拷问。

我们的答案是：跳得出来、钻得进去。本书编撰力求线索清晰，全书的主线索是报文从源主机到目的主机的传输，组织线索是 5 层参考模型，每章都配一张思维导图，作为该章的主线索。在本书的学习过程中，当某个技术细节让我们感到迷茫时，不妨跳出来，站在高处看，从总体上去把握，这就叫跳得出来。当线索理解清楚了之后，顺着思维导图，钻进某个具体的知识点中，去探索其技术细节，这就叫钻得进去。使用本书时，读者要经常跳得出来、钻得进去，经过这样螺旋反复的学习之后，就会感到本书既有清晰的脉络，又有技术细节，收放自如；读者还可以合上本书，自己绘制思维导图，检查或调整自己的学习方法、进度和节奏。

本书在组织和撰写的时候，力求达到以下目标和特点。

(1) **线索清晰**：全书的大线索、各章的小线索，共同构成了本书的经脉。读者如能利用这些线索，在内化自己的专业认知的时候，做到拉远推进，收放自如，是本书编者最大的期望。

(2) **图文并茂**：本书提供了大量插图，对技术或协议的框架、基本原理、工作流程、报文格式等进行了图解，并伴随相应的文字解释，便于读者形象、直观地去理解枯燥的技术内容。

(3) **深入浅出**：一个技术或协议解决什么问题，怎么解决的，有什么好与不好，产生了什么新的问题和应对方法，我们编撰时尽量围绕这些问题，从多个视角，使用比喻等方法进行展开和行文，使读者清楚来龙去脉及原理本质。

（4）**来源可靠**：计算机网络相关的很多技术和协议等内容涉及IETF标准或草案、ITU-T标准、ISO标准、国家标准、美欧标准等，我们撰写时花了大量时间去查阅，让本书内容尽量源自这些权威资源、官方网站或文档。我们也参考了维基百科、百度百科、学术论文等资料，有时需要多方核对，以保证行文内容可靠。

（5）**资源体系全面**：教材不仅仅是一本书，也是一个围绕教材的生态资源系统，本书提供了60多个视频二维码，选取并讲解重要的知识点，每个视频约15min，其中穿插大量动画，助力读者理解和内化；每章提供了思维导图二维码，可查看、展开和收起思维导图，助力读者跳得出来，钻得进去；每章提供了客观题练习二维码，读者可扫码做客观练习，课后或自主学习后，通过练习查漏补缺。除此之外，编者的计算机网络慕课配有不同形式的教学资源，读者可在中国大学慕课、学堂在线上免费学习。

（6）**趣味性**：除了满满的干货，读者还将在本书的补充材料（扫二维码获取）中了解到网络发展进程中的名人及背后的奇闻轶事，比如互联网之父温顿·瑟夫（Vinton Cerf）、以太网之父罗伯特·梅特卡夫（Robert Metcalfe）、万维网之父蒂姆·伯纳斯-李（Tim Berners-Lee）、CDMA之母海蒂·拉玛（Hedy Lamarr）、第一台路由器发明者和思科创始者昂纳德·波萨克（Leonard Bosack）和桑迪·勒纳（Sandy Lerner）夫妇、高锟、拉迪雅·铂尔曼（Radia Perlman）……也许没有他们的发明，网络世界会是另外一个样子，这些名字背后的传奇故事，是网络知识宝塔上闪亮的珠缀，将带给读者无限的感叹和畅想。

扫描二维码，
体验智能体

教学资源

- 本书配有大模型智能体。
- 每章前面有本章思维导图，可扫码浏览。
- 本书提供微视频，可扫码观看。
- 每章末尾提供客观题练习，须先扫本书封底的刮刮卡，再进行在线做题。
- 本书习题答案只提供给使用本书作为教材的老师，联系QQ：381844463。

致谢

本书第1、2、4、5、9章由袁华编写，第3、8章由王昊翔编写，第6、7章由黄敏编写。

在本书成书的过程中，编者得到了多方的支持。学院领导和实验室同事提出了很多宝贵的修改意见，尤其是胡金龙老师对第9章提出了详细的修改意见。华为公司数通领域专家朱仕耿、光领域专家何慧和段小康、数通领域专家李伟等，提供了技术相关的专业解答和支持。实验室研究生罗健、张乐怡、晏易茂、陈雨欣、王兰、杨胜荣、杜慧欣等负责了资料的查找、收集和整理，以及课程网站资料的更新等工作；特别是张乐怡同学生成了全部思维导图的二维码，完成了参考文献的整理等工作。

由于编者认知和水平有限，书中疏漏、错误在所难免，欢迎读者批评指正。好在这是一个生态资源系统，后续将不断地改进。

编 者

2024年3月

于五山华园

目　录

第1章

绪论

每天，我们每个人在不同的地方与互联网亲密接触：下订单、发电子邮件、开视频会议……每到一个地方，第一件可能要做的事情就是接入互联网。

计算机网络是形形色色网络中的一种，本章定义和阐述了计算机网络的概念，介绍了按照各种不同口径划分的网络：按照拓扑划分，有总线状、星状/扩展星状、环状、树状、蜂窝、网状等；按照覆盖范围划分，从小到大依次是个域网、局域网、城域网、广域网、互联网。

互联网是网络的网络，是世界上最大的计算机网络，它覆盖全球，已经成为举足轻重的信息基础设施。运行于互联网之上的万维网，是信息资源的网络。互联网和万维网相互成就，又各自不同。

本章引导读者感受所处的网络，从网络应用、网络终端和接入网络直观地认识和了解网络，并了解影响用户上网体验的指标，比如带宽、吞吐量、时延、丢包率和信道利用率等；进一步深入理解计算机网络的内涵和外延。

计算机网络从无到有，再从有到遍及全球，是共享和通信需求以及技术进步共同推动的结果。从分组交换技术的使用、TCP/IP协议栈成形到万维网的诞生，再到今天的全时万物互联，计算机网络发展的不同阶段，呈现出各自鲜明的技术特点。

中国互联网的历史始于20世纪80年代，从使用到建设再到研究发明，CNNIC的一个个数据，展示了中国网络的蓬勃发展，预示了中国网络信息基础设施建设及应用的美好未来。

本章是全书的引子，我们试图站在高处，从总体上把握计算机网络，所以，探讨计算机网络的体系结构是本章的重点内容之一。我们将探讨两个著名的参考模型：OSI参考模型和TCP/IP参考模型。

计算机网络从只有4个节点的小网络开始，成长为遍布全球的超级大网络，想象一下，如果没有规范和标准，网络的行为和发展将是无序和混乱的。所以，本章还将介绍相关标准组织和标准，主要包括IETF、IEEE、ITU-T等相关标准组织及标准。

图1-1中的数字代表其下的主要知识点个数;读者可扫描二维码查看本章全部知识点的组织思维导图,并按需收起和展开。

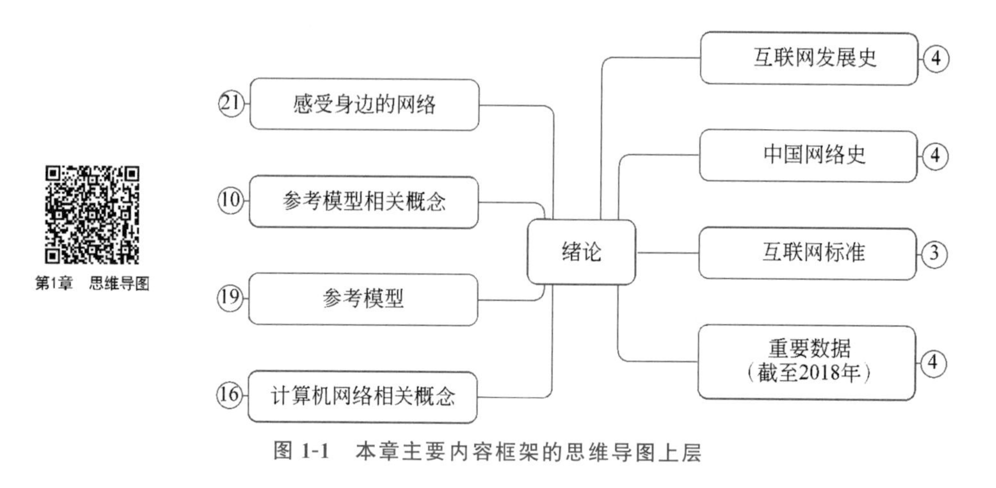

图1-1　本章主要内容框架的思维导图上层

1.1　计算机网络与互联网

在现代汉语词典中,"网络"解释为网状的东西或网状的系统,比如交通网络、自来水管网络、电力网络、人际关系网络等。本书所指的网络,如果没有特别说明,指的是计算机网络。那么,什么是计算机网络呢?

1.1.1　什么是计算机网络

计算机网络(Computer Network,CN)是计算机的网络,是为了共享信息和资源,使用链路和交换设备将自治的计算机相互连接(interconnect)在一起的系统。

计算机网络使用的链路非常广泛,有无线电波穿行的无线链路(空气),也有双绞线、同轴电缆、光纤等有线的线缆,不管是无线链路还是有线链路,它们都是传输信息的介质(media),称为传输介质,我们将在第2章了解这些传输介质的技术特点。

交换设备指的是接收、处理并转发信息的设备。交换设备包括中继器、集线器、交换机、路由器、网关等。其中,网关(gateway)的含义比较广,常指位于两个不同的网络之间,用于实现协议、数据报文或其他标准规范的转换的设备。比如,家庭网关指的是把家庭网络连接到外面网络的家用路由器;又比如,私人网络和外部网络之间的NAT转换器①,也是一种网关,实现私人地址和公有地址的转换。本书将在后面的章节学习交换机和路由器的基本原理(路由器也是一种网关)。

自治的计算机,可以理解为计算机网络中的每台计算机,它们可以独立开启、运行和关闭而不会影响网络的正常运作。网络中的计算机通过线缆直接或间接地连接起来,通过通信完成信息的交互和资源的共享。计算机网络中的计算机除了通常意义的PC、笔记本电脑、平板电脑之外,也包括其他计算设备,如智能手环、穿戴设备、各种传感器、网络摄像机等。

---

① NAT是Net Address Translation的首字母缩写,用于解决IPv4地址不够用问题的一种技术,完成私人IP地址和公有IP地址的转换,我们将在第5章学习其原理。

这些连接起来的计算设备，是计算机网络中的一个节点（node），有时候也称为主机（host）。本书除了将用户端的计算设备称为主机，其他具有 IP 地址的中间设备、服务器等也称为主机。

可见，为了完成信息交互、资源共享，凡是由两台（或以上）的自治计算设备构成的系统，都可以称为计算机网络。网络有大有小，采用的网络技术也各不相同。

1. 种类繁多的计算机网络

按照不同的划分方式，计算机网络可以分成不同的种类。

按照采用的交换技术划分，可分为电路交换网络和分组交换网络。采用电路交换技术的网络，在传输数据之前，需要在收发双方间搭建一条物理通路，我们将在 2.4.1 节探讨电路交换和分组交换的技术特点。

按照传输介质划分，可分为有线网络和无线网络。顾名思义，有线网络的传输介质是导引性的，比如铜线、光纤等；而无线网络的传输介质是非导引性的，携带信息的电磁波（主要是微波）在空气中自由传播。随着无线网络技术的进步，出现了越来越多的无线网络，使用者数量巨大。

按照网络的作用划分，可分为骨干网络和接入网络。骨干网络用于长距离连接远程网络，也称为核心网络，实现大容量和高速的信息传输；国际骨干网络，连接不同洲、不同国家的网络。核心网络常被称为通信子网络，主要由交换设备和连接交换设备的链路构成。而接入网络为用户提供接入的途径，常见的接入网络有 IEEE 802.11 无线局域网、蜂窝移动网络、以太网、有线电视网络等，当用户位于基础设施缺乏的荒野或茫茫大海时，卫星网络无疑是最佳的选择。

按照其所有者划分，可以分为公网和专网。公网由运营商建设和维护，为公众提供服务；而专网通常由某个机构自己建设和维护，为本机构所独享，比如校园网、企业网。在某种程度上，专网等同于私网；虚拟专用网络（Virtual Private Network，VPN）是专网的一种形式，它是在公网上搭建的专网。

按照通信的方式划分，可分为点到点网络、点到多点网络和广播式网络。点到点（Point to Point）网络是指两个网络节点直接相连，比如，家中 PC 通过光猫（一种调制解调器）连接到运营商的设备，光猫和运营商设备之间是典型的点到点网络；2 台路由器通过自身接口直接连接到一起，形成另一种典型的点到点网络。点到多点（Point to Multipoint）网络指的是 2 个或 2 个以上的节点共享链接（link），即多个节点可以同时通信；点到多点网络也称为非广播多路访问网络（Non-Broadcast Multi-Access，NBMA），这种链接的共享可以是空间分割的，也可以是临时的一种虚拟共享，比如，路由器的某个接口配置成几个子接口，每个子接口都分配一个不同的子网，形成典型的点到多点网络。广播式网络采用一点对所有点的通信方式，一个节点能侦听到所有其他节点发送的数据，所有节点共享信道。无线局域网是典型的广播式网络，一个接入点（Access Point，AP）下的所有站点（station）共享空中信道，早期的经典以太网也采用广播式网络，所有以太网工作站在逻辑上共享一条总线（我们将在第 4 章探讨以太网和无线局域网的更多技术内容）。

按照拓扑划分，可分为总线状、星状/扩展星状、环状、树状、蜂窝、网状等不同形状的网络等。

按照覆盖范围划分，可以分为个域网、局域网、城域网、广域网和互联网。

下面详细介绍拓扑不同的计算机网络和覆盖范围不同的计算机网络。

2. 拓扑不同的计算机网络

计算机网络的拓扑指的是信道的分布方式，而信道指的是信号的通道，分为有形的通道(比如双绞线)和无形的通道(比如自由空气)两大类。图1-2是一些计算机网络呈现出的不同拓扑。

图1-2(a)是**总线拓扑**的示意图，所有的工作站都挂接到一条共享的总线(bus)上，最早的以太网采用的就是总线拓扑，其数据信号传输的特点如下。

(1) 双向传输：一台工作站发出的信号传输到总线后，分别向总线的两端传输，为了防止信号返回，总线的两端通常接一个阻性终结器，用于吸收信号。

(2) 广播式传输：所有工作站都会接收到某个站发出的信号，所以，这种网络也称为广播式网络，广播式网络必须解决某个时刻由哪台工作站访问共享总线的问题，我们将在第4章学习访问共享介质的一些具体协议。

(3) 缺点：如果总线发生故障，整个网络就瘫痪了，且需要与时域反射计类似的特别设备才能定位到发生故障的点。

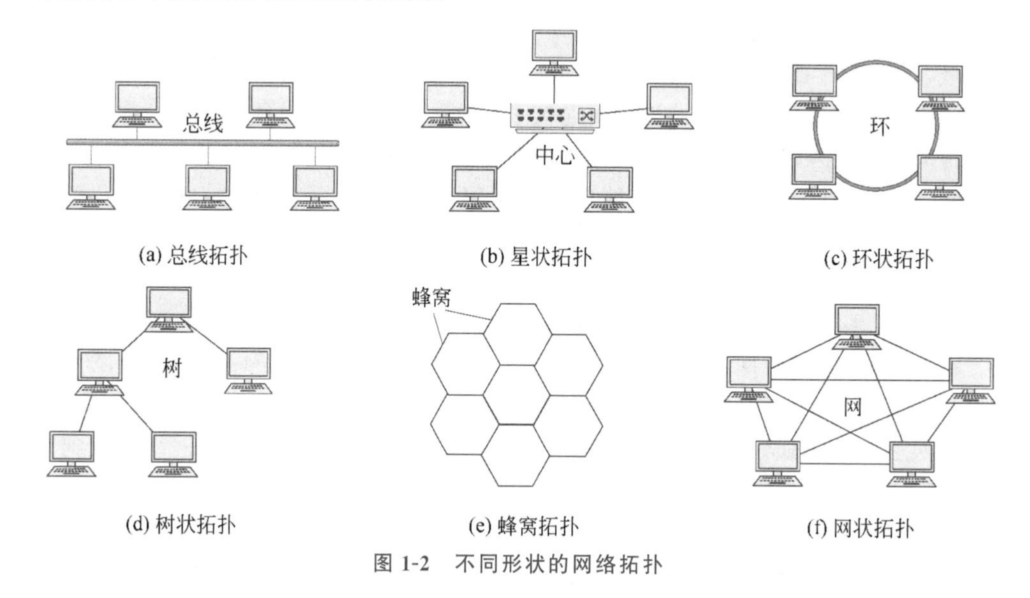

图1-2 不同形状的网络拓扑

图1-2(b)是**星状**(star)拓扑的示意图，所有工作站通过一个中心连接到一起，构成从中心向外辐射的形状，以太网主要采用了星状拓扑，其中心从早期的集线器演变成了交换机，工作站和中心之间使用非屏蔽双绞线连接，双绞线支持的最大传输距离可达100m，如果超过100m，可再接一台交换机。此时，星状拓扑变成了扩展星状拓扑。星状拓扑很方便新增或去除一台工作站，且一台工作站的故障不会影响其他工作站，当然，如果故障发生在中心，则整个网络就会受到影响。

图1-2(c)是**环状**(ring)拓扑示意图，所有工作站连接成一个环，令牌环网络就采用了这种拓扑，在环上运行着一个令牌(token)，抓取到令牌的工作站可以发送自己的数据。虽然所有的工作站共享环，但不会发生冲突。光纤分布式数据接口(Fiber Distributed Data Interface，FDDI)，采用了一主一备双环拓扑，提供了数据传输的可靠保障。但是，曾经看起来很美的令牌环和FDDI网络，如今已经难觅踪迹了。

图1-2(d)是**树状**(tree)拓扑的示意图，有线电视网络就采用这种拓扑，从头端分

出若干分支，延伸到千家万户。我们将在 2.4.3 节了解有线电视网络的更多技术内容。

图 1-2(e)是蜂窝(cell)拓扑的示意图，移动网络采用了这种拓扑，所以常称其为蜂窝移动网络。每个蜂窝中心是一个基站，它负责其微波范围的工作站的通信。微波传输覆盖的范围近似一个圆，但为了方便表示，图中将其绘制成一个六边形。相邻蜂窝的微波互不影响。我们将在第 2 章探讨蜂窝移动网络的更多技术内容。

图 1-2(f)是网状(mesh)拓扑的示意图，其中的每个节点都与其他所有节点直接相连。在这种拓扑的网络中，任意两节点都有很多条通路，即使有几条出了故障，也不会影响两节点间的通达性，所以极其可靠。但其缺点非常明显：建设和维护的成本高昂，所以，只有在对可靠性要求极高的网络中才能看到这种拓扑。

有时候，计算机网络的拓扑是几种拓扑的混合，这要根据实际组网的需求而定。

3. 覆盖范围不同的计算机网络

最小的计算机网络的例子是个域网(Personal Area Network，PAN)，其覆盖范围仅限于个人的活动范围。比如个人计算机(Personal Computer，PC)连接了键盘、鼠标和打印机等外设，构成了一个小小的集中式计算机网络。

如图 1-3(a)所示，键盘通过串口与一台 PC 相连，打印机通过并口与这台 PC 相连，而鼠标通过蓝牙(bluetooth)与 PC 相连。又比如图 1-3(b)，智能手机通过蓝牙连接了手环，构成了一个点对点网络，手环监测运动步数、睡眠参数等健康参数，并将其传给智能手机进行分析。

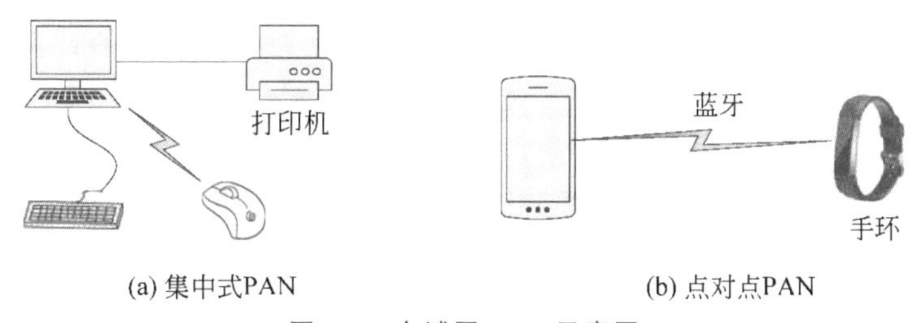

图 1-3 个域网 PAN 示意图

局域网(Local Area Network，LAN)是一种私有网络(有时将它称为内网)，一般由某个机构自己建设，用于把机构内的工作计算机和其他设备连接在一起，再通过出口网关连接到互联网上。局域网覆盖的范围可能是一层楼、一整栋楼或一个校园。一个大机构的专网常由很多个局域网构成。

有线局域网是采用有形的线缆将终端设备连接在一起的局域网。最常见的有线局域网无疑是以太网，如图 1-4(a)所示。PC 与带有以太网接口的笔记本电脑通常通过双绞线(Twisted Pair，TP)连接到一台交换机的不同接口(interface)，构成一个小小的局域网。这台交换机可能再连接一台交换机，接入更多的 PC 进入这个局域网，构成一个比较大的局域网。局域网属于同一个广播域，局域网越大，广播域越大，带来不安全性、管理不方便、易出现广播风暴等潜在风险，且局域网建设通常是根据部门位置、楼层等地理因素进行的，所以，一个大的物理局域网经常由若干逻辑局域网构成，看起来是一个大局域网被切割成若干较小的局域网，称为虚拟局域网(Virtual LAN，VLAN)，我们将在第 4 章了解更多局域网、虚拟局域网相关技术内容。

交换机连接各终端设备构成的局域网，其拓扑具有非常明显的辐射状，是星状拓扑(star topology)，图1-4(a)中的信道是双绞线。如果星状拓扑的某条或某几条分支，又连接了交换机，星状拓扑就变成了扩展星状拓扑。

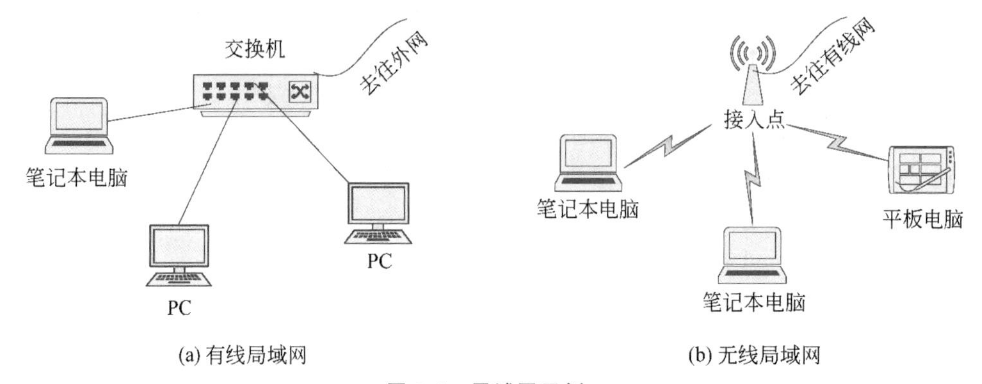

图1-4 局域网示例

无线局域网(Wireless LAN，WLAN)是以无线的方式将PC、笔记本电脑、手持设备等终端互联在一起的计算机网络。最常见的无线局域网是IEEE 802.11，被称为无线以太网，俗称Wi-Fi，如图1-4(b)所示。IEEE 802.11无线局域网中有一个接入点，它通过电磁波与每个终端建立链路，同时，它通常通过有线的方式连接到交换机，再上连到路由器和互联网。有时候，可以将某台移动设备(比如手机)配置为热点，起到临时接入点的作用。

城域网(Metropolitan Area Network，MAN)是覆盖整个城市的计算机网络。电气和电子工程师协会(IEEE)曾经制定过的一个早期城域网的标准IEEE 802.16，俗称WiMAX(Worldwide Interoperability for Microwave Access，全球微波接入互操作性)。WiMAX的无线覆盖距离可达50km，远远超过只有几十米覆盖范围的Wi-Fi，且WiMAX具有QoS保障、带宽大的优点，所以在它提出之初，受到了业界的广泛关注，甚至有人认为它会取代Wi-Fi。但是，近年来，WiMAX几乎消失了，原因是多方面的，WiMAX使用了需要许可证的微波频段，需要大功率的微波发送，手机端需要较大的天线，最关键的是各大厂商和大运营商纷纷放弃WiMAX。

目前，**有线电视网**是常见的城域网示例。早期的有线电视网络是单向网络，节目信号从电视台经过卫星传播，到达用户所在的城市，卫星接收站接收到信号后，经过放大、分配等处理，进入千家万户。有线电视网络几乎渗透到了每家每户，对传统的有线电视网络做双向改造，即可接入互联网，成为典型的城域网，呈现树状拓扑，如图1-5所示，其中的同轴电缆正逐步升级为光纤，称为**混合光纤同轴**(Hybrid Fiber Coaxial，HFC)网。

广域网(Wide Area Network，WAN)是覆盖很大地理范围的计算机网络，有时也称外网、公网，其覆盖的范围可能是一个国家、一个甚至几个洲。某个运营商建设的广域网，为用户提供商业服务；而某个机构也可能建设一个企业(私有)广域网，仅为自己的企业提供服务，即广域专网。

广域网把远程的客户主机或网络连接起来，广域网的主要部分由传输线路和交换

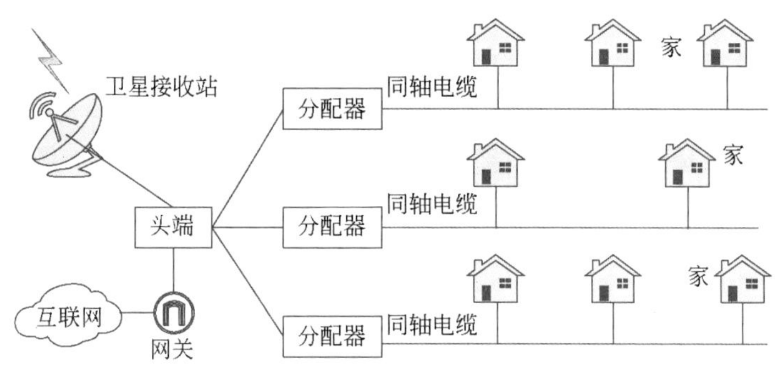

图 1-5 有线电视网——常见的城域网示例

设备构成[①]。传输线路将交换设备连接起来，它可以是铜缆、光纤、卫星信道或其他无线信道，这些信道往往有另外一个称呼：**骨干**（backbone）。因为光纤具有高带宽、无电磁干扰、长距离等优秀性能，目前主流的骨干多使用光纤；如果敷设光纤的条件不成熟，使用卫星进行骨干传输是快捷的替代方法。广域网中主要的交换设备是**路由器**（router），为了提供可靠的传输服务，广域网路由器之间往往有多条通路，路由器的一个重要任务就是寻找到目的网络的**最优路径**（best path），所以，路由器运行**路由选择协议**，通过**路由选择算法**完成这一任务，我们将在第 5 章学习主要的路由选择算法和协议。

图 1-6 中，一台位于广州的主机 Host_1 和另外一台位于北京的主机 Host_2 通过广域网连接起来，当 Host_1 发数据给 Host_2 时，中间经过哪几台路由器，是由路由器的路由算法决定的，不同时间传输的数据，所经过的路径可能不同，这正是分组交换的特点。在广域网中，常使用**电路交换**（circuit switching）和**分组交换**[②]（packet switching）这两种技术，前者提供了面向连接的数据传输服务，后者提供了无连接的数据传输服务。

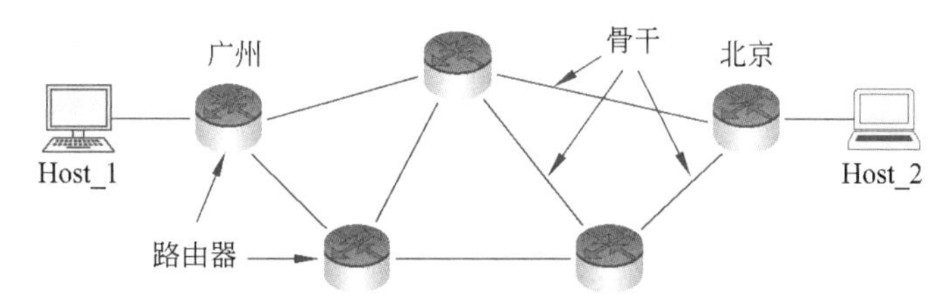

图 1-6 一个广域网的示意图

一个大型企业的办公室可能分布在相隔很远的地点，这些办公室的计算机，可以通过建设自己的广域网（专网）或者租用**互联网服务提供商**（Internet Service Provider, ISP）的专线连接起来，还可以通过**虚拟专用网络**（VPN）进行连接。VPN 是在公网上承载企业数据传输服务的网络，它并没有专用的物理线路，而是由 ISP 在公网上搭建的专用链路。对企业来说，使用 VPN 更加灵活，成本相对低廉。由于企业无法控制

---

① 广域网的主要部分，在一些教材中被称为**通信子网络**（communication subnet），为了不与本书第 5 章讲到的子网混淆，本书不使用通信子网络称呼广域网。

② 分组交换是 packet switching 的中文译名，一些教材也将其译为包交换，其内涵相同，本书均称为分组交换。

VPN 的底层网络资源，因此 VPN 的性能受到底层网络资源的实时分配情况的影响。我们将在第 9 章探讨使用 IPsec、TLS 构建 VPN 的方法。

广域网看起来像一个扩大了覆盖范围的局域网，但两者具有本质的差别，局域网中的交换设备主要是交换机，而广域网中的主要交换设备是路由器，其工作的层次更高。交换机和路由器的工作原理完全不同，我们将分别在第 4 章和第 5 章探讨这两种网络设备的工作原理。

互联网：当广域网不仅连接了主机，还将不同的计算机网络连接在一起，并且其覆盖范围扩展到整个地球时，广域网就成了互联网。互联网是 Internet 的中文译名，因特网、网间网也是 Internet 的常见中文译名。互联网的核心技术和协议（TCP/IP）将是本书重点探讨的内容。

总而言之，计算机网络涉及多种标准、技术和协议，如果单从覆盖的范围来看，则从小到大，计算机网络可以分为个域网、局域网、城域网、广域网和互联网，如表 1-1 所示。

表 1-1　按照覆盖范围划分的各种网络

网络种类	覆盖范围（约）	归　属	适用情形	技术特点
个域网（PAN）	1m 之内	个人	PC 外设、智能终端连接	蓝牙、红外等
局域网（LAN）	1km 左右	机构或企业	一层楼、一整栋楼、一个校园等	以太网、IEEE 802.11
城域网（MAN）	数十千米	运营商	整个城市	有线电视、WiMAX 等
广域网（WAN）	数百至数千千米	运营商或企业	一/多个国家、一/多个洲	ISP 骨干网、VPN 等
互联网（Internet）	数万千米	运营商和网民	整个地球	采用 TCP/IP

1.1.2　互联网和万维网

1. 什么是互联网

互联网是网络的集合，是网络的网络，是一个覆盖全球的大型计算机网络。

互联网呈现去中心化的特征，它不是属于某一个人或某一个机构规划出来的网络，而是通过一种公共协议（比如 IP），将所有的网络黏合在一起形成的。一个具体的网络，只要遵从这个公共协议，就可以挂接上来，成为互联网的一部分，与互联网中的其他网络设备进行信息和数据的交互。

从网络的作用来看，互联网分成接入网络（边缘网络）和骨干网络。接入网络位于互联网的边缘，便于个人用户接入。常见的接入网络有公共交换电话网络、有线电视网络、蜂窝移动网络、以太网络、无线局域网络等。这些网络就在用户的身边，可以方便地将用户的 PC、笔记本电脑、手机、Pad 等终端设备连上网络，使它们成为在线终端（on-line terminal）。在互联网中，终端也称为主机，位于互联网的边缘。

骨干网络主要汇聚接入网络的流量，并进行高速传输。骨干网络通常由交换设备和长途光纤构成，由不同的互联网服务提供商建设和维护，此时的骨干网就是广域网。

如图 1-7 所示，骨干网络位于核心位置，而接入网络位于边缘位置，构成了互联网的边缘。骨干网络是核心，完成数据的高速传输；而边缘网络承担了将终端挂接入网的任务，将终端产生的数据汇入骨干网络，同时也将骨干网络传输的数据向终端分发。图中的终端是PC和笔记本电脑，实际上，终端可以是任何智能设备，1.2.2节将详细介绍网络终端。

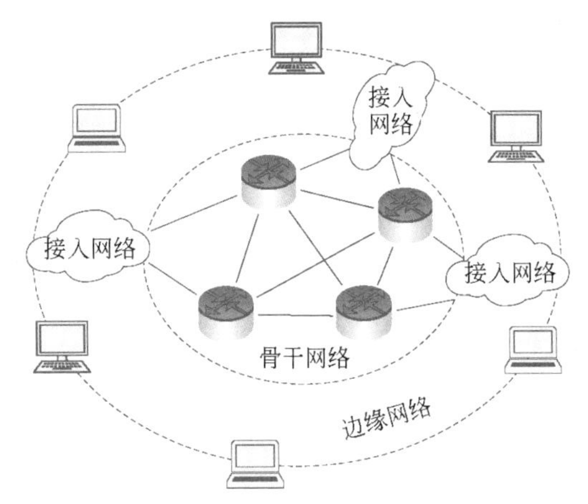

图1-7 骨干网络和边缘网络

现在的互联网非常庞大和复杂，具有如下一些典型的特征。

(1) 去中心和全分布：互联网将大小不同且异构的计算机网络整合到一起，且这些网络的所有者各不相同，并没有一个中心控制机构。

(2) 独立自主：互联起来的每个网络可以自由连接到互联网，也可以断开与互联网的连接，是否连接取决于这个网络的所有者，且不会因为自己的连接与否要求互联网做出任何的改变。

(3) 统一编址：为了在全网范围内进行通信，网络设备必须有一个地址，用于标识它的位置，与之通信的对方可以据此定位它，这个地址就是IP地址。

(4) 尽力传输：IP分组的传输基于尽力而为的原则，途经的每台路由器都尽最大努力将分组沿着最优的路径推送给目的网络，如果分组丢失，则源主机将会重传丢失的分组。

(5) 无状态路由器：网络之间使用网关连接起来，这里的网关还有一个常用的名称——路由器。路由器解封装每个到达的分组，提取出其目的IP地址，为其找到最优路径，并按此路径指示转发出去。路由器只是简单地转发分组，并不记录分组的转发信息。

(6) 层次性和扁平化：将远程的路由器连接起来的长距离线路称为干线(trunk)或骨干，骨干构成的骨干网络通常具有层次性：第一层的骨干网络通常是一些国际线路，连接不同的国家，甚至跨越不同的州，由大型的互联网服务提供商或国家建设；第二层通常是一些区域骨干；第三层是接入网络；也许还有第四层客户网络，要看具体的情况而定。近年来，大型因特网内容提供商(Internet Content Provider，ICP)相继产生，它们可能直接就近挂接某个区域骨干网络，而并不通过常规的层层接入，使得层次性的互联网扁平化。

(7) 包容性和开放性：互联网诞生于1969年，无缝地包容了在其后诞生的以太网、IEEE 802.11 无线局域网等。互联网相关协议标准等以请求评价(Request for Comments,RFC)文档的形式存在,任何人都可以免费和公开(free and open)访问,这是互联网能够快速发展的关键因素之一。互联网的开放性还表现在其上的应用层出不穷。

作为一种信息基础设施,互联网不断扩展,其上的应用各式各样,渗透到了各行各业。万维网是互联网上的重量级应用,人们提到上网时,通常指的是访问万维网。

2. 什么是万维网

万维网是"World Wide Web"的传神译名,简称 Web、WWW 或 3W。万维网指信息资源的网络,是文本、音频、图像、视频等不同形式的资源的集合。万维网之所以被称为重量级应用,是因为它为普通老百姓提供了一种"触网"的便捷方式;在万维网诞生之前,互联网只是科学家和研究人员进行时间共享或信息共享的工具,而万维网引发了互联网的空前膨胀。

早期万维网上的资源以静态文本居多,这些文本不同于普通文本,它用**超级文本标记语言**(HyperText Markup Language,HTML)编写,其中包含了"**超级链接**"(hyper link),人们单击超级链接,就可以获取其对应的资源。顺着不同的超级链接,用户获取不同的资源,而这些资源可能在互联网上的任何一个角落,且资源中还可能又包含超级链接,顺着超级链接继续单击,可以获得更多的资源,所以,访问 Web 资源被形象地称为"冲浪(surf)"。

怎样才能访问万维网上的资源呢?**统一资源定位符**(Uniform Resource Locator,URL)是信息资源的唯一标识,可以通过它找到资源所在的位置,并通过协议,比如**超级文本传输协议**(Hyper Text Transfer Protocol,HTTP)将资源传输到本地,利用浏览器或其他本地应用解析并展示资源。

1993 年,第一款浏览器 Mosaic 诞生,浏览器搭起了普通老百姓和互联网的桥梁,从此之后,互联网蓬勃发展。普通人的"上网"通常指的就是去万维网冲浪,这混淆了万维网和互联网。其实,两者既有明显的区别,也有共同点和离不开的紧密关系,如表 1-2 所示。

表 1-2　互联网和万维网的比较

<table>
<tr><th colspan="2">名　称</th><th>互　联　网</th><th>万　维　网</th></tr>
<tr><td rowspan="4">区别</td><td>内涵</td><td>网络的网络</td><td>信息资源的网络</td></tr>
<tr><td>本质</td><td>信息基础设施</td><td>杀手级的网络应用</td></tr>
<tr><td>性质</td><td>主要是硬件,意在承载</td><td>主要是软件,意在资源应用</td></tr>
<tr><td>标准组织</td><td>互联网工程任务组(IETF)</td><td>万维网联盟(W3C)</td></tr>
<tr><td rowspan="3">联系</td><td>标准</td><td>免费、公开</td><td>免费、公开</td></tr>
<tr><td colspan="3">互联网是万维网的基础,没有互联网,就没有万维网</td></tr>
<tr><td colspan="3">万维网是互联网的重要推手,没有万维网,互联网的发展不会这么迅速和广泛</td></tr>
</table>

1.2 感受身边的网络

网络已经渗透到我们的学习、工作、生活和娱乐等方方面面，也渗透到各行各业，催生了各种形式的网络应用。

1.2.1 网络应用

普通人使用网络，总是从某一个网络应用开始的，比如浏览器、Outlook(电子邮件收发软件)、微信、QQ、腾讯会议等，这是直接的网络应用，这些应用使用网络进行信息共享和交换。还有一种间接的网络应用，它们本身是为了提供某种专用功能，但是在其中嵌入了使用网络的功能，例如，字处理软件 Word 主要用于文字的组织和编辑，当排版完成之后，往往需要打印出来，这时候，在 Word 中单击"打印"按钮，即可向一台远程联网打印机发送打印指令；或者选择发送电子邮件，即可将编辑完成的文档直接发送到电子邮件(E-mail)系统。在这个例子中，既不需要直接到打印机前去打印，也不需要启动电子邮件专用软件，而是直接在 Word 中选择相应的菜单命令就可使用网络完成远程打印和发送电子邮件。在 Word 这样的专用软件中之所以可以使用网络功能，是因为在这些应用中内嵌了重定向器(redirector)转向网络。

很多网络应用采用客户/服务器模型(Client/Server model，C/S)，如图 1-8 所示。客户向服务器发起请求(request)，穿过中间的网络，到达服务器；服务器接收和处理请求，通常会向客户发回一个响应(response)。客户可以是一个独立的应用程序，也可以是嵌在某个专用软件中的重定向器；而服务器通常是一台专用的计算机，其中安装了专门的服务器软件，开启 7×24 小时的守护进程，接收和处理用户发来的请求，并做出响应。经典的 C/S 应用有很多，比如电子邮件、文件传输(File Transfer)、远程登录(Telnet)等，最近几年，流媒体应用得到了很广泛的应用，比如腾讯会议、华为智真等。

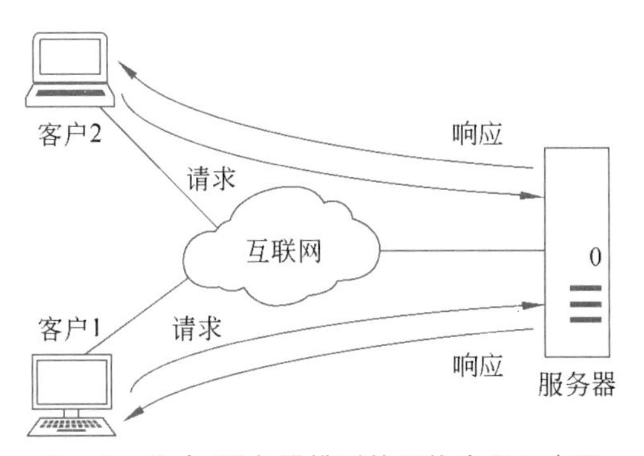

图 1-8 客户/服务器模型的网络应用示意图

当客户端是一个浏览器(Browser)时，C/S 模型有个更具体的名称，即浏览器/服务器(Browser/Server，**B/S**)模型，浏览器可以看作一个通用的客户端，自 20 世纪 90 年代诞生之后，B/S 模型的网络应用成为不可忽视的主要应用之一。我们将在 7.3 节了解更多 B/S 应用的技术内容。

使用 C/S 模型的网络应用的核心要素是服务器，所有的客户都要和服务器通信以获得服务,服务器能够同时接收和处理的客户请求数称为并发数,这是量度服务器能力的重要指标。一个大型互联网内容提供商的服务器的处理能力,极大影响了客户的使用感受,当过多的并发请求到达服务器时,只好排队等候,单个客户可能等很长的时间才能获得响应;严重的情况下,服务器甚至会崩溃。一些拒绝服务(Denial of Service,DoS)攻击者,正是利用C/S模型的工作方式,通过伪造发送大量的请求,最终导致服务器不堪重负而崩溃。

可见,基于C/S模型的网络应用,当并发数超过一定的数量时,网络应用的传输速率会降低,其性能会下降。服务器是网络应用性能的瓶颈,它的崩溃会导致整个应用的瘫痪。举个例子,春运时,大家都要抢高铁票,向12306服务器发出的请求从四面八方涌来,单个用户获得响应的时间会越来越长;如果不加控制,服务器最终会因请求过多而崩溃。

手机、Pad、智能手环等移动设备的普及,使App成为了一个热门词。App本是Application(应用)的缩写,泛指应用软件;现在几乎成了移动设备上的应用软件的代名词,App几乎等同于移动应用。比如,微信、美图秀秀、支付宝等都是常见的App。App是上述C/S应用中的C端,即客户端。

总之,C/S应用是主要的网络应用,其C端可以是计算机上的一个专门软件,也可以是一个浏览器,移动设备的C端则是App。

> 注意:2017年,微信团队正式推出微信小程序(Wechat Mini Program),简称小程序。小程序是一种轻量级的客户端程序,无须下载和安装,对用户非常友好,几乎无使用门槛,因而很快吸引了大量用户使用,随时可用,用完即走。小程序的流行还降低了企业开发专业软件的成本,大量程序员也转向了小程序的研发。小程序也是一种C端应用。

另一种常见的网络应用模型是对等通信(Peer to Peer,P2P),P2P模型并没有一个信息分享的中心,每个参与客户称为对等体(peer),共享自己的资源给其他参与客户,比如信息内容、磁盘空间、CPU算力等,所以,它是一个服务器;当从其他参与客户下载信息时,它就成了一个客户。可见,每个参与的客户既是一个服务器,又是一个客户,如图1-9所示。

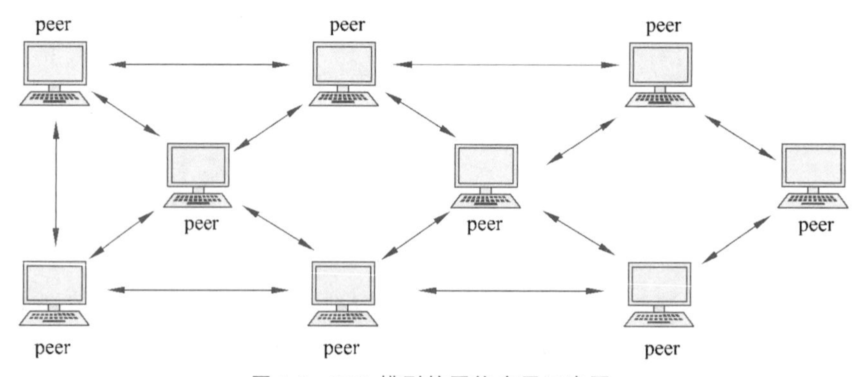

图1-9　P2P模型的网络应用示意图

对等网络应用系统中的每个参与客户就是一个peer,而peer=server+client,peer越多,server越多,客户感受到的网络应用越快;而基于C/S模型的网络应用的客户越多,每个用户感受到的网络应用会越慢。

参与客户是完全分布的,一个客户 peer 怎么找到它想要的内容呢?一种可能的方法是发送请求给周边的邻居 peer,邻居 peer 再泛洪(flooding)请求给其他邻居 peer,请求会在全网广播(broadcast),如果一个 peer 发现自己拥有对方请求的内容,即响应请求方;请求方可能收到很多份响应,它可以同时从这些提供方获取所需内容,然后再整理合并,所以,参与的 peer 越多,为它服务的 peer 越多,客户会感觉越快。

常见的 P2P 应用是文件共享,比如迅雷、电驴(eDonkey)、BitTorrent 等;音视频流对等通信也是一种重要的 P2P 应用;即时通信软件,如 QQ、微信等也是 P2P 应用,用于 peer 之间交换即时消息,可以点对点交换消息,也可以在某个群里,点对多点交换消息。我们将在 7.6 节了解 P2P 应用更多的技术内容。

总之,C/S 模型与 P2P 模型的应用具有极大的不同,C/S 应用具有集中的服务器提供公共资源,客户却分散在互联网的各个角落,性能受并发用户数影响;而 P2P 应用资源分散在客户端,这些客户端同时也是服务器端,同时在线的 peer 越多,server 就越多,性能也就越好。

1.2.2 网络终端和接入网络

网络终端指的是用户使用网络应用的设备,包括 PC、笔记本电脑、手机、平板电脑、网络摄像机、网络打印机、智能电视、智能音箱、运动手环、共享单车,以及很多专业设备等,如图 1-10 所示。凡是可挂接到网络上,与网络进行数据交互、可以完成某种功能的设备都可称为网络终端。有时候,网络终端也称为主机。

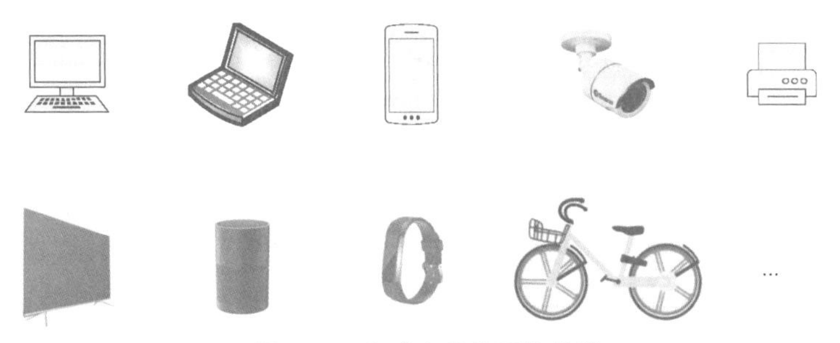

图 1-10 各式各样的网络终端

网络终端是网络的末梢,是用户用于访问网络、共享资源、收发数据的载体,处于互联网的边缘。

网络终端接入网络的方式,根据是否使用线缆,分成两种:有线接入和无线接入。

在我国,以有线方式接入网络通常有两种选择,一种是选择某个运营商的接入网络进行接入,比如中国电信的公用交换电话网络(PSTN),其光纤可能已经铺设到家,即光纤到户(Fiber to the Home,FTTH),通过光猫将家中的家用无线路由器接入,家中的所有设备就都可以连接到网络上了;如果光纤还未铺设到门口,可以选择通过非对称数字用户线(Asymmetric Digital Subscriber Line,ADSL)进行宽带接入。又比如,同轴电缆已经铺设到每家每户的门口,通过机顶盒和家用路由器,家中的设备可以接入有线电视网。更多关于接入网络的知识,将在第 2 章详细介绍。

另外一种常见的有线接入方式是通过有线局域网接入。由企事业单位自行建设局域网构成的专网，通常是以太网，用户通过双绞线接入以太网。第4章将介绍更多关于以太网的知识。

无线接入越来越普遍，常见的一种无线接入网络是IEEE 802.11网络，其中包含至少一个接入点(AP)，移动终端扫描到AP，即可以与AP建立关联关系，AP作为移动终端收发数据的全权代理，当然，要连上互联网，AP还需要通过有线接入的方式连接到互联网上。图1-11是一种典型的接入方式，如果一个笔记本电脑既有以太网卡，也有无线网卡，那它既可以用连线接入网络，也可以选择寻找AP，用无线的方式接入。图1-11中的AP作为一个普通的终端连接到了有线以太网中，为所辖的移动终端提供了接入网络的跳板。

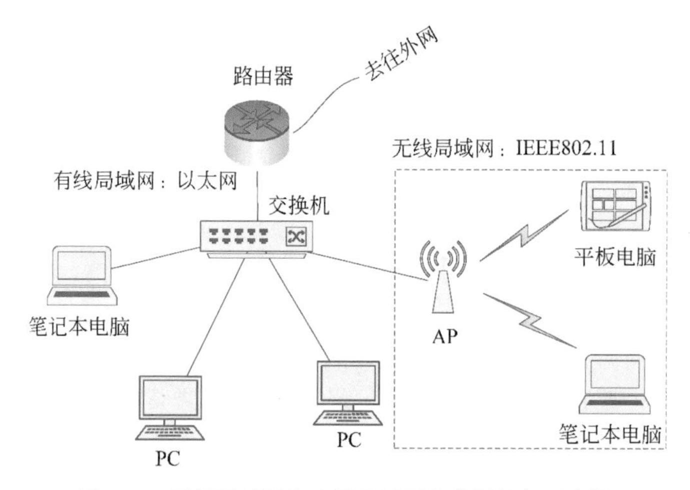

图1-11　无线局域网和有线局域网的常见接入示意图

另外一种常见的无线接入网络是蜂窝移动网络，一般的手机如果开启了数据功能，即可通过基站接入。蜂窝移动网络由移动服务商建设，选择一个移动服务商入网，就可使用其数据功能。关于蜂窝移动网络的更多知识将在第2章呈现。

如果用户身处荒野、沙漠、茫茫大海、自然灾害现场等信息基础设施还未涉足或遭到破坏的地方，则通过卫星接入互联网是唯一的选择。卫星通信网络的建设成本和维护成本较大，带宽不够大。尽管如此，由于具备独特优势，卫星通信网络呈现出一定程度的扩张势头，更多关于卫星通信网络的知识将在第2章介绍。

1.2.3　影响用户上网体验的指标

接入互联网之后，用户就可以使用各式各样的网络应用了；不同的用户使用不同的应用，可能会有截然不同的使用体验，除了应用本身带来的影响之外，承载应用的网络本身相关的一些因素与指标也会影响用户的体验。

下面探讨量度计算机网络性能的一些常见指标。

1. 带宽

带宽(bandwidth)表示了信道承载数据的能力。在模拟信号传输系统中，带宽指信号占据的频率范围，以赫兹(Hz)为单位。带宽是信道的一种物理性质，取决于构成信道的传输介质的材质、厚度、长度等因素，所以，有时也称为物理带宽、频宽，信号在带宽范围内几乎可以无显著衰减地通过。比如公共交换电话网络中的最后一英里[①]使用的双绞线,其传输的语音信号占据的频率范围是300～3400Hz,其带宽为3100Hz。

在数字传输系统中,带宽指的是单位时间内流经的信息总量,单位为比特每秒(b/s),有时也称为数字带宽。把数字带宽比喻为水管,水管越粗,流经的水就越多;数字带宽越大,流经的信息就越多。但这是一个信道的标称值(或称理想的值),实际运行的系统往往达不到这个值。比如,快速以太网中的用户PC到交换机(见图1-11)之间常常使用非屏蔽双绞线,其提供的数字带宽是100Mb/s(常省略b/s,简称为100M),但实际使用时,只有十几兆、几兆,甚至更低,即远远低于数字带宽的标称值,所以,数字带宽只表示一种可能的承载能力上限。在不同的资料上,数字带宽有不同的术语,比如比特率、传输速率等。

b/s是很小的单位,所以,我们通常看到的单位,是在b/s前加上一个字母,变成较大的单位,比如56Kb/s=5.6×10^3b/s,10Mb/s=10×10^6b/s等。常用的单位字母如表1-3所示。

表1-3 数字带宽的单位

缩写	原词	含义	对应的十进制
K	Kilo	10^3	1 000
M	Mega	10^6	1 000 000
G	Giga	10^9	1 000 000 000
T	Tera	10^{12}	1 000 000 000 000
P	Peta	10^{15}	1 000 000 000 000 000
E	Exa	10^{18}	1 000 000 000 000 000 000

数字带宽和频宽都表达了信道的承载能力,具体指的是哪一种带宽,要看上下文而定;两者之间有内在的关系,2.1节将使用两个定理探讨这种关系:奈奎斯特定理和香农定理。

2. 吞吐量

吞吐量(throughput)指实际的、可测得的带宽,基本单位仍然采用b/s;吞吐量肯定比对应的数字带宽小。吞吐量提供了一个终端或一台交换设备单位时间进和出的信息总量,吞吐量的大小直接影响用户的上网体验。

吞吐量受到很多因素影响,且随着时间的变化而发生变化。下面讨论影响一个普通用户端吞吐量的主要因素。

(1) 用网时段:如果在夜晚高峰时段使用网络,个人用户的吞吐量往往很低;相反,如果在清晨使用网络,因为使用的用户数量少,可以获得较大的吞吐量。因此,如果想获得较大的吞吐量,避开使用网络的高峰是非常明智的。

(2) 路径带宽:用户端和通信对端之间的路径带宽,在某种程度决定了用户端可获得的吞吐量。如图1-12所示,用户端和通信对端之间的路径由100Mb/s、56Kb/s、

① 1英里=1609.344米。或最后一公里,表示靠近用户的最后一段。

1000Mb/s 三段不同带宽的链路构成，那么用户能获得的吞吐量由路径上的最小带宽决定，即小于 56Kb/s。

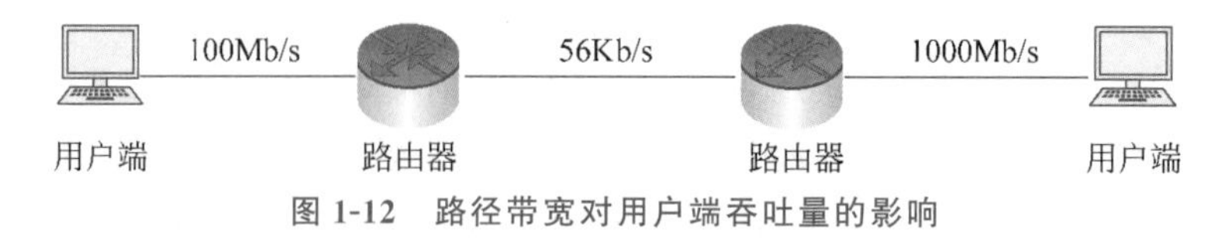

图 1-12　路径带宽对用户端吞吐量的影响

(3) **设备性能**：端设备和交换设备的性能，也会影响吞吐量。比如一台最新配置的计算机和一台 5 年前的旧手机，如果两者通信，吞吐量受制于这台旧手机。

(4) **服务器性能**：用户端和服务器通信，服务器同时向很多终端用户提供服务，如果服务器性能足够强大，每个终端用户可以获得的吞吐量就较大；反之，吞吐量就会较小。

(5) **网络拓扑**：穿越网络的数据可能会遇到某个或若干瓶颈，虽然链路具有很高的带宽，但瓶颈部分可能是一条骨干，很多用户的数据同时经过这里，经过的用户数量限制了用户端能够获得的吞吐量。如图 1-13 所示，100 对通信端之间的数据都经过一段 100Mb/s 的链路，每对终端实际可分到 1Mb/s 的带宽，即吞吐量不大于 1Mb/s。

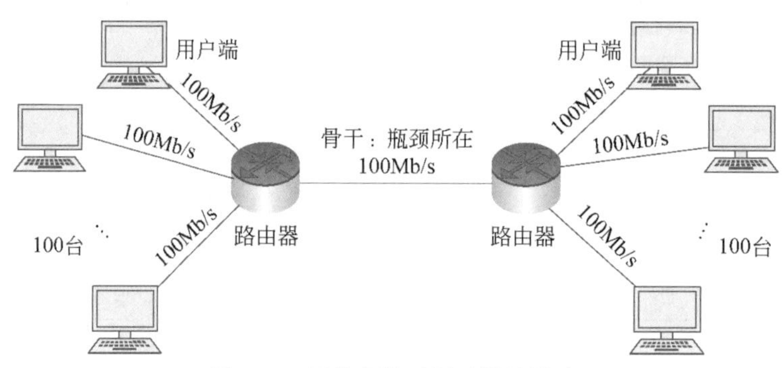

图 1-13　网络拓扑对吞吐量的影响

当然，对于一个终端来说，其吞吐量还与其上开启的网络应用的种类和数量有关。如果开启了视频应用且同时开启了很多网络应用，吞吐量会急剧上升；如仅仅收发电子邮件或者聊天，吞吐量则较小。图 1-14 显示了一台笔记本电脑上的支持 IEEE 802.11ac 标准的 Wi-Fi 接口的吞吐量的截图，它随时间流逝而不断变化，同时我们留意到，虽然 IEEE 802.11ac 号称理论带宽可达千兆，但这台笔记本电脑上的吞吐量只有不到 100Kb/s。

吞吐量随时间而变化，它是实时的量度；一个时间段内会有一个最大的吞吐量，称为**峰值吞吐量**；也可以求一段时间内的**平均吞吐量**。

一台终端从服务器下载一个文件，如果已知文件的大小（信息量）和吞吐量，可以计算出下载文件所需要的时间。读者可能有过这样的经验：使用某个工具下载文件时，会看到一个指示完成时间的进度条，但这个进度条的剩余完成时间却并不是一直减少的，而是动态变化的，这是因为吞吐量通常随各种因素的变化而变化，是不稳定和动态变化的。下载时间 T 的计算公式如下：

$$T = \frac{C}{P}$$

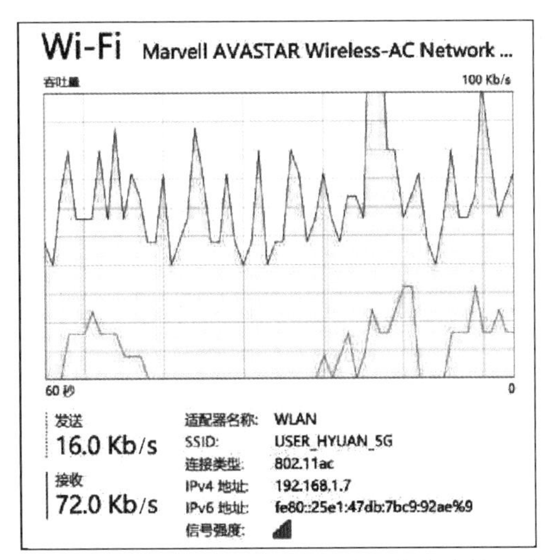

图 1-14 一台 Wi-Fi(IEEE 802.11ac)笔记本电脑的吞吐量截图

式中,C 表示下载的文件的大小,常以字节为单位;P 表示吞吐量,单位是比特每秒。所以,计算时需要统一单位,1 字节=8 比特,即 1B=8b。如果计算时,将吞吐量 P 改为数字带宽,则只能计算出一个理想的下载时间。

【例 1-1】 如果 ISDN 链路的带宽为 128Kb/s,OC-48 链路的带宽为 2.5Gb/s,如果用 ISDN 链路传输 128MB 的 U 盘数据,用 OC-48 链路传输 128GB 的硬盘数据,哪种传输所用的时间更少?

【解】 传输 U 盘数据所需时间为

$$T=\frac{C}{P}=\frac{128\text{MB}}{128\text{Kb/s}}=\frac{128\times 10^{6}\times 8}{128\times 10^{3}}=8000(\text{s})$$

传输 128GB 硬盘数据所需时间为

$$T=\frac{C}{P}=\frac{128\text{GB}}{2.5\text{Gb/s}}=\frac{128\times 10^{9}\times 8}{2.5\times 10^{9}}=409(\text{s})$$

409s<8000s,所以,传输 128GB 的硬盘数据所用时间更少。

从这个例子可以看到,如果吞吐量足够大,则数据量很大的文件也可以很快完成传输。

从某种意义上讲,链路上的吞吐量也称为流量(traffic flow)。

3. 时延

时延(delay)指数据从一端(源端)传到另一端(目的端)所需要的全部时间,也称为延迟。端到端时延主要由三部分构成。

(1) 传输时延:传输时延(transmission delay)是指一台网络设备(比如终端、路由器等)将待传输的比特推向链路所需要的时间。也就是第一个比特从网卡推送到链路算起,直到最后一个比特推出为止。传输时延的计算公式如下:

$$T_{传输}=\frac{C}{\text{BW}}$$

可见,传输时延与待传输的数据比特数 C 正相关,与链路的带宽 BW 负相关,带宽越大,时延越小。比如,在 10M 的经典以太网传输 1500B,传输时延为 1.2ms;在 100M 的快速以太网中传输 1500B,传输时延为 0.12ms;而在千兆以太网中,传输

1500B，传输时延仅为 0.012ms。

（2）传播时延：传播时延(propagation delay)是指将数据从链路的一端搬运到另一端所需要花费的时间，它与传播的距离和传播速度有关。信号总是以电磁波的形式传播，在空气中以接近光速传播，在光纤中的传播速度约为 2×10^8 m/s，常折算为 200m/μs，而在铜线中的传播速度更快一些，约为 2.3×10^8 m/s。传播时延的计算公式如下：

$$T_{传播}=\frac{D}{v}$$

可见，传播时延与传播的距离 D 正相关，而与传播速度 v 负相关，传播速度一定的条件下，传播的距离越远，传播时延越大。

（3）设备时延：设备时延是指数据的第一个比特到达某台设备并得到处理，直到最后一个比特离开这个设备所需要的全部时间。这个时间既包括了传输时延，还包含了排队时延和处理时延。排队时延是指数据到达设备被处理前需要等待的时间（对应入接口队列的排队时间），以及已经处理后等待转出去的时间（对应出接口队列的排队时间）。处理时延是指设备提供的针对数据所做处理所需要的时间。比如，一个数据帧到达交换机的某个接口，等待处理（排队时延）；轮到处理时，交换机学习地址等信息并更新 MAC 地址表，做出转发决策（处理时延），进入转出接口等待，直到被转发，完全离开交换机（传输时延）。

图 1-15 展示了源端到目的端时延的构成。

$$T_{总}=T_{传输}+3\times T_{传播}+2\times T_{设备}$$

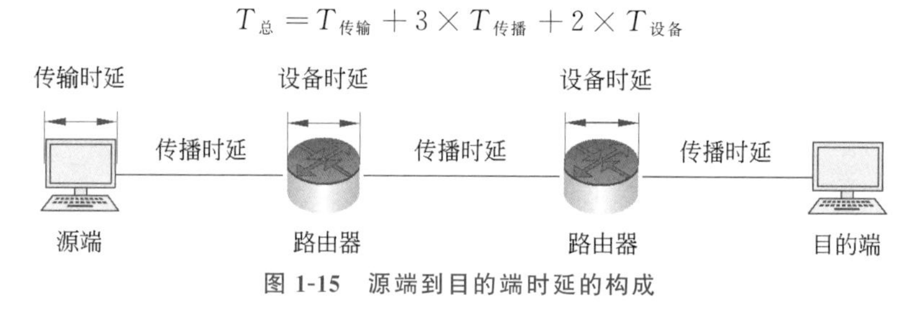

图 1-15　源端到目的端时延的构成

源端发送数据到目的端后，通常会有一个应答数据发送回来，从数据发出到应答数据返回的全部时间称为往返时间(Round Trip Time，RTT)。往返时间大约是端到端时延的 2 倍，之所以是“大约”，是因为在分组交换网络中，去程和回程经过的中间交换设备和路径有可能不一样。

绝大多数操作系统提供了一个可测试往返时间的工具 ping(其原理可参考 5.3.2 节)，图 1-16 是在 Windows 操作系统 shell 下使用工具 ping 得到的输出结果截图。当发出 ping www.baidu.com 命令后，系统发出了 4 个 ICMP（互联网控制消息协议，Internet Control Message Protocol）请求消息，4 个消息到达对端（即百度服务器）后，发回了 4 个 ICMP 应答消息，系统统计了 4 次往返时间，并计算出平均往返时间为 58ms。这个时间包含了前述的传输时延、传播时延以及中间经过的设备时延。

在端到端时延的构成中，传播时延相对固定，变化较大的是传输时延和设备时延。传输时延由传输的信息量和传输链路的带宽计算而来，如果这两个值发生变化，传输时延就会发生变化。设备时延受到设备性能、当时的网络状况等因素影响，排队时延和处理时延也会有较大的变化，极端的情况下，设备处发生严重拥塞，数据被丢弃，时

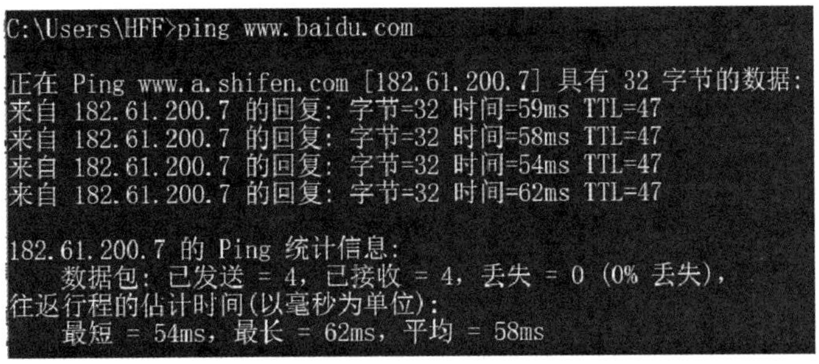

```
C:\Users\HFF>ping www.baidu.com

正在 Ping www.a.shifen.com [182.61.200.7] 具有 32 字节的数据:
来自 182.61.200.7 的回复: 字节=32 时间=59ms TTL=47
来自 182.61.200.7 的回复: 字节=32 时间=58ms TTL=47
来自 182.61.200.7 的回复: 字节=32 时间=54ms TTL=47
来自 182.61.200.7 的回复: 字节=32 时间=62ms TTL=47

182.61.200.7 的 Ping 统计信息:
    数据包: 已发送 = 4, 已接收 = 4, 丢失 = 0 (0% 丢失),
往返行程的估计时间(以毫秒为单位):
    最短 = 54ms, 最长 = 62ms, 平均 = 58ms
```

图 1-16 用工具 ping 测试端到端的往返时间截图

延为无穷大。

4. 丢包率

丢包率(packet loss probability)是指一台网络设备在一定时间内,其丢弃的报文在所处理的报文中的占比。比如一台路由器,收到 10 万个分组,处理和转发出去 9.9 万个分组,丢弃了 0.1 万个分组,丢包率为 0.1 万/10 万=1%。

目前的互联网对承载的数据采用了"尽力而为"的传输原则,即每个节点都尽自己最大努力传输数据,但并不承诺一定成功传输。当网络遇到拥塞时,网络中的交换设备,比如路由器会采取一些措施缓解拥塞,最粗暴但最有效的措施就是丢包。

除此之外,传输错误或故障,也可能导致丢包的发生。

网络丢包率指的是在一个网络承载的分组数量中被丢弃的分组占比。网络丢包率可用于量度网络(而不是其中某一台设备)的平均承载能力。

我们总是希望交给网络的分组能得到 100%成功的传输,但丢包率打破了这个梦想。被丢弃的报文大多数时候可以得到重传,但重传报文并不适合实时应用,因为晚到的报文已经失去了实时的意义。所以,有些网络应用总是想办法容忍一定程度的丢包率,比如,实时视频通信会通过插值等方法补齐被丢掉的报文,让用户感觉不到画面有缺失。

另一个反映网络性能的指标是抖动(jitter)。报文没有在应该到达的时间点到达,而是延迟到达或提前到达,应到时间点与实际到达时间点之间的差值,即为抖动。抖动让实时音视频的播放产生卡顿。要解决抖动问题,有效的方法是缓存报文,然后按照恒定的速率送给播放器去播放。这样付出的主要代价是播放时延,需要等待一段缓存时间才开始播放,影响了实时性。

5. 信道利用率

信道利用率(channel utilization)是指信道的使用效率,可以用信道的使用时间除以一段总时间表示,也可以用信道上传输的数据量在信道可容纳的总数据量中的占比表示。如果信道空闲,即其上没有任何数据,则信道利用率为 0;如果信道从不空闲,一直处于使用中,则信道利用率为 100%,达到最高值。

信道能够容纳的数据量,可以使用带宽时延积(bandwidth delay product)表示,它量度了链路上布满了数据比特的情形。带宽时延积 BD 这样计算:

$$带宽时延积 = 链路带宽 \times 传播时延$$

如果一台工作站发送了一个长度为 L 的数据,链路的另外一端——接收方以一个短数据(长度忽略)进行确认,从发送到收到确认,经过了 $\text{RTT}=2D$ 的时间,其中的

D 是发送方到接收方的单边时延。用带宽时延积计算信道的利用率 U：

$$U=\frac{L}{L+2\mathrm{BD}}$$

从上式可以看出，要使信道利用率达到 100%，带宽时延积 BD 应该为 0，而网络发展的趋势总是让带宽更大，让信号传输得更远（传播时延更大），带宽时延积只会变得越来越大，信道利用率不可能达到 100%。可见，要提高信道利用率，就要减小带宽，而网络发展和我们的需求却要增加带宽。这是矛盾的，万事难两全。

【例 1-2】 一台 PC(A)通过快速以太网（带宽为 100Mb/s）链路挂接到另外一台 PC(B)，两台 PC 相距 1000m，单边时延 D 约为 5μs，如果 A 向 B 发送了一个 1518B 长的帧，B 向 A 回发短帧（忽略其长度）确认，则这段时间的信道利用率是多少？当快速以太网链路升级为千兆以太网和万兆以太网时，信道利用率分别变为多少？

【解】 根据信道利用率的计算公式：

$$U=\frac{L}{L+2\mathrm{BD}}=\frac{1518\times 8}{1518\times 8+2\times 100\times 10^{6}\times 5\times 10^{-6}}\approx 92\%$$

将链路升级到千兆以太网和万兆以太网时，计算得到信道利用率分别为

$$U=\frac{L}{L+2\mathrm{BD}}=\frac{1518\times 8}{1518\times 8+2\times 1000\times 10^{6}\times 5\times 10^{-6}}\approx 55\%$$

$$U=\frac{L}{L+2\mathrm{BD}}=\frac{1518\times 8}{1518\times 8+2\times 10000\times 10^{6}\times 5\times 10^{-6}}\approx 11\%$$

上面的例子表明，当数据长度一定时，带宽越大，信道利用率越低；可以增加数据的长度提高信道利用率；换句话说，当带宽提高时，增加发送数据的长度，有利于信道利用率的提升。

1.3 计算机网络的发展历史

计算机网络从发明到被人广泛接受，演绎着计算机网络的发展历程，而互联网的流行和普及改变了人们的学习、工作和生活方式，改变了各行各业的运营模式；互联网的发展历史清晰地展示了其从几个节点的小网络，一路发展到现在的数十亿节点的过程；其间经历的技术变迁是互联网发展的最大动因之一。本节从技术发展的角度，探索计算机网络的发展历史。

1.3.1 计算机网络的发展史

使用计算机网络的主要目的是远距离通信，在计算机网络出现之前，实现这一目的有很多方法，比如利用信鸽、利用烽火、利用电报等。

参考 RFC 2235，列在互联网历史大事首位的是：1957 年，苏联发射了第一颗人造地球卫星，这个事件直接导致了美国国防部成立了高级研究计划署（Advanced Research Projects Agency，**ARPA**），ARPA 没有实验室也没有预算，以与大学或公司发放项目或签订合同的方式开展科学或技术研究。在后来的科学研究过程中，异地科研协作的需求，促使网络技术逐渐成为研究的一个重点；1969 年，逐渐形成了 ARPANET，这一年被人视为互联网的诞生之年。

1. 奇特的起源：ARPANET

1957 年成立的 ARPA 的网络研究目标是“抗核攻击”，这在冷战时期可能是自然需求。当时，最大的网络是公用交换电话网络，它采用电路交换技术。电路交换技术要求在进行通信之前首先建立一条物理的实际的通路；在通信时，该通道被通信双方所独有。如果在通信时，通路中的一个或几个关键点遭到破坏，双方的通信都将被终止，直到能够重新发起一次连接，这显然不是 ARPANET 想要的技术。

ARPANET 研究之初，并没有意图要实现一个通信或信息分享的网络，而是致力于“time-sharing(共享时间)”。所谓的“共享时间”指的是：一些研究机构，当它们需要巨大的计算能力而自己拥有的计算能力又不够时，可以通过网络使用远端其他研究机构的计算能力。这也是科学研究的自然需求，那个年代的计算机还主要是晶体管计算机，刚开始有集成电路的计算机，与今天的计算机相比，那时的计算机体积庞大而能力(主要指存储空间和计算能力)弱小，更要命的是：那时的计算机非常昂贵，如果异地重复购买，耗资巨大；通过连接到 ARPANET 上，可以进入时分系统(time sharing system)，实现资源分享。

早在 ARPANET 成形之前，英国国家物理实验室(National Physical Laboratory，NPL)的唐纳德·戴维斯(Donald Davies)提出和研发了一个网络——NPL 数据通信网。在这个网络中，他第一次提出和使用了“分组交换”技术。这个技术名词最终得到了认可，但 NPL 数据通信网没有得到资金支持。与此同时，美国的其他研究人员也在进行同样技术的研究，尤其是伦纳德·克兰罗克(Leonard Kleinrock，UCLA，加州大学洛杉矶分校)和兰德公司(RAND)的保罗·巴兰(Paul Baran)，前者研究了隐藏在技术后的数学理论，后者建设了实际的 Baran 网络，并在其上实现了分组信息的交换。

1969 年 10 月 29 日，在 ARPA 项目经理拉里·罗伯特(Larry Robert)的领导下，最早的 ARPANET 链路在加州大学洛杉矶分校(University of California at Los Angeles，UCLA)和斯坦福研究所(Stanford Research Institute，SRI)之间建立；当年 12 月 5 日，增加了加州大学圣巴巴拉分校(University of California- Santa Barbara，UCSB)和犹他州立大学(Utah State University，USU)两个节点，形成了有 4 个节点的 ARPANET，这就是最早的互联网雏形。随后，ARPANET 迅速成长壮大，到 1981 年，连接到 ARPANET 上的主机已经达到了 213 台。图 1-17 展示了早期 ARPANET 快速增长的趋势。

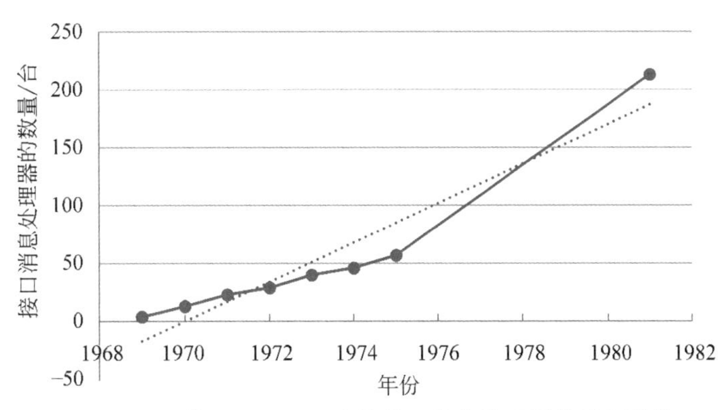

图 1-17 早期 ARPANET 上的接口消息处理器的数量增长

图1-18所示为连接了4个节点的ARPANET。每个节点由一台接口消息处理器(Interface Message Processor,IMP)和一台主机构成,当时的计算机还没有发展到PC阶段,主机由当时的VAX计算机充当,它看起来还是一个庞然大物。

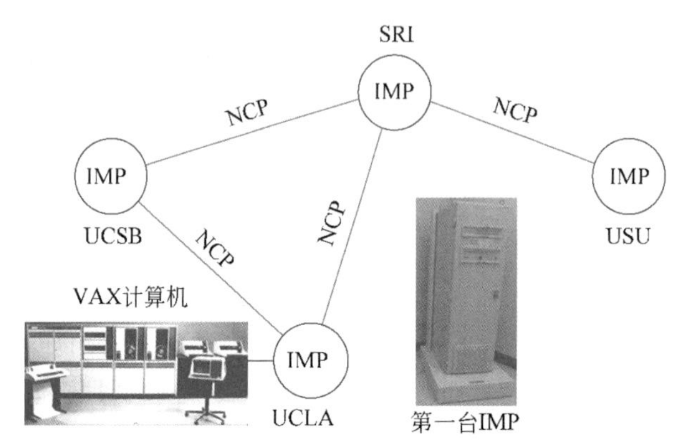

图1-18　1969年的ARPANET示意图

而最早的一台IMP由美国BBN公司研制,于1969年8月30日运抵加州大学洛杉矶分校,安放在伦纳德·克兰罗克领导的网络测量中心(Network Measurements Center)。这台IMP是一台Honeywell DDP516计算机,其上的分组交换和测量软件分别由BBN公司和加州大学洛杉矶分校研发。

ARPANET最重要的贡献之一是:它是第一个得到资助和认可的采用了分组交换技术的网络(尽管分组交换技术最早在英国提出,且在时间上也要早一些)。组成ARPANET的部件是IMP,它实现了分组交换技术,每个IMP至少连接到两个其他的IMP上,那时候的连接租用了56Kb/s的电话线,这些IMP在一起组成的网络是骨干网(当时称为通信子网络),源和目的之间的通信不需要事先建立连接,如果有IMP失效,则分组可以通过另外的IMP传递。IMP上运行着网络控制协议(Network Control Protocol,NCP),它是一个主机到主机(host to host)的协议,不能提供端到端的错误控制(error control)。

1974年,互联网之父温顿·瑟夫和罗伯特·卡恩(Robert Kahn)在其发表的论文中提出了TCP,该协议确定了互联网的体系结构,后来才裂变为TCP和IP,逐渐成为现代互联网的基石。1983年1月1日,ARPANET正式从NCP切换为TCP/IP,而ARPANET也裂变为军方性质的MILNET和一个满足研究需求的ARPANET;其后的ARPANET允许大学、研究机构等免费接入。

1990年,ARPANET最终解散。此时,它已从最初的4个节点发展到了30万个节点,连接到ARPANET的不再限于美国,还有其他国家,如阿根廷、澳大利亚、比利时、巴西、希腊、印度、南非、西班牙、新西兰等。

ARPANET是20世纪60年代最伟大的发明,作为互联网的起点和雏形,具有如下鲜明的技术特色。

(1) 分组交换技术:当时最大的通信网络是公共电话交换网络,采用电路交换技术,所有数据沿着事前搭建的电路传送,一旦中途的某节点发生故障,通信立刻中断。而分组交换技术的数据被切分成一个个有规范格式的分组(packet),携带目的地址,独立寻径,同一批数据的不同分组可能走不同的路径。分组交换网络具有一定的"抗毁性”，当网络中某个或某些节点遭到破坏时，路由算法可以让分组绕过失效点，重新找到达到目的的最优路径。

（2）**网络控制协议**（NCP）：NCP 定义了主机和 IMP 之间的消息传输，并假设 IMP 之间的通信是可靠的。随着技术的进步和应用的推动，NCP 后来演化为 TCP 和 IP；IMP 就像一个网关，后来演化为现代路由器。

（3）**全分布式结构**：4 个节点的 ARPANET 迅速扩展，其他的机构通过部署 IMP 将主机连接进来，IMP 的增加，意味着骨干网的扩张，并没有一个中央控制器集中管控，每个 IMP 都可以连接多个其他的 IMP。

2. 互联网的逐渐成形

ARPANET 只是计算机之间的互联，还不是网络之间的互联，也没有采用现在广为人知的 TCP/IP 协议族，它采用了 NCP，那时的电子邮件和文件传输应用都是建立在 NCP 之上的。

如果将那时的 ARPANET 分层，IMP 负责处理的是底层传输，而 NCP 负责传输层的任务，主要包括 AHHP（ARPANET Host-to-Host Protocol）和 ICP（Initial Connection Protocol）。AHHP 定义了主机间单向的、可流控的数据流（data stream）过程，而 ICP 定义了一对主机间的双向数据流传输建立过程；应用层可以通过 NCP 之上的接口访问网络服务，这个接口就是著名的伯克利套接字（berkeley sockets）的前身。

20 世纪 70 年代，有个重要人物对互联网成形的影响不可忽视，他就是被称为互联网之父的温顿・瑟夫，他和罗伯特・卡恩、鲍勃・柏兰登（Bob Braden）等一起发明了被称为成就了互联网的骨干协议 TCP/IP。温顿・瑟夫在加州大学洛杉矶分校（1968—1972 年）期间，就开始为 ARPANET 设计协议；1972 年，他进入斯坦福大学，继续 ARPANET 的工作，1973 年春天，罗伯特・卡恩来斯坦福大学拜访他，跟他一起讨论了将多个分组交换网络连在一起遇到的难题，就是这次会面，他们一起讨论了 TCP 的基本概念。1975 年，TCP 有了可执行的代码（running code），并在 ARPANET 上的一些节点及其资助的分组交换网络上运行。但直到 1983 年，ARPANET 一分为二——MILNET 和 ARPANET，切分后的 ARPANET 正式采用了 TCP/IP，ARPANET 才真正具有了现代互联网的技术特征。

20 世纪 70 年代后期，美国国家自然科学基金（National Science Foundation，NSF）已经观察到了 ARPANET 的快速发展和对科研工作的影响力，但当时的大学或研究机构要加入 ARPANET 需要与美国国防部签订合同，门槛过高，所以，1981 年，NSF 资助了计算机科学网（Computer Science Network，CSNET），且通过租用线路将大学等研究机构连接到 ARPANET；这还不够，NSF 计划建设一个可以取代 ARPANET 的网络，它连接了 6 个超级计算机中心[①]，每台超级计算机都配置了一个名为 fuzzyball 的微型计算机，通过租用的 56Kb/s 线路连接起来，构成骨干网，fuzzball 中直接使用了 TCP/IP；NSF 资助建设了 20 个区域性网络，全部连接到了骨干网上，构成了 NSFNET。NSFNET 还通过一条从 fuzzyball 到 IMP 的连接，与切分

---

① 这 6 个超级计算机中心分别位于：圣地亚哥（San Diego）、博尔德（Boulder）、香槟市（Champaign）、匹兹堡（Pittsburgh）、伊萨卡（Ithaca）和普林斯顿（Princeton）。

后的ARPANET进行了互联；至此，现代意义上的互联网真正诞生了；当时已接入了数以千计的大学、研究室、图书馆等用户。

NSFNET不断扩张，接入的用户越来越多，1986—1995年，骨干节点从6个变为21个，接入的网络数量多达50 000个，其中仅美国就拥有29 000个。节点间的带宽也从最初的56Kb/s，升级为448Kb/s、1.5Mb/s(T1线路，参考2.4.1节)，最后升到45Mb/s(T3线路)。

NSFNET为教育科研服务，任何校园内的合法用户都可接入，导致不仅网络不堪重负，经济资助也无法持续，因此非营利的网络扩张模式逐渐开始走向商业化。1990年，美国的三个公司MERIT、MCI和IBM联合成立了一个新公司——高级网络和服务公司(Advanced Networks and Services, ANS)，接管了NSFNET，并升级为ANSNET，探索网络的运营模式，ANSNET最终运行了5年。

与此同时，其他国家或地区也展开了计算机网络的研究、部署和使用，比如英国建设的面向大学和研究的**联合科研网**(Joint Academic Network，JANET)、中国建设的**教育科研网**(China Education and Research Network，CERNET)、**欧洲骨干网**(Europe Bone，EBONE)等。各国各地区建设网络的模式，基本上类似NSFNET的模式，先建设政府资助的科研教育网，再建设商业化运营的网络。

而苏联的网络建设之路完全不同。1962年，世界著名数学家维克多·格卢什科夫(Victor Glushkov)提出宏伟的OGAS计划，其建设的计算机网络面向计划经济，具有一个中心和200个分中心，是集中控制的一个网络，这与ARPANET的全分布式结构截然不同，但OGAS最终失败了。

总之，20世纪八九十年代，以ARPANET为代表，以及以ARPANET为模板建设起来的若干网络逐渐连成了一个互联网(Internet)，除了继续采用分组交换技术之外，其显著的特征如下。

(1) **自由、开放**：在最初的20多年间，不断有新的网络、新的用户接入，互联网的触角延伸到世界各地，互联网取得的巨大成功，离不开它一贯秉承的"自由、开放"(free、open)原则，合法的用户均可接入，任何网络也可通过租用或协商接入。此外，互联网的标准、协议规范以RFC文档的形式存在，任何人、厂商都可以免费下载，且有兴趣的人员还可加入相关工作组，贡献自己的主意和实现等。这种形式从1969年一直持续到现在，只是RFC从早期的记录文档，逐渐变成较规范的"官方"(official)标准、建议或规范。

(2) **地址独一无二**：全球唯一的IP(Internet Protocol)地址空间将互联网设备逻辑地粘接在了一起，全球唯一的地址空间可以标识和定位每一台网络主机。

(3) **基于TCP/IP**：TCP/IP协议套件提供了端到端(end to end)通信通道，上层应用无须关注下层承载网络的具体细节，TCP/IP的成形是一个里程碑，是现代互联网的一个显著标志。TCP屏蔽了下层网络的细节，为上层应用提供了友好的接口。

(4) **无集中控制**：互联网呈现出分布式结构，其核心节点、外围用户随需要而建设，用户和网络的接入都在本地完成，不需要向中央控制机构去申请，因为互联网上并不存在一个中央控制系统。

(5) **尽力而为**：互联网的承载网络，主要由路由器和路由器的连接构成，路由器的工作原则是尽力而为，意思是尽力地为接收到的每个分组找到最优的路转发出去，但是无法做出承诺，可能会出现丢包、因拥塞排队而时延很大等情况，所以，直到现在，IP 网络的服务质量都无法得到保障。

(6) 核心简单：尽力而为的工作原则，让核心网络只提供“运送”分组的功能，路由器的工作也非常简单，使骨干网络的使命非常清晰和简洁；互联网复杂的部分在边缘设备上，比如用户的 PC，具有很好的 CPU、内存配备，可以处理比较复杂的应用，以及进行一些端设备的控制。与此相反，曾经流行的公共电话交换网络，其特点是核心复杂(如程控交换机)，边缘简单(如电话机)，边缘只能进行语音采集、处理和收发等简单操作，而核心除了运送之外，还可以进行各种控制。

(7) 信息共享：最早联网的目的是时间共享(time sharing)，分享昂贵设备的算力；而互联网用户的一个主要功能是信息共享，比如使用 E-mail、浏览远方信息资源、传输文件等。

3. 走向普通公众

20 世纪 80 年代，虽然互联网逐步成形了，在 TCP/IP 之上也运行着电子邮件、文件传输等经典的应用，那时候也出现了 PC，但是对于普通老百姓来说，使用 PC 是一件比较困难的事情，操作系统基本还是控制台模式，必须学习专业知识，如命令等才能操作，通过 PC 上网不是一般老百姓能够完成的任务。20 世纪 80 年代的 IBM PC (Model 5150)如图 1-19 所示。

20 世纪 80 年代后期和 90 年代初期，随着可视操作系统的诞生和优化，还有鼠标的发明和使用，PC 走进了千家万户。1990 年，微软公司发布了 Windows 3.0 操作系统，这是个革命性的 GUI 操作系统，使得普通老百姓可以很轻松地实现对计算机的操作，这是互联网能够走向商用和大规模普及的必要技术准备。带 GUI 操作系统的计算机如图 1-20 所示。

图 1-19 20 世纪 80 年代的 IBM PC(Model 5150)

图 1-20 带 GUI 操作系统的计算机

另一个促使互联网普及的技术事件是浏览器的诞生。

早期的互联网仅能提供全屏的文本，而且通常是单一字体、大小和颜色，尽管通过互联网能够交换信息令人惊奇，但阅读这样的屏幕非常枯燥乏味。那个时候，有些公司(如 CompuServe 和 AOL)尝试改变这种局面，开始开发图形用户界面(Graphical User Interface，GUI)，当时的 GUI 也就是加点颜色和布局，没有发生根本性改变，仍然枯燥乏味。所以，当时有人说，互联网非常有用，但不漂亮。普通人更缺少使用网络的途径。

万维网的诞生彻底改变了这种局面，毫不夸张地说，万维网引领了互联网的腾飞。

历史上，有些重要的人物推动了万维网的诞生，其中最有意义、最杰出的当属泰德·

尼尔森(Ted Nelson),他把一生的大部分时间都献给了 Xanadu 项目。这个项目提出了"**超级文本**"的概念,可以通过单击一个单词,而去到别的地方。为了单击单词(超级链接),恩格尔巴特(Douglas Engelbart)发明了鼠标,随后被苹果公司首先使用在其 Lisa 计算机上,很快,鼠标就成了 IBM PC 上最重要的配件之一。

超文本标记语言可以使页面显示出不同的字体、颜色、大小,甚至可以以不同的形式显示图片,最重要的是它里面含有不同于普通文本的**超级链接**。

蒂姆·伯纳斯·李(Tim Berners Lee)将超文本、统一资源定位器、超文本标记语言等整合到一起,发明了万维网,1990 年,在瑞士欧洲核子研究组织(European Organization for Nuclear Research,CERN)的实验室中,他和助手成功地通过**超文本传输协议**(Hyper Text Transfer Protocol,HTTP)实现了互联网上的通信。1991 年,研发了浏览器和服务端的软件,到 1992 年年底,世界上已经有了 26 个站点。

真正流行的第一个浏览器是 Mosaic。1993 年,位于伊利诺斯大学香槟分校的国家超级计算应用中心(National Center for Supercomputing Applications,NCSA)正式发布了 Mosaic 浏览器的 Alpha 版本。这一年的 4 月 30 日,CERN 负责人宣布,WWW 技术可供任何人免费使用。这个决定具有划时代的意义,使无数的研究人员和爱好者可以使用和发展 WWW 技术。

浏览器改变了互联网,从枯燥的阅读,变成了有趣的网上冲浪。互联网迎来了飞速发展,到 1994 年年底,已经有 100 万个浏览器的副本在运行。1994—2000 年,互联网呈现欣欣繁荣之势,互联网用户每 6 个月就会翻番,到 2001 年,连接到互联网上的主机超过 1.1 亿台。

在浏览器中输入网址,就可以访问对应的页面。俗称网址的对应学术名称是**统一资源定位符**,通过它可以定位到 WWW 上的资源。

1983 年,南加州大学的保罗·莫卡派乔斯(Paul Mockapetris)和乔恩·普斯特尔(Jon Postel)发明了**域名系统**(Domain Name System,DNS),用域名标识互联网上的主机,并提供域名到 IP 地址的解析服务(相关内容参考 7.2 节)。DNS 的及时出现,解决了 IP 难以记忆的难题,为 WWW 的流行、互联网的普及铺平了道路。

在这个时期,**搜索引擎**(search engine)的出现,也加速了互联网的发展。随着网络规模的扩大和网站数量的增加,网络信息越来越多,如何找到自己需要的信息呢?搜索引擎正是为满足用户的这个需求而产生的。第一个搜索引擎 Archie 诞生于 1990 年,由美国蒙特利尔(McGill)大学的学生 Peter Deutsch、Alan Emtage 和 Bill Heelan 研发。但那个时候人们共享信息主要通过文件传输的方式,Archie 主要为用户查询共享文件的名称。最具现代意义的搜索引擎出现于 1994 年 7 月,当时 Michael Mauldin 将蜘蛛(spider)程序接入其索引程序中,创建了著名的 Lycos(www.lycos.com)。Lycos 第一次面向公众开放时拥有 54 000 个文档,主要提供排序的相关检索,受到了用户的广泛认可。到 1995 年 1 月,Lycos 索引的文档数达到 150 万,1996 年达到 6000 万,比当时其他任何搜索引擎能够提供检索的文档都多。1994 年还产生了很多著名的搜索引擎,如 1994 年 4 月,斯坦福大学的两名博士生,David Filo 和美籍华人杨致远共同创办了超级目录索引 Yahoo (www.yahoo.com),并成功地使搜索引擎的概念深入人心。

1998 年,最具影响力的搜索引擎 Google(www.google.com)发布,Google 是由斯

坦福大学两位博士生谢尔盖·布林(Sergey Brin)和拉里·佩奇(Larry Page)研发的。Google从英文"googol"演变而来,该英文表示10的100次方,意为海量的信息。Google在PageRank技术、动态摘要、网页快照、多文档格式支持、图像搜索、多语言支持、用户界面等方面进行创新,可支持多种语言,索引页面多,检索面广,搜索信息准确。同年发布的还有微软公司的MSN(www.msn.com)。1999年李彦宏和徐勇创办中文搜索引擎百度(www.baidu.com),专注于中文搜索,收录了大部分的中文网页,更新速度快,有中文搜索的自动纠错、自动提示功能,更符合中国人的使用习惯。

此后,普通民众可以方便地通过浏览器访问WWW上的任何资源,也可以通过搜索引擎找到想要访问的资源,普通老百姓也能够上网了。自此,开启了第一次互联网的浪潮。

4. 互联网的未来

未来的互联网会是什么样子呢?可能没有人能回答。但是,确实有不少专家学者对未来的互联网做过五花八门的畅想,比如,维基媒体基金会首席产品官托比·内格林(Toby Negrin)将互联网比作电力,认为它将成为一种无所不在的公用服务,一种随时可用并围绕在我们身边的东西,与我们的日常生活交织在一起。

但大多专家畅想的是互联网应用,而非互联网本身。比如哈佛大学伯克曼中心的研究员、《社会机器》的作者朱迪思·多纳瑟(Judith Donath)认为:键盘、鼠标和屏幕都将消失,人们现在用以搜索、获取信息的方式都将彻底改变,数字将深度介入真实世界中。迈克·利伯霍尔德(Mike Liebhold)是未来研究所和20世纪80年代苹果高级技术实验室的高级研究员,他认为,在不久的将来,每个人都将戴上增强现实眼镜,并用它们与周围的环境进行互动;信息会显示出来,飘浮在空中,网络将出现在现实世界中,而不仅仅是在屏幕上。

从互联网的发展历史来看,自ARPANET起的半个多世纪里,曾经被业内人士看好的一些技术,如令牌环(token ring)、异步传输模式(Asynchronous Transfer Mode,ATM)、综合服务数字网络(Integrated Services Digital Network,ISDN)、光纤分布式环网,几乎都难觅踪影了;而另一些技术,比如TCP/IP、正交频分多址(Orthogonal Frequency-Division Multiple Access,OFDMA)、多入多出(Multiple Input Multiple Output,MIMO)天线等因为契合了时代的需求而大放光彩。

展望未来时,回望过去,才可能不是幻想。近200年来,影响了普通民众生活的通信系统是电报系统、电话系统和互联网,图1-21显示了这三个通信系统从兴起到衰落的趋势和大致时间线。

电报系统被称为维多利亚时代的互联网,它从1830年的初步应用开始,一路发展到鼎盛,直到1876年,贝尔发明了电话,电报系统的发展开始掉头向下。电报系统经历了约半个世纪,人们使用电报系统必须到电报局,由经过专门训练的人员发送信息,通常是简短、高度浓缩的语句,因为是按字数收费的。

电话系统有个更专业的名称——公共电话交换网络。从1876年贝尔发明电话开始,电话系统从最早的全网状连接,到多级交换中心结构,采用了电路交换技术,其承载的语音数据也从模拟向数字转化。1969年,分组交换网络诞生,电话系统的生存受到极大的威胁,但真正开始衰落,始于20世纪中后期,那时互联网已经开始普及,出现了远比传统电话更便宜的IP电话(又称VoIP,Voice over IP),尤其是长途电话,人们

图 1-21　通信系统的发展趋势

再也不用看着时间打电话了。促使电话衰落的另一个重要的因素是，移动电话的迅速崛起和价格平民化。

互联网的发展势头远远超过电话系统。在早期互联网的摸索发展阶段，逐渐形成了以 TCP/IP 为核心的现代互联网，此时互联网已经展现出了非常强劲的发展势头。1993 年第一款浏览器 Mosaic 的诞生，点燃了互联网，.COM 公司大量涌现，互联网工具软件（如浏览器）、搜索引擎、门户网站等迅速增长，催生了第一次互联网泡沫（1995—2001 年）。泡沫之后至今，互联网的发展理智了很多，但发展速度仍然令人叹为观止，发达国家的互联网普及率高达 90%，而发展中国家居多的亚洲，普及率也高达 60%，全球互联网网民绝对人数约 55 亿。

目前并没有出现一个可以取代互联网的新发明，互联网还没有出现走下坡路的迹象。互联网是信息基础设施，是用于信息共享的载体。虽然不知道互联网会变成什么样子，但作为信息载体，它有如下这些发展趋势：

（1）**带宽更大**：信息将深度植入人们的真实世界，大量的数据和大量的信息在设备之间、用户之间流转，对带宽的需求越来越大。随着光纤技术、大规模 MIMO 技术、高阶调制技术的进步，干线和接入的带宽都将继续上行。

（2）**无时无处不在**：入网就像打开电灯开关一样容易，不管你在哪里，什么时候，都可以方便地接入互联网，进行工作、社交、娱乐等。

（3）**可靠性更高**：目前的互联网无法保证服务质量，可能会丢包，时延和抖动也可能很大，互联网的路由、转发技术会继续演进，提供更加可靠的分组传输服务。

（4）**更安全**：目前的互联网在安全方面有诸多漏洞和隐患，正在演进切入的 IPv6 网络，在安全上做了较多的考虑（在网络层上的安全，再加上网络层上的安全演进），未来的互联网将为用户提供更加安全的服务。

1.3.2　中国互联网的发展史

1. 互联网的起步

中国互联网的发展史是从互联网的使用开始的。

1980 年，中国香港地区建成了一个国际在线信息检索终端，随后向内地科研机构提供服务。1982 年，计算机应用信息研究所在北京通过传真机设立了一个国际在线检索终端,通过租用的卫星线路,与美国的 ARPANET 相连,进入 DIALOG 数据库系统(世界上最早的计算机检索系统)。1983 年,信息研究所(现名为科技信息研究所)通过国际商业卫星连接到航天局的信息检索系统,并通过意大利的公共数据网(Public Data Network,PDN)连接到美国公共数据网。到 1985 年年底,中国建立了 50 多个在线信息检索终端。

20 世纪 80 年代,中国科学院高能物理研究所与 CERN 成立了 ALEPH(CERN 开展的高能电子对撞机 LEP 上的四大实验之一)项目组,项目组成员相隔千万里,却需要紧密合作,迫切需要一个方便的通信网络。1984 年,高能物理研究所利用微波,使用分时终端机(Time Sharing Terminal,TST)连接到中国水利水电科学研究院的早期计算机 M-160,从而使高能物理研究所的分时终端机成为 M-160 的远程终端,这样做的原因仅仅是那时的高能物理研究所还没有具备大规模拨号能力的计算机。1986 年 8 月 25 日,高能物理研究所的吴为民教授,使用北京信息控制研究所的 IBM 计算机,远程登录到 CERN 的中心服务器,向 ALEPH 组长 Stemberg 教授发出了一封电子邮件,其间的数据通路经维也纳中转,再到 CERN,实测吞吐量为 560b/s。

德国卡尔斯鲁厄大学(University of Karlsruhe)的 Werner Zorn 教授和中国兵器工业计算机应用技术研究所从 1984 年以来,继续探讨建设中德通信网络的可能性。1987 年 9 月,所有的技术准备工作就绪,中德合作设计了提供电子邮件服务的网络连接方案。**1987 年 9 月 14 日**,合作双方共同起草了著名的"越过长城,走向世界"电子邮件(见图 1-22),并于当日发出,但由于协议漏洞和线路不稳定,这封邮件并没有发送成功,直到 7 天后,这封邮件穿越了半个地球终于到达德国。

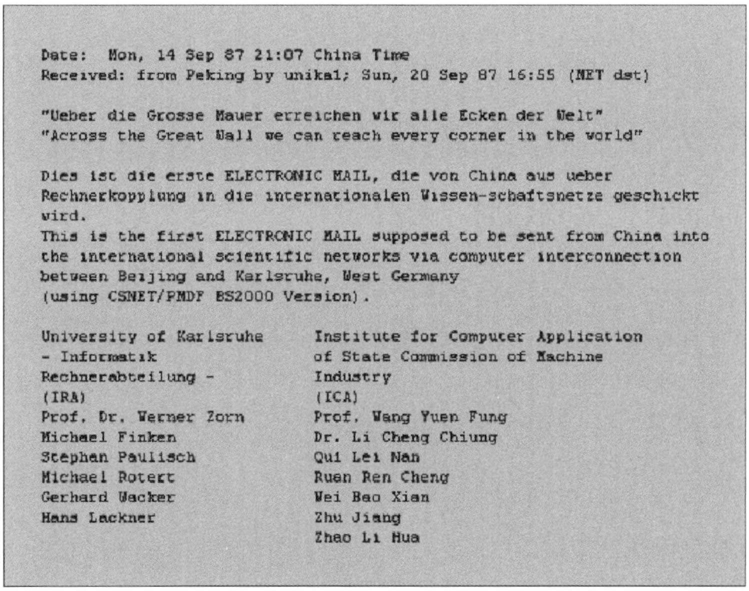

```
Date:  Mon, 14 Sep 87 21:07 China Time
Received: from Peking by unikal; Sun, 20 Sep 87 16:55 (MET dst)

"Ueber die Grosse Mauer erreichen wir alle Ecken der Welt"
"Across the Great Wall we can reach every corner in the world"

Dies ist die erste ELECTRONIC MAIL, die von China aus ueber
Rechnerkopplung in die internationalen Wissen-schaftsnetze geschickt
wird.
This is the first ELECTRONIC MAIL supposed to be sent from China into
the international scientific networks via computer interconnection
between Beijing and Karlsruhe, West Germany
(using CSNET/PMDF BS2000 Version).

University of Karlsruhe        Institute for Computer Application
- Informatik                   of State Commission of Machine
Rechnerabteilung -             Industry
(IRA)                          (ICA)
Prof. Dr. Werner Zorn          Prof. Wang Yuen Fung
Michael Finken                 Dr. Li Cheng Chiung
Stephan Paulisch               Qui Lei Nan
Michael Rotert                 Ruan Ren Cheng
Gerhard Wacker                 Wei Bao Xian
Hans Lackner                   Zhu Jiang
                               Zhao Li Hua
```

图 1-22　中国发往德国的第一封邮件(1987 年)

这封电子邮件是真正意义上的邮件,它不再是以远程登录的方式发出的,而是从北京计算机应用技术研究所的一台西门子 BS-2000 上发出,经租用的意大利 ITALCABLE 公司线路,到达 CSNET,最后到达德国卡尔斯鲁厄大学的一台 VAX 机上。这在中国互联网史上是一个创举,它开启了中国人使用网络、建设网络的历程。

1987年11月,中国代表团应邀参加在普林斯顿举行的第六届国际网络工作组会议。会议期间,美国国家科学基金会(NSF)的主任史蒂芬·沃尔夫(Stephen Wolff)表达了对中国接入国际计算机网络的欢迎,并将沃尔夫博士签署的认可信,转交给了中方代表杨楚泉先生。这是一份正式的、对中国加入CSNET和BITNET(美国大学网)的认可。

20世纪90年代初期,中国陆续开展了多个网络的建设:1992年12月底,清华大学校园网(TUNET)建成并投入使用,这是中国第一个采用TCP/IP体系结构的校园网,主干网首次成功采用FDDI技术,在网络规模、技术水平以及网络应用等方面处于国内领先水平。1992年年底,中国科学院院网(CASNET,连接了中关村地区三十多个研究所及三里河中国科学院院部)、清华大学校园网(TUNET)和北京大学校园网(PUNET)全部完成建设。1993年3月2日,中国科学院高能物理研究所租用AT&T公司的国际卫星信道接入美国斯坦福大学直线加速器中心(SLAC)的64Kb/s的DECNET专线正式开通。专线开通后,由于国家自然科学基金委员会的大力支持,许多学科的重大课题负责人能够拨号连入高能物理研究所的这条专线,几百名科学家得以在国内使用电子邮件。1993年3月12日,朱镕基副总理主持会议,提出部署和建设国家公用经济信息通信网(简称金桥工程),1993年8月27日,李鹏总理批准使用300万美元总理预备费支持启动金桥前期工程建设。

1990年年底,中国向国际互联网络信息中心申请了“.cn”顶级域名,并获得了批准,但最初的“.cn”顶级域名服务器由卡尔斯鲁厄大学运行和维护,直到1994年,“.cn”顶级域名服务器由卡尔斯鲁厄大学移交给中国。1994年4月初,中美科技合作联委会在美国华盛顿举行,中国科学院副院长胡启恒代表中方向美国国家科学基金会(NSF)重申连入互联网的要求,得到认可;**1994年4月20日**,中国通过美国Sprint公司连入互联网的64K国际专线开通,实现了与互联网的全功能连接。从此中国被国际上正式承认为真正拥有全功能互联网的国家。

2. 互联网的蓬勃发展

1997年6月3日,中国科学院计算机网络信息中心组建了中国互联网络信息中心(CNNIC),行使国家互联网络信息中心的职责。1997年10月,中国公用计算机互联网(CHINANET)实现了与中国其他三个互联网络即中国科技网(CSTNET)、中国教育和科研计算机网(CERNET)、中国金桥信息网(CHINAGBN)的互联互通。

CNNIC在1997年年底发布了第一次中国互联网络发展统计报告,报告称:截至1997年10月31日,我国共有上网计算机29.9万台,上网用户62万人,CN下注册的域名4066个,WWW站点1500个,国际出口带宽18.64Mb/s。自此,CNNIC每年发布两次中国互联网络发展的统计报告,以下数据来自这些报告。

全球互联网泡沫泛滥期间(1995—2001年),中国互联网正蹒跚起步,网易、搜狐、新浪等大型门户网站兴起。随后百度搜索、腾讯QQ崛起。这些耳熟能详的名字,在泡沫之后的寒冬中,并没有消亡,反而随着中国互联网的发展,走出了独特的发展出路。

图1-23显示了1997—2022年中国网民人数和普及率的变化。1997年,中国网民人数仅有62万,2004年增长为9400万,普及率仅为7.2%(CNNIC开始统计这个指标);到了2022年,网民人数已增至10.67亿,普及率为75.6%,超过同期的亚洲普及

率(67%)和世界普及率(67.9%),但距离普及率最高的北美(93.4%),还有很大的发展空间。

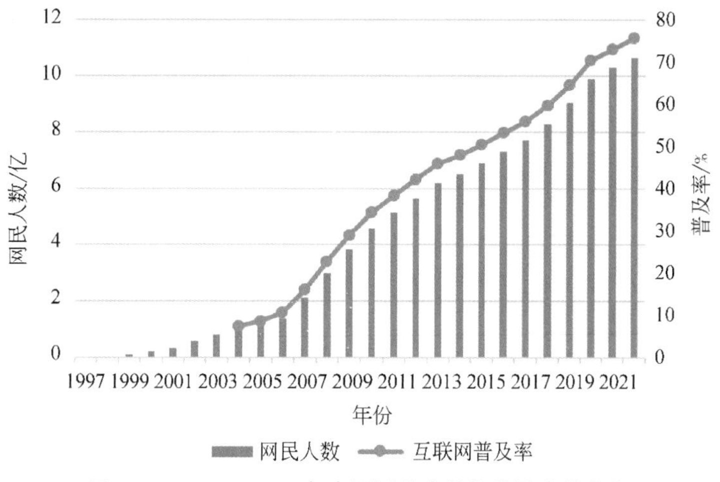

图 1-23 1997—2021 年中国网民人数和普及率的变化

2008 年,中国互联网普及率仅为 19.1%,低于同期的世界互联网普及率 21.1%。但中国网民的绝对人数达 2.53 亿,首次成为全球第一,直到现在,中国网民人数仍居全球第一。

2006 年,中国手机网民人数在总网民人数中仅占 12.4%,但随着蜂窝移动电话系统不断扩展和升级,通过手机上网的用户越来越多,2015 年,手机网民占比已超过 90%,到 2022 年,手机网民占比高达 99.8%。在当今的中国,出门只要带一部手机就够了,可以刷地铁、坐公交、订酒店、购物支付等。

中国门户网站从 20 世纪 90 年代后期开始涌现,1997 年,中国互联网站点数仅有 1500 个,2017 年,达到峰值 533 万,近几年逐年下降,到 2022 年,这个数字变成了 387 万,如图 1-24 所示。

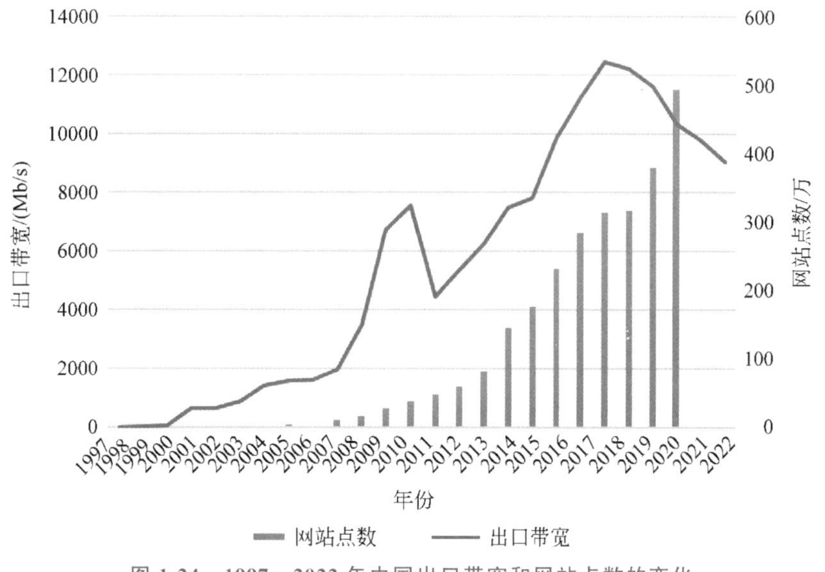

图 1-24 1997—2022 年中国出口带宽和网站点数的变化

1997年,中国互联网出口带宽为25.408Mb/s,2020年,出口带宽增至约11 511.4Mb/s,增长约453倍。出口带宽的增长,意味着通过互联网与国外进行信息的共享更加容易。

中国网络的飞速发展,背后有一个重要的支撑资源:IP地址。IP地址是互联网上标识主机或网络设备的全球唯一依据;换一句话说,每台上网设备都需要一个唯一的IP地址标识,其他设备或用户才能找到它。但是第一代互联网中的IPv4地址早在2011年就已经耗尽,IPv4地址的耗尽给中国敲响了警钟,带给中国强烈的危机感。所以,中国在推进IPv6协议(第二代互联网的核心协议)上不遗余力。图1-25显示中国拥有的IPv4地址和IPv6地址个数变化趋势,2001—2011年,中国分配到的IPv4地址个数从2182万个增至3.3亿个,且从此之后,IPv4地址个数再也没有发生大的增长,以后也不会了;但中国的IPv6地址个数却从2011年的3398个增加到2022年的67 369个(单位是:/32[①]),2017年,因为中国政府推动,各大运营商联合行动,IPv6进程又往前进了一大步。目前,国家IPv6发展监测平台显示,中国获得的IPv6地址数量位列全球第二,仅次于美国。

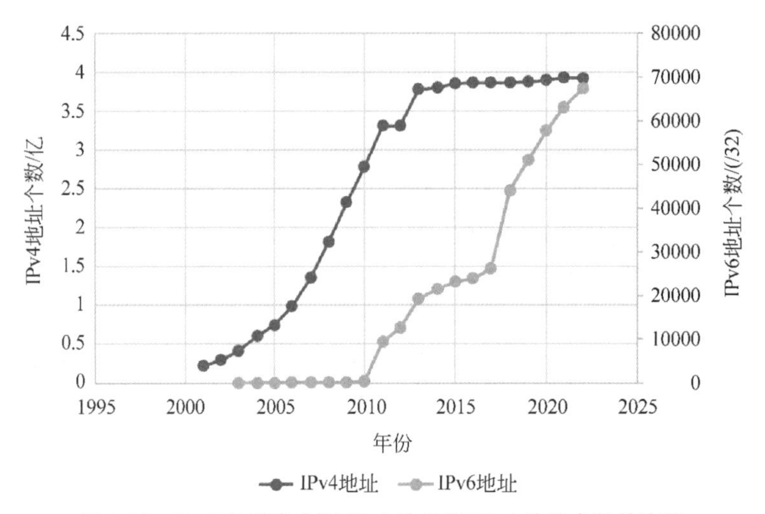

图1-25　2001年以来中国IPv4地址和IPv6地址个数的变化

中国新基建:2019年政府工作报告将5G、人工智能、工业互联网和物联网定义为新型基础设施;2020年,国家发展改革委提出以新发展理念为前提,以技术创新为驱动,以信息网络为基础,面向高质量发展,打造产业的升级、融合、创新的基础设施体系,明确了新基建的七大领域:5G基站建设、特高压、城际高速铁路和城市轨道交通、新能源汽车充电桩、大数据中心、人工智能、工业互联网。

1.4　计算机网络的体系结构

1.4.1　计算机网络的体系结构概述

经过半个世纪的发展,互联网已经非常庞大和复杂,大量的交换设备、有线终端、

① 一个/32的IPv6地址块中包含的IPv6地址数量是2^{96}个,是全球IPv4地址数量的2^{64}倍。

无线终端等连接在一起，就像一团乱麻，如图 1-26 所示。信息在上面是怎么穿行和流转的？互联网是怎么从无到有、从小变成如今的样子的？这里有一套大家都遵从的规则、标准，确保乱中有序。

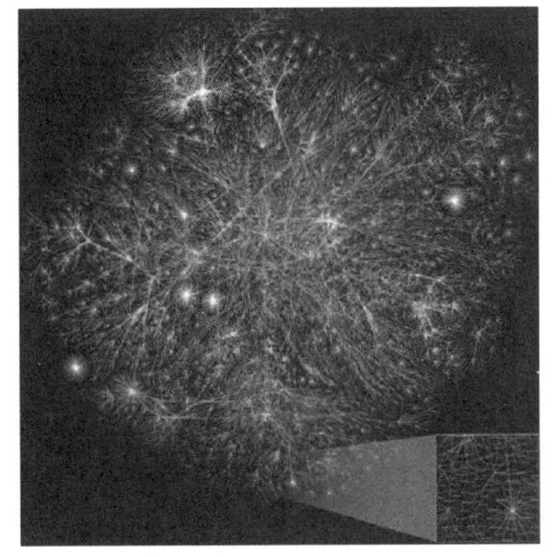

图 1-26 互联网连接图

"分而治之"是解决复杂问题的一贯思路，分层模型正是着眼于此的一套规则，将复杂的网络划分成若干层，所有层一起协同构建了网络框架。分层模型的主要意义在于：

（1）简单化：每层尽量简洁，只完成规定的功能。

（2）实现多样：层间可通过接口互操作，每层的功能实现可以不同，只要遵循层间接口，即可互操作。

（3）有利于竞争：不同厂商可专注某一层的产品研发，促进竞争，开发出更好的产品。

（4）有利于标准化：每层的功能固定而单一，便于标准化。

下面看一个生活中的分层模型的例子，图 1-27 显示了广州客户下单吐鲁番果园的葡萄之后，葡萄从吐鲁番果园出发，直到客户手中的过程。这个过程体现了类似计算机网络中的分层模型思想。

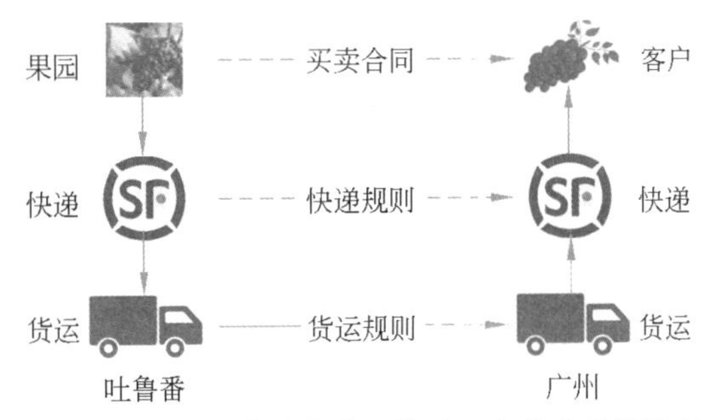

图 1-27 从果园到客户的葡萄流转过程中的分层模型示意图

果园根据与用户签订的买卖合同，打包好客户要求的葡萄，交给快递公司；快递公司按照自己的一套运送生鲜水果的规则以及货运公司的运送要求，对果园交付的葡萄进行再次打包；货运公司承接葡萄的运送工作，按照货运规则，向客户所在的广州货运公司或分部运送葡萄。

货运公司可能承接多个客户的快递运送单，可能将葡萄打包进一个大货柜。从吐鲁番到广州，可能是货柜车直接运送，也可能是货柜车只从吐鲁番到乌鲁木齐，再交付航空公司运送到广州。吐鲁番到广州的真实货运途径，可能会因价格、时间等因素而不同。

葡萄到达广州之后，广州货运公司与快递公司对接，将葡萄包裹从货柜中取出，交付快递公司，快递公司可能派快递员骑车将葡萄包裹送到客户手中。

图 1-27 中的实线箭头表示葡萄的真实流转线路，虚线则表示虚拟的、对等的葡萄流转线路。快递公司的吐鲁番揽收点从果园接收粗包装的葡萄包裹，按照货运要求再次打包后交付给货运公司；快递公司的广州对接点，接收到从货运公司交过来的这个

包裹，如果不看货运这一层，该包裹好像从吐鲁番的快递揽收点直接传过来的一样。同样地，如果不看快递和货运这两层，客户从快递员手上拿到葡萄，就像从果园直接发过来的一样。

计算机网络的分层模型与上述葡萄流转的分层模型极其相似。可从中抽象出分层模型的三个基本要素：服务、接口和协议，它们之间的关系如图 1-28 所示。

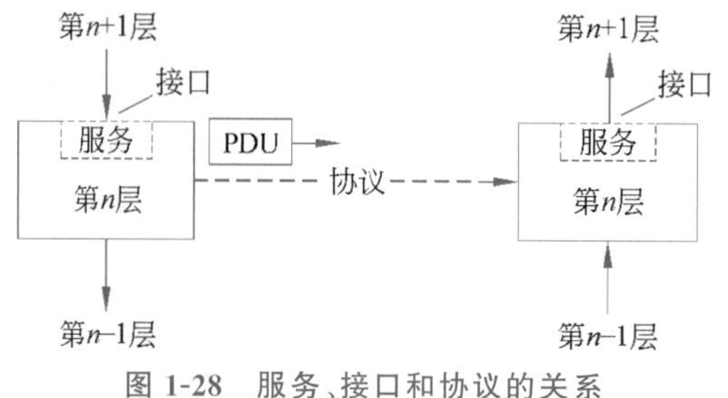

图 1-28　服务、接口和协议的关系

（1）服务：某层实现具体的功能。实现的方法可能多样，但其体现出的形式是一样的，功能的形式即服务。比如葡萄流转分层模型的最底层，其功能是运输，可以用飞机、货柜车、卡车等不同的工具运输，而快递公司可以用到的服务就是运输；如果进一步细分最底层的服务，有空运、海运、公路运输等。

分层模型上的某层为其上层提供服务。在相邻两层中，下层是服务的提供者，上层是服务的消费者。比如，在葡萄流转分层模型中，货运层为快递层提供运输服务，而快递层为其上一层提供快递服务。

（2）接口：接口[①]与服务息息相关，上层调用服务需要通过接口，接口位于相邻层之间。比如，在葡萄流转分层模型中，果园和快递之间的接口可能是某个揽收点。

（3）协议：协议是一组规则，规定了同层的对等实体之间交换数据单元的方法、格式等；对等实体利用协议实现其服务。比如，在葡萄流转分层模型中，最上层的果园与用户之间的买卖合同（订单）就是协议，它规定了交付方式、葡萄的重量等；而快递层的协议是快递规则，规定了快递的工具、条件、包裹的材料、交付方式等。

协议作用于同层的对等实体之间。某层的实体（entity）是指完成该层功能的具体对象，可能是软件也可能是硬件；而同层的两个实体，互为对等实体（peer entity），或对等体。对等实体受协议约束，并交换该层的数据，该层的数据称为协议数据单元（Protocol Data Unit，PDU）。协议数据单元好似从某层的实体出发，沿着虚通道，到达对等实体，但这不是真实的通信，所以称为虚拟通信，或对等通信。

每层的协议合起来统称协议栈（protocol stack），最著名的是现代互联网上的 TCP/IP 协议栈。层和协议的集合构成网络体系结构（network architecture）。网络体系结构撑起了一个网络系统的架构，就像建造房子，搭起了框架结构，遵循其上的建筑规范，就可以往架构上添砖加瓦；在网络体系结构上，遵循协议规范，增加软、硬件构件，最终形成现实的网络系统。

正是因为有网络体系结构，互联网上的每部分各司其职，共同配合形成统一的整

① 这里的接口，可以单纯地理解为一条层间通道，这与将在第 6 章中学习的套接字接口不同。套接字接口是一组编程接口（programming interface），更像服务，通道的要素包含在套接字接口中。

体，数据信息才能在其上流转，庞大而有序。

协议数据单元是在每层上被处理的数据对象，这些数据单元在每层上都有独特的格式，且又相互关联。数据单元是怎样形成的呢？假设有一个 3 层网络模型，发送方有一个信息要发送给接收方，下面来看看数据是怎样在分层模型中流转的，如图 1-29 所示。

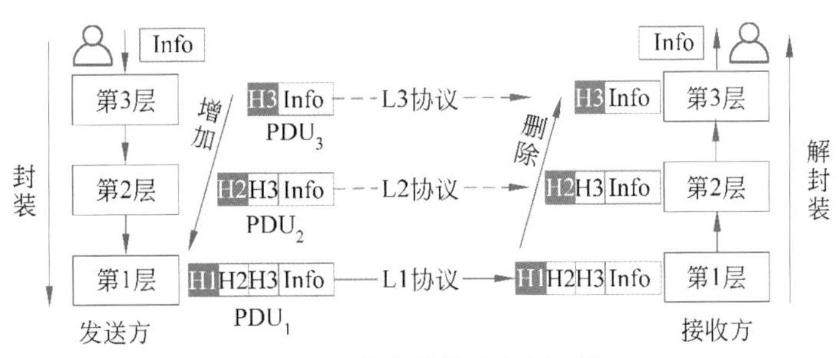

图 1-29 信息的封装和解封装

发送方将数据信息发出去之前要完成对信息的封装，该封装是从分层模型的最上层（这里是第 3 层，简称 L3）开始的，用户产生的信息变化为某种格式的数据，加上头部 H3，形成该层的协议数据单元 PDU_3，并下传给第 2 层；第 2 层实体为其加上该层的头部 H2，形成第 2 层协议数据单元 PDU_2，并下传到第 1 层；第 1 层为其加上头部 H1，形成第 1 层的协议数据单元 PDU_1；最后从最底层发送到线路上的就是已封装好的 PDU_1。发送方从最上层拿到信息开始，逐层增加头部，直到最下层形成底层协议数据单元的全过程，称为封装（encapsulating），也称为打包。

PDU_1 沿着传输介质传送，最后到达接收方。发送方和接收方之间可能不是一段传输介质，且可能会经过多个交换设备，经过寻址，最终会到达接收方。

接收方从线路上接收到 PDU_1 后，遵从第 1 层协议处理，将头部 H1 删除，从中提取出 PDU_2 后，上传给第 2 层；第 2 层拿到 PDU_2 后，遵从第 2 层协议处理，将头部 H2 删除，从中提取出 PDU_3 后，上传给第 1 层；第 1 层拿到 PDU_3 后，遵从第 3 层协议处理，将头部 H3 删除，从中提取出信息 Info 后，接收方用户即可使用该信息了。接收方从最底层收到协议数据单元直到最上层提取出信息的全过程，称为解封装（de-encapsulating），这是封装的逆过程。

网络体系结构是抽象的指导原则，它应该出现在网络之前，但事实上，现在广泛认可的两种体系结构中的分层模型，即 OSI 参考模型和 TCP/IP 参考模型，都是在网络出现之后才有的，前者失败了，后者成功了，成为事实上的分层模型。

1.4.2 OSI 参考模型

1977 年，国际标准化组织（International Organization for Standardization，ISO）开始研究网络分层模型，以提供构建网络的标准和方法；与此同时，国际电报与电话咨询委员会[①]（International Telegraph and Telephone Consultative Committee，CCITT）也研

① 1993 年 3 月 1 日起，电信相关的标准由国际电信联盟（International Telecommunication Union，ITU）的电信标准化部门（Telecommunication Standardization Sector，TSS）颁布，每个标准建议书前都冠以 ITU-T，如 ITU-T X.200。

究了类似的分层模型。1983年，ISO和CCITT合并了研究成果，形成了开放系统互连参考模型（Open System Interconnection Reference Model，OSI），常称为**OSI参考模型**；1984年，ISO正式发布ISO 7498标准，CCITT发布对应的标准X.200，两者是一致的。

OSI参考模型的概念来源于霍尼韦尔信息系统（Honeywell Information System）公司的查尔斯·巴赫曼（Charles Bachman）的工作：一个网络系统被分成若干层，每层中的实体实现其独特的功能，每层实体直接与它紧邻的下层互操作，并为它的上层提供操作工具。

OSI参考模型是工业界努力形成的一个共同网络标准，为众多厂商参与互操作提供依据，众多厂商的参与，形成网络的互连互操作。但是，OSI参考模型的对应层之间的协议不全面，导致设备之间的互操作因缺少相应协议的支撑而无法实现。与此同时，TCP/IP协议栈已于1981年成形，且在当时流行的UNIX操作系统中实现，并广为程序员、研究者所使用。

ISO参考模型定义了服务和协议的框架，没有指定具体的服务和协议，它既不是系统的实现规范，也不是评估实现一致性的基础，它只是定义了开放系统的互连框架和一些要素。

如图1-30（引自ISO 7498-1）所示，开放系统通过物理介质（physical media）连接在了一起，物理介质提供了开放系统之间传输信息的手段。

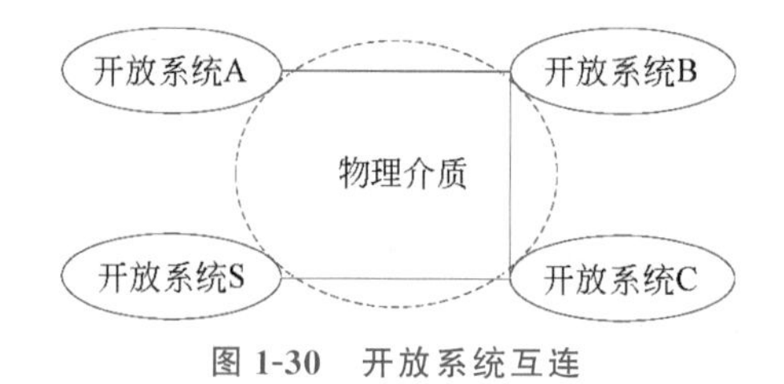

图1-30　开放系统互连

开放系统（open system）指的是一台或多台计算机、外设、终端等构成的一个能够进行信息处理和（或）信息传递的自主整体。开放系统之间的信息交互，可以是直接通过传输介质进行，也可以是通过一个中间系统中继。

OSI参考模型共分为7层，从下到上为第1层（Layer 1）到第7层（Layer 7），如表1-4所示。下三层统称为媒介层（media layer），主要完成数据的承运；上四层统称为主机层，通常内置于主机系统中，完成信息和数据的转换，以及与下三层对接。

表1-4　OSI参考模型的分层

层数		层名称	协议数据单元	每层的功能
主机层	7	应用层	数据流（data stream）	高层接口，包含信息共享、远程文件访问等
	6	表示层		数据表示，包含字符编码、压缩/解压缩、加密/解密
	5	会话层		协调两个节点之间的通信，建立、维护和拆除会话
	4	传输层	段（segment）	提供两个端点之间的可靠数据段传输
媒介层	3	网络层	分组（packet）	构造和管理多节点网络，包括编址、路由和流量控制
	2	数据链路层	帧（frame）	提供两个节点间可靠的帧传送
	1	物理层	比特流（bitstream）	在物理介质上提供透明的比特流传输

每层的实体之间通过协议规范双方的交互行为，实体所处理的数据是协议数据单元。每层的协议数据单元都有一个独特的名称，层间的协议数据单元之间通过封装和解封装联系起来，图 1-29 示意了一个三层模型的封装和解封装过程。图 1-31 示意了 OSI 参考模型中的封装和解封装过程。

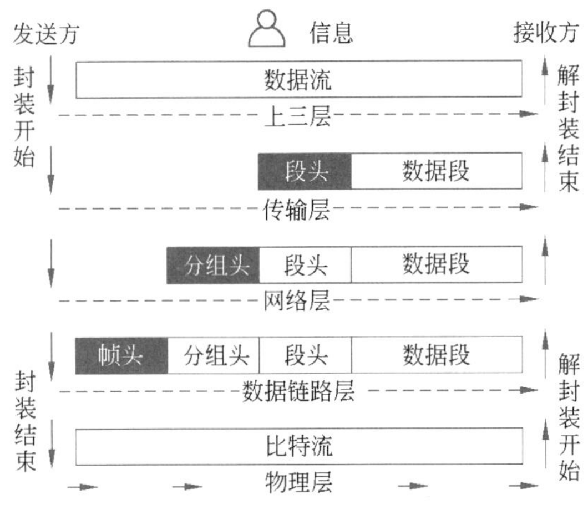

图 1-31 OSI 参考模型中的封装和解封装过程

任何一次数据通信，总是以发送方的封装开始，以接收方的解封装结束。

发送方用户使用某种应用(比如电子邮件)来封装信息。信息的封装流程如下。

(1) 数据流：上三层(主要为表示层)将信息转换为某种形式和格式的数据流，主要包括加密、压缩、编码等工作。

(2) 数据段：传输层实体从上层接收到数据流，按照某种规格，将其切分为适合传输的数据段，每个数据段加上段头，即段首部(这是数据段的开销)。

(3) 分组：网络层实体从上层(传输层)接收到数据段，在数据段前加上分组头，包含地址等寻路所需要的关键信息开销，形成数据分组。

(4) 数据帧：数据链路层实体从上层(网络层)接收到数据分组，在分组前加上帧头，通常还要在尾部加上一个用于检错的帧尾，形成数据帧。

(5) 比特流：物理层实体从上层(数据链路层)接收到数据帧，将其转换成比特流，再转换成电压、光、无线电磁波等信号，通过传输介质传送到接收方。

接收方用户的解封装流程如下。

(1) 接收比特流：接收方的物理层实体从线路(传输介质)上，接收到比特流，从中恢复出数据帧，并将其上传给数据链路层。

(2) 接收数据帧：数据链路层实体按照本层协议处理下层传上来的数据帧，提取出其中的分组，将其上传给网络层。

(3) 接收分组：网络层实体按照本层协议处理下层传上来的分组，提取出其中的数据段，将其上传给传输层。

(4) 接收数据段：传输层实体按照本层协议处理下层传上来的数据段，提取出其中的数据，恢复出数据流，并上传给上层。

(5) 接收数据流：上三层按照对应的协议处理，将数据流转换为参考模型外的用户可以理解的信息。

上述封装和解封装是参考模型的两个相反过程。图1-31中的一组"U"形实线箭头显示了从发送方到接收方的信息的真实流经路径,在流转的过程中,信息的形式发生了一系列的变化,发送方每层的实体通过与上层和下层的接口,参与到封装的过程,成为封装的一个不可或缺的环节;而接收方每层的实体通过与上层和下层的接口,参与到解封装的过程,成为解封装的一个不可或缺的环节。

事实上,发送方(源)与接收方(目的)之间,大多数时候还隔着很多其他设备,比如交换机和路由器,所以,发送方与接收方的数据流并不是完全的"U"形流,下面的层传送线可能还有波折,如图1-32所示。图中的发送方与接收方之间隔着两台交换机和一台路由器,交换机接收到比特流,解封装到第2层,按照交换机的工作算法,对帧做处理,重新封装后转出。路由器从接口接收到比特流,解封装到第3层,按照路由器的工作流程,对分组进行处理,重新封装后转出。图中的实线,是数据以不同的形式流经发送方→交换机→路由器→交换机→接收方的路线。这条路线以发送方的封装开始,以接收方的解封装结束,而信息好像是从发送方直接流向接收方一样。

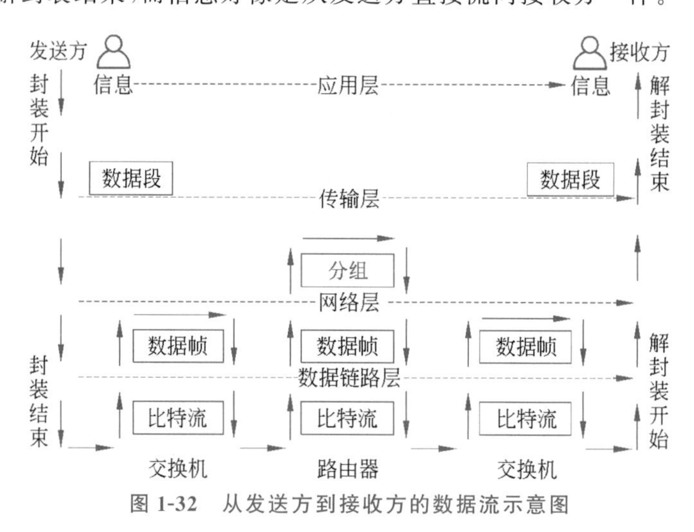

图1-32　从发送方到接收方的数据流示意图

OSI参考模型清晰地界定了每层独有的功能,层间的界线选择应使跨越层间接口的信息流尽可能地少。OSI参考模型将服务、接口和协议的概念凸显出来,而不像TCP/IP参考模型那样模糊。OSI模型是一个通用模型,可套用到不同的网络中。

1.4.3　TCP/IP参考模型

TCP/IP参考模型是在ARPANET及衍生网络(统称为TCP/IP互联网)的基础上抽象出来的分层模型(ARPANET Reference Model, **A-RM**),该模型及其上的TCP/IP协议栈构成了TCP/IP互联网的体系结构,它是对TCP/IP计算机网络的诠释,是在实践中产生的;随后在OSI参考模型的影响下,得到了进一步发展,以更好地适应网络的构建、互联和壮大。在IETF的官网上搜索参考模型(reference model),甚至找不到官方的标准文档。所以,TCP/IP参考模型是一个事实上的标准,这与OSI参考模型这种官方标准的形成截然不同。

TCP/IP参考模型是从实践网络中抽象出来的,最早的ARPANET协议分层如图1-33(a)所示,此时,已经采用分层思想设计通信协议,最下层是Host/IMP层,用于在主机与接口消息处理器之间通信；其上是 Host/Host 层，用于在两台主机之间管理通信路径；再上面是初始连接协议(Initial Connect Protocol，ICP)层，提供使用远方主机的标准方法，该层后来演变为 NCP 及 TCP，可参考 1.3.1 节；最上面的层，提供在本地使用远程主机的功能和嵌入更多应用功能。

图 1-33(b)是 TCP 发明之后的协议分层，此时(20 世纪 80 年代早期)的协议栈已经与现代的协议栈非常接近了，IP 层协议不单单是 IP，还有 IPX 等网络层协议。

图 1-33(c)是现代 TCP/IP 分层协议栈，它的主要特点是：仅从每层协议的数量来看，中间的两层最少，最下层和最上层的协议数量都比较多，尤其是最上层，应用形形色色，层出不穷；应用都在网络边缘的终端上，所以，互联网的特点是核心简单，边缘复杂。看起来，IP 层最单薄，但实际上最强劲，正是 IP，起到了将大小不等、异构的网络黏合起来的胶水作用。

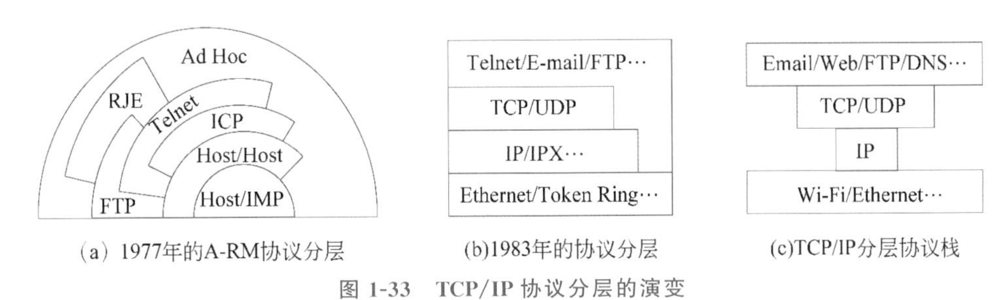

图 1-33 TCP/IP 协议分层的演变

对应 TCP/IP 分层协议栈的是 TCP/IP 参考模型，它不仅诠释了 TCP/IP 网络，而且对早期协议的后期演化和发展起到了指导作用。

现代互联网的 TCP/IP 参考模型具有 4 层，从下到上数，从第 1 层到第 4 层，分别是网络接口层(Network Access Layer)、网络层(Network/Internet Layer)、传输层(Transport Layer)和应用层(Application Layer)。TCP/IP 参考模型和 OSI 参考模型既有相通的地方，也有不同，如图 1-34 所示。

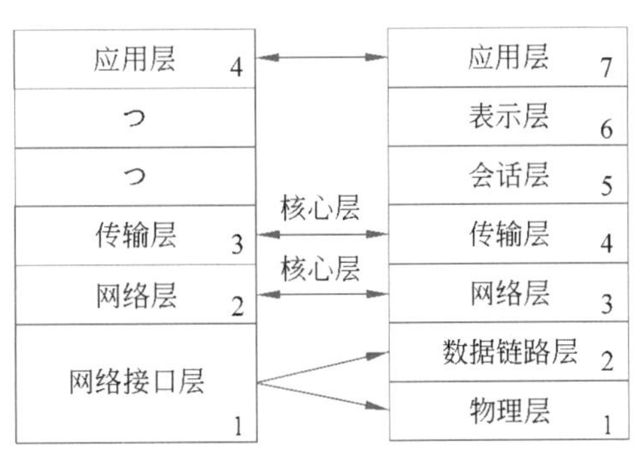

图 1-34 TCP/IP 参考模型和 OSI 参考模型对照

(1) 网络接口层：网络接口层是最低的一层，是主机到网络的接口，也称为主机到网络层(Host-to-Network Layer)，负责在两台主机之间提供数据的物理传输，为上层(网络层)提供分组承载的服务。这层并没有定义具体的协议，但支持所有标准的协议。比如这层支持以太网、Wi-Fi 无线网络、各种串口通信协议等，它是开放的，可以容纳新的技术。

网络接口层起到的作用，对应 OSI 参考模型的物理层和数据链路层合起来所起的作用。

(2) 网络层：也称为互联网络层(Internet Layer),它提供的功能是将源主机网络层产生的分组通过网络接口注入网络,并找到最优路径到达目的主机,提供了主机到主机的分组传输服务,这层的互联网协议(Internet Protocol,IP)规定了分组的格式和编址的方式。这层与OSI参考模型的网络层功能相当。

(3) 传输层：提供端到端(End to End)的数据段传输,端点和某个应用进程关联。源端点与目的端点之间,形成端到端的虚通道,数据段在其上传输。传输层的数据段传输可以是面向连接的、可靠的,比如传输控制协议(Transmission Control Protocol,TCP);也可以是无连接的,比如用户数据报协议(User Datagram Protocol,UDP)。该层与OSI参考模型的传输层功能相当,但OSI参考模型的传输层仅提供可靠的数据段传输。

传输层和网络层一起构成了TCP/IP参考模型的核心。

(4) 应用层：是TCP/IP参考模型的最高层,直接向用户提供各式各样的应用,如传统的应用有电子邮件、文件传输、远程登录、域名解析等,新的应用包括Web应用、微信、各种流媒体等,更新的应用还在不断地被研发出来,以满足用户形形色色的需求。这层也是开放的,可以容纳不断涌现的新应用。

TCP/IP参考模型的优点主要如下。

(1) 标准化：它是事实上的工业标准模型,可以据此有效地设计和构建网络;任何人和组织都可以根据标准设计某种软件或硬件产品。

(2) 开放性：协议栈是开放的,不属于任何一个特定的机构,任何个人和组织可在IETF官方网站下载相关的标准,自由地使用。

(3) 扩展性：整个框架呈现出良好的扩展性,在不中断现有服务的前提下,允许端设备或网络的加入。这个参考模型上的协议栈呈现中间小、上下两头大的沙漏模样,向下可以扩展,容纳更新更多的接入技术,向上也可以扩展,研发推出更多的新的应用。

(4) 独特性：每台主机都有一个全球独一无二的IP地址。IP地址与地理位置有关,可以标识主机的存在,也可以标识主机的位置,这是寻址的基础信息。

(5) 互操作性：允许异构网络间的跨平台通信。互联网中有路由器、交换机、网关等交换设备,它们提供的功能和形式都不同;还有PC、平板电脑、智能手机、智能手环等各式各样的终端;还整合了以太网、无线局域网、有线电视网、公共交换电话网、蜂窝移动网、卫星通信网等;所有这些都在TCP/IP网络中自由畅行,互相通达。

TCP/IP参考模型的缺点主要如下。

(1) 不通用：先有了协议,再有TCP/IP参考模型,它只能代表TCP/IP协议栈,无法解释其他模型或协议栈。

(2) 概念模糊：TCP/IP参考模型没有清晰地区分服务、接口和协议。

(3) 底层复杂：网络接口层提供了等价于OSI参考模型的物理层和数据链路层的功能,这两层的功能不同,TCP/IP参考模型将其混在一起,增加了它的复杂性。

(4) 适应性：TCP/IP最早是为广域网(骨干网)而诞生的,并没有针对局域网(LAN)或个域网(PAN)进行优化。换句话说,TCP/IP可以无缝接入局域网,但并没有规范和标准化局域网。从某种程度上讲,这并不全是一个缺点,反而包容了不同的局域网技术。

(5) 不完美: 在 TCP/IP 协议栈中,除了 TCP 和 IP 被仔细地设计和实现之外,其他协议可能是被临时设计出来的,不适合长期运行,但因其使用广泛,所以,只能对其进行修补。比如,远程登录是早期的字符应用,因为使用者多,现在的操作系统都自带这个应用。

TCP/IP 参考模型在实践中产生,并在实践中调整和发展,其中的 TCP/IP 协议栈是现代互联网实施的基石,TCP/IP 参考模型及其上的协议栈一起构成了现代互联网的体系结构。

1.4.4 TCP/IP 参考模型和 OSI 参考模型的比较

TCP/IP 参考模型和 OSI 参考模型具备两个功能相当的核心层: 网络层和传输层,如图 1-34 所示。TCP/IP 参考模型的应用层比 OSI 参考模型的应用层功能更多,它的网络接口层相当于 OSI 参考模型的下两层的集合。除此之外,两者还具有如下区别。

(1) 层数不同: TCP/IP 参考模型包含 4 层,而 OSI 参考模型包含 7 层,更加细致地界定了层的功能,但这也导致了会话层过于空泛。

(2) 通用性: TCP/IP 参考模型依赖标准协议,与协议是一体的,不能适用于另一个不同于 TCP/IP 协议栈的其他模型;而 OSI 参考模型是独立于协议的通用模型,可以有不同的协议。

(3) 模型和协议的关系: TCP/IP 参考模型是在协议的基础上抽象出来的,先有协议再有模型;而 OSI 参考模型是先有模型后有协议,研发的协议只需契合模型,所以,协议可以很多,只要满足模型的定义即可。

(4) 服务质量: TCP/IP 参考模型是一个"尽力而为"的模型,不提供服务质量保障;而 OSI 参考模型却提供服务质量保障。

(5) 概念清晰度: TCP/IP 参考模型没有清晰的服务、接口和协议概念;而 OSI 参考模型清晰地描述了服务、接口和协议。

(6) 简单性: TCP/IP 参考模型非常简单,而 OSI 参考模型要复杂很多。

(7) 数据传输方式不同: 两个参考模型虽然有功能相当的两个核心层,但也有差别。TCP/IP 参考模型的网络层提供无连接的分组传输,传输层支持无连接和面向连接两种传输;而 OSI 参考模型的网络层提供无连接和面向连接两种分组传输,传输层则只支持面向连接的段传输。

总而言之,这两个参考模型出身和命运都不同,OSI 参考模型是一个存在于教科书中的完美模型,而 TCP/IP 参考模型是现代互联网的事实标准模型。

1.4.5 本书使用的参考模型和内容组织

本书综合 TCP/IP 参考模型和 OSI 参考模型的优点,以能诠释现代计算机网络为主要目的,将两个模型进行了整合,将 TCP/IP 参考模型的上层保留,最下面的网络接口层用 OSI 参考模型的最下两层代替,形成一个五层参考模型,如图 1-35 所示。

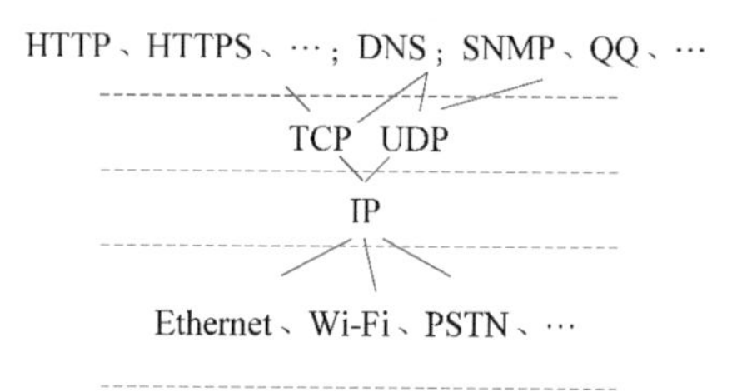

图 1-35　本书使用的参考模型及对应的协议栈

本书内容基本按照五层参考模型组织，如图 1-36 所示。除了第 2 层，其余 4 层，每层一章；而数据链路层被切分成介质访问控制（Media Access Control，MAC）子层和逻辑链路控制（Logical Link Control，LLC）子层，因为其中的主要功能集中在 MAC 子层，所以，这一层被分成了两章，第 3 章介绍数据链路层的帧传输相关技术和协议，第 4 章则介绍 MAC 子层的 MAC 方法及其使用等。

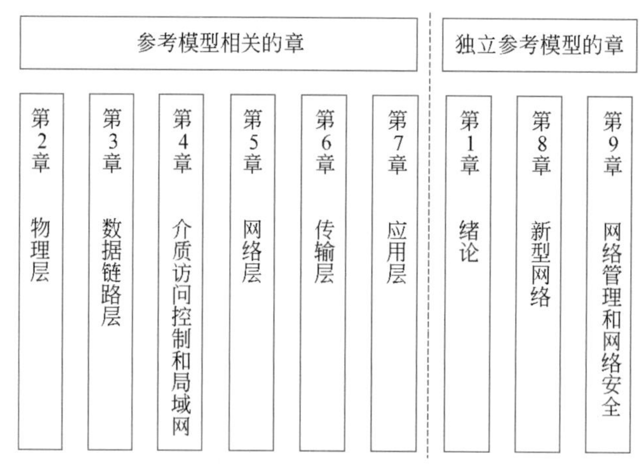

图 1-36　本书的组织架构

其余 3 章的标题没有使用参考模型的层名称：第 1 章引入网络相关的基本概念；第 8 章介绍了新型网络，比如物联网、工业互联网、软件定义网络等；第 9 章介绍了网络基础设施的管理和安全。

1.5　相关标准

计算机网络有大有小，其类型各不相同，所属的组织或机构也不同；网络中的设备五花八门，生产它们的厂商也不计其数；它们能够整合起来，成为互联网中的某一部分，且能很好地行使各自的职能，一定有一些规则和标准在其中加以协调和规范。

标准并不等同于协议，协议只是标准的一部分；网络标准定义了互操作所需要的规则。遵从标准的产品、网络，其实现可以不同，展示出来的性质也可以不同，但它们组合起来可以协调地工作，这就是标准的魅力所在。标准化有利于充分竞争，促进技术进步，最终使终端用户受益。

标准分为事实标准和法定标准两大类。事实（de facto，拉丁语，来自事实）标准指的是已经在实践中产生和实施但并没有任何正式计划的标准。比如，以太网，它的成形起步于20世纪70年代早期，并广泛用于局域网的部署实施，成为事实标准；后来，IEEE采纳了它，并开启了IEEE 802.3*系列标准的制定工作。在计算机网络通信领域，事实标准并不少见，这与互联网产生于实践有极大的关系；比如超文本传输协议、蓝牙等，都是从事实标准而来的。

法定标准指的是标准化组织通过标准化流程而产生的标准。比如OSI参考模型，是由ISO组织研究人员制定的开放系统互连标准。OSI参考模型没有在现实的网络中流行，但是，这并不意味着法定标准都是这种命运，比如，ISO的MPEG4视频标准，广泛用于视频压缩领域。

很多个实例告诉我们，事实标准广为使用之后，往往被某个标准组织采纳，成为法定标准；这样的标准有很好的应用基础，往往生命力旺盛，以太网就是这样的成功例子。

下面介绍互联网标准组织及标准，以及与互联网息息相关的一些标准组织及标准。

1.5.1 互联网标准组织及标准

1983年，互联网活动委员会(Internet Activities Board，IAB)从互联网配置控制委员会(Internet Configuration Control Board，ICCB，1979年)重组而来，旨在协调那些负责互联网不同技术方面的工作小组的工作。1992年，互联网协会(Internet Society，ISOC)成立，它是一个促进和支持互联网作为全球研究通信基础设施的演变和发展的专业协会，它将IAB囊括旗下，引领IAB的工作，并正式将IAB改名为互联网架构委员会(Internet Architecture Board，IAB)，仍然是非营利组织。

IAB为互联网的发展提供长期的技术指导，确保互联网作为全球通信和创新的平台继续成长和发展。IAB包括两个组织：IRTF和IETF。

(1) 互联网研究任务组(Internet Research Task Force，RTF)：IRTF着重互联网协议、应用、体系结构以及技术相关的长期研究，接受互联网研究指导组(Internet Research Steering Group，IRSG)的管理。IRTF主要由很多长期研究小组(research group)构成，这些小组有长期稳定的成员，这些成员出于个人的兴趣参加，而不是代表某个组织。IRTF会提供一定的资金支持，鼓励研究人员与标准设计社团之间的合作，鼓励博士研究生和早期研究人员参加学术活动和研讨会。

(2) 互联网工程任务组(Internet Engineering Task Force，IETF)：IETF着重实际工程问题的解决，它的宗旨是产生高质量的相关技术和工程文档，以影响人们设计、使用和管理互联网，从而让互联网运转得更好(摘自RFC 3935)。IETF接受互联网工程指导组(Internet Engineering Steering Group，IESG)的管理。

IETF是互联网标准的首要开发组织。一般来说，互联网标准是指一种稳定而易于理解的技术规范，有多个独立的、可互操作的实现，享有意义非凡的公共支持，且在部分或全部的互联网上公认有用。

IETF不是会员制，不收取任何费用，而是以工作组(Working Group，WG)的机制展开对某特定问题的研究和解决，任何人都可以通过邮件列表加入。所以，加入WG的讨论和研究的都是有兴趣的志愿者，这是能够让互联网运转得更好的基石。

IETF的工作文档是RFC文档。RFC文档全部在线上发布，任何人、厂商、组织都可以在官网上免费获取。RFC文档按照发布的时间先后编号，1969年发布了RFC

1，到目前（2023年7月10日）为止，RFC文档的编号已经达到了9432，但仅有其中很少的一部分成为了标准。

每个RFC文档一旦发布，就不再修改，如果所描述的内容发生了变化，需要重新撰写一个RFC文档，将原有那个作废。每个RFC文档都有一个状态，这些状态包括Internet Standard（互联网标准）、Proposed Standard（建议标准）、Informational（信息性的）、Experimental（实验性的）、Historic（历史性的）。

IAB的第一届主席David Clark曾说过：我们拒绝国王、总统和选举，我们相信粗略共识和可运行的代码。一个建议标准（或草案），必须有一个正常运行的实现，经过至少两个独立网站、历时4个月以上的严格测试，IAB才可以申明它成为正式的互联网标准。

在9000多个RFC文档中，有100多个RFC文档成为互联网标准。一个互联网标准可能由一个或多个RFC文档构成，且有一个以**STD**开头的编号（截至2023年7月，最新编号是STD 99），比如TCP是一个互联网标准，编号STD 7，经过多年的发展，关于TCP的最新一个RFC文档是RFC 9293。我们可以在官网上以文本（Text）、PDF、HTML等不同的格式打开RFC文档，打开后内容是一样的，但其头部及展现形式有所不同。图1-37是RFC 9293用文本形式打开之后，看到的头部信息，这是阅读一个RFC文档首先应该关注的重要基本信息。我们从头部信息中知道TCP是一个互联网标准，并且前面已经作废了7个RFC文档，我们还可以追踪这些作废的文档，理清TCP的发展历程。

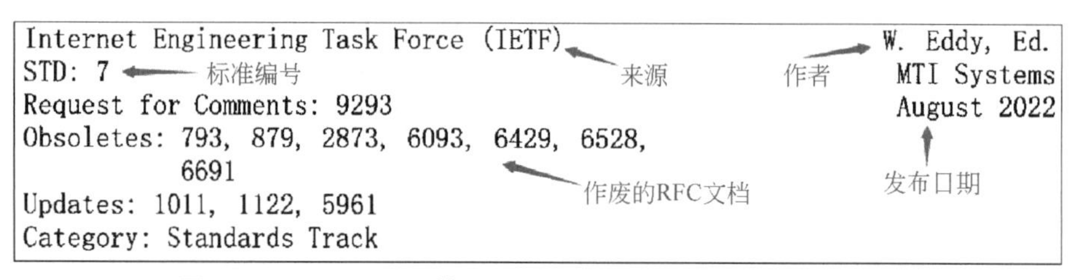

图1-37　RFC 9293文档（TCP）以文本形式打开后的头部信息

在所有RFC文档中，还有300多个的状态为“Best Current Practice”，它们有BCP编号。一个BCP可以包含一个或多个RFC文档，类似于互联网标准，BCP代表这是目前互联网上的最好实践。有时候，一个BCP只不过是IETF的一个管理流程而已。

互联网标准是开放的，任何人可以为推动标准化发展做贡献，也可以免费自由地获取标准。IETF制定的标准不是强制执行的，而是自愿遵循的，它们被互联网用户、网络运营商和设备供应商采用，有助于塑造互联网的发展轨迹，但IETF并不能控制甚至巡查互联网。

至于构建在互联网之上的Web标准，由**万维网联盟**（World Wide Web Consortium，W3C，1994年成立）开发。W3C开发Web标准和指导方针，帮助每个人建立一个基于可访问性、国际化、隐私和安全原则的资源网络。

Web标准是构建一致和谐的数字互联世界的基石，它们在浏览器、博客、搜索引擎和其他增强网络体验的软件中实现。W3C为应用程序开发定义了一个开放的Web平台；网络具有前所未有的潜力，可以让开发者在任何设备上构建丰富的互动体验。

这个平台还在继续扩展，但是网页用户很久以前就把 HTML 作为网页的基石。W3C 及其合作伙伴正在创建更多技术以扩展 Web，并赋予了它充分的力量，包括 CSS、SVG、WOFF、WebRTC、XML 和越来越多的 API。

1.5.2 其他相关标准组织及标准

IETF 制定的标准，很多是 TCP/IP 协议栈中的协议，比如 IP、TCP、HTTP 等。事实上，除了协议，计算机网络还有其他很多方面也需要规范和标准化。

1. 国际标准化组织(ISO)

成立于 1946 年的国际标准化组织(ISO)是一个独立的非政府的国际组织，现有 168 个国家标准机构的成员，中国国家标准化管理委员会(Standardization Administration of the People's Republic of China，SAC)是其中的成员之一。ISO 制定的标准涉及范围非常广泛，包括产品本身或制造产品的过程，比如质量管理、环境管理、能源管理、食品安全、IT 安全等，截至 2023 年 7 月 10 日，ISO 已经制定了 24826 个标准。这些标准按照不同的分类方法分成若干类以便进行索引。

其中一种索引分类方式是按照标准的主要制定者——技术委员会(Technical Committee，TC)分，可分成 340 多类，其中的 TC 1 是关于螺纹(screw thread)的标准，在索引列表中，其他类别都在 TC 1 之后，只有一个例外，即 ISO/IEC JTC 1，它是关于信息技术(information technology)标准的类，排在 TC 1 之前。IEC 是国际电工委员会(International Electrotechnical Commission)的缩写，而 JTC 是第一个也是唯一的一个联合技术委员会，这个特别的标准类别——ISO/IEC JTC 1 处理关于信息技术、计算机网络、计算机软件等方面的标准，由 ISO 的 JTC 联合 IEC 共同开发。比如，该类别下有一个 ISO/IEC 5021-1 标准，是关于无线 LAN 访问控制的。

ISO 标准制定的程序是精心设计的，需要获得国际专家的广泛同意和支持，可能经过多次修改，并最终投票表决，通过后形成正式国际标准。前面讲的 OSI 参考模型就来自 ISO(ISO/IEC 7498-1)。

2. 国际电信联盟(ITU)

1956 年，国际电话与电报咨询委员会(CCITT)重组，这就是 ITU-T 的前身，负责电信标准化，那个时候主要采用电话与电报进行数据通信。

1993 年，CCITT 成为 ITU-T。ITU 包括电信标准化(ITU-T)、无线电通信(ITU-R)和发展(ITU-D)三个部门。ITU-T 的任务是对电话、电报和数据通信接口等提出技术性建议，这些建议通常会成为国际标准，这些标准不是强制标准。当然，不采纳的后果，可能导致自己被孤立，因为你的呼叫指令，对方可能无法识别，从而无法应答。

ITU-T 已经完成了 3000 多份建议，其中的一些，我们非常熟悉，比如，H.264 广泛用于高清视频压缩，X.509 公钥证书(参考 9.3.3 节)广泛用于安全的 Web 浏览和电子邮件。ITU-T(那时还称为 CCITT)和 ISO 合作，提出了 OSI 参考模型(即 X.200，也就是 ISO/IEC 7498-1)。ITU-T 在光纤、光缆上提出了很多建议，我们将在第 2 章了解其中的 G 系列标准，也将了解 ITU-T 在通信微波段划分方面所做的建议。

3. 电气和电子工程师协会(IEEE)

电气和电子工程师协会(Institute of Electrical and Electronics Engineers，IEEE)是一个有巨大影响力的专业组织，每年组织大量的专业会议并发行专业杂志，它有一个标准化组，负责制定电气、计算机领域中的标准，迄今为止，已经制定了超过1200个标准。

在计算机网络领域，IEEE制定了著名的IEEE 802系列局域网标准，多达155个关于局域网/城域网(LAN/MAN)的标准，其中的87个是生效或正在研发的标准。

表1-5是一些著名的IEEE标准，部分将在第4章介绍。IEEE 802.3和IEEE 802.11都属于系列标准，其后跟不同的字母代表同一个系列的不同标准。比如IEEE 802.11a是采用5GHz频段的第一个无线局域网标准，IEEE 802.11g使用2.4GHz的频段，并保持兼容，两者都提供54Mb/s的带宽。字母a和g在英语字母表中并不相邻，那些漏掉的字母，可能是在较小的技术改良和修正过程中被用掉了。2009年发布的IEEE 802.11n使用了多天线技术，可达到600Mb/s的带宽。单字母被用完之后，新的同系列标准后只能跟两个字母了，比如流行的IEEE 802.11ac标准，向后兼容a/b/g/n，同时采用了双频段(2.4GHz和5GHz)，提供了更高的传输速率。

表1-5　著名的IEEE标准

标准编号	标准主题	中文注释
IEEE 802.1Q	IEEE Standard for Local and Metropolitan Area Networks — Bridges and Bridged Networks	一种标签协议，用于跨越干线的帧标记其所在的虚拟局域网(VLAN)
IEEE 802.3	IEEE Standard for Ethernet	关于以太网的系列标准，规范了物理层和介质访问控制子层的技术内容
IEEE 802.11	Wireless LAN Medium Access Control(MAC)and Physical Layer (PHY) Specifications	关于无线局域网(Wi-Fi)的系列标准，规范了物理层和介质访问控制子层的技术内容
IEEE 802.15	IEEE Standard for Low-Rate Wireless Networks	系列标准，广泛用于短距离无线传输，其中的IEEE 802.15.1是兼容蓝牙早期版本的标准，而IEEE 802.15.4是个域网规范，也是ZigBee的基础
IEEE 802.16	IEEE Standard for Air Interface for Broadband Wireless Access Systems	关于宽带无线接入系统(WiMax)的空中接口的技术规范

1.6　本章小结

本章首先给出计算机网络的定义，解释了它的内涵和外延。从不同的角度阐述了计算机网络的种类和样态，并对最大的计算机网络——互联网进行了定义。按照不同的分类口径，网络分成了很多种类，其中详细介绍了按照拓扑划分，计算机网络分为总线状、星状/扩展星状、环状、树状、蜂窝、网状等；按照覆盖范围划分，计算机网络分为个域网、局域网、城域网、广域网和互联网等。

构建于其上的万维网与互联网尽管有本质的不同，但两者又存在千丝万缕、不可分割的关系，相互促进、相互成就。

接着，站在用户的角度，从使用网络入手，介绍了各式各样的网络应用——C/S、

B/S、P2P,以及各自的特点。网络应用安装或嵌入在不同的网络终端中,网络终端位于网络的边缘,通过接入网络挂接到互联网上。本章简单介绍了有线和无线两类接入网络,前者包括宽带接入、有线局域网(以太网)、有线电视网等,后者包括无线局域网、蜂窝移动网、卫星通信网等。

用户使用网络的体验会因为网络的性能而变化,本章介绍了影响用户体验的一些重要指标,比如带宽、吞吐量、时延、丢包率、信道利用率等。

在读者对网络有了直观的切身理解之后,本章梳理了互联网的发展历史:4个节点的ARPANET,抛弃了电话网络的电路交换技术,采用了全新的分组交换技术;经过10年左右的实践,逐渐形成了TCP/IP协议栈,奠定了现代互联网的基石;又经过约10年的发展,浏览器的诞生,直接引爆了互联网的发展,催生了第一波浪潮。互联网的未来在哪里?读者见仁见智,留给读者畅想吧。

中国的互联网历史从使用网络开始,一封飞出国门的电子邮件开启了中国互联网的飞速发展之路。迄今为止,中国的网络基础设施建设(比如光纤到户数)、中国的网民人数、中国的IPv6建设,在世界各国的网络发展中名列前茅。

互联网的分层模型是网络架构设计的指导,也是读者理解和学习网络的重要工具。1.4节介绍了两个著名的分层模型,首先从用户订购吐鲁番葡萄的现实分层模型实例出发,引入分层的概念,从而引出OSI参考模型和TCP/IP参考模型。读者可从两个模型的层数、每层的名称和功能、优点、缺点等方面比较学习这两个模型。

与参考模型相关的概念,是本章需要重点掌握的内容,主要包括协议数据单元(PDU)及在各层上的特殊名称,如数据流、数据段、分组、数据帧、比特流等;发送方(源)的封装逐层加上开销,形成对应层的PDU、接收方(目的)的解封装则逐层剥除开销。每层的实体完成该层的功能,每层利用下层为它的上层提供服务,对等实体之间的通信遵从相应的协议。请读者注意区分服务、接口和协议。

每次通信以发送方的封装开始,以接收方的解封装结束,数据从发送方流出,直到接收方接收,数据流经的途径形成一个"U"形。大部分时候,发送方和接收方并不直接相连,中途还可能经过多台交换设备,比如交换机、路由器等,交换设备按照各自的处理流程,经过解封装→处理→重新封装后转出。

本章的最后,介绍了互联网标准的制定机构和流程,互联网标准都是某个或几个RFC文档。在9000多个RFC文档之中,仅有100多个成为了互联网标准。Web标准则由W3C制定。除此之外,其他几个影响力极大的标准化组织,如ISO、ITU、IEEE等针对互联网其他很多方面制定了标准或提出了技术建议规范。

本章的技术人物传奇

互联网之父:
Vinton Cerf

万维网之父:
Tim Berners Lee

中国互联网的
先行者:钱天白

本章的客观题练习

第1章 客观题练习

习题

1. 什么是网络？请列举日常生活中的网络实例。

2. 什么是计算机网络？

3. 按照通信方式划分，计算机网络分成哪几种？

4. 按照拓扑划分，计算机网络分成哪几种？

5. 按照网络规模或覆盖的范围划分，计算机网络分成哪几种？

6. 什么是互联网？它有什么特点？

7. 什么是Web？它与互联网有什么区别和联系？

8. 怎么区分骨干网络和边缘网络？

9. 客户/服务器(C/S)模型的网络应用是怎样工作的？

10. P2P应用与典型C/S应用的区别是什么？

11. 互联网发展阶段大致分为起源、成形和走向公众三个阶段，每个阶段的技术标签是什么？

12. 服务、协议和接口之间的关系是怎样的？

13. 试从第1层开始，写出OSI参考模型的各层名称。

14. 试用OSI参考模型描述数据封装流程。

15. 如果一个文件的大小是5GB，带宽是1Gb/s，理想情况下，需要多长时间才能将整个文件传输完毕？

16. 一个网络连接的带宽是100Mb/s，文件大小是5GB，带宽利用率为80%，需要多长时间才能将整个文件传输完毕？

17. 一个网络连接的带宽是50Mb/s，传输时间为2min，总共传输100MB。试计算实际的带宽利用率。

18. 一个文件的大小是2GB，通过网络传输的时间是60s，但由于网络丢包和传输错误，只有95%的数据传输成功。试计算实际的吞吐量是多少。

19. 一个数据包的大小是1500B，传输速率是1Mb/s，传输距离是1000km，传播速度为200 000km/s。试计算总时延是多少。

20. 在一个数据流中，发送了1000个数据包，其中有10个数据包丢失。试计算丢包率是多少。

21. 在一个信道上，实际传输数据的时间为200ms，空闲时间为50ms，冲突等待时间为20ms。试计算信道利用率是多少。

22. 在一个信道上，实际传输30Kb，传输时间为100ms，信道带宽为1Mb/s。试计算信道利用率是多少。

第2章

物理层

物理层是参考模型的最底层，是最基础的一层，承担着搬运比特流的任务，也就是说，物理层的功能是实现透明的比特流传输。所谓“透明”是指物理层并不关心比特流携带的具体信息，只关注如何将比特流从一方搬运到另一方，另一方可以完整无误地接收发送方发送的比特流。

比特流是一种信号，运送信号的通道称为信道(signal chanel)，信道的物理性质决定了传输的性能指标。规范物理层功能实现的是物理层协议，也称为物理层规程。物理层协议呈现出如下4个特性：

(1) 机械特性：规定了接口所用接插件的形状、尺寸、引脚数目、排列方式等。比如不同的以太网规定了不同的连接接口，其中的RJ45是常见的连接器。

(2) 电气特性：规定了接口的各条线上应有的电压范围。

(3) 功能特性：规定了出现某种电平时的意义。比如，收到一个高电压，可能代表收到了一个数字“1”。

(4) 过程特性：规定了实现特定功能的事件应该出现的顺序。

本章将探讨一些数据通信的基本概念，比如模拟和数字信号，串行和并行通信，同步和异步通信，单工、半双工和全双工通信等；采用傅里叶级数分析信号的特点，承载信号的信道的传输带宽(速率)上限可以由两个定理描述：奈奎斯特定理和香农定理。构成信道的是介质，本章将重点探讨导引性介质，如铜缆、光纤的技术特点和适用场景；也将探讨非导引性介质，如无线电波、微波、红外波等的技术特点和适用场景。

信号在信道上的传输分为基带传输和通带传输。基带传输的信号占据了信道的全部频宽，线路编码是实现基带传输的方案，主要有曼彻斯特编码、NRZ逆转、4b/5b等。通带传输的信号只使用信道的特定频宽，采用调制技术实现。基本的基带技术包括调频、调幅和调相，实际工程中常使用混合调制的方法，信号星座图上显示了QAM调制的级别，可以据此计算能获得的数字带宽。

复用技术可以提升介质的传输能力，本章除了探讨经典的时分多路复用和频分多路复用技术的工作原理、特点和使用情形之外，还探讨波分复用技术、码分复用技术、正交频分复用技术等较新技术的特点。这里的“新”指的是应用的时间较近，而不是提出的时间。

用户可以选择某种网络接入互联网，本节介绍公共交换电话网络、蜂窝移动网络、有线电视网络和卫星通信网络等4种接入网络，从覆盖范围来看，它们也是广域网络。我们还将在第4章学习另外两种常见的接入网络：个域网和局域网。

本章的最后，还将介绍物理层上的设备，主要包括收发器、中继器和集线器。

图2-1中的数字代表其下的主要知识点个数；读者可扫描二维码查看本章全部知识点的组织思维导图，并根据需要收起和展开。

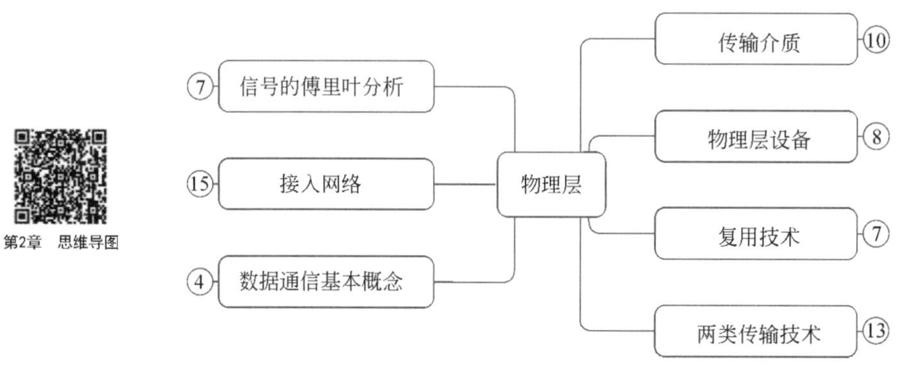

图2-1　本章主要内容框架的思维导图上层

2.1　数据通信基础

简单地说，通信是数据、信息的交换，一次通信涉及3部分：发送方、接收方和中间的信道。发送方负责将数据、信息变成某种信号，并发送信号；接收方负责接收信号，并将信号还原成数据、信息；而信道负责传输，即搬运信号。所以，一个通信系统通常包括发送方系统、接收方系统和中间传输系统。

2.1.1　常见的数据通信概念

1. 模拟通信和数字通信

模拟信号(analog signal)运载的数据是连续变化的值，比如麦克风采集到的语音数据就是一种模拟数据，通过电话机，变成连续变化的电压信号，向本地回路[①](local loop)上发送。传输模拟信号的通信系统称为模拟通信系统。

数字信号(digital singal)运载的数据是把模拟数据量化后的离散值。比如公共交换电话网络(Public Switched Telephone Network，PSTN)里端局中的编解码器(codec)，把在本地回路中接收的模拟语音信号，通过采样，变成离散的数字信号。如果使用256级别离散化模拟信号，则数字信号可取值在0,1,…,255之间的任何一个，对应的二进制取值是00000000,00000001,…,11111111，是一个个的比特，称为比特流。传输数字信号的通信系统称为数字通信系统。

图2-2是一个传感器采集到的温度随时间变化的示意图，图2-2(a)是模拟信号，温度是一个连续变化的值；图2-2(b)是数字信号，是在图2-2(a)中连续变化的温度值

① 本地回路：公共交换电话网络中，用户家连接电信公司端局的一段，它用三类双绞线传输模拟信号，中国近几年的“光进铜退”工程，已经让“最后一公里”的本地回路铜线变成了光纤。

基础上，按照等时间间隔采样并量化后获得的离散值。

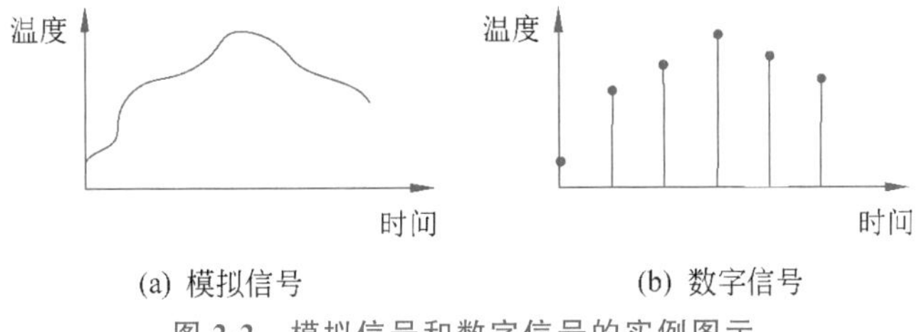

(a) 模拟信号　　(b) 数字信号

图 2-2　模拟信号和数字信号的实例图示

计算机处理的是数字信号，随着计算机技术的发展以及在通信领域的普遍使用，越来越多的通信系统采用了数字通信。比如，早期的公共交换电话网络是纯模拟通信系统，交换设备、干线逐步数字化，最后只剩下本地回路仍然是模拟的。近几年，我国电话系统的本地回路开展"光进铜退"改造，使用光纤取代原有铜线，最后一公里的传输速度和质量得到大大提升。

相比模拟通信，数字通信具有的优势如下。

(1) 传输内容丰富：凡是能表示为数字信号的数据、信息都可以通过数字通信系统传输，比如文本、声音、图像、视频等。

(2) 抗干扰能力强：模拟信号受到噪声干扰后难以消除，且可能随时间推移累积噪声，而数字通信不容易受噪声的干扰，经过设备后的再生信号也不会累积噪声。

(3) 安全性高：相对于模拟信号，数字信号更容易实现加密和解密，安全性更高。

(4) 发展迅速：数字通信技术的发展很快，超大规模集成电路技术的迅速发展，使数字通信设备的体积和成本都大幅下降，性价比很高，大部分通信系统都已数字化了。

(5) 差错率低：模拟信号的传输需要恢复波形，而数字信号的传输，只需要识别出"0"或"1"，出错率比较低，随着数字化处理技术的进步和普及，数字通信的错误率还会更低。

2. 并行通信和串行通信

数字通信系统中，比特传输时，一次发送的位数可以是 1 个也可以是多个。根据发送的位数，可分为串行通信和并行通信两种。

串行通信(serial communication)：将表示信息的二进制数据按"位"(bit，b)逐位从发送方往接收方传输。比如，发送 1 字节的数据，需要在 8 个比特时间完成 8 次连续的单独"位"的传输。进行串行通信只需要一条信道即可完成，这是串行通信最大的优势，如图 2-3(a)所示。

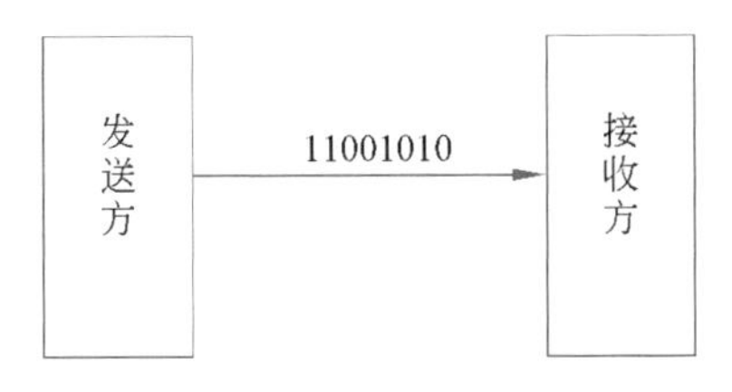

(a) 逐位传输8位的串行通信

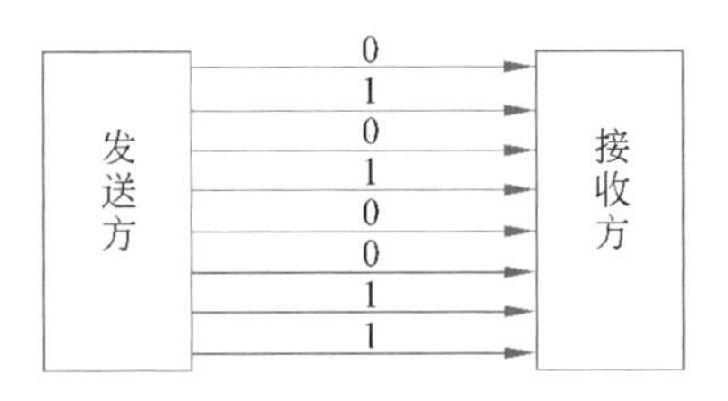

(b) 传输宽度为8位的并行通信

图 2-3　串行通信和并行通信原理示意图

并行通信(parallel communication):一次可传输 N 位(传输宽度),将表示信息的二进制数据按照"传输宽度"从发送方往接收方传输。比如,传输1字节的数据,如果传输宽度为8位,则只需要一个比特时间,一次即可完成8位的传输。进行并行通信,需要多条信道才能完成,传输宽度越宽,所需要的信道越多,如图2-3(b)所示。

并行通信一次可传输多位,相比串行通信,传输速度更快,但因为所需信道数量多,使其不适合长距离传输(成本高)。并行通信多用于短距离大数据量传输,比如用于计算机内部总线通信,有时也用于主机与并行打印机、绘图仪等外设之间的通信。计算机上用于与打印机等外设连接的并行接口称为LPT(Line Print Terminal)口,也称为并口。

串行通信看起来很慢,但如果采用高频信号,也可以达到较高的速度。最重要的是串行通信只需单条信道,建设长距离信道成本远低于并行通信,所以,在长距离通信中主要采用串行通信。在计算机上用于串行通信的接口称为 **COM** 口(Cluster Communication Port),也称为串口,早期也用于连接键盘、鼠标;串口对应的协议标准有RS232、RS485等。

现在广为使用的 **USB**(Universal Serial Bus)接口也是一种串口总线标准,逐渐取代了计算机上的并口和串口。USB接口上只有4条线,其中的两条是电源线,另外两条是信号线,这两条信号线的差值表示信号(差分信号),采用串行传输;USB 2.0的理论速度可达480Mb/s。USB接口有很多版本,USB 3.1标准对应的是Type-C接口,支持双向对称插拔和双向功率传输,使用越来越广泛。

稍后将学习到的 **RJ45** 接口(水晶头),用于计算机网卡与其他网络设备(比如交换机)的连接,也采用了串行通信。

3. 同步通信和异步通信

根据收发双方是否使用时钟进行收发控制,串行通信分为同步通信和异步通信两种。

同步通信:收发双方使用严格一致的时钟控制比特传输的开始和结束。在正式传输数据比特之前,信道处于空闲状态,某个时刻,发送方准备传输,先发送约定长度的特殊比特(比如前导码),接收方一旦扫描到这些特殊的开始比特模式,即同步时钟,将做好接收数据的准备;数据传输完成之后,发送方停止发送,信道处于空闲状态。一次同步传输通常会连续传输大块的数据。同步通信适用于高速通信,比如光纤干线上的通信。

异步通信:传输数据之前,无须同步时钟,发送方只需要按照预定的数据帧格式发送数据比特,数据帧的最开始和结束对应特别的开始标记位和结束标记位。一次异步传输通常传输的数据较少,因而适用于低速传输。

图2-4是同步通信和异步通信的工作原理示意图。同步通信的双方只要做好同步,就可以一次性连续传输大块的数据,直到传输完成;而异步通信以数据帧中特别的起始位和停止位标记数据帧的开始和结束,随时可传,双方并不同步时钟,但每次传输的数据量通常较少。

同步通信和异步通信相比,主要区别如下。

(1) 时钟同步:同步通信要求收、发双方的时钟一致;而异步通信不要求同步时钟,通过数据帧中的特别起始位、停止位进行同步。

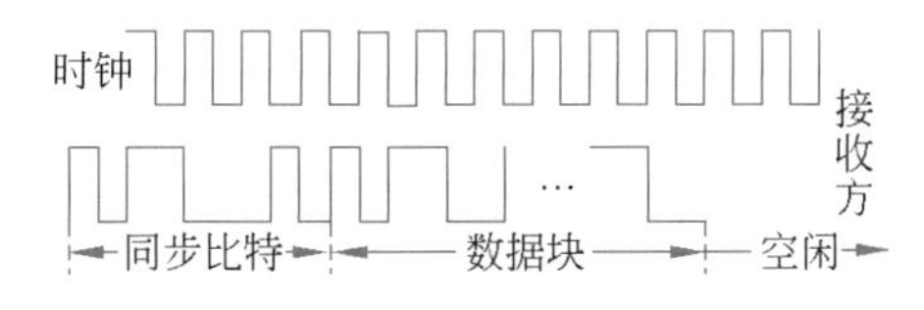

(a) 同步通信原理

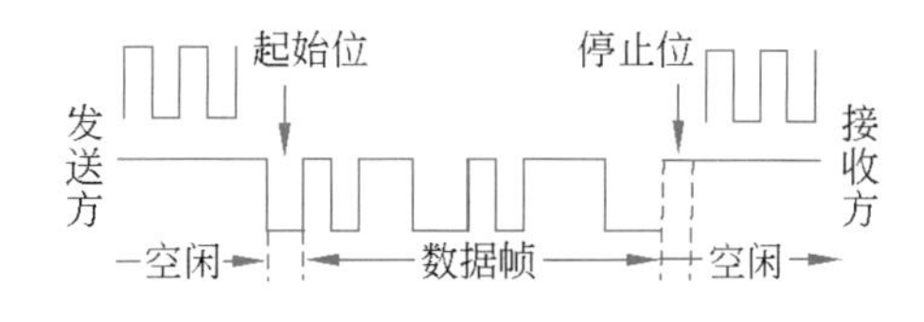

(b) 异步通信原理

图 2-4 同步通信和异步通信的原理示意图

(2) 效率不同：同步通信效率较高，而异步通信需要较大的开销，效率相对较低。

(3) 复杂性不同：同步通信因为需要同步时钟，其系统相对复杂，成本高；异步通信允许时钟不一致，无须做时钟的同步，其系统相对简单。

4. 单工通信、半双工通信和双工通信

按照信号传输的方向，可以分为单工(simplex)通信、半双工(half duplex)通信和全双工(full duplex)通信三种，如图 2-5 所示。

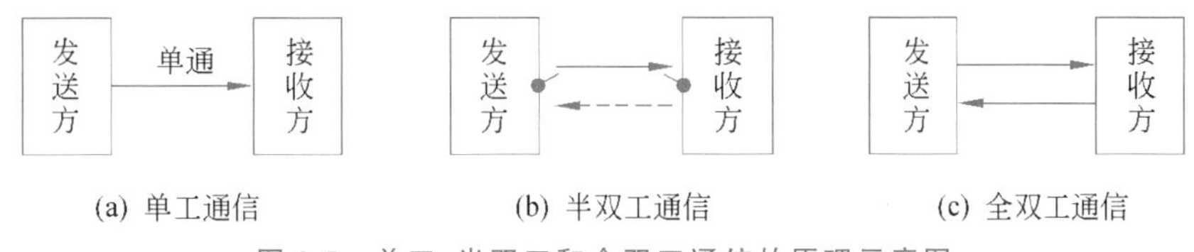

(a) 单工通信 (b) 半双工通信 (c) 全双工通信

图 2-5 单工、半双工和全双工通信的原理示意图

(1) 单工通信：数据从发送方发出，沿信道流向接收方，接收方负责接收信号；数据流向是单方向的，有明确的发送方和接收方。常见的单工通信有广播、电视等，其信息从广播台或电视台流向用户。单工通信只需单条信道。

(2) 半双工通信：通信双方可以切换发送方和接收方的角色，但同一时间只能单向传输数据，即不能同时双向通信。常见的半双工通信有对讲机、经典以太网等。对讲机某时只能有一方讲话，经典以太网的共享信道上只能有一个用户使用。半双工通信通常只有单一信道，有时也有双向信道，但双方设备可能不支持全双工，只能工作在半双工模式下。

(3) 全双工通信：通信双方可以同时双向通信。全双工的前提是有双向信道，且通信双方支持全双工的工作模式。我们将在第 4 章学习的快速以太网、千兆以太网均可以支持半双工和全双工两种模式；而万兆以太网及其后的以太网就只支持全双工工作模式了。

单工通信适用于单向数据传输的场景，除了广播电视之外，也适用于各种传感器的数据采集。半双工通信相当于可切换的两个单工通信的结合，通信双方要具备能发能收的能力，经典的 10M 以太网就是采用半双工的工作模式，它具备双向通道，但是双方不支持双向同时通信。

比较而言，全双工的通信效率最高，如果硬件条件具备，采用全双工通信最佳。

2.1.2 信号的傅里叶分析

一个随时间变化、周期为 T 的信号，记为 $S(t)$，按照傅里叶级数展开为

$$S(t)=C+\sum_{n=1}^{\infty}a_n\sin(2\pi nft)+\sum_{n=1}^{\infty}b_n\cos(2\pi nft)$$

上式表示：信号 $S(t)$ 可以由直流分量(C)、基波分量(1 次谐波)和无限的高次(n 取无穷时)谐波构成。其中，基本频率 $f=1/T$，是一次谐波的频率，n 次谐波的频率是基频的 n 倍即 $n\times f$。a_n 和 b_n 是 n 次谐波的正弦振幅和余弦振幅，C 是常数，这三个数可以通过对信号的积分计算得到。n 次谐波的能量可以用振幅表示为 $\sqrt{a_n{}^2+b_n{}^2}$。

如果给出周期 T(对应基频)和振幅，则可以使用上面的傅里叶级数公式重构出信号 $S(t)$。n 取值越大，谐波数量越多，重构出的信号就越接近原始信号。

如果以谐波的振幅为纵轴，以频率的变化为横轴，可以绘制出信号的幅频图，也称为频谱(frequency spectrum)图。频谱图是幅度(表示能量)在各个频率($f,2f,3f,\cdots,nf$)上的离散值。

有时，时间域(也称时域)的信号很难处理，可以将时域信号(随时间变化)转换到频率域(也称频域)，在频域进行处理。比如，被污染的时域信号中的噪声很难被滤除，可以将其傅里叶变换到频域，在频域，噪声和信号所占据的频率通常各不相同，可以容易地将噪声滤除。

在传输介质传输的过程中，信号的各次傅里叶分量都会发生衰减，且频率不同，衰减的程度也不同，所以，接收方收到的信号，除了能量衰减之外，还会变形、失真。失真表现为收到的信号与发送方发出的信号的形状发生了变化，而衰减表现为幅度的减小。

信号在介质中传输时，只能通过一定频率的傅里叶分量，超过某一频率的傅里叶分量不能通过，所以，接收方收到的信号存在衰减、变形、失真的现象，不可避免，但是，只要接收方能够分辨出发送方发出的信号，传输就是成功的。

介质存在一个频率值 f_0，在 $0\sim f_0$ 的频率范围内，传输的信号的振幅(能量)不会显著衰减，这段频率范围称为物理带宽，其单位是赫兹(Hz)；其本质表示能够通过信号的频率范围。f_0 称为截止频率，通常截止频率没有那么准确，往往将 0 到能通过一半能量大小信号的频率范围视作物理带宽。

之所以称为物理带宽，是因为它是传输介质的一种物理特性，只与介质的材质、构成形状、厚度、长度等物理性质有关。有时候，物理带宽直接称为带宽，也称为频宽。被传输的信号频率不总在 $0\sim f_0$ 的范围内，因为使用过滤器、升频器等，信号可能被限制在某个特定的范围内，比如，如果语音信号的频率被限定在 300～3400Hz，则此时带宽为 3400Hz－300Hz＝3100Hz。

普通用户关注更多的是数字带宽，数字带宽指的是单位时间内传输的比特数，也称为比特率、数字传输速率等，其单位是比特每秒(b/s)。实际上，数字带宽和物理带宽之间存在某种关系。

举个例子：假设一条信道的物理带宽是 3000Hz，如果每个周期传输 8 比特，比特率是 b 比特每秒，则周期是 $T=\frac{8}{b}$，对应的傅里叶基频是 $f=\frac{1}{T}=\frac{b}{8}$。假如该信道能够通过的谐波次数是 n，则 n 次谐波的频率需要满足：

$$n\times f\leqslant 3000$$

$$n\times\frac{b}{8}\leqslant 3000$$

$$n\leqslant 3000\times\frac{8}{b}$$

如果信号的谐波数 n 达到 8，才能很好地恢复出信号，则根据上面的不等式，比特率 b 最大仅能达到 3000b/s。降低允许通过的谐波次数，可以提高比特率 b，但是，信号可能已经模糊不清，无法识别了。一方面，我们希望通过的谐波次数尽可能多，以避免失真过大；另一方面，我们希望取得比较大的比特率，此时，谐波次数越小越有利，这是矛盾的。

工程师可以通过设计编码调制方案，提高比特率（数字带宽），但这个提高是否有上限呢？下面，我们将学习两个定理，了解传输介质构成的信道能够达到的最大数字带宽及其影响因素。

2.1.3 信道的最大数字带宽

如果一条信道没有噪声，则是理想的信道，而理想的信道的最大数字带宽也有上限。1924 年。AT&T 公司的工程师奈奎斯特提出了奈奎斯特定理，也称最大采样定理；它可以用下面的公式表示：

$$R_{\max} = S_{\max} \times \log_2 L$$

其中：

$$S_{\max} = 2 \times B$$

上式中，B 表示物理带宽（单位：Hz），$S_{\max}$ 表示最大采样率，其值最大不超过 $2B$，因为超过 $2B$ 的高频分量无法通过信道，被过滤掉了；超过 $2B$ 的采样没有意义。采样率指的是每秒采样的次数，或信号变化的次数。每次采样时的模拟信号波形，称为码元，信号波形携带着要传输的消息符号，所以，采样率也称为符号率，它还有另一个名称：波特率。对数字信号来说，码元是每次采样携带的二进制数。上式中的 L 表示信号的离散级别，它与二进制码元位数之间常常有 2 的指数关系。比如，采样的二进制数是 2 比特，二进制码元是 2 比特，则信号的离散级别是 $2^2=4$，而 8 比特的码元对应着 256 个信号离散级别。这种指数关系，不一定成立，因为有些级别的信号可能被用于纠错或其他控制用途。

奈奎斯特定理说明一条理想信道的最大传输速率（数字带宽），与其物理带宽成正相关的关系，还与码元宽度（二进制码元的位数）成正相关的关系。一条信道的物理特性确定了，即物理带宽确定了之后，只能通过提高离散级别提高最大传输速率了。

在真实的信道中，噪声却是不可避免的；噪声可大可小，大的噪声甚至可以淹没信号。信噪比可用于量度信道的质量，信噪比（Signal-to-Noise Ratio，SNR）指的是信号功率与噪声功率的比值，记为 S/N。正常的信噪比通常很大，业界常以分贝（deciBel，dB）作为信噪比的单位，计算公式如下：

$$S/N(\text{dB}) = 10 \times \log_{10} S/N$$

比如，一个信噪比 S/N 是 1000 的信道，对应 30dB；而一个信噪比 S/N 是 100 的信道，对应 20dB。

1948 年，信息论鼻祖香农提出了有噪声信道的最大数据传输率与信噪比的关系，即香农定理，可以用公式表示如下：

$$R_{\max} = B \times \log_2(1 + S/N)$$

香农定理表明，要想提高最大数据传输率，可以提高信道的物理带宽，也可以提高信噪比，当这两个参数都到达了上限，则不管采取什么方法，比如提高信号级别，或提高码元宽度，都无法突破这个香农上限。举个例子：通过公共交换电话网络（固网）提供的ADSL接入互联网，其物理带宽约为1MHz，比较高的信噪比可以达到40dB，即$S/N=10\ 000$，根据香农定理计算得到

$$R_{\max}=1\mathrm{M}\times\log_2(1+10\ 000)\approx 13\mathrm{M(b/s)}$$

相对于ISDN提供的带宽128Kb/s，13Mb/s的速度已经是"宽带"了。但要想使传输速率超过13Mb/s，如果无法提高物理带宽，就只能提高信噪比了。如果将公共交换电话网络的铜线换成光纤，物理带宽会大幅增长，从而带来数字带宽的飞升。

2.2 信号的传输技术

把待传输的比特流直接编制成信号进行传输，称为**基带传输**(baseband transmission)。基带传输的信号占据了信道的全部带宽，即物理带宽($0\sim f_c$)。比如高电压代表传输比特"1"，而低电压代表传输比特"0"。基带传输信号主要是低频分流和直流分流。基带传输通过具体的**线路编码**(line code)方案实现。

把待传输的比特调制到载波信号中，信号的频率不再限制在物理带宽内，而是被搬运到更合适的频带范围，这称为**通带传输**(passband transmission)。基本的调制方法有调幅、调相和调频。

2.2.1 线路编码

到目前为止，已经有非常多的线路编码提供比特传输。

不妨从最简单的编码说起。归零(Return-to-Zero，RZ)编码采用正电平表示1，采用负电平表示0，但是发送完之后回到零电平；收发双方通过归零进行同步。这是一种自同步编码，但是归零编码浪费了本该用于传输数据的带宽，如图2-6所示。

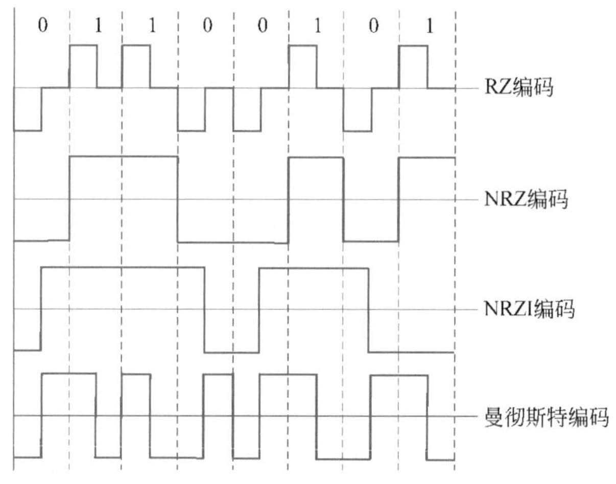

图2-6 几种典型的编码原理示意图

非归零(Non-Return-to-Zero，NRZ)编码将比特"1"用正电压表示，比特"0"用负电压表示，相对于归零编码，发送完之后，不再归零。用两级信号表示1比特。根据前面学习过的奈奎斯特定理，为了达到C b/s的传输速率，则带宽需要$C/2$ Hz。

NRZ编码可能会遭遇到时钟漂移问题。比如，当发送方发送连续的16个"1"或

“0”时，因为时钟漂移的累积效应，有可能只检测到 15 个“1”或“0”。为了解决这个问题，可以使用精确的时钟控制，但这样成本高昂。工程师提出了不归零逆转（Non-Return-to-Zero Inverted，NRZI）编码，它使用电平跳变代表一种逻辑状态（“1”或“0”），电平无跳变代表另一种逻辑状态，比如 USB 传输比特时使用电平跳变代表“0”，电平无跳变代表“1”。NRZI 编码解决了连续 1 问题就不能解决连续 0 问题，或者反过来，解决了连续 0 问题，就不能解决连续 1 问题；发送方也可以在连续的 6 个 1 后插入一个 0（或者反过来）打破连续电压状态。

NRZ 和 NRZI 都不是自同步编码，需要采用其他的同步手段，比如在正式传输数据之前，发送一个同步码，比如 00000001。

曼彻斯特（**Manchester**）编码是经典以太网采用的编码方式。它用从高电压跳变到低电压表示“1”，从低电压跳变到高电压表示“0”，它完全没有前述的连续 1 或连续 0 的问题。但采用曼彻斯特编码要想获得 C b/s，需要的带宽是 $2C$ Hz。它是一种自同步编码，其本身携带了时钟信号，所以编码效率较低，只有 50%。

快速以太网 100Base-TX 不再采用曼彻斯特编码，而是采用了编码效率更高的 **4b/5b** 编码。这种编码通过发送 5 比特代表真正想传输的 4 比特，在编码后的 5 位码字中，不出现 3 个连续的 0，连续 1 最多出现 4 次，4b/5b 编码前后对应的码字如表 2-1 所示。

表 2-1 4b/5b 编码前后对应的码字

编码前 4b	编码后 5b	编码前 4b	编码后 5b	编码前 4b	编码后 5b	编码前 4b	编码后 5b
0000	11110	0100	01010	1000	10010	1100	11010
0001	01001	0101	01011	1001	10011	1101	11011
0010	10100	0110	01110	1010	10110	1110	11100
0011	10101	0111	01111	1011	10111	1111	11101

4b/5b 编码用 5 比特发送 4 比特，编码效率达到 80%。5 比特形成 32 个编码组合，只用到其中的一半传输数据，剩下的组合可用于其他用处，比如用作数据帧界，或用作某种控制符号等。

千兆以太网用到的 **8b/10b** 编码原理与 4b/5b 类似。万兆以太网则用到了 **64b/66b** 编码，其编码效率高达 64/66，约为 97%。当然它的实现更加复杂一些，采用了扰码器生成伪随机数，接收方通过同样的扰码器恢复出原始码。这种编码让码字中的 0、1 分布具有随机性，大概率不会产生一长串的连续 0 或连续 1。

2.2.2 调制技术

通过载波（carrier，通常是正弦波）信号搭载待传输的信号的技术称为调制，调制后的信号频率并不局限于 $0 \sim f_c$ 的范围内，而是可以搬运到另一个频率范围，到了目的地之后再解调出传输的信号。

对于无线信号传输来说，调制技术尤其有用。天线做得越来越小，要求信号频率越来越高，很少在低频上传输无线信号，且由于监管和干扰的因素，因此将无线信号调制到另一个指定的频率范围非常有用，而不同频率范围的调制信号可以出现在一条信道上。这种传输技术称为通带传输。

基本的调制技术包括三种，其基本原理示意图如图 2-7 所示。

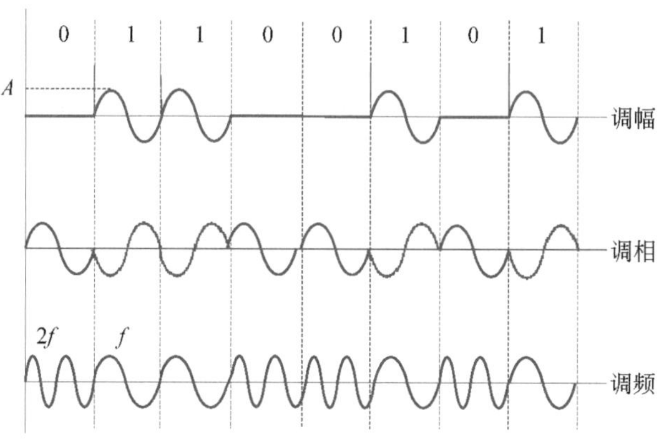

图 2-7　基本的调制技术原理示意图

(1) 调幅(Amplitude Modulation，AM)：也称为幅移键控(Amplitude Shift Keying，ASK)，通过调节载波信号的振幅改变传输的二进制值，比如，振幅为 A 的载波表示“1”，振幅为 0 的载波(无载波)表示“0”。

(2) 调相(Phase Modulation，PM)：也称为相移键控(Phase Shift Keying，PSK)，通过调节载波信号的相位改变传输的二进制值，比如，相位为 0°的载波表示“1”，相位为 180°的载波表示“0”，因为用到了两种相位，也称为二进制相移键控(Binary Phase Shift Keying，BPSK)。实际应用中，有一种常见的调相移方案称为正交相移键控(Quadrature Phase Shift Keying，QPSK)，总共 4 级(即每波特传输 2 比特)，信号的相位之间相互正交。

(3) 调频(Frequency Modulation，FM)：也称为频移键控(Frequency Shift Keying，FSK)，通过调节载波信号的频率改变传输的二进制值，比如，频率为 f 的载波表示“1”，频率为 $2f$ 的载波表示“0”。

实际应用中，为了让一个码元携带更多的比特数，总是进行综合调制，以提高调制级别，比如振幅和相位的综合调制，最常见的是正交振幅调制(Quadrature Amplitude Modulation，QAM)。QAM-64 表示调制级别可达 64 级，即每个码元可携带 6 比特；QAM-128 表示调制级别可达 128 级，每个码元可携带 7 比特。在 IEEE 802.11ax 中，调制级别进一步提升到 1024 级，即采用了 QAM-1024，每个码元可携带 10 比特，如果采样率为 40M/s，则数字带宽可达 10b×40M/s=400Mb/s。

常用信号星座图(constellation diagram)表示 QAM 信号的相位和幅度，如图 2-8 所示。一个级别的信号对应一个信号星点，点到原点的距离表示信号幅度，点和原点的连线与横轴的夹角表示信号的相位。

当调制级别比较大时，则相邻级别的信号容易发生混淆；通常选取其中的一些信号，用于检查错误，常用的做法是使用其中的 1 比特检错。比如 QAM-64，每个码元可传输 6 比特，用 1 比特检错，剩下的 5 比特用于传输真正的用户数据，也就是说，一半的星点用于传输信号，剩下一半的星点则用于检错，这种调制方法称为格码调制(Trellis Coded Modulation，TCM)，其通过牺牲效率提升传输的可靠性。

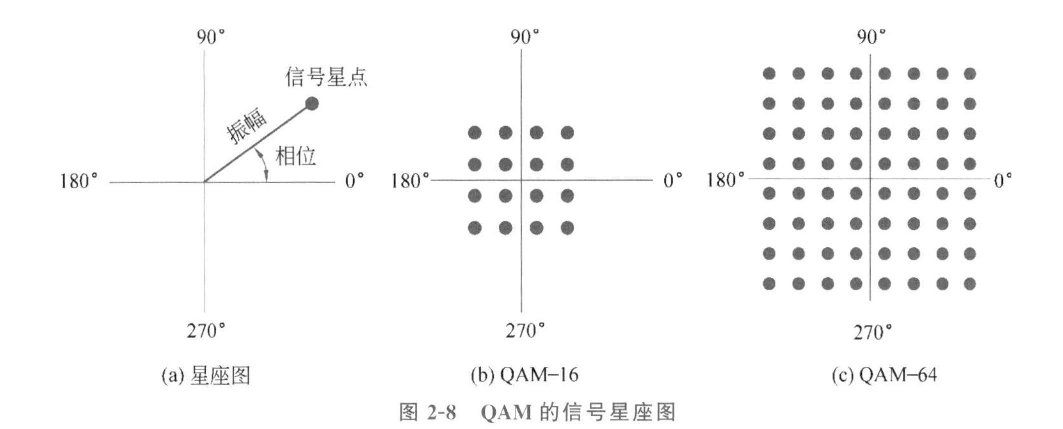

图 2-8 QAM 的信号星座图

2.2.3 复用技术

两点之间的单条信道，可以承载多个信号的传输，即多用户共享信道。复用技术实现了这种共享，复用技术在共享信道的起点通过复用器(multiplexer)，将各路信号进行复用，复用信号通过共享信道后，在终点通过解复用器(demultiplexer)进行解复用，恢复出原始信号。复用技术的基本工作原理示意图如图 2-9 所示。

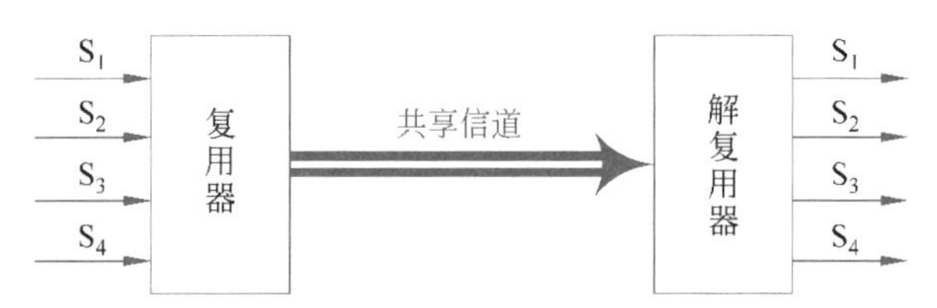

图 2-9 复用技术的基本工作原理示意图

图 2-9 只显示了单方向的复用解复用，对全双工系统来说，复用器和解复用器整合在一起，可进行双向的复用和解复用，所以，共享信道的起点和终点是相对的。

本节将探讨时分复用、频分复用、波分复用和码分复用等具体的复用技术。

1. 时分复用

大学校园里的一间教室，为了提高其使用率，将一天分成若干时段，不同的时段分配给不同的班使用。如果安排妥当的话，教室从不空闲，每个时段都在使用，使用率可达 100%。

时分复用(Time Division Multiplexing，TDM)技术的原理类似上述教室的使用，它是经典的复用技术之一，广泛用于传统的公共电话交换网络、蜂窝移动网络和其他网络系统中。

一个时分复用系统，将时间分成一个个极短的时间间隔，并为每个用户分配专属的时间间隔，用户在属于自己的时间间隔使用整条共享信道，所有用户的时间间隔构成一个 TDM 周期，一个 TDM 周期发送的比特构成一个 TDM 帧。TDM 工作原理示意图如图 2-10 所示。

图 2-10 中，5 个用户在每个 TDM 周期自己专用时隙中使用整条共享信道，整个信道完全利用起来，利用率达到 100%。

可见，时分复用受时间控制，为了防止时间漂移带来的影响，有时候需要在 TDM

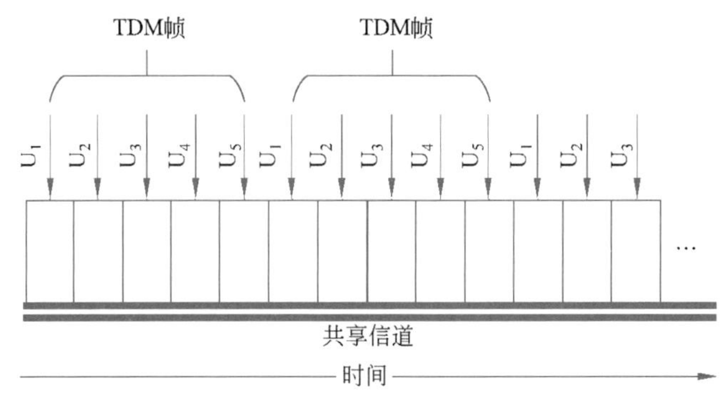

图 2-10　有 5 个用户的时分复用系统共享信道的原理示意图

帧间插入极短的保护时间，以保证同步。

实际上，并不是每个用户在每时每刻都需要使用信道，图 2-11 中的用户 3 一直没有数据需要发送，自己的专用时隙处于空闲中，虽然没有使用，因为是其专用时隙，其他用户也不能使用，白白浪费了，致使这段时间的平均信道利用率只有 80%。

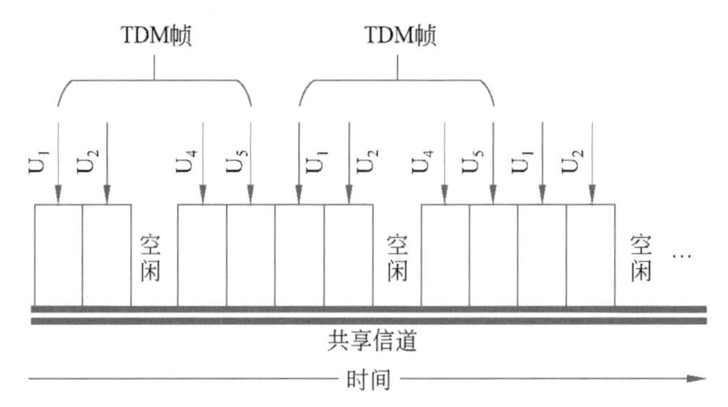

图 2-11　用户 U3 空闲时的共享信道工作情况示意图

统计时分复用(Statistical Time Division Multiplexing，STDM)改善了这种浪费专用时隙的情况，此时的时隙不再固定地分配给用户，而是根据用户的需求分配时隙。图 2-12 显示了统计时分复用的一种工作情况：假设图 2-11 的用户 U_3 不使用信道时，恰好用户 U_2 需要发送更多的数据，结果信道的工作情况变成了图 2-12 这样。

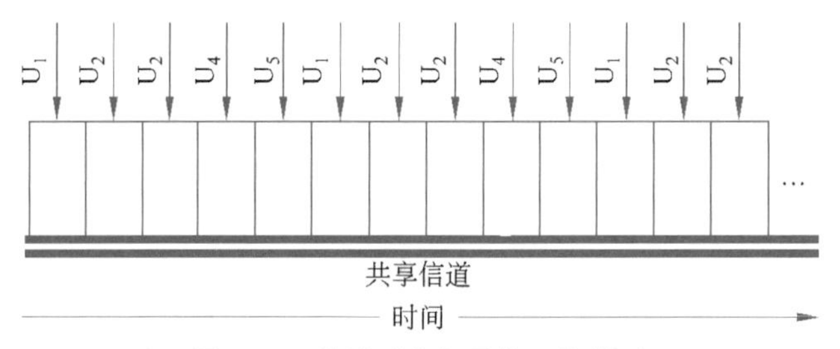

图 2-12　统计时分复用的工作情形

根据用户的需求分配时隙，提高了信道的利用率。但统计时分复用要求系统统计用户的实际需求，再动态地做出调度和分配，给系统增加了复杂性；为了区分哪个用户在使用时隙，不可避免地需要付出一些开销，比如在传输的比特中插入一些控制比特；另外，如果所有的用户都有很多数据要发送，即系统的载荷远超资源，则统计时分复用付出的统计、调度等代价就失去了意义。

总之，时分复用是经典的技术，也是仍然具有强大生命力的技术，它广泛使用于公共交换电话网络、蜂窝移动网络、卫星通信系统中，尤其适用于各种数字通信系统。

2. 频分复用

例如，在进行课程小组讨论时，可以把一间教室分成了 4 个角落，4 个小组就可以分别在 4 个角落同时进行讨论，互不干扰。

频分复用(Frequency Division Multiplexing，FDM)技术的原理类似上述的教室共享方式，它是另外一种经典的复用技术，广泛用于公共电话系统、蜂窝移动电话系统、卫星通信系统等。

顾名思义，频分复用是将共享的物理带宽分成若干间隔的频率范围，每个频宽可以全时、同时使用，各个频宽上传输的信号互不干扰。每个频率范围称为一个子频带或子带，一个子带表述一个子信道，用户全时独享某个子信道。为了保护每个子信道上的信号不与邻居信道上的信号混淆，子信道之间留有极窄的保护带(guard band)。频分复用共享信道的原理示意图如图 2-13 所示。

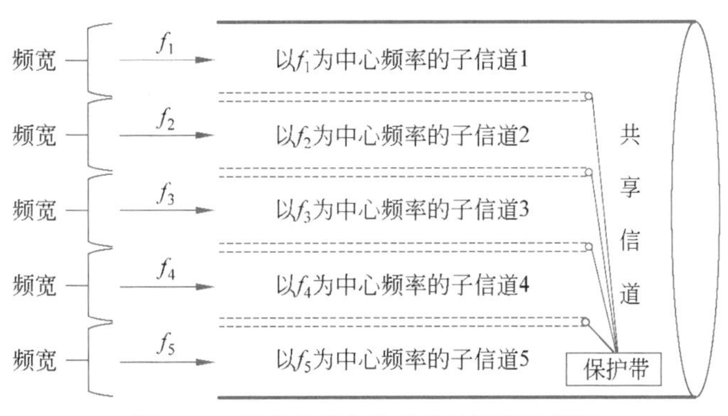

图 2-13　频分复用共享信道的原理示意图

时分复用系统是把固定的时隙分给特定的用户全速使用信道，而频分复用系统是把固定的子信道分给特定的用户全时使用，所以，时分使用和频分复用具有一些共同的特点。

(1) 用户都不能全时或全速享受共享信道，而只能使用其中的一部分。

(2) 都是固定的信道资源分配方式。使采用这两种经典复用技术的系统实现相对简单，这无疑是个优点。

(3) 每个用户对信道的需求事实上是不相同的，但由于获得的子信道或时隙资源是相等的，导致了资源的浪费。

曾经风靡一时的全球移动通信系统(Global System for Mobile communications，GSM)，既使用了频分复用技术，又使用了时分复用技术。它在 900MHz 附近的频率范围内，划分了 124 对(一收一发)单工信道，每条信道为 200kHz，且采用了 8 个时隙的时分复用，因此，理论上一个蜂窝可以有 124×8=992 个单独的双工信道，但其中包括一些控制信道，并不能全部提供给用户使用。

【**例 2-1**】 10 个用户使用时分复用(TDM)或频分复用(FDM)共享 8Mb/s 的信道，使用 TDM 的每个用户以一个固定的顺序轮流使用整条信道的全部带宽 1ms；当用户要传输一个 3000B 大小的消息时，使用哪种复用技术具有更低的可能时延？该时延是多少？

【解】 信道的总数字带宽是 8Mb/s，采用 TDM，信道带宽平均分给 10 个用户，每个用户分得的子信道的数字带宽是 0.8Mb/s。传输完成 3000B 大小的消息需要的时延 T_{FDM} 是

$$T_{\text{FDM}}=\frac{3000\text{B}}{0.8\text{Mb/s}}=\frac{3000\times 8}{0.8\times 1\,000\,000\text{s}}=0.03\text{s}=30\text{ms}$$

如果用户使用 TDM，在自己的专用时隙 1ms 内，以全速 8Mb/s 发送消息，可发送的字节数是

$$1\text{ms}\times 8\text{Mb/s}=8000\text{b}=1000\text{B}$$

所以，需要 3 个 1ms 的时隙才能传输完 3000B，如果开始传输消息时，刚好轮到自己的时隙，则等其他 9 个用户 9ms，第二次轮到自己，再等待 9ms，最后一次轮到自己，传输完成。时隙流转的过程如图 2-14 所示。

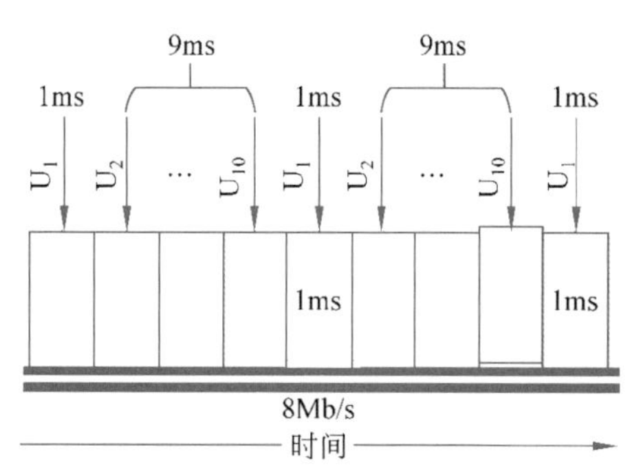

图 2-14 使用时分复用(TDM)传输 3000 字节所需的时间

传输完成所需要的总时间是 3ms＋2×9ms＝21ms，21ms＜30ms，所以，采用 TDM 所需要的时间更少。

经典的频分复用中，各子信道频宽互不重叠，甚至在相邻信道之间还要加上一点保护带宽。正交频分复用(Orthogonal Frequency Division Multiplexing，OFDM)技术却不怕重叠，不仅可以重叠，而且相邻信号必须是正交的，这正是 OFDM 中的“O”的意思。

OFDM 的原理是这样的：将信道分成若干正交子信道，高速数据信号转换成并行的低速子数据流，调制到每个子信道上进行传输；正交信号使得子信道频宽可以重叠，从而提升了信道的总带宽，这是 OFDM 最有吸引力的地方；同时，正交信号可以在接收端分开，且可避免子信道之间的相互干扰。

OFDM 由多载波调制(Multi-Carrier Modulation，MCM)发展而来。子信道通过普通调制，比如 QAM，在常用的正弦上搭载数字信号，调制的信号转换到频域，形成频谱，如图 2-15(a)所示。所有子信道的载波信号复用在一起，在频谱图上，一个载波信号的幅度峰值对应的频率(中心频率，如图中的 f_1、f_2、f_3)正好对应邻居子载波的幅度 0 值点，因为它们的正交特性，所以接收端可以据此分出各信道的载波信号，再检出其中的数据。

从图中看到，子载波只需要保持频率间隔 Δf，即可保证载波之间的正交性。而 $\Delta f=1/T_s$，其中 T_s 是采样周期。接收端也要利用正交性才能解出载波信号，所以，发送端需要插入保护时间，形成 OFDM 码元，接收端完成同步后，经傅里叶变换，得到载波信号。

20 世纪 70 年代，OFDM 系统就已经实验出来，但那时候的计算机技术还不足以支撑其普及使用，缓慢发展了 10 多年后，从 20 世纪 90 年代起，随着计算机技术和网络技术的发展，OFDM 大放异彩，尤其在无线网络中广泛使用，是 IEEE 802.11a 及其

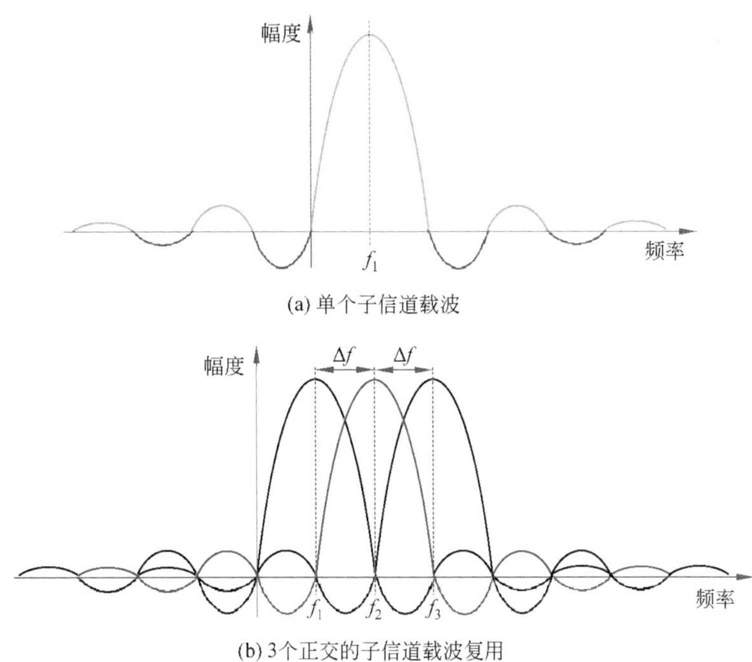

(a) 单个子信道载波

(b) 3个正交的子信道载波复用

图 2-15　正交频分复用技术的原理示意图

后网络，以及蜂窝移动网络长期演进（LTE）标准（4G、5G）中的主要调制技术。OFDM系统的崛起得益于大规模集成电路的发展，有了大规模集成电路，在OFDM系统中的傅里叶变换的实时实现才得到真正的实施，在固定的物理带宽上提供了越来越高的数字带宽。

总之，FDM也是一种经典的复用技术，现在仍然广为使用，常和TDM一起，用于某个通信系统中，提供更高的复用带宽；FDM技术适用于模拟信道，比如FDM把信道切分成一个一个的微波信道。

3. 波分复用

波分复用（Wavelength Division Multiplexing，WDM）是一种共享光纤信道的技术，不同用户的数据搭载到不同波长的光波信号上，复用在一起共享信道。波分复用技术本质上是频分复用，前者是光波信号的复用，后者是电信号的复用。

波分复用的基本工作原理是这样的：根据波长的不同，将共享的光纤信道划分为n个子信道，在信道的起点，n个光载波信号通过光复用器（合波器）复用在一起，因为波长不同，复用后各子信号互不重叠，互不干扰；在信道的终点，光解复用器（分波器）将不同波长的波分开，还原出发送方的原始信号，如图2-16所示。

光载波信号常使用的波段位于850nm、1330nm和1550nm三个波长（λ）处，每处的波段对应的频率范围大概有几太赫兹至几十太赫兹，物理带宽很大，这是高数字带宽的基础。其中的C波段①，波长范围是1530～1565nm，其对应的频率范围可以根据

① 根据ITU-T国际标准和国家标准，光纤使用的光波频率分成若干波段，其中最常使用的C波段是常规波段，波长范围是1530～1565nm，其衰减小，可进行全光放大。其余5个波段是O波段（1260～1360nm）、E波段（1360～1460nm）、S波段（1460～1530nm）、L波段（1565～1625nm）和U波段（1625～1675nm）。

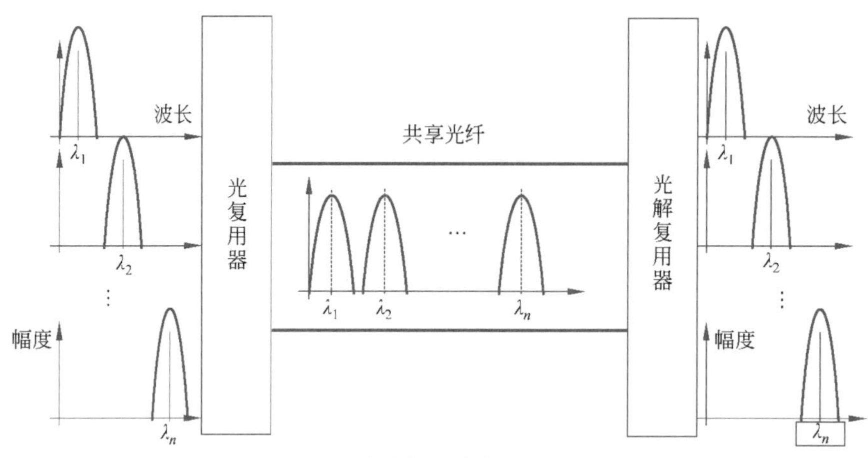

图 2-16　波分复用技术的原理示意图

公式 $c=\lambda\times f$（其中 c 表示光波速度，取常数 3×10^8m/s，f 表示频率，λ 表示波长）计算出来：

$$B=\frac{3\times10^8\,\text{m/s}}{1565\text{nm}\times10^{-9}}-\frac{3\times10^8\,\text{m/s}}{1535\text{nm}\times10^{-9}}=4.39\times10^{12}\,\text{Hz}=4.39\text{THz}$$

可见，频率范围（物理带宽）是太赫兹级别，非常大。

波分复用技术的发展让子信道的波长范围越来越小，也就是说，越来越多的子信道光载波密密地复用在一起，于是有了**密集波分复用**（Dense WDM，DWDM）。其单个子波的波长常小于 1.6nm，可复用子波的数量范围是 8～160 个，甚至更多。现在，单个子波的速度可达 400Gb/s，如果 80 个子波复用在一起，总带宽可达 32Tb/s，$1\text{T}=10^{12}=10^6\times10^6$，称为“太”或“兆兆”。另一种波分复用称为**稀疏（或粗）波分复用**（Coarse WDM，CWDM），它使用 1200～1700nm 的宽波段，单个子波的波长常大于 20nm，子波数量一般是 4 波、8 波或 16 波。这些指标看起来不如 DWDM，但是其端设备简单且成本低廉，这是它的最大优势，在 FTTx（Fiber To The x）接入中广为使用。图 2-17 比较了 CWDM 和 DWDM 的主要特征指标。

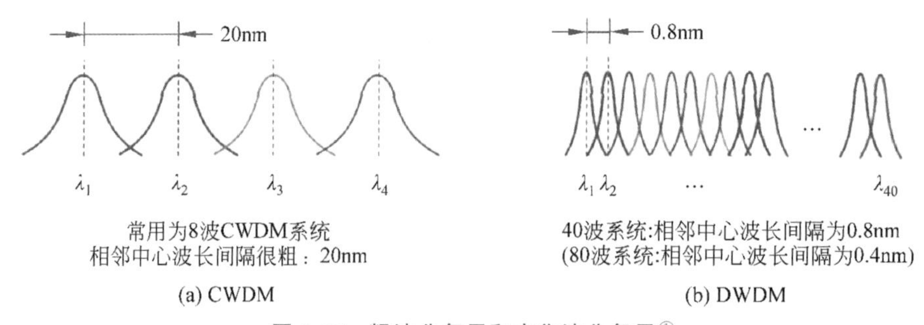

图 2-17　粗波分复用和密集波分复用①

4. 码分复用

一间国际教室里的学生分别来自中国、俄罗斯、英国、西班牙和法国，课间休息时，同一个国家的学生围在一起，讲着自己国家的语言，汉语、俄语、英语、西班牙语和法语

① 图 2-17 来自华为智能基座课程“现代光通信技术”；数据来自 ITU-T G.641.1/G.641.2。

交织在一起，乱糟糟的。这时进来一位只会汉语的专业教师，他只听到了汉语，其他的话语对他来说就像是噪声。

码分复用的工作原理类似上述国际教室的话语，与传统的复用技术完全不同，采用码分复用的用户发的数据混合在一起，总的看起来杂乱无章，如果接收者只接收想接收的那个用户的数据，其他用户的数据就像是噪声。

码分复用(Code Division Multiplexing，CDM)通常与多址技术一起，为多个用户提供接入服务，所以，码分复用常用的场景是**码分多路访问**(Code Division Multiple Access，CDMA)。

因为 CDMA 具有容量大、保密性好、抗干扰性强等特点，从 20 世纪 90 年代开始就在蜂窝移动网络中商用，经历了风光无限的 2.5G、3G 辉煌之后，逐渐衰落，进入 21 世纪，CDMA 网络几乎已经被所有的移动营运商所抛弃。从 4G 开始的 LTE 技术，主要采用正交频分多址(OFDMA)，即 OFDM 与多址技术的集合，用于接入网络。

码分复用系统是这样工作的：一个比特时间被分成 m 个极短的时间间隔，称为**码片**(chip)；每个用户分配一个 m 位的**码片序列**(chip sequence)。当用户要发送比特 1 时，就发送自己的码片序列本身；当用户要发送比特 0 时，就发送自己码片序列的反码；所有用户的码片序列线性加在一起，形成复用信号，在接收方，使用发送方的码片序列从复用信号中解复用出来发送方发送的原始比特。

码片序列是 0 和 1 构成的 m 位比特序列，为了教学方便，将其表示为双极序列，比如有一个码片序列是 0 1 1 0 1 0 0 1，表示为双极序列是 −1+1+1−1+1−1−1+1。

码分复用能工作的前提：把代表用户的码片序列看成矢量，这些矢量必须两两正交，假设两个用户的码片序列分别是 S 和 T，正交条件表示为归一化内积为零，数学上也称归一化内积为点积、标量积；S 和 T 的正交条件表示如下：

$$S \cdot T = \frac{1}{m}\sum_{i-1}^{m}(S_i \times T_i) = 0$$

码片序列还具有如下性质：一个码片序列 S 与它本身的点积为 1，即 $S \cdot S = 1$；S 和它的反码的点积为 −1，即 $S \cdot \bar{S} = -1$。如果两个序列正交，满足 $S \cdot T = 0$，则 $S \cdot \bar{T} = 0$。这些性质是码分复用的数学基础。

这里举一个 $m=4$ 的码分复用系统的例子，以帮助读者理解码分复用的工作原理。

【例 2-2】 假设码分复用系统中有 3 台工作站：甲、乙、丙，它们的码片序列分别为：+1 −1 +1 −1、+1 +1 −1 −1 和+1 −1 −1 +1。某个时刻，甲、乙和丙分别发送 1、不发和发送 0。(1)此时的码分复用信号是什么？(2)接收方收到复用信号后，解复用验证，3 台工作站发送的原始比特是什么？(3)如果在某 3 个连续的比特时间收到的复用信号是 0 0 +2 −2 0 −2 +2 0 −1 +1 −1 +1，则甲发送的比特是什么？

【解】 (1) 某个比特时间，甲发送 1，则发送自己的码片序列本身，即+1 −1 +1−1；乙什么都不发送；丙发送 0，则发送自己的码片序列的反码，即−1 +1 +1 −1。3 个用户在这个比特时间发送的复用信号是将 3 个用户发送的序列按码片相加，如下：

$$
\begin{array}{rl}
 & S_{\text{甲}}: +1\ -1\ +1\ -1 \\
 & S_{\text{乙}}: \text{未发} \\
+ & \overline{S}_{\text{丙}}: -1\ +1\ +1\ -1 \\
\hline
 & \boldsymbol{S}_{\text{复用}}: \mathbf{0\ \ \ 0\ +2\ -2}
\end{array}
$$

(2) 当接收方收到复用信号时,它需要接收哪个用户的信息,就用哪个用户的码片序列与复用信号进行点乘,如果点积为1,则表示发送方发送的是比特1;如果点积为−1,则表示发送方发送的是比特0;如果点积为0,则表示发送方没有发送任何比特。解复用的计算公式如下:

$S_{\text{甲}} \cdot S_{\text{复用}}=(+1-1+1-1)\cdot(00+2-2)=1$,所以,甲发送了比特“1”。

$S_{\text{乙}} \cdot S_{\text{复用}}=(+1+1-1-1)\cdot(00+2-2)=0$, 所以,乙没有发送。

$S_{\text{丙}} \cdot S_{\text{复用}}=(+1-1-1+1)\cdot(00+2-2)=-1$, 所以,丙发送了比特“0”。

(3) 此时的复用信号含有12位,分成3个4位($m=4$)序列,分别与甲的码片序列进行点乘运算:

$(+1-1+1-1)\cdot(00+2-2)=1$,发送了比特“1”。

$(+1-1+1-1)\cdot(0-2+20)=1$,发送了比特“1”。

$(+1-1+1-1)\cdot(-1+1-1+1)=-1$,发送了比特“0”。

得到的结果分别是1、1和−1,所以,甲发送的3个连续比特是110。

实际通信系统中的m比4要大得多,通常取值64或128,因为码片序列间的正交要求,m值足够大,才能容纳较多的用户。从上面的例子中我们可以看到,发送1比特,实际上发送的数据是m比特,也就是说,如果一个用户的数据速率是b b/s,则事实上的速率是mb b/s,其对应的频率范围也扩展了,所以,码分复用是一种**扩频**(Spread Spectrum,SS)技术,并且是直接序列扩频(Direct Sequence Spread Spectrum,DSSS)。扩频技术包括**直接序列扩频**、**跳频扩频**(Frequency Hopping Spread Spectrum,FHSS)和**跳时扩频**(Time Hopping Spread Spectrum,THSS)3种。

总之,码分复用是一种扩频技术,具有带宽大、抗干扰等优点,是2.5G、3G移动通信中的主角,却未在4G、5G中延续辉煌,不过,也并没有消亡,在卫星通信系统中,还能见到码分复用技术的身影。

除了上面介绍的几种复用技术,我们还可看到一些其他的复用技术,比如**空分复用**(Space Division Multiplexing,SDM),它利用空间的分割形成不同的信道,在移动通信中,用多入多出阵列天线实现空分复用,提高信道的容量,请参考2.4.2节。

2.3　传输介质

在了解了信道特点及其上信号的传输技术之后,下面来看看信道到底是什么。信号从信道的起点——发送机器,传送到信道的终点——另外一台机器;信道由传输介质(transmission media)构建而成,根据构建的信道是否对信号(某种电磁波)有导引,传输介质分为**导引性传输介质**(guided transmission media)和**非导引性传输介质**(unguided transmission media)两大类。导引性传输介质传播的电磁波信号是有导向的,比如锁闭在线缆中,这样的线缆有同轴电缆、双绞线、光纤等,提供有线通信。非导引性传输介质传播的电磁波信号不固定在某个有形的线缆中,而是行走于无形的空中信道,存在于自由空间(空气)中,常限制在某个频率范围,此类传输介质包括地面无线电、微波、红外等。

2.3.1 导引性传输介质

导引性传输介质主要指铜和光纤两种。铜介质主要包括同轴电缆和双绞线两种。

1. 同轴电缆

同轴电缆(coaxial cable)的实物通常如图 2-18(a)所示,从内向外,由铜芯导体、内绝缘层、铜编织屏蔽层和外绝缘保护层共 4 层构成。铜芯导体可以是单股实心铜导体,也可以是多股绞合线,它与编织屏蔽层构成电流回路,它们的中心重合,所以得名"同轴"。导体内传递高频交流电,会向线缆外发射无线电,损耗了信号的功率,编织屏蔽层大多使用铜材料,也有使用其他合金的,起着屏蔽的功能。

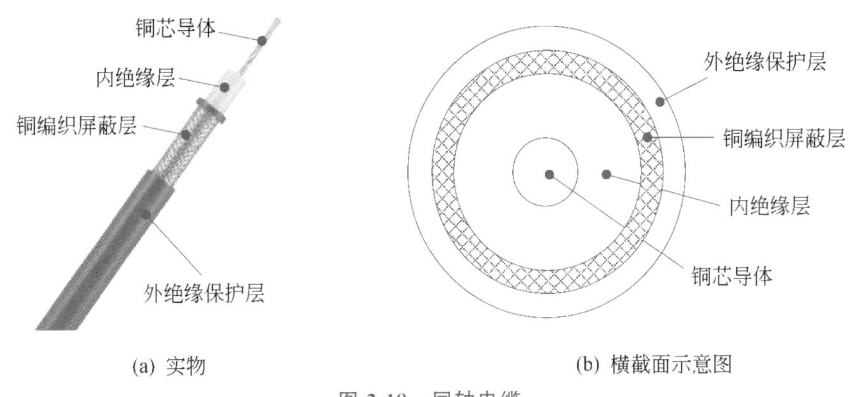

图 2-18 同轴电缆

同轴电缆既可以传输模拟信号也可以传输数字信号,使用广泛。

特性阻抗 50Ω 的同轴电缆,也称为基带同轴电缆,用于传输数字信号,根据其外直径大小,分为粗缆和细缆,早期用作经典以太网的总线,或者用于干线,因其安装、维护不易等缺点,这两种同轴电缆已经分别被双绞线和光纤所取代。

特性阻抗 75Ω 的同轴电缆,也称宽带同轴电缆,其屏蔽层多使用铝箔,用于传输模拟信号,比如用于早期的视频监控系统,它也是有线电视网的标准传输介质。同轴电缆屏蔽性好,带宽高,有线电视遍布城市的每个角落,如果将其作为互联网的接入介质,则是成本低廉的一种入网方式。

2. 双绞线

双绞线(twisted pair)由两条覆盖了绝缘层的铜导线绞合而成,绞合可以抵消两条导线中发出的干扰电波,这正是双绞线得名的原因;这两条绞合在一起的导线称为线对。双绞线的一个扭绞周期的长度,称为节距,节距越小,扭线越密,抗干扰能力越强。我们平时所说的双绞线,其实是双绞线缆,含有 4 个线对共 8 条导线。如果没有特别说明,本书所说的双绞线也是指双绞线缆。

根据有无屏蔽层,双绞线分为屏蔽双绞线(Shielded Twisted Pair,**STP**)与非屏蔽双绞线(Unshielded Twisted Pair,**UTP**)两种。其中 UTP 的使用最广泛,是目前局域网中的主要传输介质。

STP 的关键是"屏蔽",如图 2-19 所示,每个线对外包裹了屏蔽层,4 个线对外又包裹了一层屏蔽层，双重屏蔽的主要目的就是防护电磁干扰（Electro-Magnetic Interference，EMI）和射频干扰（Radio Frequency Interference，RFI）。在电子设备多、布线环境复杂的场景，使用 STP 是一个不错的选择，但是这两层屏蔽带来的不仅仅是昂贵的成本，还带来线缆的尺寸（直径）大、不易安装等缺点。有一种特别的 STP 称为金属箔屏蔽双绞线（Foil Twisted-Pair，FTP），将 STP 中的线对屏蔽层去掉，只保留最外层的屏蔽层，这样既保留了一定的屏蔽功能，又缩减了成本和尺寸。

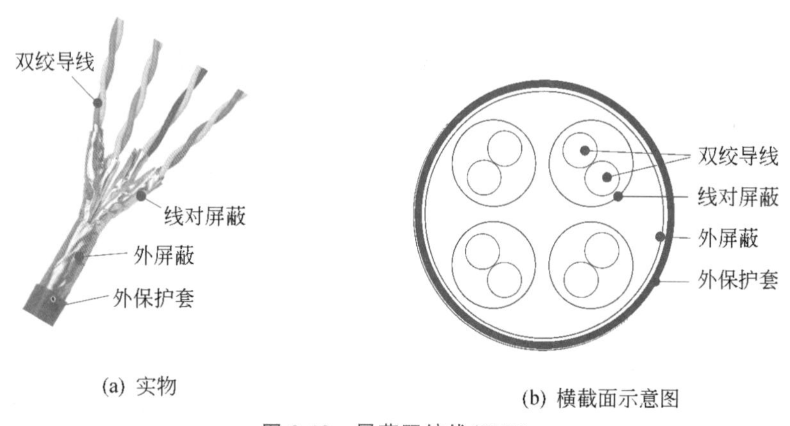

图 2-19 屏蔽双绞线（STP）

UTP 包含 4 个线对，但没有线对屏蔽层和外屏蔽层（见图 2-20），所以，成本和尺寸都比 STP 下降了很多，它既可以传输模拟信号，又可以传输数字信号。在有线局域网（以太网）和公共交换电话网的最后一英里[①]中得到了广泛使用。

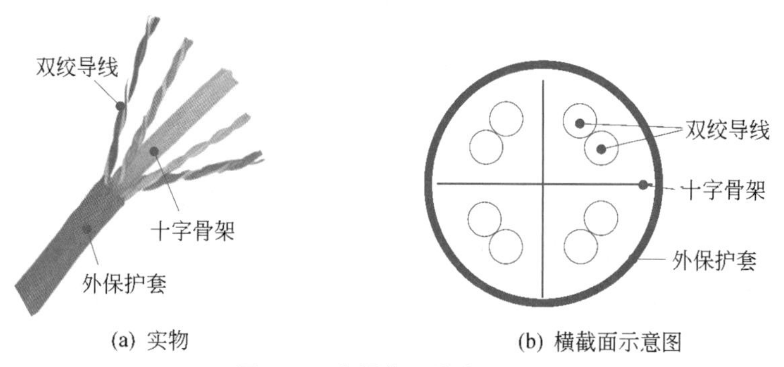

图 2-20 非屏蔽双绞线（UTP）

在不同的局域网中，UTP 的使用方法有所不同，比如，在 10M、100M 以太网中，UTP 的 4 个线对只用了 2 个，1 个用于发送，1 个用于接收；而千兆的以太网中，使用了全部的 4 个线对。

从 20 世纪 80 年代开始直到现在，在局域网中，UTP 的使用仍在继续，这得益于 UTP 本身持续不断进步，从 1 类开始，到 5 类、超 5 类（5e）、6 类、加强 6 类（6a），UTP 的性能和指标不断改进，适应了局域网技术的发展。EIA/TIA-568 系列标准[②]规定了

① 1英里＝1609.344 米。这里指本地回路，并不指确切的一英里。参考 2.4.1 节。

② 美国电子工业协会（Electronic Industries Association，EIA）和通信工业协会（Telecommunications Industries Association，TIA）联合颁布了 EIA/TIA-568、568A、568B 等有关 UTP/STP 的使用标准。

UTP 和 STP 的室内使用规范，ISO/IEC 也有对应的规范。

以太网是局域网中的主流，在以太网中，主要使用的传输介质是各类双绞线，且以 UTP 线为主。3 类 UTP(简称 Cat.3) 主要用作公共交换电话网络的本地回路，真正开始大量用在以太网的双绞线是 5 类 UTP(Cat.5)，表 2-2 是 5 类及其后的几类线的指标、特点和使用场景。

表 2-2 不同类别的 UTP 比较

线 类	工作频带	最大传输速度	最大传输距离	使用场景和特点
Cat.5	100MHz	100Mb/s	100m	10/100Base-T，易受干扰
Cat.5e	125MHz	1000Mb/s	100m	10/100Base-T，抗干扰性能好，性能更优
Cat.6	250MHz	1000Mb/s	100m	10/100/1000Base-T，短距离可支持万兆传输服务
Cat.6a	500MHz	10Gb/s	100m	100/1000/10GBase-T，提供桌面万兆传输服务
Cat.7 STP	1GHz	10Gb/s	100m 或以上	10GBase-T，提供桌面万兆传输服务，成本比光纤低
Cat.8 STP	2GHz	25/40Gb/s	30m	仅用于设备间的短距离传输

虽然可以用屏蔽线，但在以太网网布线工程中，基本使用的是 5 类或 6 类 UTP。当以太网的速度提升到万兆之后，UTP 的性能指标越来越力不从心了，是否要让位于 STP，有待时间的校验；也许随着光纤技术的发展，双绞线会逐步退出。尽管如此，双绞线仍将继续存在，主要因为它具有如下这些优势。

(1) 重量轻、体积小：相对于同轴电缆来说，UTP 的外形尺寸小了很多，尽管其最大传输距离 100m 不如同轴电缆，但最终战胜了同轴电缆，成为 xBase-T 的主要传输介质。

(2) 安装、拆除、弯曲容易：两台设备(带 RJ45 网络接口)采用 UTP 连接，只需要在 UTP 线缆的两端各安装一个水晶头，水晶头插入网络接口中，即完成安装；拆除一台设备同样简单，只需要把水晶头拔出即可；弯曲也容易，适合室内部署。

(3) 成本低：UTP 的成本比同轴电缆和光纤都低，可以结构化布线，维护成本较低。

3. 电力线

利用有线电视上网的最大好处是其分布在城市的每个角落，无须重新布线，即可实现城市居民接入网络。**电力线**(power line)的分布范围比有线电视更广，不仅分布在城市，还延展到了农村，几乎有人的地方，就有电网。电力线不仅可以传输电力，还能传输数据，利用电力线接入互联网传输数据，电力线就成了传输介质。

电力线通信技术(Power Line Communication Technology，PLCT)是指利用高压电力线(20kV 等级)、中压电力线(10kV 电压等级)或低压电力线(380/220V 用户线)作为信息传输介质进行语音或数据传输的通信技术。

交流电的频率是 50～60Hz，我国窄带**电力线载波**(Power Line Carrier，PLC)的频率范围是 40Hz～500kHz，而宽带 PLC 的频率更高。电力线传输数据速率以 2Mb/s 为界限，分为低速 PLC 和高速 PLC。电力线传输数据可能会遭遇比较大的电噪声，且高频信号会发生较大的衰减，随着技术的进步，这些技术问题得到一定程度的解决。PLC通信常采用正交频分复用（OFDM）技术，利用电力线进行短距离通信的数字带宽可达几百Mb/s。

数据信号搭载到普通电力波上传输，通过电力线传输，到达接收方后，数据信号被分离出来，如图2-21所示。

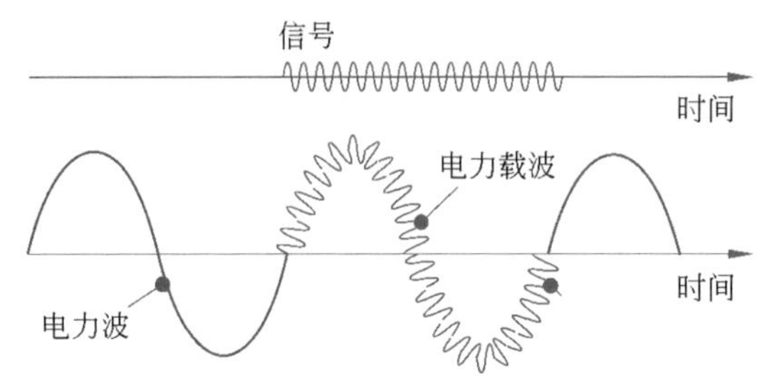

图 2-21 电力线载波通信示意图

电力线通信除了用于电力调度、智能抄表业务，还可用于智能家居、楼宇控制和智能小区、停车管理系统等；普通用户通过电力线接入网络的并不多，也许随着技术的发展和时机的成熟，电力线通信才可能真正得到应用。

4. 光纤

光纤（fiber）是光导纤维的简称，光可以在光纤内传输。根据所用材料不同，光纤分为石英（玻璃）光纤、塑料光纤、掺氟光纤、复合光纤等；使用最广泛的是石英（玻璃）光纤，它由二氧化硅石英（玻璃）拉成微米级粗细的丝儿形成，如果没有特别说明，本书所指的均为石英（玻璃）光纤。

1966年，高锟教授证明了光纤作为传输介质的可能性，并预言了制造通信用的低损耗光纤的可能性，他因此获得了2009年诺贝尔物理学奖。1980年，多模光纤通信系统商用，带宽达140 Mb/s；1990年，单模光纤通信系统进入商用化，速度达565Mb/s。如今，光纤单波速度可达800Gb/s，80波复用形成的总带宽可达64Tb/s。单从带宽这一项指标，就已经能够感受到光纤技术的飞速发展。

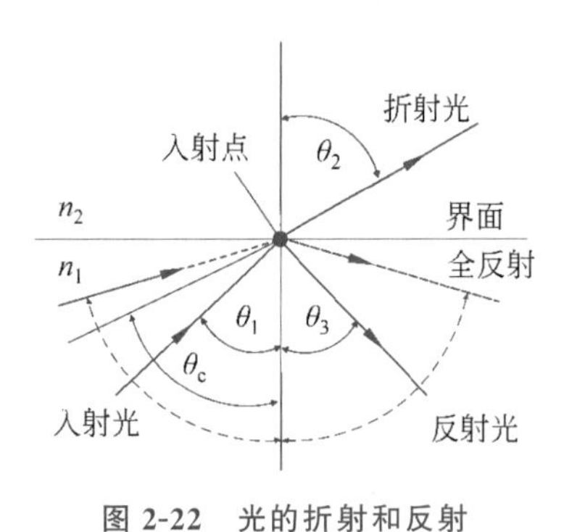

图 2-22 光的折射和反射

1）光纤通信的原理

当一束光以入射角度 θ_1 从折射率（refractive index）n_1 的物质入射到界面时，在这里同时发生折射和反射，折射光从界面入射点入射到折射率为 n_2 的物质中，折射角 θ_2 如图2-22所示；反射光以与入射角相等的角度从界面入射点返回，反射角 $\theta_3=\theta_1$，如图2-22所示。

入射角和折射角满足关系：

$$n_1\sin\theta_1=n_2\sin\theta_2$$

若两种物质的折射率不同，且 $n_1>n_2$ 时，则 $\theta_1<\theta_2$；当入射角 θ_1 不断增加，超过临界角 θ_c 时，折射角超过90°，折射光全部返回折射率为 n_1 的物质，即发生全反射。

光纤通信利用的原理就是光的全反射。一条裸光纤由内芯、包层（包芯，cladding）和覆盖在外的涂敷层构成，涂覆层由树脂涂敷在包芯外表面构成；内芯和包芯同轴，且都是石英（玻璃）纤维，但两者的折射率是经过仔细设计的，满足 $n_{内} > n_{外}$，此时光即可在内芯中发生全反射，一直传到几千米、几十千米甚至几百千米之外。光纤中的光传输如图 2-23 所示。

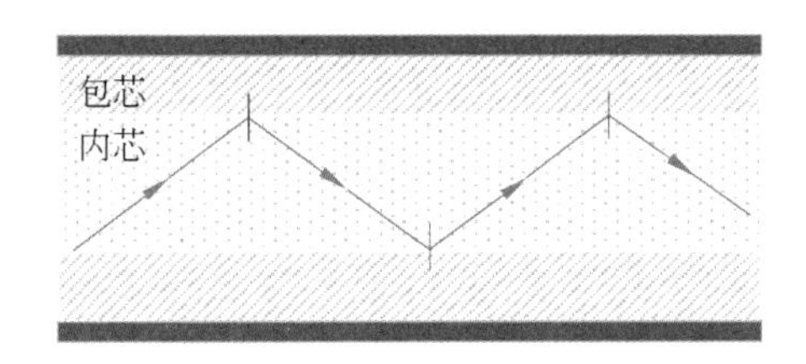

(a) 光在内芯中全反射前进（光纤纵截面）

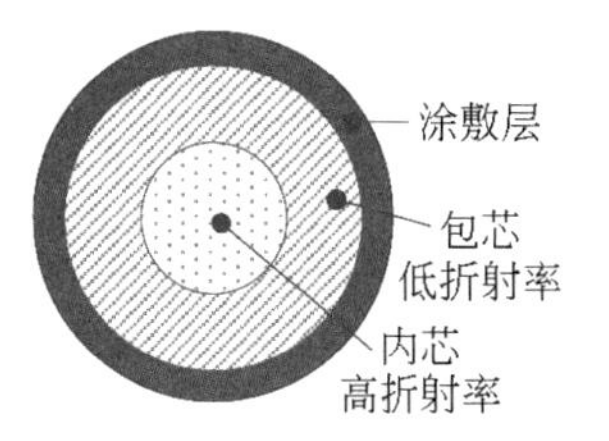

(b) 光纤的横截面

图 2-23 光纤中的光传输

内芯和包芯合起来称为**纤芯**。内芯和包芯的折射率是常数的光纤称为**突变型光纤**（也称为**阶跃型光纤**）；如果折射率从内而外按一定规律减少，这样的光纤称为**渐变型光纤**，因其“自聚焦”作用，其光路不是直线而是有一定弧度的弧线，传输距离可以更远。

光在光纤中传输比特时，用发出一个光脉冲表示发送比特 1，没有光脉冲则表示发送比特 0。产生光的器件主要有**发光二极管**（Light Emitting Diodes，LED）和半导体激光器；前者价格便宜，使用寿命长，但单色性和方向性不如激光，导致传输距离短和传输速率低，多用于多模光纤；后者虽然成本较高，使用寿命短，但可提供较长的传输距离和较高的传输带宽，多用于单模光纤。单模光纤和多模光纤的使用都较广泛。

光纤的传输距离和稳定性是很重要的性能，它们与光信号的衰减和损耗密切相关。纤芯的本征、弯曲、挤压、杂质、不均匀和对接等因素都会导致光能量损失（衰减），即传输的损耗。研究证明，损耗跟波长密切相关。早期光纤的工作波段集中于 850nm（波长范围为 770～910nm），其损耗约 2.5db/km，较大，只能用于短距离通信（2km 以下）。目前的光纤大多工作于 1310nm（波长范围为 1260～1360nm）和 1550nm（波长范围为 1530～1565nm，C 波段）两个波段，它们的损耗都很低，分别约为 0.36db/km 和 0.22db/km。1550nm 波段的光不仅损耗小，而且可使用掺铒光纤放大器[①]进行**全光放大**，从而可以进一步降低损耗，延长传输距离。

光纤的传输距离不仅与损耗有关，还与光模块发送器（Tx）的发送功率和接收器（Rx）的接收灵敏度有关。比如，一个千兆光模块的发送光功率为－3db，接收灵敏度为－22db，工作波段中心波长为 1310nm，如果 1310nm 波的损耗是 0.36db/km，则传输距离计算如下：

$$\frac{-3-(-22)}{0.36}=52.778(\text{km})$$

但实际的最远传输距离往往到不了这个值，因为除了光纤平均衰减之外，还有微

---

① 掺铒光纤放大器于 1985 年发明之后，推向商用，用于光复用器（合波器）之后，解复用器（分波器）之前；不需要光电转换即可放大。其原理是：在光纤中掺杂三阶铒离子，铒离子吸收泵浦光能量，由基态跃迁到高能级泵浦态，再迅驰豫亚稳态。在信号光感应下，再跃迁到基态，最终将泵浦能量转换成信号光能量，实现光信号的放大。

弯损耗(macrobending loss)、熔接损耗、光电耦合损耗等,最大的传输距离只有约40km。

光纤主要用于骨干传输,但是随着光纤成本的下降和高带宽需求的增长,光纤也逐渐渗透到用户端,最明显的就是FTTH。一个光通信系统通常包括光源、光纤和接收检测器三大部分,光源和接收检测器通常位于端设备或模块中。

2）光纤的种类

按照不同的分类口径,光纤有各种各样的类型。按照光纤的构成材料,可分为石英玻璃光纤、塑料光纤、空心光纤、复合光纤等;按照纤芯折射率变化方式,可分为阶跃型光纤和渐变型光纤;按照光纤敷设的场所,可分为室内光纤和室外光纤;按照是否抵抗恶劣环境,可分为铠装光纤和非铠装光纤。这里按照光在纤芯中的传输模式分为多模光纤和单模光纤。

图2-22中的光在内芯和包芯的界面上发生全反射,只要满足入射角大于临界角即可。这样,可以以大于临界角的不同入射角发射光束,不同入射角的光束同时向前传输,互不干扰,一个入射角称为一个模式,传输多个模式的光纤称为多模光纤(multi-mode fiber)。

同时入射的不同模式的光信号经过一段距离的传输,在接收器的到达时间出现先后顺序,使光脉冲波形发生了时间上的展宽,这种现象称为模式色散。色散将导致码间干扰,影响接收器对光脉冲信号的正确判决,误码率指标恶化。渐变型多模光纤的模式色散较小,所以,它比阶跃型多模光纤的使用更广。相比单模光纤,多模光纤的传输距离不远,带宽不大,它与LED光源结合,多用于中、短距离传输的局域网中。

常用的多模光纤内芯和包芯直径分别为62.5μm/125μm,如图2-24(a)所示;而近年来,越来越多的地方使用50μm/125μm规格的多模光纤,稍后介绍的G.651(ITU-T建议标准)渐变型多模光纤就是50μm/125μm规格。

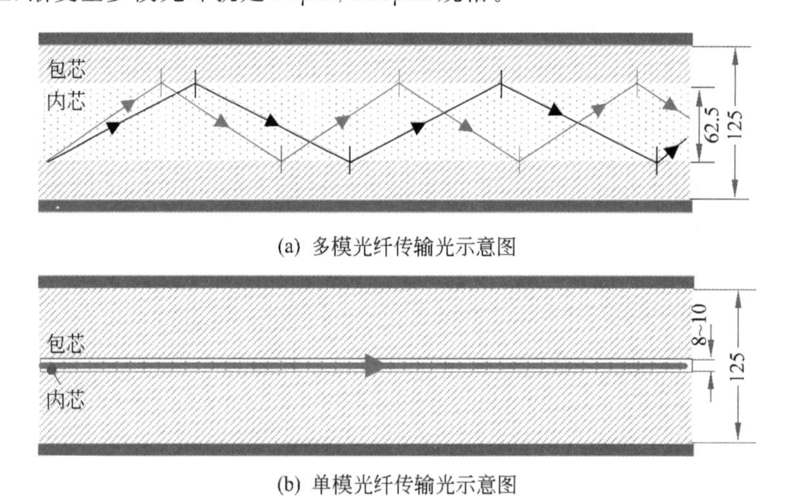

图2-24　多模/单模光纤传输光的纵截面示意图(图中标注的单位是μm)

当光纤的内芯缩小到几微米(常见8～10μm),光在内芯中沿直线往前传输,不再发生全反射,这样的光纤称为单模光纤(single-mode fiber),如图2-24(b)所示。单模光纤的光源由激光器产生,且由于内芯很细,收发两端的设备较贵,因此,单模光纤的使用成本常比多模光纤高;但是,单模光纤不存在模式色散,其他色散和平均损耗值都比多模光纤小，传输距离较远，带宽较大，适合长距离大带宽的通信，比如用作长距离干线。

3）光纤相关的标准规范

ITU-T 制定了关于光纤光缆(optical fiber cable)的标准：G.650～G.659。ISO/IEC 也制定了关于光纤光缆的标准，我国也有自己的光纤光缆标准。不同的标准组织制定的标准基本都有对应的关系。

光纤如头发丝一般细，加上涂覆层，直径也不过几百微米，很多时候，光纤以光缆的形式出现，若干条光纤集中到一起，再加上其他的加强芯、填充物和保护套等，形成光缆(fiber cable)。光缆中的一条光纤就是一芯，常见芯数有 2、4、6、12、24、48、72、96、144 等，也可以根据需要定制芯数。

ITU-T **G.651**(后更新为 G.6511) 光纤标准建议了 50μm/125μm 规格的多模光纤的一些重要性质和参数。G.651 光纤主要工作于 850nm 和 1310nm 两个中心波长所在的波段，常用于以太网，在千兆以太网中，最远传输距离可达 550m，是双绞线 100m 传输距离的 5 倍多；如果改善一些属性参数，则传输距离可以提升到 1km 甚至 2km。G.651 光纤的弯曲半径是 15mm，只有单模光纤(G.652 的弯曲半径为 30mm)的一半，适合在室内敷设。

ITU-T 制定的单模光纤标准包括 **G.652**(色散非位移单模光纤)、G.653(色散位移光纤)、G.654(截止波长位移光纤)、G.655(非零色散位移光纤)、G.656(低斜率非零色散位移光纤)和 G.657(耐弯光纤)等六种类型，其中 G.652 是最常见的光纤类型，分为 A、B、C、D 共 4 个小类，G.652D 更常用。工作波段既可在 1310nm，也可在 1550nm，但最佳工作波段是 1310nm，附近的色散几乎为零，但损耗为 0.3～0.4db/km。虽然 1550nm 波段的平均损耗更小(0.19～0.25db/km)，但色散较大，当带宽超过 2.5Gb/s 时，不再适合长距离传输。

光纤非常细，容易断裂，比如地震、海啸、工程施工不当等都可能导致光纤断裂，一旦断裂，可以用连接器连接，也可以用特殊的套管将断头进行机械拼接，这两种方式都会带来较大的光损耗，甚至高达 20%。还可以使用熔接的方式，采用特殊的熔接设备，将断头熔合到一起，操作得当的情况下，熔合后的光纤可以像新光纤一样。

总而言之，尽管光纤存在脆弱易断裂、成本高、安装维护不容易等缺点，但光纤这种传输介质的优势却不容忽视：

(1) **损耗小**：光传输损耗小，传输距离远，可用于长途干线。相比于铜介质几十 db/km 的损耗，光纤的平均损耗只有不到 1db/km 或几 db/km。

(2) **带宽大**：可用频带非常宽，且使用密集波分复用，单模光纤的数字带宽很大，适用于大容量通信。

(3) **抗干扰性强、安全**：光纤传输的是光信号而不是电信号，不受电磁干扰和射频干扰，可在复杂的环境(如电子设备多)中布线。同时，光传输信息比较安全，不易被窃听和截获。

(4) **重量轻、体积小**：光纤直径以微米计，非常细，光缆的外形尺寸大小和重量主要来自支撑材料和加强芯，即便如此，一条 48 芯的普通光缆的直径也不过一二厘米，比同轴电缆小三四倍，与双绞线差不多，但是带宽大得多，在传输相同的信息量的前提下，重量轻、体积小。

（5）**可靠性高**：光信号传输的**误码率**（Bit Error Rate，BER）非常低，几乎为零，同时，采用光纤的通信系统中的设备相对较少，且寿命长，工作稳定。

随着光纤相关技术不断进步，光纤的使用越来越多，不仅用于长途干线，也用于局域网中的短距离高容量传输。

2.3.2 非导引性传输介质

不管是光纤还是双绞线，这些导引性传输介质在使用前都需要敷设，室内敷设相对容易，而室外的敷设相对困难，因为，室外的敷设环境比较复杂，可能遇到高山，也可能遇到大海，还可能需要穿过拥挤的城市。

对于终端用户来说，使用导引性传输介质提供的通信服务，必须靠近线缆，而不能随时随地都连接在网络上。

非导引性传输介质主要指在自由空间传播的电磁波，比如空气中传输的各种波长的电磁波，它能搭载数据信号，完成无线通信。无线通信无须敷设线缆，用户也可以在自由空间随时拿出移动设备接入网络。

本节从电磁波的频谱开始认识电磁波，用于通信的无线电波占据了很宽的频带，其中的微波广泛用于广播电视、定位与导航、移动通信、卫星通信等。

1. 电磁波谱

电磁波的频率和波长满足如下公式：

$$c=\lambda\times f$$

其中，c 表示光波速度，取常数 3×10^8 m/s，而 f 和 λ 分别表示频率和波长。

电磁波的频率范围非常广，从极低频率的交流电到极高的射线，跨越了十几个数量级，其物理性质也发生了非常大的变化，比如波长越长，传输距离越远，穿透力也越强，但越易受人为干扰。从低频到高频依次是无线电波、红外线、可见光、紫外线、X 射线和 γ 射线。不同的无线通信系统利用了不同频率的电磁波，而主要使用的是可见光（频率）以下的电磁波。

根据电磁波的波长或频率，可以将电磁波分成若干频段或波段，按顺序排列起来，就是**电磁波谱**（electromagnetic spectrum），如表 2-3 所示。为了使用方便，这些频段都有一两个别名，比如米波指的是波长为 1～10m 的波，同时，米波对应的频率范围是 30～300MHz，频率较高，所以，还有一个别名——甚高频，对应的英文缩写是 VHF（Very High Frequency）。更高频率的波的别名还有特高频（Ultra High Frequency，UHF）、超高频（Super High Frequency，SHF）、极高频（Extremely High Frequency，EHF）和巨高频（Tremendously High Frequency，THF）等。

表 2-3 中，分米波的频率范围为 300～3000MHz，移动电话、微波炉使用的频率（约 2.4GHz）就在这个范围，即特高频电磁波；卫星电视采用的频率更高，约 12GHz，位于超高频段，开始变得容易被雨水吸收，所以，下雨的天气会影响卫星电视的收看质量。

无线电波（radio wave）是一个总称，无线通信利用的主要就是无线电波，其具有的波长相对较长、辐射能量较低，在频谱上处于低能辐射区。而大量用于移动电话、卫星通信的无线电波集中于**微波**（microwave），主要包括**分米波**、**厘米波**和**毫米波**，即对应的**特高频**（UHF）、**超高频**（SHF）和**极高频**（EHF）。

表 2-3 电磁波谱

<table>
<tr><th>频率范围</th><th>波长范围</th><th colspan="4">别名</th></tr>
<tr><td>3～30kHz</td><td>10～100km</td><td>甚长波</td><td colspan="2">超低频(VLF)</td><td rowspan="8">无线电波</td></tr>
<tr><td>30～300kHz</td><td>1～10km</td><td>长波(LW)</td><td colspan="2">低频(LF)</td></tr>
<tr><td>300～3000kHz</td><td>0.1～1km</td><td>中波(MW)</td><td colspan="2">中频(MF)</td></tr>
<tr><td>3～30MHz</td><td>10～100m</td><td>短波(SW)</td><td colspan="2">高频(HF)</td></tr>
<tr><td>30～300MHz</td><td>1～10m</td><td>米波</td><td colspan="2">甚高频(VHF)</td></tr>
<tr><td>300～3000MHz</td><td>0.1～1m</td><td>分米波</td><td>特高频</td><td rowspan="3">微波</td></tr>
<tr><td>3～30GHz</td><td>10～100mm</td><td>厘米波</td><td>超高频</td></tr>
<tr><td>30～300GHz</td><td>1～10mm</td><td>毫米波</td><td>极高频</td></tr>
<tr><td>0.3～395THz</td><td>0.76～1000μm</td><td>红外线</td><td></td><td colspan="2"></td></tr>
<tr><td>395～750THz</td><td>0.4～0.76μm</td><td>可见光</td><td></td><td colspan="2"></td></tr>
<tr><td>750～30 000THz</td><td>0.01～0.4μm</td><td>紫外线</td><td></td><td colspan="2"></td></tr>
<tr><td>3e16～3e18Hz</td><td>0.1～10nm</td><td>X 射线</td><td></td><td colspan="2"></td></tr>
<tr><td>高于 3e18Hz</td><td>＜0.1nm</td><td>γ 射线</td><td></td><td colspan="2"></td></tr>
</table>

2. 无线电波通信

VLF、LF、MF、HF 和 VHF 波段的无线电波很容易产生，它们以全方向传播出去，容易穿透建筑物，且可以传输很长的距离。

VLF、LF、MF 波段的无线电波沿地面传播，传输距离最高可达上千千米。LF（长波）被称为地面波，可穿透海水和土壤，因而可用于海上、水下、地下的通信或导航。调幅（AM）广播使用了 MF（中波）频段，穿透力很强，因而无线电收音机可在室内收听，但收音效果会受到天气或其他电磁波的干扰。

地球表面会吸收 HF（短波）和 VHF（超短波）波段的波，但这些波到达电离层（距离地球 100～500km）后会反射回地球。短波通信经过几次反射，可以传播很远的距离，可达几千甚至上万千米，因而短波通信适用于应急、抗灾和远距离越洋通信。超短波通信的频带较宽，广泛应用于电视、调频广播、雷达、导航、移动通信等。

微波是无线电波中的一种，在现代通信中占有非常重要的地位，下面单独介绍微波通信。

3. 微波通信

微波通信（microwave communication）使用的微波主要包括分米波、厘米波和毫米波（含 300GHz～3THz 频段的亚毫米波），是频率极高的无线电波。微波按照直线传播，可以聚集成光束，获得较高的信噪比；微波的定向传播特性要求接收天线对准发送端。微波不能很好地穿透建筑物，在传输过程中会发散，有些通过低大气层、建筑物或大地的反射跳跃到达，比同时发送但直线到达的微波会延迟到达，因而波间不同相，信号会互相抵消，这种现象称为多径衰落（multipath fading）。这与天气、通信环境、频率有关，是非常严重的一个问题，有时候，不得不通过备份信道临时解决这个问题。图 2-25示意了多径衰落的场景。

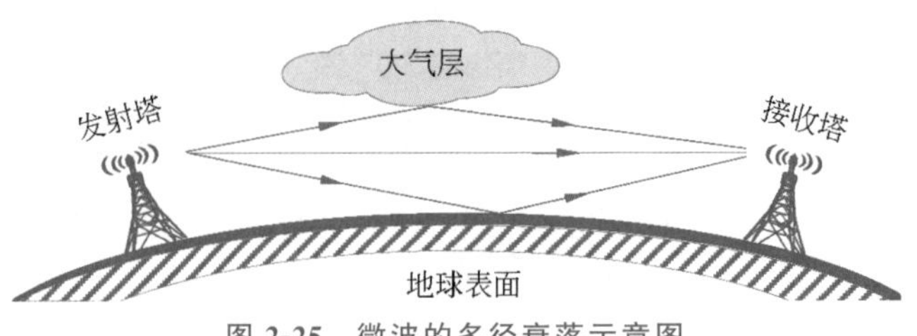

图 2-25　微波的多径衰落示意图

微波通信已经被广泛应用于长途电话通信、移动电话和电视转播等，是极其重要的通信方式。为了远距离传输，发送方和接收方之间需要有中继器，这主要有如下两个原因。

(1) 微波沿直线传播，而地面是曲面，超过一定的传播距离之后，微波就飞到高空了，每隔 50km(这个距离可以不同，与天线高度有关，增加天线高度可增加传播距离)，建一个中继器，中继器接收器收下微波之后，将其重新发出去，直到 50km 外的下一个中继器，经过若干中继器，微波可以传播到很远的地方。

(2) 微波传播的过程中，信号强度也会衰减，中继器收到微波信号，在重新发送出去之前，将其放大，所以，虽然经过了长距离的传播，接收方仍能收到可辨识的微波信号。

中继器置于地面的微波通信称为地面微波接力通信，一个个的中继器就是一根根的接力棒，在发送方和接收方之间传递微波信号，如图 2-26(a)所示。中继器也可以是卫星上的转发器，这种情形下的通信就称为卫星通信，如图 2-26(b)所示。2.4.4 节将介绍卫星通信的相关知识。

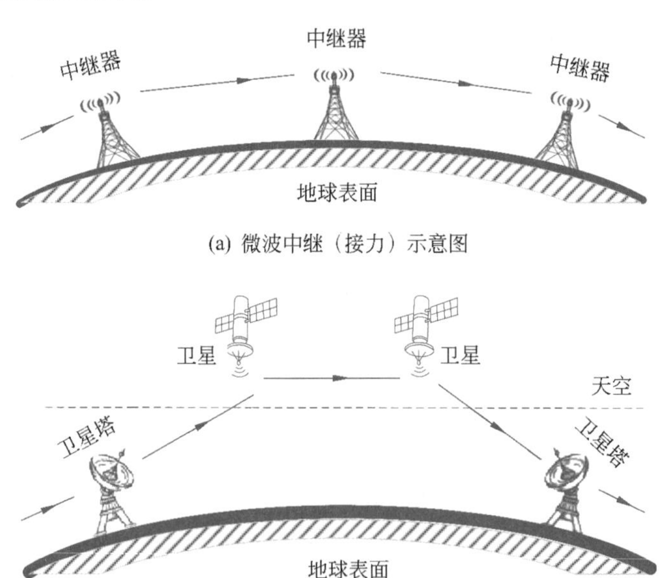

(a) 微波中继（接力）示意图

(b) 卫星中继示意图

图 2-26　两种中继方式的微波通信

虽然微波的频带非常宽，但用于通信的微波频带主要集中于 1～40GHz，ITU 将其分成若干更小的频段，用代号表示。表 2-4 是 1～40GHz 的频段划分的代号及其使用信息等。

表 2-4 常用微波频段代号

代号	频 段	波 长	特 点	使用场景
L	1～2GHz	15～30cm	带宽窄,拥挤	移动通信
S	2～4GHz	7.5～15cm	带宽窄,拥挤	微波中继、卫星中继,商业卫星通信,手机、电视、雷达等;Ku 波段常用于卫星、空间站通信
C	4～8GHz	3.75～7.5cm	易受干扰,常用	
X	8～13GHz	2.31～3.75cm	雨水衰减	
Ku	13～18GHz	1.67～2.31cm	易被雨水吸收	
K	18～28GHz	1.07～1.67cm	易被雨水吸收	空、地之间通信
Ka	28～40GHz	0.75～1.07cm	易被雨水吸收,成本较高	商业卫星通信

总而言之,微波通信在无线通信领域具有举足轻重的地位,既民用也军用。微波通信具有的优点如下。

(1) 带宽大:微波频带宽,仅 1～40GHz 范围就有 39GHz 的带宽,划分到各条通信链路的带宽不等,几十兆赫兹到几千兆赫兹的链路都有,加上现在采用先进的复用技术、多级别调制技术、多进多出天线阵列技术等,可以提供极大的数字带宽。

(2) 部署快:有线通信不得不敷设电缆,而在空气中传输的微波,无须这项耗资耗时的线缆敷设工程,可以很快且大范围地部署。

(3) 时延低:微波在空气中的传播速度接近光速——3×10^8 m/s,即传播 1km,耗时约为 3.3μs;而电磁波在光纤内或铜缆内的传播速度约为 2×10^8 m/s,即传播 1km,耗时约为 5μs。可见,微波通信的传播时延更小,仅为同等距离的有线传播时延的 67%。

(4) 抗灾抗人为破坏性强:线缆在地震、火灾等自然灾害中容易遭受破坏,或者容易遭到挖掘、盗割等人为破坏;而微波通信设施可以防挖防爆,即使受到破坏后也可以快速恢复,且可以容易扩展到偏僻恶劣的环境中。

(5) 传输质量高:微波信号的频率高,不易受较低频率的工业电和天电(闪电)干扰,所以,微波信号的传输质量相对较高。

当然,微波通信也存在问题,比如有多径衰落,易受恶劣天气影响,有散射等问题,还有一个大问题是保密性差,微波信号很容易被窃听,因此微波信号的加解密处理是必不可少的。

微波通信的 L、S 频段已经比较拥挤了,因此未来的微波通信将向 10GHz 以上的更高频段发展;同时,随着调制技术、复用技术、大规模集成电路等技术的发展,微波通信不仅展现出高容量的特点,而且向着微型化、智能化和低成本方向进化。

4. 红外通信

从无线频谱上看,红外线波长范围是 0.76～1000μm,频率范围是 0.3～395THz,其物理性质偏离无线电波,而向可见光靠近,是介于微波和可见光之间的一种电磁波。

红外线的传播具有方向性,传播距离短,且像可见光一样,不能穿越固体物体,所以,利用红外线传输数据,通常是在一个封闭的空间内,比如室内、机舱内。

红外线不能穿透固体物体的特性,带来了一个额外的好处:防窃听。如果一个屋子的人聚在一起,使用红外线互传信息,则只有房间内的人可以收到,隔壁是无法窃听到的。例如,使用红外遥控器控制家电,也不会控制到隔壁房间。

红外线通信使用非常广泛，比如每家每户都有好多个红外遥控器，但红外通信的使用场景却非常有限，很少用于数据传输。

2.4　接入网络

APARNET 分组交换网络出现之后，快速发展成为现代互联网，已有的公共电话网、蜂窝移动网、有线电视网、卫星通信网等网络，逐渐趋于融合，几乎所有的网络都能互联互通，传输的数据不再单纯是文字、语音，还有图像、视频等，且几乎所有网络都能传输各种不同形式的信息。

由于这些网络的运营商不同，对于普通用户来说，要接入互联网，就要选择一个运营商的网络，把自己挂接在上面，从而与互联网互联互通。比如，一个家庭用户可选择公共交换电话网接入，也可选择有线电视网接入，还可选择蜂窝移动网，而一个在沙漠旅行的用户，可以选择卫星网接入。这里将这些网络称为接入网络。

本节探讨的 4 种接入网络都是广域网，第 4 章将探讨的个域网和局域网，它们也是常见的接入网络。

2.4.1　公共交换电话网络

自 19 世纪末期，贝尔发明了电话之后，电话系统就开启了建设和商用发展进程，主要为用户提供语音通话服务。互联网兴起之后，现代的公共交换电话网络(PSTN)除了提供语音通话服务之外，还成为了互联网的基础设施，是接入互联网的常见方式之一，可以提供包括语音在内的综合数据业务服务。

1. PSTN 的构成

PSTN 就是人们常说的固网(fixed network)，从硬件上来看，主要由本地回路、干线和交换局三部分构成。图 2-27 所示的 PSTN 显示了两个电话用户通话时中间可能经过的路径，图中用虚线表示的干线，表示中间可能还要经过其他的交换局。PSTN(电话机除外)由电话公司建设和维护。

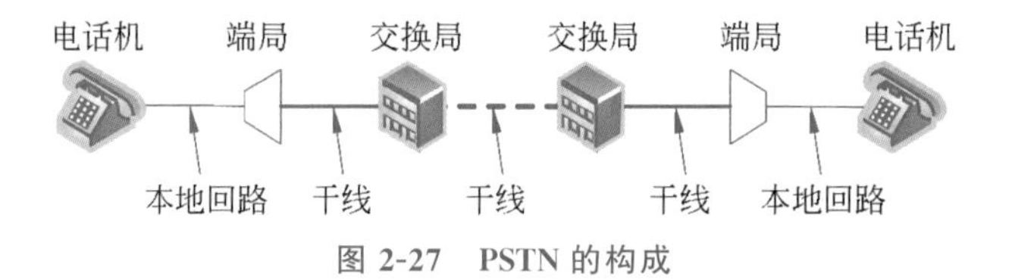

图 2-27　PSTN 的构成

1）本地回路

本地回路是连接用户电话机与电信公司端局的线路，通常是 3 类 UTP。本地回路被称为“最后一英里”，PSTN 的其余部分基本数字化了，这部分也已经和正在发生深刻的变化，3 类 UTP 正逐步被光纤取代。

本地回路上传输的是模拟信号，要在上面传输数字比特，需要通过一个调制解调器，完成模拟/数字(A/D)之间的转换。调制解调器(modem，音译为“猫”)是一种实现模拟信号和数字信号之间转换的设备。传递语音的 3 类 UTP 工作于 300～3400Hz 频带，根据奈奎斯特定理，采样率不得高于 6200 波特(band)，早期的调制解调器的采样率大多为 2400 波特，如果 1 个符号只搭载 1 比特，则最多只能提供 2400b/s 的传输速率。使用正交振幅调制(QAM),可以让 1 个符号搭载多比特,从而提高传输速率。比如 ITU-T V.32 标准采用了 QAM-16,其传输速率可达 $2400\times\log_2 16=9600$b/s。

本地回路的一端连着电话机,另外一端连着端局中的编解码器。编解码器将本地回路传来的模拟信号转换成数字信号,或者反过来。电话系统采用了时分复用(TDM)技术,3100Hz 加上保护带宽,每个子带的频宽为 4000Hz。编解码器使用了脉冲编码调制(Pulse Code Modulation,PCM)技术进行数字化,采样率为 8000 波特,即 125μs 采样一次,每波特搭载 8 比特,所以,可提供 64Kb/s 的传输速率,如果每 8 比特中有 1 比特用于信令控制,则真正的数据传输速率只有 56Kb/s。

2)干线

图 2-27 中,交换局之间的链路就是干线或中继线,早期的干线的传输介质主要是同轴电缆,后来慢慢由光纤所取代。此外,干线还有卫星、微波中继站等方式。

交换局有大有小,如有市交换局、省交换局、国家交换局等。端局被看作一个交换局,端局和交换局之间的链路也是干线,但通常复用带宽不高,是低级别的干线。干线上采用复用技术,以提升信道总带宽。

编解码器的一个接口连接 3 类 UTP 的本地回路,另外一个接口连接上级交换局,之间的链路是低级别干线,早期常用同轴电缆,复用了多路数字化的语音信号。由于历史原因,存在两个复用规范,即 T 数字系列和 E 数字系列。

T 数字系列是针对单条电路上采用 TDM 复用多个 PCM 信号的规范。T 载波每 125μs 为每路电话发送一个采样值。T1 载波复用了 24 路语音,相当于每个 125μs 期间,由每路电话轮流使用整条信道,发送自己的 8 比特,共发送 $24\times8=192$ 比特,再加上 1 比特的控制信令,提供了 193b/125μs=1.544Mb/s 的总传输速率。由于每路语音有 1 比特的控制开销,125μs 发送 193 比特时,总开销为 25 比特,带宽利用率约为 87%。

4 个 T1 载波还可以继续采用 TDM 复用 1 个 T2 载波,7 个 T2 载波复用 1 个 T3 载波,6 个 T3 载波复用 1 个 T4 载波,形成 T 数字系列,用于不同级别的干线。

T 数字系列仅被北美和日本采用,中国、欧洲以及其他国家和地区采用的是 E 数字系列。

E1 载波包含了 32 个语音信号,每个语音信道在自己的 125μs 间隔中发送自己的 8 比特;其中 2 个 8 比特信道用于控制信令;总的传输速率为(32×8) b/125μs= 2.048Mb/s。

当光纤逐渐成为干线的主要传输介质时,美国制定了光纤上采用 TDM 传输数字信号的标准,称为同步光纤网络(Synchronous Optical NETwork,SONET)。SONET 仍然沿用了电话系统的时间间隔 125μs,即采样率为 8000 波特,每 125μs 发送 810 字节,相当于复用了 810 路语音,总传输速率为 $8000\times810\times8=51.84$Mb/s,但实际上其中包含了一些开销。这是基本的传输速率,对应的光载波(optical carrier)是第一级,即 OC-1,对应的电信号也是第一级,记为 STS[①]-1;SONET 干线的传输速率都是这个基本传输速率的整数倍,比如 OC-3 的传输速率是 $51.84\times3=155.52$Mb/s。

---

① STS:Synchronous Transport Signal 的首字母缩写,意为同步传输信号,统一了全球数字通信系统中的电信号传输规范;STS-1 是第一级同步传输系统,对应光信号的 OC-1。高级别的电信号传输速率都是 STS-1 的整数倍。

1988年，ITU-T制定了类似SONET的同步数字系列(Synchronous Digital Hierarchy，SDH)标准，两者绝大部分一致，只有少许差别。SDH的核心TDM间隔仍然是125μs，但第一级的TDM复用单元可发送2430字节，基本传输速率是8000×2430×8=155.52Mb/s，第一级同步传输模块(Synchronous Transfer Module，STM)，记为STM-1，不区分光信号和电信号，对应SONET的光载波OC-3或电信号STS-1，此后更高级别的记为STM-*n*，传输速率是STM-1的*n*倍。

这两个标准是如此一致，我们经常将同步光纤数字传输网记为SONET/SDH，表2-5是两者的对照，表中的近似值，是工程师常说的近似总传输速率。

表2-5　SONET和SDH相应的总传输速率对照

SDH	SONET		总传输速率/(Mb/s)	传输速率近似/(b/s)
	光	电		
	OC-1	STS-1	51.84	
STM-1	OC-3	STS-3	155.52	155M
STM-4	OC-12	STS-12	622.08	622M
STM-16	OC-48	STS-48	2488.32	2.5G
STM-64	OC-192	STS-192	9932.28	10G
STM-256	OC-768	STS-768	39 813.12	40G

3）交换局

各级交换局中的交换设备已经发生了很大的变化，从最早的真人接线员，到程控交换机，再到交换网关。交换设备的主要任务是完成交换动作，交换(switching)是指交换设备从一个接口接收信号，从某个或多个接口转发出去的行为。

公共电话交换网络中主要有两种交换技术：电路交换和分组交换。电路交换要求在通话之前双方搭建一条物理通路，通话之后再拆除通路，传统的电话采用了电路交换技术。IP电话采用了分组交换技术。分组交换无须在通话之前搭建物理通路，而将语音切割成一个一个的分组后再发送出去。每个分组单独选路到达对方。分组交换技术就是IP网络采用的交换技术。

经典的语音通话采用电路交换技术。假如广州的用户甲要呼叫上海的用户乙，甲拨打乙的号码之后，从甲到乙，沿途可能经过广州市交换局、广东省交换局、上海交换局等，经过选择，其中的多台交换机预约了一条从甲到乙的物理通路，乙的电话响铃，乙拿起电话时，甲乙之间的物理通路就专属于甲和乙，别人无法打断。从这个过程可见电路交换技术具有如下特点。

(1) 面向连接：通话之前，需要在双方之间协商并选择一条物理通路，建立通话链路；完成通话后，任何一方挂断电话后，双方的链路即拆除，相关资源释放。链路的建立时间不可预测，受呼叫用户数、固网拓扑等因素影响。

(2) 独享性：一旦链路建立，则被通话双方独享，即使双方沉默不语，别人也不能中断他们之间的链接，也不会发生资源争抢和拥塞现象，所以，基于电路交换的网络采用的收费方式是按时间长短计算的。

(3) 顺序性：链路建立好之后，语音数据按发送的顺序到达对方，先说的语音一定是先到达对方，后说的语音不可能比先说的语音还早到达对方。

(4) 传播时延确定：链路建立之后，从呼叫方到被叫方的通路距离是确定的，而电磁波的传播速度也是确定的，每千米约为 $5\mu s$，语音从发出到到达对方的传播时间是确定的。

(5) 不具备抗毁性：通话双方专属的通路一旦被毁坏，比如，如果中途的某个交换局发生爆炸，通路上的交换机失灵，则双方的通话立即终止，不可恢复。若要再次通话，需要重新建立一条新的、绕开毁坏交换机的链路。

分组交换技术主要用于计算机网络中，但随着各种网络的融合发展，IP 电话、蜂窝移动电话等也使用分组交换技术。比如 IP 电话，它是一种利用互联网传输语音信息的电话业务；语音信息数字化后，被封装成一个一个的小分组，每个分组有固定的头部信息，包括目的地址，分组据此独立寻径，不同分组到达目的地址所走的路径可能不同，中途可能遭遇拥塞、排队等候等。可见，分组交换技术的特点如下。

(1) 无连接：传输数据(语音)之前，无须建立连接，准备好分组之后，即开始发送。

(2) 共享带宽：通话双方没有专属通路，所以，某个用户的数据可能与其他用户的数据共享某条链路。共享链路的带宽可以提高信道的利用率。

(3) 乱序性：每个分组的头部携带了地址信息，可以单独寻径，不同的分组可能走不同的路径，分组可能乱序到达，即先发的分组可能后到，后发的分组反而可能先到；接收方必须具备数据重组的能力。

(4) 时延不确定：因为分组所走的路径是动态的，具有不确定性，所以，从源到目的的传播时延也不确定。如果所选途径的某处发生拥塞，则由于排队可能产生大量时延，甚至极端的情况，分组被丢弃，导致接收方收到的分组出现缺失。

(5) 存储转发机制：分组到达途中的某台设备时，设备把接收的分组暂时存储，在找到应该走的路径后，再将其转发出去，这就是存储转发机制。而电路交换技术在经过中间设备时，不需要存储转发，而是顺着物理通路继续前行。

上述(3)、(4)、(5)三个特性，导致 IP 电话的通话质量难以保证。

(6) 具备抗毁性：如果源与目的之间的某处发生爆炸，交换机(或路由器)受损不能工作，那么分组在寻径时，会避开被损坏的设备，寻找一条可行的通路。这点跟电路交换技术完全不同。

总而言之，电路交换技术和分组交换技术是主要的两种交换方式，两者的主要不同归纳到表 2-6 中。

表 2-6 电路交换技术和分组交换技术的比较

比较内容	电路交换技术	分组交换技术
有无连接	有	无
独立寻径	否	是
乱序到达	否	是
共享带宽	否	是
传播时延	确定	不确定
拥塞发生	连接建立时	寻径途中
收费方式	按时长	按数据量大小

有些资料还提到报文交换(message switching)技术这个概念,报文交换技术也是一种类似于分组交换技术的存储转发技术,只不过传输的单位不是分组而是完整的报文,报文长度不定,且通常比分组更大一些。

电路交换技术和分组交换技术拥有各自的特点,PSTN 中采用的电路交换技术,看起来是让位于分组交换技术,在越来越融合的网络中,分组交换似乎成了主要的交换技术。但是分组交换技术具有服务质量难以保证、传播时延不确定等缺点,让人们把目光重新投向电路交换技术。IP 网络上的虚电路交换,可能没有实际的物理通路搭建,但是虚拟链路的建立和拆除以及工作过程,类似于电路交换技术;传输控制协议(TCP)的工作过程也类似电路交换技术。

随着技术的进步,PSTN 本身在发展变化,与互联网不断地融合,下面介绍几种通过 PSTN 接入互联网的方式。

2. 窄带接入

最早通过 PSTN 接入互联网的方式是采用调制解调器,完成模拟信号和数字信号的转换,这种接入互联网的方式也称为拨号上网。调制解调器分为内置和外置两类,其中外置调制解调器通过串口(COM 口)与计算机连接,另一个接口(RJ11)连接 PSTN 本地回路的 3 类 UTP。此种接入方式提供的传输速率理论上可达 64Kb/s,但由于受到很多因素限制,实际的吞吐量很低,且不能同时进行上网和打电话,所以这种接入方式很快就被淘汰了。

综合服务数字网络(ISDN)能够提供电话、传真、数据、图像等多种业务,普通用户的计算机无需调制解调器,只需要通过适配器即可接入该网络。ITU-T 制定了 ISDN 相关的系列标准。中国电信通过升级改造已有的固网,于 1997 年开始提供综合数字业务,名为“一线通”。

ISDN 提供的接入接口称为基本速率接口(Basic Rate Interface,BRI),它通过一条电话线(3 类 UTP),提供 2B+D 共 3 条逻辑信道,其中的每条 B 信道传输速率为 64Kb/s,既可以打电话,也可以传输数据,还可以一边打电话,一边传输数据;D 信道控制信息的传输,传输速率为 16Kb/s;总传输速率可达 144Kb/s,如果两条 B 信道都用于数据传输,可获得 128Kb/s 的传输速率。用户也可以通过 ISDN 提供的主速率接口(Primary Rate Interface,PRI)接入,总传输速率可达 2Mb/s①。

相对于拨号上网,ISDN 的优势主要有两点:传输速率翻倍;打电话和上网可同时进行。但是,它直接受到 ADSL 和 FTTx 的冲击,如果上网量不大,或者其他入网条件不成熟,用户才会选择通过 ISDN 接入,所以,ISDN 很快就淡出了市场。

3. ASDL 宽带接入

数字用户线(Digital Subscriber Line,DSL)以电话线为传输介质,为用户提供不同传输速率的连接和数据通信服务,具有多种不同的实现方式和多种标准,DSL 是一个总称,有时也称为 xDSL,其中非对称数字用户线(ADSL)是最常用的一种。ADSL 之所以称为“非对称”,主要原因是它提供的上行带宽和下行带宽不同。

传统电话使用了本地回路 300～3400Hz 的带宽,ADSL 则使用了 0～1100kHz 的

---

① 主速率接口(PRI)在不同的国家和地区,有两种不同的逻辑信道组合,北美和日本适配 T1 载波,23B+D,传输速率为 1.544Mb/s,在世界其他国家和地区,适配 E1 载波,30B+2D,总传输速率约为 2Mb/s。

范围，采用频分复用(FDM)技术，在这条 3 类 UTP 上复用了 256 条 4kHz 的逻辑信道；其中的 0 号信道用于传统的语音服务，1～5 号信道空闲，用于分隔语音和数据通道；在剩下的 250 条信道中，2 条分别用于上行控制和下行控制，其余的 248 条子信道用于数据传输；运营商决定上行信道和下行信道的分配，常见的是 32 条用于上行，其余的用于下行。每条数据信道采用不同的载波进行调制，就像不同的音调一样，所以，上述频道分配和实现方式称为离散多音调(Discrete Multi-Tone，DMT)调制技术，各逻辑信道的频带分布如图 2-28 所示。

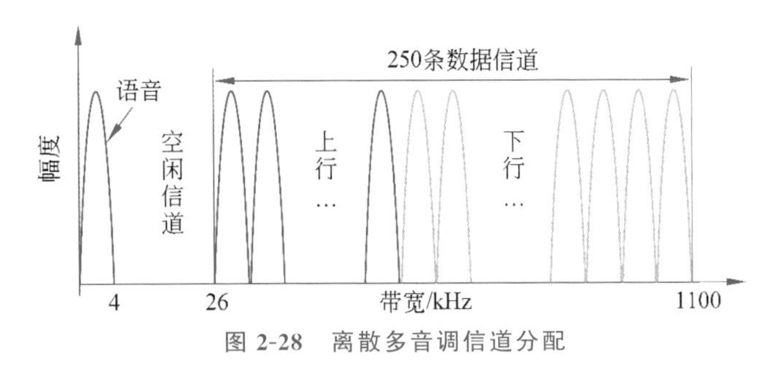

图 2-28 离散多音调信道分配

1999 年，ITU 通过了 **G.dmt** 国际标准，它允许 1Mb/s 的上行速度和 8Mb/s 的下行速度；2002 年，ADSL2 将下行速度提升为 12Mb/s，而现在，ADSL2+将下行速度翻倍到 24Mb/s。用户实际获得的速度与传输距离有极大的关系，传得越远，通常速度越小。

按照 G.dmt 实施的 ADSL，用户接入网络需要一个 **ADSL 调制解调器**，典型的 ADSL 接入如图 2-29 所示。用户家门口有一个分离器，通常由运营商提供，它将进来的信号按频率分成两路，一路是 0 号信道的信号，分给电话机，提供简单老式电话服务(Plain Old Telephone Service，POTS)；另一路通过 ADSL 调制解调器，连接用户的计算机，主要实现信号的调制解调。在 PSTN 的端局，也要安装一个分离器，一路分给传统的语音服务，另一路通过数字用户线路接入复用器(Digital Subscriber Line Access Multiplexer，DSLAM)，接入互联网。

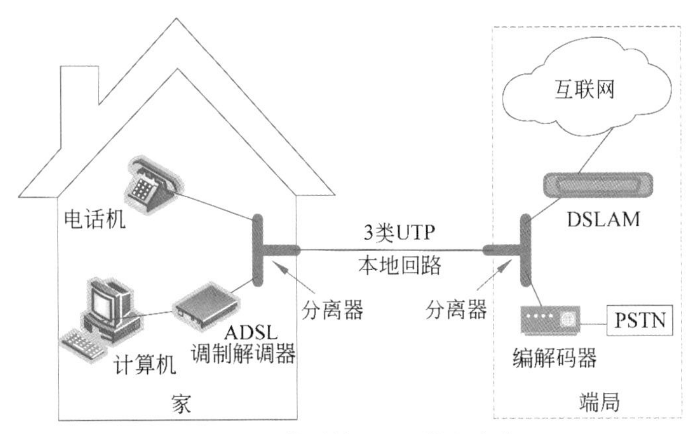

图 2-29 典型的 ADSL 接入方式

可见，在这种 ADSL 的接入中，只需要在原有的 PSTN 本地回路的两端增加分离器，几乎不需要升级和布线改造，即可提供互联网接入服务。ADSL 提供的传输速度远高于拨号上网和ISDN，所以，ADSL也称为宽带接入，虽然这个“宽”无法与以太网或FTTH提供的带宽相提并论，但一度成为家庭用户接入互联网的重要方式。可是好景不长，ADSL很快受到了光纤的发展和部署的强烈冲击。

4. FTTx光纤接入

光纤技术取得了长足的进步，成本也大幅下降，光纤不仅是干线的首选，也逐渐敷设到了用户家门口（**FTTH**，光纤到户），但是受到敷设环境和具体条件的限制，并不是所有的地方都采用FTTH的建设方式，可能是光纤到节点（Fiber To The Node，**FTTN**），将光线敷设到靠近用户的某个机柜；也可能是光纤到路边（Fiber To The Curb，FTTC），更靠近用户一点；还可以是光纤到楼（Fiber To The Building，FTTB）、光纤到办公室（Fiber To The Office，FTTO）等。如果条件允许，就部署光纤到户（FTTH）。上述几种方式统称为光纤到x（Fiber To The x，**FTTx**），其中x代表运营商光纤敷设终结的地点不同。

不管是哪种，对于电话运营商来说。“最后一公里”（本地回路）正在发生深刻的变革，“光进铜退”正在发生。普通用户借助PSTN接入互联网，也正从ASDL迈向FTTx，下面以FTTH为例介绍。典型的接入系统称为无源光网络（Passive Optical Network，PON），顾名思义，PON不需要电源就可以工作，这也是本地回路的特点，停电时，家里也可以打电话。PON的最大优点是稳定，基本不需要维护；PON主要由OLT、ODN和ONU构成。其中的光分配网络（Optical Distribution Network，ODN）提供了两点（OLT和ONU）之间的传输通路和访问控制，主要由分光器和光纤构成。

图2-30显示了家庭用户（或办公室用户）通过PON接入互联网的典型场景，PON、ONU、OLT以及连接光纤共同构成了光接入系统。图2-30中的主要设备名称及其功能如下。

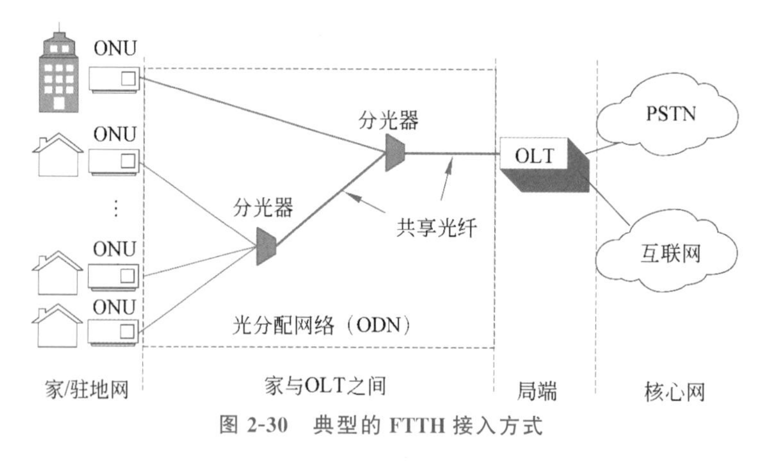

图2-30　典型的FTTH接入方式

（1）光线路终端（Optical Line Terminal，OLT）：是局端的电信级设备，一般放置在中心局点机房。OLT将干线上接收下来的光信号，以广播的形式下行到分光器，分光器将光信号分成多路，发送给每个ONU，而ONU只接收发给自己的信号。ONU的上行数据采用时分复用（TDM）技术，通过分光器后的光纤上行到OLT，OLT集中控制每个用户ONU时隙的分配，实现光纤的共享。由于各个用户距离OLT有很大差别，可能引发时隙误差，从而导致共享光纤上的信号冲突，OLT通过测距（ranging）进行时间均衡，并为每个ONU分配光功率。简而言之，OLT在核心网和PON之间搭建了适配的桥梁；这里的核心网，指的是传输各种业务数据的骨干网络。

(2) 分光器(optical splitter)：用于把上游发来的光信号分成多路，往下游接口发送出去；或者把下游的光信号整合成一路往上游发送出去。特别注意的是，分光器只是简单地把光信号分成多路信号，分离后的光信号会衰减。分光器可以级联，图 2-30 中就有两个级联的分光器。

(3) 光网络单元(Optical Network Unit，ONU)：是连接用户端的设备。在 FTTH 接入场景中，ONU 通常置于用户家中，为用户提供各种接入接口，如电话业务的 POTS 接口、上网业务的 GE/FE(千兆/百兆以太网)接口等。ONU 从 ODN 接收光信号，实现光/电转换，输出电信号，或从计算机等设备接收电信号，实现电/光转换，往 ODN 发出光信号。除此之外，它还在 OLT 注册，往 OLT 发送上行请求，并接受 OLT 的时隙分配和集中管理等。

可见，采用广播的形式，光信号经过 OLT→ODN→ONU 一路下行，ONU 完成光电转换后，把电信号从电口输出，比如以太网口，直接连接驻地网；如果内置无线接入点(AP)，则可以直接为家或办公室移动设备提供无线接入服务。

从 ONU→ODN→OLT 上行比较复杂，每个 ONU 在 OLT 的集中管理下，采用时分复用(TDM)技术，在自己的时隙发送上行数据，从各个 ONU 传来的上行数据在 ODN 处汇合后继续上行。

上行数据和下行数据分别采用不同的波长光共享单条光纤，实现单纤双向传输。

PON 提供了单点(OLT)对多点(ONU)的辐射状连接，可以为远在 20km 的用户提供高速接入服务，实际提供的服务指标取决于实施的 PON 的种类。目前比较流行的两种是 EPON 和 GPON。

以太网无源光网络(Ethernet PON，EPON)对应的标准是 IEEE 802.3ah，它结合了以太网的访问控制和 PON 的接入方式，以太网和光网络实现了无缝的对接，兼容性好，成本低，且能提供 1.25Gb/s 的上行带宽和下行带宽。

吉比特无源光网络(Gigabit PON，GPON)对应的标准是 ITU-T G.984，它采用了一种通用封装方法(General Encapsulation Method，GEM)，可以承载任何类型和速度的业务数据，数据帧长可变，提高了传输效率；还能提供有服务质量(Quality of Service，QoS)的接入服务。GPON 的上行、下行带宽都高达 2.5Gb/s，这是很大的优势，所以，尽管 GPON 技术相对复杂，但是中国的大运营商已经主推 GPON 接入服务了。

随着光纤向用户端的继续渗透，PON 技术也在继续向前发展。在 PON 中引入波分复用技术，让用户独享子波带宽，避免复杂的访问控制，提升接入系统的性能和容量。这是光接入的一个发展方向。

中国光纤推进：根据中国互联网络信息中心(CNNIC)发布的第 50 次中国互联网络发展状况统计报告，我国的网络基础设施的光纤部署推进很快，光纤已经从干线向用户端渗透，截至 2022 年 6 月，我国的光纤到户/办公室(FTTH/O)的端口数高达 9.85 亿个，光缆线路总长度达到 5791 万千米，可绕地球赤道 1400 多圈！

2.4.2 蜂窝移动网络

光纤可以提供吉比特的带宽，但光纤需要预先敷设，而且不可移动。如果我们希望在飞机上、汽车里、散步中也能上网听音乐、处理邮件或浏览网页等，就需要移动网络。

移动电话(mobile phone)也称为蜂窝电话(cell phone)，而提供移动电话服务的移动网络也称蜂窝移动网络。之所以称为蜂窝，是因为移动电话系统将地理区域分成一个一个的蜂窝(cell)，每个蜂窝中有一个基站，负责该蜂窝内所有移动电话终端的通话。蜂窝如图2-31所示。基站发出的电磁波，在蜂窝内广播，所以，蜂窝近似一个圆，图中的六边形只是为了绘制方便；每个蜂窝使用一组频带，7个蜂窝构成一组，组内频带不重复，而组间频带可以重用。蜂窝越大，覆盖蜂窝所需的电磁波的功率就要越大，发射器也就要越大，因此早期的移动设备都很粗笨。如果蜂窝内的移动电话太多，超过负载，可以在蜂窝内再划分为微蜂窝，使频带复用更多，从而扩大系统的容量。大的蜂窝可以覆盖几十千米，微蜂窝则只覆盖大约几十米。

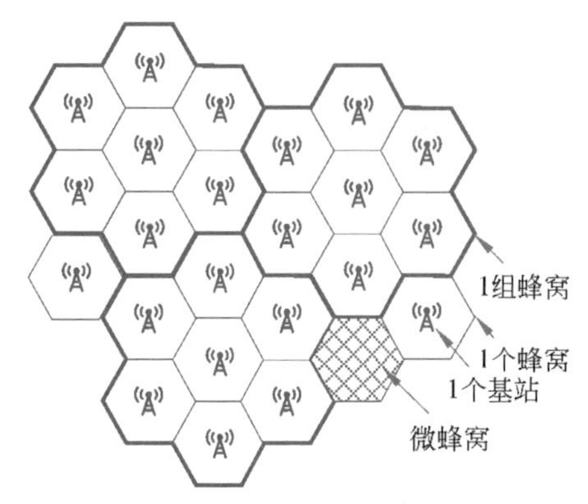

图2-31　蜂窝移动网络中的蜂窝拓扑示意图

基站位于蜂窝的中心，是一台专用计算机，连接着天线、接收器和发射器，移动设备必须与某个基站取得联系，才能接入网络。基站连接移动交换中心(Mobile Switching Center，MSC)或移动电话交换局(Mobile Telephone Switching Office，MTSO)，MSC可以与其他MSC相连，或者连接某个分组交换网络、PSTN或其他业务网络。移动终端总是处于某个蜂窝中的基站管辖下，如果用户边走边通话，移动终端会检测到当前蜂窝的信号强度变弱，而进入的蜂窝信号变强，在MSC的监管和调度下，移动终端将脱离原来的基站，而与新进入的蜂窝基站建立链路，这就是切换(handoff)。切换时延在几十毫秒或上百毫米级别，对于普通用户来说，几乎可以忽略。

从20世纪50年代诞生直到现在，蜂窝移动电话系统从1G(代，Generation)到5G，经历了5代的发展，其使用的技术已经发生了巨大的变化，从模拟到数字，从FDM到CDMA再到OFDM，现在的蜂窝移动网络已经和互联网融合生长，从单纯的语音服务，到短信息，再到现在的全方位数据服务。

下面从早已埋入历史尘埃中的1G开始，简单了解一下各代蜂窝电话的技术特征。

1. 第一代蜂窝移动电话(1G)

第一代蜂窝移动电话是采用频分复用(FDM)的模拟语音电话系统。典型的系统是美国贝尔实验室发明的高级移动电话系统(Advanced Mobile Phone System，AMPS)，该系统采用832条全双工信道，每条全双工信道由两条30kHz单工信道构成，由于控制和干扰等因素，真正用于语音通话的信道只有大约45条。

1G移动电话网覆盖范围小，信号不稳定，语音品质不高，保密性差，移动终端大而重。1987年，广东第六届全运会启用了蜂窝移动系统，标志着中国移动通信的开始。

2. 第二代蜂窝移动电话(2G)

全球移动通信系统(GSM)为第二代蜂窝移动电话,它采用了 FDM 和 TDM 两种复用技术,从模拟语音升级为数字语音,且可以提供短信服务。

1991 年,欧洲部署了第一个 GSM,并很快在世界各国和地区铺开。GSM 主要由基站、基站控制器(Base Station Controller,BSC)、移动交换中心(MSC)构成,比 AMPS 多了 BSC,如图 2-32 所示。

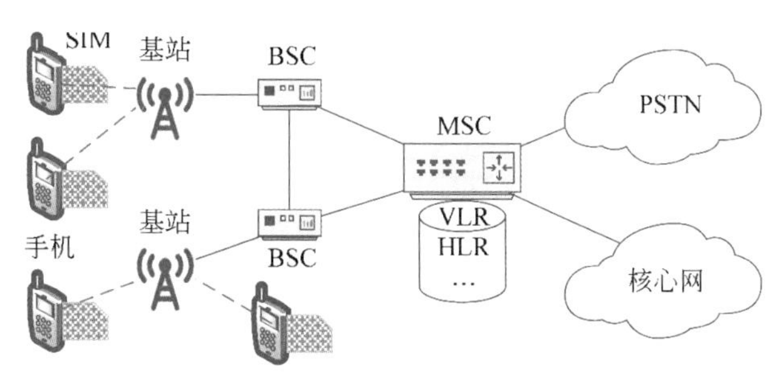

图 2-32 全球移动通信系统(GSM)的体系结构

每个基站与一个 BSC 连接,由 BSC 负责处理资源分配和移动电话的基站切换。BSC 连接到其他 BSC,最重要的是一定要连接到一个 MSC,由 MSC 负责呼叫管理以及与移动核心网或 PSTN 等其他广域网连接。

MSC 维护着一些数据库,比如拜访位置寄存器(Visitor Location Register,VLR),存储着进入控制区内的所有移动电话用户信息;归属位置寄存器(Home Location Register,HLR),存储着控制区内所有存在的移动电话用户的信息;设备识别寄存器(Equipment Identity Register,EIR),存储着移动设备(主要是手机)的国际移动设备识别码,以提供鉴权所需信息。

GSM 采用 124 条全双工信道,每条信道由两条 200kHz 的单工信道构成,每条全双工信道通过 TDM,分成 8 个时隙,可分给 4 个用户进行上行、下行通信。去除管理和控制开销,单个用户的有效带宽可以达到 24.7Kb/s,分给语音的约 13Kb/s。

GSM 移动电话终端内含一张芯片卡,称为用户识别模块(Subscriber Identity Module,SIM),其中存储了用户的独特信息,不含 SIM 卡的手机称为裸机,插入 SIM 卡,就可激活手机。这种手机与用户分离的方式一直延续到现在。

3. 第三代蜂窝移动电话(3G)

1992 年,ITU 提出国际移动通信(International Mobile Telecommunications-2000,IMT-2000),描述了 **3G** 移动电话的目标:带宽可达 2Mb/s(第一阶段),可提供高质量的语音传输,提供消息服务,提供播放音乐、电影电视等多媒体的服务,关键的是这些服务应该全球可用、即时可用;可同时采用电路交换和分组交换技术。

在从 2G 向 3G 发展的过程中,PSTN 上的数据流量已经超过了语音流量,移动网络也不例外,数据流量逐渐超越了语音流量。出于成本、技术成熟度等因素的考虑,运营商小心地推出了一些介于 2G 和 3G 之间的系统,比较有代表性的有通用分组无线服务(General Packet Radio Service,GPRS)、增强型数据速率 GSM 演进(Enhanced Data Rate for GSM Evolution,EDGE)系统和 CDMA1X,统称为 **2.5G**,有时也将 CDMA1X 称为 2.75G。GPRS 是一种基于 GSM 的无线分组交换业务,峰值带宽可达

100Kb/s;EDGE采用调制方法,提升每个符号率搭载的比特数,峰值带宽可达384Kb/s;CDMA1X是CDMA系统的初级阶段,网络部分采用了分组交换技术并支持移动IP业务,峰值带宽约300Kb/s。

最终,形成了三个IMT-2000主流实现方案,都采用了**码分多路访问**(CDMA,参考2.2.3节)技术,对应以下三种3G标准。

(1) **宽带CDMA**(Wideband CDMA,WCDMA),由爱立信公司主导并获欧盟推荐,这是使用最多的一个标准,其演进路线为GSM→GPRS→EDGE→WCDMA,从2G逐步推进到3G。因为无线电波的广播特性,移动设备不能同时接收和发送,**频分双工**(Frequency Division Duplex,FDD)和**时分双工**(Time Division Duplex,TDD)可以实现接收和发送的分离,WCDMA可工作在FDD和TDD两种模式下。FDD的双工信道由两条频率不同的上、下行单工信道构成;而TDD的双工是在单条逻辑信道(某个频带)上划分时隙,上、下行时隙不同,共同构成双向传输。FDD和TDD的原理如图2-33所示。

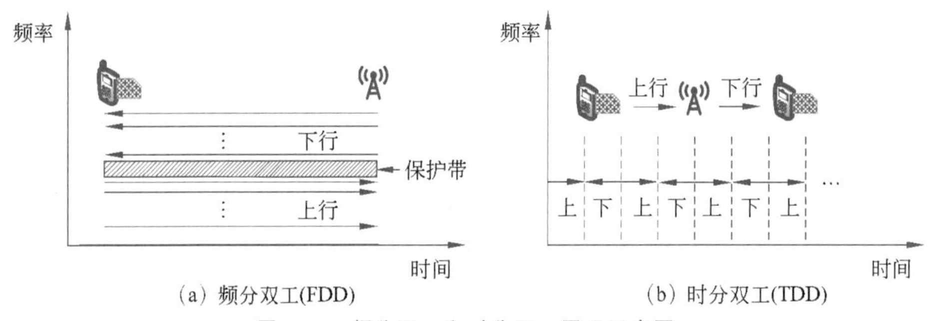

(a) 频分双工(FDD)　　(b) 时分双工(TDD)

图2-33　频分双工和时分双工原理示意图

WCDMA采用**直接序列扩频**(DSSS)技术,其原理与前面介绍的CDMA一样,码片序列采用伪随机码,以保证码片之间的正交性。给不同用户分配不同长度的码片序列,允许用户带宽不一致;码片速率为3.84M个码片每秒,如果码片序列长为256位,用户带宽可达1Mb/s,码片序列长度越短,用户获得的带宽越高。手机移动需要跨越基站时,采用"**软切换**",即先与新基站建立链路再切断与原基站的链路。

(2) CDMA-2000是由美国高通公司主导的3G国际标准,其演进路线为CDMA(IS-95,2G)→CDMA20001x→CDMA20003x(3G),只工作于FDD模式,采用三载波和直接序列扩频技术,在5MHz带宽内使用三个连续的载波,可支持高达2Mb/s的带宽;直接扩频方式的下行码片序列速率为3.686M个码片每秒。CDMA-2000手机移动进新蜂窝时,也采用"软交换"。

(3) **时分同步**CDMA(Time Division-Synchronous CDMA,TD-SCDMA)是由中国大唐电信公司主导的3G国际标准,因为它的辐射低,被誉为绿色3G,该标准没有演进路线,直接从GSM向3G升级。采用TDD模式,上、下行链路时隙共享,且可不平均分配,适用于非对称的分组交换业务,移动终端只能在时速120km以内正常工作。码片速率为1.28码片每秒;采用三载波设计,每载波带宽为1.6MHz,用户带宽可达2Mb/s。TD-SCDMA采用"**接力切换**",由基站和基站控制器根据移动手机的方位和距离,配合完成基站的切换。该切换方法,降低了掉话率,提高了切换成功率。

3G呈现了显著的特征:语音通信只是基础服务,数据业务逐渐成了主流。

3G 并不像 2G 那样成功，其商用进展比较曲折，仅在中国，不同的运营商采用了不同的标准，三种标准的系统都实现了商用。到目前为止，全球各国和地区大运营商已经陆续宣布停止提供 3G 服务。

4. 第四代蜂窝移动电话(4G)

2009 年，ITU 提出的高级国际移动通信(International Mobile Telecommunications-Advanced，IMT-A)是第四代蜂窝移动电话系统的建议，向全球征集技术规范。2012 年，ITU 审议通过将 LTE-A(Long Term Evolution-Advanced)和 WiMAN-A[①](WirelessMAN-Advanced)两个技术规范确立为 IMT-A 的国际标准，中国主导制定的 TD-LTE-Ad 也称为 4G 标准。

4G 的一个显著特征是使用了分组交换而不是电路交换，使用一种简化的 IP 网络承载语音和数据信息。LTE-A 的主要技术参数是频率带宽为 100MHz，峰值上、下行带宽分别为 500Mb/s 和 1Gb/s；上、下行的峰值频谱效率分别为 15b/(s·Hz)和 30b/(s·Hz)。

LTE 又被称为 3.9G，作为 3G→4G 的过渡，但有时与 LTE-A 一起称为 4G，有两种工作模式，即时分双工(TDD)和频分双工(FDD)。其主要的关键技术如下。

(1) 正交频分复用(OFDM，参考 2.2.3 节)技术，是一种多载波正交调制技术，各子载波正交重叠，信道利用率高。

(2) 多入多出(MIMO)技术，是空分复用的一种，采用阵列天线实现共享频率(信道)。在发端和收端均使用多条天线，可在收发双方之间形成多条信道分集信号，这不仅提高了信道的容量，还解决了多径衰落的难题。MIMO 分为单用户 MIMO(Single User-MIMO，SU-MIMO)和多用户 MIMO(Multiple User-MIMO，MU-MIMO)。MU-MIMO 适用于一个基站同时为多个移动设备服务的场景。

MIMO 提供的容量与天线的数量和波束覆盖范围有关，通常会随着接收天线的增加而成倍增长，但增长到一定程度会饱和。采用 MIMO 提升容量是 4G 和 5G 的基本手段，但采用 MIMO 的无线通信系统需要比较复杂的实现技术。不管怎样，MIMO 已经开启了它的商用进程。

(3) 高阶调制技术，为了在单个波特上提供更大的比特数，需要使用高阶调制技术，比如 QAM-128、QAM-256，甚至更高。

经过约 10 年的商用，4G 逐渐成熟，并向 5G 演进。

5. 第五代蜂窝移动电话(5G)

2015 年，ITU 通过了 IMT-2020(International Mobile Telecommunications-2020)，它是 4G 的演进，是对 5G 的愿景，是实现人、机、物互联的网络基础设施，其呈现的特征是高带宽、低时延和大连接。IMT-2020 定义了三种不同的应用场景：增强移动宽带(enhanced Mobile BroadBand，eMBB)，在 4G 的基础上，继续提升用户体验；超高可靠与低时延的通信(ultra-Reliable Low-Latency Communication，uRLLC)，提供人、机之间的可靠交互；大规模机器类型通信(massive Machine Type Communication，

---

① WiMAN-A 是 WiMAX(World Wide Interoperability for Microwave Access，对应 IEEE 802.16 标准，是一种城域网技术，覆盖范围广)的升级版本，对应标准 IEEE 802.1m，定义了增强空中接口，以适应 IMT-A 要求。因为使用少，这里不做详细介绍。

mMTC),提供了机器之间的大规模交互。

5G的主要能力指标:峰值带宽达到20Gb/s,用户体验带宽达到100Mb/s,频谱效率比4G提升3倍;允许时速500km以内的移动,时延低至1ms;连接密度达每平方千米百万个,能效比4G提升100倍,流量密度达每平方米10Mb/s。

实现5G的主要技术如下。

(1) 密集蜂窝:提高网络容量的一个简便方法是缩小蜂窝覆盖范围,小到百米甚至几十米,小蜂窝将导致蜂窝数量的增加,这样可以提高频率的重用率,从而提高带宽。小蜂窝减弱了蜂窝内的资源竞争,也降低了设备的发射功率,但小蜂窝也可能带来频繁切换和切换管理的复杂性。

(2) 频率资源扩展:以前几代的移动通信所使用的频率集中在几百兆赫兹到几吉赫兹范围(比如,常用ISM 2.4GHz),基本是在分米波的频率范围,导致这一频带非常拥挤,5G的频率向厘米波甚至毫米波的更高频率范围扩展。3GPP① 规划了5G的两个频率范围,大部分运营商使用的频率集中于第一个频率范围FR1是410MHz~6GHz,称为Sub6。第二个频率范围FR2是24.25~52.6GHz,称为mmWave。

(3)大规模MIMO技术:MIMO技术已经引入3G和Wi-Fi中,且有不同的种类,该技术利用了多径传播将电磁波传送到接收方,极大地提高了频谱效率。5G使用微小的蜂窝和基站,基站使用天线阵列实施大规模MIMO技术,目前多数基站使用的天线数量是32个、64个,甚至有更多的天线数,比如128个、256个。

5G的天线阵列位于有源天线单元(Active Antenna Unit,AAU)。基站的主设备AAU主要包括发送和接收天线阵列、发射器、接收器和其他处理器件等。比如常用的5G 64TR AAU包含64个发射器、64个接收器以及192个收发天线阵列。基站通过波束与移动设备之间形成电磁波流通道,两者之间的波束可以收得很窄,也称为波瓣。这种天线自适应地形成波瓣的方式称为波束赋形(beam forming);波束赋形可在水平和垂直方向进行空间分割,形成多条逻辑信道,这种形式的MIMO也称为全维MIMO(Full Dimension MIMO,FD-MIMO)。FD-MIMO的覆盖如图2-34所示。

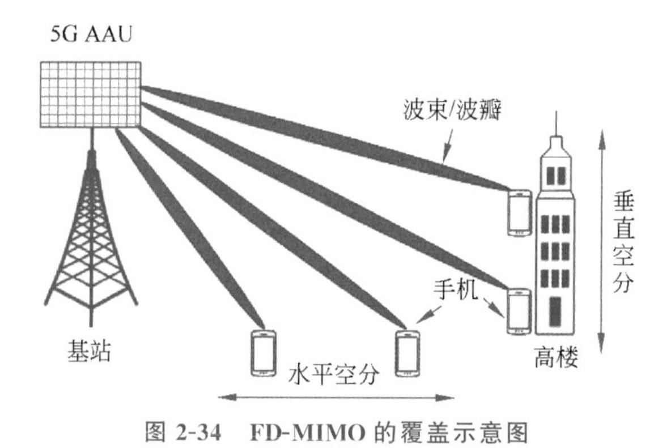

图2-34　FD-MIMO的覆盖示意图

---

① 第三代合作伙伴计划(3rd Generation Partnership Project,3GPP),其目标是实现由2G到3G的平滑过渡,保证未来技术的向后兼容。3GPP以Release版本发布它的技术规范,并不局限于3G,它在推动5G等移动通信技术规范上做了很多工作。这里列出的第一个频率范围FR1,在2022年12月颁布的3GPP TS 38.101-1 V18.0.0(Release18)中上限修正为7.125GHz。

移动电话的发展非常迅速，几乎每10年就会升级一代，5G商用刚刚开启，6G已经未雨绸缪；这种升级提供的速度越来越快，时延越来越低，信号越来越稳定，连接的范围越来越广。

中国的5G发展：中国5G用户发展水平领先全球。 2019年，中国电信、中国移动和中国联通三大运营商开启5G商用进程；截至2022年年底，全国移动通信基站总数达1083万个，其中5G基站为231.2万个，占移动基站总数的21.3%，占比较上年末提升7个百分点。中国移动电话用户数为16.83亿户，移动电话普及率升至119.2部/百人，高于全球平均数，其中5G移动电话用户数达5.61亿户，在移动电话用户中占比33.3%，是全球平均水平(12.1%)的2.75倍。

——数据来自《2022年通信业统计公报》

2.4.3 有线电视网络

有线电视(Cable TV,CATV)网络可以覆盖每个家庭，利用有线电视为家庭用户提供互联网接入服务，是一种快捷且成本低廉的方式。

混合光纤同轴(HFC)电缆系统是在原广播电视网络的基础上，经过双向改造的有线电视网，其长距离骨干传输使用光纤、卫星中继，而连接到家的传输介质是同轴电缆，如图2-35所示。图中的光纤节点(Fiber Node,FN)位于光纤和同轴电缆的交会处，是光学部分和电气部分的接口，实现光/电转换的功能。随着光纤普及的深化，光纤节点也逐步深入，甚至直接到家，演化为FTTH。

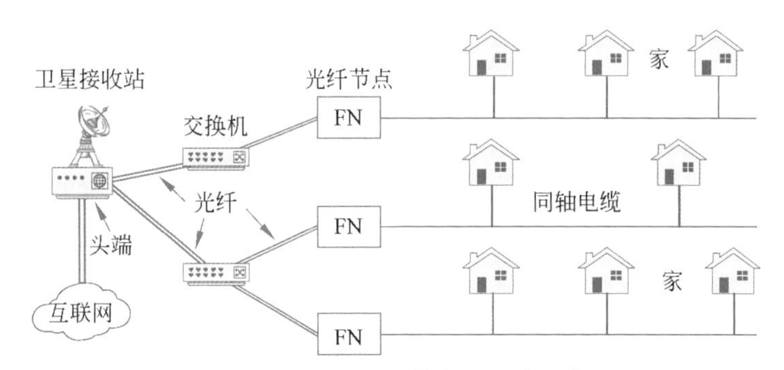

图2-35 混合光纤同轴电缆系统示意图

传统CATV网络中的头端(head end)只需要将接收的电视信号进行增强，并广播给所有的用户即可。HFC电缆系统除了提供传统的电视业务外，还要提供互联网接入服务，不仅要有下行，还要有上行。所以，HFC电缆的头端要负责管理所辖范围的所有家庭用户的资源共享，也要与外面的IP骨干网络进行连接，因此，头端看起来就是一个网关。头端距离光纤节点可达几十千米，而光纤节点靠近用户的家，两者相距在3km以内。

HFC电缆采用频分复用(FDM)技术共享介质。传统的电视信号运行在电缆的450MHz以内，一个电视频道占据6～8MHz。而现代的电缆可以让信号在更高频率上运行，可达1000MHz。我国早在1999年制定的标准已经明确了5～1000MHz的频率范围中，上行带宽范围是5～65MHz，用于数据业务，其中的5～15MHz，用于信息量不大、传输比特率低、信噪比要求低的业务，如网络状态监控、VOD视频点播、节目编号等。双向传输过渡带宽为65～85MHz。下行带宽范围为87～1000MHz，其中87～108MHz用于调频(FM)广播节目，111～1000MHz用于模拟电视、数字电视和数据信号业务。HFC电缆的主要频率范围划分[①]如图2-36所示。

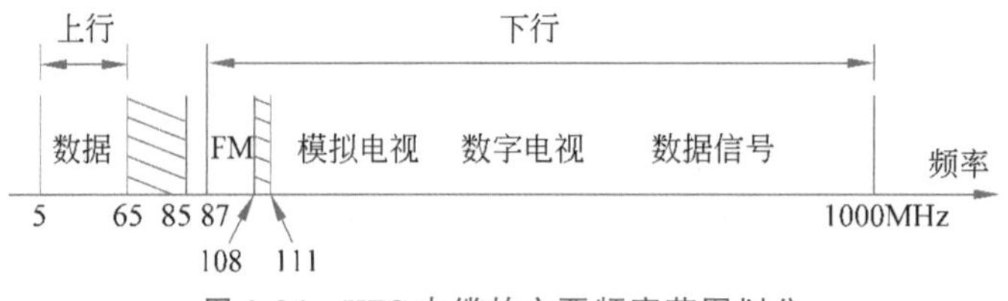

图2-36 HFC电缆的主要频率范围划分

HFC电缆的上行(即用户→头端)数据与下行(即头端→用户)数据是不对称的，有线电缆数据服务接口规范(Data Over Cable Service Interface Specifications，DOCSIS)源于美国有线电视运营商和CableLabs，是ITU认可的国际标准，被应用于欧洲、美国、日本、中国等。DOCSIS采用了高效调制、编码、复用等技术，提供不对称的高速数据传输能力，最重要的是定义了有线电视网上的双向数据传输。DOCSIS历经1.0、2.0、3.0、3.1等版本，最新的版本增加了IPv6支持、增强的IP组播等，上下行速率可达数Gb/s级别，下行速率已达10Gb/s，这体现了有线电视融合生长的趋势以及未来发展的空间。

家庭用户的计算机通过CATV网络接入互联网，需要一台电缆调制解调器(Cable Modem，CM)，实现类似ADSL的调制解调器的作用，但远比它复杂。ADSL用户独享本地回路，不存在介质的争抢；而CM用户和许多其他CM用户共享一段同轴电缆，在这条共享的信道上实现双向同时的全双工通信，采用了FDM和TDM技术；CM用户由电缆调制解调器终端系统(Cable Modem Terminal System，CMTS)协调管理，CMTS属于头端设备。

下行信道通过FDM划分了很多条独立的逻辑信道，每条信道采用正交振幅调制(QAM)，常用QAM-16/32/64/128/256，更高阶别的调制可达QAM-1024，即频率效率可达10比特每波特，因为噪声的存在，通常要将其中的1比特用于处理错误。因为下行信道只有一个发送者，那就是头端，所以不会发生冲突。下行信道采用了统一的封装格式[②]，很好地兼容了传统电视和数据业务。

上行信道则通过统计时分复用(STDM)的进行动态分配，常采用低级别的调制方法，比如BPSK或QAM-16。DOCSIS把标准时间片分成更小的时隙，称为迷你时隙(mini-slot)，典型迷你时隙长度为发送8字节的时间长度，与具体的网络有关系。迷你时隙分为竞争型和预约型，前者表示CM可在此时隙发送信道访问请求，后者表示头端分配给CM的时隙，可在此时隙发送自己的数据。竞争型时隙可能发生冲突，冲突之后再重试(二进制指数退避，参考第4章)。分配给每个用户的预约型迷你时隙可以不同，有些用户可能会获得连续的多个时隙，由头端动态调度和调整；迷你时隙的分配结果，由头端在下行数据中插入确认，通知用户。

---

① 《有线电视频率配置》(GB/T 17786—1999)，1999年制定，2000年执行。

② 有线电视数字传输采用MPEG-2-TS传输流封装电视信号，1个TS分组定义为188字节，包含4字节头部和184字节的有效载荷；经过里德-所罗门(Reed-Solomon)编码后为204字节，RS(204,188)。

上行信道的动态分配还涉及一个问题：不同用户的 CM 与头端的距离不同，导致数据传播时间不同，影响自己判断迷你时隙的起始点。CM 需要完成测距工作，并向头端发送测距请求，收到头端的测试响应后，计算出两者的距离，并据此与头端 CMTS 同步，调整自己的迷你时隙开始点。这个过程和功能与前面所讲蜂窝电话中的测距类似。

三网融合：2011 年，我国的《国民经济和社会发展第十二个五年规划纲要》正式发布，将新一代信息基础设施构建作为国家战略，实现电信网、广电网、互联网的三网融合是其中的重要内容。目前看来，三网融合并不意味着电信网、广电网和互联网这三大网络的物理合一，而主要是指高层业务应用的融合，表现为承载网络技术上趋向一致，实现互联互通，形成无缝连接。

2.4.4 卫星通信网络

在茫茫大海、高耸山峰、原始丛林、灾害现场等特殊场所，固网、移动电话网、有线电视网、互联网等都不可得的情况下，旅行者、科研工作者、救援队员等需要通信服务，此时，卫星通信网络几乎是唯一的入网选择。

卫星通信(satellite communication)的介质也是微波，所以，卫星通信也是微波通信，只不过我们通常说的微波通信指的是地面中继，而卫星通信的中继是卫星。卫星上搭载了一个(最早的卫星)或若干中继器，起着中继微波的作用。卫星中继器从某个频段接收微波信号(上行链路)，经过放大之后从另外一个频段广播出去(下行链路)，一进一出的信号互不干扰，这种中继方式称为弯管(bent pipe)。

天空中有两条范艾伦辐射带(Van Allen belts)，内含的高能粒子，对卫星本身及运行造成严重威胁，所以，通信卫星在天空中的位置会避开这两条辐射带。内范艾伦辐射带离地高度范围是 1500～2000km，外范艾伦辐射带离地高度范围是 13 000～19 000km，通信卫星被这两条辐射带分隔到三个安全区域。安全区域也并不绝对安全，太阳风暴或其他天气原因，也会对卫星造成威胁。这两条辐射带主要位于 40°～50°纬度上空，相对于赤道对称，但辐射带形状并不规则，并随天气变化。卫星的设计必须考虑对抗这些辐射；外辐射带的能量比内辐射带低，北斗卫星中的中地轨道卫星的轨道穿过外辐射带。图 2-37 显示了三个安全区域内的三种不同轨道的卫星。

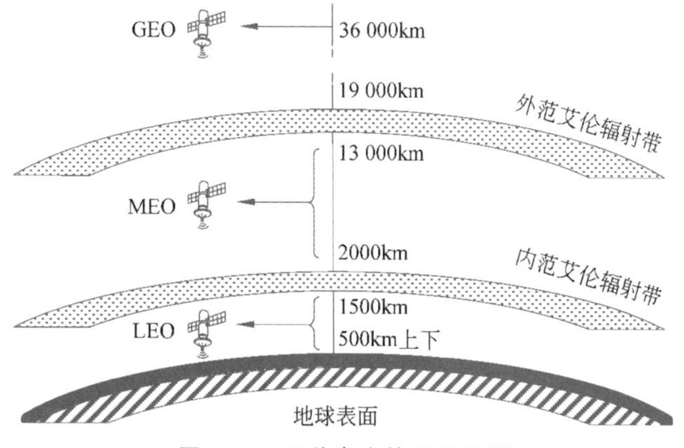

图 2-37 三种高度的卫星位置

按照卫星的轨道高度划分，从高到低排列的是地球同步卫星、中地球轨道卫星和低地球轨道卫星。按照卫星的用途划分，可以分为气象卫星、天文卫星、广播卫星、导航卫星等。按照卫星的重量和体积划分，可以分为大型卫星（大于 3000kg）、中型卫星（小于 3000kg）、小型卫星（小于 1000kg）、迷你型卫星（150kg）和微卫星（50kg）。如果卫星按照是否返回地球，可以分为返回式和非返回式卫星两类，其中非返回式卫星寿命耗尽后，在大气层燃烧自毁。

1. 地球同步卫星

地球同步卫星也称为静止轨道地球（Geostationary Earth Orbit，GEO）卫星，其高度约为 36 000km，与地球一起围绕太阳旋转，且与地球一样自转，自转周期也与地球一样，为 24h；但相对于地球静止不动，地面站不用追踪卫星的轨迹，它一直稳稳地在那里。因为 GEO 卫星很高，信号覆盖得广，只需要 3 颗 GEO 卫星，其信号即可覆盖到地球上的每个角落。

卫星通信系统主要由卫星和用户端构成。由于卫星在 3 万多千米之外，用户端必须有足够的微波发射功率和足够长的天线，因此，发展低成本的微型站是一个方向，称为甚小孔径终端（Very Small Aperture Terminal，VAST），现在的天线可以缩短到 1m 之内，功率为 1W 左右。如果用户端的功率和天线不足以与卫星通信，可以通过地面微型站的中转完成。

由于地球同步卫星和地面的距离约为 36 000km，而微波传输速度是光速，约为 3.3μs/km，所以，从地面到卫星的单边传播时延约为 120ms，加上其他时延，通过卫星中继的端到端时延为 250～300ms，典型的端到端时延为 270ms，这样的时延对于卫星电视单向广播和直播来说，没有问题；但如果要通过卫星进行互动采访，就会感到明显的时延，受访者总是会在记者发出问题后很久才给出回答。所以，**GEO 卫星不适合参与类似语音通话的互动式业务。**

卫星天线发射出来的一束微波信号称为波束，投射到地面会形成一定的形状，覆盖一定范围的地区，被覆盖的地区才可以与卫星进行通信。最开始的地球同步卫星只有一个波束，覆盖地球表面的三分之一，这种（下行）波束称为全球波束，虽然覆盖范围广，但信道单一且功率分散。将波束收缩、集中到一个较小的地理区域，比如几百千米范围，这种波束称为点波束，它的功率集中，方便制造更小尺寸、更短天线的用户端设备。现代通信卫星可以携带多达几十个中继器，发送多个波束，多条上下行链路可以同时进行，从而可以提供更大的通信容量。

同步地球卫星最早用于海事通信，现在已经延伸到陆地和航空通信。几乎所有的卫星电视都是依靠同步地球卫星传播。同步地球卫星通信对于布线成本巨大的偏远农村非常便捷，而对于地震、大火、海啸等灾害造成的通信破坏，也可以快速搭建和恢复。

中国天通一号：2016 年，中国启动了天通一号工程，发送了第一颗地球同步卫星，并于 2021 年 1 月完成了全部 3 颗地球同步卫星的升空入轨，目前已经可为普通用户在中国境内和部分国家或地区提供语音和数据通信服务。天通一号计划将和地面移动通信系统共同构成天地一体化移动通信网络，为中国及周边、中东、非洲等地区，以及太平洋、印度洋大部分海域用户，提供全天候、全天时、稳定可靠的语音、短消息和数据等移动通信服务。

2. 中地球轨道卫星

中地球轨道(Medium Earth Orbit,MEO)卫星主要位于两条范艾伦辐射带之间,高度范围为5000～15 000km,绕地球一圈大约需要6h(因实际高度不同而不同)。需要注意的是,MEO卫星的高度并不总是落在5000～15 000km的范围内,全球定位系统(GPS)中的卫星高度约为20 200km,绕地球一周约为11h。我国北斗卫星定位系统中的MEO卫星轨道高度约为21 400km。

MEO卫星的高度比GEO卫星低,所以,传播时延要低一些,而且用户端设备可以更小,天线更短。目前,GEO卫星主要用于导航领域,全球定位系统(GPS)使用最为广泛。该系统采用了24颗MEO卫星,其中有备份冗余。我国北斗卫星导航系统不仅采用了MEO卫星,还采用了GEO卫星,是一个混合轨道的卫星导航系统。

MEO卫星较少用于普通语音通信等领域。

北斗卫星导航系统(BeiDou Navigation Satellite System,BDS):是我国完全自主研发的系统,主要由GEO卫星和MEO卫星构成,包括地面端、空间端和用户端,采用三频通信。2020年开始发射第一颗北斗卫星,目前已发射50多颗。除了提供高精度、全天候的导航和定位服务之外,BDS还通过星载高精度原子钟,提供授时服务。BDS是联合国卫星导航委员会认定的供应商,已经与全球100多个国家或地区签订了合作协议。

3. 低地球轨道卫星

顾名思义,低地球轨道(Low Earth Orbit,LEO)卫星的离地高度是三种卫星中最低的一种,其轨道高度为500km左右,单边传播时延只有几毫秒,在整个端到端的时延(约40ms,含上行、下行,端处理时间)中,这是微不足道的。这样的时延,适合提供各类互动服务,比如语音通信。正是因为距离短,与LEO卫星通信的用户端设备也无需大功率,天线也可以做得很短。但因其轨道高度低,这也意味着信号覆盖面小,如果覆盖全球,需要数十颗LEO卫星。LEO卫星绕地球一圈约90min(轨道高度、速度等因素会影响周期,有的LEO卫星2h左右绕地球一圈);相对于地面站或用户端是快速掠过,因此地面设备必须能捕获到卫星并与之建立微波链路,这与远远静止在天空的GEO卫星完全不同。

为普通用户提供移动通信服务的主要是LEO卫星通信系统,从硬件上看,LEO卫星通信系统主要由卫星、地面站和用户端构成。卫星仍然起着中继作用,微波信号可能在卫星之间传递,也可以在地面站与卫星直接通信;而用户端(手机)可以与地面站通信,也可以直接与卫星通信。

"铱星计划"(iridium project)是卫星通信领域的一个凄美神话。铱原子序数为77,"铱星计划"一开始准备发射77颗LEO卫星,所以得名"铱星计划",后来调整为66颗。1998年,启动了约8年的"铱星计划"完成了卫星发射和系统建设,开始为用户提供移动通信服务,作为卫星通信的先驱,一时风光无限。但是,20世纪90年代崛起的蜂窝移动电话发展势头强劲,笨重而昂贵的卫星电话处于下风,只有万级别的用户数,仅仅过了一年多,铱星公司不得不宣布破产。后来,铱星重启服务,并于2019年,在不中断服务的情况下,更新了所有卫星,可覆盖地球的每个角落,包括高纬度地区。

铱星卫星通信系统中的LEO卫星高度约780km,共66颗,分布于南极与北极之间的6条"项链"上,每颗卫星有48个点波束,且与4个邻居卫星保持链接,星际之间形成的通路可联通遥远的两个用户；用户端直接向铱星收发信号，在军事、航空、石油开采领域使用，也为沙漠、高山、丛林等野外活动者提供无处不在的通信服务。

不同于“铱星计划”，全球星(GlobalStar)卫星通信系统于2000年投入运营以来，直到现在仍在正常提供服务，全球星卫星共56颗，其中8颗备用，典型轨道高度是1014km，属于LEO卫星。用户端通常不与全球星卫星直接联系(这与铱星不同)，而是与地面关口站(全球共有100多个，中国的北京、广州、兰州三个关口站即可为全中国范围用户服务)建立链路；卫星之间不传递微波信号，遥远的用户之间的信号传播工作大部分在地面网络中完成，较少在卫星上处理，这样降低了成本和端设备的处理功率。可见，全球星是地面移动网络的一个补充，两者一起形成空间、地面的通信基础设施，不管用户移动到哪里，都可以获得通信服务。

全球星在全球建了100多个关口站，卫星与关口站之间使用C波段建立链路，以此搭建与地面的移动网络、公共电话网络和互联网的桥梁；卫星与地面移动设备则分别使用L波段和S波段进行上星和下星通信，即进行透明的弯管操作，互不干扰。

卫星通信具有通信距离远，可以延伸到高山、大漠、丛林和茫茫大海；在其他通信基础设施遭到破坏后，卫星通信恢复快，是救灾抗灾的支撑通信手段。但卫星通信也有缺点，比如，卫星发射的投资和风险很大，比如，全球星的一次卫星发射失败，搭载的12颗卫星全部坠毁，损失巨大。LEO卫星布满天空，也有发生碰撞的风险，比如2009年发生了史上首次卫星撞击事件，33号铱星与俄罗斯废弃卫星相撞，不仅造成巨大的经济损失，而且产生的碎片成为太空垃圾，让本就越来越拥挤的低空轨道(1500km以下)产生更多的潜在威胁。另外，卫星通信使用的微波暴露于空气中，任何有意的破坏者，都可以拦截微波信号，窃取信息，所以，提供全方位的安全保护是卫星通信所必需的。

星链(Starlink)计划：“星链计划”号称是世界上首创的、最先进的、最大的宽带卫星互联网，可向全球用户提供高速、低时延的互联网接入服务，2020年开始商业运行，已经发射了4000多颗LEO卫星，轨道高度约为550km，预计还将发射3万多颗卫星。这些卫星可以自控，自动规避其他卫星或飞行物，寿命耗尽后自动焚毁。每颗卫星搭载4组强大的阵列天线和2组抛物天线，无需任何本地地面站，使用激光链路，即可全球覆盖。“星链计划”无论在卫星数量还是在传输速度(目前已达几百兆)方面都远远超过其他卫星通信系统，但是“星链计划”也引发了普遍的担忧：数量巨大的卫星给其他国家和平使用低轨太空带来极大的威胁；进一步引发频率资源竞争；还影响全世界的天文探索。

基于卫星通信技术的卫星互联网虽然还无明确的定义，但其发展势头强劲，近年来得到了工业界和学术界的广泛关注，正处于快速发展阶段。

2.5　物理层的设备

物理层的设备包括无源和有源两类。无源设备或部件包括传输介质、电源插座、转接板等，它们不需要接通电源才工作。顾名思义，有源设备需要接通电源才能工作，主要包括收发器、中继器、集线器等。

2.5.1 收发器

收发器(transceiver)是发送器(transmitter,简写为Tx)和接收器(receiver,简写为Rx)的合体,主要作用是接收和发送信号,连接传输介质。最早的以太网收发器是一个外挂的设备,后来,几乎所有设备的收发器都集成在设备内部,比如,连在以太网上的一台计算机,内部有一张以太网卡(网络接口卡,Network Interface Card,NIC),其上集成的收发器可连接双绞线,通过双绞线连接到一台交换机,交换机再上连到路由器,打通与互联网的通路。现在,以太网卡已经逐渐蜕化,其主要功能部件集成到主板上。

光纤收发器(Fiber Transceiver,FTR)负责完成电信号和光信号的相互转换,又称为光电转换器(fiber converter)。根据不同的分类口径,光纤收发器可以分为很多种类,比如,有全双工和半双工,有单模和多模,有单纤和双纤,有网管式(电信级)和非网管式(即插即用)等。光纤收发器的一个典型应用是点到点远距离传输,将本地网络连接到互联网上,如图2-38(a)所示。图2-38(b)展示了相距较远的两台交换机(交换机的内容,请参考第4章),用光纤连接的场景,为了可靠,使用了一主一备两条光纤信道。

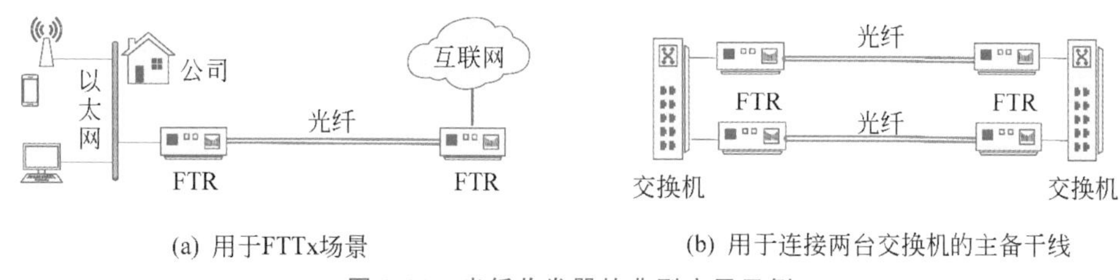

(a) 用于FTTx场景　　(b) 用于连接两台交换机的主备干线

图2-38 光纤收发器的典型应用示例

当然,现在很多交换设备可以选择配备光模块和光接口,相当于将光纤收发器集成到设备内。比如交换机、路由器都可以配置光模块和光接口,所以,独立的外置光纤收发器越来越少了。

2.5.2 中继器

不管是电信号还是光信号,在传输的过程中,都会发生衰减(attenuation)。此外,由于受到各种因素的影响或者因不同传输介质的物理性质差异,会产生不同类型的噪声(noise)。通常,信号传输的距离越远,衰减越多,噪声污染越严重。

中继器(repeater)是一个两端口的物理层设备,其主要作用是从一个接口接收信号,对信号进行去噪和放大(也称为再生信号)后,从另外一个接口转发出去。按照信号的种类可以分为电中继器、光中继器和无线中继器。在前面介绍的卫星通信网络中,其卫星上放置的一个主要设备就是无线中继器,接收的信号是无线电磁波。早期的经典以太网为了把信号传递到更远的地方,比如要传输的距离超过双绞线的100m极限时,常添加一个电中继器。中继器产生的再生信号(re-signalling)可以使传输距离延长,覆盖到更远的范围。

光中继器通常指的是光纤中继器(fiber repeater),它分为光电中继器(O/E repeater)和全光中继器(AO repeater)两种类型。其主要功能是再放大(re-amplifying)、再整形(re-shaping)和再定时(re-timing),所以,具备这样完备功能的中继器又称为**3R**中继器。

光电中继器从上游光纤中接收到衰减且带噪声的光信号后,首先将其转换为电信号,然后经过放大、去噪等电信号的处理,再激励光源,产生功率较强且干净的光信号,然后送入下游光纤,继续传输到更远处。光电中继器内部处理的信号发生了光→电→光(O/E/O)的转换,处理流程多,设备复杂,且带来损耗和时延。

全光中继器可以避免光电转换和电光转换。其实,全光中继器就是**光放大器**(Optical Amplifier,OA),因而只能称为1R中继器。常见的光放大器有如下3种。

(1) **掺铒光纤放大器**(Erbium Doped Fiber Amplifier,EDFA):是利用稀土金属离子(铒离子)作为激活工作物质从而实现放大光信号的放大器。

1985年,南安普敦大学的David Payne教授发表了关于EDFA的论文,成为密集波分复用(DWDM)光传输系统发展史上的一个重要里程碑,从此开启了全光放大的历程,David Payne教授被称为"光放之父"。

EDFA是应用最广泛的光放大器,但它是窄带放大器,只能做到对单一波段的增强,即1550nm波长窗口。根据使用位置不同,EDFA分为**后置光放大器**(Booster Amplifier,BA)、**线路光放大器**(In-Line Amplifier,ILA)和**前置光放大器**(Pre-Amplifier,PA),如图2-39所示。

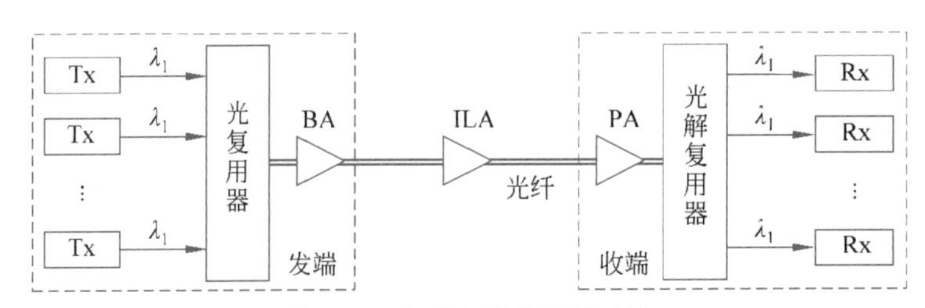

图2-39　光放大器的不同位置

在波分传输系统中,放大器可以放在发端合波器(光复用器)之后,称为后置光放大器,主要用于增加发送功率,从而增加光纤中继距离,补偿插入损耗和功率分配损耗;或者放在收端分波器(光解复用器)之前,称为前置光放大器,主要用于提高接收器的灵敏度;也可以放在跨段光纤之后,称为线路光放大器,线路光放大器用于不需要光再生而只需要简单放大的情形。

(2) **光纤拉曼放大器**(Fiber Raman Amplifier,FRA):是以传输光纤为增益介质,通过拉曼散射效应把泵浦①(pumping)能量转移给光信号从而实现光信号放大的放大器。

FRA能放大比EDFA波长范围更广的光信号,增益波长由其泵浦光波长决定,只要泵浦源的波长适当,理论上可放大任意波长的光信号;噪声系数低:FRA与EDFA配合使用可以有效降低系统总噪声,提高系统信噪比,从而延长无中继传输距离及总传输距离。FRA是分布式放大器,增益介质是整条光纤,适合单跨(span)长距离传输,适用于海底、沙漠等不适宜建中继站的场景。

(3) **半导体光放大器**(Semiconductor Optical Amplifier,SOA):类似半导体激光

---

① 光或电流激射到介质中,将处于基态的粒子(原子、分子)激励到较高能级状态(激发态),从而实现放大。

器的机制，通过注入泵浦电流产生粒子数反转实现光信号放大的放大器。SOA 主要用于中短距离传输系统中作为线性放大器，或在高速信号处理中作为非线性器件。

虽然早在 20 世纪 60 年代就展开了对 SOA 的研究，却因其固有缺点，如较大的噪声特性和偏振相关特性、较小的饱和输入输出功率、瞬态效应和非线性严重等，且在 EDFA 和 FRA 的夹击下，商用进展缓慢。但 SOA 具有非常明显的优势：工作波长范围宽，为 0.85～1.6μm，通过使用不同材料半导体就可实现，而 EDFA 只能工作在 C 和 L 波段；半导体技术成熟，尺寸小，易集成；使用电泵浦，增益效率更高；成本较 EDFA 更低；全光处理速率快等。

对于单跨长距离传输场景，需要根据不同的跨段距离选择合适的放大器技术组合满足要求。比如 100km 左右的跨段，光纤损耗大于 40dB，除了配置 BA 和 PA 外，还需要考虑对信号进行功率补偿，但发端光功率不宜过高(过高会导致强非线性)，因此，可在收端使用后向 FRA。

总之，虽然电中继器正逐渐消失，但全光中继器必将随着光纤的普及而继续完善和发展。

2.5.3 集线器

集线器(hub)是多接口的中继器；它提供的主要功能与中继器一样，即去噪和放大，也就是再生信号；但集线器有多个接口，每个接口可挂接一台设备，构成以集线器为中心的、呈辐射状的星状拓扑，如图 2-40 所示。

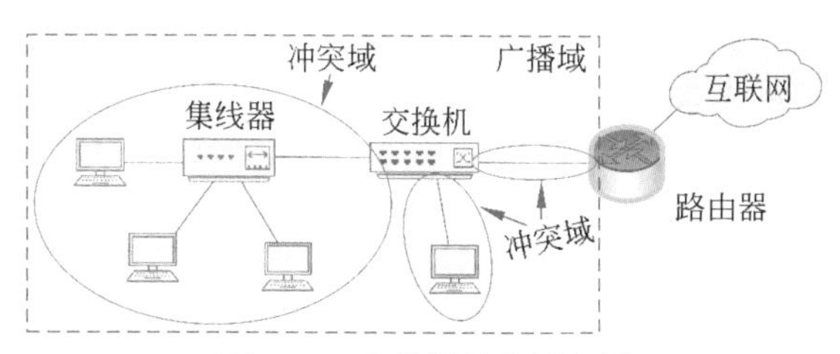

图 2-40 集线器的使用场景

集线器从某个接口接收信号，经去噪和放大后，从所有其他接口转发出去，这种转发行为称为广播或泛洪。

集线器将更多的用户设备接到了网络上，扩展了网络覆盖的范围，各个接口链路互相不影响，且价格低廉、维护方便，是早期的经典以太网 10Base-T 中的常见设备。但是，现在的以太网几乎看不到集线器了。其中的原因很多，而技术原因主要在于：集线器虽然扩展了网络覆盖范围，但是也扩大了冲突域，增加了资源共享的用户数，导致单个用户实际获得的资源减少，且冲突频频。

2 个或以上的信号同时经过共享介质，就会发生冲突(collision)，就像两辆车同时经过同一个地点发生碰撞一样。冲突表现为信号的异常，所以，冲突通常可以检测出来，冲突各方常常通过重传进行补救。

如果一个范围内的任意两台或以上的设备同时发出信号，则可能产生冲突，而这个范围的设备的集合称为冲突域(collision domain)。如图 2-40 所示的 3 个椭圆区域，就是 3 个不同的冲突域。

冲突域越大，产生冲突的可能性也就越大，尤其是高峰时期，很多设备都要发送信号，导致冲突频频，影响用户的上网体验。

不管是集线器还是中继器，它们的使用不会分割冲突域，反而会导致冲突域的扩展，也就是更多的用户在一起共享介质，所以，单个用户获得的资源更少，网络整体性能下降。

从图2-40中可以看到，冲突域的边界是交换机；也就是说，如果我们希望单个用户分得的资源更多，就应该构建更小的冲突域，这可以使用交换机代替集线器来实现。这就是集线器逐渐退出、让位于交换机的主要原因，当然，交换机的成本下降，功能更多，也是不可忽视的原因。

图2-40中的3个冲突域一起构成了一个更大的区域：广播域(broadcast domain)。位于一个广播域的设备都能收到同一个广播信息，路由器是广播域的边界，我们将在第5章学习路由器的功能和原理。

集线器和中继器都是“傻瓜”设备，它们在接收到信号后，只会按照固有的方法和流程处理，不会试图解读信号，从而做出不同的响应。这种比特流的透明传输，常常简称为“透传”。

2.6 本章小结

物理层是参考模型中的最底层，是最基础的一层，负责比特流的透明传输。围绕这个功能，本章探讨了传输比特所需要的介质和所使用的技术。

本章阐述的常见概念有通信，信道，模拟和数字通信，并行和串行通信，同步和异步通信，单工、半双工和全双工通信等。

通过信号的傅里叶分析，本章解释了其传输过程存在的衰减、失真等现象，引入了截止频率、物理带宽的概念以及它们对信号传输的影响。

信道的物理带宽直接影响信道的传输性能，即它的传输速率，或者数字带宽。奈奎斯特定理描述了无噪声信道下的最大数字带宽，香农定理描述了有噪声信道的最大数字带宽。

在基带传输技术中，介绍了NRZ、NRZI、曼彻斯特编码、4b/5b等几种线路编码方法，并探讨了这些方法的使用场景和效率。

在通带传输技术中，从3种基本的调制方法——调频、调相和调幅开始，介绍了工程中常用的组合调制方法——正交振幅调制(QAM)，不同级别的QAM正在各种计算机网络中起着非常重要的作用。

传输介质分为导引性和非导引性两大类。导引性传输介质主要有同轴电缆、双绞线、电力线和光纤，其中双绞线和光纤是市场的主力，各自有优缺点和适用的场景。在非导引性传输介质中，探讨了无线电通信的特点，尤其是广为使用的微波通信。

本章从物理层探讨了用户接入互联网的方式，从而引出了几种接入网络——公共交换电话网络、蜂窝移动网络、有线电视网络和卫星通信网络，并探讨了每种接入网络的框架和主要技术，指出各种网络的融合生长趋势。

本章的最后介绍了物理层设备的功能、使用场景；特别介绍了光纤收发器和全光中继器的技术特点、分类和使用场景等；引入了冲突和冲突域的概念，解释了电中继器和集线器逐渐消失的技术原因。

本章的技术人物传奇

CDMA 之母：海蒂拉玛

光纤通信之父：高锟

奈奎斯特：奈奎斯特定理

三网融合的发展历程和现状

香农：信息论的奠基者

本章的客观题练习

第 2 章 客观题练习

习题

1. 什么是模拟信号？什么是数字信号？相比模拟通信，数字通信有什么优势？

2. 试找出生活中看到的单工、半双工和全双工的例子。

3. 公共交换电话网络由哪些部分构成？

4. 利用公共交换电话网络接入互联网有哪些方式？

5. 蜂窝移动网络是一种常见的接入互联网的方式，现已进入 5G 时代，向 6G 迈进，蜂窝移动电话变得越来越快、性能越来越好。请简述 5G 蜂窝移动电话系统的技术特点。

6. 采用有线电视网络接入互联网，用户端计算机需要一个什么设备？它主要实现什么功能？

7. 按照所处的轨道离地高度，卫星可分为哪几种？为什么这样划分？

8. 用于普通通信的主要是哪种卫星？用于导航的主要是哪种卫星？

9. 中继器是物理层设备，它的使用延长了信号传输的距离，它现在已经完全消失了吗？为什么？

10. 时分复用和频分复用技术是两种常见的经典复用技术，前者用于模拟通信系统，后者用于数字通信系统，这个说法对吗？为什么？

11. 奈奎斯特定理只适用于铜缆吗？是否适用于光纤？

12. 相对于铜缆，光纤有哪些优点和缺点？

13. QPSK 调制了 4 级信号，如果将其绘制到星座图上，这 4 个信号星点有什么特点？

14. 如图 2-8(c)所示，QAM-64 是否可以实现每波特传输 5 比特？为什么？

15. 如图 2-13 所示，一个频分复用共享信道需要复用 5 个用户，每个用户平均分配4kHz的子频道带宽，子频道之间用400Hz的保护带分隔，试计算信道所需的总带宽。

16. 粗波分复用和密集波分复用有什么区别？

17. 不管是T系列还是E系列，其采样间隔都是125μs，为什么？

18. 如果与2.2.3节中的例2-2第(3)问条件相同，试求乙和丙分别发送的比特是什么？

19. ITU-T指定的V.32和V.32bis标准所采用的调制信号星座图如图2-41所示，V.32采用了QAM-32调制，但其中的一半信号星点用于错误处理；V.32bis采用QAM-128调制，其中的一半信号星点也用于错误处理。试计算这两个标准支持的数据传输速率(数字带宽)，这里的采样率为2400波特。

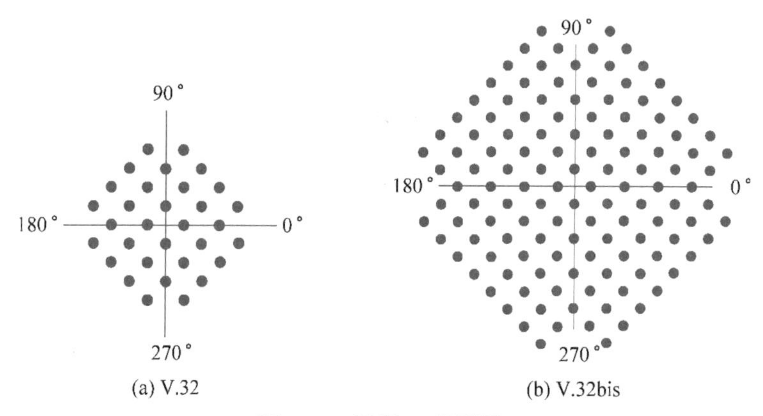

图2-41　习题19的配图

20. 一个类似于图2-42(a)的调制解调器星座图有以下几个数据点：(1,1)、(1,−1)、(−1,1)和(−1,−1)。(1) 一个具备这些参数的调制解调器的传输速率是多少？(2) 如果按照图2-42(b)进行调制，传输速率可以达到多少？(3) 如果按照图2-42(c)的星座图进行调制，其中的一半信号星点用于检查错误，则可以达到多大的传输速率？(波特率都采用1200符号/s，要求有解题过程)

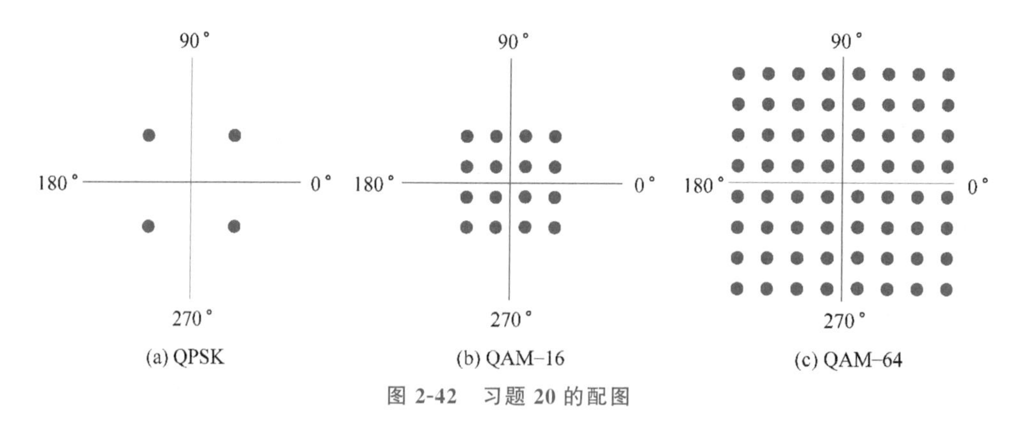

图2-42　习题20的配图

21. 对于非归零编码和曼彻斯特编码，如果需要达到10Mb/s的传输速率，各自需要多少物理带宽？

22. T1载波的百分比开销为多少？也就是说，1.544Mb/s中有百分之多少没有给端用户使用？

23. 一条物理带宽为 3kHz 的无噪声信道，如果每 1ms 采样一次，其最大数据传输速率为多少？

24. 一条物理带宽为 3kHz 的有噪声信道，如果每 1ms 采样一次，信噪比为 30dB，其最大数据传输速率为多少？

25. 电视信道的物理带宽为 6MHz，如果使用 QPSK 进行调制，其数字带宽可达多少？假设电视信道是无噪声的。

26. 一条信道上的数据传输速率是 64Mb/s，采用 4b/5b 编码，该信道的最小物理带宽应该是多少？

27. 一束光的波长为 1μm，其对应的频率是多少？如果以此波长为中心，波长范围是 0.95～1.05μm，则对应的频率范围(物理带宽、频宽)是多少？注意：光速 c 为 3×10^8 m/s。

28. 请在图 2-43 中画出各种编码方案编码后的图形。

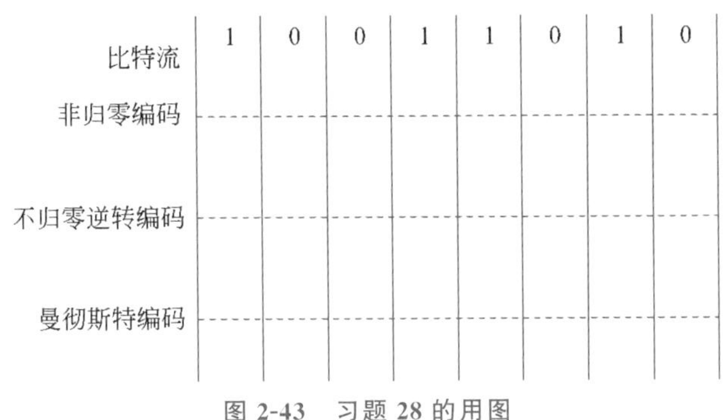

图 2-43　习题 28 的用图

29. 假设某种双绞线的衰减是 0.7dB/km(在 1kHz 时)，若允许有 20dB 的衰减，则使用这种双绞线的链路的工作距离为多少？如果要使双绞线的工作距离延长到 100km，则应当使衰减降低为多少？

30. 主机 A 和 B 都通过 10Mb/s 链路连接到交换机 S。在每条链路上的传播时延都是 20μs。S 是一个存储转发设备，从它接收一个分组到转发完成需要 35μs。请分别计算在下面两种情形下，把 10 000 比特从 A 发送到 B 所需要的总时间(单位是 μs)。(1)采用单个数据分组传输；(2)分成两个数据分组传输，每个分组为 5000 比特。

第3章

数据链路层

数据链路层(Data Link Layer,DLL)位于物理层之上。相对于物理层主要负责0和1在通信信道上的表示和传输,数据链路层主要解决的

题是如何在相邻的两台机器间实现可靠的数据帧通信。所谓"相邻"并

的机器,而是指两台机器通过一条通信信道相互连接。

机器;或者在总线拓扑结构中,通过共

帧"则是数据链路层协议数据单元

在两个数据链路层实体之间传输的信

网络数据传输应用中极其重要的刚性

,因为信号的衰减、畸变等在真实的通信

时延和噪声的干扰不可避免,这些因素都

"。因此,我们需要设计一系列协议和算

些协议和算法,对于数据链路层来说,才可

靠"的通信服务。

路层的主要功能;在此之后,将介绍该层的协

物理层传输的二进制流转换为一个个数据

围绕通信中的错误介绍检测错误和纠正错误

可能出错的信道上,实现可靠的数据帧传输,

窗口技术、回退 n 帧技术、选择性重传技术等;

路层协议的实例。

其下的主要知识点个数;读者可扫描二维码查

思维导图,并根据需要收起和展开。

图 3-1 本章主要内容框架的思维导图上层

3.1　数据链路层的主要功能

在网络分层模型中，数据链路层的最终目的是为网络层提供服务，而为了实现这些服务，特别是当这些服务对数据传输的可靠性有所要求时，就要求数据链路层实现如下功能。

（1）成帧：把从物理层获得的二进制流拆分为分离的数据帧。

（2）错误处理：检测或纠正传输中发生的错误，以及处理错误。

（3）流量控制：协调发送方与接收方的数据收发速度，以免数据发送太快，超过接收方的处理能力，而导致接收方缓存溢出被“淹没”；或者是发送太慢，而导致互相等待浪费时间。

在实现上述功能的基础上，数据链路层为网络层提供三类服务。

（1）无确认的无连接服务。

（2）有确认的无连接服务。

（3）有确认的有连接服务。

确认(acknowledgment)是指接收方在完成一次成功的数据帧接收后，回复信息给发送方，以表示完成了该数据帧的接收。有连接则是指在通信的过程中，需要在发送方与接收方之间建立并保持一条物理的或虚拟的链路，一直到数据传输结束之后，这个连接才被释放。

对于无确认的无连接服务，发送方与接收方之间不需要建立或保持连接，也不需要接收方对接收到的数据帧进行确认。这就意味着，数据链路层不会对数据帧的丢失或错误进行任何处理。无确认的无连接服务虽然无法实现可靠的数据传输，但是其实现简单且快捷。

对于有确认的无连接服务，同样不要求在发送方和接收方之间建立连接，但要求接收方对已正确接收的数据帧回复确认，类似于我们在日常生活中签收快递。这样可以使发送方了解每个数据帧是否正确到达目的地，从而决定是否重发该数据帧。相比无确认的无连接服务，有确认的无连接服务虽然在过程中更复杂，回复和等待确认也使通信效率更低，但却能实现可靠的数据通信。

对于有确认的有连接服务，则完全采取不一样的策略。在发送数据之前，需要在发送方与接收方之间建立一个连接，发送方发出的每个数据帧都会被编号，并且沿着同一个连接发送给接收方，接收方会对已收到的数据帧回复确认，这样数据链路层可以保证这些数据帧按照被发送的顺序正确地被接收并交给接收方的网络层。这个连接可以被理解为一个在发送方与接收方之间的管道，为双方网络层实体之间提供可靠的数据帧通信。

3.2　成帧的方法

前面章节已经反复提到了“数据帧”这个名称，本节就来详细介绍数据帧的概念以及如何生成数据帧。从发送方的角度来看，当数据链路层从网络层获得数据分组时，数据链路层的进程会将这些数据分组进行封装，加上帧头和帧尾，得到一个完整的数据帧。数据链路层的一些协议会定义这些帧头和帧尾的格式以及对应的含义。数据帧以二进制的形式表示,并交给物理层进行传输,当数据被接收方收到时,接收方的数据链路层又要负责将从物理层收到的二进制流进行拆分,恢复成原本的数据帧。数据帧的封装和拆分生成的过程如图 3-2 所示。

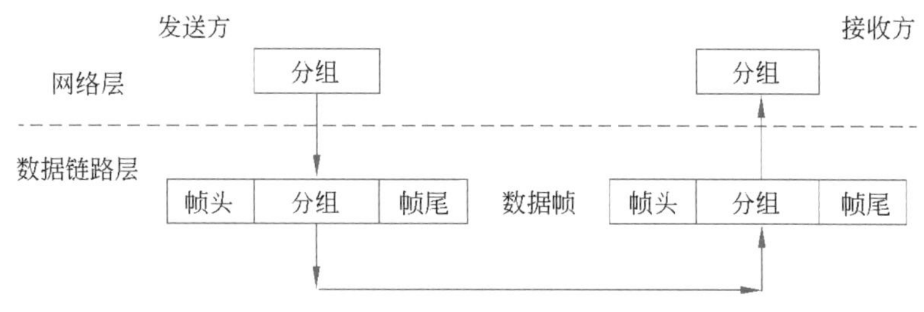

图 3-2 数据帧的封装和拆分生成的过程

在接收方,之所以要将物理层传输的二进制流拆分为离散的数据帧,主要是为了处理错误。数据帧是数据链路层的协议数据单元,是错误处理的单位;每收到一个数据帧就进行错误的检测和处理,稍后会详细介绍检错方法和纠错方法(参考 3.3 节)。

将二进制流拆分为离散的数据帧,看起来是一件简单的事,但实际并不简单。比如发送方发送时在数据帧与数据帧之间插入时间间隔作为一个数据帧开始和结束的标志,并不是一个可行方法,因为在传输过程中,可能存在时钟漂移,经过一段时间的传输,这些间隔可能已经消失,接收方根据漂移了的间隔来分隔数据帧,可能偏离原来数据帧的样子,由此造成错误。数据链路层用来成帧的方法主要有字节计数法、带字节填充的字节标志法、带位填充的位标志法和物理层编码违例法 4 种。

3.2.1 字节计数法

字节计数法利用在帧头的一个字段记录该帧包含的字符数,如图 3-3 所示。接收方读到第一个字段时,便可知该数据帧在哪里结束,也因此知道了下一数据帧从哪里开始。如果一切顺利,则二进制流中的每个数据帧都会被正确地识别出来,如图 3-3(a)所示。

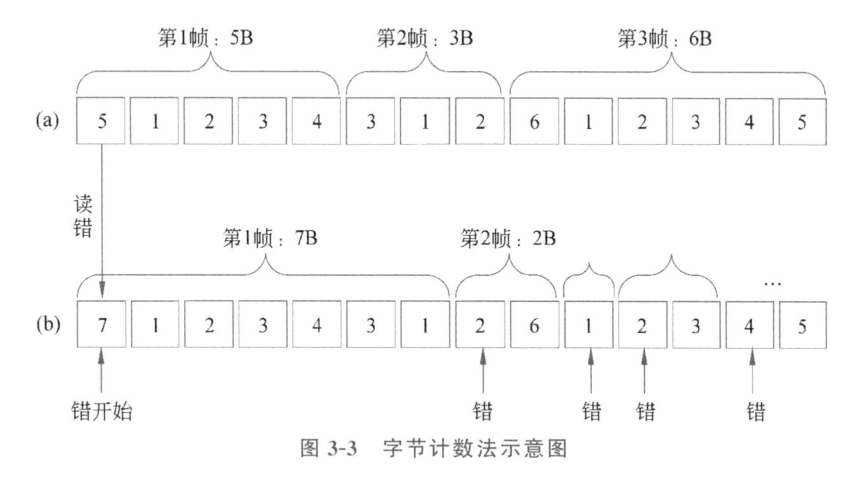

图 3-3 字节计数法示意图

但传输中的错误在所难免。一旦包含帧长度的字段出错，则后续所有的数据帧将被错误分隔，如图3-3(b)所示。第一个数据帧中的首字段本来是“101”，却被错误地认为是“111”，5字节的数据帧长变为了7字节，从此开始，后续的数据帧都被认错，且无恢复的可能。所以，虽然字节计数法简单，却存在致命的缺陷，因此很少单独用于真实的网络传输中。

3.2.2　带字节填充的字节标志法

带字节填充的字节标志法克服了字节计数法固有的出错无法恢复的缺陷，它采用一个特殊的字节FLAG作为帧界的标志，这个特殊的字节FLAG被称为数据帧的定界符，一旦出错，可以扫描定界符进行再次同步，也就是可以从错误中恢复，如图3-4(a)所示。

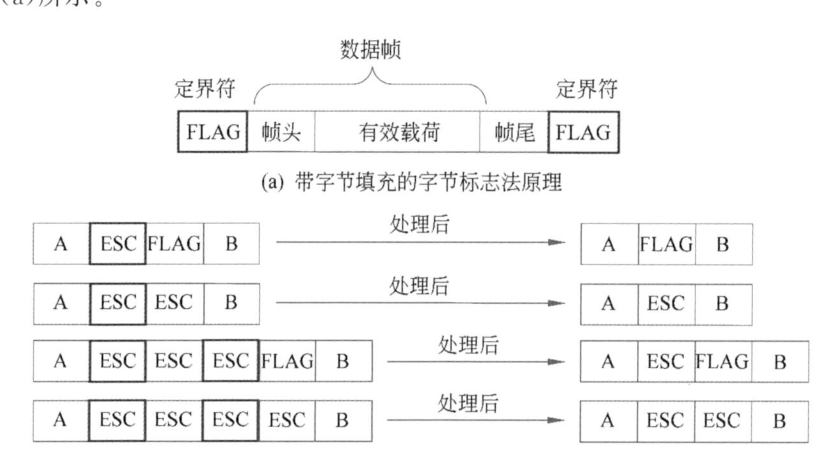

图3-4　带字节填充的字节标志法原理和特例

这种方法唯一可能的问题是当作字节标志的特殊字节有可能出现在数据帧所承载的数据域中；一旦出现这种情况，本是数据的特殊字节被当作帧界了，于是数据帧就被错误地拆分了。

有一个类似的问题和解决方案出现在编程领域。比如在C++中，我们可以用“\n”输出一个换行符，但是如果用户确实希望输出“\n”这两个字符，而不是一个换行符，则可用“\\n”表示。“\”被定义为C++的转义符。类似地，我们可以定义一个特殊的转义字节(ESC)，在数据域中出现特殊字节时，要求在前面填充一个转义字节表示其仅仅是普通数据，而非数据帧的起始标志。同样地，如果数据域本身恰好包含了转义字节，则要求在其前也填充一个转义字节表示其为普通数据，不承载转义的特殊含义。

接收方接收到数据时，需要将数据域中额外填充的转义字节去除，从而使该数据与发送方发出的原始字节序列保持完全一致。在图3-4(b)所示的4个例子中，A、B表示普通数据，第一个特例的普通数据中包含了一个FLAG，第二个特例的普通数据中包含了一个转义字节ESC，第三个特例的普通数据中既包含了FLAG，也包含了ESC，第四个特例的普通数据中包含了两个ESC，发送方在FLAG或ESC前填充ESC作为转义，如图3-4(b)中左边数据帧中的蓝色框所示；图3-4(b)右边对应的4个数据帧是接收方收到之后，删除了转义符之后剩下的数据帧，这正是发送方要传输的填充前原始字节序列。

字节填充的方式要求帧长度必须是8位的整数倍，而且还限定必须使用8位作为一个字符的表示；这给编码和通信都带来了效率损失。举个极端的例子，假如发送方待传输的数据全部是FLAG，每个FLAG前都要添加一个转义字节ESC，这些ESC都是开销，真正的数据仅占填充ESC后全部字节数的约50%。

稍后介绍的PPP在异步传输时，采用了带字节填充的字节标志法。

3.2.3 带位填充的位标志法

位填充的方法允许数据帧包含任意长度的位，而且还不限制字符的编码长度。带位填充的位标志法也要求使用一个特殊的位串作为每个数据帧的起始和终止标志，我们约定的帧界标志位串为“01111110”。如果在数据中出现了与帧界相同的位模式“01111110”，也会被误认为是帧界，进而引发错误的帧界分隔。为了解决这个问题，发送方的数据链路层在发送数据时，一旦发送了5个连续的“1”，则强制在数据中插入一个“0”。通过这种强制的位填充，“01111110”仅可能作为标志出现在帧头或帧尾。这种成帧方法也称为零比特填充法。

接收方收到数据帧时，会逐一检查收到的位，一旦发现有5个连续的“1”，则检查后续紧跟的位是否为“0”：如果是“0”，则自动删除该“0”，从而将位串复原为原始数据；而“01111110”的位串则是帧界标志。

相比带字节填充的字节标志法，带位填充的位标志法的开销更小，因而信道效率更高。

PPP工作在同步模式时，采用了带位填充的位标志法。

3.2.4 物理层编码违例法

在很多局域网中，在物理层使用两种不同电平的转换表示一个二进制位。比如，使用“高-低”电平转换表示“1”位，而使用“低-高”电平转换表示“0”位。通过这样的编码，每个数据位中间的电平突变，将被用来作为发送方和接收方之间的同步。在这种编码中，连续的高电平或连续的低电平都不是有效的编码。因此，我们可以利用连续的高电平或连续的低电平表示一个数据帧的开始或者结束，这就是物理层编码违例法的工作原理。需要注意的是，物理层编码违例法只能使用在物理层编码包含足够冗余信息的网络中，因为我们需要用两个物理电平位编码一位数据。

在现实的网络中，我们可将字节计数法和其他某种方法结合使用，从而进一步确保成帧的正确性。数据帧的接收方先利用计数字段定位某帧尾，再检查该位置是否存在正确的分界标志。比如，在IEEE 802.3数据帧（参考4.3.2节）中，有8字节的前导码，相当于帧界；数据帧中还有一个长度字段，指明了数据帧的长度。

3.3 检错和纠错

成帧方法可以让我们准确地识别每个数据帧的起始和结束位置。我们面临的下一个问题是通信中的干扰和噪声。在数据传输中，由于干扰和噪声造成的错误是困扰

数据通信的一个长期问题。即便是物理层使用有屏蔽的传输线路，传输数字信号的是光纤网络，且由于传输技术的进步，传输错误率已经大大降低，但错误的发生还是存在一定的概率。尤其是无处不在的无线网络，由于数据传输在开放空间中进行（广播），信号更容易受到干扰和损坏。因此，错误的处理将是一个需要长期关注的问题。

通信过程中错误的处理有两种策略。一种是错误检测（error detection），即检错。检错的工作思路是：由接收方进行错误的检测，一旦发现传输数据中有错误，并不尝试恢复，而是想办法通知发送方，由发送方重新发送该数据帧。另一种是错误纠正（error correction），即纠错。纠错的处理只由接收方进行，不但需要发现数据帧中的错误，还要通过算法自动对错误进行纠正，恢复出正确的数据。

两种错误处理的策略，各有适用的场景。直观的感受是，检测到 1 位的错误，难度会小于纠正 1 位的错误。当然，检测到 1 位的错误所需的冗余信息，也应小于纠正 1 位错误所需的冗余信息。但是，检错可能引起数据帧的重发，这又是额外的传输开销。

一般而言，在高质量的通信信道（例如光纤网络等低错误率的信道）中，由于错误极少发生，采用检错和重发的方式效率更高。而在错误率比较高的网络（例如无线网络）中，则更倾向使用纠错的方式，尽量减少错误数据帧的重发，以免引起信道的使用恶化。

不管是检错还是纠错，我们都需要通过设计编码规则在数据中添加冗余信息来实现。在下文中，我们将介绍较为简单和常见的几种检错码与纠错码的编码方案。

3.3.1　检错

1. 奇偶校验

奇偶校验（parity check）是一种较为简单和常见的校验数字传输正确性的方法。奇偶校验可以通过在数据中添加 1 位奇偶校验位实现。以奇校验为例，假如采用奇校验，发送方需要确保在一个数据帧中“1”的个数一定为奇数。接收方对接收到的帧中“1”的个数进行统计，若统计出“1”的个数为偶数，则意味着传输过程中有错误发生，需要发送方对该帧进行重传。

以 ASCII 中的字母 A 为例，发送方采用奇偶校验对其进行编码，对应的二进制编码为 1000001。若按照偶校验规则，校验位设置为 0，码字应为 10000010，则满足偶数个 1 的要求；若使用奇校验，则校验位应该设置为 1，码字应该为 10000011。如果采用偶校验的接收方收到一个码字为 10000011，发现其中有 3 个 1，不满足偶数个数的要求，表明发生了错误，所以，接收方可以告诉发送方重传。

奇偶校验是一种弱检错码，如果发生错误的个数不是 1 个或者奇数个，而是发生了偶数个错误，则接收方无法检出错误。

在通信中，如果一个数据帧中的消息位数为 m 位，添加的校验位是 r 位，总长度为 n，则 $n=m+r$，我们称其为一个 n 位的码字（codeword）。两个码字之间的差别，可以用海明距离（Hamming distance）表示。海明距离指的是两个码字对应位不同的位数，若海明距离为 d，则表示两个码字之间有 d 位的数值不同。如图 3-5 所示，10011100 和 11001001 之间有 4 位不同，则它们之间的海明距离为 4。将两个码字进行异或（XOR）逻辑运算，然后只需要统计结果中 1 的数量，就可以得到两个码字之间的海明距离。因此，利用简单的逻辑电路就可以很容易在硬件上实现海明距离的计算。

图 3-5 计算两个码字之间的海明距离

现实中的海明距离判断，更多的不是在两个码字之间，而是在所有有效编码的集合内考虑海明距离。对于码字的集合，其海明距离的定义为，计算集合内每对码字之间的海明距离，其中最小的海明距离值，被定义为该集合的海明距离。如图 3-6 所示，如果有效的码字为 11111111、11110000、00001111、00000000，则该码字集合的海明距离为 4。

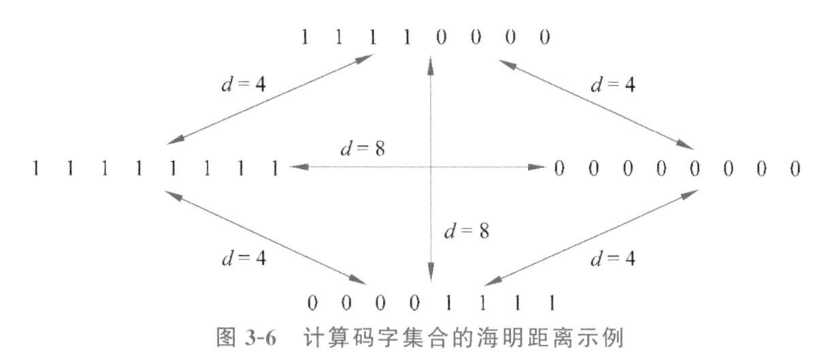

图 3-6 计算码字集合的海明距离示例

对于 1 位的奇偶校验来说，码字集合之间的海明距离为 2，这意味着，对于任何一个有效的码字，如果在传输过程中出现了一位的错误，则该码字都不会被误认为另一个有效的码字。关于检错，更为普适的结论是，**海明距离为 $d+1$ 的编码方案，最多可以实现 d 位错误的检测**。因为对于任何一个码字，如果出现 d 位的错误，必将变成一个无效的码字。

为了提高奇偶校验的检错能力，在 1 位奇偶校验的基础上，可采用双向奇偶校验(row and column parity)的方案。该方案也称为双向冗余校验，其工作原理是将一维的二进制数据串，作为一个 $m \times n$ 的矩阵处理，对每行和每列分别添加 1 位奇偶校验位。这种编码方案的检错能力更强。

2. 循环冗余校验

循环冗余校验(Cyclic Redundancy Check，CRC)是另一种在现实网络中被广泛使用的检错编码方案，比如以太网。循环冗余校验检错的基本思想是通过在数据位后添加若干位的校验和(checksum)，以实现错误的检测。

在循环冗余校验中，二进制串被表示为系数为 0 或 1 的多项式，例如二进制串 110011，可以表示为多项式 x^5+x^4+x+1。假设有 m 个数据位需要被传输，则 m 个数据位可以表示为多项式 $M(x)$，添加校验和后的码字则可以表示为多项式 $T(x)$。此外，发送方和接收方在传输之前，需要事先确定一个生成多项式 $G(x)$。发送方在生成校验和时，需要满足 $T(x)$ 可以被 $G(x)$ 整除。对于接收方，在收到码字后，只需检查该码字是否还是能被 $G(x)$ 整除，即可判断是否出现传输错误。循环冗余校验的具体步骤如下：

第一步：数据传输前，双方确定 $G(x)$，假定其为 r 阶多项式。

第二步：发送方对每个数据帧计算其校验和。

(1) 对于数据帧 $M(x)$，在其尾部添加 r 个 0，表示为 $x^rM(x)$。

(2) 按照模 2 除法运算规则，将 $x^rM(x)$ 对应的二进制串除以 $G(x)$ 对应的二进制串，得到余数 c。

(3) 按照模 2 减法运算规则，将 $x^rM(x)$ 对应的二进制串减去余数 c，所得的结果即为需要传输的完整码字，可表达为多项式 $T(x)$。

第三步：接收方对收到的每个数据帧进行错误检测。

(1) 对于接收到的二进制串按照模 2 除法，除以 $G(x)$ 对应的二进制串，若不能整除，则认为该数据帧存在错误。

(2) 若能整除，则表明此传输过程未发生错误。

在上述步骤中，余数 c 就是计算得出的校验和，减去余数后，可以保证得到的 $T(x)$ 对应的二进制串能被 $G(x)$ 对应的二进制串整除。模 2 减法等效于模 2 加法操作，发送方如果用计算得到的校验和(余数 c)替换并添加在帧尾的 r 个 0，便可得到完整的码字。

我们以生成多项式 $x^8+x^5+x^4+1$(1 0011 0001)为例，来计算 1 字节(0001 0001)的 CRC 校验码。

由于该生成多项式最高阶为 8，按照 CRC 规则，需要在数据位尾部添加 8 个 0 进行升阶，得到的 $x^rM(x)$，其对应二进制串为 0001 0001 0000 0000。

以 $x^rM(x)$ 为被除数，以生成多项式为除数，进行模 2 除法计算，可得到余数为 0111 0010，这就是 CRC 校验位。以余数替换在数据尾部添加上的 8 个 0，则可得到经过 CRC 编码后的完整码字为 0001 0001 0111 0010。

接收方只要将收到的码字除以同样的生成多项式，如果余数为 0(即能整除)，便确认传输无误，可以放心接收该数据。

循环冗余校验计算较为简单，只需要进行模 2 的数学计算，也容易通过简单的硬件实现。该方案被广泛地应用于以太网等现实网络中进行传输错误的检测。

在实际 CRC 中，较为常用的生成多项式有 CRC-8、CRC-16 和 CRC-32 等。以 CRC-8 为例，其对应的标准生成多项式分别有

CRC-8：$x^8+x^5+x^4+1$　(1 0011 0001)

CRC-8：$x^8+x^2+x^1+1$　(1 0000 0111)

CRC-8：$x^8+x^6+x^4+x^3+x^2+x^1$　(1 0101 1110)

3. 互联网校验

互联网校验和(Internet checksum)则是另一种广泛使用的检错算法。互联网校验的基础是二进制反码求和运算。反码求和的计算过程并不复杂：将二进制数从低位到高位逐位相加，若产生进位，则需在相邻高位加 1；当最高位相加出现进位时，则需要在结果的最低位加 1；将最后计算所得的二进制数取反，就是二进制反码求和的结果。图 3-7 描述了对两个二进制数进行反码求和运算的简单示例。

在计算互联网校验和时，数据按照每 16 位作为一个单位被划分成一个序列。如果数据的字节长度为奇数，则在数据尾部填充 1 字节的 0 以凑成完整的 16 位。发送

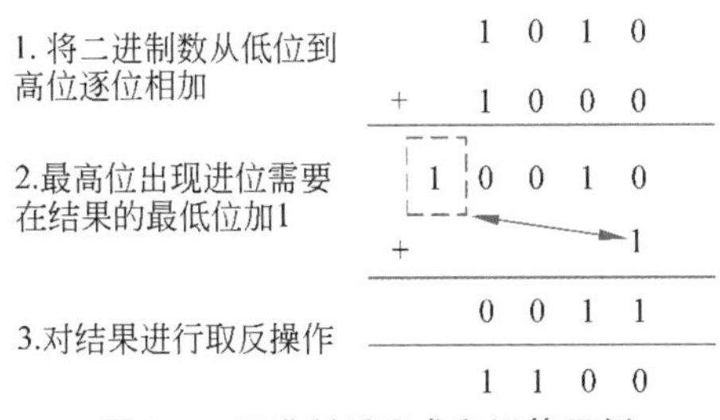

图 3-7 二进制反码求和运算示例

方按照反码求和运算规则将所有 16 位字的序列进行相加，然后再对相加的结果取反码，便得到校验和。

接收方进行检错的过程就是将收到的数据（包括校验和），再次以每 16 位作为一个单位进行反码求和运算。如果运算结果为 0，则表明数据在传输过程中没有错误；如果运算结果为非 0，即认为检测到错误，接收方将丢弃该数据。

你知道吗？ 本书后续章节将陆续介绍的 IP、ICMP、TCP、UDP 等重要协议都使用了互联网校验进行错误检测。其中，IP 校验和只是计算 IP 报文的头部，ICMP 校验和计算则包括了 ICMP 头部和 ICMP 数据。TCP 和 UDP 校验和计算除了包括头部和数据，还需要包括伪头部。这些协议的具体格式都将在后续章节进行详细介绍。

3.3.2 纠错

相对于检错，纠错可以减少重传，但是也意味着对于每个数据帧，都需要额外传输更多的冗余数据以及更复杂的纠错算法。纠错本身并不神秘，我们在日常生活中经常不自觉地对所接收到的信息进行纠错处理。比如一张字迹不清的字条，一块显示不全的屏幕，一通断断续续的电话。很多情况下，虽然数据不全或因为干扰产生错误，但在不自觉地进行纠错之后，我们仍然可以获得数据所包含的信息。最简单的纠错方式是寻找最相似或最可能的匹配。例如图 3-8 显示的电子钟屏幕，由于故障，只能显示出如左侧所示的图案，但是对于我们来说，可以毫不费力推断出数字 8（如右侧显示）是最可能的数字。生活常识告诉我们，对于错误的信号，可以通过找与之最接近的正确信号，进行直接且有效的纠错。

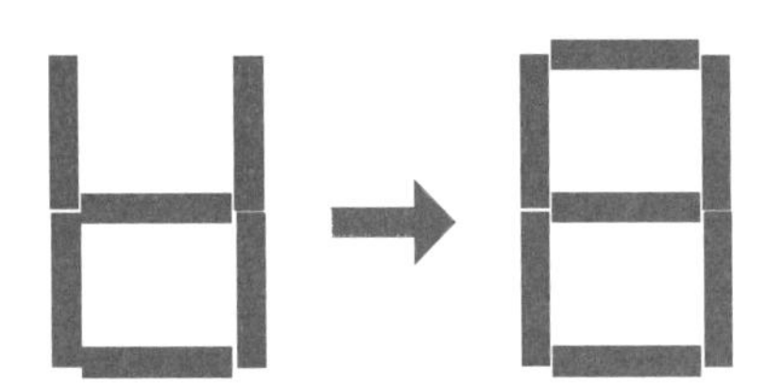

图 3-8 对一个无法正确显示的数字的推断

结合前文有关海明距离的知识，对于编码的纠错，我们可以得到一个更为普适的结论：**海明距离为 $2d+1$ 的编码方案，可以实现对 d 位错误的纠错**。可见纠错付出的冗余代价要比检错大得多。下面介绍几种常见的纠错方法。

1. 纠 1 位错的海明码

纠 1 位错的海明码是一种经典的自动纠错编码，该编码方案具备 1 位错误的纠正能力。整个海明码分为在发送方的编码阶段，以及在接收方的解码阶段（纠错）。对于需要发送的 m 位数据，首先需要确定所需的校验位 r 的数值，从而确定编码中整个码字的长度 n，且 $n=m+r$。

对于 m 位数据，可以组合出 2^m 个不同的消息。如果只考虑纠正 1 位错，而该位错误可能在 n 位中的任何一位出现，因此，对于 2^m 条数据对应的正确码字和出现 1 位错误的码字，其总数为 $(n+1)\times 2^m$。同时由于码字总长度为 n 位，则这些码字的个数必须满足 $(n+1)\times 2^m \leqslant 2^n$。考虑到 $n=m+1$，该不等式可变换为 $(m+r+1)\leqslant 2^r$。例如，当消息位长度 m 为 7 时，海明码方案中要求校验位的长度 r 必须大于或等于 4，才可实现该编码。

发送方的编码过程按照如下步骤进行。

(1) 将码字中的所有位从 1 到 n 编号，其中编号为 2 的幂次方的位设置为校验位（如 1,2,4,8,…），其余位（如 2,3,5,6,7,…）为数据位。依次将 m 个数据位按照顺序填入。

(2) 校验位的数值，由对某组位使用奇偶校验得到（见图 3-9）。具体的规则如下。

校验位:	1	2	3	4	5	6	7	8	9	10	11	12	13	…
1	√		√		√		√		√		√		√	…
2		√	√			√	√			√	√			…
4				√	√	√	√					√	√	…
8								√	√	√	√	√	√	…
⋮	⋮													

图 3-9　海明码进行校验位奇偶校验的规则示意图

- 将数据位的编号 k 用 2 的幂次方的和表示，如 $11=8+2+1$。
- 所有编号 k 的展开式中出现 2^r 的位，用来对 2^r 校验位进行奇偶校验。例如，编号为 2 的校验位数值，将由编号为 2、3、6、7、10、11 等位的奇偶校验决定是 0 或者 1。

(3) 完成所有校验位的计算，最终形成该报文的海明码表示。

当接收方收到 $m+r=n$ 位的海明码码字后，需要对该码字进行校验和纠错。海明码纠错过程，实际就是计算出码字中出错的那位，然后对该出错位进行取反操作，便完成了 1 位纠错的任务。接收方具体的纠错过程如下。

(1) 收到一个码字时，接收方初始化计数器 c 为 0。

(2) 对每个校验位按照海明码的计算方法进行重新计算，判断其是否满足奇偶校验的要求。

(3) 若校验位 r 不满足奇偶校验条件，则更新计数器 $c=c+r$。

(4) 完成所有校验位的计算后，检查计数器 c 的数值。若 c 为 0，则表示该码字无错误，可被正确地接收；若 c 非 0，则对码字中的第 c 位进行取反，从而实现海明码的 1 位纠错。

以数据 0111 1110 为例，采取偶校验的海明码实现 1 位纠错。

根据不等式 $(m+r+1)\leqslant 2^r$，可以确认对于 8 位数据最少需要的校验位 r 为 4，分别记为 P_1、P_2、P_3 和 P_4，它们在码字中的位置编号则分别为 1、2、4、8，将数据位依次填入对应的位，对于 4 个校验位，我们有如下偶校验计算：

$$P_1 = M_3 \oplus M_5 \oplus M_7 \oplus M_9 \oplus M_{11} = 0 \oplus 1 \oplus 1 \oplus 1 \oplus 1 = 0$$
$$P_2 = M_3 \oplus M_6 \oplus M_7 \oplus M_{10} \oplus M_{11} = 0 \oplus 1 \oplus 1 \oplus 1 \oplus 1 = 0$$
$$P_3 = M_5 \oplus M_6 \oplus M_7 \oplus M_{12} = 1 \oplus 1 \oplus 1 \oplus 0 = 1$$
$$P_4 = M_9 \oplus M_{10} \oplus M_{11} \oplus M_{12} = 1 \oplus 1 \oplus 1 \oplus 0 = 1$$

因此,最终完成偶校验后海明码的码字为 **0001 1111 1110**。

对于接收方来说,若收到的码字为 0001 1101 1110,则接收方需要重新计算 4 位校验位。对于 P_1、P_2、P_3 和 P_4 分别有如下计算:

$$P_1 = M_3 \oplus M_5 \oplus M_7 \oplus M_9 \oplus M_{11} = 0 \oplus 0 \oplus 1 \oplus 0 \oplus 1 \oplus 1 = 1$$
$$P_2 = M_3 \oplus M_6 \oplus M_7 \oplus M_{10} \oplus M_{11} = 0 \oplus 0 \oplus 1 \oplus 0 \oplus 1 \oplus 1 = 1$$
$$P_3 = M_5 \oplus M_6 \oplus M_7 \oplus M_{12} = 1 \oplus 1 \oplus 1 \oplus 0 \oplus 0 = 1$$
$$P_4 = M_9 \oplus M_{10} \oplus M_{11} \oplus M_{12} = 1 \oplus 1 \oplus 1 \oplus 0 = 0$$

在 4 位校验位中,P_1、P_2、P_3 三位均不符合偶校验的要求,其对应的位置编号 1、2、4 累加所得结果为 7,即 $c=1+2+4=7$。接收方依此判断第 7 位出错,需要进行取反操作,纠正后的码字为 0001 1111 1110。

在较为可靠的传输信道中,传输错误只是偶发性的小概率事件,具备 1 位纠错能力的海明码方案完全可以胜任纠错的需求。但是对于容易受干扰、可靠性较差的网络(如无线网络),由于传输错误发生率较高,一个码字中可能出现连续多位的错误,显然传统的海明码方案无法满足纠错任务。这种连续位的错误,又称为突发错误。

但可以通过一个小改进,让海明码实现对一个码字中多位连续错误的纠错,即实现纠正突发错误。简单的改进方案(见图 3-10)就是将 i 个长度为 j 的码字组成一个 $i \times j$ 的矩阵。发送方在发送这些码字时,并非将这些码字逐个发送,而是按照矩阵的列逐列发送。通过这种方式,传输中连续多位的错误将可能出现在不同行的码字中。当接收方收到这 $i \times j$ 个位后,重新将这些数据按照 i 个码字逐个进行海明码的纠错。如果运气足够好,则连续位的错误都有可能被成功纠正。

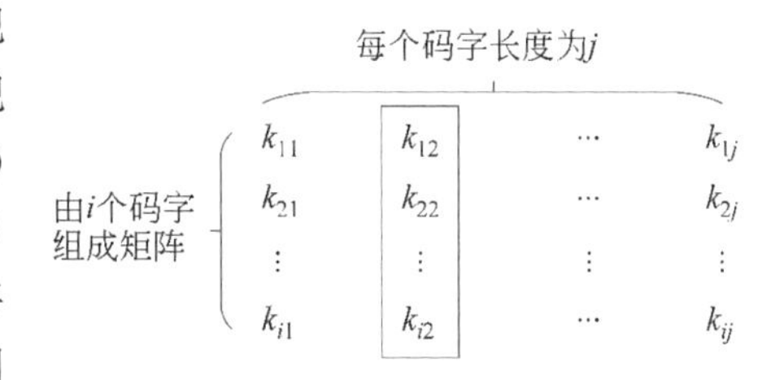

图 3-10 实现连续错误纠正的海明码改进方案

2. 里德-所罗门码

里德-所罗门码(简称里所码,Reed-Solomon code)是另一种使用广泛的纠错编码方案,比如,应用于 CD 存储、DVD 存储、DSL 传输、WiMAX 传输技术等。里所码是定义在有限域(也称为伽罗华域,Galois Field,GF)中的。里所码的相关计算也遵从有限域中的加减乘除运算法则。

里所码与海明码显著的不同在于,海明码以码字中的位为计算对象,而里所码则以"符号"(symbol)为单位,一个符号可以是 1 字节,即 8 位信息。里所码的编码结构如图 3-11 所示,一个完整的里所码包含 n 个里所码符号,每个里所码符号由 m 位构成,通常 m 为 2 的幂。n 个里所码符号中,k 个为消息符号,即为真正需要被发送的信息,另外的 $2t$ 个符号为校验符号($2t=n-k$)。里所码具备纠正 t 个任何错误的能力,这 t 个错误可以是连续的突发性错误,也可以是分布在不同符号中的离散错误。

图3-11中的一列表示 m 位的符号，记为 $S_1, S_2, \cdots$。

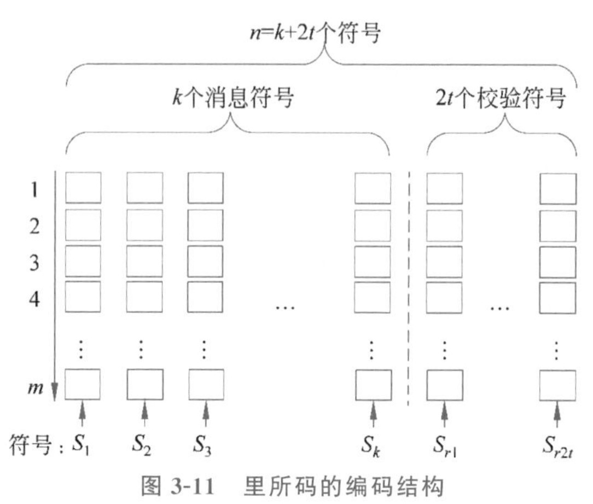

图 3-11　里所码的编码结构

里所码编码原理的数学描述并不复杂，主要分为4个步骤。

(1) 以多项式的形式表示 k 个消息符号，记为 $M(x)$。

(2) 将 $M(x)$ 升为 $2t$ 阶，即 $M(x)x^{2t}$。

(3) 将 $M(x)x^{2t}$ 除以生成多项式 $G(x)$，余下的多项式为校验多项式，记为 $P(x)$。

(4) 计算 $M(x)x^{2t}+P(x)$，即为生成的里所码。

编码过程的本质是将 k 维的信息数据映射到了 n 维空间中，并且保证 n 维空间中的 k 维数据子空间与 $2t$ 维校验空间是正交的。

若在传输过程中没有出现错误，则接收方所收到的里所码保证能被生成多项式 $G(x)$ 整除。若传输过程中出现不超过 t 个错误，则接收方可以通过解码确定出错符号位置，以及所对应的正确数据，从而实现纠错。

接收方收到的编码若以 $R(x)$ 表示，则 $R(x)$ 被生成多项式 $G(x)$ 除后，所得的余记为 $S(x)$，也称为 Syndrome。$S(x)$ 就是因为错误产生的，定义一个错误多项式 (error locator) $E(x)=(1+X_1x)(1+X_2x)\cdots(1+X_vx)$，根据 Syndrome 值，最后可以计算得到 $E(x)$ 多项式，其中包含了出错符号的位置以及正确数值的信息。正确的里所码 $C(x)$ 可以通过计算 $R(x)-E(x)$ 获得。

需要强调的是，里所码中提及的所有数学运算，均使用有限域 $\mathbf{GF}(\mathbf{2}^q)$ 中的模运算法则。对具体计算过程感兴趣的读者，需要对有限域中的数学运算进行一定的学习。

> 你知道吗：有限域是数学家伽罗瓦于18世纪30年代研究代数方程根式求解问题时引入的概念。有限域在密码学、近代编码、计算机理论、组合数学等方面有着广泛的应用。有限域是指仅含有限个元素的域，在有限域中进行加法、减法、乘法和除法运算，其结果不会超出域集合。

3. 低密度奇偶校验

低密度奇偶校验(Low Density Parity Check，LDPC)码是另外一种较为常用的纠错编码，用于存储过程和无线网络通信中。LDPC码的基本思想是通过一个生成矩阵 $\boldsymbol{G}$ 进行编码，通过一个校验矩阵 $\boldsymbol{H}$ 实现译码，即为实现编码的纠错。此时，生成矩阵 $\boldsymbol{G}$ 和校验矩阵 $\boldsymbol{H}$ 之间满足 $\boldsymbol{G}\times\boldsymbol{H}^{\mathrm{T}}=0$ 的条件。

在 LDPC 码方案中，发送的码字由信息位序列 $\boldsymbol{M}$ 与生成矩阵 $\boldsymbol{G}$ 相乘获得。假设 $\boldsymbol{M}$ 为(1 1 0)，$\boldsymbol{G}$ 为 3×6 的矩阵，如图 3-12 所示，则编码得到的码字 $\boldsymbol{C}$ 为(1 1 0 0 1 0)。注意，LDPC 码中的元素与元素是进行模二加法(异或)运算。

LDPC 码的译码有硬判决和软判决两种方法。其中，硬判决是指对信道输出位直接做出是 1 或 0 的判决，比特翻转算法是一种典型的硬判决算法；软判决不是直接输出 1 或 0，而是给出某位是 0 或 1 的概率，这个方法也称为和积译码，置信传播算法则是典型的软判决算法。

我们以位翻转算法为例进行讨论。由于生成矩阵 $\boldsymbol{G}$ 和校验矩阵 $\boldsymbol{H}$ 之间满足 $\boldsymbol{G}\times\boldsymbol{H}^{\mathrm{T}}=0$ 的关系，对应于图 3-12 的生成矩阵，有与之对应的校验矩阵 $\boldsymbol{H}$，如图 3-13 所示。通过 $\boldsymbol{HC}^{\mathrm{T}}$，校验矩阵定义了三个校验方程。

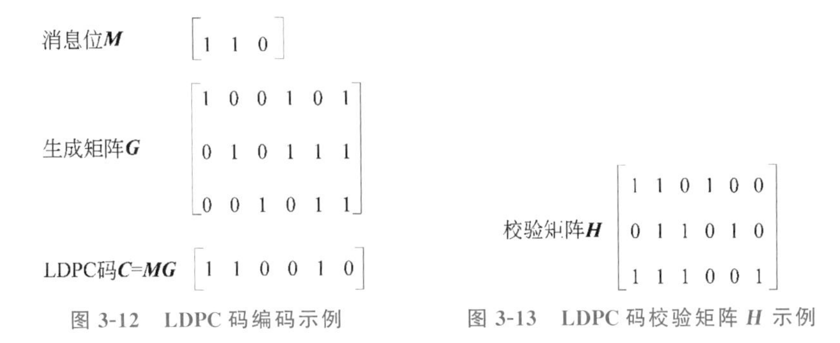

图 3-12 LDPC 码编码示例　　图 3-13 LDPC 码校验矩阵 H 示例

校验方程 1：

$$\boldsymbol{C}_1\oplus\boldsymbol{C}_2\oplus\boldsymbol{C}_4$$

校验方程 2：

$$\boldsymbol{C}_2\oplus\boldsymbol{C}_3\oplus\boldsymbol{C}_5$$

校验方程 3：

$$\boldsymbol{C}_1\oplus\boldsymbol{C}_2\oplus\boldsymbol{C}_3\oplus\boldsymbol{C}_6$$

当接收方收到码字 $\boldsymbol{C}$ 后，需要将其与校验矩阵 $\boldsymbol{H}$ 相乘，进行译码操作。若 $\boldsymbol{HC}^{\mathrm{T}}$ 得到一个零向量，即三个校验方程的结果均为 0，则译码成功，接收方已经接收到正确信息。

假设在传输过程中 $\boldsymbol{C}$ 码字发生一位错误，接收到的码字为(0 1 0 0 1 0)，则校验方程 1 和 3 结果为非 0。由于我们只处理一位错误的情况，校验方程 1 和 3 中，同时出现的 $\boldsymbol{C}_1$ 和 $\boldsymbol{C}_2$ 均可能出错。但由于校验方程 2 的结果为 0，则证明 $\boldsymbol{C}_2$ 并未出错，那么可以判定出错位必然是 $\boldsymbol{C}_1$。将 $\boldsymbol{C}_1$ 进行翻转，则译码得到正确的码字为(1 1 0 0 1 0)。

你知道吗？除了 LDPC 码之外，涡轮码(Turbo code)和极化码(Polar code)是另两种在通信领域得到广泛使用的前向纠错编码技术。其中，极化码由土耳其数学家 Erdal Arikan 教授于 2008 年在国际信息论 ISIT 会议上提出，是人类已知的第一种能够被严格证明达到信道容量的信道编码方法。2016 年，我国的华为公司主推的极化码方案，成为国际无线标准化机构 3GPP 通过的 5G 通信控制信道编码方案。

3.4　可靠传输数据帧的技术

为了简化和明确本节所讨论的问题范围，我们先明确如下三点假设。

（1）分层独立假设。本节讨论的数据传输系统严格遵循网络分层模型，网络层和物理层作为数据链路层相邻的上下层，三者为彼此独立的进程。相邻层的进程之间通过消息传递实现上下层之间的通信。

（2）可靠服务假设。数据链路层要为网络层提供可靠的传输服务。在接收方，数据链路层以正确的顺序将正确的数据交给网络层。同时为了简化起见，我们假设在发送方的数据链路层所需发送的数据随时可以从网络层获得。

（3）通信错误假设。在本节，我们仅处理通信错误，而不考虑由于设备重启、异常断电、崩溃等产生的数据错误。

就像前文介绍的一样，在进行数据传输的过程中，错误是不可避免的。除了环境噪声干扰、传输时延、信号衰减等因素造成的错误之外，也可能是由于接收方不能及时处理所接收的数据，在缓存耗尽之后，不得不丢弃数据。总而言之，数据传输从网络本身的物理属性来看，是不可靠的。而数据链路层所要实现的基本功能之一，就是要为网络层提供可靠的数据传输服务。因此，除了上文所说的检错纠错之外，需要发送方和接收方共同遵循一些重要的协议规则。

前文也提到，在发送方和接收方的数据链路层之间，交换的数据单元是数据帧。因此，在这部分，我们来讨论如何通过设计协议保证这些数据帧在通信双方的数据链路层之间正确可靠地传输，并分别把数据帧内的有效载荷数据提交给网络层。

3.4.1　流量控制

如果数据传输的信道是完美的，接收方的处理速度无限快，或者说接收方拥有无限大的缓存，则传输的数据帧既不会受损也不会丢失。这种被学者们称为“乌托邦”的场景不需要我们进行任何错误控制或流量控制，便可实现可靠的数据传输。当然这是现实中几乎不可能出现的通信场景。真实的通信错误主要来自两方面：一是通信信道上产生的错误，例如噪声干扰、衰减时延等；二是由于接收方无法及时处理到达的数据而导致数据的丢弃。

在本节，我们先考虑后者，即在真实的数据通信场景中，接收方处理到达的数据帧需要一定时间。当处理数据帧的速度低于数据帧到达的速度时，接收的数据帧就只能存放在接收方的缓存中，而缓存的大小必然是有限的，因此数据帧被丢弃的可能必然存在。

解决这一问题的基本思想非常简单，就是需要对发送方和接收方之间数据流量进行控制，避免发送方以超过接收方处理能力的速度发送大量数据帧，最后导致接收方被“淹没”(overwhelming)。有两种策略可以用来实现发送方和接收方之间的流量控制：基于固定传输速率的流量控制和基于反馈机制的流量控制。

第一种策略，需要通信双方在进行数据传输之前约定好固定的数据帧传输速度，确保发送数据帧的速度不超过接收方的处理能力。虽然理论上这种流量控制方式很容易被实现，但是在现实中，因为接收方可能需要同时与不确定数量的发送方进行通信,接收方的处理能力很难事先被准确地估计。如果通信双方约定一个过低的数据帧传输速度,会导致低效的传输效率和宽带资源的浪费。

因此,基于反馈机制的流量控制相对来说更合理和可行。反馈机制要求接收方在完成一个数据帧的接收,并成功提交给网络层后,向发送方进行反馈,告知其可以进行下一个数据帧的发送。在实现中,通常由接收方在完成到达数据帧的处理后,向发送方发送一个空帧(dummy frame,也称为哑帧)作为成功接收的反馈确认。

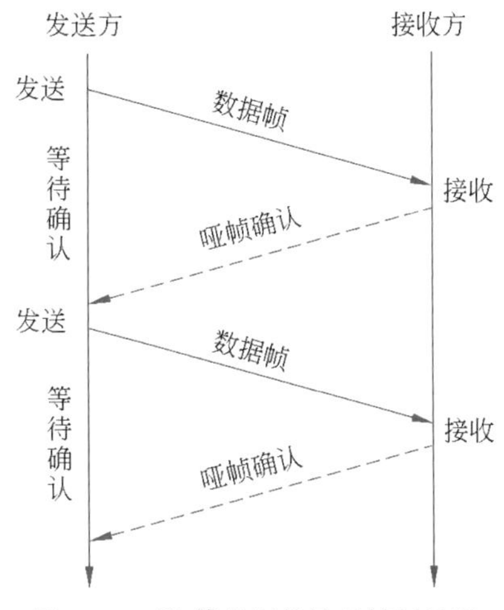

图 3-14 停-等机制的流量控制流程

站在发送方的角度来看,这一过程可以表述为,向接收方发送一个数据帧后即停下(阻塞),等待来自接收方的反馈确认到达,空帧到达后,再开始新一数据帧的发送,并等待新的确认。因此这种流量控制机制也称为停-等(stop-and-wait)协议。

利用停-等机制的流量控制流程如图 3-14 所示,数据帧是由发送方到接收方单向传输,作为确认的空帧,则在相反方向传输。为了实现流量控制,所付出的代价是发送方在每个数据帧发送之后,进行一段时间的等待。

3.4.2 肯定确认与重传

传输中导致数据错误或丢失的另一个原因则是传输信道并不总是完美可靠。对于发生错误的数据帧,利用编码方案进行自动纠错是一种选择。但纠错能力的增强,也意味着需要传输更多冗余信息和花费更多的计算资源。相对来说,采用错误检测策略,并要求对方对错误数据帧进行重传,则是一种妥协后更经济的方案。那如何在发送方和接收方之间进行控制,从而实现错误数据帧和丢失数据帧的重发呢?

借鉴停-等协议的思想,很容易找到如下一个简单的解决方案。

对于发送方,我们只需要再设置一个**计时器**(timer),每发送一个数据帧,发送方就开启这个计时器,只要在计时器**超时**(timeout)之前,能收到来自接收方的确认,则认为该数据帧被正确收到;否则一旦计时器超时,则自动重发当前数据帧。

对于接收方,如果收到的数据帧被检测出错误,则保持沉默。只有到达数据帧是无误的,接收方才发送确认帧。

该方案的主要思想是,只要发送方超时,即进行当前数据帧的重发。但是,如果我们考虑超时产生的原因,就会发现该方案可能导致问题。由于当前考虑的是真实的不可靠的通信信道,数据帧和作为确认的空帧都面临错误或丢失的风险。如果超时是由于确认帧无法正确到达而产生,则此时被重发的数据帧其实已被接收方正确收到(见图 3-15)。对于接收方,当重发的数据帧再次到达时,根本无从判断该数据帧是重发数据帧还是下一个新数据帧。

那接收方能否从数据帧的内容上进行是否为重发数据帧的判断呢?答案也是否定的。首先,这破坏了分层独立性,数据帧承载的数据内容对于数据链路层应该是透

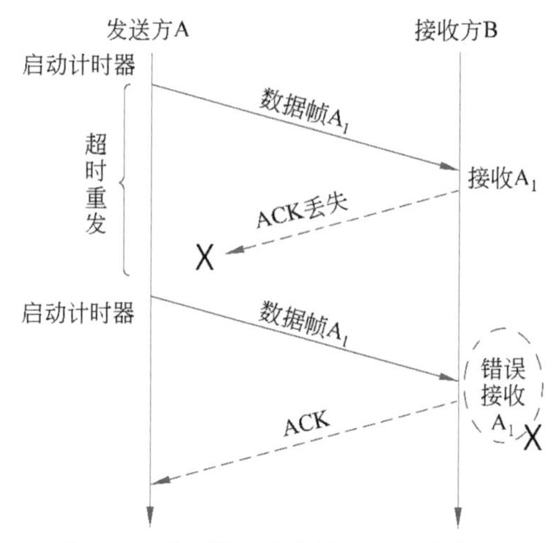

图 3-15　重发帧因为能被识别而被错误接收

明不可见的。其次，即便数据内容一样，也不能确认该数据帧为重传的数据帧，也可能发送方确实需要连续发送两个相同内容的数据帧。

为了解决确认帧丢失引发的重复接收重复数据帧的问题，我们需要在帧头附加一个可以标识不同数据帧的字段，称为数据帧的序列号(sequence number)，或者帧号(frame number)。由于传输采取停-等机制，帧号仅需要用来识别连续的两个数据帧是否是重传的同一数据帧。因此仅需用一位二进制数，让帧号在0和1之间切换便可满足要求。当接收方收到帧号连续为0或连续为1的数据帧时，便可判断这是重传的数据帧，数据需要丢弃，而不是交给自己的网络层。

这种需要收到一个成功接收确认再进行新数据帧发送，否则超时重传的协议，称为自动重传请求(Automatic Repeat reQuest，ARQ)协议，或支持重传的肯定确认(Positive Acknowledgement with Retransmission，PAR)协议。该协议在正常和异常情况下的工作示例分别如图3-16和图3-17所示。

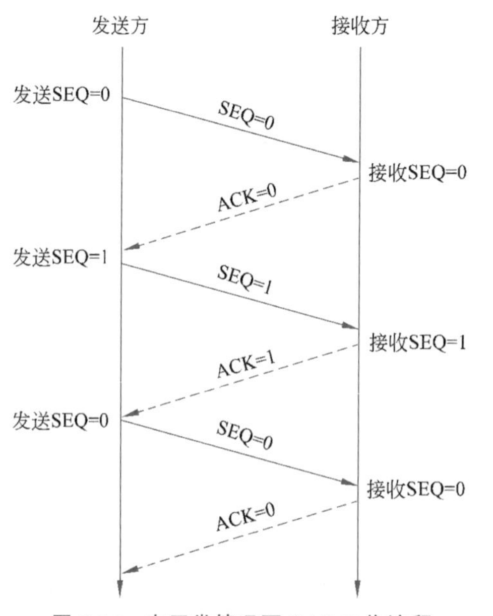

图 3-16　在正常情况下PAR工作流程

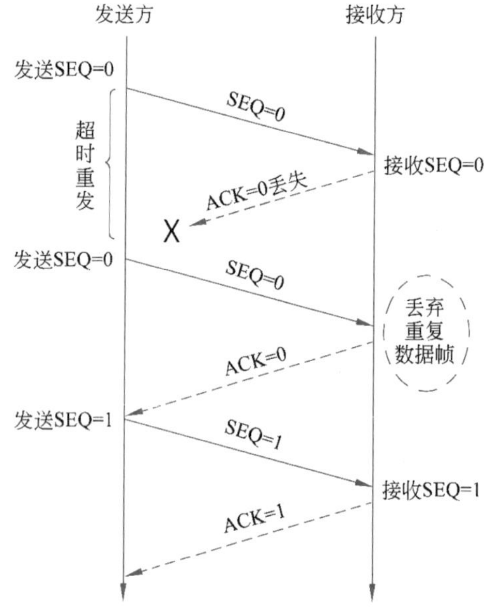

图 3-17　PAR在出现确认帧丢失时的工作流程

3.4.3 传输效率评估和提升

让发送方每发送一个数据帧就停下来等待确认或超时，以决定是否开始发送新数据帧或者重传，这种方法虽然可以实现可靠的传输，但很明显它是极其低效的，因为有相当多的时间都被用来等待，导致网络带宽的浪费。

如图 3-18 所示，假设每个数据帧的长度固定为 f 位，传输信道的带宽为 b b/s，则发送方需要逐位发送完一个数据帧的时间 $T=f/b$ s。而在这之后，发送方被阻塞需要等待确认帧到达的时间(D)由信号在两端之间来回传输的时延(r)，以及接收方完成处理该数据帧并生成确认帧的时间(p)决定。表示传输效率的信道利用率(channel utilization)可以计算为 $T/(T+r+p)$。如果忽略数据帧的处理时间 p，信道利用率则可表示为 $f/(f+rb)$。由此可见，传输距离越远，传输时延越大，网络带宽越高，信道利用率越低，因为大多数的时间都被用来等待确认的到达。

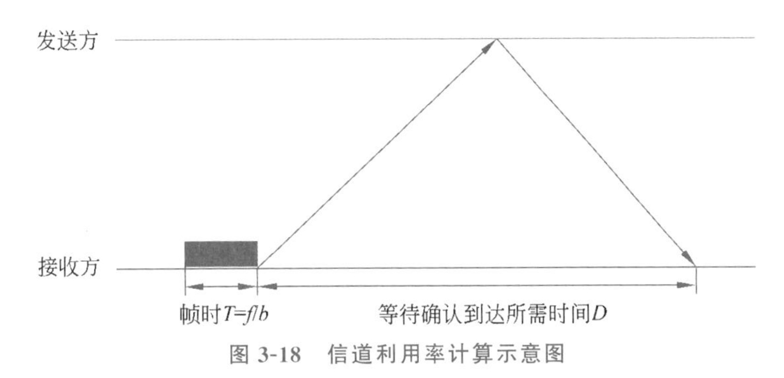

图 3-18 信道利用率计算示意图

有效提升信道利用率的方法是不再拘泥于停-等协议的机制，而让发送方可以连续发送 w 个数据帧。如图 3-19 所示，最理想的状态下，当发送方完成第 w 个数据帧的发送时，第一个数据帧的确认恰好到达，发送方可以立刻进行第 $w+1$ 个数据帧的发送。这时候的信道利用率理论上可以达到 100%。

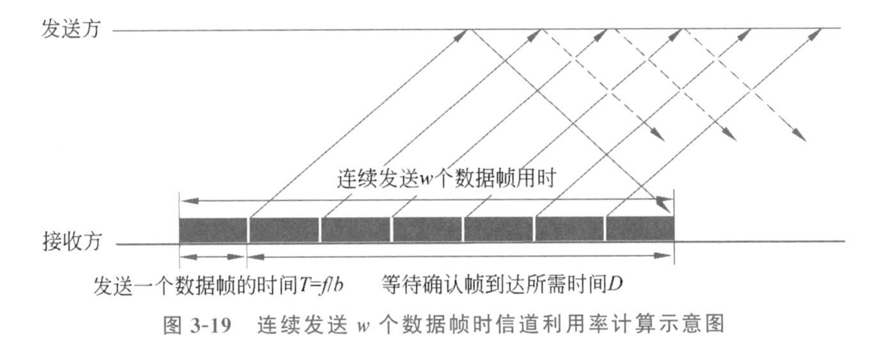

图 3-19 连续发送 w 个数据帧时信道利用率计算示意图

这就是滑动窗口(sliding window)协议的思想。具体实现时，需要在发送方维护一个发送窗口(sending window)，发送窗口的大小 w，即为允许不等待确认而连续发送数据帧的最大数量。发送窗口装载的是已经发送但其确认尚未到达的数据帧，这些数据帧都有可能由于传输错误或丢失而被要求重传。当发送窗口被填满时，发送方必须停止发送，而等待关于这些数据帧的确认帧的到达。当发送窗口内的数据帧被确认接收后，该数据帧需要被移出窗口，同时发送窗口向前滑动，继续发送后续的数据帧。

接收方也需要维护一个**接收窗口**(receiving window),用来判断哪些数据帧可以直接交给网络层,哪些数据帧需要暂时缓存,哪些数据帧需要丢弃。接收方需要确保所有正确接收的数据帧,以正确的顺序交给网络层。在某个数据帧的数据被提取出来交给网络层后,该数据帧也需要被移出接收窗口,并将接收窗口向前滑动。

由于不再使用单纯的停-等协议工作机制,如果发送窗口的尺寸大于1,意味着可能有多个数据帧同时到达,或可能同时被确认。为了区分这些数据帧,此时的帧号不能仅用1位二进制数表示,更普适性的表示方法是用 n 位表示帧号,帧号按照顺序从0到 2^n-1 之间被循环使用。

其他提升传输效率的思路,是关于确认帧的传输。在停-等协议中,数据帧和作为确认的空帧都是单向传输的。而在实际的网络通信中,数据的传输通常都是双向进行的,发送方本身也是数据的接收方,接收方也需要发送数据给发送方。那么,为什么还要专门发送空帧作为确认的反馈呢?对收到数据帧的确认帧,完全可以包含在反向传送的数据帧头中,以一个附加字段的形式发送。这种"搭便车"发送确认帧的方式,称为**捎带确认**(piggybacking)。关于"搭便车",这里又产生如下两个问题。

第一,反向的数据帧并不是时刻发送的。为了搭便车,可能需要等待很长时间才能被发送,由此也会造成传输效率的下降。解决的方案通常是设定一个计时器,在计时器超时前,如果未能实现捎带确认,则不得不使用空帧进行确认帧的传输。

第二,在等待"搭便车"的过程中,也可能有新的数据帧到达。由于滑动窗口机制的采用,发送方可能连续发送多个数据帧。比如帧号为0的数据帧从主机A到达主机B后,关于0号数据帧的确认帧正在等待"搭便车"。在等待的过程中来自A且帧号为1、2、3的数据帧也纷纷到来。这时候等到了一个需要由B反向传输到A的数据帧,那搭便车的应该是关于哪个数据帧的确认帧呢?解决的方法也很简单,我们只需要对最后一个成功接收并且交给网络层的数据帧进行确认即可。在上述例子里,主机B只需要对3号数据帧进行确认即可。当A收到来自B关于3号数据帧的确认帧时,便可以推断之前的0、1、2号数据帧已经被B成功接收,于是可以将0、1、2、3号数据帧均移出A的发送窗口,因为已经确保不需要重发它们了。发送窗口向前滑动后,可以用来发送更多后续的数据帧。这种确认方式,也称为**累积确认**(cumulative acknowledgement)。

关于捎带确认以及滑动窗口具体的实现,我们将在下一节具体展开说明。

3.4.4 滑动窗口协议

滑动窗口协议允许发送方连续发送 w 个数据帧,而不需要完成每个数据帧的发送后停下来等待该数据帧的确认帧。这可以对传输效率进行有效提升,但同时也带来新的问题:如果连续发送的 w 个数据帧中间有一个数据帧被丢失或者发生错误,该如何处理呢?

滑动窗口协议通常有两种处理错误数据帧或丢失数据帧的策略:**回退 n 帧**(go-back-n)协议或**选择性重传**(selective repeat)协议。

顾名思义,回退 n 帧协议在发送窗口中某个数据帧出错超时时,该数据帧以及其后续所有数据帧将要重新发送。对于回退 n 帧协议,需要维护一个较大的发送窗口,以保证传输效率。当接收一个数据帧时,只需要判断该数据帧是否为坏数据帧(数据帧内容错误,或者并非按顺序到达的数据帧)。若该数据帧无误,则将该数据帧交给网络层的进程处理,否则就抛弃该数据帧。

图 3-20 展示了回退 n 帧协议的一个例子。在该例子中,接收窗口大小为 1。数据帧 F_0、F_1 被成功接收时,将分别发送确认帧,接收窗口相应地往前滑动。当数据帧 F_2 出错时,该数据帧将被丢弃,且不会发送任何确认帧。后续的 F_3、F_4 等数据帧虽然正常到达,由于其并非满足接收窗口的要求,因此也将被丢弃,接收方将再次发送关于最后一个成功交给网络层的数据帧的确认帧(ACK=1),此时接收窗口保持不变。

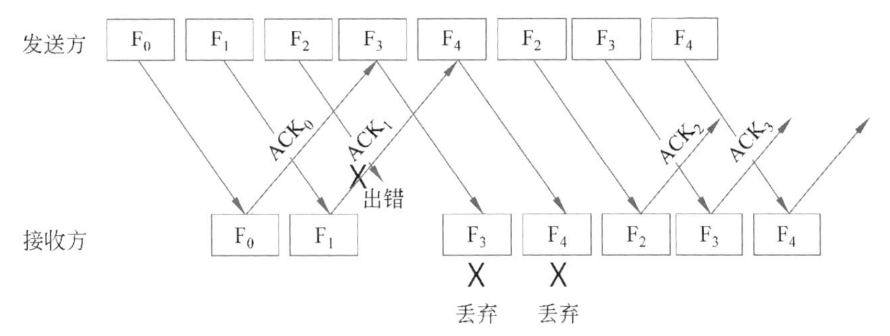

图 3-20 回退 n 帧协议工作示意图

当发送窗口中的 F_2 对应计时器超时后,F_2 以及后续的 F_3、F_4 等数据帧将被重传。如果它们能被正确接收并确认,发送窗口和接收窗口都将继续滑动,直至所有数据发送完毕。

回退 n 帧协议虽然对到达数据帧的处理简单,但在出错时,要求将发送窗口中发生错误的数据帧以及后续数据帧全部重传。在错误率比较高的网络中,这将导致大量的数据要求重传,造成带宽资源的浪费。

选择性重传协议要求只将发送窗口中的错误或超时数据帧进行重传。接收方对于到达的数据帧,需要分如下两种情况处理。

第一种情况,对于到达的数据帧,若其帧号并非在接收窗口,则直接丢弃该数据帧,再次发送关于最近成功接收并交给网络层的数据帧的确认帧。

第二种情况,若到达数据帧的帧号落在接收窗口区间内,则需要判断是否需要将该数据帧的数据提交给网络层。若数据帧并非按正确顺序到达,则需要暂时缓存该数据帧,发送关于最近成功接收并交给网络层的数据帧的确认帧。在等到缺失数据帧到达后,才逐次提交给网络层。同时,接收方需要向前滑动接收窗口,并发回确认帧。

图 3-21～图 3-23 展示了选择性重传协议工作的三种场景。接收方接收窗口大小为 4,当前允许接收的帧号为 1、2、3、4。在图 3-21 的场景中,到达的数据帧的帧号为 5,接收方判断其不在接收窗口内,因而丢弃该数据帧,并再次发送关于 0 号数据帧的确认帧。

在图 3-22 的场景中,在 1 号数据帧到达后,接收窗口向前滑动,窗口中的帧号更新为 2、3、4、5。

在图 3-23 的场景中,帧号为 3 的数据帧到达后,将被缓存,直到 1 号、2 号数据帧到达,1 号、2 号和 3 号数据帧将依次被提交给接收方的网络层,并被确认,同时接收窗口向前滑动,更新为 4、5、6、7。

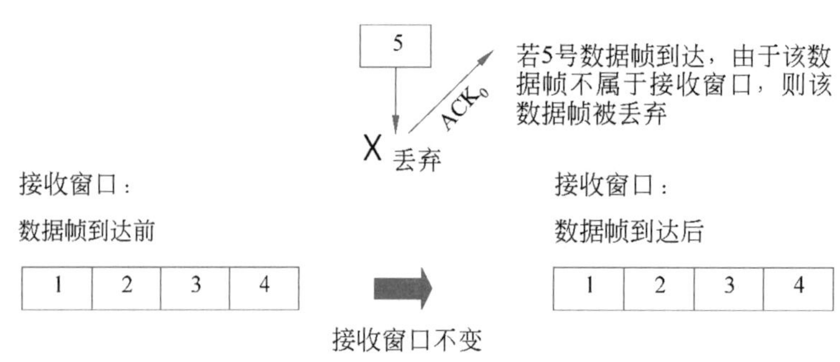

图3-21 选择性重传协议中收到不属于接收窗口帧号的情况

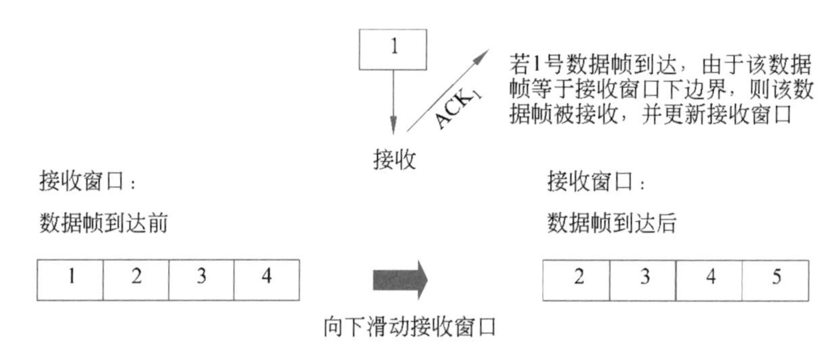

图3-22 选择性重传协议中收到期望帧号后滑动接收窗口

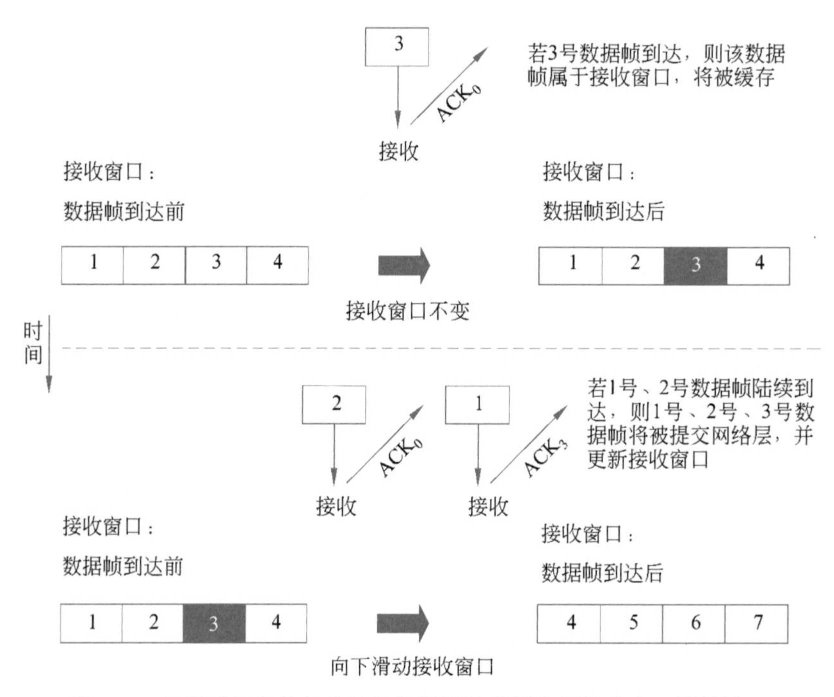

图3-23 选择性重传协议中接收的数据帧被缓存于接收窗口后的情况

3.4.5 滑动窗口与帧号

滑动窗口协议允许连续发多个数据帧从而提高信道利用率，发送窗口的大小 w 决定了可以不等待确认连续发送数据帧的数量。那么是否是发送窗口越大，信道利用率就越高，直至利用率达到 100%呢？

答案是否定的。第一个限制发送窗口大小的因素，显而易见是序列号/帧号的范围。假设用 3 位表示序列号，所有被发送的数据帧将循环使用 0～7 的 8 个不同序列号。如果发送窗口大于 8，那窗口内必将出现重复的序列号。回顾一下发送窗口的定义：发送窗口中的数据帧被确认后，将被移出窗口并向前滑动。对于如图 3-24 所示发送窗口大小为 9 的例子，如果所有的数据帧都被正确送达，此时接收方利用捎带确认帧，对最近成功接收的帧号为 7 的数据帧进行确认。当确认到达发送方时，由于发送窗口中存在两个帧号为 7 的数据帧，发送方无从判断该确认应该对应于发送窗口中的哪个 7 号数据帧，因此发送窗口显然不能大于有效序列号的数量。

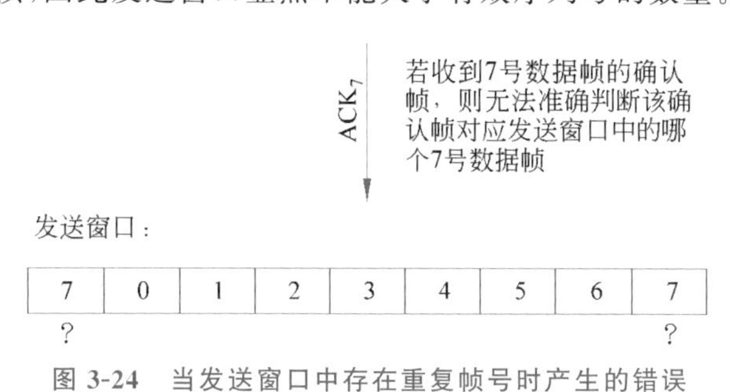

图 3-24 当发送窗口中存在重复帧号时产生的错误

那是否意味着窗口中只要不存在重复的帧号就可以避免上文所述的混淆呢？我们以回退 n 帧协议为例，看看上述例子中当窗口大小为 8 时的情况。在如图 3-25 所示的特殊场景中，第一个窗口中的 8 个数据帧被成功接收，当收到 7 号数据帧的确认帧后，发送方滑动到一个全新的窗口，再次连续发送帧号为 0～7 的 8 个数据帧。不幸的是，其中的 0 号数据帧发生错误或丢失，即便后续的数据帧能到达接收方，但是都将被丢弃。同时接收方将再次发送上一个窗口中最后一个成功接收数据帧的确认帧，即对 7 号数据帧的确认。当这个确认帧被发送方收到时，误解再次发生了。因为此时对于发送方来说，7 号数据帧的确认帧意味着当前发送窗口中的所有数据帧都已经被正确接收。于是，发送方将滑动到第三个窗口。而第二个窗口中的数据帧就这样完全被丢失，参与数据传输的双方却都无法意识到这个错误。

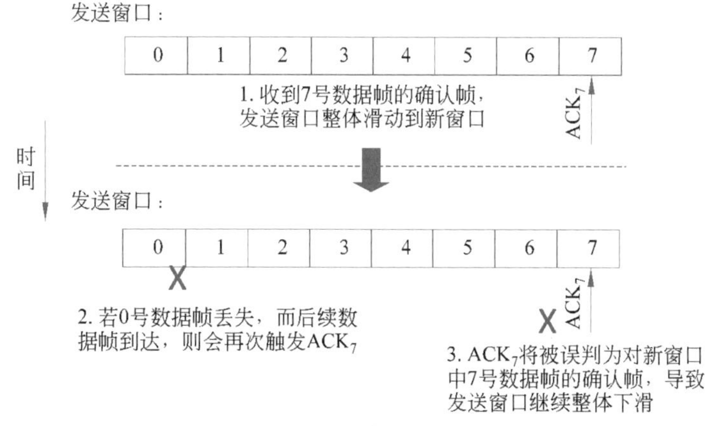

图 3-25 当发送窗口大小等于有效序列号的数量时

分析上述错误发生的根本原因，我们可以发现是因为第一个窗口最后一个帧号又出现在了第二个窗口。只要将窗口大小设置为小于有效的序列号数量，即等于最大的序列号(记为 MAX_SEQ)，便可以解决这个问题。如果发送窗口大小为 7，则上述例子就成为图 3-26 所描述的场景。当第二个窗口中的 0 号数据帧出错丢失时，发送方收到的是关于 6 号数据帧的确认帧。但这时候 6 号数据帧并不在发送窗口，因此不会对发送方产生困扰。当 0 号数据帧超时后，再次发送该数据帧便可以纠正这个错误，从而实现可靠的传输。

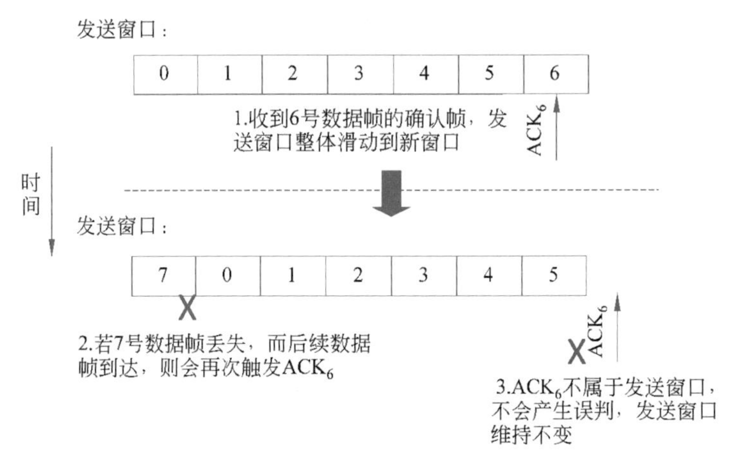

图 3-26　当发送窗口大小等于 MAX_SEQ 时

因此，对于回退 n 帧协议可以有以下结论：最大发送窗口 w 等于最大序列号(w=MAX_SEQ)；由于回退 n 帧协议仅需要检查当前收到的数据帧是否可交给网络层，因此其接收窗口等于 1 即可。

那对于选择性重传协议，窗口大小与序列号大小之间又有什么关系呢？选择性重传协议由于要支持缓存非正确顺序到达的数据帧，因此接收窗若为 1 则失去意义。同样，若发送窗口大于接收窗口也是没有意义的。我们先以回退 n 帧协议中得到的结论进行尝试，将发送窗口和接收窗口均设置为 MAX_SEQ。

如果 MAX_SEQ 为 7，我们以图 3-27 显示的场景展开讨论。若第一个发送窗口中的 0～6 号数据帧被成功接收，则此时的接收窗口均更新为 7、0、1、2、3、4、5。假设此时网络突然发生故障，所有的确认均被丢失。发送窗口仍停留在第一个窗口，当发

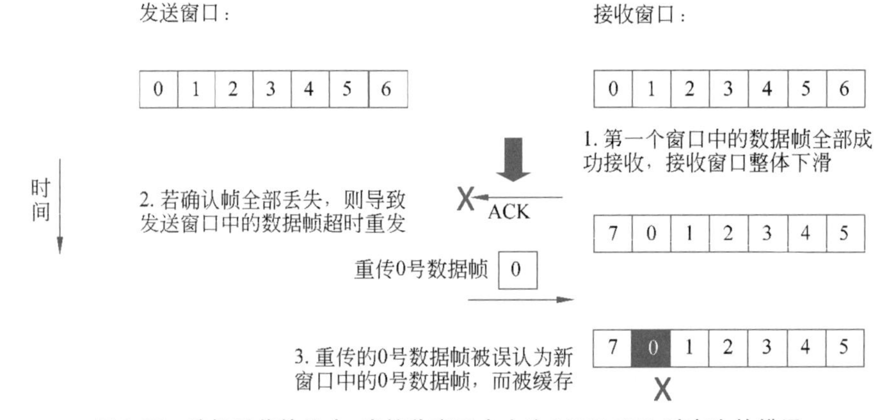

图 3-27　选择重传协议中，当接收窗口大小为 MAX_SEQ 时产生的错误

生超时时，该窗口中的数据帧将逐次被重发。这时候，我们发现重发的数据帧居然仍然在接收窗口的有效范围内。这些重发的数据帧将被缓存并等待提交给接收方的网络层。重发的数据帧被多次接收交给网络层，这一错误在后续的数据传输中也不可能被纠正。

发生错误的根本原因，在于接收窗口的新旧窗口之间有重叠。如果我们将接收窗口的大小设置为(MAX_SEQ+1)/2，便可确保两个窗口之间不再有相同的序列号出现。考虑同样的例子，在图 3-28 中第一个窗口发送的数据帧全部成功接收，但确认帧无法发回。当第一个窗口的数据帧超时重发时，这些数据帧会因为不是落在接收窗口的有效范围内而被拒绝。这样，可靠的传输又再次实现了。

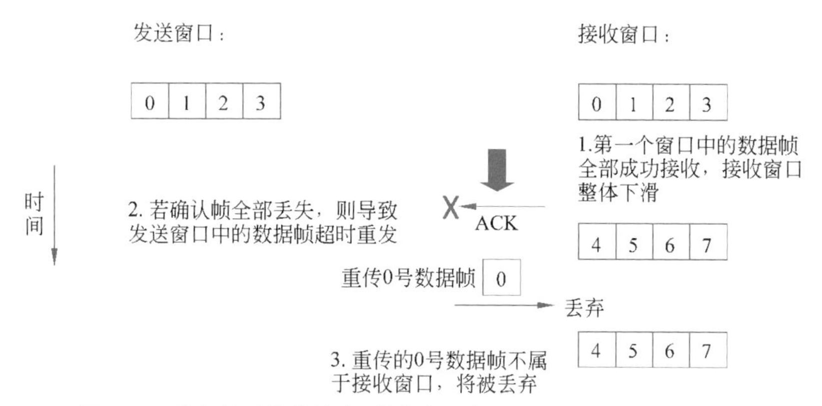

图 3-28 选择性重传协议中，接收窗口大小设置为(MAX_SEQ+1)/2

因此，对于选择性重传协议可以有以下结论：最大接收窗口为(MAX_SEQ+1)/2；而发送窗口小于或等于接收窗口即可。

3.5 典型 DLL 协议实例

在现实的网络中，DLL 协议扮演着非常重要的角色，这些协议为链路两端能可靠地进行通信提供保障。在本节，我们将对三个已经被广泛使用的 DLL 协议进行介绍，它们分别是 HDLC 协议、PPP 以及 PPPoE。

3.5.1 HDLC 协议

HDLC 协议的全称为高级数据链路控制(High-level Data Link Control)协议。这是一种工作在数据链路层上，可以在网络节点之间实现可靠传输的协议。HDLC 协议的历史可以追溯到 20 世纪 70 年代 IBM 公司提出的 SDLC(Synchronous Data Link Control，同步数据链路控制)协议。HDLC 协议属于面向位的协议，协议使用比特填充，并且协议中的各项数据和控制信息都以位作为单位。作为 DLL 协议，HDLC 协议以帧的格式进行传输。HDLC 协议数据帧的格式如图 3-29 所示。

在帧头和帧尾，均以 01111110 的序列作为分界标志。地址字段用 8 位标识网络中的不同终端。当 HDLC 协议被用来进行点到点的一条链路上的通信时，地址字段则被用来区分命令或应答。数据字段可以包含任意长度的位。校验和则是利用循环冗余码进行传输错误的检测。

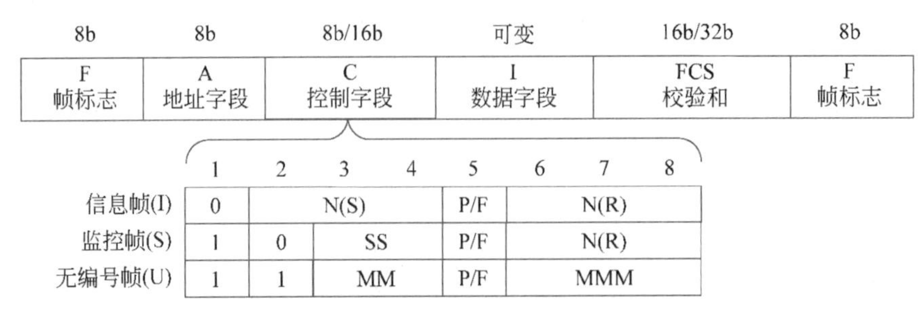

图 3-29　HDLC 协议数据帧的格式

在 HDLC 协议的数据帧中，最重要的字段为 8 位长度的控制字段。控制字段用于构成各种命令和响应，以便对链路进行监视和控制。控制字段中的第一位和第二位用来表示该 HDLC 协议的数据帧的类别。HDLC 协议一共规定有信息帧、监控帧和无编号帧 3 种不同类型的数据帧。

(1) 信息帧：用于传输有效信息或数据，也称为 I 帧。HDLC 协议使用滑动窗口、确认和超时等机制，在信息帧的控制域中，包含 3 位的发送帧序列号和 3 位的确认号(即接收方下一个预期要接收的帧的序号)。

(2) 监控帧：用于进行差错控制和流量控制，也称为 S 帧。监控帧用控制字段的第三位和第四位表示监控帧的类型，共有 4 种不同类型。

- 接收就绪(RR)，表示希望从对方收到下一个数据帧以及下一个数据帧的序列号。
- 拒绝(REJ)，用于要求对方重新发送对从某编号开始的数据帧及其以后的所有数据帧，也是对该数据帧之前所有数据帧成功接收进行再次确认。
- 接收未就绪(RNR)，表示尚未准备好接收下一个 I 帧，从而实现对链路上传输流量的控制，避免接收方来不及处理到达的数据。
- 选择拒绝(SREJ)，它要求对方对某个信息帧进行选择性重发，也表示该数据帧之前的所有数据帧已被成功接收。

(3) 无编号帧：用于提供对链路的建立、拆除以及多种控制功能，也称为 U 帧。无编号帧的控制字段中不包含序列号或确认号。

HDLC 协议的操作就是在两个站点之间交换 3 种类型的数据帧，根据数据帧的功能完成相应的任务。HDLC 协议的操作主要有 3 个阶段：链路连接的建立、数据的传输以及连接的断开。

总结来说，HDLC 协议是面向位的 DLL 协议的典型代表，数据帧的长度可以为任意位，不依赖任何一种字符编码集；使用滑动窗口机制和全双工通信，有较高的数据链路传输效率；支持错误检测，传输可靠性高；此外，HDLC 协议将控制信息与传输的信息分离，具有较大灵活性。

3.5.2　PPP

PPP 也称为点对点协议(Point to Point Protocol)，该协议由 IETF 制定，1994 年成为正式标准(RFC 1661)。其设计目的主要是通过拨号或专线方式建立点对点连接来发送数据。在现实网络中 PPP 是目前使用最多的 DLL 协议之一，大量用户利用 PPP 实现到互联网的连接。PPP 具有简单、灵活的特点，能够在不同的链路上运行，也能够承载不同的网络层分组。

PPP 数据帧格式如图 3-30 所示。对照 HDLC 协议,PPP 同样以 01111110 作为分帧的边界符。但不同的是 PPP 在进行异步传输时,使用字节填充法,而在同步传输时,才使用与 HDLC 协议类似的位填充法。

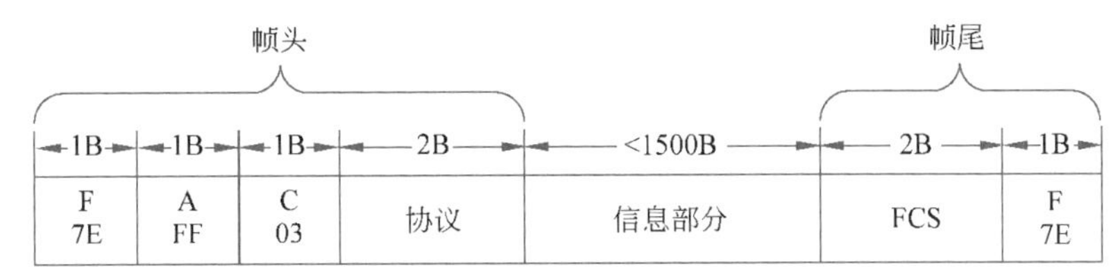

图 3-30 PPP 数据帧格式

地址字段的 1 字节通常被设置为 0xFF,表示链路上的节点都可以接收该数据帧。而控制字段的 1 字节通常使用默认值 0x03,用以表示该数据帧是无编号帧。

协议字段用 2 字节表示其载荷数据是什么类型数据包,例如是 IPv4 分组或是 IPv6 分组等。当协议字段数值为 0x8021 和 0xC021 时,分别代表其载荷数据为链路控制数据和网络控制数据。

LCP 和 NCP 是 PPP 的重要功能。

LCP 全称为链路控制协议(Link Control Protocol)。LCP 是 PPP 中实际工作的部分。LCP 位于物理层的上方,用来建立、配置和测试数据链路,也可以通过 LCP 协商某些 PPP 参数。例如,通过协商省略 PPP 帧头的地址字段和控制字段这两个默认配置字段,或者将协议字段缩减为 1 字节。

PPP 允许多个网络协议共用一条链路,NCP 负责连接 PPP(第二层)和网络协议(第三层)。对于所使用的每个网络层协议,PPP 都分别使用独立的 NCP 连接。例如,IP 使用 IP 控制协议(IPCP),IPX 使用 Novell IPX 控制协议(IPXCP)。

载荷字段为 PPP 数据帧中携带的有效信息。PPP 允许发送可变长度的载荷数据,只要不超过某个最大值即可。LCP 允许数据传输双方协商这个最大字节数,默认的最大值为 1500 字节。

最后一个字段为校验和,PPP 也是使用 CRC 实现错误的检测。默认使用 2 字节的校验和,需要时,也可以通过 LCP 协商使用 4 字节的校验和。

PPP 的工作内容,除了链路层的任务之外,也包含了一部分物理层和网络层的任务。我们以用户拨号接入互联网的场景为例进行介绍。首先,用户 PC 拨号的信号被路由器的调制解调器接收并做出确认,从而建立一条物理链路。PC 向路由器发送一系列包含 LCP 分组的 PPP 数据帧进行 PPP 相关参数的协商。在完成链路建立,并对 PPP 参数达成一致后,根据需要可以进行通信双方身份的认证。认证通过之后,再通过 PPP 发送 NCP 分组,进行网络层的各种配置。对于互联网接入来说,其中最重要的配置是关于 IP 地址的分配。当 NCP 给新接入的用户 PC 分配一个临时的 IP 地址时,链路就处于打开状态,双方就可以进行数据的收发了。通信完毕时,先通过发送 NCP 分组释放网络层连接,将分配给用户 PC 的 IP 地址进行回收。然后,通过发送 LCP 分组释放数据链路层连接,最后释放是物理层的连接。

图 3-31 以状态转换图的方式,展示了 PPP 的 6 种状态以及它们之间相互的转换关系。6 种 PPP 状态分别为链路静止、链路建立、身份认证、网络连接、数据通信、链

路终止。不同的事件会触发不同状态之间的转换，比如链路的启动和终止、LCP配置协商、身份认证成功或失败等。

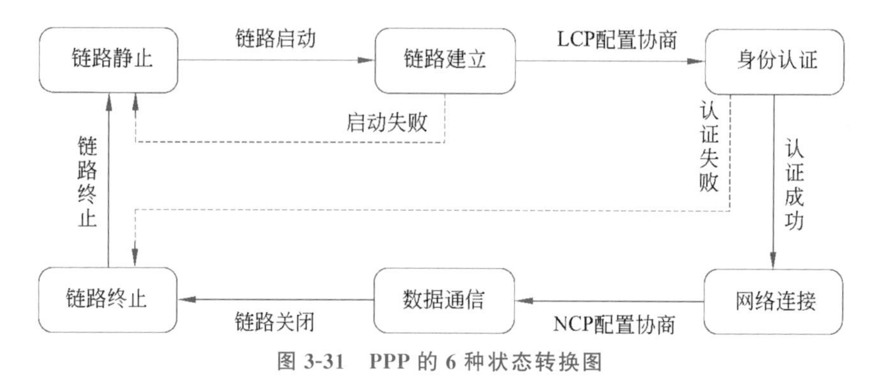

图3-31　PPP的6种状态转换图

（1）链路静止状态：也称为Dead状态。此时通信双方之间并未有链路建立。某些事件会触发链路由静止状态变为建立状态。例如，当PC通过调制解调器进行拨号，路由器检测到该载波并做出应答回复时，便转变为链路建立状态。

（2）链路建立状态：是指通信双方通过交换LCP配置包建立连接。LCP配置选项包括最大帧长的协商、所使用身份认证协议的配置、是否使用PPP数据帧中的地址字段和控制字段等。对于LCP不同的配置请求帧，对方有3种可能的回复帧：配置确认帧，表示收到的配置请求被确认接收；配置否认帧，表示该请求的配置选项能识别理解，但不接收；配置拒绝帧，表示该配置选项无法识别或不能接收，需要继续协商。

（3）身份认证状态：身份认证为PPP的可选状态，默认情况下，PPP并不强制需要身份认证。如果选择身份认证协议，那在身份认证完成之前，不能从身份认证状态推进到网络连接状态。如果身份认证失败，则会进入链接终止阶段。常用的身份认证协议包括口令鉴别协议（Password Authentication Protocol，PAP）和挑战握手认证协议（Challenge-Handshake Authentication Protocol）等。

（4）网络连接状态：在网络连接状态，PPP链路两端的NCP根据网络层的不同协议互相交换网络层特定的网络控制分组，配置网络层。若在PPP链路上运行的是IP，则对PPP链路的每端配置IP模块时要使用NCP中支持IP的协议——IP控制协议（IPCP）。IPCP分组封装成PPP数据帧，在链路上传送，PPP帧头，使用的协议字段数值为0x8201。

（5）数据通信状态：也称为链路打开状态。在之前的步骤完成后，通信双方可以互相给对方发送分组，或者在两个方向上进行链路状态的检查。

（6）链路终止状态：PPP通过发送特定的LCP分组关闭连接。当连接关闭时，PPP通过NCP通知网络层协议，并向物理层发出断开的信号，以终止连接。随后，系统再次进入链路静止状态。

3.5.3　PPPoE

一种常见的互联网接入场景，是互联网服务提供商希望把一个站点上的多台主机连接到同一台远程接入设备，同时接入设备能够提供与拨号上网类似的访问控制和计费功能。以太网（Ethernet）是技术十分成熟且使用广泛的多路访问网络，是把多个主机连接到接入设备的最经济方法。但以太网本身安全性较低、不具备管理功能，也无有效的认证机制。

虽然在 PPP 链路上，PPP 自带认证功能，可以完美地解决访问控制、身份认证等上述问题，但 PPP 链路无法满足多用户上网的需求。为了解决多用户上网行为管理和收费的问题，人们提出了将 PPP 数据帧封装在以太网数据帧中，从而在以太网网络中传输的技术——**PPPoE(PPP over Ethernet)**，即"以太网上的 **PPP** 协议"。

PPPoE 作为以太网数据帧的载荷进行传输，PPPoE 的报文格式如图 3-32 所示。当以太网帧头的类型字段数值为 0x8863 或 0x8864 时，表示其所载荷的数据为 PPPoE 报文。PPPoE 报文头有版本号、类型、代码、会话 ID、长度等字段。

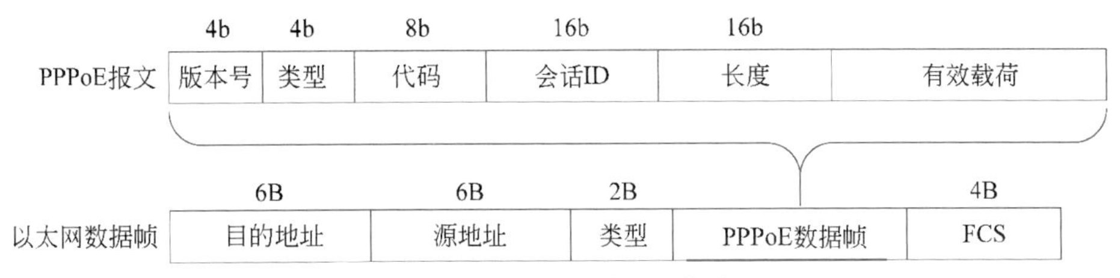

图 3-32 PPPoE 的报文格式

PPPoE 报文的版本号和类型的值设置为 0x1，代码字段则用于表示 PPPoE 报文的类别。常用的代码字段值与报文类型的对应如表 3-1 所示。

表 3-1 PPPoE 报文常用的代码字段值与报文类型的对应

代码字段值	报 文 类 型	代码字段值	报 文 类 型
0x00	会话数据	0x19	PADR 报文
0x09	PADI 报文	0x65	PADS 报文
0x07	PADO 或 PADT 报文		

对于通信双方一个给定的 PPPoE 会话，其 PPPoE 报文的会话 ID 为某一固定数值。会话 ID 与以太网帧头的源地址和目的地址一起，可以唯一标识两个通信端之间的会话。长度字段的长度为 16 位，标识除了以太网帧头、PPPoE 头之外的有效载荷数据的长度。

PPPoE 的工作过程总体可分为三个阶段：发现(discovery)阶段、会话(session)阶段以及终止(terminate)阶段。

(1) 发现阶段的目的为获取通信对方的以太网地址，并确定 PPPoE 会话 ID。发现阶段涉及的主要 PPPoE 报文类别为 PADI(PPPoE Active Discovery Initiation)、PADO(PPPoE Active Discovery Offer)、PADR(PPPoE Active Discovery Request)、PADS(PPPoE Active Discovery Session-confirmation)等。

PPPoE 发现阶段的工作过程如图 3-33 所示。PPPoE 客户端广播 PADI 报文，该报文中包含 PPPoE 客户端想要得到的服务类型信息。PPPoE 服务器收到 PADI 报文之后，将其中请求的服务与自己能够提供的服务进行比较，如果可以提供，则以单播回复 PADO 报文。如果网络中存在多个 PPPoE 服务器，PPPoE 客户端就可能收到多条 PADO 报文。这种情况下，PPPoE 客户端会选择最先收到的 PADO 报文所对应的 PPPoE 服务器，并单播 PADR 报文进行 PPPoE 连接请求。PPPoE 服务器收到

PADR 后，产生唯一的会话 ID，用以标识与 PPPoE 客户端之间的会话，并通过发送 PADS 报文把会话 ID 发送给 PPPoE 客户端，从而完成会话发现阶段的工作。

(2) 会话阶段的基本流程如图 3-34 所示。在通信双方之间的会话建立后，PPPoE 会话阶段的过程与 PPP 相似，都包括 LCP 协商、身份认证、NCP 网络层配置三个步骤。通信双方利用 LCP 报文主要完成建立、配置和检测链路连接。在 LCP 协商成功后，根据 LCP 协商确定的认证方法，进行身份认证工作。如果认证通过，则进入 NCP 阶段，配置不同的网络层协议，例如进行用户 IP 和 DNS 的配置工作等。在完成网络层的一系列设置之后，进行数据报文的传输。

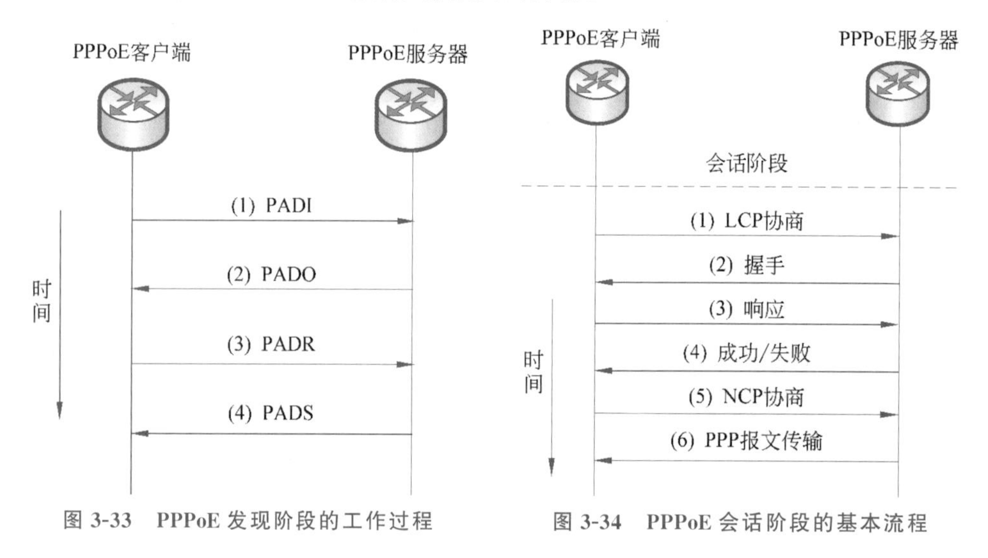

图 3-33　PPPoE 发现阶段的工作过程　　**图 3-34　PPPoE 会话阶段的基本流程**

(3) 最后是 PPPoE 终止阶段。PPPoE 可以通过两种方式进行通信的终止。一种是利用 PPP 自身的终止报文终止 PPPoE 会话，另一种是利用 PPPoE 的 PADT 报文终止会话。在会话建立后，PPPoE 客户端和 PPPoE 服务器在任何时候都可以发送 PADT 报文终止会话，结束连接。

PPPoE 不仅有 PPP 的强大功能，而且也利用了以太网的快速简便的特点，实现了在以太网上，传输任何能被 PPP 封装的协议数据。在实际网络应用中，PPPoE 还有如下特点。

- PPPoE 可以通过一个会话的建立和释放对用户进行基于时长或流量的统计，计费方式灵活方便。
- PPPoE 可以提供动态 IP 地址分配方式，也可以根据分配的 IP 地址，管理用户在本网内的活动。
- PPPoE 实现的上网方式和传统的拨号上网差不多，很好地延续了用户的上网习惯。同时，PPPoE 的接入方式和广泛使用的以太网技术可以实现无缝结合。

但 PPPoE 也并非完美。首先，使用 PPPoE 方式接入，意味着正常的数据头还要附加两个协议的报文头，除了 PPPoE 头之外，也必须带有 PPP 头。这就在传输数据的过程中，多出了不少额外数据，造成了更多的带宽损耗。同时，拨号握手过程也比正常多了额外的步骤，降低了数据传输效率。此外，PPPoE 自身存在着不安全性。因为 PPPoE 工作在以太网之上，采用广播方式，同一网络内的设备都能截获 PPPoE 数据包，这意味着，同一网络上的终端也可能对截获的 PPPoE 数据包做任意修改，这在安全性方面有一定的隐患。

3.6 本章小结

本章介绍了数据链路层的主要功能。本章对成帧的基本方法进行了详细的描述；针对错误的处理这一数据链路层的重要任务，介绍了检错和纠错的基本原理和典型的编码方法；详细介绍了奇偶检验、循环冗余校验、互联网校验等常用检错码，以及纠1位错的海明码、里所码、低密度奇偶检验等常用纠错码。

为了实现数据链路层上的可靠传输，本章介绍了利用停-等协议实现流量控制，利用肯定确认与重传机制处理信道上出现差错的情况。此外，为了提高信道利用率，本章介绍了滑动窗口协议的基本思想，在此基础上详细说明了回退 n 帧协议和选择性重传协议的工作原理，并对两者的滑动窗口大小进行了分析。

本章选择 HDLC 协议、PPP 以及 PPPoE 作为数据链路层的协议实例，通过介绍这三个协议的工作机制，进一步帮助读者理解路数链路层协议在网络体系结构中起到的重要作用。

本章的技术人物传奇

海明：海明纠错码

本章的客观题练习

第 3 章 客观题练习

习题

1. 数据链路层包含哪些链路控制功能？

2. 若采用字节计数法进行数据帧的划分，对如图 3-35 所示的数据，应如何划分为数据帧？若传输过程中第 7 位发生翻转，将得到怎样的成帧结果？

数据以十六进制表示：

05	A0	EF	34	31	04	24	03	52	03	02	B1

图 3-35 习题 2 配图

3. 若通信系统在数据链路层采用“带字节填充的字节标志法”进行数据帧的划分，以 0x7E 为定界符，以 0x7D 为转义符，对于载荷数据 7E FE 27 7D 7E，进行填充后，数据将变为什么？

4. 对于“带位填充的位标志法”，若接收到一数据串为 011011111011111000，则原始二进制数据串是什么？

5. 请简要描述物理层编码违例法的优缺点。

6. 请分别说明纠错和检错两种差错控制策略所适用的网络条件。

7. 若一个码字的集合包括 111111、111000、000111、000000 四个码字，则其海明距离为多少？该编码方法理论上最大的检错和纠错能力分别是几位？

8. 一串待传输的数据为 1101011011，需要进行 CRC 检错编码，若生成多项式可表示为 10011，则编码后的码字是什么？

9. 在消息位后附加 1 位奇偶校验位，所得到的码字集合的海明距离是多少？其检错和纠错能力如何？

10. 用海明码进行 1 位错误的纠错。若原数据为 1011，请计算其对应的海明码码字(采用偶校验)。

11. 接收方收到的海明码码字为 1001 1110 111，其中消息位长度为 7 位，采用偶校验，则该码字在传输中是否有错误？如有错误请纠正。

12. 有一条传输信道，其带宽为 50Kb/s，在信道一端的设备 A 往另一端的设备 B 按照停-等协议进行数据发送，数据帧的长度固定为 1000 位，信道来程传输时延为 500ms，假设 B 收到数据帧立即回复确认帧，当 A 的发送窗口大小为多少时，理论上的信道利用率可达到 100%？

13. 发送窗口大小为 7，当前窗口中包含的序列号为 5、6、7、0、1、2、3，若发送方收到确认帧(ACK=0)，则此时发送方可再连续发送多少个数据帧？

14. 对于回退 n 帧协议，若发送窗口大小设置为 32，则最少需要用多少位表示序列号？

15. 对于选择性重传协议，若序列号用 5 位二进制表示，则最大的接收窗口是多少？

16. 对于选择性重传协议，其发送窗口大小是否有最大或最小限制？

17. 请简述 HDLC 协议的基本功能，以及该协议的主要特点。

18. 请解释 HDLC 协议三种类型数据帧的用途。

19. PPP 的主要特点是什么？PPP 的工作状态有哪几种？

20. PPPoE 的会话建立有哪几个阶段？每个阶段分别完成什么任务？

第4章

介质访问控制和局域网

局域网是覆盖范围有限的私有网络，其中的工作站通常位于一个楼栋、一个公司、一个酒店等有限的范围内。局域网中的工作站会共享和争用资源，本章首先介绍介质访问控制方法，解决资源争用带来冲突的问题。

介质访问控制方法主要分为随机访问、受控访问（也称为确定性访问）两大类，本章还介绍第三类——有限竞争协议。使用最多的介质访问控制是随机访问，最早的随机访问协议是 ALOHA 协议，在此基础上，载波侦听多路访问协议被提出来，成为经典以太网的介质访问协议，被广泛使用。

介质访问控制属于 MAC 子层，位于参考模型的数据链路层，探讨数据链路层交换（L2 交换）的工作原理是本章的重点之一。L2 交换发生在交换机，交换机是局域网中的主要交换设备，本章也涉及交换机的简单介绍。L2 交换工作过程可能出现广播风暴、二层环等问题，可引入虚拟局域网、生成树协议解决这些问题。

局域网可以简要地分为有线和无线两种。有线局域网的最流行代表是以太网，本章将探讨以太网的典型拓扑、以太网的介质访问协议、以太网数据帧格式以及以太网发展历程中的各种典型类型。无线局域网的最流行代表是 IEEE 802.11，被称为无线以太网，本章将探讨 IEEE 802.11 无线局域网的组网形式、基本要素、介质访问协议以及 IEEE 802.11 数据帧格式。

近 20 年来，物联网（Internet of Things，IoT）技术和应用日益增长，出现了很多无线互联技术，这些技术通常规范了物理层和数据链路层的内容，与局域网覆盖的参考模型层一致，所以，本章将探讨蓝牙、ZigBee、6LowPan、Z 波等无线连接技术，因其覆盖范围小，因将这些技术归属于无线个域网（WPAN）的范畴。

图 4-1 中的数字代表其下的主要知识点个数。读者可扫描二维码查看本章全部知识点的思维导图，并根据需要收起和展开。

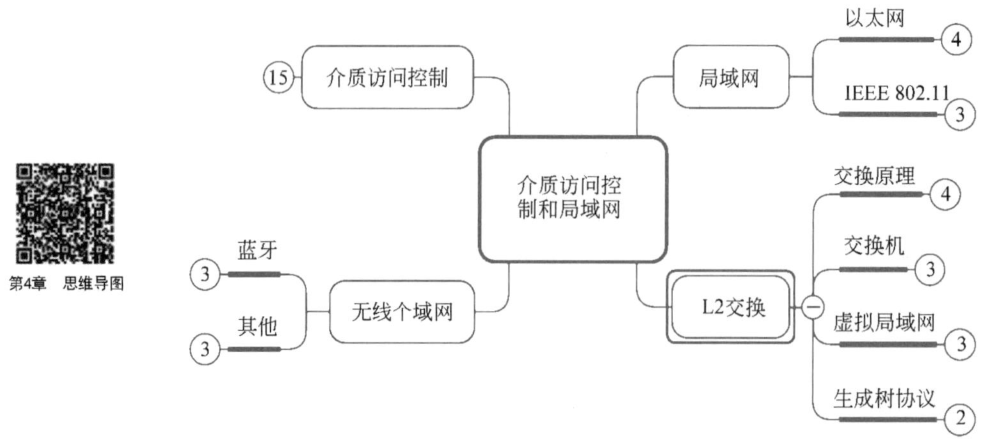

图 4-1　本章主要内容框架的思维导图上层

4.1　局域网概述

从工作站接入互联网的角度来看，工作站可以通过点到点的链路接入，比如，通过电话公司的本地回路接入；也可以通过广播式信道接入，比如学生通过宿舍所在的快速以太网接入中国教育和科研计算机网；或者通过无线局域网接入，无线局域网的信道也是典型的广播式信道。

所以，单从这个角度，可以把信道分成点到点信道和广播式信道。

什么是信道呢？信道指的是信号的通道，即信号流经的介质。信道可以是铜缆，也可以是光纤、卫星信道，还可以是无线信道（空气）。点到点信道是收、发双方专享信道，数据信号在信道上从一点传到另外一点，并无争用。广播式信道则要面对多台工作站（多点），这些工作站共享这条信道，但某个时刻只能被一台工作站使用，否则将会发生冲突。

图 4-2(a)中，计算机通过调制解调器接入电话公司的本地回路，点到点接入电话公司的端局设备，再由电话公司接入互联网。从计算机到端局就是一个点到点的信道，计算机通过这条信道接收和发送数据。图 4-2(b)是一种非常常见的以太网接入方法，计算机通过点到点链路连接交换机，交换机上行到路由器（默认网关），再上连到互联网。从物理结构来看，这是星状拓扑，但是从逻辑访问来看，依然是总线拓扑，计算机 A、B 和 C 需要争用从交换机到路由器的上行链路①，所以，这是一条广播式信道。

事实上，局域网的物理拓扑有多种，图 4-3 中的三种典型拓扑都形成了广播式信道，即多台计算机（工作站）共享信道。

目前，主流的局域网是以太网和无线局域网，采用的都是广播式信道，因为多工作站共享一条信道，必然要解决信道的分配和使用问题，这就是介质访问控制（MAC）。

事实上，OSI 参考模型中的数据链路层可以分成两个子层，MAC 子层和 LLC 子

---

① 经典以太网采用半双工工作模式，存在介质争用问题，而采用全双工工作模式的交换式以太网，则不再存在争用问题。

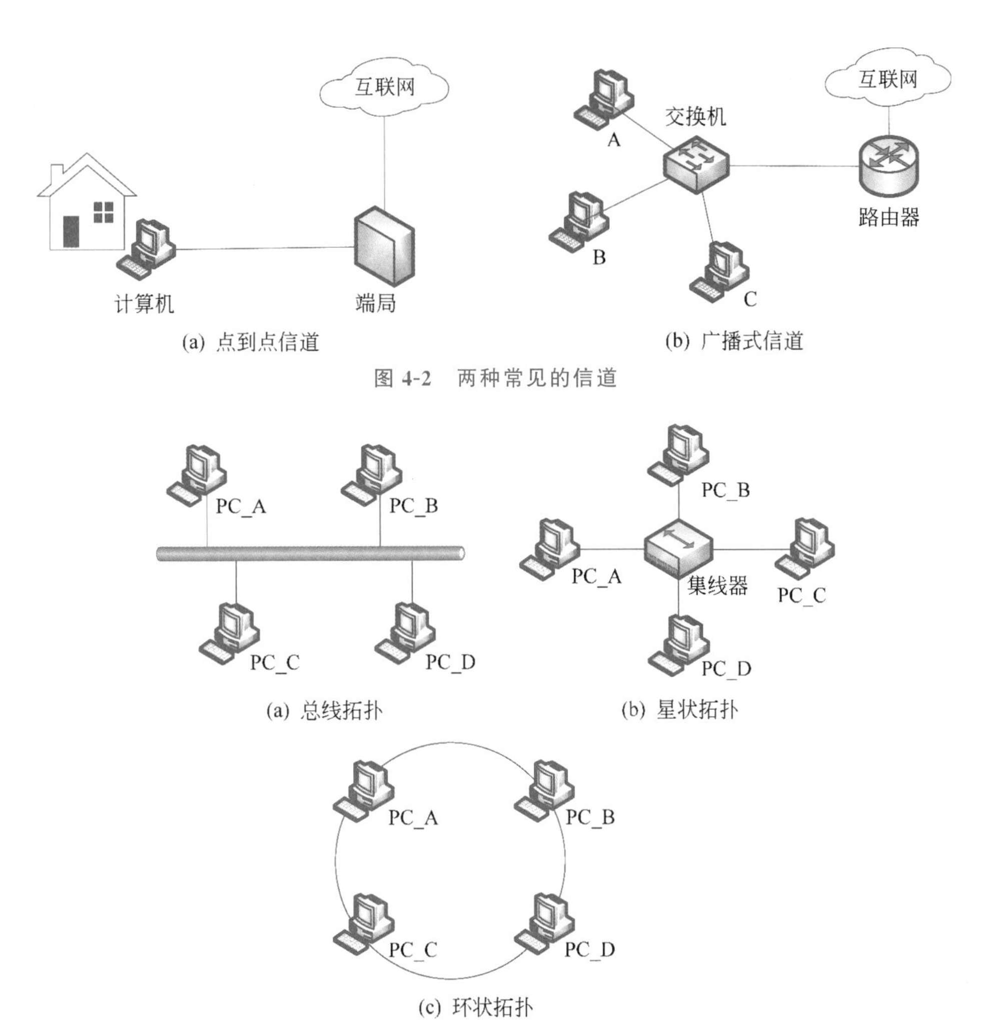

(a) 点到点信道 (b) 广播式信道

图 4-2 两种常见的信道

(a) 总线拓扑 (b) 星状拓扑

(c) 环状拓扑

图 4-3 三种典型的局域网拓扑

层。MAC 子层主要负责介质访问控制，而 LLC 子层的功能比较薄弱，主要起到承上启下的作用，为 MAC 子层提供与上层衔接的服务。

图 4-4 清晰展示了 OSI 参考模型中 MAC 子层与以太网的关系：以太网包含了参考模型的下面两层；4.3 节将分层介绍以太网的技术特征；IEEE 802.x 系列网络包含了一层半的参考模型，即物理层和 MAC 子层，仅从覆盖参考模型的位置来看，以太网和 IEEE 802.x 是不同的。在图 4-4 中，还能够看到，通过两个子层的划分，使一层半的技术具有了扩展的潜能，随着时间的推移和技术的发展，不断推出新的底层接入网

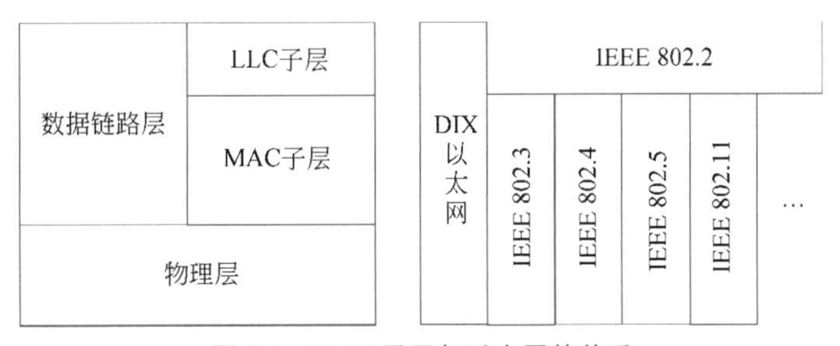

图 4-4 MAC 子层与以太网的关系

络，比如不同技术特征的局域网(LAN)。

图4-4的MAC子层隶属于数据链路层，它提供了介质访问控制功能，介质访问控制协议在以太网(IEEE 802.3)和无线局域网(IEEE 802.11)中有很大的不同。

4.2 介质访问控制

介质访问控制解决某个时刻由哪台工作站使用共享信道的问题，即信道分配问题。在物理层，我们已经学习了信道的复用技术。信道的复用实际上也是一类介质访问控制的方法。本节从经典的复用技术开始，分析其优缺点，引出动态的信道分配方法。

4.2.1 信道的静态分配

经典的复用技术分为时分复用(TDM)技术和频分复用(FDM)技术两大类。采用时分复用技术的系统将时间分成等分的时间片(也称为时槽、时隙，timeslot)，这些时间片被平均分配给每台工作站，每台工作站都被允许在自己的时间片内使用整条共享信道。采用频分复用技术的系统将共享信道的频率带宽分成等分的子信道，平均分配给每台工作站，每台工作站都被允许在自己的子信道内全时收发数据。

不管是时分复用技术还是频分复用技术，都可以根据工作站的数目，提前预分配好，这种分配的方式简单有效，但性能怎么样呢？这里尝试使用数学的排队理论分析频分复用技术的性能。

假设系统的容量是 C b/s，一个数据帧的长度可变，数据帧的平均长度是 $1/\mu$ b；传输一个数据帧所需要的时延也是不同的，设平均时延是 T，数据帧到达的平均速率是 λ 帧/s；把信道看成服务台，把到达的数据帧看成顾客，则信道的服务率是 μC 帧/s，根据排队论，每个数据帧的平均时延是

$$T=\frac{1}{\mu C-\lambda}$$

如果工作站有 N 台，将信道等分，子信道的容量是 C/N b/s，子信道的数据帧平均到达速率是 λ/N 帧/s，将这两个参数代入上面的公式，可以计算单台工作站需要等待的时间

$$T_N=\frac{1}{\mu\times\left(\frac{C}{N}\right)-\frac{\lambda}{N}}=N\times\frac{1}{\mu C-\lambda}=NT$$

可见，单台工作站得到服务的平均时延是不划分信道时的 N 倍，时分复用技术也类似。这是静态分配信道付出的代价，尤其是在低负载的情况下，即使别的信道空闲，也不能使用，造成浪费。

总之，静态的信道分配方法，虽然具有简单有效的优点，却也存在如下这些缺点。

(1) 没有使用的子信道(或时间片)被浪费了。

(2) 如果某台工作站有突发大量的数据要传输，但自己的子信道(即自己的时间片)无法及时传输全部数据，会造成工作站的数据传输需求得不到满足。

(3) 资源被平均分配，不能适应不同工作站对数据传输的不同需求。

(4) 这种资源分配的方式,直接导致工作站的等待,也就是需要付出 NT 的时延。

就像有些人喜欢说话,有些人却不喜欢说话一样,有的工作站有很多数据要传输,有的工作站却几乎没有数据要传输;在某些高峰时刻,可能所有的工作站都需要传输,实际情况非常复杂,用静态等分分配资源,虽然实现简单,但并不能满足实际需求,应该有一种机制,或者说有一种动态分配信道的方法,以便可以在不同的时刻,针对不同的工作站需求,有更灵活的解决方法。

4.2.2 多路访问协议

理想的多路访问协议,是在低负载时,让有需要的工作站能够用到共享信道的峰值,而在高负载时,让每台工作站都可以享有信道的部分使用权。

多路访问协议提供了动态访问共享信道的机制,如果按照是否产生冲突划分,可以分成随机访问协议、受控访问协议和有限竞争协议。每种多路访问协议都有一些具体的协议,如图 4-5 所示。

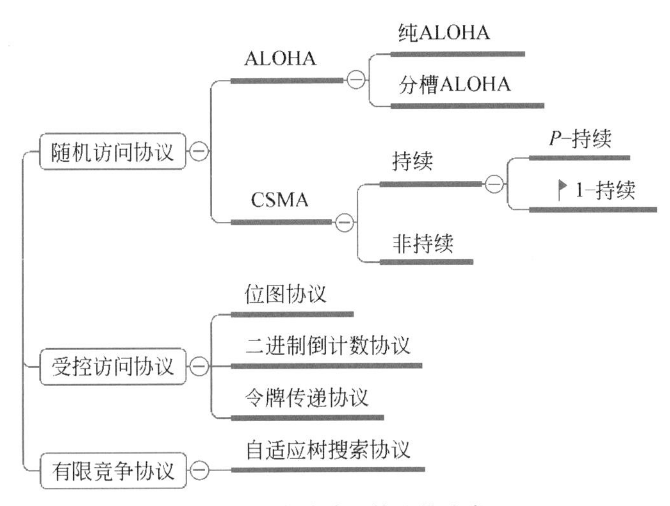

图 4-5 多路访问协议的分类

图 4-5 中的载波侦听多路访问(CSMA)是系列协议,分为持续 CSMA 和非持续 CSMA,持续 CSMA 中的 1-持续 CSMA 就是经典以太网中使用的协议。

1. 随机访问协议

随机访问是指每台工作站不是提前获得预分配的资源(不管是时间资源还是频率资源),而是有了要传输的数据帧后,采用一种机制去竞争获取共享信道的使用权并发送数据帧。

随机访问协议开始于 20 世纪六七十年代的夏威夷大学,在此工作的 Norman Abramson 博士(1932—2020)和他的同事组建了无线网络——ALOHANet,将夏威夷群岛与檀香山连在了一起,他的工作让他成为 Wi-Fi 的先驱,奠定了无线通信技术的基础。ALOHANet 使用了 ALOHA 协议,并被后来的“以太网之父”Bob Metcalfe 改进,组建了最初的经典以太网,发明了带冲突检测的载波侦听多路访问(Carrier Sense Multiple Access/Collision Detection,CSMA/CD)协议。

1) 纯 ALOHA 协议

在无线 ALOHANet 中,无线信道是普遍而典型的共享信道,ALOHA 协议用于解决这个共享信道的使用权问题。ALOHA 协议有两个版本，纯 ALOHA 协议和分槽 ALOHA 协议，下面先来探讨纯 ALOHA 协议。

如果用一个词概括纯 ALOHA 协议的原理，那就是“任性”。当某台工作站要发送数据帧时，它立刻就发送它，“想发就发”。一台工作站“想发就发”不会有什么问题，但是两台或两台以上的工作站“想发就发”，发出的数据帧就可能在共享信道上发生碰撞或冲突。发生了冲突的所有数据帧都遭到了破坏，必须重传。

例如，图 4-6 显示了一个有 3 台工作站的 ALOHA 网络系统，3 台工作站 A、B 和 C 共享一条信道，从 t_0 时刻到 t_2 时刻，系统处于轻载的情形，在这段时间，A 发送了 A1 数据帧，B 发送了 B1 数据帧，这两个数据帧互不干扰，都得到了成功的传输。但是，从 t_2 时刻，情况变得复杂起来：虽然此时 A 发出的 A2 数据帧前半部并没有受到其他数据帧的碰撞，即没有发生冲突；到了 t_2 时刻，B 发出了 B2 数据帧，它的帧头正好和 A2 数据帧的帧尾相撞；到了 t_4 时刻，C 发出了新数据帧 C1，它的帧头撞到了 B2 数据帧的帧尾。从图 4-6 看出，数据帧 A2、B2 和 C1 受到碰撞的程度不同，但是，不管数据帧的损坏程度如何，通常都无法通过帧尾的 CRC，必须重传。

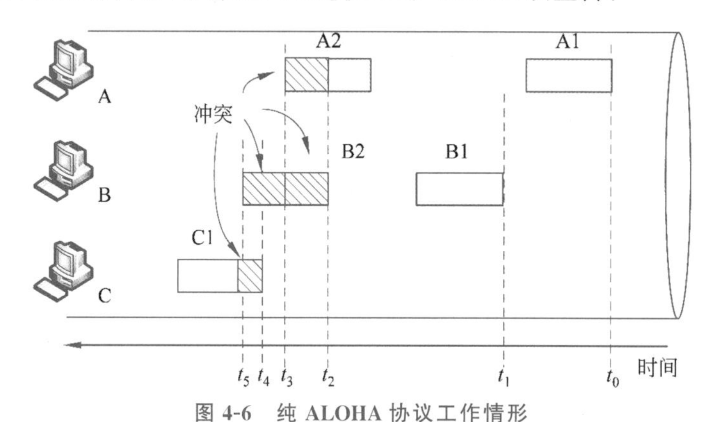

图 4-6　纯 ALOHA 协议工作情形

这里产生了一个问题：工作站怎么知道发出的数据帧是成功发送了，还是产生了冲突呢？一个可能的方法是让接收站发送确认帧，收到了确认帧的发送站，就判定数据帧得到了成功的传输。在 ALOHANet 中，有一台特殊的中央计算机，它会把收到的确认帧，再广播出去，发送站通过接收这个广播帧判定是否产生了冲突，以此决定是否重传。

重传的时机需要仔细地考虑。冲突至少是 2 台工作站发出的数据帧产生了碰撞而造成的，如果每台工作站在判断产生了冲突之后都马上重传，那会再次冲突。所以，检测到冲突的工作站通常会等待一个随机的时间之后再重传，以降低再次冲突的可能性。稍后我们将学习二进制指数退避算法，它就是一种确定冲突之后等待随机时间的计算方法。

纯 ALOHA 协议的工作方式简单有效，尤其是低负载时；但是，高负载时，这种“任性”发送，将导致冲突频频，从而不得不产生大量的重传，使得信道利用率低下。那么，纯 ALOAH 协议的信道利用率到底是多少呢？

假设数据帧长度是一定的，传输一个数据帧所需要的时间称为标准帧时，记作 D，它可以通过帧长度(单位：b)除以数字带宽(单位：b/s)计算得到。假设信道在一个标准帧时内平均产生 N 个新数据帧（不含重传数据帧），即产生新数据帧的概率服从泊松分布。显然，一个标准帧时 D 内，只有当 $0<N<1$ 时，这些新数据帧才可能得到成功的传输；当 $N>1$ 时，必定产生冲突，将有重传数据帧进入信道。假设每个标准帧时内产生新数据帧和重传数据帧的平均数据帧数是 G，产生数据帧的概率也服从泊松分布，显然，应该有 $G \geqslant N$。

为了分析信道的利用率，引入一个新的变量——吞吐量 S，表示一个标准帧时内成功传输的平均数据帧数，则 $S=GP_0$，其中 P_0 表示一个数据帧成功传输的概率。

怎么计算成功传输的概率 P_0 呢？一个数据帧要成功传输，必须在它传输的时间内，没有与别的数据帧发生碰撞。图 4-7 中这个数据帧发出的时刻是 t_0，它的帧头可能与(t_0-D, t_0)时期发出的数据帧发生冲突；它的帧尾也可能与(t_0, t_0+D)时期发生的数据帧冲突，所以，在(t_0-D, t_0+D)时间区间，时长为 $2D$ 的时期为易受冲突期，只要在这个时期，没有发生冲突，这个数据帧就得到了成功的传输。

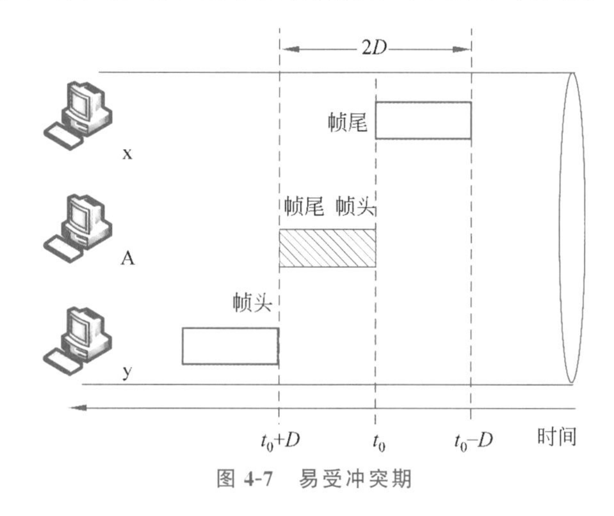

图 4-7 易受冲突期

那么，什么情况才能使这 $2D$ 的易受冲突期间，不发生冲突呢？那就是在这个时期窗口内，其他工作站不产生新数据帧，不产生数据帧，就不会发送数据帧，也就不会发生冲突了。上面说到产生新数据帧的概率服从泊松分布，即产生 r 个数据帧的概率可以表示为

$$P(r)=\frac{G^r \mathrm{e}^{-G}}{r!}$$

式中的 r 表示产生新数据帧的数量，G 是产生新数据帧的平均值。

为了不发生冲突，在 $2D$ 的易受冲突的窗口期，只要产生新数据帧的数量等于零即可。将 $r=0$ 代入上面的公式，得到一个标准帧时内产生 0 数据帧的概率是

$$P(0)=\frac{G^0 \mathrm{e}^{-G}}{0!}=\mathrm{e}^{-G}$$

所以，P_0 应该是 2 个标准帧时内产生 0 数据帧的概率，如下：

$$P_0=P(0)\times P(0)=\mathrm{e}^{-2G}$$

将 P_0 代入 $S=GP_0$，得到

$$S=G\mathrm{e}^{-2G}$$

吞吐量 S 随信道中产生的数据帧数 G 变化的曲线如图 4-8 所示。当 $G=0.5$ 时，

S 取得极值,约为18.4%。此后,随着 G 的增长,越来越多的冲突产生,吞吐量下降;G 超过2之后,吞吐量几乎跌至0。这样低的信道利用率,是不能令人满意的。图4-8表示了吞吐量随 G 变化的曲线。

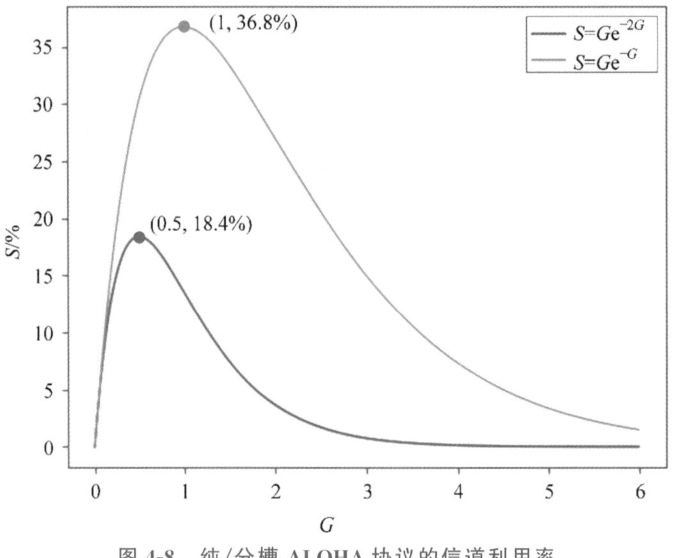

图4-8 纯/分槽 ALOHA 协议的信道利用率

2）分槽 ALOHA 协议

纯ALOHA协议很快得到了改进,这就是分槽ALOHA协议。相对于纯ALOHA协议,分槽ALOHA协议把时间分成了连续的时槽(通常是一个标准帧时 D),规定所有工作站发送的数据帧都必须在时槽的起点处。也就是说,分槽ALOHA协议不再是“想发就发”,而是有了要发的数据帧之后,必须等待到时槽的起点才能发送。时槽也就是时隙,所以,分槽**ALOHA**协议又称为分隙**ALOHA**协议。

工作站只能在时槽起点处发送数据帧,意味着一个数据帧与其他数据帧发生的冲突只可能出现在一个时槽起点处,一旦在起点处发送而未发生冲突,这个数据帧就发送成功了。事实上,分槽ALOHA协议的易受冲突期已经从纯ALOHA协议的2个标准帧时($2D$)降低到一个标准帧时(D)了,如图4-9所示。

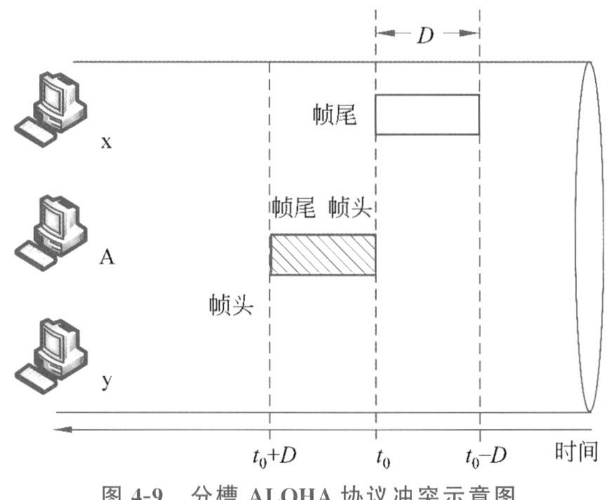

图4-9 分槽 ALOHA 协议冲突示意图

分槽 ALOHA 协议的改进带来了信道利用率的上升吗？答案是肯定的。

分槽 ALOHA 协议的易受冲突期降为 D，在此期间，如果不产生新数据帧，即预示传输的成功。所以，此时，成功传输的概率为

$$P_0 = P(0) = e^{-G}$$

将上式代入 $S = GP_0$，得到

$$S = Ge^{-G}$$

吞吐量 S 随信道中产生的数据帧数 G 变化的曲线如图 4-8 所示。当 $G=1$ 时，S 取得极值，约为 36.8%。此后，随着 G 的增长，越来越多的冲突产生，吞吐量下降，G 超过 4 之后，吞吐量趋近 0。相比于纯 ALOHA 协议，信道的利用率提升了约一倍。

ALOHA 协议简单有效，但信道利用率比较低，尤其是高负载的情况下，新数据帧、重传数据帧交织在一起，冲突频频，比较混乱。这样的协议，是不是早已经成为过眼烟云了呢？有时候，简单才是最好的，当有线电视电缆接入互联网时，当 RFID 多标签读写访问时，被遗忘的分槽 ALOHA 协议被翻了出来，推动了问题的解决。不管是看起来完美的协议，还是看起来糟糕的协议，它的产生一定是有道理的，也许这个时候还用不上，但在不经意的某个时候，被重新考虑了，也许就起了大作用。所以，我们在学习这些看起来过时的协议时，关注它解决了什么问题，它的优势所在，这样在适宜时，我们才可以想起它。

3）载波侦听多路访问系列

不管是纯 ALOHA 协议还是分槽 ALOHA 协议，信道的利用率都是不能令人满意的。之所以信道利用率低，主要的原因是“任性”，不管是否有其他工作站在使用共享信道，有了数据帧就发送。载波侦听多路访问(CSMA)协议做的主要改进是变“任性”为“礼貌”，每台工作站在发送自己的数据帧之前，都非常“礼貌”地去看看，是否有其他工作站正在使用共享信道，如果有其他工作站正在使用，就“礼貌”地等待，不要发送自己的数据帧。这是非常明智的，因为如果一定要发，只有一个后果，那就是产生冲突。

下面介绍三种 CSMA 协议，不管是哪一种 CSMA 协议，一定要执行“先听后发”策略，即有了要发送的数据帧，先侦听信道是否空闲，如果空闲，才发送数据。

（1）**非持续 CSMA**。非持续 CSMA(nonpersistent CSMA)的工作流程是这样的：有了待发送的数据帧，先侦听信道是否在使用，如果信道空闲，开始传输数据帧，直到传输完成；如果信道忙，意味着有其他工作站在传输，此时，等待一个随机的时间后，再重新开始侦听，直到获得发送权，抓取到信道。非持续 CSMA 的非持续体现在：当侦听到信道忙时，不持续侦听，而是等到一个随机时间再侦听。随机等待的目的，是避免有两台或两台以上的多工作站同时侦听时再次冲突的可能性，但这样做付出的代价是等待更多的时延。非持续 CSMA 的工作原理如图 4-10 所示。

（2）***P*-持续 CSMA**。P-持续 CSMA(P-persistent CSMA)适用于分槽的通信系统，其工作流程是这样的：当工作站有数据帧要发送时，执行“先听后发”策略，去侦听信道的状态，如果信道忙，则持续侦听，而不是像上面的非持续 CSMA 那样，等待一个随机时间后再去侦听，这样做的好处是一旦信道空闲，马上就能侦听到，减少了时延。如果侦听后发现信道空闲，则以概率 P 发送数据帧，直到传输完成；而以概率 $1-P$ 推迟一个时槽，再去侦听，直到数据帧得到传输。

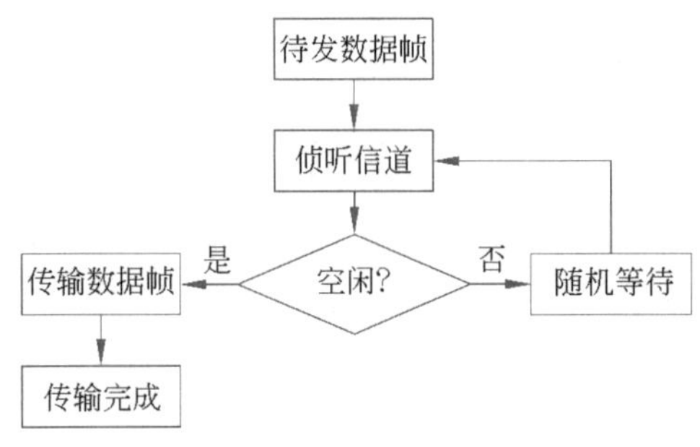

图 4-10　非持续 CSMA 的工作原理

图 4-11 中的“掷骰子”,可以通过调用随机数产生接口,生成 0～1 的随机数,通过随机数的大小确定是立刻发送还是推迟发送。

通过调节概率 P 的大小,可以获得不同的信道利用率,P 值越大,发送的可能性越大,产生冲突的可能性也越大,所以信道利用率反而越小,但付出的等待时延也小;P 值越小,发送的可能性越小,产生冲突的可能性也越小,信道的利用率反而更大,但也付出了更大的等待时延。

(3) **1-持续 CSMA**。1-持续 CSMA 是 P-持续 CSMA 的一个特例,此时,发送概率 $P=100\%=1$,其工作流程是这样的：当工作站有数据帧要发送时,执行“先听后发”策略,去侦听信道的状态,如果信道忙,则持续侦听;如果侦听后发现信道空闲,立刻发送数据帧,直到完成。

当工作站侦听到信道空闲时,以概率 100%发送数据,即立刻发送,这样做的好处是时延相对较小,但是可能产生冲突,从而降低了信道的利用率。1-持续 CSMA 的工作原理如图 4-12 所示。

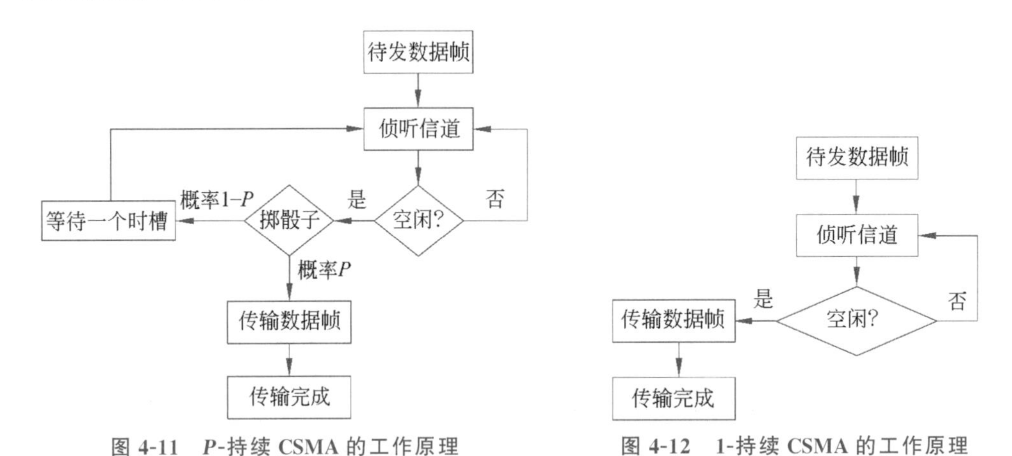

图 4-11　P-持续 CSMA 的工作原理　　**图 4-12　1-持续 CSMA 的工作原理**

不管是哪一种 CSMA,它们的共性是在发送数据之前先“侦听信道”,这种改进,减小了发生冲突的可能性,提高了效率,当然也付出了一定的时延代价。其中非持续 CSMA 通过等待,进一步降低了冲突概率,信道利用率较高,但是,在以太网中并没有采用它,可能的原因是,用户宁愿产生冲突也不愿等待。

(4) **带冲突检测的载波侦听多路访问(CSMA/CD)协议**。各种 CSMA 协议都是通过“先听后发”尽量地避免冲突。尽管如此,冲突仍然不可避免,有两种可能的情形会导致冲突。

第一种可能导致冲突的情形是：多工作站齐听。当一台工作站准备发送数据帧，执行“先听后发”策略，去侦听信道状态时，可能另外一台或多台工作站也在侦听中，如果信道真的处于空闲状态，这时本着空闲即可发的原则，所有正在侦听的工作站都会发数据帧，之后，发出的数据帧就会在共享信道内发生冲突。

在图 4-13 中，同时有三台工作站 A、B 和 C 在侦听信道，此时的信道没有任何工作站使用，三台工作站心中窃喜，以为终于可以发送自己的数据帧了，结果，三台工作站几乎同时发出数据帧，毫无疑问，这些数据帧在信道中碰撞在一起，发生了冲突。

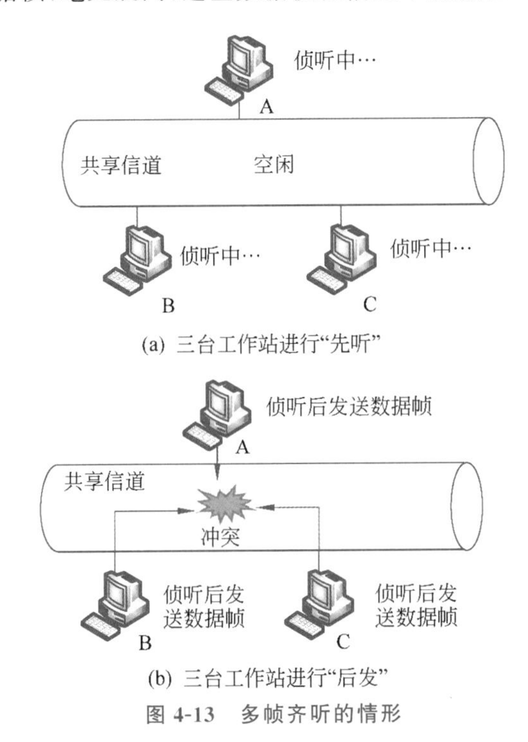

(a) 三台工作站进行“先听”

(b) 三台工作站进行“后发”

图 4-13 多帧齐听的情形

第二种可能导致冲突的情形是：传输时延影响。在铜线或者光纤中，信号传输的速度大约是光速的 2/3，约 200m/μs，如果有一条 1km 的信道，信号从一头传到另外一头大约花 5μs 的时间，也就是单边传播时延 $D=5\mu s$。这种时延可能会导致执行“先听后发”策略的工作站发出的数据帧产生冲突。

图 4-14 中，甲、乙两台工作站之间的信道相距 1km，t_0 时刻，甲经过侦听发出了自己的数据帧，该数据帧按照 200m/μs 的速度在信道中传输；在 t_1 时刻，乙有了待传输的数据帧，开始侦听，因为甲发出的数据帧还在信道中，未到达乙，所以，乙并未侦听到信号，认为信道处于空闲状态，开始发送自己的数据帧；这两个数据帧在 t_2 时刻发生了冲突，并遭到了破坏，需要重传。

那么，工作站怎么知道自己发出的数据帧是否成功传输了呢？也就是说，需要一种检测冲突的机制，让发送站知道是否要因为冲突而重传数据帧。这种发出数据帧之后检查冲突的 CSMA，称为带冲突检测的载波侦听多路访问（CSMA/CD）。

发送工作站采用什么方法检测发出的数据帧是否与其他数据帧发生了冲突呢？在采用了 CSMA/CD 协议的经典半双工以太网中，使用以太网卡完成冲突的检测。以太网卡上有两个部件，发送器（Tx）和接收器（Rx），Tx 发出数据帧到信道上的同时，

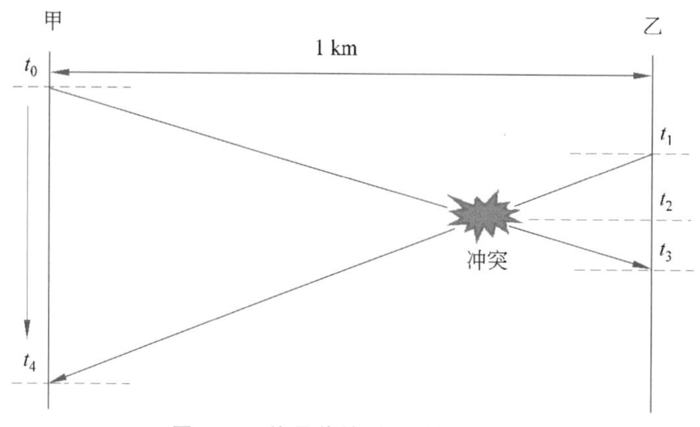

图 4-14 信号传输时延导致的冲突

也从内部旁路了这个信号到 Rx,同时,Rx 也接收网络上的信号,如果 Rx 收到的这两个信号是一样的,表明没有冲突产生;否则,意味着产生了冲突。冲突检测的工作原理如图 4-15 所示。

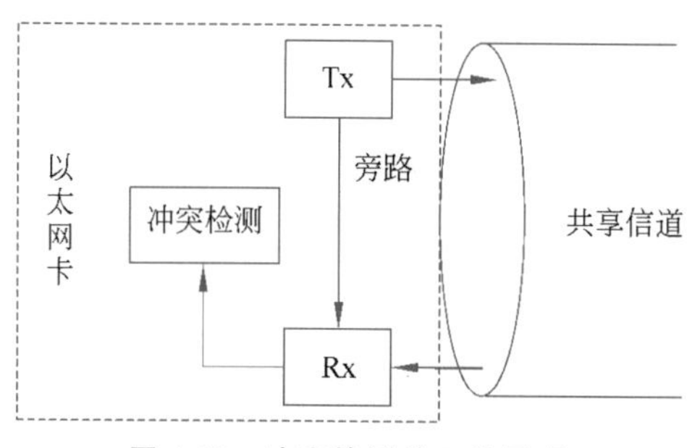

图 4-15 冲突检测的工作原理

所以,带冲突检测的载波侦听多路访问,除了执行"先听后发"策略之外,还要"边发边听",即一边发送数据帧,一边侦听发出的数据帧有没有遭受冲突。发生了冲突的数据帧已经变成了乱码,不用再继续传输,检测到冲突数据帧的工作站,会终止数据帧的发送,并同时广播一个拥塞(jam)信号,向所有的站点通告此次冲突。

发送数据帧的工作站什么时候可以检测到冲突呢?图 4-14 中,甲工作站从发送数据帧到检测到冲突的时间长度是 t_4-t_0,乙工作站从发送数据帧到检测到冲突的时间是 t_3-t_1,这个时间长度的最大值是 $2D$,最短趋近于 0。对于甲来说,检测到冲突的时间,是最远两台工作站传播时延的 2 倍,称为冲突窗口。只有经过了冲突窗口,没有发生冲突,才认为工作站牢牢"抓住"了信道。"抓住"了信道的意思是,信号占据了信道,其他工作站在侦听时,不会误认为空闲而发送数据帧。

2. 受控访问协议

上面介绍的多路访问协议,不管采用什么样的策略,都不可避免冲突,从而降低了信道的利用率。有没有无冲突的多路访问协议呢?如果有,其性能是不是比有冲突的多路访问协议更好呢?

下面介绍三个受控访问协议,也称为无冲突协议。

1)位图协议

位图协议是一种资源预留协议。假如有 N 台工作站共享信道,其状态分为竞争期和传输期。每台工作站都分到一个对应的竞争期时槽,如果一台工作站有数据帧需要传输,就在属于自己的竞争期时槽中,发送1比特,表明自己有数据帧待发,就像上课时有话要说,举手发言一样;竞争期过后,按照"举手"顺序,各台工作站挨个发送自己的数据帧;在竞争期,明确了哪些工作站有数据帧要发,进行了足够的资源预留,所以,在传输期,不会发生冲突;当传输结束后,开始新一轮的竞争,如图4-16所示。

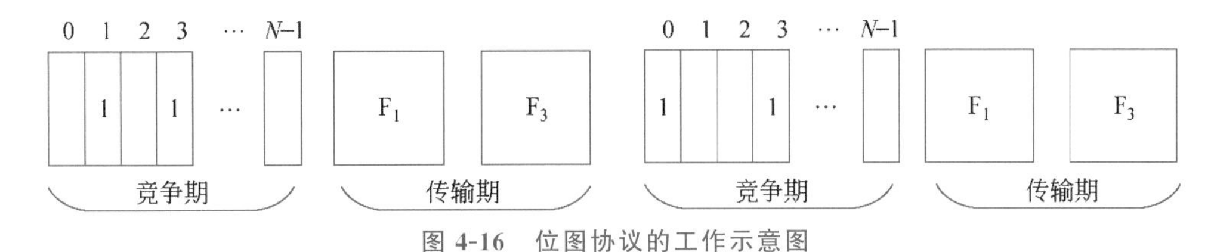

图 4-16 位图协议的工作示意图

位图协议的信道利用率怎么样呢?如果系统有 N 台工作站,竞争期分割成 N 个比特时间;数据帧长为 d 位,发送数据帧需要 d 个比特时间。在低负载时,一台工作站要发送自己的数据帧,平均需要等候 N 个比特时间,也就是浪费了竞争期间的比特时间,算作开销,所以,信道利用率约为 $d/(d+N)$;在高负载时,一台工作站要发送自己的数据帧,几乎不用等候,竞争期间,工作站一个接一个举手,传输一个数据帧只需要在竞争期发送一个比特时间,所以,信道效率是 $d/(d+1)$,几乎可以接近100%。

2)二进制倒计数协议

在位图协议中,如果共享信道的工作站很多,即 N 比较大时,信道效率会下降,要等候更长的时间。二进制倒计数协议旨在缩短竞争期,提高信道的效率。它的工作原理是这样的:N 台工作站被赋予独一无二的编号,编号的位数是 $\log_2 N$。竞争期分为 $\log_2 N$ 个比特时间,从左到右分别对应高位到低位的竞争时槽;在第一个比特时间,每个有数据帧要发的工作站,发出自己编号的最高位,这些最高位进行"或"运算得到一个结果比特值,如果工作站发现结果比特值与自己的最高位不相同,退出竞争;相反,继续次高位的竞争,直到全部的竞争期结束,得到一个最终的结果。因为站点编号是唯一的,最后一定只有一台工作站胜出,获得发送数据帧的权利。

举一个 $N=32$ 的例子深入详解二进制倒计数协议的工作原理,如图4-17所示:如果工作站的序号分别是00000,00001,00010,…,11111,在某个竞争期,编号为00100、00101、10011和11011的四台工作站4、5、19和27有数据帧要发,竞争时槽长5个比特时间。在图4-17中,从左数第一个竞争期的第一个比特时间,工作站4、5、19和27"举手"示意,发出自己的最高位序号0、0、1、1,这4个比特经过"或"运算得到1,工作站4和5发现1比自己的0大,退出竞争,工作站19和27继续竞争;在第二个比特时间发出自己的次高位序号0和1,0和1的"或"结果是1,工作站19退出竞争,工作站27获得了发送权,竞争期结束,工作站27发送数据帧,然后进入下一个竞争期。

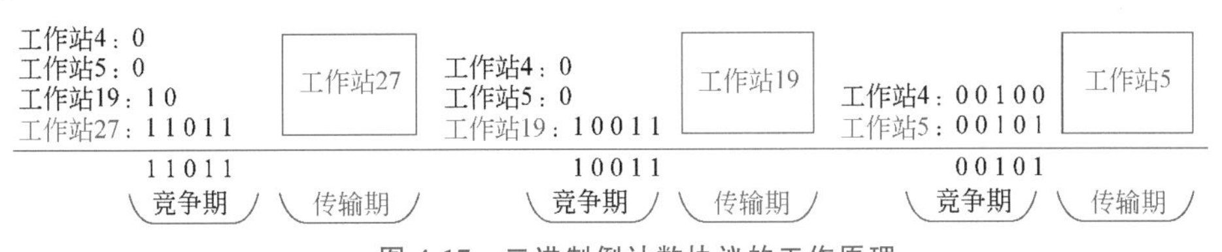

图 4-17 二进制倒计数协议的工作原理

如果这时工作站4、5和19参与竞争，在第一个比特时间，0、0和1的"或"结果是1，工作站4、5退出竞争，工作站19获得发送权，竞争期结束后，工作站19传输自己的数据帧，之后，开始下一个竞争期。此时只有工作站4和5参与竞争，它们依次在各个比特时间发送各自对应的位，直到第5个比特时间之后，工作站4才退出竞争，工作站5获得发送数据帧的权利，周而复始。

在上面这个例子中，工作站4一直得不到发送权，因为与它一起竞争的其他工作站的编号都比它高。只有当其他要发送数据帧的工作站的编号比它低时，它才能得到发送权。所以，二进制倒计数协议有利于高编号工作站而不利于低编号工作站。看起来有些不公平，但其实可以将编号作为优先级，提供一定的服务质量保证。如果需要更多公平，也可以做些许变动，比如可以在工作站之间轮流使用编号。

二进制倒计数协议的信道利用率是$d/(d+\log_2 N)$，相比位图协议的信道利用率(相同工作站数量)，略高一些。

3）令牌传递协议

令牌表示数据帧的发送权利，它其实是一种特别的数据帧，当一台工作站想要发送数据帧时，必须捕获这个令牌，传输完成之后，也要释放令牌，以便其他工作站可以捕获它。

令牌传递协议(token passing protocol)是一种轮流协议，面向共享信道的所有工作站是平等的。令牌环的令牌运行在封闭的环上，令牌在环上单向传递，一台工作站从它的上游站点接收空令牌，并传给它的下游站点；如果它有数据要传输，它将数据插入令牌，置令牌于"忙"状态，并沿令牌的方向发送出去。搭载了数据的令牌成了数据帧，在环上传输。环上的每台工作站接收并顺着令牌的方向传递数据帧，目的工作站收到数据帧后，因为发现接收地址是自己，处理这个数据帧的副本；同时，继续往下游站点传递(被接收站标记)，当数据帧在环上绕了一圈，回到发送站时，发送站从中剔除数据，重新将"空"令牌释放出来，如图4-18所示。

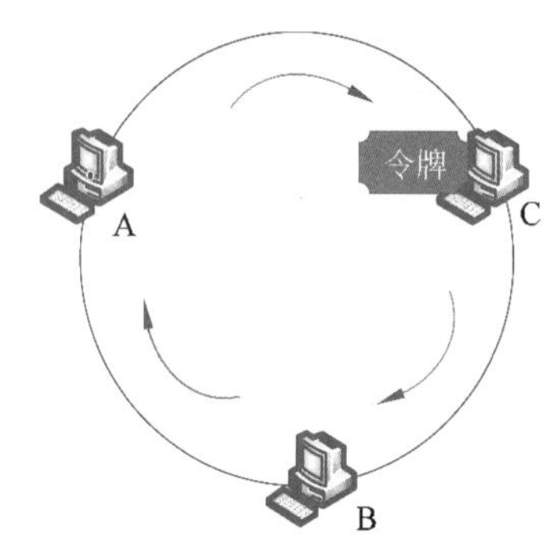

图4-18　令牌环工作示意图

令牌不仅可以运行在物理环或双环上，也可以运行在其他物理拓扑上，比如总线，通过规定工作站的发送顺序，形成逻辑环。

令牌环上的数据传输路线是确定的，消耗的时延也是确定的，所以，也称为确定性的介质访问，这种方式也不会产生冲突。

令牌传递协议的信道利用率类似位图协议。一台工作站需要等待数据帧传遍环，才可能抓取到"空"令牌，低负载时，意味着等待最多一个环的传播时延，信道利用率较低；高负载时，几乎一个数据帧接一个数据帧使用信道，利用率较高。

令牌传递协议的缺点是要付出维护令牌的成本，一旦令牌失踪，整个网络都将瘫痪。

令牌环传递协议在20世纪80年代非常流行，组建局域网时，令牌是除经典以太网之外的另一种常见选择，IEEE把令牌总线和令牌环分别标准化为IEEE 802.4和IEEE 802.5，IEEE 802.5还曾经是IBM系统接入LAN的标配。1989年，ISO颁布了

ISO 9314,即光纤分布式数据接口(FDDI),主要用于局域网骨干连接,采用光纤介质,速度可以达到 100Mb/s,相比于当时经典以太网的 10Mb/s,极具吸引力。FDDI 还采用冗余的双环结构保证数据传输的可靠,同时改进了标准令牌传递协议,采用早期令牌释放(Early Token Release,ETR),即令牌的释放时刻不是等到数据帧传回发送站时,而是发送站发送完数据帧即释放"空闲"令牌,从而可以节约其他工作站等待的时间,提高信道利用率。不管是令牌环还是 FDDI,看起来很美,甚至曾经很辉煌,现在却几乎都销声匿迹了。但是,也不能妄下结论,也许在一个适当的时机,有适宜的土壤,令牌传递协议可能会再次焕发光彩。

3. 有限竞争访问协议

随机访问协议,冲突不可避免,在高负载的情况下,更是冲突频频,严重影响性能;受控访问协议通过某种机制完全避免了冲突,但也付出低负载时的大时延或维护代价。有没有一种协议,同时利用随机访问协议和受控访问协议的优势呢？即低负载时采用随机访问协议,利用它的低时延优势;高负载时不要竞争,减少冲突。

自适应树搜索协议就是这样一个有限竞争访问协议。为了更好地理解它,借用 Dorfman 设计的病毒感染检测算法:第二次世界大战时,为了检测出 N 个美军士兵是否感染了病毒,每个士兵的血样被抽取。为了不必检测每份血样,也为了加快检测进程,可以将其中 $N/2$ 份血样的一部分进行混合,如果混合血样检测出没有病毒,对应的 $N/2$ 个士兵就安全了;如果这混合血样检测出了病毒,就把这 $N/2$ 的一半,即 $N/4$ 个士兵的部分血样混合,继续检测,直到每个士兵都被排除或被检出,如图 4-19 所示。

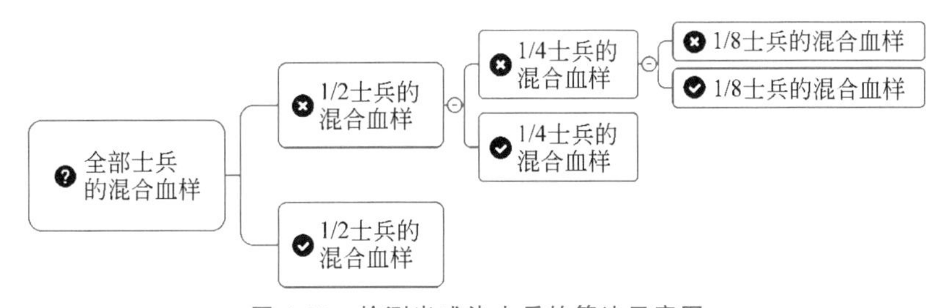

图 4-19 检测出感染士兵的算法示意图

Capetanakis 采用上述算法访问广播信道(共享信道),把竞争期分成若干时槽,每个时槽对应若干台工作站,这些工作站被看成二叉树上的节点,对应着这些时槽。

举个例子,如图 4-20 所示,网络系统中有 8 台工作站 A、B、C、D、E、F、G 和 H。0 号时槽对应全部 8 台工作站,1 号时槽对应 A～D 共 4 台工作站,2 号时槽对应 E～H 共 4 台工作站,3 号、4 号、5 号和 6 号时槽分别对应 A 和 B、C 和 D、E 和 F 以及 G 和 H 工作站。

当竞争期来到时,需要发送数据帧的工作站在自己的时槽内"举手"。如果此时工作站 E 和 F 有数据帧待发,在 0 号时槽发生冲突,表明 8 台工作站中的至少两台想发送数据帧,在接下来的 1 号时槽,未发现冲突,表明与此时槽相关的工作站 A、B、C 和 D 都没有"举手",那 2 号时槽肯定发生冲突;可以直接绕过 2 号时槽,搜索 5 号时槽,5 号时槽对应 E 和 F,所以冲突,E 和 F 获得发送权;最后搜索 6 号时槽,未发生冲突,即 G 和 H 不发送数据帧,本轮竞争结束。

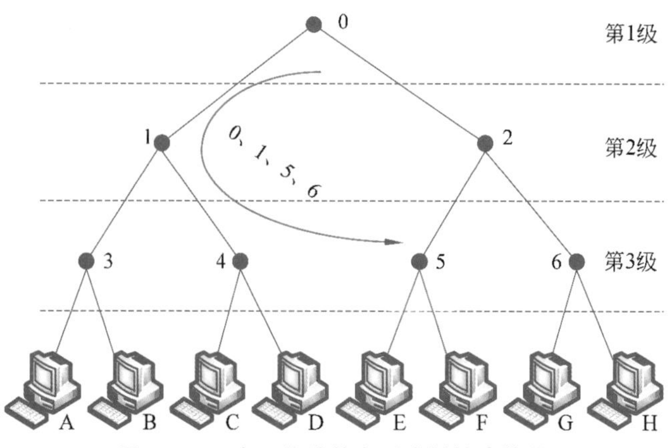

图 4-20　8台工作站的自适应树搜索协议

低负载时,有冲突的时槽较少,不必搜索全部。比如上面8台工作站的例子,0号时槽通常会发生冲突,可以直接跳过,从1号时槽开始,这里无冲突,无须往下搜索;可以推测2号时槽肯定发生冲突,直接绕过2号时槽,开始搜索2号时槽的左分支和右分支。

高负载时,几乎每个竞争时槽都会发生冲突,没有必要每个时槽都搜索。比如这个例子中,如果8台工作站都要发送数据帧,直接搜索时槽3、4、5和6就可以了,难以确定的是应该从哪一级开始搜索才是合适的。

4.3　以太网

以太网在局域网市场占有绝对的优势,自1973年诞生以来,它一路击败令牌环、光纤分布式数据接口(FDDI)、异步传输模式(ATM)等局域网,不仅现在独占鳌头,也许未来也会一骑绝尘。这个话似乎比较武断,但从以太网的历史以及技术的不断进步来看,正在变成一个现实。

以太网不是最早出现的局域网,在它之前已经有了令牌环,其采用的令牌传递协议是确定性的介质访问控制方式,完全消灭了冲突。1977年,Datapoint公司开发了ArcNet令牌总线局域网,采用了总线拓扑结构和令牌传递协议,当时被广泛部署,其传输速率从最初的2.5Mb/s提高到100Mb/s,传输介质可以是粗缆、双绞线和光纤。1988年,ITU-T颁布了异步传输模式(ATM)标准,它采用了固定53字节长的信元作为传输单元,且采用了面向连接的技术,适用于点到点的网络,速度可达155Mb/s。1989年,ISO推出的光纤分布式数据接口(FDDI)继续采用令牌传递协议,但做了改进,减少等待时延,采用光纤介质,其传输速度可达100Mb/s。

1973年,罗伯特·梅特卡夫在一份手绘的备忘录中,展示了工作站连接到总线上的样子和总线以太网的拓扑,如图4-21所示。1976年,梅特卡夫和他的助手大卫·博格斯(David Boggs)发表了著名的论文《以太网:本地计算机网络中的分布式包交换》(*Ethernet: Distributed Packet Switching for Local Computer Networks*),该论文详细阐述了一个挂接了100台工作站的1km长总线以太网的原理和实施;当时,梅特卡夫就职于施乐公司帕洛阿尔托研究中心(Palo Alto Research Center)。1978年,美国数字设备公司(Digital Equipment Corporation,DEC)、英特尔(Intel)公司、施乐(Xerox)公司联合颁布了10M以太网标准,以这三家公司名称的首字母合在一起,为以太网标准命了名:**DIX**以太网标准。1983年,IEEE颁布的IEEE 802.3标准与它完全兼容,稍后,我们会发现两者只有很小的差别;IEEE后来颁布的以太网系列标准的名称均称为IEEE 802.3*,其中“*”代表1个或2个字母,比如,快速以太网的标准IEEE 802.3u。

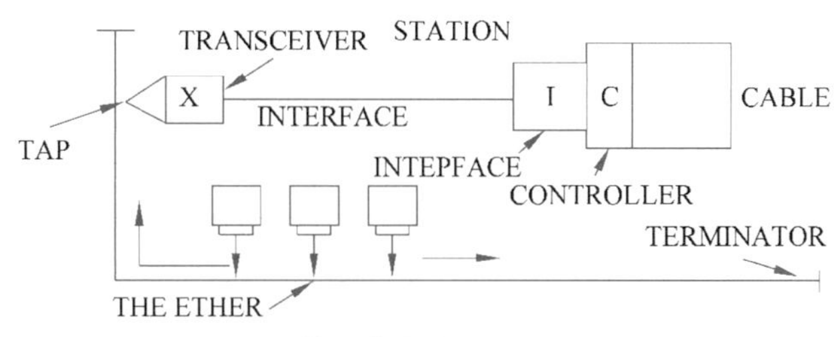

图 4-21 梅特卡夫的总线以太网手稿

从此开始,以太网开启了开挂“网生”,从10M的经典以太网,到100M快速以太网,到千兆(吉比特)以太网,再到万兆(10G)以太网、25G以太网、100G以太网、400G以太网、800G以太网……

4.3.1 经典以太网和交换式以太网

从OSI参考模型上看,以太网覆盖了物理层和数据链路层,而IEEE 802.3只覆盖了物理层和数据链路层中的介质访问子层(参考图4-4),并不涵盖逻辑链路控制子层。在下面的内容中,我们还会在数据帧格式上看到两者的两处小小不同。

1. 经典以太网

纵观以太网约50年的发展历史,以太网从共享的经典以太网到交换式以太网,以太网交换机几乎完全取代了集线器,使用的介质访问控制技术也发生了质的改变。

1) 物理拓扑和逻辑拓扑

经典以太网主要指的是10Base-5、10Base-2和10Base-T,它们的物理拓扑分别为总线拓扑、星状/扩展星状拓扑,如图4-22所示。

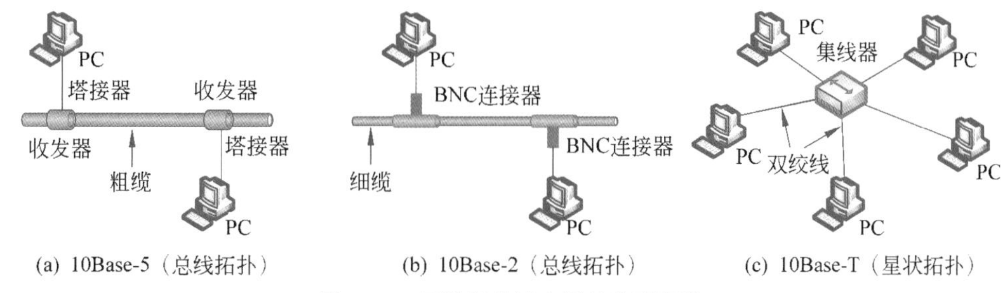

图 4-22 三种经典以太网的物理拓扑

这三种经典以太网采用了三种不同的组网方式。

10Base-5是最早的以太网组网方式,以粗同轴电缆作为总线,工作站通过刺穿式塔接器、收发器(又称MAU,介质接入单元)挂接到总线。此种接入方式虽然可以支持最远500m(5×100m)的单段距离,使用4个中继器,最远总距离可增至2500m,但由于粗缆笨重、不易弯折和不易安装，很快被另外一种以太网所取代，那就是10Base-2。

10Base-2采用细缆作为总线，其直径约为0.26cm，仅约为粗缆直径的五分之一，成本降低了，且柔软很多，无须采用专门的连接单元，采用BNC连接器(一种T型连接头)，连接计算机更加方便。但其单段最大长度缩短了，仅有185m(约2×100m)，使用4个中继器，最远距离可达925m。

用得最广泛和最久远的是10Base-T，它弃用了同轴电缆的总线连接方式，而采用了双绞线和集线器，形成星状拓扑，将单台工作站的故障隔离到单支，更加容易安装和维护，通过双绞线简单地进行插拔就可以接入和断开某台工作站。但双绞线的最远距离只有100m，如果接入的PC和集线器相距超过100m，就得加接中继器或集线器，形成扩展星状拓扑。表4-1是三个经典以太网的主要技术特征。

表4-1　三个经典以太网的主要技术特征

名称	线缆	最远距离	编码方式	特点
10Base-2	粗缆	500m	曼彻斯特编码	不易安装，物理总线拓扑
10Base-5	细缆	185m	曼彻斯特编码	比粗缆容易安装
10Base-T	双绞线	100m	曼彻斯特编码	物理星状拓扑、逻辑总线拓扑

经典以太网采用了曼彻斯特编码(见2.2.1节)传输数据，传输10Mb/s的数据，需要20M时钟脉冲，带宽效率只有50%。

尽管这三种经典以太网的物理拓扑不一样，但它们具有相同的逻辑拓扑，即总线逻辑拓扑。逻辑拓扑是指PC访问介质形成的虚拟拓扑。10Base-T的物理拓扑虽然是星状拓扑，它的逻辑拓扑仍然是总线拓扑，挂接在集线器上的工作站共享集线器和上行链路，形成访问争抢的总线介质。

2）介质访问控制：CSMA/CD

经典以太网是共享式网络，存在某个时刻由谁访问共享介质的问题，4.2节介绍了几种介质访问控制协议解决这个问题。经典以太网中采用了带冲突检测的载波侦听多路访问(CSMA/CD)协议进行介质访问控制。

当采用CSMA/CD协议的以太网工作站在组好数据帧准备发送时，首先执行“先听后发”策略，侦听共享介质有无其他工作站使用，只有发现共享介质空闲，它才发送数据帧；发送出去之后，并不保证一定发送成功，所以，它还会“边发边听”，侦听发出去的数据帧有没有与其他数据帧发生冲突，如果没有发生冲突，才表明数据帧发送成功。图4-23是一个经典以太网工作站的发送数据帧流程示意图。

当以太网工作站检测到发出的数据帧与其他工作站发出的数据帧发生冲突时，将冲突重传的次数RT加1，如果RT的次数已经超过15次，将放弃重新传输，发送出错报告，结束这个数据帧的传输；如果RT在15之内，工作站将执行一个二进制指数退避算法，选择一个随机等待的时间进行重传，以降低再次发生冲突的概率。

经典以太网的冲突窗口是**51.2μs**，即数据帧在相距最远的两台工作站之间往返一个来回所用的时间，记为$\tau=2D=51.2\mu s$。二进制指数退避(Binary Exponential Backoff，BEB)算法可以简单地表示为

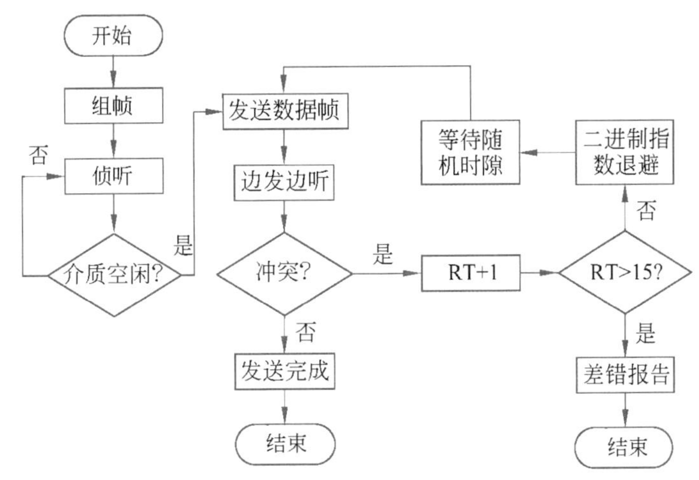

图 4-23 经典以太网工作站的发送数据帧流程示意图

$$\mathrm{RD}=\begin{cases}\tau\times\{0,1,2,\cdots,2^{i}-1\} & i<10\\ \tau\times\{0,1,2,\cdots,1023\} & i\geqslant 10\end{cases}$$

当一台工作站第一次发生冲突时，RT=1，小于15，从$\{0\times\tau,1\times\tau\}$两个时间中随机选择一个时间长度等待，然后重传；如果发生冲突的两台工作站（或者更多台工作站）选择了同样的等待时间，则重传的结果是发生第二次冲突，此时，RT=2，仍然小于15，根据二进制指数退避算法，从$\{0\times\tau,1\times\tau,2\times\tau,3\times\tau\}$四个时间中随机选择一个时间长度等待，然后重传。每增加一次冲突，可选择的等待时间长度的个数就增加一倍，再次发生冲突的可能性就降低一点。如果运气不好，一直到发生了第10次冲突，此时，RT=10，可选的等待时间变为$\{0\times\tau,1\times\tau,\cdots,1023\times\tau\}$共1024个，如果运气一直坏下去，重传后再次发生冲突，可选的等待时间个数不再增加，直到发生冲突15次，再次重传之后RT=16，此时，这台工作站就放弃重新传输，发送错误报告；说明此时以太网太忙，太多工作站争抢共享介质，在15次尝试传输失败后选择放弃。

如果某次发送数据帧之后，并没有检测到冲突，说明该数据帧已经传输成功。可见，以太网并没有采用确认机制肯定它的传输成功，这个与无线局域网采用确认机制确认传输成功（见4.2.2节）是不一样的。

2. 交换式以太网

经典以太网的本质是共享资源，其逻辑拓扑是总线状的，也就是说所有工作站共享介质，即使通过集线器连接的以太网也是共享式的。共享式以太网会不可避免地发生冲突，冲突导致重传，而重传又可能加剧了冲突。这种恶性循环在共享介质的工作站点数多且在用网高峰时容易发生。即使不发生这种情形，共享式以太网工作在半双工模式，也会因为介质控制等因素而性能低下，导致用户体验差。

在以太网发展演变的过程中，物理层设备（中继器、集线器）逐渐消失，越来越多的以太网连接设备变成了交换机，现在，已经很难在以太网中看到使用集线器了。使用了交换机的以太网成了交换式以太网。

交换式以太网与共享式以太网的本质不同是大大降低了争抢共享介质的可能性。如果交换机的端口是全双工的，这个端口下的工作站也是全双工的，那么端口与工作站之间形成了无冲突域。交换机内部就像一个交换矩阵，可以让端口之间的数据帧交换并行进行。

图4-24中的4台工作站A、B、C和D分别接到交换机1的4个端口上，工作站E和F接到交换机2的2个端口上，交换机1和交换机2通过一条线缆连接起来，这条线缆称为干线，形成了一个扩展星状拓扑。交换机每个端口所在的LAN段成为一个独立的冲突域，交换机的端口是冲突域的边界。当工作站A和B在交换数据帧时，工作站C和D也可以交换数据帧，互相不影响。相比共享式以太网，这种工作情形的性能得到了极大提升。

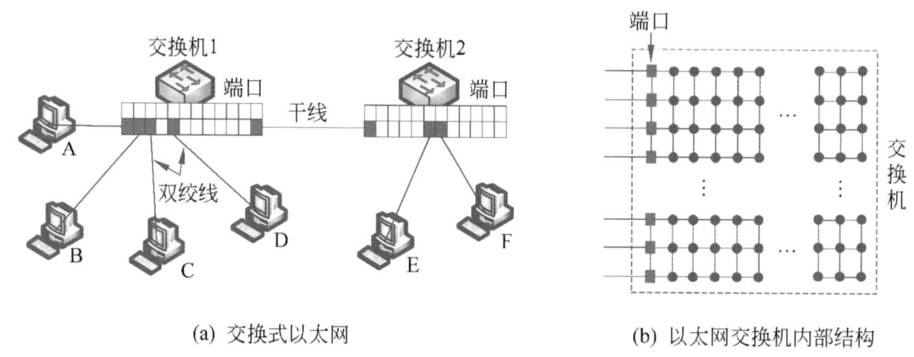

(a) 交换式以太网　　(b) 以太网交换机内部结构

图4-24　常见的交换式以太网拓扑

为什么可以做到A、B与C、D各自的通信互不相扰呢？这与交换机内部的结构有关，如图4-23(b)所示，各个端口延伸到交换机内部形成了阵列交换点，这些阵列可以为数据帧交换搭建临时的通路，形成虚拟电路。所以，数据帧交换可以在交换机内部并行进行，而不会发生冲突。

关于交换机的工作原理，我们将在4.4节详细介绍，它一改集线器“傻瓜式”的工作原理，而具备了一定的“智能”。

在后期部署的10Base-T，已经从共享式以太网，迁移到了交换式以太网，只是那时交换机的价格还比较高，为了节约成本，有时候还会在交换机的一个端口下接一个集线器，集线器上再挂接若干台工作站，相当于这些工作站共享交换机的一个端口，同处于一个冲突域，而现在几乎看不到这种场景了。一个端口只接一台设备，冲突域小了，整体网络性能得到了提升。

还要强调一句，当交换机的端口不是工作在全双工模式，而工作在半双工模式时，以太网仍然存在争抢共享资源的情形，这时仍然要使用CSMA/CD协议。

4.3.2　以太网数据帧的格式

前面提到DIX以太网和IEEE 802.3涵盖的参考模型层数不同，除此差异之外，DIX以太网数据帧和IEEE 802.3数据帧也略有差别。下面讲解这两种数据帧的格式。

1. DIX以太网数据帧格式

DIX以太网数据帧由帧头、数据(载荷)和帧尾三大部分构成，总共6个字段(无填充时)或7个字段(有填充时)，如图4-25所示，下面展开讲解。

(1) 前导码(preamble)：是第1个字段，共8字节长，是一个64位的比特序列：101010…10。前导码的主要作用是指示新数据帧的到来和进行同步，当一台工作站扫

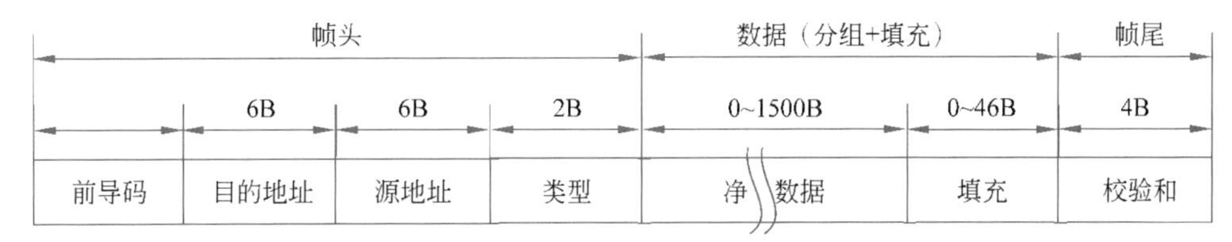

图 4-25 DIX 以太网数据帧格式

描到前导码时，它知道有一个新数据帧正在来到，做好接收数据帧的准备。经典以太网的前导码是曼彻斯特编码产生的方波，如果工作站发生差错，失同步了，也不必慌张，只需要再次扫描到前导码，又可以回到正确的轨道上来。很多时候，计算帧长度时，并没有计算这 8 字节。

（2）地址（address）：第 2、3 个字段分别是目的地址和源地址，分别标识这个数据帧的接收接口和发出接口，都为 48 位。这里的地址指的是物理地址，也称硬件地址，俗称 **MAC** 地址。

物理地址由 48 位二进制数构成，最高字节的最低两位是控制位。其中最高字节的最低位是单播/组播（Unicast/Multicast，U/M）切换位，当该位为 0 时，表明这个地址是一个普通的单播地址，可以分配给一个接口使用，既可出现在数据帧的源地址字段，也可出现在数据帧的目的地址字段；当该位是 1 时，表明这是一个组播地址，代表一组成员，只能出现在数据帧的目的地址字段。

在局域网中，数据传输的方式有三种：单播、广播和组播。

单播是一台工作站将数据帧直接发送给另外一台工作站，此时源地址和目的地址都是普通的单播地址。在图 4-26（a）中，工作站 A 向工作站 D 单播一个数据帧，在目的地址字段中直接填写工作站 D 的 MAC 地址，同在一个局域网的其他工作站 B、C 和 E 都不会处理这个数据帧。

广播是一台源工作站向所有工作站发送数据帧，此时的目的地址是 48 位 1 组成的地址 FFFF.FFFF.FFFF，这是一个广播地址，同一局域网中的所有工作站都接收并处理这个数据帧，如图 4-26（b）所示。

组播是一台源工作站向一组成员工作站发送数据帧，此时源地址是单播地址，而目的地址是组播地址，组中的每个成员都将接收并处理这样的数据帧。在图 4-26（c）中，源工作站 A 发出的数据帧中，其目的地址的前 24 位是 **01-00-5E**，表示的是以太网组播地址，B 和 D 是组播组成员，只有它们会接收和处理这个数据帧，其他工作站不接收和处理。

为了方便表示，MAC 地址通常分成 6 个 8 位组，每个 8 位组转换为对应的 2 个十六进制数，位组之间用冒号分开，也可以用短横线分隔。比如 00:63:ef:23:56:21，也可以表示成 00-63-ef-23-56-21，还可以表示成 0063.ef23.5621。48 位 MAC 地址的构成如图 4-27 所示。

不管是单播帧、组播帧还是广播帧，其源地址都是一个单播地址，它具有全球唯一的特性。为了保持全球唯一性，48 位地址被一分为二，前 24 位被称为组织唯一标识符（Organizationally Unique Identifier，OUI），由 IEEE 统一管理和分配，一个公司可从 IEEE 申请注册一个 OUI，所以，有时 OUI 也称为公司标识符（company-ID）。比如，一个 MAC 地址 c4:9d:ed:23:67:b0 的前 24 位是 c4:9d:ed，这是微软公司从

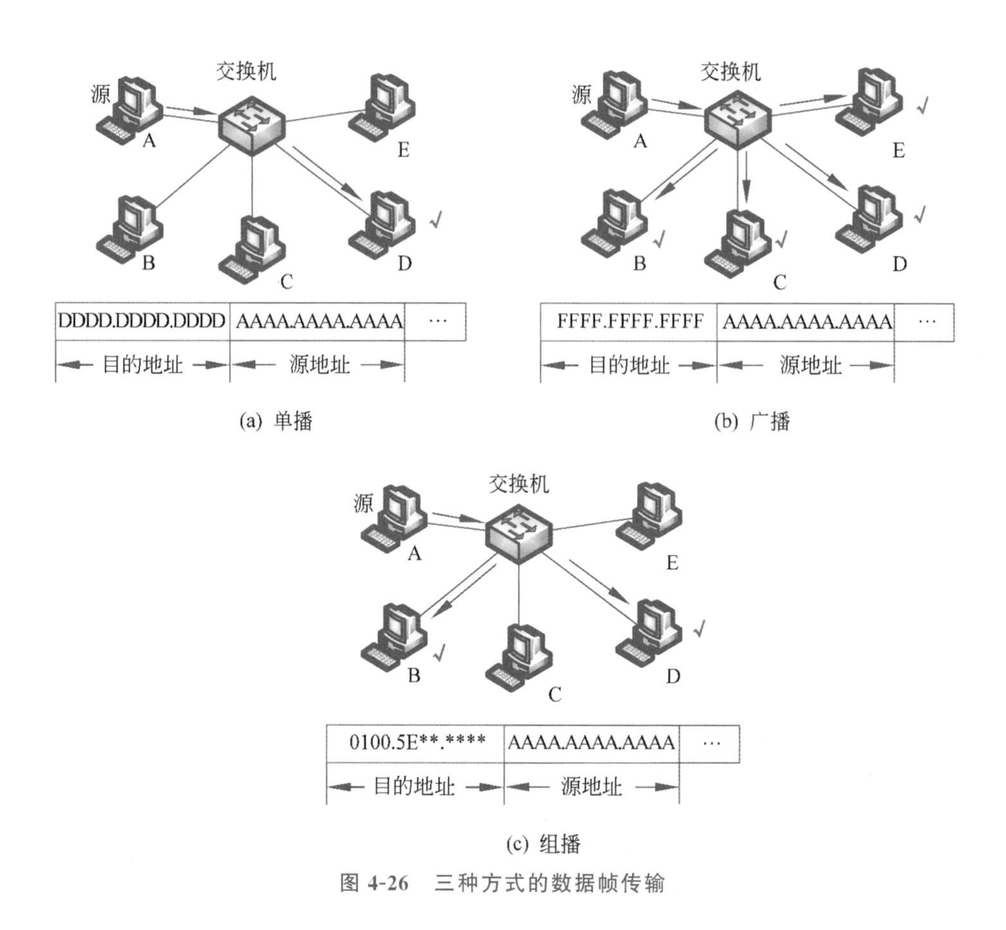

图 4-26　三种方式的数据帧传输

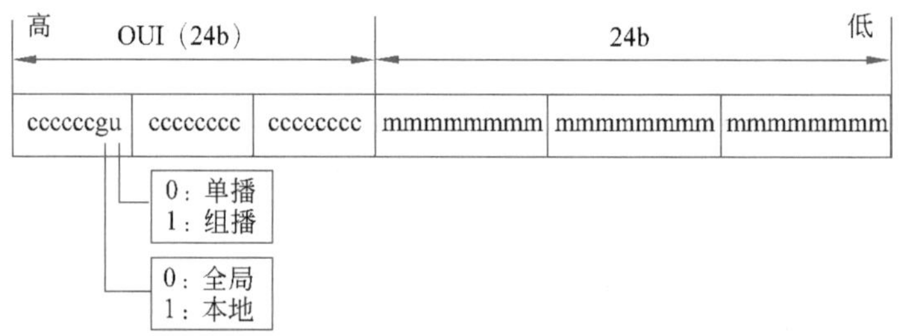

图 4-27　48 位 MAC 地址的构成示意图

IEEE 申请得到，微软公司负责对后 24 位进行管理和分配，即有 2^{24} 种可能的组合由微软公司自行指派，保证其唯一性，并写入使用这个物理地址的网络接口卡（简称网卡）中。MAC 地址的后 24 位被称为制造商标识号（manufacturer-ID），也称为扩展标识符（extended identifier）。一个公司可能申请了不止一个 OUI，可能拥有多个。MAC 地址也称为 **EUI-48** 地址，48 表示地址的位数，而 EUI 是扩展的唯一标识符（Extended Unique Identifier）的英文缩写。

MAC 地址的第 7 位（图 4-27 中的"g"位）是"全球/本地"（"global/local"或"g/l"）标识位。如果该位为"0"，则表示该物理地址是全球管理的地址（全球唯一）；如果该位为"1"，则表示这是本地管理的地址，可以任意分配。

MAC 地址的第 8 位（图 4-27 中的"u"位）是"单播/组播"（"unicast/multicast"或"u/m"）标识位。如果该位为"0"，则表示这是一个单播地址；如果该位为 1，则表示这是一个组播地址。比如，以太网中的组播地址是以 01-00-5E 开头的，第 8 位是“1”，表示这是一个二层的组播地址。

MAC 地址的本质是标识一个适配器（adapter），它必须是单播地址。适配器又称为网络接口卡或网卡。MAC 地址被固化在网卡的只读存储器（ROM）中，这是它被称为硬件地址的原因。MAC 地址不会发生改变，就像一个人的身份证号码一样，一个适配器的 MAC 地址终生只有一个，且与其所在的地理位置没有任何关系，不管这个适配器所在的设备移动到广州还是北京，其 MAC 地址始终不会发生任何变化。

如果一台网络设备有多个适配器，也会拥有多个 MAC 地址。例如，一台交换机有 24 个快速以太网接口（也称端口），每个接口有一个 MAC 地址，这台交换机就拥有 24 个 MAC 地址。一台普通计算机上可能有多个适配器，比如以太网适配器、无线局域网适配器、虚拟适配器等，那么它可能也有多个 MAC 地址。

（3）类型（type）：是 DIX 以太网数据帧的第 4 个字段，长为 2 字节，表示上层（即网络层）使用的协议类型，即数据帧中搭载的净数据类型，当这个值是 0x0800 时，表示上层采用了 IPv4 协议，即数据帧中搭载的是 IPv4 分组。常见的类型值如表 4-2 所示。

表 4-2 常见的类型值①

类型值（十六进制）	类型值（十进制）	描　　述
0x0800	0d2048	上层协议是 IPv4，搭载的是 IPv4 分组
0x0806	0d2054	搭载的载荷是 ARP（5.3.1 节）数据
0x8100	0d33024	搭载的载荷是 IEEE 802.1Q（4.5.1 节）数据，VLAN 标记数据
0x86DD	0d34525	上层协议是 IPv6，搭载的是 IPv6 分组
0x8847	0d34887	搭载的是多协议标签交换（5.6.3 节）的数据
0x8864	0d34916	使用了 PPPoE（3.5.3 节），搭载的是 PPP 数据

（4）数据：是 DIX 以太网数据帧的第 5 个字段，是净载荷（payload），是真正的数据，长度可以从 0 字节到 1500 字节不等，是从上层传下来的协议数据单元（PDU）。当这个字段的长度小于 46 字节时，其后面紧跟一个填充字段，保证数据和填充这两个字段的长度加起来至少为 46 字节，进而保证整个帧长度不小于 64 字节（不含前导码）。

之所以有最小帧长度的规定，是因为经典以太网采用了介质访问控制协议 CSMA/CD。它的工作原理要求工作站不仅要“先听后发”，而且要“边发边听”，也就是在发送数据帧的同时还要进行冲突的检测，如果数据帧太短，可能发送完成了，冲突才在“远方”发生，而发送工作站却对此毫无所知，还以为发送成功了。所以，最小帧长度是保证发送数据帧的时间至少是最远两台工作站的来回传播时间（冲突窗口）。

为什么最小帧长度是 64 字节而不是一个别的值呢？前面讲到，经典以太网的冲突窗口是 51.2μs，如果发送工作站在这段时间一直在发送数据帧，远方发生的冲突，再传回来，就可以检测到了。所以，根据帧长度＝带宽×时间。可以计算得到：最小帧

① https://www.iana.org/assignments/ieee-802-numbers/ieee-802-numbers.xhtml。

长度＝51.2μs×10Mb/s＝512 比特＝64 字节。

DIX 以太网数据帧还有一个最大长度的限制，由于净载荷最大不超过 1500 字节，因此最大帧长度不超过 1518 字节（不包含前导码）。这个限制最早是由内存的昂贵带来的，现在的内存成本已经大大降低，且带宽也越来越高。这么小的数据帧长度上限，实际上已经带来了效率的负面影响。虽然已经开始实验使用 9000 字节的巨型帧，但全球畅行的事实标准很难在短期内改变。

（5）校验和：位于帧尾，长度为 4 字节。DIX 以太网数据帧采用了前面讲过的循环冗余校验（CRC）检错，生成多项式是 32 阶的，即校验和字段长为 32 位（4 字节）。

2. IEEE 802.3 数据帧

IEEE 802.3 数据帧的格式与 DIX 以太网数据帧的格式有两处不同，其余字段全部相同，所以，这里只介绍这两种数据帧格式的不同之处。IEEE 802.3 数据帧的格式如图 4-28 所示。

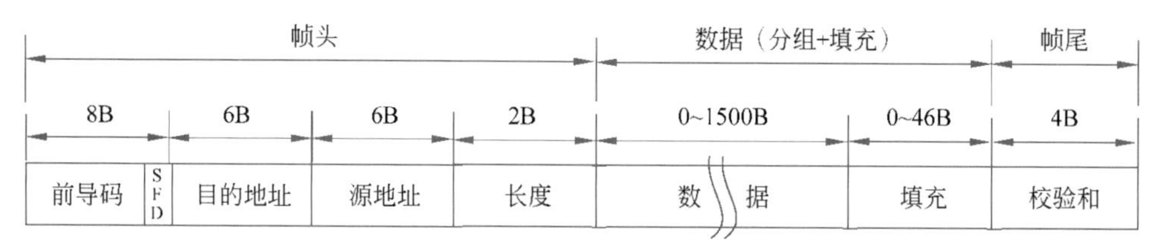

图 4-28　IEEE 802.3 数据帧的格式

第一处不同是前导码，IEEE 802.3 数据帧的前导码的高 62 位与 DIX 以太网数据帧的前导码一模一样，是“101010，…10”这样的比特序列，只有最低位不同，是“1”，即最低两位是“11”。IEEE 802.3 数据帧的这个不同，让数据帧开始标记更加明显；它的前导码最低 8 位“10101011”被称为数据帧起始定界符（Start of Frame Delimiter，SFD）。

第二处不同是 IEEE 802.3 数据帧将 DIX 以太网数据帧中的类型字段修改为长度（length）字段。IEEE 802.3 位于参考模型的最下面 1.5 层，它的上层是 LLC 子层，并不需要类型字段说明；代替这个类型字段的是长度字段，表示除前导码外的数据帧的长度。

怎么区分这个字段到底是长度还是类型呢，也就是怎么区分这两种数据帧呢？有个简单的判定方法：看这个字段的值，如果该字段的值大于 0x0600（对应的十进制数为 1536），表明这是一个类型字段，比如著名的 0x0800，代表上层采用了 IPv4 协议，这是个 DIX 以太网数据帧；如果这个字段的值小于 0x0600，表明这是一个长度字段，其值表明了这个数据帧的长度（不含前导码），这是一个 IEEE 802.3 数据帧。长度字段的设计，让工作站能够清晰地判断数据帧的结束，这无疑是一个很好的考量，无奈 IEEE 802.3 标准颁布时，DIX 以太网工作站已经大量地部署了，直到现在，如果你站在网络上随手一抓，抓到的数据帧几乎毫无例外都是 DIX 以太网数据帧。

4.3.3　越来越快的以太网

从经典的以太网起步，以太网的发展和进步最直观的体现是传输带宽，从 10M、100M，到 1000M，再到 10 000M 和更高速度的以太网。10M 经典以太网已经在 4.3.1 节中介绍，下面从快速以太网开始，简要介绍这些以太网的技术特征。

1. 快速以太网

相对于通过调制解调器或综合服务数字网络(ISDN)提供的64K或128K的带宽,经典以太网10M的带宽已经很高了。但当时(20世纪80年代)流行的10Base-T以太网在部署时,除了使用交换机之外,还使用了集线器、中继器等,网络运行的吞吐量远远低于10M,所以,1992年,IEEE 802.3委员会决定开发一个新的局域网标准,3年后,IEEE 802.3u标准正式颁布,但它并不是一个全新的标准,更像是对IEEE 802.3的补充,完全向后兼容,除了速度提升为100Mb/s,所以,它被称为快速以太网(fast ethernet)。

相对于经典以太网,快速以太网具有如下特性。

(1) 保留原有的数据帧格式、接口和过程规则。

(2) 不再使用粗缆和细缆,但仍然使用交换机或集线器作为星状拓扑的中心,工作站和中心(交换机或集线器)之间的距离可以是100m(双绞线),也可以是2km(光纤)。

(3) 在半双工工作模式下,仍然采用CSMA/CD协议。

快速以太网速度提升为原来的10倍,传输1比特所需要的时间缩短到原来的1/10,要保持原有的帧长度,最远工作站的距离缩短为原来的1/10(2500m的1/10是250m),才能保证"边发边听",检测到远端发生的冲突。

表4-3是快速以太网的几个不同组网标准对应的技术指标或特性。

表4-3 快速以太网的物理层参数

名 称	线缆	最远距离	编码方式	特 点
100Base-T4	双绞线	100m	8B/6T	可用3类UTP,成本低
100Base-TX	双绞线	100m	4b/5b	可以全双工,可用5类UTP
100Base-FX	光纤	2000m	4b/5b	一对光纤,距离长

最早的快速以太网是100Base-T4,采用了广泛使用的电话系统中的3类UTP,可以快速并低成本地部署起来。它采用了25MHz的时钟速率,为了达到100Mb/s的数字带宽,采用了复杂的编码,且4对双绞线被全部使用。

100Base-TX很快取代100Base-T4占领了市场,它在原有的10Base-T上非常容易升级,仍然采用了性价比高的5类UTP,通过交换机和集线器方便地接入工作站。5类UTP可以提供125MHz的时钟速率,采用了4b/5b编码,带宽利用率提高到80%,正好可以提供100Mb/s的传输速率。每台工作站使用5类UTP中的一对线发送,一对线接收,还有两对线并未使用。

原有10Base-T网络升级到100Base-T,但网络中的每台设备并不都能完成升级,难免造成10M、100M设备同时存在的情形,所以,快速以太网标准给出了一个自动协商(autonegotiation)的机制,允许通信的双方自动协商速度(10Mb/s或100Mb/s)和双工工作模式(半双工或全双工)。

2. 千兆以太网

顾名思义,千兆以太网的传输速度已经提升到了1000Mb/s,即1Gb/s,所以,也称为吉比特以太网(gigabit ethernet)。

从1996年开始,先后出现了1000Base-SX、1000Base-LX和1000Base-CX三种以太网,它们对应的标准是IEEE 802.3z。千兆以太网具有如下特性。

(1) 继续保留原有数据帧格式、最小帧长度和最大帧长度。

(2) 保留原有的接口和过程规则,向后兼容。

(3) 允许全双工和半双工两种工作方式,在半双工工作时,采用 CSMA/CD 协议。

(4) 进行流量控制,适配不同速度接口之间的数据帧交互。

(5) 允许使用巨型帧(jumbo frame),更充分地利用带宽。

表 4-4 是千兆以太网的几个组网标准对应的技术指标或特性。IEEE 802.3z 标准采用光纤或铜缆作为连接介质,使用 8b/10b 编码达到千兆速度,此时并没有使用广泛部署的 5 类 UTP。1998 年颁布了 IEEE 802.3ab 标准,这就是 1000Base-T,它采用了成本低、性能不错的 UTP 实现 1000Mb/s 的传输速率,很快成为了市场主流。

表 4-4 千兆以太网的物理层参数

名 称	线缆	最远距离	编码方式	特点
1000Base-SX	光纤	550m	8b/10b	多模光纤(50μm、62.5μm)
1000Base-LX	光纤	5000m	8b/10b	单模光纤(10μm)或多模光纤
1000Base-CX	STP	25m	8b/10b	2 对 STP
1000Base-T	UTP	100m	4D-PAM5	4 对 5 类 UTP

1000Base-T 采用的编码方法称为 4D-PAM5,每个码元传输 2 比特,即 4 个符号,用 5 个调制幅度承载,多出来的 1 个调制幅度用于处理错误。5 类 UTP 线对的时钟可达 125MHz,能提供 250Mb/s 的传输速率,4 对线全部启用,实现了 1000Mb/s 的传输速率。

通常情况下,千兆以太网采用全双工的工作方式,无冲突产生,无须进行介质访问控制。但是,在半双工工作的情况下,仍然存在介质的争用,此时不得不采用 CSMA/CD 协议,它要求传输一个数据帧的时间不少于数据帧到达最远工作站的来回传播时间。相对于经典以太网,千兆以太网的速度提升为原来的 100 倍,意味着传输一个数据帧所需要的时间只是经典以太网的 1/100,在保留原有最小帧长度(64 字节)的前提下,冲突窗口缩短为原来的 1/100,也就是两台工作站的最远距离也从 2500m 缩短为 25m。25m 的最远距离太短了,如果可以扩充到 200m,对于大多数应用场景就够用了,IEEE 标准中提出了两种将两台工作站最远距离延长到 200m 的方法。

一种方法是载波扩充(carrier extension)。两台工作站的最远距离受限于传输一个数据帧所需要的时间,如果传输时间增加到原来的 8 倍,根据传输时间=帧长度/带宽,数据帧长度需要扩展到 8 倍。所以,原来最小帧长度是 64 字节,增加填充位,使数据帧的长度增加到 64×8=512 字节,这样,经过填充的最小数据帧变成了 512 字节,传输它的时间增大到了原来的 8 倍,这个时间能够传播到的最远距离也增大到了原来的 8 倍,即 8×25m=200m。这种方法的优点是,可以通过硬件进行位填充,工作站的软件无须任何改变。这种方法也有一个最大的缺点:填充的位是开销,极端的情况下,如果传输的数据帧是 64 字节的最小数据帧,需要填充的位是 7×64 字节,传输效率只有 1/8,即 12.5%,如果算上 18 字节的帧头开销,传输效率低至 46/512,约为 9%。

另外一种方法是帧突发(frame bursting),这种方法就像三国时火烧赤壁里的战船相连一样。将若干数据帧连在一起,当成一个单一的数据帧发送出去,只有连在一起的帧长度小于 512 字节时,才进行位填充。这种方法最大的优势就是没有填充位或填充位很少,也就是开销小,传输效率高。

千兆以太网的速度很快,原有的帧长度上限拉低了传输效率,千兆以太网允许使用超过 1500 字节的巨型帧,比如 9000 字节,但这并不是标准的一部分,因为这将导致向后不兼容。

在 10M、100M、1000M 以太网共存的情况下,可以通过自动协商机制,进行自适应协商,除了协商带宽,还可以协商半双工或是全双工的工作方式。

3. 万兆以太网

万兆以太网的传输速率达到了 10Gb/s,记作 10GbE。除了尽量兼顾向后兼容,它还具有如下特性。

(1) 继续保留原有数据帧格式、最小帧长度和最大帧长度。

(2) 只工作在全双工模式,不再采用 CSMA/CD 协议。

表 4-5 是万兆以太网几个组网标准对应的技术指标或特性。万兆以太网可以用光纤、铜缆或者 UTP 进行连接。IEEE 802.3ae 标准颁布于 2002 年,对应于表 4-5 中的 10GBase-SR、10GBase-LR 和 10GBase-ER,它们都采用了 64b/66b 的编码,但采用的光纤规格不同,可以提供长短不一的最远传输距离,有的适用于数据中心内部高速连接,有的适用于远距离广域传输。可见,以太网的覆盖范围已经超出了局域网的范畴。

表 4-5 万兆以太网的物理层参数

名 称	线缆	最远距离	编码方式	特点
10GBase-SR	光纤	最多 300m	64b/66b	多模光纤(0.85μm)
10GBase-LR	光纤	10km	64b/66b	单模光纤(1.3μm)
10GBase-ER	光纤	40km	64b/66b	单模光纤(1.5μm)
10GBase-CX4	铜缆	15m	8b/10b	4 对双轴铜缆
10GBase-T	UTP	100m	64b/66b	4 对 6a 类 UTP

2004 年颁布了 IEEE 802.3ak 标准,对应于 10GBase-CX4,它采用了 4 对双轴同轴电缆,每对的波特率是 3.125Gb/s,采用 8b/10b 编码,传输速率达 2.5Gb/s。铜缆版本的以太网的优势是比光纤便宜,但最远传输距离只有 15m,使用场景有限。

2006 年颁布了万兆以太网的最后一个版本 IEEE 802.3an,即 10GBase-T,允许采用 6a 类 UTP 实现 10Gb/s 的传输速率。4 对线中的每对都可全双工双向传输,波特率为 800Mb/s,每个码元 16 个级别,即每个码元携带 4 比特;再采用纠错编码,传输速率达到 2500Mb/s。10GBase-T 可最大限度地利用已有 Base-T 以太网的部署,形成高速局域网。

4. 更高速度的以太网

2010 年,IEEE 802.3ba 标准完成,其定义了 40G/100G 的高速以太网第一版,提供了多种物理层(PHY)规范,还定义了许多端口类型,包括不同的光学和电气接口,以便在单模光纤、多模光纤、双芯铜缆、双绞线和网络设备上运行高速以太网。40G以太网比较昂贵，市场占有率逐渐下滑，正成为过去式。

2016年，IEEE颁布25G以太网标准，并采用它构建第二代100G以太网，相比40G/100G以太网，成本较低廉。

2017年，由IEEE 802.3bs工作组开始开发400GbE和200GbE标准，继续保留以太网数据帧格式、最小帧长度和最大帧长度。

2020年，以太网技术联盟(Ethernet Technology Consortium)宣布开发800G以太网规范，以满足数据中心网络不断增长的性能需求。

单从速度来看，以太网从10Mb/s走到了现在干线的400Gb/s，增长为最初的4万倍，令人惊讶，如图4-29所示。

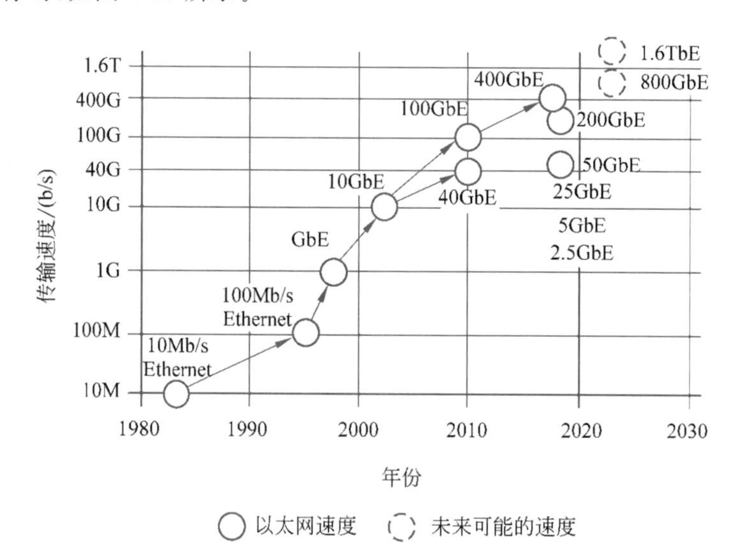

图4-29　以太网的带宽变化历程

5. 以太网的成功经验

以太网从诞生到现在，不仅没有走到尽头，反而越走越宽阔，从局域网标准，到可以在局域网和广域网同时焕发光彩，显示出蓬勃的生命力。下面分析以太网成功的原因。

第一，以太网在发展的过程中，做到了向后兼容，让已有的旧网络可以方便地升级到新的网络，升级并不是意味着大面积丢弃，而是保护了很多已有的投资；同时，技术人员无须从头更新相关知识。

第二，以太网的部署和维护都非常简单，工作站的接入和拆除都很容易，且无须安装专门的软件，以太网交换机也可以做到即插即用，可以透明工作。

第三，以太网善于取舍，在一路过关斩将的过程中，打败对手，并从对手中吸取精华，不断地改进，比如编码方式，从最初的曼彻斯特编码，到4b/5b，再到8b/10b、64b/66b。

第四，以太网传输的是无连接无确认的数据帧，而网络层的IP分组传输也是无连接无确认的，天生的无缝对接，IP和以太网都是市场的胜利者。

4.4 数据链路层交换和交换机

不同的楼层、不同的楼栋部署着若干局域网，有的是有线局域网，有的是无线局域网，可以通过交换机将它们连接起来，如果连接的两个局域网段都是以太网，则这台交换机称为以太网交换机。

数据帧从交换机的一个端口（即接口）进入，经处理后，再从其他端口离开的过程，称为交换，也称为数据链路层交换（或称二层交换，**L2** 交换），交换机处理的数据帧是数据链路层（OSI 参考模型的第 2 层）的协议数据单元（PDU）。

数据链路层交换的原理是怎样的呢？交换机是如何处理数据帧的呢？下面的内容，我们将围绕这两个问题展开。

4.4.1 数据链路层交换

当数据帧从交换机的某个端口到达时，交换机将运行一个算法，作出如何处理该数据帧的决策，我们把该算法简单称为“三选一”决策。交换机收到数据帧后，打开帧头，读取每个字段，在 MAC 地址表中查找该数据帧的“目的地址”。

（1）如果查找到了目的地址，且指示转出的端口与到达的端口不是同一个端口，则按照指示的转出端口转发。

（2）如果查找到了目的地址，但指示转出的端口与到达的端口是同一个端口，则丢弃这个数据帧。

（3）如果找不到目的地址，则将泛洪（广播）该数据帧，即把它从除了到达的那个端口外的其他所有端口转出。

每个数据帧到达时，交换机都会运行上述算法，作出“三选一”的决策，这个决策的关键是查找 MAC 地址表。

MAC 地址表从何而来呢？是通过学习而来。交换机每收到一个数据帧，都会提取出数据帧中的源地址，把源地址和到达的端口写入 MAC 地址表；从数据帧传输的方向来看，交换机回头看源 MAC 地址进行学习，所以，这个学习的方法称为逆向地址学习。

举个例子理解二层交换原理。图 4-30 是一个典型的以太网接入拓扑，假设以太网交换机 SW1 和 SW2 刚开始工作时，MAC 地址表为空。为方便起见，假设四台工作站的 MAC 地址分别是 AAAA.AAAA.AAAA、BBBB.BBBB.BBBB、CCCC.CCCC.CCCC 和 DDDD.DDDD.DDDD。

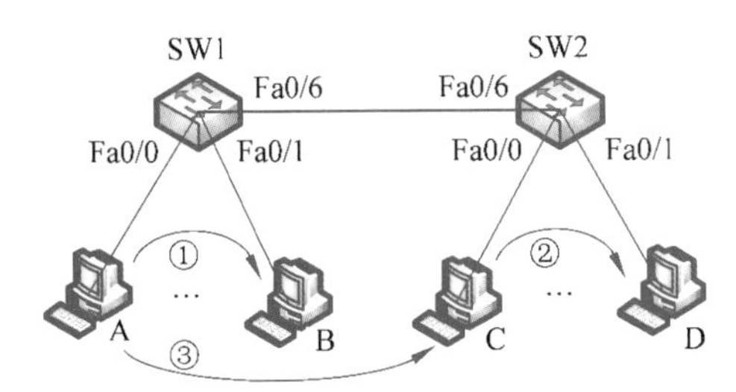

图 4-30 通过以太网交换机的典型接入拓扑

假如交换机同时开机后，先后发生三个数据帧单播传输事件：①A 向 B 发送一个数据帧；②C 向 D 发送一个数据帧；③A 向 C 发送一个数据帧。交换机是如何处理这三个数据帧的？三个事件过去之后，这两台交换机内部的 MAC 地址表变成什么样了？

事件①：A 向 B 发送一个数据帧，数据帧的源地址字段和目的地址字段分别是 AAAA.AAAA.AAAA 和 BBBB.BBBB.BBBB。如图 4-31(a)所示，当该数据帧从端口 Fa0/0 到达交换机 SW1 时，SW1 打开数据帧，查找 MAC 地址表，此时该表还是空的，找不到目的地址的信息，于是泛洪（广播）该数据帧，将其从除了到达端口 Fa0/0 之外的其他所有接口转发出去，即从 Fa0/6 和 Fa0/1 接口转出，分别去往交换机 SW2 和工作站 B（正是目的地址）；交换机 SW1 逆向学习该数据帧的源地址，将源地址和到达端口一起写入 MAC 地址表中（见表 4-6）。去往 SW2 的数据帧从端口 Fa0/6 到达，SW2 打开该数据帧，在 MAC 地址表（还是空的）中查找目的地址信息，找不到，于是泛洪该数据帧，从 Fa0/0 和 Fa0/1 端口转出，分别到达工作站 C 和 D，并被这两台工作站丢弃；SW2 从该数据帧逆向学习到源地址和到达端口 Fa0/6 这一对信息，并将其写入 MAC 地址表中，如表 4-6 所示。

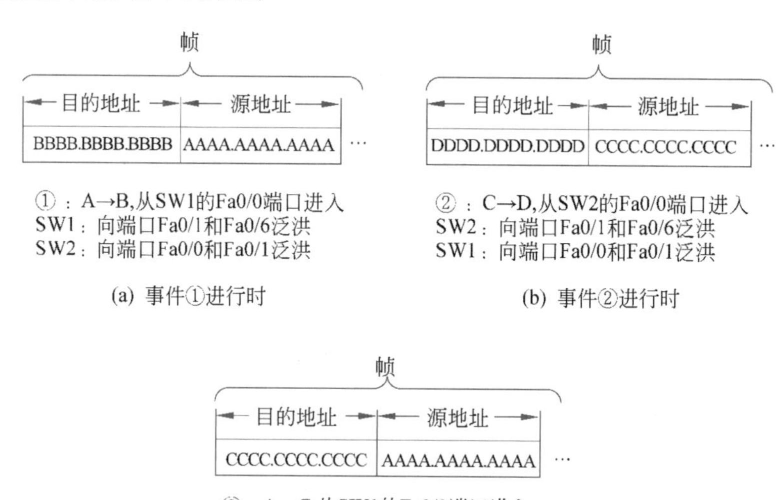

图 4-31 事件发生时的帧及两台交换机的决策

事件②发生的情形，类似事件①，请参考图 4-31(b)，不再赘述。

事件③发生时，两台交换机内部的 MAC 地址表都记录了 C 的信息，所以，可以直接查找到目的地址，执行“三选一”的转发策略，如图 4-31(c)所示。

每次传输事件中的数据帧到达交换机时，交换机都要进行逆向地址学习，将数据帧中的源地址与其到达的交换机端口绑定在一起，并记录在 MAC 地址表中，如表 4-6 所示。

请参考图 4-31 和表 4-6 思考三个事件发生的整个过程。值得注意的是：事件③发生时，交换机在进行逆向学习时，发现源地址已经在 MAC 地址表中了，无须新增记录，只需要刷新该条记录对应的时间戳即可。

表 4-6 两台交换机内部 MAC 地址表发生的变化

SW1 的 MAC 地址表		备注	SW2 的 MAC 地址表		备注
MAC 地址	端口		MAC 地址	端口	
AAAA.AAAA.AAAA	Fa0/0	事件①后	AAAA.AAAA.AAAA	Fa0/6	事件①后
CCCC.CCCC.CCCC	Fa0/6	事件②后	CCCC.CCCC.CCCC	Fa0/0	事件②后
事件③的学习，仅仅刷新时间戳			事件③的学习，仅仅刷新时间戳		

逆向学习让交换机从一无所知（MAC 地址表为空）到了解局域网中的设备（不断增加学习到的源地址/端口信息），这个功能使交换机工作在透明模式，即插即用，交换机无须做任何配置，局域网内的设备也无须做任何改变。MAC 地址表反映了活跃（发送数据帧）的工作站的情况。如果一台工作站很久不发送数据帧了，或者已经下线了，它在交换机内部 MAC 地址表中留下的记录会因为时间过久（比如 5min）而被删除。也就是说，MAC 地址表中除了记录地址/端口信息对之外，还记录了一个当前时间（时间戳），即增加记录时，也会记录一个时间戳。所以，MAC 地址表反映的始终是最近活跃的工作站的信息。

交换机刚开始启动工作时，因为 MAC 地址表中信息很少，产生了大量的泛洪/广播工作。随着 MAC 地址表的丰富，泛洪逐渐减少，直接转发逐渐增多，从而减少了泛洪导致的信道浪费和低效工作。

4.4.2 交换机

交换机是执行数据链路层交换的主要设备，交换机的前身是网桥；两者的工作原理是一样的，交换机使用了大规模集成电路（LSI）实现决策算法，处理速度非常快。一台 24 口的千兆交换机，其处理速度可达 1000Mb/s×24＝24Gb/s。

每个数据帧都有明确的目的地址，可能是单播、广播或组播地址，不管是哪种目的地址的数据帧，交换机都能接收并处理，因为交换机工作在混杂模式（promiscuous mode）。混杂模式是一种特殊的工作模式，只要有数据帧到达端口，它都会接收；而普通的工作站只接收发给它自己的数据帧，或者接收所在组的组播帧或广播帧。混杂模式给黑客（hacker）开了一个“窃听”的口子，带来了不安全的因素。但是，任何事都有利有弊，管理员可以开启这种工作模式监视过往报文，维护网络的正常运作秩序。

交换机是冲突域的边界。早期的交换机在使用时，一个端口通过集线器可能接入多台工作站，冲突域较大；现在，接入交换机的常用方法是一个端口接入一台工作站，这台工作站独享这个端口，并无争用，形成最小的冲突域，即一台工作站。

交换机接收一个数据帧，运行三选一决策算法，决策的关键是读取数据帧中的目的地址并查找 MAC 地址表，根据查找结果将数据帧转发、泛洪或丢弃，这个过程就是交换。根据决策的时机，交换机有如下三种交换方式，如图 4-32 所示。

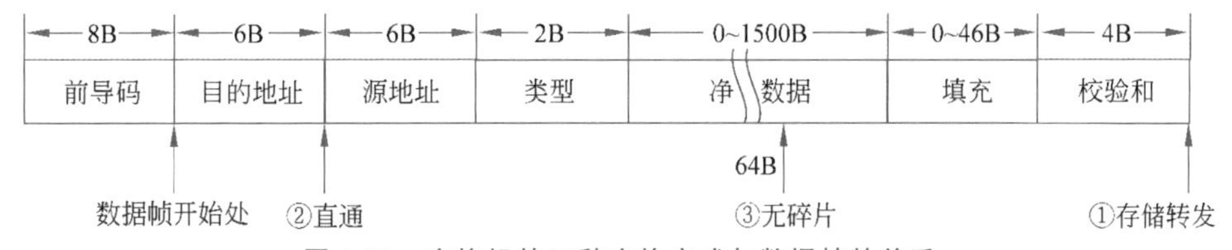

图 4-32 交换机的三种交换方式与数据帧的关系

(1) 存储转发交换：接收一个完整数据帧，检错无误之后再根据决策结果转发出去。

(2) 直通交换：一边接收，一边读取，一旦读取到目的地址就查表、决策和转发。

(3) 无碎片交换：上述两种交换方式的折中，读取到64字节处才开始转发。

交换机采用存储转发交换方式工作时，要完整地接收一个数据帧，并计算校验和，如果通过了校验，没有错误了，再查表和决策。这种工作方式的好处是几乎不会转发错误的数据帧，这在有服务质量保证要求的网络中是必需的；但缺点是要求具有一定的缓存空间和较大的交换时延。对于不对称交换（输入端口和输出端口的带宽不相同），只能采用存储转发交换方式。比如，从交换机的千兆端口进入的数据帧，要从百兆端口转发出去，就要采用存储转发交换方式，利用它的缓存，进行流量控制，避免丢帧。

而采用直通交换的工作方式，交换机接收到前导码后，马上就可以读取到目的地址，立刻查找MAC地址表，作出决策，并按照决策结果执行。交换机一边接收数据帧，一边转发出去，就像一条长虫从交换机的一个端口爬进去，立刻从另外一个端口爬出来，几乎不做停留（时延很低），也无须缓存存储整个数据帧，所以，这种方式又被称为虫孔交换。对于时延要求苛刻的网络，可以采用这种方式。直通交换的缺点也很明显，它会转发错误的数据帧，对于出错率较高的网络，这种工作方式无疑会导致带宽的损失。

无碎片交换是某些厂商的交换机提供的交换方式，可以看作直通交换的修正版本。它规定至少读取到数据帧的64字节处，才开始查表、决策和转发。冲突通常发生在传输64字节之内，如果超过了64字节，一般意味着成功传输。与存储转发交换相比，无碎片交换的时延低了；与直通交换相比，无碎片交换的时延虽然高了一些，但降低了转发出错数据帧的可能性。

4.5 虚拟局域网和生成树协议

数据链路层交换在局域网中完美地执行了很多年，但随着网络的不断扩展，出现了广播风暴、二层环等问题，为解决这些问题，虚拟局域网、生成树协议等被发明出来。

4.5.1 虚拟局域网

现在的局域网典型的部署方法是，通过交换机接入个人设备，为了覆盖更远的距离和接入更多的设备，交换机再连接交换机，形成一个比较大的扩展星状拓扑的局域网，即一个物理局域网（LAN），它们一起接入上行路由器（网关），如图4-33(a)所示。

我们已经知道交换机的工作原理，它在查MAC地址表作决策时，如果发现无法查找到目的地址，将进行泛洪/广播。一个物理LAN经常传输各种广播帧，比如，后面将学习到的ARP请求广播帧；一个物理LAN对应着一个广播域，即广播帧能够到达的网络范围。路由器的一个接口下所接的网络就是一个物理LAN，是一个广播域，所以，路由器是广播域的边界。

频繁的广播，并不是每台工作站都需要的，很多工作站收到广播只是简单地丢弃。比如，在图4-33(a)中，要给教师发送一个召开教学研讨会的广播，不得不在整个物理

LAN 上进行，但实际上学生根本不需要这个广播，这样就浪费了带宽资源和学生工作站资源。有没有办法只将这个广播限制在教师范围，而不骚扰到学生呢？有，这就是虚拟局域网(VLAN)。

VLAN 对应着一个广播域，其效果相当于一个物理 LAN。使用支持 VLAN 的交换机创建 VLAN，将一个大的物理 LAN 分隔为若干小的 VLAN。这样做的好处如下。

(1) 控制广播域：划分 VLAN，将广播限制到了更小的范围，从而改善了网络性能，同时平衡了通信流量。

(2) 安全边界：提供了一定的安全性，一个 VLAN 中的广播不会再发到不相干的 VLAN 中了。

(3) 管理灵活：一个成员工作站接入某个 VLAN 不再受地理位置的限制；移动和删除工作站也非常方便。

(4) 逻辑分组：可以按照成员的安全级别划分 VLAN，将重要的工作站或服务器放到一个安全的 VLAN 中，实施较高的安全措施。

如图 4-33(b)所示，一个物理 LAN 被分隔为两个 VLAN，一个学生 VLAN 和一个教师 VLAN，这里的 VLAN 不再与地理位置绑在一起，而是根据工作站的身份或功能划分，是一组逻辑用户，即逻辑拓扑和物理拓扑不再紧密联系在一起。发往教师组的数据帧不会跑到学生组成员机上，广播帧也被限制在了 VLAN 之中。

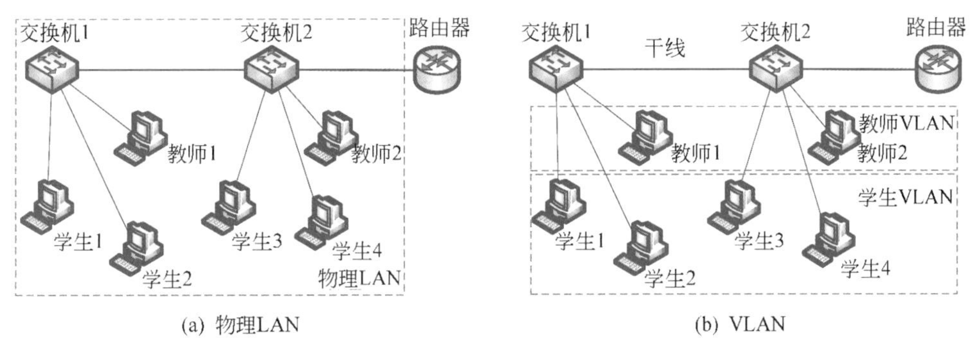

图 4-33 物理 LAN 和 VLAN

在工程中实施 VLAN 有很多方法，最常用的方法是基于端口。支持 VLAN 的交换机(又称为 VLAN 感知交换机，VLAN-aware)可以把端口指定为某个 VLAN 成员来划分 VLAN，挂接到某 VLAN 成员端口的设备，就是这个 VLAN 的成员。

图 4-33(b)显示的教师 VLAN 和学生 VLAN，其各自的成员都跨越了两台交换机；连接两台交换机的线称为干线。当数据帧从一台交换机沿着干线到达另一台交换机时，交换机必须判断这个数据帧来自哪个 VLAN，才能往那个 VLAN 端口(成员)去发送。比如，教师 1 发起一个面向教师 VLAN 的广播帧，当这个广播帧到达交换机 1 时，如果交换机 1 上还有别的教师成员，直接转发就可以了；广播帧到达交换机 2 时，交换机 2 必须作出判断：这个数据帧来自哪个 VLAN？只有知道一个广播帧属于哪个 VLAN，它才知道这个广播帧应该转给哪个 VLAN 的成员。

解决这个问题的一个方法是帧标记，对应着一个标准，即 IEEE 802.1Q(颁布于 1998 年)。这个标准定义了以太网数据帧的扩展，在原来的数据帧中插入 4 字节长的标签，以标记这个数据帧的成员属性，即数据帧是由哪个 VLAN 的成员发送的。加入了帧标记的帧长度从 1518 字节增加为 1522 字节。

未加帧标记的以太网数据帧称为原生帧，也称为传统帧，插入帧标记的称为标记帧。

IEEE 802.1Q 帧标记是在原生帧的源地址字段后插入的 4 字节长的标签。颁布一个新标准不容易，不妨顺便做一点想做的事情，所以，帧标记中除了标识 VLAN ID 之外，还包含其他内容，该标签共 4 个字段，如图 4-34 所示。

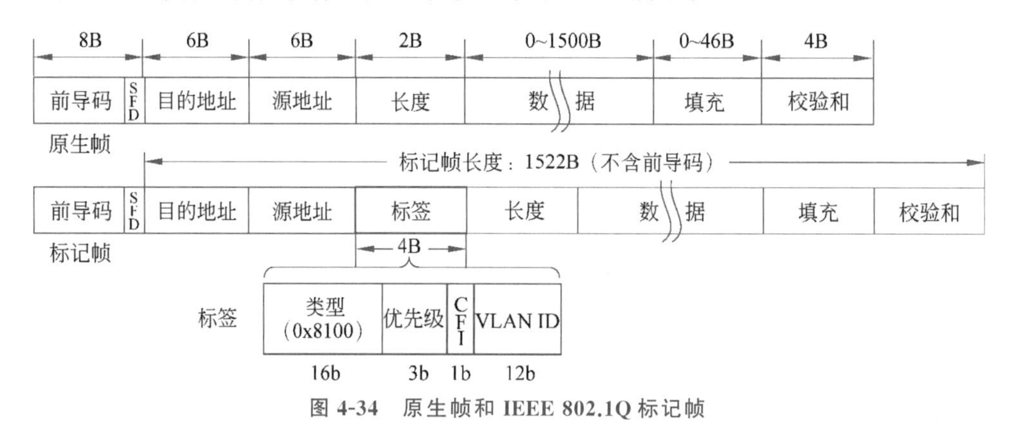

图 4-34　原生帧和 IEEE 802.1Q 标记帧

（1）类型：16 位长的类型字段的值总是 0x8100（参考表 4-2），表示这是一个 IEEE 802.1Q 协议帧，当接收工作站检测到这个值时，不会将其按照原生帧处理。

（2）优先级：3 位长的优先级（priority）试图在数据链路层提供一些传输服务质量的保证，3 位将数据帧分成 0～7 共 8 个优先权等级。最重要的信息帧，比如控制帧、实时帧被赋予高级别，高优先级别的数据优先得到处理；但事实上这个字段很少使用。

（3）规范格式指示器：1 位的规范格式指示器（Canonical Format Indicator，CFI），也称为企业自指示器，用于一些特殊用途，比如，曾用于指示 MAC 地址的次序（little-endian 或 big-endian）。这个字段几乎无人使用。规范格式指示器和优先级两个字段与 VLAN 没有关系，只是搭便车而顺便设计的两个字段。

（4）**VLAN 标识符**：12 位的 VLAN 标识符（VLAN ID）是标签中最重要的字段，标识了该数据帧所属的 VLAN 号码。除掉保留的 0x0000 和 0x1111，总共可以表示 4094（$2^{12}-2$）个 VLAN。

IEEE 802.1Q 为数据帧打上了标记，但是，谁来打这个标记呢？当时已经有百万级别数量的以太网卡，把它们全部更新换代，以便能够构造和认读 IEEE 802.1Q 数据帧吗？这显然不是个友好的主意。更好的办法就是让 VLAN 感知交换机去做这件事情，而对用户端设备完全透明。

图 4-33(b)中的两台交换机都支持 VLAN，教师 1 发起一个广播帧，这是一个普通的广播帧，当该数据帧到达交换机 1 时，交换机 1 为它打上 VLAN 标记，标记它源自教师 VLAN（对应着一个 VLAN ID）；打了标记的数据帧到达交换机 2 之后，交换机 2 发现这个广播帧打了教师 VLAN 的标记，会将其转发到教师 VLAN 的所有端口成员，而不会转发到学生 VLAN 的端口。还要特别注意的是，交换机 2 在转发之前，

会将 VLAN 标记删除，按照普通广播帧转发出去，所以，教师 2 和教师 1 一样，处理的是原生帧(传统帧)，即端设备无须了解标签，完全透明。

在图 4-33(b)中，交换机 1 和交换机 2 的连接线被称为干线；在干线的起点处，VLAN 标签被添加，由交换机 1 完成；而在干线的终点处，VLAN 标签被删除，由交换机 2 完成。

加上了 4 字节 VLAN 标签后的 IEEE 802.1Q 标记帧，其长度有可能超过 1518 字节(不含前导码)的上限，最长达到 1522 字节。对于传统的工作站来说，超过长度上限的数据帧是非法的。从上面的例子我们看到，IEEE 802.1Q 数据帧并不会被传统工作站处理，只有 VLAN 感知交换机才会处理 IEEE 802.1Q 数据帧。

VLAN 的发明，让交换机可以分隔广播域了。我们将在第 5 章学习路由器，路由器是广播域的边界，VLAN 感知交换机的出现，会不会使路由器失去作用呢？答案是不会，VLAN 之间也需要通信，VLAN 之间的通信离不开路由器的参与，至少需要三层交换机(带路由模块的交换机)，才能实现 VLAN 之间的通信。

4.5.2 生成树协议

为了让两点之间的通信更加可靠，常见的做法是增加冗余。在数据链路层，经常通过增加冗余交换机或冗余连接消除单点故障，即以冗余换取可靠性。当部分交换机或者部分连接出了问题时，冗余连接接替工作，整体网络的正常运行不会受到影响。

冗余拓扑虽然提升了网络运行的可靠性，但也会带来问题，最严重的是形成二层冗余环。比如，图 4-35 中两台交换机 SW1 和 SW2 之间使用了两条连接，这就形成了一个物理环，可能会引起一些问题，严重的会让网络“失能”或“休克”。

(1) 重复帧：交换机在物理环中不断产生数据帧的副本，导致大量的重复帧产生，浪费了带宽。

(2) MAC 地址表不稳定：重复帧在物理环中穿梭，从交换机的不同端口到达，由于逆向地址学习功能，在 MAC 地址表中记录了同一个源地址对应不同的交换机端口；MAC 地址表的这种不稳定导致转发行为的不确定。

(3) 广播风暴：广播帧在物理环中不断产生，并没有一种机制让这些数据帧的副本减少或消亡，而是越来越多，最终产生广播风暴，从而引起网络瘫痪。

在图 4-35 中，两台交换机之间有两条物理链路，冗余连接在两者之间形成了二层物理环。PC1 发起一个广播帧，交换机 SW1 将其从 Fa0/0 和 Fa0/1 泛洪出去，从两条路径转发的广播帧分别从不同的端口到达交换机 SW2，这是两个相同的重复广播帧，到达 Fa0/0 端口的数据帧被 SW2 从 Fa0/1 和 Fa0/2 端口泛洪出去；而达到 Fa0/1 端口的数据帧则从 Fa0/0 和 Fa0/2 端口泛洪出去。但从 Fa0/0 转出的广播帧再次到达交换机 SW1，又开始新一轮的数据帧传输循环。同样地，从 Fa0/0 转出的广播帧再次到达交换机 SW1，也开始新一轮的数据帧传输循环。图 4-35(a)中只画了单向的物理环，其实反方向的物理环也同样存在。

数据链路层没有提供消灭长时间传输的重复帧的机制(比如，网络分组中有生存时间，可以消灭超过生命周期的分组，参见 5.2.1 节)，所以，广播帧会在这个物理环中不断被复制，产生广播风暴，使网络性能不断下降，直到瘫痪。

在这个过程中，交换机通过逆向地址学习，每到达一个数据帧，就往 MAC 地址表中写入(到达数据帧的 MAC 地址,到达端口)信息对,所以,物理环上的交换机中的 MAC 地址表是不稳定的。比如 SW1 中的 MAC 地址表最早有一条(MAC_{PC1},Fa0/2)信息对,很快被刷新为(MAC_{PC1},Fa0/0)或(MAC_{PC1},Fa0/1),随后,随着数据帧从不同的端口到达,(MAC_{PC1},Fa0/0)和(MAC_{PC1},Fa0/1)交替出现在 MAC 地址表中。不稳定的 MAC 地址表,导致交换机处理相同目的地址的转发行为不同,进一步加剧了物理环中的混乱。

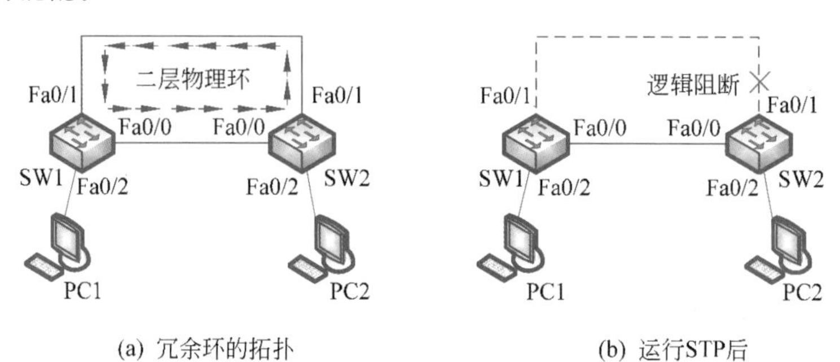

图 4-35　数据链路层冗余环及运行 STP 后

生成树协议(Spanning Tree Protocol,STP)可以解决冗余环带来的这些问题,其基本思路就是在有冗余环的物理拓扑上,阻塞一些端口,砍掉一些链路,从而形成一棵无环的逻辑树。

如图 4-35(b)所示,在有冗余环的拓扑上,两台交换机都运行 STP,通过 MAC 地址生成的唯一 ID,选举产生生成树的树根,没被选中的交换机根据到根的代价,继续选举,小代价的端口(如果代价一样,就选端口号小的)被选为指定端口,没被选中的端口被阻塞,不转发数据帧。选举结束后,图 4-35 中的交换机 SW2 的端口 Fa0/1 被阻塞,虽然它不转发数据帧,但会继续侦听控制消息,一旦有链路出故障,将重新选举产生一棵新的生成树,原来被阻塞的端口可能重新启用。

1985 年,拉迪亚・珀尔曼(Radia Perlman)发明了生成树算法。1993 年,正式成为 IEEE 802.1D 标准协议,1998 年,进一步完善了生成树协议 IEEE 802.1D。图 4-36 是珀尔曼在其学术论文中用小诗描述的生成树。

I think that I shall never see *A graph more lovely than a tree.* *A tree whose crucial property* *Is loop-free connectivity.* *A tree which must be sure to span.* *So packets can reach every LAN.* *First the Root must be selected* *By ID it is elected.* *Least cost paths from Root are traced* *In the tree these paths are placed.* *A mesh is made by folks like me* *Then bridges find a spanning tree.*	我想我永远不会看到 如一棵树般迷人的画卷 树那样地独特 是它无环路的联通 一棵树应该伸展到每个LAN 包才能无处不到 首先根据ID大小 选举构建树根 追踪代价最小的捷径 生长到树上 我等庸人构筑了网络 网桥则在其间发现了生成树

图 4-36　珀尔曼的生成树小诗原文和译文

总之,生成树协议提供了一种"消灭"数据链路层冗余环的解决方案,经过了数次修改,一直运行得很好。2001 年,颁布了 IEEE 802.1W 标准,对 IEEE 802.1D 标准进行补充修改,形成了快速生成树协议(Rapid Spanning Tree Protocol,RSPT),以便可以工作得更好,能更快速地收敛。

阻塞的端口和链路其实是一种浪费,有些厂商的交换机可以通过链路聚合,启用这些被阻塞的端口,用作负载均衡。

4.6 无线局域网

越来越多的用户拥有笔记本电脑、平板电脑、手机等移动设备,这些设备期望能随时随地接入互联网,进入在线状态。有两种常见的无线接入方式:无线局域网和蜂窝移动网络(参见 2.4.2 节)。无线局域网(WLAN)指的是以无线信道作为传输介质的局域网。无论是酒店、机场、学校等公共场所,还是办公楼宇、家庭,几乎都提供无线局域网的接入;在一些偏远或没有无线局域网的地方,蜂窝移动网络成为接入互联网的替代方式之一。

无线局域网作为以太网的延伸,逐渐布满学校、商场、机场等公共场所和家庭,它又被形象地称为无线以太网。

无线局域网起源于 20 世纪 70 年代的 ALOHANet,由夏威夷大学创建,这是最早的无线网络,运行在超高频段(SHF)。1990 年,IEEE 802.11 工作组成立,直到 1997 年,第一个无线局域网标准 IEEE 802.11 才诞生,从此开启了无线局域网的开挂"网生"。IEEE 802.11 覆盖了参考模型的物理层和 MAC 子层的内容,如图 4-4 所示。

我们也常常使用 **Wi-Fi** 指代无线局域网,但 IEEE 802.11 和 Wi-Fi 并不是一回事,IEEE 802.11 是无线局域网标准,由 IEEE 制定和颁布;Wi-Fi 是 Wi-Fi 联盟[①](Wi-Fi Alliance)给通过认证项目的产品的一个标志,表明此类产品符合行业统一标准的互操作性、安全性和可靠性要求。例如,2021 年 11 月,华为路由器 ws7000 V2 取得 Wi-Fi 联盟的"Wi-Fi CERTIFIED 6™"认证标记,表明这款产品遵循 IEEE 802.1ax 标准,其理论峰值传输速率可达 9.6Gb/s。Wi-Fi 虽然不是标准,但 Wi-Fi 联盟推动了无线网络标准的发展,让 Wi-Fi 认证产品不管在世界哪个角落都能够畅通无阻,短短 20 多年,无线网络已经遍布全球,Wi-Fi 认证功不可没。

本节关于无线局域网技术内容的讨论,均围绕 IEEE 802.11 系列展开。

4.6.1 无线局域网的物理构成

自从 1997 年第一个无线局域网标准 IEEE 802.11 颁布之后,IEEE 802.11 系列的标准不断推新,支持的传输速率不断提高,用户的体验越来越好。伴随着无线网络技术的进步,一个个"无线城市""无线校园",已经从口号变成了实实在在的存在。表 4-7 是 IEEE 802.11 系列标准的简要情况。

---

① Wi-Fi 联盟:1999 年,6 个技术公司成立了一个全球非营利机构——无线以太网兼容性联盟(Wireless Ethernet Compatibility Alliance,WECA),旨在使用一种新的无线网络技术,为用户提供最好的体验,而不管是什么品牌。2000 年,机构正式命名为 Wi-Fi Alliance,并将 Wi-Fi 作为其技术工作的专有名词。Wi-Fi 世代名称从 Wi-Fi 4 开始,对应 IEEE 802.11n,认证标记为 Wi-Fi CERTIFIED n。

表 4-7 主要 IEEE 802.11 系列标准的简要情况

标准名	颁布时间	工作频段/GHz	物理带宽/MHz	数字带宽/(Mb/s)	调制技术	Wi-Fi联盟认证	特点
IEEE802.11	1997	2.4	20	1/2	DSSS[1]		最初的无线局域网标准，早期版本的大部分协议现在很少被使用。最大传输速率达 2Mb/s
IEEE802.11a	1999	5	5/10/20	6 /9 /12 /18 /24 /36 /48 /54	OFDM		52 个 OFDM 副载波[2]，其中 48 个用于数据传输，每个带宽 20/64MHz，主要采用 QAM；峰值传输速率可达 54Mb/s
IEEE802.11b	2000	2.4	20	1/2/5.5/11	DSSS/CCK[3]		产品比 IEEE 802.11a 更早面世，在世界上得到了较广泛的应用；峰值传输速率可达 11Mb/s
IEEE802.11g	2003	2.4	20	1/2/5.5/8/9/11/12/18/24/36/48/54	DSSS/CCK/OFDM		复制了 IEEE 802.11a 的 OFDM 调制技术和 54Mb/s 的峰值传输速率，但工作在 2.4GHz，已经在世界上得到了广泛的应用
IEEE802.11n	2009	2.4/5	10/40	单条流峰值 72.2/150，最多 4 条	MIMO[4]-OFDM	Wi-Fi 4	改善了IEEE 802.11a与IEEE 802.11g，传输距离和传输速率增加了，支持多达 4 个 MIMO 空间流，理论峰值传输速率可达 150×4=600Mb/s，常工作于 100+MB/s，仍广为使用
IEEE802.11ac	2013	5	20/40/80/160	单条流峰值 86.7/200/433.3 /866.7，最多 8 条	MIMO-OFDM	Wi-Fi 5	是 IEEE 802.11n 的后继版本，可用带宽强制 80MHz，但可增至 160MHz，空间流增加到 8 条，调制水平增加到 QAM-256，理论峰值传输速率可达 6.9Gb/s
IEEE802.11ax	2016	2.4/5/6	20/40/80/160	单条流峰值 143.4/286.8 /600.4/1201，最多 8 条	OFDMA	Wi-Fi 6、Wi-Fi 6E(6G)	高效率无线局域网，向下兼容 a/b/g/n/ac。目标是支持室内室外场景、提高频谱效率，调制水平增加到 QAM-1024，峰值传输速率可达 9.6Gb/s

① DSSS：直接序列扩频，是一种调制技术；类似于 CDMA，码片传输速率为 11M 码片/秒，使用巴克序列和 QPSK 调制技术，每 11 个码片发送 2 比特，达到 2Mb/s 的传输速率。

② 副载波：是一种电子通信信号载波，它携带在另一载波的上端，从而两个信号能够同时有效传播。这里的 OFDM 副载波指的是第一次调制波，还将进行二次调制。

③ CCK：Complementary Code Keying，补码键控；采用 8 个码片传输 8 比特以达到传输速率 11Mb/s。

④ MIMO：多入多出系统，是一种用于描述多天线无线通信系统的抽象数学模型，能利用发射端的多个天线各自独立发送信号，同时在接收端用多个天线接收并恢复原信息。

IEEE 802.11a/b/g/n/ac/ax 的工作频段主要有两个：2.4GHz 和 5GHz。这两个频段都是不用授权就可使用的工业、科学和医学(ISM①)频段，只要满足信号功率小于1W 即可。2.4GHz 频段已经被很多设备所采用，比如微波炉、无绳电话、遥控开关，此频段显得非常拥挤，不同设备的信号偶尔会互相干扰；除了这个缺点，2.4GHz 频段的信号比 5GHz 频段的信号频率更低、波长更长、衰减更慢、覆盖范围大、穿透障碍物(比如墙)的能力更强等。5GHz 频段的信号则具有稳定、速率大的优势。不少的路由器都支持双频段工作，充分利用了两者的优势。IEEE 802.11ax(Wi-Fi 6E)新增了一个6GHz 的工作频段，频率更高，速率更大，但传输距离更短。可以想象，若频率继续增加，则基站会更加密集。

Wi-Fi 无线网络的应用范围有限制。其信号传输的距离受到天线质量、发送功率、障碍物等因素的影响，所以，我们并没有很明确的无线传输距离的指标。一般来说，Wi-Fi 的应用范围在室内 $80m^2$ 左右。通过使用定向天线，室外覆盖范围可提高数千米或以上。

IEEE 802.11 无线系列标准在发展过程中，不仅使用的频率发生了变化，所采用的调制方式或访问方式，也从 DSSS、OFDM、MIMO-OFDM 到 OFDMA；调制水平(参考 2.2.2 节)从每码元 1 比特的 BPSK 开始，QPSK、CCK 到 QAM-64、QAM-256，再到 QAM-1024(每码元传输 10 比特)；能达到的峰值传输速率从 2Mb/s，直到 9.6Gb/s。发展的脚步从来不曾停歇，工作在更高频段(60GHz)，提供更快传输速率(176Gb/s)的标准也呼之欲出，图 4-37 展示了无线局域网标准及提供的峰值传输速率的演进变化。

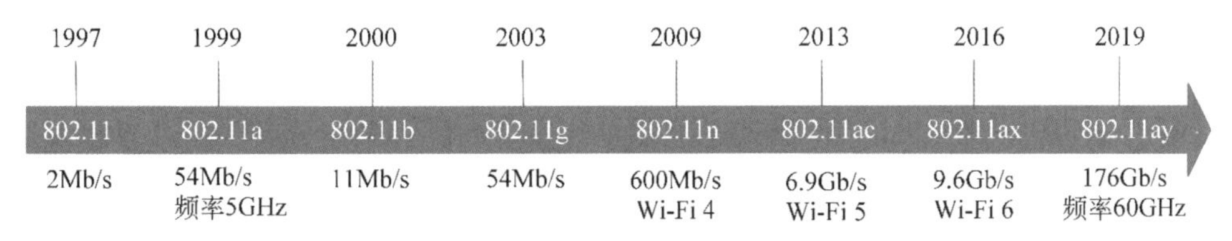

图 4-37 IEEE 802.1 系列标准理论峰值传输速率比较

我们提到的峰值传输速率(带宽)指的是能够达到的最大传输速率，实际上，标准规定了多种传输速率。比如，IEEE 802.11g 提供了 1/2/5.5/8/9/11/12/18/24/36/48/54Mb/s 共 12 种之多，当无线信号较弱时，可采用较小的传输速率；当信号很清晰时，可使用最高传输速率；这种调整传输速率的方法就是速率自适应(rate adaptation)。怎么调整呢，设计一个速率自适应的优秀算法是必需的；因为标准并没有规定如何实现。

不管是哪一种 IEEE 802.11，其组网的方式有两种：基于固定网络基础设施(分配系统)的无线局域网和移动自组织网络(ad hoc network)，如图 4-38 所示。

基于固定网络基础设施的无线局域网[见图 4-38(a)]的主要构成部分如下。

(1) 站点：无线局域网中的主要成员，可以是笔记本电脑、平板电脑、手机等移动设备。

(2) 接入点(**AP**)：用于无线连接站点，同时用于通过分配系统接入互联网；它是无线和有线的分界。常见的 AP 通常是一个家用无线路由器，一个 AP 有一个服务集标识符(Service Set Identifier，SSID)，站点通过标识找到和区分不同的 AP。AP 相当

---

① ISM：Industrial，Scientific，and Medical，工业、科学和医学；1985 年，美国联邦通信委员会(FCC)开放了无线频谱的 ISM(工业、科学和医学)频段，包括 915 MHz、2.4GHz 和 5.8GHz，其他各国或地区的 ISM 频段会有细节的不同。

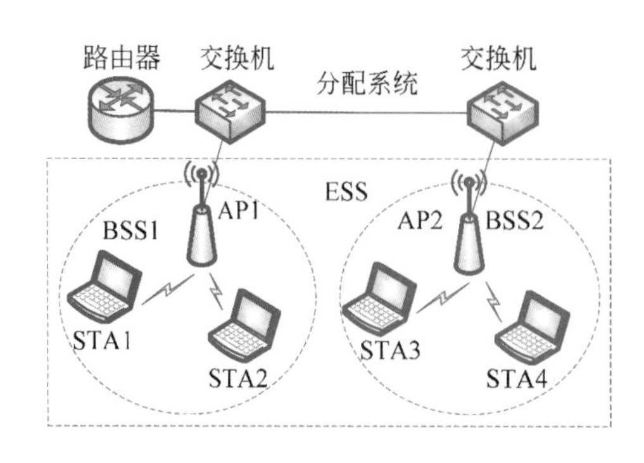

(a) 基于固定网络基础设施的无线局域网

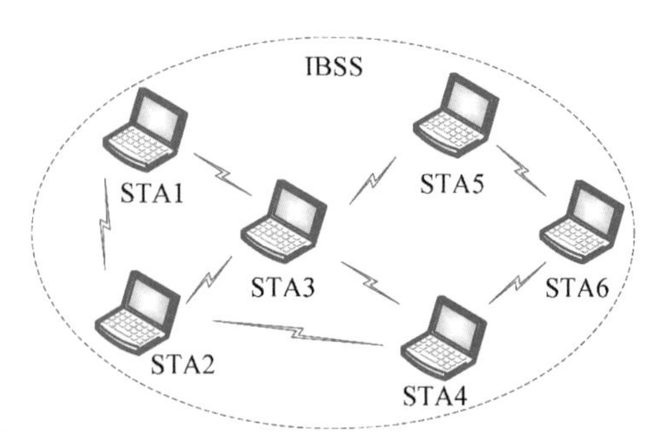

(b) 移动自组织网络

图 4-38　无线局域网的两种典型组网方式

于蜂窝移动网络中的基站。

(3) 基本服务集(Basic Service Set,BSS):由基站和移动站点构成,AP 就是基站;站点可以随时加入和退出 BSS,动态连接。一个 BSS 类似移动通信网络中的蜂窝;多个 BSS 通过分配系统组成更大的服务范围,称为扩展服务单元(Extended Service Set,ESS),在分配系统看来,它可以工作得像一个 BSS。ESS 是逻辑单元,其中的 BSS 之间的地理位置可能相距很远。

(4) 分配系统(Distribution System,DS):是固定的网络系统,它可以是以太网,点到点 ADSL 网络或其他网络。一个 BSS 通过 AP 挂接到分配系统,打通了与互联网的通道。图 4-38(a)中的分配系统是有线以太网,是典型的分配系统。

IEEE 802.11 无线局域网定义了 9 种服务:关联(association)服务、取消关联(disassociation)服务、分配(distribution)服务、集成(integration)服务、重新关联(reassociation)服务,以上 5 种服务属于分配系统的任务;还有 4 种服务属于站点的任务,分别为鉴权(authentication)、结束鉴权(deauthentication)、隐私(privacy)、MAC 数据传输(MSDU delivery),这些服务用于管理 AP、移动站点以及数据传输。

当一个移动站点想接入互联网时,它首先必须和一个 AP 建立关联。而一个移动站点经常处于多个 AP 的无线电信号的辐射范围之内,到底选择哪个 AP 呢?这不是 IEEE 802.11 标准规定的。很多站点会选择信号强度最大的那个 AP 进行关联。但是,信号强度最强的 AP 可能已经与很多用户关联而过载,通信效果不如信号稍弱的 AP,所以,再选择一个 AP 进行重新关联是很有必要的。注意,AP 的选择可以是用户(人)手工进行,也可以通过无线站点运行算法而自动进行。

选择 AP 的方式有两种:被动扫描(passive scanning)和主动扫描(active scanning)。被动扫描的方式是由 AP 主动、周期性地发送信标(beacon)数据帧,宣告自己的 SSID 和 MAC 地址等信息;而主动扫描是移动站点主动广播探测请求帧,应答的 AP 被选中继续往下建立关联。

被选中的 AP 和移动站点之间建立关联,通过移动站点发出的关联请求帧和 AP 回应的应答帧这一对数据帧的交互而完成。如果 AP 启用了 WPA 2 认证[①],移动站

---

① 早期的 802.11 无线网络认证采用有线等效加密(Wired Equivalent Privacy,WEP),它具有容易被窃听的缺点,2003 年,被 WPA(Wi-Fi Protected Access)淘汰;2004 年,WPA 又被更安全的 WPA 2 所取代。直到现在,大多数无线 AP 采用的仍然是 WPA 2。2018 年,Wi-Fi 联盟发布 WPA 3,以缓解由弱密码造成的安全问题,并简化无显示接口设备的设置流程。

点还必须通过认证才能建立关联。

WPA 2 认证分为企业版和个人版两种。企业版需要一个认证服务器，为每个用户分配一把密钥，一个企业比较适合采用这种方式，比个人版更加安全。小范围的认证，比如家庭、办公室等，比较适合使用 WAP 2 个人版，这种方式也称为预共享密钥模式，无需专用的认证服务器，需要预先在 AP 上设置好共享密钥，一个 AP（无线路由器）的所有移动站点共享相同的密钥，所以，为了安全，密码需要经常更新，比如，一间公共会议室中的 AP 密码最好在切换会议时，更换密码，假如会议需要保密的话。

当一个移动站点从一个 AP 漫游到另一个 AP 的范围内，比如图 4-38(a)中的移动站点 STA1 从 AP1 移动到 AP2 时，站点 STA1 和 AP2 进行重新关联，同时还要与 AP1 取消关联。

处于同一个 BSS 内的两个移动站点之间的通信，可以通过 AP 直接进行，但不同 BSS 内的站点间的通信，需要多个 AP 的参与，甚至分配系统的参与才能进行，比如图 4-38(a)中的 STA1 和 STA3，它们属于两个不同的 BSS，STA1 向 STA3 发送数据时，首先到达 AP1，再发往 AP2，最后才从 AP2 发到 STA3；其中 AP1 到 AP2 的数据还穿过了分配系统——以太网。

图 4-38(b)显示了 IEEE 802.11 标准允许的另外一种组网方式：移动自组织网络。移动自组织网络等同于独立基本服务集(Independent Basic Service Set，IBSS)，不接入任何分配系统。

支持 Wi-Fi 直连(Wi-Fi direct)的主机、平板电脑、摄像机等设备之间，可以建立关联，互发数据，而无须通过 AP。在一些特殊的场景下，移动自组织网络非常有用，比如地震灾害现场、野外生存、战场等。近年来，无线传感网络成为一种最常见的移动自组织网络。

4.6.2 无线局域网的介质访问控制

无线局域网的传输信道是空气，这是天然的广播信道，任何站点都可以访问，且在一个频率上某个时刻只能单向传输，即只能半双工工作；而怎么进行介质访问控制是必须要面对和解决的问题。有线以太网采用 CSMA/CD 协议，工作时“先听后发、边发边听”。在无线网络中，可以做到“先听后发”，即侦听信道，空闲才发送数据。而“边发边听”要求发送方在发送数据帧的同时接收数据帧，以确定是否发生了冲突，如果发送了 64 字节还未发生冲突，那么该数据帧基本就发送成功了。但是，一个无线站点无法在一个频率上发出信号的同时接收信号，即做不到“边发边听”，所以，不能直接采用 CSMA/CD 协议。

IEEE 802.11 采用了如下两种方式来解决介质访问控制的问题。

(1) 分布式协调功能(Distributed Coordination Function，DCF)：在每个 IEEE 802.11 站点都必须实现此功能，其基础是 CSMA/CA 协议，工作在此种模式下的每个站点都独立操作，没有任何一种中央控制机制。DCF 可以工作在 IBSS 中。

(2) 点协调功能(Point Coordination Function，PCF)：这是 IEEE 802.11 站点的可选功能，不同于 DCF，PCF 采用轮询机制，由 AP 集中管理 BSS 内的站点的数据传输权力，从而避免冲突的产生。PCF 不用于 IBSS 中。PCF 和 DCF 可以共存。

带冲突避免的载波侦听多路访问(CSMA with Collision Avoidance，CSMA/CA)

协议允许范围内所有工作站共享介质，无线网络的特点导致冲突不可避免，CA的重点在于冲突避免，通过侦听等待、停-等、退避等方法尽可能降低冲突发生的可能性。CSMA/CA站点的工作机制如图4-39所示。

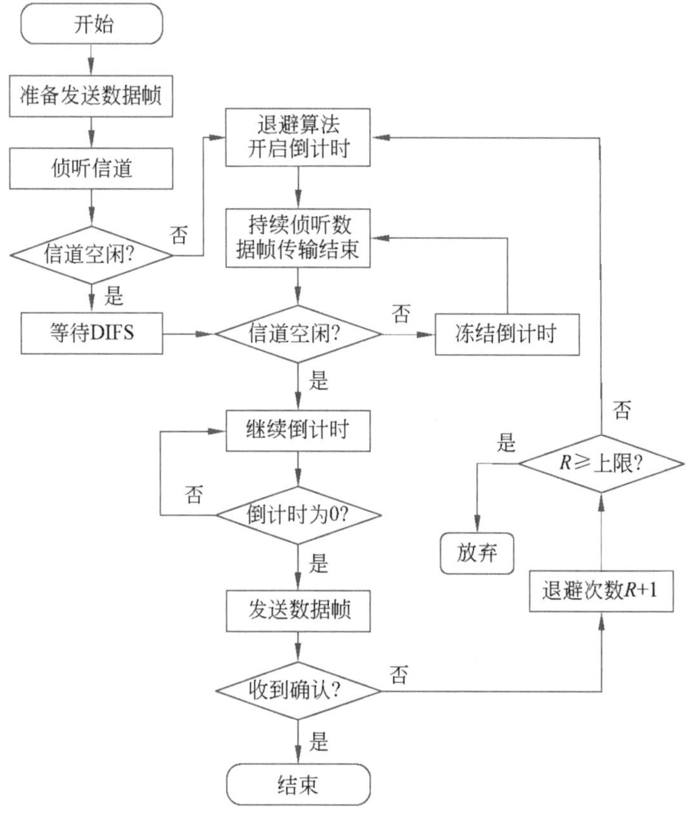

图4-39　CSMA/CA站点的工作机制

站点在发送数据帧之前，首先侦听信道，如果信道空闲，并不立刻发送数据帧，而是等待一个DCF帧间间隔(DIFS)，如果信道仍然空闲，才发送数据帧(注意，此时还没有退避倒计时器)；如果信道忙，采用退避算法计算出退避时间，设置并启动退避倒计时器，并持续侦听，等待正在传输的数据帧结束。一旦结束，侦听信道是否空闲，如果空闲，则继续倒计时，如果倒计时到0，就发送数据帧，如果收到确认帧，表明该数据帧已经成功传输；相反，如果信道被别的站抢占(信道忙)，则冻结倒计时器，直到信道再次空闲，才能重新开始倒计时剩余的时间。

CSMA/CA协议降低冲突概率的方法是采用二进制指数退避算法选择倒计时的时间长度，不同的站点使用不同的退避时间值，协调了站点间的介质争用，大大降低了冲突发生的可能性。以太网中也采用了二进制指数退避算法，只是它用在冲突发生之后，而且计算方法也不同。如图4-40所示，CSMA/CA协议的二进制指数退避算法是这样的：第一次尝试发送($i=1$)，退避时间从(0,1,2,…,7)个时隙[①]中随机选择一个，第二次尝试发送($i=2$)发送，退避时间从(0,1,2,…,15)个时隙中随机选择一个；每一

---

① 时隙在IEEE 802.11物理层中规范，在DSSS物理层中定义为20 μs，在FHSS物理层中定义为50 μs，在不同的物理层中还存在其他的值。

次尝试传输,可选时间翻倍,增加到256个时隙后,不再增加。如果时隙记为τ,竞争窗口(Contention Window)记为CW,退避时间记为$T_{退避}$,则

$$T_{退避}=\tau\times \mathrm{Random}\{0,1,2,\cdots,\mathrm{CW}\}$$

其中:$\mathrm{CW}=2^{i+2}-1$。

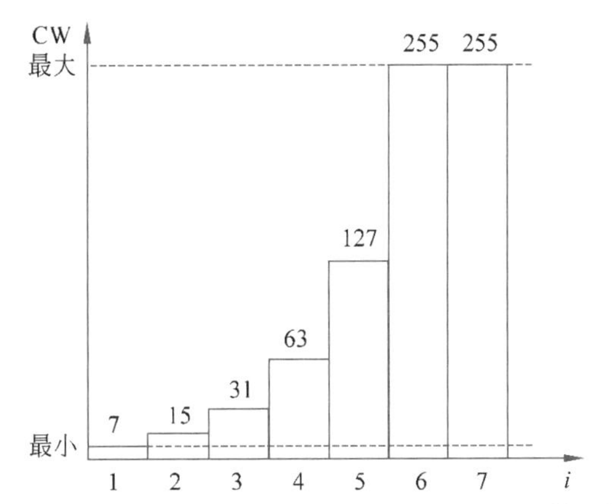

图 4-40　用于等待时间计算的二进制指数退避算法[1]

在CSMA/CA协议的工作机制中,用到了帧间间隔(InterFrame Space,IFS),它是两个数据帧发送之间的间隔,其值独立于站点的传输速率。而IEEE 802.11定义了5种帧间间隔[2],其中,最短的是短帧间隔(SIFS),最常见的SIFS出现在一个正常的数据帧传输之后,以便接收方的确认帧可以在这个间隔后立刻抓住信道,因为无线站点无法检测到冲突,所以,确认帧是IEEE 802.11发送站点认定数据帧成功传输的标记;除了被确认帧使用之外,SIFS还用于CTS(Clear To Send)帧、响应帧等需要立刻回应的数据帧。另一个常用的DCF帧间间隔(DIFS)的值数倍于SIFS,用于普通数据帧和管理帧。

CSMA/CA协议运行的基础是信道的侦听,而每个移动站点都有其无线电波的覆盖范围,只有在覆盖范围内的站点才能侦听到,这种特性可能带来两种问题的发生,即隐藏终端、暴露终端,如图4-41所示,为了方便起见,图中站点的范围,简单地画为圆形,实际上,覆盖的范围可能是不规则的。

在图4-41(a)中,STA_1正在向STA_2发送数据,这时STA_3刚好也有数据帧要发送给STA_2,它先侦听,因为它并不在STA_1的信号覆盖范围内,所以无法侦听到STA_1向STA_2发出的信号,于是它得出"信道空闲"的错误结论,从而向STA_2发送数据,于是,来自STA_1和STA_3的信号在STA_2处发生冲突,对于STA_3来说,它听不到STA_1,STA_1就是STA_3的隐藏终端,反过来也一样。两个互相不在对方信号覆盖范围内的站点,当它们同时向位于两者覆盖范围的第三个站点发信号时,就会遭遇隐藏终端问题而带来的冲突。

---

① 此图来自IEEE Std 802.11™-2007标准,显示了二进制指数退避算法中,竞争窗口随重传次数增加而变化的情形。

② IEEE Std 802.11™-2007标准定义的5种间隔分别是:(a)SIFS(Short InterFrame Space);(b)PIFS(PCF InterFrame Space);(c)DIFS(DCF InterFrame Space);(d)AIFS(Arbitration InterFrame Space)(用于QoS保证);(e)EIFS(Extended InterFrame Space)。

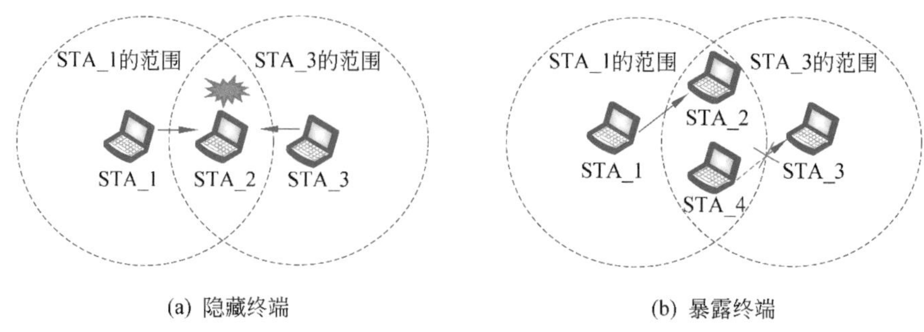

(a) 隐藏终端　　(b) 暴露终端

图 4-41　载波侦听带来的两个潜在问题

在图 4-41(b)中，STA_1 正在向 STA_2 发送数据，这时 STA_4 刚好有数据帧要发给 STA_3，它先侦听，因为它刚好在 STA_1 的信号覆盖范围内，所以，侦听到了 STA_1 向 STA_2 发出的信号，于是它得出了"信道忙"的结论，从而不向 STA_3 发送自己的信号；实际上，此时，如果 STA_4 向 STA_3 发送数据帧，只要不发生干扰，是可以同时进行的，导致的后果就是不必要的等待延期发送，浪费了可以发送数据帧的机会；这就是暴露终端问题。

确切地说，上述侦听是信道的物理侦听(physical carrier sense)，只是检查信道内有无实实在在的信号，微波信号覆盖范围的限制，以及冲突只发生在接收站点的特点，导致了上述问题的产生。IEEE 802.11 标准除定义了物理侦听之外，还定义了虚拟侦听(virtual carrier sense)：一个站点通过查看数据帧中的一个字段"持续时间(duration)"(参考 4.6.3 节)调整网络分配向量(Network Allocation Vector，NAV)，这是一段需要推迟发送自己数据帧的时间，即使在这段时间它并没有物理侦听到信道"忙"，也认为信道"忙"。通过管理 NAV，降低了隐藏终端引发冲突的概率。

为了更好地解决隐藏终端问题，IEEE 802.11 标准规定了一个可选的"鸣锣开道"机制——RTS/CTS，也有教材称它为信道预约。源站点在发送数据帧之前，首先向接收站点发送 RTS(Request To Send)帧，通告自己即将发送的数据帧及其确认帧所需要的时间；接收站点回发 CTS 帧，允许源站点发送数据，在 CTS 帧中，也包含了即将发生的通信所需要的持续时间(复制自 RTS 帧)。源站点范围内的所有站点都可以侦听到 RTS 帧，目的站点范围内的所有站点可以侦听到 CTS 帧，不管侦听到的是哪一种数据帧，即将发生的通信所需要的时间在数据帧中写得明明白白，所有听到 RTS 帧或 CTS 帧的站点，都可以据此主动退避，调整自己站点的 NAV，如图 4-42 所示。

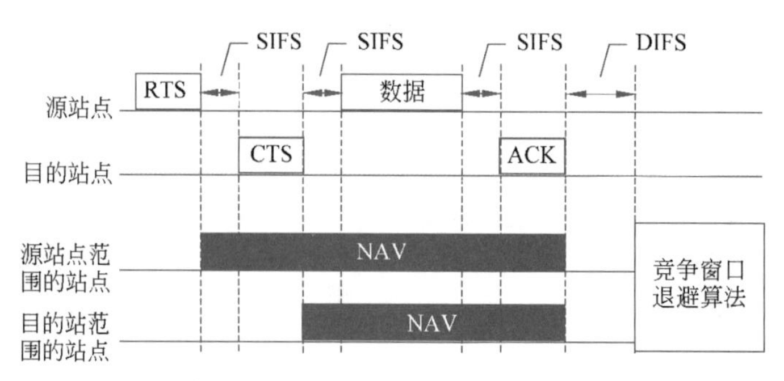

图 4-42　源站点和目的站点范围内的其他站点的 NAV 设置过程

在图 4-42 中，源站点范围内的所有其他站点侦听到了 RTS 帧，并根据该帧中的信息设置 NAV；目的站点范围内的所有其他站点侦听到了 CTS 帧，也根据该帧中的信息设置了 NAV。源站点和目的站点范围内的其他站点分别设置了自己的 NAV，NAV 时间耗尽之时，也是源站点和目的站点的通信（包括确认帧）结束之时，所有的工作站点在这个时候开始等待一个 DIFS 帧间间隔，然后进入竞争期，每个站点独立运行二进制指数退避算法，不同的退避时间避免了下一个数据帧发生冲突。

RTS/CTS 机制看起来很好，但是标准将其设置为可选机制。因为 RTS/CTS 帧本身会消耗信道资源，尤其是针对短数据帧的发送，RTS/CTS 帧的开销占比更高，会降低效率。如果多个站点向同一个站点发送 RTS 请求，也会发生冲突，还需要退避之后重发。

4.6.3 IEEE 802.11 数据帧格式

相比于以太网数据帧，IEEE 802.11 数据帧更复杂。通用 IEEE 802.11 数据帧由三大部分构成，如图 4-43 所示。

帧头							载荷	帧尾
2B	2B	6B	6B	6B	2B	6B	0~2312B	4B
帧控制	持续时间	地址1	地址2	地址3	序号控制	地址4	净数据	校验序列

图 4-43 通用 IEEE 802.11 数据帧的构成

（1）帧头：长 24 字节或 30 字节，包含帧控制、持续时间、地址、序号控制等字段。

（2）载荷：搭载可变长度的上层数据，最长可达 2312 字节，但 IEEE 802.11 数据帧通常不会太长，因为在无线信道上传输短数据帧更有效率，太长的数据帧往往被分成多个分片（fragment）进行传输。

（3）帧尾：只有一个字段，即校验序列，采用了 4 字节的循环冗余校验（CRC）。

帧控制：长度为 2 字节的帧头中的第 1 个字段，虽然只有短短的 16 位，却是最复杂的一个字段，它本身包含 11 个子字段，用作数据帧的各种控制。下面首先逐一介绍这 11 个子字段，如图 4-44 所示。

			标志位							
2b	2b	4b	1b	1b	1b	1b	1b	1b	1b	1b
协议版本	类型	子类型	去往DS	来自DS	更多分片	重试	电源管理	更多数据	加密保护	顺序

图 4-44 帧控制字段中的 11 个子字段

① 协议版本：长度为 2 位，用以区分不同的无线网络版本，目前只有一个值，即 00。

② 类型：长度为 2 位，指明当前数据帧的类型，目前只用到这 2 位的三个组合，即 00、01、10，分别表示管理帧、控制帧和数据帧，而 11 组合保留，未启用。

③ 子类型：长度为 4 位，类型仅指明了数据帧的大类型，大类下的细分，就用子类型表示。比如类型是“00”且子类型是“1000”，代表这是管理帧下的信标帧；又比如类型是“01”表示这是一个控制帧，子类型“1011”“1100”“1101”分别代表管理帧大类下的 RTS 帧、CTS 帧和 ACK 帧（确认帧）。

接下来的 8 个子字段都是 1 比特的标志位。

④ **去往 DS** 和⑤**来自 DS**：都是 1 位，它们的不同组合，指明该数据帧的传输路径和方向，这里的 DS 是前面介绍过的分布式系统。每种组合的含义说明见表 4-8。其中的“01”和“10”组合是比较多见的两种，有些教材直接把两个子字段写成“去往 AP”和“发自 AP”，更易于理解。

表 4-8　子字段去往 DS 和来自 DS 的不同组合含义

去往 DS	来自 DS	说　明
0	0	表示在 IBSS 内从一个移动站点发往另外一个移动站点的数据帧，或者在同一个 BSS 范围内从一个非 AP 站点发往另外一个非 AP 站点的数据帧。可以是数据帧、管理帧或控制帧
0	1	表示从 AP 端口关联实体(Port Access Entity)发出的数据帧或退出 DS 的数据帧
1	0	表示从一个移动站点发往与它关联的 AP 端口关联实体的帧，或发往 DS 的帧
1	1	表示使用了 4 个地址字段的数据帧，标准并未定义这个组合的使用过程。例如，AP 到 AP 之间的数据帧

⑥ **更多分片**：1 位，当它置为“1”时，表明该数据帧是分片中的一片，且不是最后一个分片(其后紧跟其他分片)；当它的值是“0”时，表明这是最后一个分片或者是控制帧。与以太网发送长数据帧的高效率不同，无线信道的特点(高出错率、一旦发出则必须全部发送)决定了发送短数据帧更有效率，所以，IEEE 802.11 标准允许将从上层接收的大尺寸数据切分成片进行传输，这些同属于一个数据帧的分片，可以通过一次抓取信道的机会，全部传输。比如通过 RTS/CTS 获得发送权后，一个接一个地分片传输，数据帧中间仅相隔 SIFS，需要提醒的是，每个分片都需要确认，就像一个普通的数据帧一样。

⑦ **重试**：1 位，当它置位时，表示当前数据帧是某个数据帧的重传帧，因为之前的传输没有成功。接收方可以凭借此标志删除收到的重复帧。

⑧ **电源管理**：1 位，如果被置位，表示发送该数据帧的源站点进入节电模式(power-save mode)或睡眠模式。对于移动站点来说，如何节约能源的开销是需要仔细考虑的。如果一个移动站点发送给 AP 的数据帧中，将该位置为“1”，接下来，它处于睡眠状态；AP 会将需要发往该站点的数据帧缓存，并在周期性(100ms)发送的信标帧中携带所有缓存帧的目的站点列表。睡眠的站点会恰好在信标帧到来之前醒来(通过定时器)，如果站点列表中有自己的名字，该站点会向 AP 发送一个探询帧，刺激 AP 将缓存帧发过来，如果站点列表中没有自己的名字，站点可以继续睡眠。所以，电源管理标志位就像一个开关一样，使一个站点可以在“睡眠”和“活跃(active)”两个状态之间进行切换；如果一个站点没有什么数据要传输或接收，则它几乎可以大部分时间处于睡眠状态，从而极大地节约了电源开销。

还有一个节约电源的机制称为**自动省电交付**(Automatic Power Save Delivery，APSD)，AP 依然为睡眠的站点缓存帧，但只在站点主动发送数据帧到 AP 后，才将其缓存的数据帧发送到站点，这样站点就不需要伴随信标帧的到来而周期性苏醒，而是安心进入睡眠状态，直到它有更多的数据需要发送或接收才醒来。

⑨ **更多数据**：1 位，IEEE 802.11 标准规定了几种置位的情形，常见的一种是：从

AP向一个处于节电模式的站点发送缓存的数据帧，如果当前数据帧后还有更多的数据帧，则此位置位，用以通知处于节电模式的站点，做好继续收数据帧的准备。

⑩ 加密保护：1位，如果置位，表示数据帧的载荷已经被加密了。只有在数据帧或子类型是认证的管理帧中，该标志位才会置位，其他类型的数据帧的该标志位都置为“0”。

⑪ 顺序：1位，如果一个非QoS数据帧的顺序标志位被置位了，表示该数据帧的传输使用严格顺序(Strictly Ordered)服务类进行处理。

介绍了第1个字段帧控制包含的11个子字段之后，让我们来看看帧头中的其他字段。

持续时间：帧头的第2个字段，长度为16位，当最高位是“0”时，宣告当前数据帧传输和接收方接收数据帧后传输确认帧所需要的时间，其值取为 $0\sim2^{15}-1$，单位是ms。其他各站点可据此设置自己的NAV(见4.6.2节)，用来预约信道。

地址：第3、第4、第5和第7共4个字段，每个字段都是6字节的，分别是地址1、地址2、地址3和地址4。这些字段表示基本服务集标识符(Basic Service Set Identification，BSSID①)、目的地址(Destination Address，DA)、源地址(Source Address，SA)、发送数据帧的站点地址(Transmit STA Address，TA)、接收数据帧的站点地址(Receiving STA Address，RA)，某些数据帧可能不包含其中某些地址字段。地址字段中填写什么地址，与传输的路径方向有关系。帧控制字段的④去往DS和⑤来自DS两个标志位的不同组合，指示了不同的数据传输路径方向。那么，其数据帧中4个地址字段怎么填写呢？参见表4-9。

表4-9 不同传输路径方向的数据帧中的地址字段

去往DS	来自DS	地址1	地址2	地址3	地址4	备 注
0	0	DA	SA	BSSID		BSS或IBSS内站点间的数据帧
0	1	DA	BSSID	SA		从AP发往DA
1	0	BSSID	SA	DA		从SA发往AP
1	1	RA	TA	DA	SA	如果是AP-AP，那RA、TA应该是所在AP的BSSID

序号控制：第6个字段，长2字节，即16位，其中高4位表示分片序号，最多表示16个分片；紧跟着的12位表示帧序号，最多表示4096个数据帧，由发送方控制其增长，同一个数据帧的不同分片，帧序号相同；重传的数据帧不产生新的序号。

净数据：第8个字段，来自上层协议数据单元，长度为0～2312字节。

尾部：第9个字段，是帧校验序列(FCS)，位于数据帧的最后，采用了32位(4字节)的循环冗余校验码(见3.3.1节)，所有的帧头和数据主体都参加计算，采用了32阶的标准生成多项式：$G(x)=x^{32}+x^{26}+x^{23}+x^{22}+x^{16}+x^{12}+x^{11}+x^{10}+x^{8}+x^{7}+x^{5}+x^{4}+x^{2}+x+1$。

Wi-Fi无线局域网已经成为我们生活中不可或缺的部分，除此之外，蓝牙也时时处处在我们的生活中出现，下面我们将探讨蓝牙相关的技术内容。

① BSSID是AP的MAC地址，也是48位即6字节长。

4.7　蓝牙

1998年，瑞典爱立信（Ericsson）公司联合IBM、Intel、诺基亚（Nokia）和东芝（Toshiba）共5家公司组建了一个特别兴趣组（Special Interest Group，SIG），也称为SIG联盟，启动了名为蓝牙的项目，旨在研发短距离、低功耗和低成本的无线网络。

1999年，SIG发布了蓝牙1.0，确定了蓝牙网络使用ISM 2.4GHz频段；2001年，SIG发布的蓝牙1.1，被正式列入了IEEE 802.15.1，定义了物理层（PHY）和介质访问控制（MAC）规范，传输带宽为748～810Kb/s。当年诺基亚公司推出了第一款蓝牙手机，IBM公司推出了带蓝牙的笔记本电脑。

2004年，SIG发布了蓝牙2.0，新增增强数据率（Enhanced Data Rate，EDR）技术，使蓝牙的传输带宽可达3Mb/s，也支持同时连接多台设备。2009年，SIG发布蓝牙3.0，新增高速可选技术，峰值传输速率可达24Mb/s，有效传输距离10m，可轻松在手机、计算机和电视之间传递视频流。2010年，SIG发布蓝牙4.0，提出了低功耗（Low Energy，LE）蓝牙、传统（classic）蓝牙和高速蓝牙三种模式，有效传输距离可达60m，iPhone手机最先搭载了这个版本。

2016年，世界已经进入了较为成熟的物联网时代，SIG发布了蓝牙5.0，有效传输距离可达300m，峰值传输速率可达48Mb/s，在低功耗模式下，也可提供2Mb/s的传输速率；可大范围地用于智能家居领域，也可用于高精度室内定位。

不管是哪个版本的蓝牙，其核心技术都是跳频扩频（FHSS）技术，通过频率跳动发送数据从而扩展可用频率。图4-45显示了SIG蓝牙标准的主要推进历程，除了V1.1，整数版本号之间的其他小数版本号没有显示，有兴趣的读者可自行查阅。

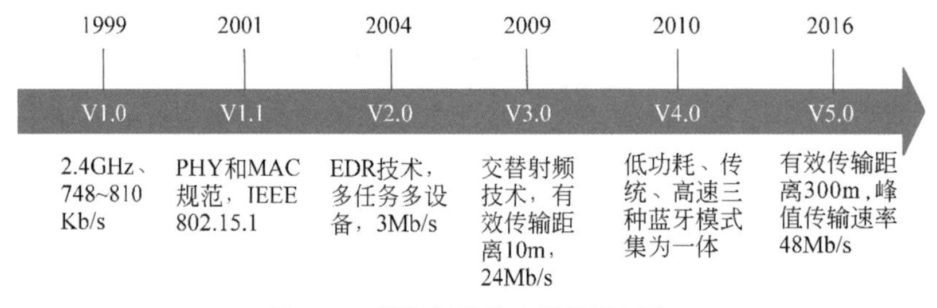

图4-45　蓝牙标准的主要推进历程

蓝牙广泛用于音频（蓝牙耳机）流、数据传输、个域网、高精度定位等。蓝牙标准的发展，源于蓝牙设备的广泛使用，反过来，蓝牙标准化，也推动了蓝牙设备的普及，满足适当的无线应用场景需求。SIG官网预测，到2027年，蓝牙支持的设备的年出货量将达到76亿台之多。

4.7.1　蓝牙网络的物理构成

Wi-Fi无线网络是互联网的接入桥梁，而蓝牙则不同，它最早主要用于点对点数据传输，后来，一台蓝牙设备才可以连接多台蓝牙设备，形成个域网（PAN）。基于蓝牙技术组建的网络，称为蓝牙网络（bluetooth networks）。

蓝牙设备之间的通信包括点到点和广播方式，新版本引入了网状（mesh）方式。

蓝牙网络的基本单元是一个微微网(piconet),一个微微网的物理拓扑类似于一个 Wi-Fi 网络的基本服务集(BSS)。

一个微微网包含一个主节点(master node)和若干从节点(slave node),主节点与从节点形成点到点的通信链路。与主节点保持通信状态的从节点称为活跃节点,一个微微网中最多可以有 7 个活跃节点。从节点可以被主节点切换为低功耗状态,处于低功耗状态的节点只被动响应主节点的激活或信标信号,这样的节点称为驻留节点(parked node)。

图 4-46 中有两个微微网,同时处于两个或以上的微微网中的节点称为桥接从节点,它可以与多台主蓝牙设备通信。由两个或两个以上的微微网构成的蓝牙网络,称为分散网(scatternet)。

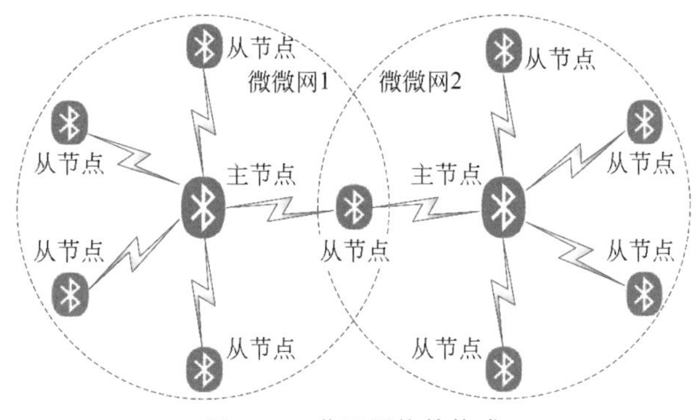

图 4-46 蓝牙网络的构成

蓝牙设备区分主从的通信方式的优点是:通信控制相对简单,成本低。由主节点控制通信,从节点只完成主节点要求的事情,从这个意义上来说,从节点几乎是一种哑设备,比如挂在蓝牙手机上的蓝牙耳机,就是从节点,它作为手机的一个扬声器,只是被动地接收并播放手机传过来的音频。

一个微微网是一个集中式时分复用(TDM)系统,主节点控制时钟,决定时槽的分配,所有通信都是在主节点与从节点之间进行的,从节点之间不能直接通信,这与 Wi-Fi 完全不同。

4.7.2 蓝牙协议的体系结构

IEEE 802.15.1[①] 基本上是蓝牙 1.1 版本,之前的学习让我们了解到 IEEE 802 系列与 TCP/IP 参考模型的紧密联系,但蓝牙的体系结构并不遵循 TCP/IP 参考模型和 OSI 参考模型,蓝牙有自己的体系结构,如图 4-47 所示,看起来不太规则。

1. 无线电层

最底层称为无线电(radio)层或射频层,可粗略地对应 OSI 参考模型的物理层,该层规范了无线电传输和调制,定义了工作于 ISM 2.4GHz 频段上的蓝牙收发器(含天线)应满足的要求。

蓝牙所用频段被分成了 79 条信道,每条信道频宽 1MHz,为了与其他网络中的同

---

① IEEE 802.15 工作组,现在称为无线专业网络(Wireless Specialty Networks,WSN)工作组,下设若干任务组,IEEE 802.15.1 任务组已经关闭,从 2.0 开始的蓝牙标准仍然由 SIG 研发推进。

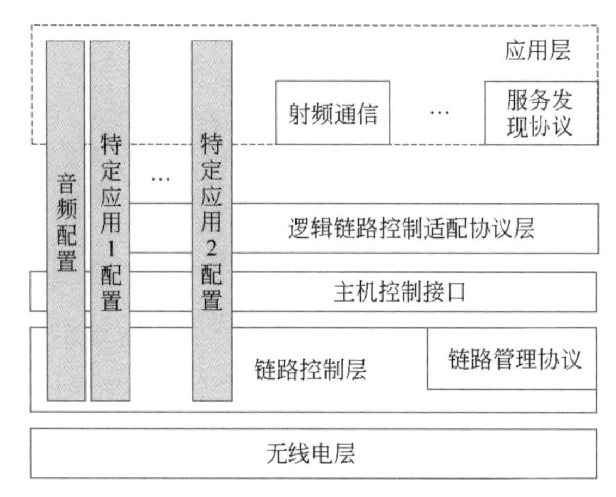

图 4-47　蓝牙协议的体系结构

频段设备共存，蓝牙使用了跳频扩频（FHSS）技术，每秒可以多达 1600 跳，时槽的驻留时间为 625μs，一个微微网中的 8 台设备同步调频，遵循主节点分配的时槽和伪随机序列。ISM 2.4GHz 频段太繁忙了，干扰非常严重，蓝牙采用了自适应跳频（Adaptive Frequency Hopping，AFH）技术，以降低有害干扰。

2. 链路控制层

链路控制层也称为基带（BaseBand，BB）层，最接近 OSI 参考模型的 MAC 子层，但也包含了物理层的元素。主节点的链路控制层划分了一系列的时槽，主节点使用其中的一半时槽，从节点共享剩下的一半时槽。

链路管理协议（Link Manager Protocol，LMP）建立、维护和拆除逻辑链路，主节点与从节点之间的通信传输就在逻辑链路上进行，在传输之前，主节点与从节点要互相发现对方，并配对成功。

早期的配对方法是：配对双方节点需要配置相同的 4 位个人识别码（Personal Identification Number，PIN），这种方法是简单而粗犷的，安全性很低。新的安全简单配对（secure simple pairing）方法是这样的：用户确认配对双方节点产生的长密码相同；或者用户观察到一个节点上的随机密码，并将其输入另一个节点中。这种方法的缺点是，无法输入的蓝牙设备不能使用，比如蓝牙耳机。

这一层提供了两种不同的链路。一种称为同步面向连接（Synchronous Connection Oriented，SCO）的链路，适用于实时数据传输，主节点与从节点之间可以有多个 SCO 链路，每个 SCO 链路可支持 64Kb/s 的 PCM 音频；另一种称为异步无连接（Asynchronous ConnectionLess，ACL）的链路，适用于传输非实时数据，主节点与从节点之间只有一条 ACL 链路。

3. 主机控制接口

严格地讲，主机控制接口（Host Controller Interface，HCI）并不是一层，只是蓝牙软硬件之间的接口，允许上层软件调用下层硬件。HCI 由基带控制器、连接管理器、控制和事件寄存器等构成。HCI 之上的软件运行在蓝牙节点上，HCI 以下的功能则由节点搭载的蓝牙芯片完成。

4. 逻辑链路控制适配协议层

逻辑链路控制适配协议（Logical Link Control Adaption Protocol，L2CAP）层是

蓝牙协议栈的核心构成部分，是其他协议实现的基础，它位于链路控制层之上，为应用层提供面向连接和无连接两种数据传输服务。它提供将比特流拆分成数据帧，或接收节点将数据帧重组的功能；还提供服务质量控制，错误检测，并重传未被确认的数据帧的功能等。

接收节点的 L2CAP 还需要确定：由哪个上层协议处理，即将重组的比特流送给哪个上层协议进行处理；它允许处理多达 64K 字节的上层数据。

几乎所有高层应用都通过 L2CAP 调用下层硬件，但也有例外，比如音频应用配置可以绕开这层，直接调用底层，参考图 4-47 左边竖条“音频配置”。

5. 应用层

L2CAP 层之上的内容统称为应用层，它由服务发现协议（Service Discovery Protocol，SDP）、射频通信（Radio Frequency Communication，RFComm）和各种特定应用配置（profile）构成，有时候，L2CAP、SDP 和 RFComm 一起被称为中间层协议，只有应用配置相关的协议才称为应用层协议或高层应用层协议。

服务发现协议（SDP）工作于 L2CAP 之上，为高层应用程序提供一种机制，发现可用的服务及其属性，比如服务类型、服务协议等信息。

射频通信（RFComm）用于模拟 PC 上的标准串行接口，它在蓝牙基带上仿真 RS232 的控制和数据信号，主要用于连接键盘、鼠标、调制解调器等。所以，RFComm 也称为串口仿真协议或线缆替代协议，其上再通过 PPP，即可接入 TCP/IP 网络。

蓝牙标准在应用层上定义了各种各样的应用配置文件，用于各种特定的场景和应用，这里列举 3 个常见的配置。

- A2DP：高级音频分发配置（Advanced Audio Distribution Profile），高级是指它定义了高质量音频传输协议和过程，采样速率可到 44.1kHz，而不是常见的 8kHz 语音音频。
- HFP：免提配置（Hand Free Profile），定义了免提设备如何使用网关拨打和接听电话。
- HSP：耳机配置（HandSet Profile）定义了蓝牙耳机如何与计算机或手机等设备进行通信。

如果需要新增蓝牙应用，只需要在体系结构中增加相应的配置。比如，2021 年，新增三维同步配置（3D Synchronization Profile），提供了一种 3D 显示器支持一个或多个 3D 蓝牙眼镜的方法，包括 3D 眼镜发现和关联 3D 显示器的机制、3D 显示器的定时信号同步，以及 3D 显示器和 3D 眼镜之间的消息格式等。

这种配置文件的方式，为蓝牙提供了很好的应用扩展性。

4.7.3 蓝牙数据帧的格式

蓝牙可工作在三种传输速率模式：基本速率（Basic Rate，BR）、2 倍增强速率（Enhanced Rate，ER）和 3 倍增强速率。其中基本速率模式的最大带宽可达 1Mb/s，每个信道物理带宽是 1MHz，所以，采样速率为每波特 1 比特即可。

蓝牙定义了几种数据帧的格式，其中最重要的两种是基本速率帧（Basic Rate Frame，BRF）和增强速率帧（Enhanced Rate Frame，ERF），分别对应以基本速率和以增强速率发送的数据帧；BRF 和 ERF 的帧头相同。

基本速率(BR)数据帧包含帧首部和BR数据(载荷)两大部分,其中帧首部包括两部分。

访问码:字段访问码(access code)长72比特(特殊情况下为68比特),通常标识了主节点,当一个从节点同时位于两个主节点的无线电范围之内时,访问码可以帮助从节点识别与它通信的主节点是谁。

帧头:帧头不是一个字段,而是由6部分构成的54位,参考图4-48(c)。

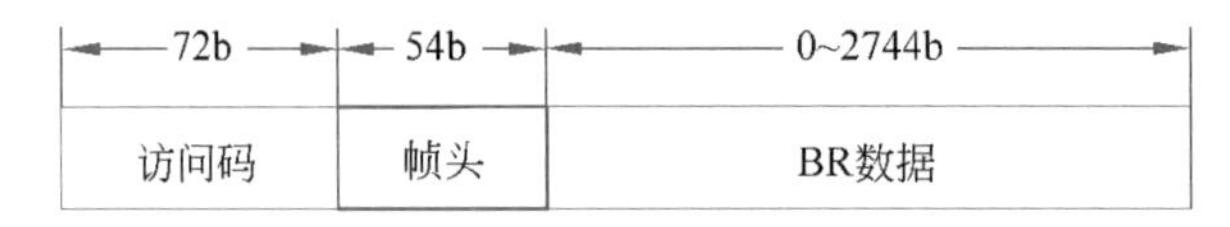

(a) 基本速率数据帧

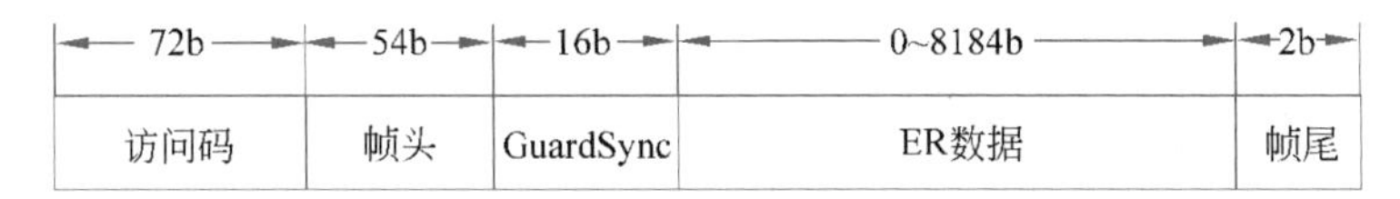

(b) 增强速率数据帧

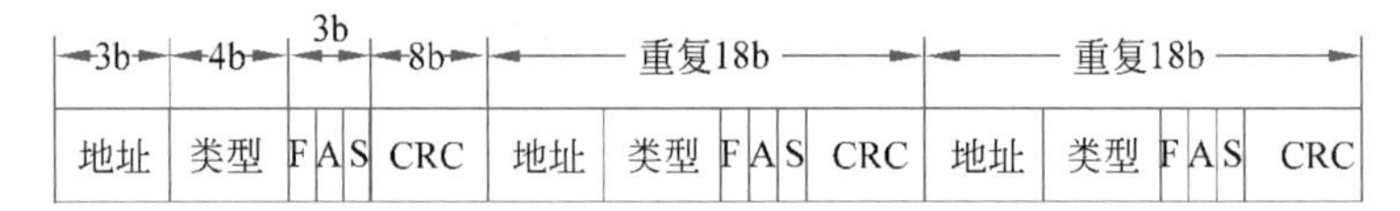

(c) 帧首部

图4-48 两种蓝牙数据帧及其帧首部的格式

基本速率帧的载荷是BR数据,其长度可变,当使用5个时槽传输时,最长可达2744位;当只有一个时槽传输数据时,BR数据长度为240位,参考图4-48(a)。

增强速率帧比基本速率帧多了两个字段,一个字段是帧头后的GuardSync,长度为16位,顾名思义,该字段用于保护和同步,分隔帧头和BR数据。最后一个字段是帧尾,长度为2位。

增强速率是基本速率的2～3倍,采样速率需要达到每波特2比特或3比特。GuardSync字段还有个提醒功能:采样速率要加快了。所以,比较特别的是:访问码和帧头按照基本速率发送,而GuardSync字段后的ER数据按照增强速率发送,在某种程度上,GuardSync字段也是一个速率切换字段。

不管是基本速率帧还是增强速率帧,它们的帧头都是一样的,由6个字段构成,长为18位,再重复3次构成,如图4-48(c)所示。

地址:长度为3位的地址,指向数据帧的接收节点,是微微网中8台设备中的某台,编号为0～7。这个地址并不是全球唯一的48位蓝牙地址。

类型:类型用于指示数据帧类型、纠错码类型以及时槽长度。数据帧类型有4种情形:ACL帧、SCO帧、Poll(轮询)帧或者Null(空)。

F标志位:用于标识流量控制,当从节点的缓冲区为满而不能再接收数据时,被置位。

A标志位:用于标识在本数据帧中携带了一个捎带确认帧。

S标志位:用于数据帧的序列号,对于停-等协议来说,1位的序列号足够了。

循环冗余校验:位于帧尾的8位的循环冗余校验(CRC),仅用于检测错误,与序列号结合判断重传哪个数据帧。

为什么在帧头中重复3次上述的6个字段共18比特？这是因为重复3次后可构成长度为54位的长帧头，这是一种巧妙地通过冗余换取可靠性的方法，其实，54位帧头中只有5个字段共10位是接收方真正需要的。接收方检查帧头中的3个拷贝，如果某个位的3个对应位都是一样的，这个位被认为是正确的；如果3个对应位不相同，那正确的位是多数那个位。比如，接收方检查到3个拷贝帧头中的第一位分别是1、1、0，那接收方认为第一位的正确值应该是1。对于一个低功耗（2.5mW内）、低计算力的蓝牙设备，采用大量冗余，以在噪声中获取正确的比特流，是一种不错的方法。

ACL帧和SCO帧的数据字段有多种格式，在此不一一赘述，只以其中的一种——基本速率的SCO帧为例进行简单介绍。单时槽的数据字段总是长240位，但有效载荷可以是80位、160位或240位，剩下的位用于纠错。比如，当有效载荷是80位时，实际上搭载的是3个拷贝，即3×80＝240位，纠错的方法与帧头一样。

主节点与从节点之间的通信各占一半的时槽，如果从节点的时槽使用率为每秒800个，每个时槽发送有效载荷80位，则传输带宽可达64Kb/s，主节点的传输带宽也是64Kb/s，主、从节点之间的全双工信道正好可以支撑双向的高品质音频。

4.7.4 蓝牙应用与其他无线网络技术

蓝牙通过其配置文件可以增加某种特定的应用，这种扩展性让蓝牙的发展是开放的，新应用通过配置文件可以方便地增加到蓝牙设备上。

蓝牙已经在音频流、数据传输、定位服务和设备网络等4个应用领域取得了辉煌的市场份额，蓝牙设备每年出货量高达数十亿台，据预测，市场占有率还将继续增长。

音频流（audio stream）：是蓝牙使用最多的一个应用，蓝牙技术消灭了耳机、扬声器、家庭娱乐等设备的电线，引领了无线音频流。

数据传输（data transfer）：是一个重要的蓝牙应用，没有电线的设备互联正在成为现实，健身手环、健康检测器、玩具、工具等，每年都有数百万台的新型的蓝牙低功耗数据传输设备将用户从电线中解放出来。

定位服务（location service）：高精度室内定位服务是蓝牙技术的进步带来的新应用，人们对蓝牙导航、物品找寻、资产追踪等的需求日益增长，推动了蓝牙定位服务需求的增长。

设备网络（device networks）：得益于蓝牙网状网络技术，数十、数百甚至数千台设备连接构成大规模设备网络，这些设备网络能够在智能家居、智能建筑、智能工厂、智能城市中进行控制、监控和自动化应用。

第2章已经探讨了蜂窝移动网络、卫星通信网络，本章还探讨了无线局域网络Wi-Fi，Wi-Fi和蜂窝移动网络的使用非常广泛，是人们无线接入互联网的两种主要方式。而蓝牙无疑是人们近距离无线连接的首选。

除了Wi-Fi蜂窝移动网络，以及蓝牙技术之外，可以进行无线连接的技术或协议还有很多，较有影响的包括ZigBee、6LowPan、Z波、近场通信（NFC）。

ZigBee：ZigBee是一种基于IEEE 802.15.4的短距离双向无线通信技术，组网灵活、功耗低、简单、成本低，在物联网构建中使用较广。ZigBee的名字来源于蜂群的交流舞蹈——“之”字舞（zigzag）。IEEE 802.15.4定义了物理层（PHY）和数据链路层

(DLL),ZigBee联盟对网络层和应用层进行了标准化。

ZigBee工作于ISM 2.4GHz和896/915MHz,共27条信道,支持的数据传输速率可达250Kb/s,传输距离可从标准的75m扩展到几百米、几千米,甚至更远。

按照在网络中的角色,支持ZigBee的设备可分为协调器(coordinator)、路由器和终端节点(end device);协调器负责无线网络的建立和维护,路由器负责无线网络数据的路由;而终端节点负责无线网络数据的采集和上传。按照所提供功能是否齐全,支持ZigBee的设备可分为全功能设备(Full Function Device,FFD)和精简功能设备(Reduced Function Device,RFD),前者可作为协调器,后者可作为终端节点。

ZigBee具有如下特点。

(1) **功耗低**:ZigBee的功耗仅为1mW,比蓝牙常见的2.5mW还低,同时还可以启用休眠模式,几乎是无线设备中最省电的。

(2) **时延低**:设备从休眠状态激活很快,通信时延低,休眠激活时延约为15ms,设备搜索时延约为30ms,活跃设备接入时延约为15ms,所以,ZigBee特别适用于那些对时延要求高的情形,比如工业控制。

(3) **网络规模大**:ZigBee可使用星状、树状或网状组网,非常灵活;一个星状ZigBee网络可容纳255台主、从设备(1主254从)。ZigBee节点最多可达65 535个。

(4) **传输可靠**:采用了冲突避免策略,为固定业务预留专用时隙,避免竞争冲突;采用肯定确认重传的传输策略。

(5) **安全性高**:提供了CRC检错功能,支持鉴权和认证,采用AES-128加密算法。

(6) **演进不断**:ZigBee自2004年推出1.0版本以来,不断演进和完善。比如,2009年,推出ZigBee RF4CE,支持远程控制;同年,采用了IETF的6LowPan标准,作为新一代智能电网(SEP2.0,Smart Energy)标准,致力于接入互联网,实现端到端的通信。

当然,ZigBee也有缺点,比如,当网络规模大了之后,较难管理;标准规范不统一,导致兼容和互操作问题,等等。但ZigBee的上述显著优势,让它在物联网(IoT)中占有不可或缺的地位。

6LowPan:是一种基于IPv6的低速无线个域网标准(RFC 6282,2011年)。它定义了如何利用IEEE 802.15.4链路支持基于IP的通信,同时遵守开放标准及支持与其他IP设备的互操作。6LowPan天生与IPv6绑定在一起,也就打通了与互联网的通道;IPv6具有的巨大地址空间为物联网提供了基础资源,IPv6的无状态地址自动配置也为6LowPan节点提供了自动配置的方法;IP相关的技术已经很成熟了,所以,6LowPan技术本身及应用相对易于接受和易于研发。

Z波(Z-Wave):是一种低功耗、低成本、高可靠的短距离无线通信技术。Z波的工作频段为868.43～908.42MHz,采用频移键控调制方式,传输速率仅为40Kb/s,室内传输距离可达30m,室外传输距离可达100m。Z波具有功耗低、成本低、接收灵敏、设备模块结构简单、频段不与Wi-Fi和蓝牙冲突等优势,但其传输带宽窄、安全性较差,所以,Z波的使用远不及蓝牙、ZigBee和Wi-Fi。

近场通信(NFC):NFC(Near-Field Communication)是一种实现电子设备之间的近距离、安全的双向交互技术,NFC标准是ISO/IEC 18000-3,使用ISM 13.56MHz,

传输速率可达429Kb/s。支持非接触式卡功能，共享信息的距离为4cm以内，常用于门禁卡。

在众多无线网络技术或协议中，蓝牙、ZigBee和Wi-Fi是最亮眼的三种，表4-10对这三种技术进行了对照。

表 4-10 三种无线连接技术(蓝牙、ZigBee、Wi-Fi)的对照

名 称	蓝牙	ZigBee	Wi-Fi	备 注
对应IEEE标准	IEEE 802.15.1	IEEE 802.15.4	IEEE 802.11*	IEEE 802.15.1任务组已经在21世纪早期关闭，*代表1或2个字母
1.0版本推出年份	1999年	2004年	1997年	Wi-Fi最早、最成熟
网络类型	WPAN	WPAN	WLAN	ZigBee可将标准75m扩展到远远超过PAN
工作频带	2.4GHz	2.4GHz,896MHz/915MHz	2.4GHz/5GHz	都工作于ISM
物理拓扑	星状微微网	星状/树状/网状	星状	新的蓝牙标准引入了网状拓扑
覆盖范围	主要约为10m	标准为75m	约为100m	无线信号的覆盖范围受制于发射功率
传输速率	理论上限为48Mb/s	250Kb/s	常用54Mb/s、110Mb/s	新的IEEE 802.11标准的理论上限可达9.6Gb/s
扩频技术	跳频扩频(FHSS)	直接序列扩频(DSSS)	正交频分复用(OFDM)	个别IEEE 802.11标准也采用DSSS
数据加密	高级加密标准(AES)	高级加密标准(AES)	高级加密标准(AES)	一种常用的对称加密算法
认证方式	共享密钥	链路层安全CBC-MAC	WPA 2	ZigBee的安全性高
功耗	中	低	高	—
是否双向	否	是	是	—
与IP网互联	中	难(正发生改变)	容易	蓝牙可通过一些配置实现应用扩展，而ZigBee通过引入6LowPan,也正变得容易

总之，无线网络技术和协议较多，选择什么进行网络设计和构建，要具体分析。一个企业构建网络，Wi-Fi是首选；对于短距离无线连接，蓝牙是较好的选择；如果距离稍远，且对时延、可靠性要求较高的工业控制，ZigBee是较好的选择。

但我们也注意到，各个标准之间也有一些渗透，比如，蓝牙引入网状结构，试图改善组网功能；ZigBee引入6LowPan，试图改善兼容和互操作性。

4.8 本章小结

本章从局域网的拓扑和传输数据方式开始，阐述了局域网中的广播信道和传输带来的问题，由此引出介质访问控制(MAC)子层。MAC子层是数据链路层的主要部

分,局域网主要覆盖了物理层和数据链路层两层的内容。

介质访问控制解决共享信道引发的争用问题,主要有随机访问协议、受控访问协议和有限竞争访问协议三种。随机访问协议从探讨纯 ALOHA/分槽 ALOHA 协议的工作原理开始,分析了 ALOHA 协议的效率;在此基础上,探讨了载波侦听多路访问协议,改任性为礼貌,以降低冲突发生的概率;CSMA 系列协议的工作原理是“先听后发”,其中用于经典以太网的是 CSMA/CD 协议,工作原理还要加上 4 个字“边发边听”。

受控访问协议是无冲突的多路访问协议,包括位图协议、二进制倒计数协议、令牌传递协议等。有限竞争访问协议则试图发扬随机访问协议和受控访问协议两者的优点。

以太网是使用最广泛的局域网。本章介绍了经典以太网的物理拓扑和逻辑拓扑、介质访问控制方法;经典以太网逐渐过渡到了交换式以太网,冲突域的缩小,提升了网络的性能。

以太网数据帧的格式是重要的内容,本章详细介绍了 DIX 以太网数据帧中各个字段的名称和含义,在此基础上介绍 IEEE 802.3 数据帧的不同之处,读者可对比学习。

以太网从 10M 经典以太网开始,不断发展,传输速率从 10Mb/s 到 100Mb/s(快速以太网),再到 1000Mb/s(吉比特以太网),后面还有万兆以太网、25Gb/s、40Gb/s、100Gb/s、400Gb/s,以太网也从局域网的范畴跨入了广域传输的范畴。

数据链路层(L2) 交换原理可以用转发、丢弃(过滤)、泛洪和学习 4 个词概括。每个数据帧的到来,促使算法运行以决策执行哪个动作(三选一);学习的全称是逆向地址学习,以建立、更新和维护 MAC 地址表(决策依据),学习每个数据帧,且终身学习。

执行链路层交换的设备主要是交换机,交换机转发送数据帧有三种方式,存储转发交换、直通交换和无碎片交换。存储转发交换错误率低,但时延高;直通交换错误率高,但时延最低;无碎片交换的出错率和时延在两者之间做了一个折中,避免了转发 64 字节内的冲突碎片。

交换机连接起来的网络同在一个物理 LAN,即广播域。大的广播域带来网络性能的下降和安全问题,虚拟局域网(VLAN)等同于一个广播域,可以切分一个大的物理 LAN 为若干小的 VLAN。

为了可靠传输数据帧,交换机之间往往采用多条物理连接,不可避免地形成物理环,从而引发重复帧、MAC 地址表不稳定、广播风暴等严重问题,生成树协议(STP)用于在冗余物理拓扑上产生无环的逻辑树,任意两点之间通达但不产生环。

无线局域网(WLAN)被称为无线以太网,是非常重要的接入网络。本章主要介绍了 IEEE 802.11 系列标准(Wi-Fi)的发展和主要技术特点、介质访问控制方法 CSMA/CA、数据帧格式等。

蓝牙技术是短距离、无线、低功耗通信的成功范例,广泛用于音频流、数据传输、定位服务和设备网络等领域,本章介绍了蓝牙网络的物理构成、蓝牙协议的体系结构和蓝牙帧的格式,还介绍了 ZigBee、6LowPan、Z 波等无线协议,重点介绍了在物联网中广为使用的 ZigBee 技术的特点,并对蓝牙、ZigBee 和 Wi-Fi 三种无线连接技术进行了对照。

本章的技术人物传奇

生成树 STP 发明者：Radia Perlman

以太网之父：Robert Metcalfe

本章的客观题练习

第 4 章 客观题练习

习题

1. 介质访问控制协议主要解决什么问题？

2. 简述用于经典以太网的带冲突检测的载波侦听多路访问(CSMA/CD)协议的工作原理。

3. 令牌传递协议是否只能用于环状网络？

4. 载波侦听多路访问协议中的冲突窗口是什么？下列两种情形下的冲突窗口应该是多少？(假定电磁波信号在铜线和光纤中的传播速度都约为光速的三分之二，即 200m/μs)

(1) 在一个双绞线网络中，最远两站的距离是 1km。

(2) 在一个光纤网络中，最远两站的距离是 40km。

5. 在纯 ALOHA 协议和分槽 ALOHA 协议的效率分析中，为什么纯 ALOHA 协议的零帧产生概率是 $P_0=P(0)=e^{-2G}$？而分槽 ALOHA 协议的 $P_0=P(0)=e^{-G}$？

6. 一个具有 N 台工作站的网络，采用位图协议进行介质访问控制，最坏的情况，一台工作站需要等待多久才能传输自己的数据帧？

7. 在二进制倒计数协议中，对于分到低序号的工作站，只要有比它序号还高的工作站有数据要发，它就可能一直抢不到数据发送权。有什么方法可以改善这种情况，使得对所有的工作站更公平一些？

8. 交换式以太网比经典以太网有哪些优势？

9. 试比较 DIX 以太网和 IEEE 802.3 网。

10. 以太网数据帧的最大帧长度是多少？为什么要规定最大帧长度？

11. 一个采用 CSMA/CD 协议的网络，最远两台工作站相距 1km，假设信号传播速度约为 200m/μs。下列三种情形下的最小帧长度分别是多少？比较计算结果，可得出什么结论？

(1) 传输带宽为 10Mb/s。

(2) 传输带宽为 100Mb/s。

(3) 传输带宽为1000Mb/s。

12. 什么是虚拟局域网(VLAN)?采用VLAN有什么好处?

13. 什么情况下要启用生成树协议(STP)?请简述原因。

14. 蓝牙网络的基本单位是什么?其中最多可包含几台设备?

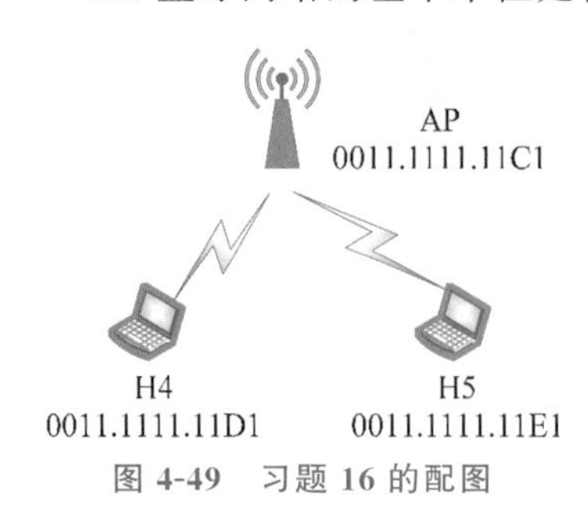

图4-49　习题16的配图

15. 交换机用学习来建立、更新和维护MAC地址表,为什么称之为逆向地址学习?

16. 如图4-49所示,若H4向H5发送一个IP分组P,H4发出的封装了P的IEEE 802.11数据帧,经过AP转发到H5,则H5收到的IEEE 802.11数据帧的地址1、地址2和地址3分别是什么?假设不考虑其他层的因素(源于2022年408考研真题)。

17. 在下列两种情况下,CSMA/CD的竞争时间槽长度(冲突窗口)是多少?

(1) 一条2km长的双导电缆(信号的传播速度是信号在真空中传播速度的82%)。

(2) 40km长的多模光纤(信号的传播速度是信号在真空中传播速度的65%,光速是3×10^8m/s)。

18. 某局域网采用CSMA/CD协议实现介质访问控制,数据传输速率为10Mb/s,主机甲和主机乙之间的距离为2km,信号传播速度是200 000km/s。请回答下列问题,并给出计算过程(源自2010年考研真题)。

(1) 若主机甲和主机乙发送数据时发生冲突,则从开始发送数据时刻起,到两台主机均检测到冲突时刻止,最短需经过多长时间?最长需经过多长时间?(假设主机甲和主机乙发送数据的过程中,其他主机不发送数据)

(2) 若网络不存在任何冲突与差错,主机甲总是以标准的最长以太网数据帧(1518字节)向主机乙发送数据,主机乙每成功收到一个数据帧后,立即发送下一个数据帧,此时主机甲的有效数据传输速率是多少?(不考虑以太网数据帧的前导码)

19. 如图4-50所示,两台交换机连接了5台工作站,所有设备刚启动。当发生了以下三个事件时:

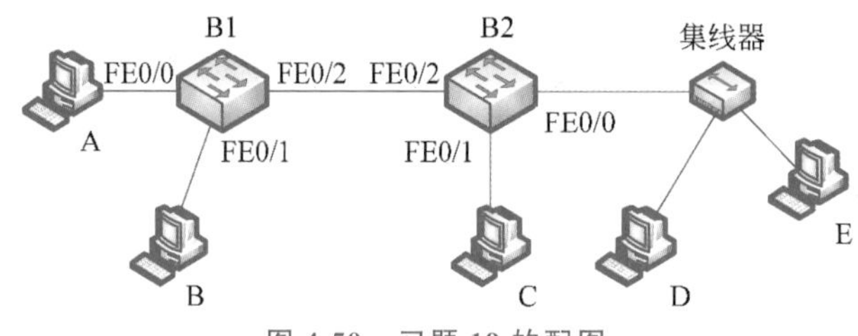

图4-50　习题19的配图

(1) 工作站D发送一个数据帧给工作站E。

(2) 工作站A发送一个数据帧给工作站D。

(3) 工作站D发送一个数据帧给工作站B。

请回答并作简要解释:发生每个事件时,交换机B2和集线器分别采取什么动作处理接收到的数据帧?事件发生后,交换机B2的MAC地址表发生了什么变化?

20.请使用你喜欢的报文抓取工具或软件,抓取报文,展开数据帧,逐字段解读各字段名称、值及其含义。

第 5 章

网络层

网络层的功能是将分组从源主机一路送到目的主机。源主机和目的主机可能位于同一个局域网,更大的可能是源主机和目的主机位于完全不同的局域网中;源主机和目的主机可能距离很近,也可能相隔万水千山,不管是什么情形,网络层都能够将分组从源主机穿越中间网络,尽力推送到目的主机;这个过程称为寻址。这个中间网络可能很大也可能很小,里面是什么样子?它在寻址中起到什么作用呢?本章首先介绍的通信网络及提供的服务,就来探讨这个问题。

要找一个人,得知道人在哪,还得知道这个人的名字。为了找到目的主机,我们也得知道这台主机在哪里和它的标识。本章将介绍 IP 协议,IP 地址用于标识这台主机的位置,通过 IP 地址找到目的主机的过程称为 IP 寻址。找到目的主机的目的是要给它发数据,数据被封装成网络层的协议数据单元——分组,分组中除了数据之外,还包含了寻址过程(路由)所需要的信息。IP 协议正从 v4 版本向 v6 版本过渡,除了探讨 IPv4,我们也要探讨 IPv6。与 IP 相关的其他内容,比如无类域间路由(CIDR)、网络地址转换(NAT)、动态主机配置协议(DHCP)等都将是本章的学习内容。

IP 分组穿越的中间网络是怎么找到目的主机的呢?源主机和目的主机之间的中间网络,称为通信子网络[①],通信子网络由中间设备和连接中间设备的链路所构成。中间设备是路由器,也可能是网关(路由器也是一种网关),而连接路由器的物理链路可以是铜缆、卫星链路,更多的情形是光纤。IP 分组穿越通信子网络,路由器功不可没,路由器的接力,将 IP 分组逐跳(hop,一跳指一台路由器)推向目的主机。路由器通过查找路由表(routing table)完成找路、寻址,而路由表通过运行路由选择协议完成建立、更新和维护。

从源主机到目的主机的 IP 分组的传递,所有经过的路由器都“尽力而为”地将分组推向目的主机,服务质量会因网络状况而发生变化,并不能保证满足所有的应用需求。本章将探讨为提供服务质量(QoS)保证而提出的模型和方法等。

---

① 本书的通信子网络,指的是核心骨干网络;与本书 5.2.3 节的子网不是一个概念,请读者注意结合上下文理解。为了区别,本书称通信子网络为通信网络,它的两种类型——数据报子网和虚电路子网,本书分别称为数据报网络和虚电路网络。

本章的主要内容围绕网络层的功能展开，如图5-1所示。

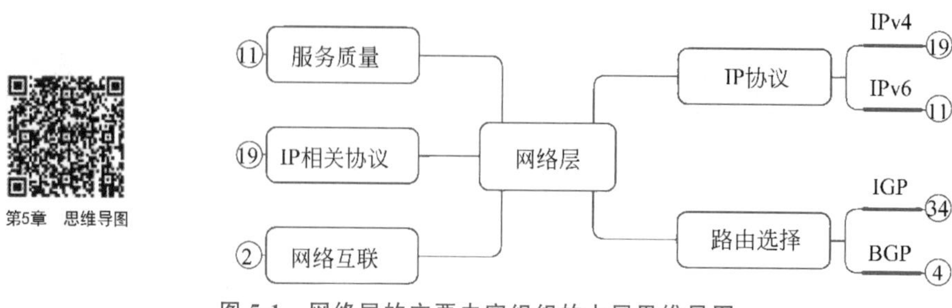

图5-1　网络层的主要内容组织的上层思维导图

图5-1中的数字代表其下的主要知识点个数；读者可扫描二维码查看本章全部知识点的思维导图，并根据需要收起和展开。

5.1　通信网络及提供的服务

20世纪60年代末70年代初，分组交换网络从理论落到了实地，不同的机构构建了不同的分组交换网络，将这些网络连接起来，实现更大范围的资源共享（resource sharing）是迫切的需求。但是，这些分组交换网络可能有很多不同，比如分组尺寸不同、错误处理机制不同、编址方式不同等，要把这些不同的分组交换网络连接起来，必须要消灭这些不同，或者说在某层面将其统一起来。在罗伯特·卡恩和温顿·瑟夫共同工作发明出TCP/IP早期版本的过程中，有4个基本原则起到了至关重要的作用。

（1）**独立自治**：每个网络都是独立自治的，且各有其主，并不因为需要连接而改变自身。

（2）**尽力传输**：基于尽力而为的传输，分组有可能丢失，如果一个分组没有送达，源主机可以重发。

（3）**黑盒连接**：使用黑盒连接不同的分组交换网络，黑盒不记录任何过往分组的信息，也不做任何复杂的错误处理和恢复的事情，尽量保持简单。这些黑盒就是后来的网关和路由器。

（4）**无中控全分布**：在操作层面，不需要全局中央控制，整个连接起来的大网络是全分布的。

网络互联还必须解决以下关键问题。

（1）**重传算法**：丢失的分组可以成功重传，阻止其永久丢失。

（2）**"主机到主机"管道**：多个分组可以独立寻找从源主机到目的主机的路径，只要中间网络允许。

（3）**网关功能**：可以恰当地转发分组，包括翻译IP分组头部、处理接口、必要时分割分组为更小的分片等。

（4）**终端处理**：需要终端参与较复杂的处理工作，比如处理错误、计算校验和，如果有分片，需要重组。

（5）**流量控制**：采用主机到主机的流量控制技术，这是比较困难的全局任务。

（6）**全局寻址**：互联后的网络能够全局寻址，每台主机或设备都有一个能够标识它自己的地址。

(7) 接口：各种不同操作系统的接口。

(8) 其他因素：比如实现效率、互联性能等，但一开始，这些并不是首先要考虑的。

接下来的几年间，卡恩和瑟夫发明了 TCP/IP 协议栈，这个协议栈在各种操作系统中得以实现，奠定了现代互联网①的坚实基础，网络的商用化让网络互联到全球的每个角落。

源主机和目的主机之间相隔了一个可大可小的中间网络：通信网络。有两种类型的通信网络——数据报网络和虚电路网络，分别为上层提供了两种服务：无连接的服务和面向连接的服务。

早期的 X.25、帧中继网络是面向连接的，而现在的主流 IP 网络却是无连接的。

5.1.1 无连接的服务

提供无连接的服务的是数据报网络。如图 5-2(a)是一个数据报网络，它可以是一个互联网服务提供商(ISP)的网络，也可能是若干 ISP 的网络连接起来的大网络。

图 5-2(a)中，当处于网络 N1 中的主机 H1 向处于网络 N7 中的主机 H2 发送数据消息时，它首先将消息按照规范，封装成一个一个的分组，这些分组头部写着目的主机 H2 的地址，它们首先来到路由器 A，因为 A 是源主机 H1 的默认网关，是通往外部(相对于内部网络 N1 而言)网络的跳板或全权代理，是整个路径的第一跳。

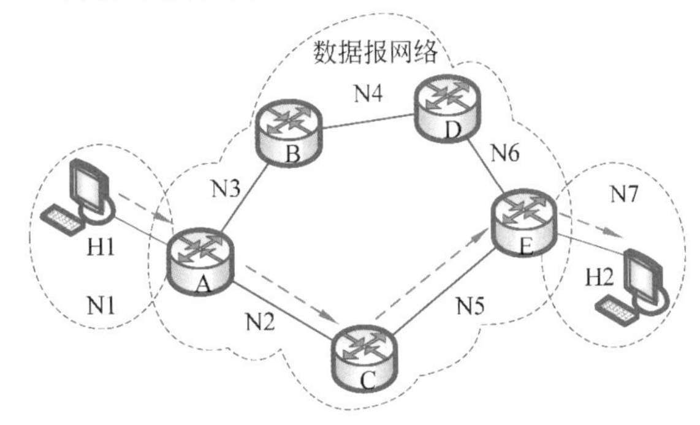

(a) 网络正常时 H1→H2的穿越路径

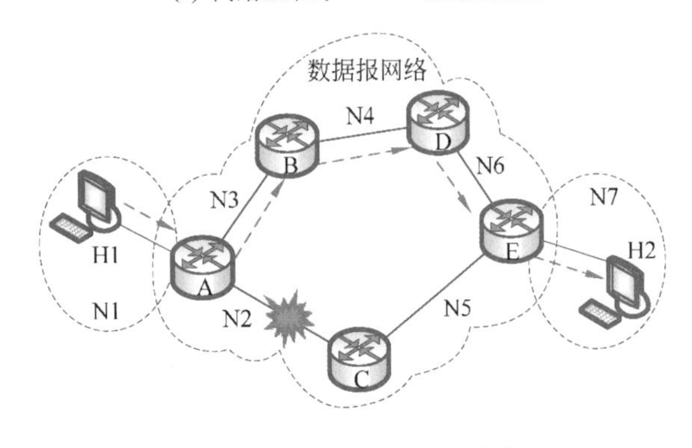

(b) A 和 C 之间的网络故障时

图 5-2 数据报网络工作情形

① 现代互联网，有别于早期的 ARPANET，虽然 ARPANET 也是分组交换网，但那时还没有采用 TCP/IP。这里的现代互联网，指的是采用了 TCP/IP 协议栈的覆盖全球的大型计算机网络。如无特别说明，本书中的互联网，指的都是现代互联网。

A收到分组，首先解封装，提取出目的地址，即H2的地址，获取其所在的网络N7，查找自己的路由表(表5-1)，找到去往N7对应的下一跳是C；A将分组重新封装好，向C转发；路由器C收到分组后，所做的工作与A一样，解封装，提取目的地址H2，获取目的网络N7，查找自己的路由表(表5-1)，找到去往N7对应的下一跳是E；A将分组重新封装好，向E转发；路由器E收到分组后，所作的工作与A一样，解封装，提取目的地址H2，获取目的网络N7，查找自己的路由表(表5-1)，发现N7是自己的直连网络，将分组重新封装，从N7所在的接口将分组转出，分组在N7网络(子网)内通过物理地址定位(即MAC寻址)到目的主机H2。

表5-1　路由器A、C、E各自的路由表

A的路由表项		C的路由表项		E的路由表项	
目的网络	下一跳	目的网络	下一跳	目的网络	下一跳
N1	直连	N1	A	N1	C
N2	直连	N2	直连	N2	C
N3	直连	N3	A	N3	D
N4	B	N4	A	N4	D
N5	C	N5	直连	N5	直连
N6	B	N6	E	N6	直连
N7	C	N7	E	N7	直连

假如主机H1发出的分组有100个，当前50个分组通过路径H1→A→C→E→H2到达目的主机后，突然一个响雷打坏了A和C间的连接，或者AC间的线路被野蛮挖断了，路由器通过路由协议感受到这个灾难带来的变化：A和C之间的路径不可用了，并反映到路由表中。

表5-2是灾难发生前后，路由器A的路由表发生的变化，灾难前，到目的网络N5和N7的下一跳都是C；灾难发生之后，经过C的路不通了，所以，绕开A→C段，从A→B段走。灾难后，A的路由表中显示到网络N5和N7，下一跳已经改为B了。其余感知到灾难的路由器都更新了自己的路由表，这些路由器合力的结果是：后续的分组传输路径已经变为H1→A→B→D→E→H2了，如图5-2(b)所示。

表5-2　路由器A的路由表在灾难前后发生的变化

A的路由表项(灾难前)		A的路由表项(灾难后)	
目的网络	下一跳	目的网络	下一跳
N4	B	N4	B
N5	C	N5	B
N6	B	N6	B
N7	C	N7	B

数据报网络提供的数据分组传输服务，无须在传输前搭起通路，每个分组独自找路，这个特性让网络不怕灾难或故障，分组可以灵活地绕开故障点；整个从源主机到目的主机的寻址过程依靠路由器之间的接力，一跳一跳地靠近目的网络，每跳的转发决

策都离不开路由表,而路由表的建立、更新和维护是靠路由选择协议进行的,5.5 节将学习路由选择协议的知识。

从上面的数据报网络提供无连接的数据分组传输服务例子中,我们可以总结出无连接的服务的主要技术特点如下。

(1) 无连接:数据分组传输无须建立连接,不管是虚连接还是物理连接。

(2) 独立寻径:每个分组都携带目的地址,可以独立寻找达到目的网络的路径。

(3) 乱序到达:先发的分组可能因为重传或走了一条慢的路径而后到,后发的分组也可能因为走了捷径而先到。

(4) 重组:目的主机需要对收到的分组进行重新排序。

(5) 无状态:路由器的工作方式简单,无须保留过往分组的状态,只是尽力而为地转发。

(6) 抗毁性:在一个四通八达的数据报网络中,单点故障,甚至多点故障,都不会让网络瘫痪,分组可以在尚通达的网络中自由寻路。

(7) 灵活分片:路由器可能承担分片的任务,当它收到一个超过转出网络承载能力的大尺寸分组时;当然,当条件不允许时,路由器可以拒绝分片。

(8) 服务质量难以保证:在数据报网络中进行拥塞控制或服务质量保证,非常困难,因为这些自由的分组在网络中的路径并不确定,无法预知。

可见,无连接的数据分组传输有优点,也有缺点,但 IP 分组传输作为一个最成功的例子,"战胜"了曾经风光无限的公共交换电话网络(提供面向连接的语音通信),彰显了无连接的服务的魅力。

5.1.2 面向连接的服务

顾名思义,面向连接的服务,是在分组传输之前,搭建一条连接,从源主机到目的主机的分组只需要沿着这条连接就可以穿越整个虚电路网络,到达目的主机。

图 5-3 中,源主机和目的主机之间是一个虚电路网络,提供面向连接的分组传输服务。但源主机 H1 要向主机 H2 传输数据分组时,H1 和 H2 之间首先协商出一条虚连接(虚电路),如果路由器参加协商并可以为双方提供通信服务而成为虚连接中的一段,则路由器在自己的表中做记录。

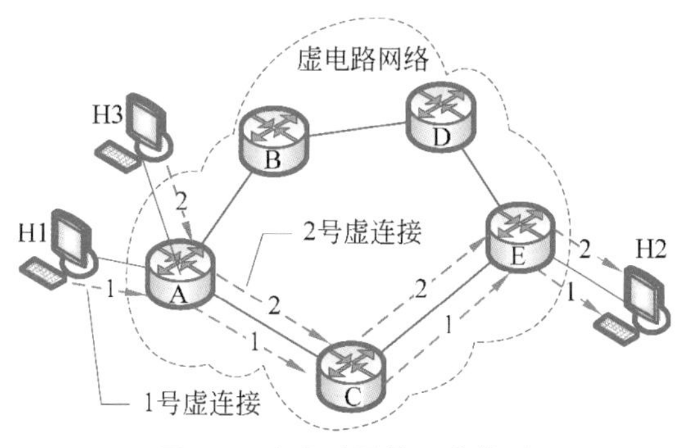

图 5-3 虚电路网络工作情形

经过协商之后,H1 和 H2 之间搭建起了 1 号虚连接,沿途的路由器记录下了虚连接的信息,如表 5-3 所示。表中的"入境"和"出境"表示站在本路由器的角度,分别对应分组从哪里进来和出去,“入连接号”和“出连接号”表示协商的连接号,一台路由器的入连接号和出连接号可能不相同。举个例子,如果路由器 A 上挂有另外一台主机 H3,也想向 H2 发送分组,协商建立的 2 号虚连接如图 5-3 所示。

表 5-3　路由器内部的虚连接表

路由器 A 的虚连接表				路由器 C 的虚连接表				路由器 E 的虚连接表			
入境	入连接号	出境	出连接号	入境	入连接号	出境	出连接号	入境	入连接号	出境	出连接号
H1	1	C	1	A	1	E	1	C	1	H2	1
H3	1	C	2	A	2	E	2	C	2	H2	2

图 5-3 中,1 号虚连接和 2 号虚连接所走的线路在虚电路网络中完全重合,区分它们的方法就是连接号;连接号具有本地属性,也就是在本地管理和生效。如果 H3-H2 的虚连接是 H3 的第一条虚连接,路由器 A 赋给该连接的入境为 H3 且入连接号为 1;A 发现这条连接出境应该是 C,但出连接号“1”已经被占用,所以,H3-H2 连接的出连接号被赋值“2”。当 2 号虚连接搭建成功开始传输分组时,H3 发出的分组中携带了连接号“1”,当分组到达路由器 A 时,A 打开分组,并查找它的虚连接表,来自 H3 且连接号为“1”的入境分组,应该从 C 转出,且出境分组的连接号被改写为“2”。所以,有的教材把这个过程称为**标签交换**(label switching),这里的标签指的就是连接号。

从上面的虚电路网络提供面向连接的数据分组传输服务例子中,我们可以总结出面向连接的服务的主要技术特点如下。

(1) **按路径传输**:数据分组传输之前,需要建立连接;所以,每个分组不需要独立寻路,分组一个接一个沿着虚连接从源主机到达目的主机。

(2) **不需要地址寻径**:每个分组携带连接号,而不需要携带目的主机的地址。

(3) **按序到达**:先发的先到,后发的后到。

(4) **连接损坏**:分组传输中的连接如果发生故障,连接中断,则需要重新搭建虚连接。

(5) **有状态**:路由器工作较为复杂,要保存和维护所有虚连接的状态信息。

(6) **服务质量保证**:可以容易地进行拥塞控制和服务质量保证。

面向连接的服务在公共交换电话网络中广为使用,也在早期的广域网技术 X.25、帧中继中使用。面向连接的服务并没有在现代互联网中大行其道,但人们从没有放弃在适当时再想起它,比如,20 世纪末 21 世纪初出现的多协议标签交换(MPLS,5.6.3 节),旨在进行高速交换,且有一定的服务质量保证。

5.2　IPv4 协议

互联网协议(IP)统一了数据传输的分组格式和地址标识,为分组的路由提供了必需的信息。到目前为止,IP 协议有两个在用的版本—— IPv4 和 IPv6,本节将围绕 IPv4 分组和 IPv4 地址展开;5.4 节将围绕 IPv6 分组和 IPv6 地址展开。当我们提到 IP 时,如果没有加版本信息,通常指的是 IPv4,比如 IP 分组指的是 IPv4 分组,IP 地址指的是 IPv4 地址。

5.2.1 IPv4 分组

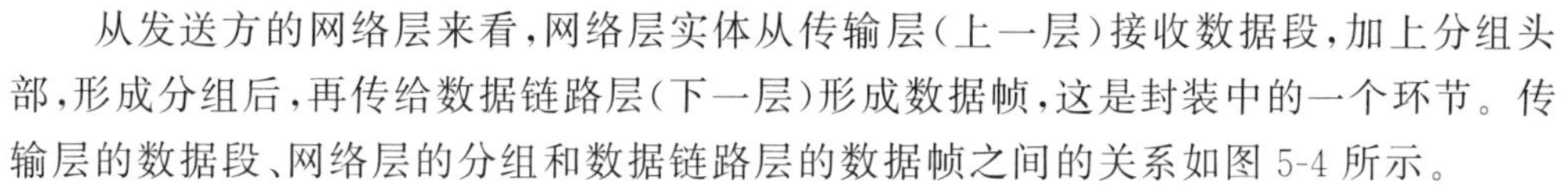

从发送方的网络层来看，网络层实体从传输层（上一层）接收数据段，加上分组头部，形成分组后，再传给数据链路层（下一层）形成数据帧，这是封装中的一个环节。传输层的数据段、网络层的分组和数据链路层的数据帧之间的关系如图 5-4 所示。

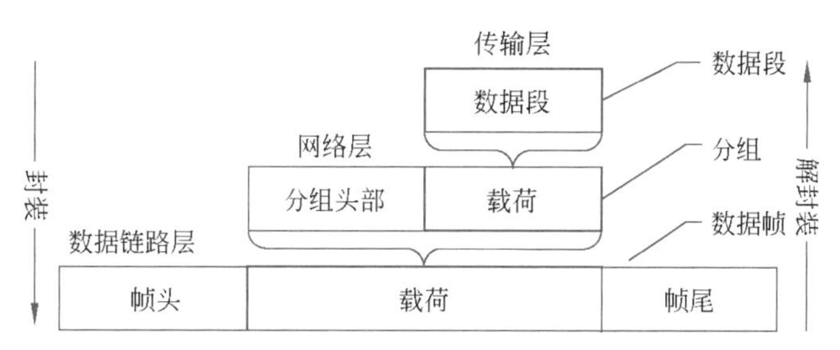

图 5-4 数据段、分组与数据帧之间的关系

接收方的网络层，从数据链路层接收到分组，提取出其中的载荷——数据段，送给传输层，这是解封装中的一个环节。载荷指的是协议数据单元中除了头部、尾部等的开销之外的数据，有时也称为净数据，比如分组中的载荷是传输层的数据段，而数据帧中的载荷就是网络层的分组。

1. 分组头部各字段含义

IP 分组包括头部和载荷两大部分，头部至少包括 14 个字段，如果有选项，头部包括 15 个字段，如图 5-5 所示，图中的一行占 32 位，合 4 字节。

下面逐一介绍各字段的名称和含义。

版本：第①个字段，长 4 位，表示 IP 的版本。目前只有两个值被广泛使用，即 0100 和 0110，分别代表当前的分组是 IPv4 分组或 IPv6 分组。

头部长度：第②个字段，长 4 位，表示 IP 分组头部的长度，其值可以从 0101 到 1111 变化（对应的十进制数为 5～15），值得注意的是，头部长度的单位是 32 位，即 4 字节，所以，分组头部的长度可在 20～60 字节变化。当头部不包括选项时，头部长度取值 0101，对应 5×4 字节＝20 字节；如果头部中有选项，必须保证选项长度是 4 字节的整数倍，最长选项长 40 字节，因为头部长度最大取值 1111，对应 15×4 字节＝60 字节，扣除固定头部 20 字节就是最长选项的长度。

服务类型：第③个字段[①]，长 8 位，表示 IP 分组的优先级别或重要程度，为区分服务提供被怎样区别处理的依据。

其中的最左边 6 位定义了不同的分组优先级（定义了 0～7 共 8 个优先级别）和丢弃级别，当路由器处理分组时，可以根据这个字段做出不一样的处理策略，以提供不同的服务级别。比如，网络控制（network control）的分组可以被赋予高优先级别（0b111＝0d7），一般的分组都是普通级别[BE（best effort）级，0b000]，当某台路由器资源紧张

---

① 在最初的 IPv4 标准（RFC 791）中，该字段称为服务类型（Type of Service，ToS），用以指示所需要的服务质量（QoS）参数，其中最左边 3 位指明了不同的优先级（precedence），接下来的三位分别是时延、吞吐量、可靠性的标记位，最后 2 位未使用；1998 年，该字段被称为区分服务（RFC 2474），被重新定义。

(拥塞)而不得不丢包时,首先丢弃的是普通分组,而优先转发处理网络控制分组;该字段的最右边2位当时未定义,即未被使用(Currently Unused,CU)。更多区分服务的细节可参考5.6.2节。

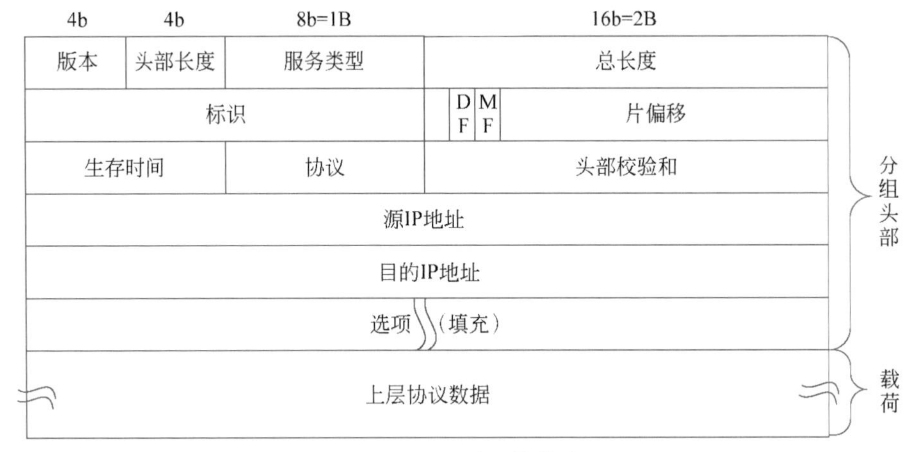

图5-5　IPv4分组的格式

总长度:第④个字段,长16位,表示整个IP分组(头部和载荷)的总长度,单位是字节,分组长度的上限是$2^{16}-1=65\ 535$字节。一方面,随着技术的进步,传输速度越来越快,我们希望打破这个上限,更长的分组可以获得适配的高效率;另一方面,分组的大小还受制于下层网络的承载能力。承载能力可用最大传输单元(Maximum Transfer Unit,MTU)量度;最常见的以太网MTU为1500字节。所以,我们经常见到分组长度是1500字节或以下,当分组长度超过网络的MTU时,分组被分片,每个分片的长度小于等于对应的MTU。

所有的互联网主机必须可以接收总长度为576字节的分组[①],不管它是完整分组还是分片。

标识:第⑤个字段,长16位,用来标识分组的序号。由发送方维护,每发出一个数据分组,标识增加1。该字段和第⑦、⑧、⑨共4个字段一起,为分片提供信息。本节稍后将专门讨论分片及分片表示。

标记位:⑥、⑦和⑧这3个字段合起来称为标记,共长3位。

⑥标记位未使用,须为0。

⑦标记位称为不要分片(Don't Fragment,DF),取值0表明允许分片,取值1表明不允许分片。

⑧标记位称为更多分片(More Fragment,MF),取值0表明这是最后一个分片,取值1表明这不是最后一个分片,即后面还有更多的分片。⑦和⑧两个字段表示分片标记位,稍后探讨其使用场景和方法。

片偏移:第⑨个字段,长13位,单位是8字节。其值指明了当前分片在原分组中的起始位置,最小值0指明当前分片是第一个分片,即起始分片;最大值为8191($2^{13}-1$),

① 源自IPv4标准(RFC 791),除非发送方确认接收方可以接收超过576字节的分组,发送方发送的分组总长度才会超过576字节。之所以选择576字节,是因为上层的数据段长度通常为512字节或以下,加上分组最长头部60字节,和4字节的余量,正好576字节。

说明一个分组最多分为 8192 个分片。

生存时间：第⑩个字段，常称为 TTL(Time To Live)，长 8 位，取值范围是 0～255，单位是 s。该字段的值规定了当前分组在互联网中存在的时间，每经过一台路由器，此值都被改写，减去在此路由器处理的时间(如果处理时间小于 1s，按照 1s 计)；当该值被改写为 0 时，即使还没有找到目的网络，当前分组也会被销毁。这个字段的设计，防止了一个分组在网络中无限循环而成为幽灵。

随着路由器处理分组的速度变得越来越快，远远小于 1s，每台路由器会把转出分组的 TTL-1，所以，这个字段的单位逐渐从 s 演变成了跳数(hops)，即路由器的台数，表明分组最多可以在网络中经过的路由器台数。一个分组的 TTL 值，每过一台路由器就减 1，绝大多数分组的 TTL 在未减到 0 时就到达了目的主机；对于 TTL=0，但还未到达目的网络的分组，可能遭遇了环路由等异常情况，路由器将其销毁，并使用 ICMP 消息(参考 5.3.2 节)通知源发生的事情，避免分组无休止地在网络中转悠。一般来说，Windows 操作系统产生的分组，其 TTL 初值为 **128**，而 Linux 操作系统产生的分组，其 TTL 初值为 **64**，这两个值足够保证分组到达它的目的，或者迷路后耗尽 TTL 而被销毁。

协议：第⑪个字段，长 8 位，表示网络层之上的传输层使用的协议。该字段的值代表了当前分组中搭载的数据类型，即使用的上层协议数据单元，指示接收方应该采用什么上层协议处理分组中的载荷。比如，如果此字段取值 6，表示当前分组中的载荷搭载了 TCP 数据段，接收方应该使用 TCP 处理分组中的 TCP 数据段。表 5-4 是协议字段的著名取值及含义。

表 5-4 协议字段的著名取值及含义

协议字段值	上层协议	备　注
1	ICMP	互联网控制消息协议，用以报告 IP 分组传输的错误和测试网络。参考 5.3.2 节
2	IGMP	互联网组管理协议，用于组播成员管理。参考 5.5.5 节
6	TCP	传输控制协议，用以提供可靠的数据段传输。参考 6.3 节
9	IGP	内部网关协议，用以支持私人定制的内部网关协议。参考 5.5.1 节
17	UDP	用户数据报协议，用以提供简洁高效的数据段传输。参考 6.2 节
41	IPv6	应用于 IPv4 向 IPv6 的过渡技术，表示载荷搭载的是 IPv6 分组。参考 5.4 节
89	OSPF	开放最短路径优先协议，最流行的内部网关协议。参考 5.5 节

头部校验和：第⑫个字段，长 16 位，用以检查 IP 分组头部有无发生传输错误。头部校验和采用分组头部的数据计算互联网校验和(具体计算参考 3.3.1 节)，发送方计算，接收方检查，确保分组头部数据没有错误，因为头部携带了诸如地址之类的重要信息。分组经过的每台路由器，都会修改头部中的 TTL 等信息，则需要重新计算一次头部校验和，这就产生了不可忽视的计算开销，因此 IPv6 分组已经取消了该字段。

源 **IP** 地址：第⑬个字段，长 32 位，即 4 字节，用以标识当前分组的发出接口，即从哪儿来。

目的 IP 地址：第⑭个字段，长 32 位，即 4 字节，用以标识当前分组的目的接口，即到哪儿去。32 位的 IP 地址将在 5.2.2 节介绍。

选项：第⑮个字段，其长度必须是 4 字节的整数倍，如果不是，需要用 0 填充；选项的长度上限是 40 字节。选项可用于完成一些特殊用途，比如安全、时间戳、源路由等。

2. 分组中的选项

IPv4 分组头部包括 14 个字段共 20 字节的固定部分，选项为没有表示在固定部分的其他内容提供了一个空间。当技术进步或者有额外的需求时，可以使用选项，而不必重新设计分组。是否使用选项由发送方决定，但是要求其他互联网节点能够解析这些选项。

在 RFC 791 中，对选项做了详细的规定，有 2 个 1 字节的选项：无操作（no-operation）和选项列表结束（end of option list）。

8 位无操作选项用于作指示，值为 00000001，用于在选项之间作填充，以保证选项是在 4 字节的边界；8 位选项列表结束选项表示为 00000000，用作所有列表之后的填充，只能出现一次。除了这两个 1 字节选项之外，其余的选项都是多字节选项，常用“类型-长度-值（TLV）”的形式表达，主要的选项包括：

（1）**安全**：用以说明当前分组的保密级别，可以根据此值绕开一些路由器。在全分布、独立寻径的网络中，安全选项的初衷几乎无法实现。

（2）**松散源路由**：源主机在分组中填写的这个选项，是从源主机到目的主机之间经过的路由器列表，分组需要按照这个列表顺序到达列表中的路由器，但是允许中途经过其他路由器。好像我们出去自驾旅游，开启 GPS 导航，设定好中途经过哪些景点，跟着导航走就可以了。

（3）**严格源路由**：源主机规定了到达目的主机的严格路径，即要求经过的路由器列表，且不允许经过其他路由器。（2）和（3）选项可以通过源路由的设定，有意识地避开某些路由器，或者在路由表被破坏的紧急情况下，有一条有效的路径传输分组。

（4）**时间戳**：记录每台路由器处理分组的全球通用时间（UT），从午夜开始计，单位为 ms。可用于追踪路由器行为，为管理提供依据。

（5）**流标识**：在不支持流（stream）概念的网络中传输时，提供一种对流的支持方法。我们很快会发现，这个几乎失传的选项，却出现在了 IPv6 分组头部。

这些选项是为了一些在分组固定头部未能展现的功能和目的而设计的，但这些设计几乎不被关心和使用，无疑当初的设计是失败的，因此在 IPv6 分组中，不再存在选项。

3. 分片及分片表示

源主机和目的主机之间可能穿越不同 ISP 构建的异构网络，这些网络链路的承载能力并不相同，用最大传输单元表示。**最大传输单元**（MTU）指的是数据帧中载荷的最大长度。数据帧的载荷是分组，所以，MTU 指的也是分组的总长度的最大值，如图 5-6 所示。

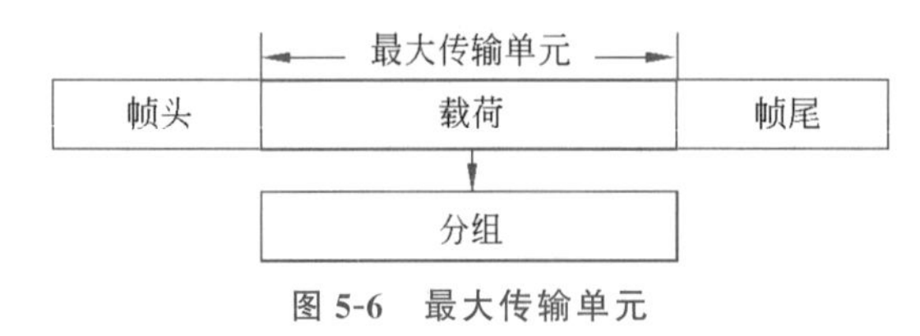

图 5-6 最大传输单元

读者已经在第 4 章知悉以太网数据帧的最大长度为 1518 字节，去掉帧头、帧尾，剩下的载荷（净数据）最长为 1500 字节，这就是以太网的 MTU。常见网络的 MTU 如

表 5-5 所示。

表 5-5 常见网络的 MTU

网络名	MTU/字节	备 注
以太网	1500	如果是巨型帧，此值可以达到 9000 字节，甚至更多
PPPoE	1492	用 PPP 携带以太网数据时，扣除 PPP 的 8 字节头部
IEEE 802.11	2304	不加认证的数据帧的载荷长度；如果加上 WEP(早期认证方法)的 8 字节，应为 2312 字节，如果加上 WPA 2 的 16 字节，应为 2320 字节
FDDI	4352	曾经非常引人注目的一种网络，传输可靠、快速(100Mb/s)
令牌环	4464	采用确定性的介质访问控制方式，无冲突，现在已经很少见
X.25	576	一种古老的网络，提供面向连接(虚电路)的传输

通过路由器，将不同的网络连接在了一起，站在路由器的角度，从一个网络入境的分组，处理后可能转向另一个不同 MTU 的网络，如果转出网络的 MTU 更大，比收到的分组长度还大，转发不会带来过载问题；但是，如果转出网络的 MTU 更小，小过收到的分组长度，直接转发，将超出承载能力；此时就需要对分组进行分片。假设入境分组长 L 字节，转出网络的 MTU 为 M 字节，则触发路由器分组的条件有两个。

(1) 分组的长度大于转出网络的 MTU，即 $L>M$。

(2) 分组中的标记位 DF 没有被置位，即 DF=0。

假设需要分片的总片数为 n，分组头部长度是 20 字节，分片载荷的长度上限是 d，则

$$d=\left\lfloor\frac{M-20}{8}\right\rfloor\times 8 \tag{5-1}$$

$$n=\left\lceil\frac{L-20}{d}\right\rceil \tag{5-2}$$

除了最后一个分片，其余的分片必须满载，即其载荷的长度必须是 d，因为分片偏移的单位是 8 字节，而分片载荷的长度必须是 8 字节的整数倍，但($M-20$)字节不一定能整除 8，所以使用公式(5-1) 计算分片的最大载荷长度，“⌊⌋”是下取整符号。如果设 F_i 为第 i 个分片的片偏移，L_i 为第 i 个分片的长度，则

$$F_i=\frac{d}{8}\times(i-1),\quad 其中\quad 1\leqslant i\leqslant n \tag{5-3}$$

$$L_i=\begin{cases}d+20, & 1\leqslant i<n\\ L-d\times(n-1), & i=n\end{cases} \tag{5-4}$$

【例 5-1】 如图 5-7 所示，一个分组长 4000 字节，其中整个头部长度为 20 字节，头部标识字段值为 8580，标记位 DF=0，当分组到达路由器时，发现转出网络是以太网，其 MTU 是 1500 字节。路由器是否需要进行分片？如果进行分片，应分为多少片？每个分片的总长度、头部标识、标记位 DF 和 MF 以及片偏移的值分别是多少？

【解】 路由器收到分组之后，发现分片的两个条件都满足，4000B>1500B，DF=0，所以，对分组进行分片。分片的最大载荷 $d=\lfloor(1500-20)/8\rfloor\times 8=1480\text{B}$，则分片总片数为

$$n=\left\lceil\frac{L-20}{d}\right\rceil=\left\lceil\frac{4000-20}{1480}\right\rceil=3$$

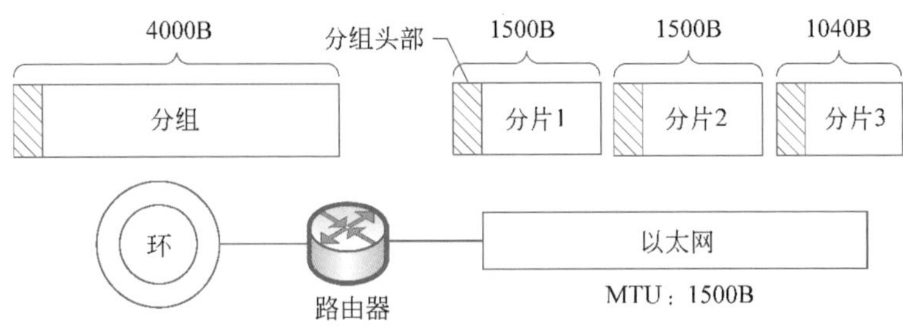

图 5-7　例 5-1 的配图 1

前两个分片满载，第三个分片的总长度应该是 4000B－1480B×2＝1040B，其中净载荷为 1020B。三个分片的头部各字段的取值如表 5-6 所示。

表 5-6　三个分片中的信息

字段名分组	总长度/B	标识	DF	MF	片偏移
原分组	4000	8580	0	0	0
分片 1	1500	8580	0	1	0
分片 2	1500	8580	0	1	185
分片 3	1040	8580	0	0	370

标识字段和标记位的取值被直接复制到各分片中，而分片总长度、MF 标记位、片偏移等值根据分片具体情况而变化。其中的片偏移指明了当前分片与原分组之间的关系，如图 5-8 所示。

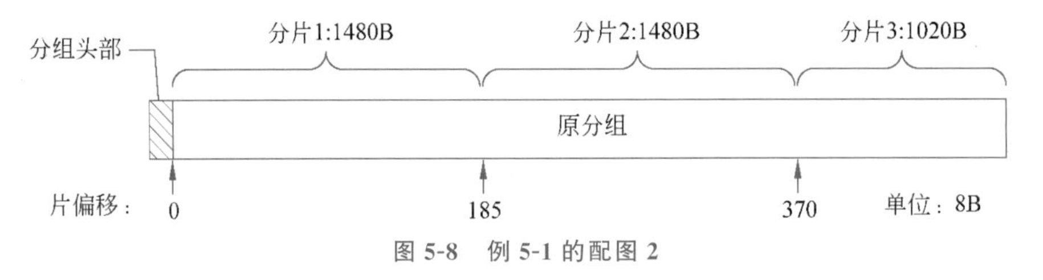

图 5-8　例 5-1 的配图 2

这个例子展示了路由器进行的分片工作，除了把原分组中的标识、DF 标记位的值复制进分片，还要计算分片的个数、各分片的长度，以及分片的偏移，对 MF 进行赋值等。如果分片到达某台中间路由器，遭遇到更小的转出网络，则该分片还需要继续分片；分片在目的主机进行重组。

分片给路由器带来了额外的负担，目的主机还要承担重组的任务，除了消耗资源，还可能带来安全隐患。比如，攻击者通过构造异常的片偏移值，导致重组时分片重叠，或者重组主机内存溢出。所以，路由器分片逐渐不被采用，而是源主机封装时就采用合适的分组大小，以顺利地通过中间网络达到目的主机，这就要求源主机必须知道到达目的主机之间的所有中间网络的 MTU 的最小值，5.3.2 节将介绍探测最小 MTU 的技术——PMTU。

5.2.2　IPv4 地址

IPv4 地址是 IP 标准中的一个重要内容，为一台设备提供了标识，别的设备可以根据 IPv4 地址找到它，所以，IPv4 地址提供了寻址所需要的最重要的信息。通常，我们把 IPv4 地址称为 IP 地址，如果没有特殊说明，IP 地址都特指 IPv4 地址。

1. IP 地址的表示和分类

IP 地址用 32 位表示，为了方便书写、记忆和认读，采用点分十进制表示它。将 32 位分成 4 个 8 位组，8 位组之间用“.”符号分开，且每个 8 位组转成对应的十进制数，如图 5-9 所示。

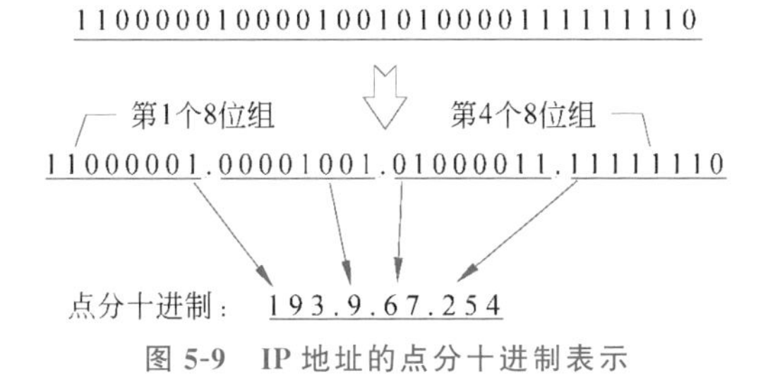

图 5-9 IP 地址的点分十进制表示

IP 地址的主要作用是找到它标识的主机。IP 地址被分成两部分：网络部分（网络号）和主机部分（主机号），网络号标识了 IP 地址所属的网络，代表了互联网上的某个地址块，而主机号由这个网络的管理人员管理，在全球范围的寻址过程中，主机部分并没有起作用。打个比方，一个人的家在广州天河区五山街道 381 号，要找这个人，首先找到五山街道，到了五山街道，再找到众多门牌号中的 381 号，在寻找五山街道的过程中，从来不用关心 381 号，这里的五山街道就是网络部分，381 号属于主机部分，除了 381 号，还有 380、382 等其他号码，都同属于五山街道这个网络。

不同的网络大小不同，所以，标识网络部分的位数也有长有短，32 位组合而成的 2^{32}=4 294 967 296（约 43 亿）个地址被分成了 5 类，如图 5-10 所示。

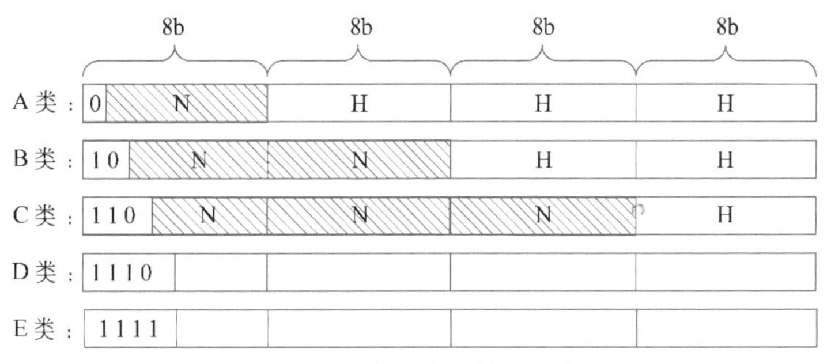

图 5-10 每类地址的位构成

在图 5-10 中，A、B、C 三类地址是常用的地址，阴影部分对应的地址位是网络（network）部分，网络部分的位构成了网络标识（Net-ID），剩下的就是主机部分，主机部分的位构成了主机标识（Host-ID）。A 类地址的网络部分是第 1 个 8 位组，且最高位固定为“0”，其余的 7 位组合构成 2^7=128 个 A 类网络号，除了最左边的第 1 个 8 位组，其余 3 个 8 位组是主机位，可以构成 2^{24}=16 777 216 个主机号，所以，全球 A 类网络很少，只有 128 个，但每个 A 类网络中可以包含的主机台数特别多，约 1600 万，是大型的网络，所有的 A 类地址占据了全部地址（约 43 亿）的一半，如图 5-11 所示。B 类地址的最左边两个 8 位组是网络位，且最高两位固定为“10”，其余的 14 个网络位组合构成 2^{14}=16 384 个 B 类网络，个数比 A 类多很多，但每个 B 类地址的主机位只有最右边两个8位组，即16位，提供 2^{16}=65 536个主机号，B类网络比A类网络的规模小多了。

C类地址的最高三位固定为110，且变化的网络位占据了21位，提供 2^{21}=2 097 152个C类网络号，每个C类网络的主机位是8位，提供256个主机号，是小型的网络。

A、B和C类地址是常用的三类地址，为了便于掌握，将三类地址的主要特征进行归纳，如表5-7所示。识别这三类地址，只需要看第1个8位组的值，比如图5-9中的IP地址193.9.67.254，它的第1个8位组的值是193，属于192～223，是一个C类地址。

表5-7　三类常用地址的特征

类别	最高固定位	第1个8位组的值	网络位数/个		主机位数/个	
A	0	0～127	8b	128	24b	约1600万
B	10	128～191	16b	约1.6万	16b	约6.6万
C	110	192～223	24b	约210万	8b	256

D类地址的最高4位是1110，所以第1个8位组的范围是11100000～11101111，对应的十进制值是224～239。D类地址是IP组播地址(5.5.5节将介绍IP组播)，用于标识某个组的所有组成员，它不能用作某个分组的源地址，只能用作目的地址。

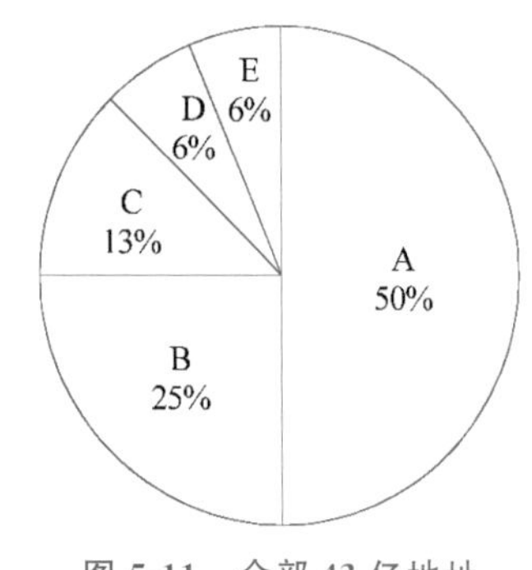

图5-11　全部43亿地址空间的构成

E类地址的最高4位是1111，所以第1个8位组的范围是11110000～11111111，对应的十进制值是240～255，这段地址保留未用。

五类地址构成了全部约43亿(2^{32})的地址空间，如图5-11所示。

IP地址标识了主机，准确地说，是标识了主机上的网络接口(适配器)。IP地址具有如下这些特征。

(1) 全球唯一性：IP地址必须保证在整个互联网上是唯一的。互联网号码分配机构(Internet Assigned Numbers Authority，IANA)负责分配全球网络号，保证网络号的唯一；网络号的管理者负责分配该网络下的主机号，保证主机号的唯一。唯一性对于寻址来说非常重要，但是，私人地址并不具备全球唯一性。

(2) 层次性：IP地址包括网络部分和主机部分，天生具有2层结构。现在的网络，通常进行了子网划分，或采用了无类域间路由(Classless Inter-Domain Routing，CIDR)技术，相应地，IP地址已经不是简单的2层结构，而是有3层、4层或更多层，就像“广东省广州市天河区五山路”这个地址对应着“广东省”“广州市”“天河区”“五山路”几个不同层次的地址。IP地址的层次性由地址分配机制和网络管理技术共同决定，层次结构的IP地址引导分组的寻址过程。稍后将陆续探讨子网划分和CIDR。

(3) 位置相关性：一个IP地址不仅仅是标识，它与地理位置是密切相关的，这是由IP地址的分配机制决定的。比如，1993年，202.*.*.*这一大块地址已经分配给了亚太互联网络信息中心(APNIC)，那我们就知道202开头的IP地址肯定位于亚洲，至于具体在亚洲的哪里，可在APNIC的官网查询，比如，我们查询202.38.193.*

的地址,发现是 SCUT-CN 网络,位于华南理工大学。

(4) 多归属性:一台主机可以有多个 IP 地址,如果这台主机有多个网络接口,比如一台主机安装了双网卡,它可以挂接到两个不同(网络号不同)的网络,这样的主机称为多归属(multi-homed)主机。一台路由器上也有多个接口,每个接口配置一个 IP 地址,每个 IP 地址的网络号一定不同,即属于不同的网络,这与路由器的特点——连接不同网络是一致的。

(5) 同一性:同一个网络中的设备,它们的 IP 地址的网络号是相同的。比如,202.38.193.X 中的主机号 X 的取值范围为 0～255,属于同一个网络,它们的网络号都是 202.38.193;这些地址同时也属于 APNIC 网络,具有相同的大网络号 202。

2. IPv4 单播、广播和组播

上面讲到 D 类地址是组播地址,在 IPv4 分组传输中,除了组播,还有单播和广播。图 5-12 展示了 IP 分组进行单播、广播和组播的例子。

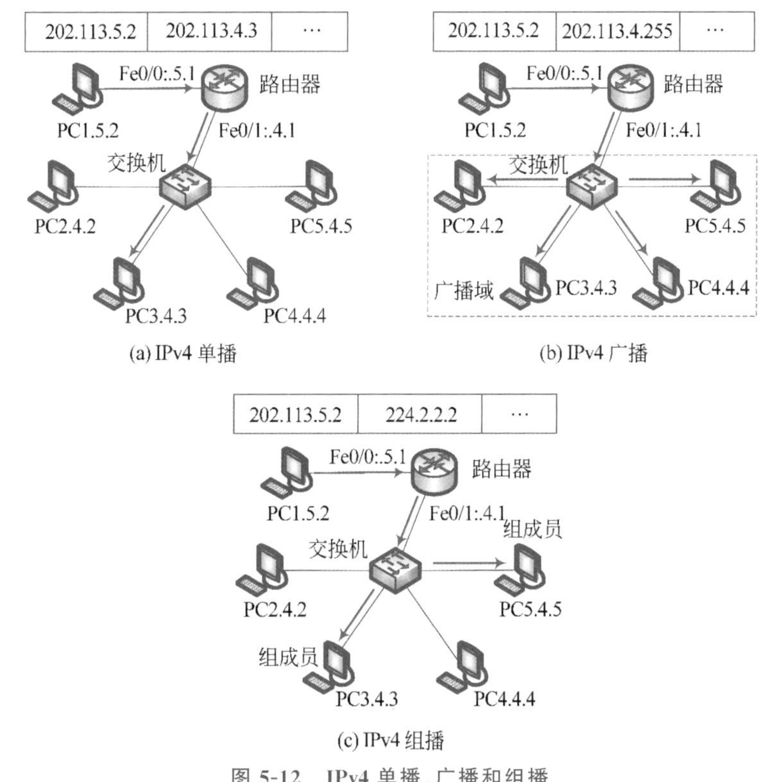

图 5-12 IPv4 单播、广播和组播

图 5-12 中的源主机都是 PC1。其 IP 地址是 202.113.5.2,它和路由器的 Fe0/0 接口(IP 地址是 202.113.5.1)同属于一个广播域,其网络号是 202.113.5。

IPv4 单播指的是:从一台主机向另一台主机发送分组,其目的地址是单播地址,代表某台主机。单播是一对一的分组传输。如图 5-12(a)所示。源主机 PC1 向目的主机 PC3 单播发送分组。

IPv4 广播指的是:从一台主机向所有其他主机发送分组,其目的地址是广播地址,可以是受限广播地址,也可以是定向广播地址,这两类地址都在接下来的特殊的 IP 地址中详细介绍。广播是一对"所有"的分组传输,这个"所有"指的是某个特定网络(广播域)上的所有主机，如图5-12(b)所示。

图5-12(b)中，PC2～PC5共4台PC通过交换机连接到了路由器的Fe0/1接口，这是非常经典的接入拓扑，连同交换机，共同构成了一个广播域，源主机PC1向这个广播域做定向广播，目的地址使用了定向广播地址202.113.4.255，广播域内的所有主机都会收到广播分组，是一对所有的分组传输。

广播域是广播分组能够送达的范围，通常，路由器的一个接口挂接着一个广播域，图5-12(b)中虚线框起来的是一个广播域，其网络号是202.113.4，路由器的Fe0/1接口也属于这个广播域，所以，路由器是广播域的边界。

图5-12(b)中还有一个广播域，那就是路由器的另一个接口Fe0/0挂接的PC1所在的网络，其网络号为202.113.5。

IPv4 **组播**指的是：从一台主机向某个组的成员发送分组，其目的地址是IP组播地址，即D类地址，其特征是第1个8位组的范围是223～239。组播是**一对多**的分组传输，所以，有的资料称它为**多播**，这个"多"指的是组播成员通常不止一个，是多个，如图5-12(c)所示。

图5-12(c)中，两台主机PC3和PC5都参加了一个**组播组**，其组地址是224.2.2.2，成了这个组的成员，当PC1向这个组发送组播分组时，其目的地址填写的是224.2.2.2，两个组成员都接收这个分组并处理。需要注意的是，组播组的成员可以位于不同的网络(广播域)中。

3. 特殊的IP地址

特殊的IP地址指的是一些有特殊功能和用途的IP地址，如表5-8所示。

表5-8　特殊的IP地址

名称	IP地址表示	用　　途
受限广播地址	255.255.255.255	只能用作IP分组中的目的地址，向全网所有主机广播，实际上是本地广播
未指定地址	0.0.0.0	用作特殊情况下IP分组的源地址
环回地址	127.*.*.*	只能用作IP分组中的目的地址，用于测试本机IPv4软件
链路本地地址	169.254.*.*	仅可以链路本地通信
定向广播地址	Net-ID.255	只能用作分组中的目的地址，向Net-ID所在网络的所有主机广播
网络地址	Net-ID.0	不能用作分组中的源或目的地址，代表Net-ID网络本身

受限广播地址：由32位"1"构成，点分十进制表示为255.255.255.255。用受限广播地址作为目的地址的IP分组，不会被路由器转发，相当于**本地广播**，所有的本地主机都要接收这样的分组并处理。

未指定地址：由32位"0"构成，点分十进制表示为0.0.0.0。一台不知道自己IP地址的主机，在需要发送一个IP分组时，其源地址可用这个未指定地址。一般地，一台配置了动态主机配置协议(Dynamic Host Configuration Protocol，DHCP，5.2.4节)客户身份的主机，当它刚刚启动时，还未获取IP地址，此时，它需要向DHCP服务器广播发送一个discover分组，其目的地址是受限广播地址255.255.255.255，而源地址就是未指定地址0.0.0.0。

环回地址：A 类地块中的最后一个，它的第 1 个 8 位组是 01111111，环回地址的点分十进制表示为 127.X.X.X。环回地址只能用作 IP 分组的目的地址，这样的分组不会流出本机，通常用于测试本机的 IP 软件。比如最常用的“ping 127.0.0.1”用于测试本机的 IP 工作是否正常。还有一种比较常用的使用场景，研发时，客户端和服务端程序部署在同一台主机，客户端程序可以使用环回地址访问服务器程序。

链路本地(link local)**地址**：169.254 开头的 IP 地址。如果一台主机没有手动配置 IP 地址，也没有通过网络服务（比如 DHCP）获得一个 IP 地址，才会获得一个 169.254 开头的地址。路由器不能转发源自链路本地地址的 IP 分组，所以，使用了此类地址的主机只能够与直接相连的设备通信，即同一链路上的主机之间可以使用链路本地地址相互通信。

定向广播(direct broadcast)**地址**：也称为直接广播地址，由网络号和全“1”的主机号构成，代表网络号所在的网络的所有主机，只能用作目的地址；使用了该类地址的 IP 分组会向指定网络的所有主机广播。A、B、C 三类地址的直接广播地址分别为 N.255.255.255、N.N.255.255 和 N.N.N.255；类似地，划分了子网或聚合过的网络的广播地址，只需要保留网络号，而把对应的主机位全部换成 1，图 5-12(b)中，源主机发送的分组的目的地址 202.113.4.255 就是一个定向广播地址。

网络地址：由网络号和全“0”的主机号构成，代表网络号所在的网络本身，既不能用作源地址，也不能用作目的地址。A、B、C 三类地址的网络地址分别为 N.0.0.0、N.N.0.0 和 N.N.N.0；类似地，划分了子网或聚合过的网络的网络地址，只需要保留网络号，而把对应的主机位全部换成 0。路由表中的每一条记录，记载着到达某个网络的路径信息，此时的网络使用网络地址标识，网络地址是路由表的查找入口。我们将在 5.2.3 节学习从一个 IP 地址计算它所在网络的网络地址的方法。

【例 5-2】 一个 C 类网络号 195.1.1 分配给如图 5-13 所示的网络，网络中有 H1、H2、H3、H4、H5 共 5 台主机，这是接入以太网常见的连接方式，请为所有的主机分配一个可使用的合法的 IP 地址。

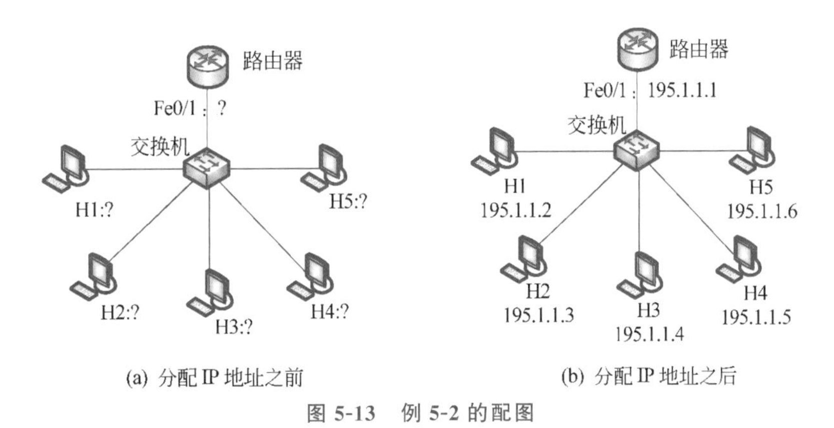

(a) 分配 IP 地址之前　　(b) 分配 IP 地址之后

图 5-13　例 5-2 的配图

【解】 C 类网络地址是 195.1.1.0，其中包含 254 个可以使用的合法 IP 地址，即 195.1.1.1～195.1.1.254。图中路由器的接口 Fe0/1 接了一台交换机，交换机的 5 个接口下分别挂接了 H1～H5 共 5 台主机，所以，路由器接口 Fe0/1、交换机和 5 台主机共同构成了一个广播域，是一个物理的局域网，习惯称为子网，可以使用 195.1.1.1～

195.1.1.254这段 IP 地址范围中的任何一个。

按照使用惯例，通常把合法地址段中的第一个或者最后一个分配给路由器接口，这里给接口 Fe0/1 分配了地址块中的第一个 IP 地址——195.1.1.1，接口 Fe0/1 是这个子网内所有主机的默认网关。而 5 台主机分别分配 195.1.1.2～195.1.1.6。只要保证子网内的地址不重复，且具备相同的网络号，地址分配方案就是正确的。

5.2.3　子网划分

1. 为什么要进行子网划分

非个人用户，比如一个公司、一个学校，从 ISP 那里获取的 IP 地址通常不是一个 IP 地址，而是一个 IP 地址块，用网络号标识的地址块。早期，完全按照类别将 IP 地址块分配给一个物理的网络①。比如，195.1.1 是一个 C 类网络号，它可以分配给一个物理的网络，而主机号则被分配给这个物理网络上的一台台主机（其实是一个个接口），网络号和主机号共同构成完整的 IP 地址。

例 5-2 中，5 台主机在配置网络参数时，需要设置对应的默认网关，即与主机相连的路由器接口 Fe0/1：195.1.1.1。Fe0/1 是这个子网的默认网关（default gateway），即它是该网络主机与外面的远程主机通信时所必经的设备。

如果这个子网再没有别的主机或设备，没有分配出去的 IP 地址就不能使用了，因为 IP 地址不仅是一个名字，而且具有位置相关性，绑定了位置信息，其他剩下的 IP 地址都同属于这个网络。

如果这个网络号不是 C 类，而是 B 类网络或者 A 类网络，浪费的地址数就更多了。

IP 地址天生具有网络号和主机号两大部分，将互联网也解释成了二层的地址（RFC 950，1985 年），即互联网由若干子网构成，主机只是把子网当成一个接入口而已。这种解释对一个机构来说是不够的，因为，一个机构部署的网络往往包含很多子网，用三层的地址去解释更加恰当。

所以，可将一个天生二层的地址变为三层的地址，采用子网划分（子网规划）的方法，可以将地址块切分成更小的块，更加充分地利用每个地址，也更便于管理。子网划分就是把一个物理网络划分为若干小的子网，让每个子网的规模变小；原始的两层 IP 地址结构通过子网划分变成了三层甚至更多层的地址结构。

事实上，子网划分还具有其他优点，比如减小广播域的规模：通常路由器的一个接口下挂接交换机，交换机还可以接交换机，交换机再接入 PC，这样就会形成一个很大的网络，这个网络就是一个 LAN，这个网络等同于一个广播域，广播分组可以在整个网络上泛滥。所以，这个网络越大，被广播分组骚扰的主机就越多，带来性能的损失、用户体验的下降以及安全隐患，可以用交换机把这个大网络分割成若干小网络（VLAN，参考 4.5.1 节），即把大广播域切分成小广播域，提升网络的性能和安全性。

子网划分的关键是把原有 IP 地址块划分为与物理网络（或 VLAN）大小相适应的 IP 地址块，使用的方法是保持原有 IP 地址的总位数不变，从主机位中划拨一些位

---

① 一个物理的网络挂接到路由器的接口，等同于一个 LAN（含 VLAN），也等同于一个广播域，还等同于一个子网（subnet），在 CIDR 之前，一个物理的网络需要分配一个 A、B 或 C 类的 IP 地址。

作为子网位，剩下的位仍然是主机位。所以，子网划分就是“借位”创建子网，借位创建的子网规模比原有网络小，可以更好地适配真实的网络，不浪费地址。借位的原则如下。

（1）从主机域的高位开始借位。从主机域的高位开始借位，可以保证所借的位紧紧挨着原网络位，剩下的主机位仍然是一整块连续的主机号。

（2）主机域至少要保留 2 位。前面介绍过两类特殊的 IP 地址，一类是主机位全部为“0”的网络地址，另一类是主机位全部为“1”的定向广播地址，如果主机域被借后只余下 1 位，那这个新创的子网只剩下网络地址和定向广播地址，没有可用的 IP 地址。

借位创建了子网，让 IP 地址包含网络部分和主机部分的原始二层结构，变成了三层结构，如图 5-14 所示，借位形成了子网位，原始网络位数和总地址位数都维持不变，原始主机位数等于子网位数与主机位数之和。

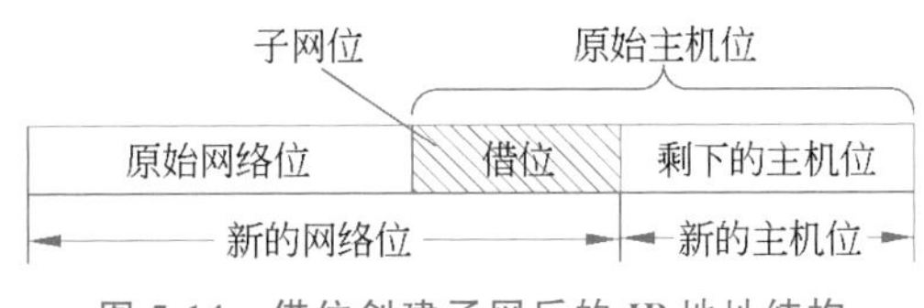

图 5-14　借位创建子网后的 IP 地址结构

2. 子网掩码

借位创建子网之后，大网络被切成了小网络，怎么表示这些小网络呢？引入一个概念：子网掩码(subnet mask)。子网掩码指示了对应的 IP 地址所在的网络以及这个网络的规模。子网掩码也用 32 位表示，其中的数字“1”表示 IP 地址的对应位是一个网络位，而“0”表示对应位是一个主机位。

例如，一个 IP 地址 125.216.4.5，它的子网掩码是 255.255.255.128，它表示从对应的 IP 地址 125.216.4.5 的高位数起，有 25 位是网络位，剩下的 7 位是主机位，该网络能提供的全部 IP 地址数是 $2^7=128$ 个，含网络地址和广播地址，合法、可用的 IP 地址位于网络地址之后和广播地址之前的一段范围。如图 5-15 所示，为了看得更清楚，将子网掩码和对应的 IP 地址的最后一个 8 位组，都用二进制位表示。

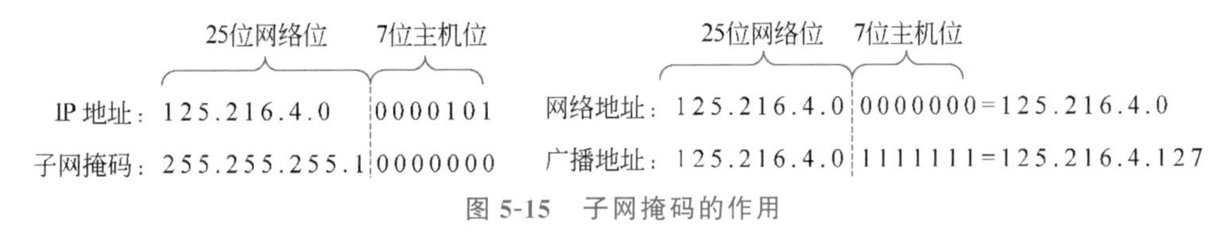

图 5-15　子网掩码的作用

除了这种“点分十进制”表示之外，子网掩码还可以用前缀表示法表示为“/25”，它的含义与“点分十进制”表示的子网掩码没有分别，这个前缀指的是网络的位数，对应着子网掩码中“1”的个数。前缀表示法记为“/网络位数”，跟在一个 IP 地址后面，决定了这个 IP 地址所在网络的大小。

例如，125.216.4.5/25，表示这个 IP 地址的网络位是 25 位，对应的子网掩码是 255.255.255.128，所在网络的网络地址是 125.216.4.0，广播地址是 125.216.4.127，可用的 IP 地址范围是 125.216.4.1～125.216.4.126，共 126 个。

A、B、C 三类传统有类地址，它们默认的网络位分别是 8 位、16 位和 24 位，所以对应的子网掩码如表 5-9 所示。

表 5-9　传统有类 IP 地址的默认子网掩码

IP 地址	点分十进制表示法	前缀表示法
A类	255.0.0.0	/8
B类	255.255.0.0	/16
C类	255.255.255.0	/24

通过借位创建子网，能够借的位数与所属的类别有关系。比如，B 类地址有 16 位主机位，根据借位原则，可借的位数从 1 位到 14 位不等；当借 8 位创建子网时，主机位还余下 8 位，其地址特征与 C 类地址相似，所以，剩余 8 位主机位的 IP 地址被称为类C(C-like)地址。比如，138.6.33.0/24 就是一个类 C 地址，虽然它的第一个 8 位组值为138，本应该是一个 B 类地址。

又比如，C 类地址有 8 位主机位，根据借位原则，可借的位数从 1 位到 6 位，产生的子网数和子网规模各不相同，如表 5-10 所示。

表 5-10　C 类地址的子网划分

借的位数	子网掩码(前缀表示法)	子网数	子网规模		
			主机位数	全部地址数	可用的 IP 地址
1	255.255.255.128(/25)	2	7	128	126
2	255.255.255.192(/26)	4	6	64	62
3	255.255.255.224(/27)	8	5	32	30
4	255.255.255.240(/28)	16	4	16	14
5	255.255.255.248(/29)	32	3	8	6
6	255.255.255.252(/30)	64	2	4	2

特别注意：早期的子网规划，借 1 位是不可以的，因为借 1 位创建的两个子网，分别是全“0”和全“1”子网，而 RFC 950(1985 年)中规定这样的子网不可用。后来，因为IP 地址不够用，RFC 1878(1995 年)给出的借位和创建子网的表格数据中，全“0”和全“1”子网赫然在表。所以，现在做子网规划，这两个子网都是可以使用的。

下面举一个例子说明通过子网划分，实现为物理网络分配可用的 IP 地址。

【例 5-3】 一个机构部署了一个网络，包含 6 个物理网络，即 6 个子网，其拓扑和各子网挂接的主机数如图 5-16 所示，有一个网络地址块 192.168.1.0/24 可用于该网络，应该如何规划这个地址块？

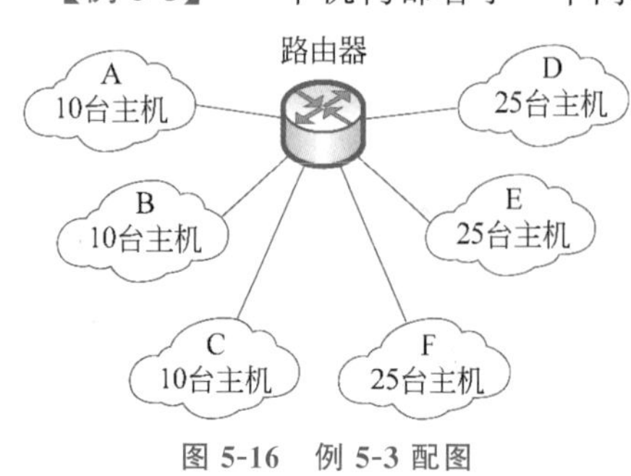

图 5-16　例 5-3 配图

【解】 首先进行需求分析：从拓扑图看到，6 个子网 A、B、C、D、E 和 F 所挂接的主机数分别是 10 台和 25 台，加上默认网关(路由器接口)的地址需求，每个子网最多需要26 个可用 IP 地址。因为需要 6 个子网，至少借 3 位才能满足子网数量的需求，$2^3>6$；剩余 5 位主机位，可以提供 $2^5-2=30$ 个可用 IP 地址，可供主机使用，30>26 满足图中网络的需求。为 6 个子网分配 6 个地址块，如表 5-11 所示。

表 5-11 借 3 位创建的 8 个子网的信息

子网序号	子网掩码	子网络地址	子网络广播地址	可用的地址范围	分配
1	255.255.255.224（或/27）	192.168.1.0	192.168.1.31	192.168.1.1～30	A
2		192.168.1.32	192.168.1.63	192.168.1.33～62	B
3		192.168.1.64	192.168.1.95	192.168.1.65～94	C
4		192.168.1.96	192.168.1.127	192.168.1.97～126	D
5		192.168.1.128	192.168.1.159	192.168.1.129～158	E
6		192.168.1.160	192.168.1.191	192.168.1.161～190	F
7		192.168.1.192	192.168.1.223	192.168.1.193～222	备用
8		192.168.1.224	192.168.1.255	192.168.1.226～254	备用

按此表所示的规划方案，6 个子网都分到了可用的 IP 地址，其中 A、B 和 C 两个子网仅需 IP 地址数 11 个，但也分到了同样规模（每个子网有 30 个可用的 IP 地址）的子网地址，用不完的 IP 地址就浪费了。

3. 可变长的子网掩码（VLSM）

进行子网划分时，采用借位的方法创建子网，借位时主要考虑两个主要因素。

(1) 主机数的需求：主机数的需求决定了主机位数，比如，子网需要挂接的主机数是 10 台，至少需要 10 个 IP 地址，加上默认网关的 1 个地址，再加上网络地址和广播地址，IP 地址需求数为 13 个，$13<2^4=16$，则至少需要 4 位主机位才能满足主机数的需求。

(2) 子网数的需求：子网数的需求决定了子网位数，也就是需要向主机位借的位数。比如，需要划分 6 个子网，$6<2^3=8$，即需要借 3 位主机位创建子网，可创建 8 个子网，其中的 6 个用于分配给 6 个子网，还可以剩下 2 个备用。

一次借位，创建的子网规模相同，表现为子网掩码相同，即网络位一致，这称为定长子网掩码的子网划分，常常造成地址的浪费，或者地址不够用的情况，所以，可以对子网进行进一步划分，继续借位，创建更小的子网，精打细算，尽量不浪费地址；这样子网位数不再是定长的，而是变化的，这称为可变长子网掩码（Variable Length Subnet Mask）的子网划分。VLSM 的核心特点是子网掩码不同，即网络位不同，怎么来实施 VLSM 呢？下面用一个实例说明。

【例 5-4】 一个机构部署了一个企业网络，由 3 台路由器连接了 A、B、C、D、E、F 共 6 个物理网络，每个子网的拓扑如图 5-17 所示；有一个网络地址块 192.168.6.0/24 可用于该网络，应该如何规划这个地址块？

【解】 首先进行需求分析：从拓扑图看到，图中有 6 个子网，每个子网所需挂接的主机各不相同，最小的两个网络是 E 和 F，E 用于连接两台路由器 R1 和 R2，只需要两个 IP 地址，分配给 R1 的串口 S0/0 和 R2 的串口 S0/0，同样地，网络 F 也只需要两

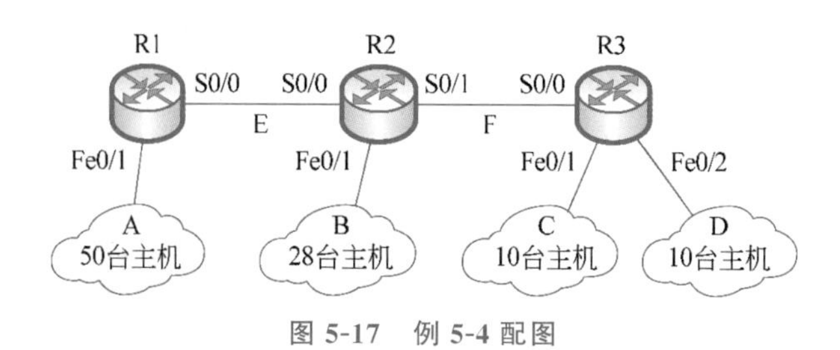

图 5-17　例 5-4 配图

个可用的 IP 地址。按照每台主机一个 IP 地址分配，网络 A、B、C 和 D 分别需要 50 个、28 个、10 个和 10 个 IP 地址，但别忘了，这些网络挂接到路由器的接口上，也需要一个 IP 地址，所以，网络 A、B、C 和 D 分别需要 51 个、29 个、11 个和 11 个可用的 IP 地址。

接着，先为最大的网络 A 分配 IP 地址，主机位需要 6 位(2^6)才能满足 51 个 IP 地址的需求。所以，子网位应该是 8－6＝2 位，也就是向主机位借 2 位创建 4 个子网，其中，第 1 个子网 192.168.6.0/26 分配给网络 A。

继续划分第 2 个子网 192.168.6.64/26，再借 1 位，创建两个子网，其中一个子网 192.168.6.64/27 分配给网络 B；另一个子网 192.168.6.96/27 继续划分，再借 1 位，形成两个更小的子网 192.168.6.96/28 和 192.168.6.112/28，分配给网络 C 和网络 D。

到此为止，地址块 192.168.6.0/24 才分出去了一半，还有两个小网络 E 和 F 需要地址，但它们都只需要 2 个地址，所以“/30”的地址块就够用了，将 192.168.6.128/26 继续划分，借 4 位创建 16 个子网，将其中的两个 192.168.6.128/30 和 192.168.6.132/30 分配给 E 和 F，其余未分配的地址留存备用。

整个 IP 地址的分配过程参考图 5-18。

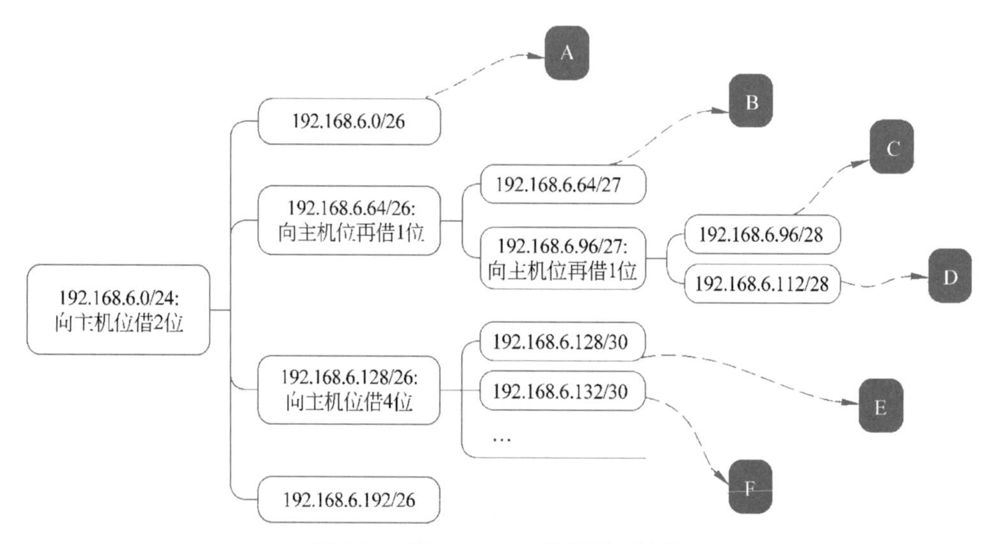

图 5-18　例 5-4 VLSM 子网划分过程

上例中，面对 6 个子网的需求，如果用定长子网掩码去解决，需要借 3 位创建 8 个子网，每个子网的地址空间大小(子网规模)是 $2^{8-3}=32$，无法满足 A 网络的主机数需求；如果借 2 位创建 4 个子网，虽然子网规模满足所有网络的主机数需求，但是子网数需求无法满足($2^2=4<6$)。所以，如果采用定长子网掩码划分，既满足子网数的需求，

又满足每个子网中的主机数需求，则一个“/24”的块地址是不够用的。

但当采用 VLSM 进行划分时，不仅满足了所有子网数和主机数的需求，还剩下了 1 个“/26”地址块和 14 个“/30”的地址块，可留存备用。节约 IP 地址，这正是使用 VLSM 的好处。

5.2.4 IP 地址的获取

1. IP 地址的分配机构和分配

IP 地址的分配是按照层级进行的。IP 地址总池是由互联网号码分配机构[①](IANA)负责统一分配，但它并不直接面对 ISP 或终端用户，它将地址分配给区域互联网注册机构(Regional Internet Registry，RIR)，通常 RIR 会直接或通过当地的国家级互联网注册机构(NIR)将 IP 地址进一步分配给本地互联网注册机构(LIR)，然后由 LIR 进一步分配给下游的 ISP 或终端用户。

在我国，CNNIC[②](中国互联网络信息中心)为我国 ISP 和有一定数量地址需求的企事业单位提供地址资源的分配和注册管理服务。所以，对于终端用户来说，通常是在 ISP 那里开户，从 ISP 处获取 IP 地址；用户也可以通过运行某种协议直接从已申请到地址块的机构(比如高校)处获取 IP 地址。

2. 主机获取 IP 地址的协议

有了 IP 地址，怎么把它配置到一台主机上，成为一台可以上网的设备呢？可以直接手工配置到主机，比如一台 Windows 操作系统的主机可以通过网络连接的属性手工完成 IP 地址的设置。还有一类配置方法，是地址自动配置，即无须手工配置，通过运行某种协议自动获得。

(1) 逆向地址解析协议。最早的地址自动配置方法是逆向地址解析协议(Reverse Address Resolution Protocol，RARP)，主机从 RARP 服务器处获得一个与自己 MAC 地址对应的 IP 地址。这种方法有两个缺陷：RARP 使用了数据链路层的广播，在每个网络上必须放置一台 RARP 服务器；主机只能从 RARP 服务器处获得 IP 地址，但现在的设备要上网，光有一个 IP 地址不行，还需要子网掩码、默认网关等其他信息。所以，RARP 已经不再适用。

(2) 引导程序协议。引导程序协议(BOOTstrap Protocol，BOOTP)克服了上述两个缺陷。它是一个客户/服务器协议，服务器可放在网络的任何地方；同时，服务器提供包含 IP 地址在内的上网所需要的主要信息。但是，BOOTP 服务器提供的服务，需要查找内部的一张表完成，而这张表是事先配置好的。如果一台主机从一个网络移动到另一个网络，它的地理位置已经改变了，IP 地址应该相应地发生变化，但事先配好的表并不能提供变化了的 IP 地址。所以，BOOTP 是一个静态配置协议，而我们需要的应该是动态配置协议，可以为移动了的主机获取相适应的 IP 地址。古老的

---

① https://www.iana.org/numbers，目前全球有五大 RIR，分别是 ARIN(负责北美地区)、RIPE NCC(负责欧洲地区)、APNIC(负责亚太地区)、LACNIC(负责拉丁美洲地区)、AFRINIC(负责非洲地区)。IANA 是互联网名称与数字地址分配机构(Internet Corporation for Assigned Names and Numbers，ICANN)的一个职能部门，成立于 1998 年；从 2016 年起，ICANN 不再受美国政府监管，是独立的非营利机构。

② https://www.cnnic.cn/，从 CNNIC 申请地址资源的单位需要加入 CNNIC IP 地址分配联盟，成为联盟会员。

BOOTP 有些过时，但并没有完全消失。

(3) **动态主机配置协议**。动态主机配置协议(DHCP)是 BOOTP 的改进版本。也是目前大部分上网主机采用的动态配置方法。通过 DHCP，主机可以获得 IP 地址、子网掩码、默认网关、DNS 服务器等上网所需要的参数信息。

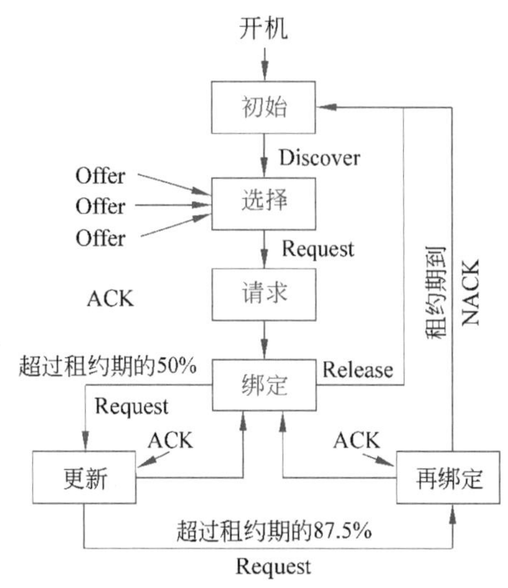

图 5-19　DHCP 客户端的状态变迁

DHCP 本身是一个客户/服务器模式的**应用层协议**(RFC 2131，1997 年)，运行在 DHCP 客户端和服务器端。服务器端开启着一个永久服务，随时等待接收并处理客户端的消息，而 DHCP 客户端的状态因为消息的收、发而发生了变化，从最初的初始状态到成功配置后的绑定状态，如图 5-19 所示，图中方框中表示的是主机的状态，英文表示的是 DHCP 消息名称。

初始状态(INIT)：启用了 DHCP 的主机开机后，进入初始状态，广播 DHCP Discover 消息，试图寻找 DHCP 服务器，随后进入下一个状态：选择状态。

当 DHCP 客户机封装 Discover 消息时，在分组头部的源地址和目的地址分别填写的是 0.0.0.0 和 255.255.255.255，而 255.255.255.255 是受限广播地址，如果 DHCP 服务器与客户机不在同一个网络，它就收不到 Discover 消息，这个时候需要启用 DHCP 中继代为转发 DHCP 消息。

选择状态(SELECTING)：收到 DHCP Discover 消息的 DHCP 服务器，会单播 DHCP Offer 应答消息，其中包含了 IP 地址、租期等信息，服务器会在本地冻结这个 IP 地址，以免该地址被分配给其他客户。发出应答的服务器也许不止一台，所以，客户会从中选取一台，并广播发送 DHCP Request 消息，进入下一个状态：请求状态。注意，如果选择状态中的客户机并未收到任何 DHCP Offer 消息，会间隔 2s 再发送 DHCP Discover 消息，连续重新尝试发 4 次，如果运气不佳，这些 Discover 消息都没有收到应答，客户机会在 5min 后再试。

处于选择状态的客户机，当它选取了某个服务器提供的 Offer，发出一个 DHCP Request 消息时，这个消息仍然是广播发送的，源地址和目的地址分别是 0.0.0.0 和 255.255.255.255，没有被选中的服务器可以解冻被自己冻结的 IP 地址等资源。

请求状态(REQUESTING)：客户机保持在请求状态，直到收到来自被请求服务器的 DHCP ACK 消息，并使用服务器提供的信息，客户机将进入下一状态：绑定状态。

绑定状态(BOUND)：当客户机将被请求服务器提供的 IP 地址子网掩码、默认网关等信息绑定到自己时，进入绑定状态。特别注意，从服务器获得的 IP 地址信息不是永久可用的，而是有一个租约期，默认租约期常常为 24h。当使用 IP 地址到了租约期的一半时，客户机再次发出 DHCP Request 消息，请求重新绑定，客户机状态改变为更新状态。在绑定状态，客户机还可以主动取消租约，从而回到初始状态。

更新状态(RENEWING)：客户机保持在更新状态，直到收到服务器发来的对延期请求的 DHCP ACK 应答消息，再次进入绑定状态，计时器复位。如果没有收到服务器的 DHCP ACK 应答消息，当时间又过去了一半，即时间到达整个租约期的 87.5%时，客户再次发出 DHCP Request 消息，进入再绑定状态。

再绑定状态(REBINDING)：客户在此状态，如果收到了服务器的 DHCP ACK 应答消息，那么直接进入绑定状态，租约计时器复位。如果没有收到 DHCP ACK 应答消息，但却收到了一个 DHCP NACK 消息，或者租约到期了，这两个事件都导致客户回到初始状态，并尝试获取一个新的 IP 地址。

DHCP 已经成为上网主机自动配置网络相关参数的主要协议，目前有两个版本，用于 IPv4 网络的 DHCPv4，而在 IPv6 网络中，使用 DHCPv6。

5.2.5 IP 寻址和 MAC 寻址

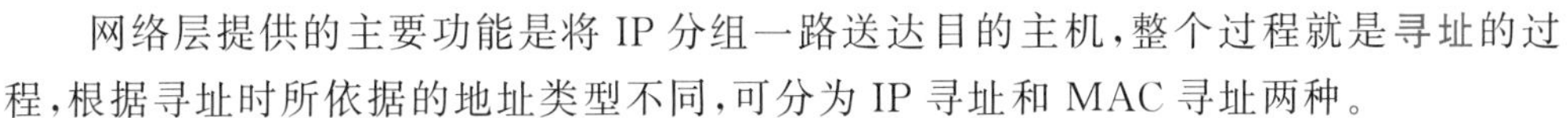

网络层提供的主要功能是将 IP 分组一路送达目的主机，整个过程就是寻址的过程，根据寻址时所依据的地址类型不同，可分为 IP 寻址和 MAC 寻址两种。

IP 寻址指的是根据 IP 地址定位到目的主机的过程，IP 寻址类似于快递投递过程。比如，从北京发送给华南理工大学张三的包裹，首先送达广东省邮局，然后到广州市邮局，再到天河区五山街道华南理工大学分拣处，最后送到张三所在的班级，一步一步靠近包裹的目的地。类似地，IP 寻址也是一步一步地向目的主机靠近，比如，从北京某主机发往广州目的主机 125.216.49.35/27 的分组，穿越几个中间网络(依靠路由器的接力)，到达目的主机所在的 125.216.49.0/24 网络，再到目的主机所在的最小网络 125.216.49.32/27。

MAC 寻址是根据 MAC 地址定位到目的主机的过程，MAC 寻址发生在较小的网络，通常是广播式网络，网络中的所有主机都会收到数据帧，但是只有数据帧中的目的 MAC 地址是自己，才会真正接收这一数据帧，完成 MAC 寻址任务的中间设备主要是交换机。

这两种寻址方式，不是对立的，而是相辅相成的，IP 寻址将数据分组推向目的主机所在的网络，而 MAC 寻址，将数据分组推向目的网络中的主机，可见，IP 寻址和 MAC 寻址共同作用，才完成了源主机和目的主机之间的数据传输。但是，IP 寻址和 MAC 寻址却是两种非常不同的寻址，主要区别如下：

(1) 适用的网络范围不同。IP 寻址适用于整个互联网，根据目的 IP 地址在全网范围内去找寻目的主机，其实是找寻目的主机所在的子网。而 MAC 寻址就发在子网，或者说局域网中。

(2) 两种地址在数据报文中的位置不同。图 5-4 显示了数据帧和数据分组的关系，MAC 寻址所依赖的目的 MAC 地址在帧头；IP 寻址所依赖的目的 IP 地址在分组头部，而整个分组作为数据帧的净数据。接收方收到数据，打开帧头就可以获取目的 MAC 地址；剥掉帧头，打开分组头部就可以获得目的 IP 地址。所以，MAC 寻址发生在数据链路层(第 2 层)，而 IP 寻址发生在网络层(第 3 层)。

(3) 寻址的地址依据不同。IP 寻址依据的是 IP 地址，在广阔的大网络范围，IP 地址的层次性、携带的地理位置信息，是完成寻址不可或缺的特性；而 MAC 寻址依据的是 MAC 地址，它是平面地址，在小网络范围(子网、局域网)内广播式找寻、定位目的主机。

(4) 完成寻址的交换设备不同。完成 IP 寻址的主要设备是路由器，路由器收到数据后，解封装到网络层，打开分组头部，提取目的 IP 地址，确定目的网络地址，查找路由表，再根据路由表的记录转发分组。

确定目的网络地址的方法是：将目的 IP 地址与子网掩码进行“按位与”运算，所得结果就是目的网络地址，而目的网络地址正是路由表的查找入口。比如一个分组的目的 IP 地址是 125.216.49.35，与子网掩码 255.255.255.0 进行“按位与”运算，结果就是保留了网络位、主机位是 0 的网络地址：125.216.49.0。图 5-20 用二进制形式表示“按位与”运算的过程和结果，

目的IP地址：01111101.11011000.00110001.00100011

子网掩码：&11111111.11111111.11111111.00000000

“与”运算结果：01111101.11011000.00110001.00000000

图 5-20　目的 IP 地址和子网掩码进行“按位与”运算的二进制表示

完成 MAC 寻址的主要设备是交换机参考 4.4.2 节，工作在第 2 层。交换机收到数据后，解封装到数据帧，获取帧头中的目的 MAC 地址，查找 MAC 地址表，再根据 MAC 地址表的查找结果作出转发决策。

下面举个例子，说明 IP 寻址和 MAC 寻址怎么配合完成两台主机之间的通信。图 5-21 中，两台主机 PC1 和 PC2 分别通过交换机 SW1 和 SW2 接入各自的默认网关 A 和 E，默认网关再与外网直接相连，图中的互联网中只有 6 台路由器，实际上 PC1 和 PC2 之间的网络可大可小，路由器的台数可能更多，也可能更少，它们构成的互联网称为 IP 寻址域。

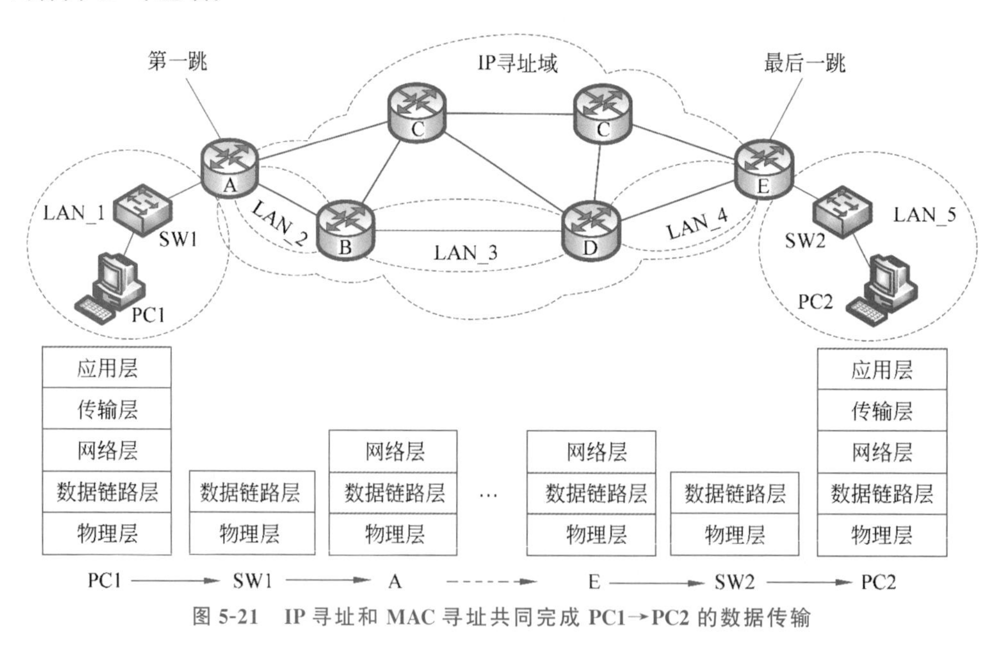

图 5-21　IP 寻址和 MAC 寻址共同完成 PC1→PC2 的数据传输

当 PC1 有数据要发给 PC2 时，它首先要对数据进行封装(略去封装过程)，封装好的分组头部要填上源 IP 地址和目的 IP 地址，分别是 PC1 和 PC2 的 IP 地址；同时也要在帧头填上源 MAC 地址和目的 MAC 地址，分别对应 PC1 的 MAC 地址和默认网

关的 MAC 地址，这里的目的 MAC 地址并不是 PC2 的 MAC 地址，而是默认网关的 MAC 地址，即与 PC1 间接连接的路由器 A 的接口的 MAC 地址；A 是整条路径上的第一跳。

封装好的数据从 PC1 发出后，在 LAN_1 子网中通过 MAC 寻址，被路由器 A 接收（LAN_1 中其他主机也会收到该数据，但不会接收处理，因为目的 MAC 地址不是它们）。

A 接收到数据之后，只解封到第 3 层，提取目的 IP 地址，确定目的网络，查找路由表，假如路由表记录了到目的网络的路由，向下一跳路由器 B 转发，那么转发前要重新封装，分组中的源 IP 地址和目的 IP 地址不变，但须改写数据帧中的源 MAC 地址和目的 MAC 地址，分别对应着路由器 A 的转出接口和路由器 B 的转入接口对应的 MAC 地址，这两个接口都属于 LAN_2 子网。

接下来，数据穿过 LAN_3 和 LAN_4，路由器 B 和 D 对收到数据的处理，与其他路由器一样。最终到达路由器 E，PC2 正挂接在路由器 E 上，是整条路径的最后一跳。它是目的主机 PC2 的默认网关。

路由器 E 对收到数据的处理，与其他路由器一样，首先解封到网络层，提取出目的 IP 地址，确定目的网络，查表发现，目的网络是一个直连网络，应该直接从 PC2 的默认网关（即 E 的对应接口）转出。转出前要完成封装，分组中的源 IP 地址和目的 IP 地址不变，但数据帧中的源 MAC 地址和目的 MAC 地址分别被置换为 E 的 LAN_5 接口 MAC 地址和 PC2 的 MAC 地址。转发到 LAN_5 的数据，通过 MAC 寻址，被 PC2 接收和处理。

读者可能要问：每台路由器进行重新封装，所使用的目的 MAC 地址怎么得到呢？5.3.1 节将会给出答案，且读者在 5.3.1 节中会看到寻址更具体的例子。

PC1 向 PC2 的数据发送过程中，既用到了 IP 寻址，大踏步地走到目的主机 PC2 所在地 LAN_5；也在穿过的各子网（LAN_1～LAN_5）用到了 MAC 寻址，让数据最终定位到数据帧的目的主机。可见，IP 寻址和 MAC 寻址在整个过程中都是不可或缺的。

5.2.6 无类域间路由（CIDR）

20 世纪 80 年代，随着技术的进步和商用化，互联网急剧膨胀，每个组织或单位都希望得到属于自己的 IP 地址块。按照当时的地址分配策略，只能申请一个 A、B 或 C 类网络地址，导致对这三类 IP 地址的需求呈现指数增长趋势，尤其是 B 类地址，因为大部分组织都认为 C 类地址不够用而申请 B 类地址，导致 B 类地址枯竭的趋势更加明显。1991 年，IETF 成立了路由和寻址（Routing and Addressing，ROAD）工作组，旨在确认当时的 IP 地址和路由状况。1992 年，ROAD 工作组指出了当时的互联网面临的三大问题（RFC 1519 和 RFC 4632）。

（1）B 类地址空间耗尽。根本原因在于没有适合中等企业大小的 IP 地址块，拥有 254 个主机地址的 C 类网络，太小了；但是，拥有多达 65 534 个主机地址的 B 类网络，对于大多数机构来说，又太大了。

（2）互联网路由器的路由表规模增长，超出了当时的软件、硬件和有效管理能力。

（3）32 位的 IPv4 地址空间也终将全部耗尽（实际上，2011 年 2 月，总地址池已经枯竭。）

于是诞生了 CIDR(无类域间路由),CIDR 并不试图解决第三个问题,而是通过提供一种机制降低 IPv4 地址的耗尽速度以及路由表的增长速度,即试图解决前两个问题。

1. 无类的地址分配

按照 A、B 和 C 类分配 IP 地址,被称为有类编址。CIDR 诞生之前,采用的是有类编址(classful addressing),网络前缀只有"/8""/16""/24"三种。

获得了有类 IP 地址的组织,往往并没有充分利用所有的地址,比如,一个 1000 人的公司,申请获得了一个 B 类地址(网络前缀为"/16"),假如简单地按照一个人一个 IP 地址计算,需要 1000 个主机地址,但是,一个 B 类地址块中却有 65 534 个主机地址,只用到了地址块中的很少部分,浪费了绝大部分的地址。

CIDR 提出了无类按需分配 IP 地址,替代了按类别的分配机制,举个简单的例子说明 CIDR 的地址分配机制。

【例 5-5】 一个 1000 人的公司,申请 1000 个主机 IP 地址。按照 CIDR 的无类编址机制为该公司进行地址分配。

【解】 CIDR 不再按类分配 IP 地址,而是按需分配。

首先确定主机位、找到大于 1000 且最靠近 1000 的 2^n。此时 $n=10$,表示用 10 位主机位的 IP 地址,即可满足该公司的地址数需求,只有少量余量(22 个),可供后续扩展之用。

网络位数＝总位数－主机位数＝32－10＝22,所以只需要分配"/22"地址块,就满足了公司的 IP 地址数需求。

这个例子说明,CIDR 提供的"按需分配"IP 地址,比按类分配 IP 地址经济多了,几乎不会造成 IP 地址的浪费。

下面再看一个更具体的例子。

【例 5-6】 一个互联网服务提供商 ISP_1 获得了一个 IP 地址块 202.112.0.0/20,现在有 4 个学校 A、B、C 和 D 向 ISP_1 分别申请 IP 地址数 1000、1000、500 和 500,ISP_1 怎样为 4 个学校分配满足需求的 IP 地址?

【解】 地址块 202.112.0.0/20 的网络位是 20 位,包含 $2^{12}=4096$ 个 IP 地址,其中,地址块的第一个 IP 地址是网络地址 202.112.0.0,最后一个 IP 地址是广播地址 202.112.15.255,相当于涵盖了 16 个 C 类地址。

ISP_1 为 A 学校分配了网络位为 22 的 IP 地址块 202.112.0.0/22,其中,第一个 IP 地址是网络地址 202.112.0.0,最后一个 IP 地址是广播地址 202.112.3.255,共提供 1024 个 IP 地址,满足需求。

ISP_1 为 B 学校分配了网络位为 22 的 IP 地址块 202.112.4.0/22,其中,第一个 IP 地址是网络地址 202.112.4.0,最后一个 IP 地址是广播地址 202.112.7.255,共提供 1024 个 IP 地址,满足需求。

ISP_1 为 C 学校分配了网络位为 23 的 IP 地址块 202.112.8.0/23,其中,第一个 IP 地址是网络地址 202.112.8.0,最后一个 IP 地址是广播地址 202.112.9.255,共提供 512 个 IP 地址,满足需求。

ISP_1 为 D 学校分配了网络位为 23 的 IP 地址块 202.112.10.0/23,其中,第一个 IP 地址是网络地址 202.112.10.0,最后一个 IP 地址是广播地址 202.112.11.255,共提供 512 个 IP 地址，满足需求。

余下的地址块为 202.112.12.0/22，能提供 1024 个 IP 地址，备用。

采用 CIDR 的按需分配机制，不仅杜绝浪费，也非常灵活，这种灵活性让需要 IP 地址数目不等的组织获得刚好满足需求的地址块。

常见的 CIDR 地址块性质如表 5-12 所示。

表 5-12 常见的 CIDR 地址块性质

CIDR 地址块	子网掩码	IP 地址数	主机数	备 注
/13	255.248.0.0	524 288	524 286	2048 个 C
/14	255.252.0.0	262 144	262 142	1024 个 C
/15	255.254.0.0	131 072	131 070	512 个 C
/16	255.255.0.0	65 536	655 634	256 个 C
/17	255.255.128.0	32 768	32 766	128 个 C
/18	255.255.192.0	16 384	16 382	64 个 C
/19	255.255.224.0	8192	8190	32 个 C
/20	255.255.240.0	4096	4094	16 个 C
/21	255.255.248.0	2048	2046	8 个 C
/22	255.255.252.0	1024	1022	4 个 C
/23	255.255.254.0	512	510	2 个 C

2. CIDR 路由汇聚和实施效果

CIDR 诞生之前，互联网的飞速发展导致越来越多用户加入，形成了越来越多的网络，这些网络之间要互相通达，代表它们的网络地址及相关路由信息就必须出现在路由表中，虽然路由器并不需要把每个网络都记录进它的路由表，但是路由表的膨胀已经不可避免。

路由器为到达的分组提供路由时，要查找路由表，路由表的膨胀无疑加大了查找开销，进而增加了端到端应用的时延，降低了用户的体验；当然，大的路由表也意味着大的存储、维护成本等其他开销。

使用路由汇聚的方法，可以缩小路由表的规模。我们来分析一下例 5-6，采用 CIDR 按需分配机制为每个学校分配了 IP 地址之后，相应地，有类路由也过渡到了无类路由。如果例 5-6 中的对应拓扑如图 5-22 所示。

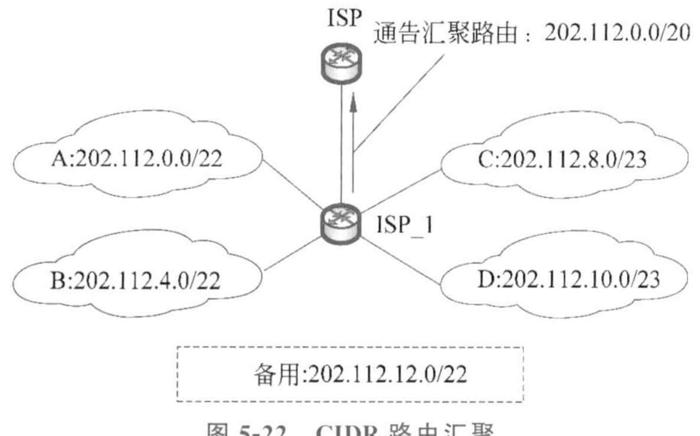

图 5-22 CIDR 路由汇聚

如果不进行路由汇聚，互联网提供商 ISP_1 的路由器需要向它的上游 ISP 路由器或其他对端路由器通告 4 条具体的路由，采用 CIDR 路由汇聚之后，它只需要通告一条汇总路由，那么，上游 ISP 路由器的路由表就从 4 条缩减为一条。

ISP_1 路由器在向上游路由器通告时，进行了路由汇聚，汇聚的结果是一个超网 202.112.0.0/20，上游路由器的路由表记录的目的网络正是这个超网，它不必记录具体的路由，具体的路由 ISP_1 路由器知道就可以了。汇聚结果——超网可以采用“基地址/网络位数”表示，其中的基地址，指的是形成的超网地址空间中的第一个地址。

【例 5-7】 一个网络的拓扑如图 5-23 所示，路由器 R1 直接连接了 4 个“/24”的网络，路由器 R2 直接连接了 8 个“/24”的网络，路由器 R3 连接了 1 个“/22”的直连网络，还连接了路由器 R1 和 R2；R1 向 R3 通告时发生了路由汇聚，用①表示；R2 向 R3 通告时发生了路由汇聚，用②表示；R3 向 R4 通告时，也发生了路由汇聚，用③表示。请分别写出汇聚①、②、③发生后产生的超网。

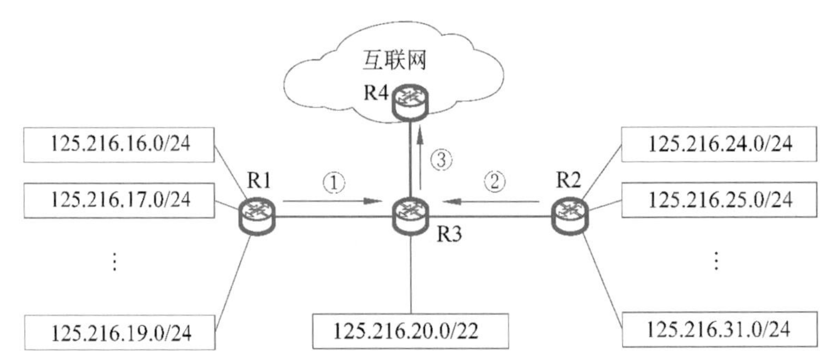

图 5-23　例 5-7 配图之 CIDR 路由汇聚

【解】 ①：路由器 R1 向 R3 通告了一条汇总路由，由 4 条直连路由汇聚而成，这 4 个网络的网络地址是 4 个类 C 网络地址，刚好可以形成一个连续的地址空间，其基地址是 125.216.16.0。显然，这一段连续地址中的前两个 8 位组是网络位，最后一个 8 位组是主机位，第三个 8 位组中，哪些是网络位和主机位呢？可以将 4 个网络地址的第三个 8 位组写成二进制的形式观察，如图 5-24(a)所示。

不变的位

16：000100 | 00
17：000100 | 01
18：000100 | 10
19：000100 | 11

(a) 4个“/24”子网的第三个8位组

不变的位

24：00011 | 000
25：00011 | 001
⋮
31：00011 | 111

(b) 8个“/24”子网的第三个8位组

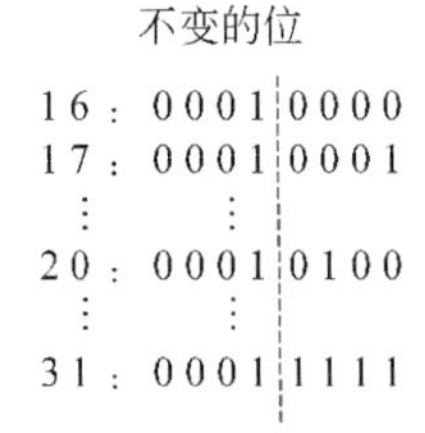

(c) 1个“/21”和2个“/22”子网汇聚

图 5-24　例 5-7 配图之路由汇聚过程

一个子网中的所有 IP 地址的网络位是相同的，所以，地址中保持不变的位才是网络位，第三个 8 位组中，低 2 位上既有 0 也有 1，具备主机位的特征，只有高 6 位，始终是“000100”，确定无疑，这六位是网络位，所以，地址中的全部网络位应该为 8＋8＋6＝22，4 个“/24”子网汇聚后的超网表示为 25.216.16.0/22。

②：同样地，路由器 R3 向 R2 通告一条汇总路由，汇聚了从 125.216.24.0/24 到 125.216.31.0/24 共 8 个网络，汇聚后的超网表示为 125.216.24.0/21。方法同①，如图 5-24(b)所示。

③：路由器 R2 向 R3 通告一条汇总路由，由直连网络 125.216.20.0/22 和①、②汇聚后的两个超网进行进一步的汇聚，这三个网络地址刚好可以形成连续的地址空间，其基地址是 125.216.16.0，除了前 16 位是网络位之外，第三个 8 位组，既有网络位也有主机位，写成二进制形式，如图 5-24(c)所示，高 4 位没有发生变化，是网络位，所以，超网地址中的网络位数是 16＋4＝20，超网表示为 125.216.16.0/20。

采用 CIDR 地址分配机制之后，B 类地址枯竭的趋势得到了遏制，同时，CIDR 也改变了路由表的指数增长趋势。RFC 4632(2006 年)专门撰写了第 9 节，描述了 CIDR 部署的曲折和效果，分析了当时的 CIDR 报告(The CIDR Report，简称 CRPT①)，试图从边界网关协议(Border Gateway Protocol，BGP)路由器中活跃的路由表条数观察路由表的增长情况。最新的 CIDR 报告如图 5-25 所示，活跃路由表条数已经从那时(2005 年)的 200 000，上升到了 900 000，大约 17 年的时间，增长了不到 4 倍；相比于早期的每 10 个月翻倍的指数增长速度②，CIDR 的实施已经让路由表的增长变得温和多了。

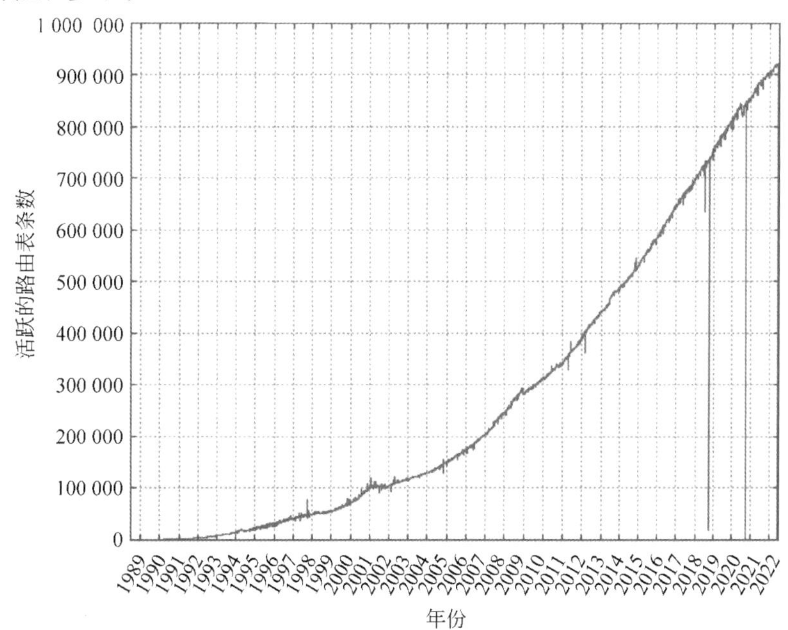

图 5-25 CIDR 报告：BGP 路由器中活跃的路由表条数随年增长

---

① CIDR 报告，http://www.cidr-report.org/，网站实时更新 BGP 路由器的路由表相关数据。这里的数据来自 2022 年 6 月 22 日的该网站。

② RFC 1519 中描述，NSFNET 的路由表增长速度在 1988—1991 年期间呈现指数增长，1992 年，路由表条数达到 4700。

3. 最长地址前缀匹配

CIDR 的实施需要管理和技术的支持，比如要求路由器都支持无类路由，而非按照 A、B、C 类地址的有类路由。有类路由根据目的地址的类别，即可确定目的网络，而无类路由必须根据子网掩码才能确定目的网络，所以，CIDR 后的路由表需要增加子网掩码字段，这是现代路由器都必须支持的。

确定目的网络的方法是“按位与”运算（见 5.2.5 节），CIDR“按位与”运算的结果就是目的网络，如果目的网络在路由表中存在，则匹配，找到了路由记录。实施了 CIDR 之后，能够匹配目的网络的记录可能不止一个，而是多个。

例 5-6 的路由汇聚中，互联网服务提供商 ISP_1 把备用的地址块 202.112.12.0/22 分配给了一所大学 U，后来这所大学发现通过 ISP_1 接入不如直接通过 ISP 接入更好，所以形成了如图 5-26 所示的拓扑。

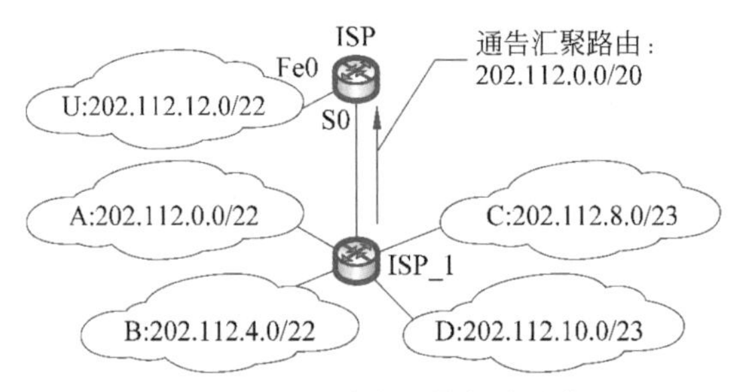

图 5-26　CIDR 路由之最长地址前缀

这样一来，在 ISP 路由器的路由表中包含了两条路由，如表 5-13 所示，一条汇总路由（202.112.0.0/20），一条直连路由（202.112.12.0/22）。表 5-13 只显示了路由表的部分信息，“目的网络”“子网掩码”和“转出接口”几乎是所有路由表必须有的信息。

表 5-13　ISP 路由器的路由表部分记录

目的网络	子网掩码	转出接口
202.112.12.0	/22(255.255.252.0)	FE0
202.112.0.0	/20(255.255.240.0)	S0
	…	

如果此时，ISP 路由器收到了一个分组，其目的 IP 地址是 202.112.12.9，路由器首先确定这个目的地址所在的网络，采用“按位与”运算的方法，过程和结果如图 5-27 所示，为方便展示，只将后两个 8 位组展开成二进制形式。

```
      目的IP：202.112.00001100.00001001
    子网掩码：&255.255.11111100.00000000
------------------------------------------
“与”运算结果：202.112.00001100.00000000
          目的网络地址：202.112.12.0
```

(a) 与“/22”子网掩码的“按位与”运算

```
      目的IP：202.112.00001100.00001001
    子网掩码：&255.255.11110000.00000000
------------------------------------------
“与”运算结果：202.112.00000000.00000000
          目的网络地址：202.112.0.0
```

(b) 与“/20”子网掩码的“按位与”运算

图 5-27　“按位与”运算的结果

可见，目的 IP 地址既在网络 202.112.12.0/22 中，也在网络 202.112.0.0/20 中，在路由表中查找，可以找到两条匹配的路由记录，一条指示从接口 Fe0 转出，另一条却指示从接口 S0 转出，到底选择哪一条路由转出呢？

最长地址前缀匹配回答了这个问题。我们已经知道,IP 寻址(参考 5.2.5 节)让分组通过路由器的接力逐步逼近目的 IP 地址所在的具体网络,前缀越长,则网络位数越多,对应的网络就越小、越具体,反之,前缀越短,则网络位数越少,对应的网络就越大。最长前缀地址匹配算法让路由器在有多个目的网络地址匹配时,选择前缀长的那个,也就是选择小的、具体的那个目的网络所在的路由,所以,这里选择"/22"前缀,即将分组从 Fe0 接口转出。

5.3 与 IP 有关的其他协议或技术

5.3.1 地址解析协议(ARP)

当一台主机要向另一台主机发送数据时,首先要完成封装,将数据层层封装,每层都要加上一些信息,最重要的信息应该是地址信息,比如在分组头部加上 IP 地址信息,在帧头加上 MAC 地址信息。

如果一台主机在封装时,发现自己只知道对方(目的主机)的 IP 地址,却不知道对方的 MAC 地址,无法完成封装,这时就要用到地址解析协议(Address Resolution Protocol,ARP)。ARP 是一个将 IP 地址映射为 MAC 地址的协议。

1. ARP 数据帧格式

如果 ARP 运行在以太网上,ARP 数据就直接封装在 DIX 以太网数据帧[①]中,此时,帧头的类型值为 0x0806。ARP 数据作为以太网数据帧的净数据,其本身也有格式,如图 5-28 所示,下面逐一解释。

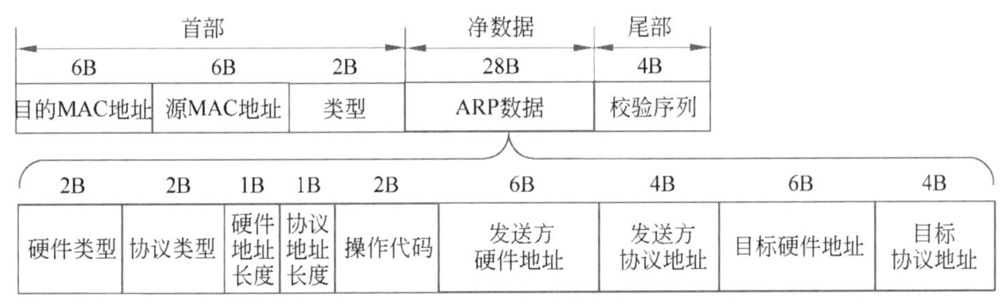

图 5-28 ARP 数据封装格式

硬件类型: 第①个字段,长 2 字节,表示 ARP 运行的物理网络的类型,比如 DIX 以太网、DOD INTERNET。

协议类型: 第②个字段,长 2 字节,表示上层协议,比如 IP。

地址长度: 第③、④个字段,均长 1 字节,分别表示与第①、②个字段相适应的硬件地址或协议地址的长度。

操作代码: 第⑤个字段,长 2 字节,表示 ARP 数据的类型,值为"1"表示 **ARP** 请求,值为"2"表示 **ARP** 应答。

发送方硬件地址: 第⑥个字段,长 6 字节,表示发送方(源)的硬件地址,比如

① RFC 826,这个古老的标准中,封装了 ARP 的数据帧被称为 ARP 分组(ARP Packet),本书认为应称为 ARP 数据帧,因为分组是网络层的协议数据单元,而从它的定义来看,应该是一个数据帧。

MAC 地址。

发送方协议地址：第⑦个字段，长 4 字节，表示发送方（源）的协议地址，比如 IP 地址。

目标硬件地址：第⑧个字段，长 6 字节，表示接收方的硬件地址。目标指的是被请求的设备，而目的指的是数据应该去往的设备。

目标协议地址：第⑨个字段，长 4 字节，表示被请求设备的协议地址。

ARP 应答帧中，将请求帧中的发送方硬件/协议地址和目标硬件/协议地址进行了调换。

我们虽然把 ARP 放在了网络层，其实，如果从 ARP 信息直接封装在数据帧中来看，它更像是数据链路层的协议；只是因为它要从 IP 地址去解析对应的 MAC 地址，我们才把它放到了这一章。

2. ARP 的基本工作原理

ARP 的基本工作原理如图 5-29 所示，图中路由器的接口 Fe0/0 挂接了一个以太网，网络层使用的协议是 IP；其中有一台交换机和 3 台 PC，即 H1、H2 和 H3。

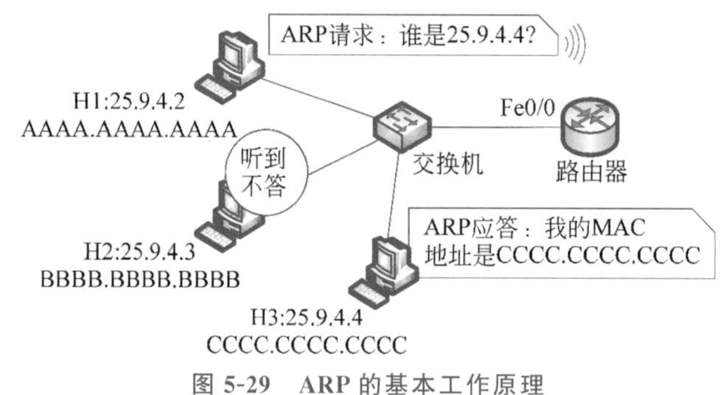

图 5-29　ARP 的基本工作原理

当主机 H1 知道 H3 的 IP 地址，却不知道 MAC 地址时，它不得不发起一次地址解析，其过程如下。

(1) H1 封装 ARP 请求帧，并将其广播出去。

ARP 请求帧以广播的形式发出，所以，帧头的源 MAC 地址和目的 MAC 地址分别是 AAAA.AAAA.AAAA 和 FFFF.FFFF.FFFF。而 ARP 数据中的发送方硬件地址和协议地址分别是 AAAA.AAAA.AAAA 和 25.9.4.2，而目标协议地址 25.9.4.4，目标硬件地址还不知道，填写为"全零"。

(2) 所有与 H1 位于同一子网的主机都会收到这个 ARP 请求。

因为 ARP 请求帧的目的地址是广播地址，它会被 H1 所在网络的所有主机接收。

(3) 除了 H3，其他非目的主机收到不理睬。

子网的主机收到 ARP 请求帧后，会检查目标协议地址，如果不是自己的 IP 地址，就会丢弃这个广播请求，并不会理睬它。

(4) H3 发出 ARP 应答并单播给 H1。

H3 发现 ARP 请求中的目标协议地址，正是自己，它会做出 ARP 应答——交换 ARP 请求数据中的发送方字段值和目标字段值，即发送方硬件地址和协议地址变成了 CCCC.CCCC.CCCC 和 25.9.4.4，而目标硬件地址和协议地址变成了 AAAA.AAAA.AAAA 和 25.9.4.2。ARP 应答以单播的形式发出，所以，ARP 应答帧中的目的地址填写的H1的MAC地址为AAAA.AAAA.AAAA。

(5) H1收到应答并获得目的主机的MAC地址。

在上述ARP工作的过程中,H1和H3都获得了对方的IP地址和MAC地址,如果能把它们存储下来,下一次需要和对方通信时,就不需要再次发起ARP请求了。所以,主机内存中有一张ARP表,存储着IP地址和它的MAC地址这一对映射。

ARP表减少了ARP请求/应答的次数,提升了工作效率,更为重要的是:ARP表的存在减少了对邻居节点(同一子网的主机、路由器接口等)的骚扰,因为ARP请求是广播传输的,收到请求的非目的主机,虽然不应答,但也不得不中断以处理(扔掉)。

可见,ARP表的存在非常重要,那么ARP表是怎么建立、更新和维护呢?

(1) 一个发出ARP请求的节点通过提取收到的ARP应答中的发送方 **IP/MAC** 地址映射对更新表。

(2) 一个收到ARP请求的目标节点通过提取ARP请求中的发送方 **IP/MAC** 地址映射对更新表。

(3) 一个收到广播ARP请求的非目标节点,可通过提取发送方的 **IP/MAC** 地址映射对更新表。

随着时间的流逝,这个表会越来越大,且表中地址对应的主机也许已经离开网络了,这将占用很多内存空间,且查找也更加费时。为了解决这个问题,增加ARP表中的地址映射对记录的同时,伴随一个生存时间(时间戳,time stamp),有时候也称为老化时间,它指示这条记录在表中存在的时间,会因设备的不同而不同,通常为5min、10min或20min;在生存时间耗尽之前,如果记录被刷新,生存时间也同步刷新,否则,这条记录会在老化时间耗尽之后被删除。

所以,ARP表中存储的总是最近、活跃的主机对应的地址信息,已经离开了网络的主机信息一定会被删除。

有了ARP表的主机,如果不知道对方的MAC地址,首先去查看ARP表,只有在表中没有查到对方的信息时,才会发起ARP请求。

如果一台主机对适配器(网卡)进行了重新配置,改变了它的IP地址等信息,但MAC地址并没有任何改动,如果已经存储了这台主机的地址对信息的其他主机,正好向这台主机发信息,就会产生错误,怎么解决这个问题呢?

当主机启动或重新配置它的适配器时,主机将广播一个免费 **ARP** 请求(Gratuitous ARP Request),其目标IP地址和发送方IP地址相同,即是它自己;之前存储过这台主机地址对信息的那些主机会收到这个免费ARP请求,用请求中的发送方信息对去更新ARP表,免费ARP请求相当于一个通知,通知之前存储过自己地址对信息的主机更新ARP表。

RFC 5227(2008年)详细描述了免费ARP请求的其他功能,检测子网中是否存在 **IP** 地址冲突。当一台主机因启动或重新配置而广播了免费ARP请求信息时,其目标地址就是它自己,它本不期望收到一个应答,但是如果意外地收到了一个ARP应答,那一定是有别的主机已经使用了它的地址,意味着IP地址冲突,就只能重新配置一个了。

3. 向远程主机发送数据

ARP请求帧的目的IP地址是广播地址,这就将ARP的工作范围缩小到了一个子网(广播域)的范围,目的主机如果位于非本子网,将看不到 ARP 请求,请求主机将得不到 ARP 应答,也就无法完成封装和发送数据给对方。只要目的主机不在本子网,就一定在本子网之外的某个子网,称其为远程子网,远程子网中的主机为远程主机。

一台主机要发数据给一台远程子网中的主机,必须经过默认网关。前面多次从不同的角度提到了默认网关,其实默认网关是一个相对的概念,通常来说,一台主机的默认网关是与它相连接的路由器的接口,比如,图 5-30 中,H1 和 H2 的默认网关都是路由器的接口 Fe0(25.9.4.1),而 H3 和 H4 的默认网关都是路由器的接口 Fe1(25.9.6.1)。

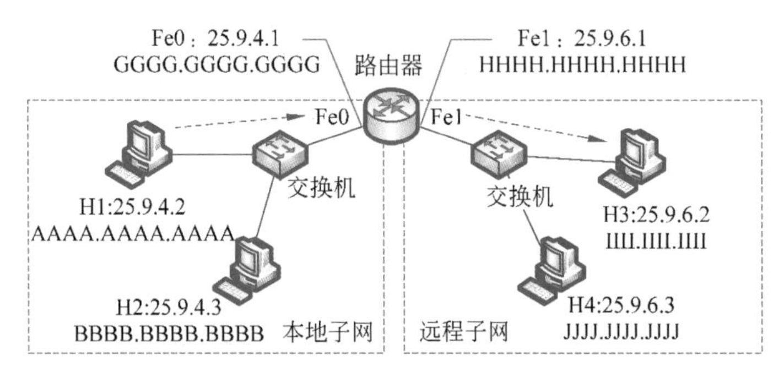

图 5-30　H1 向远程子网的主机 H3 发送数据

如果主机 H1(25.9.4.2) 要发送数据给 H3(25.9.6.2),它判断出 H3 并不在它所在的子网内,即是一台远程主机,H1 发送数据给 H3 的过程如下。

(1) 完成封装:H1 将数据发给默认网关之前,先查 ARP 表,如果没有默认网关的信息,就发起一次 ARP 请求,目的主机是 25.9.4.1,获得默认网关的 MAC 地址之后,完成数据的封装,帧头中的目的 MAC 地址是默认网关的 MAC 地址 GGGG.GGGG.GGGG。

(2) **H1→Fe0**(路由器),数据经过 MAC 寻址到达路由器,路由器接收并解封装(打开)数据报文到网络层,提取出目的 IP 地址,获得其所在的目的网络地址后,查找路由表,发现要向 H3 所在的子网转发,转发前要重新封装。

(3) 重新封装:此时路由器查自己的 ARP 表,如果并没有查到 H3 的地址信息,将发起一次 ARP 请求,获得 H3 的 MAC 地址,完成数据的重新封装,其帧头中的目的 MAC 地址是 H3 的 MAC 地址 IIII.IIII.IIII,而源 MAC 地址是路由器的接口 Fe1 的接口地址 HHHH.HHHH.HHHH。

(4) **Fe1→H3**:数据经过 MAC 寻址到达 H3,H3 发现其数据头部的目的 MAC 地址和目的 IP 地址都是自己,接收并进行完整的解封装。

向远程主机发送数据的全过程中,数据经过路由器时,会被解封装到网络层,再重新封装后转出,帧头的 MAC 地址进行了置换,但 IP 地址全程不发生任何变化,实际上,数据所走的路程被拆成了两段,H1 到路由器和路由器到 H3,表 5-14 显示了分组头部和帧头的某些字段发生的变化。

上面的例子中,远程主机只相隔了一台路由器,如果远程主机在更远的地方,中间经过的路由器不是一台,而是多台,每台路由器参与 IP 寻址,且对数据中的地址处理都类似,重新封装的源 IP 地址和目的 IP 地址不变,而源 MAC 地址和目的 MAC 地址都要做相应的变化。

表 5-14 H1向H3发送数据时分组头部和帧头的某些字段发生的变化

路程分段	分组头部		帧头	
	源IP地址	目的IP地址	源MAC地址	目的MAC地址
H1→路由器Fe0	25.9.4.2	25.9.6.2	AAAA.AAAA.AAAA	GGGG.GGGG.GGGG
路由器Fe1→H3	25.9.4.2	25.9.6.2	HHHH.HHHH.HHHH	IIII.IIII.IIII

路由器接收到数据分组后,所做的主要工作归纳如下。

(1) 解封装：不完全解封装(打开分组),只解封装到网络层,从分组头部提取出目的IP地址。

(2) 处理：确定目的网络,查找路由表,如果找不到,则丢弃分组。

(3) 转发：在路由表中找到了目的网络的路径记录,则按照指示,从相应的接口转发出去。转发出去之前,还需重新封装：生存时间(TTL)减1、置换源MAC地址和目的MAC地址、重新计算校验和,如果满足分片条件,还要分片。

关于路由器的更多知识,请参考5.5.6节。

5.3.2 互联网控制消息协议(ICMP)

IP分组的传输通过路由器的接力IP寻址,一步一步接近目的网络,最终送达目的主机。路由器的工作是尽力而为的,但并不可靠,IP分组有可能丢失,也有可能找不到目的主机,互联网控制消息协议(ICMP)主要是为了反馈或调整IP分组传输过程中遇到的问题而设计的,它并不保证IP分组传输的可靠,但它会报告其传输过程中遭遇的问题。

ICMP消息封装在IP分组中,看起来像一个应用协议,但它是IP的一部分,被称为IP的姊妹协议,此时,IP分组头部中的"协议"字段的值为1,如图5-31所示。

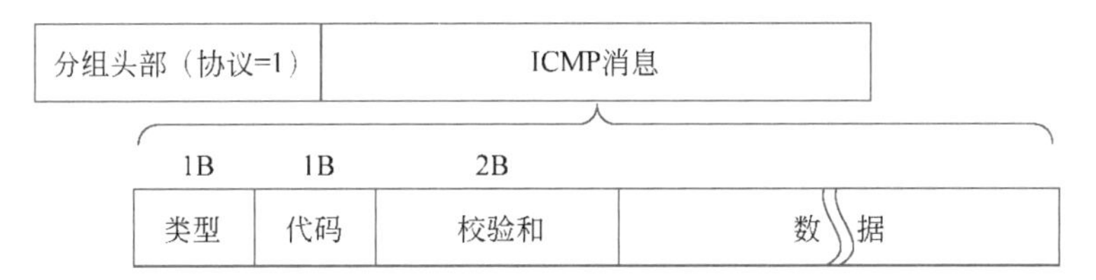

图 5-31 ICMP消息格式

ICMP消息分为差错报告消息和查询消息两大类。差错报告消息是路由器或主机在处理IP分组时,遇到了问题,向源主机发出的反馈,比如超时消息,因为TTL耗尽而未到目的主机,路由器不得不丢弃而向源主机发送超时消息;而查询消息是为了帮助管理员或主机获取特定的信息而发出的,一般成对出现,比如回声请求消息和回声应答消息。

如图5-31所示,ICMP消息具体包括如下字段：

类型：第①个字段,长1字节,表示消息的具体类型。表5-15给出了一些常见的类型值及含义。

目前,可以提供200多个类型字段,但是RFC 826(1981年)中,只定义了10种,大部分的值并没有用到,后来,又增加和更新了一些ICMP消息类型,也废掉了一些

ICMP 消息类型。比如，RFC 826 中的定义的 ICMP 源抑制消息(Type=4)，将发生了拥塞的情况通知给源主机，并请源主机降低发送分组的速度，旨在控制拥塞，但这并不是一种有效的拥塞控制手段，大约 1995 年，路由器已经不发送 ICMP 源抑制消息了，大约 2005 年，流行的主机也几乎不支持 ICMP 源抑制消息了；再到后来，越来越多的 ICMP 过滤器，也让 ICMP 源抑制消息名存实亡，RFC 6633 不再推荐传输协议使用源抑制消息，路由器和主机也不再发送，收到的主机或路由器只是简单丢弃，不做其他行动。

表 5-15 ICMP 消息常见的类型值及含义

类型		代码	消息名称	解　释
差错报告	3	1	主机不可达	到达了目的主机所在网络，却无法找到目的主机
		3	端口不可达	到达了目的主机，但是找不到对应的端口
		4	需要分片但不允许分片	路由器需要将入境分组分片，才能适应出境接口的 MTU，但是分组中的控制位 DF=1
	11	0	超时	TTL 字段值已减为 0，分组仍然未到达目的主机
		1	重组超时	目的主机收到的分片不完全，无法重组，但分片定时器超期了
查询信息	8	0	回声请求	向目的主机发出的探测分组
	0	0	回声应答	目的主机发回的对回声请求的应答

代码：第②个字段，长 1 字节，表示类型下的更具体小类型。

类型和代码两个字段共同阐述了这个消息发出的具体原因，解释了对应的 IP 分组发生了什么问题，或者需要做什么，如表 5-15 所示。

校验和：第③个字段，长 2 字节，对 ICMP 消息头部数据的检错处理，采用 IP 分组头部的互联网校验和的计算方法。

数据：第④个字段，长度不定，在不同类型的 ICMP 消息中数据本身及长度不同。

大部分 ICMP 差错报告消息由路由器或主机发出，发给产生 IP 分组的源主机。ICMP 消息本身是封装在 IP 分组中的，可能会发生丢失、拥塞等问题，标准规定 ICMP 消息不产生自己的 ICMP 消息，以避免引发连锁的 ICMP 消息。

下面介绍 ICMP 消息的三个应用工具。

1. 通达测试工具 ping

ping 是常用来测试自己和目的主机之间的通达性的工具，使用了回声请求和回声应答这一对 ICMP 查询消息。

如图 5-32 所示，回声请求(类型值为 8)和回声应答(类型值为 0)的前三个字段是所有 ICMP 消息都通用的字段，不再赘述；其余字段的含义如下。

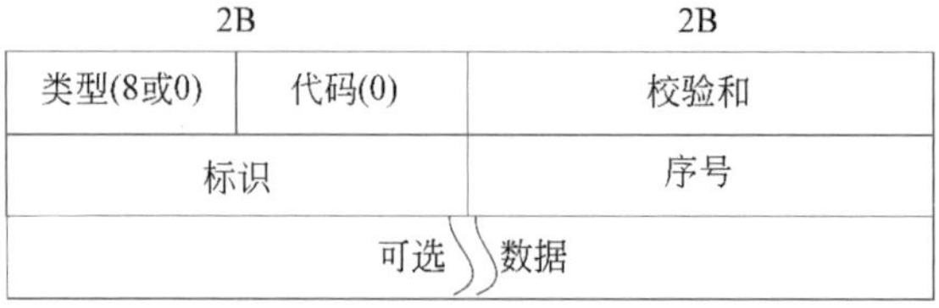

2B		2B
类型(8或0)	代码(0)	校验和
标识		序号
可选数据		

图 5-32 回声请求和回声应答

标识：第④个字段，长2字节，并未被严格定义，可以用“0”，也可以用传输层的端口号，匹配请求和应答。

序号：第⑤个字段，长2字节，由请求方产生和递增。

可选数据：第⑥个字段，不定长，由请求方产生。

当回声请求到达接收方时，它发回的应答中，类型值为“0”，第④、⑤、⑥三个字段直接复制请求中的值，应答就像请求的回声一样，如果应答能够到达请求方，请求方可判断双方是通达的。

ping是个使用非常广泛的应用工具，最简单的用法是命令行——ping目的主机，这里的目的主机可以是IP地址，也可以是域名。在不同的场景中使用ping可以起到不同的作用；Windows的ping命令执行时，一次发送4个回声请求，通过统计收到的回声应答数量，表明双方的通畅情况。下面举几个常用的例子。

（1）**ping 127.0.0.1**：可以测试本机的TCP/IP协议栈是否工作正常。

（2）**ping本机IP地址**：测试本机接口（适配器）设置是否正常。

（3）**ping默认网关**：测试本机的对外（远程子网）通道是否通畅。

（4）**ping域名**：测试本地的域名解析是否正常，以及与域名所代表的主机的通达性。

（5）**ping目的主机**：测试本机和目的主机之间的通达性。

图5-33是一台设置了私人地址的主机ping自己的默认网关的结果，发出的4个回声请求都收到了应答，丢包率为0；往返时间的最小值、最大值和平均值分别是7ms、20ms和13ms，这表明本机和默认网关之间非常通畅。

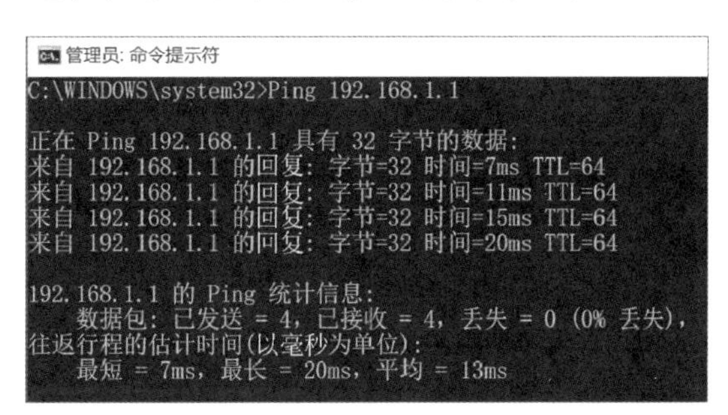

图5-33 ping默认网关的结果截图

当网管人员发现网络故障时，经常使用ping应用工具尝试定位和排除故障。如果发现本机和目的主机不通畅，且相距遥远，通常还会使用Traceroute应用工具尝试定位可能的故障点。

2. 路由追踪工具Traceroute

Traceroute工具可以追踪本机到目的主机之间经过的路由器信息，利用了ICMP超时消息和端口不可达消息。

每台路由器在收到IP分组时，将会提取TTL，进行TTL减1的计算，如果TTL－1＝0，且未到达目的网络，就会丢弃该分组并向源主机发回ICMP超时消息；这个消息让源主机了解了超时消息的源头（路由器）的IP地址等信息。源主机向目的主机发送一系列的IP分组，其中的TTL从1开始递增，每收到一个超时消息，提取路由器的信息，并发出下一个IP分组；直到收到端口不可达消息。

一台主机收到一个 IP 分组，如果发现这个分组的目的 IP 地址虽然是自己，但是找不到目的端口可以对应的进程，就丢弃该分组并向源主机发回 ICMP 端口不可达消息；这个消息让源主机知道分组已经到达目的主机，路由追踪的过程就此结束。

ICMP 超时消息和端口不可达消息的格式如图 5-34 所示。

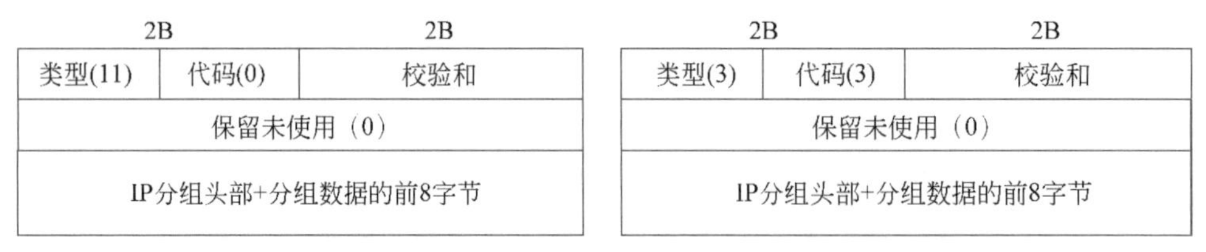

图 5-34　ICMP 超时消息和端口不可达消息的格式

这两个消息除了类型、代码不一样之外，其他都相同，尤其是包含了 IP 分组的头部信息，可从中获得发出该消息的路由器或主机的 IP 地址。

Traceroute 的工作原理如图 5-35 所示。

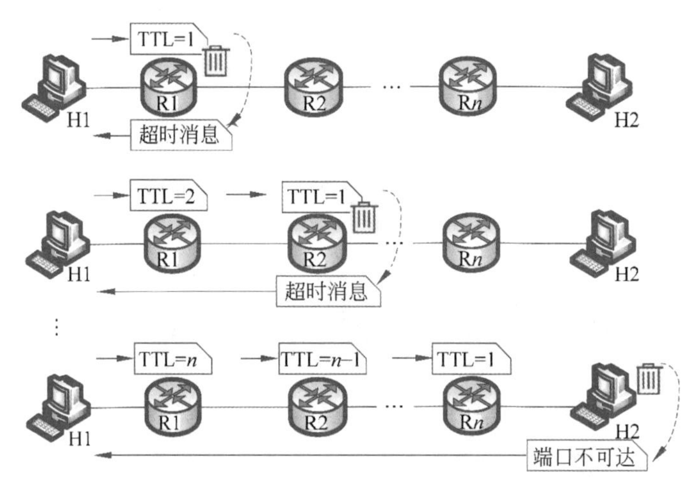

图 5-35　Traceroute 的工作原理

假设在主机 H1 上用 Traceroute 追踪到主机 H2 的路由，其工作原理和过程如下。

(1) 封装并发送第 1 个分组。**TTL＝1**、目的 IP 地址是 H2；这个分组到达默认网关 R1。R1 收到分组，TTL－1＝0，丢弃该分组，并向源主机 H1 发回 **ICMP 超时消息**；H1 收到超时消息，从中提取出路由器（超时消息的源）的 IP 信息，由此了解了 H1 到 H2 的路径上的第一台路由器，即第一跳。

(2) 封装并发送第 2 个分组：封装 **TTL＝2**、目的 IP 地址是 H2；该分组经过路由器 R1，TTL－1＝1；到达 R2 时，TTL－1＝0；R2 丢弃该分组，并向源主机 H1 发回 **ICMP 超时消息**；H1 收到超时消息，从中提取出路由器的 IP 信息，由此了解了 H1 到 H2 的路径上的第二台路由器，即第二跳。

(3) 封装并发送第 3，…，n 个分组：每多发一个分组，TTL 值增加 1，重复上述步骤，TTL 每增加 1，对应的分组能够到达的路由就增加一跳，直到到达目的主机的默认网关 Rn，H1 怎么知道路由已经追踪完成了呢？

(4) 整个追踪过程,H1 发出的 IP 分组封装的数据都是 UDP 段,其目的端口号填写了一个很大的随机数,这个分组经最后一跳转发给主机 H2 时,H2 找不到对应端口值的进程,丢弃并发出 **ICMP** 端口不可达消息,该消息到达 H1 时,H1 由此判断路由追踪结束。

在 Windows 操作系统下使用的 tracert 路由追踪工具,其实现原理与 Traceroute 的实现原理大致相同,只是 IP 分组中封装的数据不是 UDP 数据段而是 ICMP 回声请求;完成路由追踪的标记不是端口不可达消息而是回声应答消息。图 5-36 是在 Windows 10 操作系统下,tracert 到百度的结果截图。

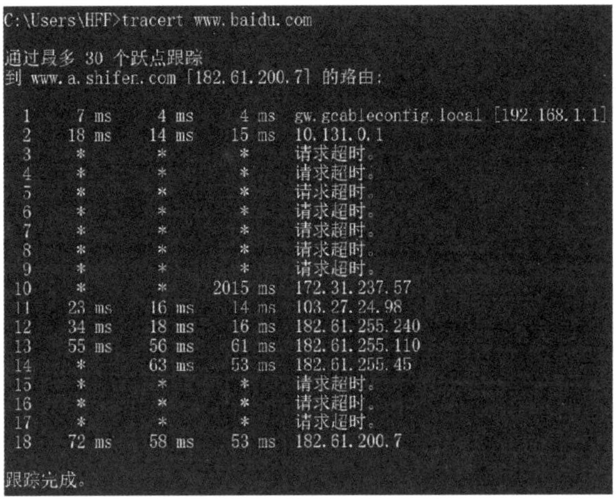

```
C:\Users\HFF>tracert www.baidu.com

通过最多 30 个跃点跟踪
到 www.a.shifen.com [182.61.200.7] 的路由:

  1     7 ms     4 ms     4 ms  gw.gcableconfig.local [192.168.1.1]
  2    18 ms    14 ms    15 ms  10.131.0.1
  3     *        *        *     请求超时。
  4     *        *        *     请求超时。
  5     *        *        *     请求超时。
  6     *        *        *     请求超时。
  7     *        *        *     请求超时。
  8     *        *        *     请求超时。
  9     *        *        *     请求超时。
 10     *        *     2015 ms  172.31.237.57
 11    23 ms    16 ms    14 ms  103.27.24.98
 12    34 ms    18 ms    16 ms  182.61.255.240
 13    55 ms    56 ms    61 ms  182.61.255.110
 14     *       63 ms    53 ms  182.61.255.45
 15     *        *        *     请求超时。
 16     *        *        *     请求超时。
 17     *        *        *     请求超时。
 18    72 ms    58 ms    53 ms  182.61.200.7

跟踪完成。
```

图 5-36 tracert 结果截图

截图上的每行都代表追踪到的一台路由器,有它的 IP 地址;一个 TTL 值的 IP 分组是连发了 3 个,所以在截图上看到 3 个往返时间(RTT)。有的行显示"*",可能这台设备关闭了 ICMP 消息,或者对 ICMP 消息进行了过滤,并不一定代表不通达。

每个分组是独立寻径的,所以,从源主机到目的主机的分组走的路径不一定一样,每次追踪路由的结果不一定相同。

3. PMTU 发现

5.2.1 节定义了最大传输单元(MTU),它表示一个网络的承载能力,超过 MTU 的数据将因无力承载而被丢弃。数据从源主机到目的主机,中间可能穿越不同承载能力的网络,只有合适大小的数据,才可以顺利到达目的主机。5.2.1 节指出,路由器分片既带来资源的消耗,也存在安全的隐患。

路径 **MTU**(Path MTU,**PMTU**)是从源到达目的的路径上的所有网络的最小 MTU,如果发送方知道这个值,并遵从这个值封装自己的数据,那发送方发出的数据可以穿越从源到达目的的所有网络。

PMTU 发现(PMTUD)是一种探测技术,用以发现源主机到目的主机路径上的所有网络的最小 MTU。探测过程使用了 ICMP 消息。如果路由器收到一个分组,查表后发现转出接口的 MTU 不足以承载,需要分片,但是分组头部的控制位 DF=1(表示不允许分片),则只能发回一个类型为 3、代码为 4 的 **ICMP** 差错报告消息,RFC 1191 (1990 年)重新定义了这个消息,在消息里面的保留字段中,启用了一个 16 位字段,用来报告转出接口(下一跳,next hop)所在网络的 MTU,其格式如图 5-37 所示。

2B		2B
类型(3)	代码(4)	校验和
保留未使用(0)		下一跳的MTU
IP分组头部+分组数据的前8字节		

图 5-37　应分片而不能分片时引发的 ICMP 差错报告消息(RFC 1191 定义)

在 RFC 1191(1990 年)颁布之前,主机通常采用 576 字节的默认 MTU 对数据进行分割和封装,这个值偏小,传输效率不高,因为很多网络的 MTU 都比 576 字节大,比如以太网的 MTU 是 1500 字节;如果使用较大的 MTU 分割和封装数据,难免不引起路由器的分片,给路由器带去负担和安全隐患。

最好的办法是发送方使用刚刚好大小的 MTU,使数据能穿越所有网络而到达目的主机。PMTU 发现可以通过探测产生路径上的最小 MTU,其工作原理如图 5-38 所示。

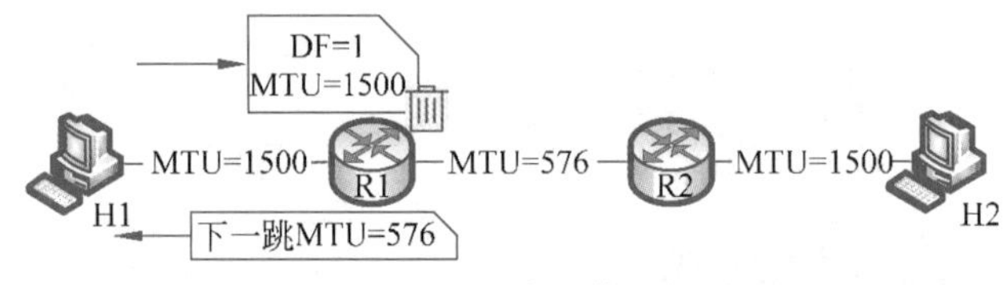

图 5-38　PMTU 发现的工作原理

图 5-38 中,源主机所在网络的 MTU,是自己到目的主机路径上的第一跳 MTU,发送方按照第一跳(源主机的默认网关)MTU 作为 PMTU 的初值,并按照此值分割和封装数据,且将分组头部的 DF 置为"1",表示不允许中途路由器分片。

发出的数据到达路由器 R1,R1 打开到分组层,提取目的 IP 地址,确定目的网络,查找路由表,其转出接口所在网络的 MTU 是 576 字节,不能够承载 MTU＝1500 字节的数据,发回如图 5-38 所示的 ICMP 差错报告消息,其中携带了下一跳的 MTU。

源主机收到 ICMP 差错报告消息,提取出下一跳 MTU 更新当前 PMTU,按照新的 PMTU,重新分割和封装数据,新封装的数据可以穿越所有的网络,而顺利到达目的主机。

在探测的过程中,源主机每次收到 ICMP 差错报告消息(类型 3,代码 4)时,都要提取消息中的下一跳 MTU,如果其小于当前 PMTU,会更新 PMTU;并重新分割和封装数据,直到数据能够到达目的主机。

5.3.3　网络地址转换(NAT)

20 世纪 90 年代,互联网的指数级快速增长,引发了全球 IP 地址的快速消耗,尽管采用了 CIDR 这样的短期措施,来延缓 IP 地址耗尽的趋势,但是地址的耗尽仍然是必然命运。在迁移到长期解决方案(比如 IPv6)之前,**网络地址转换**(Network Address Translation,NAT)无疑是一个快速的地址短缺修补方案。

IPv4 地址之所以会耗尽,是因为节点所需要的 IP 地址数超过了其地址空间(2^{32}＝43 亿)能够提供的数量。如果 IP 地址能够重用(reuse),即不具有全球唯一性,那就取之不尽用之不竭了。RFC 1918(1996 年)定义的私人(private)地址正是这样的地址,如表 5-16 所示。

表 5-16 三个私人地址块

私人地址块	第一个地址	最后一个地址	备 注
10.0.0.0/8	10.0.0.0	10.255.255.255	1个A类地址
172.16.0.0/12	172.16.0.0	172.16.31.255	16个B类地址
192.168.0.0/16	192.168.0.0	192.168.255.255	256个C类地址

任何机构都可以随意使用私人地址为私人网络编址，只要保证私人网络内部（以下简称内网[①]）的地址是唯一的，内网中的主机之间就可以畅通无阻。比如一个机构使用了192.168.1.0/24地址块为自己的网络编址，并不妨碍其他机构也使用这个地址块，也就是说，私人地址并不具有全球唯一性，被称为不可路由的地址。

不具备全球唯一性的私人地址，不可以在全网范围内进行通信。但是，使用私人地址的企业可以具有很好的灵活性，当私网需要切换到别的ISP时，内网可以完全不改变编址，只需在边界路由器上做适当的配置更新即可。

如果内网需要访问互联网，就必须采用NAT。

基本的NAT是把一些私人IP地址映射为另一些公有IP地址的方法；对终端用户是透明的。而网络地址端口转换（Network Address Port Translation，NAPT）是把私人IP地址和传输协议端口号转换成一个公有IP地址和不同传输协议端口号的方法。这里的传输协议端口号通常指的是TCP/UDP的端口号。基本的NAT和NAPT统称为传统的NAT（Traditional NAT）；现在的NAT通常指的是NAPT，用一个公有的IP地址承载几百上千甚至几万的私人IP地址，有的教材将这种现象称为"超载"。

内网和外网有一个明显的边界，地址转换发生在边界处。完成NAT功能的设备称为**NAT转换器**（NAT-Box），它可以在边界路由器上，也可以是一个专门的设备，也称为NAT网关。图5-39的地址转换发生在边界路由器R上。

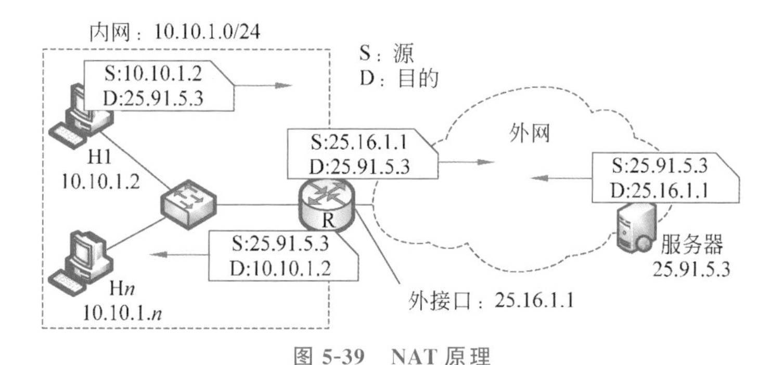

图 5-39 NAT原理

图5-39中的拓扑一分为二，左边虚框内是内网，右边是外网，边界路由器R的内网接口地址是10.10.1.1，这也是内网所有主机的默认网关；路由器的外网接口地址是25.16.1.1，这是外网能够辨识的全球唯一的公有地址，用以代表内网出访外网。

主机H1要访问外网中的一台服务器，其IP地址是25.91.5.3；如果源端口和目的

① 具有私人地址的私人网络，简称内网或私网；与内网相对的是外网，或公网，泛指具有全球唯一IP地址的互联网。

端口分别为6000和443,H1通过NAT访问服务器的工作过程如图5-39所示(端口号未显示在图中)。

(1) 主机H1首先封装自己的数据,目的地址是25.91.5.3,目的端口号是443,源地址和源端口分别是10.10.1.2和6000。

(2) 数据分组到达边界路由器R时,其源地址和源端口被置换为25.16.1.1和2001,目的地址和目的端口号不变。这一步完成了转换,更为关键的是,转换的信息被记录到了转换表中,表5-17记录了转换前后的主要表项。除了源IP地址被转换,源端口也进行了转换,转换后的端口号可用作转换表的索引。

表5-17　NAT转换表

序号	转换后		转换前	
	端口号	公有地址	端口号	私人地址
1	2001	25.16.1.1	6000	10.10.1.2
2	2002	25.16.1.1	8000	10.10.1.3
…				

随着内网主机访问外网的增加,转换表中的转换记录也会增加。比如,另一台主机10.10.1.3,也开始访问外网,路由器完成NAT后,在转换表中增加了一条记录,如表5-17的第2条转换记录。

(3) 转换后的数据分组中已经没有任何私人IP地址的痕迹,它经过寻址最终到达目的主机——服务器,服务器处理这个分组,将该分组的源主机IP地址和目的主机IP地址互换,并将交换后的IP地址信息封装到应答分组中;应答分组的目的IP地址和端口号分别是25.16.1.1和2001。

(4) 应答分组一路寻址,最终会到达目的主机25.16.1.1(路由器R),路由器R解封装并按照目的端口号2001去查找转换表(表5-17),将该应答分组的目的地址和目的端口号转换为表项指示的10.10.1.2和6000。转换后的分组被转发到私网。出去的分组和回来的分组头部的IP地址和端口号在NAT转换器这里都发生了变化,如表5-18所示。

表5-18　NAT原理

<table>
<tr><th>转换方向</th><th colspan="4">数据头部信息变化</th></tr>
<tr><td rowspan="3">内网→外网(出去)</td><td colspan="2">内网</td><td colspan="2">外网</td></tr>
<tr><td>源IP地址</td><td>源端口号</td><td>源IP地址</td><td>源端口号</td></tr>
<tr><td>10.10.1.2</td><td>6000</td><td>25.16.1.1</td><td>2001</td></tr>
<tr><td rowspan="3">内网←外网(返回)</td><td colspan="2">外网</td><td colspan="2">内网</td></tr>
<tr><td>目的IP地址</td><td>目的端口号</td><td>目的IP地址</td><td>目的端口号</td></tr>
<tr><td>25.16.1.1</td><td>2001</td><td>10.10.1.2</td><td>6000</td></tr>
</table>

我们留意到一个事实,NAT转换必须由内网某台主机发起,在边界路由器留下痕迹,才能引导返回的分组找到回家(发起的主机)的路。这个痕迹就是边界路由器上的转换表,分组从内网出去时这个表记录下转换前后的信息——源IP地址和源端口号;

返回来的数据使用这个表的信息。如果表中的某个表项一段时间没有使用，就会被删除，维持表的活跃和简洁①。

在整个过程中，源主机和目的主机对发生的 NAT 毫无所知，即 NAT 全程对终端用户(end user)透明，终端用户无须为 NAT 做出任何改变。

在 NAT 的工作过程中，不仅转换了 IP 地址，还冒着跨层操作的弊端，转换了传输层的协议端口号，这将 NAT 限制在了使用 TCP/UDP 的应用数据的传输上，为什么非要转换传输层的端口号呢？如果不转换端口号，而只转换 IP 地址，早期的 NAT 就是这样做的，将不同的私人地址转换为不同的公有地址，需要消耗比较多的公有地址；如果只转换为一个公有地址，那么内部主机一旦出现端口号相同的数据，NAT 转换器将它们转换后的公有 IP 地址和端口号是相同的，返回的数据再次到达 NAT 转换器时，它将无法区分是哪台私网主机的返回数据。

NAT 快速解决了 IP 地址不够用的问题，如果不访问外网，私网将免于外网的攻击，是无形的防火墙。但是 NAT 的存在，也有一些弊端。

(1) IP 分组的传输本来是无连接的，NAT 的采用，使 IP 分组的传输变成了"源主机↔NAT 转换器↔目的主机"的有"连接"传输，原有的端到端的虚通道传输被打断。

(2) NAT 转换器成了一个瓶颈，内网的所有外访分组都必须经过 NAT 转换器，它不仅要完成地址和端口的转换，还要计算校验和、重新封装、维护转换表等，提升了端到端的时延，影响了上层应用的性能；尤其是在一个公有 IP 地址承载了过多私有主机②的情况下，大量数据经常在 NAT 转换器处于排队等候的状态。

(3) NAT 是有方向的，内外网互访并不对等，从内网向外网发起主动访问是可行的，但是反过来，如果从外网主动访问一台私网主机，则必须使用 NAT 穿越(NAT traversal)技术才能完成。

(4) NAT 仅处理分组的头部和段的头部，如果某个应用所需的 IP 地址在载荷数据中，NAT 不会分析载荷数据，所以，完全不知晓所需 IP 地址的信息，将导致应用失效，比如 FTP、H.323 等。

(5) NAT 的工作过程使用了传输层的端口号，如果应用进程并没有使用 TCP 或 UDP③，那么这类应用也无法穿越 NAT，导致应用失效。

尽管 NAT 有这么多缺点，它仍然是最好、最快解决 IP 地址短缺问题的方案，如果要彻底解决这个问题，就需要演进到 IPv6 了。

5.4 IPv6 协议

2011 年 2 月 3 日，互联网号码分配机构分配完了 IP 地址总池的最后 5 个地址块，全球 IP 地址彻底耗尽(各大地区网络中心地址池尚剩少量，随后几年也陆续耗竭)；这

---

① RFC 1631 建议，当 NAT 转换器遇到"FIN"标记位的数据时，1min 后可以安全地删除相应的转换表项；当一条表项 24h 都没有被使用过时，也可以安全地删除相应的转换表项。

② 理论上，一个公有 IP 地址最多可以承载 65 536 台私人地址的主机，因为端口号用 16 位表示，如果再扣除 4096 个保留端口号，实际可承载 61 440 台私网主机。

③ 但是，ICMP 请求消息尽管也没有使用传输层端口，但其请求消息中的标识 ID 起着类似传输端口号的作用，可以进行 NAT。

个事件直接催生了首个世界 IPv6 日——2011 年 6 月 8 日，以测试为主题，推动 IPv6 的演进进程。

IPv6 是"Internet Protocol Version 6"(互联网协议第六版)的英文缩写，是互联网工程任务组(IETF)设计的用于替代 IPv4 的下一代 IP 协议(IP next generation, IPng)。

以 IPv4 作为参照去学习和理解 IPv6，无疑是最好的方法。IPv6 除了扩充了地址空间，将地址位数从 32 位升到了 128 位；还"顺便"做了其他的改进，主要的改进如下。

(1) IPv6 地址结构天生 4 层，便于层级路由；重新定义了 IP 组播地址的结构，便于组播的范围控制；新增了任播地址，用于与一组节点之一进行通信。且预留备用位，便于扩展。

(2) IPv6 分组的基本头部非常简洁，只有 8 个字段共 40 字节，删除了 IPv4 分组头部中的一些字段，便于路由器硬件化处理，提升转发效率。

(3) IPv6 分组删除了 IPv4 分组中的选项，用扩展头替代，提供了更大的灵活性，没有严格的长度限制，且方便将来可能的新选项。目前，IPv6＋关键技术主要利用了扩展头，可以方便地在原生 IPv6 网络上推进 IPv6＋。

(4) IP 分组中新增"流标签"字段，用以标识特殊要求的流，以提供有别于默认服务质量[①]的服务质量(QoS)，比如有"实时"需求的视频流。

(5) IPv6 提供了认证和隐私功能，支持身份验证、数据完整性和数据机密性(可选)。安全问题一直是互联网上的一大难题，这些功能也已经引入 IPv4 中。

在从 IPv4 向 IPv6 过渡的漫长时期，IPv6 本身还在不断地改进中；与 IPv4 类似，我们仍然从分组和地址两方面了解和学习它。

5.4.1 IPv6 分组

IPv6 处理的协议数据单元(PDU)是分组，IPv6 分组包含基本头部、扩展头和净数据三大部分，如图 5-40 所示；其中的基本头部的长度固定；而 IPv6 分组可以有多个扩展头，也可以完全不包含扩展头；分组中的净数据，即载荷，是上层协议数据单元，比如 TCP 段。

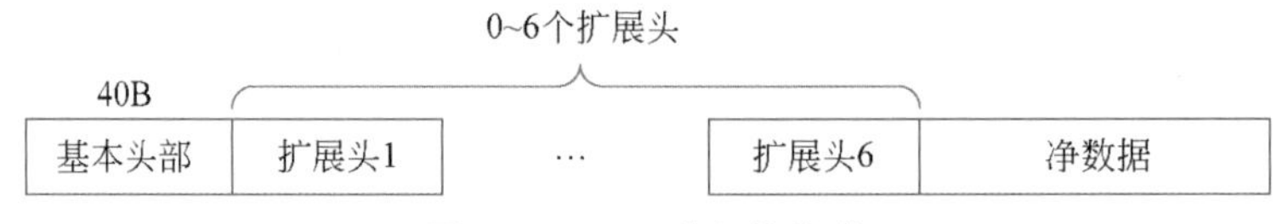

图 5-40 IPv6 分组的构成

1. IPv6 分组的基本头部

IPv6 分组的基本头部包含 8 个字段，共占用 40 字节，其构成如图 5-41 所示，下面逐一介绍各字段。

版本：第①个字段，长 4 位，表示当前分组所属的 IP 版本，对于 IPv6 分组，此字段值为"0110"，对应十进制值为"6"。

---

① IP 分组传输的默认服务质量指的是尽力而为，有时候简称 BE 服务级；BE 级的 IP 分组在传输过程中不会被特别优待，但中间路由器总是尽力而为地为分组寻找最优的路并转发。

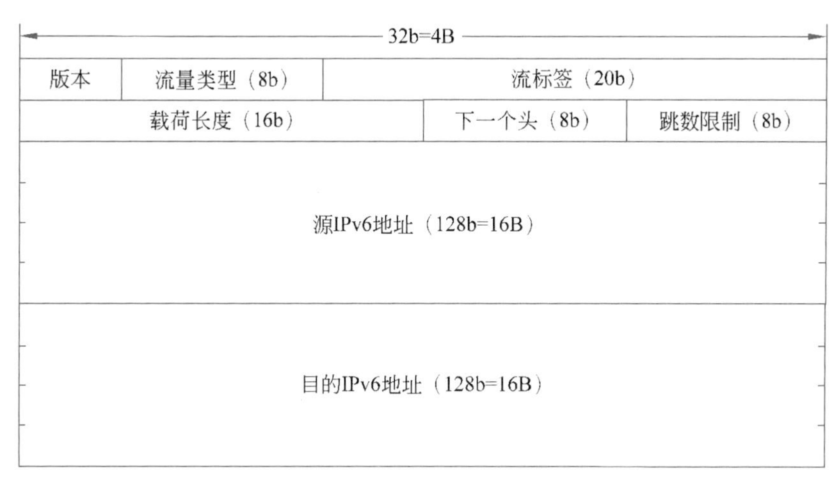

图 5-41 IPv6 分组的基本头部格式

流量类型(traffic class)：第②个字段，长 8 位，表示分组所属的流量类型，用于提供区分服务，不同的值代表不同的优先级别和丢弃级别，路由器可以根据这个值差别对待和处理分组。它与 IPv4 分组中的服务类型字段含义相同。

流标签(flow label)：第③个字段，长 20 位，其值标识了某个流。流指的是从源主机到目的主机之间的一系列分组，这些分组具有共同的三元组：源地址、目的地址和流标签。流标签由源主机管理并写入分组头部，可以与流量类型一起说明这些分组对服务质量的要求，从而要求网络中的路由器可以据此差别对待它们。

其实，传统的区分流的方法可以使用五元组：源地址、源端口、传输协议、目的地址和目的端口。五元组中的端口是传输层的信息，这样的区分使用了跨层的信息；而通过(源地址、目的地址、流标签)三元组信息区分不同的流，更加高效，且符合分层的原则。

载荷长度(payload length)：第④个字段，长 16 位，表示 40 字节的基本头部之后的数据的总长度，如果有扩展头，则包含扩展头的长度在内。有的教材将此字段称为有效载荷长度、净荷长度。

下一个头(next header)：第⑤个字段，长 8 位，表示紧跟其后的字段是什么内容，可能是某种扩展头，也可能是上层协议数据。这个字段的定义与 IPv4 分组头部中的协议字段是一样的。表 5-19 是下一个头字段的一些重要取值。

表 5-19 下一个头字段的一些重要取值

取值	关键字	扩展头英文名	中文名
0	HOPOPT	IPv6 hop-by-hop option	逐跳选项
43	IPv6-Route	routing header for IPv6	路由头
44	IPv6-Frag	fragment header for IPv6	分片头
50	ESP	encap security payload	封装安全载荷
51	AH	authentication	认证
60	IPv6-Opts	destination options for IPv6	目的选项

没有扩展头的 IPv6 分组，其下一个头字段的值很大可能是 6 或 17，分别代表后面搭载的数据是 TCP 数据段或 UDP 数据段，即上层协议数据单元。

跳数限制(hop limit)：第⑥个字段，长 8 位，表示分组剩下的生存时间值，以路由器的台数即跳数为单位。其含义和用法与 IP 分组中的 TTL 字段一模一样，每过一台路由器，分组头部中的跳数限制值减 1，减到 0 的分组，被路由器丢弃，路由器向源发回 ICMP 差错报告。跳数限制的名称比 TTL 更符合其使用方法。

源 IPv6 地址：第⑦个字段，长度都为 128 位，表示这个分组从哪个接口发出。

目的 IPv6 地址：第⑧个字段，长度都为 128 位，表示这个分组要去往哪个接口。

2. IPv6 分组和 IPv4 分组的区别

在 IPv4 分组的基础上，IPv6 分组的基本头部做了精简，增加、删除和修改了一些字段。

IPv6 分组新增了一个**流标签**，这是唯一新增的一个字段，表达了设计者对服务质量的渴望。

IPv6 分组删除了头部校验和字段，减少了每跳重新封装时的重新计算开销，提升了路由器的分组处理速度，但是对头部数据发生的错误也就无法检出了；IP 分组的传输本身就不提供可靠保证，头部的错误在网络层透明化，引发的问题交由其他层，比如传输层处理。

IPv6 分组中只有一个**载荷长度**，合并了 IPv4 分组中与长度有关的两个字段。16 位载荷长度限制了最大分组长为 64KB。IPv6 时代的带宽会越来越高，为了效率，可能需要传输更大的分组，此时可用逐跳扩展头支持超过 64KB 的巨型载荷分组的传输。

IPv6 分组的基本头部中删除了与分片相关的标识、标记位和片偏移这个几个字段，表示 IPv6 网络默认**不再分片**。

IPv6 分组的基本头部中不再有**选项**，而是固定的 8 个字段 40 字节，其中的两个地址字段就占用了 32 字节；固定的头部方便路由器的处理硬件化，以获得更快的处理速度。

IPv6 分组修改了 IPv4 分组中三个字段的名称，将服务类型、协议和生存时间分别修改为**流量类型**、**下一个头**和**跳数限制**，让名称更符合实际使用情况。

3. IPv6 分组的扩展头

IPv6 分组的扩展头主要有六种(见表 5-19)，涵盖了部分 IPv4 分组中原选项字段的功能。扩展头必须紧跟在基本头部之后，如果有多个扩展头，必须按照标准建议的顺序跟在基本头部之后。处理扩展头的节点必须严格按照扩展头出现的顺序处理，而不能挑选某个扩展头进行处理。

逐跳选项(hop by hop)必须紧跟在 IPv6 分组的基本头部之后，这种情形下，基本头部中的下一个头字段的值为 0，沿途经过的每个中间节点都必须检查和处理这个扩展头，包括源节点和目的节点，但是不能插入和删除扩展头。

原则上，一个 IPv6 的节点必须能够接收和处理一个带有任意顺序、出现任意次数的扩展头的 IPv6 分组。但是 RFC 2460 和 RFC 8200 强烈建议严格按照顺序排列扩展头，如图 5-42 展示了携带了全部 6 种扩展头的 IPv6 分组，扩展头中也有一个下一个头字段，它的值指示了紧跟其后的扩展头类型；扩展头由源添加，扩展头的个数可以是 0 个，也可以是如图 5-42 所示的全部。

在一个 IPv6 分组中，每种扩展头应该只出现一次，只有目标选项扩展头是一个例外，它最多可以出现两次，一次出现在路由头之前，另一次出现在上层协议头之前。

特别提醒读者注意，不管是哪种扩展头，其总长度必须是 8 字节的整数倍。

1）通用选项格式

每种扩展头都有自己的格式，完成特定的功能。其中的逐跳选项和目的选项两种扩展头中，有选项数据，用 TLV(Type、Length、Value)的形式呈现，其通用格式如图 5-43 所示。

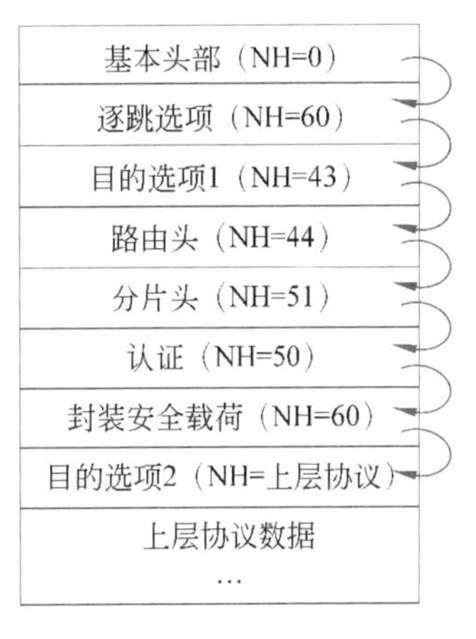

图 5-42 携带了全部 6 种扩展头的 IPv6 分组

选项类型：1 字节长的字段，表示了选项的类型。其中的高两位指示了节点无法识别该选项类型时应该

1B	1B	可变长度
选项类型	选项数据长度	选项数据

图 5-43 扩展头中选项使用的 TLV 通用格式

采取什么行动；第 3 位表示是否可以改变到达最终目的的路由(change en-route)，当分组中有认证扩展头时，任何可能修改路由的选项，在计算或验证分组的认证值时，其选项数据字段必须被当作“0”。选项类型的高三位含义如表 5-20 所示。

表 5-20 选项类型的高三位含义

位序号	组合	含　义
高两位	00	跳过该选项，继续处理
	01	丢弃该分组
	10	丢弃该分组，不管分组的目的地址是否是组播地址，都向源发送 ICMP 参数问题(code＝2) 差错报告，指向该无法识别的选项类型
	11	丢弃该分组，只有当分组的目的地址不是组播地址时，才向源发送 ICMP 参数问题(code＝2) 差错报告，指向该无法识别的选项类型
第 3 位	0	选项数据不能改变路由
	1	选项数据可以改变路由

选项数据长度：长 1 字节，指的是“选项数据”字段的长度，以 8 位，即 1 字节为单位。

选项数据：其长度是可变的，具体的数据对应着对应选项类型的相关数据。

2）逐跳选项扩展头

当源希望数据被每跳(路由器)都处理，就可以使用逐跳选项扩展头，它紧跟在 40 字节的基本头部之后。比如，如果分组是一个超过了 65 535 字节的巨型分组，所有的路由器都应该特殊处理而不是把它当作非法分组丢弃。逐跳选项扩展头的格式如图 5-44 所示。

下一个头：1 字节长的值指示了紧跟在本逐跳选项扩展头后面的数据的类型，也

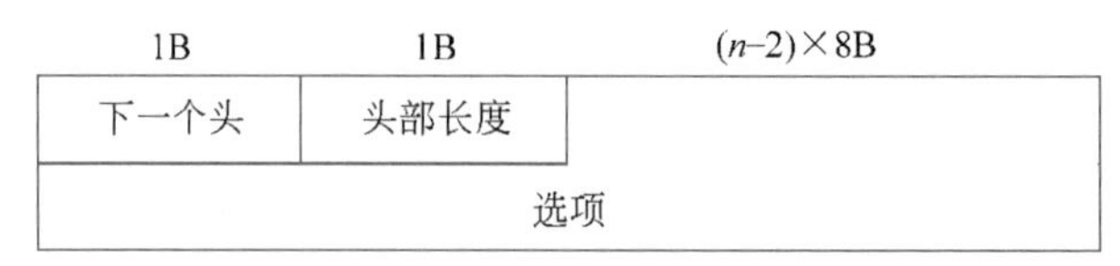

图 5-44　逐跳选项扩展头的格式

许是下一个扩展头，也许是上层协议（参考表 5-4 和表 5-19）。

头部长度：1 字节长的值指示了本逐跳选项扩展头（不含前 8 字节）的长度，以 8 字节为单位。

选项：包含一个或多个 TLV 的选项，其长度是可变的，但必须保证整个逐跳选项的头部是 8 字节的整数倍。

目前，逐跳选项只定义了三种选项：Pad1、Pad*N* 和巨型载荷。Pad1 和 Pad*N* 是为了对齐 8 字节边界而设计的，必须被所有 IPv6 节点识别；巨型载荷是为了承载超过 65 535 字节的载荷而特别设计的，搭载了巨型载荷的 IPv6 分组称为巨包（jumbogram）。

Pad1：某些选项刚好差 1 字节才能满足对齐要求，Pad1 正好可以提供 1 字节长的填充。这是个非常特殊的选项，只有一个类型值——00000000，既没有选项数据长度字段，也没有选项数据字段。

Pad*N*：如果需要的字节数 *N* 超过 1 才能对齐，不能简单使用 *N* 个 Pad1，而是使用 Pad*N*，其采用 TLV 格式，如图 5-45 所示。

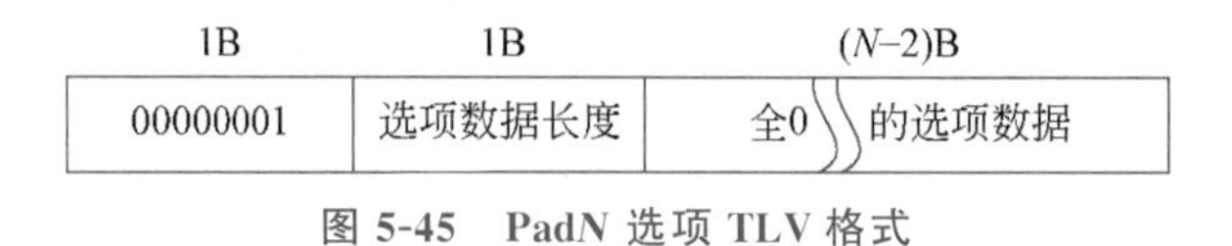

图 5-45　**Pad*N* 选项 TLV 格式**

巨型载荷：IPv6 分组中的载荷长度只有 16 位，能够表达的最大载荷长度是 65 535 字节（64KB）。在高速 IPv6 网络中，有时候需要超过 64KB 载荷的分组，更能有效地利用带宽，此时可以使用巨型载荷选项表达更大的有效载荷长度。

图 5-46 中，1 字节长的选项类型字段值为 11000010，对应的十进制值为 194；其最高两位 11 表示不识别此类型，IPv6 节点可以丢弃所属的分组，如果分组的目的地址不是组播地址，须向源节点发送 **ICMP** 参数问题差错报告（code=2），指向该巨型载荷选项。

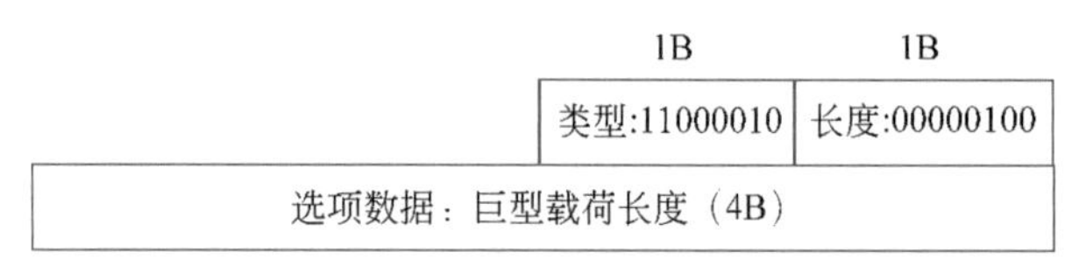

图 5-46　巨型载荷选项 TLV 格式

1 字节的长度字段值为 00000100，十进制值为 4，表示紧跟其后的选项数据字段只有 4 字节长。

图 5-46 中的选项数据，长 32 位，4 字节，用 4 字节表示的巨型载荷的长度，意味着可以表示最长为 2^{32}=4 294 967 296 字节的有效载荷。

3）路由头

下一个头的值为**43**，指向的扩展头是路由头（简称 RH）。IPv6 源节点可以使用路由头指定从源到目的之间必须经过的一个或多个中间节点，功能类似于 IPv4 分组中的源路由选项。路由头的通用格式如图 5-47 所示。

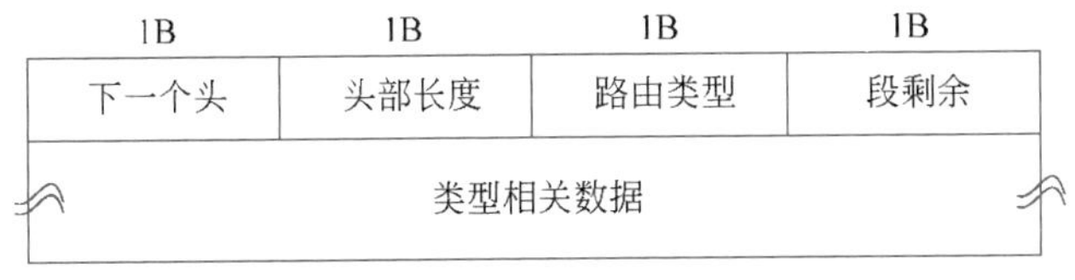

图 5-47 路由头的通用格式

下一个头：长 1 字节，其值指示了紧跟其后的扩展头或上层协议。

头部长度：长 1 字节，其值表示本路由头的长度，以 8 字节为单位，但不包括前 8 字节。

路由类型：长 1 字节，不同的值代表某种特别的路由头。路由类型可以取值 0、1、2、3、4、5、6、253、254 等，其余大部分值还未被定义。其中路由类型值为“0”的扩展头被称为 RH0，因为安全的原因，在 RFC 5095（2007 年）中被建议弃用，可以使用路由类型为“3”的源路由头实现相似的功能。当该值为“4”时，表示分段路由头（segment routing header），用于实现分段路由，即目前业界推广部署的 SRv6，是 IPv6＋的一个重要内容。

段剩余：长 1 字节，表示到达目的节点还剩下的路由段数量，比如，明确列出的到达目的节点前，待访问中间节点的数量。

类型相关数据：其数据和格式由路由类型决定，长度可变，但是要保证整个路由扩展头的长度是 8 字节的整数倍。

4）分片头

下一个头的值为**44**，指向的扩展头是分片头。当 IPv6 源节点发现分组比从源到达目的经过的路径上的所有网络的最小 MTU（PMTU，见 5.3.2 节）还要大时，则该分组需要被分片，这时就要用到分片头。目的节点收到所有分片后进行重组。分片头的格式如图 5-48 所示。

8b	8b	13b	2b	1b
下一个头	保留	片偏移	保留	M
标识				

图 5-48 分片头的格式

保留：分片头中有两个字段暂时未分配，共占 10 位，置为“0”，接收方会忽略它们。

下一个头：长 8 位，即 1 字节，表示紧跟其后的头部类型或上层协议。

片偏移：字段长 13 位，表示相对于原始分组的可分片部分开始处的相对位置，以 8 字节为单位，最大值是 8192。第一个分片的片偏移值为 0。用法与 IPv4 中的片偏移字段相同，参考 5.2.1 节。

原始分组可以分为不可分片部分和可分片部分两大部分。不可分片部分指的是

IPv6分组的基本头部，外加上需要沿途中间节点进行处理的所有扩展头；也就是说，如果存在逐跳选项扩展头，不可分片部分得算上它，如果还存在路由头，不可分片部分也得算上它，如果这两种扩展头都不存在，则不可分片部分只有基本头部，而不包括任何其他扩展头。其余部分就是可分片部分，包括仅由目的节点处理的扩展头和上层协议数据。

“**M**”标记位：表示是否最后一个分片，值为“0”表示最后一个分片，值为“1”表示这不是最后一个分片，后面还有。

标识：长32位，是未分片的原始分组的唯一标记，由源节点维护，每增加一个需要分割的分组，标识号也增加1。目的节点根据标识号和片偏移进行重组。

IPv6源节点分片的方法类似IPv4分片的方法。分片前的原始分组和分片后的一系列分组构成如图5-49所示。

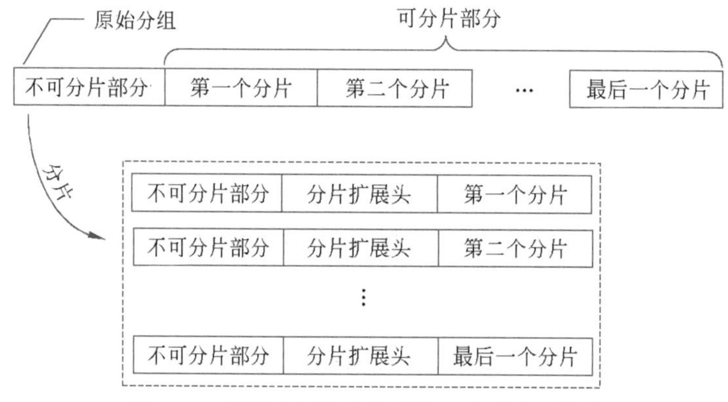

图5-49　原始分组和分片后的一系列分组构成

每个分片构成一个新的分组，由不可分片部分、分片头和分片本身三部分构成。其中不可分片部分包含的基本头部中的载荷长度字段的值应该为新分组的载荷长度，分片头长度与当前分片的长度之和，并不包含基本头部的长度；同时，不可分片部分包含的最后一个头中的下一个头字段的值应为“44”。

接收方将所有具有相同源地址、相同目的地址和相同标识的分片进行重组。重组后的分组的不可分片部分中的最后一个扩展头的下一个头字段值从第一个分片的分片头中的下一个字段获取；载荷长度字段值需要重新计算，使用第一个分片、最后一个分片的载荷长度值和分片长度值计算。

与IPv4分组分片不同的是，IPv6分片只能在源主机（发送方）上进行，中间的路由器都不参与分片。

5）认证扩展头

IPsec是定义在网络层上的安全架构，既可用于IPv4，也可用于IPv6①。而认证扩展头和封装安全载荷扩展头是IPv6环境下实现IPsec框架（参考9.3.5节）的构件。

“下一个头”字段值为**51**，指向的扩展头是认证扩展头（简称AH）。认证扩展头旨在实现数据的完整性和对数据分组来源的认证，且提供重放攻击（replay attacks）保护。完整性指的是分组在传输过程不被篡改；来源认证保证数据确实来自源地址所标

① RFC 4301，描述了IPsec的安全架构（Security Architecture）的构成部分，以及如何提供网络层面的安全性。

记的接口。

如图 5-50 所示，下面逐个说明认证扩展头中各字段的名称和含义。

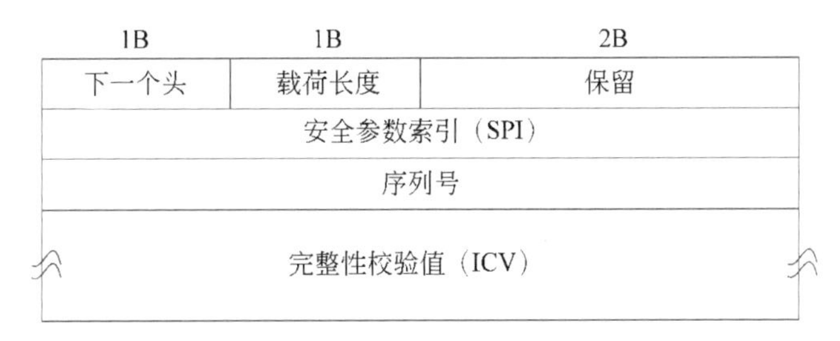

图 5-50 认证扩展头的格式

下一个头：长 1 字节，表示紧跟其后的扩展头或上层协议。

载荷长度：长 1 字节，表示以 4 字节为单位的认证扩展头的长度再减去 2。举个例子，如果完整性校验算法产生的数据是 96 位（3×4B），整个认证扩展头的长度为 6（6×4B），则该字段长度应该为 4（即 6－2＝4）。还要提醒读者注意，IPv6 分组的全部头部长度必须是 8 字节的整数倍。

保留：接下来的 2 字节长的字段，未被定义，全部位被源节点置为“0”。

安全参数索引（Security Parameters Index，SPI）：长 32 位，其值是一个任意的 32 位值，接收端使用它识别收到的分组所绑定的源地址；唯一地指明了该分组的安全关联（Security Association，SA）。例如，当 IPsec 实现请求其密钥管理实体建立新的安全关联，但安全关联尚未建立时，密钥管理实现可用 SPI 值为“0”，表示不存在安全关联；[1，255]保留未使用，SPI 值的范围是[256，$2^{32}-1$]。

序列号：长 32 位，对应一个“增 1”的计数器，源接口每发出一个分组，都赋予一个增 1 的序列号，如果某个分组的序列号已经到达最大值 $2^{32}-1$，发下一个分组时，计数器须重置，且通信双方必须重协商 SA，否则，接收方会丢弃所有新收到的对应源头发出的分组。当通信双方建立 SA 时，计数初值为 0，SA 是单向逻辑连接，每发出一个分组，外出 SA 的计数器增 1；每收到一个分组，进入 SA 的计数器减 1；该字段可用于抗重放（anti-replay）攻击。

完整性校验值（Integrity Check Value，ICV）：长度可变，但必须是 4 字节的整数倍，可能包含填充数据，保证 IPv6 分组的头部长度是 8 字节的整数倍。用于计算该字段值的 ICV 算法在 SA 中指定，常用 HMAC 算法（参考 9.3.4 节）。

6）封装安全载荷扩展头

封装安全载荷扩展头旨在实现端到端的加密功能，也是 IPsec 的构件之一。封装安全载荷扩展头用于提供加密、数据源认证、无连接完整性、抗重放、有限流量加密服务等；其部分功能和认证扩展头的功能重复，但也有差别，主要差别在于两者覆盖的范围不同，比如 ESP 不为任何分组头部字段提供保护，除非那些字段被整个封装（比如隧道模式中的分组）起来。

“下一个头”字段值为 **50**，指向的扩展头是封装安全载荷扩展头，如图 5-51 所示。

下面逐个说明封装安全载荷扩展头中各字段名称和含义。

安全参数索引：其名称和含义，都与认证扩展头中的同名字段一样：其值是一个任意的 32 位值，接收端使用它识别收到的分组所绑定的源地址；唯一地指明了该分组

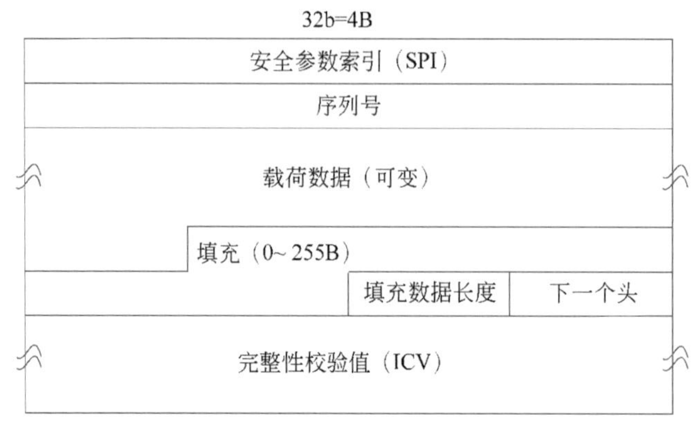

图 5-51　封装安全载荷扩展头的格式

的安全关联(SA)。

序列号：长32位，对应一个递增的计数器。当SA建立时，收发双方的计数器都必须初始化为0，如果建立抗重放机制(默认的)，序列号不允许循环。当通信双方建立SA时，计数初值为0，SA是单向逻辑连接，每发出一个分组，外出SA的计数器增1；每收到一个分组，进入SA的计数器减1；可用于抗重放攻击。与认证扩展头中的同名字段含义相同。

载荷数据：长度可变。如果加密载荷的算法需要使用加密同步数据，则可将其放在该字段中，可以是传输层数据段加密后的密文(传输模式)，或是IP分组加密后的密文(隧道模式)。

填充：长度可变(0～255字节)。有两个主要的原因可能导致填充：第一，如果使用的加密算法要求明文是某个字节数的倍数；第二，无论加密算法要求如何，都要确保生成的密文终止在4字节的边界上。

填充数据长度：长1字节，表示以字节为单位的填充数据的长度。

下一个头：长1字节，表明紧跟在本封装安全载荷扩展头后的扩展头或上层协议。

完整性校验值(ICV)：长度可变，通过计算封装安全载荷扩展头、载荷和封装安全载荷尾字段得到。该字段是可选的，只有选择了完整性服务才有这个字段。

7）目的选项扩展头

“下一个头”字段值为60，指向的扩展头是目的选项扩展头，用于携带那些需要最终目的主机检查和处理的信息。

目的选项扩展头的格式如图5-52所示，下面逐个说明各字段的名称和含义。

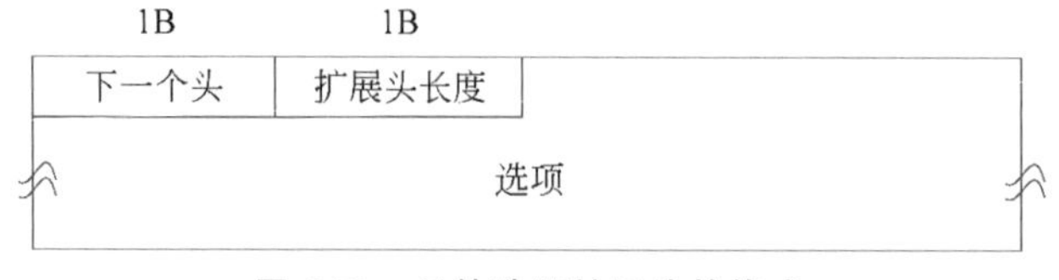

图 5-52　目的选项扩展头的格式

下一个头：长1字节，表示紧跟该扩展头之后的扩展头或上层协议。

扩展头长度：长1字节，表示以8字节为单位的目的选项扩展头的长度，但不包含前 8 字节。

选项：长度可变，但整个目标选项扩展头的长度必须是 8 字节的整数倍。包含一个或多个 TLV 表示的具体选项；TLV 格式可参考图 5-45。

5.4.2 IPv6 地址

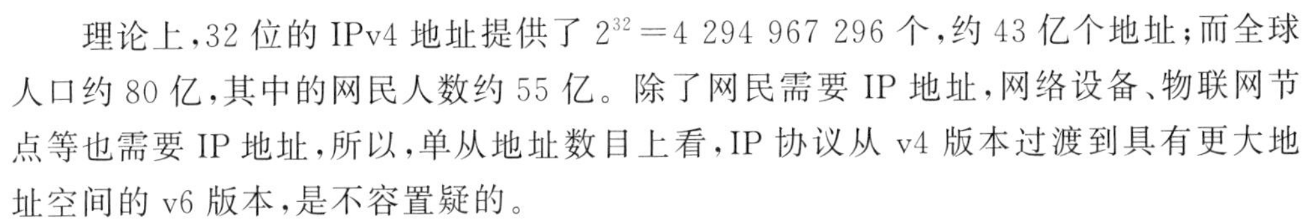

理论上，32 位的 IPv4 地址提供了 $2^{32}=4\ 294\ 967\ 296$ 个，约 43 亿个地址；而全球人口约 80 亿，其中的网民人数约 55 亿。除了网民需要 IP 地址，网络设备、物联网节点等也需要 IP 地址，所以，单从地址数目上看，IP 协议从 v4 版本过渡到具有更大地址空间的 v6 版本，是不容置疑的。

IPv6 的地址位数，曾经有过采用 64 位、80 位、128 位还是 160 位的争论，最终采用了 128 位的折中方案，既不至于再次面临地址耗尽的风险，也不至于因处理庞大地址而付出难以承受的开销。

IPv6 能够提供的地址空间非常庞大，高达 $2^{128}=3.402\ 823\ 669\ 209\ 384\ 634\ 633\ 746\ 074\ 317\ 7\text{e}+38$，为了便于记忆，采用中国古代数量级单位，把这个地址数量称为 340 涧①，1 涧 $=10^{36}$。

为了帮助读者理解这个巨大的数，我们换个角度想它。

用 IPv6 地址数除以全球人数②，得到全球人均约 4.3×10^{28} 个，如果一个人每秒消耗一个 IPv6 地址，全球人一起消耗，则需要约 1700 亿年才能耗尽。

用 IPv6 地址数除以地球表面积③，得到每平方厘米 6.7×10^{19} 个，1 平方厘米也就一个指甲盖大小，所以，毫不夸张地说，地球上每粒沙子都可能分到一个 IPv6 地址。

1. IPv6 地址的表示

1）冒分十六进制

128 位的 IPv6 地址，如果直接用二进制写出来，非常长，且难以认读。冒分十六进制表示法将 128 位 IPv6 地址分成 8 个 16 位组，位组之间用冒号“:”分隔，每个 16 位组兑换成 4 位十六进制数，记为 x:x:x:x:x:x:x:x。每个“x”表示 4 位十六进制数，其值可从“0000”变化到“ffff”。比如，RFC 3513 举了两个冒分十六进制表示的 IPv6 地址的例子：

① fedc:ba98:7654:3210:fedc:ba98:7654:3210。

② 1080:0:0:0:8:800:200c:417a。

第①个地址是一个完全地址，8×4=32 个十六进制位，一位都不少。

第②个地址省略前导零(leading zeros)，即高位的“0”，比如第 2、3、4 个位组，都省略了前 3 个“0”；而第 5 个位组“8”也省略了前 3 个“0”，第 6 个位组“800”则省略了最高位的“0”。

---

① “涧”的读音为[jiàn]，是中国古代数量级单位，亿、兆、京、垓、秭、穰、沟、涧、正、载共十等，《孙子算经》《五经算术》《玄应音义》等书对级变有不同的说法，有“十十变之”“百百变之”“万万变之”“穷尽变之”等，本书采用“百百变之”，即相邻级别是万。

② 2023 年，全球人口超过 8 亿，按照 8 亿计算。人口数据来自：https://ourworldindata.org/population-growth.

③ 地球表面积为 510 072 000km²，数据来自百度百科：https://baike.baidu.com/item/%E5%9C%B0%E7%90%83/6431?fr=ge_ala.

第②个地址还可以继续简化为 1080∷8:800:200c:417a，这个地址里面出现了"∷"，它代表连续的12个十六进制位"0"或48个二进制位"0"，这是采用了忽略全零的地址压缩(简化)原则。

【例 5-8】 一个冒分十六进制表示的 IPv6 地址是 2001:0db8:0:0881:0:0:0:0101，请写出它的简化形式。

【解】 这个地址可以使用两个地址压缩原则：省略前导零和忽略全零。

省略前导零：0db8、0881 和 0101 三个位组分别变为 db8、881 和 101。

可以忽略全零的有两处，第3个16位组处，第5、6、7个16位组处。所以，压缩后的地址是 2001:db8∷881:0:0:0:101 或 2001:db8:0:881∷101；但是现在只能表示为后者，因为要充分利用"∷"的压缩能力，选择更多"0"的地方进行压缩。

上例中的地址一定不可以压缩为 2001:db8∷881∷101。也就是说，一个 IPv6 地址中的"∷"只能出现一次，因为，超过一次的"∷"无法判定其代表的到底是几个"0"，将导致这个地址是不确定的。

请读者特别留意，RFC 4291(2006年)中规定的 IPv6 地址具有比较大的灵活性，比如大小写都可、"∷"可出现在同一个地址的不同地方等，由此带来了比较多的问题，RFC 5952(2010年，建议标准)对此做了更新，压缩简化 IPv6 地址时需要注意以下原则。

(1) **有前导零必省略**：如果4位十六进制位组中有前导零，则必须省略，比如 2001:0db8∷0001 必须表示为 2001:db8∷1。

(2) **最长零省略**：使用"∷"进行地址简化时，必须发挥它的最大能力。比如 2001:db8∷0:1 不被接受，因为它可以简化得更短：2001:db8∷1。

(3) **不省略1个位组零**："∷"不可以用于代表仅仅16个二进制位(4位十六进制位组)。比如 2001:db8:0:1:1:1:1:1 是正确的，而 2001:db8∷1:1:1:1:1 是不正确的。

(4) **优先省略第一处**：当在一个地址中不止一处可以使用"∷"时。有更多4位十六进制"0"位组的那一处被压缩。比如，2001:0:0:1:0:0:0:1 被压缩为 2001:0:0:1∷1。当4位十六进制"0"位组一样多时，则左数第一处必须被压缩，比如，2001:db8:0:0:1:0:0:1，必须简化为 2001:db8∷1:0:0:1。

(5) **小写字母**：冒分十六进制表示的地址，如果出现超过9的十六进制数，则不能大写，而只能小写，就像这样：a、b、c、d、e 或 f。

RFC 4291 草案标准建议的 IPv6 地址表示具有较大的灵活性，这种灵活性可能带来了 IPv6 地址的不确定表达，这给部署和应用带来了不少困扰，RFC 5952 所做的修订更新都是为了减小其灵活性和不确定性，让 IPv6 地址的表达确定和唯一。在修订更新之前，2001:db8:0:0:1:0:0:1、2001:0db8:0:0:1:0:0:1、2001:db8∷1:0:0:1、2001:db8∷0:1:0:0:1、2001:0db8∷1:0:0:1、2001:db8:0:0:1∷1、2001:db8:0000:0:1∷1、2001:DB8:0:0:1∷1 都是合法的表达，且表示的是同一个 IPv6 地址，RFC 5952 让这种情况不会出现了。

2) CIDR 前缀表示法

与 IPv4 地址的前缀表示类似，IPv6 地址可用前缀表示为"IPv6 地址/前缀长度"。其中的 IPv6 地址通常是冒分十六进制表示的地址，而前缀长度指的是从地址的最高位数起的网络位的个数，用十进制数表示。

举个例子，一个接口的 IPv6 地址是 2001:db8:0:cd30:123:4567:89ab:cdef，其中的网络位有 60 位，记为 2001:0db8:0:cd30::/60，那这个接口的 IPv6 地址可以用 CIDR 前缀表示法记为 2001:db8:0:cd30:123:4567:89ab:cdef/60。

注意，上例中的网络部分表示，下面几种表示是错误（有时候称为“非法”）的。

① 2001:db8:0:cd3/60：这是非法的表示，它删掉位组“cd30”的尾部“0”，前面介绍过，地址压缩时，可以省略前导“0”，但不可以省略某个位组的尾部“0”。

② 2001:db8::cd30/60：这样表示出来的并不是一个网络前缀，而是整个 IPv6 地址，即 2001:db8:0:0:0:0:0:cd30。

③ 2001:db8::cd3/60：这样表示出来的也不是一个网络前缀，而是整个 IPv6 地址，即 2001:db8:0:0:0:0:0:cd3，已经不是想表达的网络前缀了。

3）混合表示法

在 IPv4 和 IPv6 并存的过渡时期，可以使用这样的混合表示：x:x:x:x:x:x:d.d.d.d，其中“x”代表 4 位十六进制位组，而“d”代表十进制位组，为标准的 IPv4 地址点分十进制表示。

举两个例子（RFC 4291，2006 年），0:0:0:0:0:0:13.1.68.3，还可以（现在是必须）压缩为“::13.1.68.3”，0:0:0:0:0:ffff:129.144.52.38，也可（现在是必须）压缩为“::ffff:129.144.52.38”。

可见，压缩地址的“省略前导零”和“忽略全零”的简化原则仍然适用。

所有的 IPv6 地址只能用于分配给接口，而接口属于某个 IPv6 节点，如果一个节点有多个接口，那么任何一个接口的地址都可以用于标识这个节点。

4）IPv6 地址的类型

不像 IPv4 地址的分类，IPv6 地址分为单播地址、组播地址和任播地址，已经没有了 IPv4 地址中的广播地址，新增了任播地址，稍后将详细介绍这几种地址。

与 IPv4 地址类似，IPv6 地址中也有一些特殊地址，如表 5-21 所示，除了一些特殊地址之外，也列举了单播地址的特征。

表 5-21　IPv6 地址类型

IPv6 地址类型	二进制表示的地址（128b）	冒分十六进制表示的地址
未指定地址	00…0	::/128
环回地址	00…1	::1/128
站点本地地址	1111111011000000…	fec0::/48
组播地址	11111111…	ff00::/8
被请求节点组播组地址	1111111100000010…	ff02:0:0:0:0:1:ff:://104
链路本地地址	1111111010…	fe80::/10

未指定地址：不能分配给任何接口，它表示这个接口、这个网络，没有地址，含义和使用方法都和 IPv4 未指定地址类似。一个刚刚启动的节点，在获取自己的地址之前，如果要发送分组，就在分组的源地址字段使用这个地址。不可以在 IPv6 的基本头部或路由扩展头中使用未指定地址作为目的地址；路由器也绝不转发一个源地址是未指定地址的分组。

环回地址是单播地址，并不分配给任何一个实实在在的物理接口，被认为分配给了一个虚拟接口(或逻辑接口)；一个节点发送给环回地址的分组，就发给了这个虚拟接口，实际上是发给了自己。环回地址不能用作向外发送分组的源地址，一个目的地址是环回地址的分组绝不会离开发送它的节点，更不会被任何路由器转发。一个节点收到了目的地址是环回地址的分组，必须丢弃这样的分组。所以，这个地址通常用于测试。

站点本地地址：是一种通信范围限制在本地站点(site)内的地址，站点指的是一个组织机构建设的网络，由若干链路构成。站点本地地址类似于 IPv4 私人地址，无须申请，也非自动产生，由管理员规划使用。IPv6 站点本地地址并不因为地址的短缺而使用，更多出于安全的考虑而使用。

组播地址：是用于代表一组成员的特殊地址，以 ff00::/8 开头的地址。

被请求节点组播组地址：是一类特殊的组播组，每个 IPv6 节点启动后都会加入这个组播组；以 ff02:0:0:0:0:1:ff::/104 开头并自动生成的地址，主要用于重复地址检测和地址解析。

本节稍后将详细介绍 IPv6 组播地址和被请求节点组播组地址。

链路本地地址：是一种特别的单播地址，用于本链路通信，IPv6 节点启动时，自动生成，本节稍后将详细介绍。

2. IPv6 单播地址

类似 CIDR 下的 IPv4 地址，IPv6 单播地址也可以进行任意位的汇聚。

IPv6 单播地址分为全球单播地址、站点本地地址(RFC 4291 中已经弃用)和链路本地地址三种；全球单播地址中包含了一些特殊用途的地址，比如嵌入 IPv4 地址，将来还可以定义更多的地址类型。下面主要介绍全球单播地址和链路本地地址。

1）全球单播地址(GUA)

全球单播地址(Global Unicast Address，GUA)由全球路由前缀、子网标识和接口标识三大部分构成。不同于 IPv4 地址的天生 2 层结构，IPv6 单播地址具有天生的 **3** 层结构，如图 5-53 所示，图中 n 和 m 通常的取值分别是 48 和 16。

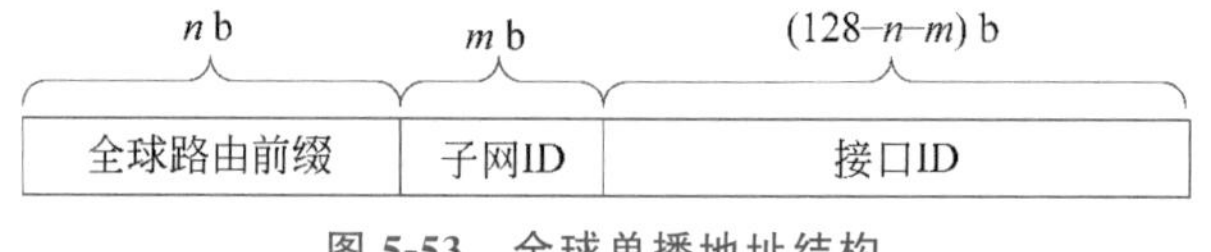

图 5-53 全球单播地址结构

全球路由前缀(global routing prefix)：通常是一个分配给某站点(代表若干子网或链路)的表征典型层级结构的值。全球路由前缀由各大区域互联网注册机构(RIR)和互联网服务提供商(ISP)设计其分层结构。目前，以二进制位"001"开头的全球单播地址被广泛使用，所以，读者看到冒分十六进制的 IPv6 地址，常常是"2…"或"3…"开头的 IPv6 地址。

子网标识(Subnet Identifier，简称子网 ID)：用于标识站点内的某条链路(类似 IPv4 的子网，对应着一个广播域)。子网 ID 由站点管理员负责设计其层级结构。

接口标识(Interface Identifier，简称接口 ID)：用于标识某链路上的某个接口，非二进制位"000"开头的全球单播地址的接口 ID 的长度是 **64** 位，所以 $n+m$ 的值是 $128-64=64$；这种情况，接口 ID 可用修正 **EUI-64**(modified EUI-64) 地址构成，如

图 5-54 所示。

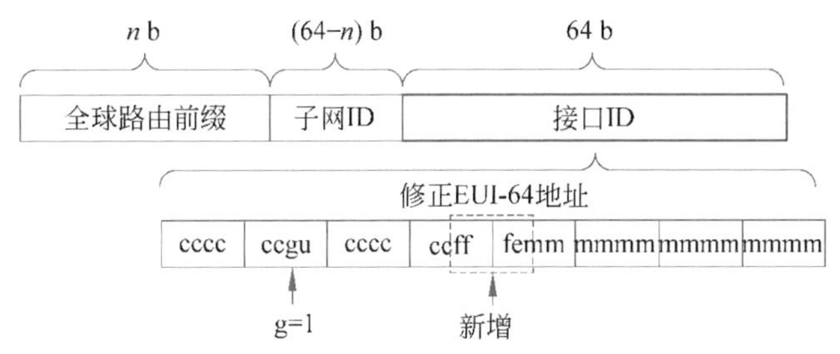

图 5-54 全球单播地址中的接口标识可由修正 EUI-64 地址充当

修正 EUI-64 地址标识符可直接从 48 位的 MAC 地址创建：在 MAC 地址的正中间(24 位 OUI 之后)增加 16 位二进制位“1111111111111110”，相当于 4 位十六进制数“fffe”；同时，图中的位“g”来自原 MAC 地址的“g/l”标识位，原本用于标识是否全球管理地址，被设置为“1”；位“u”来自原 MAC 地址的“u/m”标识位，原本用于标识是否组播地址。目前，这两位已经没有了当初的含义①。

采用了修正 EUI-64 地址作为接口 ID，带来了潜在的安全风险，攻击者可以从接口 ID 抽取出 MAC 地址，进而获得其对应的节点的移动轨迹，可能引发 4 类常见攻击——持续性活动关联攻击、位置追踪攻击、地址扫描攻击、特定设备的漏洞攻击等，所以，越来越多的设备使用了其他算法产生接口 ID。

但是，如果一个全球单播地址是以二进制位“000”开头的，则接口 ID 不是 64 位，地址的结构也不一样，比如，在 IPv4 向 IPv6 的过渡时期，可能使用 IPv4 兼容地址(IPv4-compatible IPv6 address)和 IPv4 映射地址(IPv4-mapped IPv6 address)，其地址结构如图 5-55 所示。

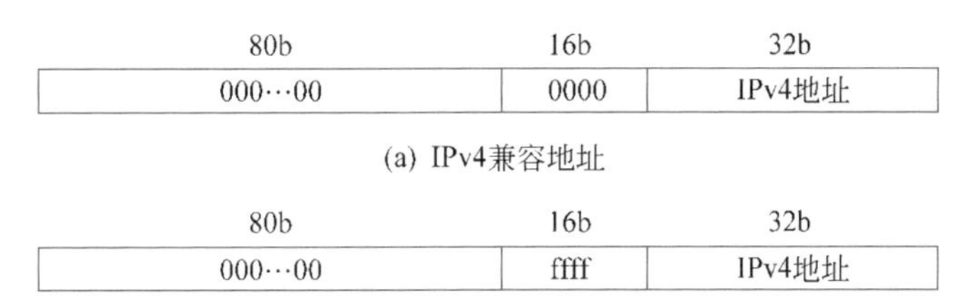

图 5-55 以“000”开头的全球单播地址的结构

IPv4 兼容地址中的 IPv4 地址必须是全球单播地址，特别提醒读者：这种地址已经弃用，因为现在的转换机制不再使用这个地址，新的实现不再要求支持这种地址。

IPv4 映射地址用于标识 IPv4 节点，使它可以和纯 IPv6 节点通信。

2）链路本地地址(LLA)

链路本地地址(Link-Local Address，LLA)是单播地址，用于某条单一的链路上的通信，其格式如图 5-56 所示。链路指的是一台路由器某个接口下的网络，与 IPv4 子网(参考 5.2.3 节)的含义一致。

---

① RFC 7136：Significance of IPv6 Interface Identifiers，2014 年，建议标准明确指出：除了通过 MAC 地址生成接口 ID，还有其他不同的方法用来生成 64 位的接口 ID，所以这两个标识位已经没有了 RFC 4291 指明的那些含义。

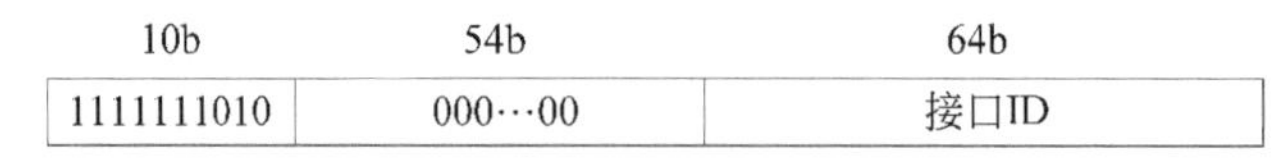

图 5-56　链路本地地址的结构

设计链路本地地址的目的是用于单链路通信，比如自动地址配置、邻居发现，或没有路由器时的互通等。链路本地地址的冒分十六进制表示以“fe80::/64”网络前缀开头。

链路本地地址中的接口 ID 主要有 3 种生成方式，可以使用修正 **EUI-64** 地址，也可以采用算法随机生成，还可以手动配置。

不管是源地址还是目的地址是链路本地地址的 IP 分组，路由器绝不会转发任何这样的分组到其他链路。

3. IPv6 组播地址

在 IPv6 地址中，已经没有广播地址了，原有的通过 IPv4 广播实现的功能需要进行修正或被取代，或改由 IPv6 组播实现。

IPv6 组播地址用于标识一组接口，这些接口同属于一个组(group)，通常属于不同的节点。一个接口可以参加到很多不同的组播组。IPv6 组播地址的结构(RFC 2373，1998 年)如图 5-57 所示，由 4 部分构成。

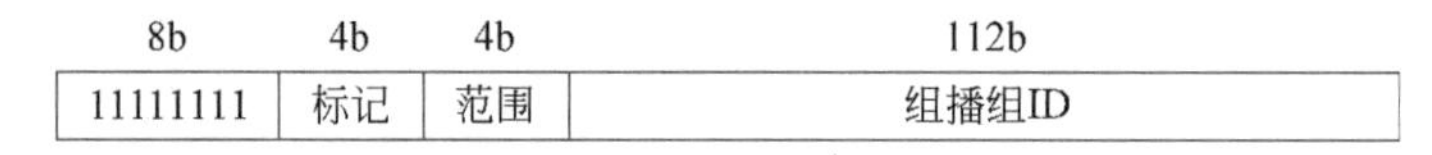

图 5-57　IPv6 组播地址的结构

开始 8 位的全“1”是组播地址的标记，十六进制表示为“ff”，所以，以“ff”开头的 IPv6 地址都是组播地址，代表某个组播组的全部接口。

在 IPv6 组播地址中设计了 4 位长的标记位，形如“000T”，当 T=0 时，标识当前组播地址表示的是一个永久组播组，由 IANA 分配。当 T=1 时，标识当前组播地址是一个非永久(non-permanently)、临时(transient)的组播组地址，也称为动态(dynamic)组播组地址。标记位在后来的发展中，已经进行了更新，将在 5.5.5 节详细介绍。

在 IPv6 组播地址中，还增加了 4 位长的范围控制位，这是 IPv4 组播地址中所没有的，对组播地址的作用范围进行了定义，比如节点本地范围、链路本地范围、站点本地范围，将在 5.5.5 节详细介绍。

组播组 ID(Group ID)占据了 IPv6 组播地址中的 112 位，其中的低 32 位标识了不同的组播组，其余的 80 位有不同的结构和作用(参考 5.5.5 节)。

组播组地址不能用作源地址，不管是出现在 IPv6 分组的基本头部中，还是出现在路由头中，都不允许。组播组地址只能出现在 IPv6 分组的目的地址字段。

路由器必须解析一个 IPv6 分组目的组播组地址中的范围字段，不能将分组转发到范围字段值表示的范围之外。

表 5-22 列出了一些著名的 IPv6 组播组地址。

表 5-22 一些著名的 IPv6 组播组地址

组播组地址	范 围	简 要 说 明
ff01:0:0:0:0:0:0:1	接口本地	表示不同范围的所有节点的 IPv6 地址，标识了不同范围下的所有节点
ff02:0:0:0:0:0:0:1	链路本地	
ff01:0:0:0:0:0:0:2	接口本地	表示不同范围的所有路由器的 IPv6 地址，标识了不同范围下的路由器组
ff02:0:0:0:0:0:0:2	链路本地	
ff05:0:0:0:0:0:0:2	站点本地	

还有个非常著名的组播组地址：被请求节点(solicited-node)组播组地址。每个IPv6 节点启动之后，会自动加入被请求节点组播组，被请求节点组播组地址的结构如图 5-58 所示。

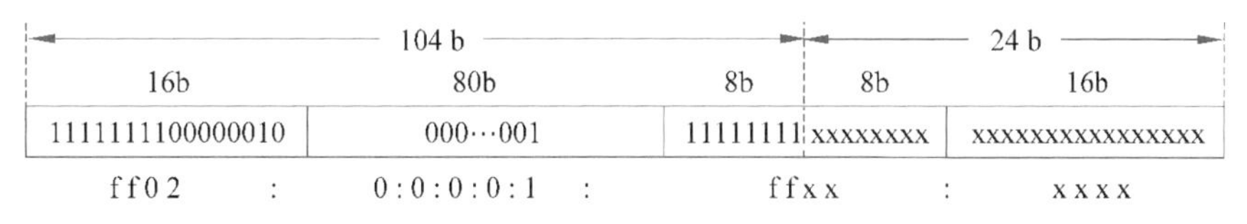

图 5-58 被请求节点组播组地址的结构

被请求节点组播组地址的前 104 位是固定的，后 24 位由单播地址生成，生成方法是这样的：将单播地址的后(低)24 位追加到网络前缀 ff02:0:0:0:0:1:ff::/104 之后形成 128 位的完整地址。

【例 5-9】 一个节点的接口 IPv6 地址是 2001::b171:25c3:fcea:87fc，试求其加入的被请求节点组播组地址。

【解】 IPv6 地址 2001::b171:25c3:fcea:87fc 的最后 24 位是 ea:87fc，将其追加到网络前缀 ff02:0:0:0:0:1:ff::/104 之后，形成 128 位的完整地址 ff02:0:0:0:0:1:ffea:87fc，简化为 ff02::1:ffea:87fc。

一个节点如果有多个接口，且都配置了 IPv6 地址，则节点须生成和加入所有单播地址对应的被请求节点组播组。

从被请求节点组播组地址生成的方法可知：凡是低 24 位相同的 IPv6 地址，不管它们的其他位是什么，它们标识的接口都加入了相同的被请求节点组播组。

被请求节点组播组地址在 IPv6 地址自动配置、获取链路层地址等方面起着非常重要的作用(参见 5.4.4 节)。

4. IPv6 任播地址

IPv6 任播(anycast)地址是分配给一个以上的多个接口的一种地址，这些接口通常属于不同的节点。目的地址是任播地址的分组只需要发送给拥有该地址的"最近"的那个接口，"最近"也是最好，表示成本最低的意思，路由协议用于表示路径好坏、远近的量度，具体的有跳数、带宽或组合计算产生的一个值。

任播地址从单播地址空间中分配，可使用任意定义过的地址格式，因此，任播地址和普通的单播地址并没有明显的语法区别。当一个单播地址被分配给超过一个接口时，它就变成了任播地址。但是，被分配了任播地址的接口必须显式地配置，清楚地知道这是一个任播地址。

任播地址可分配给一组路由器，用以识别这些路由器属于某个提供互联网服务的组织。任播地址可用作IP分组路由头中的中间地址，这样，分组就可按照某个特定的服务提供商或系列服务提供商的路线进行传送。

任播地址还有一些其他可能的应用，比如用于标识一组挂接到某个特别子网的路由器；或者标识一组通向某个特别路由域的路由器。

已经定义了子网路由器(subnet-router)任播地址，其结构如图5-59所示。

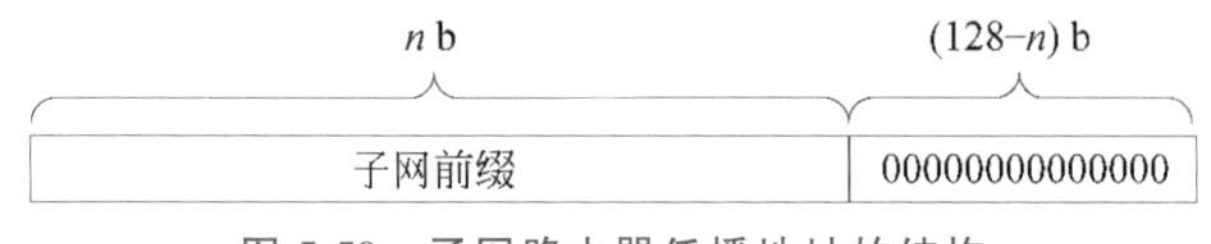

图5-59　子网路由器任播地址的结构

子网前缀(subnet prefix)：标识了一条指定的链路。这个前缀与同在这条链路的所有接口单播地址的前缀相同，将单播地址的接口ID设置为"0"，就成为了子网路由器的任播地址，类似于IPv4子网的网络地址。

发往子网路由器任播地址的分组，只需要发送给子网中的一台路由器即可。所有路由器都必须支持子网路由器任播地址。

5.4.3　ICMPv6

ICMPv6指的是IPv6的互联网控制消息协议(Internet Control Message Protocol for IPv6)，是IPv6的一个组成部分；每个IPv6节点都必须完全实现ICMPv6。类似于IPv4的ICMP，它用于报告IPv6分组的传输问题，也用于诊断网络层问题(如ping)，但是，ICMPv6实现的功能做了改变和扩展，比如它实现了原ARP的功能、组成员管理功能、邻居发现功能等。

ICMPv6消息直接封装在IPv6分组中，此消息之前的头部，不管是基本头部还是扩展头，其中"下一个头"字段的值应该是**58**。ICMPv6消息的通用格式如图5-60所示。从图中可见，其通用格式与IPv4下的ICMP消息一致。

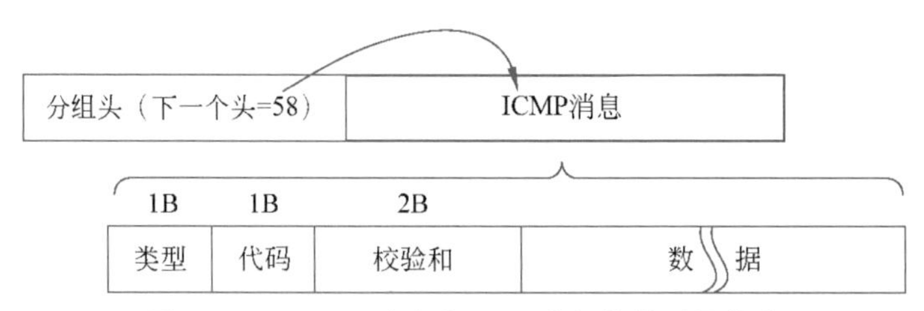

图5-60　ICMPv6消息和IPv6分组的关系及格式

类型：长8位，即1字节，指示了消息的类型，也决定了数据部分的格式。

代码(code)：长8位，即1字节，其值依赖于类型字段；指示了类型下的更细粒度的消息类别。

校验和：长16位，即2字节，用以检查ICMPv6消息和IPv6分组的部分头是否有错。

数据：长度可变，内容也因为类型的不同而不同。

ICMPv6消息可以分为两大类：差错消息(error message)和信息消息(informational

message)。类型字段的最高位,指示了消息的大类:如果是"0",表示这是差错消息,类型值可从 00000000 变化到 01111111,即从 0～127;如果最高位为"1",表示这是信息消息,类型值可从 10000000 变化到 11111111,即从 128～255。常见 ICMPv6 消息与 ICMP 消息(指 IPv4 下的 ICMP 消息)的比较如表 5-23 所示。

表 5-23 常见 ICMPv6 消息与 ICMP 消息的比较

类　　型	类型值	ICMP 类型值	消息名称	备　　注
差错消息(类型值 0～127)	1	3	目的不可达	基本相当
	2	3(code=4)	分组过大	原类型值为 3、代码值为 4 的 ICMP 消息,由类型值为 2 的 ICMPv6 消息代替
	3	11	超时	基本相当
	4	12	参数问题	基本相当
信息消息(类型值 128～255)	128	8	回声请求	基本相当
	129	0	回声应答	基本相当
	133	10	路由器请求	基本相当
	134	9	路由器公告	基本相当
	135		邻居请求	新增的 ICMPv6 类型
	136		邻居公告	新增的 ICMPv6 类型
	137	5	重定向	基本相当

与 IPv4 中的 ICMP 消息相比,ICMPv6 消息增加了一些类型值,从表中可见,在增加、修改和删除原有 ICMP 消息类型的同时,也尽量兼容了原有 ICMP 消息类型和功能。新增的邻居请求、邻居公告消息在 IPv6 中实现非常重要的功能,比如实现地址解析(原 ARP)。

事实上,ICMPv6 实现了一些轻量级的协议,比如组播侦听发现(Multicast Listener Discovery,MLD)就是其中之一,路由器用于发现和管理有兴趣加入某组播组的节点,以便为这些节点转发组播分组。MLD 使用了类型为 130(请求,request)、131(报告,report)和 132(完成,done)的 ICMPv6 消息。

邻居发现(Neighbor Discovery,ND)是 ICMPv6 下另一个非常重要的协议,实现了很多重要的功能,比如自动地址配置、重复地址检测(Duplicate Address Detection,DAD)、邻居不可达探测(Neighbor Unreachability Detection,NUD)等。

ND 协议通常使用 ICMPv6 信息消息(类型值大于 127)实现;下面详细介绍 ND 协议实现的主要功能。

5.4.4 邻居发现(ND)

ND 只为 IPv6 而设计,旨在解决邻居节点交互相关的问题,比如主机怎么找到默认网关,怎么了解邻居的链路层物理地址和可达性等。ND 主要用到了 5 种 ICMPv6 信息消息,如表 5-24 所示。

表 5-24　常见 ICMPv6 消息

类型	消息名称	备　　注
133	路由器请求(RS)	在路由器和主机之间交互,主要实现地址的自动配置等
134	路由器公告(RA)	
135	邻居请求(NS)	邻居之间交互,主要实现地址解析、重复地址检测、前缀重新编址等
136	邻居公告(NA)	
137	重定向(RD)	路由器用以通知主机一个到达目的的更好默认网关

1. IPv6 地址的获取

一台 IPv6 主机要接入互联网中成为一个通信节点,需要为它配置 IPv6 地址、默认网关、MTU 等参数。当然,可以人工手动配置,鉴于 IPv6 地址的长度和复杂性,能够自动获取、即插即用无疑是最方便、最好的方式。

动态主机配置协议(DHCP)运行于 IPv6 中,称为 DHCPv6,基本工作原理类似 IPv4 中的 DHCP,但是做了一些适应性的改动,比如 IPv6 没有广播,原广播消息,都改成了组播消息,消息类型也有所不同。一台 IPv6 主机可以通过 DHCPv6 动态地获取 IPv6 地址、默认网关、DNS 服务器等参数,DHCP 服务器维护这些上网参数的租用状态,所以主机的这种地址配置方式称为**有状态的地址自动配置**。

ND 提供了**无状态地址自动配置**(Stateless Address Auto Configuration, SLAAC)机制,节点通过与路由器的信息交互自动获取 IPv6 地址,路由器并不记录也不维护节点的 IPv6 地址状态;一个节点的地址自动配置包括链路本地地址(LLA)的配置和全球单播地址(GUA)的配置两个阶段。

链路本地地址的自动配置:一个 IPv6 接口启动时,首先自动生成一个"Fe80::/64"开头的链路本地地址,至于接口 ID 可以使用修正 EUI-64 地址,因为安全的原因,更多的操作系统采用随机数生成 64 位的接口 ID。一个链路本地地址的优先时间和有效时间是无限的,永不超时。

有了链路本地地址之后,接下来可以配置全球单播地址,下面用一个例子说明全球单播地址的配置过程。图 5-61 中,路由器的一个接口(链路本地地址是 Fe80::1)下接交换机,再接 3 台 PC,这些接口和节点都属于同一条链路(类似 IPv4 的子网,同属于一个广播域)。

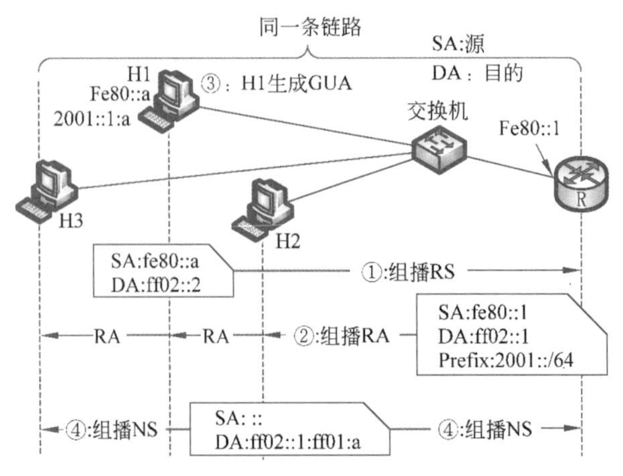

图 5-61　无状态地址自动配置过程

H1 启动后，首先生成了一个链路本地地址：Fe80∷a，接下来，进行全球单播地址的自动配置，过程如下。

①：H1 发送路由器请求(Router Solicitation，RS)消息，促使路由器立刻发出路由器公告(Router Advertisement，RA)，而不是等到下一次 RA 的发送周期才发送；主机发出的 RS 的目的地址是 ff02∷2，表示组播 RS 给本链路的所有路由器。

②：收到 RS 的路由器会在该链路上组播 RA，如果链路上连接了多台路由器，这些路由器都会收到 RS 组播，并立刻在该链路组播 RA。实际上，路由器会周期性地主动组播 RA，并不只是在收到 RS 才被动组播。

③：H1 也许收到多台路由器的多个 RA，从中选择一个 RA 提供的全球单播前缀，并将提供被选择 RA 的这台路由器作为默认网关。H1 从 RA 中提取网络前缀、MTU 等参数以及外发分组的跳数限制初值等，为自己进行自动配置，最重要的是要在网络前缀后，追加接口 ID(比如 EUI-64 地址、随机数)，形成完整的全球单播地址，假设图 5-61 中主机 H1 生成的全球单播地址是 2001∷1:a。

④：生成的全球单播地址必须进行重复地址检测(DAD)。可通过发送 NS 消息进行，直到通过重复地址检测，才能正式启用生成的全球单播地址等信息。具体的重复地址检测过程，稍后介绍。

无状态地址自动配置的关键是从 RA 中获取信息，尤其是全球单播前缀，由此构造出全球单播地址。RA 采用了类型为 134 的 ICMPv6 消息，其格式如图 5-62 所示。

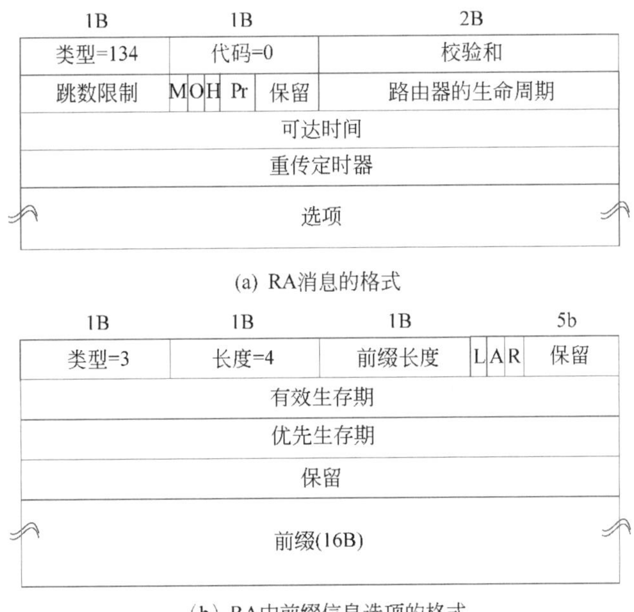

图 5-62 RA 的格式

RA 用 ICMPv6 消息封装，下面逐一介绍 RA 中的各字段。

类型：长为 1 字节，值为 134，表示 ICMP 消息承载的是 RA。

代码：长为 1 字节，值为 0，表示类型下没有子类。

校验和：长 16 位，即 2 字节，用以检查 ICMPv6 消息和 IPv6 分组的部分头是否有错，采用互联网校验和进行计算。

跳数限制：第4个字段长1字节，当前值为“0”时，表示不使用该字段，可以配置该值，默认为64。接收方在封装IPv6分组时使用这个值作为“跳数限制”字段的初值。

第5、6、7、8共4个字段是标记字段，分别代表不同的含义。

(1) **M为管理地址配置**(managed address configuration)标识位：如果M=0，表示通过无状态地址自动配置获取IPv6地址；如果M=1，表示通过DHCPv6获取IPv6地址。

(2) **O为其他有状态配置**(other statefull configuration)标识位：如果O=0，表示通过无状态地址自动配置获取地址外的其他配置信息；O=1，表示通过有状态地址自动配置(DHCPv6)获取地址外的其他配置信息，比如DNS服务器、SIP服务器等。

如果M=1，则必须O=1，表示包括地址在内的全部配置信息都来自有状态地址自动配置(DHCPv6)，否则无意义。

(3) **H为家乡代理**(home agent)标识位：用于移动IPv6。

(4) **Pr为默认路由器优先级**(default router preference)标识：长2位，表示发送RA的路由器作为默认网关的优先级，“01”代表高优先级，“00”代表中等优先级，“11”代表低优先级，默认为“00”中等优先级。

保留位：第9个字段，长3位，未使用。

路由器的生命周期(router lifetime)：第10个字段，长2字节，单位是s，最大值为65 535s，即约18.2h，表示发送该RA的路由器作为默认网关的生命周期。如果该字段值为“0”，表明该路由器不能作为默认网关。

可达时间(reachable time)：第11个字段，长4字节，单位是ms，RA中的可达时间让同一链路上的接口都使用相同的可达时间。该值可配置，默认值为“0”，表示不使用该字段。

重传定时器：第12个字段，长4字节，单位是ms，用于邻居不可达探测和地址解析。值可配置，默认值为“0”，表示不使用该字段。

选项：第13个字段，定义了源节点的链路层地址选项、MTU选项、前缀信息选项、通告间隔选项、家乡代理信息选项、路由信息选项等。

前缀信息选项用于形成地址相关的信息，其格式如图5-62(b)所示，包含了11个字段，下面逐个进行介绍。

类型：第1个字段，长1字节，前缀选项类型的值为“3”。

长度：第2个字段，长1字节，值为“4”，单位是8字节，表示整个前缀选项长度共32字节。

前缀长度(Prefix Length，PLen)：第3个字段，长1字节，表示该前缀选项中的前缀的长度，字段取值范围是0～27。

第4、5、6字段是3个标记位，代表不同的含义。

(1) **L为直连标记**(on-link flag)，L=1时，表示该前缀可用作on-link判断，L=0时，表示该前缀不可以用作on-link判断。默认值为“1”，即默认可以用作on-link判断。

(2) **A为自动配置标记**(autonomous address configuration flag)，用于指示是否可以使用该前缀进行无状态地址自动配置；当A=1时，表示该前缀可用于无状态地址自动配置，当 A=0 时，表示该前缀不能用于无状态地址自动配置。

(3) **R** 为路由器地址标记(router address flag)，用于移动 IPv6。当 R=1 时，表示该字段不仅包含了前缀信息，还包含了发送该 RA 的路由器地址。

保留：长 5 位，未使用。

有效生存期(valid lifetime)：第 8 个字段，长 4 字节，单位是 s，表示由该前缀产生的 on-link 地址处于有效状态的时间，默认值为 30 天(2 592 000s)，全“1”表示时间无限。

优先生存期(preferred lifetime)：第 9 个字段，单位是 s，表示由该前缀通过无状态地址自动配置产生的地址处于优先状态的时间，默认值为 7 天(604 800s)，全“1”表示时间无限。有效时间大于等于优先时间。

保留：第 10 个字段，长 4 字节，未使用。

前缀：第 11 个字段，长 16 字节，该字段和前缀长度一起明确指定了一个 IPv6 地址前缀。

自动配置的 IPv6 单播地址，具有 4 种状态：临时(tentative)、优先(preferred)、弃用(deprecated)和无效(invalid)。这 4 种状态从地址生成时开始，随着时间的推移，会发生变化，变化的时间点与 RA 中的有效生存期和优先生存期有关，如图 5-63 所示。

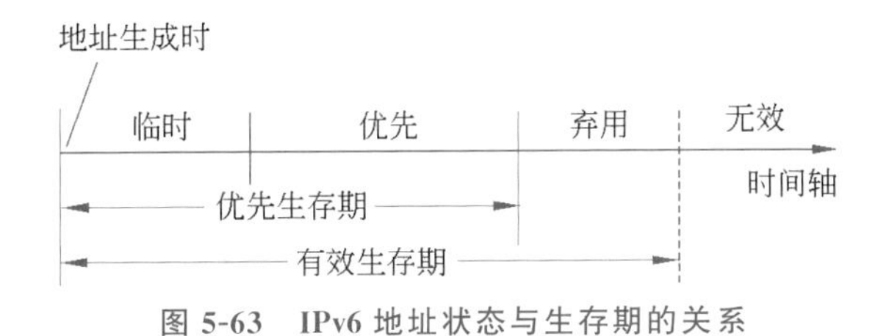

图 5-63 IPv6 地址状态与生存期的关系

临时状态：刚刚自动生成的地址，正在进行重复地址检测，此时，只能接收响应邻居请求(NS)的邻居公告(NA)消息。

优先状态：地址已经通过了重复地址检测，其状态从临时迁移到优先，处于优先状态的地址，可用于收发 IPv6 分组；优先生存期的默认时间是 7 天。

弃用状态：当优先生存期耗尽后，地址仍处于有效生存期(默认 30 天)内，则地址状态从优先迁移到弃用。此时的地址不可用于发起新的通信，但是原来使用此地址的通信可以继续使用这个地址。处于弃用状态和优先状态的地址都是有效的，可以正常收发 IPv6 分组。

无效状态：有效生存期耗尽之后，地址进入无效状态，使用此地址的接口不能收发 IPv6 分组，即不能使用处于该状态的地址了。

总之，通过路由器和主机之间交互 RS、RA 这一对信息，主机可以完成地址的自动配置，且采用 NS、NA 消息，去检测地址的唯一性，即进行重复地址检测，随后，地址即可分配给主机的接口使用，整个过程无须用户干预，真正做到了即插即用。

在无状态地址自动配置的过程中，由于 RA 的目的地址是链路本地范围的所有节点，意味着链路上的所有接口都会收到 RA，没有发出 NS 的主机都可无成本地获取 RA，并完成自己地址的自动配置。

2. 重复地址检测(DAD)

重复地址检测通过交互 NS 和 NA 两种消息实现，图 5-61 中，H1 生成的全球单播地址是 2001::1:a，在进行重复地址检测时，被称为临时地址。H1 重复地址检测的基本过程如下。

(1) H1 发出一个邻居请求目标地址(target address)为 2001::1:a 的 NS，其源地址是未指定地址，而目的地址是一个组播地址 ff02::1:ff01:a，这是被请求节点组播组地址，所有单播地址的低 24 位是“01:000a”的节点都在这个组中，如果有节点与 H1 的 IPv6 单播地址相同，则该节点一定在这个特别的组播组中，一定会收到这个 NS 信息。

(2) 如果 H1 收到一个覆盖标记位“O”置为“1”的 NA，表明有其他节点已经使用了这个目标地址，H1 不能使用它。重复地址检测失败。

(3) 如果 H1 在规定的时间内没有收到任何应答的 NA，表明目标地址在本链路上是唯一的，可以通过重复地址检测了，H1 可以正式启用这个地址，地址的临时状态切换为优先状态。

如图 5-64 所示，NA 用 ICMPv6 消息封装，所以，前三个字段类型、代码和校验和，含义与通用 ICMP 消息的这三个字段相同，这里类型是 136，代码是 0，校验和仍然采用互联网校验和进行计算。

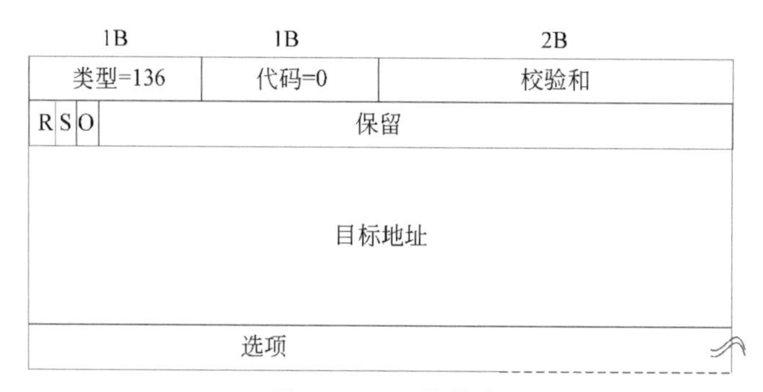

图 5-64　NA 的格式

第 4、5、6 个字段是三个标记位，它们的含义分别如下。

(1) **R 为路由器标记**(router flag)：表示发送 NA 的节点身份，R=1，代表发送 NA 的是路由器；R=0，代表发送 NA 的是主机。

(2) **S 为请求标记**(solicited flag)：表示该 NA 是否是对 NS 的响应消息。S=1，表示该 NA 是对 NS 的响应消息。

(3) **O 为覆盖标记**(override flag)：O=1，表示节点可以用 NA 消息中携带的目标链路层地址选项中的链路层地址覆盖原有的邻居缓存表；O=0，表示只有在链路层未知时，才能用目标链路层地址选项更新邻居缓存表。

保留：第 7 个字段，长 29 位，未使用。

目标地址：第 8 个字段，长度是 16 字节，待重复地址检测或待地址解析的 IPv6 地址，如果 NA 消息是响应 NS 消息的，则该字段直接复制 NS 中同名字段的值。

选项：第 9 个也是最后一个字段，定义了一个 Type=2 的目标链路层地址选项，其值对应着被解析目标地址的链路层地址。

所有的单播地址，不管是链路本地地址，还是全球单播地址，不管是无状态自动配置的，还是通过 DHCPv6 获取的，都要进行重复地址检测，只有检测通过，确认是唯一的，才从临时地址变成可用的地址，分配给接口使用。

3. 地址解析

在 IPv4 网络中，在全网范围内使用 IP 寻址定位到目的主机所在的子网，在小网络——子网内，再通过 MAC 寻址定位到目的主机。IPv6 网络中的寻址类似于 IPv4 网络，在封装好的数据报文中既有目的主机的 IPv6 地址，也有 MAC 地址。如果源主机不知道目的主机的 MAC 地址，在 IPv4 子网中，可使用地址解析协议（ARP）获取对方的 MAC 地址；IPv6 网络中的邻居发现协议（NDP）可以实现类似 ARP 的地址解析功能，但相比 ARP，ND 地址解析具有明显的优势。

(1) 网络层的地址解析，独立于链路层协议，不像 ARP 只解析以太网的物理地址，ND 地址解析还可以解析其他链路层协议的物理地址。

(2) 提升了地址解析的安全性，ARP 攻击、ARP 欺骗曾经是 IPv4 网络中的安全大问题，IPv6 网络的安全机制，试图解决 ARP 的安全问题。不得不说的是，道高一尺，魔高一丈，要彻底解决安全问题几乎是不可能的。

(3) 组播缩小了 NS 传播的范围。ARP 的运行是通过广播进行的，子网（链路）内的其他主机都会收到广播请求，而 ND 地址解析采用了组播发送请求，而且是被请求节点组播组，传播范围得到了极大的缩小。

链路上的 IPv6 节点都维护着几个数据表，其中一个是邻居缓存表（Neighbor Cache，DC），它的功能和维护方式都与 ARP 表类似。使用 NDP 进行地址解析的过程也类似 ARP，如图 5-65 所示。

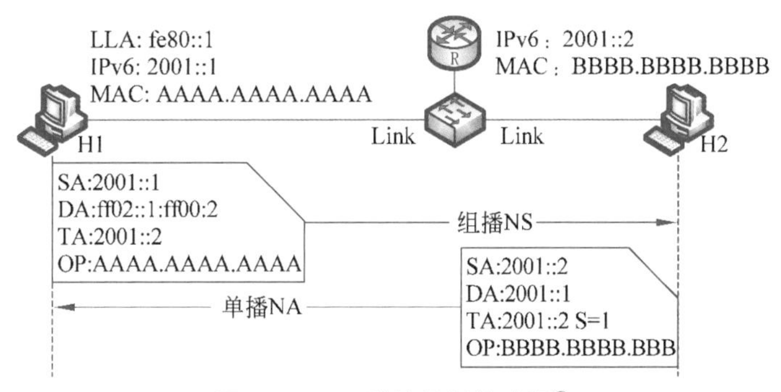

图 5-65 ND 地址解析的过程[①]

图 5-65 中，H1 和 H2 是同一链路上的两个主机节点，H1 需要向 H2 发送数据，但不知道它的 MAC 地址，在邻居缓存表中也没有查到可用的信息，于是它发起了地址解析请求。

(1) H1 发送一个 NS，其中的目标地址（TA）是待解析的 H2 的地址——2001∷2，而目的地址是被请求节点组播组地址，H2 以及与 H2 单播地址的低 24 位相同的 IP 地址所在节点都在这个组播组中，NS 中选项 OP 字段还携带了自己的 MAC 地址——AAAA.AAAA.AAAA。

① 图中 NS 和 NA 中的 SA 代表源地址，DA 代表目的地址，TA 代表目标地址，OP 代表选项，而 NA 中 S 表示请求标识，S=1 表示这个 NA 是对 NS 的应答；图中，只列举了一些 NS 和 NA 中重要的 IP6v 分组头部字段值和 ICMPv6 消息字段值，以帮助理解地址解析的过程，其他字段略过。

(2) H2 收到 NS,从中提取出源 IPv6 地址和选项中的 MAC 地址(源 MAC 地址),更新自己的邻居缓存表。

(3) 接着,H2 向 H1 回发一个响应的 NA,其目的地址是单播地址,直接指向 H1;其目标地址仍然是待解析的地址——2001∷2,但选项字段中携带了自己的 MAC 地址——BBBB.BBBB.BBBB。因为是对 NS 的应答,标记位 S=1。

(4) H1 收到 NA,从中提取出源 IPv6 地址和选项中的 MAC 地址,更新自己的邻居缓存表,完成地址解析的工作。

被请求节点组播组的组播范围是链路本地,即待解析的地址所在的节点和源节点在同一条链路,才可能完成地址解析。如果待解析的地址表示的节点是远程主机,则需要通过默认网关的帮助才能完成双方的通信,与 IPv4 网络的情形基本一样。

图 5-66 显示了一个真实 IPv6 节点上的邻居缓存表截图。

```
命令提示符 - netsh
ff02::1:ff90:7976                            33-33-ff-90-79-76   永久
ff05::1:3                                    33-33-00-01-00-03   永久

接口 4: 以太网

Internet 地址                                物理地址            类型
-------------------------------------------  -----------------   -----------
2001:250:3000:3cd3::1                        58-66-ba-90-79-76   可以访问 (路由器)
2001:250:3000:3cd3:52af:73ff:fe57:41d6       50-af-73-57-41-d6   可以访问 (路由器)
fe80::52af:73ff:fe57:41d6                    50-af-73-57-41-d6   可以访问 (路由器)
fe80::5a66:baff:fe90:7976                    58-66-ba-90-79-76   停滞 (路由器)
ff02::1                                      33-33-00-00-00-01   永久
ff02::2                                      33-33-00-00-00-02   永久
ff02::c                                      33-33-00-00-00-0c   永久
ff02::16                                     33-33-00-00-00-16   永久
ff02::fb                                     33-33-00-00-00-fb   永久
ff02::1:2                                    33-33-00-01-00-02   永久
ff02::1:3                                    33-33-00-01-00-03   永久
ff02::1:ff00:a02                             33-33-ff-00-0a-02   永久
ff02::1:ff50:3b05                            33-33-ff-50-3b-05   永久
ff02::1:ff57:41d6                            33-33-ff-57-41-d6   永久
ff02::1:ff87:d9a                             33-33-ff-87-0d-9a   永久
ff02::1:ff90:7976                            33-33-ff-90-79-76   永久
ff02::1:ffae:4509                            33-33-ff-ae-45-09   永久
ff05::1:3                                    33-33-00-01-00-03   永久
```

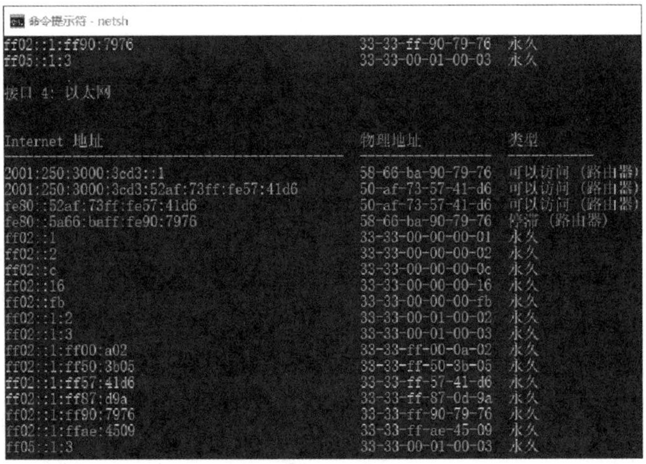

图 5-66　一个真实 IPv6 节点上的邻居缓存表截图

邻居缓存表是由近期发送过数据的邻居信息构成的数据表,它记录了邻居的 IPv6 地址、链路层地址、可达性状态、时间、邻居身份(路由器还是主机)等。邻居缓存表包含了由不可达探测算法维护的一些信息,比如邻居的可达状态是以下五种可能的状态之一。

(1) **未完成**(INCOMPLETE)状态:表示正在解析这个邻居的地址,邻居的 MAC 地址还未确定;当某节点因为进行地址解析而发出 NS 时,就会在邻居缓存表中创建一个相应的表项,此时该表项的状态就是 INCOMPLETE。

(2) **可达**(REACHABLE)状态:表示成功地完成了地址解析,邻居是可达的,可以和处于此状态的邻居进行通信;可达状态并不是一个稳定的、可长期存在的状态,它伴随一个可达定时器,定时器超期之后,状态会迁移到失效状态。

(3) **失效**(STALE)状态:表示不确定邻居是否可达;这是一个稳定、可长期存在的状态。如果节点有信息要发送给处于失效状态的节点,可以使用缓存中的 MAC 地址,但迁移到时延状态,并等待接收"可达性证实信息"。因为上层协议的暗示,失效状态可以直接迁移到可达状态。

(4) **时延**(DELAY)状态:也表示不确定邻居是否可达,但这不是一个稳定的状态,它期望在定时器超期之前可以收到邻居的"可达性证实信息",从而迁移到可达状态，否则，进入探测状态。

（5）探测(PROBE)状态：还是表示不确定邻居是否可达，但是，节点向处于此状态的邻居发送 NS，直到收到“可达性证实信息”，然后迁移到可达状态。如果多次（达到尝试上限）尝试发送 NS，均未收到该邻居的 NA 回应，则认为该邻居不可达，删除邻居缓存表中该邻居的表项。

上述状态解释和迁移过程用到的“可达性证实信息”有两种可能：一是来自上层协议的暗示，比如节点和邻居节点之间有 TCP 连接，收到了邻居的确认，则可让邻居地址进入可达状态；二是来自不可达探测的回应，即收到邻居发来的“S”标记位置位的 NA。

不可达探测指的是一个节点确定其邻居节点可达性的过程。上述状态的迁移描述了邻居节点可达状态的迁移和迁移条件。不可达探测过程类似于地址解析的过程，发出 NS，并接收 NA，但也有不同：第一个不同是不可达探测发出的 NS 的目的地址是邻居的单播地址，而不是被请求节点组播组地址；第二个不同是 NA 中的标记位必须置位 S=1，表明这不是主动发送的 NA。

5.4.5 IPv6 过渡技术

从 IPv4 过渡到 IPv6，不是一蹴而就的，从 20 世纪 90 年代 IPv6 诞生到现在，经过了 30 多年，虽然当初设计 IPv6（RFC 1883，1995 年，后先后被 RFC 2460、RFC 8200 更新弃用）时，希望 IPv6 可以平稳而快速地取代 IPv4，理想的过渡是经历三个阶段，第一阶段以 IPv4 网络为主，IPv6 逐步从孤岛推开；第二阶段是 IPv4 网络和 IPv6 网络部署旗鼓相当，和谐共存；第三阶段以 IPv6 网络为主，IPv4 孤岛继续缩小直到逐渐褪去。

目前的互联网，不仅规模庞大，还非常复杂，不仅有 IPv4，也有 IPv6；不仅有公有地址，也有私人地址；不仅有 NAT，也有双 NAT；不仅有纯 IPv4 或纯 IPv6 节点，也有双栈支持的节点，在这样的互联网上部署 IPv6，面临各式各样的场景，产生了 20 多种具体的过渡技术。

目前的互联网中，根据对 IP 版本的支持情况，节点（路由器和主机）可被简单地分成三类。

（1）纯 **IPv4**（IPv4-only）节点：仅支持 IPv4 的节点。大概率是一些比较旧的设备，未升级到支持 IPv6 的操作系统。

（2）纯 **IPv6**（IPv6-only）节点：仅支持 IPv6 的节点。一些安装了支持 IPv6 操作系统的设备，所处的网络也是 IPv6 网络，手动配置为只支持 IPv6，多用于 IPv6 相关的实验。

（3）**IPv4/IPv6 双栈**（IPv4/IPv6 dual stack）节点：既支持 IPv4，又支持 IPv6 的节点。目前，绝大多数终端设备都是这种双栈节点。

但 30 多年的部署实践，效果并不理想，不仅网络上的所有节点要升级更新，应用程序也要做适应性更新，工作面广，工作量巨大，所以，也许还要经历一段不短的 IPv4/IPv6 共存过渡期。

20 多种过渡技术可以归为三类：双协议栈技术、隧道技术、网络地址转换-协议转换技术。

1. 双协议栈技术

中国有句古话“兵来将挡，水来土掩”，意思是不要慌张，不管什么来，自有适当的应对方法。双协议栈就是这样，碰到 IPv4，就用 IPv4 通信，碰到 IPv6，就用 IPv6 通信；适合用于 IPv4/IPv6 共存的网络环境。双栈节点的参考模型如图 5-67 所示。

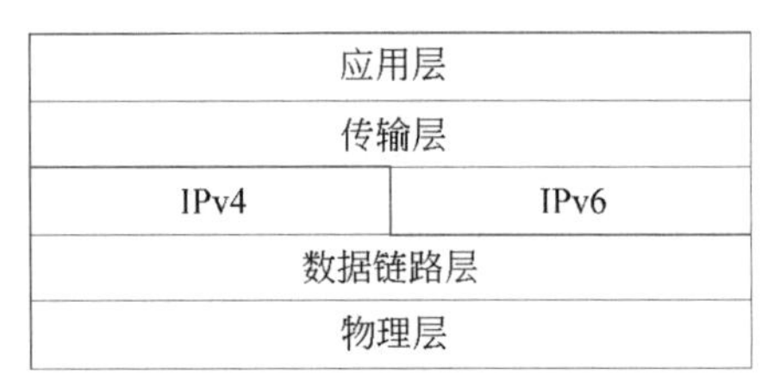

应用层	
传输层	
IPv4	IPv6
数据链路层	
物理层	

图 5-67 双栈节点的参考模型

一个双栈节点，是使用 IPv4 还是 IPv6 通信，取决于通信对方的 IP 地址状况。

如果对方是一个 IPv4 地址，就使用 IPv4 协议栈，封装 IPv4 分组。

如果对方是一个 IPv4 映射地址（内嵌 IPv4 地址，图 5-55），则 IPv6 分组封装在 IPv4 分组中。

如果对方是一个 IPv6 地址，就使用 IPv6 协议栈，封装 IPv6 分组，或者启用隧道。

双协议栈是过渡技术中的基础技术，隧道技术和网络转换-协议转换技术都要用到双栈节点的功能。双栈节点需要配置 IPv4/IPv6 两种地址，这两种地址可以通过各自的机制获取，互不影响。

为了支持从域名获取两种地址，DNS 服务器需要做相应的配置，资源记录中的“A”类型，其值对应 32 位的 IPv4 地址；资源记录中的“AAAA”类型（参考 7.2.4 节），其值对应 128 位的 IPv6 地址。

一个普通的双栈终端节点，怎么使用它的不同 IP 地址呢？根据“happy eyeball”算法（RFC 8305，2017 年），以更快的速率，让节点偏向于使用基于 IPv6 的数据传输。

当骨干网络上的节点，比如路由器、服务器等，都支持双协议栈，那么零星的端节点，无论是纯 IPv4 节点或纯 IPv6 节点，通过双协议栈技术，都可以互联互通了。

双协议栈技术在部署实施上，可以让那些双栈端节点成为纯 IPv6 节点，从而减少对 IPv4 全球地址的需求，这种双栈称为有限双栈。

双协议栈过渡机制（Dual Stack Transition Mechanism，DSTM）可应用于以 IPv6 为主的第三阶段过渡期，为零星 IPv4 孤岛提供解决方案，而不消耗更多的全球 IPv4 地址，且避免地址转换的使用。

图 5-68 显示了 DSTM 的应用场景，H1 所在的网络是一个纯 IPv6 网络，构成了 DSTM 服务域，在其中架设了一台 DSTM 服务器，可以帮助域内的任何一台双栈节点（比如 H1）访问远程的纯 IPv4 主机（比如 H2）。纯 IPv6 节点 H1 访问纯 IPv4 节点 H2 的过程简述如下。

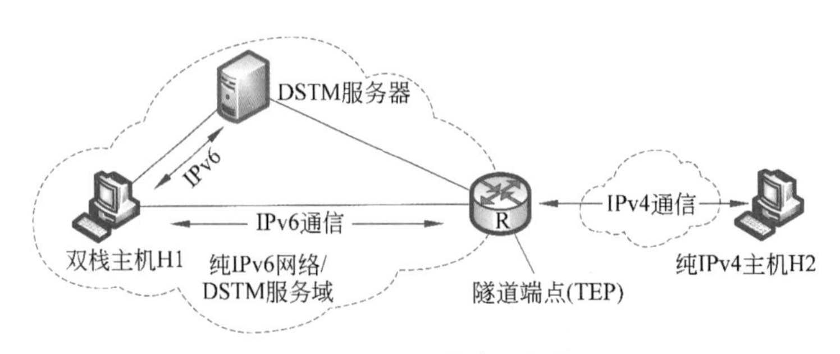

图 5-68 DSTM 的应用场景

(1) **H1→DSTM** 服务器：H1 向 DSTM 服务器请求为其分配全球唯一的 IPv4 地址；DSTM 服务器此时承担了类似 DHCP 服务器的功能，为了更进一步节约全球 IPv4 地址的使用，可以像 NAPT(参考 5.3.3 节)那样超载，把不同的端口绑在同一个 IPv4 地址上，并且 DSTM 服务器负责维护地址的状态。

(2) **DSTM** 服务器→**H1**：DSTM 服务器除了向 H1 分配一个 IPv4 地址，该地址是有使用期限的；还同时发送隧道端点(Tunnel End Point，TEP)的 IPv6 地址。

(3) **H1→TEP**：H1 将待发送的数据封装成 IPv4 分组，其目的地址是 H2 的 IPv4 地址；再将整个分组封装到 IPv6 分组(IPv4 over IPv6) 中，其目的 IPv6 地址就是 TEP 的地址，图 5-68 中的 TEP 是一台边界路由器。

(4) **TEP→H2**：TEP 收到这个特殊的分组，去掉 IPv6 的头部，提取出里面的完整 IPv4 分组，向远程主机 H2 发送。

(5) **H2→TEP**：纯 IPv4 主机 H2 接收分组，处理并回发 IPv4 的应答分组，发往 TEP。

(6) **TEP→H1**：收到 IPv4 应答分组，将其整个作为载荷封装成 IPv6 分组，发往 H1。

可见，DSTM 服务域内的节点如果要和远程纯 IPv4 节点通信，必须是双栈节点，也需要支持 DSTM，和 DSTM 服务器通信。但是，域内的通信完全基于 IPv6，路由器不需要与远程纯 IPv4 主机直接通信甚至都不需要双栈，纯 IPv6 即可；但是 TEP 必须是双栈支持的。

2. 隧道(tunnel)技术

当通信双方同在一种网络，中间穿越的网络是另外一种网络时，适合使用隧道技术。隧道技术适用于两种场景。

(1) **IPv6 over IPv4**：通信双方处于 IPv6 网络，但穿越的网络是 IPv4 网络。这样的隧道技术统称为 6over4；这种隧道技术包含了 10 多种具体的技术(RFC 7059，2013 年)，被广泛使用和部署。

(2) **IPv4 over IPv6**：通信双方处于 IPv4 网络，但穿越的网络是 IPv6 网络。这样的隧道技术统称为 4over6；这种技术使用不多，RFC 7040 建议类似场景使用轻量级 4over6(lightweight 4over6)，那其实是一种类似双栈协议的技术。

所以，大多数部署的隧道，指的是 IPv6 穿越 IPv4 网络，RFC 7059 详细介绍了其中的 10 多种具体隧道技术，并做了比较。不管是哪一种具体的隧道技术，封装数据时，大多会用到一种"协议 **41** 封装"(protocol 41 encapsulation)。协议 41 封装是指：在 IPv6 分组前简单地加上 IPv4 头部，且其中的"协议(protocol)"字段的值为 41；此种封装也称为"IPv6 in IPv4"封装，如图 5-69 所示。

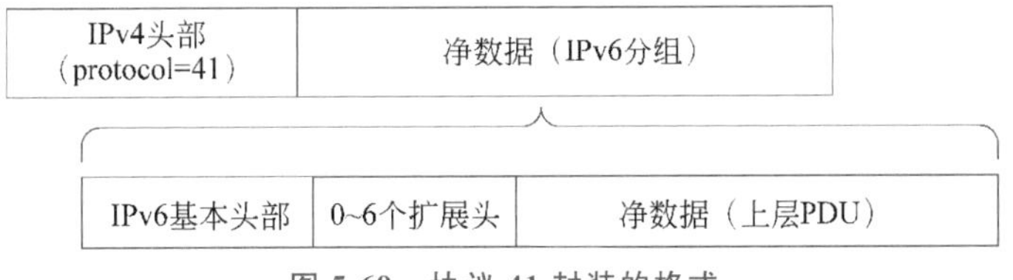

图 5-69 协议 41 封装的格式

IPv6-over-IPv4 隧道技术的基本工作原理：在隧道起点，采用协议 41 封装，以此常规 IPv4 分组的封装穿越 IPv4 网络；到了隧道的终点，扔掉 IPv4 头部，提取出 IPv6 封装的分组。

下面这些具体隧道技术采用了协议 41 封装。

(1) 配置隧道(configured tunnel)：也称为“人工隧道”“静态隧道”“6in4”隧道，是最早的两种隧道之一(另一种是自动隧道)，它以点到点的形式通信，需要配置隧道对端的 IPv4 地址，所以得名“配置隧道”。这种技术因为需要显式地手动配置隧道端点的地址，比自动隧道机制难于部署，但也因为如此，远程隧道端点固定且唯一，隧道效果可预知，也容易锁定和排除故障。所以，配置隧道广泛部署于 IPv6 孤岛以及 IPv6 网络之间。

(2) 自动隧道(automatic tunneling)：通信双方必须支持 IPv6 自动隧道，且使用 IPv4 兼容地址(参考 5.4.2 节，已经弃用)。自动隧道在操作系统中并未实现，且几乎没有实际用处，其功能也在 6to4 中实现。

(3) **6over4** 隧道：此种隧道适用于一个单一组织的 IPv4 网络，其中包含了一些 IPv6 的路由器和主机，它们通信时，把 IPv4 网络看作“虚拟以太网”，且需要支持 IPv4 组播，此种技术也未在操作系统中实现，其类似的功能被 ISATAP 实现和替代。

(4) **6to4** 隧道：非永久的一种可选过渡方案，适用于跨过 IPv4 网络的 IPv6 站点之间的通信，没有显式的隧道设置，并把这些站点通过中继路由器连接搭到原生 IPv6 域。

(5) 域内自动隧道寻址协议(Intra-Site Automatic tunnel Addressing Protocol, ISATAP)：其使用场景类似于 6over4，为一个组织的 IPv4 网络中的孤立 IPv6 节点提供通信支持，但无须支持 IPv4 组播。ISATAP 接口通过 RA 获得 IPv6 前缀，通过 IPv4 地址产生接口 ID，从而生成 IPv6 地址，这就意味着，每个 IPv4 地址(包括私人地址)都有一个相应的 ISATAP 地址。Windows、Linux、Cisco IOS 等操作系统都实现了 ISATAP。

(6) **IPv6** 快速部署(IPv6 Rapid Deployment，6RD)隧道：服务提供商使用 6RD 隧道将它们的客户网络连接到 IPv6 互联网，其功能类似 6to4 隧道，主要区别在于 6RD 隧道用在服务提供商自己的网络中，且无须使用特定的 IPv6 地址前缀。

除了上述这些采用协议 41 封装的隧道技术之外，还有一些其他的隧道技术，比如：

(1) 通用路由封装(Generic Routing Encapsulation，GRE)：一种通用的点到点隧道机制，除了可以封装 IPv6 之外，还可以将很多其他协议封装到 IPv4 中，GRE 引入了 8～16 字节的开销，当 IPv4 分组中搭载了 GRE 数据时，头部中的协议字段的值为 47。很多路由器上实现了 GRE，但桌面操作系统的 GRE 支持不普遍。

(2) **Teredo** 隧道(tunneling IPv6 over UDP through NAT)：旨在解决 6to4 隧道通常不能穿越有 NAT(网络地址转换)的 IPv4 网络的问题；Teredo 隧道可以让位于一个或多个 NAT 之后的节点，通过 UDP 隧道，连接到 IPv6 网络；Teredo 隧道需要 Tered 服务器和中继器才能实施。

隧道的起点和终点既可以是路由器，也可以是个人主机，路由器和个人主机的不同组合，构成了四种不同的隧道，即路由器到路由器、路由器到主机、主机到主机、主机到路由器；而隧道端点既可以是人工配置的，也可以是自动产生的。

3. 网络地址转换-协议转换(NAT-PT)

这里的地址转换不是公有地址和私人地址之间的转换,而是IPv4地址和IPv6地址的转换,工作原理类似,不再赘述,由转换网关完成转换并维护转换的状态。不仅要完成IPv4/IPv6地址的转换,还要完成IPv4分组和IPv6分组的转换,所以,这种过渡技术全称是网络地址转换-协议转换(NAT-PT),有时也称为翻译。

NAT-PT适用于IPv6网络中节点和IPv4网络中节点之间的相互通信,转换网关放置在两种网络的边界,如图5-70所示。

图 5-70 NAT-PT的适用场景

当位于不同网络的两个不同协议(IPv4/IPv6)的节点之间进行通信时,需要借助NAT-PT网关的转换完成,这个网关可以由一台专门的服务器充当,也可以由边界路由器充当。当IPv4网络中有IPv6节点时,比如纯IPv6节点或双栈节点,它们可以直接和IPv6网络互通,而不再需要借助NAT-PT网关的转换。

5.5 路由选择协议

网络层的主要功能是通过寻址将分组从源主机一路送达目的主机,其中的IP寻址是根据IP地址将分组推向目的主机所在的小网络。源主机和目的主机之间跨越了或大或小的网络,如何通过路由选择协议在其中找到一条最优的路,就是本节要探讨的问题。

路由选择算法是路由选择协议的核心,它使用网络的拓扑、链路的代价等链路状况信息,计算出一条最优的路径。而路由选择协议则规范了一系列的规则,去感知和获取网络的状况,并采用路由选择算法计算得到最优路径。比如开放最短路径优先(OSPF)协议重构出网络拓扑图后,采用了Dijkstra算法遍历图,从而计算到每个目的网络的最短路径。这些最短路径被装载到路由表中,引导IP分组的寻址。

路由选择协议在路由器之间运行,所以,本节最后还要为读者介绍路由器的基础知识。

5.5.1 路由选择的基础

在正式学习路由选择协议之前,首先明确一些相关的基本概念,以便更好地理解路由选择协议。

1. 路径的量度

路由的本质是在茫茫网络中,找到一条最优的路径去引导分组的传输。什么样的路径才是“最优”“最好”的呢?

衡量一条路径优劣的量度(metric),也称为代价(cost)、开销。比如一条代价为5

的路径优于代价为 10 的路径，代价越小，路径越优。

图 5-71 中有 8 台路由器，路由器之间连线上的数值表示该链路上的代价。

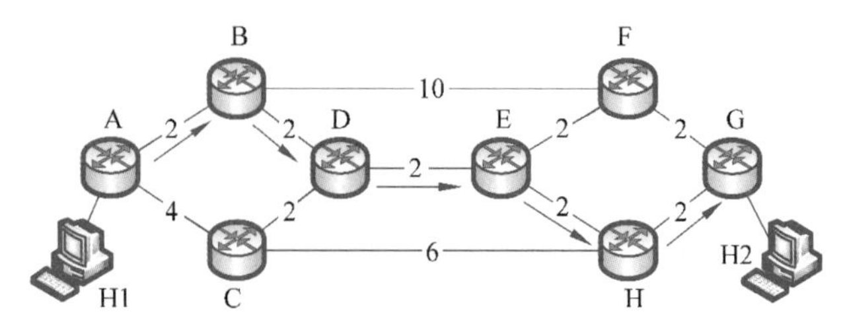

图 5-71　路径的代价

如果 H1 要发数据分组给 H2，H1 的默认网关是 A，A 被称为从源到目的路径上的第一跳，也称为源路由器；H2 的默认网关是 G，G 被称为路径上的最后一跳，也称为目的路由器。第一跳 A 到最后一跳 G 有很多条路径，比如分组可以从路径 A→B→D→E→H→G 走，总代价为 2＋2＋2＋2＋2＝10；也可以从路径 A→B→F→G 走，总代价为 2＋10＋2＝14；还可以从路径 A→C→H→G 走，总代价为 4＋6＋2＝12；等等。其中，路径代价最少的是 10，A→B→D→E→H→G 被认为是最优路径，所以，H1 发往的 H2 的分组选择传输路径是 H1→A→B→D→E→H→G→H2；当然，如果中途的链路状况发生了变化，最优的路径也会随之改变。

图 5-71 中链路上的数字，就是该链路的量度，反映了通过该链路所需要的开销，可以是时延、跳数、可靠性、负载、带宽（使用带宽的倒数），也可以是其中几个的组合。比如，路由信息协议（Routing Information Protocol，RIP）使用跳数作为量度，跳数即路径上路由器的台数；开放的最短路径优先（Open Shortest Path First，OSPF）使用了带宽的倒数作为量度。

如果用图（graph）表示拓扑，可以表示为 N 个节点 E 条边的集合，即 $G=(N,E)$，其中的 N 表示含 N 个节点的集合，也就是 N 台路由器集合，E 表示边数的集合，即所有连接路由器的链路集合。路由算法演变为数学问题，就是找到源路由器到目的路由器的所有路径中的最短那条，即代价最小那条。图 5-71 中，源路由器 A 到目的路由器 G 的最优路径可表示为（A，B，D，E，H，G），它的总代价“10”最小，但是它路径上的边数（链路数）“5”并不是最小的。所以，对于路由算法来说，路径的量度决定了其优劣，而不是边数。

2. 路由选择算法的要求

路由选择算法是路由选择协议的核心，它根据网络状况，计算出一条最优的路径。一个好的算法，它应该满足如下要求。

简单性：在不同的领域，人们喜欢采用 KISS（Keep It Simple，Stupid）原则，这里也不例外，一个好的算法，不应该太复杂，简单的算法对资源的要求通常不会多，也不容易出错。

正确性：这是基本要求，顺着找到的路径，分组就能顺利地从源路由器到达目的路由器，也就是从源网络到达目的网络；能够找到真的最优路径，而不会把差的甚至最差路径当成最优路径。

稳定性：在网络相对稳定时，算法的结果应该是收敛的，而不是动荡变化的；从网络范围来看,算法的稳定性可以提升分组的传输效率,而不会浪费更多的资源。

鲁棒性:在网络发生一些异常时,算法能够感知,但不会因此而崩溃,且可以做出相应调整。比如,如果发生路由器撤换、路由器接口接触不良等异常情况,算法应该能够找到平衡点,再次收敛。

公平性:算法公平地对待所有节点,不会为某些特权节点提供更小代价路径的描述,按照统一的规则公平地运算。但是,公平是相对的,有时需要作出权衡。总体来看,互联网的端用户,在面对整个互联网时,是平等的。

最优性:路由算法在进行路由选择运算时,可能会考虑某个指标,也可能会考虑多个指标,并让指标达到最优;当需要多目标优化时,有时不得不作出某些权衡,也许会和公平性相悖。

路由选择算法可以适应网络拓扑的变化,随着网络拓扑的变化而做出调整,这种路由选择算法称为动态路由选择算法,也称为自适应路由选择算法。与动态路由选择算法相对应的是静态路由选择算法,不会随着网络拓扑的变化而调整,而是路由器启动时,路选择算法开始运算,将运算结果装载到路由表中,运行过程中,不会发生任何改变;静态路由选择算法开销小,适用于小型的、拓扑稳定的网络,运行效率高。

对于一台路由器来说,运行路由选择算法的结果,是产生一棵生成树(最小路径树),以自己为根,到达所有其他网络的最优路径构成的树,无环路。生成树被装载到路由表中,引导分组的选路。

3. 路由选择的层次

整个互联网被分割成了十几万个大大小小的自治系统(Autonomous System,AS)。传统的AS指的是只运用单一路由策略的若干路由器的集合(RFC 1930,1996年),是一个网络系统,在AS内部使用一种内部网关协议(Interior Gateway Protocol,IGP)进行路由。实际上,这个定义已经被现代互联网的实践改写了:一个AS内部可以使用多种量度和多种路由选择协议。现在的AS更多的是指一个机构或者一个ISP管理下的网络系统。

一个AS可以用**AS号码**(AS Number,ASN)标识。比如AS4538表示中国教育和科研计算机网系统。ASN最早用16位(2字节)表示,ASN逐渐耗尽,2006年,RFC 4360将其扩展为32位(4字节),原2字节号码可以继续使用,逐渐过渡到全部使用4字节号码。

一个AS也称为一个路由域(routing domain),在AS内部使用的路由选择协议称为**内部网关协议(IGP)**,是域内(intra domain)的路由选择协议。比如,RIP、OSPF都属于IGP,在域内选路。

在AS之间使用的路由选择协议称为**外部网关协议**(Exterior Gateway Protocol,EGP)是域间(inter domain)的路由选择协议。比如,边界网关协议(BGP)就是一个EGP,而且整个互联网上也只有这一个EGP①。

所以,路由到目的主机至少是两层:通过BGP的作用路由到目的主机所在的

---

① 内部网关协议(IGP)指的是一类协议,同样地,外部网关协议(EGP)也指的是一类协议,但是,早期使用的一个外部网关协议也称为EGP(RFC 827、RFC 904),已经废弃不用了;现在,外部网关协议唯一的事实标准是边界网关协议(BGP)(RFC 771,1995年,于2006年被RFC 4271废弃)。

AS,再通过IGP的作用路由到目的主机所在的子网。如果域内再划分子区域,像稍后讲到的OSPF,在大型网络中分区域运行,那就再增加一个路由的层次。

图5-72中有三个AS,一个AS内部可以使用单一的IGP,也可以使用多种IGP,保证AS内部(域内)的通达。AS之间使用BGP,保证AS之间(域间)的通达。

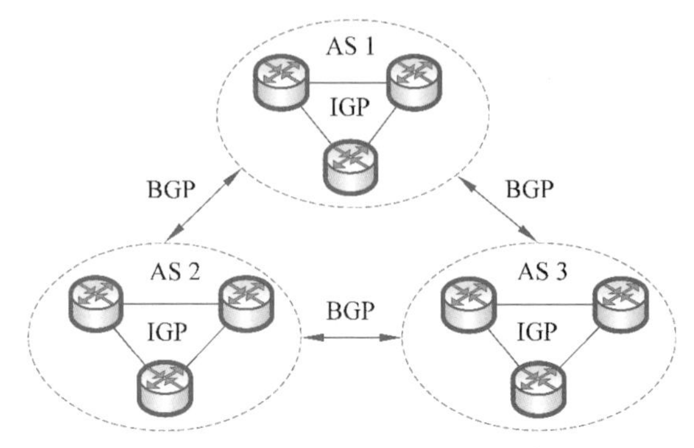

图5-72 互联网路由的基本层次

4. 路由选择协议的分类

按照不同的分类口径,路由选择协议可分成不同的类别。上文中,根据运行的位置,路由选择协议被分成IGP和EGP,这是一种分类的方法。还可以根据数据分组的目的地址类型的不同,将路由选择协议分为以下几类。

单播路由:目的地址是单播地址的分组路由过程就是不断地靠近目的主机所在子网的过程,中间路由器运行的就是单播路由选择协议,旨在找到发往目的网络的最优路径。稍后,我们将学习到一些常用的单播路由选择协议,比如RIP、OSPF等。

组播路由:目的地址是组播地址的分组需要被分发给组播组里的每个成员,成员可能分布在不同的子网中,需要在路由器中运行组播路由选择协议,旨在尽可能地沿着最优路径将分组分发给所有的成员,协议无关组播(Protocol Independent Multicast, PIM)就是一种常用的组播路由选择协议,用于维护组播路由表,引导组播分组在路由器之间的穿行。我们将在5.5.5节中探讨组播路由。

广播路由:目的地址是广播地址的分组,需要分发给某个网络中的所有成员,实现广播的方法有很多,比如,给所有成员发送一个相同的单播分组,这种方法无疑极耗成本。如果网络中获取了最小生成树,则可以顺着生成树传播广播分组。还可以采用泛洪实现广播,稍后详细介绍。

任播路由:IPv6允许给一组接口分配任播地址,携带IPv6任播目的地址的分组,只要发送给最"近"的那个接口即可。

根据路由选择算法的不同,可以将路由选择协议分为以下几种。

距离矢量(distance vector)**路由**:和邻居交换信息,基于邻居到目的网络的路径代价(距离),更新自己到目的网络的路径代价。典型的距离矢量路由协议有RIP、IGRP等。

链路状态(link state)**路由**:感知全网拓扑及链路状态,形成图,再遍历图,获取目的网络的路径及代价。典型的链路状态路由协议有OSPF、IS-IS等。

还有一种只与本地设备结构有关,与距离矢量、网络拓扑和链路状况没有什么关系的路由选择算法:泛洪,又称为广播。泛洪的选路策略是"有路就走",采用泛洪的路由器从一个接口接收分组，再从除了到达接口外的所有其他接口转发出去。泛洪中，总是有分组走了最短、最优的路，偶尔的几处网络故障几乎也不会影响分组的送达，具有极高的可靠性。但是泛洪的最大问题是产生了大量重复分组，浪费了较多的带宽。

可以采用一些方法减少重复分组，比如在路由器上登记分组的到达，只允许分组到达一次；或者让分组只向目的网络的方向泛洪。还有一种方法，称为"逆向路径转发"(Reverse Path Forwarding，**RPF**)检查，可以用于抑制泛洪过程产生的过多重复分组。

RPF检查的工作思路是这样的：广播分组到达路由器后，路由器检查该分组到达的接口是不是自己到广播源的转出接口，如果是，则表明通过了RPF检查，该分组大概率是沿着最优路径到达的第一个分组，此时，执行泛洪；否则，RPF检查不通过，则丢弃分组，不执行泛洪。

举个例子：有一台路由器，其内部路由表的部分表项如表5-25所示，路由器有4个接口，如图5-73所示。

表5-25 路由器的路由表部分表项

目的网络	子网掩码	转出接口
192.16.31.0	/24(255.255.255.0)	Fe0/0
151.10.0.0	/16(255.255.0.0)	S0/2
	…	

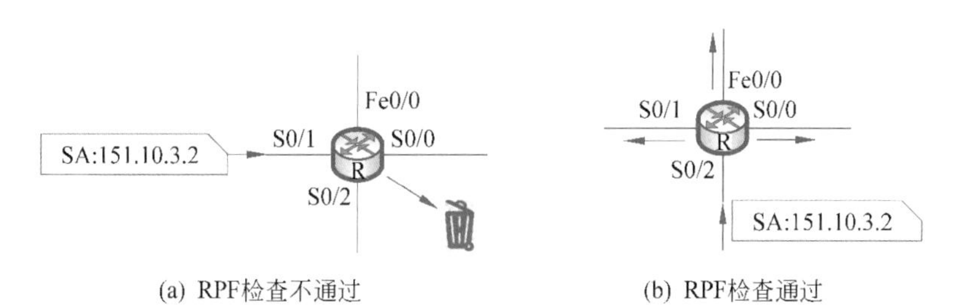

图5-73 RPF检查不通过和通过的示例

图5-73(a)中，路由器收到一个从接口S0/1到达的广播分组，打开分组，发现其源地址是151.10.3.2；路由器查找路由表，找到一条通往源地址所在网络151.10.0.0/16的路径，转出接口是S0/2，并不是广播分组到达的那个接口S0/1，所以，RPF检查不通过，丢弃该分组。

图5-73(b)中，路由器收到一个从接口S0/2到达的广播分组，打开分组，发现其源地址是151.10.3.2；路由器查找路由表，找到一条通往源地址所在网络151.10.0.0/16的路径，转出接口是S0/2，正是广播分组到达的那个接口S0/2，所以，RPF检查通过，路由器将此分组向除了接口S0/2外的其他3个接口转发，完成泛洪动作。

通过RPF检查的广播分组被认为是从最优路径上到达的，执行泛洪；不能通过RPF检查的广播分组，不是从最优路径上到达的，而是从非最优路径到达的，直接被丢弃，并不会被泛洪、广播，这就使泛洪基本是顺着广播源的生成树扩散的，抑制了部分重复分组的产生，也抑制了路由环的产生，且不会存在不送达的路由器，节约了带宽资源。

RPF 检查不仅用于抑制广播，也用于组播分组的转发前检查。5.5.5 节将介绍更多关于 IP 组播的内容。

5.5.2　距离矢量路由协议

距离矢量路由(Distance Vector Routing,DV)算法是早期互联网使用的主要路由选择算法，是一种动态路由选择算法，可以感知网络状况，并做出自适应调整。其主要优势是运算简单，适合中小型网络使用。

距离矢量路由算法也称为 Bellman-Ford 算法、Ford-Fulkerson 算法，它不仅用在早期的 IP 网络(互联网)中，也用在施乐网络(Xerox Network)、PUP 网络等网络中，当用于 IP 网络时，就是路由信息协议(RIP)(RFC 1058,1988 年)。

1. 基本原理

距离矢量路由协议的基本工作原理可以归纳为三个步骤。

(1) 维护距离矢量：每台运行距离矢量路由协议的路由器都维护着距离矢量，即到所有目的网络的路径量度(代价或开销)；以及在此代价下，应该从哪条线路上转出(转出接口)。

(2) 交换距离矢量：路由器总是周期性和它的邻居(们)交换自己维护的距离矢量，这种交换是网络信息的交流，通过彼此的交流了解和认识网络。

(3) 更新距离矢量：路由器通过邻居(们)发来的距离矢量，重新认知网络，更新自己的距离矢量。

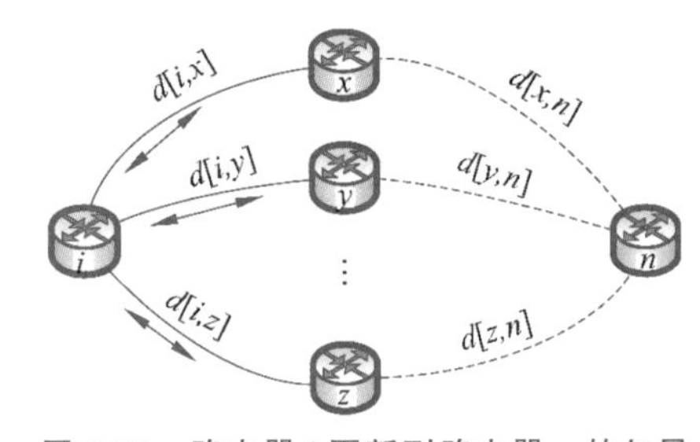

图 5-74　路由器 i 更新到路由器 n 的矢量

这里的距离指的是路径的量度(代价或开销)，是路径链路代价的总和。链路代价可以是分组通过该链路的路由器数量、时延、可靠性(reliability)、负载(load)或者一个综合参数等，参考 5.5.1 节关于量度的介绍。

如图 5-74 所示，一台路由器 i，它有若干邻居路由器，邻居集合 $A=\{x,y,\cdots,z\}$，路由器 i 维护了两个矢量 $\boldsymbol{D}_i$ 和 $\boldsymbol{S}_i$，代表路由器 i 到其他路由器的距离矢量和下一跳矢量：

$$\boldsymbol{D}_i=\begin{bmatrix} d[i,1] \\ d[i,2] \\ \vdots \\ d[i,n] \end{bmatrix} \quad \boldsymbol{S}_i=\begin{bmatrix} s_{i1} \\ s_{i2} \\ \vdots \\ s_{in} \end{bmatrix}$$

上式中，$\boldsymbol{D}_i$ 中的每个元素代表了它到其他路由器的距离，比如 $d[i,n]$表示从路由器 i 到路由器 n 的最优路径的代价，对应的 $\boldsymbol{S}_i$ 矢量中的 s_{in} 则表示在 d_{in} 的最优路径代价下的下一跳，即在 i 路由器上应该从哪个下一跳(与本地接口相连)转出。这两个矢量其实是路由表中的两项主要内容。n 是网络中路由器的台数。

当路由器 i 和它的邻居们交换了距离矢量信息后，就需要更新自己的距离矢量和下一跳矢量，更新的公式如下：

$$d_{in}=\min\{d[i,x]+d[x,n]\},\quad x\in A$$

$$s_{in}=x$$

其中，$d[i,x]$是从路由器 i 到路由器 x 的链路代价（x 和 i 是邻居，可直接获取），而 $d[x,n]$是从路由器 x 到路由器 n 的路径代价，是 x 交换给 i 的，x 是 i 的邻居之一，集合 A 中包含了路由器 i 的所有邻居节点。n 是网络中的路由器名称编号，从 1、2 变化到 n。

可见，路由器了解和认识网络是通过邻居而进行的，去往某个网络或某台路由器，总是从某个邻居（下一跳）转出，从这个邻居转出的分组到达目的路由器，相比从其他邻居路由器转出，路径代价最小。

从距离矢量路由协议的基本原理看出，其算法是非常简单的，只是做了路径代价的简单累加和比较，所需计算资源不大，所以，在早期并不太大的网络中是非常有用的。

如果链路发生变化或者故障，距离矢量路由协议能够通过与邻居的矢量交换而感知，在有些情况下，算法可能无法收敛，造成灾难后果。

图 5-75 所示的网络拓扑中，有 4 台路由器，链路上的数字是代价，路由器 D 挂接了一个目的网络（Destination Network，DN），网络稳定之后，各路由器都学习到了通往 DN 的路径及代价，如图 5-75（a）所示。比如，A 到 DN 的代价是 2，对应的路径是 A→D→DN；B 到 DN 的代价是 3，对应的路径是 B→A→D→DN。

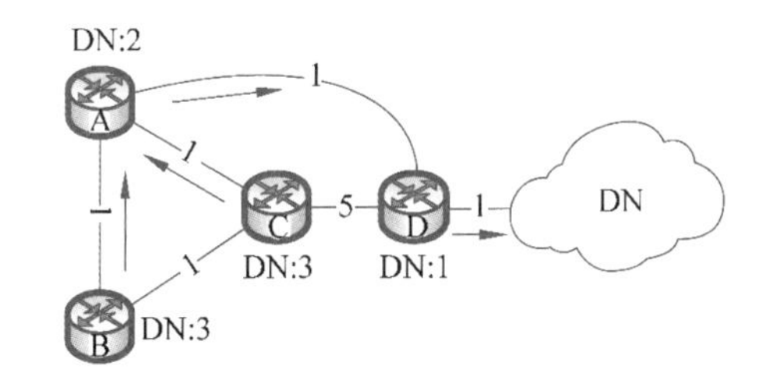

(a) 稳定时到达DN的路径和代价

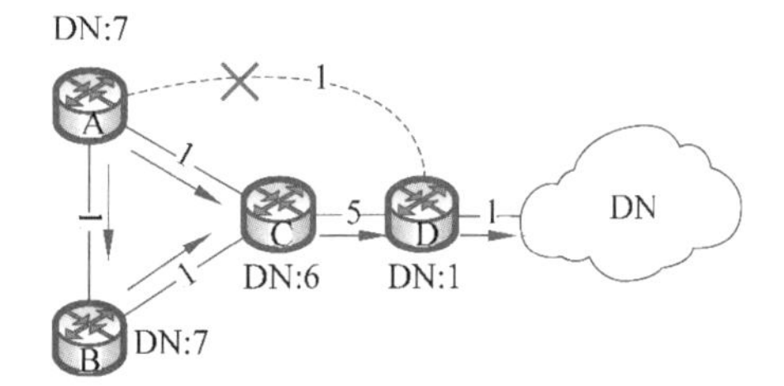

(b) A和D之间的链路中断后形成新的路径和代价

图 5-75 拓扑变化引发重新学习

某个时刻，A 和 D 之间的链接突然中断了，到达 DN 的路径代价进行了更新，直到重新收敛。如表 5-26 所示，从 A 和 D 之间的链路断开之后，第 1 次交换，A 的邻居从 3 个变为 2 个，它从这 2 个邻居 B 和 C 获得去往 DN 的代价，并进行了更新，选择 C 作为下一跳，代价为 3+1=4；而 B 路由器的邻居仍然是 A 和 C，毫无疑问，它选择 A 作为下一跳去往 DN，代价为 2+1=3；C 路由器的邻居仍然是 A、B 和 D，在 3 个代价 2+1、3+1、1+5 之间，选择最小的 3 作为代价，下一跳是 A；D 去往 DN 仍然是 1，直连。

以此类推，经过 4 次交换，算法重新收敛，网络再次稳定，如图 5-75（b）和表 5-26 所示。

在此期间，B 和 C 之间已经形成路由环，发往 DN 的分组会因为环而在 B 和 C 之间来回传送。如果 C 和 D 之间的链路代价不是 5 而是一个更大的值，则再次收敛所需要交换信息的次数更多，极端的情形是 C 和 D 之间断开（相当于链路代价是无穷的），那么，A、B、C 这 3 台路由器随着交换次数的增加，到达 DN 的代价不断增加，趋向无穷大，这个问题被称为“计数到无穷”；在这个过程中，B、C 之间的路由环将发往 DN 的分组在环中循环，严重时，路由器会崩溃。

表 5-26　路由器到达 DN 的路径代价和下一跳的变化

矢量交换	A		B		C		D		备　注
	代价	下一跳	代价	下一跳	代价	下一跳	代价	下一跳	
稳定时	2	D	3	A	3	A	1	直连	
第1次交换	4	C	3	A	3	A	1	直连	断开后
第2次交换	4	C	4	C	4	B	1	直连	
第3次交换	5	C	5	C	5	B	1	直连	
第4次交换	7	C	7	C	6	D	1	直连	
第5次交换	算法收敛								

为了解决这个问题，设定一个路径代价的最大值，超过这个值，则 DN 被认为不可达(unreachable)。比如，RIP 规定 15 是路径代价的最大值，超过 15 跳的 DN 被认为不可达，这也是 RIP 只能用于中小网络的主要原因之一。

2. 典型实例——RIP

RIP 是用于 IP 网络中的距离矢量路由协议，是早期网络中的主要 IGP。RIP 构建在传输层的用户数据报协议(UDP)基础之上，使用了 520 的传输层端口号，RIP 报文作为 UDP 的净数据。

RIP 已经发展出了 3 个版本，RIPv1 是早期互联网的规范 IGP(RFC 1058，1988 年)，不支持无类的网络地址；RIPv2 可支持无类的网络地址(RFC 2453，1998 年)，可用于现代的互联网，RIPng(RFC 2080，1997 年)是用于 IPv6 网络中的建议标准 IGP。RIPv2 PDU(报文)作为 UDP 的净载荷，一起封装于 IP 分组中，RIPv2 报文的格式如图 5-76 所示。下面对各字段进行解释。

IP头部	UDP头部	RIP

1B	1B	2B
命令	版本	保留
地址系列标识		路由标记
网络地址		
子网掩码		
下一跳		
量度（距离）		
RIP表项（1~25个）		

（地址系列标识至量度（距离）为 RIP 路由表项）

图 5-76　RIPv2 报文的格式

命令(command)：第 1 个字段，长 1 字节；值为 1 时，表示这是一个请求报文，值为 2 时，表示这是一个响应报文。

版本(version)：第 2 个字段，长 1 字节；值为 1 时，表示这是一个 RIPv1 报文，值为 2 时，表示这个是一个 RIPv2 报文。

保留：第 3 个字段，长 16 位，即 2 字节，未使用。

RIP 路由表项(Routing Table Entry，RTE)：可以重复出现，共长 20 字节，由地址系列标识、路由标记、网络地址、子网掩码、下一跳、量度共 6 个字段构成。每个目的网络出现一次 RTE，一个 RIP 报文最多可以包含 25 个 RTE。

地址系列标识(Address Family Identifier,AFI)：用于 IP 网络时,AFI 的值只能是“2”。

路由标记(Route Tag,RT)：用以标记这条路由的来源,可以是一个任意值,也可以是一个自治系统的编号。

网络地址：目的网络的网络地址。用在一些特殊的场景,也可以是主机地址,代表目的网络的地址,比如,路由器用以追踪点到点网络中的某个特定接口;还可以是全零的地址,表示这是一条默认路由,在分组无路可去时,作为最后可使用的那条路径(last resort)。

子网掩码：用以确定目的网络地址中的网络位,在 RIPv1 版本中,该字段为全零,对应的目的网络地址使用 A、B、C 的自然网络地址。比如 131.10.5.1 对应的自然 B 类网络地址是 131.10.0.0。在 RIPv2 中,子网掩码确定了目的网络的大小。

下一跳：表示到达该目的网络的分组应转发去的下一跳地址,下一跳就是该路由器更新时所选中的最优路径上的那个邻居。

量度：到达指定目的网络的最优路径的量度(代价或开销)。

RIP 的主要技术特点如下。

(1) 采用了跳数作为链路量度(代价或开销)。跳数指的是：从本地到目的网络的路径上所需要经过的路由器的台数。

(2) 一台 RIP 路由器周期性地与邻居交换矢量信息,默认 **30**s 交换一次。

(3) 与邻居交换信息后,在邻居们发来的路径代价基础上加 1,获得到目的网络的路径代价,选取最短路径的那个邻居更新下一跳,选取相应的最短代价更新自己到目的网络的代价;如果邻居给的矢量中,有不认识的目的网络(以前的矢量中没有),则发现了新的网络,增加一条新的路由表项。

(4) 路径代价的最大值是 **15** 跳,大于或等于 16 跳的目的网络则被认为不可达。

下面用一个例子说明 RIP 的工作原理。图 5-77 中有 3 台路由器 R1、R2 和 R3,连接了 4 个网络,R1 和 R2 互为邻居,R2 和 R3 互为邻居。如果路由刚刚启动,每台路由器学习到各自的直连网络,R1 的直连网络是 10.8.10.0/24 和 10.8.20.0/24,R2 的直连网络是 10.8.20.0/24 和 10.8.30.0/24,而 R3 的直连网络是 10.8.30.0/24 和 10.8.40.0/24。所以,此时 3 台路由器的路由表中都只有去往直连网络的直连路由;如图 5-77 所示,直连路由的代价为 0。

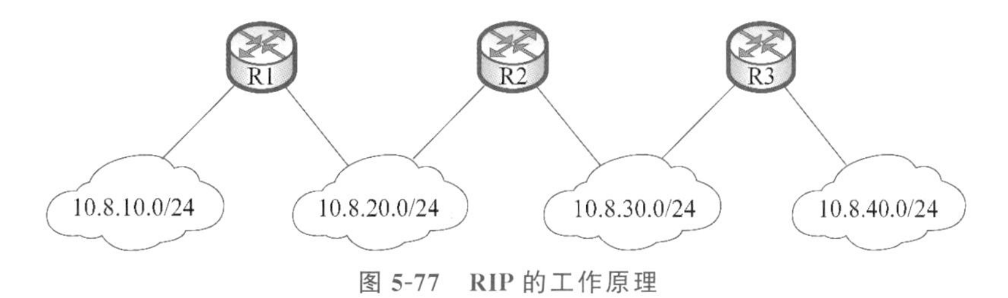

图 5-77 RIP 的工作原理

接着,3 台路由器上都正确地配置了 RIP,并开始运作,进行了第 1 次信息的交换,此时,它们只把各自的直连路由交换给了邻居。如表 5-27 所示,第 1 次交换之后,3 台路由器都学习到了距离为 1 跳的目的网络,R1 学习到了 10.8.30.0/24,R2 学习到了 10.8.10.0/24 和 10.8.40.0/24,R3 学习到了 10.8.20.0/24,如表 5-27 所示。

表 5-27　3 台路由器中的路由表变化

R1 的路由表			R2 的路由表			R3 的路由表		
目的网络	代价	下一跳	目的网络	代价	下一跳	目的网络	代价	下一跳
10.8.10.0	0	直连	10.8.20.0	0	直连	10.8.30.0	0	直连
10.8.20.0	0	直连	10.8.30.0	0	直连	10.8.40.0	0	直连

⇩　第 1 次交换后

R1 的路由表			R2 的路由表			R3 的路由表		
目的网络	代价	下一跳	目的网络	代价	下一跳	目的网络	代价	下一跳
10.8.10.0	0	直连	10.8.20.0	0	直连	10.8.30.0	0	直连
10.8.20.0	0	直连	10.8.30.0	0	直连	10.8.40.0	0	直连
10.8.30.0	1	R2	10.8.10.0	1	R1	10.8.20.0	1	R2
			10.8.40.0	1	R3			

⇩　第 2 次交换后

R1 的路由表			R2 的路由表			R3 的路由表		
目的网络	代价	下一跳	目的网络	代价	下一跳	目的网络	代价	下一跳
10.8.10.0	0	直连	10.8.20.0	0	直连	10.8.30.0	0	直连
10.8.20.0	0	直连	10.8.30.0	0	直连	10.8.40.0	0	直连
10.8.30.0	1	R2	10.8.10.0	1	R1	10.8.20.0	1	R2
10.8.40.0	2	R2	10.8.40.0	1	R3	10.8.10.0	2	R2

第 2 次交换之后，各路由器学习到距离为 2 跳的目的网络，R1 学习到了 10.8.40.0/24，R3 学习到了 10.8.40.0/24；可以推演，第 n 次交换之后，路由器可以学习到距离 n 跳的目的网络，只是为了解决“计数到无穷”的问题，n 最大取值 15，当 $n=16$ 时，对应的目的网络被认为不可达。

虽然 RIP 因其简单性成为早期网络中主要的协议，但是 RIP 也具有不可回避的缺陷。

（1）以跳数作为路径的量度，虽然计算简单，但有时候并不合理，如图 5-78 所示，从左边的路由器到右边的路由器有 3 条平行链路，如果仅从跳数来看，3 条链路是一样优的，但事实上，3 条链路的带宽完全不一样，1000M 的链路显然优于其他两条链路。

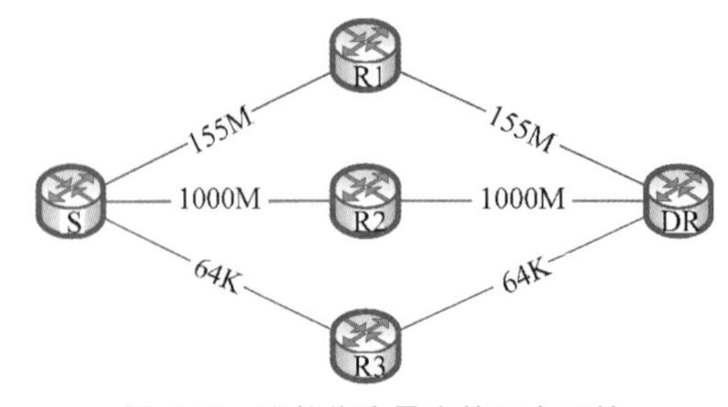

图 5-78　跳数作为量度的不合理性

（2）不能到达超过 15 跳的目的网络，超过 15 跳的目的网络被认为不可达，所以，RIP 只能用于中小型网络中。

(3) 收敛慢,稳定后的网络,如果某条链路发生故障,则重新收敛的时间比较长,最迟需要 15 次交换,才能感受到这个链路故障,这个过程可能导致路由环,积聚大量的“幽灵”分组,严重的情况下,可能导致路由器因为无能力处理而崩溃。

这些缺陷,虽然也有一些应对的措施,但不能彻底解决问题,也许这就是 RIP 逐渐被取代的原因。

3. 距离矢量路由协议的问题

距离矢量路由协议在运行时,可能产生“计数到无穷”问题,还会伴随”收敛慢”“路由环”等问题。

产生问题的根源在于运行距离矢量路由协议的路由器,对邻居发来的消息不加甄别地采纳,如果邻居发来的矢量信息碰巧是过时的、错误的,就可能带来上述问题。

图 5-77 的例子,假设网络 10.8.40.0/24 从路由器 R3 突然断掉(可能路由器接口松了),之后到来的下一个矢量信息交换周期,路由器 R3 感受不到直连网络 10.8.40.0/24,但会从它的邻居 R2 处,获取去往 10.8.40.0/24 的代价,其实这个代价所对应的路径在网络断开之后,已经失效,成为过时、错误的信息,但 R3 不知道,采纳了它。10.8.40.0/24 断开之后,每次的周期交换,路由器关于 10.8.40.0/24 网络的信息都得到了更新,只是这些更新是基于错误的信息,从而引发了一连串的问题,表 5-28 展示了断开后,3 台路由器去往网络 10.8.40.0/24 的代价和路径的变化。

表 5-28 3 台路由器去往网络 10.8.40.0/24 的代价及路径的变化

矢量交换	R1 的路由表		R2 的路由表		R3 的路由表	
	代价	下一跳	代价	下一跳	代价	下一跳
稳定时	2	R2	1	R3	0	直连
断开时	2	R2	1	R3		断开
第 1 次	2	R2	3	R1	2	R2
第 2 次	4	R2	3	R3	4	R2
第 3 次	4	R2	5	R3	4	R2
第 4 次	6	R2	5	R3	6	R2
			…			
第 13 次	14	R2	15	R3	14	R2
第 14 次	∞	/	15	R3	∞	/
第 15 次	∞	/	∞	/	∞	/

RIP 规定 15 跳是最大的量度值,网络 10.8.40.0/24 的断开,经过了 15 次交换,按照默认 30s 交换一次计算,即经过约 7min,图中的 3 台路由器才真正认识到网络 10.8.40.0/24 断了。收敛的时间较长,为了加快收敛,可以采用带毒性逆转的水平分割(split horizon with poisoned reverse)、触发更新(triggered update)、抑制定时器(holddown timer)等手段。下面仍然以图 5-77 的例子说明这几种解决收敛慢问题的方法。

水平分割:从表 5-29 可以看到,路由器 R1 去往网络 10.8.40.0/24 的路径代价是通过 R2 获得的，而 R2 又是通过 R3 获得的，当 R3 失去了直连网络 10.8.40.0/24 的消息后，它和邻居 R2 进行周期性常规矢量信息交换，从 R2 处获得了 10.8.40.0/24 的路径代价，实际上这个信息已经过时且错误，这个错误的信息还将随着一次次的交换，继续扩散；并且在 R2 和 R3 之间形成了路由环。水平分割阻止一台路由器回传到某个目的网络的路径代价，简单地将回传的路径代价设置为“∞”，可以让路由器尽快地了解到真实的网络情况，尽快地收敛。

如表 5-29 所示，R1 和 R2 采用了水平分割之后，内部的矢量信息维护了双份，一份“∞”的路径代价，是专门为它的路径下游准备的，因为去往网络 10.8.40.0/24 的路径代价是从其下游邻居处学习得来的，所以，不管什么时候，它交换给下游邻居关于网络 10.8.40.0/24 的代价都是“∞”。所以，经过短短的两次交换，约 1min，网络路由收敛，都认识到了去往网络 10.8.40.0/24 的不可达。

表 5-29 采用了水平分割的重新收敛过程

矢量交换	R1 的路由表		R2 的路由表		R3 的路由表	
	代价	下一跳	代价	下一跳	代价	下一跳
稳定时	2/∞	R2	1/∞	R3	0	直连
N40 断开	2/∞	R2	1/∞	R3	∞	/
第 1 次	2/∞	R2	∞	/	∞	/
第 2 次	∞	/				

触发更新：当一台路由器感知到网络异常时，比如直连网络断开，不必等到下一个交换周期的来临，而是主动将路径量度改为“∞”，并立刻更新出去，从而引发连锁更新，让网络其他路由器迅速感知和更新，尽快收敛。

抑制定时器：上例中，去往网络 10.8.40.0/24 的断开有可能因为挂接路由器的接口接触不良而导致，那么，网络 10.8.40.0/24 的断开(**down**)和连接(**up**)状态就会频繁地切换，这种情形被称为**路由翻动**，可以想见，“通”“断”之间的切换状态，会随着每次的交换周期而被传递出去，收到的路由器会随之更新自己的路由表，这种频繁的翻动将导致路由表的更新频繁进行，整个网络到达这个“翻动路由”的网络是不稳定、不收敛的。为此，路由器在感知网络断开的时刻，设置一个倒计时的**抑制定时器**，超期之前，没有发生这两件事之一，才进行矢量信息的通告。第一：该网络状态从“down”切换到“up”；第二：存在一条比原有去往该网络更优的路径。

距离矢量路由协议因简单，在早期 IP 网络中广为使用，但因为计数到无穷、路由环、收敛慢等问题，且不适用大型网络；尽管规定了代价的最大数，且采用上述这些手段，一定程度提高了收敛的速度，但并没有彻底解决问题。所以，距离矢量路由协议逐渐让位于另一类路由选择协议，那就是链路状态路由协议。

5.5.3 链路状态路由协议

距离矢量路由协议的问题根源在于相信邻居交换来的过时的、错误的信息；只能站在邻居的肩上去了解和认识网络，一旦邻居传来的信息不可靠，基于此的更新也就随之而出错。

链路状态路由协议力图从根源上消除距离矢量路由协议的问题，力图构建全网的图，基于全网图去认知网络。

1. 链路状态路由算法的基本思想

链路状态路由(link state routing)算法不是简单地根据邻居的信息更新自己的路由信息，而是试图了解全网拓扑，在全网拓扑图的基础上，通过运算，找到以自己为根到达所有其他路由器(或网络)的最短路径生成树。链路状态路由的工作原理如下。

(1) **发现邻居**：每台路由器都会了解周边每个邻居，比如，主动广播 Hello 报文，宣告自己的存在；通过邻居们的回应 Hello 报文，了解自己有几个邻居，邻居的名字是什么等信息。

(2) **设置(set)链路**：每个邻居都试图了解自己和邻居之间的链路状况，并为这条链路设置量度、代价和开销。

(3) **构造(construct)LSA**：每台路由器根据自己侦测到的周边链路状态，包含邻居(们)以及到邻居的量度等信息，绘制一个小地图，即构造一个**链路状态公告**(Link State Advertisement，LSA)，其中，包含所有的邻居信息及到邻居的链路和链路上的量度。

(4) **分发(distribute)LSA**：每台路由器的 LSA 被分发给所有其他的路由器，反过来看，每台路由器都会收到所有其他路由器分发的小地图(它们自己的 LSA)，用收到的"小地图"，构建一张大图。LSA 的分发必须是完全的，否则构建出来的大图就有缺失、不完整。为了分发完全，基础的算法可以采用广播、泛洪。

(5) **计算(compute)**：基于构建出来的大图，采用某种算法去遍历图，计算到所有其他路由器(或网络)的最优路径，构建以自己为根，到达其他路由器的最优路径为枝的最短路径生成树。

相比于距离矢量路由算法，链路状态路由算法站得高、看得远，基于全网的图进行最优运算，从根上消灭路由环。

2. 典型实例——OSPF

基于链路状态路由算法基本思想的路由选择协议统称**链路状态路由协议**(link state routing protocol)，最早出现并用于 DECNET 的链路状态路由协议是中间系统到中间系统(Intermediate System-Intermediate System，IS-IS)，后来被 ISO 采纳为开放系统互连(Open System Interconnection，OSI)的路由协议，随后也被修改以适应更多的网络层协议(RFC 2328，1998 年)，比如最重要的是可以适应 IP，可用在互联网中。

开放的最短路径优先(OSPF)是另一个链路状态路由协议，是 IGP 中应用最广、性能最优的一个。OSPF 是基于 IS-IS 且专门为 IP 网络设计的；被很多机构、单位广泛使用，而 IS-IS 常被一些 ISP 所使用。

总之，OSPF 和 IS-IS 同属于链路状态路由协议，两者的工作原理类似，最大的不同是，IS-IS 除了支持 IP 之外，还支持 IPX、AppleTalk 等其他网络层协议。大多数生产厂商都在自己生产的路由器上实现了 OSPF 和 IS-IS。下面主要介绍组织结构内部网络使用最多的 OSPF(RFC 2328，1998 年)。

OSPF 的技术特点主要如下。

开放性：就像它的名字"开放"，相对于其他私有路由选择协议，OSPF 是开放的，任何厂商都可以实现它，几乎所有厂商的路由器都实现了 OSPF。

安全性：OSPFv2 使用认证，与受信任的路由器交换路由信息，防止恶意入侵者注入不正确的路由信息；OSPFv3 则依托 IPv6 本身的安全提供安全保证。

无类别：现代互联网因为 CIDR 路由汇聚、VLSM 子网划分等技术的广泛使用，最早的 A、B、C 类早已被打破，OSPF 可以支持大大小小不同规模的网络，是无类的现代路由选择协议。

量度合理：OSPF 采用了带宽作为量度，更加合乎传输分组的性能表现，但是量度值是代价、开销，越小越好，所以，采用带宽作为路径的量度，实际上用的是带宽的倒数，比如，常用的是 10^8/带宽。

层次性：互联网由十几万个大大小小的 AS 构成，有些 AS 非常大，所以，OSPF 允许分区域运行，在 AS 内分割若干区域，每个区域内运行 OSPF，区域间通过区域边界路由器(Area Border Router，ABR)交换区域间路由信息。

收敛快：OSPF 专门设计了一种报文，称为链路状态更新(Link State Update，LSU)，当有网络事件发生时，感知到的路由器用 LSU 封装这个事件或变化，告知其他路由器，接收到 LSU 的路由器，据此重构图并重新计算；这种机制称为触发更新。

无路由环：每台路由器构造的 LSA 都标记了生成者，也就是路由的源头，每台路由器的计算都是对图的遍历，因此，OSPF 计算的结果是一棵以自己为根，到达其他路由器或网络的最优路径为枝的生成树，基本从根上避免了路由环。

OSPF 的这些特点，让它几乎垄断了 IGP，成为 IGP 中的主流路由选择协议。

3. OSPF 运行的 5 种报文

OSPF 直接构建在原始的 IP 基础上，而不是构建在传输层之上。所以，OSPF 报文是作为 IP 分组的净数据而封装的。封装了 OSPF 报文的 IP 分组头部的协议字段值为"89"，如图 5-79 所示；TTL 字段值为"1"，意味着 OSPF 报文仅发给邻居，虚连接上发送的 OSPF 报文除外，稍后，会讲到虚连接的作用。

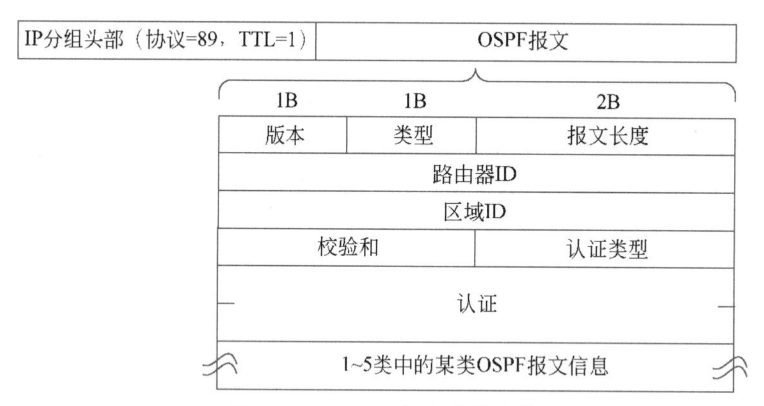

图 5-79 OSPFv2 报文的格式①

OSPF 报文包括头部和报文信息两部分，报文信息和长度因报文的种类不同而不同，5 种类型由头部的类型字段指定，OSPF 报文头部包括了如下 8 个字段。

版本：第 1 个字段，长 1 字节，IPv4 网络中用的版本是 OSPFv2，该字段值为"2"。

① IPv4 网络中的 OSPF 是 OSPFv2，而 IPv6 网络中的 OSPF 是 OSPFv3，两者的运作基本机制是一样的。

类型：第2个字段，长1字节，表明了该OSPF报文的类型，一共定义了5个值，分别代表了5种报文，如表5-30所示。

表5-30 OSPF的5种报文

类型	英文名称缩写及其全称	中文名称	功　能
1	Hello	问候	发现邻居，建立和维护关系
2	DD：Database Description	数据库描述	描述网络的拓扑数据库，包含LSA的摘要信息
3	LSR：Link State Request	链路状态请求	请求详细的LSA
4	LSU：Link State Update	链路状态更新	回应LSR或主动封装并发送链路变化，封装的是各种LSA
5	LSAck：Link State Acknowledgment	链路状态确认	确认收到了LSU

表5-30列出了这5种报文的中文名称、英文名称缩写及其全称、功能。其中的数据库描述(Database Discription，DD)报文，用于封装LSA的摘要信息。每台OSPF路由器内部都有一个拓扑数据库，由所有OSPF路由器产生的LSA构成，而LSA封装的是每台路由器感知到的周边邻居、链路等网络状况，信息量较大。当两台路由器交换两路状态信息时，如果交换全部的LSA，将带来大量的带宽消耗和时延，如果双方都有大量相同的LSA(比如运行稳定之后的两台路由器)，这种交互将带来极大的浪费，DD报文封装的不是全部的LSA信息，而只是LSA的摘要信息，它的数据量只是全部LSA中的一小部分，所以，双方交换DD报文，就可以相互了解对方的拓扑数据库，但节约了大部分的带宽开销。

报文长度(packet length)：第3个字段，长2字节，表示包括OSPF头部在内的整个OSPF报文的长度，以字节为单位。

路由器ID(router ID)：第4个字段，长4字节，标识该OSPF报文的来源，与路由器接口的IP地址直接关联。

区域ID(area ID)：第5个字段，长4字节，标识该OSPF报文所属的区域。所有OSPF报文都与某个区域关联，且只传输一跳，通过虚连接传输的OSPF报文的区域ID值为“0.0.0.0”，是骨干区域的区域ID。

校验和：第6个字段，长2字节，采用标准的16位互联网校验和计算，校验内容包括头部在内的整个OSPF报文，但是8字节长的“认证”字段的内容排除在外，不参与校验。如果校验内容不是16位的整数倍，以“0”补齐。有些认证类型的OSPF报文，可以省略校验和。

认证类型(authentication type)：第7个字段，长2字节，表示该OSPF报文采用的认证类型。定义了三类：值为“0”，表示空认证(null authentication)，此种情况下，8字节的认证内容不限，但是必须参与校验。值为“1”，表示简单口令(simple password)认证，路由器配置相同的简单口令，每个OSPF分组携带明文口令，以防止不被允许的路由器加入路由域，显然，这种认证类型的安全过于“简单”。值为“2”，表示密码学认证(cryptographic authentication)，每台路由器上配置共享的密钥，每个OSPF分组基于共享密钥和分组内容生成“摘要”(digest)，并追加到分组内，接收方采用同样的方法计算摘要，并与收到的分组中的摘要进行比对，如果相同，则认为该分组是可信任的。

认证：第8个字段，长8字节，其值因为认证类型的不同而不同，当认证类型值为"0"时，该字段的值可忽略；当认证类型值为"1"时，该字段的值是配置的简单口令；当认证类型值为"2"时，该字段的值分成4个子字段分别考虑，这里不再赘述（有兴趣的读者可参考RFC 2328的附件4）。

4. OSPF运行步骤

OSPF的运行可以分成以下5个主要步骤。

建立路由器的全毗邻关系：路由器之间通过建立全毗邻的关系，相互交换彼此掌握的拓扑数据，同步彼此的拓扑数据库。每台OSPF路由器内部都有一个拓扑数据库，由各路由器产生的LSA构成，LSA包含产生它的路由器及它认识的邻居、链路等信息。

选举DR和BDR：为了减少同步次数，选举DR和BDR；其他路由器和DR建立全毗邻的关系。

发现路由：从邻居交换的信息中寻找新的路由或更新路由。

计算最佳路由：基于拓扑数据库构建图，并采用算法遍历图，计算到所有其他路由器或网络的最优路径树。

维护路由：OSPF规定了30min的默认路由更新周期，即使没有任何拓扑变化，路由器也需要发送LSA。

上述5个步骤中，最重要的一步是建立路由器的**全毗邻**(full adjacency)关系，这个步骤让路由器发现和了解了最新的网络状态，构建实时的链路图。图5-80展示了两台路由器建立关系的过程，假设RT2是**指定路由器**(DR，稍后详细介绍DR)，RT2

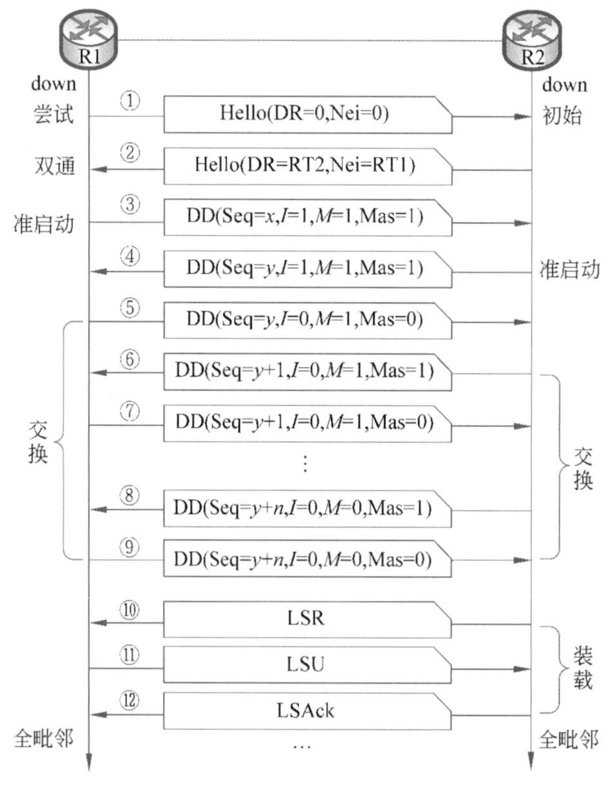

图5-80　路由器之间建立全毗邻关系

的路由器 ID(用以标识 OSPF 路由器)比 RT1 的更大。

最开始,双方都处于“down”状态,双方关系的建立始于 Hello 报文,整个过程使用了表 5-30 所列的 5 种报文,主要过程描述如下。

①:某个时刻,R1 首次向邻居广播 Hello 报文,进入尝试(attempt)状态,其中的 DR 字段为 0,表示还不清楚谁是 DR,其中的 Neighbor(图中简称 Nei)字段是 0,表示 R1 还没有看到任何邻居;当这个 Hello 报文到达 R2 时,R2 的状态从 down 变为初始(initial)状态,也是单通(one way)状态。

②:R2 回发一个 Hello 报文,其中的 DR 指向 RT2,且 Nei 指向 RT1,表明已经认识到 RT1 这个邻居的存在,当这个报文到达 RT1 时,RT1 的状态变为**双向或双通**(two way)状态。

③:R1 发送了一个 DD 报文,携带了自己随机产生的初始序列号 x,控制位 $I=1$(I 是 initial 的缩写),表示这是 RT1 的第一个 DD 报文;控制位 $M=1$(M 是 more 的缩写),表示不止这一个 DD 报文,后面还有更多;控制位 Mas=1,表示 RT1 认为自己是主方(master)。

④:R2 发出自己的 DD 报文,其中的控制位 $I=1$、$M=1$,表示这是自己的第一个,且不是最后一个 DD 报文,携带了自己随机产生的初始序列号 y,控制位 Mas=1,表示 RT2 认为自己才是主方,因为它的路由器 ID 更大。这两个 DD 报文交互的过程,双方确定了主、从(slave)关系、都处于**准启动**(exstart)状态。

⑤~⑨:双方进入**交换**(exchange)状态。将自己拓扑数据库信息封装成 DD(可能是多个)报文发给对方。拓扑数据库实际上是一条条的 LSA,DD 报文封装的是 LSA 的摘要信息,这样,DD 报文的交互可以节约大量的带宽资源。交换过程中,DD 报文的序列号采用主方的序列号,从方只能被动重复主方的序列号,这种重复也是对主方 DD 报文的确认;只有主方才会递增序列号,这种递增也是对从方 DD 报文的确认。交换过程的最后 DD 报文(见图 5-80 中的⑧和⑨),控制位 $I=0$,$M=0$,表示这不是第一个,且是最后一个 DD 报文,意味着链路状态数据库已经交换完毕。

双方路由器的拓扑数据库在同步之前,可能极不相同,比如,一台新启动的路由器和一台已经稳定运行了的路由器,前者拓扑数据库还是空的,而后者的拓扑数据库已经有了全部的拓扑,所以,DD 报文的交互并不对等。

⑩~⑫:交换之后的双方都做一样的事情,即将收到的 DD 报文,实际上是 LSA 的摘要,与自己拥有的拓扑数据库(LSA 详细信息)进行比较,以确定是否存在对方有而自己却没有的 LSA;如果存在这样的情况,即发现了新的路由,则向对方发送 LSR,请求相应 LSA 的详情,对方以 LSU 封装 LSA 详情进行应答,收到 LSU 后,再以 LSAck 进行确认。LSR、LSU、LSAck 这三种报文进行交互时的路由器处于**装载**(loading)状态,且 LSR、LSU、LSAck 可能出现多组。可以想见,一台刚部署的路由器,对网络完全不了解,它处于装载状态的时间可能比较长。

经过装载的路由器,用对方发来的 LSA 详情扩充了自己的拓扑数据库,装载结束之后,双方的拓扑数据库完全一样,所以,全毗邻关系建立的过程也称为同步,是拓扑数据库的同步。

OSPF 路由器的状态会因为收发报文等网络事件的发生而迁移,如图 5-81 所示,其中的 **down 状态、双通状态和全毗邻状态**均可以长期存在。当两台路由器不是物理上的邻居，广播 Hello 报文无法到达对方时，双方的状态都是 down。两个物理邻居可以互相发送 Hello，但仅此而已，双放停留在双通状态。只有一方是 DR 时，双方才会继续发展，直到建立全毗邻关系，进入全毗邻状态。

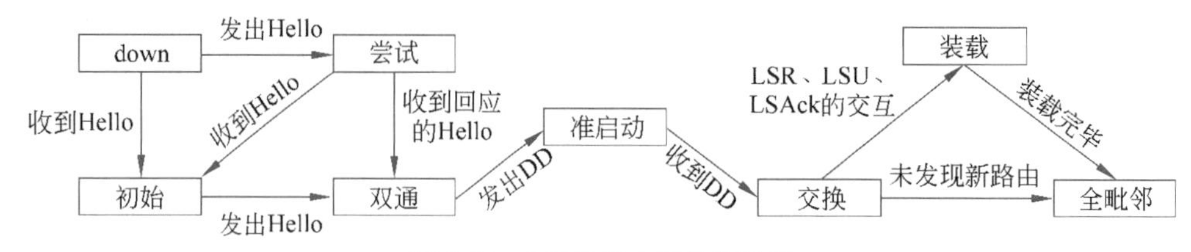

图 5-81　OSPF 路由器状态迁移

路由器基于自己了解的拓扑数据库，构建一张大图，分发完全、正常的情况，每台路由器构建的图应该是一样的。每台路由器遍历这张图，采用 Dijkstra 算法，构建以自己为根，到达其他路由器或网络的最短路径树(生成树)，这棵树再被装载到路由表中，引导分组的传输。

网络是动态的，变化不止，比如，路由器的更新换代，接口的开启和关闭等，为了感受到这些变化，OSPF 设计了 LSU 报文，封装 LSA，及时将感受到的变化广而告之。即使没有变化，路由器也会周期性(默认 30min)地通告 LSA。

5. 选举 DR 和 BDR

DR 是指定路由器(Designated Router)的英文首字母缩写，但它并不是"指定"的，而是选举产生的；BDR 是备份指定路由器(Backup DR)的英文首字母缩写。选出 DR 的同时，选出 BDR。为什么要选举 DR 和 BDR 呢？

OSPF 几乎可以用在所有类型的网络中，比如点到点网络、存根(stub)网络、广播网络、非广播多路访问(Non-Broadcast Multiple Access，NBMA)网络等。NBMA 网络是指不支持广播或组播的多路访问网络，在广播网络和 NBMA 网络中，都有一个 DR，其主要功能是减少同步次数，从而减少同步消耗的资源，同步就是前面讲的建立全毗邻关系，是 OSPF 运行中最重要的一步。

图 5-82(a)是一个广播网络，其中有 5 台路由器。在没有 DR 时，需要两两同步才能完成拓扑数据库的完全交换和统一，即需要 10 次同步，图 5-82(b)展示了此时的同步情况；假如 R1 成为 DR，其他路由器都与它建立全毗邻关系，共需要 4 次同步，如图 5-82(c)所示；同步次数大大缩减，所消耗的带宽资源和路由器其他资源也都大大减少。

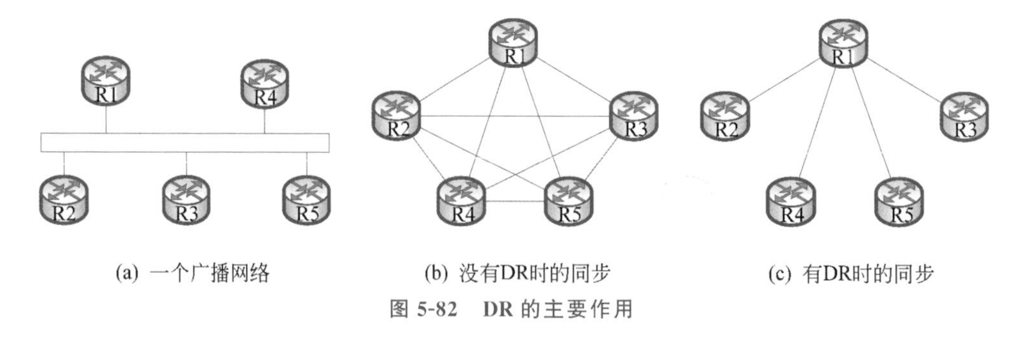

图 5-82　DR 的主要作用

那么 DR 是如何选举出来的呢？在广播网络中，广播 Hello 分组；在 NBMA 网络中,单播发 Hello 分组,如前所述,Hello 分组的收发,促使 OSPF 路由器的状态发生了迁移。与此同时,通过比对 Hello 报文中如下两个字段的值,以选举出 DR。

(1) 优先级:首先检查优先级字段,优先级大的路由器当选。优先级数值是由管理员配置的。

(2) 路由器 ID:如果优先级相同,就比较路由器 ID 字段的值,路由器 ID 大的当选;而路由器 ID 与地址有关,可以由接口地址自动生成,也可以由管理员配置。

在选举出 DR 的同时,第二名被选作 BDR,BDR 的信息与 DR 同步,以便随时可以替代 DR 行使同步职能。所以,在广播网络或 NBMA 网络中,OSPF 路由器只有三种角色:DR、BDR 或 DROther(其他路由器)。DR 选举制具有如下优点。

自动性:选举而不是人工指定 DR,增强了 OSPF 协议的动态感知能力,这是动态路由选择协议一个很好的特性。但是,在必要时,可以对选举进行干涉;比如,性能强、地理位置好的路由器适合担任 DR,而性能较差的路由器不适合担任 DR。管理员只需要简单地修改优先级即可影响选举的结果。

稳定性:DR、BDR 选举的过程,网络是动荡的,还没有收敛,此时不利于分组的转发,DR 一旦产生,就终身担任,即使后来有更强更好的路由器,也不重新选举,以维护网络的稳定。

继承性:当选了 DR 的路由器承担与所有其他路由器建立全毗邻关系的重任,当它寿终正寝之后,不是再选举一个,而是直接由 BDR 继任,维护了网络的稳定运行。

6. OSPF 在大型网络中的运行

RIP 只能运行在中小型网络中,而 OSPF 则可以运行在大型网络中;但是在大型网络中使用 OSPF,也会遇到问题。

存储空间大:路由器内部的拓扑数据库,存储着所有路由器的 LSA,基于此,才能构建出全网图。当部署 OSPF 的网络很大时,所需要的存储空间同样也很大。

计算量大:OSPF 采用 Dijkstra 算法计算最短路径树,需要遍历整张图,网络越大,图越大,所需要的计算量也越大。

动荡不安:OSPF 采用了触发更新机制感受网络的变化,任何的网络变化,都引起 LSU 的传播,收到 LSU 的路由器更新拓扑数据库,重构图,从头计算。网络越大,可能的网络变化越多,波及的次数越多,而每次的变化,就像向平静的湖面扔下了一颗石子,泛起阵阵涟漪,这才是一个大问题。网络变化引发了路由器对网络的重新认知,此时的路由器对网络的认知是不稳定的,分组的传输具有不确定性。这个问题比存储空间大和计算量大的问题更加难以解决。

为了解决上述问题,当部署 OSPF 的网络太大时,可以分区域(area)运行,将 AS 分割成若干较小的区域,OSPF 的运行限制在某个区域内,这样一来,不仅解决了上面提到的前两个问题,而且,第三个问题也迎刃而解,每次网络变化只影响本区域的路由器,泛起的"涟漪"都被限定在了本区域。

划分了区域之后,区域之间的路由怎么获取呢?区域划分以路由器为界,一台路由器可以跨越区域运行,同时参加多个区域的 OSPF 运行,这样的路由器称为区域边界路由器(ABR),ABR 承担了区域间路由的传递。而只参与某个区域 OSPF 运行的路由器称为区域内部路由器。

使用区域 **ID** 识别区域,比如 Area10,表示 10 号区域。其中区域 ID 为"0"的区域称为骨干区域(backbone area),骨干区域内部的路由器称为骨干路由器。

图5-83是一个多区域运行的OSPF网络,含4个区域,区域10和区域20直接和骨干区域相连,区域30通过虚连接连到骨干区域。每台路由器参与到所属区域的OSPF运行,而ABR至少参与两个区域的运行。

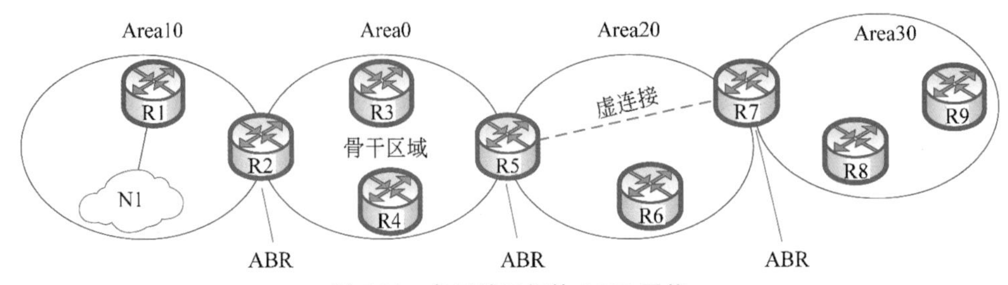

图5-83　多区域运行的OSPF网络

R2和R5是明显的ABR,起着传递区域间路由的作用。比如,图5-83中的R3通过OSPF学习到了本区域(Area0)所有网络的路由信息,但它没有参与其他区域的OSPF运行,所以,要了解其他区域的网络路由,必须通过ABR;假如R3需要发送分组给Area10中的N1网络,这是跨区域的分组传输,R3需要借助ABR R2,R2同时参与了Area10和Area0的OSPF运行,R2告诉R3自己到N1网络的最短路径代价是30;同时,R3参与Area0的OSPF运行,获得到R2的最短路径代价是10,则R3在R2的基础上,计算到N1网络的最短路径代价是30+10=40,从而实现了区域间的路由。

区域间路由是通过ABR进行的,这种工作方式本质类似距离矢量路由,而距离矢量路由存在计数到无穷、路由环、收敛慢等固有问题,为此,多区域运行OSPF时,规定所有的区域必须挂接到区域0,即骨干区域,所有其他区域围绕骨干区域形成星状拓扑,规避区域间产生路由环的可能拓扑。

但是,可能距离骨干区域比较遥远的区域,没办法直接挂接到骨干区域,此时,可在两个区域的ABR之间定义一条虚连接(virtual link),仿佛将遥远的区域挂接到了骨干区域,就像图5-83,在R5和R7之间定义了一条虚连接,通过虚连接将遥远的区域Area30挂接到了骨干区域Area0。

7. IPv6网络中的OSPF

上述OSPFv2用于IPv4网络,为了将它用于IPv6网络,对OSPFv2做了一些修改,升级为OSPFv3(RFC 2740,1999年,于2008年被RFC 5340取代)。OSPFv3保留了OSPFv2的基本工作机制,比如全毗邻关系建立、分区域运行、DR选举、5类OSPF报文类型、最短路径树计算等。

如图5-84所示,OSPFv3报文作为净数据载荷封装在IPv6分组中,其头部前6个字段与OSPFv2报文头部中的前6个字段一致,仅移除了OSPFv2中与认证相关的两个字段“认证类型”和“认证”,取代它们的是1字节长的实例ID字段和1字节长、置为“0”的保留字段。取消认证相关字段,意味着OSPFv3要依靠IPv6分组本身的安全手段确保OSPF报文的安全。

OSPFv3报文增加的实例ID,可以标记一个OSPF的运行进程,这使同一条链路可以同时参与多个OSPF进程(即OSPF实例)的运行。

相对于OSPFv2,OSPFv3做出的主要变化如下。

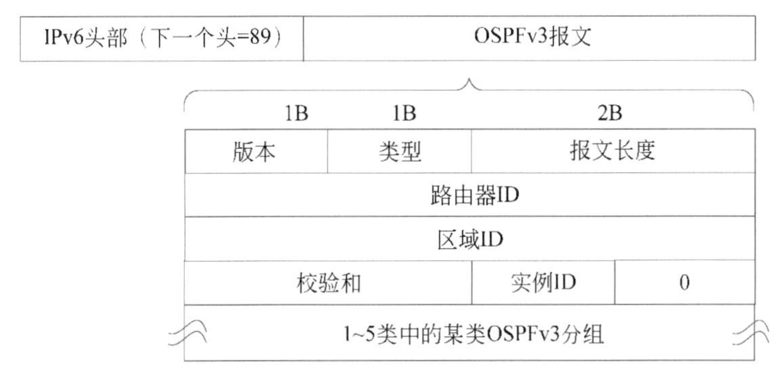

图 5-84 OSPFv3 报文的格式

取消了编址语义：OSPFv2 中的路由器 ID 是某个接口的 IPv4 地址，OSPFv3 保留了 32 位的路由器 ID，但是已经没有了 v2 版中的编址含义，仅仅是一个号码而已。

基于链路运行：OSPFv2 是基于子网运行的，能够建立全毗邻关系的路由器必须在同一子网，即网络地址和子网掩码相同；而 OSPFv3 基于链路运行，与具体的 IPv6 地址及前缀分离，即使同一链路上的不同节点有不同的 IPv6 地址，也不影响它的运行。

多实例：在 OSPFv3 报文头部新增加的实例 ID(Instance ID)字段，支持在一条链路上运行多个 OSPF 实例，且互不影响。一种可能的应用场景(RFC 5340，2008 年)是：一条链路属于多个区域，参与每个区域的运行，每个区域都在这条链路上产生一个运行实例。

LSA 类型的变化：LSA 反映链路状态，被封装在 LSU 中进行分发。OSPFv3 在 OSPFv2 的基础上，除了名称更换和地址适应变化之外，新增了两种类型：link-LSAs 和 intra-area-prefix-LSAs。

明确的 **LSA** 扩散范围：每种链路状态公告 LSA，都有明确的扩散范围，比如，新增的 link-LSAs 仅在链路本地范围分发；而大部分的 LSA，比如 router-LSAs、network-LSAs、inter-area-prefix-LSAs、inter-area-router-LSAs 和 intra-area-prefix-LSAs 则在 OSPF 单区域分发。

使用链路本地地址(fe80::/64)：除了虚连接，所有的路由器使用链路本地地址作为 OSPFv3 报文的源地址，且使用链路本地地址作为下一跳地址；但是虚连接上的 OSPFv3 报文的源地址必须使用全球单播 IPv6 地址。

5.5.4 边界网关协议(BGP)

读者已经了解了 AS 内部运行的路由选择协议(IGP)，接下来了解 AS 之间运行的路由选择协议。

目前，BGP 是运行在 AS 之间的唯一的协议。早期 ARPANET、NSFNET 骨干网上的网关之间交换网络可达信息使用的是 EGP，BGP 是在 EGP 基础上建立起来的，已经经历过 4 个版本，目前广为使用的是 BGP-4(RFC 4271，建议标准，事实标准)。

为了支持 IPv6，BGP 需要实现多协议扩展[①](RFC 4760，Multiprotocol for BGP-

① 1998 年，RFC 2283 提出了 BGP 多协议扩展，支持 IPv6、IPX 等网络协议，并向后兼容，可与不支持 BGP 扩展的其他路由器互操作，俗称 BGP4+；2000 年，被 RFC 2858 取代；2007 年，被 RFC 4760 取代。

4,MP-BGP),主要修改了BGP中与IPv4相关的三个内容：下一跳属性,被表示为IPv4地址;汇聚属性,包含了IPv4地址;网络层可达信息(Network Layer Reachability Information,NLRI)字段中包含IPv4地址前缀。支持IPv6路由扩展的BGP也称为BGP4+。

1. BGP概述

BGP构建在TCP之上,在"179"号端口侦听;利用TCP的可靠数据传输而不使协议臃肿,即可获得较好的数据传输可靠性。

不同于IGP,BGP对动态感知网络变化的要求并不强烈,相反,BGP可以被称为**基于策略的路由选择**协议,AS的所有者们——ISP达成一致,形成路由策略,通过BGP实施这些策略。BGP路由策略可能与政治、经济、安全等因素有关。

运行BGP的路由器称为BGP**发言人**(speaker)。建立了BGP会话的发言人互相称为**对等体**,对等体又分为IBGP对等体和EBGP对等体两种。IBGP**对等体**(Internal BGP Peer)指的是双方都位于相同的AS,互称为IBGP邻居;EBGP**对等体**(External BGP Peer)指的是双方位于不同的AS,互称为EBGP邻居。

BGP具有的主要特征如下(RFC 4274,2006)。

支持无类路由：最古老版本的BGP并不支持CIDR(无类域间路由),在当今的互联网上几乎不能工作,所以,对CIDR的支持是现代路由选择协议必须具备的特性。

应用范围大：BGP不仅运行在两个AS之间,也用于多个AS之间,最大的应用范围是整个互联网。

独立于IGP：BGP的视野里只有AS,至于AS内采用什么路由选择协议,不在BGP的考虑范围;换句话说,运行了BGP的各个AS内的IGP可以相同,也可以不相同。

独立于AS拓扑：BGP是一个真正的跨AS的路由选择协议;它没有对AS的底层拓扑施加任何约束,通过BGP交换的信息足以构建AS的连接图,从中可以修剪路由环路,并执行路由策略。

采用路径属性(path attribute)：路径属性提供了选路的灵活性和扩展性,路径属性可以是必遵的,也可以是可选的。路径属性可在一组BGP路由器上实施,但不会影响其他路由器;路径属性是实施路由策略的主要途径,稍后将介绍一些重要的路径属性。

允许汇聚：BGP允许对NLRI进行汇聚,且允许汇聚的路由携带产生汇聚路由的具体信息。

采用路径矢量(Path Vector,PV)：BGP是一种改进了的距离矢量路由协议,采用了一种PV描述到达目的的整条路径,以避免传统PV可能产生的路径环等问题。

2. BGP报文和工作状态

BGP的运行需要可靠性的保证,所以直接构建在可靠传输协议TCP之上。BGP报文是TCP数据段的净数据,而TCP数据段又封装在IP分组中,如图5-85所示。

BGP报文由BGP头部和BGP报文数据(可以有,也可以没有数据,所以用虚线表示)两大部分构成,BGP头部只有如下三个字段。

标记：第1个字段,长16字节,用于兼容和同步,因为TCP传输的是字节流,没有消息的边界,标记提供了BGP报文开始了的显式信号。在没有认证的情况下,这个

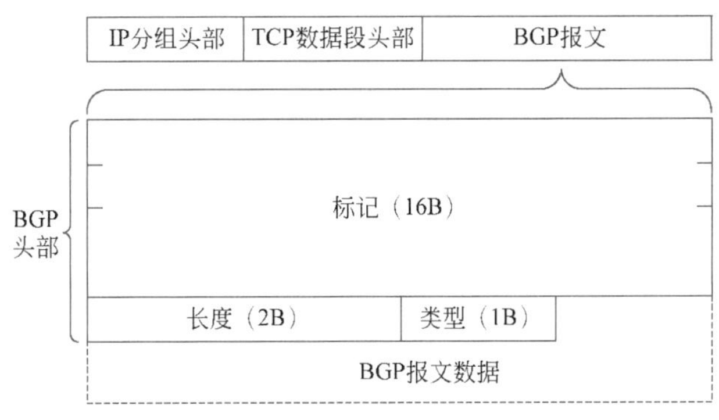

图 5-85 BGP 报文

字段总是“1”；如果有认证，该字段就携带认证值。

长度：第 2 个字段，长 2 字节，表示包含 BGP 头部在内的 BGP 报文的总长度，单位是字节。长度范围 19 字节到 4096 字节，也就是说 BGP 报文的总长度不超过 4096 字节①。

类型：第 3 个字段，长 1 字节，标识 BGP 消息的类型，总共有 5 种 BGP 报文，其中的第 5 种是 RFC 2918(2000 年)中新增的路由刷新(Route-Refresh)报文，发送该报文给路由发布者，促使其再次发送 Update 报文，刷新路由。

BGP 定义了 5 种报文，其中的 Update 报文提供了增量更新的技术手段，只有路由变化，才通告对等体，比如路由撤销，或者新增路由等；节约了信息交换所需的带宽资源，也节约了路由器的处理开销。表 5-31 列出 5 种报文的名称和主要功能，路由器运行 BGP 的过程中，用到了这些报文。

表 5-31 BGP 的 5 种报文

类型值	类型名称	主要功能
1	Open	TCP 连接建立之后，BGP 对等体发送的第一个报文就是 Open 报文，对方对等体使用 Keepalive 报文回应
2	Update	对等体之间使用该报文传输路由信息，包括可达路由和撤回路由，可用来构建 AS 之间的关系图
3	Notification	如果有网络错误发生，发送该报文通知对等体，随后立刻关闭 BGP 连接
4	Keepalive	用以维护 BGP 连接，发送周期是保持时间的 1/3。只有报文头部，共长 19 字节，无数据
5	Route-Refresh	向路由发布者发送该报文，促使对方发送 Update 报文，不中断运行地请求刷新

当一个 BGP 路由器和对等体建立了 TCP 连接之后，发送 Open 报文，对等体成功接收和处理之后，回发 Keepalive 报文，双方建立了一条 BGP 会话(或称为 BGP 连接)，BGP 路由器的状态变成了“Established”，此状态下，对等体之间交换 Update 报文，

① 2019 年发布的 RFC 8654，对 BGP 消息(报文)进行了扩展，除了 Open 报文和 Keepalive 报文，报文长度限制都可以扩展到 65 535 字节；以支持新的地址系列标识(AFI)、后续(subsequent)AFI、BGP-link state 等。

获取以AS为单位的路由信息，如果发生了异常，BGP发言人会发出一个Notification报文通知对等体，随后立刻断开双方的连接，重回“Idle”状态。

其实，BGP路由器工作的过程，有6个状态，状态之间因为BGP报文的收发或一些网络事件（比如定时器超期）的发生而迁移，这6个状态及主要的迁移如图5-86所示。

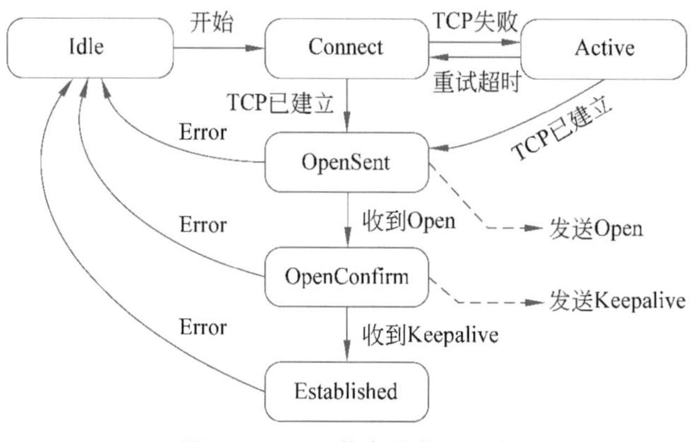

图5-86　BGP状态及主要迁移

Idle（空闲）状态：BGP初始状态，既不发送也不接收TCP连接请求，只有本路由器开启Start事件后，转为“Connect”（连接）状态，才尝试和对等体进行TCP连接。在OpenSent、OpenConfirm、Established等状态，发生了错误，直接回到“Idle”状态。

Connect状态：重置连接重传定时器（connect retry timer），等待TCP连接建立。如果TCP连接建立成功，则向对等体发送Open报文，并迁移到“OpenSent”状态；如果TCP连接建立失败，则转向“Active”状态。

Active状态：在此状态总是试图建立TCP连接，如果建立TCP连接成功，则向对等体发送Open报文，迁移到“OpenSent”状态；如果连接建立失败，继续停留在此状态；如果连接重传定时器超时，认为连接不成功，则退回到“Connect”状态。

OpenSent状态：等待对等体的Open报文，如果收到的Open报文正确，则发送Keepalive报文，迁移到“OpenConfirm”状态；如果收到的Open报文不正确，则向对等体发送Notification报文，随后迁移到“Idle”状态。

OpenConfirm状态：等待对等体的Keepalive报文，收到了则转为“Established”状态，否则会收到Notification报文，转到“Idle”状态。

Established状态：此状态是BGP的正常工作状态，可以和对等体交换Update、Keepalive、Route-Refresh和Notification报文。正常情况会收到正确的Update报文和Keepalive报文；如果收到错误的Update报文和Keepalive报文，则向对等体发送Notification报文，并回到“Idle”状态，如果收到对等体的Notification报文，也回到“Idle”状态。特别注意，如果收到Route-Refresh报文，则不会改变BGP状态。

BGP采用5种报文，与对等体进行路由信息交互，获取本AS之外的NLRI，再将这些信息传播给本AS的其他路由器。每个BGP路由器都基于NLRI和路由策略，选取最“好”的路由给自己用，且通告出去。最好就是最优，通常指的是到一个目的地具有最高优先级的路由；或者是到目的地的唯一路由；当两条或以上的多条路由拥有相同的优先级时，需要使用其他的法则选取出最优的那条。

3. BGP 路由属性

BGP 路径属性规定了路由(路径)的某个方面的特别要求或特性,通过路径属性,可以灵活地实施路由策略。RFC 4271 定义了 7 种路由属性,随后又陆续增加了一些,现有可用路由属性约 20 多种,这些属性可以分成 4 类。

公认必遵(well-known mandatory):所有 BGP 路由器都必须识别这类路由属性;且 Update 报文中携带的路由信息必须包含这种属性。

公认任意(well-known discretionary):所有 BGP 路由器都必须识别这类路由属性;但 Update 报文中携带的路由信息可以没有这类属性,即使没有也不会被认为出了差错。

可选过渡(optional transitive):可在 AS 之间传递的属性,BGP 路由器可以选择是否在 Update 报文中携带这种路由属性;如果接收路由器不识别这种属性,可以不理会它,但会转发给其他对等体。

可选非过渡(optional non-transitive):BGP 路由器可以选择是否在 Update 报文中携带这种路由属性;如果接收路由器不支持这种属性,则不理会它,且不会传递给其他对等体。

下面介绍几种重要的路径属性。

(1) 起点(Origin)属性:是公认必遵属性,描述了该路由的优选级别。RFC 4271 (2006 年)定义了 3 个取值:0、1 和 2。“0”代表 IGP,表示该路由中的 NLRI 源自 AS 内,选路时具有最高优先级;“1”代表 EGP,表示 NLRI 通过 EGP 学习而来,选路时具有次高优先级;“2”代表 INCOMPLETE,表示 NLRI 通过其他方式学习而来,选路时具有最低优先级。

(2) AS 路径(AS_Path)属性:是公认必遵属性,描述了到达目的地的全路径和路径长度,路径长度以 AS 为单位,BGP 路由器可以根据路径长度进行路由决策,也可以根据路径中的 AS 号进行路由环的规避,在 AS 内传递路由,路径长度不会增加;选路时,AS_Path 属性表示的途径中的 AS 个数越少,路径越优。AS_Path 属性的这些功能使得 BGP 虽然是一个距离矢量路由协议,但是又特别不同,即消灭了路由环。

举例说明,如图 5-87 所示,3 个 AS 中的路由器通过运行 BGP 让 AS 之间相互通达。某时,如果 BGP 路由器 R1 向它的 EBGP 对等体 R2 通告了一条到目的网络 10.1.0.0的路由,其 AS_Path 属性路径值为“10”,R2 从 R1 学习到的路由通告给它的 EBGP 对等体 R3 后,R3 学习到的去往网络 10.1.0.0 的路由属性 AS_Path 是“20,

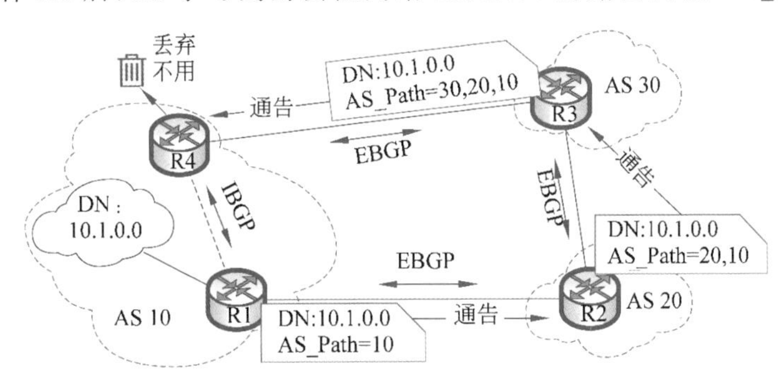

图 5-87 通过 AS_Path 属性避免路由环

10”,R3也将这条路由通告给它的EBGP对等体R4,携带的AS_Path属性路径值为“30,20,10”;R4收到这条路由,发现路径值中包含了自己所在的AS号“10”,于是它放弃使用这条路由,而不是形成新的路径值“10,30,20,10”,从而避免了路由环的产生。

(3) 下一跳(Next-Hop)属性：是公认必遵属性,描述了去往目的网络所在AS的路由器接口地址,下一跳地址的本质是下一个AS,而非下一台路由器,所以,在AS内传递路由时,该属性不发生变化。

(4) 多出口辨识属性(Multi_Exit_Discriminator,MED)属性：可选非过渡属性,为EBGP对等体提供选路优先级别。比如一个AS A有多个出口(多条路径)到同一个AS B,每条路径上可以赋予一个MED值,AS B在为去往AS A的分组选择路由时,如果其他条件都相同,则将优选MED值最小的那条路径。

MED值可以影响上游邻居的选路,如图5-88所示。AS 30去到AS 10中的目的网络10.1.0.0需要经过AS 20,可以通过BGP路由器R4或R5进入AS 20,即有两条路径;AS 20的管理员只想让流量从R4进入,所以,管理员为两条路径配置了不同的MED值,即10和100,AS 30的两台BGP路由器会比较MED值,优选MED值为“10”的路径转发去往目的网络10.1.0.0。特别注意,一个BGP路由器从它的EBGP对等体接收到路由信息,会向同一个AS的其他IBGP对等体传播MED属性,但是不会向其他AS的对等体传播,比如,图中的R7路由器接收到EBGP对等体R5的到达10.1.0.0的路由信息(含MED属性),它会将此路由信息(含MED属性)传给R6,反过来也一样。

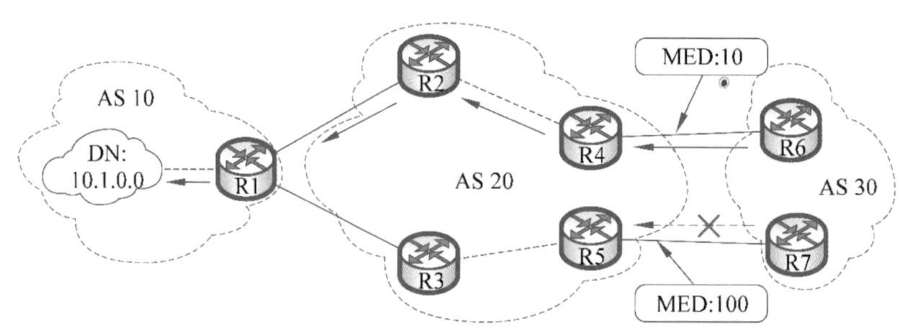

图5-88　MED路由属性对选路的影响

(5) 本地优先(Local_Pref)属性：是公认属性,BGP路由器发送Update报文给IBGP对等体时,可以携带此属性,指导选择到达某目的网络的本AS出口线路;Local_Pref值越大越优。该属性只在本地有效,只发送给IBGP对等体,用于引导本AS的流量出口。

图5-89展示了Local-Pref属性使用的一种场景。BGP路由器R1获得了两条到AS 50中的目的网络10.2.0.0的路径,下面那条路径的AS_Path属性值是“40,50”,而上面那条路径的AS_Path属性值是“20,30,50”,如果用AS_Path属性选路,应优选下面那条路径,因为路过的AS个数更少,但是管理员认为上面那条路更优,有意引导流量从上面那条路径流出,所以,将上、下两条路径的Local-Pref属性的值分别设置为50和10,选路策略参照该Local-Pref属性的值,上面那条路径的Local-Pref属性值为50,更大,所以选择上面那条路径。

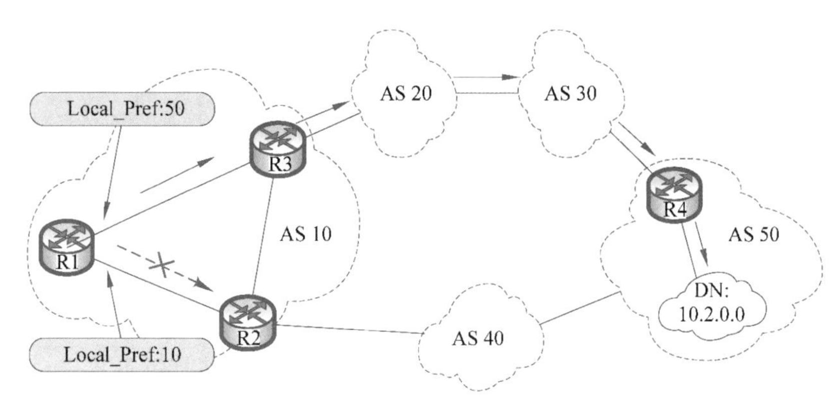

图 5-89 Local-Pref 属性对选路的影响

(6) 原子汇聚(Atomic_Aggregate)属性：是公认任意属性，用以警告对等体，这是一条粗路径，更精细的路径已经丢失。比如，一个 BGP 路由器收到两条路由，一条路由含的目的网络地址是另一条路由的目的网络地址的子集，则前者是精细路由，后者是粗路由；当向外通告路由时，选择通告的是粗路由，此时，加上原子汇聚属性，警告对等体精细路由已丢失。

(7) 汇聚(Aggregate)属性：是可选过渡属性，是原子汇聚属性的补充，补充精细路由信息丢失的地点，包含发起路由汇聚的 AS 号和形成汇聚路由的 BGP 发言人的 IP 地址。

(8) 团体(Community)属性：是可选过渡属性，表示一组共享相同路径属性的目的地的集合。方便操作相同路径属性的路由，操作一次，一组路由受益。

路径属性提供了定制路由策略的可能性和灵活性，优选路由时，检查这些路径属性是有顺序的，不同厂商实现的优选顺序可能会有所不同。

5.5.5 IP 组播

根据分组的目的地址特点，分组的传输分为单播、广播、组播。单播的目的地址是单播地址，指向一个目的节点(节点可以是主机，也可以是路由器或其他设备)；广播的目的地址是广播地址，指向某个网络的全部节点；而组播的目的地址是组播地址，指向某个组的所有成员，组成员可能跨越多个网络。

采用单播给很多相同需求的用户发送相同的分组，无疑非常耗费网络资源，如果采用广播，广播源虽然可以一次发送，但是容易引发广播风暴，且一些路由器限制了广播，无法送达；而组播比单播和广播具有某方面的优势，适合针对一组共同需求的成员的应用；在 IPv6 网络中，没有广播，原有广播实现的一些协议必须由组播替代，可见组播的重要性。比如，一些视频监控系统、视频会议系统、视频点播系统都采用了 IP 组播技术。如果无特殊说明，本书所指的 IP 组播特指 IPv4 组播。

1. IP 组播的发展和基础

20 世纪 80 年早期，斯坦福大学的博士生 Steve Deering 提出了 IP 组播的概念，几年之后，1989 年 8 月，IP 组播正式成为互联网标准(RFC 1122)，定义了互联网组管理协议(IGMPv1) 和 IP 组播操作规程。1992 年，Van Jacobson、Steve Deering 和 Stephen Casner 共同发起和建立了 IP 组播骨干网——Mbone，用以承载视频会议、音频会议、白板等多媒体交互应用，IP组播的研究由此进入了一个非常活跃的时期，先后出现了MOSPF、有核树(Core Based Tree，CBT)、协议无关组播(PIM)等协议；此间，IGMP也相继推出了v2和v3版本，IGMPv2版本在IPv6网络中被替换为MLDv1(组播侦听发现)，而IGMPv3版本支持特定源组播(Source Specific Multicast，SSM)，区别于传统的任意源组播(Any Source Multicast，ASM)。

下面介绍几个组播相关的重要基础概念和知识。

IP组播地址：IPv4中规定了D类地址作为组播地址，只能用作分组的目的地址。D类地址是以"1110"开头的地址，范围是224.0.0.0～239.255.255.255，分为三段：其中以"239"开头的组播地址用作本地管理地址，类似单播中的私人地址；IANA将224.0.0.0～224.0.0.255范围的组播地址保留起来，用作一些特别的应用，产生了一些著名的组播组地址，比如，224.0.0.1表示参加IP组播的所有主机和路由器，224.0.0.5表示本子网上的所有OSPF路由器，224.0.0.6表示本子网上的指定路由器(DR)，等等；剩下的其他地址给用户使用。总之，一个组播地址代表了一个特定组的所有成员。

IP组播地址映射为组播MAC地址：IP分组是作为净数据封装在数据帧中进行传输的，当封装一个IP组播分组到数据帧中时，数据帧的目的地址应该填写哪个MAC地址呢？不管填写哪个成员的MAC地址，除了那个成员可以接收这个数据帧，其他成员无法收到这个数据帧。为此，将组播地址映射为一个组播MAC地址，在以太网中，组播MAC地址的标记是：高24位是"01:00:5e"，而低23位由D类地址的低23位映射而来。具体方法参考图5-90。

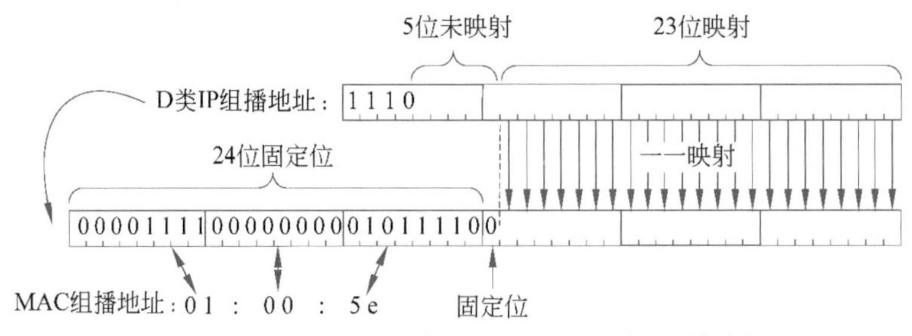

图5-90　组播地址到组播MAC地址(以太网)的映射

将IP组播地址的低23位直接映射到MAC组播地址的低23位，在它们的左边添加一个"0"，形成MAC地址的低24位，追加到"01:00:5e"后面，形成完整的48位MAC地址。

特别提醒读者注意，IP组播地址中还有5位并没有参加映射，也就意味着可能有$2^5=32$个不同的IP组播地址，映射到同一个组播MAC地址，这种情况会导致不同组的组成员收数据帧之后，才发现IP组播地址不正确，不得不丢弃，造成资源的浪费；但这种错误的可能性非常小，并不能从根本上动摇这种映射机制。

有源树：组播源发出分组，向组成员所在的子网发送，沿途的路由器完成分发，以组播源为根，组播分组流经的路径形成的树，称为有源树，也称为最短路径树(Shortest Path Tree，SPT)。每个组播源都在某个组播组内形成一棵有源树。当组播源或组播组较多时，有源树的数量也会很多。

如图5-91(a)所示，某个组播组内有两个组播源和两个接收组成员，从组播源出发，达到组成员，分别形成了两棵有源树，分别如深蓝色箭头和浅蓝色箭头所示，深蓝色箭头表示以组播源 1 为根形成的有源树，沿途的路由器内的组播路由表项是(S1，G)，iif，oiflist，其中 S1 代表组播源 1，G 代表组播组，iif 代表本路由器的入接口，oiflist 代表本路由器的出接口列表。比如，R4 路由器，有源树从它的一个接口进入，另外两个接口出去。同样地，浅蓝色箭头表示以组播源 2 为根形成有源树，沿途的路由器路由表项形如(S2，G)，iif，oiflist。

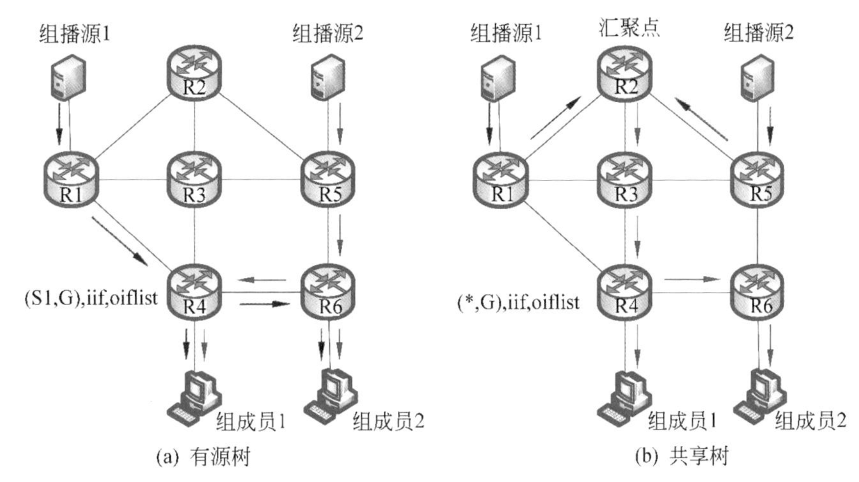

图 5-91 有源树和共享树

共享树：组播源发出分组之后，首先发往一个汇聚点(Rendezvous Point，RP)，从汇聚点向所有的组成员转发组播分组。以汇聚点为根，到所有组成员的最短路径形成的树，称为共享树，也称为汇聚树(Rendezvous Point Tree，RPT，即共享树)。一个组播组，只有一棵共享树，所有的组播源都首先向汇聚点发分组，再沿着共享树向组成员推送、转发。

如图 5-91(b)所示，两个组播源分别向汇聚点推送分组，汇聚点是共享树的树根，组成员显式地加入组，形成共享树，沿途的路由器内的路由表项是(＊，G)，iif，oiflist。其中的“＊”代表所有的组播源。

有源树和共享树都是组播转发树，有各自的优势和缺陷：有源树的最大优势在于能在组播源和接收者之间构建最短路径，组播分组传输的时延较低；但缺陷也很明显，路由器为每个组播源记录有源树路径信息，消耗较多的资源。而共享树的最大优势是路由器只记录一条共享的路径信息，资源消耗小；但是组播源发出的分组首先要经过汇聚点，再顺着共享树下达组成员，源和成员之间的路径有可能不是最优的，且汇聚点成为一个性能瓶颈。

逆向路径转发(**RPF**)检查：组播路由器采用 RPF 检查，每当组播分组到达时，针对分组的源地址在单播路由表中进行逆向查找，只有分组的入口正是到源地址的转出接口，该分组才被准入，继续执行后面的操作，否则，分组被认为没有通过 RPF 检查，被丢弃。5.5.1 节已经详细介绍过 RPF 检查，它最初用于抑制广播，丢弃非最优路径上进入的分组，减少重复分组的分发和资源开销，并可在一定程度上抑制环路。1988 年，Steve Deering 提议将 RPF 检查应用到组播转发中。

组播组成员如果在同一个子网中，用广播就可以完成组播，只是影响到了非组播成员；当然也可以用单播实现组播。要实现组播，完成分组从组播源分发到所有组成员的过程,必须解决两个问题:①组成员在哪里?②组播树怎么构成?这两个问题的解决对应着互联网组管理协议和组播路由协议,下面就来了解这两种协议。

2. 互联网组管理协议(IGMP)

从组播源到组播成员,中间通常穿过了若干路由器,路由器负责将组播分组分发到每个成员。路由器怎么知道有无组成员呢?在路由器和直连主机之间运行互联网组管理协议(Internet Group Management Protocol,IGMP)管理直接连接的子网内组成员的加入、离开等关系维护行为。

IGMP 用于在主机和组播路由器之间建立、维护和拆除组播组成员关系,但不包括组播路由器之间的组成员关系的传播和维护。一台主机可以在任何时候加入或离开一个组,也可以加入多个组。

目前 IGMP 有三个版本,基本工作机制是相同的,提供的功能有所不同。

IGMP 报文作为净数据直接封装在 IP 分组中,此时分组头部的协议字段的值为“2”。IGMPv1/v2 的报文格式基本类似,略有不同,先看 IGMPv1 报文的格式,如图 5-92(a)所示,各字段含义如下。

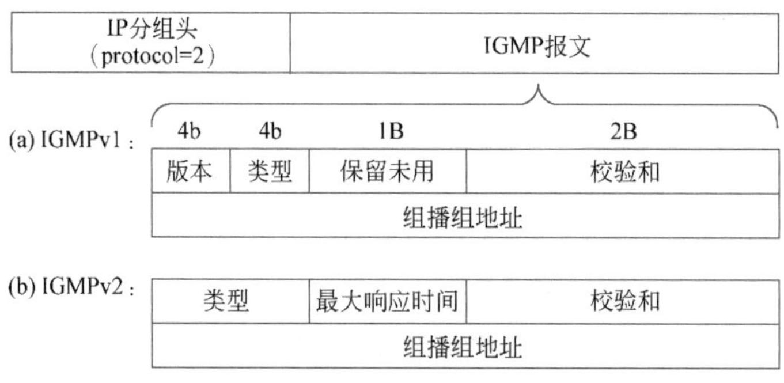

图 5-92 IGMPv1 和 IGMPv2 报文的格式

版本:第 1 个字段,长 4 比特,0001,表示 v1 版本。

类型:第 2 个字段,长 4 比特,有两个取值:为“0001”时,表示主机成员关系查询(host membership query);为“0010”时,表示主机成员关系报告(host membership report)。

保留:第 3 个字段,长 1 字节,未使用。

校验和:第 4 个字段,长 2 字节,使用互联网校验和方法(参见 3.3.1 节),计算整个 IGMP 报文的校验和,用于检查错误。

组播组地址:第 5 个字段,长 4 字节,在关系查询报文中,该字段置为“0”;在成员关系报告中,该字段填写报告者所属的组播组地址(D 类 IP 组播地址)。

图 5-92(b)是 IGMPv2 报文,各字段含义如下。

类型:第 1 个字段,长 1 字节,实际上是合并了 v1 报文的前两个字段,取值为“0x11”时,表示关系查询,分为普通查询和特定组查询(group-specific query);取值为“0x16”时,表示 IGMPv2 成员关系报告;取值为“0x17”时,表示离开报告;当此字段取值为“0x12”时,表示 IGMPv1 成员关系报告,向后兼容,与 IGMPv1 兼容。

最大响应时间(max response time):第 2 个字段,长 1 字节,仅在查询报文中有效,其值以 0.1s 为单位(默认 100,即 10s),规定了发回关系报告的最长等待时间。通过设置这个值,可以调节报告发送的间隔,从而调节感知组成员离开组的间隔。在其他报文中,该字段置为 0,或被接收方忽略。

校验和:第 3 个字段,长 2 字节,其意义、功能和计算方法都与 IGMPv1 的同名字段相同。

组播组地址:第 4 个字段,长 4 字节,在普通查询中,该字段被置为 0,这与 IGMPv1 的同名字段的使用相同;但是,当这个查询不是普通查询,而是一个特定组查询时,该字段被设置为这个特定组(待查询的组)的组地址;在成员关系报告或离开组报文中,该字段设置为所属或拟离开的组播组地址。

IGMP 的基本工作原理如下。

(1) 路由器周期(1min)性地发送成员关系查询报文,此时的路由器也称为查询器。

(2) 如果直连子网内有组成员,会回发成员关系报告报文,报告所在组的组地址。

通过一来一往两个报文,路由器掌握了直连子网下的组成员信息,这样,就可以为这些组成员提供组播分组转发的服务。

有时,主机为了加快加入组播组的节奏,并不等路由器周期性的关系查询报文的到来,而是主动发送成员关系报告,主动加入组播组。

对于路由器来说,其直连子网中有 1 个组成员和 100 个主机组成员,它所提供的组播分组转发任务是一样的,因为在子网内,组播帧是广播式传输,不管有多少个组成员,路由器执行的组播分组转发动作一样。

所以,可能存在这样的情况:路由器的某个直连子网中的多台主机都参加了某个组播组,有一个主机成员关系报告即可以让路由器转发组播分组,其余主机的成员关系报告都是多余的,浪费网络资源。所以,收到查询的主机并不立刻回应成员关系报告,而是启动一个报告时延计时器(report delay timer),其时长设置为 0～D[①] 的一个随机数,这样不同的主机的等待时间就不相同,最先超时的主机发送成员关系报告,除了查询路由器收到这个成员关系报告之外,同组的其他成员也会收到这个成员关系报告,收到成员关系报告的主机拆除计时器,不再发送成员关系报告,这就是报告抑制。

图 5-93 中,路由器 R1 发出了关系查询报文,其目的地址是 224.0.0.1(代表所有主机和路由器都参加的组播组),所有的主机和路由器都收到这个查询,但并不会立刻回应对组播组 224.0.0.1 的报告;R1 的三台直连主机 H1、H2 和 H3 都是组播组 224.2.2.2的成员,它们收到查询后,分别启动了时长为 5s、1s 和 3s 的倒计时定时器,H2 的定时器时长最短,最先发生超时,所以,它回应成员关系报告,目的地址是它所在的组播组地址 224.2.2.2,所以,H1 和 H3 也会收到这个报告,它们知道有其他的组成员替它们发出了成员关系报告,所以,不再发送,并拆除计时器。

不管是哪个版本的 IGMP,通过上面的基本工作原理,路由器以比较经济的方式,了解了其直连的组成员,就像图中 R1,如果它从外网接收了发往组播组地址 224.2.2.2 的分组,将转向 H2 所在的子网,在该子网上的所有组成员,都会成功接收到这个分组。随着周期性的查询-报告报文的交互,查询路由器维护着组播树叶子的存在,并为它们提供组播数据的转发服务。

---

① 在 IGMPv1 中,D 值是 10s;在 IGMPv2 和 IGMPv3 中,D 值是可配置的,默认也是 10s。

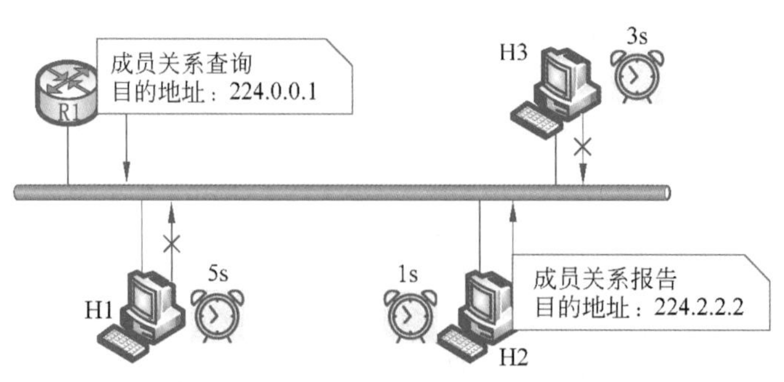

图 5-93　IGMPv1/IGMPv2 成员关系报告抑制

IGMPv1 没有定义离开机制，如果组成员不想再接收组播数据，就"悄悄""默默"地离开，而不会通知路由器。如果组成员有多个，默默离开的成员不会带来什么问题，但是如果默默离开的是最后一个组成员，那么，当路由器发出查询报文后，再也收不到报告了，通常通过 3 倍查询周期时间，即 3min 没有收到报告，它才认为已经没有组成员，停止提供分组转发服务；所以，路由器感知最后一个成员离开的时间比较长，可能转发很多无用的组播分组。

与 IGMPv1 的"默默离开"不同，IGMPv2 定义了成员的离开机制，组成员会主动报告自己的离开。当一台主机想离开一个组播组时，它会发出一个离开报告（类型 0x17）；查询路由器收到报告会发起一个特定组查询；如果该组还有别的成员，就会发出对特定组查询的响应报告，否则，如果发出离开报告的是最后一个成员，将收不到任何报告，查询器通常会再发一次特定组查询，还收不到报告，查询路由器将停止转发该组的组播分组。从最后一个成员发出离开报告，到路由器感知到并停止转发组播分组，通过短短约 30s 的时间即可完成，相对于 IGMPv1 成员离开所需要的 3min，短了很多，提高了资源的利用效率。

图 5-94 中，组播组 224.2.2.2 中有两个 IGMPv2 组成员：主机 H1 和 H2。H2 想离开了，但 H1 还在组播组中正常运行，H2 离开的过程如下。

①：H2 向组地址 224.0.0.2 发送离开报告，通知所有的子网路由器，自己要离开组播组 224.2.2.2 了。

②：查询路由器 R1 不确定还有没有组 224.2.2.2 的成员，于是发出一个特定组查询，询问子网下所有 224.2.2.2 下的成员；H1 收到特定组查询报文，以成员关系报告回应，报告自己的存在。

③：查询器 R1 收到了 H1 的成员关系报告，了解到自己的直连子网中还有组播组 224.2.2.2 的成员；R1 会继续提供到组播组 224.2.2.2 的分组转发。

H2 退出组之后，图 5-94 中路由器 R1 的这个直连子网，只剩下 H1 还是组 224.2.2.2 的成员，当 H1 也发出了离开报告时，R1 也发出特定组查询，却再也收不到应答，此后，路由器不再转发到组 224.2.2.2 的分组。

IGMPv2 除了增加主动离开机制，还增加了查询器选举机制，明确在一个子网有多台路由器的情况下，由哪台路由器作为查询器发出关系查询、处理报告和提供组播分组转发服务。一开始，路由器都认为自己是查询器，具有最低单播 IP 地址的那台路由器最后当选为查询器，当未当选的路由器未在查询发送周期收到关系查询时，自己将接收查询器发送的关系查询。

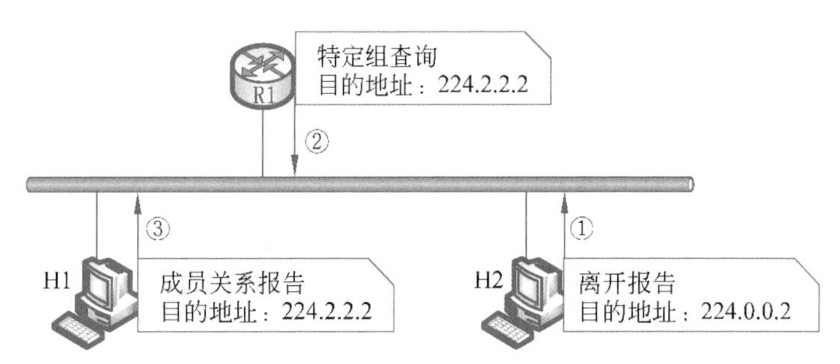

图 5-94 IGMPv2 组成员的离开

IGMPv3 在 IGMPv2 的基础上，增加了特定源组播(SSM)。传统的组播，组播源是任意的，不管是不是组成员，主机都可以向组发送组播分组，所以也称为任意源组播(ASM)；组播数据分组会分发给每个组成员，即使组成员并不想要这个数据；ASM 是依赖组的，容易遭受源伪装者的攻击。SSM 可以很好地解决这个问题，SSM 组播分组只发给订购了特定源的组成员，未订购的组成员不会收到 SSM 组播分组。

IGMPv3 取消了 IGMPv1/IGMPv2 的报告抑制机制，RFC 3376(2002 年)给出的理由是：简化主机的实现，允许显式跟踪成员关系状态。其实，在 IGMPv3 报告中，含有多个组播组信息；且成员是否接收这个组的数据分组，还需要看是否订购了组内的源，而一个组内可能有多个源，如果采用报告抑制机制，无疑会非常复杂。

综上所述，三个版本的 IGMP 的基本工作原理是一样的，也有一些差别，如表 5-32 所示。

表 5-32 三个版本的 IGMP 对照

不同版本	标准规定	成员离开	特定组查询	特定源组播	查询器选举	报告抑制
IGMPv1	RFC 1112	默默离开	无	无	无	有
IGMPv2	RFC 2236	主动报告	有	无	有	有
IGMPv3	RFC 3376	主动报告	有	有	有	无

3. 组播路由协议

运行于路由器(查询器)和主机(组成员)之间的 IGMP，使路由器知道了自己的直连网络上是否有组播组成员存在，而组播分组的传输是从源端到目的端的，中间可能穿越了很多台路由器，路由器之间是怎么转发组播分组的呢？靠的是组播路由表，而组播路由表通过组播路由协议建立、更新和维护。

组播路由协议按照运行的位置，分成域内(自治系统内)和域外(自治系统之间)两大类，参考图 5-95。本书主要介绍域内组播路由协议。

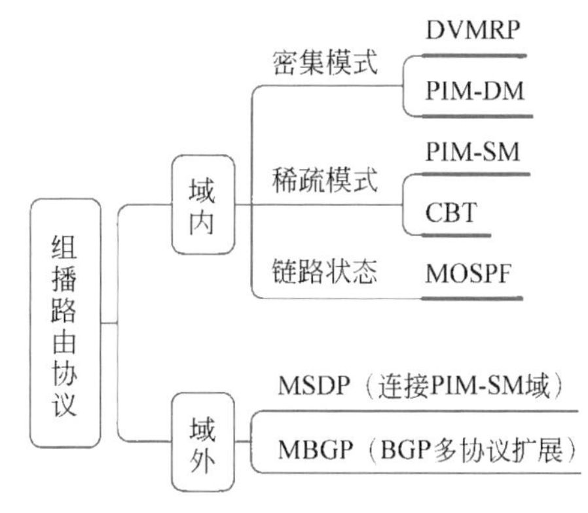

图 5-95 组播路由协议分类

按照运行原理，域内组播路由协议主要分为密集模式(Dense Mode，DM)、稀疏模式(Sparse Mode，SM)和链路状态组播路由三种。距离矢量组播路由协议(Distance

Vector Multicast Routing Protocol,DVMRP)属于密集模式,是第一个真正得到普遍应用的组播路由协议,是以距离矢量为基础的组播路由协议,类似于 RIP,只是做出了一些支持组播的改变。虽然 DVMRP 曾经大规模地应用到 Mbone 组播网络,但由于它使用跳数作为量度,且最大跳数为 32 跳,限制了其应用到更大规模的组播网络,随着距离矢量路由协议的逐步退出,DVMRP 很少再使用了。

CBT 构建一棵共享树,给所有的组成员使用,共享树中有一个核心路由器,其他需要加入树的路由器向核心路由器请求加入,从而形成树的一个分枝。CBT 属于稀疏模式,与稍后介绍的 PIM-SM 类似,只是没有后者灵活。

链路状态组播路由指的是 MOSPF(Multicast Open Shortest Path First),顾名思义,MOSPF 是在 OSPFv2 基础上扩展而来的,早期用于 MBone 上,但其严重依赖 OSPFv2,且每个源、组(S,G)都计算生成树,计算负担随(S,G)的增长而增长;使得它的使用受到了限制。

本节主要介绍 PIM,PIM 独立于单播路由协议,不依赖某种单播路由协议,这使得 PIM 的应用范围不再受单播路由协议的限制,适用范围很广。PIM 可工作于密集模式和稀疏模式,分别对应于 PIM-DM 和 PIM-SM,下面详细介绍这两种常用组播路由协议。

1) PIM-DM

PIM-DM(密集模式的单播路由协议无关的组播路由协议)是密集模式的一个典型实例,基于推模型,利用有源树发送(S,G)组播分组。而推模型假定网络中的每个子网都有至少一个(S,G)组播信息的成员接收站点,因此,组播信息会扩散到网络的所有子网,也就是所有站点。

密集模式路由的工作特点:使用推模型,假定所有子网下的站点都需要组播信息,向所有子网推送组播分组,所以,流量在整个网络中泛洪。收到组播数据的路由器,如果并没有叶子节点(组成员),它会提出剪枝,即在不需要的地方进行剪枝(prune)。泛洪、剪枝;再泛洪、再剪枝;周而复始。

PIM-DM 的工作原理如图 5-96 所示,组播源挂接在路由器 R1 上,接收者(组成员)只有一个,挂接在路由器 R4 上。图中标有"×"的虚线,泛洪后被剪掉,直到 3min 后再次泛洪。

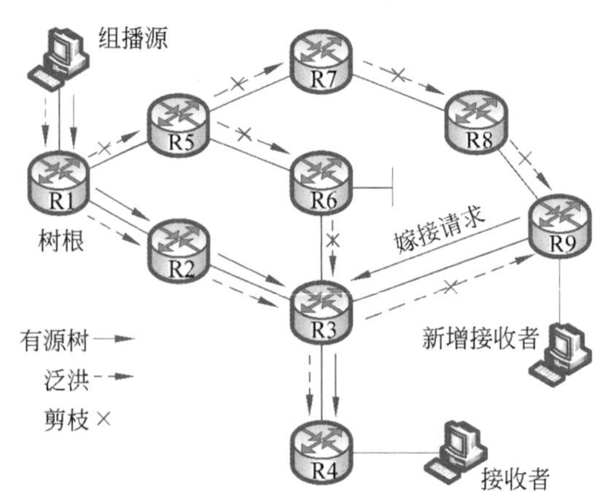

图 5-96　PIM-DM 的工作原理

组播源将组播数据分组推送到路由器R1,R1向所有的邻居路由器(R2和R5)分发组播分组,所有下游路由器接收组播数据分组后,首先进行RPF检查,通过检查后,再向下游邻居泛洪,最终,组播数据传遍全网,如图5-96中的虚线箭头所示。

图中虚线箭头上标有"╳"的传输线,泛洪之后被逻辑地剪掉了(物理线路始终存在),只剩下R1→R2→R3→R4的通路,其实就是有源树,也称为源生成树(SPT),这是从源到组成员的最优路径;其后的组播分组传输就顺着这棵有源树进行,直到下一次泛洪。可见,泛洪、剪枝,为组播源和接收组成员之间找到了最优路径。

PIM-DM运行的关键是剪枝,发出剪枝请求的路由器需要满足的3个条件如下。

无活跃下游:PIM-DM路由器没有下游邻居,也没有接收者(组成员)了;比如,路由器R9,向上游R3和R8发送剪枝请求,R3和R8的对应接口被置为剪枝状态。

下游呈现剪枝状态:PIM-DM路由器的所有下游接口都呈剪枝状态;比如,路由器R5,它的两个出接口都是剪枝状态,它继续向上游R1发送剪枝请求。

RPF检查不通过:PIM-DM路由器从它的非RPF点对点接口收到了组播数据分组;比如,路由器R3收到了R6泛洪而来的组播数据分组,而这条线路未通过R3的RPF检查,R3向R6发出剪枝请求。

完成了剪枝之后,组播数据就顺着有源树,即从源到接收者的最优路径进行传输,如果剪枝完成后,有新的组成员(接收者)加入,组成员可以等待下一周期的泛洪到来,等待的时间最长约3min;PIM-DM提供了一种嫁接机制,让接收者不用等到下一个泛洪周期的到来,快速获取组播组数据分组,比如,路由器R9下如果新增一个接收者,它向上游路由器R3发送嫁接请求,可以立刻重新连接,R3→P9成为有源树的一个新分支。PIM-DM路由器维护着这棵有源树,其组播路由表的主要表项如下:

(S, G), iif, oiflist

(S,G)标识组播源和所在的组播组;iif(input interface)表示属于(S,G)的有源树从本路由器的哪个接口进入;而oiflist(output interface list)表示属于(S,G)的有源树从哪个或哪些接口出去,如果出接口不止一个,则意味着这棵树在当前路由器是多分支的。所有路由器的(S,G)路由表一起,共同构造了(S,G)有源树。

为了更加完善和处理一些非常情况,PIM-DM还提供了状态刷新、剪枝表决、断言(assert)等机制。

可以想象,如果组播源比较多,周期性的泛洪,将在网络上造成很大的流量,路由器也会消耗资源处理组播相关的控制分组(剪枝、嫁接等)和数据分组。所以,虽然PIM-DM原理和配置都简单方便,其缺点也较明显,如下所述。

效率低:泛洪密集,受到"骚扰"的网络范围广,时间长,效率不够高。

数、控不分:数据平面和控制平面混合在一起,可能导致不确定拓扑。

开销大:中途的路由器即使没有下游邻居或叶子(组员),也会保留(S,G)表项,等待下一次的泛洪。

优化机制复杂:泛洪-剪枝机制虽然简便,剪枝表决、断言等机制却较复杂。

不支持共享树:源多时,网络中的有源树到处都是。

所以,PIM-DM适合用于中小型网络,尤其适合源少、接收者多,且源和接收者相隔不远的应用场景。

2）PIM-SM

PIM-SM(稀疏模式的单播路由协议无关的组播路由协议)是稀疏模式的一个典型实例。它构建一棵共享树，使用拉模型，只有组成员主动表示加入，才加入共享树中，组播数据分组顺着共享树进行分发。

稀疏模式路由的工作特点：使用拉模型，接收者通过显式加入，形成共享树，组播数据分组顺着共享树流向接收者；如果接收者离开，它所在的分支自动从组播树脱落，组播数据不再流向它。

PIM-SM 的工作原理如图 5-97 所示。图中的路由器 R1 是组播源所直接相连的网关，接收者挂接在路由器 R4 的直连子网上，R3 被称为该接收者的指定路由器(DR)；图中组播源的指定路由器是 R1；图中还有一个关键路由器 R6，它是 PIM-SM 网络的汇聚点(RP)，顾名思义，是有源树和共享树的 RP。

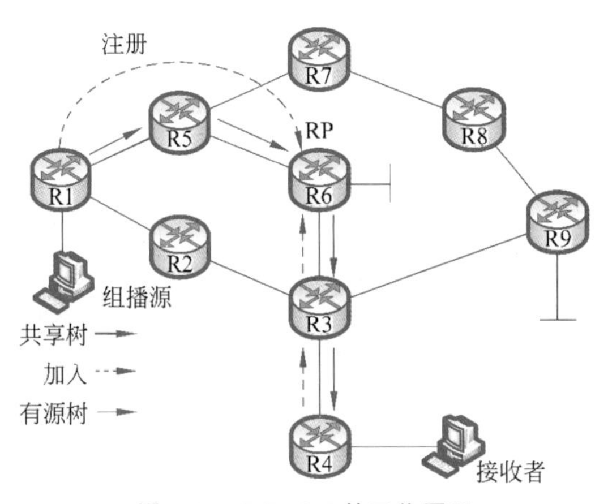

图 5-97　PIM-SM 的工作原理

PIM-SM 中最重要的要素是 RP，它是一台特殊的组播路由器，是共享树的树根，接收者的 DR(R4) 通过发送 join(* ,G)信息，逐跳上行到 RP，从而形成从 RP 到接收者的共享树，也就是组播转发树。共享树上的每台路由器维护的主要组播路由表项如下：

(* , G), iif, oiflist

(* ,G)标识某个特定的组播组，组播源不限；iif 表示属于(* ,G)的共享树从本路由器的哪个接口进入，而 oiflist 表示属于(* ,G)的共享树从哪个或哪些接口出去，如果出接口不止一个，则意味着这棵树在当前路由器是多分支的。所有路由器的(* ,G)路由表一起，共同构造了(* ,G)共享树。

当接收者退出这个组播组时，其 DR 如果发现符合剪枝条件，会发出剪枝消息，剪掉共享树上的这一枝。

所有的源只需要简单地将组播数据推送到 RP，从 RP 出发，顺着共享树，组播数据会分发到每个接收者。那么，怎么将组播数据推送到 RP 呢？PIM-SM 提供了注册和停止注册机制，以在组播源和 RP 之间建立有源树，打通源和接收者之间的组播数据转发通路，比如，图 5-97 中的通路是：组播源→R1→R5→R6(RP)→R3→R4→接收者。注册时，R1 将组播数据封装到注册分组中，以单播的形式发送给 RP，RP 收到注册分组，从中取出组播数据，从 RP 开始沿着(* ,G)共享树向下转发，同时，RP 会向组播源的 DR R1 发送(S,G)加入信息,逐跳上行建立有源树,一旦有源树建立,R1 就可以直接发送组播数据,但此时并不停止发送单播注册分组,只是此后的注册分组中不再携带组播数据,直到 RP 从有源树上收到组播数据,它知道有源树+共享树的全程已经打通,就向源 R1 发出停止注册分组,R1 收到停止注册分组才真正停止注册。

上述 PIM-SM 工作过程中,接收者 DR 和组播源 DR 怎么知道 RP 是谁呢?PIM-SM 设计了复杂的 **BSR-RP** 机制解决这个问题。BSR(BootStrap Router)是自举路由器的英文首字母缩写,运行初期,在候选自举路由器(C-BSR)①中选举产生唯一一个 BSR;由 C-RP 发送自己的地址、优先级等信息给 BSR,BSR 根据预定的算法,为每个组选定一个唯一的 RP,并将信息通告给域内所有 PIM-SM 路由器。

在 PIM-SM 的工作模式下,RP 承接同组内的所有组播源发过来的组播数据,承受了巨大的压力,是一个瓶颈;同时,从组播源→RP→接收者的通路,可能并非从源到接收者的最优(短)路径。比如,在图 5-97 中,组播源→R1→R5→R6(RP)→R3→R4→接收者的通路因为特地绕道 RP,相比组播源→R1→R2→R3→R4→接收者的通路来说,更"坏"一点。解决这两个问题的机制是"**SPT 切换**":当接收者的 DR 接收到某个源 S 的组播数据时,它知道这个组播数据从源 S 经 RP 而来,向源 S 发送 join(S,G)消息,逐跳上行到 R1,沿途路由器建立组播路由表项(S,G);源 S 的 DR 是 R1,当 R1 完成组播路由表项的建立之后,有源树(SPT)就建立起来了,此后,R1 将组播数据沿着有源树进行转发,而不是沿着 RPT 转发,这就是 SPT 切换。

当组播数据沿着这个有源树转发到接收者 DR 时,它会向 RP 发送一个剪枝分组,告诉 RP,这里已经开始从组播源直接接收数据,不再需要 RPT 的转发了。发送剪枝消息分组(剪掉共享树)的条件如下。

有源树已建立:在(S,G)的入接口上收到了相符的组播数据,这表明有源树已经建立,并且组播数据分组已经在有源树上传输。

入接口不同:同时存在的(*,G)和(S,G)的入接口不同,也就是共享树和有源树分支并不重叠。

SPT 切换不是必需的,可以配置成不切换,而严格按照通过 RP 转发组播数据。

相比于 PIM-DM,PIM-SM 除了具有独立于单播路由协议的优势之外,还具有更多的优势,如下所述。

使用共享树:数据流仅沿"加入"的分支向下发送(共享树),路由器维护组播树的开销小。

支持 SPT 切换:可以根据流量等条件动态地切换到有源树(SPT 切换),从而舒缓 RP 的瓶颈压力,分散组播数据流量。

数、控分离:数据平面和控制平面分开,彻底改变了 PIM-DM 的数据和控制混杂在一起的局面,资源的利用效率更高。

域间组播路由的基础:适合在各种网络中使用,与多协议扩展边界网关协议(Multi-protocol BGP, MBGP)、组播源发现协议(Multicast Source Discovery Protocol,MSDP)结合使用可以完成跨域的组播。

---

① C-BSR、C-RP 中的 C 是英文单词 Candidate 的首字母,分别表示候选自举路由器、候选汇聚点,仅由管理员配置,但还未在选举中正式确立。

多机制优化：在多路访问网络中，PIM-SM 还引入了断言机制，选举唯一的转发者，以防向同一网段重复转发组播数据；使用加入/剪枝抑制机制，减少冗余的加入/剪枝消息；使用剪枝否决机制，否决不应有的剪枝行为（RFC 7761，2016）。

PIM-SM 跟 PIM-DM 有本质的不同，几乎适合用于所有的组播场景，也适合用于大型的网络之中。

4. IPv6 组播

IPv6 完全取代 IPv4 是大势所趋，只是时间的早晚而已；IPv6 分组转发的方式只有单播、组播和任播三种，IPv6 组播的重要性可见一斑。IPv6 组播继承了 IPv4 组播的主要机制，但也有一些变化。

1）IPv6 组播地址

IPv6 地址位数（二进制位）升至 128 位，IPv6 组播地址的构成已经在 5.4.2 节详细介绍，如图 5-57 所示，由 4 部分构成，其中，4 比特长的标记如图 5-98 所示。

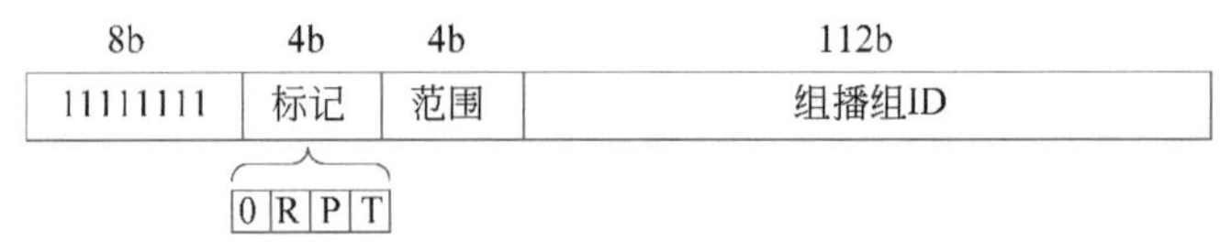

图 5-98　IPv6 组播地址标记示意图

4 位长的标记字段，最高位设置为“0”，其中的“T”为“0”，表示这个组播地址是 IANA 分配的，是永久组播组地址；如果“T”为“1”，表示这是一个临时组播组地址；“R”和“P”的作用稍后介绍。

4 位长的范围字段，用于限制组播组的范围，主要取值如表 5-33 所示。

表 5-33　范围字段的主要取值

范围取值	组播的范围	简要说明
0001(1)	Interface-Local	仅在节点的单个接口范围，用于环回组播
0010(2)	Link-Local	链路本地范围，与单播链路本地范围相同
0100(4)	Admin-Local	可配置的最小管理范围，不是自动生成的
0101(5)	Site-Local	由若干链路构成的单站点范围
1000(8)	Organization-Local	由若干站点构成的某个组织范围
1110(E)	Global	全球范围
其他	Unassigned	可用于定义额外的组播区域

112 位长的组播组 ID 中的低 32 位，标识了特定范围下的组播组，不管是永久组还是临时组。举个例子（RFC 4291，2006 年），NTP 服务器组播组分配到一个组播组标识 0x0101。那么，ff01:0:0:0:0:0:0:101 表示与组播源同一个接口（节点）的所有 NTP 服务器；ff02:0:0:0:0:0:0:101 表示与组播源同在一条链路的所有 NTP 服务器；ff05:0:0:0:0:0:0:101 表示与组播源同在一个站点的所有 NTP 服务器；ff0E:0:0:0:0:0:0:101 表示互联网上的所有 NTP 服务器。

而非永久分配的组播组地址仅在某个给定的范围内有效。比如，有一个临时组播组地址 ff15:0:0:0:0:0:0:101，仅在站点范围有效，它与使用同一个组播组 ID 的另外站点的组播组没有任何关系，也与使用相同组播组 ID 的永久组播组地址毫无关系。

2）组播 MAC 地址

类似于 IPv4 组播，IPv6 组播地址也要映射为一个组播 MAC 地址，映射到以太网的 MAC 地址标记是以“33:33”开头的。映射方法参考图 5-99。

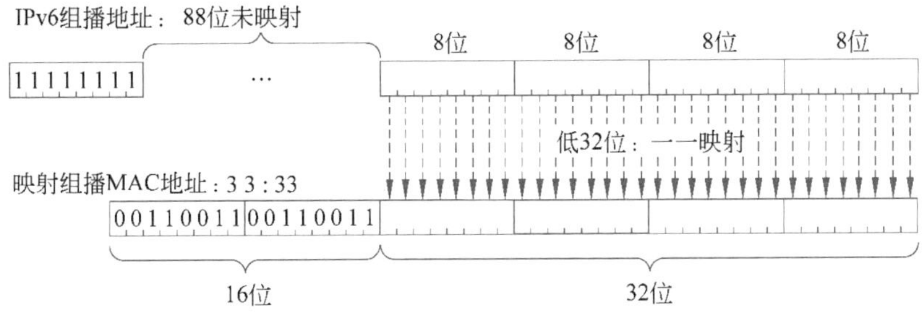

图 5-99 IPv6 组播地址到组播 MAC 地址（以太网）的映射

将 IP 组播地址的低 32 位直接映射到组播 MAC 地址的低 32 位，追加到“33:33”（16 位二进制位）后面，形成完整的 48 位以太网 MAC 地址（链路层地址）。

与 IPv4 组播地址的映射类似，IPv6 组播地址中有 88 位并没有参加映射（见图 5-99），也就意味着可能 2^{88} 个不同的 IPv6 组播地址，多对一的现象更加严重。但是，IPv6 组播地址有严格定义的范围控制，所以，看起来更加严重的多对一现象，其实并无太大关系。

3）组播侦听发现（MLD）协议

IPv6 组播采用 MLD 协议进行组成员管理。MLD 协议把组成员称为组播侦听者，IPv6 路由器通过 MLD 协议发现自己的直连链路上是否有期望接收组播数据的侦听者，以及侦听者所感兴趣的组播地址，MLD 协议要做的事情，与 IPv4 组播中的互联网组管理协议[参看本节“互联网组管理协议（IGMP）”]一致，IPv6 没有设计新的互联网组管理协议，所以，MLD 协议其实就是 IGMP，目前只有两个版本，分别对应着 IGMP 的两个版本，如表 5-34 所示。

表 5-34 MLD1/2 与 IGMP 的对应关系

IGMP 版本	IGMP 规范	MLD 版本	规范
IGMPv1	RFC 1112		弃用
IGMPv2	RFC 2236	MLDv1	RFC 2710
IGMPv3	RFC 3376	MLDv2	RFC 3810

MLDv1（RFC 2710，1999 年）和 MLDv2（RFC 3810，2004 年）的工作原理分别对应着 IGMPv2 和 IGMPv3 的工作原理，除了报文的格式发生了一些变化外，其余几乎一致。所以此处不再赘述。

MLD 协议的报文由 ICMPv6（参看 5.4.3 节）承载，基本格式如图 5-100 所示。

第一个字段类型取值 130、131 和 132，分别代表组播侦听者查询（multicast listener query）、组播侦听者报告（multicast listener report）和组播侦听者完成（multicast listener done）报文，含义与对应的 IGMP 报文一致。其余各字段也类似，不再一一赘述。

4）组播路由协议

IPv4 组播路由协议主要采用的是 PIM-DM 和 PIM-SM，在 IPv6 中，继续使用，全

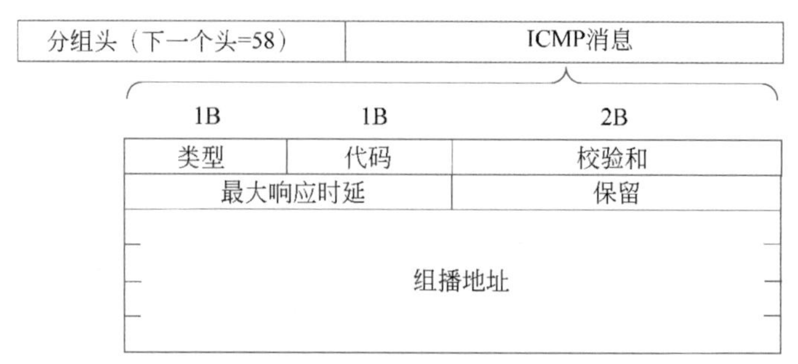

图 5-100 MLD 消息报文的格式

盘继承；所做的变化是地址和报文格式方面的适应性变化。

在 IPv4 域间组播路由时，以 PIM-SM 为基础，与 MBGP 和 MSDP 共同结合，完成跨域的组播。在 IPv6 中，MSDP 不再使用，它是为了找到组播源的 RP（PIM-SM 中的 RP）而设计的协议；在 IPv6 中，无须通过复杂的 MSDP 就可以找到组播源和 RP，比如在 IPv6 组播地址中内嵌 RP 地址，也可以通过 SSM 找到组播源，实现跨域组播。

SSM 是相对 ASM 而言的，是一种对特定组播源进行组播的解决方案：由接收主机的 DR 发起对（S,G）的加入消息，不加入也不生成任何共享树，加入的组由（S,G）二元组决定，而不单单是由组决定。SSM 的主要特点如下。

适用于组播组内有某个特定组播源的应用场景。

不需要生成共享树，直接生成有源树。

不依赖 MSDP 发现组播源。

5）IPv6 组播地址中暗藏玄机

IPv6 组播地址中的 112 位用于组播组 ID，无疑是巨大的浪费。RFC 3306（2002 年）和 RFC 3956（2004 年）重新定义了组播地址，前者基于单播地址前缀形成组播地址，即在组播地址中嵌入单播地址前缀，后者在组播地址中嵌入了 RP（PIM-SM 的 RP）的地址信息。

基于单播前缀的 IPv6 组播地址，其结构（RFC 3306，2002 年）如图 5-101 所示。

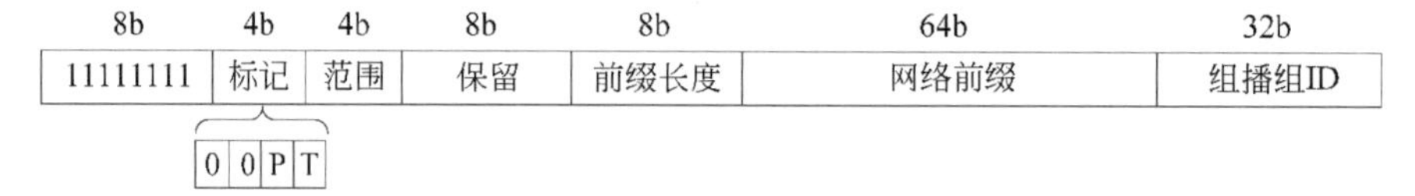

图 5-101 基于单播前缀的 IPv6 组播地址结构

基于单播前缀的 IPv6 组播地址中标记“P”应该置为“1”。其中的网络前缀标识该组播地址所属网络的 IPv6 单播地址前缀，64 位长度足够标识了，如果网络较大，前缀的长度不足 64 位，用“0”补齐；“前缀长度”指示了网络前缀的实际长度；组播地址的“范围”表示的组播范围不能大于单播地址前缀的范围。

例如，如果一个网络的 IPv6 单播前缀是 3ffe:ffff:1::/48，则对应的基于单播前缀的 IPv6 组播地址形如 ff3x:0030:3ffe:ffff:1::/96，其中“x”表示合法的组播范围，“x”前的“3”是标记位“0011”，表示 P＝1，T＝1。而“30”表示网络前缀（Network Prefix）的十六进制长度值（PLen），对应的十进制值是“48”，补了 16 个“0”，占据单播网络前缀的位置；96 位前缀再加上 32 位的组播组 ID，就形成完整的 128 位组播地址。

此种组播地址可用于支持 SSM 组播地址，此时，地址结构中的这三部分必须是“P=1”“PLen=0”“Network Prefix=0”，这样一来，SSM 组播地址形如 ff3x∷/96。

前面讲到，对于采用 PIM-SM 组播路由协议的网络来说，作为有源树和共享树的 RP，其地位和作用都非常重要，采用了复杂的 BSR-RP 机制传播 RP 信息，如果组播并不局限于某个特定的域内，不借助其他的协议，很难获取 RP 信息。如果在组播地址中嵌入 RP 的地址，这个问题就迎刃而解了。

问题在于，128 位的 RP 地址怎么可能嵌入 128 位的组播地址中？只能想办法对地址进行压缩了。嵌入 RP 地址的 IPv6 组播地址结构（RFC 3956，2004 年）如图 5-102 所示。

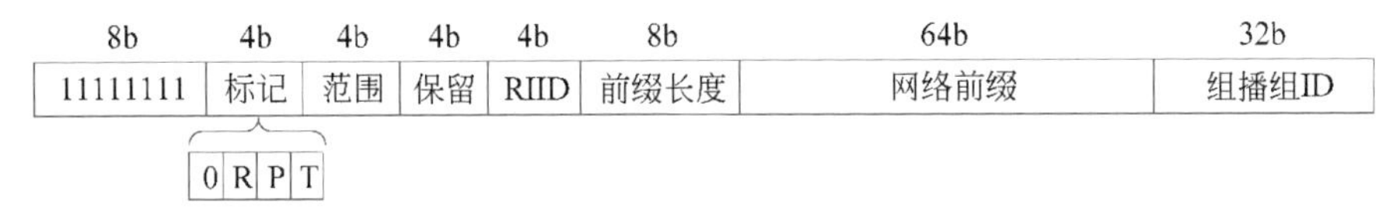

图 5-102 嵌入 RP 地址的 IPv6 组播地址结构

嵌入 RP 地址的 IPv6 组播地址必须满足以下要求。

标记位：必须设置为“0111”，即该组播组地址前缀必须是 ff7x∷/12。

前缀长度：必须不能设置为“0”，一定是一个非零值，但前缀长度不能大于 64 位。

RP 接口标识（RP Interface ID）：用于生成 RP 的接口标识。“RIID”只有 4 位二进制，对应的十六进制数可取值 1，2，…，15，0 被保留；所以 RP 单播地址受到构成方式的限制，其低 64 位只能是“∷y”，y 的十六进制取值范围是[1，f]。

当一台设备获得一个嵌入 RP 地址的 IPv6 组播地址时，可用两步恢复出 RP 的地址。

首先从组播地址中的“网络前缀”复制出“前缀长度”的位数作为 RP 单播地址的网络前缀，128 位的其余部分全部用“0”填充。

接着，复制出组播地址的“RIID”部分，替换上一步生成的 RP 单播地址的低 4 位，形成 RP 的 IPv6 单播地址。

举个例子：如果 RP 所在网络的前缀是 2001:db8:beef:feed∷/64，对应的内嵌 RP 地址的 IPv6 组播地址应该是 ff7x:y40:2001:db8:beef:feed∷/96，其中的“x”是合法的范围值，“y”是 RIID，其十六进制取值从 1 到 f 均可；对应的 RP 单播地址应该是 2001:db8:beef:feed∷y/64。

5.5.6 路由器

网络层的功能是将源主机产生的分组一路送达目的主机，沿途可能穿越交换机，在广域的范围，穿越的主要设备是路由器，当目的主机和源主机相隔遥远时，可能会穿越很多台路由器，可以说，正是每台路由器的接力，将分组推向了目的主机所在的网络。路由器就像一个个枢纽路口，根据分组携带的目的地址等信息，将其从“正确”（路由器认为最优）的接口推送出去。

什么是路由器？路由器是一种专用的计算机；用以实现分组的路由和转发。路由是为到达的分组找到最优的路，而转发则是按照找到的路径将分组推送出去。站在路由器之外来看，路由器不断地接收分组，又不断地发出分组。事实上，这些分组分为数据分组和控制分组(图中蓝色和白色的分组)两类。数据分组指的是来自四面八方,去往各地的分组,这是路由器处理的主要分组,这些分组穿越路由器的路径称为数据路径。控制分组指的是运行路由选择协议或网络管理所使用的消息,这里主要指的是运行路由选择协议产生的分组,它们穿越路由器的路径称为控制路径。图5-103展示了路由器内部的这两种路径。

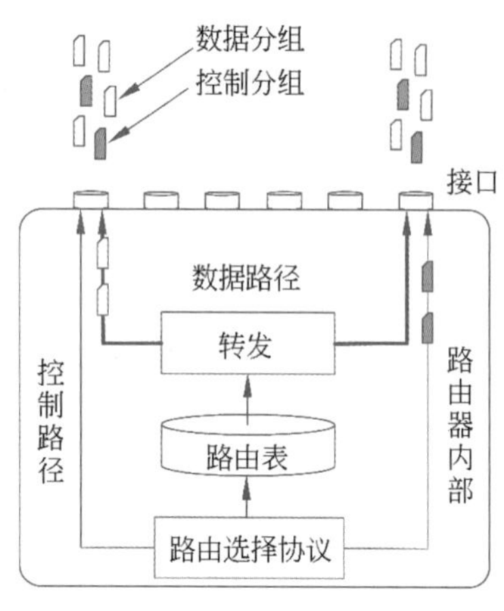

图 5-103　分组穿越路由器的内部路径

图5-103只画出了部分接口,事实上,路由器不同于普通计算机的一个重要方面就是接口,路由器上的接口有LAN口、WAN口、控制口等。**LAN口**用于挂接一个网络(子网),典型的连接方式是:路由器的LAN口接一台交换机,通过交换机接入用户端设备(比如主机、AP等);主要的LAN口是百兆以太网口,也有千兆、万兆以太网口。**WAN口**用于连接互联网上其他的交换设备,比如通过WAN口连接另外一台路由器。常见的WAN口是串口,现在也可以用以太口作WAN口,有光口也有电口,越来越多的WAN口使用光口(连接光纤)。**控制口**用于连接外部计算机,可以通过外部计算机操作路由器,比如对路由器进行初始配置。一台路由器往往有多个LAN口,挂接多个子网;有多个WAN口,通过多条线路与其他网络连在一起。

路由器的内存中有若干数据表,比如ARP表,最重要的无疑是路由表。数据分组从哪个接口转出,通过查找路由表得知路径;而路由表是通过运行路由选择协议建立、更新和维护的,存储着去往各目的网络的最优路径。

本章前面已经介绍了路由表的使用,也介绍了通过路由选择协议建立路由表的工作原理。路由表包括单播路由表、组播路由表、BGP路由表等。

用得最多的是单播路由表,其中的路由来源主要有三种。

直连路由:路由器通过学习自己已经启用的接口而获得。

静态路由:由管理员手工配置的路由,常见的静态路由是默认路由,为找不到路的分组设置保护路径,以免被丢弃。

动态路由:由路由器运行路由选择协议(IGP)而产生、更新和维护。

通常,路由表中的直连路由和静态路由相对较少,大部分路由是动态路由。

【例5-10】　有一个公司的网络拓扑如图5-104所示,两台路由器R1和R2通过各自的串口相连,路由器R1有三个直连网络,配置了一条静态默认路由指向R2;路由器R2上也有三个直连网络,配置了一条静态默认路由指向互联网;R1和R2都配置了OSPF协议,并可学习到相应的网络路由。所有的IP地址都已经按照图5-104所示配置妥当。(1)填写两台路由器的路由表的主要表项(为了简便,略去了量度等其他表项)。(2)如果某个时刻,上例中的路由器R2收到了两个分组①和②,其目的地址分别是192.168.1.56和222.3.5.6,R2根据路由表,应该怎样处理这两个分组?

【解】　(1)R1上的路由表包括三条直连路由(接口处于"UP"状态并配置好地址等参数),一条静态的默认路由,还有一条通过OSPF协议学习到的去往目的网络

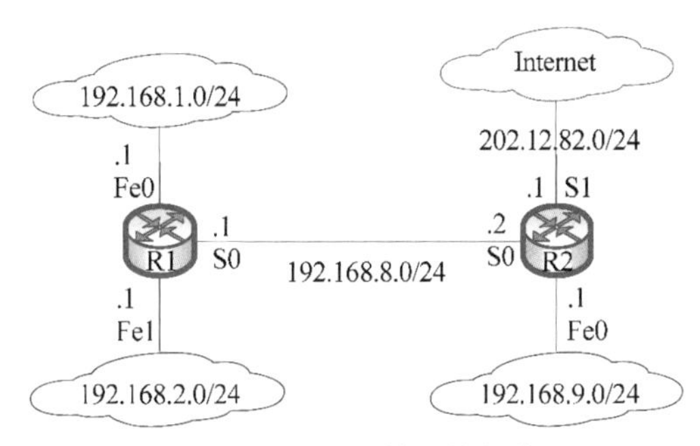

图 5-104 公司的网络拓扑

192.168.9.0/24 的路由。R2 的路由表中包括三条直连路由，一条静态的默认路由去往外网(互联网)，其网关(即下一跳)地址是 202.12.82.0/24 网络中的合法地址，应该是与 R2 的接口 S0 直接相连的那台路由器的接口地址(图中未显示)，还有两条通过 OSPF 协议学习到的路由，如表 5-35 所示。

表 5-35 路由器 R1 和 R2 的路由表

R1 的路由表				
目的网络	子网掩码	本地接口	网关(下一跳)	来源
192.168.1.0	/24	Fe0	192.168.1.1	直连
192.168.2.0	/24	Fe1	192.168.2.1	直连
192.168.8.0	/24	S0	192.168.8.1	直连
0.0.0.0	/0	S0	192.168.8.2	静态
192.168.9.0	/24	S0	192.168.8.2	OSPF
R2 的路由表				
目的网络	子网掩码	本地接口	网关(下一跳)	来源
202.12.82.0	/24	S1	202.12.82.1	直连
192.168.9.0	/24	Fe0	192.168.9.1	直连
192.168.8.0	/24	S0	192.168.8.2	直连
0.0.0.0	/0	S1	202.12.82. *	静态
192.168.1.0	/24	S0	192.168.8.1	OSPF
192.168.2.0	/24	S0	192.168.8.1	OSPF

(2) 分组①的目的地址 192.168.1.56 匹配路由表中的目的网络 192.16.1.0/24，所以，分组①按照此路由指示，从本地接口 S0 转出，经 R1 到达目的网络，进而到达目的主机。分组②的目的地址 222.3.5.6 不匹配任何一个目的网络，除了 0.0.0.0/0，所以，分组②按照默认路由的指示从本地接口 S1 转出，经网关 202.12.82. * 去往目的网络；图中的信息不足以判断该分组还要经过多少跳才能到达目的网络。

路由器用于连接网络，不断地从接口接收分组，按照路由策略处理分组，再从相应的接口转发出去。源源不断的分组进入路由器，又源源不断地流出；如果路由器的处理、转发速度赶不上分组流入的速度，势必造成排队，甚至丢包，加大分组相应的应用时延。所以，提升路由器的处理和转发速度一直是路由器的一个重要目标。

路由器内部，除了路由表(骨干路由的表记录数多达几十万条)之外，通常还有一个转发表，这是由路由表抽出的一个轻量级局部表，路由转发分组，直接查这个表，提升转发速度。为了提升转发速度,高速路由器通常将转发部分用硬件实现。

从20世纪80年代诞生第一台路由器到现在,根据路由器内部体系结构的变化,路由器大致可以分成如下四代。

(1) **单机集中式总线**:第一代路由器,采用单机集中式总线结构,所有的线卡[①]通过总线共享内存和CPU,当线卡数量较多或流量较大时,对总线的争用冲突频频,集中的总线、内存和CPU成为性能瓶颈,典型的交换容量常小于0.5Gb/s。

(2) **单机分布式总线**:第二代路由器,采用单机分布式总线结构,仍然采用总线共享内存的方式,但是各个线卡拥有自己的CPU,无须争用CPU,分组的转发行为基本可在线卡间完成;但共享的总线和内存仍然存在争用情况,交换容量通常小于5Gb/s。

(3) **单机分布式**:第三代路由器,采用单机分布式结构,采用交叉开关(crossbar)代替共享总线,其主要作用是解决争用问题,线卡间可以通过它并行操作,极大地提升了处理和转发速度,典型交换容量可达几百Gb/s。

(4) **多机互联的集群**:第四代路由器,采用多机互联的集群结构,整合单台交换容量,为需要大交换容量的"交通"枢纽提供解决方案。比如POP(Point of Presence)接入点,是网络运营商集中放置交换设备的地方,若干核心路由器构成了交换枢纽,它们连接了很多骨干网络,从POP外部看起来,大量的分组流入又流出,好像这些路由器是一个整体设备一样;所以,为了降低路由器之间连接的复杂性,第四代路由器通过内连网络将多台路由器整合成一台新的路由器,这就是路由器集群,它与路由器通过接口连接起来的关键不同点在于,它是通过内部连接起来的,不消耗路由器的接口,且交换容量可以成倍增长。

随着带宽的不断提升,大规模集成电路技术的进步,路由器也在持续地发展,除了提升交换速度和容量之外,还需要关注其可用性、鲁棒性、可扩展性等性能指标。

5.6　服务质量

服务质量(QoS)指的是:计算机网络提供的分组传输服务的质量水平,利用带宽、时延、抖动、丢包率等量度。

各式各样的网络应用离不开数据传输,对网络的带宽、时延、抖动、丢包率等QoS参数要求也各不相同,参考表5-36。

表5-36　常见应用的QoS参数要求

网络应用名	带宽	时延	抖动	丢包率
Web应用	中	中	低	中
电子邮件	低	低	低	中
文件传输	高	低	低	中
视频直播	高	高	高	低
视频点播	高	低	低	低

---

① 线卡(line card),用于完成数据的物理层和数据链路层的收发操作,接口就位于线卡上。第一代路由器的线卡实际就是网卡(网络接口卡)。

电子邮件的信息量通常不大，用户也不需要在线等待，所以对带宽、时延、抖动的要求不高，但不允许丢包。Web 页面已经从最早的静态文本页面，发展到如今的动态富媒体页面，所以，Web 应用比邮件对带宽的要求高，同时，Web 应用也是弱交互式应用，要求时延、丢包率控制在一定水平，否则 Web 用户的“冲浪”体验会大打折扣，对抖动的要求低，因为 Web 浏览器通常会通过缓存抹平抖动，为用户输出稳定的呈现。文件传输通常传输的是大容量文件，对带宽的要求高，开启文件传输后，用户可以做别的事情，不立等完成，所以，对时延和抖动的要求低。Web 应用、电子邮件、文件传输对丢包率都有一定的要求，丢失的分组会影响最终的呈现，甚至会导致无法呈现。

视频直播是实时的网络应用，对带宽、时延和抖动都有较高的要求，如果这三个参数不满足要求，会导致音视频不流畅、卡顿等；对丢包率的要求不高，在一定范围的丢包率可以通过音视频处理得到恢复；视频点播对时延、抖动的要求不高，通常通过累积一定时间的缓存，即可消除抖动带来的影响。

可见，不同应用需求各不相同，匹配用户/应用需求的服务质量，使用户的体验良好，关注用户体验的服务质量，也称为**体验质量**(Quality of Experience，QoE)。

但是，目前互联网提供的数据传输服务是“尽力而为”的，没有为用户或业务流提供明确的承诺和保证，网络“公平”地处理所有分组，如果网络资源足够承载所有分组，这种“公平”是很有效的工作模型；实际上，网络承载分组的能力往往不足，对于有不同服务质量需求的网络应用而言，这种“尽力而为”的工作模型无法一一满足这些需求。

要保证服务质量，是一件非常困难的事情，首先互联网已经普及，变得非常庞大，通信双方之间的通路变得异常复杂和不确定；其次，互联网是全分布的，并没有一个集中控制机构，由谁提供服务质量保证，能否做到都是大问题；再次，网民的网上行为是个人行为，数量极多，要为他们使用的所有网络应用提供服务质量保证，几乎是一件不可能完成的事情。

尽管如此，从 20 世纪 90 年代起，人们就开始探索服务质量保证模型或技术，先后出现了综合服务模型、区分服务模型、多协议标签交换等。

5.6.1 综合服务模型

20 世纪 90 年代，互联网基于“尽力而为”的服务原则，每个中间节点都尽力而为，公平地处理每个分组，无法满足音视频直播这样的实时应用的需求，IETF 尝试探索和定义了**综合服务**(Integrated Service)模型(IS 模型，RFC 2210，1997)，以提供端到端的质量保证服务(guaranteed service)或可控负载服务(controlled-load service)。

综合服务模型的本质不是构建一个新的模型，而是在既有的“尽力而为”传输模式上，增添新的部件和机制，是原有互联网的一种扩展。为此，要求沿途网络要素，主要是路由器和交换节点，根据应用的要求提供满足服务质量要求的分组传输服务；并且网络应用和网络要素之间要有一种机制，可以协商和传递 QoS 参数。

综合服务模型的核心是**资源预留**，通过资源预留协议(Resource Reservation Protocol，RSVP)实现。RSVP 定义了 Path 消息和 Resv 消息(RFC 2205，1997 年)。发送方发送 Path 消息，其中搭载了流规格(FlowSpec)信息，描述了发送方应用的服务质量需求，Path 消息一路上行到接收方，沿途的路由器收到 Path 消息，为其记录相应的路径和状态；接收方回发 Resv 消息，其中包含了接收方的资源预留请求，描述了接收方的业务规格，Resv消息顺着Path消息的来路，一直到达发送方，沿途的路由器根据需求预留相应的资源；发送方和接收方之间的一来一往的消息，已经让沿途的路由器做好了收发数据的准备。接下来，发送方就可以开始发送数据了，数据沿着协商好的路径和服务质量要求，从发送方流向接收方。

看起来，在通常的互联网上实现综合服务不要大规模地更改和部署新的设施，就可以提供有保障的服务质量，但是，从综合服务模型的工作过程不难发现，要实现其服务质量保障，极其困难。

（1）**复杂性高**：路由器根据Path消息的抵达进行状态的维护，根据Resv消息的抵达进行资源的预留，在全网范围进行基于发送方到接收方的流的状态维护，这种完全的分布性带来极大的复杂性，即使后来采用了聚合流代替单流进行资源预留和控制，也不能从根本上降低复杂性。

（2）**不适配**：综合服务模型采用RSVP在收发双方和中间路由器之间进行协商和资源预留，类似面向连接的数据通信模式，这与互联网的无连接特性完全相悖，不适配。

（3）**不支持**：很多网络应用并没有收发RSVP信令的机制，升级成本比较大；有些应用的服务质量需求独特，无法用流规格描述。

（4）**欠缺必要的管控**：策略控制（policy control）和价格（pricing）机制欠缺，比如访问控制（access control）、认证、审计（accounting）等，难以在全互联网层面达成共识。

综合服务模型的这些问题，导致其在业界和商业上还没有开展，就宣告了失败。

5.6.2　区分服务模型

不同于综合服务模型，区分服务（Differentiated Service，DS）模型一开始就力求简单有效，以满足实际应用对可扩展性的要求。

区分服务模型工作在区分服务域（Differentiated Service Domain，DS域）内，边界路由器为分组分类并打上区分服务码点值（Differentiated Service Code Point，DSCP），DS域内部路由器，也称核心路由器（Core Router，CR），依据分组内的DSCP为IP分组提供有差别的服务。区分服务模型的体系结构如图5-105所示。

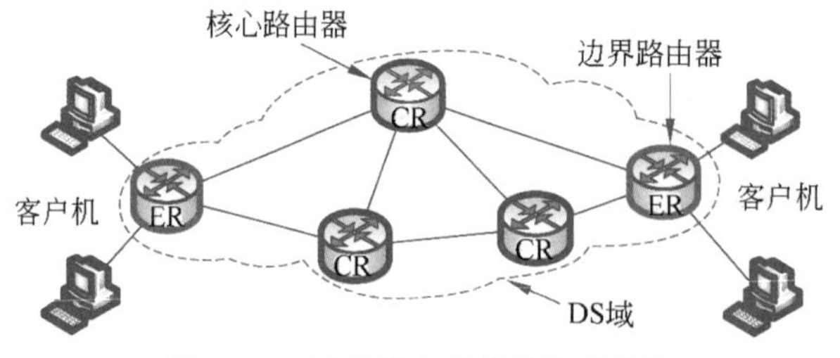

图5-105　区分服务模型的体系结构

DS域指的是：互联网中实施区分服务策略的一个连续的网络系统，可能代表一个管理域或自治域，一个可信任的网络区域，主要由一些路由器和主机构成。图5-105中，只显示有一个DS域，实际上可以有多个DS域，构成DS区（region），DS域间可以通过预先商定好的流量调节协议[①](Traffic Conditioning Agreement,TCA)对分组进行分类或重新分类、打DSCP标记等操作。

区分服务客户发送的数据分组进入DS域;由DS域的边界路由器对分组进行分类,根据分类结果,在分组头部打上标记——DSCP;带DSCP的分组在DS域内的核心路由器之间转发,核心路由器检查头部的DSCP,为其提供对应级别的转发服务。

1. DS域边界路由器

DS域边界路由器连接至少一个DS域和其他DS域或非DS域,分为入口(ingress)边界路由器和出口(egress)边界路由器。入口边界路由器接收进入DS域的流量,并对其进行调节,使它符合预先签订的TCA规范。出口边界路由器对即将离开DS域的流进行调节,使其符合与下游DS域签订的TCA规范。

DS域内部路由器,即核心路由器,指的是一个DS域内的非边界路由器,位于DS域内部,仅与本域内的其他核心路由器或边界路由器相连。

入口边界路由器除了通常的路由功能之外,必须增加一些模块完成区分服务的功能,当然,这些功能也可以由专门的入口节点(ingress node)完成,主要由分类模块和调节模块两大部分构成,其中分类模块用于对入域流(数据分组)进行分类,根据DSCP、通信五元组(源IP地址、源端口、传输协议、目的IP地址、目的端口)等信息进行分类,分类后的数据分组再送给调节模块处理。

调节模块由计量器(meter)、标记器(marker)、整形器(shaper)、丢包器(dropper)等构成。

计量器:接收分类后的数据分组,记录其统计信息,比如速率、数量等统计信息,并将这些统计信息传给标记器、整形器和丢包器。

标记器:在分组头部标记DSCP,将分组划入某个服务类别。DSCP取值根据计量器的分类结果、传入的统计以及服务类别等信息进行。

整形器:通过缓存、丢包、整流速率等方法,将入域流(或出域流)强制整形为符合预先签订的TCA流规范。

丢包器:当遇到拥塞、处理能力不足的情况,路由器可以根据服务类别,对分组进行区别对待,最极端的手段,就是丢包。

计量器和标记器的工作虽然烦琐,但相对容易完成。整形器提供流量整形(traffic shaping)功能,将一个数据流调节为一个平均速率和突发量相对稳定的流;流量整形技术则主要采用漏桶(leaky bucket)算法和令牌桶(token bucket)算法,或者两者的组合。

1)漏桶算法

网络节点从网络接口推送流量的速率往往不稳定,忽大忽小,突发的大流量可能引发网络拥塞。1986年,Turner提出的漏桶算法,可以起到平稳流量和限流的作用。

漏桶算法的工作机制是:漏桶可以被看成一个绑定在网络接口上的存储空间(漏

---

① 流量调节协议(TCA,RFC 2475,1998年):指定分类规则、相关的流量描述以及应用于分类流量的计量、标记、丢弃或整型规则;TCA包含SLA指明的所有流量调节规则,还有相关的服务需求和DS域的服务提供策略所隐含的规则。而服务水平协议SLA是指:客户和供应商之间签订的合同,指明客户应该接受的转发服务,客户可以是用户所在的源DS域机构,或者另一个上游DS域。一个SLA可以包括流量调节规则,构成一个TCA的全部或部分。

桶),存储着数据分组。产生的分组并不马上输出到网络上,而是先发送到漏桶,它有一个容量 C,且以一个恒定的速率 R 从网络接口输出数据分组到网络。

如果产生分组的平均速率比漏桶的输出速率 R 小,则产生的分组几乎无时延地推送到网络上;相反,如果产生分组的平均速率比漏桶的输出速率 R 大,超过的分组则会在漏桶(存储空间)暂存,如果桶满了,新产生的分组则被丢弃(满则溢)。

图 5-106(a)展示了漏桶算法的工作机制,待传输的分组进入漏桶后,以一个恒定的速率输出到网络中。采用漏桶算法整形前后,分组流量发生了变化,整形后,推送进网络的流是一条平稳的流,如图 5-106(b)所示。

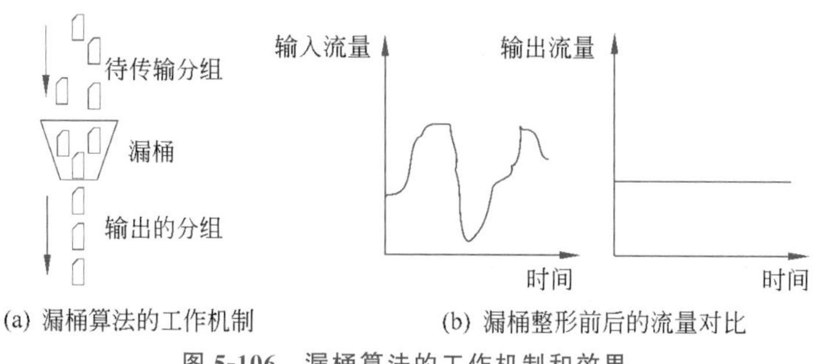

(a) 漏桶算法的工作机制　　(b) 漏桶整形前后的流量对比

图 5-106　漏桶算法的工作机制和效果

漏桶算法有效地限制了推送进网络的流量,降低了发生拥塞的可能性,但也有缺点:漏桶总是不紧不慢地推送流,如果某个应用突发数据流,漏桶机制无法处理突发流,超过漏桶容量的分组还会被丢弃。

2）令牌桶算法

不同于漏桶算法,令牌桶算法允许一定量的突发数据。令牌桶算法的工作机制是:①令牌桶里装的是令牌,以一个恒定速率产生令牌,如果令牌桶满,新生成的令牌将被丢弃;②分组只有获取令牌,才能发送相应量的数据分组到网络;③如果令牌桶中的令牌累积了一段时间,则较多的分组可以获得发送权,突发一定量的数据;④如果令牌桶空,分组发送的速率最大只能与令牌产生的速率持平。

令牌桶可以突发数据到什么程度呢?假设令牌产生的速率是 T 字节每秒(B/s),令牌桶的容量是 C 字节,突发速率是 R 字节每秒,突发时间是 S 秒,则下式成立:

$$C+TS=RS$$

可计算出突发时间

$$S=\frac{C}{R-T}\quad (R>T)$$

如果输出速率 R 小于令牌产生速率 T,分组总是能获得发送权,且可以累积令牌,如果不发送分组,即 $R=0$,产生的令牌将全部累积在桶中。如果输出速率 R 大于令牌产生速率 T,此时桶中累积的令牌供给分组,形成大于 T 的突发速率;突发时间 S 与令牌桶容量 C 成正比,C 越大,突发时间越长;如果输出速率 R 大于令牌产生速率 T,则 R 越大,突发时间越短,如图 5-107 所示。

如果令牌桶较大,突发的量比较大,可能造成对网络的冲击;所以,有些整形器,在令牌桶后接一个漏桶,用来削平峰值,但是会付出时间代价,也就是说,需要花更多的时间推送分组。令牌桶加漏桶的组合使用,既允许一定的突发,又不至于产生过大的

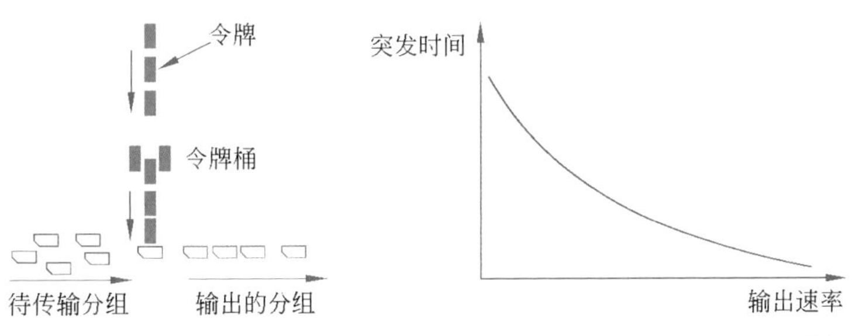

(a) 令牌桶的工作机制　　(b) 突发时间随输出速率增长的变化趋势($R>T$)

图 5-107 令牌桶算法的工作机制和突发时间变化趋势

峰值,通常漏桶的速率远高于令牌桶的输出速率,用于限流峰值。

【例 5-11】 一个网络节点在网卡前接了一个令牌桶和漏桶,令牌桶的容量 C 为 10 000KB,令牌产生的速率是 25MB/s;漏桶的容量是 8000KB,输出速率是 125MB/s (即 1000Mb/s)。试计算并回答问题。

(1) 如果网络节点产生了大量分组,令牌桶的输出速率达到了 50MB/s(即 400Mb/s),以这样的速率输出,最多可以持续多长时间?

(2) 如果网络节点某个时刻产生的分组突然增加,产生了 50MB 的分组,假如令牌桶已经在空闲时间积攒了满桶的令牌,发送完 50MB 的全部分组,约需要多长时间?不计算漏桶处理分组的时间。

【解】 令牌桶的输出速率只要小于或等于漏桶的输出速率,分组即可无障碍地源源不断地通过网卡发送到网络。

(1) 最长持续时间发生在令牌桶满后的数据突发情形。将令牌桶 $C=10\ 000$KB,令牌桶产生速率 $T=25$MB/s、输出速率 $R=50$MB/s 代入公式,计算最长持续时间为

$$S=\frac{C}{R-T}=\frac{10\ 000\text{KB}}{(50-25)\ \text{MB/s}}=0.4(\text{s})=400(\text{ms})$$

(2) 50MB 的分组,首先以 125MB/s 的速率全速突发。将令牌桶 $C=10\ 000$KB,令牌桶产生速率 $T=25$MB/s、输出速率 $R=125$MB/s 代入公式,计算 $R=125$MB/s 的突发持续时间为

$$S=\frac{C}{R-T}=\frac{10\ 000\text{KB}}{(125-25)\ \text{MB/s}}=0.1(\text{s})=100(\text{ms})$$

突发的量为 $0.1\times125=12.5$MB。

100ms 后,令牌桶中的令牌耗尽,剩下的分组只能按照令牌产生的速率进行输出,所需时间为

$$\frac{(50-12.5)\ \text{MB}}{25\text{MB/s}}=1.5(\text{s})$$

所以,发送完全部 50MB 的分组,所需时间约为 $0.1+1.5=1.6$(s)。

边界路由器用整形器进行流量调节和控制,以协助满足不同用户预先签订的服务质量需求。用户主机也可以使用整形器,以平滑输出到网络中的分组流,消除峰值流量对网络的冲击。

DS 域边界路由器的工作内容比较繁杂,所以,有些 DS 域也可以使用专门的设备完成计量器、标记器、整形器或丢包器的工作,此时,完成该工作的设备称为 DS 域边

界节点。

2. 核心路由器及其逐跳行为

相对于边界路由器，核心路由器的工作比较单纯，通常只需要根据分组头部的 DSCP 进行处理，即执行某种预定的逐跳行为（Per-Hop-Behavior，PHB）。

PHB 是一个 DS 节点调度、转发和处理带有特定 DSCP 标记的分组流的外部行为描述，可以用调度转发流聚集[①]时的一些流特性参数，如时延、丢包率等描述。当某个 PHB 与其他 PHB 共存于一个节点时，还要指出在分配缓存、带宽等资源时与其他 PHB 的相对优先级。事实上，区分服务正是通过一个个节点单独的资源分配实现的。PHB 的具体实现可以通过队列调度、缓存管理等实现。多个关系密切的 PHB 可以一起定义为一个 PHB 组，具有相似结构的 PHB 组可定义为一个 PHB 组族。

由 IETF 定义的、已标准化的 PHB 有默认的尽力而为（BE）、加速转发（Expedited Forwarding，EF）、确保转发（Assured Forwarding，AF）、兼容 IP 优先级的类型选择 4 种类型。还定义了一些其他的 PHB，比如，较低努力（Lower-Effort）PHB，简称 LE-PHB（RFC 8622，2019 年）已成为建议标准，LE-PHB 的主要目标是在拥塞的情形下保护默认的 BE-PHB 流量。也就是说，当网络资源变得紧张时，BE 流比 LE 流的优先级大，可以优先占用资源；所以，LE-PHB 适用于低优先级的背景流量，时间因素不重要的备份流、较大的软件更新、搜索引擎搜集 Web 服务器的信息流等。

核心路由器并不局限于上述功能，有时可能还要能够完成有限的调节器功能，比如 DSCP 重新标记。

一台某 DS 域内的主机可以执行边界路由器的功能，对本主机上的应用产生的流进行分类、标记等；如果它不能做这些，一个离它最近的 DS 域内部节点可以代为行使边界路由器的职能。

值得注意的是：DS 域边界路由器和核心路由器的功能并不是完全割裂的，边界路由器也需要执行 PHB，只是完成的重点不同。另外，实现服务类型的 PHB 定义与服务类型是分开的，IETF 只定义 PHB，而把服务类型的定义交给 ISP，这无疑为服务质量保证提供了很大的灵活性。

3. 服务类型和分组头部的 DSCP

Jacobson 和 Clark 提出了两种典型的区分服务类型，奖赏服务（Premium Service，PS）和确保服务（Assured Service，AS），分别对应着两种实现的 PHB：加速转发（EF）和确保转发（AF）。

PS 为用户提供的端到端或网络边界到边界的分组传输服务，具有“3 低 1 保证”的特征，即低时延、低抖动、低丢包率和带宽保证，是服务级别最高的区分服务，被称为“虚拟专线”服务，也是比较昂贵的服务，在全部流量中占较小比例。

EF-PHB 定义了奖赏服务的实现：保证接收奖赏服务流的节点（或路由器）的输出速率不小于预设的阈值，且不受其他传输流量的影响，所以，与其他 PHB 共存时，具有最高优先级，为了防止 PS 流挤走其他流量，有必要设置 PS 流的上限。

---

① 流聚集（traffic aggregate），出自 RFC 2475（1998 年），具有相同 DSCP 的某特定方向上的分组流，这些分组被执行相同的 PHB。

AS 的目标是在网络拥塞的情况下，仍然能保证用户拥有最低限量的预约带宽，当网络轻载时，用户可以使用更多的带宽；所以，用户实际分到的带宽，由承诺保证和超额两部分(两部分被赋予不同的标记)构成，而超额部分是同 BE 流或其他 AS 流竞争获得的。AS 不关注时延、抖动，关注的是带宽和丢包率，大量的测试表明，AS 的实际服务质量与较多因素有关，质量保证的意义较弱。

AF-PHB 定义了确保服务的实现：若干 AF-PHB 构成一个 AF-PHB 组，DS 节点为每个 AF-PHB 组预留一定量的资源，在同一组内的对应 AF 流，丢弃优先级(drop precedence level)不同，保证低丢弃优先级的 AF 流的丢包率更小。

除了 PS 和 AS 两种典型区分服务之外，默认的服务是尽力而为(BE)。BE-PHB 是实现 BE 服务的默认 PHB(default PHB)，所有支持区分服务的路由器都执行默认 PHB，尽可能多、尽可能快地处理这些分组；假如出接口没被占用，这些默认服务的分组应该进入发送队列；为了防止这些默认服务的分组得不到处理，比如，被其他优先级别的区分服务抢占资源，每个支持区分服务的路由器或其他节点都应该为这些默认分组流预留一些最小的资源，如带宽、缓存等。

PHB 实施于流聚集，而不同的流聚集使用不同的 DSCP 标记。在 IPv4 分组和 IPv6 分组中都可以携带这个 DSCP。IPv4 分组中的服务类型字段和 IPv6 分组中的流量类型字段，都被称为区分服务字段(简称 DS 字段)，长 8 位，其定义相同，高 6 位表示 DSCP，低 2 位[①]当时未定义和使用。

如图 5-108 所示，6 位表示的 DSCP 分为三段码点池：池 1 和池 3 用于标准化的 PHB，池 2 保留，用于实验或本地使用，目前只使用了池 1 的码点，即 6 位中的最右边那位为“0”，不同的服务对应不同的 DSCP，具体如下：

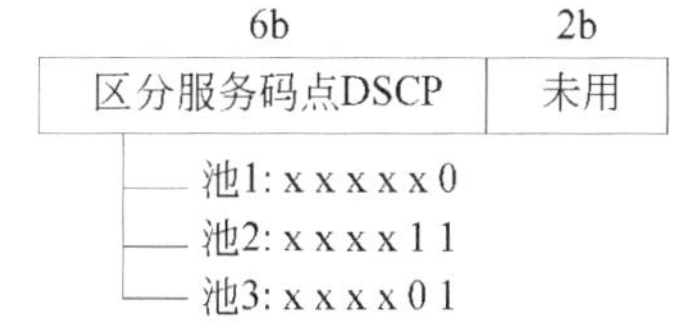

图 5-108 DSCP 在 DS 字段中的位置

(1) 默认服务的 BE-PHB 对应的 DSCP 是 **000000**。

(2) 实现 PS 的 EF-PHB 对应的 DSCP 是 **101110**，对应的十进制值是 46。

(3) CS[②]-PHB 定义了最低需求(RFC 2474)，对应的 DSCP 形如 xxx000，其中的三位变化组成 7 个非零值，之所以采用这样的 DSCP，希望与 RFC 791 定义的 ToS 字段的优先级保持一定程度的兼容性，且为未来预留一定的灵活性。CS1 的 DSCP 为 001000，以此类推，CS7 的 DSCP 为 111000，CS1～CS7 对应的十进制值分别为 8、16、24、32、40、48、56，一般来说，值越大，转发优先级越高。CS-PHB 集合中，至少对应两个独立的类流。

(4) 实现 AS 的 AF-PHB 对应的 DSCP 形如 xxx**dd**0。根据左边三位，AS 分为 4 个等级；两位“dd”表示分组的丢弃优先级，此值将每个等级分为 3 类；所以，AF 总共 12 个类别，如表 5-37 所示。

---

① 此 2 位已经在 RFC 3168(2001 年)中定义为显式拥塞指示(Explicit Congestion Notification，ECN)，用于路由器积极的队列管理，比如当出现拥塞的征兆(早期随机检测，RED)时，路由器设置这 2 位进行通知，代替丢包，传输控制协议(TCP)需协同工作。

② CS 指类选择器(Class Selector)。

表 5-37　12 个 AF 类别的 DSCP

丢弃优先级别	等级											
	1			2			3			4		
	DSCP/类名/十进制值			DSCP/类名/十进制值			DSCP/类名/十进制值			DSCP/类名/十进制值		
低丢弃优先级	001**01**0	AF11	10	010**01**0	AF21	18	011**01**0	AF31	26	100**01**0	AF41	34
中丢弃优先级	001**10**0	AF12	12	010**10**0	AF22	20	011**10**0	AF32	28	100**10**0	AF42	36
高丢弃优先级	001**11**0	AF13	14	010**11**0	AF23	22	011**11**0	AF33	30	100**11**0	AF43	38

总而言之，区分服务模型根据预先签订的协议，为用户提供不同级别的分组传输服务，其总体结构和实现与综合服务模型不同。区分服务模型具有如下特点。

(1) 层级结构：互联网是有层级结构的，区分服务体系也是有层级的，DS 区可由若干 DS 域构成。DS 域内的区分服务策略和 PHB 的实现一致，但域间可以不同，通过服务等级协议(Service Level Agreement，SLA)协商并调节。

(2) 集中策略定制：区分服务策略由 DS 域管理者集中定制，主要通过 DS 域边界路由器的分类流聚合、标记 PHB 对应的 DSCP 等体现。

(3) 核心路由器工作简单：DS 域内部的核心路由器按照分组携带的 DSCP，执行约定的 PHB 即可，无须建立和维护状态。

(4) 与互联网适配：互联网提供的是无连接的分布式分组传输，DS 域内部路由器的路由功能不受影响，这与综合服务模型的“虚连接”特性完全不同。

5.6.3　多协议标签交换技术

5.1.2 节已经学习了标签交换，它是虚电路网络实现数据交换的方式。多协议标签交换(Multi-Protocol Label Switching，MPLS)和传统标签交换一样，都是面向连接的数据分组传输；通过标签标记路由，源主机和目的主机之间的交换节点只需要检查标签、替换标签和转发分组。但 MPLS 又不同于传统标签交换：标签的形成方式不同，MPLS 通过专门的协议在无连接的网络中分配和管理标签，传统标签交换是在虚电路子网中协商生成标签；MPLS 支持任何网络层协议，除了 IPv4，还支持 IPv6、无连接网络协议(Connectionless Network Protocol，CLNP)、IPX、AppleTalk 等其他网络层协议；MPLS 还支持以太网、点到点(PPP)、帧中继(Frame Relay，FR)、异步传输模式(ATM)、同步光网络与同步数字体系(SONET/SDH)等低层协议和规范。

多协议标签交换提出之初，是为了提升传统路由器的转发速度。传统的路由器转发分组，必须查找路由表，当时按照最长地址前缀匹配的查找算法用软件实现，20 世纪 90 年代，互联网急速扩张，路由处理速度限制了这种扩张。与传统 IP 路由方式相比，MPLS 在数据转发时，只在网络边缘分析 IP 报文头部，而不用在每跳都分析 IP 报文头部，节约了处理时间。

随着专用集成电路(Application Specific Integrated Circuit，ASIC)技术的发展，路由查找速度已经不再是阻碍网络发展的瓶颈；现在，MPLS 支持多层标签和转发平面面向连接的特性，使其在虚拟专用网络(VPN)、流量工程(Traffic Engineering，TE)、服务质量(QoS)等方面得到广泛应用。

1. MPLS 标签的位置和格式

MPLS 技术常被称为 2.5 层的技术标准(RFC 3031,2001 年),在参考模型上,它介于数据链路层和网络层之间,如图 5-109(a)所示。所以,用以引导分组路由的标签位于数据帧中,且位于分组头之前,如图 5-109(b)所示。

(a) MPLS在参考模型上的位置

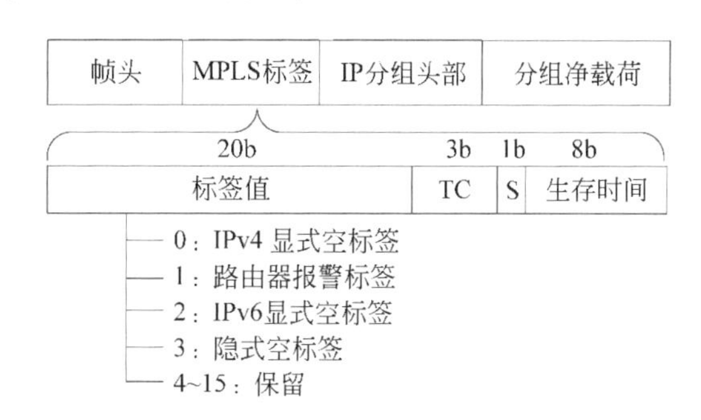

(b) 标签在报文中的位置和构成

图 5-109 MPLS 在参考模型上的位置和标签

标签独立于任何协议,图 5-109(b)中显示的“帧头”可以是以太网数据帧、PPP 数据帧等任何数据链路层帧头,“IP 分组头部”可以是 IPv4 分组头部、IPv6 分组头部、IPX 分组头部、CLNP 分组头部等任何网络层分组头部;它由 4 个字段构成。

(1) **标签值**(label value):长 20 位,标识某个流,路由器可以按照这个值查找标签栈顶部(top of label stack),找到分组转发的下一跳,以及转发前应该对标签栈所做的操作,比如用另一个标签替换,删除这个标签,用更多的标签条目(label entries)压入标签栈等。RFC 3032(2001 年)定义了 16 个预留值。

标签值 **0**:IPv4 显式空标签值(IPv4 explicit null label),仅当标签栈位于底部时,这个值才合法,表明标签栈必须弹出,转发必须依赖 IPv4 分组头部信息进行。

标签值 **1**:路由器报警标签值(router alert label),当标签栈处于底部时,这个值不合法;当收到的含标签分组的标签值为“1”,且正好处于标签栈顶部时,这个带标签的分组会送给本地软件模块(local software module)处理,实际的转发行为由标签栈内紧邻该标签的下一个标签决定。

标签值 **2**:IPv6 显式空标签值(IPv6 explicit null label),仅当标签栈位于底部时,这个值才合法,表明标签栈必须弹出,转发必须依赖 IPv6 分组头部信息进行。

标签值 **3**:隐式空标签值(implicit null label),这个标签值从未真正出现在封装中。倒数第二跳标签交换路由器(Label Switching Router,LSR)进行标签交换时,如果发现交换后的标签值为 3,则将标签弹出,并将报文发给 MPLS 路径的最后一跳。

标签值 **4~15**:保留,为将来扩展之用。

(2) **流量类型**(TC):从实验(EXP,RFC 3032) 字段更名为流量类型(RFC 5462,2009 年),长 3 位,原来的 3 位保留为实验所用,实际未定义。TC 字段的使用与 IPv4 的服务类型字段、IPv6 的同名字段的含义相同。

(3) **S 控制位**:栈底控制位(bottom of stack),S=1 时,表示标签栈已到底部,否则 S=0。

(4) **生存时间**(TTL):生存时间用于防止因为路由环等意外而导致的分组循环,作用与分组头部的同名字段一样,但是它的设置规则要复杂一些。

标签虽然被封装到每个数据分组头部的前面，但标签并不是针对每个数据分组而制定的，标签与某类别的数据分组绑定在一起，也就是说同一类别的数据分组用作标记的标签值是相同的。在MPLS中，同一类别的数据被称为转发等价类(Forwarding Equivalence Class,FEC)。转发等价类等价的含义是：对某种FEC的所有数据分组采取同样的转发行为；而划分FEC的规则可以灵活制定，从而实现某些特定的传输需求。

属于同一种FEC的分组在转发的过程中被标签交换路由器以相同的方式处理，而FEC可以根据源地址、目的地址、源端口、目的端口、VPN等要素进行划分。

一个数据分组的标签可以不止一个，而是多个，形成顺序的标签集合，即标签栈(label stack)，如图5-110所示。靠近二层帧头的标签是栈顶(top)标签或外层标签(outer label)，靠近IP头部的标签称为栈底(bottom)标签或内层标签(inner label)。理论上，标签的个数可以不受限制，即可以无限嵌套。MPLS标签嵌套主要应用在MPLS VPN、TE FRR(Traffic Engineering Fast Re-Route)中。应按照后进先出的方式组织MPLS标签，从栈顶开始处理标签。

图5-110　标签栈(标签嵌套)

传统的路由器通过分析分组头部获得分组的优先级或丢弃优先级，从而实现区分服务，而标签除了携带路径之外，其实也携带了优先级别，所以，在某种程度上，标签是路由和服务级别的一个综合体现。

总而言之，标签是一个4字节长的标识符，标记某种FEC，且封装在归为这种FEC的每个数据分组上，标签只在本地有意义。

2. MPLS的工作原理

传统的路由器为分组寻路需要依据的是分组的目的地址所在的网络，在路由表中查找去往目的网络的途径，且匹配最长地址前缀的网络。而MPLS网络中传输分组需要依据的是标签，标签从何而来？又是怎么引导分组路由的呢？

图5-111中，进行标签交换的路由器称为标签交换路由器(**LSR**)，一组连续的标签交换路由器(或节点)构成了一个个**MPLS域**(**MPLS domain**)。位于MPLS域边缘、连接其他网络的LSR称为标签边缘路由器(**Label Edge Router**,**LER**)，MPLS域内

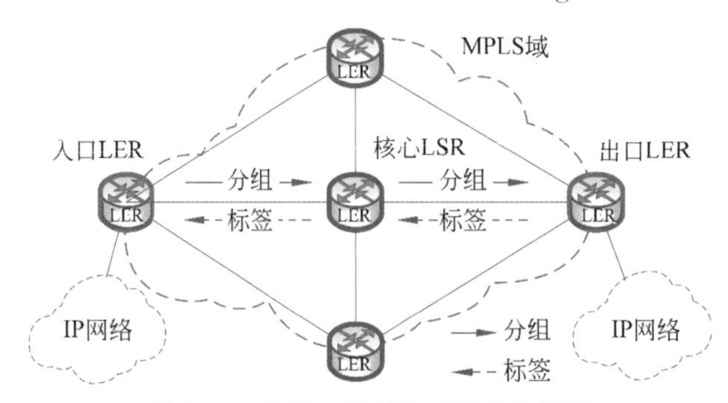

图5-111　MPLS域的构成和工作原理

部的 LSR 称为核心 LSR(core LSR),也称为中转(transit)LSR。

在图 5-111 中,蓝色的实线箭头线显示了一条**标签交换路径**(**Label Switched Path,LSP**)起始于入口 LER,终止于出口 LER。一条 LSP 有且仅有 1 个入口和 1 个出口,但是中转的核心 LSR 可以有 0 个、1 个或多个。LSP 具有单一方向,数据流顺着 LSP 的方向从入口流向出口。所以,入口 LER 是中转 LSR 的上游,中转 LSR 是入口的下游;同时也是出口的上游,而出口是这条 LSP 的下游,也是中转 LSR 的下游。

当传统 IP 分组到达入口 LER,被压入(push)标签,称为**标记分组**(**labeled packet**);核心路由器收到标记分组,将根据标签查找标签转发表,对标签栈进行压入、置换(swap)、弹出(pop)等操作,转发分组,标记分组到达 LSP 的最后一跳时,标签被弹出,分组进入下一个 MPLS 域,或者按照传统 IP 分组进行路由和转发。

标记分组转发的关键是标签,MPLS 为每种 FEC 分配标签,建立 LSP,然后才能顺着 LSP 进行分组传送。LSP 的建立有两种方式。一种方式是通过管理人员手工配置,产生静态 LSP,任何改变都需要人工修正,所以,这种方式适合小型的 MPLS 域。另一种方式是动态产生 LSP,采用**标签分配协议**(**Label Distribution Protocol,LDP**)完成。LDP 根据 IGP、BGP 等路由信息,通过逐跳方式建立 LSP,LSP 建立由下游 LSR 主动发起,也可以由上游 LSR 请求、下游回应之后发起,不管哪种方式,标签的分配由下游 LSR 根据 FEC 分配绑定并通知上游 LSR,标签的分配和 LSP 的建立从下游(出口) LSR 发起,终结于上游(入口)LSR,其方向和标记分组传送的方向相反,如图 5-111 中的虚线箭头所示。

需要注意的是:LSP 是有方向的,如果双方的数据分组要双向传输,需要建立两条方向相反的 LSP。

3. MPLS 的应用

MPLS 网络中提供了相对可靠的面向连接的数据传输服务。

图 5-111 显示的 MPLS 网络,与 5.6.2 节所讲的区分服务网络有些相同之处:都是在边界路由器打标记和去除标记,核心路由器只负责检查标记和按照标记处理。不同之处在于:区分服务中的标记置于 IP 分组头部,而 MPLS 的标签位于 2.5 层;区分服务中的标记在传输过程不会改变,而 MPLS 的标签在传输的过程中会被置换;区分服务中的标记按照约定配置,而 MPLS 的标签通过协议自动生成;区分服务中的标记分组所走路径不确定,根据传统路由而定,而 MPLS 的路径在传输前已经由 LSP 确定。

目前,MPLS 在虚拟专用网(VPN)、流量工程(TE)等方面有广泛的应用,提供了有一定质量保证的传输服务。

1)用 MPLS 实现 VPN

VPN 是在通用互联网上为用户提供专有访问服务的网络。传统 VPN 一般是通过 GRE、L2TP(Layer 2 Tunneling Protocol)、PPTP(Point to Point Tunneling Protocol)等隧道协议实现公网上的私人数据传输。而 MPLS 通过标签形成的通路(LSP),具有实现 VPN 的天然技术优势。

LSP 将用户的远程私有网络连接在一起,形成 VPN;不同用户的 VPN 之间可以通过 MPLS 的标签进行统一的资源调度和控制。

图 5-112 显示了用 MPLS 实现两个 VPN 的情形,主要有如下几个构成部分。

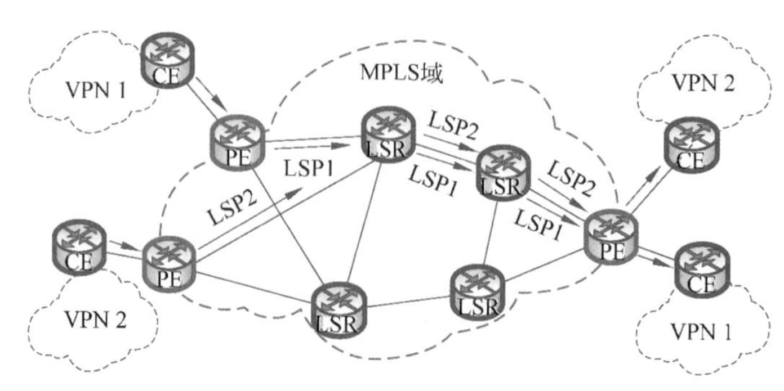

图 5-112　MPLS-VPN 的实现示意

服务商边缘(Provider Edge,PE)：通常是 MPLS 域的边缘设备,比如 LER。PE 负责对 VPN 用户进行管理,建立 PE 间的 LSP 通路,统一协调 VPN 用户各分支间路由信息的发布,常用 MP-BGP 完成。

用户边缘(Customer Edge,CE)：是用户端的边缘设备,可以是用户网络中的路由器,也可以是交换机或主机。

MPLS 域中的交换设备,通常是核心 LSR,不与 CE 直接相连,工作职能是分析 MPLS 标签和按标签执行处理行为。

图 5-112 中的两个 VPN 穿越了一个共同的 MPLS 域,两个 VPN 的分组被归为不同的 FEC,搭建了不同的 LSP,它们的分组进入域时,被压入不同的标签,称为标记分组,沿着 LSP 穿过各中转设备,直到下游 PE,标签被剥离,恢复成传统分组。

使用 MPLS 实现 VPN,无需传统 VPN 隧道实现方式的加密和封装,这些 VPN 构建于通用互联网之上,是逻辑网络,可根据用户的需求,进行灵活部署。

2）用 MPLS 实现 TE

传统的路由主要考虑拓扑信息,计算出最优(最短)的路径,不考虑实际的运行参数,比如可用带宽,是否拥塞等,这可能导致某条路径负载很重,而另一条路径几乎无流量的不合理情形产生。

TE 通过动态监控网络的流量和网络单元的负载,实时调整流量管理参数、路由参数和资源调度参数等,使网络状态迁移到理想状态,优化网络资源利用,避免负载不均衡带来的低效运行及可能的拥塞。

图 5-113(a)中,深蓝色箭头和浅蓝色箭头线分别代表两个业务流,深蓝色的流量是 30Mb/s,浅蓝色的流量是 50Mb/s,它们都将经过 D 去往下游;在 B 和 D 之间有两条通路,如果传统 IGP 优选带宽参数,两条业务流都将沿着路径 A→B→E→F→D 传输,而另一条通路 A→B→C→D,却没有承担任何流量。使用 MPLS 将两个业务流映射到不同的 FEC,并形成两条不同的 LSP 通路,引导深蓝色业务流经 A→B→C→D 传输,浅蓝色业务流经 A→B→E→F→D 传输,如图 5-113(b)所示。

MPLS-TE 通过建立指定路径的 LSP 隧道进行资源预留,引导网络流量绕开拥塞节点,优化网络资源利用,使网络流量趋向均衡,MPLS-TE 的技术优势如下。

服务质量保证：在建立 LSP 隧道的过程中,可以预留资源,在一定程度上保证了服务质量。

灵活定制：LSP 通路具有优先级、带宽等种种参数属性,可以方便地定制标签转

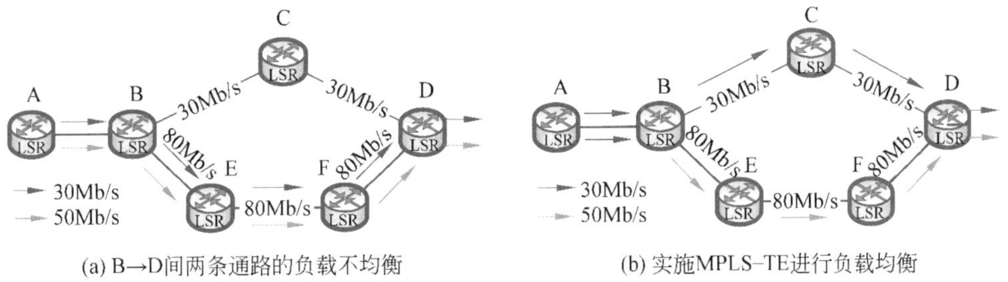

(a) B→D间两条通路的负载不均衡

(b) 实施MPLS-TE进行负载均衡

图 5-113 MPLS-TE 的一种使用场景

发路径,在满足用户需求的前提下,充分利用资源,均衡流量。

开销小:构建 LSP 的开销小,不会影响网络的正常业务。

鲁棒性好:MPLS 支持备份路径和快速重路由技术,在链路或节点发生故障时,可以快速地恢复,重新开始运作。

MPLS-TE 是 TE 的最佳实践方案,运营商能够充分利用现有的、通用的网络资源,提供多样化的服务,同时优化网络资源利用,进行科学的网络管理。

5.7 本章小结

网络层是两个核心层之一,其功能是将分组从源主机一路送到目的主机,本章围绕这个功能,探讨网络层的技术和协议。

本章首先探讨了源和目的之间的通信网络的分类和提供的服务,数据报网络提供无连接的服务,虚电路网络提供面向连接的服务。

网络层上的协议分为被路由协议(routed protocol)和路由选择协议。被路由协议,为分组的路由提供所需要的信息。IP 协议是被路由协议的典型实例,它提供定位所需要的 IP 地址,也定义了网络层 PDU,即分组的格式。

5.2 节探讨了 IPv4 地址的表示和 5 个分类。IPv4 地址资源按块分配给 ISP,个人用户从 ISP 获取 IP 地址。为了方便管理和节约 IP 地址的使用,按照主机数和子网数目需求对地址进行划分,可变长的子网掩码可以尽量不浪费地址。同时也采用 CIDR,按需分配 IPv4 地址和缩小路由表的规模。

本章探讨了 IP 地址的结构特点之后,我们探讨了 IP 寻址的原理和过程,并与二层的 MAC 寻址进行了对照。在数据传输的全部过程中,IP 寻址和 MAC 寻址共同发生了作用。

在知晓通信对方的 IPv4 地址,但却不知其 MAC 地址时,启用地址解析协议(ARP);当目的主机位于远程网络中时,必须使用默认网关才能完成与目的主机的通信;因为 MAC 寻址局限在子网内,所以,数据帧头的 MAC 地址在每跳(路由器)都发生置换。

IP 分组的传输仅仅是尽力而为,它会遭遇丢包、拥塞等异常或差错情况,互联网控制消息协议(ICMP)提供了差错消息报告;同时 ICMP 也提供了主动测试网络的消息。

IPv4 总地址池已于 2011 年枯竭,而网民的人数还在逐年上升,即使不算浪费掉的 IPv4 地址,43 亿的地址总量已经无法满足约 55 亿全球网民的地址需求了。NAT

是地址不够用的快速修补方案，我们探讨了私人地址和NAT的工作原理。

IPv6是大势所趋，5.4节探讨了IPv6地址的冒分十六进制表示和分类。IPv6地址可以通过无状态地址自动配置和动态主机配置协议(DHCPv6)获取，获得的IPv6地址需要通过重复地址检测(DAD)之后才可以使用，所以，IPv6地址是有不同状态的。IPv6的邻居发现协议提供了地址解析功能，取代了IPv4的ARP。

在IPv4向IPv6的过渡时期，涌现出了三大类过渡技术：双协议栈、隧道技术和NAT-PT。

路由选择协议是网络层的一大类协议(见5.5节)。按照运行的位置，路由选择协议分为IGP和BGP，本章先介绍了IGP中的距离矢量路由协议的基本原理，然后探讨了早期网络中的路由信息协议(RIP)的工作原理、存在的计数到无穷、路由环等问题，以及解决的方法。

链路状态(LS)路由协议的基本原理是发现、设置、构造、分发和计算。开放的最短路径优先(OSPF)是典型的LS路由协议，我们探讨了5种OSPF报文及作用、全毗邻关系的建立、DR/BDR的选举、OSPF路由器状态的迁移等，还对OSPF在大型网络中分区域运行的原因和效果进行了探讨。

网络从免费走向商用时，QoS问题就不可回避了。5.6节探讨了三个QoS模型或技术：综合服务模型、区分服务模型和多协议标签交换技术。

本章的技术人物传奇

Bellman-Ford：Bellman-Ford算法

Dijkstra：最短路径算法

波萨克和勒纳：思科的联合创始人

路由器的前世今生

本章的客观题练习

第5章 客观题练习

习题

1. 相比虚电路网络，数据报网络提供的无连接的数据传输服务具有抗毁性，为什么？

2. 你认为面向连接的服务和无连接的服务，哪种更优？

3. 一个IP分组头部的第一个字节是01001100，且长度字段的十进制值是40 000，该 IP 分组的数据(净载荷)字段有多长?

4. 如图 5-114 所示,甲产生了一个 900 字节的应用层数据,要发送给乙;三段链路的最大传输单元(MTU)分别是 1010 字节、504 字节和 500 字节,假设传输层头部和分组头部均为固定的 20 字节,路由器需要分片,这三段链路上 IP 分组的头部总长度、DF、MF 和片偏移分别是多少?

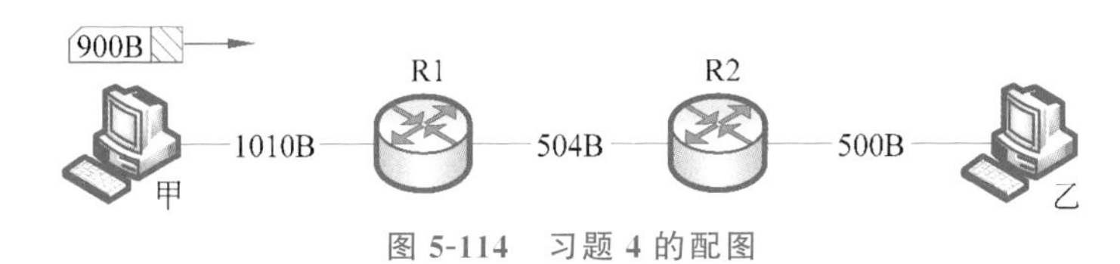

图 5-114 习题 4 的配图

5. 子网掩码的作用是什么?它怎么表示?

6. 25.216.119.2/24 表示其所在网络的网络地址和定向广播地址分别是多少?

7. 192.168.0.1/20 表示其所在网络的网络地址和定向广播地址分别是多少?

8. 为什么一台设备具备了全球唯一的 MAC 地址,还需要一个全球唯一的 IP 地址呢?

9. 如果一个单位要申请 8000 个 IP 地址,按照 CIDR 的按需分配机制,应该分配一个怎样的地址块?

10. 路由器 R 收到了 4 条路由信息,如表 5-38 所示,这不是全部的路由表,只是路由表的部分示意。它们是否可以汇聚为一条路由?如果可以,填写到表中。

表 5-38 习题 10 所配的表

目的网络/前缀	转出接口
125.16.88.0/21	S0/0
125.16.96.0/21	S0/0
125.16.104.0/21	S0/0
125.16.112.0/21	S0/0
?	?

11. 路由器 R 除了收到上题中的 4 条路由之外,还收到 3 条路由,去往 125.16.64.0/21、125.16.72.0/21、125.16.80.0/21这 3 个网络的本地接口 S0/0,另外还收到 1 条路由,去往 125.16.120.0/21 网络的本地接口 S0/1,这 8 条路由是否可以汇聚在一起?为什么?

12. 图 5-115 所示的网络拓扑中有 3 台路由器 R1、R2 和 R3,其中 R1 已经学习到了 3 条路由信息,R2 学习到了 2 条路由信息。如果 R1 和 R2 在向 R3 通告路由时,都进行了汇聚(图中蓝色箭头线),根据图中箭头,试填写路由器 R3 的路由表(见表 5-39)中关于这两条汇聚路由的信息。

表 5-39 习题 12 中路由器 R3 的部分路由表

目的网络/前缀	转出接口
25.62.0.0/16	S0/0
25.60.0.0/14	S0/1

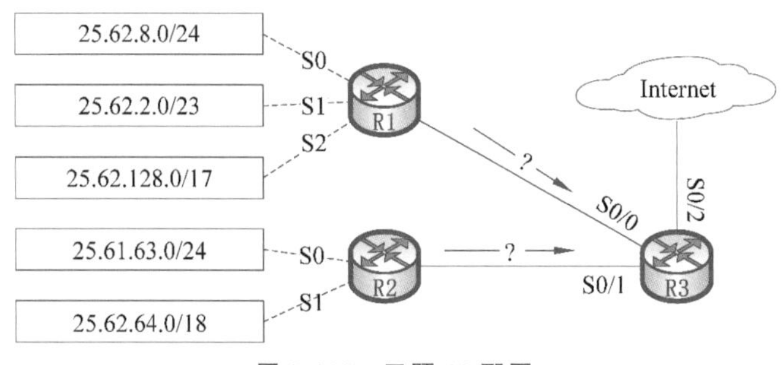

图 5-115　习题 12 配图

这种汇聚，会不会有问题？为什么？试想一下，如果 R3 收到一个去往目的网络 25.62.64.0/18 的分组，它会怎样处理这个分组？

13. 如果一个小公司申请到了一个 IP 地址块 202.11.2.0/24，公司内部有 8 个部门，每个部门都配置一个虚拟局域网（VLAN），每个部门至少有 20 台主机，试根据公司现状规划这个 IP 地址块。

14. 一个公司内建设了 6 个子网，最大的一个子网需容纳 100 台主机，一个子网需要容纳 50 台主机，剩下 4 个子网，每个仅需容纳 10 台主机；目前，公司仅有一个地址块 25.17.2.0/24，试根据公司内部网络需求，规划这个地址块。

15. 特殊 IP 地址 127.0.0.1 有什么用？

16. 地址解析协议（ARP）的作用是什么？当目的主机位于远程网络时，ARP 怎么工作？

17. ARP 表的作用是什么？

18. 根据 ARP 工作原理，设想 ARP 病毒产生的机理。

19. 简述一台主机检测 IP 地址冲突的原理。

20. 简述 tracert 的工作原理。

21. 图 5-39 中，如果私人网络中有另外一台主机，其 IP 地址是 10.10.1.5，访问右边的 Web 服务器，其发出的 HTTP 请求中，端口号也恰好用了 6000，与 10.10.1.2 所用端口号相同，Web 服务器是否可以区分出两者？

22. 网络地址转换（NAT）技术是地址缺口的快速修补方案，为什么还需要 IPv6？

23. IPv6 地址采用 128 位二进制位，提供的地址空间是否足够了？

24. IPv6 地址的空间太大了，是否可以为一个接口分配一个终身有效的固定 IPv6 地址？给出你的理由。

25. IPv6 分组的头部中为什么不再包含校验和字段？

26. 相比 IPv4 分组，IPv6 分组有哪些改进？

27. 目前能看到的冒分十六进制表示的 IPv6 地址，为什么总是以 2 或 3 开头？

28. 采用无状态地址自动配置为一个接口配置 IPv6 地址的主要过程是怎样的？

29. 简述重复地址检测的过程。

30. 相比 ARP，IPv6 的地址解析做了哪些变化？

31. IPv6 过渡技术——双协议栈适用于什么场景？

32. 图 5-73 中，如果一个从 192.16.31.2 接口发出的广播分组，经过 Fe0/0 接口到达路由器 R，路由器首先对其进行逆向路径转发（RPF）检查，再决定是否广播这个分

组，该分组是否可通过RPF检查？（路由器R的路由表参考表5-25）

33. 图5-75中，某时刻，路由器C收到了它的三个邻居A、B和D到达目的网络DN1（未画出）的代价分别是0、1、1，而路由器C到达A、B和C的代价分别是1、1和5，路由器更新到DN1的代价和下一跳分别是什么？

34. 距离矢量路由协议在运行过程中可能遇到计数到无穷、路由环等问题，其产生的根源是什么？怎么解决？

35. 链路状态（LS）路由协议的工作原理分为哪5步？你认为哪一步最重要？为什么？

36. OSPF路由器使用5种报文进行信息交互，其中的Hello报文和LSU报文分别起什么作用？

37. 简述OSPF路由器建立全毗邻关系的过程。

38. 一台OSPF路由器从down状态启动到稳定的全毗邻状态，中间会经过怎样的状态迁移？

39.为什么要选举DR和BDR？

40. 在大型网络中运行OSPF，为什么有一个骨干区域？

41. 运行于IPv6网络中的OSPF与OSPFv2有什么不同？

42. BGP运行于自治系统（AS）之间，为了可靠运行，它构建于哪个传输层协议之上？

43. BGP是一个解决了路由环问题的距离矢量路由协议，它是怎样解决了路由环问题的？

44. BGP的什么报文起到了OSPF中的Hello报文的作用？

45. IP组播地址为什么需要映射为数据链路层地址？一个IPv4组播地址224.2.2.2映射为以太网地址应该是多少？

46. 互联网组管理协议——IGMPv3增加了特定源组播（SSM）技术的支持，SSM是什么？

47. IPv6组播地址FF02∷2映射为以太网MAC地址应该是多少？

48. 组播路由协议PIM-DM适用于什么样的场景？

49. 组播路由协议PIM-SM的主要优点是什么？

50. 参考图5-104和表5-35，当路由器R2收到3个分组，且其目的地址分别是192.168.1.23、202.12.82.67、202.112.16.3时，R2应该怎样转发这3个分组？

51. 路由表中的路由来自哪里？

52. 1台主机挂接在10Mb/s的以太网上，主机网卡接了一个漏桶进行流量整形，令牌产生的速率是2Mb/s，该主机以全速发送数据，最长可以发送多长时间？

53. 在分组头部使用DSCP表明当前分组的服务级别，当两个分组的DSCP标记为000000和101110时，其分别对应什么样的服务级别？

54. 多协议标签交换与传统标签交换有何不同？

55. 多协议标签交换技术和区分服务都是通过分析标记转发数据分组，两者有什么不同呢？

56. 某网络拓扑如图5-116所示，R为路由器，S为以太网交换机，AP是IEEE 802.11接入点，路由器的E0接口和DHCP服务器的IP地址配置如图中所示；H1与

H2属于同一个广播域，但不属于同一个冲突域；H2和H3属于同一个冲突域；H4和H5已经接入网络，并通过DHCP动态获取了IP地址。现有路由器、100BaseT以太网交换机和100BaseT集线器三类设备若干台。（源自2022年408考研真题）

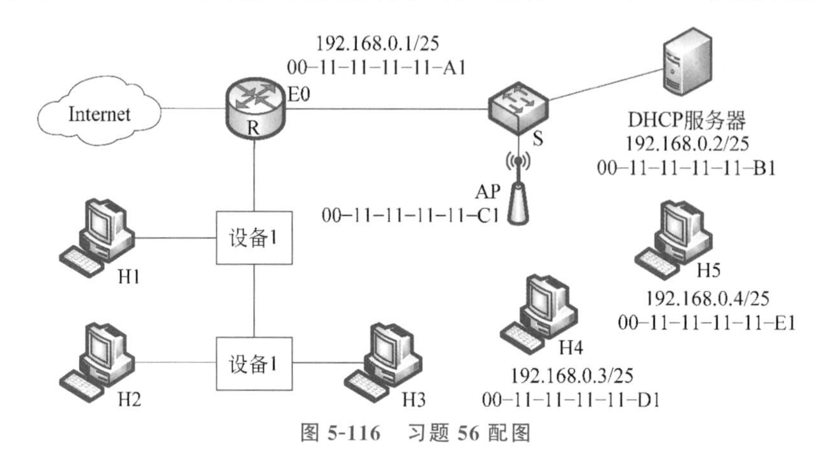

图5-116　习题56配图

请回答以下内容：(1)设备1和设备2分别应该选择哪类设备？(2)若信号传播速度为2×10^8m/s，以太网最小数据帧长为64B，信号通过设备2时会产生额外的1.51μs的时延，则H2与H3之间的最远距离是多少？(3)当H1向DHCP服务器发送一个普通报文时，H1封装的数据报文中，目的IP地址和目的MAC地址分别是多少？(4)若H4向H5发送一个IP分组P，则H5收到的封装P的IEEE 802.11数据帧的地址1、地址2和地址3分别是什么？

第6章

传输层

传输层在分层网络体系结构中介于网络层和应用层之间，正如前面所讨论的其他层次一样，传输层在实现数据通信这一目标的过程中承担相应的职责。传输层在利用网络层提供服务的基础之上，把数据交付的双方从两台主机扩展到了两台主机上的进程，向进程屏蔽了底层网络实现细节，传输层能够将数据交付给正确的进程，这一点是网络层所不具备的。

数据段仅到达目的主机还不能说是完成了整个通信过程，对于每个能够接入网络的设备，例如手提电脑和个人手机可能同时运行着多个需要联网的应用程序，一个人可能用手机一边听着音乐，一边查看微信消息，因此数据段到达目的主机之后还需要知道自己应当被哪个应用程序读取并处理，传输层具备这一重要特性。本章首先讨论了传输层多路复用/分用功能、端到端数据段传输的概念、端口的概念和分类、套接字的组成要素。

本章围绕传输层的两大协议：面向连接的**TCP**和面向无连接的**UDP**展开，两者都能满足端到端数据段传输的设计要求。本章从关键原理、组成要素和实现机制的角度阐述两者的特性和差异，通过讲解设计背后的逻辑，能够更好地帮助大家掌握协议原理以及解决关键问题的方法。

UDP是更为简单的传输层协议，但有时候简单的事物反而能起到更好的效果。UDP简单且高效的特性对于远程过程调用和实时传输协议很有吸引力。

面对计算机网络的基础性问题之一：如何在不可靠的数据传输媒介之上实现可靠的数据交付？TCP通过增加一系列精心设计的机制回答了这个问题。本章阐述了TCP实现可靠传输的三件“利器”，即序号、确认和重传机制。

数据段丢失现象除了发生在数据传输路径的中间节点，还可能是接收方无法及时处理数据而导致的，滑动窗口机制正是为了同步通信双方的数据生成和消费速率而诞生的。

TCP建立连接，即通信双方在正式传输应用数据之前交换彼此的信息，并在通信属性上达成共识，释放连接时清除这部分信息。TCP则通过三次握手建立连接，四次握手释放连接，每次握手都凝结了设计者的精心考虑。

计时器是TCP跟踪数据传输、管理连接状态的重要工具，在本章中我们将看到TCP是如何利用重传计时器、持续计时器、保活计时器和时间等待计时器实现可靠数据传输、解决无限等待和死锁问题的。

逐步实现了可靠数据传输之后，TCP还需要思考在网络传输数据可能超过网络承载能力的情况下，如何避免网络中的拥塞，遇到网络拥塞后如何恢复。正如交通管制手段是为了解决交通工具阻塞问题，TCP提供了拥塞控制机制应对网络拥塞问题。

本章最后探讨了TCP面临的主要技术问题，在此基础上介绍了基于UDP的新一代低时延互联网传输层协议**QUIC**，基于"流"这一概念的传输模型在今天万物互联、网络规模空前庞大的时代呈现出鲜明的技术特点。

图6-1中的数字代表其下的主要知识点个数；读者可扫描二维码查看本章主要内容框架的思维导图，并根据需要收起和展开。

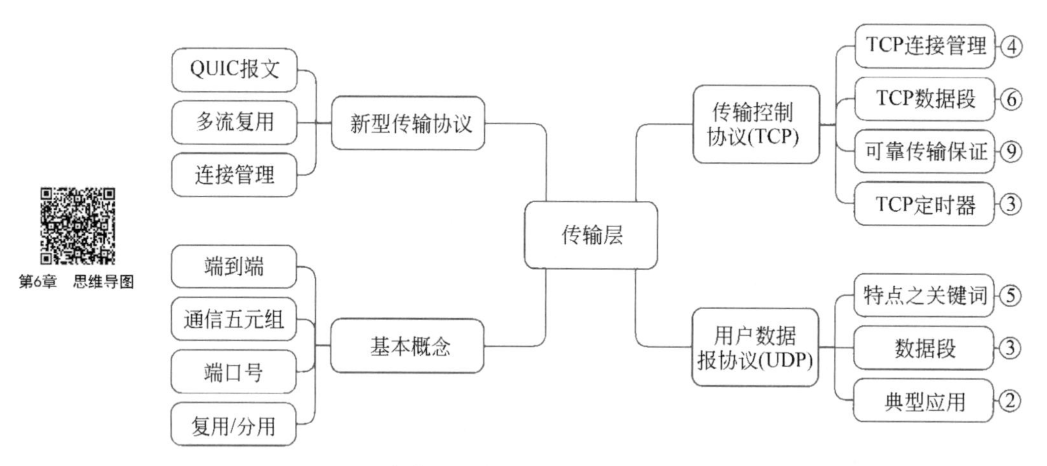

图6-1 本章主要内容框架的思维导图上层

6.1 传输协议概述

传输层是分层网络体系结构中的一个重要部分。它接收来自网络层的服务，并为运行在不同主机上的应用进程提供直接通信服务，即使这些主机相隔遥远，中间经过了很多路由器和不同类型的链路，也就是说，传输层向应用层屏蔽了如网络拓扑、链路类型、路由协议等底层网络的细节，这也称为应用进程之间的逻辑通信（logic communication），是传输层提供的一个主要服务。除此以外，传输层还提供复用和分用以及对数据段的差错检验功能。

根据应用程序的不同需求，传输层提供两种不同的传输协议——TCP和UDP，当传输层采用面向连接的TCP时，相当于在下层只提供尽最大努力传输服务的不可靠网络上提供了一条全双工通信的可靠信道；而传输层采用无连接的UDP时，则提供的是一条不可靠的逻辑通信信道。

6.1.1 多路复用/分用

网络中的主机上常常同时运行多个网络应用程序，例如，用户A在用浏览器查看某个网页的同时，还通过即时聊天工具QQ回复朋友发来的消息，则该用户的主机上同时运行了Web浏览器程序和QQ聊天工具，那么该用户的主机如何标识来自浏览器的访问请求数据和聊天工具中产生的会话数据，并将两者交付给网络进行传输呢？同样，用户B作为接收主机，同时接收来自用户A的即时聊天信息和来自用户C发来的邮件，那么用户B的主机该如何将收到的数据正确地交付给对应的应用程序呢？为了解决这些问题，就涉及传输层的一个重要功能——复用（multiplexing）和分用（demultiplexing），它将两个端系统间的交付扩展到运行在端系统上的两个进程间的交付。

“复用”是指发送方主机的传输层收到来自不同应用进程的数据后分别打上不同的“标签”（即不同的传输层协议头部信息）后，统一交付给网络层并向协议栈的下层传递；而“分用”是指接收方主机的传输层在从网络层收到递交上来的数据后，去掉“标签”（即解析完协议头部信息）后将数据正确交付给对应的目的应用进程。由此可见，给应用层的每个应用进程赋予一个非常明确的标识，即端口号，对于实现复用和分用是非常关键的。

如图6-2所示，以客户主机作为通信的发送方、服务器作为通信的接收方为例，解释复用和分用的过程。客户主机的进程P1、P2、P3使用同一个传输层提供的服务发送数据段。客户端的传输层收到来自三个进程的三个数据流并创建三个段，它起到了多路复用的功能。分组通过网络层的不断转发到达服务器，并由网络层交付给其上层的传输层，传输层发挥多路分用的功能，将收到的分组传递给相应的进程。

图6-2 复用和分用的过程示例

6.1.2 端到端、进程到进程通信

传输层协议的主要任务是提供进程到进程的通信（process-to-process communication），也就是端到端的通信，进程是指使用了传输层服务的一个应用层实体（正在运行的程序）。这里用一个邮政通信的类比例子说明网络通信中的端到端通信和主机到主机通信的差异。

1. 端到端通信和主机到主机通信的区别

考虑两个有业务往来的公司A和B，这两个公司一个位于广州，一个位于北京，这两个公司的不同部门（例如财务部门之间、法务部分之间）经常有业务文件交换，假设每个公司各安排一名固定的工作人员（分别称为甲和乙）负责每天从各个部门收集需要寄给对方公司的文件并送往邮局，以及将从邮局收到的来自对方公司的文件分发给本公司相关部门，而邮政系统将需要交换的业务文件在广州和北京两地之间进行传输，我们通过以下方式把这个过程与网络通信过程进行类比。

公司 A 和 B=两个通信主机
业务部门=进程
业务文件=应用层数据流
甲和乙=传输层协议
邮政系统服务=网络层协议

通过以上分析可知，传输层协议(甲和乙)只需要负责从所在的通信主机(公司 A 和 B)的不同进程(业务部门)那里接收应用层数据流(业务文件)，形成数据段(加上通信地址和收件人并装进信封)后递交给网络层协议(邮政系统服务)，并从网络层(邮政系统服务)那里接收数据段，根据数据段头部信息(信封上的收件人信息)将其递交给所在主机对应的应用进程(本公司的相关业务部门)即可，而无须关心网络层协议(邮政系统服务)选择何种路径、以何种方式进行传输。也就是说，传输层提供的是端到端的逻辑通信，而网络层则提供的是主机到主机的逻辑通信。

以上的类比示例说明了端到端通信和主机到主机通信的区别，下面对两者的区别进行进一步解释。如图 6-3 所示，发送端主机的传输层将从本机的应用进程那里收到的数据流进行分块，并封装成传输层的数据段后递交给发送方的网络层，网络层将收到的数据段再封装成网络层的分组后往下传递，通过因特网的路由将分组转发到接收端主机。需要注意的是，因特网中的路由器在转发过程中，不会检查封装在网络层分组里的传输层数据段内容。只有接收端主机的传输层才会对收到的传输层数据段进行解析，并将该数据段中的数据提交给对应的接收应用进程。由此可见，两台主机之间的通信实质上是两台主机中应用进程之间的相互通信，网络层的 IP 只负责把分组送到目的主机，而传输层完成将数据段交付到正确的应用进程的工作，两者的作用范围不同。

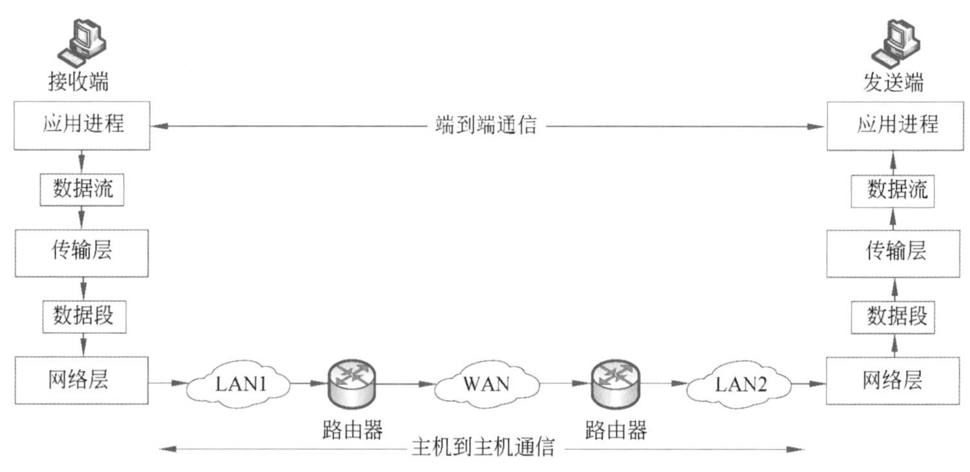

图 6-3　端到端通信与主机到主机通信的区别

2. 通信模型

传输层的首要任务是提供进程到进程通信，进程之间的通信方式包括两种。第一种是同一台主机上不同应用进程之间的数据交换，这种数据交换往往通过访问同一个内存空间、数据库表或磁盘文件等方式实现，属于主机中操作系统范畴的概念，不是计算机网络通信领域的概念,本书讲的进程之间的通信是指位于两台不同主机上的应用进程之间的通信。进程之间的通信主要包含源主机和目的主机的地址以及双方进行通信的应用进程的标识,为了更清楚地描述两台不同主机上的应用进程之间的通信,下面介绍通信模型,该模型包含以下要素。

(1) **IP 地址**:即主机在网络中独一无二的网络层地址(在第 5 章中已做详细介绍),一般由 ISP 提供。

(2) **端口号**:用来识别主机上的不同应用进程,在后面的章节中将进行详细介绍。

(3) **通信协议**:指两个通信进程进行数据传输所使用的协议。

以上三个要素构成通信模型三元组(协议、本地地址、本地端口号),可以唯一标识出网络中通信双方中的一个进程,也称为“半相关(half- association)”。

由于一次网络通信一般包括发送方和接收方,因此一个完整的网络通信模型需要用一个五元组标识:(协议,本地地址,本地端口号,远地地址,远地端口号),也称为“全相关”(full-association)。

通过第 5 章的学习我们知道,计算机网络中的主机地址一般用 IP 地址表示,而主机上通信进程的标识,则是由协议端口号(protocol port number,简称端口号)标识的,它是主机应用层各个进程与传输层交互时的接口。在 TCP/IP 协议栈中,端口号的取值为 0~65 535 之间的整数。下面进行详细介绍。

ICANN 根据端口可被分配的对象和使用时间的长短把端口号分为三种类型,这里以最常用的进程到进程的通信模式——客户/服务器模式为例,介绍不同类型端口号的分配方式。

(1) **熟知端口号**(well-known port number),又称知名端口号:取值范围为 0~1023,由 ICANN 固定地分配给一些重要应用的服务器进程,以便让所有用户都知道。如表 6-1 所示,我们给出了一些常用的熟知端口号,如 HTTP 的服务器进程端口号为 80,FTP 的服务器进程端口号为 21,SMTP 的服务器进程端口号为 25,等等。更多熟知端口号可以在 www.iana.org 网站上查询到。

表 6-1 常用的熟知端口号

应用程序	FTP	TELNET	SMTP	DNS	TFTP	HTTP	SNMP	SNMP(trap)	HTTPS
熟知端口号	21	23	25	53	69	80	161	162	443

(2) **注册端口号**(registration port number):取值范围为 1024~49 151,这些端口号被提供给没有熟知端口号的应用程序服务器进程使用。使用这类端口号需要到 ICANN 上进行注册,由其进行管理以防止重复。

(3) **动态端口号**(dynamic port number),又称临时端口号:取值范围为 49 152~65 535,一般被建议用于临时的或专用的端口号,使用这类端口号不需要到 ICANN 上注册。这类端口号往往留给客户端进程短暂使用,当服务器进程收到客户进程的数据段时,便可以知道客户进程所使用的端口号,因此可以把数据发回给客户进程。当通信结束时,刚刚使用过的客户进程端口号可以给本机上的其他客户进程使用。

需要注意的是,端口号只具有本地意义,它只是用于标识当前主机应用层中与传输层进行数据交互的各个通信进程,而分布在不同主机中,具有相同端口号的进程之间是没有关联关系的，客户端进程只需保证其端口号在本机上是唯一的就可以了。

正如前面所说，传输层提供端到端的通信，那么此处的端点是什么呢？不是主机，不是主机 IP 地址，不是进程，也不是传输层的协议端口。传输层的端点称为套接字(socket)或插口。根据 RFC 793 的定义：端口号拼接到(concatenated with)IP 地址即构成了套接字。因此套接字的表示方法是在点分十进制 IP 地址后面写上端口号，中间用冒号或逗号隔开。例如，若 IP 地址是 192.3.4.5 而端口号是 80，那么得到的套接字就是 192.3.4.5:80。总之，我们有

$$套接字=(IP地址:端口号)$$

在网络通信中，通过 IP 地址标识和区分不同的主机，通过端口号识别和区分一台主机中的不同进程，采用发送方和接收方的套接字识别端点，它唯一地标识网络中的一台主机和其上的一个应用(进程)。

对于面向连接的 TCP，每条 TCP 连接都唯一地被通信两端的两个端点(即两个套接字)所确定，即

$$\text{TCP 连接}=(\text{socket}_1:\text{socket}_2)=\{(\text{IP}_1:\text{port}_1),(\text{IP}_2:\text{port}_2)\}$$

这里的 IP_1 和 IP_2 分别是两个端点主机的 IP 地址，而 $port_1$ 和 $port_2$ 分别是两个端点主机中的端口号。TCP 连接的两个套接字就是 $socket_1$ 和 $socket_2$。对于无连接的 UDP，情况也是类似的，只是 UDP 是无连接的，但通信的两个端点仍然可用两个套接字标识。值得注意的是，同一个 IP 地址可以有多个不同的 TCP 连接，而同一个端口号也可以出现在多个不同的 TCP 连接中。

6.2 UDP

我们在 6.1 节中提到了传输层的两个典型协议之一的 UDP，该协议由 RFC 768 提供规范，UDP 提供的是一条不可靠的逻辑通信信道，它除了完成传输层协议的基本服务——多路复用和分用，即从发送主机接收应用进程递交的数据形成数据段后递交给网络层，在接收主机将从网络层递交上来的数据段交给正确的应用进程，以及一定的差错检验外，其他的事情几乎都不做。因此如果应用程序选择这个协议，几乎相当于直接运行在 IP 上。那么对于这样一个看起来无所作为的传输层协议，它有什么特点以及优点呢？

我们先了解一下 UDP 的运行过程。发送主机的 UDP 从应用进程那里获得数据流后，会附加上源端口号和目的端口号进行进程区分，以方便实现复用和分用，另外加上校验位和长度信息后形成 UDP 数据段向下递交给网络层。网络层利用 IP 将分组尽最大努力传送给接收主机。当该数据段到达接收主机后，经过校验处理后，通过目的端口号将数据段中的数据交付给对应的应用进程。需要注意的是，发送主机的 UDP 在发送数据段之前并不会与接收主机的 UDP 实体建立连接，也就是没有“握手”的过程，因此 UDP 被称为无连接的传输层协议。

接下来，我们了解一下 UDP 让很多应用程序开发人员喜欢并且应用的特点。

(1) **较小的协议头部**：UDP 是一个非常简单的协议，其数据段头部仅有 8 字节，开销很小，而 TCP 的数据段头部有 20 字节，应用进程的发送数据段较短时，发送方和接收方之间的数据段解析时间要比使用 TCP 短很多，因此处理速度会比处理 TCP 数

据段快。

(2) 无须建立连接：之前已经简单了解到，UDP在传送数据之前双方不用建立连接，这不仅能减少传输时间的开销，而且也没有建立连接所需要的状态维护开销(例如在提供可靠数据传输服务的TCP中所需要确定的接收和发送的缓存区大小、数据包的序列号和确认号、拥塞控制参数等)，这样能大大缩短数据传输的时延，因此，很多实时性强、支持更多活跃用户的应用程序，都倾向于选择运行在UDP上。

(3) 无拥塞控制：TCP中使用的拥塞控制机制，是当发送主机和接收主机之间的传输链路比较拥堵时可以控制发送方的数据发送速率，从而减缓拥塞，但从另一个角度来看，这个机制同时也对TCP发送方的数据发送行为进行了约束，在某些时刻由于网络拥塞而不能立即将应用层交付的数据传输。而UDP则不同，只要发送方的应用层进程有数据产生并将其传递给它，就会将此数据封装到数据段中并立即传递给网络层，这对于实时性要求比较高，不能接受过长的数据发送时延，且能容忍一些数据丢失的应用程序，是很适合的。

(4) 无可靠传输机制：可靠传输机制需要保证接收方能收到正确的数据，因此，当接收方收到数据后，会通过一定的方式与发送方确认收到的数据是否正确。如果接收方反馈所接收的数据有差错，则发送方会重新发送。这些确认消息和重传数据段，无疑增加了网络传输的数据量和通信时延，尤其在网络拥塞比较严重时，更容易加重拥塞状况。因此，UDP不提供差错控制在某些时候可以作为一个优势。

(5) 面向数据段的：当发送方UDP收到来自应用进程交付的数据段后，它不会对数据段做任何拆分或合并的处理，而仅增加UDP的数据段头部就向下交付给网络层，也就是说，UDP交付给网络层的是一个完整的应用数据段。如果应用层数据流太大，则网络层在传输过程中有可能需要进行分片处理，这样会降低网络层的传输效率，但如果应用层数据流太小，则网络层IP封装后的分组有效载荷率较低，也会降低网络层的传输效率，因此采用UDP的应用层进程需要选择大小合适的数据段。

根据以上分析可知，尽管UDP看上去是几乎没有提供什么额外的服务，但却因为以上原因而更适合某些应用，例如域名系统(DNS)、简单文件传输协议(Trivial File Transfer Protocol, TFTP)、简单网络管理协议(Simple Network Management Protocol,SNMP)、路由信息协议(RIP)、网络多播协议等。

当然，应用程序还可以在不影响其实时性要求的同时对UDP进行适当补充，例如增加纠错或重传机制等，以提高一些可靠性。

6.2.1 UDP数据段格式

UDP的数据段又称为用户数据报(user datagram)，下面了解一下其格式。UDP数据段包括首部字段和数据字段，其中首部字段总长8字节。如图6-4所示，首部字段包括源端口号、目的端口号、长度和校验和4个字段，每个字段的长度为2字节，各字段的含义如下。

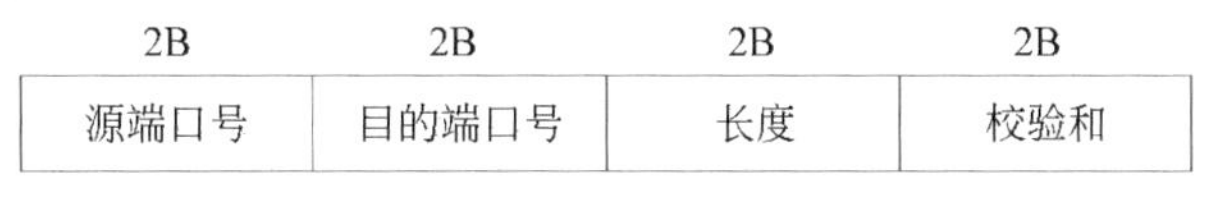

图6-4 UDP数据段首部

(1) **源端口号**：发送主机上发送进程的端口号，一般在需要对方回复时选用，在回复的数据段中该端口号被设为目的端口号。不需要回复时该端口号可为全0。

(2) **目的端口号**：接收主机接收进程的端口号，用于实现传输层的分用功能。当传输层UDP从网络层收到数据报时，根据目的端口号可以把数据递交给对应的应用进程，如果发现接收主机没有应用进程对应该目的端口号，则丢弃数据段，并通过互联网控制消息协议(ICMP)将该错误通过"端口不可达"的差错数据段告知发送方。

(3) **长度**：UDP数据段的总长度，其最小值是8字节(仅包含数据段头部时)。

(4) **校验和**：检验UDP数据段在传输过程中是否发生错误，如果检验出错误则丢弃，该字段实现了UDP的差错检验功能。该字段可以省略、不使用。

如图6-5所示，在计算校验和之前，要在UDP原来的头部前面增加12字节的伪头部，伪头部仅用于计算校验和，计算完成后就会被丢弃。图6-5为UDP伪头部的格式，其中第1个字段和第2个字段是源IP地址和目的IP地址，第3个字段是全0，第4字段是IP头部中的协议字段值，UDP对应的字段值是17，第5个字段是UDP数据段长度。

图6-5　UDP伪头部的格式

UDP的校验和与IP头部校验和计算方法不同，前者将头部和数据部分一起进行校验，其差错校验过程如下：发送方将检验和字段设为全0，再将伪头部和UDP数据段按16位(2字节)为一个单元进行分割，如果UDP数据段的数据部分不是偶数字节，则用1个全0字节进行填充(注意：此字节不发送出去)。然后按二进制反码计算出这些16位字的和，和的二进制反码则为计算后的校验和字段值，这样就形成了可发送的UDP数据段。

接收方收到UDP数据段后，将数据段、伪头部以及填充用的全0字节一起，也按16位一个单元用二进制反码求出这些16位字的和。如果结果为全1，则说明传输无差错，否则就说明出现了差错。对于有差错的数据段，接收方要么丢弃UDP数据段，要么在交付给应用层时告知该差错信息。

如图6-6所示，我们给出了一个计算UDP校验和的示例。在本例中，源IP地址是125.216.251.36，目的IP地址是119.75.217.109，假设用户数据报的长度是1，因此为了维持总数是偶数字节，需要再添加一个全0的字节。

注意，当进行加法计算时，如果最后一次加法有溢出，则还需要对其进行回卷，如图6-7所示，当相加后最高位有溢出时，则溢出的结果反馈到最低位，补加到最低位。

125.216.251.36		
119.75.217.109		
全0	17	9
1024		2048
9		全0
数据	全0	

12 5. 21 6 →0 1 111 101 110 110 00
2 5 1. 36 →11 111 011 001 0 01 00
1 1 9. 75 →01 110 111 010 0 10 11
21 7. 10 9→11 011 001 011 011 01
1 7 →00 000 000 000 1 00 01
9 →00 000 000 000 010 01
10 24 →00 000 100 000 000 00
20 48 →00 001 000 000 000 00
9 →00 000 000 000 010 01
数据 →01 010 101 010 101 01

二进制反码运算求和 =0 010 101 1 00 101 111
结果求反码得校验和 =1 101 010 0 11 010 000

图 6-6 UDP 校验和计算示例

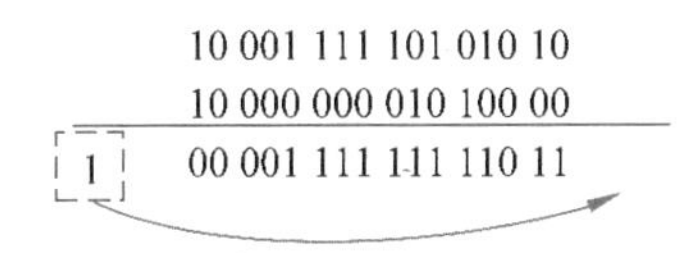

图 6-7 校验和加法溢出后的回卷示例

6.2.2 UDP 的典型应用

1. 远程过程调用

远程过程调用(Remote Procedure Call,RPC)目前已经成为许多网络应用的基础,其基本思想是允许本地程序调用远程主机上的过程,最早由 Birrell 和 Nelson 提出并发表了论文《远程过程调用的实现》(*Implementing Remote Procedure Calls*)。Birrell 和 Nelson 的想法为:当一台主机 A 上的过程调用另一台主机 B 上的过程时,主机 A 将调用信息以参数的形式传送给主机 B,然后该调用过程被挂起,开始执行主机 B 上被调用的过程,过程执行完之后的结果从主机 B 再反向传递给主机 A,这个过程调用看起来就像本地调用一样,对程序员而言是透明的,看不到数据传输过程,这种将经过网络传输的请求/应答过程变得像在本地机上的过程调用一样的技术,使得基于网络的应用更易于实现,因此也更容易被广泛使用。

在远程过程调用中,调用的过程称为客户,被调用的过程称为服务器。RPC 的最简单的实现方式是将客户程序绑定到一个称为**客户存根**(client stub)的库过程上,这个库过程代表了在客户空间中的服务器。同理,服务器也需要绑定到一个称为**服务器存根**(server stub)的库过程上,通过这种绑定关系,可以隐藏客户主机不在本地调用服务器的情况。

如图 6-8 所示,远程过程调用的执行步骤如下。

(1) 客户通过本地方式调用客户存根。

(2) 客户存根通过列集(marshalling)将参数封装到一个消息中,并由操作系统发送该消息。

(3) 操作系统将消息从客户主机发送到服务器主机。

(4) 服务器操作系统将接收到的数据段传递给服务器存根。

(5) 服务器存根将通过散集(unmarshaled)得到的参数调用服务器过程。

(6) 服务器过程执行后的结果按同样的路径传回给客户主机。

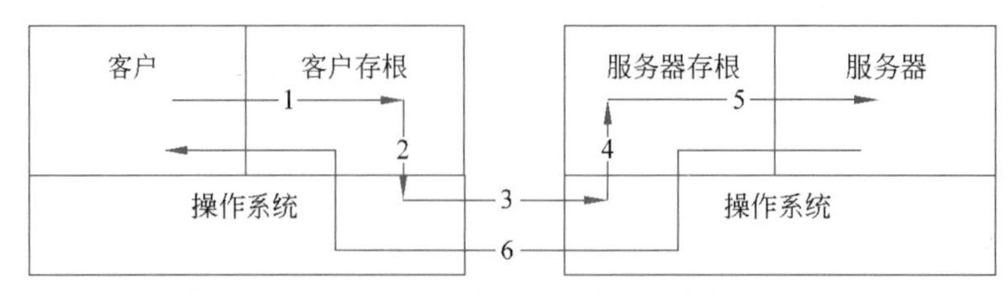

图 6-8　远程过程调用的执行步骤

用 UDP 可以很方便地实现 RPC，其中，请求和应答数据段可以封装为 UDP 数据段进行快速传递，但为了保证 RPC 的传输可靠性，还需要增加一些类似 TCP 中的相关机制。例如，客户端可以通过增加一个计时器判断一个数据段是否被服务器收到并能在预计的时间内返回结果，如果计时器超时，则客户端重新发送请求；通过在应答数据段中捎带确认告知客户主机数据接收情况；给请求和应答数据段增加序号，以便进行并发操作，解决多个同时发出去的请求数据段与相关的应答数据段之间的匹配对应问题，等等。相关的可靠传输机制参见 6.3.2 节。

2. 实时传输协议

UDP 另一个广泛应用的领域是实时的多媒体传输。随着基于互联网的网络电话、网络视频、网络游戏等多媒体应用的快速普及，传输这些多媒体数据的一种应用层实时传输协议（Real-time Transport Protocol，RTP）被人们广泛了解和使用。RTP 的基本功能是将几个实时数据流复用到一个 UDP 数据包流中。通过单播（发送给一台目的主机）或组播（发送给多台目的主机）的方式进行传输。RTP 在协议栈中的位置如图 6-9 所示。

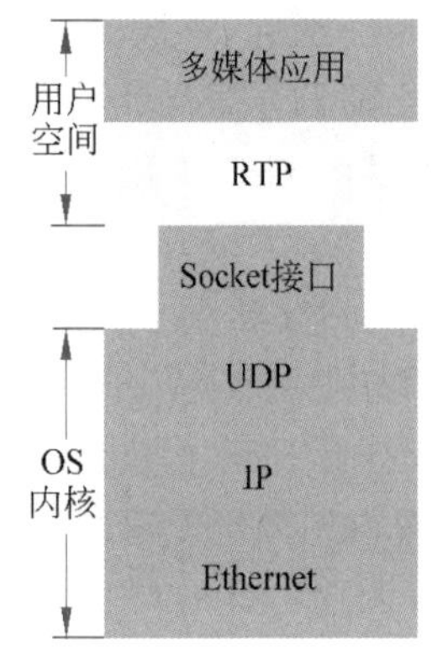

图 6-9　RTP 在协议栈中的位置

RTP 数据段包括头部和数据部分，其中数据部分则为各类多媒体应用数据。头部格式如图 6-10 所示，下面介绍一下 RTP 头部的几个主要字段。

V：版本字段，目前已经达到 2。

P：表示该数据包被填充到了 4 字节的倍数。

图 6-10　RTP 数据段头部格式

X：表示有一个扩展头，扩展头的格式和含义没有定义，唯一的要求是扩展头的第一个字给出了扩展头的长度，扩展头可以针对不可预见的需求发生改变。

CC：指明了后面共有多少个贡献源，可以从 0～15。

M：与应用相关的标记位，可以用于标记一个视频帧的开始、音频通道中一个字的开始，或者其他需要由应用解释的信息。

有效载荷类型：由于每个 RTP 的数据部分都可能包含多种采用不同编码方案的多媒体数据，为了能传输给不同的接收主机，RTP 定义了几种配置方案（如单音频流），而每种方案可以支持多种不同的编码格式。例如一个单音频流的编码方式可以包括使用增量编码以 8kHz 的 8 位 PCM 采样、预测编码、GSM 编码、MP3 编码等。通过 RTP 头部的有效载荷类型字段，可以允许源主机告知各个目的主机数据段数据部分的编码方式。

序号：RTP 流的每个数据包都有一个序号，而且按照数据包产生的顺序依次增大，序号用于接收方判断是否有数据包丢失。由于多媒体数据的时效性很强，因此，当接收方通过序号发现有数据包丢失时，一般不再要求重传可能过时的数据，而是交给多媒体应用程序通过所传输数据的特点去处理。例如，对于视频类数据，可能选择忽略丢失的视频帧，而对于音频数据，则可能利用插值法近似补充出丢失的音频数据帧等。

时间戳：该字段使得源端可以将流中的每个数据包都与第一个数据包关联起来，通过每个数据包的时间戳的差值确定它与整个流中起始包的相对位置，也方便接收方做一些缓冲工作，实现在整个流开始之后的正确毫秒时间点上播放每个样本，并且独立于每个样本所在数据包的到达时间，可以降低网络时延变化给多媒体播放带来的影响。同时，时间戳还能实现多个流之间的同步。假设一个数字电视节目有一个视频流和两个音频流，其中两个音频流中的声音有可能是电影节目中的原始声音声道和配音声道，每个声音流分别来自不同的物理设备，通过时间戳可以让两者同步播放起来。

同步源标识符：指明了该数据包属于哪一个流。该字段可以将多个数据流复用到一个 UDP 数据包流中，或者从一个 UDP 数据包流中分用出多个数据流。

贡献源标识符：可以有 0～15 个，每个 4 字节，标识此包中负载的所有贡献源。

6.3 TCP 概述

TCP 是在不可靠的互联网上提供可靠的端到端字节流传输的一个传输层协议，RFC 793、RFC 9293 等定义了其标准规范。TCP 也是当今因特网最重要的协议之一，先简单了解一下它的特点。

(1) **面向连接**。通信双方在利用 TCP 传输数据之前，需要先建立连接，数据传输完毕后，需要释放连接。而这种“连接”，既不是一条具体的物理链路，也不是一条虚电路，其连接状态不保留在传输过程所经过的网络中间节点如路由器和链路层交换机中，而仅保留在两个端系统的 TCP 实体中，因此，也称 TCP 为“面向连接”的可靠传输协议。

(2) **面向字节流的可靠传输**。TCP 建立连接后，通过一系列机制提供无差错、无丢失、有序的可靠数据传输服务。其中有一个重要概念就是“字节流”，其含义是：TCP 把应用程序交付的数据看成一个字节流，并按字节编号。每次传输时，TCP 发送方根据接收方缓冲区大小、网络拥塞情况等因素确定每个数据段数据部分的字节流大小，因此 TCP 发送的数据块大小与应用程序递交给它的数据块大小并不一定完全一致，但发送和接收的字节流顺序是一致的，从而保证接收方的应用程序能按原来的顺序收到数据。

(3) 端到端的全双工通信。由于 TCP 建立的是端到端的连接，而且两点之间在任意时刻都可以双向发送数据，因此提供的是单播方式的全双工通信。

6.3.1　TCP 数据段格式

TCP 数据段与 UDP 一样，也分为头部和数据部分。TCP 数据段头部包括 20 字节的固定头部和 $4n(0\leqslant n\leqslant 10)$ 字节的可选头部，其格式如图 6-11 所示。

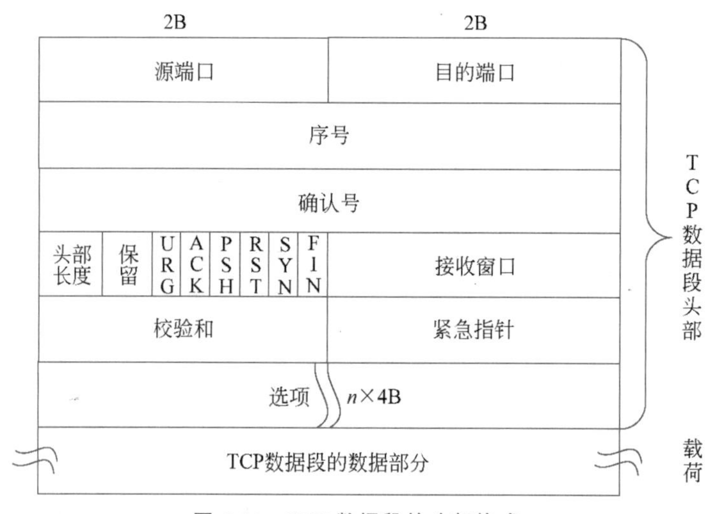

图 6-11　TCP 数据段的头部格式

固定头部中各字段的含义如下。

(1) 源端口和目的端口(各为 2 字节)：同 UDP 的端口号意义相同，分别为发送进程的端口号和接收进程的端口号，端口号用于实现 TCP 的分用功能。

(2) 序号(4 字节)：每个 TCP 数据段都有一个序号值用于标识该数据段。前面介绍过 TCP 是面向字节流的，数据部分的每个字节都按序编号，每个 TCP 数据段的序号为数据部分第一个字节的序号。由于序号字段长为 32 位，可对 4GB 的数据字节逐一编号，因此一般情况下能保证在一次 TCP 连接中发出去的数据字节不出现重号。

(3) 确认号(4 字节)：是接收方对已经按序收到的数据字节的确认。为了方便，该确认号的值设为已按序正确收到的最后一个字节的序号+1，即接收方所期待的下一个数据段的序号。同时，TCP 采用累积确认方式，如果确认号为 N，则表示序号为 $N-1$ 以及之前的所有数据都已正确收到。

(4) 头部长度(4 位)：指 TCP 数据段的首部长度(注意是以 4 字节为单位)。由于 4 位二进制数能够表示的最大十进制数字是 15，因此 TCP 数据段头部的最大值是 60 字节，除去 20 字节的固定头部，可选头部的长度不能超过 40 字节。

(5) 保留(6位)：保留为今后使用,目前仍然没有使用,值为6个0。

接下来的(6)～(11)是6个位控制字段。

(6) 紧急 **URG** 位：该位的值为1时,头部的"紧急指针"字段有效,说明此数据段中有紧急数据,应尽快往上递交给应用层。这个字段与头部的"紧急指针(urgent pointer)"字段配合使用,可以让需要立即处理的数据或命令以最高的优先级提交给应用程序处理。

(7) 确认 **ACK** 位：该位的值为1时,头部的"确认号"字段才有效。在建立TCP连接后,所有的数据段中ACK位都需要设置为1。

(8) 推送 **PSH** 位：该位用于两个应用进程进行交互式通信,一方希望所输入的命令能立即被对方响应时,可以把PSH位的值设置为1,接收方收到该PSH值为1的数据段后,会尽快将其交付给应用进程,而无须等待。

(9) 复位 **RST** 位：该位的值设置为1时,表示TCP连接出现错误需要重置(释放之前的连接并重新建立连接),另外还可用于拒绝一个非法数据段或连接。

(10) 同步 **SYN** 位：该位用于建立连接时的连接请求和连接接收。当需要建立连接时,请求方的数据段头部中SYN值设置为1,应答方确认建立连接时则在响应数据段中设置SYN为1。

(11) 终止 **FIN** 位：该位用于释放一个连接。当某方数据传输完毕想结束连接时,则将数据段头部的FIN设置为1,表明请求关闭连接。

(12) 接收窗口(2字节)：该字段值用于流量控制,由于接收方的数据缓存空间有限,当需要时,接收方填入该字段值,告知发送方下一次可以传输的最大数据量(也就是发送窗口的最大值),当然,接收窗口值会根据接收方缓冲区大小的变化而动态变化。

(13) 校验和(2字节)：该字段校验的范围包括头部和数据两部分。和UDP一样,发送方需要在TCP数据段前面先加上12字节的伪头部再计算校验和,其格式与UDP数据段的伪头部一样,只是协议号字段值为6(TCP的协议编号)。接收方收到数据段后也需要加上同样的伪头部进行校验。

(14) 紧急指针(2字节)：与(6) 紧急URG位配合使用,当URG位的值为1时,紧急指针才有意义,它指出数据段中紧急数据在数据段中的截止位置(其后就是普通数据)。当所有紧急数据都处理完时,TCP会告知应用程序恢复正常(注意：即使接收窗口值为零,也可发送紧急数据)。

(15) 选项：头部的可选内容,最长为40字节。可选头部包括：最大段长度(Maximum Segment Size,MSS)选项(注意：MSS是指除去TCP头部以外的数据部分最大长度)、窗口扩大选项(见RFC 7323)、时间戳选项,以及选择确认选项(见RFC 2018)等。当没有可选项时,TCP的头部则只有20字节的固定头部。

MSS是用来干什么的呢？我们知道,TCP数据段是被封装到IP分组里然后在网络上进行传输的,TCP和IP的头部分别至少有20字节(不考虑可选项部分),如果数据部分MSS比较小,那么相比至少40字节的头部,整个IP分组的有效载荷就比较少,从而降低了网络的利用率,因此,MSS应尽可能大些。但同时,由于物理链路对传输的帧长度有限制,而且不同的链路所支持的帧长度是不同的,因此MSS的值也不能设置得太大,太大的话,一方面没法通过只支持较小帧长度的链路,另一方面还需要由网络层进行分片，所以选择合适的 MSS 值是比较重要但又较为困难的。目前互联网上的主机都能接收的 TCP 数据段长度是 556 字节（含 20 字节的固定头部），也就是 MSS 为 536 字节。MSS 与 MTU 的关系如图 6-12 所示。

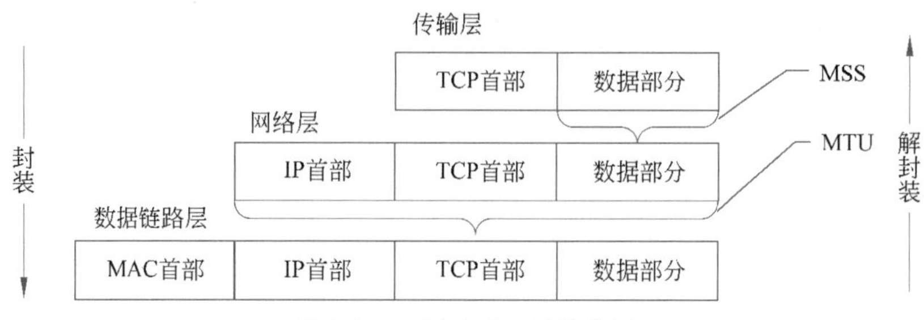

图 6-12　MSS 与 MTU 的关系

窗口扩大选项（3 字节）：该字段用于需要通过扩大发送窗口提高网络传输效率的情况，随着带宽的增加，原本 16 位的窗口长度（代表发送窗口最大为 64KB）可能需要增加。该选项其中有 1 字节表示移位值 S，表示新窗口值为 TCP 头部窗口值，即由之前的 16 可以增大到（16+S），由于 S 的最大值为 14，则 TCP 发送窗口的最大值为 $2^{16+14}-1$，也就是 $2^{30}-1$ 字节。

时间戳选项（10 字节）：该选项最主要的用途是计算往返时间（RTT）。发送方在发送数据段头部写入当前时间到时间戳字段（4 字节），接收方收到后，在对应的确认数据段中把时间戳字段值复制到时间戳回送应答字段（4 字节）发回给发送方，发送方因此可以算出 RTT。另外，该字段还可以用于处理在高速网络传输时，一次 TCP 连接所需要传输的数据长度超过 2^{32} 的情况。之前我们了解过，TCP 数据段按数据字节编号，而且头部的序号长度为 32，例如当网络带宽达到 2.5Gb/s 时，2^{32} 字节的数据量在 15s 之内就会传输完，后面的数据段的序号就会重复，为了让接收方能识别出带有重复序号的数据段是属于新的数据段的还是晚到了的前一批数据段，则可以通过在数据段中加上时间戳的方式进行区分。

选择确认选项：该选项是对头部中“确认号”的补充，接收方可以告知发送方已经接收到数据段的序号范围。可用于一个数据段已丢失但后续收到其他数据段（有可能重复）的情况下，使发送方了解接收端已收到什么数据段，从而决定如何重传。

6.3.2　TCP 可靠数据传输机制

通过前面的章节我们已经了解到 IP 提供的是尽力而为的传输服务，也就是不可靠的传输服务。为了实现可靠传输，需要解决很多问题，例如传输过程中的数据错误、丢失、重复以及达到次序混乱等。

TCP 通过一系列机制在不可靠的、尽力而为的网络层 IP 服务上提供一种可靠的数据传输服务，除了与 UDP 相同的校验机制外，还增加了序号、确认和重传等机制，以确保接收方收到的数据与发送方发出的数据一致、完整以及次序相同。下面逐一了解一下这些机制。

1. 序号机制

我们已经知道 TCP 是对数据按字节编号，并以字节流的方式进行传输的，每个数据段头部的序号字段值是数据部分第一个字节的编号，加上该数据段数据部分的字节数,与后续数据段的序号一致。通过这样的序号机制,既能标识出不同的数据段,也能使接收方根据序号字段判断所接收数据段的次序,以便最后能按照数据原始的发送顺序按序递交给应用层。例如:如果一个数据段的序号值为101,数据部分的长度为100字节,则接下来的数据段的序号为201。

2. 确认机制

TCP头部的确认号是接收方告知发送方所期望收到的下一个按序数据段的序号。由于TCP采用的是累积确认,所以确认号也是对接收方已按序接收的数据的确认。如果发送方连续发送多个数据段后,中间有某个数据段丢失了,则对于后续到达的非按序数据段,接收方返回的确认号仍然是所期待的下一个按序数据段的序号。例如,假设发送方连续发送了A、B、C、D四个数据段,其中A的序号为0,四个数据段都包含100字节,则B、C、D的序号分别为100、200和300。假设数据段A、C、D都顺利到达接收方,而B在传输过程中丢失了,则接收方的TCP在收到A时,返回的确认号为B的序号100,表明期待收到的下一个数据段是B,而当接收方TCP陆续收到不是所期待序号的数据段C和D后,虽然可以将C和D缓存下来,但返回的确认号仍是序号100,表明期待收到的仍是按序数据段B。

3. 重传机制

对于传输过程中丢失的数据段,由于发送方会缓存已经发送但还没有收到确认的数据段,因此可以进行重传。有两个事件可以触发TCP进行数据重传:计时器超时和收到三次重复确认。

(1) 计时器超时。TCP中增加计时器机制是为了避免当接收方发回的确认数据段在传输过程中丢失后,发送方一直处于等待状态。因此在发送方发送数据段的同时启动一个计时器,该计时器的超时时间设为预估的数据段的往返时间(Round-Trip Time,RTT),当计时器超时而发送方还没有收到确认时,可以启动重传。另外,对于计时器的超时时间RTT值的设置,见6.5节关于计时器的介绍。

(2) 收到三次重复确认。通过计时器超时而触发的重传在网络状况比较好的情况下,影响了网络传输效率。因为当网络状况比较好时,发送方连续发送多个数据段后,如果其中的某个数据段丢失了,而其后面的数据段都顺利到达接收方,接收方对于收到的比所期待数据段序号大的无序数据段,都会重复发送一个确认号(也就是丢失的那个数据段的序号),表明期待的下一个数据段是按序接收条件下的丢失的那个数据段,当发送方收到三次重复确认时,就知道该确认号所指向的数据段丢失了,可以尽快启动重传,而无须等待该丢失数据段对应的计时器超时,这种机制也称为快速重传。

如图6-13所示,我们给出了三次重复确认和超时重传的比较,假设每个数据段包含100字节,起始序号seq=0,客户机A依次向服务器B发送数据段,但序号为100的数据段在传输过程中丢失了,服务器B在收到比预期数据段序号(seq=100)大的数据段后重复发送一个确认号(ack=100),使用三次重复确认可以使客户机A更早地重传丢失的数据段,而超时重传则需要等到计时器超时才会重传丢失了的序号为100的数据段。

6.3.3 TCP基于滑动窗口的流量控制

要保证数据的可靠传输,除了增加以上的可靠传输机制,还需要对发送方和接收

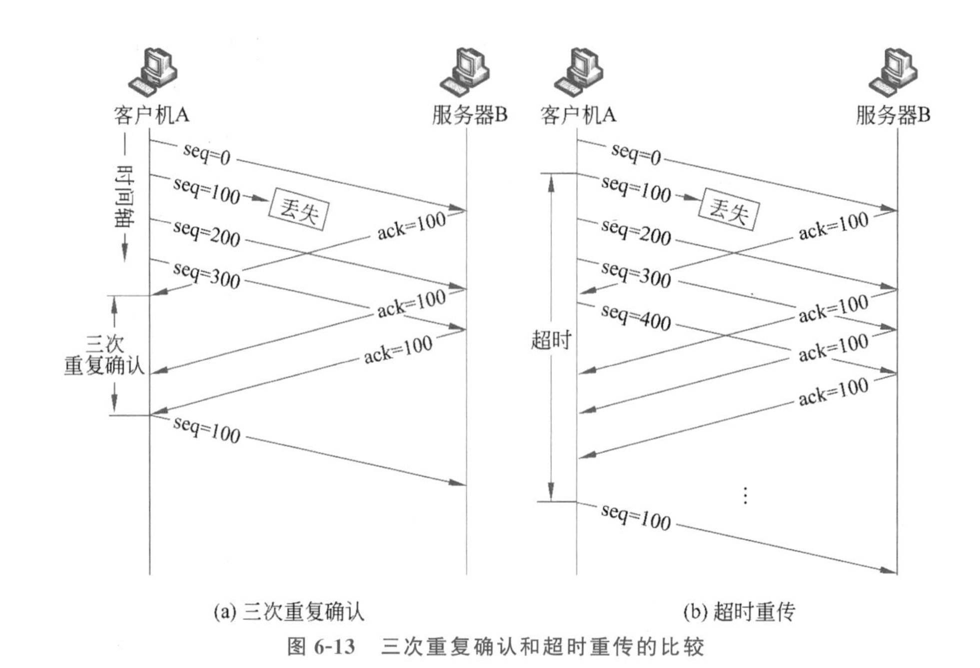

(a) 三次重复确认　　　　(b) 超时重传

图 6-13　三次重复确认和超时重传的比较

方的数据传送和接收速率进行同步，否则会出现接收方不能及时接收和处理数据而导致数据的溢出和丢失的问题。**TCP 提供一种基于滑动窗口的流量控制机制避免发送方速率与接收方应用程序的读取速率不匹配而使得缓存溢出的问题。**

TCP 是全双工通信，在发送方和接收方两端都各自有两个缓冲区用于发送和接收数据，同时也各自维护一个发送窗口和接收窗口。为便于讨论，下面仅讨论单工通信时的流量控制，假设通信双方为 A 和 B(A 为发送方、B 为接收方)，数据是由 A 流向 B，而 B 仅返回确认给 A。全双工通信时反向也有类似机制。

在介绍 TCP 头部时我们已经了解到，接收方可通过在确认数据段中头部的接收窗口(rwnd)字段设置 rwnd 值告知发送方自己当前的接收容量，从而使发送方根据最新收到的 rwnd 值调整自己的发送窗口大小，以将未确认的数据量控制在 rwnd 值之内，使得 B 的接收缓存区不会出现数据溢出的问题。发送方这种动态调整发送窗口的机制也称为滑动窗口机制，下面通过一个示例进行说明。

假设发送主机 A 与接收主机 B 进行通信，在连接建立时，B 告知 A：它的 rwnd 值为 500 字节(TCP 数据段的数据部分按字节编号)，因此 A 的发送窗口不能超过这个值。再假设初始数据段的序号从 1 开始，且每个数据段的数据部分为 100 字节，图 6-14显示了通信过程中 A 发送的数据段的序号以及 B 的确认号和 rwnd 值变化情况。

如图 6-14 所示，A 根据 B 的确认数据段中的 rwnd 值进行了三次流量控制。第一次主机 B 实际接收到前 3 个数据段，而 seq=301 的数据段丢失了，主机 B 只确认 301 之前的数据段，并把窗口减小到 rwnd=200。主机 A 收到该确认数据段后继续发送 seq=401 并重传 seq=301 的数据段，此时已经发送的数据段长度达到 rwnd=200 的上限，主机 A 将不再发送数据。第二次主机 B 确认 501 之前的数据段已经接收，并维持 rwnd=200，主机 A 接收确认数据段后继续发送 seq=501 和 seq=601 的数据段。第三次主机 B 确认 701 之前的数据段都已经接收，并将窗口减小到 rwnd=0，即不允许发送方再发送数据了。

那什么时候可以让 A 恢复向 B 的数据发送呢？当 A 收到 B 的 0 窗口通知时，会启动一个计时器，到期时可以发送一个主动探测数据段给 B，如果 B 的回复仍然是 rwnd 值为 0，则重置该计时器。如果 B 的应用程序提取了缓冲区的数据，B 的接收容量从 0 变为其他值了，则 B 也可以通过在给对方发送的数据段中的捎带确认，将新的 rwnd 值告知 A，结束 A 的暂停发送状态。

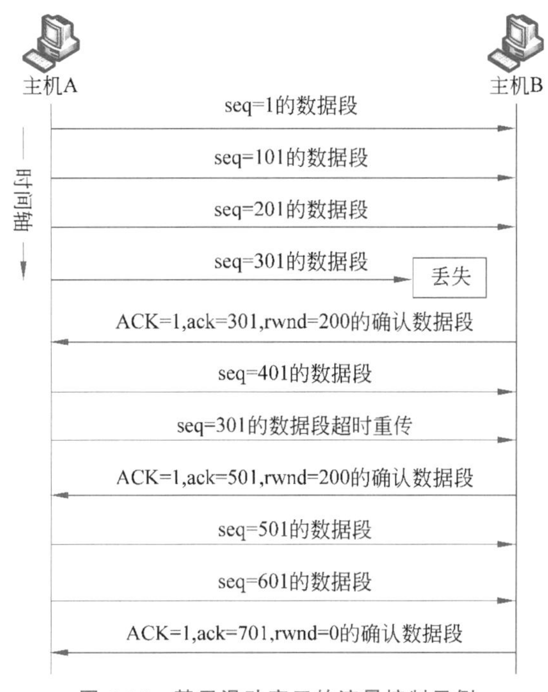

图 6-14 基于滑动窗口的流量控制示例

糊涂窗口综合征(silly window syndrome)又称傻瓜窗口综合征，是指 TCP 流量控制实现不良导致网络利用率低下的计算机网络问题。在发送程序缓慢地生产数据，接收程序缓慢地消耗数据，或者两者同时存在时发生。极端情况下每个数据段都只有 1 字节有效数据，而 TCP 头部至少 20 字节，额外开销达到 20 倍。可以根据糊涂窗口综合征产生的原因在发送端和接收端分别采用 Nagle 算法和 Clark 算法解决。

Nagle 算法允许发送程序执行写调用，先收集发送方程序向网络写入的数据，这部分数据不直接通过 TCP 连接传输，而是将若干小数据累积到一个大数据段中或者收到接收方的确认数据段才发送。

Clark 算法只要收到数据段就发送确认，但在接收缓存拥有足够的缓存空间放下一个较大的数据段之前，或者至少有一半的缓存空间空闲之前，一直都宣布窗口大小为零，在此期间持续等待接收端应用程序处理缓存数据。

6.4 TCP 连接管理

TCP 是一种面向连接的协议，所以连接的建立和释放是每次 TCP 在传输数据之前不可缺少的过程。

6.4.1 TCP 的连接建立

TCP 建立连接采用客户/服务器模式，发起连接请求的称为客户进程，被请求建立连接的称为服务器进程。TCP 建立连接的过程称为“三次握手”(three way handshake)，更准确地说，是“三次数据段交换”，TCP 连接建立时的三次数据段交换过程如图 6-15 所示。

图 6-15 基于“三次握手”的 TCP 连接建立过程

在 TCP 建立连接前，需要先启动服务器进程，使其处于侦听(listen)状态，等待客户进程的连接请求。

第一次“握手”：TCP 的客户进程先向 TCP 服务器进程发送连接请求数据段，该数据段头部的 SYN 位的值设为 1，并且初始化一个数据段的序号 seq 值(假设为 x)，该数据段不包含数据，但占 1 字节。

第二次“握手”：TCP 服务器进程收到连接请求数据段后，如果接收请求，则向客户进程发回一个确认数据段(初始序号 seq 假设为 y)，该数据段头部的 SYN 位和 ACK 位的值都设为 1，确认号 ack 为 $x+1$，确认数据段也不包含数据，但同样占 1 字节。服务进程还要为这次 TCP 连接分配缓存和变量。

第三次“握手”：当 TCP 客户进程收到服务器发过来的确认数据段后，要向服务器再发回一个确认数据段，表示对刚才所收到的服务进程的确认数据段的确认。这个确认数据段的序号 seq 为 $x+1$，ACK 位为 1，确认号 ack 为 $y+1$，该数据段可以包含数据，如果不包含数据，则数据部分长度为零。同时，客户端也为此次 TCP 连接分配缓存和变量。

通过上述三次“握手”(数据段交换)便建立了 TCP 连接，接下来就可以进行数据传输了。可能有人会问，为什么需要三次“握手”而不是两次？也就是为什么 A 还需要对 B 发过来的确认进行再次确认？这是由于信道有丢失数据的可能，三次握手的过程可以实现双向的连接确认。

值得注意的是，在上述三次握手过程中，TCP 服务器进程对来自客户进程的连接请求数据段进行确认(第二次“握手”阶段)后，就会为此次连接分配相应的资源，而客户进程则是在完成对来自服务进程的确认进行再次确认(第三次“握手”阶段)后才为该连接分配资源的，这就使得服务器易于遇到“SYN 洪泛攻击”的问题：恶意用户以客户方式给服务器发送大量的连接请求数据段，使服务器为这些连接分配大量的资源,但客户又不完成后续的连接建立,由此导致服务器因资源全部占用而宕机。"SYN 洪泛攻击"曾在 20 世纪 90 年代多次爆发而造成许多 Web 服务器瘫痪。

一种可以防御这种攻击的方法称为"SYN 小甜饼"(SYN Cookie),其工作过程为:当服务器收到一个 SYN 数据段时,它无法判断发出该请求的客户是否为恶意用户,因此不会立即为该数据段生成一个连接,而是先将请求数据段的源 IP 和目的 IP 地址、端口号以及一个秘密数等通过一个散列函数生成一个初始 TCP 序列号(被称为 Cookie)发回给客户机,对于一个合法的客户,它返回的确认数据段头部的确认字段 ack 的值为所收到的来自服务器的数据段中初始 TCP 序列号(也就是 Cookie 值)加 1。因此,服务器将该确认数据段的源 IP 和目的 IP 地址、端口号(它们与客户发送的第一个请求数据段头部中的相同)以及秘密数采用同样的散列函数进行计算后得到的结果加 1,如果与客户发回确认数据段中确认号的 ack 的值相同,则认为该确认对应之前的请求数据段,因此可以确定该客户是合法的,接下来才完成连接的建立,否则,服务器不会为该连接分配资源。

6.4.2 TCP 的连接释放

TCP 的连接释放有两种方式:对称释放和非对称释放。其中,对称释放是指 TCP 通信的双方都独立完成连接释放的请求并收到对方的确认,也就是完成双向连接的释放;而非对称释放则只要一方完成连接释放的请求并收到确认即可,也就是完成一个单向连接的释放和确认。

先来看看非对称连接释放过程,它有点像我们日常生活中电话系统的工作方式:当一方想结束通话而挂掉电话机以后,整个连接就被中断了。这种方式对于全双工通信模式下的 TCP 来说不能采用,因为容易导致数据丢失。如图 6-16 所示,假设客户机 A 与服务器 B 之间建立了连接并开始传输数据,连接被建立之后,客户机 A 发送 DATA1,它正确地到达了服务器 B;然后 A 发送 DATA2,不幸的是,B 在 DATA2 到达之前就发出了释放连接的请求(Disconnect Request,DR),B 将清除相关的缓存数据并关闭连接,当等到 DATA2 到达时,服务器 B 已经无法接收 DATA2 及其后续数据(假如存在),导致数据丢失。

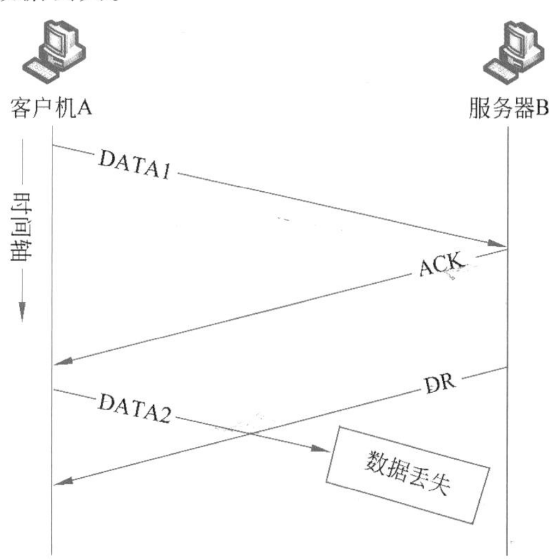

图 6-16 非对称连接释放导致数据丢失的示例

如图 6-17 所示，TCP 采用的是对称连接释放，即双向通信中每个方向的连接都被独立释放后，整个连接才算释放，TCP 的连接释放过程通常称为四次握手。数据传输结束后，通信的双方都可以释放连接。假设客户机 A 和服务器 B 之间建立了 TCP 连接并完成了数据传输，当双方需要结束连接时，需要完成每个方向的连接释放。

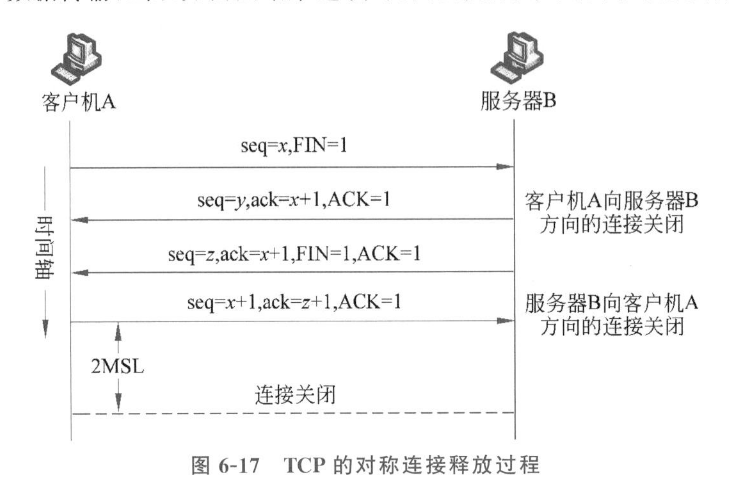

图 6-17 TCP 的对称连接释放过程

(1) 客户机 A 向服务器 B 方向的连接关闭，假设该数据段序号 seq 为 x，当客户机 A 没有新的数据请求时，向服务器 B 发送连接关闭请求数据段，数据段头部的 FIN 位的值设为 1，数据部分需要占用 1 字节。这时，A 的 TCP 客户端进入终止连接的等待状态。

服务器 B 收到客户机 A 发过来的连接释放请求数据段后，发回确认数据段，假设该确认数据段头部的序号 seq 为 y，确认位 ACK 的值设为 1，确认号 ack 为 $x+1$。然后，B 进入连接关闭等待状态，这时，从 A 到 B 这个方向的连接就关闭了，TCP 连接处于半关闭状态。但 B 往 A 的方向仍然可以传输数据，因为这个方向的连接并未释放。

(2) 服务器 B 向客户机 A 方向的连接关闭。接下来，当服务器 B 也完成了对客户机 A 请求的所有数据的传输后，它也向客户机 A 发送连接关闭请求数据段，该数据段序号头部的 seq 为 z(不排除在发送完刚才的连接关闭确认数据段后，因为 B 向 A 方向的连接没有关闭，服务器 B 又发送了一些数据给 A，所以不一定为 $y+1$)，数据段 FIN 位的值设为 1，确认位 ACK 的值设为 1，确认号 ack 的值为 $x+1$(因为 A 向 B 发送连接关闭请求数据段后，就不再发送其他数据段给 B 了)，数据段的数据部分需要占用 1 字节。这时，服务器 B 进入最后确认状态。

客户机 A 收到服务器 B 发过来的连接释放请求数据段后，也需要发回确认数据段，该确认数据段头部的序号 seq 为 $x+1$，确认位 ACK 的值设为 1，确认号 ack 的值为 $z+1$。此时，B 向 A 方向的 TCP 连接还未释放，需要等待 2 倍的最长段寿命(Maximum Segment Lifetime，MSL)，一般为 2min(参看 RFC 793) 后才完成 B 向 A 的连接关闭。

6.4.3 TCP 连接管理状态机

如图 6-18 所示，我们用有限状态机给出了 TCP 的连接管理过程，图中每个椭圆都表示了 TCP 具有的各种状态，其名称描述如表 6-2 所示。状态之间的带箭头的连线表示发生的状态转换，上方的文字表明引起状态转换的条件及转换后出现的动作，其中出现在“:”之前的代表接收到的内容,之后的为发送的内容,“ * ”代表空。图中有三种不同的带箭头连线,其中粗虚线箭头表示对客户进程的正常变迁。粗实线箭头表示对服务器进程的正常变迁。细线箭头表示异常变迁。

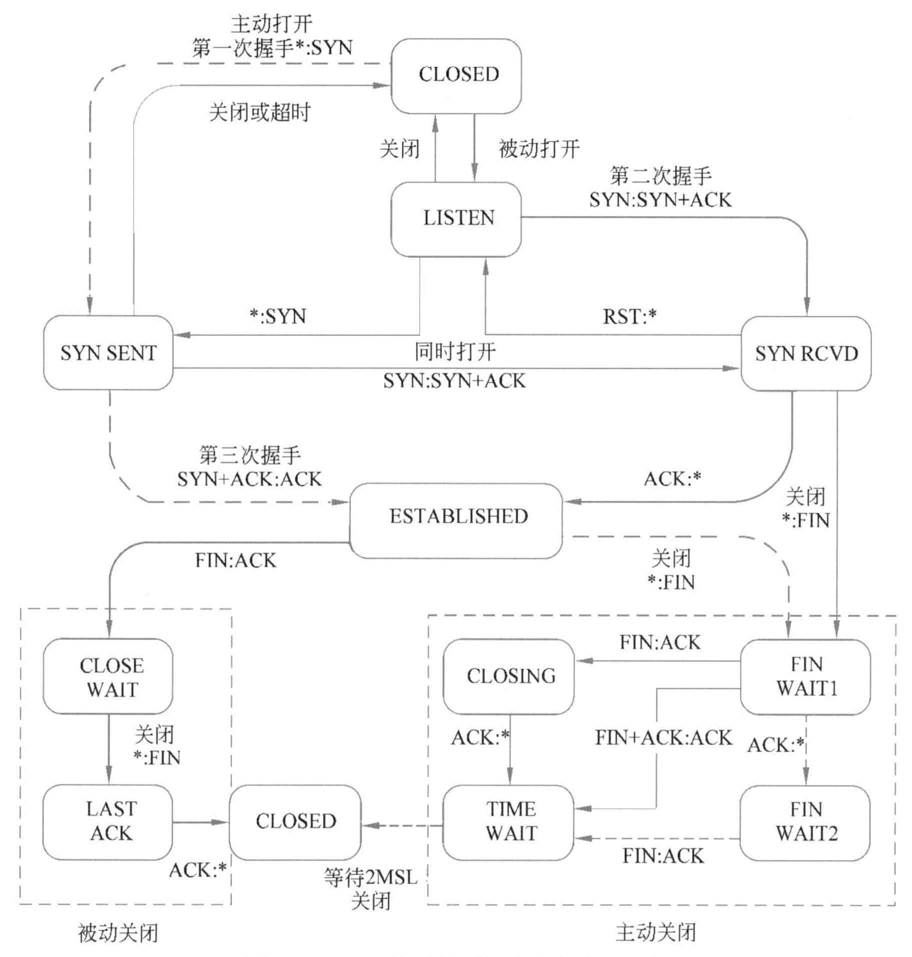

图 6-18 TCP 连接管理的有限状态机表示

表 6-2 TCP 连接管理有限状态机使用的状态

状 态	描 述
CLOSED	没有活跃的连接或者挂起
LISTEN	服务器等待入境呼叫
SYN RCVD	到达一个连接请求,等待 ACK
SYN SENT	应用已经启动了,打开一个连接
ESTABLISHED	正常的数据传输状态
FIN WAIT1	应用没有数据要发了
FIN WAIT2	另一端同意释放连接
TIME WAIT	等待所有数据包寿终正寝
CLOSING	两端同时试图关闭连接
CLOSE WAIT	另一端已经发送关闭连接
LAST ACK	等待所有数据包寿终正寝

首先沿着客户路径(粗虚线)来看连接管理的情况。当客户端上的一个应用程序发出主动打开请求后，本地 TCP 实体创建一条连接记录，并将它标记为 SYN SENT 状态，然后发送一个 SYN 段。请注意，在一台机器上可能同时有多个连接处于打开(或正在被打开)状态，它们可能代表了多个应用程序，所以，状态是针对每个连接的，并且每个连接的状态都被记录在相应的连接记录中。当 SYN＋ACK 达到时，TCP 发出三次握手过程中的最后一个 ACK 段，然后切换到 ESTABLISHED 状态。现在可以发送和接收数据了。

当一个应用进程结束，连接需要释放时，它发出关闭请求，从而使本地的 TCP 实体发送一个 FIN 段，并等待对应的 ACK。当 ACK 到达时，状态迁移到 FIN WAIT2 状态，而且连接的一个方向关闭。当另一个方向也关闭时，会到达一个 FIN 段，然后它被确认。现在，双方都已经关闭了连接，但是，TCP 要等待 2MSL，确保该连接上的所有数据包都已经寿终正寝，以防发生发送确认丢失的情形。当计时器超时后，TCP 删除该连接记录。

现在沿着服务器路径(粗实线)来看连接管理的情况。服务器执行被动打开操作，进入 LISTEN 状态，并且等待一个 SYN，当收到 SYN 时，服务器就确认该数据段并且进入 SYN RCVD 状态。当服务器本身的 SYN 被确认后，就标志着三次握手过程的结束，服务器进入 ESTABLISHED 状态。从现在开始双方可以传输数据了。

当客户完成了自己的数据传输后，它就执行主动关闭操作，从而导致 TCP 实体发送一个 FIN 到服务器。然后，服务器接到信号并确认该信号，进入 CLOSE WAIT 状态。当服务器也无数据传输需要关闭时，TCP 实体给客户发送一个 FIN 数据段。当来自客户的该数据段的确认返回后，服务器释放连接，并且删除相应的连接记录。

6.5　TCP 计时器管理

由于 TCP 下面的 IP 网络提供的是不可靠的数据传输服务，在中间节点会有数据丢失的现象，因此，为保证 TCP 的可靠性，在很多环节都需要用计时器跟踪数据发送情况，及时解决无限等待和死锁的问题，表 6-3 列举了 TCP 中使用的几种计时器。

表 6-3　TCP 中使用的几种计时器

名　称	功　能
重传计时器	对数据段发过去和确认回来所需要的往返时间进行预估，设置数据段重传超时时间
持续计时器	每隔一定时间向对方发送探测数据段，避免发送方和接收方都会处于等待对方下一步操作的过程而陷入死锁
保活计时器	防止两个 TCP 之间的长期空闲连接，定时发送探测数据段
时间等待计时器	当连接被关闭后启动，等待足以确保连接上创建和传输的所有数据段都传输完毕或消失的时间

1. 重传计时器

TCP 通过一个重传计时器跟踪发送窗口中已经发送出去但还没有收到确认数据段的数据段，在计时器超时之前，如果收到了对方发回的关于这个数据段的确认数据段，则停止该计时器，如果计时器超时还没有收到对方发回的确认数据段，则发送方

TCP 重传该数据段,并且重新启动这个计时器。

我们知道,重传计时器是对数据段发过去和确认回来所需要的**往返时间**(RTT)的预估,如果设置的时间过长,则会在数据段丢失后没有及时启动重传而加大了数据段传输的时延,如果设置的时间过短,也会出现在数据段或确认数据段并没有丢失的情况下启动不必要的重传。为更合理地计算 RTT,TCP 的重传计时器的超时间隔采用的是一个称为指数加权移动平均(Exponential Weighted Moving Average,EWMA)的动态算法(见 RFC 793),该算法根据对网络性能的连续采样情况调整超时间隔,其原理如下。

设置一个变量——**平滑往返时间**(Smoothed Round-Trip Time,SRTT),它代表数据段往返时间的当前最佳估计值,它的值根据以下公式计算:

$$\mathrm{SRTT}=(1-\alpha)\mathrm{SRTT}+\alpha R$$

其中,R 是往返时延的最新采样值;α 是一个平滑因子,它确定当前采样值在新的 SRTT 值中所占的比重,一般情况下 $\alpha=1/8$。可以看出,由 SRTT 体现的往返时延,既能反映过去一段时间内网络的平均性能情况,又能体现网络当前的实际状况,而且随着时间的推移,当前网络状况所占的比重会越来越大,能使计算出的往返时延更真实地贴近网络的实际状况。

后来研究者们在对 TCP 的 RTT 时延进行计算和应用的过程中发现,当网络性能在较短时间内变化较大,网络时延波形的起伏比较大时,上述计算公式不能很好地做出反应。因此,Jacobson 提出了在超时间隔中增加平滑往返时延和当前往返时延差值计算,以更好地弥补网络性能波动较大时带来的时延误差(见 RFC 6298),往返时延差值 RTTVAR 的计算公式如下:

$$\mathrm{RTTVAR}=(1-\beta)\mathrm{RTTVAR}+\beta\mid \mathrm{SRTT}-R\mid$$

其中,β 也为一个平滑因子,典型的取值为 1/4。

因此,TCP 的重传超时将上述两个时间相加:

$$\mathrm{RTT}=\mathrm{SRTT}+4\mathrm{RTTVAR}$$

另外,在对往返时间 RTT 进行采样的过程中遇到了另一个问题,当发送方重发了一个超时的数据段后,如果收到一个对应序号的确认数据段,它如何判断该确认数据段是对之前那个超时数据段的还是后来重发的数据段的呢?这个问题的判断结果将影响 RTT 值的更新。Karn 在论文《改进可靠传输协议中的往返时间估计》(*Improving round-trip time estimates in reliable transport protocols*)提出了一种解决这个问题的方法:对于重传的数据段,其往返时延 R 将不被用于 RTT 的更新,并且数据段每重传一次,就将重传时间增大一倍,直到不再发生重传事件,才更新 RTT 值。

2. 持续计时器(persistence timer)

之前在介绍 TCP 流量控制时提到过,当接收方的接收缓冲区大小为 0 时,它会通过将发给对方的确认数据段头部的接收窗口值设为 0,告知发送方暂停发送数据,直到接收方发送一个确认数据段声明接收窗口不再为 0 时才解锁暂停状态。但如果这个确认数据段丢失了,则发送方的锁定状态无法解除,发送方和接收方都会等待对方下一步操作而陷入死锁。

为了避免这个情况,TCP 为每个连接都使用了持续计时器:当发送方收到一个确认数据段，其头部的 rwnd 值为 0 时，则开启持续计时器。当该计时器超时时，发送方会主动发送一个探测数据段触发接收方重新发一个确认数据段，并同时启动一个持续计时器。该探测数据段只包含 1 字节的新数据，它虽然有一个序号，但该序号不被接收方考虑，也就是后续的数据段计算序号时可以忽略该探测数据段的序号。

如果发送方没有收到对方关于探测数据段的回应，则会继续发送下一个探测数据段，并且启动持续计时器，计时器的超时间隔会被加倍，这个过程会在没有收到回应时持续下去，持续计时器的超时间隔达到阈值（通常为 60s）后，发送方每 60s 会发送一个探测数据段，直到接收方发回一个 rwnd 值不为 0 的响应数据段。

3. 保活计时器（keepalive timer）

保活计时器被用于防止两个 TCP 之间的长期空闲连接。例如，在 TCP 的连接释放阶段，为了防止在客户机和服务器之间建立连接后，客户机突然出现故障、服务器不再收到客户机发过来的数据段，但又不知道发生了什么情况而处于一直等待的状态，TCP 通过设置保活计时器防止服务器的长时间空闲状态。

此时，服务器每收到一次客户机发过来的数据段，就重置该计时器，当该计时器超时还没有收到客户机发过来的数据段时，服务器就主动发送一个探测数据段，并以 75s 的间隔持续发送，当连续发送 10 个探测数据段后仍没有收到客户的回应时，服务器则认为客户机出现了故障，会主动关闭这个连接。

4. 时间等待计时器（time-wait timer）

时间等待计时器主要用于 TCP 的连接释放阶段，确保当连接被关闭后，该连接上创建和传输的所有数据段都已完全传输完毕消失掉。当 TCP 执行主动关闭操作并发送最后一个确认数据段时，启动时间等待计时器，连接必须保持 2MSL 的时间后才能关闭，MSL 是指任意数据段在被丢弃前在网络中的存在时间，在具体实现过程中，MSL 可设为 30s、1min 或 2min 等。

6.6　拥塞控制

6.6.1　拥塞控制原理

网络拥塞（network congestion）是指在分组交换网络中需要传送的数据段数量太多时，由于网络转发节点的资源有限而造成网络传输性能下降的情况。它反映了用户的数据传输对包括链路带宽、节点存储容量及处理能力等网络资源的需求超过网络承受能力，使得网络处于持续过载的状态。由于网络拥塞主要发生在网络的中间节点上，因此对端系统而言，对网络拥塞状况的了解主要是通过通信过程中数据传输时延变长而感知的。

网络拥塞是不可避免的网络固有属性，其产生的原因很多。我们可以回顾一下在第 5 章中学习到的关于网络的存储转发节点——路由器的相关知识。路由器的结构中，输入和输出接口都有一定容量的缓冲区。当用户往网络中输入的数据量不断加大时，网络的转发节点——路由器需要承担的转发任务就会加大。当数据到达路由器输入接口的速率超过节点处理和转发的速率时，数据就会在输入接口的缓冲区中排队，当缓冲区逐渐被填满[很难有在任何时候都有足够容量存储过量的转发数据而不丢包的路由器，即便是太字节(terabyte)的存储器]时，会使后续到达的数据丢失。而当输出链路的传输速率低于节点内部转发网络转发到输出接口的速率时，数据因不能及时传输到网络中而需要在输出接口的缓冲区排队，同样，如果输出缓冲区的容量满了，则后续转发过来的数据因无存储空间也会丢失。网络中需要传输的数据量越大，进入节点缓冲区排队的数据段等待时间越长，从而网络拥塞的状况越严重。

因此，网络拥塞是由某个或某些网络节点(路由器)和链路引起的一个全局性的状况，它涉及全网所有的节点、链路和有可能降低网络传输性能的其他因素，进行通信的端系统很难定位到某个具体位置，也无法推断出具体原因。拥塞控制的目的就是防止过多的数据注入网络，以防止网络中的路由器或链路过载。最早开始出现比较明显的拥堵状况是从1986年开始的，那时出现了第一次网络"拥塞崩溃"的问题，并且在很长一段时间内，互联网的实际吞吐量出现大幅下降。面对这种情况，以Jacobson为代表的许多研究者开始考虑如何在已有的TCP/IP框架下进行补救。

在这里要区分一下拥塞控制与前面介绍的流量控制。

流量控制是为了防止发送方的数据发送速率超过接收方的接收能力而对发送方的发送行为进行的限制，是一种点对点的通信量的控制。

而拥塞控制为了防止注入网络的数据量超过网络中的路由器和链路可以承受的能力而增加的一种端到端的通信控制。

举个简单的例子：某个局域网的链路传输速率为10Gb/s。某个时刻只有一台超级计算机向一台PC以100Mb/s的速率传送文件。显然，局域网本身有足够的带宽传输文件，但由于超级计算机的处理能力远高于PC，因此需要进行流量控制，超级计算机必须时常暂停向链路输出数据，以便使PC有时间处理接收缓存中的数据，避免丢包。

但如果同时有5000台计算机向另外5000台计算机以10Mb/s的速率传输文件，接收端主机有足够的能力及时接收数据，但整个网络的输入负载已经超过了网络所能承受的范围，此时需要进行拥塞控制。

虽然引发拥塞控制和流量控制的原因不同，但它们的处理方式却类似，都是通过调整发送方的发送数据速率解决的。也就是说，TCP的发送方在确定数据段发送速率时，既要考虑接收方的接收能力，也要兼顾网络的整体承受能力，因此，其发送窗口的大小由两个窗口值决定：接收方通过数据段头部的接收窗口(rwnd)字段值所告知的接收缓冲区大小，以及发送方自己预估的反映网络拥塞程度的拥塞窗口(cwnd)值，发送方发送窗口的上限取两个窗口的最小值。

$$\text{Windows\_Send} = \min(\text{rwnd}, \text{cwnd})$$

简单地通过与接收端的buffer关联，即可获得接收窗口rwnd的大小，再通过数据段的"窗口尺寸"字段反馈给发送端。所以，关键的问题是：怎么获取cwnd？下一节就解决这个问题。

范·雅各布森(Van Jscobson)：曾担任思科系统公司首席科学家，劳伦斯伯克利国家实验室的网络研究小组领导者，因重新设计了TCP/IP的流控制算法，缓解了因特网网络拥塞状况而广为人知。同时也是Traceroute、pathchar和tcpdump等网络诊断工具的设计者。由于其突出贡献，雅各布森于2001年获得了ACM SIGCOMM奖，并于2006年当选美国国家工程院院士。

6.6.2 拥塞控制机制

那么TCP中的发送方如何感知网络拥塞调整其拥塞窗口cwnd的呢？其主要思想是：当网络没有出现拥塞时，逐步加大拥塞窗口cwnd，使发送出去的数据段数量增大，从而提高网络利用率。但一旦感知到网络出现拥塞或有可能出现了拥塞状况，则调小拥塞窗口的大小减少发往网络中的数据段，从而缓解网络拥塞状况。

TCP发送方判断网络出现拥塞状况主要根据重传计时器超时和收到三次重复确认。

如果重传计时器超时，则TCP发送方认为网络拥塞导致了数据段或确认数据段的丢失，并且拥塞程度比较严重。

如果收到三次重复确认，则TCP发送方认为由于网络拥塞导致某个数据段丢失，但因为还能收到对于其他数据段的确认数据段，则网络拥塞的程度还不算很严重。

因此，对于以上两种情况，可以采取不同的方式应对。下面具体介绍TCP中的拥塞控制过程。为讨论的简便性，只讨论数据单向流动的情况，也就是接收方只发送确认数据段。同时，假设接收方的缓冲区足够大，因此发送窗口只需要考虑拥塞窗口cwnd的大小。

TCP的拥塞控制包括4个阶段：慢启动(slow-start)、快速重传(fast retransmit)、快速恢复(fast recovery)和拥塞避免(congestion avoidance)，每个阶段有对应的算法，下面先介绍这四个阶段的算法思路。

慢启动阶段：TCP发送方刚准备往网络中发送数据时，尚不清楚网络当前的载荷情况，因此以尝试的方式发送是比较保险的，先发送少一点的数据，如果顺利收到确认数据段，则可以认为网络的状况比较好而**逐步加大拥塞窗口**(也就是发送窗口)的大小。因此，TCP慢启动阶段的算法过程(参看RFC 5681)如下。

TCP的拥塞窗口cwnd的初始值根据发送方的最大段长度(MSS)确定，一般不超过4个MSS的数据量。

如果1个MSS的长度大于2190字节，则初始拥塞窗口cwnd的大小为2MSS，且不能超过2个数据段；如果大于1095字节且小于2190字节，则初始cwnd的大小为3MSS，且不能超过3个数据段；如果小于1095字节，则初始cwnd大小为4MSS，且不得超过4个数据段。然后，每收到一个新的数据段确认后，就把拥塞窗口cwnd的值对应增加一个MSS的大小。

例如，A向B发数据，A的初始拥塞窗口cwnd为1MSS，A发送完第一个数据段后收到B对第一个数据段的确认数据段，则A把cwnd的值从1MSS增大到2MSS，A接着发送两个数据段，收到B对这两个数据段的确认数据段后，便可以将cwnd从2MSS增大到4MSS，接下来便可以一次连续发送4个数据段。以此类推，拥塞窗口cwnd的值在每次传输轮次(transmission round)后都会加倍，其中，传输轮次是指连续发送一批待确认的数据段并收到这一批次数据最后一个数据段确认的一个RTT时间段。同时，为避免拥塞窗口cwnd增长过大而造成网络拥塞，TCP中还设置了一个阈值(ssthresh)，在没有出现反映网络拥塞状况的两个事件之前，当cwnd增加到该阈值时，便改变加倍的增长方式，并进入拥塞避免阶段。

拥塞避免阶段：当发送方将拥塞窗口cwnd值增加到阈值后，就会采取谨慎一点的态度,不再以成倍的方式增大窗口大小了,而是改为以线性方式增长,即每经过一个传输轮次就把拥塞窗口 cwnd 的值加 1,这种将增长速率放缓很多的目的就是降低拥塞发生的可能性,因此这个阶段的算法称为拥塞避免算法。

网络拥塞事件发生阶段:当在某次传输轮次中发送方感知到体现网络拥塞的两个事件产生了,包括重传计时器超时或者收到三次重复确认,不论当时是处于慢启动阶段还是拥塞避免阶段,发送方都会做相应操作应对网络拥塞。如果感知到超时事件,则首先将阈值设置为当前拥塞窗口 cwnd 值的一半(但不小于 2),然后将拥塞窗口 **cwnd 值重新设为 1MSS**(因为超时事件反映出网络拥塞程度比较严重了,所以发送方的发送窗口需要调整到初始状态的最小值,以便于发生拥塞的网络中间节点尽快处理积压的数据,从而缓解拥塞状况)。这时,发送方重新进入慢启动阶段。

快速重传和恢复阶段:如果发送方在某次连续多个数据段发送过程中,只出现了其中个别数据段的丢失,但其他的数据段都被正确收到的情况,则说明网络拥塞程度还没那么严重,因此对于由于个别数据段丢失而引起的计时器超时事件,发送方不需要立即将拥塞窗口 cwnd 的值设为 1,而是等待接收方在收到乱序到达的数据段时发送对丢失数据段的确认,当连续收到三个重复确认时,便立即进行重传,而不用等待重传计时器超时。同时,将阈值设置为当前发送方拥塞窗口 cwnd 值的一半(这样适当降低执行双倍增长率的拥塞窗口的上限),并把拥塞窗口 cwnd 的值设置为调整后的阈值,这时,发送方进入拥塞避免阶段,拥塞窗口以线性方式缓慢增长。由于没有直接返回到拥塞窗口 cwnd 为 1 的慢启动阶段,因此称为快速恢复阶段。

总的来说,TCP 的拥塞控制机制主要采用加法增、乘法减(Additive Increase & Multiplicative Decrease,AIMD)的思想:当发送方的拥塞窗口 cwnd 在阈值之下,处于慢启动阶段时,如果没有发生重传计时器超时或者三次重复确认的事件,则说明网络状况比较好,可以以倍增的方式加大拥塞窗口,当超过阈值后,进入拥塞避免阶段,则拥塞窗口以线性方式缓慢增大,这称为加法增大(Additive Increase,AI)。一旦发生重传计时器超时或收到三次重复确认的事件,则把阈值调整为当前拥塞窗口 cwnd 的一半,同时也将拥塞窗口 cwnd 调整到并大大减小拥塞窗口 cwnd,这称为乘法减小(Multiplicative Decrease,MD)。

在以上对 TCP 拥塞控制机制进行介绍的基础上,一个 TCP 拥塞控制的具体过程如图 6-19 所示。在该示例中,发送方拥塞窗口 cwnd 的初始值是 1MSS,阈值为 8MSS,进入慢启动阶段(从第 1 次传输开始),拥塞窗口大小从 1 按指数(倍乘)规律逐步增大,直至达到阈值,之后进入拥塞避免阶段(从第 4 次传输开始),拥塞窗口按线性方式增长(加法增)。在第 8 次传输后出现了反映网络拥塞的事件(此时拥塞窗口 cwnd 为 12MSS),假设此时出现的是重传计时器超时事件,则阈值调整为当前拥塞窗口值的一半,即 6MSS,拥塞窗口 cwnd 直接调整为初始的 1MSS,然后重新进入慢启动阶段。在第 16 次传输之后出现了反映网络拥塞的事件(此时拥塞窗口 cwnd 为 10MSS),假设此时出现的事件是发送方收到三次重复确认,则阈值调整为当前拥塞窗口 cwnd 的一半,为 5MSS,拥塞窗口 cwnd 调整为阈值,为 5MSS,这时通过快速重传和恢复,进入拥塞避免阶段。

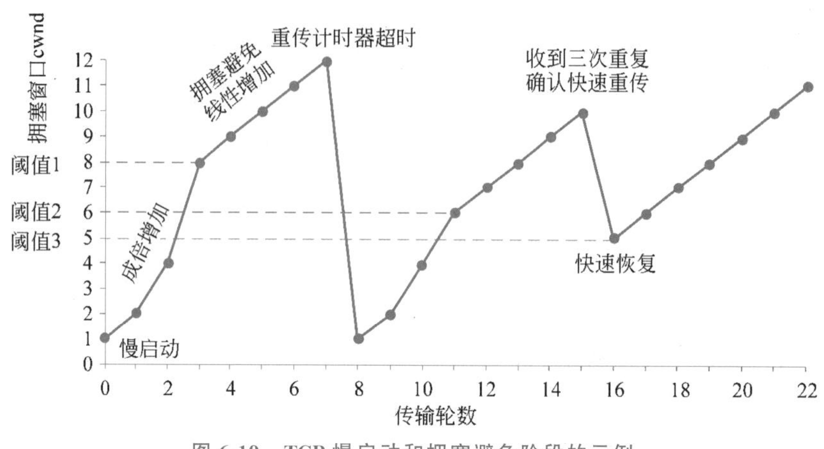

图6-19　TCP慢启动和拥塞避免阶段的示例

6.6.3　公平性

在TCP拥塞控制机制中为什么要讨论公平性的问题呢？因为网络中可能存在许多基于不同传输协议的网络流量(不同的协议采用的拥塞控制机制可能不同)，它们在经过相同链路时不可避免地会产生带宽竞争，如果机制之间不友好，则会造成带宽使用的不平等。由于TCP是目前互联网在传输层的主要协议，其拥塞控制机制也发挥着主体作用，其他传输协议需要能与TCP在共享链路带宽时进行公平竞争。因此，提出了友好的TCP(TCP-friendly)拥塞控制这一概念，以使得基于TCP和基于非TCP传输协议的数据流量可以尽量公平地使用公共链路，相互之间不产生不良影响。

这里给出公平性的定义：多条共用相同链路的TCP连接对共用的瓶颈链路带宽可以平等分享。具体来说，就是假设有m条不同端到端系统的TCP连接，其中都经过一段传输速率为R(b/s)、无其他TCP或UDP流量通过的瓶颈链路(在每条端到端连接所包含的路径中，具有最小带宽的链路)，每条连接在该瓶颈链路可以获得的平均传输速率为R/m(即相同的链路带宽)，则称该拥塞控制机制具有公平性。

下面通过一个具体的示例对公平性问题进行阐述。

假设有两条TCP连接在不同的端到端路径中要经过一段相同的、传输速率为R的链路，假设这两条连接具有相同最大段长度(MSS)和往返时间(RTT)，这样如果它们的拥塞窗口大小相同，则通过链路时的吞吐量相同，并且该链路没有其他TCP连接或UDP数据段要经过，同时这两条TCP连接已经进入按加法增乘法减方式运行的拥塞避免阶段(忽略其慢启动阶段是为了简化吞吐量分析)。

两条共享链路的TCP连接的吞吐量情况如图6-20所示，如果在这两条TCP连接之间建立了平等共享链路带宽的公平性机制，那么这两个连接在共享链路上吞吐量的和的理想情况是为链路总带宽R，也就是吞吐量曲线应当是从原点沿45°方向的箭头向外辐射。因此，保证公平性的机制是使每条连接获得的吞吐量应落在图中平等带宽共享曲线与全带宽利用曲线的交叉点附近。

根据图6-20所示，TCP连接1和连接2在某个给定时刻实现了图中A点所对应的吞吐量，此时两条连接共用链路的带宽量小于R，因此不会发生丢包事件，根据TCP的拥塞避免规则，这两条连接在接下来的每次传输时，都会将各自的拥塞窗口大小增加 1 个 MSS，使得这两条连接的总吞吐量从 A 点沿 45°线前行(因为两条连接按相同的幅度增长)，当这两条连接总吞吐量超过链路总带宽 R 时，就会发生数据段丢失现象。假设在 B 点，连接 1 和连接 2 都发生了某个数据段丢失(接收方能收到后续数据段并发回重复确认)的现象，则它们会进入快速恢复阶段，也就是将其拥塞窗口大小调整为之前的一半。接下来两个连接所产生的吞吐量之和达到 C 点位置，由于 C 点所体现的吞吐量小于链路带宽 R，所以之后两个连接的吞吐量之和从 C 点再次沿着 45°方向线性增长，直到又超过 R，并再次发生数据段丢失现象(如在 D 点)，则这两条连接再次重复上述过程，如图中从 D 开始的下行和上行箭头线。通过以上过程可以看出，TCP 的拥塞控制机制可以帮助共享链路带宽的两条 TCP 连接最终沿着平等共享带宽的曲线进行波动，并且无论这两条连接在二维空间的什么位置开始，最终都会收敛到这个状态，如图中的 X 点。这也就是对 TCP 拥塞控制机制保证公平性的一个简单且直观的解释。

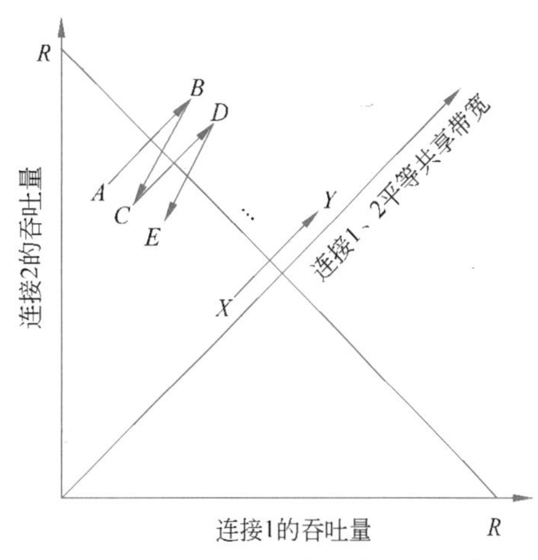

图 6-20　两条共享链路的 TCP 连接的吞吐量情况

6.7　新型传输协议——QUIC

快速 UDP 因特网连接(Quick UDP Internet Connection，QUIC)是谷歌公司制定的一种基于 UDP 的多流复用加密传输协议，设计 QUIC 的主要目标是最大限度地减小时延、提高传输性能并提供默认使用传输层安全(Transport Layer Security，TLS)协议(默认版本为 TLS 1.3)的安全通信服务。同时，QUIC 尝试为处于不同网络环境，甚至连接受限的设备提供可用的传输方案，如何为处于长时间时延或者间歇性连接的设备提供可靠的数据传输服务也是 QUIC 工作组的关注点。QUIC 在协议栈中的位置如图 6-21 所示。

应用层	HTTP/2	HTTP over QUIC
网络安全	TLS	QUIC TLS 1.3
传输层	TCP	TCP-Like拥塞控制 丢包检测、重传 UDP
网络层	IP	IP

图 6-21　QUIC 在协议栈中的位置

QUIC 协议有两个同名协议："Google QUIC"(简称 gQUIC)和"IETF QUIC"(简

称 iQUIC)。得益于许多组织和个人的开放协作,由 IETF 发布的 iQUIC 与 gQUIC 有相当大的不同,包括数据包格式、握手方式和 HTTP 映射等都做了很多优化,因此可以将 iQUIC 看成是与 gQUIC 不同的另一个协议。在没有特殊说明情况下,QUIC 都是指 iQUIC。

下面先介绍一下 QUIC 协议的发展历程。

2012 年,谷歌工程师们设计出了 QUIC 协议的原始协议 gQUIC。

2013 年,谷歌公开了 gQUIC 协议并将其提交给 IETF 进行审议。

2015 年 6 月,QUIC 的互联网草案(Internet Draft)提交到 IETF 进行标准化,同年 IETF 成立了 QUIC 工作组。

2016 年 11 月,IETF 召开的第一次 QUIC 工作组会议开启了 QUIC 的标准化过程。

2018 年 10 月,IETF 的 HTTP 工作组和 QUIC 工作组联合声明了 HTTP/3(即运行在 QUIC 之上的 HTTP 协议),但未完全确定其具体标准。

2021 年 5 月,IETF 宣布了 QUIC 的标准 RFC 9000,该标准同时支持 RFC 8999、RFC 9001 和 RFC 9002,至此形成了 QUIC 协议的完整标准。

为什么要提出 QUIC 协议呢?其实是为了弥补 TCP 存在的以下不足。

(1) **连接管理及可靠性机制等带来的时间开销大**。TCP 的连接建立和释放需要三次握手和两次对称释放过程,产生较多的 RTT 时延开销。同时,网络拥塞控制和可靠性传输机制会影响发送方进行数据段的实时传递,降低网络传输效率。

(2) **TCP 升级困难**。TCP 一般都是实现在操作系统的内核中,协议升级则意味着需要升级操作系统及相关硬件,很难保证所有设备都能进行升级。同时,网络中间设备例如部分防火墙、NAT 网关等对 TCP 数据段的通过也给出了对 TCP 头部的端口号、部分字段的限制或修改,从而对部分 TCP 数据段的顺利通过造成了不利影响,因此对基于 TCP 的网络协议进行升级时都需要将这些因素考虑进去,这造成了 TCP 升级的困难。

根据以上问题,绕开直接升级 TCP 的想法而设计出新的协议则成为一种新思路,因此,基于 UDP 的 QUIC 协议应运而生。QUIC 协议相较于 TCP 具有以下性能优势。

(1) **QUIC 协议降低了建立连接时延**,将传输握手和交换密钥相组合。

(2) **QUIC 协议提供可拔插的拥塞控制机制**,允许用户根据实际需求指定拥塞控制方法和调整参数。

(3) **QUIC 协议解决了 TCP 队头拥塞问题**,降低了等待数据段重传的阻塞时延。

(4) **QUIC 协议能够实现连接迁移**,在客户端网络环境发生变化的情况下,无须重新建立连接,维持网络应用数据传输不中断、卡顿。

6.7.1 报文格式

了解一种新的通信协议,首先要了解它的报文格式。QUIC 协议的报文分为常规报文和特殊报文两类,其中常规报文包括帧报文、FEC 报文;特殊报文包括版本协商报文、公共重置报文。

公共头部:常规报文和特殊报文的公共头部如图 6-22 所示,其大小范围为 2~19 字节。

图 6-22　QUIC 协议报文公共头部格式

公共头部中各字段的含义如下。

(1) **公共标志**(public flag)(长度 1 字节)：包含了若干位字段，不同的取值代表不同的含义。

公共标志字段从右边(低位)开始的第 1 位(Bit0)为版本标识(version flag)，其具体含义取决于该报文是由客户端还是服务端发送的。如果是客户端发送的报文，则该位的值为 1 时，表示报文头部包含 QUIC 协议版本号(QUIC version)，在客户端收到服务端基于该版本的连接确认报文之前，客户端发送的所有报文都必须设置该位，服务端通过不设置该位表示同意建立该版本的连接。如果该报文是服务端发送的并且该位的值为 1，则代表该报文是个版本协商报文(version negotiation packet)，后续再介绍版本协商报文的细节。

第 2 位(Bit1) 为**公共重置标识**(public reset flag)，当该位的值为 1 时，表示该报文是个公共重置报文(public reset packet)。

第 3、4 位(Bit2 和 Bit3) 表示该报文的**连接 ID**(connection ID)长度，不同的值表示与通信对方协商并确定不同的连接 ID 长度值。具体定义为：(Bit3, Bit2)为(0,0)表示连接 ID 长度为 0 字节，(0,1)表示连接 ID 长度为 1 字节，(1,0)表示连接 ID 长度为 4 字节，(1,1)表示连接 ID 长度为 8 字节。

第 5、6 位(Bit4 和 Bit5) 表示报文序号的**字节数**，这两位仅用于常规报文的帧报文段中，在其他三种类型的报文段中该两位值需要都为 0，具体定义为：(Bit5, Bit4)为(0,0)表示报文序号长度为 1 字节，(0,1)表示报文序号长度为 2 字节，(1,0)表示报文序号长度为 4 字节，(1,1)表示报文序号长度为 6 字节。

第 7 位 Bit6 预留给多路径情况下使用；第 8 位 Bit7 未使用，必须为 0。

(2) **连接 ID**(长度可协商)：客户端可选择的最大长度为 8 字节(64 位)无符号整数，以支持在任何地方都尽可能地保持 QUIC 连接。当某个传输方向用于标识连接的 ID 数量不足时，双方可通过协商改变长度。

(3) **QUIC 协议版本号**(可选字段，长度 4 字节)：如果公共标志字段的 Bit0 的值为 1，则该字段为必填项，为客户端所期望的版本号。如果服务器端对该期望的版本号不支持，则在返回的报文中设置公共标志字段的 Bit0 的值为 1，并在该字段中列出服务器端可支持的协议版本(可以为 0 个或多个)，该字段后不能加其他报文。

(4) **报文序号**(packet number)(长度可选，最长 6 字节)：该字段长度由公共标志字段中(Bit5, Bit4) 的值决定(见上文)。发送端发送的第一个报文段的序号是 1，随后的报文段中的序号都在前一个报文段序号上加 1。

根据 QUIC 协议报文公共头部中的公共标志位对报文段进行判断和处理，流程

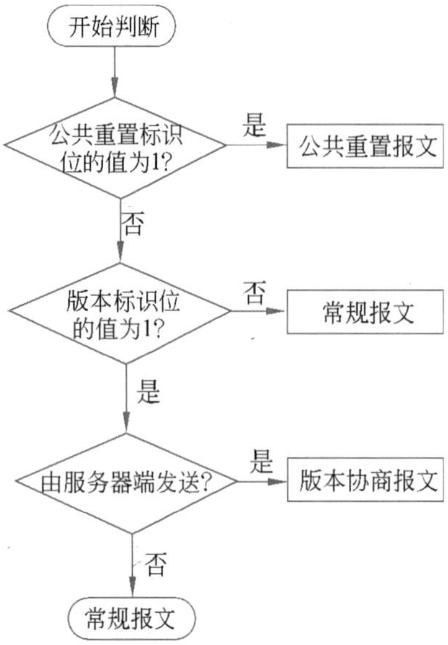

如图6-23所示，当服务器收到客户端发过来的QUIC协议报文段后，先判断头部的公共重置标识位的值是否为1。如果是，则将该报文按公共重置报文处理；否则，进入下一步，判断版本标志位的值是否设为1。如果不为1，则该报文段为常规报文段；否则接下来判断该报文段是否由服务器端发送。如果是，则该报文段是一个关于QUIC协议版本协商的报文；否则，该报文段是一个头部版本字段值所体现的协议版本的常规报文段。

开始判断
公共重置标识位的值为1?
是
公共重置报文
否
版本标识位的值为1?
否
常规报文
是
由服务器端发送?
是
版本协商报文
否
常规报文

图6-23　QUIC协议报文公共头部判断过程

常规报文段需要进行认证和加密。其公共头部需要认证但不加密，剩余部分从私有标志(private flag)字段开始加密。紧随公共头部的是认证以及加密有关的数据字段(Authenticated Encryption and Associated Data，AEAD)，报文段解密后，明文从私有头部(private header)开始，私有头部的结构如图6-24所示。

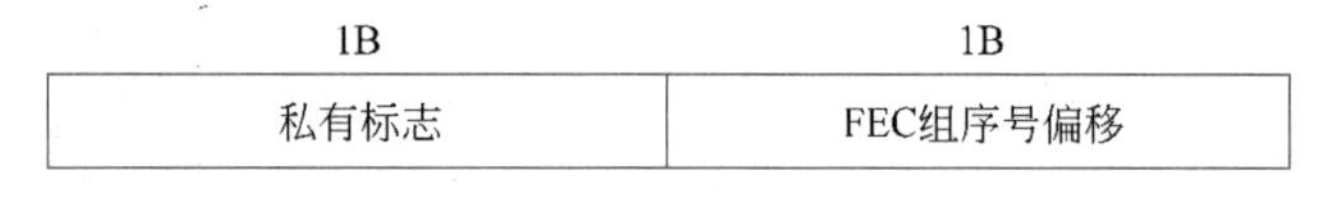

图6-24　QUIC常规报文的私有头部

帧报文段由一系列包含类型前缀的有效载荷组成，其中类型字段代表紧跟其后的载荷字段里的数据帧类型，包括常规数据帧类型(PADDING、RST_STREAM、CONNECTION_CLOSE、GOAWAY、WINDOW_UPDATE、BLOCKED、STOP_WAITING、PING)和特殊数据帧类型(STREAM、ACK、CONGESTION_FEEDBACK)。帧报文的一般格式如图6-25所示。

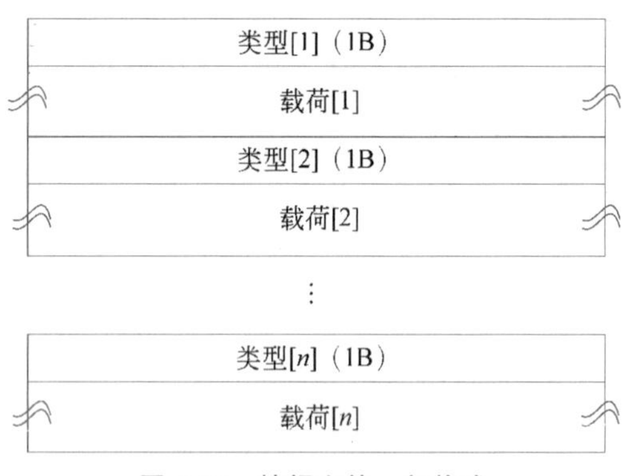

图6-25　帧报文的一般格式

下面介绍最为常用的流帧，它用于传输应用数据，其格式如图6-26所示(其他类型数据帧的格式参看RFC 9000)。

(1) 类型(8位)，最高位Bit7的值固定设为1，以表示这是一个流帧；Bit6表示终止(FIN)位，当该位值为1时，表示发送方已经完成在此流上的发送，并希望将连接状

图 6-26　流帧格式

态设置为半关闭状态；Bit5 为 1 时，表示该数据帧包含数据长度（data length）字段；Bit4、Bit3、Bit2 代表数据的偏移（offset）字段的长度；Bit1、Bit0 代表流 ID（stream ID）字段的长度。

（2）流 ID（可变长度字段）：此流可变长度的唯一标识符。

（3）流偏移量（stream offset）：标识数据块在该流中的偏移位置，以字节为单位。

（4）数据长度（可选字段）：标识此流帧中数据部分的长度，当一个帧报文段中只包括一个流帧时可以省略。

特殊报文包括版本协商报文和公共重置报文。

版本协商报文段仅由服务器发送，其头部结构如图 6-27 所示。首先是 1 字节的公共标志和 8 字节的连接 ID（其中，公共标志字段中的版本标志位需要置位为 1），接下来是 QUIC 协议版本号字段，服务端将其支持的 QUIC 版本列表放在其中，每个版本号用 4 字节表示。

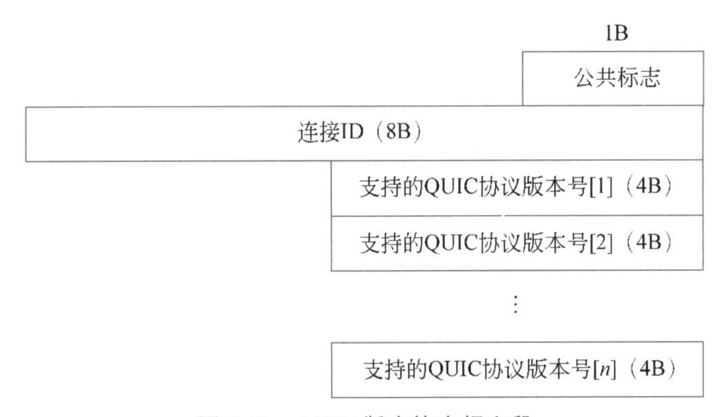

图 6-27　QUIC 版本协商报文段

公共重置报文用于断开连接的服务器在其路由信息发生改变需要恢复连接或者重启时发送，QUIC 公共重置报文段头部结构如图 6-28 所示，其也包括 1 字节的公共标志和 8 字节的连接 ID（其中，公共标志字段中的公共重置标志位需要置位为 1），接着是 4 字节的 QUIC 标签（QUIC tag）和标签值映射（tag value map）字段。

标签值映射包含以下内容。

（1）公共重置随机数证明（RNON）（必需项）：无符号 64 位整数。

（2）被拒绝的报文段序号（RSEQ）（必需项）：无符号 64 位整数。

（3）客户端地址（CADR）（可选项，用于测试）：获取的客户端 IP 地址和端口地址。

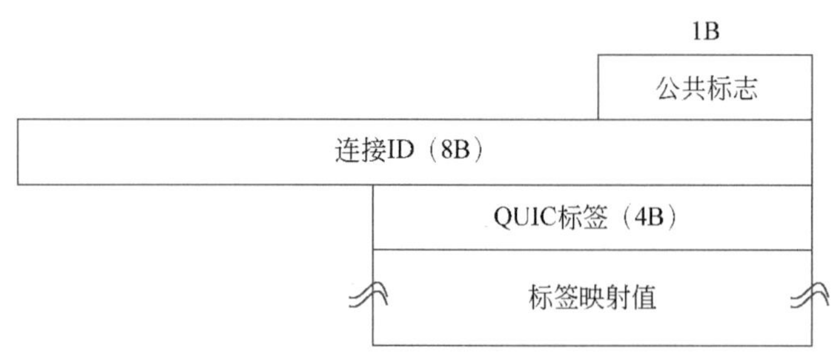

图 6-28　QUIC 公共重置报文段头部结构

6.7.2　多流复用

“流”这一概念的产生是为了实现复用，即在单个连接上同时传输多种业务数据，每种业务数据在一个流内处理完成，从而避免多个业务重复建立和销毁连接的时间开销。同时，通过“流”这一传输模型可以较好地解决 TCP 队头阻塞问题。TCP 在数据传输的过程中，一旦某个数据段丢失，即便后续数据段被成功接收，也会被操作系统缓存在内核缓冲区中，无法被应用层读取，发送方也将因为没能收到确认消息而停止移动发送窗口，这一僵局将维持到数据段丢失被检测到并成功重传，丢失的数据段将会推迟后续数据段被读取和发送的时间，这便是 TCP 队头阻塞问题。

QUIC 协议也通过流实现复用，解决了 TCP 队头阻塞问题。一个 QUIC 连接可以传输多个流，每个流是一个有序的字节流，且相互之间逻辑独立，即便一个连接中某个流的数据丢失，也不会影响该连接中其他流的数据传输，如图 6-29 所示，我们给出了 QUIC 协议的多流复用过程。

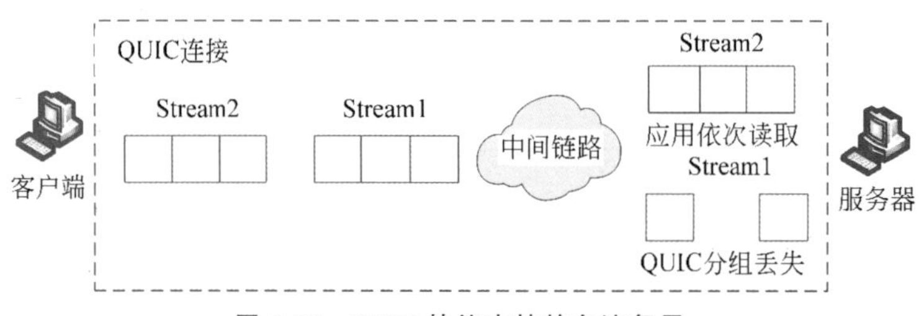

图 6-29　QUIC 协议支持的多流复用

图 6-29 中，客户端与服务器之间的 QUIC 连接包含了来自应用的 2 个不同数据流，即 Stream1 和 Stream2，接收端可以根据报文所携带的流 ID 字段识别属于不同流的数据。并且某个流的数据丢失，不会影响其他流的数据交付给应用，例如图中 Stream1 中有数据段丢失，但不阻塞后续 Stream2 的完整数据交付。

虽然 QUIC 协议是基于 UDP 的，但为了提高传输可靠性，它在报文的公共头部中通过报文序号字段排序传输的数据，并且报文序号严格递增，这也意味着当有报文丢失时，重传报文的报文序号会与原报文的序号不同。例如，如果某丢失报文的报文序号为 X，对应的重传报文序号不是 X，而是重传时前一个传输报文的序号+1，也可能是 $X+Y$。报文序号的严格递增虽然能避免等待丢失报文重传带来的阻塞，但也会带来一些问题。例如，如何让接收方知道所收到的报文是某个丢失报文的重传报文?

为解决这个问题，QUIC 协议在帧报文头部增加了**流 ID** 和**流偏移量**这两个字段，分别标识当前数据所属的流以及当前数据帧在所属流中的字节偏移量，从而保证报文序号严格递增下的报文正确性。同时，这种单调递增的设计可以实现乱序确认，这样发送方就不需要严格等待按序确认报文的到达才移动发送窗口，只要有新的报文段确认到来，当前发送窗口就可以继续滑动，当发送方意识到某个报文段（假设其报文序号为 X）丢失时，会将该报文段按照最新的可用序号重新编号（假设为 $X+Y$）后重传给接收方，因此也可以避免队头阻塞问题，能更好地提高传输效率。

6.7.3 连接管理

在讨论 QUIC 连接管理之前，我们先回忆 TCP 建立连接的过程以及所需的时间。TCP 完成握手需要 1RTT（第三次握手可以携带数据），假如采用传输层安全（TLS）协议对通信过程加密，交换密钥还需要 1～2RTT（TLS 1.2 需要 2RTT，TLS 1.3 需要 1RTT，TLS 具体原理将在第 9 章进一步展开讨论，此处暂时给出结论）。QUIC 协议通过组合传输握手和密钥交换尽可能地降低建立连接时延，建立连接的时间降低到 0～1RTT（首次建立连接需要 1RTT，重复连接为 0RTT），这对于频繁建立和断开连接的移动应用十分具有吸引力，下面讨论 QUIC 连接管理的具体过程。

QUIC 的密钥交换过程利用了 Diffie-Hellman 算法。QUIC 协议根据两种不同的情况完成客户端和服务器的连接建立过程。

客户端没有服务器的相关配置信息时，通过以下过程与服务器建立连接。

(1) 客户端主动向服务器发送 Inchoate CHLO 消息请求建立连接，尝试获取服务器配置参数。

(2) 服务器收到 Inchoate CHLO 消息后回复 REJ(rejection)消息，其中包含了服务器公开值(long-term Diffie-Hellman public value)、认证服务器的证书链、使用链叶节点的私钥加密的服务器配置签名等。

(3) 客户端提取 REJ 消息中的服务器配置参数，通过证书验证服务器身份，通过本地密钥(ephemeral Diffie-Hellman private key)和解析出的服务器公开值生成初始密钥，将客户端公开值(ephemeral Diffie-Hellman public value)携带在 complete CHLO 消息中发送给服务器。

(4) 客户端发送完 complete CHLO 消息后，不需要等待该消息的响应，可通过服务器公开值与本地密钥生成初始密钥，基于初始密钥发送加密后的请求，因此从开始建立连接到发送第一个正式请求只经历了 1RTT。

(5) 服务器收到 complete CHLO 消息，解析出客户端公开值，结合本地密钥生成同样的一个初始密钥，并向客户端回复用初始密钥加密的 SHLO 消息，其中包含一个临时随机数(ephemeral public value)，用于客户端生成会话密钥，服务器在发送完 SHLO 消息后，后续的响应都将使用会话密钥加密，初始密钥不再被使用。

(6) 客户端收到 SHLO 消息，利用服务端配置信息和临时随机数计算出会话密钥，此后的请求都将使用会话密钥进行加密。

(7) 客户端和服务器之间，利用会话密钥进行加密通信。

客户端缓存有服务器配置信息时，建立连接将从步骤(3)开始，此时从开始建立连接到发送第一条应用请求经历了 0RTT。

在上述通信过程中，客户端和服务器在形成初始密钥后，再协商出一个最终的会话密钥是为了获取前向安全特性，会话密钥是基于临时随机数生成的，临时随机数不会保存下来，因此杜绝了密钥泄露导致会话数据被解密的风险。

在移动互联网环境下，通信主机会在不同网络中频繁切换，这样使得通信主机的IP地址和端口号也经常发生动态变化。TCP采用四元组(源IP、源端口、目的IP、目的端口)标识每个连接，通信主机因移动而带来的IP地址和端口号的变化，使得之前建立的连接也需要经常断开和重新连接，这无疑增加了很大的时间开销。

为解决这个问题，QUIC协议通过重新设计连接标识实现连接的无缝迁移，也称为连接迁移。QUIC连接通过公共头部中的连接ID字段进行唯一标识，只要连接ID不变就仍是同一个连接，而发生变化的源IP和源端口号信息只需要在控制块中进行更新就行，以此实现无缝迁移，保证连接的顺畅性。

6.7.4　DCCP和SCTP

除了UDP、TCP和QUIC之外，根据不同的业务场景和需求，发展出了多样的传输层协议，在此，我们只给出简要的介绍，感兴趣的读者可以通过阅读扩展资料进一步了解。

数据拥塞控制协议(Datagram Congestion Control Protocol，DCCP)是由IETF基于UDP发展而来的用于传输实时业务数据的传输层协议，适用于需要在低时延和可靠性之间权衡的应用场景，例如流媒体，具体原理参见RFC 4340。其特点如下。

(1) 不可靠的数据段传输服务，但速率快、开销低和实现简单。

(2) DCCP基于UDP实现了带确认的消息传递，提供了Data和DataAck两种数据段的数据传输服务，其中Data为只承载有效数据的数据段，DataAck可以携带确认信息。

(3) DCCP提供了可协商的拥塞控制机制，用户可通过权衡带宽利用率和可靠性，选择合适的拥塞控制机制，DCCP默认定义了两种拥塞控制机制：TCP-Like和TCP友好速率控制(TCP-Friendly Rate Control，TFRC)协议。TCP-Like适用于可利用带宽快速变化的网络环境，与TCP的拥塞控制方法AIMD相似度较高，区别在于引入了选择性确认(selective acknowledgement)机制变体，具体原理参见RFC 4341。TFRC协议是基于接收器的拥塞控制机制，通过检测丢包率调整TCP速率，适用于最大限度减小速率突变的需求，具体原理参见RFC 4342。

(4) 允许服务器拒绝对未确认连接的尝试和已完成连接的状态保持。

(5) 提供显式拥塞通知(参见RFC 3168)和ECN Nonce(参见RFC 3540)。

(6) 提供路径MTU发现机制。

流控制传输协议(Stream Control Transmission Protocol，SCTP)是由IETF定义的传输层协议，主要用途为实现通过IP网络传输公共电话网络信令消息，具体原理参见RFC 4960。其核心特点如下。

(1) 可确认用户数据无差错、非重复传输。

(2) 通过路径MTU发现机制对数据段进行更合理的分段。

(3) 多流中按需传递用户消息，并可选择是否按到达顺序交付。

(4) 多个用户消息可绑定到一个SCTP数据包中。

(5) 在通信的一端或两端，通过多宿主机制实现网络级容错。

6.8 本章小结

传输层是承接应用层和网络层的关键一环，传输层基于网络层提供的服务将主机与主机之间的通信封装为端与端之间的通信，实现了两台主机进程之间的数据交付，并且为上层应用屏蔽了复杂的底层网络细节，建立了网络的抽象模型。围绕以上特性，本章探讨了传输层使用的技术。

(1) 传输层多路复用/分用功能，端到端数据段传输的概念；端口、进程的概念及标识，端口的分类，常见的熟知端口号，套接字的组成要素；传输层功能。

(2) 面向无连接的服务，UDP的概念及特点、数据段格式、校验和计算方法，两种UDP的典型应用——远程过程调用和实时传输协议。

(3) 面向连接的服务，TCP的概念及特点、服务模式、数据段格式；TCP依靠序号机制、确认机制和重传机制提供了可靠数据传输服务；为避免收发双方应用程序读取速率不匹配导致缓存溢出，TCP基于滑动窗口机制实现了流量控制，本章介绍了通过确认数据段捎带信息控制发送窗口的方法。

(4) TCP连接管理，本章介绍了三次握手建立连接和四次握手释放连接的过程和必要性，引入TCP连接管理状态机，进一步分析了TCP数据通信过程中的状态变化。

(5) TCP计时器管理，本章列举了四种常见计时器及其功能，包括重传计时器、持续计时器、保活计时器和时间等待计时器，TCP重传超时时间依赖对往返时间的估计，本章详细分析了Jacobson和Karn分别提出的平均往返时间计算方式。

(6) TCP拥塞控制的原理和机制，其主要包括慢启动、快速重传、快速恢复和拥塞避免四个阶段，本章介绍了AIMD算法的主要思想，结合示例分析了TCP拥塞窗口cwnd的计算方法，进一步讨论了TCP拥塞控制的公平性。

(7) 本章最后探讨了TCP协议面临的主要技术问题，在此基础上介绍了基于UDP的新一代低时延互联网传输层协议QUIC，讨论了QUIC的发展历程、优化思路、数据段格式、多流复用原理和连接管理方式，分析了基于“流”这一概念的传输模型的优势。

本章的客观题练习

第6章 客观题练习

习题

1. TCP默认有效载荷是536字节，那么默认TCP数据段的总长度是多少？对应的MTU是多少？假设TCP数据段和IP数据分组的头部开销都是20字节。

2. TCP数据段的最大有效载荷为65 495字节，为什么会是这样奇怪的数值？假设 TCP 数据段和 IP 数据分组都只有基本头部,开销都是 20 字节。

3. 假设 TCP 的拥塞窗口被设置为 18KB,并且发生了重传计时器超时事件,重新开始慢启动,如果接下来的第 4 次和第 6 次突发传输全部成功。试问这两次传输对应的拥塞窗口将达到多大?假设最大段长为 1KB。

4. 一个 TCP 的头部字节数据(头部的前 20 字节)如表 6-4 所示,请根据表中数据回答问题。

表 6-4　习题 4 配表

编号	1	2	3	4	5	6	7	8	9	10
数据	0d	28	00	15	00	5f	a9	06	00	00
编号	11	12	13	14	15	16	17	18	19	20
数据	00	00	70	02	40	00	c0	29	00	00

(1) 本地端口号是多少?目的端口号是多少?

(2) 发送的字节序列号是多少?确认号是多少?

(3) TCP 的头部长度是多少?

(4) 使用该 TCP 连接的应用是什么?该 TCP 连接的状态是什么?

5. 某网络拓扑如图 6-30 所示,主机 H 登录 FTP 服务器后,向服务器上传一个大小为 18 000B 的文件 F。假设 H 为传输 F 建立数据连接时,选择的初始序号为 100, MSS=1000B,拥塞控制初始阈值为 4MSS,RTT=10ms,忽略 TCP 段的传输时延;在 F 的传输过程中,H 均以 MSS 段向服务器发送数据,且未发生差错、丢包和乱序现象。

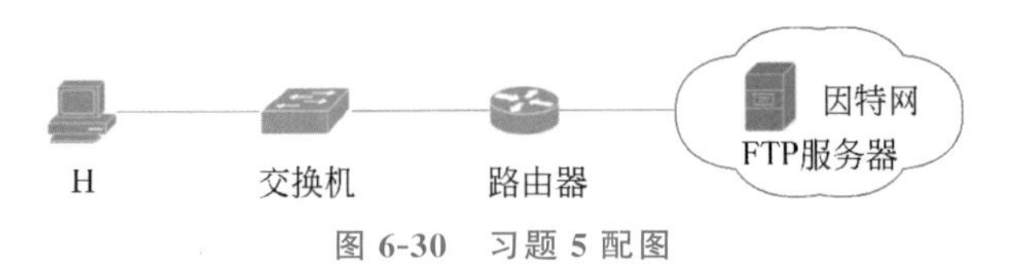

图 6-30　习题 5 配图

请回答下列问题。

(1) FTP 的控制连接是持久的还是非持久的?FTP 的数据连接是持久的还是非持久的?H 登录 FTP 服务器时,建立的 TCP 连接是控制连接还是数据连接?

(2) H 通过数据连接发送 F 时,F 的第 1 个字节的序号是多少?在断开数据连接的过程中,FTP 服务器发送的第二次握手 ACK 段的确认序号是多少?

(3) H 通过数据连接发送 F 的过程中,当 H 收到确认序号为 2101 的确认数据段时,H 的拥塞窗口调整为多少?当收到确认序号为 7101 的确认数据段时,H 的拥塞窗口调整为多少?

(4) H 从请求建立数据连接开始,到确认 F 已被服务器全部接收为止,至少需要多长时间?其间应用层数据平均发送速率是多少?

6. 为什么说传输层提供了进程到进程、端到端的通信?此处的端又是指什么?

7. 传输层的端口号分为哪几种类型?请列举常见的熟知端口号。

8. 简要说明 UDP 和 TCP 的不同之处,举例说明适合使用 UDP 的应用程序和适合使用 TCP 的应用程序。

9. TCP 发送最后一次握手数据段后等待 2MSL 时间的原因是什么?

10. TCP 没有明确规定如何处理接收到的失序数据段，TCP 的实现者可以根据需求实现，请讨论以下两种失序数据段处理方法的优势和劣势。

(1) 将失序数据段丢弃。

(2) 先将失序数据段存储在接收缓存区中，待接收到缺失序号的数据段后再提交给应用层。

11. 在使用 TCP 传输数据时，如果有一个确认数据段丢失，是否一定会引起该确认数据段对应的数据重传？请说明理由。

12. 某次 TCP 连接需要发送 3700B 数据，第一个字节的序号为 1000(十进制)，每个数据段最多携带 500B 数据，请写出每个数据段的序号。

13. 假设 TCP 使用的最大发送窗口大小为 64KB，TCP 数据段在网络中的平均往返时间为 20ms，试求出网络中其他条件不是瓶颈的情况下，TCP 所能取得的最大吞吐量。

14. 已知当前 TCP 连接的 SRTT 为 35ms，连续收到 3 个确认数据段，它们比相应的数据段的发送时间滞后了 26ms、32ms 和 27ms。设 $\alpha=0.3$。计算第三个确认数据段到达后的 SRTT。

15. 在 TCP 可靠传输机制中，多个环节使用了计时器跟踪数据发送情况，有效地解决无限等待和死锁的问题，请简要描述 TCP 中使用的计时器名称和功能。

16. 在 TCP 的拥塞控制中，发生什么事件将发送方拥塞窗口 cwnd 设置为 1？什么时候将 cwnd 减半？造成两种设置策略差异的原因是什么？

17. 简要说明流量控制和拥塞控制的最主要区别。发送窗口的大小取决于流量控制还是拥塞控制？

第7章

应用层

实现网络应用是设计网络协议的最终目的，自因特网诞生之际，人们已经开发出诸多实用、有趣的网络应用，当今社会的人们可以在家庭、公司、商场和学校获得互联网服务，利用网络收发即时讯息和电子邮件、冲浪、搜索资料、网购等。在本章中，我们将学习有关网络应用的原理和实现技术。

本章从应用层协议概述开始，介绍客户/服务器模型的概念，这一模型将贯穿随后介绍的典型网络应用，成为应用设计的基准模型。应用层建立在传输层之上，享受着传输层提供的数据传输抽象工具，即套接字接口 **API**，使得应用程序的设计可以无须考虑复杂的底层网络细节，这也是网络体系结构分层设计的重要意义之一，本章最后提供了一个C语言编写的套接字编程示例。

从计算机的角度识别某台主机可以通过其IP地址，而站在用户的角度人们希望能以另一种直观且容易记忆的方式识别主机，以享受其提供的服务，域名系统由此诞生，域名代替了IP地址，将主机的名称和地址进行了分离。

用户对生活和办公更加便捷、高效的追求激发了互联网应用的蓬勃发展，从使用U盘复制文件到文件传输应用，从仅能使用本地计算机到远程登录办公，从邮差派送信件到眨眼就能投递完成的电子邮件。人的想象力远不受此限制，自21世纪以来，我们已经见证了多媒体网络应用的飞速崛起，视频直播/点播、**IP** 电话/视频等新兴网络应用振奋人心，内容分发网络技术的日益成熟使得每秒数兆兆比特视频流数据分发的实现成为可能。

万维网是建立在互联网之上，使得用户能够按需获取信息资源的大规模数据网，超链接和浏览器帮助用户以极低的学习成本就能自由地在诸多Web站点建立的信息海洋里遨游。我们将在本章中看到万维网应用的实现原理和组成要素，以学习这个如此富有吸引力的应用究竟是如何实现的。

客户/服务器模型对基础设施服务器具有极大的依赖性，**P2P** 应用则另辟蹊径，将应用程序之间的数据交互放在间断连接的主机之间，我们在本章中将看到集中式和全分布式的P2P工作机制，并在最后学习如何借助分布式散列表建立P2P模式的数据库。

图7-1中的数字代表其下的主要知识点个数；读者可扫描二维码查看本章主要内容框架的思维导图，并根据需要收起和展开。

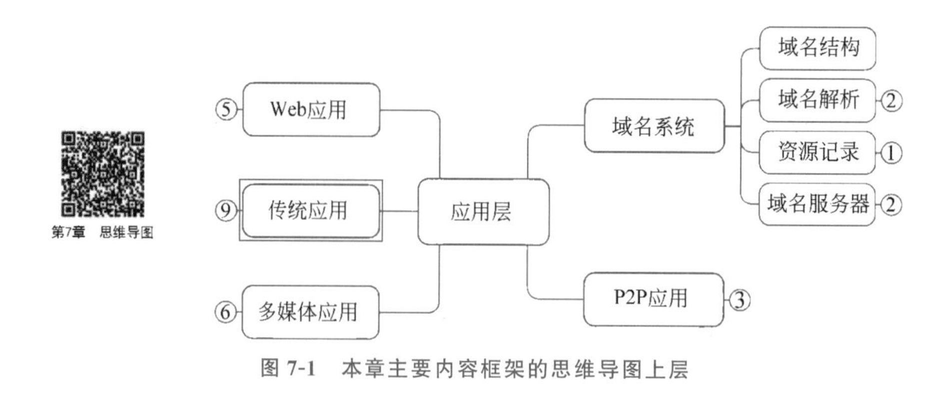

图7-1　本章主要内容框架的思维导图上层

7.1　应用层协议概述

上一章介绍的传输层为应用进程提供了端到端的通信服务，但位于不同主机中的多个应用进程之间的通信有自己特定的通信规则，因此在传输层之上，还需要有应用层，它是计算机网络体系结构中自底向上的最顶层。应用层通过精确定义不同应用进程之间的通信规则和协同方式解决不同的应用问题，包括应用进程交换的数据流类型、格式和语义，以及数据流的发送和响应规则等。

应用层位于参考模型的最上层，直接面对用户，为用户提供各式各样的应用，这是开放的一层，新应用层出不穷，也是计算机网络技术发展最快的一层。在本章，我们将详细了解应用层，包括应用层的客户/服务器模型、域名系统、早期典型应用、万维网、多媒体网络应用以及P2P应用等。

7.1.1　客户/服务器模型

通过网络进行通信的两台主机，一般是一台主机需要向另一台主机请求服务，因此需要分别运行一个程序实现这个过程。其中，向远程主机请求服务的程序称为"客户(Client)"，响应请求并提供服务的称为"服务器(Server)"，这就是客户/服务器(C/S)模型，该通信模型具有如下特点。

(1) 客户和服务器程序相互独立，可以分别运行在不同的主机上，也可以运行在同一台主机上，但客户和服务器程序必须成对运行。当某台主机只请求服务或者提供服务，则只运行客户或服务器程序，否则可以同时运行两种程序。

(2) 服务器程序可以向任何需要它所提供的服务的客户程序提供服务，服务器和客户之间的关系是一对多的。

(3) 现在的计算机操作系统都是多任务的，只要资源足够，理论上可以安装任意多的客户程序。

(4) 客户程序只在需要获取服务时才运行，客户程序是服务的请求者，是主动方。

(5) 服务器程序必须时刻待命，等待随时可能的客户请求，因此服务器程序通常以一个守护进程(daemon process)驻守。

(6) 在TCP/IP协议栈中，文件传输、发送电子邮件、远程登录等使用频率高、需求量大的应用都有专门的客户/服务器程序。

(7) 当客户端被浏览器取代时,C/S 模型变为浏览器/服务器(B/S)模型,此时的服务请求由浏览器发出。

7.1.2 套接字接口

套接字接口(socket interface)为应用程序提供了便捷的访问下层网络服务的工具。实现和提供套接字接口的实体通常是操作系统。伯克利套接字(Berkely socket)是最早实现在 UNIX 操作系统中的套接字,广为使用。微软公司视窗操作系统实现了与伯克利套接字相似的套接字:WinSock。

套接字接口在 TCP/IP 协议栈中的位置如图 7-2 所示。

套接字是端到端的数据传输的端点,它由两个基本要素构成:IP 地址和端口号。通信双方各打开一个套接字,就打开了一个端到端的虚拟通道。在通信过程中,应用程序首先需要请求操作系统创建一个套接字,然后应用程序就能够基于该套接字发送和接收数据。

socket 在不同的语境中代表不同的意思,导致这个名词容易使人将一些概念混淆,本章使用的称呼如下。

(1) 允许应用程序访问连网协议的应用编程接口(Application Programming Interface,API),即传输层和应用层之间的接口,称为 **socket API**,本章称为套接字接口。

(2) 套接字接口中使用的一个函数名称为 socket,本章称为 socket 函数。

(3) 在传输层章节提及的由 RFC 793 定义的 socket,即端口号拼接到 IP 地址,用于唯一标识网络中的某台主机上的某个应用进程,本章称为套接字地址。

(4) 由操作系统创建的硬件插口的软件抽象,本章称为套接字。

定义套接字的数据结构的格式取决于进程所使用的底层语言。以 C 语言为例,套接字的数据结构如图 7-3 所示。

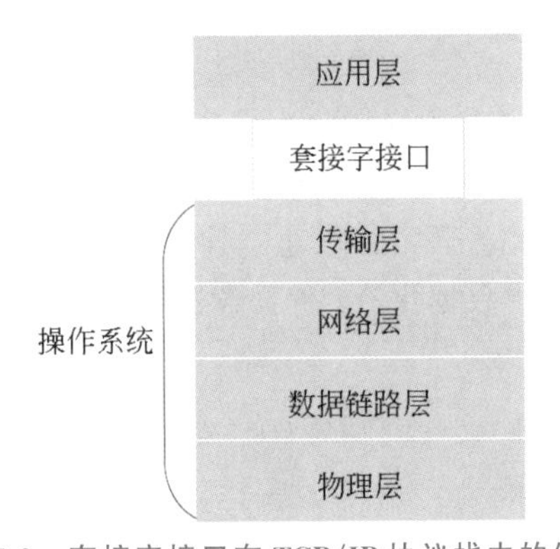

图 7-2 套接字接口在 TCP/IP 协议栈中的位置

图 7-3 套接字的数据结构

各个字段含义如下。

(1) 栈字段定义了一个协议栈:IPv4、IPv6、UNIX 主域协议等。在 TCP/IP 中我们使用常量 AF_INET 表示 IPv4,常量 AF_INET6 表示 IPv6。

(2) 类型字段定义了四种类型的套接字:用于 TCP 的 SOCK_STREAM,用于 UDP 的 SOCK_DGRAM,用于 SCTP 的 SOCK_SEQPACKET 和用于 IP 服务的 SOCK_RAW。

(3) 协议字段定义了接口使用的协议。

(4) 本地套接字地址字段定义了本地主机的套接字地址,这里的套接字地址就是

第6章传输层讨论的IP地址和端口号的组合。

(5) 远程套接字地址字段定义了远程主机的套接字地址。

应用层与操作系统之间的交互是通过套接字接口实现的，下面介绍通信过程中使用频率较高的几个函数。

(1) **socket** 函数：程序通过调用socket函数创建一个套接字，但在新创建的套接字中只填写了族、类型和协议字段。socket函数原型如下所示，如果调用成功，socket函数会返回唯一的套接字描述符sockfd(非负整数)，在其他函数调用中可以使用这个描述符指向该套接字，如果调用失败，则返回－1。

```
int socket(int family, int type, int protocol);
```

(2) **bind** 函数：socket函数只填写了套接字的部分字段，bind函数的功能是将本地套接字地址，即本地IP地址和端口号绑定到该套接字。bind函数原型如下所示，其中sockfd是调用socket函数返回的套接字描述符，localAddress是一个指向套接字地址的指针，addrLen是套接字地址的长度，如果绑定失败，则返回－1。

```
int bind(int sockfd, const struct sockaddress * localAddress, socklen_t *
addrLen);
```

(3) **connect** 函数：connect函数的功能是绑定远程套接字地址。connect函数原型如下所示，remoteAddress是远程套接字地址，如果绑定失败，则返回－1。

```
int connnect(int sockfd, const struct sockaddress * remoteAddress, socklen_
t * addrLen);
```

(4) **listen** 函数：listen函数只能被TCP服务器调用，在TCP创建并绑定好套接字后，它必须调用listen函数通知操作系统套接字已经就绪，可以开始接收客户请求了。listen函数原型如下所示，backlog是连接请求的最大数量，如果调用失败，则返回－1。

```
int listen(int sockfd, int backlog);
```

(5) **accept** 函数：accept函数通知TCP已经准备好接收来自客户的请求。accept函数原型如下所示，clientAddr和addrLen分别是指向地址和长度的指针。当accept函数被调用后，程序将停在此处不再往下执行，直至和客户建立连接，之后accept函数能够获得客户的套接字地址和长度，并将这些数据保存，在服务器进程给客户返回数据时使用，如果调用失败，则返回－1。

```
int accept(int sockfd, const struct sockaddress * clientAddr, socklen_t *
addrLen);
```

(6) **fork** 函数：复制一个进程，调用fork函数的进程称为父进程，创建出来的进程称为子进程。函数原型如下所示，fork函数被调用一次，在父进程和子进程中各返回一次。父进程中的返回值是调用fork函数的进程的正整数ID。子进程中的返回值是0。如果出现错误，则fork函数返回－1。在调用fork函数之后，两个进程并发运行，CPU交替地给每个进程分配运行时间。

```
pid_t fork(fork);
```

(7) **send** 和 **recv** 函数：程序调用send函数向远程主机上的另一个程序发送数据，调用recv函数接收远程主机上的另一个程序发送的数据。这两个函数都需要两台主机之间已经建立好的连接，因此只能用于 TCP 等面向连接的协议。函数原型如下所示，参数 sockfd 是套接字描述符，sendbuf 是一个指向发送数据缓存的指针，recvbuf 是一个指向接收数据缓存的指针，nbytes 是将要发送或者接收的数据的大小。如果调用成功，则返回实际发送或接收的字节数；如果调用失败，则返回－1。

```
int send(int sockfd, const void* sendbuf, int nbytes, int flags);
int recv(int sockfd, void* recvbuf, int nbytes, int flags);
```

（8）**sendto 和 recvfrom 函数**：程序调用 sendto 函数使用 UDP 服务向远程主机发送数据，调用 recvfrom 函数使用 UDP 服务接收来自远程主机的数据。因为 UDP 是无连接协议，所以参数包括远程套接字地址。函数原型如下所示，其中，sockfd 是套接字描述符，buf 指针指向发送或者接收数据缓存，buflen 是缓存的大小。如果调用成功，则返回实际发送或接收的字节数；如果调用失败，则返回－1。

```
int sendto(int sockfd, const void* sendbuf, int buflen, int flags,
           struct sockaddr* destinationAddress, socklen_t* addrLen);
int recvfrom(int sockfd, void* recvbuf, int buflen, int flags,
           struct sockaddr* sourceAddress, socklen_t* addrLen);
```

（9）**close 函数**：程序调用 close 函数关闭一个套接字。函数原型如下所示，如果成功关闭套接字则返回 0，否则返回－1。

```
int close(int sockfd);
```

使用 UDP 的客户和服务器调用套接字接口的流程如图 7-4 所示。

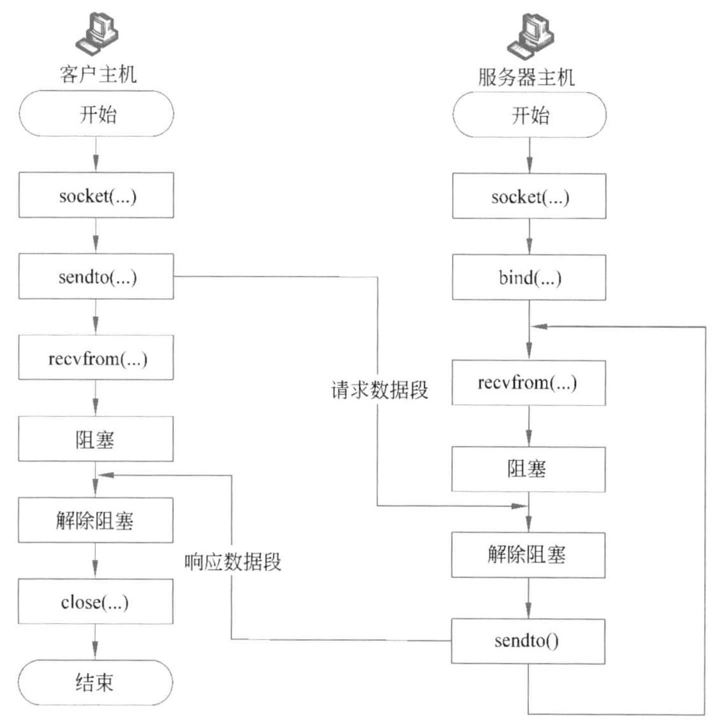

图 7-4 使用 UDP 的客户和服务器调用套接字接口的流程图

服务器程序的工作流程：首先，服务器程序调用 socket 函数创建一个套接字，并且将自己的 IP 地址和端口号通过 bind 函数绑定到该套接字，然后服务器调用

recvfrom 函数,程序将进入阻塞状态,直至一个数据流到达。当有数据流到达后,recvfrom 函数解除阻塞,并从接收到的数据流中提取客户套接字地址及其地址长度,程序需要保存这两个信息,接着调用处理该请求的函数。当需要返回给客户的结果准备好后,服务器程序调用 sendto 函数,并利用已保存的套接字地址将结果发送到发出此请求的客户。服务器使用了无限循环响应不同客户的所有请求。

客户程序的工作流程:程序调用 socket 函数创建一个套接字,然后调用 sendto 函数,同时传递服务器的套接字地址和缓存位置。UDP 能够从这个缓存中获取数据并生成数据段,客户调用 recvfrom 函数发送数据然后进入阻塞状态,直至服务器返回的响应到达。当响应到达时,UDP 把数据交付给客户程序,此时 recvfrom 函数解除阻塞,程序对接收到的数据进行进一步处理。假如客户数据流大于一个数据段,那么就要反复调用 sendto 和 recvfrom 这两个函数。

使用 TCP 的客户和服务器调用套接字接口的流程如图 7-5 所示。

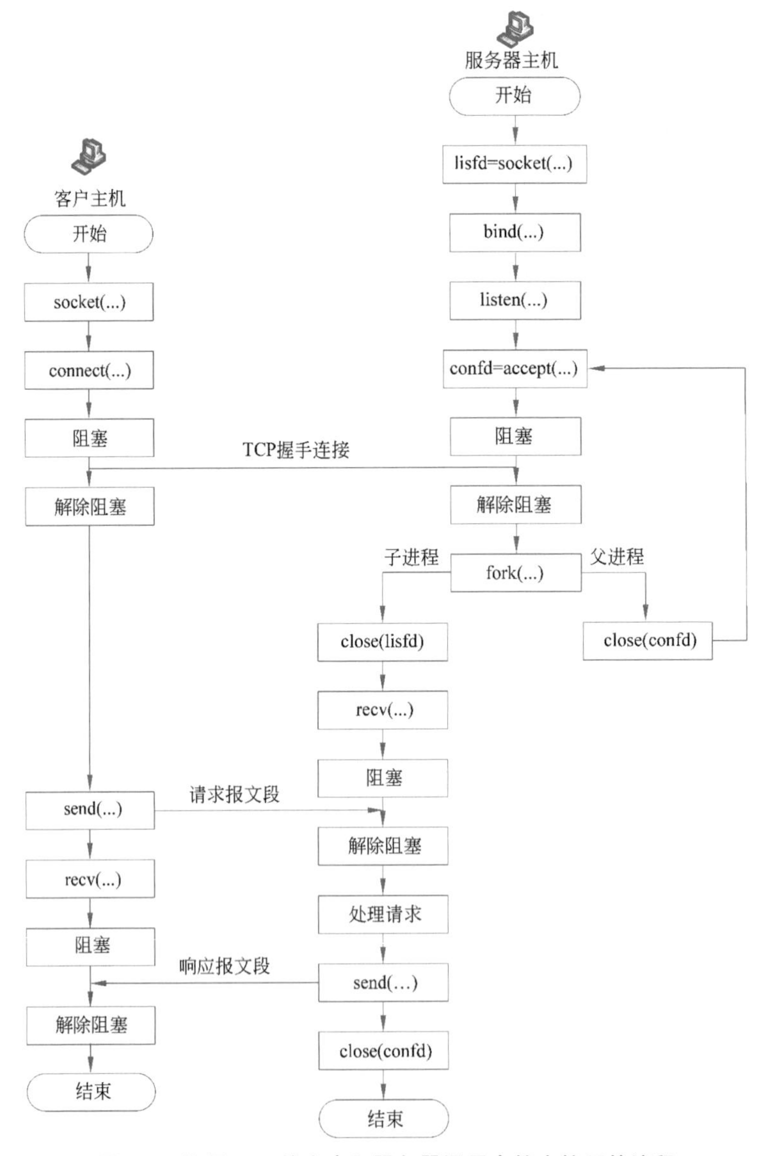

图 7-5　使用 TCP 的客户和服务器调用套接字接口的流程

服务器程序的工作流程：首先调用 socket 函数创建一个套接字，这个套接字称为监听套接字。监听套接字仅用于连接建立阶段。然后，服务器程序调用 bind 函数将本地套接字地址绑定到连接。服务器程序接着调用 accept 函数。这个函数是一个阻塞函数，当被调用时，它就进入阻塞状态，直至 TCP 接收到来自客户的连接请求才解除阻塞，并创建新的套接字，这个套接字称为连接套接字，其中包含客户的套接字地址。为了提供并发性服务，服务器程序调用 fork 函数创建一个子进程，父进程和子进程各做各的事。现在每个进程都有两个套接字：监听套接字和连接套接字。父进程把向客户提供服务的任务交给子进程负责，并再次调用 accept 函数以等到另一个客户请求连接。同时，子进程重复调用 recv 函数直至它接收完来自客户的所有数据流段。接着，子进程把完整的数据传递给一个 HandleRequest 函数，由它处理请求并生成结果。最后重复调用 send 函数将结果返回客户。

客户程序的工作流程：客户调用 socket 函数创建一个套接字，然后调用 connect 函数请求与服务器建立连接。connect 函数是阻塞函数，它在两个 TCP 之间的连接建立之前一直处于阻塞状态。当 connect 函数结束阻塞后，客户调用 send 函数向服务器发送数据，根据数据量大小需要重复调用 send 函数。数据发送完成后程序调用 recv 函数，这个函数同样也是阻塞函数，直至有数据流到达，程序重复调用 recv 函数接收完所有的数据。

在附录部分我们提供了套接字编程的实例程序。

7.2 域名系统

7.2.1 域名系统概述

前面已经学过，互联网中的主机之间相互通信时，必须要知道对方主机的 IP 地址，才能定位到对方。但有三个问题。IP 地址长达 32 位，即使表示成点分十进制，也难以记忆，并且一台主机的 IP 地址并不总是一直不变，用旧的 IP 地址去访问对方，肯定是无法完成的任务。另外，互联网快速发展，大量的用户接入，大量的 IP 地址投入使用，一个普通用户很难记住大量的不同的 IP 地址。

1983 年，南加州大学的保罗·莫卡派乔斯和乔恩·普斯特尔发明了域名系统(DNS)，解决了上述问题。这个伟大的发明用域名代替了 IP 地址，将主机的名称和地址进行了分离。

DNS 是互联网中实现域名和 IP 地址相互映射的分布式数据库。用户传输的数据中并没有任何一个字段携带域名，将域名映射到 IP 地址，是 DNS 提供的主要功能。用户不再需要像背电话号码一般记忆主机的 IP 地址，而是通过主机的域名访问互联网中的服务，主机的域名通常具备直观的含义且便于记忆。除了将域名映射到 IP 地址，DNS 还具备域名反解析(将 IP 地址映射到域名)、提供主机别名、获取邮件服务器别名等功能。

图 7-6 描绘了 DNS 解析域名的工作流程。用户只需要知晓主机名称就能使用互联网上的某台主机提供的服务，例如通过浏览器访问 baidu.com 查找资料。DNS 通过以下六个步骤将主机名解析为 IP 地址。

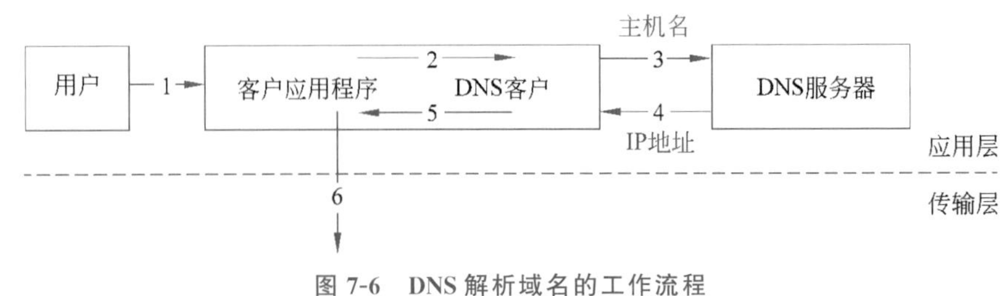

图 7-6　DNS 解析域名的工作流程

（1）用户把主机名输入客户应用程序，本例中就是浏览器的地址栏。

（2）客户应用程序将主机名传递给 DNS 客户。

（3）DNS 客户利用已经保存的 DNS 服务器 IP 地址，向该 DNS 服务器发送查询数据流。

（4）DNS 服务器将客户访问 baidu.com 所需服务器的 IP 地址作为结果响应。

（5）DNS 客户再将这个 IP 地址交付给客户应用程序。

（6）客户应用程序得到 IP 地址之后，借助传输层提供的服务就可以访问百度首页进行资料查询。

7.2.2　域名结构

现代互联网采用层次树结构的命名方法，如图 7-7 所示，任何一个连接在互联网上的主机或路由器，都有唯一的层次结构名称，即域名。这里"域"是名称空间中一个可被管理的划分。域还可以进一步被划分为顶级域、二级域、三级域等。

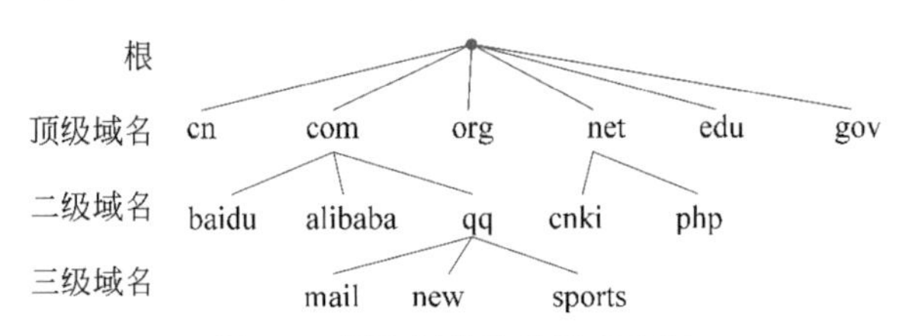

图 7-7　层次树结构的域名空间

每个域名都由标号序列组成。标号都由英文字母和数字构成，单个标号不超过 63 个字符，但为了保持便于记忆的设计初衷，一般不超过 12 个字符，不区分大小写字母，例如，qq 或 QQ 在域名中是等效的。标号中除连字符(-)外不能使用其他标点符号。级别最低的域名写在最左边，而级别最高的顶级域名则写在最右边。由多个标号组成的完整域名总共不超过 255 个字符。各个标号之间使用点号隔开。如下是网易邮箱服务器的域名，它由三个标号组成，从后往前分别是：顶级域名 com，二级域名 163，三级域名 mail。

```
mail.163.com
```

常用的顶级域名包括三类。

（1）**国家顶级域名**(national Top-Level Domain，nTLD)：采用 ISO 3166 的规定，cn 代表中国，us 代表美国，uk 代表英国等。

（2）**通用顶级域名**(generic Top-Level Domain，gTLD)：最先确定的通用顶级域名有 7 个，即 com(公司企业)、net(网络服务机构)、org(非营利性组织)、int(国际组织)、edu(美国专用的教育机构)、gov(美国的政府部分)、mil(美国的军事部门)。以后又陆续增加了13个通用顶级域名,即aero(航空运输企业)、asia(亚太地区)、biz(公司和企业)、cat(使用加泰隆人的语言和文化团体)、coop(合作团体)、info(各种情况)、jobs(人力资源管理者)、mobi(移动产品与服务的用户和提供者)、museum(博物馆)、name(个人)、pro(有证书的专业人员)、tel(Telnic股份有限公司)、travel(旅游业)。

(3) 基础结构域名(infrastructure domain):这种顶级域名只有一个arpa,用于反向域名解析,因此又称为反向域名。

在国家顶级域名下注册的二级域名均由该国家自行确定。我国把二级域名划分为"类别域名"和"行政区域名"两大类。

"类别域名"共7个,分别为ac(科研机构)、com(工、商、金融等企业)、edu(中国的教育机构)、gov(中国的政府机构)、mil(中国的国防机构)、net(提供互联网服务的机构)、org(非营利性的组织)。

"行政区域名"共34个,适用于我国的各省、自治区、直辖市。例如,bj(北京市)、js(江苏省)等。

域名之争:域名作为互联网时代的新型商标,对一家企业的战略发展具有重要影响,每个企业都希望自己的网站能有个令人印象深刻又便于记忆的域名。世界产权组织在2017年就收到了涉及112个国家当事人的3074件域名争议和纠纷投诉。

域名**163.com**的由来:网易公司的创始人丁磊在开发电子邮箱系统时,曾为选择一个域名纠结不已。偶然之间,163这串数字吸引了他的注意力,在拨号上网的时代,人们上网都需要先输入163,就像记住火警电话119、急救电话120,中国网民对163这串包含特殊意义的数字印象深刻,有电信局工作经验的丁磊对此更为敏感,并最终在域名注册中抢占了先机。

7.2.3 域名服务器

互联网上的域名服务器按照层次结构安排,每个域名服务器都只对域名体系中的一部分进行管辖,根据所处的级别,域名服务器可以分为以下四种类型。

(1) 根域名服务器:根域名服务器是最高层次的域名服务器,也是最重要的域名服务器。根域名服务器都知道所有的顶级域名服务器的域名和IP地址。当本地域名服务器无法对互联网上的域名进行解析时,就首先向根域名服务器求助。在大部分情况下,根域名服务器并不直接把待查询的域名直接转换成IP地址,而是告诉本地域名服务器下一步应当找哪个顶级域名服务器进行查询。

(2) 顶级域名服务器:这些域名服务器负责管理在该顶级域名服务器注册的所有二级域名。当收到DNS查询请求时,就给出相应的回答,这个问答可能是最后的结果,也可能是下一步应当找的域名服务器的IP地址。

(3) 权威域名服务器:权威域名服务器是负责一个区的域名服务器。当一个权威域名服务器还不能给出最后的查询答案时,就会告诉发出查询请求的DNS客户,下一步应当找哪个权威域名服务器。

(4) 本地域名服务器:当主机发送DNS查询请求时,该请求数据流就发送给本地域名服务器。本地域名服务器离用户较近,一般不超过几台路由器的距离。当所要查询的主机也属于同一个本地 IP 时，该本地域名服务器立即就能将所查询的主机名转换为它的 IP 地址，而不需要再去询问其他域名服务器。

区(zone)是一个服务器的管辖范围，每个区中都存在相应的权威域名服务器，其功能是保存本区内域名到 IP 地址的映射关系以及实现域名转换。区是 DNS 服务器实际所能管辖的范围，区和域的不同之处是区在范围上小于或等于域，但不会大于域。区的划分取决于组织内部，下面举例说明区和域的不同：假设 A 公司注册了域名 A.com，且包含两个部门 i、j，在部门较少的情况下只设立区 A.com，随着业务扩大，i 进一步衍生出三个下属部门 iw、iy、iz，此时 A 公司可以为 i 部门设立区 i.A.com，j 部门仍然属于区 A.com，且两个区共同属于域 A.com。

一个区通常有两台域名服务器通过主备组合的方式工作，主域名服务器负责创建、维护和更新区数据；而备份服务器只从主域名服务器获取数据。如果主域名服务器出现故障，备份服务器将接管提供服务的任务，备份服务器作为冗余系统，能够在预先配置的故障转移时间内提供域名解析服务，确保网络的可用性和连续性。

7.2.4 DNS 数据流格式和域名解析

DNS 请求和响应使用相同的数据流顶级格式，如图 7-8 所示。

Header 头部区域
Question 问题区域
Answer 回答区域
Authority 权威区域
Additional 附加区域

图 7-8 DNS 数据流顶级格式

图 7-8 中头部区域是必选的，头部区域标识了其他 4 个区域是否存在，当前数据流属于请求数据流还是响应数据流，以及其他信息；问题区域描述了用户请求域名服务器响应的参数，在某种程度上域名解析的过程可以看作用户请求域名服务器回答指定问题的过程(例如域名 baidu.com 对应的 IP 地址是多少?)；回答区域、权威区域和附加区域由若干资源记录(Resource Record，RR)组成，资源记录保存了域内主机相关的信息，包括域名、别名和 IP 地址，其格式将在稍后讨论。回答区域包含直接回复问题区域的资源记录，权威区域包含指向权威域名服务器的资源记录，附加区域包含与问题相关，但并不属于直接回复的资源记录。

RFC 1035 定义的 DNS 头部区域由图 7-9 所示的字段组成，其中各个字段的含义如下。

事务 ID：数据流的唯一标识，用户和 DNS 服务器根据事务 ID 字段将请求数据流和响应数据流相匹配，DNS 服务器在响应 DNS 解析请求时需要将事务 ID 复制进响应数据流中。

QR：1 位，用以区分当前数据流类型，0 代表查询数据流，1 代表响应数据流。

OPCODE：操作码，用于区分查询消息类型，0 代表标准查询，1 代表反向查询，2 代表服务器状态查询。

AA：权威回答，AA 被设为有效代表该响应来自权威域名服务器。

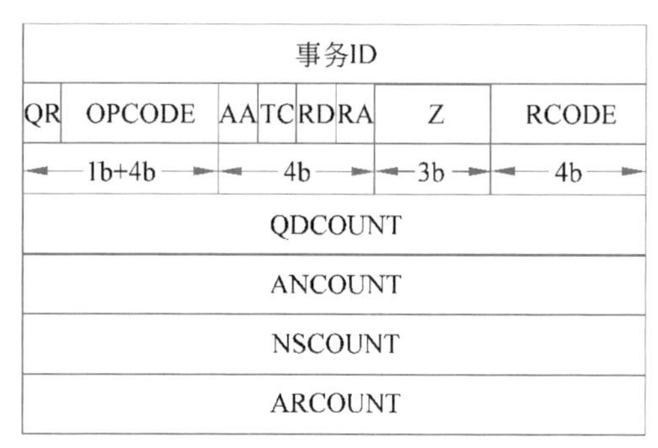

图 7-9 DNS 数据流头部格式

TC：截断标志，标识该数据流是否因为超过了最大长度限制而被截断。

RD：递归请求，可选项，指示域名服务器是否采用递归查询，递归查询的方式将在后续介绍。

RA：递归可用，指示域名服务器是否支持递归查询。

Z：保留使用，注意在 DNS 安全扩展（Domain Name System Security Extensions，DNSSEC）中将 Z 字段分为了 Z（1 位）、AD（1 位）、CD（1 位）三个字段，用于身份验证和安全检查，更详细内容可以从 RFC 2065、RFC 4035 获取。

RCODE：响应状态码，标识本次响应的状态，如表 7-1 所示。

表 7-1 RCODE 编码及其含义

编码	含义
0	正常响应，无差错
1	请求数据流格式错误，域名服务器无法解析
2	域名服务器出错，无法响应请求
3	域名错误，通常由解析不存在的域名而引发
4	查询类型不支持
5	拒绝服务，通常由请求禁止域名服务器执行的操作引发，例如出于安全考虑而无法提供特殊类型信息

QDCOUNT、ANCOUNT、NSCOUNT 和 ARCOUNT 各占 2 字节，分别标识了问题计数、回答资源记录数、权威资源记录数和附加资源记录数。

问题区域的格式如图 7-10 所示，各字段含义如下。

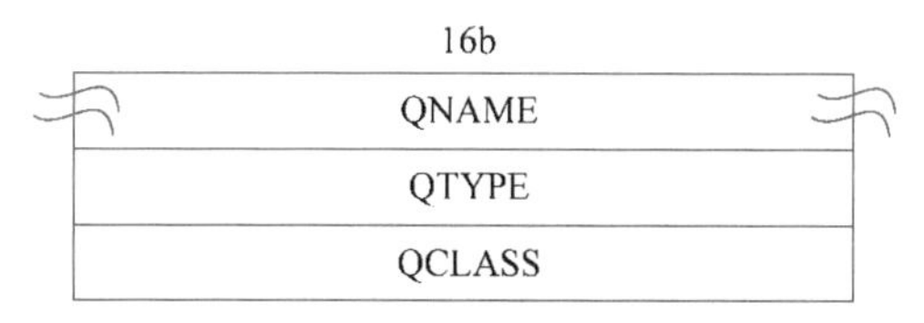

图 7-10 DNS 数据流问题区域的格式

QNAME：由一组 8 字节标签（长度取决于域名长度）标识域名，在最后附加 QNAME 字段的长度。

QTYPE：标识查询信息类型，QTYPE 是资源记录 TYPE（见图 7-11）的超集，每个 QTYPE 可以匹配一种及以上的资源记录 TYPE。常见 DNS 问题区域 QTYPE 字段编码及其含义如表7-2所示。

表7-2　常见DNS问题区域QTYPE字段编码及其含义

TYPE	编码	含　义
AXFR	252	请求整个区的域名解析
MAILB	253	请求与电子邮件服务相关的资源记录
MAILA	254	请求邮件服务代理的资源记录
*	255	请求所有资源记录

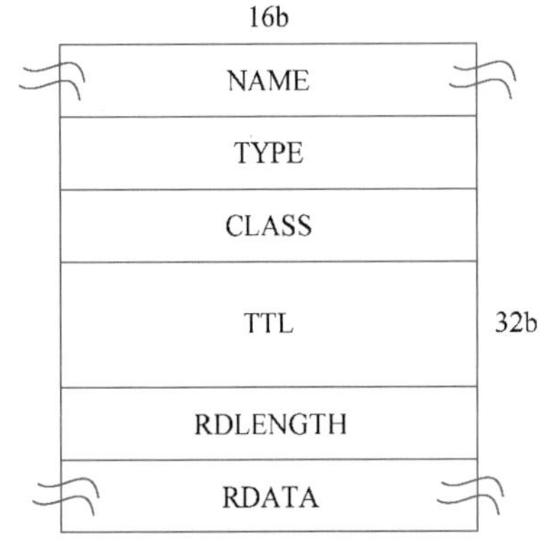

图7-11　DNS资源记录格式

QCLASS：标识查询的对象，通常情况下QCLASS取"IN"用于互联网。

DNS服务器存储了资源记录，并在响应数据流中通过资源记录向用户提供信息，RFC 1035所定义的资源记录格式如图7-11所示，各字段的含义如下。

NAME：持有该资源记录的节点域名。

TYPE：指明资源记录类型，TYPE组成的集合是问题区域QTYPE的子集，因此TYPE同样也是有效的QTYPE，常见的资源记录TYPE字段编码及其含义如表7-3所示，更多的TYPE字段编码及其含义可以通过查询RFC 1034、RFC 1035和RFC 3596获取。

表7-3　常见的资源记录TYPE字段编码及其含义

TYPE	编码	含　义
A	1	主机地址，该资源记录将DNS域名映射到IPv4地址
NS	2	权威域名服务器记录，指定负责该区域域名解析的服务器
CNAME	5	别名记录，主机的别名名称
SOA	6	起始授权记录，在一个区中唯一地定义了域的全局参数，对域进行管理设置
PTR	12	IP地址反向解析，与TYPE=A的记录相反，该资源记录将IP地址反向解析为域名
MX	15	邮件交换记录，用于指定接收和发送到域中电子邮件的主机
AAAA	28	主机地址，该资源记录将DNS域名映射到IPv6地址

CLASS：标识RDATA字段的类。

TTL：代表资源记录可被缓存的时间，值取0代表该资源记录不可被缓存。

RDLENGTH：代表RDATA字段的长度。

RDATA：对资源的描述性信息，长度可变，具体含义取决于TYPE和CLASS字段的值。

当客户端需要域名解析时，通过本机的DNS客户端构造一个DNS请求数据流，使用开销较小的UDP数据段发送给本地域名服务器。域名解析有两种方式——迭代查询和递归查询，两种查询的流程如图7-12所示。

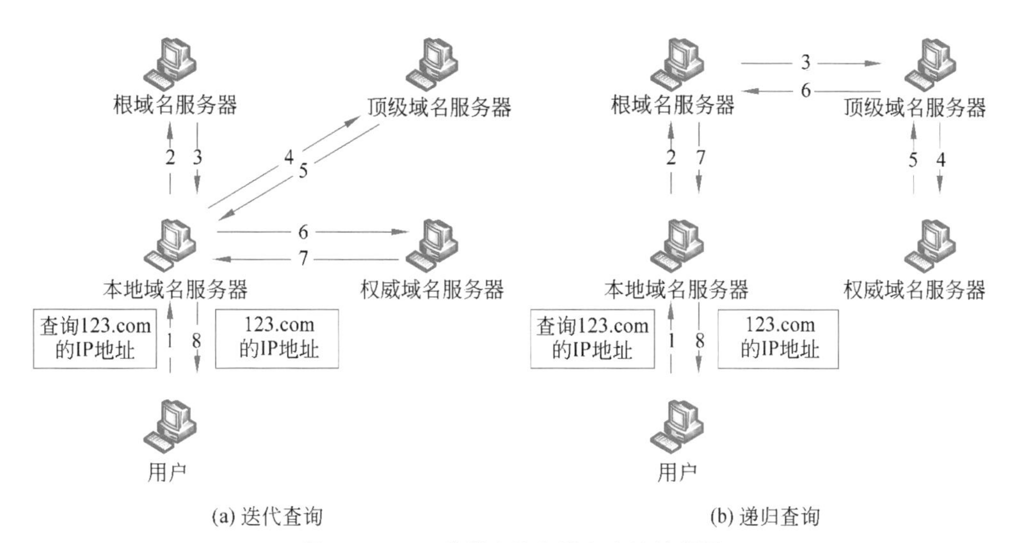

图 7-12 DNS 迭代查询和递归查询流程图

(1) 本地域名服务器向根域名服务器的查询通常采用迭代查询。迭代查询是指当根域名服务器收到本地域名服务器发出的迭代查询请求数据流时,第一种情况是可以直接得到查询的 IP 地址,第二种情况是告知本地域名服务器向哪个域名服务器进行查询。然后让本地域名服务器进行后续的查询。

(2) 主机向本地域名服务器的查询通常采用递归查询。递归查询是指假如主机所询问的本地域名服务器并不知道被查询域名的 IP 地址,那么本地域名服务器就以 DNS 客户的身份,替主机向其他根域名服务器继续发送查询请求。

出于提高 DNS 查询效率、减轻域名服务器的负担和减少互联网中 DNS 查询数据流数量的目的,DNS 使用高速缓存存放最近查询过的域名以及从何处获得域名映射信息的记录。这里举个高速缓存工作的例子:假设用户最近查询过域名为 123.com 的 IP 地址,那么本地域名服务器将把该域名和 IP 的映射存储在高速缓存中,再次查询时就不必重复从根域名服务器获取 123.com 的 IP 地址,而是直接取出高速缓存中存放的 123.com 的 IP 地址。另一种情况是高速缓存没有存放 123.com 的 IP 地址,但存放了顶级域名服务器 dns.com 的 IP 地址,那么本地域名服务器也可以跳过根域名服务器,直接向顶级域名服务器发送查询数据流。

为保持高速缓存中内容的正确,域名服务器应为每项内容设置计时器,当该项记录过期时,从高速缓存中删去,下次再查询时就需要重新到管理该域名的服务器中获取 IP 地址。

你知道如何查询正在使用的主机的域名服务器吗?以 Windows 系统为例,通过 Windows+R 组合键打开运行界面,输入 cmd 回车后进入命令提示符界面(见图 7-13),输入 nslookup 指令后即可看到当前正在使用的域名服务器及其 IP 地址。114.114.114.114 是国内移动、联通和电信通用的域名服务器地址。此时可以观察到命令提示符变为“>”,再输入 baidu.com 即可通过域名服务器解析 baidu.com 对应的 IP 地址。

```
默认服务器:  public1.114dns.com
Address:  114.114.114.114

> baidu.com
服务器:  public1.114dns.com
Address:  114.114.114.114

非权威应答:
名称:    baidu.com
Addresses:  110.242.68.66
          39.156.66.10
```

图7-13　命令提示符界面

7.3　应用层典型应用

7.3.1　文件传输

文件传输协议(File Transfer Protocol,FTP)常用于互联网中的文件传输。FTP提供交互式的访问,客户可以指定文件的格式、类型、存取权限。FTP的主要特点是屏蔽了各计算机系统的差异性,适合在异构网络中的任意计算机之间传输文件。

TCP/IP架构的主要贡献者之一,Abhay Bhushan在麻省理工学院就读期间起草了FTP的原始规范,并于1971年4月作为RFC 114发布。直到1980年,FTP才在TCP/IP的前身NCP上运行。该协议先在1980年6月被TCP/IP版本RFC 765取代,后来又在1985年10月被RFC 959所取代。此后在RFC 959的基础上提出了若干标准修改,例如1994年2月RFC 1579提出被动模式使FTP能够穿越NAT与防火墙,1997年6月RFC 2228提出安全扩展,1998年9月RFC 2428增加了对IPv6的支持,并定义了一种新型的被动模式。

FTP同样基于客户/服务器模式。一个FTP服务器进程可同时为多个客户进程提供服务,这一特点来自FTP的服务器进程两大组成部分:一个主进程,负责接收新的请求;若干从属进程,负责处理单个请求。

主进程的工作流程如下。

(1) 打开熟知端口,端口号为21。

(2) 等待客户进程发出连接请求。

(3) 创建从属进程处理客户进程发来的请求。从属进程对客户进程的请求处理完毕后就终止,从属进程在运行期间视情况可以创建其他子进程。

(4) 主进程回到等待状态,继续接收其他客户进程发来的请求。主进程与从属进程的处理是并发进行的。

FTP的主要组成如图7-14所示。服务器端有两个从属进程:控制进程和数据传输进程。

传输文件时,FTP的客户和服务器之间要建立两个并行的TCP连接,分别为控制连接和数据连接。控制连接在整个会话期间持续保持打开。FTP建立连接的方式又分为主动模式和被动模式。

主动模式下,客户进程向服务器进程发出建立连接请求,并连接服务器的熟知端口**21**,同时还要告诉服务器进程自己的另一个端口号码,例如2048,这个端口后续用

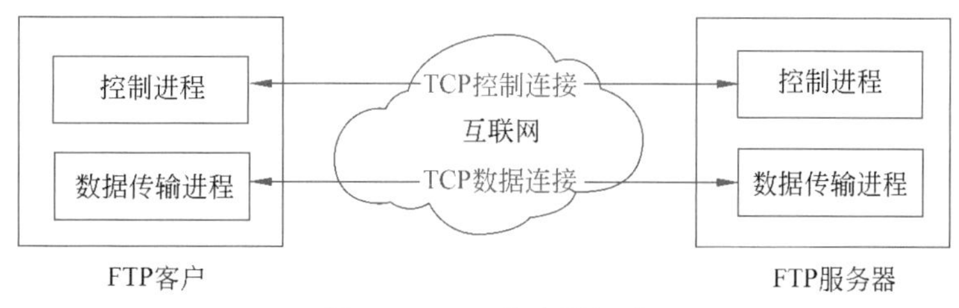

图 7-14 FTP 的主要组成

于建立数据传输连接。服务器端的控制进程在接收到 FTP 客户发送的文件传输请求后,服务器进程用自己传输数据的熟知端口 **20** 与客户进程所提供的端口号 2048 建立数据传输连接。由数据传输进程实际完成文件的传输,并且在传输完毕后关闭数据传输连接结束运行。正是因为 FTP 使用了两个不同的端口号,可以避免数据连接与控制连接发生混乱。

被动模式建立控制连接的过程和主动模式相同,两者的差异在于数据连接的建立方式。FTP 客户需要向服务器发送 PASV 指令,指令的含义是告知服务器采用被动模式建立连接,FTP 服务器选择自身的一个端口进行监听,例如 1024,并通过控制连接将端口号 1024 发送给客户端,FTP 客户在自身操作系统上选择一个端口与服务器建立数据连接。由此可以看出,主动模式和被动模式的差别在于建立数据连接时由客户(主动模式)还是服务器(被动模式)开启端口进行监听连接。

被动模式的设计初衷是绕过网络中间的防火墙和 NAT 服务器限制。假设客户端的防火墙被配置为不允许外界访问防火墙之后的主机,只能由客户主机发起建立连接的请求,此时被动模式的 FTP 才能正常工作。另一种情况是企业的公网 IP 有限,又需要向外网的用户提供文件传输服务,一般的解决方法是设立 NAT 服务器,在边界路由器上通过 NAT 服务器向外部用户提供 FTP 连接,但假如此时使用主动模式,FTP 服务器将主动与 NAT 服务器的某个端口建立连接(FTP 服务器将 NAT 服务器当作了客户端,但实际上并不是,且 NAT 服务器并不一定开启了客户指定的端口),最终可能导致数据连接建立失败,同样需要改为被动模式。

FTP 在控制连接和数据连接中使用了相应的策略,使 FTP 客户和 FTP 服务器,即便使用不同的操作系统、不同的字符集、不同的文件结构以及不同的文件格式也能够顺利通信。

FTP 在控制连接中使用 **NVT ASCII** 字符集,通信是通过命令和响应完成的。这种简单的方法对控制连接是合适的,由于每条命令或响应都是一个短行,每行都使用固定的结束字符(回车和换行),因此不必担心它的文件格式或文件结构。

FTP 通过数据连接传输数据,客户需要定义要传输的文件类型、数据结构以及传输方式。在数据连接中传输数据之前,FTP 先通过控制连接为数据传输做充分准备。网络异构性问题可通过定义 3 个通信属性解决:文件类型、数据结构和传输方式。

FTP 能够在数据连接上传输下列文件类型中的一种。

(1) EBCDIC 文件,若连接的一端或两端使用 EBCDIC 编码,则可使用 EBCDIC 编码传输文件。

(2) ASCII 文件,发送端把文本从它自己的表示转换为 NVT ASCII 字符,而接收端从 NVT ASCII 字符转换为它自己的表示。

(3) 图像文件，传输二进制文件的默认格式。这种文件作为连续的比特流传输而没有任何解释或编码。这在大多数情况下用于传输二进制文件，如已编译的程序。

FTP 可以使用下面任何一种对数据结构的解释，在数据连接上传输文件。

(1) 记录结构，将文件划分为一些记录。这只能用于文本文件。

(2) 文件结构，文件没有结构，是连续的字节流。

(3) 页面结构，将文件划分为一些页面，每个页面有页面号和页面首部。页面可以随机地或顺序地进行存取。

FTP 可以使用下面 3 种传输方式之一在数据连接上传输文件。

(1) 块方式，数据按块从 FTP 交付给 TCP。每个块的前面有 3 字节首部。第一个字节称为块描述符，后两个字节定义块的大小，以字节为单位。

(2) 流方式，TCP 将连续的字节流划分为适当大小的数据段。

(3) 压缩方式，若文件很大，数据可进行压缩。通常使用的压缩方法是游程长度编码，数据单元的连续出现数被单元和重复数替换。

7.3.2 远程登录

终端网络(TErminaL NETwork，TELNET)是一个简单的远程终端协议。使用 TELNET，用户就可以通过本地计算机远程登录到另一台主机上，用户移动鼠标、敲击键盘在远程主机上的结果都能直接显示在本地，因此，TELNET 又称为终端仿真协议。

TELNET 使用客户/服务器模式。和 FTP 的原理类似，服务器中的主进程等待新的请求，并产生从属进程处理每个连接。网络虚拟终端(Network Virtual Terminal，NVT)能帮助 TELNET 适应不同计算机和操作系统的差异。图 7-15 展示了 NVT 的工作原理，客户软件把用户的击键和命令转换成 NVT 格式，再转交给服务器。服务器软件把收到的数据和命令从 NVT 格式转换成远地系统所需的格式。同理，服务器向用户返回数据时，服务器把远程系统的格式转换为 NVT 格式，本地客户再从 NVT 格式转换到本地系统所需的格式。

图 7-15　NVT 的工作原理

NVT 通信都使用 8 位为 1 字节。在运转时，NVT 使用 7 位 ASCII 传输数据，而当高位置(从左向右数第一位为高位)1 时用作控制字符，当高位置 0 时用作数据字符。ASCII 共有 95 个可打印字符(如字母、数字、标点符号)和 33 个控制字符。所有可打印字符在 NVT 中的意义和在 ASCII 中一样。但 NVT 只使用了 ASCII 的控制字符中的几个。此外，NVT 还定义了两字符的 CR-LF 为标准的行结束控制符。当用户按回车键时，TELNET 的客户就把它转换为 CR-LF 再进行传输，而 TELNET 服务器要把 CR-LF 转换为远地机器的行结束字符。

TELNET 最大的问题是采用明文传输且密码不可靠，容易受到监听、嗅探①和中间人攻击②。1995 年，芬兰赫尔辛基理工大学的塔图·于勒宁发现学校网络中存在嗅探密码的网络攻击，并从中敏锐地洞察到了商机。于勒宁编写了一套保护信息传输的程序，并将其称为 **Secure SHell（SSH）**，设计目标是解决先前的 TELNET、FTP 等协议安全性不足的问题，同一年于勒宁凭借其软件创建了 SSH 通信安全公司。

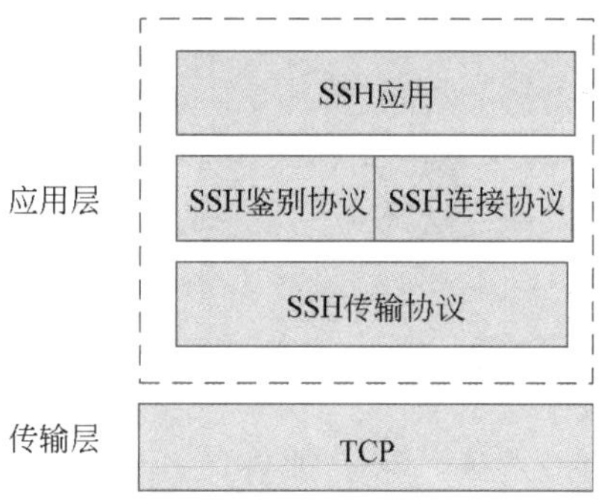

图 7-16 SSH 组成

SSH 是一个可以用于远程登录和文件传输等多用途的安全应用程序。SSH 由图 7-16 所示的四部分组成。

SSH 传输协议（SSH-TRANS），由于 TCP 是不安全的传输层协议，因此 SSH 首先在 TCP 基础上构建安全通信的协议。SSH-TRANS 独立于 TCP 存在，它在客户端和服务器首先建立一条不安全的 TCP 准连接。通过相互交换几个安全参数形成一条安全的通信连接。这个协议提供的服务包括保密或加密数据流的交换、数据的完整、服务器的鉴别、数据流的压缩。

SSH 鉴别协议（SSH-AUTH），在客户和服务器之间的安全信道已建立，且客户对服务器鉴别过之后，负责鉴别客户。

SSH 连接协议（SSH-CONN）提供了复用功能，它利用前两个协议建立的安全信道，让客户在该信道上创建多个逻辑信道，一起享用安全信道带来的好处。

如图 7-17 所示，SSH 协议使用的数据流分为以下几部分。

4B	1~8B	1B	可变长度	4B
长度	填充	类型	数据	CRC

图 7-17 SSH 数据流格式

长度：这个 4 字节的字段定义了数据流的长度，包括类型字段、数据字段和 CRC 字段，但不包括填充和长度字段本身。

填充：占据 1～8 字节，功能是提高安全性，使攻击更加困难。

类型：占据 1 字节，定义了 SSH 协议使用的数据流类型。

数据：长度可变。数据的长度可以用长度字段的值减去 5 字节推算得到。

CRC：循环冗余校验字段。

OpenSSH：SSH 的一种开源实现方案，属于 OpenBSD 的子项目之一，也是目前最受欢迎的实现版本之一。OpenSSH 程序主要包括了以下功能。

---

① 嗅探（sniffers）是一种网络流量数据分析的手段，常用于网络安全领域，也用于业务分析领域，一般是指使用嗅探器对数据流的数据截获与分组分析（packet analysis）。摘自维基百科：https://zh.wikipedia.org/wiki/%E6%95%B8%E6%93%9A%E5%8C%85%E5%88%86%E6%9E%90%E5%99%A8。

② 中间人攻击（Man In The Middle attack，MITM）在密码学和计算机安全领域中是指攻击者与通信的两端分别建立独立的联系，并交换其所收到的数据，使通信的两端认为它们正在通过一个私密的连接与对方直接对话，但事实上整个会话都被攻击者完全控制。摘自维基百科：https://zh.wikipedia.org/wiki/%E4%B8%AD%E9%97%B4%E4%BA%BA%E6%94%BB%E5%87%BB。

(1) ssh：TELNET 和 rlogin 的替代方案，用于远程登录。

(2) scp、sftp：rcp 的替代方案，用于在不同主机之间复制文件。

(3) sshd：SSH 服务器。

(4) ssh-keygen：根据加密算法（如 RAS、ECDSA）生成密钥，用于主机之间认证。

(5) ssh-agent、ssh-add：添加密钥密码。

(6) ssh-keyscan：扫描一组主机，并记录其公钥。

OpenBSD：加州大学伯克利分校所开发的 UNIX 派生系统伯克利软件套件(BSD)的一个后继者。

7.3.3　电子邮件

众所周知，实时通信的电话给我们的生活带来诸多便利，但电话通信存在两个缺陷：其一，接听电话的人和来电方必须同时方便接听电话；其二，用户容易被骚扰电话或者不合时宜的呼叫而打扰工作或者休息。电子邮件很好地弥补了电话通信的缺陷，在互联网中的使用频率和受欢迎度不断高涨。电子邮件把邮件发送到收件人使用的邮件服务器的收件人邮箱中，收件人可在方便时登录自己的客户端账号查看邮件。电子邮件不仅使用方便，而且还具有传递迅速和费用低廉的优点，随着技术的发展，现代电子邮件不仅可传送文字信息，而且还可附上图像、音频、视频。

1971 年，美国程序员雷蒙德·塞缪尔·汤姆林森(Raymond Samuel Tomlinson)为人们带来了世界上第一个电子邮件系统，他也被后人誉为"电子邮件之父"。汤姆林森在 ARPANET 系统上实现了电子邮件系统，该系统能够在连接到 ARPANET 的不同主机用户之间发送邮件（在此之前只能发给使用同一台计算机的其他用户，用途十分局限），同样也是汤姆林森首先使用"@"符号将用户名与计算机名分隔，这一设计规范仍然体现在现代电子邮件地址的格式中。

一个电子邮件系统结构如图 7-18 所示，包括用户代理(User Agent，UA)、邮件传输代理(Mail Transfer Agent，MTA)以及邮件发送协议，如简单邮件传输协议(Simple Mail Transfer Protocol，SMTP)和邮件读取协议，如邮局协议版本 3(Post Office Protocol Version 3，POP3)。

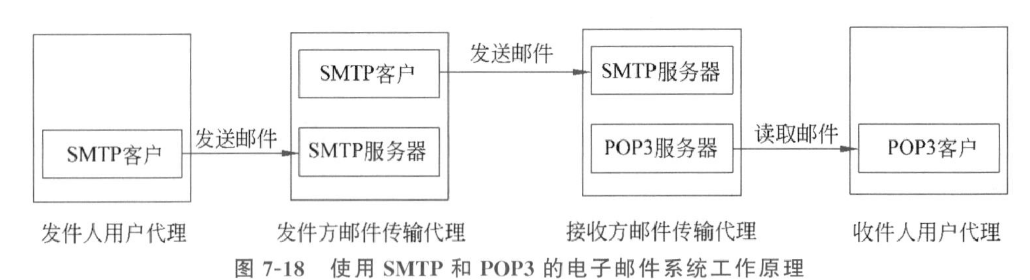

图 7-18　使用 SMTP 和 POP3 的电子邮件系统工作原理

用户代理在用户与电子邮件系统之间充当中介，它是运行在用户计算机中的一个程序，它提供一个可视化窗口以便于用户撰写、阅读、回复和转发邮件，同时还处理用户计算机上的本地邮箱。用户代理又可以称为电子邮件客户端软件。用户代理应当具有以下 4 个功能。

(1) 显示功能。在本地计算机屏幕上显示出来信的内容,包括文本、图像、声音等。

(2) 撰写功能。为用户提供编辑信件的环境,包括创建联系人列表、选择常用联系人,回信时从来信中提取出对方地址,根据用户需求设置自动答复。

(3) 处理功能。包括发送邮件和接收邮件。收件人应能根据情况按不同方式对来信进行处理。例如,阅读后删除、保存、打印、转发等,以及自建目录对来信进行分类保存。有时还可在读取信件之前先查看一下邮件的发件人和前几行内容等,以选择是否展开阅读该信件。

(4) 通信。发信人在撰写完邮件后,由用户代理与邮件服务器通信,同样接收邮件时,用户代理使用邮件读取协议从本地邮件服务器接收邮件。

邮件服务器按照客户/服务器模式工作,发送和接收信件使用两种不同的协议。发送协议用于用户代理向邮件服务器发送邮件或在邮件服务器之间发送邮件,如SMTP。接收协议用于用户代理从邮件服务器读取邮件,如POP3。

邮件服务器需要同时具备客户和服务器功能,因为用户可能既是发信人,又是收信人。当邮件服务器A向另一个邮件服务器B发送邮件时,A就作为SMTP客户,而B是SMTP服务器。反之,当B向A发送邮件时,B就是SMTP客户,而A就是SMTP服务器。

如图7-19所示,图中给出了计算机之间发送和接收电子邮件的重要步骤。

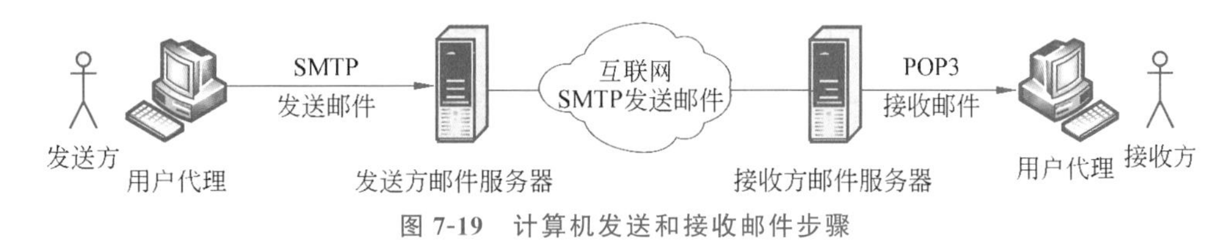

图7-19 计算机发送和接收邮件步骤

(1) 发件人调用计算机中的用户代理撰写和编辑要发送的邮件。

(2) 发件人完成邮件编辑后只需要单击发送,之后的工作由用户代理完成。用户代理使用SMTP把邮件发给发送方邮件服务器,用户代理充当SMTP客户,而发送方邮件服务器充当SMTP服务器。

(3) 发送方邮件服务器收到用户代理发来的邮件后,就把邮件临时存放在邮件缓存队列中,等待发送到接收方邮件服务器。

(4) 发送方邮件服务器与接收方邮件服务器建立TCP连接,将邮件缓存队列中的邮件依次发送出去。

(5) 接收方邮件服务器收到邮件后,把邮件放入收件人的用户邮箱中,等待收件人读取。

(6) 收件人在打算收信时,登录计算机中的邮件客户端软件,使用POP3读取发送给自己的邮件。

用户代理发出的邮件必须设置成邮件传输代理能处理的标准格式。RFC 822和RFC 5322是主要的互联网邮件格式版本。

电子邮件由信封(envelope)和内容(content)两部分组成。电子邮件的应用程序根据邮件信封上的信息传送邮件,这与邮局按照信封上的地址和联系人信息投递信件是一致的。邮件信封中最重要的就是收件人的地址。TCP/IP 体系规定电子邮件地址由本地用户名、“@”符号、域名组成：

本地用户名@域名

以电子邮件地址“wang@123.com”为例，“123.com”就是邮件服务器的域名，而“wang”就是在这个邮件服务器中的用户名，这个用户名在该邮件服务器中必须是唯一的，这样保证了在投递电子邮件时能明确唯一收件人。

电子邮件内容包括首部和主体。RFC 5322 规定了邮件内容中的首部格式，而邮件的主体部分则让用户自由撰写。用户写好首部后，邮件系统自动地将信封所需的信息提取出来并写在信封上。所以用户不需要填写电子邮件信封上的信息。

邮件内容首部的格式为关键字后面紧跟冒号，常见的邮件头及其含义如表 7-4 所示。

表 7-4　常见的邮件头及其含义

邮件头	含　义	邮件头	含　义
To：	主要收件人的电子邮件地址	From：	邮件撰写者
Cc：	次要收件人的电子邮件地址	Reply-To：	回复邮件的电子邮件地址
Bcc：	密件抄送的电子邮件地址	Data：	邮件发出的日期和时间

RFC 822 指定了邮件头，把邮件内容完全留给用户自己，这种工作方式在 ARPANET 早期，电子邮件只由文本消息组成并使用英文书写的情况下完全能够胜任工作。随着时代的发展，互联网使用越来越广泛，发件人对电子邮件内容多样性的需求也越来越强烈，包括使用英语之外的语言写信，邮件中包含图像、音频、视频和程序文件等。互联网邮件扩充(Multipurpose Internet Mail Extensions，MIME)就是为了满足邮件内容多样性而诞生的。

MIME 在邮件首部中说明了邮件的数据类型，如文本、音频、图像、视频等。在 MIME 邮件中可同时传送多种类型的数据，这非常有利于多媒体通信发展。如表 7-5 所示，MIME 定义了 5 种新的邮件头。

表 7-5　新的邮件头及其含义

邮　件　头	含　义
MIME-Version：	MIME 版本
Content-Description：	描述邮件的可读字符串
Content-Id：	唯一标识符
Content-Transfer-Encoding：	传输时的编码方式
Content-Type：	邮件内容的类型和格式

MIME-Version 标识 MIME 的版本，默认为全英文文本。

Content-Description 标识邮件的内容，说明邮件主体是否是图像、音频或视频。

Content-Id 是邮件的唯一标识符。

Content-Transfer-Encoding 即内容传输编码。

下面介绍三种最常用的内容传输编码。

（1）**7 位 ASCII** 是最简单的编码，每行不能超过 1000 个字符，MIME 对 ASCII 构成的邮件主体不进行任何转换。

（2）**Quoted-Printable** 编码方法适用于所传送的数据中只有少量的非 ASCII，例如邮件中包含少量汉字。Quoted-Printable 编码方法对字符"＝"以外的所有可打印的 ASCII 都不做改变。"＝"和不可打印的 ASCII 以及 ASCII 无法表示字符的编码方法是：先将每个字节的二进制代码用两个十六进制数字表示，然后在前面再加上一个等号"＝"。例如，汉字的"系统"的二进制编码是 11001111 10110101 11001101 10110011，其十六进制数字表示为 CFB5CDB3。用 Quoted-Printable 编码表示为＝CF＝B5＝CD＝B3，这 12 个字符都是可打印的 ASCII 字符。等号"＝"的二进制代码为 00111101，即十六进制的 3D，因此等号"＝"的 Quoted-Printable 编码为"＝3D"。

（3）**base64** 编码可用于任意的二进制文件。二进制代码首先被划分为一个个 24 位长的单元，然后把每个 24 位单元划分为 4 个 6 位组。每个 6 位组按以下方法转换成 ASCII：6 位的二进制代码共有 64 种不同的值，从 0 到 63。用 A 表示 0，用 B 表示 1 等。26 个大写字母排列完毕后，接下去再排 26 个小写字母，再后面是 10 个数字，最后用"＋"表示 62，而用"/"表示 63。再用两个连在一起的等号和一个等号分别表示最后一组的代码只有 8 位或 16 位。回车和换行都忽略，它们可在任何地方插入。

Content-Type 标识内容类型，RFC 1521 定义了 7 种 MIME 类型，各个类型都有一个或多个子类型，类型和子类型通过一个斜线隔开。MIME 类型及其子类型含义如表 7-6 所示。text 类型可传输不同格式的文本内容，text/html 结合起来表达这是一个 html 文档。image 类型传输静态图像。audio 类型传输音频。video 类型传输运动图像，video 类型只包含可视信息而不包含声音，如果要传输一部有声电影，那么视频和音频部分必须被分开传输。model 类型主要用于传输 3D 模型数据。application 类型是对那些未被其他类型覆盖但又需要应用程序解释数据的未知格式的统称，收到这种邮件内容的用户代理通过外部程序显示内容。message 类型可以在一个邮件中封装另一个邮件，常用于转发电子邮件。multipart 类型允许一个邮件包含多个部分，并且每个部分之间存在明显分界。

表 7-6　MIME 类型及其子类型含义

类　型	子　类　型	含　义
text	html、xml、css、plain	文本内容
image	jpeg、tiff	图像
audio	mpeg、mp4、basic	音频
video	mpeg、mp4、quicktime	运动图像
model	vrml	3D 模型
application	octet-stream、pdf、javascript、zip	应用程序生成的数据
message	http、rfc822	封装的邮件
multipart	mixed、alternative、parallel、digest	多个类型的组合

SMTP 是一种基于客户/服务器模式的电子邮件传输协议，它只规定了邮件如何传输，而不规定邮件的格式、发送速率、存储方式。SMTP 包含由若干字母组成的 14 条命令和 21 种应答信息，应答信息一般由一个 3 位数字的代码开始，后面可以选择附

上文字说明。下面介绍 SMTP 通信过程中的连接建立、邮件传送、连接释放三个阶段。

连接建立：发件人的邮件送到发送方邮件服务器的邮件缓存后，SMTP 客户就每隔一定时间，例如 15min，扫描邮件缓存中是否存在没有发送的邮件，假如存在，SMTP 通过熟知端口号码 25 与接收方邮件服务器的 SMTP 服务器建立 TCP 连接。连接建立后，接收方 SMTP 服务器向对方发送"220 Service ready"表示服务准备完成，然后 SMTP 客户向服务器回复 HELO 命令并且附上发送方的主机名，假设 SMTP 服务器有能力接收邮件，则回复"250 OK"表示已准备好接收，另一种情况是 SMTP 服务器不可用，则回复"421 Service not available"表示服务不可用。若 SMTP 客户在长时间内都无法发送邮件，邮件服务器会将这个情况通知发件人。

邮件传送：邮件的传送从 MAIL 命令开始。MAIL 命令后跟发件人的地址，例如"MAIL FROM：＜发件人地址＞"。若 SMTP 服务器已准备好接收邮件，则回答"250 OK"。否则，返回一个代码，代码代表了出错的原因，例如 500 代表命令无法识别，451 代表处理时出错，452 代表存储空间不足等。

RCPT 命令根据同一个邮件的收件人数量被调用相应次数，其格式为"RCPT TO：＜收件人地址＞"。每发送一个 RCPT 命令，都应当有相应的信息从 SMTP 服务器返回，"250 OK"代表邮箱在接收方的系统中，"550 No such user here"代表不存在此邮箱。RCPT 命令先确认接收方系统是否已做好接收邮件的准备，然后才发送邮件，这样做的好处是避免无效通信造成资源浪费。

DATA 命令表示要开始传送邮件的内容了。SMTP 服务器返回的信息是"354 Start mail input; end with ＜CRLF＞.＜CRLF＞"。＜CRLF＞代表回车换行。若不能接收邮件则返回错误代码。紧接着 SMTP 客户开始发送邮件的内容，发送完成后，再发送"＜CRLF＞.＜CRLF＞"表示邮件内容结束。实际上在服务器端看到的可打印字符只是一个英文的句点。若邮件收到了，则 SMTP 服务器返回信息"250 OK"，否则返回差错代码。

连接释放：邮件发送完毕后，SMTP 客户发送 QUIT 命令。SMTP 服务器返回的信息是 221 代表结束服务，至此传送邮件的全过程便结束了。

SMTP 是一个推送协议，其功能是将邮件从客户推送至服务器，因此邮件系统工作的第一和第二阶段使用 SMTP。然而第三阶段的需求是将邮件从服务器拉取到客户，因此需要另一种不同的协议读取邮件，常见的邮件读取协议包括 POP3 和因特网信息访问协议(Internet Message Access Protocol，IMAP)。

POP3 适用范围广，大多数的 ISP 都支持 POP3。POP3 基于客户/服务器模式，只有用户输入正确的鉴别信息，通常是用户名和密码，才允许读取邮箱。POP3 的另一个特点就是只要用户从 POP3 服务器读取了邮件，POP3 服务器就会把该邮件删除。虽然这个设计有利于缓解 POP3 服务器的存储压力，但对用户并不友好，试想，用户在办公室的计算机上接收了一个邮件但只阅读了一半，当他回家后想用家中的笔记本电脑再次查看邮件时，POP3 服务器却已经删除了这封邮件，这是一件多么令人抓狂的事情。因此 RFC 2449 扩充了 POP3 的一些功能，其中就包括让用户能够事先设置邮件读取后仍然在 POP3 服务器中存放的时间。

IMAP 是一个比 POP3 更复杂的邮件读取协议，IMAP 的工作原理：用户通过计算机的 IMAP 客户程序，与邮件服务器上的 IMAP 服务器程序建立 TCP 连接，用户就可以像在本地一样操纵邮件服务器的邮箱。当用户计算机上的 IMAP 客户程序打开 IMAP 服务器的邮箱时，用户可以看到邮件的首部，只有用户需要展开阅读某个邮件时，IMAP 才会将该邮件传送到用户的计算机上。除此之外，用户可以根据需求为自己的邮箱创建便于分类管理的层次式的邮箱文件夹，并且能够将存放的邮件从某个文件夹中移动到另一个文件夹中。用户也可按某种条件对邮件进行查找。除非用户主动删除，否则 IMAP 服务器邮箱将一直保存这些邮件。

IMAP 的优点是用户可以在不同时间、不同地点、使用不同计算机随时上网阅读和处理邮件。IMAP 还允许收件人只读取邮件中的某个部分，这个功能在邮件包含大量图片或视频附件的情况下，有效帮助用户决定是否花时间下载全部内容。同时，IMAP 的缺点是如果用户没有将邮件复制到自己的计算机上，则邮件一直存放在 IMAP 服务器上，查阅邮件时必须先上网。

7.4 万维网

7.4.1 万维网体系结构概述

万维网简称 Web，于 1989 年在欧洲核子研究中心(CERN)诞生，研发人员最初设计 Web 的原因是大型粒子物理实验研究组成员经常分散在好几个国家，成员之间的生活和工作作息时差极大，因而希望通过 Web 修改报告、计划、绘图、照片和其他文档的方式帮助研究者进行合作。18 个月后第一个基于文本的原型系统投入使用，该系统的发布引起了伊利诺伊大学的 Marc Andreessen 所在的研究组的注意，并在 1993 年开发了第一个图形浏览器——Mosaic。

一年后 Andreessen 离开学校组建了网景公司(Netscape)，公司的目标是开发 Web 软件。接下来的 3 年，网景公司的 Netscape Navigator 和微软公司的 IE 浏览器进行了一场旷日持久的浏览器大战[①]。直至今日，网站和网页呈指数级爆炸增长，达到数亿计的网站和网页规模，网站和它们背后的公司主要定义了 Web。

1994 年，CERN 和 MIT 建立**万维网联盟**(W3C)。W3C 致力于对协议进行标准化，以进一步开发 Web，并鼓励站点之间实行互操作。W3C 的主页是 www.w3.org，从该主页可以找到涵盖该联盟所有文档和活动的页面链接。

虽然万维网中带有"网"字，但万维网并非某种特殊的计算机网络，而是信息资源的网络，是构建在互联网之上的**分布式系统**。万维网是一个大规模的、分布式的信息储藏所。Web 由分散在全球范围的内容组成，这些内容以 Web 页面(简称为页面)的形式表示。如图 7-20 所示，每个页面可以包含指向其他页面的链接，用户单击这个链接就可以跳转到它指向的页面。

用户观看页面的内容需要通过浏览器，Chrome 和 Firefox 是目前较为流行的浏

① 不同的网络浏览器之间为争取用户优先使用，造成彼此使用率的竞争。第一时期为 1998 年，微软公司的 IE 浏览器依靠和 Windows 操作系统的捆绑销售策略，取代网景公司的 Netscape Navigator 成为主要浏览器。第二时期为 2003 年之后，IE 浏览器更新缓慢且存在诸多安全漏洞，其市场份额逐渐被 Firefox、Chrome、Safari 等浏览器蚕食，直至 2022 年 6 月 15 日微软公司彻底终止支持 IE 浏览器。

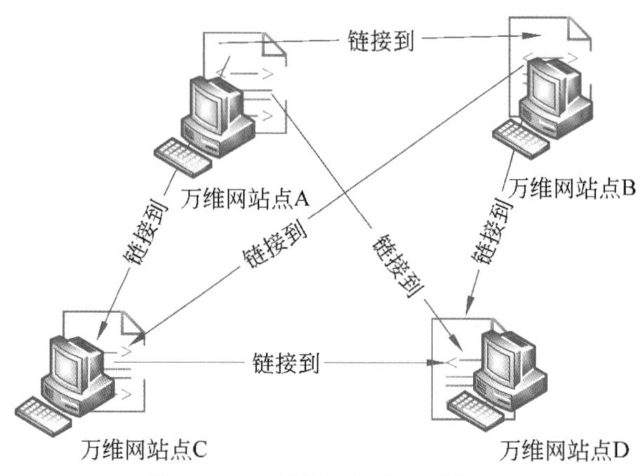

图 7-20　万维网提供分布式服务

览器。浏览器取回所请求的页面，对页面内容进行解释，并在屏幕上渲染显示出来。页面内容本身可能是文本、图像和格式化的命令混合体，渲染显示的形式多种多样：可能是传统的文档形式，或者是音频、视频等多媒体的形式，再或者是一个能和用户交互的图形界面的程序。

万维网基于客户/服务器模式。浏览器就是在用户主机上的万维网客户程序。万维网文档所驻留的主机就是万维网服务器。客户程序向服务器程序发出请求，服务器程序向客户程序送回客户所要的万维网文档。

如图 7-21 所示，我们通过举例进一步说明万维网的工作原理。假设我们要读取一个旅行社的旅游项目信息，第一次请求读取到的是该旅游项目的主文档，文档中还包含了目的地的照片链接和收费文档的链接，用户可以单击照片链接观看旅游目的地的照片集，当有意图报名该旅游项目时，可以单击收费文档的链接阅读详细的收费信息。照片和收费文档可以存储在不同的站点中，这并不妨碍从主文档中通过链接获取它们。

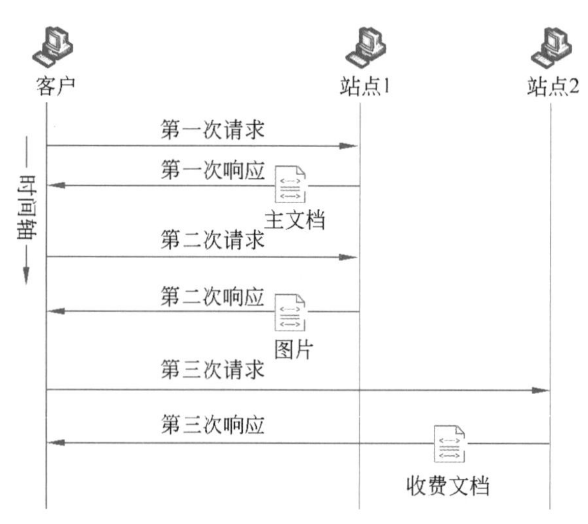

图 7-21　万维网的工作原理

图 7-21 的例子展示了超文本(hypertext)和超媒体(hypermedia)的概念。超文本是指包含指向其他文档的引用的文档，这也就是说，超文本文档中的部分文本可以被

定义为到其他文本的链接，当在浏览器中浏览超文本时，可以通过单击这个链接取得其他文档。当文档包含到其他文本文档的链接或图片、视频、音频时，可以称为超媒体。

为了在庞大的互联网中唯一标识一个资源，万维网为每个资源赋予了统一资源定位符(URL)。URL 给资源的位置提供一种抽象的识别方法，并用这种方法给资源定位。只要能够对资源进行定位，系统就可以对资源进行各种操作，如存取、更新、替换和查找其属性。这里的“资源”不仅限于文档，还包括文件目录、文件、文档、图像、声音等，可以说任何能与互联网相连的任何形式的数据都可以成为资源。URL 的一般由以下四部分组成。

```
<协议>://<主机>:<端口>/<路径>
```

＜协议＞指出使用什么协议获取该万维网文档。现在最常用的协议就是 HTTP，其次是 FTP。＜协议＞后面的“://”是规定的分隔符。第二部分＜主机＞指出这个资源存储在互联网中的哪台主机中，也就是该主机在互联网上的域名。第三部分＜端口＞和第四部分＜路径＞有时是可省略的。

7.4.2 Web 页面

1. 静态页面

Web 的基础功能是将 Web 页面(Web 文档)从服务器传输给客户，静态页面是 Web 页面的最简单形式，静态是指页面的内容固定，每次都以一样的方式被客户端获取和显示。但静态并不意味着页面在浏览器端是静止的，包含一段视频的页面也可以是一个静态页面。

静态页面可用以下标记语言中的任意一种书写：超文本标记语言(HTML)、可扩展标记语言(eXtensible Markup Language，XML)、可扩展超文本标记语言(eXtensible HyperText Markup Language，XHTML)以及层叠样式表(Cascading Style Sheets，CSS)。

HTML 通过各种类型标签定义页面排版的格式，假如需要把一行字设为一级标题，那么只需要使用＜h1＞和＜/h1＞包围文字。通过把各种标签嵌入万维网的页面中就构成了 HTML 文档。HTML 文档是一种可以用任何文本编辑器创建的 ASCII 文件。但浏览器只对以.html 或.htm 为文件后缀的 HTML 文档进行解释。如果 HTML 文档改为以.txt 为其后缀，通过浏览器打开就只能看见原本的文本内容。

HTML 还允许在万维网页面中插入图像、链接等内容。W3C 负责制定官方的 HTML 标准，现在已经更新至 HTML 5.0，新的版本增加了在网页中嵌入音频、视频以及交互式文档等功能，更多内容可以在 W3C 组织提供的文档中找到。

相比于 HTML 的设计初衷是在浏览器上显示数据，XML 的设计初衷则是传输数据。XML 通过标记文档使其具有结构性，常用于标记数据、定义数据类型，是一种允许用户扩展标记语言的源语言。XML 能够将用户界面与结构化数据分割开来，分离出来的可以是客户订单、实验结果、书籍列表、账单等自定义结构化数据类型。

CSS 是一种样式表语言，用于为 HTML 文档定义布局。假如说 HTML 定义了页面的骨干框架，CSS 则定义了页面在浏览器上显示的字体、颜色、粗细、边距、高度、宽度、背景图像等属性。

浏览器引擎：又被称为页面渲染引擎(rendering engine)或排版引擎(layout engine)，它是一种内置于浏览器的软件组件，功能是解析HTML、XML等标记文档内容，整理CSS、XSL等样式信息，并将排版后的内容输出至显示器或打印机，是浏览器渲染并显示Web页面的核心程序。所有网页浏览器、电子阅读器、电子邮件客户端等需要根据标记语言显示内容的应用程序都需要排版引擎。现阶段主流的浏览器引擎包括WebKit、Blink、Presto等。假如你了解过JavaScript等脚本语言，那么你就打开浏览器中按F12键唤出控制台，运行"javascript: alert(navigator.userAgent)"轻松地查看当前使用的浏览器引擎(见图7-22)。

chrome://new-tab-page 显示

Mozilla/5.0 (Windows NT 10.0; Win64; x64) AppleWebKit/537.36 (KHTML, like Gecko) Chrome/116.0.0.0 Safari/537.36

确定

图7-22 查看当前使用的浏览器引擎

2. 动态页面

同静态页面不同，动态页面的具体内容在浏览器访问万维网服务器时才确定。动态页面的创建过程：首先，万维网服务器接收到来自用户的请求后，根据请求的内容运行相应的应用程序；然后，由该应用程序对浏览器发来的数据进行处理，并输出HTML格式的页面；最后，万维网服务器将该页面作为响应结果返回浏览器，浏览器为客户渲染显示的结果。动态页面具备内容实时更新的优点，常用于实时反馈商品价格、股市股价和气温变化等内容。

通用网关接口(Common Gateway Interface，CGI)定义了动态页面的编写格式，如何获取输入数据以及如何填写输出数据。浏览器向服务器发送请求时，可以在表单中填写输入数据，若信息比较少，则可以直接附加在URL后面的问号"?"符号之后。例如，下面的URL携带一个参数100。

```
http://www.search/q1?100
```

当服务器解析URL时，它使用"?"前面的部分访问要运行的程序，并将问号后面的部分(100)解析为客户的输入数据。服务器把这个值存储在一个变量中，当CGI程序执行时，它就能访问这个值。

若从浏览器发送的数据比较多，则建议将数据以表单的形式发送给服务器，浏览器负责将输入数据填入该表单，并把它发送给服务器。在表单中的信息可用作CGI程序的输入。

服务器执行CGI程序，并把输出发送给浏览器。输出通常是普通正文或HTML结构的正文。输出也可以是其他形式的内容，如图形、二进制数据、状态码、给浏览器的指令或者指示服务器发送现有页面的指令。CGI程序必须创建首部以区分输出的实际类型。

动态页面所包含的信息随着页面内容的确立而固定下来，它无法提供刷新十分频繁的页面或者展示动画，而活动页面能弥补以上缺陷。活动页面的工作原理是将所有的工作都转移给浏览器端。每当浏览器请求一个活动页面时，服务器就返回一段活动页面程序副本，该程序副本将在浏览器端运行并且与使用者直接交互，相当于浏览器保留了一个能即时返回数据的程序，只要用户运行该程序，就可以连续地改变屏幕的显示。由于活动页面只需要传输一次程序副本，对网络带宽的要求也不高。

7.4.3 超文本传输协议(HTTP)

掌握 Web 文档的组成后，我们需要知道如何在客户和服务器之间传输文档。**HTTP 定义了万维网客户程序如何向万维网服务器请求万维网文档，以及服务器怎样把文档传送给浏览器。** HTTP 是面向事务的应用层协议，事务是指一系列的信息交换，而这一系列的信息交换是一个不可分割的整体。HTTP 是万维网上能够可靠地交换文本、声音、图像等各种多媒体文件的重要基础。如图 7-23 所示，我们展示了使用 HTTP 从服务器获取文档的过程。万维网站点的服务器进程不断监听 TCP 的 80 端口，一旦监听到建立连接的请求并成功建立了 TCP 连接之后，浏览器就向服务器发出浏览某个页面的请求，服务器将所请求的页面附着在响应数据流中返回，最后释放 TCP 连接。HTTP 就是浏览器和服务器之间的请求和响应交互时，所需要遵守的格式和规则。

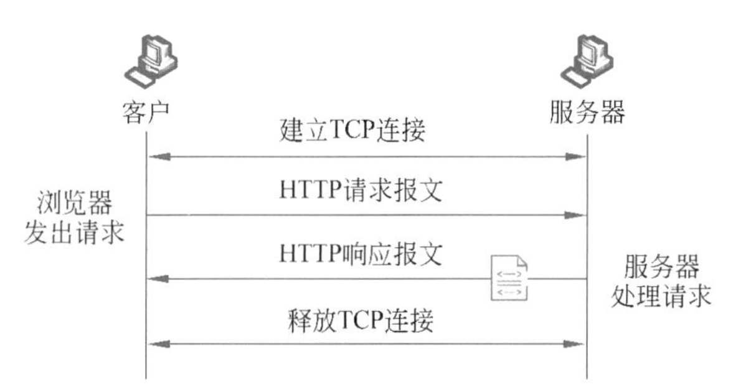

图 7-23 使用 HTTP 从服务器获取文档的过程

HTTP 是无连接的，通信双方在交换 HTTP 请求和响应数据流之前不需要提前建立 HTTP 连接，但 HTTP 依赖面向连接的 TCP，TCP 可以提供可靠传输服务，这使得 HTTP 不需要考虑传输过程中的数据丢失和重传问题。

HTTP 是无状态的。无状态的含义是同一个客户第二次访问同一个服务器上的页面时，服务器的响应与第一次被访问时的相同(假定服务器还没有更新该页面)，服务器并不会记得之前是否为该客户提供过服务，这大大简化了 HTTP 服务器的设计，使服务器更容易支持大量并发的 HTTP 请求。

在早期 HTTP 1.0 中，浏览器和服务器之间完成一次请求和响应之后，TCP 连接就被释放了。随着 Web 技术的发展，Web 页面包含的内容逐渐多样化，每次请求响应单独建立一个 TCP 连接的做法导致网络负担大、效率低下。HTTP 1.1 开始支持持续连接，持续连接是指服务器在发送响应后，连接将不会关闭，而是持续打开以服务更多的请求。服务器可以在客户主动请求关闭或连接超时时关闭这个连接。如图 7-24 所示，图中描绘了持续连接和非持续连接的差异。

HTTP 包含请求数据流和响应数据流两类数据流，从客户向服务器发送的数据流是请求数据流，从服务器到客户的回答是响应数据流。

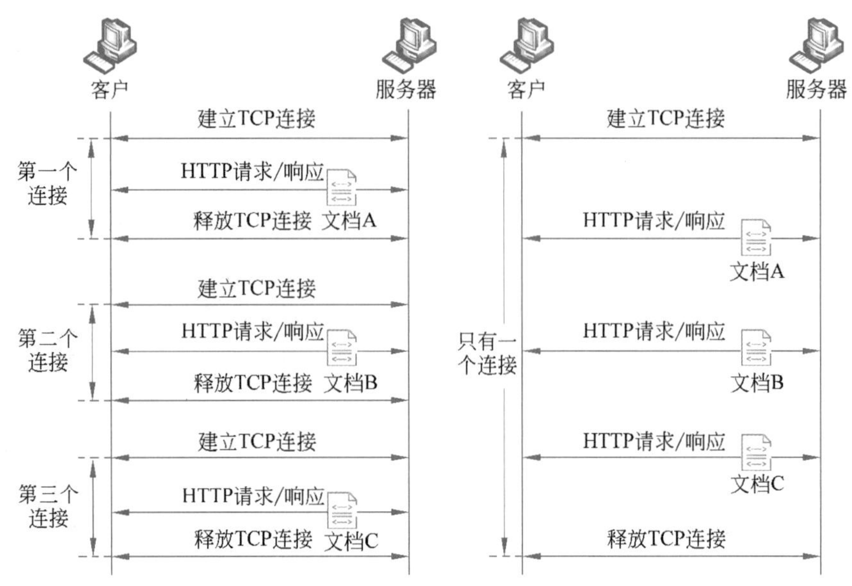

图 7-24 持续连接和非持续连接的差异

HTTP 请求数据流的格式如图 7-25 所示。请求数据流包括一个请求行、若干首部行、空行、主体。

请求方法	空格	URL	空格	HTTP版本	回车	换行

请求行

首部名	冒号	空格	首部值	回车	换行
⋮					
首部名	冒号	空格	首部值	回车	换行
首部名	冒号	空格	首部值	回车	换行

首部行

回车	换行

空行

主体

图 7-25 HTTP 请求数据流的格式

请求行包含 3 个字段，即请求方法、URL 和 HTTP 版本，字段之间使用空格分隔。请求方法字段定义了请求类型，常见的 HTTP 请求方法及其含义如表 7-7 所示。

表 7-7 常见的 HTTP 请求方法及其含义

方 法	含 义
GET	请求一个文档
HEAD	请求文档的信息
POST	从客户向服务器发送一些信息，通常是以表单的形式
PUT	从服务器向客户发送文档
TRACE	请求回送
CONNECT	保留
DELETE	根据请求信息删除数据
OPTIONs	询问可用的选项

例如，请求行 GET http://www.123.edu.cn/index.html HTTP/1.1，其含义是使用 GET 方法请求 URL(http://www.123.edu.cn/index.html)标识的文档，并且 HTTP 版本是 1.1。

首部行可以有 0 个到若干个。首部行的功能是从客户向服务器发送附加消息。例如，客户可以指定页面使用的语言、字符集等。每个首部行由一个首部名、一个冒号、一个空格和一个首部值组成。常用的请求首部名及其含义如表 7-8 所示。

表 7-8 请求数据流常用的请求首部名及其含义

首部名	含义	首部名	含义
User-Agent	客户程序的标识	Accept-language	客户接受的语言类型
Accept	客户接受的媒体格式	Host	客户的主机和端口号
Accept-charset	客户接受的字符集类型	Date	当前日期
Accept-encoding	客户接受的编码方式	Cookie	Cookie 信息

请求数据流中的主体是可选择填写的部分，通常包含一些备注信息。

响应数据流的格式如图 7-26 所示，响应数据流包括状态行、首部行、空行和主体。

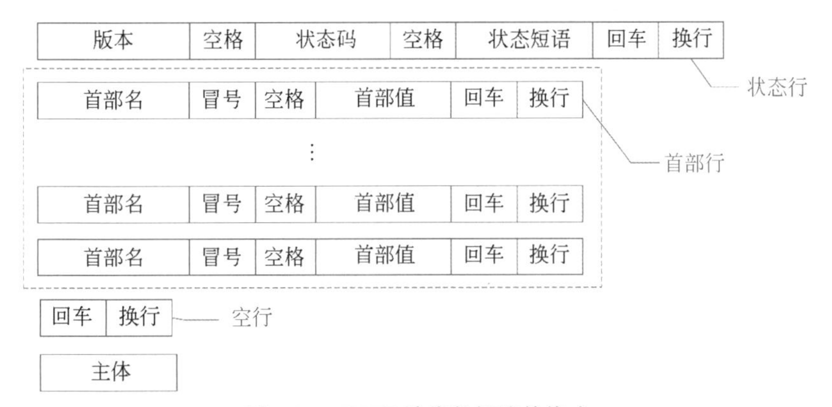

图 7-26 HTTP 响应数据流的格式

状态行共有 3 个字段，以空格符分隔，回车换行符为结束。版本字段定义 HTTP 的版本。状态码字段定义了请求的状态，分为 5 个系列。**100** 系列的代码用于提供信息。**200** 系列的代码代表请求成功。**300** 系列的代码把客户的请求重新定向到另一个 URL。**400** 系列的代码代表客户端出现了差错。**500** 系列的代码代表服务器端出现了差错。

常见的状态码、状态短语及其含义如表 7-9 所示。

表 7-9 常见的状态码、状态短语及其含义

状态码	状态短语	含义
100	Continue	已经收到请求开始部分，客户可以继续发送请求
200	OK	请求成功
301	Moved permanently	URL 已经失效
302	Moved temporarily	URL 执向的资源被暂时移除
304	Not modified	文档还没有被修改

续表

状态码	状态短语	含义
400	Bad request	请求中有语法错误
401	Unauthorized	未授权
403	Forbidden	服务被拒绝
404	Not found	文档未找到
405	Method not allowed	不支持该方法
406	Not acceptable	不支持该请求的格式
500	Internal server error	服务器运行出现异常
501	Not implemented	请求的动作未实现
503	Service unavailable	服务暂时不可用

响应数据流的首部行功能和请求数据流的首部行功能相似，响应数据流的首部行可以在服务器向客户的响应中添加附加消息。响应数据流常见的首部名及其含义如表 7-10 所示。

表 7-10 响应数据流常见的首部名及其含义

首部名	含义	首部名	含义
Date	当前日期	Content-Language	文档的语言
Upgrade	优先使用的通信协议	Content-Length	文档的长度
Server	服务器相关信息	Content-Type	媒体类型
Set-Cookie	请求客户保留 Cookie	Last-modified	上次改变的日期和时间
Content-Encoding	文档的编码方法		

在正常响应的情况下，主体包含服务器发送给客户的文档。

HTTP 无状态的特点确实能简化 HTTP 服务器的设计，但在某些应用场景下，一些万维网站点却希望能够识别用户身份。最典型的例子是学生选课，学生会在一段时间内选择若干课程，这时服务器希望能记住该学生的身份，在学生提交选课信息时能将多门课程都记录在同一个学生的信息表中。为了能够跟踪用户，RFC 6265 设计了 Cookie 机制。

Cookie 机制的工作原理：当用户浏览某个使用 Cookie 的网站时，该网站的服务器就为当前用户生成一个唯一的识别码，并在服务器的数据库中生成一条用户和识别码的记录，接着在给用户的 HTTP 响应数据流中添加 Set-cookie 的首部行，首部值就是该识别码，例如：

```
Set- cookie: 25d4a77b4525abc36
```

用户收到这个响应时，用户所使用的浏览器就在它管理的 Cookie 文件中添加一行记录，记录中包含这个服务器的主机名和识别码，之后用户继续浏览这个网站时，每个 HTTP 请求数据流都会包含 Cookie 首部行，通过这个唯一的识别码，网站就能跟踪用户的活动。但服务器并不需要知道这个用户的真实姓名以及其他信息，它只知道使用状态码 25d4a77b4525abc36 标识的用户在什么时间访问了哪些页面，只有当学生提交选课信息时，才会将所有选择的课程一次性提交。

尽管 Cookie 能在一些应用场景中优化用户的使用体验，但也有许多人质疑 Cookie 是否保护了用户隐私。例如，网站知道了用户的一些习惯特征和信息，就有可能把这些信息出卖给第三方。Cookie 还可用于收集用户在万维网网站上的行为。这些都属于用户个人的隐私。有些网站为了使顾客放心，就公开声明它们会保护顾客的隐私，绝对不会把顾客的识别码或个人信息出售或转移给其他厂商。同时，为了让用户有选择是否使用 Cookie 的自由，用户可自行设置接受 Cookie 的条件。

你知道如何查询并管理 Cookie 吗？ 以 Chrome 浏览器为例，进入设置→隐私与安全→Cookie 及其他网站数据→查看所有网站和权限，即可看到以域名为单位记录的各网站权限和 Cookie（见图 7-27），在浏览网站遇到难以解决的客户端错误时，可以通过清除 Cookie 数据达到“重启”网站的效果。

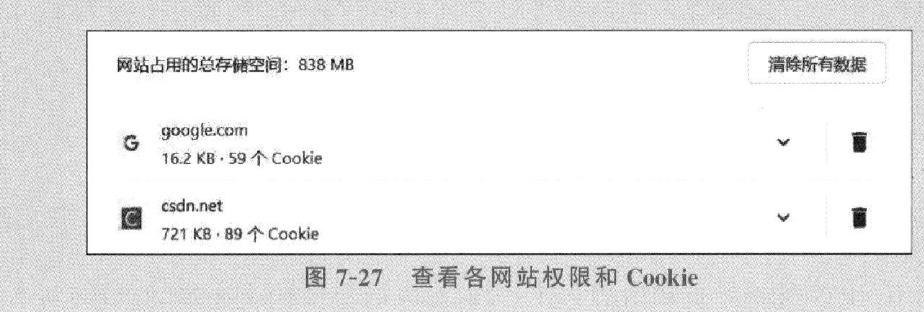

图 7-27　查看各网站权限和 Cookie

7.4.4　Web 缓存

代理服务器是一种网络实体，它又称为万维网高速缓存（Web cache）。代理服务器把最近的一些请求和响应暂存在本地磁盘中。当新请求到达时，代理服务器先查询本地是否保存了该请求的响应，如果存在，则可以直接返回暂存的响应，而不需要按 URL 的地址再次去互联网访问该资源，以此提高响应速度和节约网络资源。代理服务器可在客户端或服务器端工作，也可在中间系统上工作。

图 7-28 描述了代理服务器的工作原理，当客户 A 希望访问源点服务器 A 当中的某个资源时，他首先向代理服务器查询，假设此时代理服务器并没有存储该资源，代理服务器将转而向源点服务器 A 请求，得到响应后将结果返回客户 A，并且在本地磁盘

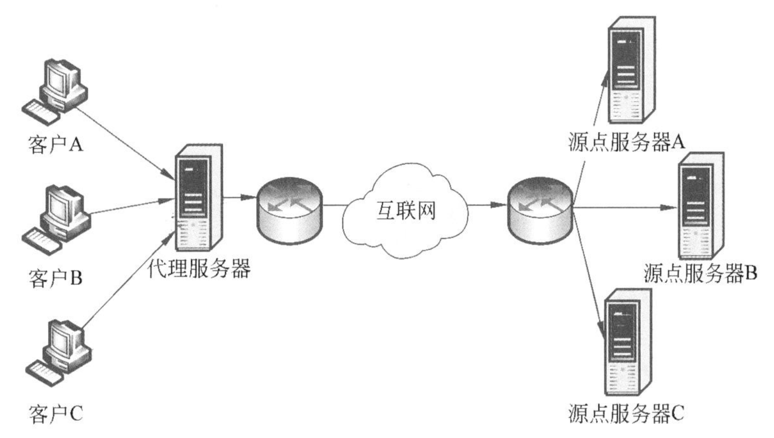

图 7-28　代理服务器的工作原理

中缓存一份数据，假如一段时间后客户 B 请求了同一份资源，而且代理服务器中的缓存仍然有效，则代理服务器不需要再向源点服务器 A 请求，而是直接将结果返回客户 B。

设计代理服务器需要考虑的一个重要问题是响应在代理服务器中应该被存放多长时间才该将其删除或替换。经常使用的策略有两种。第一种策略是保存一个不经常更新信息或者更新时间确定的网站列表。例如，新闻日报网站在每天固定时刻更新新闻内容，代理服务器只需要每天刷新一次缓存即可。另一种策略是在响应中增加上次更新时间的首部行。代理服务器可以利用这些信息估算这个资源多长时间之后会失效。

7.4.5 Web 安全与隐私

HTTP 规范了万维网客户端和服务器之间的通信方式，然而在安全隐私方面还需要考虑以下 3 点。

(1) 通信使用不加密的明文，内容可能会被窃听。

(2) 不验证通信方的身份，因此有可能遭遇伪装。

(3) 无法证明数据流的完整性，所以有可能已遭篡改。

1. 加密处理

由于 HTTP 本身不具备加密的功能，因此也无法对使用 HTTP 通信的请求和响应的内容进行加密，即 HTTP 数据流使用明文方式发送。

互联网是由能连通到全世界的网络组成的。因此无论哪个服务器和客户端通信，它们之间的通信线路上的某些网络设备、光缆、计算机等都不可能是个人的私有物，存在某个环节会遭到恶意窥视的风险。即使已经过加密处理的通信，也会被窥视到通信内容，这点是无法避免的，但经过加密，就有可能让人无法破解数据流信息的含义。

加密的方式分为两种，第一种是将通信过程加密。HTTP 中没有加密机制，但可以通过和**安全套接字层**(Secure Socket Layer，SSL)或**传输层安全**(TLS)**协议**的组合使用，加密 HTTP 的通信内容。用 SSL 建立安全通信线路之后，就可以在这条线路上进行 HTTP 通信了。与 SSL 组合使用的 HTTP 被称为超文本传输安全协议(HTTP Secure，HTTPS)或 HTTP over SSL。

第二种是将通信的内容本身加密。把 HTTP 数据流里所含的内容进行加密处理(HTTP 数据流首部不加密)。在这种情况下，客户端需要对 HTTP 数据流进行加密处理后再发送请求。

2. 验证对方身份

HTTP 中的请求和响应不会对通信方进行身份确认。不论是谁发送过来的请求都会返回响应，即不确认通信方，这会导致以下隐患。

(1) 无法确定请求发送至目标的 Web 服务器是否是按真实意图返回响应的那台服务器。有可能是伪装的 Web 服务器。

(2) 无法确定响应返回到的客户端是否是按真实意图接收响应的那个客户端。有可能是伪装的客户端。

(3) 无法确定正在通信的对方是否具备访问权限。Web 服务器上保存的某些重要的信息只能发送给具有特定权限的用户。

(4) 即使是无意义的请求也会返回响应。容易遭受拒绝服务攻击。

SSL 使用了证书确定对方身份。证书由值得信任的第三方机构颁发并且非常难以伪造,证书的功能是证明服务器和客户端是实际存在的。由于伪造证书的难度极大,因此只要能够确认服务器或客户端持有的证书,基本就可以判断通信方的真实身份。通过验证证书可以确认通信对方身份的合法性,一定程度上降低了个人信息泄露的危险性。另外,客户端持有证书即可完成个人身份的确认,也可用于对 Web 网站的认证环节。

3. 证明数据流完整性

由于 HTTP 无法证明通信的数据流完整性,因此,在请求或响应送出之后直到对方接收之前的这段时间内,即使请求或响应的内容遭到篡改,也没有办法知晓。例如,用户从 Web 网站上下载文件,文件可能在传输途中被篡改了内容甚至替换成了计算机病毒,而这一变化接收方的客户端是无法觉察的。这种请求或响应在传输途中,遭攻击者拦截并篡改内容的攻击称为**中间人攻击**(MITM)。

常用的确定数据流完整性的方法是 MD5 和 SHA-1 等散列值校验的方法,以及用于确认文件的数字签名方法。提供文件下载服务的 Web 网站也会提供相应的、用完美隐私(Pretty Good Privacy,PGP)创建的数字签名及 MD5 算法生成的散列值。PGP 是用于证明创建文件的数字签名,MD5 是由单向函数生成的散列值。不论使用哪种方法,都需要操纵客户端的用户本人手动检查验证下载的文件是否就是原来服务器上的文件,浏览器无法自动帮用户检查。

7.5 多媒体网络应用

7.5.1 流媒体概述

近年来的科学技术发展已经改变了我们对音频/视频的使用。在过去,人们用无线电收音机听音频广播节目,用电视机观看视频广播节目,还使用电话与另一方进行交互式通信。但在如今的互联网时代下,人们不仅希望利用文字和图像进行通信,还要得到音频/视频服务,即利用因特网实现音频/视频服务方面的应用。

音频/视频服务可以分为以下三类:**流式存储音频/视频**(streaming stored audio/video)、**流式直播音频/视频**(streaming live audio/video)和**交互式音频/视频**(interactive audio/video)。

(1) 流式存储音频/视频文件的特点是能够边下载边播放,服务器上需要存储经过压缩的预先录制的音频/视频文件,当客户想播放音乐时,只需要在缓存中存储前几十秒的数据就可以开始播放,而不需要等待下载整个音乐文件。值得注意的是,流式音频/视频的"下载",并不是将内容保存在硬盘中,用户仅能观看或听取其播放的内容,当播放结束后数据将不复存在于接收端,因此无法对内容进行保存和修改,其目的是保护作品版权。

(2) 流式直播音频/视频和无线电台或电视台的实况广播相似,可以看作通过互联网传播音频/视频节目的广播。流式直播音频/视频是一对多的通信,不需要将事先录制好的音频/视频存储在服务器中,而是在发送方边录制边发送并且要求客户能够实时播放。假如忽略电磁波的传播和信号处理等必要的时间,可以认为客户收到的节目是实时同步的。

(3) 交互式音频/视频使得客户能够通过互联网和其他人进行实时交互式通信。常见的有互联网电话或互联网电视会议。

7.5.2 数字化音频与视频

在通过因特网发送音频或视频信号之前,必须先将其数字化,从而产生数字化音频和数字化视频。当声音进入话筒时,电的模拟信号就产生了,它代表声音随时间变化的振幅。这个信号称为模拟音频信号。像音频这样的模拟信号可以被数字化变成数字信号。根据奈奎斯特定理,离散系统的奈奎斯特率(离散信号系统采样率的一半)高于被采样信号的最高频率或带宽,就可以避免混叠现象。

语言的采样率是每秒 **8000** 次采样,假设每个采样点用 **8** 位数据保存,可以得到 **64Kb/s(8000×8)**的数字信号。另外,音乐的采样率是每秒 **44 100** 次采样,每个采样点为 **16** 位,得到 **705.6Kb/s** 的单声道数字信号和 **1.411Mb/s** 的立体声数字信号。

视频由帧序列组成,一幅图像为一帧,帧是构成视频信息的基本单元。视频可以给观察者造成连续运动感觉的原因在于切换帧的速率超过了人的眼睛分辨单独一帧图像的能力。每个帧被划分为许多图像元素或像素(pixel)。黑白电视使用 8 位表示每个像素,代表了 256 种不同灰度值。彩色电视使用 24 位表示每个像素,三原色(红、绿和蓝)各需要 8 位。

实际应用中为了减少带宽需求和传输时间,音频往往被进行了压缩处理。所有的压缩系统需要两种算法:一种在发送方压缩数据,另一种在接收方解压数据。这两个过程分别被称为**编码**(encoding)和**解码**(decoding)。

1. 音频压缩

音频压缩可被用于语言或音乐。对于语言,我们需要压缩 64kHz 的数字化信号,而对于音乐,我们需要压缩 1.411MHz 的信号。音频压缩有**预测编码**和**感知编码**两种技术。

预测编码利用离散信号之间存在的相关性进行编码,该方法对采样之差而不是所有采样值进行编码。具体来说,预测编码需要利用前面的一个或多个信号对下一个信号进行预测,然后对实际值和预测误差进行编码。在预测准确的情况下误差信号将很小,由此减少编码所需的码位。GSM(13Kb/s)、G 729(8Kb/s)和 G 723.3(6.4Kb/s 和 5.3Kb/s)在内的压缩协议都使用了预测编码。

感知编码利用人耳听觉的心理学特性(频谱隐蔽和时间隐蔽),人耳对信号的幅度、频率、时间的有限分辨能力进行编码,凡是对人耳辨别声音信号的强度、音调、方位没有贡献的部分都不编码和传送。感知编码被用于压缩 CD 品质的音频,这种类型的音频至少需要 1.411Mb/s,这使得它如果不压缩将难以在互联网上传播。感知编码的基础是音质科学,它研究人们如何感知声音。这种思维基于我们听觉系统中的一些缺陷,即某些声音可能掩蔽其他声音。在频谱和时间上都会发生掩蔽效应,**频谱掩蔽**(frequency masking)是指一个频率范围中的强音可以部分地或全部地掩蔽在另一个频率范围中的弱音,例如,在大讲堂收听报告时,我们很容易忽略周围人对我们说的话。**时间掩蔽**(temporal masking)是指接收一个很强的声音会在短时间内使我们的耳朵失去感觉。

MP3 利用了频谱掩蔽和时间掩蔽这两种现象压缩音频信号。这个技术对频谱进行分析,并把它划分为若干组。对于完全被掩蔽的频率范围不分配位。对于部分被掩蔽的频率范围只分配少量的位。而大量的位被分配给未被掩蔽的频率范围。MP3 产生三种数据率,即 96Kb/s、128Kb/s 和 160Kb/s,这个数据率取决于原始模拟音频信号的频率范围。

2. 视频压缩

一段视频由多个帧组成,每帧就是一个图像。我们压缩视频信号时首先要压缩图片,主流的标准包括压缩图像的联合图像专家组(Joint Photographic Experts Group,JPEG)和压缩视频的活动图像专家组(Moving Picture Experts Group,MPEG)。

以下示例说明了使用 JPEG 标准对一幅 640×480、各像素 24 位的 RGB 图像编码的过程。如图 7-29 所示,第 1 步是块准备,RGB 并不是适合压缩的颜色模式,原因在于眼睛对视频信号中的亮度更加敏感,对色度和颜色的敏感度相对较弱,而 RGB 颜色模型并没有分离两者。因此我们需要首先根据 $\boldsymbol{R}$、$\boldsymbol{G}$ 和 $\boldsymbol{B}$ 分量计算亮度 $\boldsymbol{Y}$,然后再计算两个色度 **Cb** 和 **Cr**。

$$\boldsymbol{Y} = 16 + 0.26\boldsymbol{R} + 0.50\boldsymbol{G} + 0.09\boldsymbol{B}$$
$$\mathbf{Cb} = 128 + 0.15\boldsymbol{R} - 0.29\boldsymbol{G} - 0.44\boldsymbol{B}$$
$$\mathbf{Cr} = 128 + 0.44\boldsymbol{R} - 0.37\boldsymbol{G} + 0.07\boldsymbol{B}$$

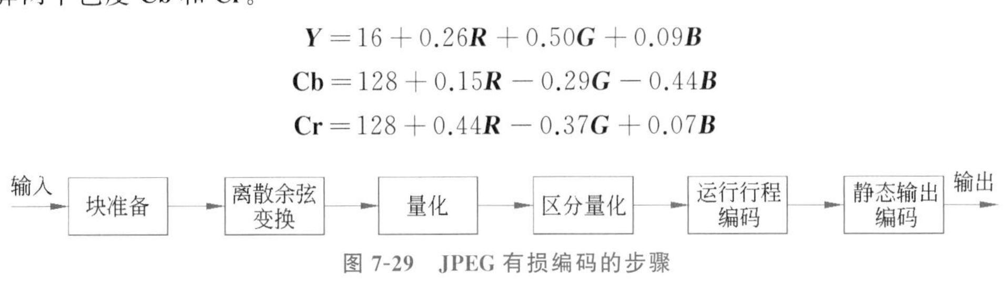

图 7-29 JPEG 有损编码的步骤

针对 **Cb** 和 **Cr** 矩阵,计算每四个像素组成的子矩阵平均值,将矩阵缩小至 320×240。虽然这种缩减在一定程度上损失了信号量,但由于人眼对色度敏感度相对不强,因此并无法轻易察觉,经过有损编码,整个数据量压缩到原来的一半。$\boldsymbol{Y}$、**Cb** 和 **Cr** 矩阵减去 128 使各分量中间值变成 0。最后,将每个矩阵分割成 8×8 的块。$\boldsymbol{Y}$ 矩阵有 4800 个块,**Cb** 和 **Cr** 矩阵有 1200 个块。

JPEG 的第 2 步是对 7200 个块中的每个块进行离散余弦变化(Discrete Cosine Transformation,DCT)。每个 DCT 的输出是一个 8×8 的 DCT 系数矩阵。完成 DCT 后,JPEG 编码进入第 3 步,量化将排除一些不重要的 DCT 系数。具体来说,8×8 的 DCT 系数矩阵中每个系数除以一个权重,而该权重是通过查询一张表获得的。权重从原点(左上角)开始迅速递增,较高的空间频率将被快速丢弃,如图 7-30 所示。

第 4 步将每块左上角元素的值用它与前一块中对应元素的差值替代。因为这些元素是它们各自块的平均值,变化较为缓慢,因此,采用差值之后可以把它们中的大部分减成很小的数值,其他元素不计算差值。

第 5 步将 64 个元素排列起来,使用行程编码方法。按照从左到右再从上往下的方法对块进行扫描,所有 JPEG 采用了"Z"字形的扫描模式。如图 7-31 所示,"Z"字形扫描模式在矩阵末端产生 38 个连续的 0。这个 0 串能够被减少为一个计数值,即由计数值表明这 38 个 0,这项技术即为行程编码。

第 6 步对这些数值进行霍夫曼编码,便于存储或传输,给常见的数值分配较短的编码,不常见的数值分配较长的编码。

DCT系数

150	80	40	14	4	2	1	0
92	75	36	10	6	1	0	0
52	28	26	8	7	4	0	0
12	8	6	4	2	1	0	0
4	3	2	0	0	0	0	0
2	2	1	1	0	0	0	0
1	1	0	0	0	0	0	0
0	0	0	0	0	0	0	0

量化表

1	1	2	4	8	16	32	64
1	1	2	4	8	16	32	64
2	2	2	4	8	16	32	64
4	4	4	4	8	16	32	64
8	8	8	8	8	16	32	64
16	16	16	16	16	16	32	64
32	32	32	32	32	32	32	64
64	64	64	64	64	64	64	64

量化后的系数

150	80	20	4	1	0	0	0
92	75	18	3	1	0	0	0
26	19	13	2	1	0	0	0
3	2	2	1	0	0	0	0
1	0	0	0	0	0	0	0
0	0	0	0	0	0	0	0
0	0	0	0	0	0	0	0
0	0	0	0	0	0	0	0

图 7-30　量化 DCT 系数的计算

150	80	20	4	1	0	0	0
92	75	18	3	1	0	0	0
26	19	13	2	1	0	0	0
3	2	2	1	0	0	0	0
1	0	0	0	0	0	0	0
0	0	0	0	0	0	0	0
0	0	0	0	0	0	0	0
0	0	0	0	0	0	0	0

图 7-31　量化后值的发送顺序

MPEG 视频压缩利用了视频中存在的两种冗余优势：空间和时间。在空间方面使用 JPEG 对每帧单独编码，在时间方面利用连续若干帧当中的相似部分进行编码。

MPEG 的输出包括如下 3 类帧。

(1) **I-帧**(Intracoded frames)：包含了压缩的静止图片。

(2) **P-帧**(Predictive frames)：预测帧是与前一帧的逐块差值。

(3) **B-帧**(Bidirectional frames)：双向帧是与前一帧和后一帧的逐块差值。

I-帧只包含静止图片。它们采用 JPEG 或者其他图像压缩算法进行编码，在输出流中周期性地出现 I-帧。P-帧是对帧间的差值进行编码。P-帧建立在宏块(macroblock)的基础上，宏块是覆盖了亮度空间中的 16×16 像素，以及色度空间中的 8×8 像素的区域。通过搜索前一帧中与自己相同的部分或稍有不同的部分对宏块编码。B-帧类似于 P-帧，两者的不同之处是 B-帧允许参照的宏块可以是前一帧，也可以是后一帧。这种更大的自由度带来了更强的运动补偿。

7.5.3　流式存储音频/视频

流式存储音频/视频中的“存储”二字，表明所讨论的对象是事先录制好，并且存储在光盘或硬盘中的音频/视频文件。可以使用以下4种方法从万维网服务器下载这类文件：使用万维网服务器、使用具有元文件的万维网服务器、使用媒体服务器、使用媒体服务器和实时流式协议(Real Time Streaming Protocol,RTSP)。

图7-32描绘了使用万维网服务器方法的几个步骤。客户端(通常是浏览器)使用HTTP的服务,发送GET请求下载文件。万维网服务器向浏览器发送压缩的文件,然后浏览器可以用一个辅助的应用程序播放这个文件,通常这个应用程序是媒体播放器。

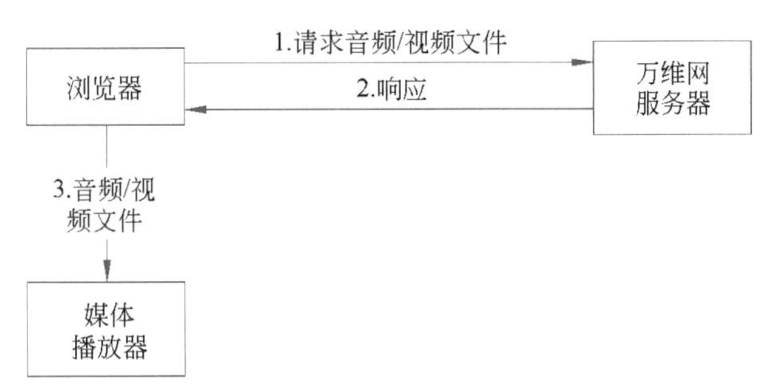

图7-32 使用万维网服务器

使用万维网服务器的方法并没有涉及流式,其缺点是音频/视频文件需要先被完全下载后才能够播放。以目前的传输水平来看,用户仍然需要等待一段时间才能播放这个文件。另一种方法是通过媒体播放器连接到万维网服务器下载音频/视频文件。万维网服务器存储了两个文件：真正的音频/视频文件和元文件(metafile)。元文件保存关于音频/视频文件的信息。图7-33描绘了使用具有元文件的万维网服务器方法的几个步骤。

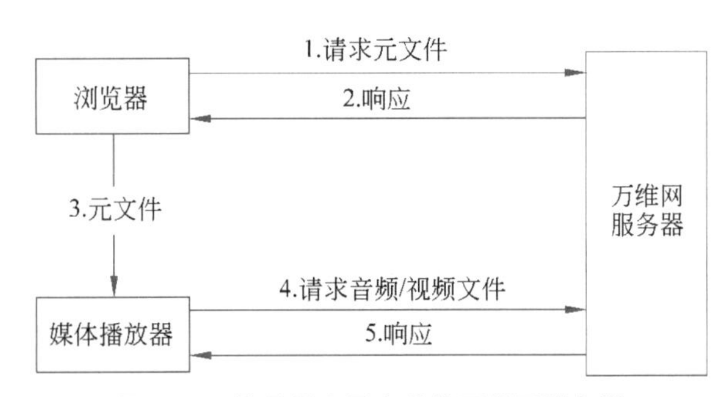

图7-33 使用具有元文件的万维网服务器

(1) 浏览器用户单击所要看的音频/视频文件的链接,使用HTTP请求接入万维网服务器。这个请求并不指向音频/视频文件,而是一个元文件。元文件存储了实际的音频/视频文件的URL。

(2) 万维网服务器把音频/视频对应的元文件装入HTTP响应数据流的主体,发回给浏览器,响应数据流还指明该音频/视频文件类型。

(3) 浏览器收到万维网服务器的响应,分析其内容类型首部行,提取HTTP响应数据流主体中的元文件,浏览器把提取出的元文件交给媒体播放器。

(4) 媒体播放器使用元文件中的URL和万维网服务器建立TCP连接,并向万维网服务器发送HTTP请求数据流,请求下载浏览器想要的音频/视频文件。

(5) 万维网服务器发送 HTTP 响应数据流,把该音频/视频文件发送给媒体播放器。媒体播放器在存储了足够时长的缓冲数据后,就以音频/视频流的形式逐步开始下载、解压、播放。

为了更好地提供播放流式音频/视频文件的服务,可以将提供元文件的服务器和提供音频/视频文件的服务器分开。如图 7-34 所示,媒体服务器与普通的万维网服务器的最大区别在于,媒体服务器是专门为播放流式音频/视频文件而设计的,因此能够更加有效地为用户提供播放流式多媒体文件的服务。因此媒体服务器也常被称为流式服务器。

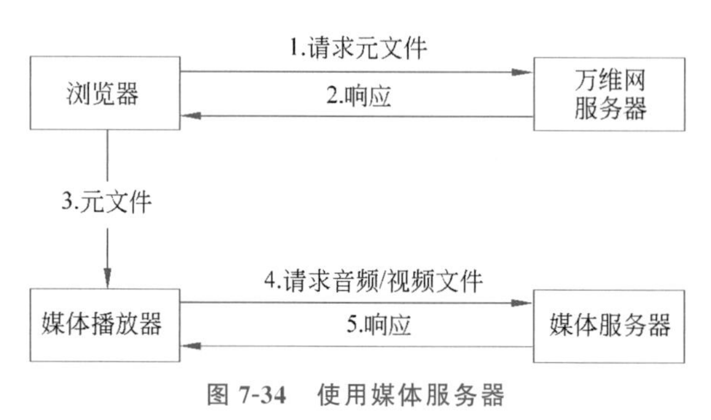

图 7-34 使用媒体服务器

(1) 获取元文件的过程和使用具有元文件的万维网服务器方法相同。

(2) 媒体播放器使用元文件中的 URL 接入媒体服务器,请求下载元文件对应的音频/视频文件。下载文件可以使用 HTTP/TCP,也可以使用基于 UDP 的 RTP。

(3) 媒体服务器向客户端响应,把该音频/视频文件发送给媒体播放器。媒体播放器在缓冲了足够的时间后,以流的形式逐步开始下载、解压、播放。

RTSP 是为了给流式过程增加更多的功能而设计的一种控制协议。使用 RTSP,我们可以控制音频/视频的播放。RTSP 是一个带外控制协议,它的设计思想和 FTP 的分别设计控制连接和数据连接的思想相似。图 7-35 描绘了使用媒体服务器和 RTSP 方法的几个步骤。

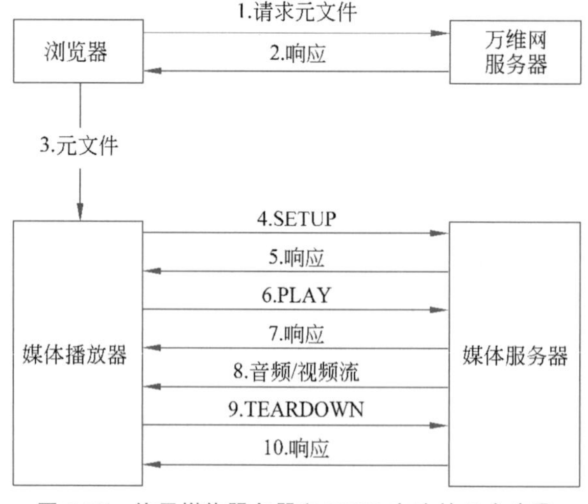

图 7-35 使用媒体服务器和 RTSP 方法的几个步骤

(1) 获取元文件。

(2) 媒体播放器的 RTSP 客户发送 SETUP 数据流与媒体服务器的 RTSP 服务器建立连接,并接收 RTSP 服务器的响应数据流 RESPONSE。

(3) 媒体播放器的 RTSP 客户发送 PLAY 数据流开始下载音频/视频文件,边下载边播放。媒体服务器的 RTSP 服务器发送响应数据流 RESPONSE。在音频/视频流播放的过程中,媒体播放器可以随时利用 PAUSE 数据流暂停和利用 PLAY 数据流继续播放,也可以快进或快退。

(4) 用户在不想继续观看时,可以由 RTSP 客户发送 TEARDOWN 数据流断开连接,并由 RTSP 服务器响应。

7.5.4 流式直播音频/视频

直播流媒体在当今社会非常流行。人们和各种规模的企业通过网络发送实况音频/视频。直播流媒体用于各大电视台的网上业务,即 IP 电视,或者是具有画面的广播,即网络广播。流式直播和流式存储的重要区别在于流媒体直播事件通常拥有数百或数千个同时观看相同内容的观众。在用户并发量如此庞大的情况下,组播为流媒体直播提供了相应的解决方案。

在组播流媒体的工作模式下,服务器将每个媒体包通过 IP 组播一次发送给一个组地址。网络给每个组成员传递一份包的副本。要想接收媒体流的客户必须加入该组,客户使用 IGMP 就可做到这一点。

由于组播是一对多的传递服务,媒体被 RTP 包携带,并通过 UDP 传输。由于 UDP 不能提供可靠性连接,会存在丢失数据包的可能,为了把媒体丢失水平降低到可接受的水平范围内,通常使用 FEC 和交错编码技术进行补偿。

目前也有流式直播仍然使用 TCP 和多个单播而不是组播。每个用户与服务器建立一个单独的 TCP 连接,媒体流通过该连接传给客户。对客户端来说,这与观看流式存储媒体的方式是相同的。选择 TCP 和多个单播的原因在于:IP 组播在互联网上的部署还没有完全成熟。一些 ISP 和网络仅在自己内部支持它,但它通常不支持跨越其网络边界的组播,因为这需要广域的流传播。其他原因还在于 TCP 相比 UDP 具备某些优势,基于 TCP 传播的媒体流几乎能达到互联网上所有的客户。

在某些特殊情况下使用 UDP 组播流媒体更易于实现,例如在服务提供商的网络内部。有线电视公司可以决定客户机顶盒广播的电视频道,具体做法是使用 IP 技术代替传统的视频广播。利用 IP 包分发广播视频的技术被广泛地称为 IPTV。由于有线电视公司完全能够决定自己内部的网络,因此可以把自己的网络工程化为支持 IP 组播的网络,并且为基于 UDP 的分发分配足够宽的带宽。所有的这一切对于客户都是不可见的,在服务方面它看起来就像有线电视,但它的基础是 IP。我们可以将机顶盒看作运行 UDP 的计算机,将电视机看作连接到计算机的显示器。

7.5.5 交互式音频/视频

实时交互式音频/视频正如其名,人们相互之间可以实时地进行通信,应用实例包括因特网电话、IP 上的语音通信和电视会议。

交互式音频,即 IP 电话有多个英文同义词。常见的有 VoIP(Voice over IP)、

Internet Telephony 和 VON(Voice On the Net)。但 IP 电话的含义却有不同的解释。狭义的 IP 电话就是指在 IP 网络上打电话。“IP 网络”就是“使用 IP 的分组交换网”的简称。这里的网络可以是互联网,也可以是包含传统的电路交换网的互联网,但在互联网中至少要有一个 IP 网络。随着多媒体数据类型不断多样化发展,广义的 IP 电话不仅仅是电话通信,还可以通过 IP 网络传输包括语音、影像在内的交互式多媒体数据,甚至还可以进行即时传信。即时传信是在上网时就能从屏幕上得知有哪些朋友也正在上网(例如 QQ 的好友上线提醒)。IP 电话可看成一个正在发展的多媒体服务平台,是语音、影像综合的基础结构。以下讨论的原理在两者上并不冲突。

IP 电话网关(IP Telephony Gateway)是公用电话网与 IP 网络的接口设备,其作用如下。

(1) 在电话呼叫阶段和呼叫释放阶段进行电话信令的转换。

(2) 在通话期间进行语音编码的转换。

通过 IP 电话网关,可以实现 PC 用户到固定电话用户通过 IP 电话通信,以及固定电话用户之间通过 IP 电话通信,前者需要经过 IP 电话网关一次,后者需要经过两次。

以下给出了 IP 电话几种不同的连接方式。两个 PC 用户之间的通话如图 7-36 所示,双方需要同时上网才能进行通话,但不需要经过 IP 电话网关。PC 到固定电话之间的通话如图 7-37 所示。两个固定电话之间打 IP 电话如图 7-38 所示。

图 7-36 PC 到 PC 之间的通话

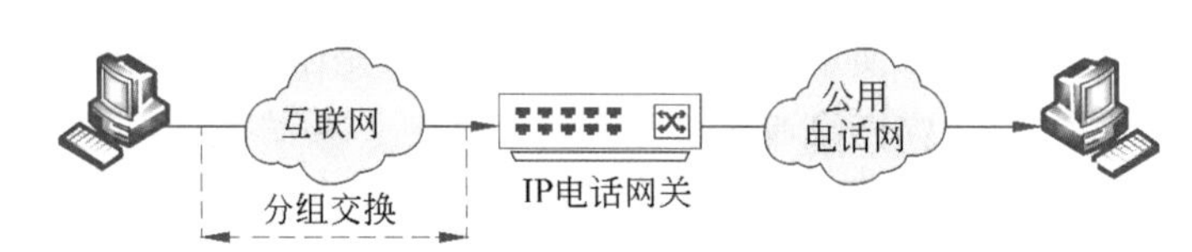

图 7-37 PC 到固定电话之间的通话

图 7-38 固定电话到固定电话之间的通话

在 IP 电话的通信中,我们需要信令协议以在互联网上找到指定的被叫用户。同时还需要语音分组的传送协议,以将电话通信的语音数据以时延敏感属性在互联网中传送。图 7-39 描绘了实时交互式音频/视频服务所需的应用层协议。H.323 和 SIP 与信令相关,RTP 用于直接传送音频/视频数据,RSVP 和 RTCP 则考虑了服务质量。

H.323 是互联网的端系统之间进行实时音频/视频会议的标准组合,考虑了多方面的设计要素,包括系统和构件的描述、呼叫模型的描述、呼叫信令过程、语音编解码器、视像编解码器、控制数据流、复用和数据协议等。H.323 标准包含了四种构件,使用这些构件可以进行一对一或一对多的多媒体通信。

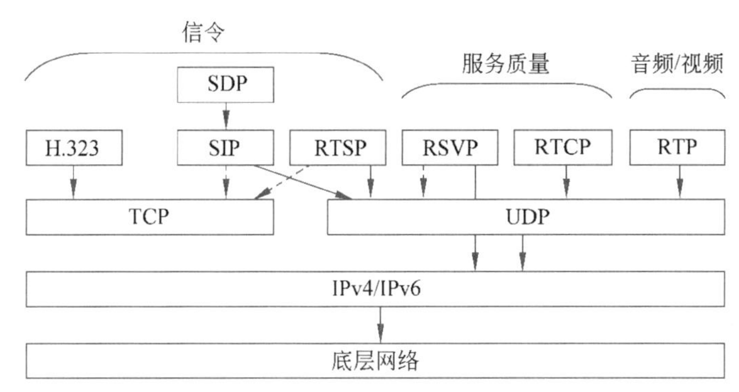

图 7-39 实时交互式音频/视频服务所需的应用层协议

(1) H.323 终端：运行 H.323 程序的一台终端。

(2) 网关：网关用于连接异构网络，使得 H.323 网络可以和非 H.323 网络进行通信。网关是可选项，在同一个 H.323 网络上通信的两个终端不需要使用网关。

(3) 网闸：网闸提供地址转换、授权、带宽管理和计费功能。网闸的另一个作用是帮助 H.323 终端确定距离公用电话网上的被叫用户最近的一个网关。

(4) 多点控制单元(Multipoint Control Unit，MCU)：MCU 支持三个或更多的 H.323 终端的音频/视频会议。MCU 管理会议资源、确定使用的音频或视频编解码器，在音频/视频会议中扮演“主持人”的角色。

会话发起协议(Session Initiation Protocol，SIP)是另一套更为简单且扩展性好的 IP 电话服务标准。SIP 使用文本方式的客户/服务器模式。SIP 的构件只包含如下两种。

(1) 用户代理：分为发起呼叫的用户代理客户和接收呼叫的用户代理服务器。

(2) 网络服务器：分为代理服务器和重定向服务器。代理服务器接收来自主叫用户的呼叫请求，并将其转发给被叫用户或下一跳代理服务器，然后下一跳代理服务器再把呼叫请求转发给被叫用户。重定向服务器不接收呼叫，它扮演引路人的角色，通过响应告诉客户下一跳代理服务器的地址，客户将按此地址向下一跳代理服务器重新发送呼叫请求。

SIP 的地址十分灵活。它可以是电话号码，也可以是电子邮件地址、IP 地址或其他类型的地址。但一定要遵循 SIP 的地址格式，例如：

- 电话号码：sip:zhangsan@4321-87654321。
- IPv4 地址：sip:zhangsan@201.12.34.56。
- 电子邮件地址：sip:zhangsan@lisi.com。

7.5.6 内容分发网络

网络环境和硬件设备的不可靠性，以及 IP 的“尽力而为”工作原则，导致互联网服务的不确定性。尤其是当用户访问更远距离的设备，请求获取数据时，由于要经过更多路由器的转发，穿越更多链路，致使网络的不确定性更加突出。对于用户来说，这意味着可能需要重复发送访问请求，需要花费更长的等待时间，导致用户体验下降。而对于互联网上的服务商来说，也意味着用户的流失，商业机会的减少。

内容分发网络(Content Delivery Network，CDN)是构建在现有网络基础之上的智能虚拟网络。CDN 的基本原理是尽可能避开互联网上有可能影响数据传输速度和稳定性的瓶颈和环节，使内容传输得更快、更稳定。依靠部署在各地的边缘服务器，通过中心平台的负载均衡、内容分发、调度等功能模块，使用户就近获取所需内容，减少网络拥塞，提高用户访问响应速度和命中率。

1. 内容分发网络概述

CDN 的主要技术是内容存储和分发技术。为了尽量消除互联网的不可靠性带给用户的不良体验，CDN 的处理策略就是根据用户位置分配最近的资源。以网页访问为例，CDN 允许用户不必直接访问源站点，而是访问离它“最近的”一个**边缘节点**(edge node)，即缓存了源站点内容的代理服务器。

CDN 的节点按照层级结构进行组织，如图 7-40 所示。在 CDN 中存在大量的边缘节点，尽量让资源更接近终端用户。边缘节点虽然数目比较多，但规模有限，不可能存储所有的资源内容。因此，在边缘节点上一级，部署规模更大的区域节点，缓存更多的资源内容。当区域节点也无法命中用户请求的资源内容时，则继续向上一级规模更大的中心节点发起资源内容访问请求。如果所有的 CDN 节点均无法提供请求的资源内容，那用户请求只能由源站点提供服务回复。

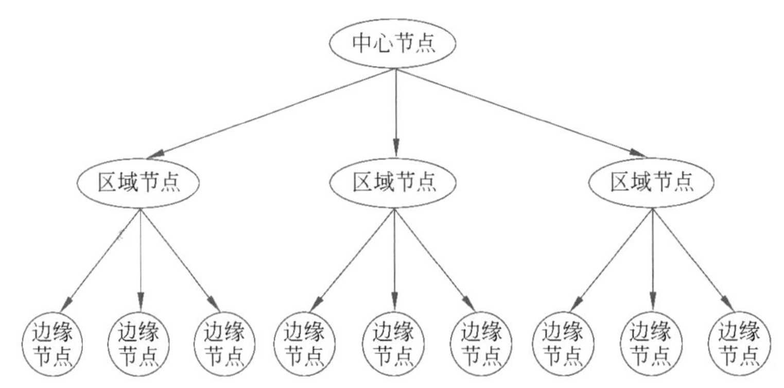

图 7-40 CDN 中边缘节点、区域节点以及中心节点的层级结构

CDN 的最显著特点就是实现资源内容的“就近访问”。因此需要在各网络枢纽部署大量拥有高存储高带宽的节点，构建一个层级结构的专用网络。在专用网络之上，CDN 需要利用缓存代理技术，分发源站点的内容，把源站点内容逐级缓存到网络的每个节点上，这样用户就不用直接访问源站点，而是“就近访问”缓存了源站点内容的 CDN 节点，从而实现资源内容访问的加速。

寻找最近的 CDN 节点的过程中存在一个关键问题，就是如何定义“最近”，地理位置上最近的节点并不一定是网络距离上的最近。因此 CDN 使用一张先前计算的“地图”，把客户端的 IP 地址转换成它的网络位置。重要的是，要综合考虑网络路径长度和网络路径中的容量限制。查找的过程需要兼顾 CDN 节点实际负载，如果 CDN 节点已经超载，该节点的响应速度就会变得缓慢，有必要对 CDN 节点进行负载均衡，把一些客户端映射到稍微远一点但负载轻一点的节点。

需要明确的一点是，CDN 并非万能，并不能对所有的资源内容进行“加速”。能在 CDN 节点进行缓存的是源站点的**“静态”资源内容**。“静态”资源内容是指静态不变，不会实时变化的数据，比如固定的图片、音频等文件。而与之对应的是“动态”资源内容,则是指数据内容可能“动态变化”,通常是指那些由后台服务计算生成,或访问动态变化的数据库获取的数据,例如股市 K 线图、实时交通流量等信息。

2. 内容分发网络技术实现

CDN 主要实现四个关键功能:内容发布、内容路由、内容交换和性能管理。

内容发布:是指借助于建立索引、缓存、组播等技术,将内容发布或投递到距离用户最近的远程服务点处。

内容路由:它是整体性的网络负载均衡技术,通过内容路由器中的重定向机制,均衡用户的请求,使得用户请求得到最快内容源的响应。

内容交换:它根据内容的可用性、服务器的可用性以及用户的状态,利用应用层交换、流量分类、重定向等技术,智能地平衡负载流量。

性能管理:它通过内部和外部监控系统,获取网络部件的状况信息,测量内容发布的端到端性能(如丢包率、时延、平均带宽、启动时间、帧速率等),保证网络处于最佳的运行状态。

为了实现上述四个关键功能,CDN 主要采用内容缓存设备、内容分发管理设备、本地负载均衡交换机、全局负载均衡(Global Server Load Balancing,GSLB)设备构建,并在 CDN 管理系统的管理下统一工作。其中:

内容缓存设备:用于缓存内容实体和对缓存内容进行组织和管理。当有用户访问该客户内容时,直接由各缓存服务器响应用户的请求。

内容分发管理设备:主要负责核心源站点内容到 CDN 内缓存设备的内容推送、删除、校验以及内容的管理、同步。

GSLB 设备:实现 CDN 全网各缓存节点之间的资源负载均衡,它与各节点保持通信,搜集各节点缓存设备的健康状态、性能、负载等,自动将用户指引到位于其地理区域中的最近服务器或者引导用户离开拥挤的网络和服务器。还可以通过使用多站点的内容和服务提高容错性和可用性,防止因本地网或区域网络中断、断电或自然灾害而导致的故障。

CDN 管理系统:实现对全网设备的管理,以及对系统的配置。它不仅能对系统中的各个设备进行实时监控,对各种故障产生相应的告警,还能实时观测到系统中总的流量以及各节点的流量,并保存在系统的数据库中,作为统计分析的基础数据,并对日志文件进行管理、报告,作为计费的基础数据。

在网络中使用 CDN,对于终端用户来说应该是透明的,用户客户端应该不需要做任何额外的设置和操作。以用户通过浏览器访问某网页为例。在传统的未使用 CDN 的网络中,用户浏览器需要进行如下步骤的操作实现对访问网页文件的获取。

(1) 浏览器调用 DNS 服务对所访问的域名进行解析。

(2) 浏览器使用 DNS 返回的 IP 地址,向该 Web 服务器发出数据访问请求。

(3) 浏览器根据域名主机返回的数据显示网页的内容。

应用 CDN 后,用户浏览器的操作流程不需要做任何更改,主要的变化发生在 DNS 服务的 IP 地址解析部分。具体的流程如图 7-41 所示,流程描述如下。

(1) 浏览器调用 DNS 服务器对所访问的域名进行解析。

(2) DNS 服务器返回对应该域名的一个别名记录(Canonical Name,CNAME)。

(3) 该别名记录会指向 CDN 的 GSLB 设备,由 GSLB 设备返回适当的 CDN 服务

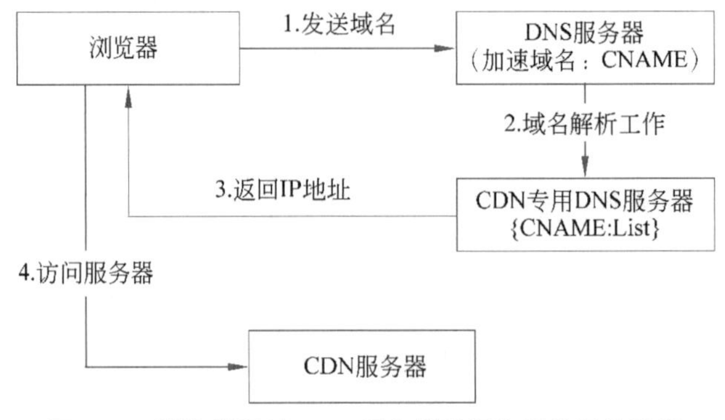

图 7-41 浏览器通过 CDN 服务器进行资源访问的流程

器 IP 地址。

(4) 浏览器使用获得的 IP 地址，向该 Web 服务器发出数据访问请求。

(5) 浏览器根据域名主机返回的数据显示网页的内容。

在这一过程中，GSLB 设备在域名解析的过程中发挥关键作用，GSLB 设备可以看作 CDN 的大脑。用户对资源的访问，具体由 GSLB 设备进行智能调度，确保实现 CDN 的“就近访问”。GSLB 设备具体的调度决策可以考虑如下因素。

(1) 通过 IP 地址，查询其在网络中的位置，寻找相对最近的边缘节点。

(2) 通过确定用户所在的运营商网络，寻找与其相同网络的边缘节点。

(3) 检查备选边缘节点的负载情况，寻找负载较轻的节点，实现负载均衡。

(4) 也可考虑节点的性能(带宽、响应时间)状态，决定边缘节点。

3. 内容分发网络的发展

CDN 的建设和发展需要投入大量的资金，购买部署大量设备和网络资源。从全球范围来看，CDN 的发展初始于 20 世纪 90 年代，国内的 CDN 发展则可追溯到 2000 年，在 CDN 发展初期，主要的 CDN 服务提供商包括一系列专业 CDN 服务商和电信运营商。而云计算厂商的加入，则大大促进了 CDN 的发展。

同时，云计算厂商也在对 CDN 进行重新定义，要从 CDN 推进到云计算分发网络。CDN 除了传统的内容分发功能之外，也融合了边缘计算，把云计算的更多应用场景从中心节点推到 CDN 边缘节点上。

对于 CDN 的一个创新发展是基于“共享经济”理念，将大批普通用户闲置的带宽资源串联成一个云计算网络。在这种模式下，每台普通用户的计算机都可以成为 CDN 的一个节点，而成千上万的互联网闲置资源成为海量节点。闲置资源在被利用的同时，PC 用户也可获得相应的收益。

7.6 P2P 应用

7.6.1 P2P 应用体系结构

到目前为止，本章描述的应用(包括 DNS、文件传输、电子邮件和 Web)都采用了客户/服务器模式，该模式极大地依赖处于运行状态的基础设施服务器。**P2P** 则是与之相反的一种体系结构，P2P 对位于数据中心的专用服务器只有极小甚至没有依赖。

应用程序在间断连接的主机对之间直接通信，这些主机对被称为对等方，绝大多数的交互都是使用对等方式进行的。这些对等方并不为服务提供商所拥有，而是受用户控制的桌面计算机和云上计算机。文件分发、实时音频/视频会议、数据库系统、网络服务支持（如 P2P 打车软件、P2P 理财等）等应用中都用到了 P2P 技术。

P2P 文件分发不需要使用集中式的媒体服务器，所有的音频/视频文件都是在互联网用户之间传输的。这种工作方式在一定程度上可以看成同时存在许多分散在各地的媒体服务器（由普通用户的计算机充当）向其他用户提供所要下载的音频/视频文件，解决了集中式媒体服务器可能出现的瓶颈问题。

7.6.2 P2P 应用工作机制

1. 集中式的 P2P 工作机制

下面以 MP3 音乐下载软件 Napster 为例说明集中式 P2P 工作机制。Napster 能够搜索音乐文件并下载。如图 7-42 所示，所有音乐文件的索引信息都集中存放在 Napster 目录服务器中。这个目录服务器充当索引的角色。所有使用 Napster 的用户都要履行其相应的职责维护索引正确性，及时向 Napster 的目录服务器报告他们存储了哪些音乐文件。Napster 目录服务器根据报告的信息建立起一个动态数据库，以对象名和相应的 IP 地址的形式，集中存储了所有用户的音乐文件信息。需要下载音乐的用户只需要向目录服务器发出查询请求，目录服务器检索记录并返回若干存储该 MP3 音乐文件的 IP 地址，用户可以从中选取一个地址下载 MP3 文件。可以发现，Napster 在检索文件时使用集中式工作模式，在下载文件时使用 P2P 方式。集中式目录服务器的最大缺点就是容易出现单点故障和可靠性差问题，在用户请求并发量大的情况下，目录服务器容易成为系统性能瓶颈。

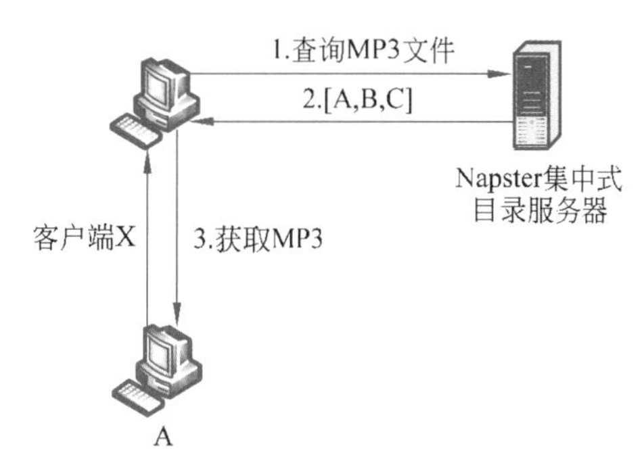

图 7-42 Napster 的工作过程

2. 全分布式的 P2P 工作机制

全分布式的 P2P 工作机制相较于集中式的 P2P 工作机制最大的区别就是不使用集中式目录服务器进行查询。下面以比特洪流（BitTorrent）软件为例介绍全分布式的 P2P 工作机制。参与一个特定文件分发的所有对等方的集合在 BitTorrent 中被称为一个洪流，一个洪流中可以拥有少到几个多到几百或几千个对等方。BitTorrent 把对等方下载文件的数据分割为固定长度的文件块，通常取 256KB。一个新的对等方加入某个洪流时没有携带文件块，但能够从洪流中的其他对等方下载一些文件块，当拥有一定数量的文件块后，该对等方也能为别的对等方上传一些文件块。当某个对等方获得整个文件后可以立即退出洪流，也可以继续留在洪流中为其他对等方上传文件块。

每个洪流都有一个追踪器，其作用是，当一个对等方加入洪流时，必须向追踪器登记，并周期性地向追踪器报告自己存在于洪流中，追踪器根据报告信息判断对等方存活情况。

如图 7-43 所示,A 有三个相邻对等方,即 B、C 和 D。相邻对等方的数目随着对等方加入或者离开洪流而动态变化。由于 TCP 连接只是个逻辑连接,每个 TCP 连接可能会跨越很多网络。因此在讨论问题时,可以根据 TCP 连接的双方将实际网络视作一个更加直观的覆盖网络,这个覆盖网络忽略了实际网络的实现细节。在一个洪流中的每个对等方可能只拥有某文件的一个文件块子集,相邻对等方则拥有其他的文件块子集。对等方 A 将通过 TCP 连接周期性地向其相邻对等方索取它们拥有的文件块列表。根据收到的文件块列表,A 就知道了可以向哪个相邻对等方请求自己缺失的文件块。

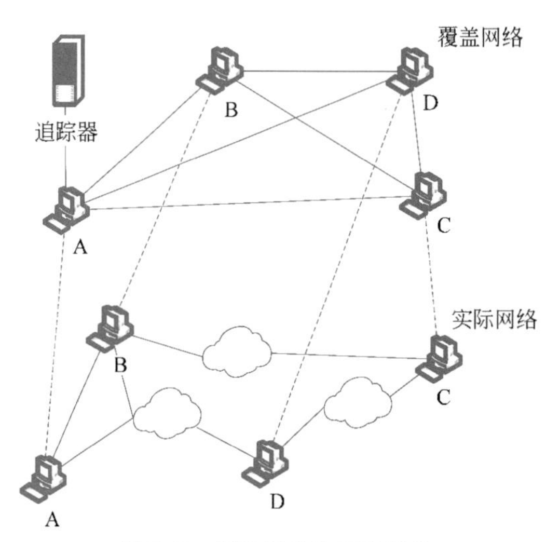

图 7-43　覆盖网络和实际网络

我们进一步通过举例说明对等方之间互相传送数据块的原理。如图 7-44 所示,A 向 B、C 和 D 索取数据块,B 同时向 C 和 D 传送数据块,D 和 C 还互相传送数据块。由于 P2P 对等用户的数量众多,从不同的点获取不同的数据块并将它们组装成一个完整的文件通常比从一个地方下载整个文件要快得多。

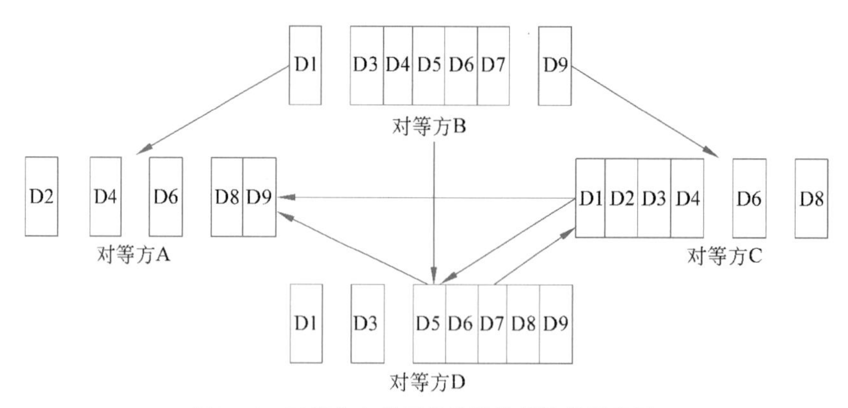

图 7-44　对等方之间互相传送数据块的示意图

下面我们需要考虑两个重要问题。第一,A 应当首先向相邻对等方请求哪些文件块?第二,在众多向 A 请求文件块的相邻对等方中,A 应当向哪些相邻对等方发送所请求的文件块?

对于第一个问题，A应当向相邻对等方请求所有缺失的文件块，关键在于以何种顺序请求缺失的文件块。在实现上可以使用最稀有优先技术。我们可以将持有者数量多的文件块划分为"不稀有文件块"，请求的优先级较低。与此相反，假如持有A缺失文件块的对等方很少，这类文件块就可以被称为"稀有文件块"，A首先应当请求这类文件块。其原因在于，一旦持有最稀有文件块的对等方退出了洪流，将会对A收集缺失文件块的行为造成影响。

针对第二个问题，BitTorrent的基本思想是，A优先向传输速率最高的对等方发送文件块。A不断监测从其请求文件块的相邻对等方接收数据的速率，并选出速率最高的4个相邻对等方，并且把文件块发送给这4个相邻对等方。每隔10s，A重新计算数据率，然后更新速率最高的4个相邻对等方。BitTorrent称这4个对等方为已疏通的或无障碍的对等方。每隔30s，A随机地找一个另外的相邻对等方B，并向其发送文件块。这样，A有更大的概率成为B的前4位上传文件块的提供者。在这种前提下，B也有可能向A发送文件块。如果B同样进入A的前4位上传文件块的提供者，那么对等方相互之间都能够以较高的速率交换文件块。

7.6.3 分布式散列表

Napster在一个集中式目录服务器中构建查找数据库，其设计结构较为简单，但存在明显的性能瓶颈。假如使用分布式的P2P模式构建数据库又会如何呢？显然，让每个对等方都有一个包含所有对等方IP地址的列表在存储上是不可行的。让所有成对出现的(资源名K，IP地址N)随机地分散到各对等方也是不可行的。因为这将使查找对象的次数过大而导致效率过低。现在广泛使用的索引和查找技术称为分布式散列表(Distributed Hash Table，DHT)。DHT也可译为分布式哈希表，它是由大量对等方共同维护的散列表。基于DHT的具体算法已有不少，如Chord、Pastry、CAN(Content Addressable Network)以及Kademilia等。下面简单介绍广泛使用的Chord算法。

DHT利用散列函数，把资源名K及其存放的节点IP地址N都分别映射为资源名标识符KID和节点标识符NID。如果所有的对等方都使用散列函数SHA-1，那么通过散列得出的标识符KID和NID都是160位二进制数字，且其数值范围在$[0,2^{160}-1]$之间。从理论上讲，散列函数SHA-1是多对一的函数，但在实践中，不同输入得到相同的输出的概率是极小的(该现象称为哈希碰撞)。通过SHA-1映射得到的标识符能够比较均匀且稀疏地分布在Chord环上。为便于讨论，我们假定现在标识符只有5位二进制数字，也就是说，所有经散列函数得出的标识符的数值范围都在[0,31]之间。如图7-45所示，Chord把节点按标识符数值从小到大沿顺时针排列成一个环形覆盖网络，并按照下面的规则进行映射。

(1) 节点标识符(图中用N加数字标识)按照其标识符值映射到Chord环上对应的点。

(2) 资源名标识符(图中用K加数字标识)按照其标识符值映射到与其值最接近的下一个节点标识符，查找方向按照顺时针旋转。例如，K31和K2应放在N4，因为在环上从31和2按顺时针方向遇到的下一个NID是N4。同理，K8、K12、K22和K29应分别放在N10、N20、N26和N30。如果同时出现K29和N29，那么K29就应当放在N29。

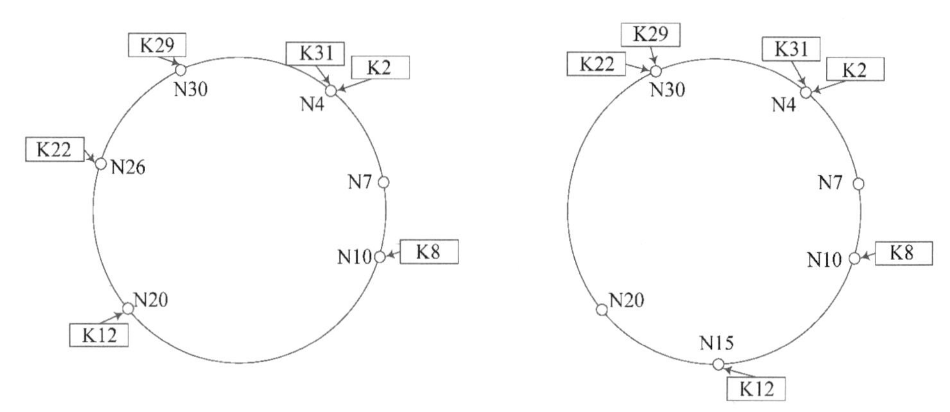

图 7-45　Chord 环映射

图 7-45 中,K31 和 K2 都放在 N4,代表要查找存放资源 K31 或 K2 的节点的 IP 地址,就应当到节点 N4 去查找,值得注意的是资源 K31 和 K2 本身并非存放在节点 N4。

Chord 环上的每个节点都要维护两个指针变量,一个指向其后继节点,而另一个指向其前驱节点。例如,图 7-45 中,N10 的后继节点是 N20(沿顺时针方向 N10 的下一个节点),其前驱节点是 N7(沿逆时针方向 N10 之前的一个节点)。如果一个新的节点 N15 加入 Chord 环,那么 N20 的前驱节点就变为 N15,同时 K12 就要从 N20 的位置移到 N15,N10 的后继节点就变为 N15。如果节点 N26 退出,那么 K22 就要移到 N30,而 N30 的前驱节点就变为 N20,同时 N20 的后继节点变为 N30。

7.7　本章小结

应用层是参考模型的最上层,也是距离用户最近的一层,为各式各样的应用定义了通信规则和协同方式满足不同的应用需求,围绕这个主题,本章主要探讨了:

(1) 应用进程通信方式,客户/服务器模型;套接字的原语及含义;基于 TCP 和基于 UDP 的套接字通信流程。

(2) 域名系统负责将主机名解析为 IP 地址,本章简述了现代互联网的层次树结构的域名空间,按照负责解析的层次安排可将域名服务器分为根域名服务器、顶级域名服务器、权威域名服务器和本地域名服务器,探讨了递归查询和迭代查询两种域名解析算法,介绍了用于提高域名解析效率的域名系统高速缓存技术。

(3) 应用层典型应用及其通信协议,包括用于文件传输的 FTP、用于远程登录的 TELNET 和 SSH、发送电子邮件的 SMTP、收取电子邮件的 POP3 和 IMAP、用于多媒体通信的 MIME,本章阐述了以上几种应用的传输原理、协议组成要素和通信流程。

(4) 万维网体系结构概述,万维网分布式服务的概念和工作原理,本章解释了静态 Web 和动态 Web 页面的差异,引出传输 Web 页面的 HTTP,代理服务器的功能和用途,Web 缓存技术,最后从加密通信、验证对方身份和证明数据流完整性三个角度讨论了 Web 安全及隐私问题。

(5) 多媒体应用已经同现代社会生活和工作密不可分,本章介绍了因特网的三种音频/视频服务,包括流式存储音频/视频、流式直播音频/视频和交互式音频/视频,从发布海量音频/视频数据的挑战引出了内容分发网络。

(6) 通过分析集中式媒体服务器的瓶颈,引出了基于对等方通信的P2P应用,介绍了P2P应用系统体系结构、工作原理,通过分布式散列表建立P2P分布式数据库的方式。

本章的技术人物传奇

本章的客观题练习

第7章 客观题练习

习题

1. 简述域名系统的主要功能。域名系统中的本地域名服务器、根域名服务器、顶级域名服务器和权威域名服务器的区别是什么?

2. 简述域名转换的过程。域名服务器中高速缓存的作用是什么?

3. 域名系统有哪两种域名查询方式?简述这两种方式的区别和特点。

4. 简述FTP的主要工作过程。其中主进程和从属进程各起什么作用?

5. 请写出电子邮件的地址格式,并说明各部分的含义。

6. 电子邮件传输过程中,为什么要使用POP3和SMTP两种协议?

7. 简述IMAP和POP的差异。

8. 简述SMTP和MIME之间的关系。

9. 假设一名用户通过PC登录了自己的公司邮箱,读取了一封未读邮件,回复了一封信件,试分析在此过程中,从应用层到网络层可能使用了哪些协议?

10. 试将数据11001100 10000001 00111000进行base64编码，给出二进制编码和最后传送的ASCII编码。

11. 试将数据01001100 10011101 00111001进行Quoted-Printable编码，并得出最后传送的二进制编码。计算该数据使用Quoted-Printable编码后的开销。

12. 假定一个Web页面中的超链接由于出现了差错而指向了一个无效的计算机主机名，当用户单击该超链接时浏览器需要向用户报告什么？假如用户请求了一个需要先认证（例如通过用户名和密码登录）的服务，但事实上用户还未认证，此时浏览器将接收到什么响应？假如用户请求了一个没有权限的服务呢？

13. 一个二进制文件共3120字节长。若使用base64编码，并且每次发送完80字节需要插入一个回车符CR和一个换行符LF，则一共发送了多少字节？

14. P2P作为一种流行的文件共享应用程序，具备哪些特点？存在哪些值得注意的问题？

本章附录：套接字编程示例代码

本附录包括使用UDP以及TCP的套接字编程示例代码，该示例代码采用C语言编写，展示了UDP和TCP的客户端和服务器中，套接字接口的使用流程。实现的具体功能：客户通过套接字接口向服务器发送数据（一串字符），在服务器中对数据进行处理（将发送字符中的小写字母改为大写字母），再由服务器发送响应至客户端，并最终在客户终端打印输出。示例代码共包括headerFiles.h、US.c、UC.c、TS.c、TC.c五个文件。

（1）headerFiles.h，包括套接字编程必要的头文件，以及两个工具函数。

```
#include <stdio.h>
#include <stdlib.h>
#include <sys/types.h>
#include <sys/socket.h>
#include <netdb.h>
#include <errno.h>
#include <signal.h>
#include <unistd.h>
#include <string.h>
#include <arpa/inet.h>
#include <sys/wait.h>
//将字符串中的小写字母转换为大写字母
void LowToUp(char *p) {
    while(*p != '\0') {
        if(*p>='a' && *p<='z') {
            *p = *p - 'a' + 'A';
        }
    p++;
    }
}
//打印错误提示并终止程序
void err_sys(const char* str){
    fprintf(stderr,"%s\n",str);
    exit(1);
}
```

(2) UDP 服务器程序 US.c：

```
#include "headerFiles.h"
#define PORT 2048                                   //服务器端口号
#define BUFFERSIZE 256                              //缓存大小

int main(void) {
    int sockfd = 0;                                 //套接字描述符
    int nr = -1;                                    //接收的字节数
    int ns = 0;                                     //发送的字节数
    char buffer[BUFFERSIZE] = {0};                  //数据缓存
    struct sockaddr_in serverAddr = {0};            //服务器套接字地址
    struct sockaddr_in clientAddr = {0};            //客户套接字地址
    int clAddrLen = 0;                              //客户地址长度
    //使用 socket 函数创建套接字,SOCK_DGRAM 指定使用 UDP
    if((sockfd = socket(PF_INET, SOCK_DGRAM, 0)) == -1) {
        err_sys("socket error");
    }
    printf("create socket, socketfd = %d\n", sockfd);
    //设置服务器套接字 family 字段,AF_INET 指定使用 IPv4 地址
    serverAddr.sin_family = AF_INET;
    //设置 IP 地址
    serverAddr.sin_addr.s_addr = htonl(INADDR_ANY);
    //设置端口号
    serverAddr.sin_port = htons(PORT);
    //绑定本地套接字地址
    if(bind(sockfd, (struct sockaddr *)&serverAddr, sizeof(serverAddr))<0) {
        err_sys("bind error");
    }
    //服务器开始工作
    printf("server start working...\n");
    while(1) {
        //接收来自客户的数据
        nr = recvfrom(sockfd, buffer, BUFFERSIZE, 0,
                    (struct sockaddr*)&clientAddr, &clAddrLen);
        if(nr == -1) {
            continue;
        }else {
            //打印客户的套接字地址
            printf("welcome client %s:%d\n", inet_ntoa(clientAddr.sin_addr),
                ntohs(clientAddr.sin_port));
            //处理来自客户的数据,将小写字母转换为大写字母
            LowToUp(buffer);
            //处理完成的数据发送给客户
            ns = sendto(sockfd, buffer, nr, 0,
                    (struct sockaddr*)&clientAddr, sizeof(clientAddr));
            printf("receive %d words, send %d words\n", nr, ns);
            nr = -1;
        }
    }
}
```

（3）UDP 客户程序 UC.c：

```
#include "headerFiles.h"
#define ADDR "192.168.44.129"                          //服务器 IP 地址
#define PORT 2048                                      //服务器端口号

int main(void) {
    int sockfd = 0;                                    //套接字描述符
    int ns = 0;                                        //发送的字节数
    int nr = 0;                                        //接收的字节数
    char buffer[] = "udp socket hello world\n";       //发送的数据
    struct sockaddr_in serverAddr = {0};               //服务器 socket 地址
    //创建套接字
    if((sockfd = socket(PF_INET, SOCK_DGRAM, 0)) == -1) {
        err_sys("socket error");
    }
    printf("create socket, socketfd = %d\n", sockfd);
    //设置族、IP 地址、端口号
    serverAddr.sin_family = AF_INET;
    serverAddr.sin_addr.s_addr = inet_addr(ADDR);
    serverAddr.sin_port = htons(PORT);
    //客户发送数据
    printf("sending...\n");
    if((ns = sendto(sockfd, buffer, strlen(buffer), 0,
            (struct sockaddr * ) &serverAddr, sizeof(serverAddr))) == -1) {
        err_sys("send error");
    }
    printf("send to server, %s:%d\n",
            inet_ntoa(serverAddr.sin_addr), ntohs(serverAddr.sin_port) );
    //客户接收来自服务器的数据
    printf("receiving...\n");
    if((nr = recvfrom(sockfd, buffer, strlen(buffer), 0, NULL, NULL)) == -1) {
        err_sys("receive error");
    }
    printf("receive success\n");
    buffer[nr] = 0;
    //打印经过服务器处理后的数据
    printf("Received from server:");
    fputs(buffer, stdout);
    close(sockfd);
    exit(0);
}
```

编译执行 UDP 服务器程序（US.c）和 UDP 客户程序（UC.c）后，服务器终端将输出：

```
server start working...
welcome client 192.168.44.129:47273
receive 23 words, send 23 words
```

客户终端将输出：

```
create socket, socketfd = 3
sending...
```

```
send to server, 192.168.44.129:2048
receiving...
receive success
Received from server:UDP SOCKET HELLO WORLD
```

请注意,由于实验时采用的客户和服务器主机实际条件不同,上述输出中的客户和服务器 IP 地址和端口号会随之产生差异。

(4) TCP 服务器程序 TS.c：

```
#include "headerFiles.h"
#define BufferSize 256
#define PORT 2048

int main(void) {
    int sockfd = 0;                                    //套接字描述符
    int connectsd = 0;                                 //连接建立后套接字描述符
    int nr = 0;                                        //接收的字节数
    int ns = 0;                                        //发送的字节数
    int processID = 0;                                 //进程 ID
    char buffer[BufferSize] = {0};                     //数据缓存
    struct sockaddr_in serverAddr = {0};               //服务器套接字地址
    struct sockaddr_in clientAddr = {0};               //客户套接字地址
    int clientAddrLen = sizeof(clientAddr);            //客户套接字地址长度
    //创建套接字,SOCK_STREAM 指定使用 TCP
    if((sockfd = socket(PF_INET, SOCK_STREAM, 0)) == -1) {
        err_sys("socket error");
    }
    printf("create socket, socketfd = %d\n", sockfd);
    //设置套接字地址
    serverAddr.sin_family = AF_INET;
    serverAddr.sin_addr.s_addr = htonl(INADDR_ANY);
    serverAddr.sin_port = htons(2048);
    //绑定本地套接字地址
    if(bind(sockfd, (struct sockaddr *)&serverAddr, sizeof(serverAddr))
    == -1) {
        err_sys("bind error");
    }
    printf("bind complete, %s:%d\n",
            inet_ntoa(serverAddr.sin_addr), ntohs(serverAddr.sin_port));
    //准备好接收客户请求
    if(listen(sockfd, 5) == -1){
        err_sys("listen error\n");
    }
    printf("socket listen, socketfd: %d\n", sockfd);
    while(1) {
        //TCP 连接握手
          connectsd = accept (sockfd, (struct sockaddr * ) &clientAddr,
          &clientAddrLen);
          printf ( " TCP connect, welcome client % s:% d \ n", inet _ ntoa
          (clientAddr.sin_addr), ntohs(clientAddr.sin_port));
```

```
        //创建子线程
        processID = fork();
        if(processID == 0) {
            close(sockfd);
            //接收来自客户的数据
            nr = recv(connectsd, buffer, BufferSize, 0);
            if(nr > 0) {
                LowToUp(buffer);
                //发送数据至客户
                ns = send(connectsd, buffer, nr, 0);
            }
            printf("receive %d words, send %d words\n", nr, ns);
            exit(0);
        }
        //关闭套接字
        close(connectsd);
    }
}
```

（5）TCP 客户程序 TC.c：

```
#include "headerFiles.h"
#define ADDR "192.168.44.129"
#define PORT 2048

int main(void) {
    int sockfd = 0;                                    //套接字描述符
    int ns = 0;                                        //发送的字节数
    int nr = 0;                                        //接收的字节数
    char buffer[] = "tcp socket hello world\n";        //待发送的数据
    struct sockaddr_in serverAddr = {0};               //服务器套接字地址
    //创建套接字
    if((sockfd = socket(PF_INET, SOCK_STREAM, 0)) == -1) {
        err_sys("socket error");
    }
    printf("create socket, socketfd = %d\n", sockfd);
    //设置服务器套接字地址
    serverAddr.sin_family = AF_INET;
    serverAddr.sin_addr.s_addr = inet_addr(ADDR);
    serverAddr.sin_port = htons(PORT);
    //TCP 连接握手
    if(connect(sockfd, (struct sockaddr *)&serverAddr, sizeof(serverAddr))
    == -1) {
        err_sys("connect error");
    }
    printf("TCP connect, server %s:%d\n",
        inet_ntoa(serverAddr.sin_addr), ntohs(serverAddr.sin_port));
    //发送数据至服务器
    ns = send(sockfd, buffer, strlen(buffer), 0);
    //接收数据
    nr = recv(sockfd, buffer, strlen(buffer), 0);
    buffer[nr] = 0;
```

```
    //打印输出
    printf("Received from server:");
    fputs(buffer, stdout);
    //关闭套接字
    close(sockfd);
    exit(0);
}
```

编译执行 TCP 服务器程序(TS.c)和 TCP 客户程序(TC.c)后，服务器终端将输出：

```
create socket, socketfd = 3
bind complete, 0.0.0.0:2048
socket listen, socketfd: 3
TCP connect, welcome client 192.168.44.129:32964
receive 23 words, send 23 words
```

客户终端将输出：

```
create socket, socketfd = 3
TCP connect, server 192.168.44.129:2048
Received from server:TCP SOCKET HELLO WORLD
```

请注意，由于实验时采用的客户和服务器主机实际条件不同，上述输出中的客户和服务器 IP 地址和端口号会随之产生差异。

第 8 章

新型网络

计算机网络是一个快速发展迭代的领域。近十年来，网络基础架构以及由此构建的网络技术体系都发生了巨大的变革和创新。随着网络与人类社会深度结合，计算机网络已经成为与国家发展、社会生活息息相关的重要基础设施。新型网络技术和人工智能、云计算等创新技术共同融合，为传统产业转型升级提供了强大基础设施与服务平台支撑。

本章选取物联网、工业互联网、软件定义网络等新型网络进行介绍；在阐述新型网络关键技术、体系架构的同时，也希望能从中发现计算机网络进一步发展的未来趋势。

图 8-1 中的数字代表其下的主要知识点个数；读者可扫描二维码查看本章主要内容框架的思维导图，并根据需要收起和展开。

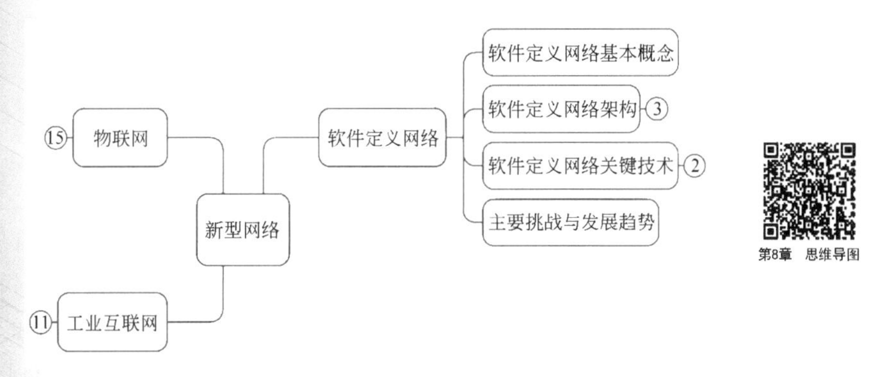

图 8-1 本章主要内容框架的思维导图上层

8.1 物联网

物联网(IoT)即“万物互联”。直白地理解，物联网就是物物相连的互联网。这意味着物联网是在互联网基础上延伸和扩展的网络，其核心和基础仍然是计算机网络和互联网。在此基础上，物联网将各种网络中的节点延伸到了各种信息传感设备。这里的信息传感设备包括射频识别装置、红外感应器、全球定位系统等各种装置。这些信息传感设备与互联网结合，从而实现万物都与网络连接。信息交换和通信不再局限在计算机和计算机之间，而是扩展到了人、机、物之间的互联互通。本节将从物联网的发展历史和基本定义开始，对物联网的原理和关键技术进行详细的阐述。

8.1.1　物联网概述

1. 物联网的出现和发展

物联网思想的出现，要比我们想象得更早。1995年，微软公司的创始人比尔·盖茨便提出过物联网的思想雏形，但由于当时互联网的发展还尚未普及，无线网络及传感器等技术的发展都远远不能提供支撑，因此这一思想并未得到业界的重视。

物联网这一概念正式提出是在1999年的移动计算和网络国际会议。Kevin Ashton提出在计算机互联网的基础上，利用射频识别技术、无线数据通信技术等，构造出一个实现全球物品信息实时共享的实物互联网"Internet of Things"的方案。

2005年，在突尼斯举行的信息社会世界峰会(WSIS)中，ITU在其发布的《ITU互联网报告2005：物联网》中，将"物联网"这一新概念定义为，**通过RFID和智能计算等技术实现全世界设备互连的网络**。报告中指出，"物联网"通信时代即将来临，世界上所有的物体都将可以通过因特网主动进行信息交换。2008年，IBM提出"智慧地球"的概念，其核心思想就是利用物联网技术，将传感器设备安装到各种海量物体中，连接形成遍及全球各个角落、各个行业的网络。

在我国，物联网的发展也得到了政府的重视和支持。2010年3月5日，第十一届全国人民代表大会第五次会议上，物联网被首次写入《政府工作报告》。2021年9月，工业和信息化部等八部门印发《物联网新型基础设施建设三年行动计划(2021—2023年)》，明确到2023年底，在国内主要城市初步建成物联网新型基础设施，社会现代化治理、产业数字化转型和民生消费升级的基础更加稳固。

2. 物联网概念

从技术层面，物联网可以被定义为，通过射频识别设备、红外感应器、视觉传感器、全球定位系统、激光雷达等信息传感设备，按照协议标准把任何物品与互联网相连，进行信息交换和通信，以实现对物品的智能化识别、定位、跟踪、监控和管理的一种网络。

物联网被认为是"物物相连的互联网"。物联网是互联网的延伸和扩展，网络连接的不仅仅是计算机，进行数据和信息交换的实体也扩展到了各种物品和机器设备。同时互联网的核心协议和底层基础仍将对物联网有着巨大的影响。

物联网具有全面感知、实时传送、智能控制等技术特点。

(1) 全面感知。全面感知是指利用各种技术手段，跨越时空约束，对物体进行信息感知。感知包括传感器的数据采集、对数据的协同处理以及物体的智能组网。全面感知是物联网的技术基础，在此基础上，才能实现对物体进行控制和指挥的目的。

(2) 实时传送。实时传送是指实时对感知信息进行远程传送，实现信息的高速交互和共享，并进行各种有效的处理。实时传送，需要实现底层各种异构网络的有效融合。数据传送可能跨越不同的移动通信网络、电信网络和各种计算机网络。由于实施物联网感知的一大部分传感器以无线通信方式实现互联网的接入，5G网络成为承载物联网实时传送的一个有效支撑网络。

(3) 智能控制。智能控制是指利用云计算等各种智能计算技术，对随时接收到的跨地域、跨行业、跨部门的海量数据和信息进行分析和处理，通过物联网实现对物理世界、经济社会、人类活动等领域的洞察力提高，进而实现智能化的决策和控制。人工智能技术和物联网技术相互融合、相互依托。可通过物联网产生、收集来自不同维度的、海量的数据存储于云端、边缘端，再通过大数据分析，以及更高形式的人工智能，实现万物数据化、万物智联化。物联网技术与人工智能的融合，最终追求的是形成一个智能化生态体系，在该体系内，实现了不同智能终端设备之间、不同系统平台之间、不同应用场景之间的互融互通，万物互融。

8.1.2 物联网关键技术

物联网是一套极其复杂庞大的系统，从体系结构上看，物联网具有感知层（也称为感知控制层）、网络层以及应用层三大层次。从核心技术来看，物联网的核心技术包括RFID技术、传感器技术、无线网络技术、人工智能技术、云计算技术等。

1. 物联网的体系结构

物联网的体系结构如图8-2所示。

图8-2　物联网的体系结构

感知层是物联网的皮肤和五官，负责采集信息。感知层处于物联网体系结构的最底层，负责各类应用相关数据的采集，主要包括有线/无线传感网络、各类传感器设备、二维码标签和识读器、摄像头、GPS等，主要是识别物体、采集信息，与人体结构中皮肤和五官的作用相似。感知层技术主要包括传感器和控制器技术，以及短距离传输技术。

网络层是物联网的神经中枢和大脑，负责信息传递与处理。网络层是基于现有的通信网和互联网建立起来的，其关键技术既包含了现有的通信技术（如4G/5G移动通信技术、Wi-Fi技术等），也包含终端技术（如实现传感网与通信网结合的网关设备），为各种行业终端提供通信能力。网络层的泛在能力不仅使得用户能随时随地获得服务，更重要的是通过有线与无线技术的结合，和多种网络技术的协同，为用户提供智能选择接入网络的模式。

应用层是物联网与行业专业技术的深度融合，与行业需求结合，实现行业智能化，这类似于人的社会分工，最终构成人类社会。

下面以智能电网中的远程电力抄表应用为例进行介绍。安置于用户家中的读表器就是感知层中的传感器，这些传感器在收集到用户用电的信息后，通过网络发送并汇总到发电厂的处理器上。该处理器及其对应工作就属于应用层，它将完成对用户用电信息的分析，并自动采取相关措施。

2. 物联网五大核心技术

1）RFID技术

RFID（Radio Frequency Identification）即射频识别，又称无线射频识别，是一种通信技术，可通过无线电信号识别特定目标并读写相关数据，而无须识别系统与特定目标之间建立机械或光学接触。一套RFID硬件系统主要包括电子标签和阅读器两部分。其中阅读器又称为读出装置、扫描器、通信器、读写器（取决于电子标签是否可以无线改写数据）；电子标签又称为射频标签、应答器、数据载体。电子标签与阅读器之间通过耦合元件实现射频信号的空间（无接触）耦合，在耦合通道内，根据时序关系，实现能量的传递、数据的交换。电子标签的特殊在于免用电池、免接触、免刷卡。因此具有较好的耐用性、较长的使用寿命，可实现很高的安全性。

RFID技术是物联网"让物说话"的关键技术。物联网中的RFID电子标签可存储标准化的、可互操作的信息，并通过无线数据通信网络将信息自动采集到中心信息系统中，实现物品的识别。

2）传感器技术

传感器是从真实世界中获取信息，并能够按照一定规律将其转化为某种电信号的一种设备。传感器被比喻为物联网的触觉。传感器技术是物联网能否准确收集真实物理世界信息的关键技术。这些来自真实世界的信息，以电信号的形式表示之后，才可能在物联网上进行传输、处理、存储。

从结构上看，一个典型的传感器通常由敏感元件、转换元件、变换电路、电源四部分组成。敏感元件是进行数据获取收集的关键，它直接测量真实世界中有关的物理量信息，按照测量信号的不同，敏感元件可分为热敏、光敏、湿敏、气敏、力敏、声敏、磁敏、色敏、味敏、放射性敏十大类。而转换元件起到翻译的作用，它将敏感元件输出的物理量信号转换为电信号。变换电路则起到将转换元件输出电信号进行放大、调制的作用，以便于对信号的进一步处理和传输。

传感器除了在工业场景中被广泛使用之外，也普遍存在于人们的日常生活之中。比如手机中就集成了重力传感器、加速度传感器、光线传感器等众多传感器。通过感受人体姿态的变化，手机上的程序可以实现计步、"摇一摇"等功能，而通过感受环境光线强度，则可以实现自动调节屏幕亮度等各种功能。

现代传感技术的发展主要体现在新材料、新工艺的使用上，从而实现传感器的微型化、集成化、智能化等。

3）无线网络技术

在物联网中，由于存在海量的设备需要联网，且这些设备所处位置环境各异，分布可能极为广阔，通过传统的有线网络接入变得不再现实。因此，在绝大多数场景中，通过无线网络实现接入就成了首选的接入方式。因此，无线网络也被比喻为物联网的神经系统，将遍布物联网的传感器连接起来。

按照传输距离，无线通信技术可分为近距离通信和远距离通信。近距离通信技术包括 Wi-Fi、蓝牙、UWB、MTC、ZigBee、NFC 等，其通信距离一般在几百米范围以内。远距离通信技术则有 4G/5G 等移动通信技术、NB-IoT、LoRa 等，可以实现几千米至几十千米距离的远程数据传输。

从数据传输速率上看，4G/5G 移动通信网络、Wi-Fi、UWB 等技术可以实现更高的数据传输速率，而 ZigBee、NFC、NB-IoT、LoRa 等技术的传输速率则较低，同时能耗也较低。

在物联网中，无线网络技术的选用，需要针对不同的应用场景和需求合理选择。对于视频等对实时性要求较高的大流量应用，必须选择 4G/5G 移动通信网络或 Wi-Fi 等高功耗、高速率的传输技术。而对于工业场景中设备信息监控等应用，大多数传感器都是嵌入在芯片中，网络传输模块的功率小，传输的数据量较少，则往往选择蓝牙、ZigBee 这些低功耗无线技术实现互联。

4）人工智能技术

人工智能（Artificial Intelligence，AI）主要研究的是如何让计算机模拟人的某些思维过程和智能行为（如学习、推理、思考、规划等），使计算机具备更高层次的思维和决策能力。人工智能为物联网提供了强大的"计算大脑"，实现对大量数据的智能分析和处理。

人工智能（AI）与物联网（IoT）的融合被称为**人工智能物联网**（**AIoT**，即 **AI＋IoT**）。AIoT 让物联网爆发出更多的潜在能力，激发出大量创新应用和行业变革。在物联网实现"万物互联"的基础上，AIoT 进一步实现了"万物智联"。

诸如自动驾驶、智慧城市、智慧医疗、智能家居等行业，都是人工智能物联网的典型应用场景。

下面以自动驾驶和智慧城市为例进行介绍。通过装载在汽车上的各种传感器，可以实时获取车辆所在的道路等环境信息以及周边的交通行为；通过人工智能算法实现自动的路线规划、车道选择和车辆控制，从而实现无人驾驶。

对于智慧城市，物联网构成其底层基础，人工智能为城市提供了"智慧大脑"，最大化助力城市管理。依托人工智能物联网，可为人与城市基础设施、城市服务管理等建立起紧密联系。借助人工智能物联网的强大能力，城市真正被赋予智能，城市将更懂人的需求，带给人们更美妙的生活体验。下面以城市中的交通监控和运营车辆调度系统为例进行介绍。通过沿道路铺设的各类传感器，以及车载导航设备可以采集到关于交通、车辆和人员的各种信息；通过物联网在车辆、道路、服务器、人员之间进行高速数据传输；通过人工智能进行交通智能分析和调度决策，并实现商业车辆、公共交通的智能高效调度和运营。

5）云计算技术

云计算是一种通过网络实现随时随地、按需、便捷地使用共享计算设施、存储设备、应用程序等资源的计算模式。物联网是把数据信息的载体扩展到实物上，物联网的目标是将实物进行智能化的管理，物联网的发展离不开云计算技术的支撑，特别是当物联网规模日益增大、业务量逐渐增加，产生的大量数据需要进行及时存储和处理时。而物联网终端的计算和存储能力通常较为有限，为了实现对海量数据的管理和计算，就需要以一个大规模的计算平台为支撑。

云计算可以为物联网提供海量存储能力和强大的计算能力。云计算技术能实现对海量数据的管理，以及对数据信息进行实时的动态管理和分析。云计算通过使用分布式的方式，对数据和信息进行存储，并保证存储信息的安全性和可靠性。将云计算应用到物联网的数据传输和数据处理中，很大程度上提高了物联网的运行速度。

云计算促进物联网更好发展。云计算技术具有规模较大、虚拟化、多用户、较高的安全性等优势。云计算通过利用其规模较大的计算集群和较高的传输能力，能有效地促进物联网传感数据的互享。云计算的虚拟化技术能使物联网的应用更容易被建设。云计算技术的高可靠性和高扩展性为物联网提供了更为可靠的服务。云计算的大规模服务器，很好地解决了物联网服务器节点不可靠的问题。随着物联网的逐渐发展，感知层和感知数据都在不断地增长，若处理不当，会使服务器的各个部分较容易出现错误的状况，在访问量不断增加的情况下，会造成物联网的服务器间歇性崩塌。若增加更多的服务器，资金成本较大，而且在数据信息较少的情况下，会使服务器产生浪费的状态。基于这种情况，云计算弹性计算技术很好地解决了该问题。

虽然云计算各种优势能为物联网的建设与发展提供更好的服务，但云计算这种模式也存在计算时延、拥塞、数据隐私保护等问题。近年来，雾计算、边缘计算等概念也得到越来越多的关注和发展，以解决云计算存在的短板问题。

雾计算（fog computing）的原理与云计算相似，均要求各种终端设备把数据上传到远程中心进行分析、存储和处理。相比于云计算要把所有数据集中运输到同一个中心，雾计算的模式是设置众多分散的中心节点，即“雾节点”处理，这样能够让运算处理速度更快，可以更高效地得出运算结果。雾计算模式下，数据处理的位置离产生数据的位置更近，拥有更小的网络时延（总时延＝网络时延＋计算时延），反应速度更快。此外，雾节点拥有广泛的地域分布，为了服务不同区域的用户，相同的服务会被部署在各个区域的雾节点上，使得高可靠性成为雾计算的内在属性。

而边缘计算（edge computing）是指利用靠近数据源的边缘地带完成运算的程序。边缘计算的运算既可以在大型运算设备内完成，也可以在中小型运算设备、本地端网络内完成。随着物联网中各种终端计算能力的增强，智能家居设备、智能摄像头等终端设备也可以成为计算发生的地方。边缘计算和云计算存在互相协同的关系。云计算负责长周期数据的大数据分析，能够在周期性维护、业务决策等领域运行。而边缘计算着眼于实时、短周期数据的分析，更好地支撑本地业务及时处理执行。边缘计算更靠近设备端，也为云端数据采集做出贡献，支撑云端应用的大数据分析，云计算也通过大数据分析输出业务规则下发到边缘地带，以便执行和优化处理。云计算和边缘计算都是处理大数据的计算运行方式。两者之间的差异在于，边缘计算数据不用再传到远处的云端，在边缘地带就能解决，更适合实时的数据分析和智能化处理，也更加高效而且安全。

8.2 工业互联网

早在2012年，美国通用电气公司将工业互联网（Industrial Internet）定义为“工业互联网，就是把人、数据和机器连接起来”。工业互联网的本质，就是通过开放的、全球化的通信网络平台，把设备、生产线、员工、仓库、供应商、产品和客户紧密地连接起来，共享工业生产全流程的各种要素资源，使其数字化、网络化、自动化、智能化，从而实现效率提升和成本降低。

工业互联网不是互联网在工业上的简单应用，而是具有更为丰富的内涵和外延。它以网络为基础、平台为中枢、数据为要素、安全为保障，既是工业数字化、网络化、智能化转型的基础设施，也是互联网、大数据、人工智能与实体经济深度融合的应用模式，同时也是一种新业态、新产业。

8.2.1 工业互联网概述

工业互联网，就是将工业系统与信息网络高度融合而形成的互联互通网络。工业互联网是新一代信息通信技术与工业经济深度融合的新型基础设施、应用模式和工业生态。通过对人、机、物、系统等的全面连接，构建起覆盖全产业链、全价值链的全新制造和服务体系，为工业乃至产业数字化、网络化、智能化发展提供了实现途径。

工业互联网不仅涵盖与工业领域相关的所有实体、工具、数据、方法与流程，也涉及了软硬件数据协议、分布式技术、虚拟化技术、数据化技术、数据建模与分析、组件封装及可视化等多种关键技术与工具。

可以认为，当今工业领域和计算机学科的所有前沿技术，包括边缘计算、智能控制、数字孪生、智能感知、5G 传输、大数据处理与决策、人工智能等，都能在工业互联网中找到具体应用。

从工业经济角度和网络设施发展角度看，发展工业互联网已成为产业发展的必经之路，是强国建设的重要举措，发展工业互联网对于我国来说意义重大。一方面，通过发展工业互联网，可以推进我国传统工业转型升级，加速新兴产业发展壮大。另一方面，工业互联网促进互联网和物联网向人、机、物、系统等的全面互联拓展，大幅提升网络设施的支撑服务能力。此外，工业互联网与多行业深度融合，可以实现产业上下游、跨领域的广泛互联互通，推动网络应用从虚拟到实体、从生活到生产的科学跨越，极大地拓展数字经济的发展空间。

8.2.2 工业互联网体系架构与主要技术

2020 年 4 月，我国工业互联网产业联盟（AII）发布《工业互联网体系架构（版本 2.0）》，提出工业互联网的功能架构可由网络、平台、安全三大体系构成，其中网络体系是基础，平台体系是核心，安全体系是保障。

1. 工业互联网网络体系

网络体系是工业互联网的基础。网络体系支撑打造“设备网联化、连接 IP 化、网络智能化”的先进工业网络，支撑工业资源泛在连接、数据高效流动、网络安全，实现工业的数字化与智能化。

工业互联网网络体系包括网络互联、数据互通和标识解析三部分，如图 8-3 所示。

1）网络互联

网络互联实现各种设备之间的数据传输。将各种终端设备进行网联化改造后，可通过有线/无线的方式接入网络，使其具备传输通信的能力。可通过网络互联将工业互联网体系相关的人、机、物料、法、环以及企业上下游、产品、用户等全要素连接，实

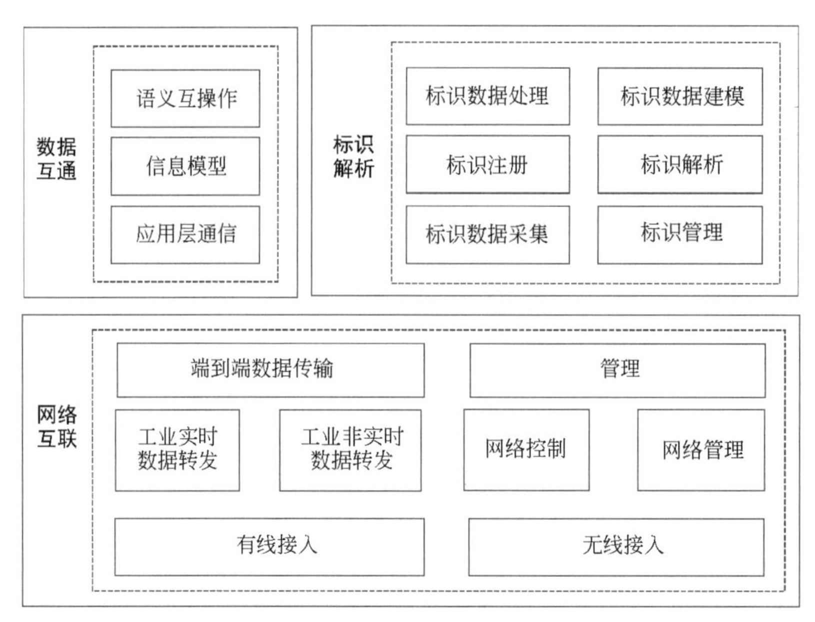

图8-3　工业互联网网络体系

现要素间的数据传输。

实现设备互联的典型方式分为有线接入和无线接入两大类。具体的互联技术包括传统的工业总线、工业以太网以及创新的时间敏感网络(TSN)、确定性网络、5G等,可按业务需求,实现工业数据的实时和非实时转发。工业互联网中的设备互联和传统计算机网络一样,也需要实现可靠的网络控制和网络管理,保障设备的互联、数据的交互。

2）数据互通

数据互通即实现数据和信息在各要素间、各系统间的无缝传输,使得异构系统在数据层面互通,从而实现数据互操作与信息集成。实现数据互通,需要对异构数据进行标准化描述和统一建模,实现要素之间传输信息的相互理解。

人工智能、大数据的快速应用,使得工业企业对数据互通的需求越来越强烈,标准化、上通下达成为数据互通技术发展的趋势。

3）标识解析

标识解析提供标识数据采集、标签管理、标识注册、标识解析、标识数据处理和标识数据建模功能,实现要素的标记、管理和定位。标识解析实现对机器和物品进行唯一性的定位和信息查询,是实现全球供应链系统和企业生产系统的精准对接、产品全生命周期管理和智能化服务的前提和基础。

随着工业互联网创新发展战略的深入贯彻实施,工业互联网标识解析应用的不断深入,基于标识解析的数据服务成为工业互联网应用的核心,闭环的私有标识及解析系统逐步向开环的公共标识及解析系统演进。工业互联网标识解析安全机制成为工业互联网应用的基础,发展安全高效的标识解析服务成为共识。

2. 工业互联网平台体系

工业互联网平台相当于工业互联网的"操作系统"。如图8-4所示,工业互联网平台体系是工业互联网的中枢,其由边缘层、PaaS层、应用层三个关键功能部分组成,起到数据汇聚、建模分析、知识复用和应用创新的作用。

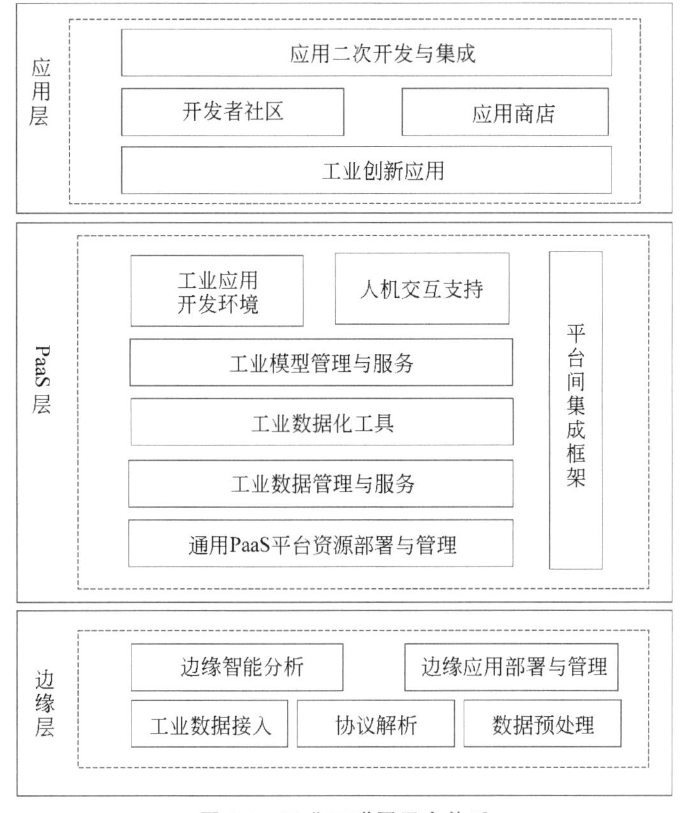

图 8-4 工业互联网平台体系

1）边缘层

边缘层主要提供海量工业数据接入功能，并实现协议解析与数据预处理功能，将接入的各类多源异构数据进行格式统一和语义解析，并进行数据剔除、压缩等操作后传输至云端；按照边缘计算模型，通过边缘应用部署与管理，提供边缘分析应用功能，并为高实时的应用场景提供实时分析和反馈控制服务。

2）PaaS 层

与云计算中的 PaaS 一样，工业互联网 PaaS 层通过提供通用 IT 资源管理功能，并集成边云协同、大数据、人工智能等各类框架，为上层业务功能实现提供支撑。PaaS 层提供面向海量工业数据的数据管理、模型管理、工业应用开发环境、基础人机交互等功能。

3）应用层

应用层支持在 PaaS 层之上，进行工业创新应用的开发，并提供开发者社区功能，打造开放的线上社区，提供各类资源工具、技术文档、学习交流等服务。应用层也提供应用商店功能，以提供成熟工业 App 的上架认证、展示分发、交易计费等服务，支撑实现工业应用价值变现。此外，应用层还提供应用二次开发与集成功能，对已有工业 App 进行定制化改造，以适配特定工业应用场景。

基于平台的数据智能是工业互联网智能化的核心驱动。基于平台的应用开放创新，支撑企业快速适应市场变化和满足用户个性化需求，开展商业模式和业务形态的创新探索。

3. 工业互联网安全体系

工业互联网安全体系涉及设备、控制、网络、平台、工业 App、数据等多方面网络安全问题，且安全问题涉及范围广、造成影响大、企业防护基础弱。为确保工业互联网健康有序发展，安全体系应具备可靠性、保密性、完整性、可用性、隐私和数据保护的特征，如图 8-5 所示。

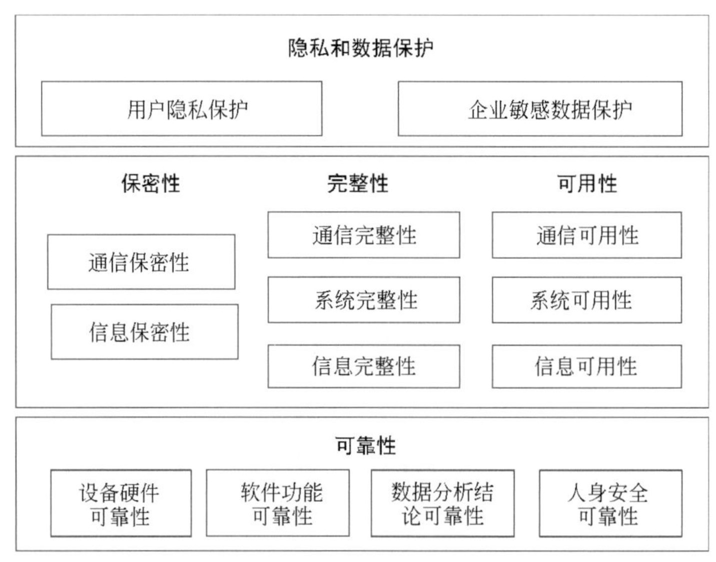

图 8-5 工业互联网安全体系

可靠性是指工业互联网业务在一定时间内、一定条件下无故障地执行指定功能的能力或可能性。

保密性是指工业互联网业务中的信息按给定要求不泄露给非授权的个人或企业加以利用的特性，即杜绝有用数据或信息泄露给非授权个人或实体。

完整性是指工业互联网用户、进程或硬件组件对所发送的信息可验证其准确性，并且进程或硬件组件不会被以任何方式改变的特性。

可用性是指在某个考察时间，工业互联网业务能够正常运行的概率或时间占有率期望值，可用性是衡量工业互联网业务在投入使用后实际使用的效能。

隐私和数据保护是指对于工业互联网用户个人隐私数据或企业拥有的敏感数据等提供保护的能力。

伴随工业互联网的持续发展，安全将成为未来保障工业互联网健康有序发展的重要基石和防护中心。只有充分处理好信息安全与物理安全，才能保障工业生产各环节的可靠性、保密性、完整性、可用性、隐私和数据保护，进而确保工业互联网的健康有序发展。

8.2.3 工业互联网在中国的发展

工业互联网是新一代信息通信技术与工业经济深度融合的全新工业生态、关键基础设施和新型应用模式。工业互联网改变了传统制造模式、生产组织方式和产业形态，构建起全要素、全产业链、全价值链全面连接的新型工业生产制造和服务体系，对支撑制造强国和网络强国建设，提升产业链现代化水平，推动经济高质量发展和构建新发展格局，都具有十分重要的意义。

自2018年以来，我国工业互联网迅速发展，打造了一批高水平的公共服务平台，培育了一批龙头企业和解决方案供应商。到2023年，我国工业互联网新型基础设施进一步完善，融合应用成效进一步彰显，技术创新能力进一步提升，产业发展生态进一步健全，安全保障能力进一步增强。工业互联网新型基础设施建设量质并进，新模式、新业态大范围推广，产业综合实力显著提升。

当前，我国的工业互联网发展主要集中在基础设施建设、持续深化融合应用、强化技术创新能力、培育壮大产业生态、提升安全保障水平五方面。

在基础设施建设方面，一是实施网络体系强基行动，推进工业互联网网络互联互通工程。二是实施标识解析增强行动，推进工业互联网标识解析体系增强工程，完善标识体系构建。三是实施平台体系壮大行动，推进工业互联网平台体系化升级工程。

在持续深化融合应用方面，一是实施数据汇聚赋能行动，制定工业大数据标准，促进数据互联互通。二是实施新型模式培育行动，推进工业互联网新模式推广工程，培育推广智能化制造、网络化协同、个性化定制、服务化延伸、数字化管理等新模式。三是实施融通应用深化行动，推进工业互联网融通应用工程，持续深化"5G＋工业互联网"融合应用。

在强化技术创新能力方面，一是实施关键标准建设行动，推进工业互联网标准化工程，实施标准引领和标准推广计划。二是实施技术能力提升行动，推进工业互联网技术产品创新工程，加强工业互联网基础支撑技术攻关，加快新型关键技术与产品研发。

在培育壮大产业生态方面，一是实施产业协同发展行动，推进工业互联网产业生态培育工程，培育技术创新企业和运营服务商，打造"5G＋工业互联网"融合应用先导区。二是实施开放合作深化行动，营造开放、多元、包容的发展环境，推动多边、区域层面政策和规则协调，支持在自贸区等开展新模式新业态先行先试。

在提升安全保障水平方面，实施安全保障强化行动，推进工业互联网安全综合保障能力提升工程，完善网络安全分类分级管理制度。加强技术创新突破，实施保障能力提升计划，推动中小企业"安全上云"，强化公共服务供给，培育网络安全产业生态。

8.3 软件定义网络

软件定义网络(Software Defined Network，SDN)是一种新型的网络架构。它以网络虚拟化的实现方式抽象了传统网络。通过分离网络的控制面和数据面，使网络变得敏捷和灵活，也使网络变得更加智能，为核心网络及应用的创新提供了良好的平台。软件定义网络技术能够有效降低设备负载，协助网络运营商更好地控制基础设施，降低整体运营成本，被认为是最具前途的网络技术之一。

8.3.1 软件定义网络概述

1. 软件定义网络的发展历史

软件定义网络的概念，即通过软件编程的形式定义和控制网络，最早由斯坦福大学的 Mckeown 教授于2009年正式提出。

软件定义网络被认为是对传统网络的一场革命。在传统网络中,“动态网络”是难以实现的。即我们很难通过上层编程环境实现底层数据通道的动态定制。例如在传统网络架构中,单个网络设备根据其配置的路由表作出流量决策,而这一决策过程很难通过上层软件编程实现定制。传统网络的分层架构,可以在水平方向的同一层之间实现标准和开放性,但在垂直方向上,传统网络是“相对封闭”的,在垂直方向创造应用、部署业务是相对困难的。

软件定义网络的提出,就是为了将网络的垂直方向变得开放、标准化、可编程,从而让人们更容易、更有效地使用网络资源。软件定义网络在网络中发挥作用已有十余年,并影响了许多网络创新。

2. 软件定义网络的设计思想

与传统网络中分层模型相比,软件定义网络提出了全新的分层设计思想,将数据与控制相分离。

其中,控制平面具有集中式可编程的控制器,充当软件定义网络的大脑,可掌握全局网络信息。控制平面方便运营商和科研人员管理配置网络和部署新协议等。数据平面由网络中的物理交换机组成,仅提供简单的数据转发功能,可以快速处理匹配的数据包,适应流量日益增长的需求。控制平面和数据平面之间使用开放的统一接口(例如 OpenFlow 等)进行通信。控制器通过标准接口向数据平面的交换机下发统一标准规则,交换机则按照这些规则执行相应的动作。

软件定义网络的本质特点是控制平面和数据平面分离以及开放可编程。它将网络中交换设备的控制逻辑集中到通用计算设备上;通过分离控制平面和数据平面以及开放的通信协议,打破了传统网络设备的封闭性,实现网络的软件定义,让网络的管理变得更加简单、动态和智能。

8.3.2　软件定义网络架构

软件定义网络的整体架构由转发层、控制层和应用层组成,具体如图8-6所示。

转发层:由交换机等网络通用转发硬件组成,这类设备只承担数据包的转发功能,各个网络设备之间通过不同规则形成的软件定义网络的数据通路连接。

控制层:包含了逻辑上为中心的 SDN 控制器,它掌握着全局网络信息,负责各种转发规则的控制,实现各种网络服务的定义和配置。

应用层:包含着各种基于软件定义网络的网络应用,用户无须关心底层细节就可以编程、部署新应用。

软件定义网络中的接口具有开放性,控制层与转发层之间通过 SDN **控制数据平面接口**(Control-Data-Plane Interface,CDPI)进行通信,它具有统一的通信标准,主要负责将控制器中的转发规则下发至转发设备,目前最主流的 CDPI 是 OpenFlow。OpenFlow 最基本的特点是基于流(flow)的概念匹配转发规则,每台交换机都维护一个流表(flow table),依据流表中的转发规则进行转发,而流表的建立、维护和下发都是由控制器完成的。

控制层与应用层之间则通过 SDN **北向接口**(Northbound Interface,NBI)进行通信,而 NBI 并非统一标准,它允许用户根据自身需求定制开发各种网络管理应用。由于受到厂商的广泛支持，OpenDaylight 控制器的 NBI 可能会成为事实上的标准。应用程序通过 NBI 编程调用所需的各种网络资源，实现对网络的快速配置和部署。

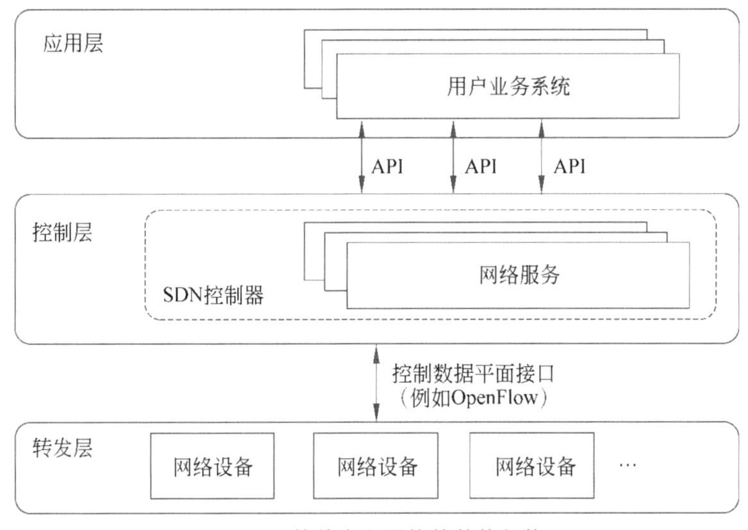

图 8-6 软件定义网络的整体架构

8.3.3 软件定义网络关键技术

数据平面和控制平面是构成网络架构的两个重要部分，它们分别负责处理网络数据和控制网络行为。

1. 数据平面关键技术

数据平面指的是网络设备（例如交换机、路由器）中处理网络数据包的部分。数据平面通常由硬件实现，用于快速处理和转发网络数据包。当网络设备收到数据包时，它会根据预先配置的规则（例如访问控制列表、路由表等）对数据进行分类和处理，并根据需要将数据转发到相应的目的地。数据平面通常需要具备快速转发和处理数据包的能力。为了避免交换机与控制器频繁交互，双方约定的规则是基于流而并非基于每个数据包。数据平面的关键技术主要体现在交换机技术和转发规则两方面。

SDN 交换机通常可采用硬件和软件两种方式进行数据转发。相对来说，交换机芯片比 CPU 或 NP（网络处理器）具有更快的处理速度。因此硬件转发方式相比软件转发方式具有更快的速度，但灵活性会有所降低。

在软件定义网络中，与传统网络一样，转发规则的更新可能会出现不一致现象。针对这种问题的一种解决方案是将配置细节抽象至较高层次以便统一更新。一般采用两段提交方式更新规则。在第一阶段，当规则需要更新时，控制器询问每台交换机是否处理完对应旧规则的流，确认后对处理完毕的所有交换机进行规则更新；在第二阶段，当所有交换机都更新完毕时才真正完成更新，否则撤销之前所有的更新操作。

然而，这种方式需要等待旧规则的流全部处理完毕后才能进行规则更新，会造成规则空间被占用的情况。增量式一致性更新算法可以解决上述问题，该算法将规则更新分多轮进行，每轮都采用两段提交方式更新一个子集，这样可以节省规则空间，达到更新时间与规则空间的折中。

2. 控制平面关键技术

控制平面则是管理和配置网络设备的部分，通常在网络设备中运行，并提供网络管理和配置的功能。控制平面可以配置数据平面的规则和策略，以确保网络设备能够正确处理和转发数据包。它还可以监视网络设备的状态，并在需要时执行故障排除和维护操作。控制平面通常需要处理和管理网络中的各种信息，如路由协议、拓扑结构、网络拥塞等，因此它通常由通用计算机或虚拟化的网络功能实现。

控制器是控制平面的核心部件，也是整个软件定义网络体系结构的逻辑中心。早期的软件定义网络采取单一控制器结构。这种设计结构简单，对网络的控制只需在唯一的中心控制器进行。但对于大规模软件定义网络来说，单一控制器处理能力受限，成为网络性能瓶颈。在大规模软件定义网络中，更合理的方式是采用多控制器扩展的方式进行。控制器一般可采用两种方式进行扩展：一种是扁平控制方式（见图8-7），另一种是层级控制方式（见图8-8）。

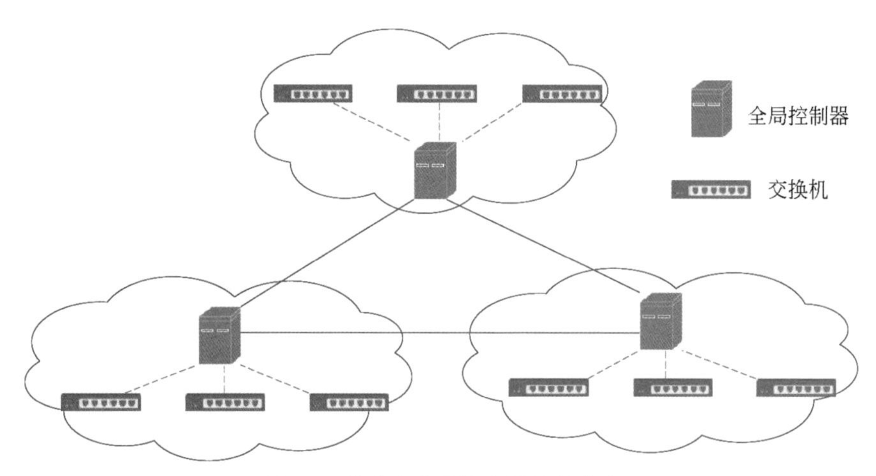

图8-7　软件定义网络扁平控制方式

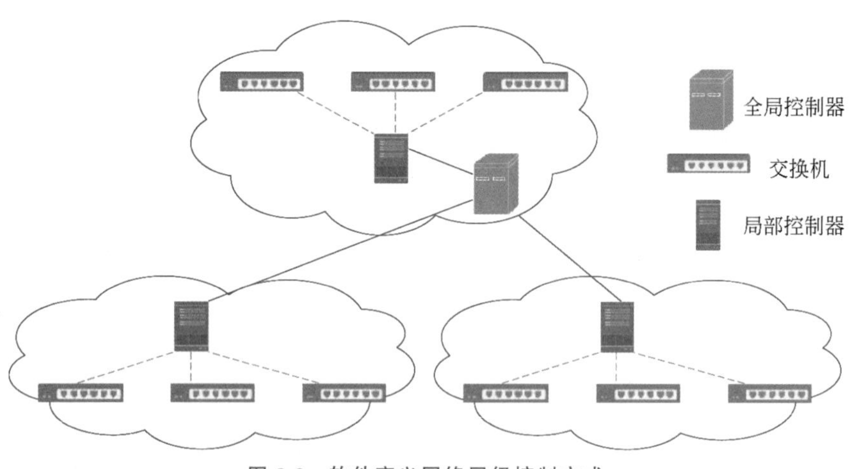

图8-8　软件定义网络层级控制方式

在扁平控制方式中，各控制器放置于不同的区域，分管不同的网络设备。各控制器地位平等，处于同一层级，逻辑上都掌握着全网信息，当网络拓扑发生变化时，所有控制器将同步更新，而交换机仅需调整与控制器间的地址映射即可。扁平控制方式也存在一定缺点，虽然每个控制器都掌握全网状态，但只控制局部网络，造成了一定资源的浪费，增加了控制器负载。同时，网络不同的区域，可能属于不同的运营商，从而导致不同区域的控制器在实时同步更新时遇到阻碍。

在层级控制方式中，控制器分为局部控制器和全局控制器，局部控制器更靠近转发层的网络设备，管理各自区域的网络设备，仅需掌握本区域的网络状态，而全局控制器管理各局部控制器，掌握着全网状态。局部控制器间的交互则通过全局控制器完成。对于跨越多个运营商的软件定义网络来说，只需要对全局控制器之间的同步更新方式做好协商即可。

在软件定义网络中，数据平面和控制平面的分离可以提供更灵活和可扩展的网络架构。通过将数据平面和控制平面分离，网络管理员可以更轻松地配置和管理网络设备，并对网络进行更细粒度的控制和优化。例如，网络管理员可以通过控制平面对数据平面的规则进行修改，以改进网络性能或增强安全性。此外，分离数据平面和控制平面还可以实现网络功能的虚拟化，从而使网络管理更加灵活和高效。

8.3.4 软件定义网络的挑战与发展

软件定义网络的部署给网络带来众多好处，这让软件定义网络日益被电信运营商、云计算服务商以及大公司广泛采用。软件定义网络的优势如下：

简化流量控制策略：使用软件定义网络，管理员可以在必要时更改任何网络交换机的规则，包括优先级的设置和取消，自定义对流量进行细粒度控制，阻止特定类型的数据等。在云计算场景下，对流量进行细粒度便捷控制的优势尤其显著，因为它使云平台能够以灵活高效的方式管理流量负载。

网络管理便捷性和安全性：软件定义网络让网络管理便捷性大大提高。网络管理员可在集中控制器进行设置，然后将策略分发到连接的交换机，而在传统网络中，多个网络设备只能单独进行配置。便捷的管理也带来安全的优势，因为控制器可以监控流量并部署安全策略，如果控制器认为流量可疑，它可以快速重新配置路由或丢弃数据。

减少硬件成本和运营成本：软件定义网络通过虚拟化技术，可以在通用计算设备上实现在传统网络中必须由专用硬件执行的服务，这样可以最大限度降低硬件成本，同时也大大降低运营成本。

正是因为软件定义网络的各种优势，软件定义网络在IP网络、无线网络、数据中心网等方面都取得了不错的应用效果，有效地支撑了大平台、大应用的部署。软件定义网络技术的日益普及，软件定义网络的不断扩大，使得软件定义网络背后存在一些挑战变得更加突出。目前，软件定义网络面临着如下挑战：

接口/协议标准化面临的挑战：软件定义网络的标准化组织开放网络基金会(Open Networking Foundation，ONF)并没有明确各项接口的标准。尤其是对于NBI，软件定义网络在应用层有众多实现体系，它们彼此独立，各有优势，难以形成统一的标准。软件定义网络标准体系是否能够统一，有无统一的必要性还存在很大争议。

安全性挑战：软件定义网络的核心控制器作为网络集中化控制的实现部分，可能存在负载过大、单点失效、易受网络攻击等安全性问题，这需要建立一整套的隔离、防护和备份等机制确保整个系统的安全稳定运行。但目前来说,尚缺乏系统的解决方案。

关键性能上的挑战:目前,软件定义网络转发设备高性能的实现还有待完善。现有大部分芯片架构都是基于传统的IP或以太网寻址和转发设计,因此,软件定义网络架构下设备的高性能无法维持。

软件定义网络集中控制理念的控制架构体系没有统一:控制架构层次的划分及控制层面的组成需要进一步研究明确。软件定义网络控制平面掌握全局网络的资源,十分重要,控制平面的性能直接影响整体网络的性能。不同专业类别的网络需要根据需求,由专业和通用控制器组成。在控制器实现方式上,存在着网络不同域中控制器的层级架构不相同的情况。目前,南向接口和北向接口皆存在多种选择,而对于控制器之间通信的东西向接口则没有统一的共识。

难以实现互操作性:由于厂商对软件定义网络标准支持的程度不同,很难实现彼此间的互操作。就标准化比较统一的OpenFlow而言,不同版本的协议也并不完全兼容。同时,不同厂商对OpenFlow功能的取舍不同。虽然ONF推出OpenFlow v1.0.1实现一致性认证,但离实现完全的互操作性还有很长的距离。

即便面临以上挑战,软件定义网络仍然具有强大的发展趋势。尤其是随着物联网、5G、人工智能等技术和理念的逐步普及,传统的网络越来越难以满足上层业务的需求。未来的软件定义网络发展将呈现以下趋势。

智能网络理念推动:智能网络将人工智能与网络空间融合,实现网络空间领域的智能感知。智能网络根据综合业务需求与网络状态,利用人工智能技术,演算出最适合业务需求的网络资源分配方案,并对业务趋势进行预测,能快速自动适应未来业务变化。软件定义网络的开放性、灵活性和便捷性,正是实现智能网络的前提。网络必须首先完成软件定义的变革,具备更加开放、灵活的特性,才能进入智能网络的阶段。智能网络可以从根本上适应网络负载类型和体量的不断变化。

技术融合进一步加剧:软件定义网络将与智慧城市、云计算、边缘计算、5G等技术进一步融合。例如,随着智慧城市的建设,以城市为单位的数据交换、共享、处理将给现有网络带来巨大挑战,特别是在广域网层面,如何更好地在广域网传输数据和管理相关设备将成为智慧城市运营的关键。SD-WAN就是基于软件定义网络的思想跨WAN实现网络流量分配,以自动确定最有效的方式路由进出城市数据中心站点的流量的。此外,随着物联网的发展,更大规模的终端和人的连接,进一步推动边缘计算的普及,软件定义网络与边缘计算技术的融合,形成了多接入边缘计算(Multi-Access Edge Computing,MEC)技术,可以有效地实现网络的高可扩展性、超低时延、高吞吐量和高可靠性。

8.4 本章小结

计算机网络是推动信息化、数字化和全球化的基础和核心,可实现计算资源、存储资源、数据资源、信息资源、知识资源等全面共享。本章从基本概念、架构体系、关键技术以及发展趋势等方面,分别介绍了物联网、工业互联网、软件定义网络等新型网络。通过本章介绍,读者可了解网络是如何随着新技术的不断涌现,不断发展的。新型网络可满足新型设备的需求，满足新业务的需求，满足各种不同类型数据的需求。

本章的客观题练习

第8章 客观题练习

习题

1. 简述物联网与互联网之间的关系。
2. 简述物联网、云计算、大数据之间的关系。
3. 物联网的核心技术有哪些？
4. 工业互联网是不是就是“工业＋互联网”？
5. 工业互联网在应用中存在的主要挑战有哪些？
6. 工业互联网和边缘计算有什么关系？
7. 什么是软件定义网络？
8. 什么是北向接口？
9. 软件定义网络的主要特点有哪些？
10. 软件定义网络与 OpenFlow 之间有什么联系与区别？

第9章

网络管理和网络安全

人们的学习、生活、工作、娱乐已经和计算机网络密不可分了。设想一下，如果网络突然断了，正在学习的课程消失了，正在下单的高铁票订不了了，正在上传的工作报表没有了……人们的生活和工作将处于停滞状态。

承载各式各样网络应用的是网络基础设施，即实现网络应用所需的硬件和软件的集合。对网络基础设施的运行状态监测和控制，保证7×24h无障碍平稳运行，是当代信息社会对网络基础设施的内在需求，也是网络管理的终极目标。

ISO和ITU-T各自制定了网络管理规范或标准，但前者大而全，后者针对电信网络，用于互联网管理的是IETF制定的简单网络管理框架和协议。本书主要介绍基于SNMP的TCP/IP网络管理。

本章将探讨网络管理的定义和内涵，提供的主要功能，网络管理的主要模式，SNMP的构成和基本工作方式。

基于SNMP的网络管理框架由管理信息结构(SMI)、管理信息库(MIB)、SNMP等部分构成。

数据中心网络是网络基础设施中的一个重要部分，大规模的数据中心网络在云计算的推动下变得大而多，本章探讨了数据中心网络的拓扑和基本协议，以及数据中心网络的管理。

计算机网络运行环境日趋复杂，其稳定运行，离不开网络安全的保驾护航；网络安全也是信息安全的重要构成。

本章从网络安全的基本属性出发，介绍了计算机网络安全的各种网络威胁。

本章简单介绍了密码学基础知识，包括对称密钥体系、公开密钥体系和散列函数；在此基础上，介绍了报文认证和身份认证。

网络通信安全涉及的内容非常广泛，本章挑选介绍了网络层的IP安全(IPSec)、传输层安全(TLS)和应用层的域名解析安全扩展(DNSSEC)等协议或技术，包括它们的来龙去脉、基本原理、应用场景等内容。

防火墙和入侵检测属于系统级的安全技术，本章介绍了网络防火墙的基本原理、部署位置、种类和未来发展趋势，探讨了入侵检测的基本原理、方法以及未来发展。

图9-1中的数字代表其下的主要知识点个数；读者可扫描二维码查看本章思维导图，并根据需要收起和展开。

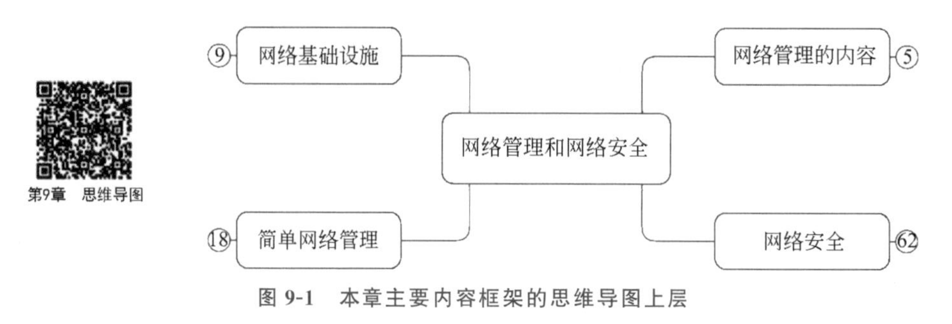

图9-1　本章主要内容框架的思维导图上层

9.1　网络管理

网络基础设施为网络应用提供了承载的业务，好比公路、铁路等构成的交通网络承载了快递、旅游等业务一样。**网络基础设施**(network infrastructure)由硬件和软件构成，硬件主要包括应用服务设施、交换设备(路由器、交换机、光放大器等)、用户端设备、线缆等，而软件主要包括运行在硬件上的操作系统、专有软件、数据库系统等。

网络管理是指对网络基础设施的状态进行监视，并分析和评价状态，从而进行控制，以使网络全天候正常运行，满足客户的应用需求。网络管理常被简称为网管，做网络管理的人员也常被称为网管；本书的网管指的是网络管理这个技术概念。

9.1.1　网络管理的内容和挑战

简单的网络管理工作用一些工具就可以进行，比如使用ping工具可以检测源和目的之间的网络层通达性；Traceroute工具可以检查从源到目的沿途所经过的路由器信息。按照ISO/IEC 7498-4标准中的定义，网络管理包括5方面的内容。

(1) **配置管理**：配置管理提供了被管对象的配置信息，是其他网络管理功能的基础。配置管理功能可以设置网络参数的初始值和默认值，使网络能提供所需的服务；确定设备的地理位置、名称和有关细节，记录并维护设备参数表；初始化、启动和关闭网络及其相应设备；当网络运行时，可以监视网络设备的工作状态，并根据用户的配置命令或其他管理功能的请求改变网络配置参数，使网络性能达到最优。

(2) **故障管理**：故障管理是网络管理的核心，主要是为了尽早发现故障，找出故障的原因，以便及时采取措施排除故障，保障网络始终可用(7×24h)。它包含故障检测和报警、故障预测、故障诊断和定位、故障信息管理等具体功能。

(3) **性能管理**：性能管理旨在维护网络服务质量和网络运营效率。典型的网络性能管理可以分为两部分：性能监测与网络控制。性能监测指网络工作状态信息的收集和整理；监视和分析被管网络及其提供的服务，收集分析有关被管网络当前状况的数据信息，存储和分析性能日志，以评估系统资源的运行状况等系统性能，校验网络服务是否达到了预定的水平。而网络控制则是根据分析和评估结果，为改善网络设备的性能而采取的动作和措施。

(4) **计费管理**：计费管理通过记录网络资源的使用，控制和监测网络操作的成本和费用;统计已经使用的资源,估算出用户使用网络资源需要的费用和代价;还可规定用户可使用的最大费用,从而控制用户过多占用和使用网络资源。另外,当用户为了一个通信目的需要使用多个网络中的资源时,计费应可计算总费用。

(5) **安全管理**:安全管理包括对信息的维护和资源的访问控制。安全管理的目的是确保机密信息不被窃取和破坏,网络资源不被非法(未经授权)使用,防止网络资源由于入侵者攻击而遭受破坏。

但随着网络的飞速发展,它的规模更大、速度更快、功能更强,使得网络管理变得复杂而困难,其面临的主要挑战如下。

(1) 实时响应难:现代计算机网络的规模越来越庞大,一个大型网络可能包括成百上千个局域网,几千、几万个用户,例如互联网。其承载的业务也从传统业务到虚拟现实、云服务等新兴的业务,要实时获取相关的运行数据而不影响网络的正常运行,成为网络管理面临的一个巨大挑战。

(2) 设备多而杂:网络扩张的过程中,使用了不同厂商的设备,这些设备可能支撑的协议也有所不同,且除了经典的设备之外,万物互联接入了更多五花八门的设备,要对它们进行统一的运行监测、故障诊断和排除,也是一个巨大的挑战。

(3) 安全管理难:由于黑客、计算机病毒、信息间谍等对网络安全构成越来越严重的威胁,网络安全越来越引起人们的重视。防止黑客、信息间谍和病毒的入侵,确保网络关键设备运行的安全,是网络管理的另一个巨大挑战,本章稍后将单独讨论网络安全问题。

总之,网络管理的任务就是收集、监控网络基础设施的工作参数、工作状态信息,及时通知管理员并及时处理,从而控制网络中的设备、设施的工作参数和工作状态,以实现对网络的管理。因此,网络管理包含两大任务:一是对网络运行状态的监测,二是对网络运行状态的控制。通过对网络运行状态的监测可以了解网络当前的运行状态是否正常,是否存在瓶颈和潜在的危机;通过对网络运行状态的控制可以对网络状态进行合理的调节,提高性能,保证服务质量。所以,监测是控制的前提,控制是监测结果的处理方法和实施手段。

9.1.2 TCP/IP 网络管理框架

读者已经在第 1 章了解到:事实上的计算机网络体系结构是以 TCP/IP 为核心的 4 层结构和相应协议,所以,使用最多的是 IETF 制定的简单网络管理框架。

1. 简单网络管理的历史

ISO 制定了公共管理信息服务(Common Management Information Service, CMIS)和公共管理信息协议(Common Management Information Protocol,CMIP)。CMIS 定义了每个网络组成部分提供的网络管理服务,CMIP 则是实现 CMIS 的协议。**CMIS/CMIP** 能实现不同厂商网络管理工具相互通信,其优点是可互操作、适用范围广、功能强、可靠;缺点是协议复杂、太庞大、难于理解和实施、支持的厂商很少等。

ITU-T 制定的网络管理标准为**电信管理网**(Telecommunication Management Network,TMN)。TMN 是一个涉及面很广的概念,几乎涵盖目前流行的各种电信网络。电信管理网是用于收集、传输、处理和存储有关电信网维护、运营和管理信息的一个综合管理网。TMN 力图使用一种独立于电信网的网络进行网络管理,它需要建立一个集中式的监控系统，并要求从通用网络的角度使不同的网络在同一种操作方式下兼容。从1985年开始，ITU-T致力于开发和制定电信网的网络管理标准，并且在1988—1992年的研究期间，引进了许多OSI管理思想进行了重写，目前已经形成了较为完善的电信网络管理推荐标准，即TMN网络管理。实际上现在的OSI管理标准与TMN建议可以互为补充。

ISO制定的CMIS/CMIP网络管理规范一如其OSI参考模型，是大而全的理想管理框架；而ITU-T的TMN网络管理关注的是电信网络的运营，针对性非常强。

1988年，IETF发布了RFC 1052，明确了简单网关监视协议(Simple Gateway Monitor Protocol，SGMP)将作为一个新的网络标准，即简单网络管理协议(SNMP)的基础。SNMP经过了v1、v2和v3版本的更迭，在多方面进行了改进和强化。SNMP的发展历程如图9-2所示。

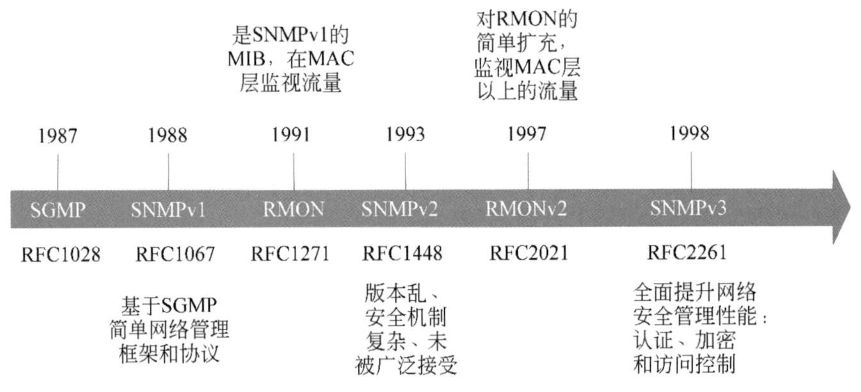

图9-2　SNMP的发展历程

简单网络管理的“简单”体现在以下方面。

(1) 定义了一种通用方法，可以用于定义任何被管理对象的管理信息，可以将不同被管理对象统一进行管理。

(2) 管理信息和用于网络管理的应用程序分离，便于扩展。

(3) SNMP本身是基于信息的，由一些不同类型的信息构成。

(4) 协议的实现相对简单，只需要产生管理信息，收、发和处理管理信息。

1988年提出的SNMPv1基于SGMP，构建在传输层用户数据报协议(UDP)之上，获得了广泛的认可。但SNMPv1有很多缺点，尤其是安全方面的缺陷尤为突出，很多人在安全管理方面提出了建议，产生了若干SNMPv2变体，直到1998年，IETF发布了SNMPv3，结束了SNMPv2版本的混乱局面，重新统一了简单的网络管理的通用框架，且将v2版本中好的安全管理机制纳入。图9-2中的RFC号码已经成为历史，最新的标准可参考2002年底发表的一系列文档，RFC 3410—3418。

图9-2中还出现了远程网络监视(Remote Network Monitoring，RMON)，它常被认为是一个协议，但实际上，它只是SNMP的一部分，是管理信息库中的一个分支，可以用于管理远方的网络对象。

目前，SNMP已成为网络管理领域中事实上的工业标准，并得到广泛的支持和应用，大多数网络系统和平台都是基于SNMP的。所以，本书只介绍基于SNMP的TCP/IP网络的管理。

2. 简单网络管理的操作模型

基于 SNMP 的网管操作模型如图 9-3 所示，其中有如下两种基本设备。

(1) 网络管理站：网络管理站(Network Manager Station，NMS)运行着 SNMP 管理者(manager)软件，即 SNMP 的实现，收集着被管设备(节点)的运行信息，并下达管理信息给设备；NMS 上还运行着网络管理程序，它是一个人机接口软件，网管人员通过它进行管理。SNMP 管理者和应用程序共同构成网络管理站实体。

网络中心有 1 个或多个 NMS，安放 NMS 的部门称为网络运行中心(Network Operation Center，NOC)。

(2) 被管设备：也称为被管节点，其上安装 **SNMP** 代理(agent)，负责收集本节点管理信息，并向 NMS 发送管理信息，也接收 NMS 的操作信息。管理信息库(Management Information Base，MIB)定义了被管节点上的信息类型，这些信息反映了被管对象的状态，并用于控制被管节点。

SNMP 代理和 MIB 共同构成了 **SNMP 实体**。原则上，任何网络设备，只要安装了 SNMP 代理和 MIB，即可接入某个 NMS 并被它管理，图 9-3 中只显示了路由器、服务器和 PC 作为被管节点的情形。

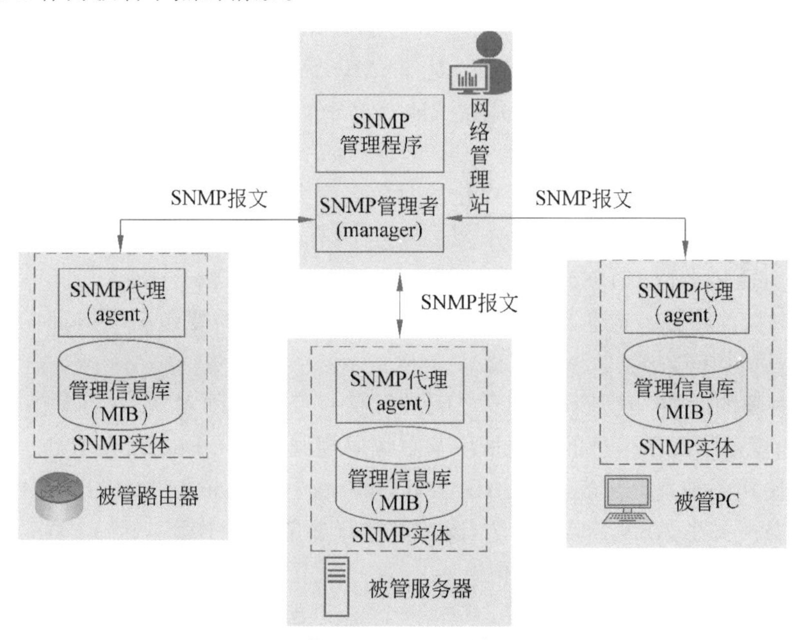

图 9-3 基于 SNMP 的网管操作模型

NMS 和被管节点的通信是双向的，SNMP 代理作为服务器端，向 SNMP 管理者(作为客户端)反馈节点的状态信息；反过来，SNMP 管理者可以向 SNMP 代理发送控制信息(通过写 MIB 对象，稍后介绍)。

3. 简单网络管理框架

虽然简单网络管理协议(SNMP)听起来是一个协议，它在 SNMP 代理和管理者之间的通信中确实起着协议的作用，但它同时也是一个管理框架，主要组件如图 9-4 所示。

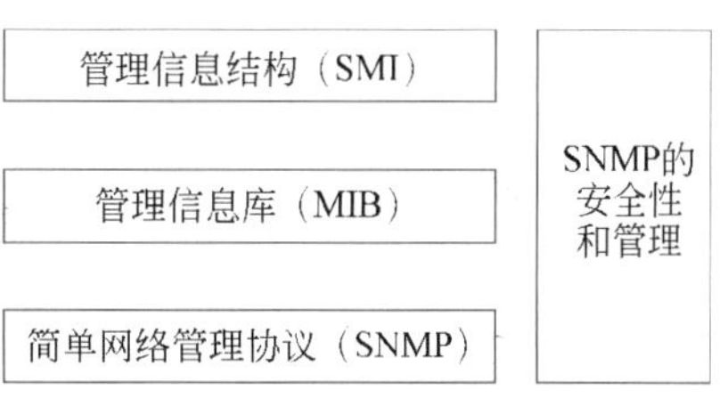

图 9-4 TCP/IP 简单网络管理框架

（1）**管理信息结构**：管理信息结构（Structure of Management Information，SMI）提供了一种通用的方法，可以定义和描述不同设备的特点，数据描述语言（Data Description Language，DDL）就是完成这项工作的工具。

（2）**管理信息库**：管理信息库（MIB）是描述特定设备类型管理特征的一整套变量，MIB 中的每个变量都称为 MIB 对象，采用 SMI 数据描述语言描述，一个被管理设备有很多对象，对应着它包含的不同硬件和软件。

（3）**简单网络管理协议**：SNMP 定义了 SNMP 代理和 NMS 之间怎样交换信息；定义了各种类型的 SNMP 报文的创建和使用；它还描述了 SNMP 传输映射，如何用于不同的互联网，如 IP、IPX 等。

（4）**安全性和管理**：SNMP 框架为上述三种组件加入了很多支撑元素，增强了协议操作的安全性，并解决了与 SNMP 实现、版本特性以及其他管理相关的问题。

总而言之，SMI 给出了被管对象的定义和信息结构，而 MIB 则依据 SMI 给出了具体类型的定义和描述；SNMP 给出了网管操作。

9.1.3　管理信息结构（SMI）

SMI 描述了 MIB 对象的通用特性，负责定义 MIB 对象构造、描述和组织的规则。SMIv1 在 RFC 1155（1990 年）中定义，是 SNMPv1 的一部分；RFC 1442（1993 年）对 SMIv1 进行了扩展，成为 SMIv2，并在 RFC 2578（1999 年）中更新，成为 SNMPv3 的一部分。SMI 主要包括三部分内容。

（1）**对象名字**：SMI 采用了层次化的对象名字命名规则，所有的 MIB 对象构成了一棵树，连接树根节点到对象所在节点路径上所有节点的名字构成了该对象的标识符。MIB 对象树类似于 DNS 域名树。

（2）**对象的特性**：描述了对象的信息，被管对象至少需要包括 5 方面的属性：对象标识、语法、访问方式、状态和定义。

（3）**对象的编码**：代理和 NMS 之间进行信息交互必须对 MIB 对象编码后才能进行，SMI 规定了对象信息的编码采用基本编码规则（Basic Encoding Rule，BER）。

SMI 使用了抽象语法表示法（Abstract Syntax Notation 1，ASN.1）描述 MIB 对象。但本书不关注 ASN.1 具体语法，读者可自行参考相关书籍。

1. MIB 对象名字和对象命名树

每个 MIB 对象都有两个名字，其中一个名字是常规的文本名字，是对象的描述符，但文本描述符是一个文本标签，可能比较长；MIB 对象还有一个名字是数字的，用数字表示对象，更简洁。

所有的 MIB 对象构成了一棵 MIB 对象树，如图 9-5 所示。树根没有标签，它有 3 个孩子，从左到右，文本名字分别为 ccitt、iso 和 joint-iso-ccitt，对应的数字编号为 0、1 和 2；iso（1）下的编号为 3 的孩子的文本名字是 identified-organization，简写为 org（3），可表示为 1.3；org（3）下编号为 6 的孩子的文本名字是 dod，记为 dod（6），可表示为 1.3.6。

在这棵 MIB 对象树上，常使用的通用 MIB 对象位于图 9-5 的深蓝色子树中；从 RFC 1095（1989 年）摘录一段 SMI 对此的抽象语言描述：

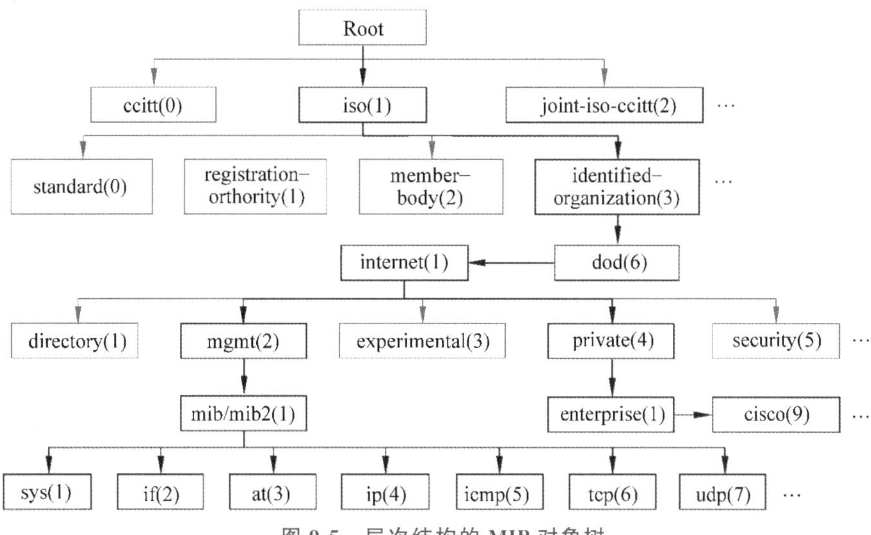

图 9-5 层次结构的 MIB 对象树

```
mib         OBJECT IDENTIFIER ::= { mgmt 1 }
system      OBJECT IDENTIFIER ::= { mib 1 }
interfaces  OBJECT IDENTIFIER ::= { mib 2 }
at          OBJECT IDENTIFIER ::= { mib 3 }
ip          OBJECT IDENTIFIER ::= { mib 4 }
icmp        OBJECT IDENTIFIER ::= { mib 5 }
tcp         OBJECT IDENTIFIER ::= { mib 6 }
udp         OBJECT IDENTIFIER ::= { mib 7 }
```

第 1 行表示 mib 在 mgmt 之下的第 1 个孩子，接下来的 7 行描述了 mib 对象下的 7 个孩子，mib 对象可表示为 iso.org.dod.internet.mgmt.mib，其对应的数字名字标识符为 1.3.6.1.2.1。其下的 7 个常用 MIB 对象在 RFC 1065(1988 年)的定义中被称为组，其详细信息如表 9-1 所示。

表 9-1 常用 MIB 对象组

组名	代号	编号	完整标识符	简要说明
system	sys	1	1.3.6.1.2.1.1	大多数设备都具有的通用对象，包含多个变量
interface	if	2	1.3.6.1.2.1.2	设备与互联网的接口，路由器有多个
at	at	3	1.3.6.1.2.1.3	用于 IP 地址转换，不再使用
ip	ip	4	1.3.6.1.2.1.4	与 IP 层总体信息相关的对象
icmp	icmp	5	1.3.6.1.2.1.5	与 ICMP 操作相关的对象
tcp	tcp	6	1.3.6.1.2.1.6	与传输控制协议(TCP)操作相关的对象
udp	udp	7	1.3.6.1.2.1.7	与用户数据报协议(UDP)操作相关的对象

可以找到被管对象的名字，对其下的数据信息进行读或写操作，从而实现对被管设备的管理信息的采集或改写，进而实现监视和控制。

2. MIB 对象的特性

SMI 定义了每个 MIB 对象的特性，包含 5 种必备特性和 1 种选项特性，如下：

(1) 对象名(**OBJECT NAME**)：对象的名称，对象的标识，分为文本标识和数字标识两种，上文已经详细介绍。

(2) 语法(**SYNTAX**)：用于定义对象的数据类型和描述它的结构。数据类型有两种：一是基础类型(早期版本中称为简单数据类型)，如整数、字符串；二是表格类型，它是多个数据元素的整合，可采用基础类型列表或表格。

(3) 最大访问(**MAX-ACCESS**)：在 SMIv1 中，称为访问，只有 4 个可能的值，而在 SMIv2 中，它称为最大访问，且有 5 个可能的值，即①被创建，对象可以读、写或创建；②读写，对象可以读或写；③只读，对象只能读；④通知可访问，对象只能通过 SNMP 通知或 SNMP 陷阱使用；⑤不可访问，可见这个特性用于描述对象的访问权限。

(4) 状态(**STATUS**)：指示对象的通用性，在 SMIv1 中，有强制(mandatory)、可选(optional)和废止(obsolete)3 个值，在 SMIv2 中，有 3 个可能的值，即①现行的，表示对象是当前流行的定义；②废止的，表示该对象已经不用；③不建议的，表示对象已经过时，但为了兼容性而保留着。

(5) 定义(**DEFINITION**)：对对象的文本描述。

(6) 选项(**OPTION**)特性：SMIv2 加入包含 5 种可能的对象可选特性。①单元：和某个对象相关联的单元的文本描述。②参考：对相关文档或与对象有关的其他信息的文本交叉引用。③索引：用于定义复杂的其他对象的数值。④增加：索引字段的可替换的值。⑤默认值：对象可接受的一个默认值。

每个 MIB 对象关联着 5 个必备特性：标识符、语法、最大访问、状态和定义，它也可以有可选的特性。

图 9-6 是从 RFC 3418(2002 年)中摘录的 1 个 MIB 对象的定义，根据 SMIv2 标准定义，使用了 ASN.1 代码。符号“::=”的意思是“定义为”或“等同于”。sysDescr 是定义的 MIB 对象的名字，文本标识，其下定义了另外 4 个必备特性，语法(SYNTAX)、最大访问(MAX-ACCESS)、状态(STATUS)和定义(DESCRIPTION)。语法定义了它的数据类型是基础类型 DisplayString，长度是 0～255 个字符，最大访问值为只读，表明该对象仅供读访问；状态是现行的；定义描述了该对象用于实体的文本定义，值应该包括系统硬件类型、软件操作系统和网络软件的全名和版本标识。

图 9-6 的最后一行，表明 sysDescr 对象是 system 的第 1 个孩子，而 system 是 mib-2 的第 1 个孩子，结合图 9-5 中的 MIB 对象树，可以得出 mib-2 标识符的完整数字表达是 1.3.6.1.2.1，所以，system 标识符的完整表达是 1.3.6.1.2.1.1，图 9-6 定义的 sysDescr 标识符的完整表达应该是 1.3.6.1.2.1.1.1。

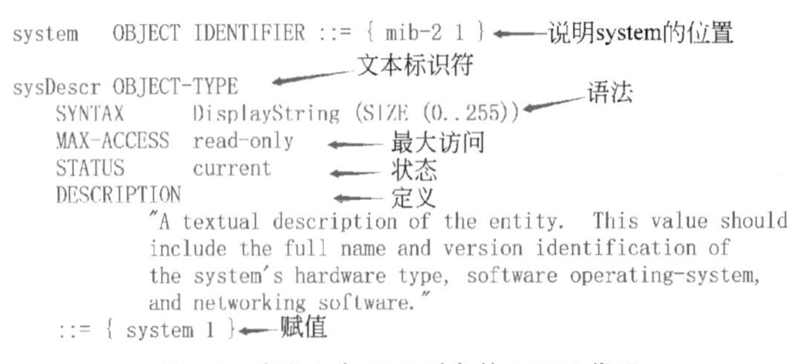

图 9-6 定义 1 个 MIB 对象的 ASN.1 代码

图 9-6 中的语法特性显示的数据类型 DisplayString 是一个自定义类型；为一个

特定的数据类型指示更具体的语义，称为文本转换；它属于类型 Octet String（RFC 1213，1991），为了便于打印和用户认读而定义。

对于一个 MIB 对象来说，它的语法特性非常重要，可包含很多运行信息。SMI 定义的数据类型来自 ASN.1，但要少得多。SMI 主要定义了两类数据类型：基本数据类型和构造类型。部分数据类型可参考表 9-2，其中前 4 项是常用基本数据类型。

表 9-2 SNMP 常用数据类型

类型名称	长度	SMIv1	SMIv2	简要说明
Integer/Integer32	4 字节	√	√	32 位的有符号整数，范围是 $(-2^{31}, +2^{31})$
Octet String	可变	√	√	一个可变长度的二进制字符串或文本数据
Unsigned	4 字节	×	√	32 位的无符号整数，范围是 $[0, 2^{32})$
Bits	—	×	√	命名比特的枚举，允许一组比特标志被作为数据类型对待
IP Address	4 字节	√	√	4 字节，即 4 个 8 位组的 IP 地址
Counter/Counter32	4 字节	√	√	一个从 0 增加到 $2^{32}-1$ 的无符号整数，达到最大值后回到 0
Counter64	8 字节	×	√	类似于 Counter32，一个从 0 增加到 $2^{64}-1$ 的 64 位无符号整数
Gauge	4 字节	√	√	1 个 32 位的无符号整数，数值可以增加也可以减少，一个计量器
TimeTicks	4 字节	√	√	一个 32 位的无符号整数，指示某个任意起始日期开始以来的百分之一秒，计时器
Opaque	可变	√	√	在设备之间传递而不需要解释的任意符合 ASN.1 语法的数据

表 9-2 中的数据类型都是通用的基本类型（primitive type），可以使用基本数据类型自定义复杂的构造（constructor type）类型。SMI 已经定义了一些构造类型，如 SEQUENCE、SEQUENCE OF、SET、SET OF。这里简单介绍一下构造类型 SEQUENCE。

构造类型 SEQUENCE，称为序列类型，是包含 0 个或多个组成元素的有序列表；列表的不同元素可以分属于不同的数据类型。每个元素都由元素名和元素类型组成，元素类型可以是基本数据类型，也可以是定义的其他构造类型。举个例子，定义一个序列类型变量 Person 如下：

```
Person::=SEQUENCE {
                    name IA5STRING,
                    sex ENUMERTAED {male(1), female(2)},
                    age INTEGER,
                    married BOOLEAN DEFAULT TRUE
}
```

Person 序列类型的变量中，包含 4 个简单数据类型的变量，使用赋值语句可以为变量赋值：someone::={ "Smith", {1},30}，这个人的名字为 Smith，男，30 岁，婚姻状态没有被赋值，采用默认的值 True，已婚。

3. MIB 对象的编码

前面探讨了 MIB 对象的特性和表示，还需要在 NMS 和代理之间进行传输，而网络中传输的都是二进制字节流，所以，ASN.1 提供了转换规则：基本编码规则（BER）。传输之前，发送方将 MIB 对象转换为可传输的串行字节流，这称为编码。

BER 码由标签（tag）、长度（length）和值（value）三个字段构成，称为 TLV 三元组。每个字段都由 1 个或多个 8 位组组成，如图 9-7 所示。

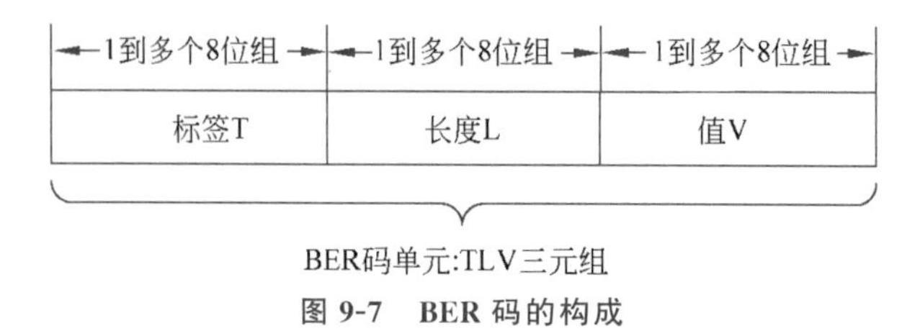

图 9-7　BER 码的构成

（1）**标签字段**：表示数据的类型，一般的标签字段用 1 个 8 位组表示，分成了 2 位的标签类型、1 位的类型标记和 5 位标签号三个子字段，如图 9-8 所示。

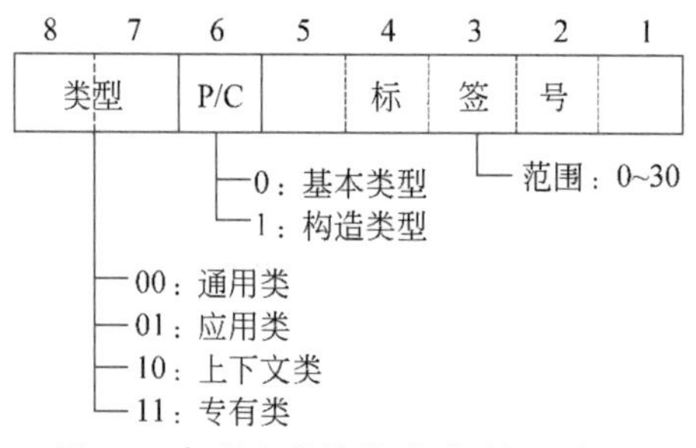

图 9-8　标签字段的构成（标签号≤30）

标签类型：该子字段长 2 位，其不同组合指示了 SMI 定义的 4 个类型：①组合"00"表示通用（universal）类型，适用于任何应用，表 9-2 中的 Integer、Bits、Octet String 等都是通用类；②组合"01"表示应用（application）类型，由某个具体应用定义，比如 IP Address、TimeTicks、Counter 等（RFC 1155，1990）；③组合"10"表示上下文（context）类型，说明该标签是专用的，适用于文本的一定范围，比如某个结构中；④组合"11"表示专有类型，或私有类型，是用户自定义的。

类型标记位：P/C 标记子字段，是一个指示位，其值为 0 时，表示基本数据类型；其值为 1 时，表示构造数据类型。

标签号：长 5 位，其值范围是[0,30]。当标签号超过 30 时，一个 8 位组的标签字段就需要扩展为多个 8 位组，其中的第一个 8 位组的第 1～5 位需全部置为 1，第 2 到最后一个 8 位组的第 8 位置为 1(除了最后一个 8 位组，它的第 8 位置为 0)，剩下的 7 位拼接在一起构成标签号，如图 9-9 所示。

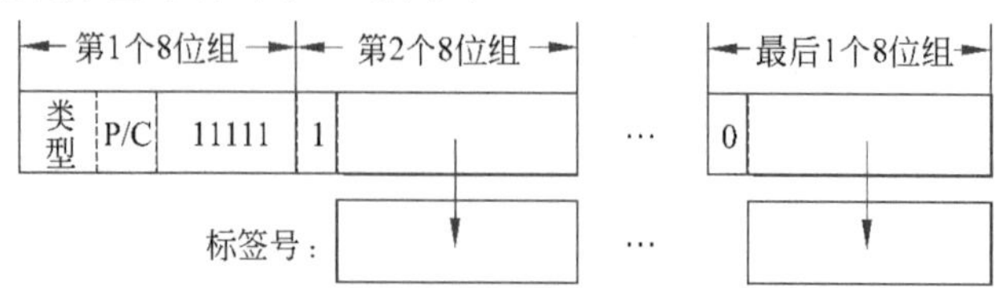

图 9-9　标签字段的构成（标签号>30）

标签号由 ASN.1 系列标准(ITU-T X.680—699)统一规定,比如 IP 地址、布尔类型(boolean)、整数类型(integer)、位串(bitstring)、字节流(octetstring)的二进制标签号分别为 00000、00001、00010、00011、00100。

举个例子,一个整数类型变量,它对应的 BER 编码的标签字段,其类型子字段是通用的,第 8~7 位应为"00";子字段 P/C 指示为基本类型,所以第 6 位应为"0";标签号为 2,第 5~1 位应为 00010,所以整个标签字段应为 00000010,对应的十六进制表示为 02。

再举个例子:IP 地址(IP Address)类型的变量,它对应的 BER 编码的标签字段,其类型子字段是应用型的,第 8~7 位应为"01";子字段 P/C 指示为基础类型,第 6 位应为"0";标签号为 0,第 5~1 位应为 00000,所以整个标签字段应为 01000000,对应的十六进制表示为 40。

(2) 长度字段:表示"值"字段的 8 位组(字节)的个数。有短格式和长格式两种表示方法,前者用 1 字节表示,后者用超过 1 字节表示,如图 9-10 所示。

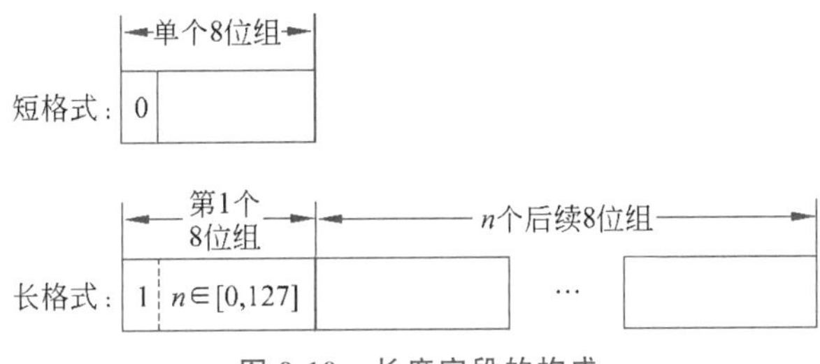

图 9-10 长度字段的构成

短格式使用了 1 字节,其第 8 位被置为"0",第 7~1 位表示的十进制数指示出"值"字段长度的 8 位组个数,范围是 0~127。例如:长度字段是"00001000",第 8 位的"0"表明这是一个短格式长度,紧跟的 7 位"0001000",对应的十进制数是"8",表明"值"的长度为 8 字节,即 64 位。

当"值"的长度超过 127 时,需要使用多字节表示的长格式如图 9-10 所示。第 1 个字节的第 8 位被置为"1",表明这是一个长格式,紧跟的 7 位指示余下的长度子字段的长度,以字节为单位,指明"值"的 8 位组个数。例如长度字段是"10000001 11000000",其中第 1 个字节的第 8 位是"1",表明是长格式,所以其后紧跟的"0000001",对应的十进制数"1",指示长度只有 1 字节,即紧跟其后的"11000000",它对应的十进制数"192"指示"值"字段的长度是 192 字节,即 192×8=1536 位。

短格式和长格式都针对的是固定长度的"值",如果长度不确定,只能使用不定长格式,此种格式并不常见,本书不再赘述。

(3) 值字段:定义数据变量的具体值。

为了帮助读者更好地理解 BER 编码,下面举个简单的例子。

【例 9-1】 按照 BER 编码,整数"1"编码后的二进制流和十六进制流分别是什么?

【解】 要求出 BER 编码,关键是按照规则写出标签 T、长度 L 和值 V 对应的字节。

因为整数是通用类型,所以类型子字段是"00";因为是基本类型,所以 P/C 子字段是"0";因为标签号是"2",所以标签号子字段是"00010",合起来,标签字段应为"00000010",对应的十六进制是"02"。

长度字段使用短格式表示为“00000100”，因为，整数是用32位表示的，对应的十六进制是“04”，表明“值”有4字节。

值字段表示具体的整数值“1”，用4字节表示为“00000000 00000000 00000000 00000001”，对应的十六进制是“00 00 00 01”。

所以，整数“1”的十六进制BER码为“02 04 00 00 00 01”，对应的二进制是“00000010 00000100 00000000 00000000 00000000 00000001”。

9.1.4 管理信息库(MIB)

SMI定义了层次化的MIB对象树以及树上的MIB对象，每个被管设备或节点包含很多MIB对象，所有MIB对象合起来构成了MIB。

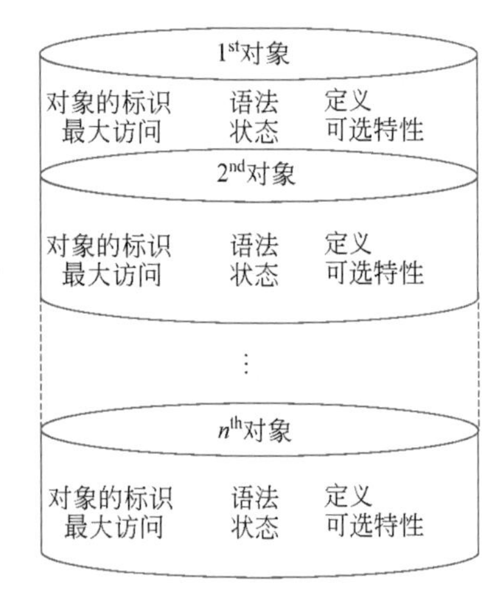

图 9-11 SNMP MIB

读者在9.1.3节已经知道，每个MIB对象有5个必备特性和1个可选特性；所有可能的MIB对象构成某个节点的MIB，如图9-11所示。

网络管理管的就是这些MIB对象。不同的MIB对象生长于不同的子树上，大多数被管理的对象都位于图9-5所示对象树的左边蓝色子树(1.3.6.1.2.1)，包含了若干对象组，表9-1显示了其中的7个组，加上egp组，MIB-1共定义了8个对象组，约100个对象(RFC 1066，1988年)。

100个MIB对象只是互联网上很小的一部分，网络管理系统需要管理更多。1990年，IETF发布了MIB-2(RFC 1158)。MIB-2新增了cmot、transmission和snmp共3个对象组；此外，扩展了原有的组对象，比如在system组中，增加了sysContact、sysName、sysLocation和sysServices这4个MIB对象。

mib2子树下包含11个对象组，其第4个孩子是ip组(1.3.6.1.2.1.4)，该组下的对象提供了被管设备IP相关的信息，ip组包含了23个对象，如图9-12所示。

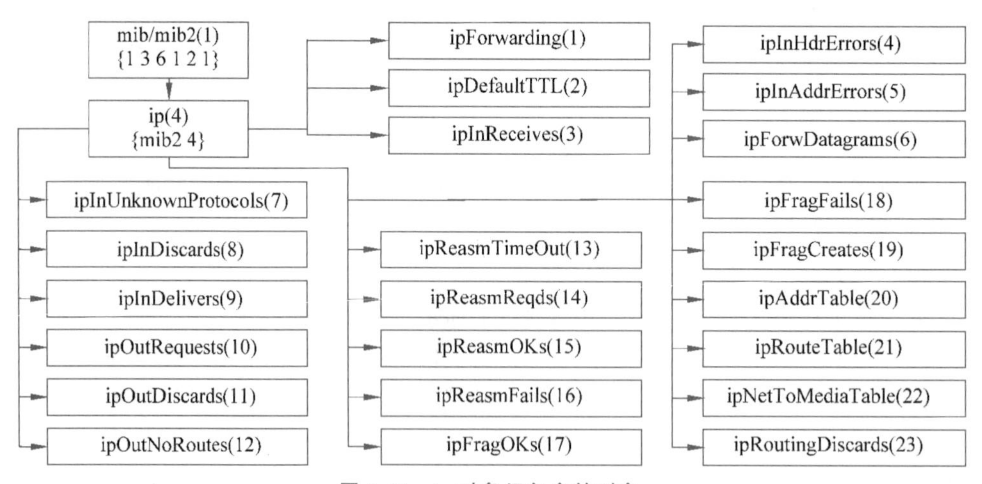

图 9-12 ip对象组包含的对象

ip 对象组的这些对象都具有 9.1.3 节所述的特性，表 9-3 列出了 ip 组中对象的标识符、编号、语法、最大访问和定义；这些对象的状态都是现行强制的，未在表中列出。

表 9-3 ip 对象组包含的 23 个对象的主要特性(RFC 1213,1991)

标识符	编号	语法	最大访问	定义(文本描述)
ipFowarding	1	Integer	读写	是否作为 IP 网关
ipDefaultTTL	2	Integer	读写	该实体生成的 IP 分组头中的 TTL 默认值
ipInReceives	3	Counter	只读	接口收到的分组的总数
ipInHdrErrors	4	Counter	只读	由于 IP 头出错而被丢弃的输入分组的总数
ipInAddrErrors	5	Counter	只读	由于 IP 地址错而被丢弃的输入分组的总数
ipForwDatagrams	6	Counter	只读	转发的分组数
ipInUnknownProtocols	7	Counter	只读	由于协议未知被丢弃的输入分组数
ipInDiscards	8	Counter	只读	缺乏资源缓冲而被丢弃的输入分组数
ipInDelivers	9	Counter	只读	成功递交给 IP 用户协议的输入分组数
ipOutRequests	10	Counter	只读	本地 IP 用户协议要求传输的 IP 分组数
ipOutDiscards	11	Counter	只读	缺乏缓冲资源而被丢弃的输出分组数
ipOutNoRoutes	12	Counter	只读	由于未找到路由而被丢弃的 IP 分组数
ipReasmTimeOut	13	Integer	只读	分组等待重装配帧的最大秒数
ipReasmReqds	14	Counter	只读	接收到的需要重新装配的 IP 分段数
ipReasmOKs	15	Counter	只读	成功重组的 IP 分组数
ipReasmFails	16	Counter	只读	由 IP 重组算法检测到的重组失败的数目
ipFragOKs	17	Counter	只读	成功拆分的 IP 分组数
ipFragFails	18	Counter	只读	不能成功拆分而被丢弃的 IP 分组数
ipFragCreates	19	Counter	只读	本实体产生的 IP 分组分段数
ipAddrTable	20	SEQUENCE OF	不可访问	Sequence of ipAddrEntry，本实体的 IP 地址信息
ipRouteTable	21	SEQUENCE OF	不可访问	Sequence of ipRouteEntry，IP 路由表
ipNetToMediaTable	22	SEQUENCE OF	不可访问	Sequence of ipNetToMedia-Entry，将 IP 地址映射到物理地址的地址转换表
ipRoutingDiscards	23	Counter	只读	被丢弃的路由选择条目数

使用 ip 对象组，获取相关的信息进行性能管理、故障诊断、计费管理等，允许的情况下，也可以对对象进行写操作，改变其运行参数，即进行配置管理。

有时候，直接获取的对象信息需要进行一些计算，方可给出网络评价或诊断。比如，从 ip 对象组中的 ipInDiscards、ipInHdrErrors、ipInAddrErrors 几个对象的值，可以知道当前被管设备因为资源不足、硬件错误、IP 地址错误等原因导致的输入分组丢弃的绝对数量，但并不知道总体的统计情况，此时，可以使用下面两个公式稍作计算，获得输入分组错误率和输出分组错误率，从而对网络运行作出更准确的判断。

$$输入分组错误率=\frac{ipInDiscards+ipInHdrErrors+ipInAddrErrors}{ipInReceives}$$

$$输出分组错误率=\frac{ipOutDiscards+ipOutNoRoutes}{ipOutRequests}$$

对象 ipForwDatagrams 指示了设备处理数据分组的数量，如果分别在时刻 t_1 和 t_2 两次查询，则可计算 IP 分组的处理和转发速度：

$$分组转发速度=\frac{ipForwDatagrams_2-ipForwDatagrams_1}{t_2-t_1}$$

MIB 对象是被管理对象，NMS 关注的是这些对象的实例，也就是携带了值的 MIB 实例对象。SNMP 只提供了两种 MIB 变量，标量和二维表。只有一个值的 MIB 实例对象，就是标量，它往往是对象树中的叶子节点。

另一种 MIB 实例对象是二维表对象，表中含多个标量对象，称为列对象，列对象有唯一的对象标识符。一个 MIB 表对象由行对象序列构成，而行对象是列对象的序列。

举个表对象的例子：tcp 组是 mib2 下的第 6 个子节点，其下包含 15 个子对象，第 13 个是 tcpConnTable，是 SEQUENCE OF 类型，包含 TCP 连接的主要元素，如图 9-13 所示。

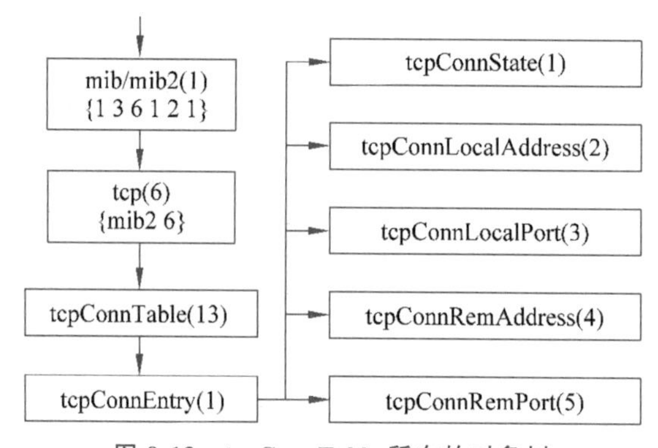

图 9-13　tcpConnTable 所在的对象树

tcpConnTable 对象的完整数字标识符是 1.3.6.1.2.1.6.13，它是 SEQUENCE OF tcpConnEntry 类型；而 tcpConnEntry 是一个序列(sequence)类型，其完整的对象标识符为 1.3.6.1.2.1.6.13.1；它包含了 5 个具体的对象，指示了 TCP 连接的关键元素。表 9-4列出了构成 tcpConnTable 对象的被管对象。

表 9-4　构成 tcpConnTable 对象的被管对象

标　识　符	编号	语法	最大访问	定义(描述)
tcpConnEntry	1	SEQUENCE	不可访问	一个特定的 TCP 连接表目
tcpConnState	1	Integer	读写	TCP 连接状态，取值范围为[1,12]，分别代表 TCP 连接的 12 种状态
tcpConnLocalAddress	2	IP Address	只读	本地 IP 地址
tcpConnLocalPort	3	Integer	只读	本地 TCP 端口
tcpConnRemAddress	4	IP Address	只读	远程 IP 地址
tcpConnRemPort	5	Integer	只读	远程 TCP 端口

9.1.5 简单网络管理协议(SNMP)

虽然有时提到简单网络管理协议指的是网络管理框架,本节单指协议本身,即用于 SNMP 代理和 NMS 之间进行信息交互的协议。NMS 从代理处获取信息的行为,称为读操作;NMS 指示代理改变所在被管设备的运行参数,称为写操作,这是一个网络管理员使用 NMS 要做的两种基本行为。

下面将从 SNMP 的通信方式、协议数据单元的类别、表对象的操作、SNMP 报文格式等方面来探讨。

1. 通信方式

网络管理员使用 NMS 从 SNMP 代理获取被管对象的管理信息,有两种常见的方式。

(1) 轮询:NMS 向被管设备的 SNMP 代理发出请求,代理根据请求进行处理,并向 NMS 发回响应。使用轮询的网络管理系统展开"问-答"模式的通信,操作简单,但为了获取动态的实时信息,轮询往往周期性地进行,产生了大量的网络流量。

(2) 非请求(un-solicitation):SNMP 代理根据自身的情况主动发送管理信息,而不等待对方的请求到达才发送。通常是发生了预设的某种事件,被管设备中断了其他工作,立刻向 NMS 发送相关的信息。这种方式使用陷阱(trap)实现,网络管理员在被管设备上设置陷阱,当有重大事件发生时,陷阱触发中断。非请求通信是代理的主动行为,通常不会产生大量的流量。

上述两种通信方式各有优缺点,在网络管理系统中都存在。轮询用于定期汇聚管理信息,了解被管设备的运行状态;陷阱触发的非请求通信,主动通告重大事件,管理人员可以及时了解情况并采取行动。

2. 协议数据单元的类别

SNMP 是面向信息的,SNMP 协议数据单元(PDU)用于封装和传输这些信息。

SNMPv1 定义了 6 个 PDU,在后续的 SNMPv2/v3 增加了一些,名字和用法也作了一些修改;这些 PDU 分别属于读、写、响应和通知 4 个类别。主要的 SNMP PDU 如表 9-5 所示。

表 9-5 主要的 SNMP PDU

v1 版 PDU	v2/v3 版 PDU	所属类别	描述
GetRequest-PDU	GetRequest-PDU	读	向被管设备发出读操作请求的报文
GetNextRequest-PDU	GetNextRequest-PDU	读	向被管设备发出读取下一个对象的请求报文
	GetBulkRequest-PDU	读	向被管设备发出读取整个表的请求报文
SetRequest-PDU	SetRequest-PDU	写	改变一个被管设备的管理信息,写操作报文
GetResponse-PDU	Response-PDU	响应	响应一个请求而发送的报文
Trap-PDU	Trapv2-PDU	通知	陷阱触发的、代理向 NMS 发送的报文
	InformRequest-PDU	通知	一个 NMS 向另一个 NMS 发送的陷阱相关的通知,需确认

1）用请求和响应实现轮询

许多应用都是通过请求-响应实现，SNMP也不例外。NMS向SNMP代理发送请求报文GetRequest-PDU，代理处理后，返回Response-PDU，其中携带了NMS请求的被管对象的值。具体过程如图9-14所示。

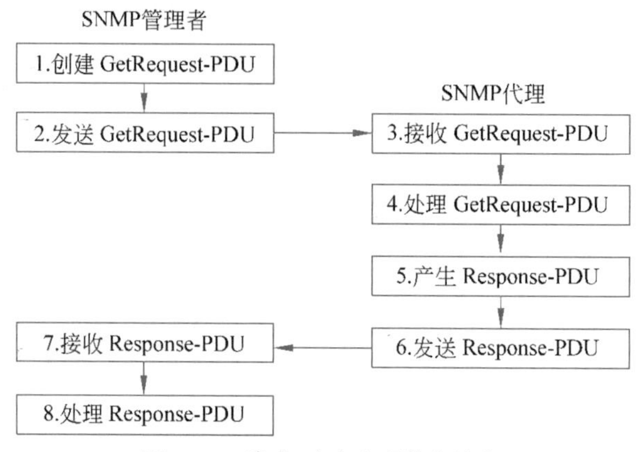

图9-14　请求-响应实现轮询流程

第1～2步：当网管人员有查询需求时，或轮询周期到来时，NMS上的SNMP软件创建一个GetRequest-PDU，其中包含想要查询的MIB对象标识；然后向被管设备的SNMP代理发送。

第3～6步：SNMP代理接收并处理GetRequest-PDU，如果请求中的MIB对象标识是有效的，去查找对应的值；如果对象标识无效，或者查找MIB对象值出现错误；不管是否查找到MIB对象值，都会创建Response-PDU，前者包含查到的值，后者包含错误代码；最后，代理会将Response-PDU发给请求者NMS。

第7～8步：NMS收到Response-PDU，提取出MIB对象的值或其他信息，显示在NMS并按照规则作出相应处理。

【例9-2】　图9-15是接口组if子树下的部分对象。如果NMS想查看某台被管设备的接口数量，它首先要构造一个GetRequest-PDU，其中包含了被请求对象ifNumber，试创建这个PDU。

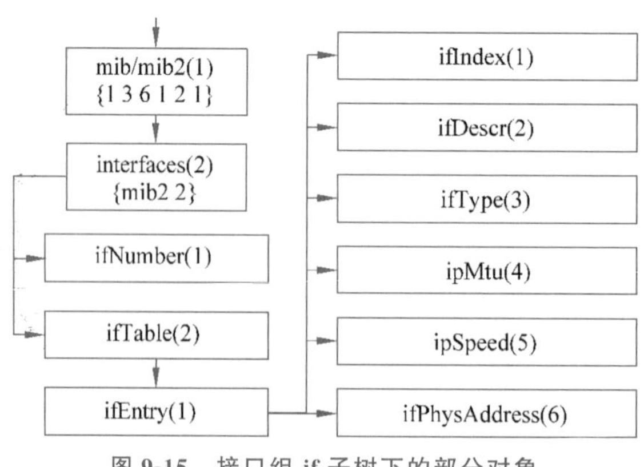

图9-15　接口组if子树下的部分对象

【解】 这个 PDU 可以简单表示[①]为 GetRequest(1.3.6.1.2.1.2.1.0)。

"1.3.6.1.2.1"是 mib2 的完整数字表示，其后紧跟的"2.1"表示 ifNumber 在 mib2 下的数字标识符，最后的"0"表示要获取 1.3.6.1.2.1.2.1 这个对象对应的值，即实例对象，这是简单的单个标量获取方法。

SNMP 代理收到这个请求，证实这是一个有效的被管对象，并查找到接口的数量，构成响应发回给请求者，响应表示为

Response(1.3.6.1.2.1.2.1.0=43)

上面的响应说明该设备有 43 个接口，这并不是实际的物理接口有 43 个，而是包括物理接口和逻辑接口的全部网络接口数量(不同的设备，这个值不同，43 是作者的 Surface 笔记本电脑的值)。如果还想继续查询某个接口下的管理信息，可继续构造请求 PDU，比如 GetRequest(1.3.6.1.2.1.2.2.1.5.1) 请求报文，请求获取第一个接口的速率信息。

表 9-6 说明了接口组 interfaces 子树下(对应图 9-15)的部分对象的情况。

表 9-6 接口组 interfaces 子树下的部分对象说明

对象名	编号	语法	最大访问	定义(描述)
ifNumber	1	Integer	只读	interfaces 下的网络接口的数目
ifTable	2	SEQUENCE OF	不可访问	interfaces 下的接口表，SEQUENCE OF ifEntry
ifEntry	1	SEQUENCE	不可访问	ifTable 下的表项
ifIndex	1	Integer	只读	ifEntry 的第一个列对象，对应各个接口的唯一值
ifDescr	2	DisplayString	只读	长度范围为 0～255 个字符，有关接口的厂商、产品名称、硬件接口版本等信息
ifType	3	Integer	只读	接口类型，根据物理或链路层协议区分
ifMtu	4	Integer	只读	接口可接收或发送的最大协议数据单元尺寸
ifSpeed	5	Gauge	只读	接口当前数据速率的估计值
ifPhysAddres	6	PhysAddress	只读	网络层之下协议层的接口物理地址

在这种"请求-应答"的通信方式中，请求方 NMS 是 SNMP 客户端，而 SNMP 代理时刻监听 NMS 的请求并应答，是 SNMP 服务端，在著名端口号 161 进行监听。

2) 表的遍历

MIB 对象除了存储具有单个值的标量外，还有表对象，比如 tcpConnTable、ipRouteTable 等。表对象由行序列对象构成，每行又由列对象构成。如果请求的是表对象，我们可以使用上面讲的常规的请求-响应方式，一个对象一个对象地获取，但这样操作，难免笨拙，NMS 可能不知道表中有多少实例对象，所以，并不清楚应该请求多少次。

---

① 本书使用 MIB Browser 作为简单网络管理协议数据单元的相关例子描述，MIB Browser 免费版的下载链接为 https://www.ireasoning.com/downloadmibbrowserfree.php。

GetNextRequest-PDU 用于请求获得下一个对象的值。当我们不知道下一个对象的名字(未知对象)时，可以使用这种报文。

最重要的是，GetNextRequest-PDU 可以用于进行表的遍历，此时，它包含了一个表格变量标识符和某些特定对象 x，收到请求的代理，在表中查询 x 的下一个对象，获取它的值，并封装进 Response-PDU，发回给请求者 NMS。当 NMS 发出 GetNextRequest-PDU 后收到的响应不是表格中的一个对象时，意味着表格的遍历已经完成。

图 9-15 中的 ifTable 是一个表对象，其下的 ifEntry 是行对象，ifEntry 下共定义了 22 个列对象，图中仅仅展示了前 6 个。下面用一个例子展示怎样进行表的遍历。

【例 9-3】 根据图 9-15 和表 9-6 的信息，ifTable 是接口组 interfaces 下的一个表对象，由 ipEntry 序列对象构成。如果我们不关心一个被管设备上的其他信息，只收集到 ifTable 的其中三行(一行数据表示一个接口的信息)，即三个 ifEntry，每行的前 6 个列对象的信息，实例表如表 9-7 所示，因为 ifDescr 对象的值较长，只显示了其中的部分。试使用 GetNextRequest-PDU 遍历这个实例表。

表 9-7　待查询的实例表(仅显示 6 个列对象)

ifIndex	ifDescr	ifType	ifMtu	ifSpeed	IfPhysAddress
1	Software Loopback Interface 1	Software Loopback(24)	1500	1 073 741 824	Null
19	Mavell AVASTAR Wireless-AC...	IEEE 80211(71)	1500	144 000 000	C4-9D-ED-23-67-B0
29	Bluetooth Device(PAN)-NPCAP...	Ethernet CSMA/CD(6)	1500	3 000 000	C4-9D-ED-23-67-B1

【解】 表中的实例对象标识符具有共同的前缀 iso.org.dod.internet.mgmt.mib2.interface.ifTable.ifEntry.，对应的数字标识符是 1.3.6.1.2.1.2.2.1.，为了便于记读，将其记为 pre。

表 9-7 只是 ifTable 表的一部分，仅有 3 行×6 列，完整的实例表应该是 43 行×22 列，GetNextRequest-PDU 规定：按照先列后行的字典顺序进行遍历。即首先遍历第 1 个列对象 ifIndex，43 个遍历完之后，下一个是 ifDescr 列对象的第 1 行，记为 pre.ifDescr.1，表示第 1 行第 2 列的实例对象，第 43 行第 2 列应为 pre.ifDescr.43，第 2 列遍历完之后，再遍历第 3、4、5、6 列，第 1 行第 6 列的实例对象记为 pre.ifPhysAddress.1，第 43 行第 6 列(实例表 9-7 的最后一个对象)记为 pre.ifPhysAddress.43。

3 行 6 列的实例表 9-7 的遍历，实现步骤如下(因为 ifDescr 的值太长，所以直接用省略号代替)。

第 **1** 步：创建请求第 1 行 6 个列对象的 PDU，表示如下：

```
GetNextRequest(ifIndex, ifDescr, ifType, ifMtu, ifSpeed, ifPhysAddress)
```

获得的响应如下：

```
Response(ifIndex=1, idDescr= "...", ifType=Software Loopback(24), ifMtu=
1500, ifSpeed=1073741824, ifPhysAddress=Null)
```

第 **2** 步：创建请求第 2 行所有列对象的 PDU，表示如下：

```
GetNextRequest (ifIndex. 1, ifDescr. 1, ifType. 1, ifMtu. 1, ifSpeed. 1,
ifPhysAddress.1)
```

获得的响应表示如下：

```
Response (ifIndex. 19 = 19, ifDescr. 19 = "...", ifType. 19 = IEEE 80211 (71),
ifMtu.19=1500, ifSpeed.19=144000000, ifPhysAddress.19=C4-9D-ED-23-67-
B0)
```

第 **3** 步：创建请求第 3 行所有列对象的 PDU，表示如下：

```
GetNextRequest(ifIndex.19, ifDescr.19, ifType.19, ifMtu.19, ifSpeed.19,
ifPhysAddress.19)
```

获得的响应表示如下：

```
Response(ifIndex.29=29, ifDescr.29="...", ifType.29=Ethernet CSMA/CD(6),
ifMtu.29=1500, ifSpeed.29=3000000, ifPhysAddress.29=C4-9D-ED-23-67-B1)
```

第 **4** 步：创建请求下一行对象的 PDU，表示如下：

```
GetNextRequest(ifIndex.29, ifDescr.29, ifType.29, ifMtu.29, ifSpeed.29,
ifPhysAddress.29)
```

获得的响应表示如下：

```
Response(ifDescr.1="Software Loopback Interface 1", ifType.1= Software
Loopback(24), ifMtu.1=1500, ifSpeed.1=1073741824, ifPhysAddress.1=Null,
pre.ip.ipForwarding.0=2)
```

表格只有 3 行，遍历是按照字典顺序进行的，遍历完成之后，进入下一个对象，即 ifPhysAddress.29 的下一个是 **pre.ip.ipForwarding**。遍历顺序参考图 9-16 中的深蓝色线，蓝色虚线表示一列遍历完成，跳转到下一个列对象。

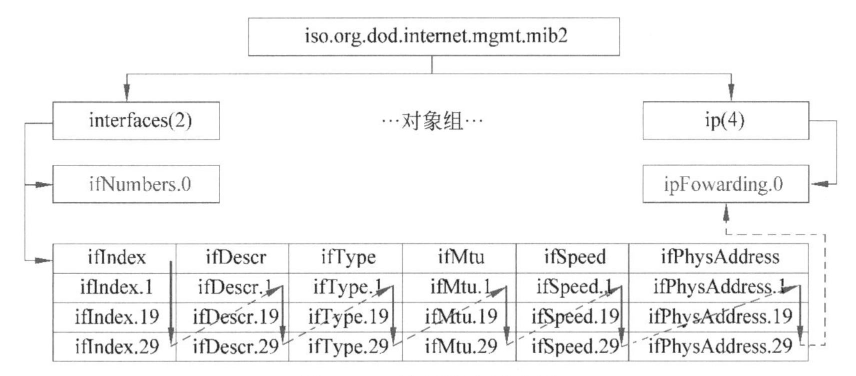

图 9-16 遍历顺序示意图

GetNextRequest-PDU 在不知道实例对象表的行数的情况下，完成表的遍历，GetNextRequest-PDU 比 GetRequest-PDU 更实用和优美，但它的效率不高。为了更容易地遍历表，也为了更节约带宽资源，SNMPv2/v3 新增了 GetBulkRequest-PDU。

GetBulkRequest-PDU 包含请求对象的列表，先常规对象，后表对象。GetBulkRequest-PDU 中的非重复字段的数值指示了常规对象的个数；而最大重复数字段的数值指示了表对象的迭代次数，或数据项的数量。所以，使用 GetBulkRequest-PDU 需要清楚表格项数。

3）写操作实现对象的修改

NMS除了获取被管设备的运行信息，有时还需要对被管设备进行控制，这时候就要用到为写操作而定义的SetRequest-PDU。

NMS和代理双方交互的通信方式与信息获取的通信方式是类似的，如图9-17所示。

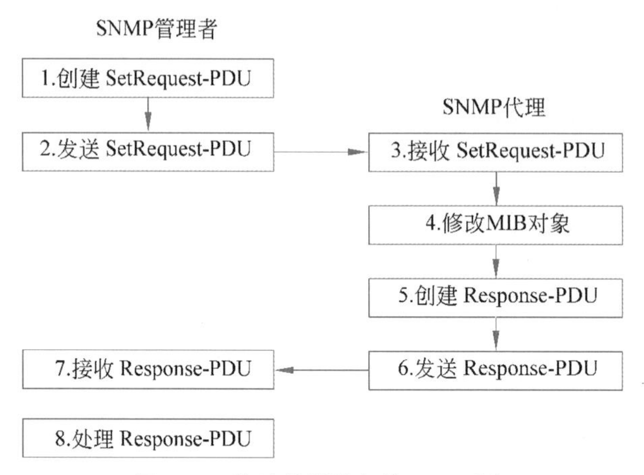

图9-17　修改被管设备的MIB对象

写操作和读操作的通信方式一样，所以通信流程也极其类似，在此不再赘述。除了使用的协议数据单元不同之外，第4步也不同，被管设备的SNMP代理使用SetRequest-PDU传来的值对指定的MIB对象进行修改。

修改MIB对象的值，直接影响MIB，比单纯获取信息重要得多，所以，在修改之前，必须慎重地核查：指定的MIB对象标识符是唯一和有效的；核查MIB对象的最大访问数，以验证指定的MIB对象是否允许被修改；核查SetRequest-PDU中传来的值，验证其是否符合MIB对象的语法，比如，如果待修改的MIB对象是一个32位的整数类型，传来的值却是实数，那这不是一个有效的数，不能修改，且将错误响应返回NMS。

4）陷阱触发通知

前述“请求-应答”通信方式，用于实现轮询，周期性获取被管设备的运行参数，比如转发报文数量、出错率、入口速率等，从而了解设备是否处于健康运行状态；轮询无疑是网络管理信息收集的很好的基本机制。

但如果被监管的网络中发生了重大事件，比如，一台路由器的某个接口状态从“Up”变为了“Down”，或者边界网关协议（BGP）的运行状态发生了变化，这些事件就像平静的生活中发生了地震，将涉及很多用户，轻者网络性能降低，严重时甚至引发断网。如果等待轮询周期的到来，这些事件相关的数据才被NMS感知，也许值班网管人员的电话都被打爆了。

SNMP提供了一种陷阱机制，是一种SNMP代理主动向NMS报告重大事件的通知机制。一台被管设备上的SNMP陷阱可能有上百种之多，有些是日志相关的陷阱，比如报警产生、错误产生，有些是事件相关的陷阱，比如代理重启、接口状态改变，不管是哪种陷阱，都是一种触发条件，一旦产生，就启动发送通知消息。

Trap2-PDU是SNMP代理用于向NMS报告陷阱相关信息的协议数据单元。

NMS 无须请求,即可获取陷阱信息,且无须确认,这大大地减少了双方的通信量。NMS 在著名端口号 162 上监听陷阱。

SNMPv2/v3 还有一种用于通知的协议数据单元——InformRequest-PDU,当网络管理系统中有多台 NMS 时,其中一台 NMS 收到了 Trap2-PDU,它可能会将该陷阱信息通告另一台 NMS,此时使用 InformRequest-PDU,对方收到后会回发确认。

3. SNMP 报文格式

SNMP 是构建于传输层协议 UDP 之上的应用,使用了两个知名的端口号:161 和 162。其中的 161 端口号是通用的 SNMP 端口号,代理用它来监听所有设备发出的请求报文;而 162 端口号被 NMS 用于监听陷阱报文。

传输层协议 UDP 简单、高效,但缺少传输可靠保证,SNMP 不得不承担起些许的可靠传输责任。前述"请求-应答"机制是 SNMP 通信的基本方式,请求或响应报文丢失都是可能发生的网络事件,丢失后的报文能够得到重传,NMS 在发出请求报文时,会启动一个定时器,定时器超期却未收到任何响应报文,NMS 将重发请求报文。陷阱报文无须确认,如果陷阱报文丢失,发送方无法知晓,接收方也无法知晓,只能顺其自然了;通常情况下,只是偶尔丢包。

与其他 UDP 应用类似,包含了 SNMP-PDU 的 SNMP 报文被封装进 UDP 数据段,再封装进 IP 分组中。SNMP 报文的通用格式如图 9-18 所示。

图 9-18 SNMP 报文的通用格式

与其他大多数报文特别不同的是,SNMP 报文没有固定规范的字段,它采用 9.1.3 节所述的 ASN.1 提供的基本编码规则(BER)表示。所以,这里仅简单介绍 SNMP 报文的通用面貌,即读、写、响应等报文的一般格式,包含版本、头部、安全参数和 SNMP-PDU 共 4 部分。

版本:SNMP 有 3 个版本,v1 版本曾经最流行,v2 版本变体较多且乱,目前是 v3 版本。

头部:包括报文标识(identification)、最大报文长度、报文标志等。在 SNMP v1 版本和 v2c 版本中的头部字段位置已变成了共同体(community)字符串,用于实现简单的安全机制,同一共同体的 SNMP 设备收发信息都需要在这个字段填写共同体字符串标识,起着类似于密码的功能。

安全参数:用于产生报文摘要。

SNMP-PDU:尽管三个版本的 SNMP 报文外观看起来很不一致,但 PDU 的格式基本保持一致,如图 9-19 所示。

(1) PDU 类型:整数类型,不同的值指示不同的 SNMP 报文类型,比如 0xA0、0xA1、0xA2、0xA3 指示的报文类型分别是 GetRequest、GetNextRequest、Response、SetRequest。

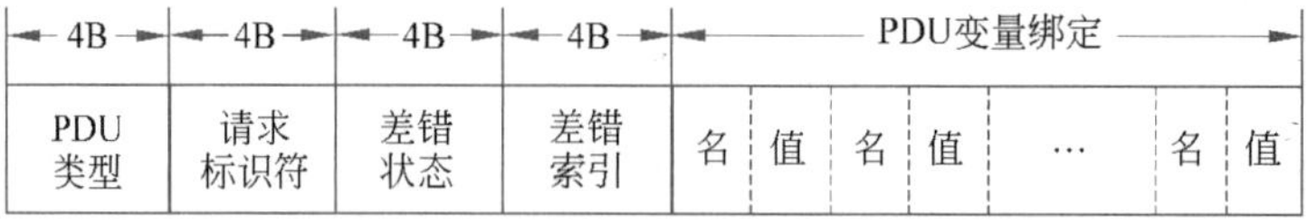

4B	4B	4B	4B	PDU变量绑定						
PDU类型	请求标识符	差错状态	差错索引	名	值	名	值	…	名	值

图 9-19　SNMPv1/v2/v3 的通用 PDU 格式

(2) **请求标识符**：请求 ID，一个用于匹配请求和应答的编号，由发送方产生，接收方将其复制到应答报文中。

(3) **差错状态**：这个整数值指示了错误状态，告诉 SNMP 发送方请求的结果。"0"指示没有错误发生，其他可能的差错状态值参考表 9-8。SNMPv1 报文中只定义了 0～5 共 6 种差错状态，SNMPv2/v3 增加了一些新的差错状态。

表 9-8　差错状态值的含义说明

差错状态值	差错状态名	描　　述	SNMPv1	SNMPv2/v3
0	noError	没有错误发生，用于所有的请求中	√	√
1	tooBig	Response 报文太长了，不能传输	√	√
2	noSuchName	被请求的对象名没有找到	√	√
3	BadValue	报文中的对象值不匹配对象的语法，比如类型错误	√	√
4	readOnly	修改一个变量的值，但这个变量的最大访问是只读	√	√
5	genErr	发生了一个不属于规定差错状态的错误	√	√
6	noAccess	出于安全性原因拒绝访问对象	×	√
7	wrongType	变量绑定中，指定了一个不正确的变量类型		√
8	wrongLength	变量绑定时，指定了一个不正确的长度	×	√
9	wrongEncoding	变量绑定时，指定了一个不正确的编码	×	√
10	wrongValue	变量绑定时，为对象指定了一个不可能的值	×	√
11	noCreation	指定的变量不存在，且不能创建	×	√
12	inconsistentValue	变量绑定指定了变量的值，但无法赋值给它	×	√
13	resourceUnavailable	尝试设置一个变量，但相关资源不可得	×	√
14	commitFailed	设定一个特定的变量，但失败了	×	√
15	undoFailed	尝试设置一个特定的变量，未成功，尝试取消也失败了	×	√
16	authorizationError	鉴别时出错	×	√

(4) **差错索引**：当差错状态值非"0"时，差错索引指示了产生对应的那个错误的指针；在请求报文中，这个字段总是"0"。

(5) **PDU 变量绑定**：可以绑定若干变量，每个变量都对应一个 MIB 对象。每个变量都用对象(名，值)对描述，对象名是 9.1.3 节中定义的对象标识，值则是这个对象的语法规定的类型的合法值。在请求报文中，还没有值，值字段只起占位的作用。

我们在一台普通 PC 上打开了 MIB 浏览器，并开启了 SNMP 代理，同时打开 WireShark 抓取 SNMP 报文。在 MIB 浏览器上发出请求，请求 ip 对象组下的前三个对象的值(参考图 9-12)，ip 对象组的数字标识符是 1.3.6.1.2.1.4，WireShark 抓取的 SNMP 请求报文如图 9-20 所示。

User Datagram Protocol, Src Port: 65257, Dst Port: 161
Source Port: 65257
Destination Port: 161
监听端口
Length: 79
Checksum: 0x311b [unverified]
[Checksum Status: Unverified]
[Stream index: 2]
[Timestamps]
UDP payload (71 bytes)
Simple Network Management Protocol
version: v2c (1)
版本
community: public
共同体
data: get-request (0)
PDU类型
get-request
request-id: 560763285
请求ID
error-status: noError (0)
差错状态
error-index: 0
差错索引
variable-bindings: 3 items
变量绑定[3个(名,值) 对]
1.3.6.1.2.1.4.1.0: Value (Null)
1.3.6.1.2.1.4.2.0: Value (Null)
1.3.6.1.2.1.4.3.0: Value (Null)

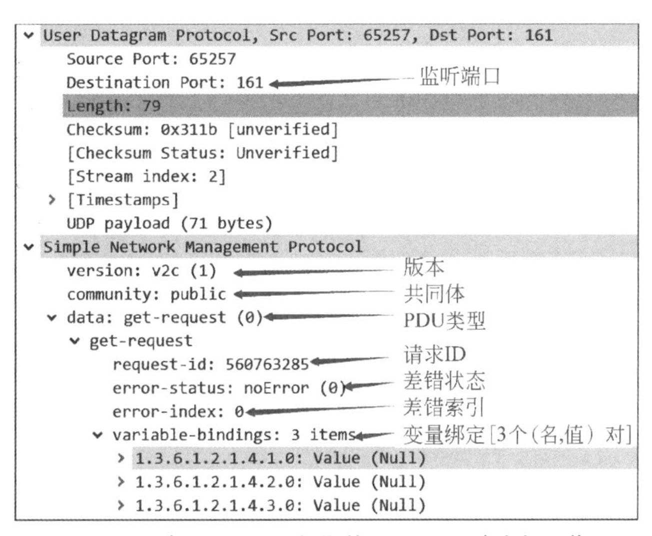

图 9-20 一个 WireShark 抓取的 SNMPv2c 请求报文截图

报文截图呈现出 SNMP 请求报文展开的样子，这个请求报文中变量绑定字段绑定了 ip 对象组的前三个对象 ipFowarding、ipDefaultTTL 和 ipInReceives，在请求报文中，显示了三个变量的数字名字，值显示的是 Null，因为这正是要请求的内容，起到一个占位的作用。

WireShark 也抓取到了对这个请求报文的响应报文，截取其中的 SNMP 报文部分，如图 9-21 所示。

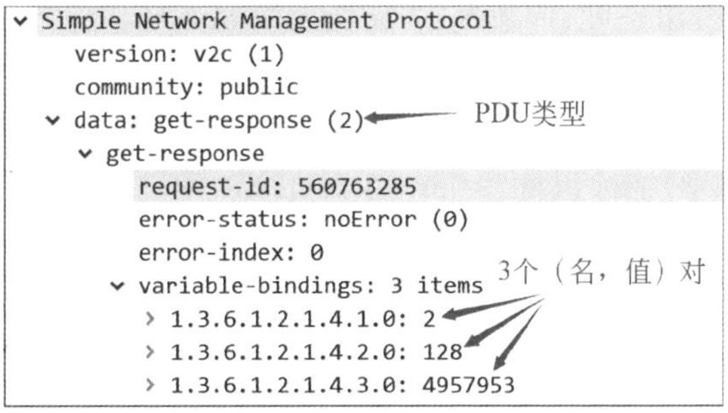

Simple Network Management Protocol
version: v2c (1)
community: public
data: get-response (2)
PDU类型
get-response
request-id: 560763285
error-status: noError (0)
error-index: 0
variable-bindings: 3 items
3个（名，值）对
1.3.6.1.2.1.4.1.0: 2
1.3.6.1.2.1.4.2.0: 128
1.3.6.1.2.1.4.3.0: 4957953

图 9-21 对图 9-19 请求报文的响应报文截图

9.1.6 远程网络监视(RMON)

简单网络管理很流行，工作得很好，但这种工作模式也有一些问题。

(1) SNMP 代理通常安装在常规的网络设备上，它们的主要工作并不是为受管理

而提供信息，它们有常规的工作要做。

(2) 轮询通信方式在网络上产生了大量的流量，可能影响网络的正常运行。

(3) NMS 负责轮询，对被管信息进行信息收集和控制，任务繁重，可能不堪重负。

远程网络监视(RMON)并不是一个协议，而是众多 MIB 模块中的一个，它只是简单网络管理框架上的一个补充。RMON 允许使用专用网络管理设备，比如网络分析仪、监视器(monitor)和探针(probe)有效地远程管理网络。

1991 年，IETF 发布了第 1 个以太网 RMON，扩充了 mib2，对轮询产生的问题进行了弥补，RMON 1 主要专注于数据链路层的统计信息收集；RMON 2 新增了网络层、应用层的信息收集对象。图 9-22 显示 RMON MIB 子树。

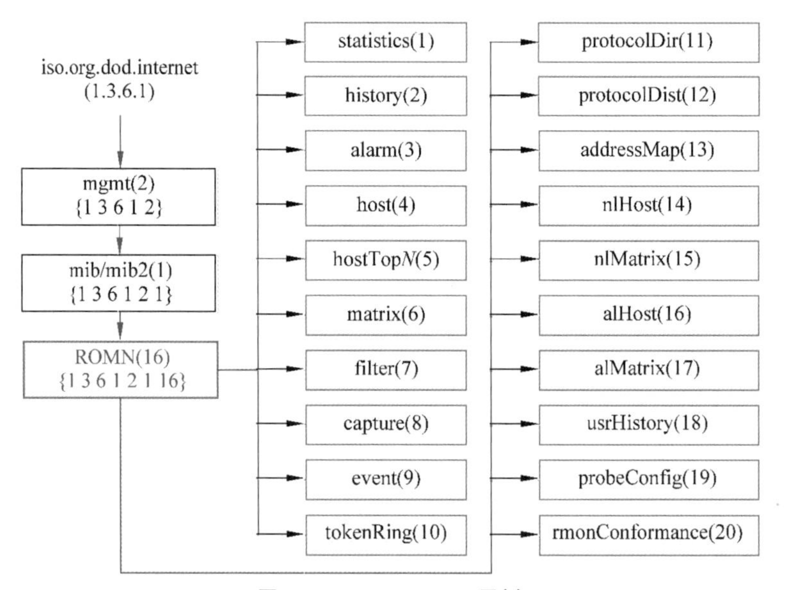

图 9-22　RMON MIB 子树

ROMN 生长在 mib2 下，共包含 20 个对象，其中前 10 个属于 ROMN 1/2，后 10 个属于 ROMN 2。下面简要说明各对象。

统计组(statistics)：数字标识符为 1.3.6.1.2.1.16.1，用于以太网流量的统计，比如网络流量负载、平均分组长度、广播次数、差错次数等。

历史组(history)：数字标识符为 1.3.6.1.2.1.16.2，可控制探针多长时间采样统计数据，比如流量、错误率。

告警组(alarm)：数字标识符为 1.3.6.1.2.1.16.3，用户定义任何 RMON 变量的阈值的告警，包含一个引起事件触发的阈值。

主机组(host)：数字标识符为 1.3.6.1.2.1.16.4，指示 MAC 地址区别的每台主机流量和错误率等信息。

最高 *N* 台主机组(hostTop*N*)：数字标识符为 1.3.6.1.2.1.16.5，基于最大流量和/或错误率等特定流量的主机排序。

矩阵组(matrix)：数字标识符为 1.3.6.1.2.1.16.6，特定主机之间的数据交换统计量。

过滤器组(filter)：数字标识符为 1.3.6.1.2.1.16.7，定义过滤器，即定义哪些数据报文的类型进行捕获和存储。

捕获组(capture)：数字标识符为 1.3.6.1.2.1.16.8，建立一组缓冲区，用于存储从通道中捕获的报文，依赖过滤器组。

事件组(event)：数字标识符为 1.3.6.1.2.1.16.9，基于告警组中对象的参数，当一个特定告警产生时，产生日志条目和/或 SNMP 陷阱。

令牌环网组(tokenRing)：数字标识符为 1.3.6.1.2.1.16.10，RFC 1513 扩展了 RMON MIB，增加了有关 IEEE 802.5 令牌环网的管理信息

协议目录组(protocolDir)：数字标识符为 1.3.6.1.2.1.16.11，提供各种网络协议的标准化表示方法，使得 NMS 可以了解监视器所在子网运行的是什么协议。

协议分布组(protocolDist)：数字标识符为 1.3.6.1.2.1.16.12，提供每个协议的流量统计。

地址映射组(addressMap)：数字标识符为 1.3.6.1.2.1.16.13，提供网络层地址到 MAC 层地址的映射关系。

网络层主机组(nlHost)：数字标识符为 1.3.6.1.2.1.16.14，与 RMON 1 的主机组类似，提供监视器发现的主机所发送和接收的流量统计，但与 RMON 1 主机组不同的是，这一组不是基于 MAC 地址，而是基于网络层地址标识主机。

网络层矩阵组(nlMatrix)：数字标识符为 1.3.6.1.2.1.16.15，记录主机对之间的通信情况，与 RMON 1 的矩阵组类似，但按网络层地址标识主机。

应用层主机组(alHost)：数字标识符为 1.3.6.1.2.1.16.16，提供按协议分类的，每台主机所发送和接收的流量统计。

应用层矩阵组(alMatrix)：数字标识符为 1.3.6.1.2.1.16.17，提供按协议分类的，每对主机之间的会话流量统计。

用户历史组(usrHistory)：数字标识符为 1.3.6.1.2.1.16.18，按照用户指定的参数，周期性地收集统计数据。

监视器配置组(probeConfig)：数字标识符为 1.3.6.1.2.1.16.19，定义了监视器的参数。

一致性规范组(rmonConformance)：数字标识符为 1.3.6.1.2.1.16.20，定义了不同厂商实现 RMON 2 必须达到的最小级别。

RMON MIB 对象定义了很多管理信息，分布在各个网络的监视器、探针可以离线地收集某些特定的信息，并在 NMS 需要时发送给它。也可以设置阈值触发告警，不同级别的告警产生之后采用什么行动，由管理人员决策。

9.2 数据中心网络

数据中心(Data Center，DC)是一个组织或单位用以集中放置计算机系统、通信设备、存储设备、供电设备等的基础设施。数据中心是一个实体存在，有房间，房间中有机架(rack)，机架中有设备，设备之间有连线。一般的数据中心只提供场地和机架；而同时还提供带宽服务的数据中心，称为互联网数据中心(Internet Data Center，IDC)。本书所指数据中心不严格区分 DC 和 IDC。

数据中心的计算机系统、通信设备、存储设备用传输介质连接起来形成的网络，称为数据中心网络。数据中心网络存在于数据中心内部；根据拥有的机架数，数据中心

可粗略地分为中小型（小于3000架）、大型（3000＜机架数＜10 000）、超大型（超过10 000架）三类，数据中心网络规模也有大有小，但随着整个互联网规模和应用的增长，数据中心的数量和规模总体呈现扩大的趋势，数据中心网络也变得越来越大，数据中心网络的架构和解决方案，在过去20年里发生了很大变化。

总的来说，数据中心物理拓扑从接入—汇聚—核心的经典三级网络架构（胖树架构），再演进到脊叶（spine-and-leaf）架构。计算资源的基本单位经历了从物理服务器到虚拟机再到容器化三个阶段，数据中心网络使用的路由协议也发生了变化。

9.2.1　数据中心网络的物理拓扑

中心网络上连接了大量的交换机和服务器，还有路由器、网关等设备。网络的物理拓扑有很多，如总线状、星状/扩展星状、环状、树状等（参考1.1.1节）。早期组网多按照三层树状拓扑进行组网，如图9-23所示。图9-23(a)是传统三层树状拓扑，带宽是收敛的，图9-23(b)胖树(fat-tree)三层树状拓扑，但带宽是不收敛的，从接入层、汇聚层到核心层，带宽是增粗的，增粗的带宽通过多链接线性叠加而成。

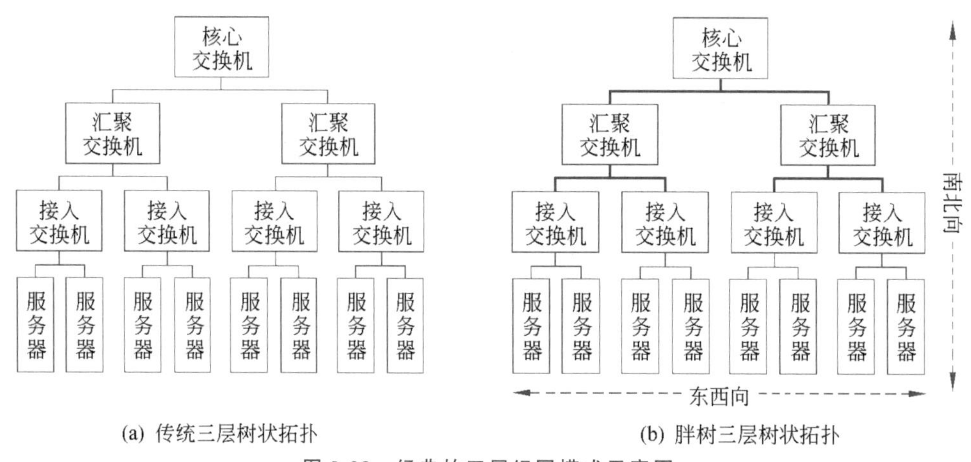

(a) 传统三层树状拓扑　　(b) 胖树三层树状拓扑

图9-23　经典的三层组网模式示意图

1967年，Charles Clos提出Clos网络，其基本思想是采用大量的低成本小单元，构造大规模的无阻塞网络，当输入输出增加时，只需要增加适当的中间交叉连接，并不需要成比例增加。

胖树拓扑是将Clos思想引入数据中心网络形成的，其三层树状分为核心层、汇聚层和接入层。

接入层(access)：使用多端口交换机，可接入大量服务器、计算节点等，接入层设备常位于机架顶端，称为架顶(Top of Rack，TOR)。

汇聚层(aggregation)：三层中的中间一层，承上启下，汇聚接入层的流量，与核心层相连；在该层实施入侵检测、报文过滤等策略；选用三层交换机，可进行3层路由、VLAN规划等。

核心层(core)：核心层为汇聚层提供接入服务，同时连接外部网络，提供高速数据交换服务，其地位极其重要，常进行核心设备的冗余备份和负载均衡。

汇聚层交换机是二层交换网和三层路由网的分界线。每个（或每组）汇聚层交换机负责管理一个VLAN，称为分发点(Point of Delivery，POD)。一个POD下的服务器或计算设备都在同一个 VLAN 广播域，VLAN 广播域之间的路由要通过核心，即网关位于核心层。

早期数据中心网络的南北向流量远远大于东西向流量。南北向流量是核心层向接入层的流量，或反过来，从接入层向核心层的流量，如图 9-23(b)所示。大量 C/S(或 B/S)服务器的服务对象分散在数据中心之外，所以，流量主要是进出数据中心的南北向流量。胖树拓扑的数据中心网络适用于这种应用场景。

进入 21 世纪，云计算逐渐发展起来，物理服务器逐渐虚拟化，计算资源的基本单位演变成了虚拟机(virtual machine)，网络应用也广泛采用了微服务访问模式，很多数据中心网络承载了大量服务器到服务器的流量；东西向流量逐渐超过了南北向流量，成为数据中心的主要流量。

东西向流量的增加使三层网络拓扑的带宽成为瓶颈，且服务器到服务器的时延也变得不确定，汇聚层交换机和核心层交换机的工作压力不断增加，为此，基于 Clos 网络的脊叶网络拓扑应运而生，从经典的三层变成了两层(俗称扁平化)，如图 9-24 所示。脊交换机，相当于经典三层拓扑中的核心交换机；叶交换机，相当于经典三层拓扑中的接入交换机，服务器、计算设备等挂接到接入交换机上。

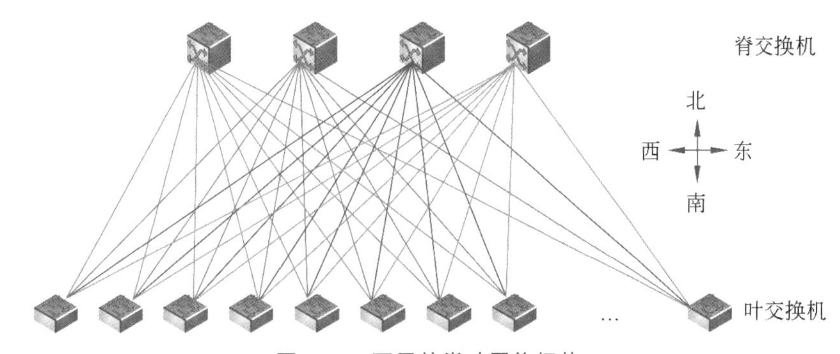

图 9-24　两层的脊叶网络拓扑

脊交换机下连叶交换机，所以，其下行接口决定了叶交换机的数量。

叶交换机的上行链路数决定于脊交换机的数量。脊交换机和叶交换机之间形成了一个全连接网络，就像一个纵横交错的编织物(fabric)；通过等价多路径(Equal Cost Multiple Path，ECMP)动态路由选择。

叶交换机的下联端口决定了可以挂接服务器的数量。

比如，有一个网络，脊交换机有 4 台，每台下联端口有 48 个，共有下联带宽 48×25Gb/s=1200Gb/s。叶交换机有 48 台，每台叶交换机的上联端口 16 个，共有上联带宽 16×25Gb/s=400Gb/s，每台叶交换机有下联端口 64 个，共有下联带宽为 64×10Gb/s=640Gb/s。叶交换机可接入 48×64=3072 台服务器或其他计算设备。

上例中的叶交换机的上行(北向)流量与下行(南向)流量的比例为 400Gb/s ∶ 640Gb/s，约为 0.625。通常情况下，数据中心网络的北向流量和南向流量的设计比例是 1 ∶ 3，0.625 的比例是较宽松的设计。

如图 9-24 所示，脊叶网络拓扑的脊叶之间形成的全连接，让任意两台服务器之间的东西流量不经过超过 3 台交换机，时延可控。同时，脊叶拓扑不采用生成树协议，不阻塞交换机端口，脊、叶之间以负载均衡的方式工作，带宽利用充分；当带宽不敷使用时,增加脊交换机,可水平扩展;编织结构使某条链路故障带来的影响可以忽略。当然,脊叶拓扑也有缺点:交换机数量众多,规模很大。

自从2013年出现了脊叶拓扑,大量的数据中心网络都从经典三层拓扑升级为脊叶拓扑。图9-25是脸书(Facebook)数据中心网络架构。脸书数据中心网络是一个非常复杂的多级Clos网络,称为F_{16},其特点如下。

(1) 每个机架连接到16个独立的平面。使用Wedge100S作为机架顶(TOR)交换机,有1.6Tb/s上行带宽和1.6Tb/s下到服务器的带宽。

(2) 机架上方的平面包括16台128端口100G光纤交换机(而不是4台128端口400G光纤交换机),即Fabric交换机。

(3) 128端口100G光纤交换机称为Minipack。Minipack采用一种灵活的专用集成电路(ASIC)设计,仅使用了背板一半的功率和空间。

(4) 进一步扁平化,进行东西向扩展,可直接增加F_{16}基本单位;进一步编织,也可以进行南北向扩展;带宽和规模都将得到提升。

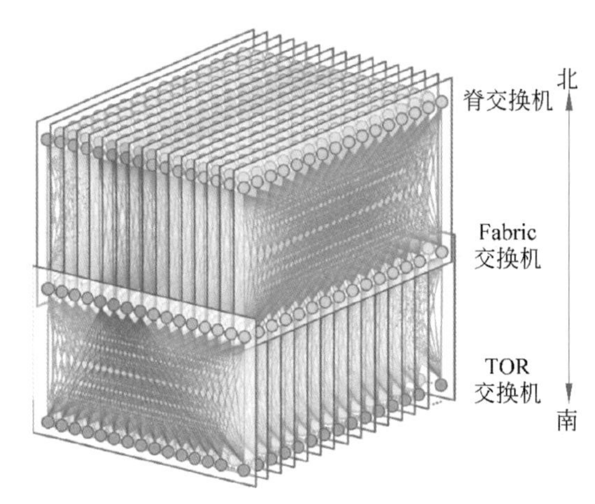

图9-25 脸书数据中心网络架构

总之,随着技术的进步,数据中心网络的物理拓扑也在同步演进,从经典三层拓扑到三层胖树拓扑,再到脊叶拓扑,用大规模低成本交换机构造无阻塞的高性能中转网络。

9.2.2 数据中心网络的协议

数据中心内部网络连接着大量的交换设备、服务器等,也需要路由,不仅需要中心内部的路由,中心和中心之间也需要路由。数据中心的网络拓扑已经发生了较大变化,由于云服务需求的增长,流量从南北流量为主,过渡到以东西向为主;数据中心的设备也已向万台级别迈进,大规模的数据中心越来越多。

脊叶结构相当于传统网络架构中的“接入层-汇聚层”;如果采用二层交换技术,还需采用生成树协议避免环路,这样大大减少了活跃可用的链路。如果采用三层路由,脊叶结构的网络则可以充分利用脊和叶之间的全网状连接,并选择最短路径。

OSPF是IGP中应用最广泛的路由选择协议,如果使用OSPF,无疑会继续享有它的收敛快、全局拓扑可见等优点,但在大规模数据中心中,运行OSPF存在以下主要挑战。

(1) 消息泛洪：虽然总体上 OSPF 采用了触发更新的方式传递网络的变化，但消息要传遍全网，在大规模的数据中心网络中，大量的消息传递浪费较多的资源。

(2) 脊叶网络易于扩展，当网络扩展了之后，带来 OSPF 图的扩大，从而带来较大的计算开销。

所以，OSPF 仅适用于中小型数据中心网络，在大规模数据中心中，采用外部边界网关协议(eBGP，external Border Gateway Protocol)是常见的选择。边界网关协议(BGP)本是用作自治系统(AS)之间的路由，RFC 7938(2016 年)总结了 BGP 应用于万台级别以上的大规模数据中心的经验，使 BGP 成了大规模数据中心网络的默认选择。BGP 用于大规模数据中心网络的主要优势如下。

(1) 简洁和成熟：BGP 是一个克服了路由环的距离矢量路由协议，它不需要复杂的数据结构和状态机，比如，OSPF 需要建立全毗邻关系，而 BGP 对等体只需依靠 TCP 就能建立和维护关系。BGP 已被厂商和运营商大量实施，相对成熟。

(2) 开销小：BGP 只通告自己使用的最优路径，当所用路径出了故障时，可在备选路径中很快地找到可替代路径；而不像 OSPF 这样的链路状态路由协议，要在全网上泛洪通告故障引起的变化，并重新构造、遍历图和从头计算。

(3) 故障排除容易：BGP 管理员能方便地看到 BGP 邻居、BGP 路由信息表，且通过路径属性方便地操控路由策略，相对 IGP，故障定位和排除比较容易。

(4) 非等价多路径(ECMP)控制：BGP 支持第三方下一跳(third-party next hop)，允许某个下一跳指向某个特定的 IP 地址，而不是由源通告，更容易实现非 ECMP 的多路径转发和控制。

(5) 路由震荡减少：withdraw 消息、消息传播、间隔等都可能造成路由震荡、不稳定，BGP 的 ASN(自治域号码)定义机制和可检测环路的 as-Path 属性可以减少路由震荡，维护路由稳定。

所以，大规模数据中心通常选用 BGP 作为默认路由协议，但 BGP 是一个基于策略的协议，有时候需要人工干预多而自动化欠缺，导致管理员的人工作业量大且困难；且 BGP 本身运行在 AS 之间，为广域网而生，在交换设备密集的数据中心网络运行，必然会遭遇挑战。

9.2.3 数据中心网络的管理

数据中心网络作为网络基础设施的一部分，它的管理也纳入网络管理中，在此不再赘述；同时数据中心网络管理也有其特殊性。

(1) **自动化管理**：数据中心网络规模越来越大，人工维护和管理的难度越来越大，自动化运行维护成为必然趋势。运维系统通过软硬件监控、数据采集、健康度分析预测、仿真验证等手段，实现网络参数的持续优化，最大限度提升业务运行效率，提升算力，并优化网络资源开销。

(2) **集成化管理**：云计算带来数据中心的极大变化，数据中心管理涉及云计算、虚拟化、网络技术、并行计算、存储技术、资源监控/计量以及自动化部署/迁移等技术领域，按照传统的集成实施项目进行监理工作，难以把握项目的整体完成度和应用效果，必须对项目所采用的技术进行全面了解，集成化管理，才能有效管理，让数据中心实时在线提供各类服务。

(3) 智能管理：大规模的数据中心运维产生大量的数据，这些数据中蕴含了流量随时间变化的特征、服务器流量的变化特征、不同类用户的偏好特征等，通过学习和分析这些数据，可以进行预测、告警、分流等，从而进行数据中心网络的智能管理。

电信管理论坛(Tele-Management Forum，TMF)推出自治网络(Autonomous Network，AN)，类似于自动驾驶汽车的6级自动驾驶级别，将计算机网络分成了6级：L0(人工)、L1(系统辅助)、L2(部分自治，可自动配置一些网络参数)、L3(有条件自治)、L4(高度自治)、L5(完全自治，无人干涉)。目前的计算机网络基本处于L2～L3阶段，具备部分预测能力；感知类任务、简单场景分析、决策、执行类任务自动化。

2021年，未来网络白皮书之数据中心自动驾驶网络技术白皮书发表，其中提出了数据中心自动驾驶网络(Autonomous Driving Network，ADN)的架构，如图9-26所示，主要分为网络基础设施、管控系统、云端训练系统三层。

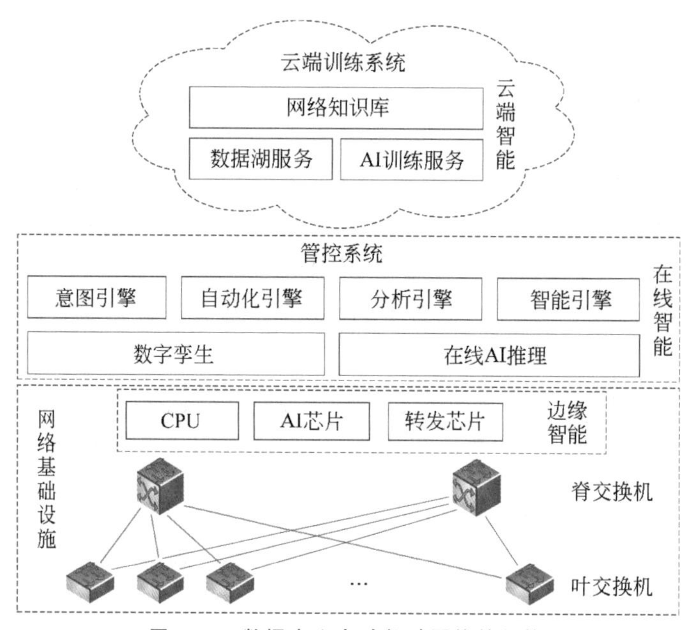

图9-26 数据中心自动驾驶网络的架构

网络基础设施：依托数据中心交换机实现数据中心物理网络采集与配置系统重构，支持远程量表主动上报，YANG/NETCONF自动配置①。同时网络设备内嵌AI芯片，具备智能边缘推理能力，可实现网络关键性能指标(Key Performance Indicator，KPI)及流量异常行为分析、网络KPI自优化能力。

管控系统：以意图引擎、自动化引擎、分析引擎、智能引擎及网络数字孪生底座为核心，提供意图管理、仿真校验、业务发放、健康度评估等独立、微服务化的组件，集管理、控制和分析一体，是数据中心自动驾驶网络的大脑，意图引擎、自动化引擎、分析引擎、智能引擎及数字智能平台实现数据中心网络全生命周期高度自动化和智能运维。

① YANG是Yet Another Next Generation的缩写，一种建模语言，可用于对网络元素的配置和状态数据建模，定义事件通知和远程过程调用的格式，用于基于NETCONF的操作。NETCONF是The Network Configuration Protocol的缩写，RFC 4741(2006年)定义了对网络设备的安装、操作和删除等配置，RFC 6241(2011年)对此标准进行了更新。

其中的数字孪生(digital twins)是物理对象的数字化表达,包括各种动态信息、静态信息、关联关系等,目的是构建一个与实际现网关联的数字化网络,呈现真实网络的运行状况,快速定位故障等。

意图驱动网络(Intent-Driven Network,IDN)是自动驾驶网络自动驾驶的抽象层面的直观体现,将过去客户烦琐的网络语言抽象为便于客户直观理解,可度量的业务应用,表达客户对网络的诉求。而意图引擎是自动驾驶网络的中枢,是从 L2 自动化走向 L3 意图驱动的核心标志。通过网络推荐算法,可将业务意图自动转换为网络设计。

云端训练系统:集成海量 AI 算法库,支持高性能 AI 训练能力。基于云端 AI 模型训练引擎、管控系统智能训练和推理引擎、设备智能边缘推理引擎,可实现三层智能引擎间的模型与推理参数自动优化,持续向高级网络自动驾驶能力演进。

9.3 网络安全

网络安全是指网络系统的硬件、软件及其系统中的数据受到保护,不因偶然的或者恶意的原因而遭受到破坏、更改、泄露,系统连续可靠正常地运行,网络服务不中断。

网络渗透到了千行百业,网络的安全运行是人们生活和工作正常运转的需求。近年来,新的网络安全威胁不断涌现,网络安全事件也逐年增长,网络安全形势非常严峻。本节介绍网络安全的基础知识,探讨提供网络安全的基础技术手段。

9.3.1 网络安全威胁

当网络用于承载通信双方的数据交互时,通信双方都期望网络是可用的,双方都期望对方正是想通信的那个,接收方收到的信息应该正好是发送方发出的那份,且接收方期望发送方无法抵赖说不是自己发的,通信双方还期望发出的信息只有对方才能接收,任何第三方无权窥探这些信息。上面这些期望,为我们解释了网络安全的基本属性。

(1) 机密性(confidentiality):通信双方交互的信息是他们自己的秘密,任何第三人都无权接收,即使收到也应该是一堆乱码;被恶意截获者截获也无关紧要,截获者看不懂这些信息,或者无法破解信息真正的内容。广告不需要机密,反而需要广而告之;但银行账号密码、个人隐私数据、机密文件、交换策略等信息不能泄露给第三方。

(2) 完整性(integrity):接收方收到的信息与发送方发出来的信息一模一样,没有被增加、删除或更换过,即没有被篡改。信息可能是一个商业合同,也可能是一份机密文件,如果恶意攻击者篡改了它,破坏了它的完整性,可能导致不公平、非正当交易的发生;甚至可能导致一场不必要的战争。

(3) 不可否认性(nonrepudiation):发送方无法否认自己发出的信息。比如一个顾客订购了一台最新计算机之后,后悔了,声称自己并没有发送这个订单,但不可否认性让他无可辩驳。

(4) 可用性(availability):网络系统应该是可靠地、正常地运行。偶尔的错误,或者恶意的攻击,可能导致网络系统不能正常地提供服务,比如因为资源耗尽而拒绝服务,典型的例子是服务器受到攻击而崩溃,不能提供正常的服务;如果被攻击崩溃的服务器是 DNS 服务器或 DHCP 服务器这样的公共服务器，受到影响的客户将非常多。

为了经济、政治或其他目的，攻击者通常利用系统或协议工作的漏洞，编写恶意软件或利用现成工具，破坏上述网络安全的机密性、完整性、不可否认性或可用性等属性，对网络的安全带来极大的威胁。

安全漏洞可能来自操作系统的漏洞，弱密码、偷渡下载等，及时地打系统补丁、设置强密码，不随便下载不明源头的程序，这些都可以有效地从源头去围堵因安全漏洞带来的问题。2021 年上半年，中国国家互联网应急中心收录的 13 000 多个安全漏洞中，有 7000 多个零日(0 day)漏洞，零日漏洞也可以称为零时差漏洞，通常是指还没有补丁的安全漏洞，"零日"得名于漏洞被公开后，补丁未出现的天数。零日漏洞如果被攻击时及时转化为零日攻击，因为还没有任何防护软件出现，危害极大。

恶意软件(malware)是网络安全威胁中的主要来源，仅 2021 年上半年，中国境内捕获恶意程序样本数量约 2 307 万个，日均传播次数达 582 万余次，涉及恶意程序家族约 20.8 万个[①]。恶意软件的表现形式多种多样，比如计算机病毒、计算机蠕虫、后门入侵、流氓软件、逻辑炸弹、勒索软件(ransomware)、挖矿病毒等。

制造网络威胁的攻击者往往从截获流量开始。在开放的、广播式的无线介质中截获流量相对容易，而在传统的以太网上截获流量，只需要将网卡设置为混杂模式，即可捕获过往的流量。但现在的以太网都是交换式以太网，交换机通过逆向地址学习(参考 4.4 节)学习到活跃的主机的(MAC 地址、到达端口号)对刷新 MAC 地址表，数据帧的转发根据 MAC 地址表进行决策，稳定的交换网络以数据帧的点对点转发为主，较难捕获被攻击者的流量。

攻击者可能通过 **MAC 克隆**(MAC cloning)，假装是某台主机，诱使交换机把流量发给自己。举个例子，攻击机拟攻击主机甲，就用甲的 MAC 地址 $MAC_{甲}$，构造以太帧发出，交换机就可以学习到 $MAC_{甲}$ 及到达的端口，随后发往主机甲的帧就被交换机转发给攻击机了；当真正的主机甲开始通信时，这种攻击就会失效，因为交换机会学习到 $MAC_{甲}$ 真正对应的端口；当然攻击机可以反复发帧去诱导交换机刷新 MAC 地址表。这种攻击的关键是攻击机知晓了被攻击主机的 MAC 地址，它常利用被攻击主机发出的 ARP 请求(参考 5.3.1 节)，ARP 请求是广播的，请求消息内包含了源主机的 MAC 地址。如果攻击者克隆的 MAC 地址是某个子网网关的 MAC 地址，它几乎可以截获该子网去往远程主机的所有流量。

交换机本身也是一台计算机，其 MAC 地址表大小总有上限，攻击者利用这一点，伪造不同的 MAC 地址，并用这些 MAC 地址作为源地址，构造并发出大量的帧，交换机总是进行逆向地址学习，很快，它的 MAC 地址表就被伪造的(MAC 地址、端口号)填满了，而真正主机的 MAC 地址信息在 MAC 地址表几乎见不到踪影，所以，交换机不得不将发往真正主机的帧泛洪(广播)出去，这正是攻击机的目的，它可以轻松地截获这些泛洪帧了。

攻击者还经常利用 ARP 的工作原理(参考 5.3.1 节)造成各种 **ARP 中毒**(poisoning)及变体，以截获流量。比如攻击机侦察到主机甲的 ARP 请求，请求目的主机乙的

---

① 来自国家互联网应急中心的半年报《2021 年上半年我国互联网网络安全监测数据分析报告》，https://www.cert.org.cn/publish/main/46/index.html.

MAC 地址，攻击机以自己的地址 MAC_A 作为 ARP 应答，随后主机甲本应发往主机乙的流量直接发往了攻击机，如图 9-27(b)所示；攻击机截获了流量，为了不被发现，可以将帧重新封装之后转发给乙。如果攻击者对乙发出的帧做类似的截获，攻击者实际上充当了一个中间人(man in the middle)的角色，这是中间人攻击的一种场景，如图 9-27(b)所示。

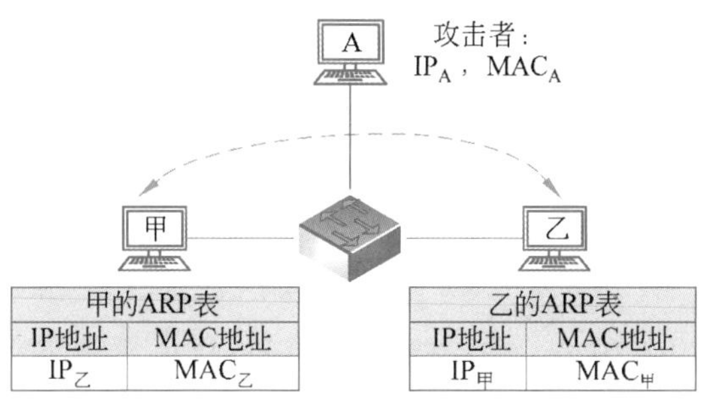

(a) 甲和乙的正常通信

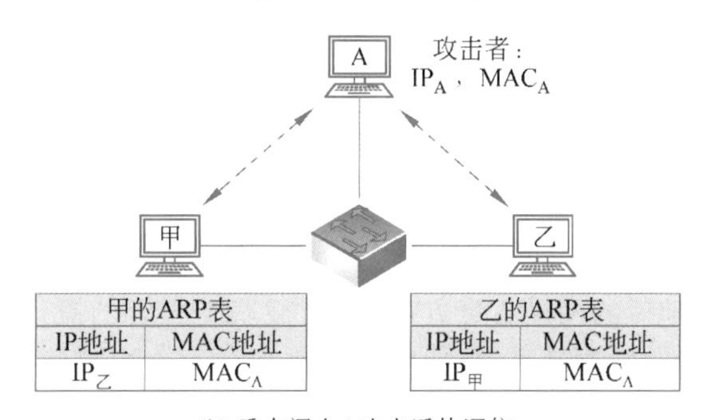

(b) 受中间人A攻击后的通信

图 9-27 利用 ARP 进行的中间人攻击

如果被中间人攻击的其中一方是网关，则这个中间人攻击者可以截获另一方和网关之间的所有通信信息，且不易被察觉。

利用 TCP 连接也可以实施中间人攻击，只是要困难得多，通常要存在一条 TCP 连接，且窥探到其中的端口号，还需要截获序列号等信息，攻击者可以插入这条连接中，注入自己的数据，或者仅仅截获数据，并重新投放，这种攻击也称为 **TCP 连接劫持**。RFC 5961(2010 年)优化了连接处理过程，试图减少 TCP 劫持。

攻击者也能够利用 TCP 连接建立过程发起破坏攻击。比如，攻击者拟攻击一台服务器，它很容易获得服务器的 IP 地址和端口号，然后向其发送大量的 SYN 连接请求，请求消息中的源地址通常是伪造的，致使服务器接收 SYN(第一次握手信息)，回发 SYN(第二次握手信息)。并等待最后的确认(第三次握手信息)，但它总是等不到，**SYN 泛洪**最终导致服务器资源耗尽，而真正的 SYN 请求几乎得不到相应的服务，所以，称为**拒绝服务攻击**。如果攻击者控制了一个僵尸网络，从不同的主机向服务器泛洪 SYN，由此导致的拒绝服务，称为分布式拒绝服务(Distributed Denial of Service，**DDoS**)。

对抗 SYN 泛洪带来的威胁，有很多方法，可以使用包过滤防火墙，可以丢弃半开连接，还有一种很多系统支持的方法，称为 **SYN Cookie**，它允许受保护的系统仅发送第二次握手信息，但不记录，直到第三次握手信息到来，它采用算法恢复对方的初始序列号，所以，不会影响正常的TCP连接建立。

传输层的UDP比TCP简单很多，利用UDP发起DDoS攻击相对容易，且可以制造反射攻击和放大攻击，扩大攻击效果，所以，攻击者利用UDP可发起大规模DDoS攻击。举个例子，攻击者伪造源IP地址向多台服务器发出基于UDP的请求，服务器向伪造的源地址发送UDP回复，伪造的源IP地址所在的主机会收到大量的UDP回复，可能导致崩溃。这种攻击，攻击者并不直接向受害者发送UDP信息，而是通过向多台服务器发送正常的UDP请求，利用服务器的回复攻击受害者，这种攻击称为反射攻击(reflection attack)，如图9-28所示。很多服务器会为小的请求发送大的回复，比如DNS请求，引发50多倍的回复信息，这种情况，攻击被放大；历史上曾发生过的DDoS攻击流量，高达太比特每秒。

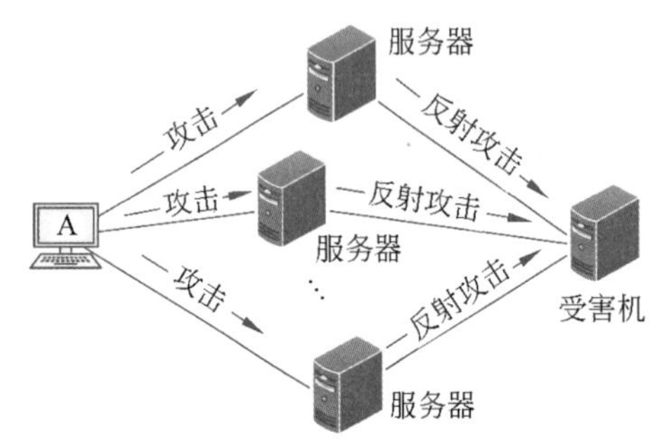

图9-28　利用UDP的反射、放大攻击

图9-28中的"攻击"只是A伪装成受害机发起的UDP请求消息，于是，服务器向受害机发送比请求大的响应，形成放大了的反射攻击。

网络安全威胁可能发生在参考模型的每层，在应用层上，也存在很多安全威胁。比如DNS提供域名解析服务，攻击者可以通过捕获受害者的DNS请求，伪造DNS应答信息，引导受害者随后的网络流量方向，从而截获受害者的流量。如果攻击者捕获本地域名服务器的递归查询请求，伪造应答回复，将导致本地域名服务器的下一步解析流量前往伪造的服务器，攻击者可以返回错误的信息，仅仅搞个破坏，或者引导并截获流量，不管是哪种情形，受害者都将不止一个，而是很多个。针对Web、电子邮件的网络安全威胁也有很多，这里不再赘述。

不同的网络安全威胁需要不同的应对方法，但网络安全威胁总是以破坏网络安全的某个或某几个基本属性为目标的，接下来将探讨密码学基础及其用于网络安全的基本技术框架或技术手段，它们的目标是维护网络安全的基本属性不被破坏。

9.3.2　密码学基础

密码学是关于密码设计和破解的科学，历史悠久，被军事人员、外交人员、间谍等广为使用，将密码学用于网络的安全，是自然而然的事情。用于计算机网络的通用加密模型如图9-29所示，其中，P代表明文，C表示加密后的密文。

图9-29　用于计算机网络的通用加密模型

使用加密方法和加密密钥对明文进行运算，可以得到密文：$C=E_K(P)$。

使用解密方法和解密密钥对密文进行运算，可以得到明文：$P=D_K(C)$。

上述两个公式中的下标K表示运算时需要的密钥，也许把它表示为参数更加合适。如果加密密钥和解密密钥相同，就属于**对称密钥体系**，如果不相同，属于公开密钥体系。

加密的方法也就是加密的算法，通常是公开的，常用的有两类：**置换密码**(substitution cipher)和**转置密码**(transposition cipher)。

最关键的是密钥，一般是一串字符，密码设计者总是设计足够长的密钥，让攻击者通过穷尽搜索很难找到正确的密钥，也就让攻击者不能破解，无法解密。当然，越长的密钥通常需要消耗更多的计算资源，所以，并不是越长越好，往往需要做权衡。

攻击者获取密文，试图破解，根据攻击者掌握的信息，可以分为三种情形。

(1) **唯密文**(ciphertext only)：攻击者只截获了密文，对里面搭载的内容一无所知。攻击者可能伴随流量分析，或其他一些统计信息进行破解尝试。

(2) **已知明文**(known plaintext)：攻击者如果截获了密文，并且知晓密文中搭载的真正内容包含了一些已知信息，从而发现了部分的(明文，密文)对。

(3) **选择明文**(chosen plaintext)：攻击者让源发送某些明文，截获密文，可能破解加密方案，但是随着加密方案越来越复杂，通过选择明文攻击越来越难。

加/解密方法不需要保密，也不需要经常更换；但密钥需要经常更换，这样做的目的，是保证密文不被破解，保证网络的安全。1949 年，香农论证了经典加密方法加密的密文几乎都是可破的，给密码学带来了严重的危机；随着计算机技术的进步，密码学进入了崭新的发展时期。

1. 对称密钥体系

图 9-29 中的加密密钥和解密密钥相同，是一个对称密钥(symmetric-key)体系，常使用**块密码**(block cipher)或**流密码**(stream cipher)实现。

块密码算法接收 n 位明文输入，运算后输出 n 位密文。图 9-30 是一个 $n=3$ 的**乘积密码**(product cipher)算法的示例，输入有 $2^3=8$ 种可能，这 8 种可能的输入可以排列成 $8!=40\ 320$ 种不同的形式，每种输入方式都映射为一组输出，收、发双方共同知晓这种映射，就可以进行加密和解密了。对于人类攻击者来说，要去猜测 4 万多种可能，非常困难，但是，对于一台飞快运转的计算机，一个一个尝试，进行暴力猜测，很快就可以猜到答案。所以，实际可用的密钥会将 n 取得很大，让暴力破解成为不可能完成的事情。图 9-30 中的乘积密码加密算法，仅通过简单的排列、转置操作和操作的组合，很容易硬件化，速度极快。

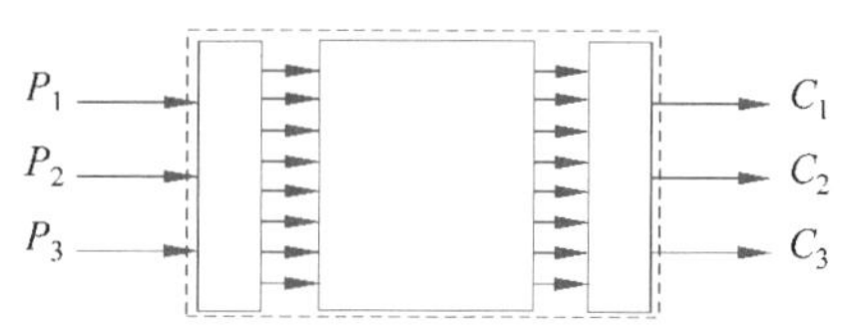

图 9-30 $n=3$ 的乘积密码加密算法示意

数据加密标准(Data Encryption Standard,**DES**)源于 IBM 开发的乘积密码(类似图 9-30 所示)，于 1977 年被美国政府采纳成为标准，工业界广泛将其用于各种安全产品中。

DES 最初的版本，密钥设为 56 位。明文被切分成 56 位的块，最后一块如果不足 56 位，用 0 补齐，再附加 8 位奇偶校验位，构成 64 位的明文块，每个块进行 16 轮循环的加密算法，形成 64 位密文块，再将所有的密文块按照一定的模式拼接在一起，形成最后的密文。DES 算法也称为**分组密码**或**块密码**。

计算机技术的进步，让攻击者可以暴力破解 56 位的早期版本 DES 密文。1998

年，美国国家标准协会发布 ANS X9.52 标准，定义了三重数据加密算法（Triple Data Encryption Algorithm，TDEA），相当于对数据块进行 3 次 DES 算法运算，基于此，ISO 和 IEC 于 2005 年联合颁布 ISO/IEC 18033-3，其中的 4.1 条款中，定义 TDEA 为 64 位块密码，使用密钥长度为 128 位或 192 位，也可以使用 112 位或 168 位的密钥，此规范常被称为 3DES（Triple DES）；3DES 是 DES 的组合运算，其密钥由 3 个独立的密钥构成，如图 9-31 所示，$K1$、$K2$ 和 $K3$ 是 3 个不同的密钥，P 和 C 分别代表明文块和密文块，但密钥长度相同。3DES 的加密和解密变换表示如下：

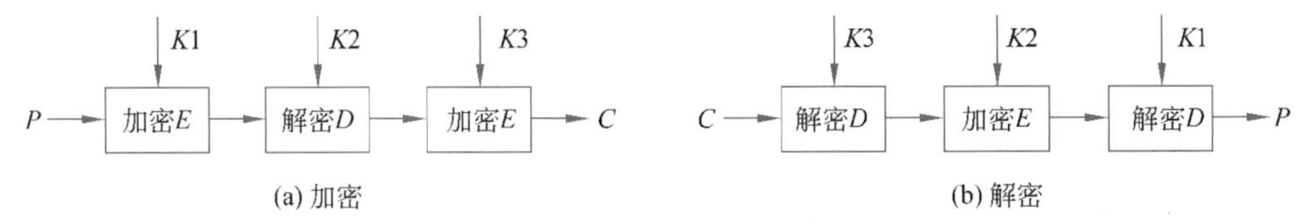

图 9-31　3DES 加密和解密

加密：$C=E_{K3}(D_{K2}(E_{K1}(P)))$。

解密：$P=D_{K1}(E_{K2}(D_{K3}(C)))$。

3DES 旨在兼容 DES 的情况下，通过增加密钥长度和多次 DES 运算，增强安全性能。ISO/IEC 18033-3 定义了钥匙包（$K1$、$K2$ 和 $K3$）的 2 种可能选项。

（1）密钥选项 1：3 个密钥 $K1$、$K2$ 和 $K3$ 各不相同。

（2）密钥选项 2：$K1$ 和 $K2$ 不相同，但 $K1=K3$。

如果 3 个密钥相同（$K1=K2=K3$），其效果等同于单一 DES 运算，ISO/IEC 18033-3 不建议这样设置密钥，它建议采用选项 2，可以获得额外的安全性，同时性能不至于降级。

3DES 的主要缺点是运算速度较慢（约 3 倍于 DES 的计算开销），而 DES 的主要缺点是安全性不够高，1997 年，美国国家标准与技术研究院（National Institute of Standards and Technology，NIST）向全世界公开征集高级加密标准（Advanced Encryption Standard，**AES**）算法，并成立了 AES 工作组，2000 年，比利时密码学家 Joan Daemen 和 Vincent Rijmen 设计的 **Rijndael** 算法被选中，并作为 **AES** 标准算法，于 2002 年推出。

Rijndael 仍然是一种块密码，与 DES 类似，仍然采用多轮排列和置换操作，块的大小通常是 128 位，而密钥的长度可以是 128 位、192 位、256 位；其安全性可在伽罗瓦理论域进行证明；算法不仅具有极高的安全性，也能达到极快的速度。

AES 是目前应用广泛的加/解密方案。

2. 公开密钥体系

如果图 9-29 中的加密密钥和解密密钥不相同，则是一个非对称密钥体系，常称为公开密钥（public key）体系。

1976 年，斯坦福大学的 Diffie 和 Hellman 提出了一种全新的密码体系，加密密钥和解密密钥不同。用户拥有一对密钥，其中一个密钥是公开的，被称为公钥；另一个密钥只有用户自己知道，称为私钥（private key），使用公钥加密的密文，只有私钥才可以对其解密。加密和解密需要满足三个要求。

(1) $D_{K私}(E_{K公}(P))=P$,其中的 P 表示明文。

(2) 从公钥和密文推导出私钥和明文几乎不可能。

(3) 不可能被选择性明文破解。

图 9-32 显示了利用公钥体系进行机密通信的思想,每个用户有一个(公钥,私钥)对,小红通过公开的渠道获得小明的公钥,采用公钥将明文加密成密文,攻击者可以截获密文,也可以获得小明的公钥,但无法解密,只有拥有私钥的小明可以解密密文获得明文。

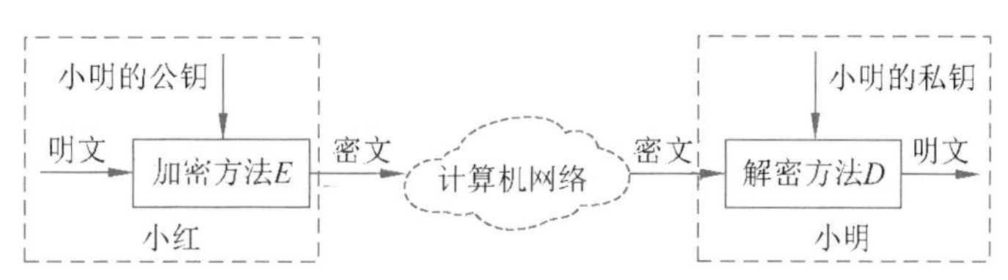

图 9-32 使用 Diffie 和 Hellman 提出的公钥体系进行通信

满足公钥体系三个要求的最常用公钥算法是 **RSA**。RSA 算法得名于美国麻省理工学院(MIT)的三位青年数学家(**R**ivest、**S**hamir 和 **A**dleman)姓氏的首字母,1977 年,Ron **R**ivest、Adi **S**hamir 和 Leonard **A**dleman 发明了 RSA 算法,他们因此而获得 2002 年的图灵奖。RSA 算法基于"大数分解"数论难题,但反过来,两数相乘极其容易。密钥产生过程如下。

(1) 选择两个大素数:p 和 q。

(2) 计算两个素数的乘积:$n=p\times q$,n 被称为模。

(3) 计算欧拉函数值①:$\varphi(n)=(p-1)\times(q-1)$。

(4) 随机选择正整数 e,满足条件:e 和 $\varphi(n)$ 互质,且 $1<e<\varphi(n)$。

(5) 计算满足条件的 d:$(e\times d) \bmod \varphi(n)=1$。

由此产生了密钥对(公钥,私钥),为(e,d)。加密时,明文被分成若干块,每个明文块 P 对应的十进制数(对应的二进制位为 k 位,则 $2^k=P$)满足 $0<P<n$,每个块的位数相同,不足位数补齐。加密和解密算法如下:

加密:$C=P^e \bmod n$

解密:$P=C^d \bmod n$

上述加密算法用到了 e 和 n,解密算法用到了 d 和 n,所以,常称(e,n)为公钥对,(d,n)为私钥对,加密算法和解密算法共用模 n;上述加密和解密算法都用到了乘方运算,计算开销巨大。

下面用一个简单的例子说明密钥产生的过程。

【例 9-4】 一个 RSA 公钥体系中,选用了两个素数 $p=7$,$q=17$,选择公钥 $e=5$,则对应的私钥 d 是多少?

【解】 $n=7\times17=119$,则欧拉函数值为 $\varphi(n)=(7-1)\times(17-1)=96$,按照 RSA 生成规则,公钥 e 从满足条件 e 和 $\varphi(n)$ 互质,且 $1<e<\varphi(n)$ 的正整数中选取,e 与 96 互质且大于 1 而小于 96,满足条件,可以选为公钥,即 $e=5$。接下来,计算对应

① 欧拉函数 $\varphi(n)$ 是指:对于正整数 n,小于或等于 n 的正整数中与 n 互质的数的数目。比如 $\varphi(1)=1$,表示小于或等于 1 且与 1 互质的数只有一个,就是 1。$\varphi(8)=4$,表示小于或等于 8 且与 8 互质的数有 4 个,分别是 1、3、5 和 7。

的私钥，满足条件$(e \times d) \bmod \varphi(n)=1$的$d=77$。所以，公钥对和私钥对分别为(5,119)和(77,119)。

在RSA公钥体系中，公钥对(e,n)已知，要从中获得私钥，可对上述第(5)条进行变换得到$d=e^{-1} \bmod \varphi(n)$，只要能对$n$进行因子分解，即可获得私钥，但到目前为止，“大数分解”仍然是一个数论难题，如果采用暴力破解，n值很大的情况下，需要非常长的时间，三位发明者设计了一个129位的十进制数R129，按照当时的算力，需要近百万年的时间才可分解；10多年之后，全球600多个研究者通过互联网协同对R129发起攻击(分解)，花费了9个多月的时间成功分解了R129。这一方面说明RSA的安全性，另一方面也说明RSA并不具备绝对的安全性。但可以通过增加两个素数的位数提高安全性，1999年，美国、荷兰和英国的一些研究人员花费了1个月的时间破解了RSA-140，随着算力的提升以及联网运算技术的进步，人们对RSA的安全性感到担忧，为了确保较高的安全性，在目前的技术背景下，n的取值需要达到1024位，最好可以取到2048位。

【例9-5】 一个RSA公钥体系的用户小红从另一个用户小明的网页获得了小明的公钥(5,119)，现在，小红要向小明发送一个密码“SCUT”，则小红加密后发出的密文是什么？小明的私钥对是(77,119)，小明解密后的明文是什么？“SCUT”用ASCII字母表示为十进制数为83 67 85 84。

【解】 将明文分块，每个块小于n，即小于119，刚好分成4块，小红采用小名的公钥对(5,119)对每个块运行加密算法得4个密文：

$$C1=P^{e} \bmod n=83^{5} \bmod 119=104$$
$$C2=P^{e} \bmod n=67^{5} \bmod 119=16$$
$$C3=P^{e} \bmod n=85^{5} \bmod 119=85$$
$$C4=P^{e} \bmod n=84^{5} \bmod 119=84$$

小明收到4个密文，对密文用自己的私钥对(77,119)解密如下：

$$P1=C^{d} \bmod n=104^{77} \bmod 119=83$$
$$P2=C^{d} \bmod n=16^{77} \bmod 119=67$$
$$P3=C^{d} \bmod n=85^{77} \bmod 119=85$$
$$P4=C^{d} \bmod n=84^{77} \bmod 119=84$$

小明查找ASCII表，找出解密出来的明文对应的字母是SCUT，正是小红发送的密码。

当n的位数足够多时，RSA就足够安全；但加密算法和解密算法都涉及模幂运算，开销极大，处理速度慢，所以，RSA只适用于少量数据的加解密。在一些实际系统中，使用对称密钥加解密主体信息，而仅用RSA加解密对称密钥体系所需要的密钥。

除了常用的RSA之外，公钥体系还有一些其他的算法，比如**数字签名算法**(Digital Signature Algorithm，**DSA**)，它是NIST信息处理标准的一部分，常用于数字签名，算法类似RSA，安全性依赖于模幂运算和离散对数问题。**椭圆曲线密码**(Elliptic Curve Cryptography，**ECC**)是一种较新的公钥体系，于20世纪80年代提出，安全性依赖Abel群离散对数问题，安全性与RSA相当，但密钥小，计算速度快，适用于无线应用。**Diffie-Hellman**密码交换算法，也称**DH算法**或DH交换，安全性依赖计算离散对数的难度，使通信双方在不安全的信道上安全地交换数据，它的主要优势在于：仅当需要时才生成密钥且无须密码交换基础设施，但易受中间人攻击，还易受阻塞性攻击，攻击者不断请求密钥，消耗计算资源；尽管如此，传输层安全（TLS）和IPSec协议的互联网密钥交换（Internet Key Exchange，IKE）均采用了DH算法。

3. 散列函数

散列函数是现代密码学的重要组成部分之一，可用于验证消息的完整性、口令的合法性、身份的合法性验证等。

散列函数（hash function），又称为**哈希函数**、**杂凑函数**，函数的输入是任意长度的数据，输出是固定长度的值，散列函数表示如下：

$$h = H(M)$$

其中，M 表示任意长度的数据，可以是文件、消息或其他数据；h 是散列函数输出的值，称为**散列值**、**散列码**或**哈希值**。如果 M 是通信传送的消息，将其对应的散列值称为**消息摘要**（Message Digest，**MD**）。如果 M 被修改，即使很小的变化，其对应的散列值也将发生变化，所以，散列值可以作为消息的**指纹**，也称为**数字指纹**，它可以作为消息、文件或其他任意的数据块有没有被篡改过的标签，只要指纹没有发生变化，可以认为数据块没有被篡改，其完整性得到了保证。

散列函数的安全性要求如下。

（1）**输入长度可变**：H 可接受任意长度的输入数据。

（2）**输出长度固定**：散列函数生成的散列值 h 的长度固定。

（3）**计算快**：对于任意的 M，计算 $H(M)$ 的速度要非常快，可以硬件或软件实现。

（4）**单向性**：对于任意给定的散列值 h，找到能产生它的 M，是不可能的。

单向性常用于身份认证，比如，用户的口令在系统中用散列值存放，攻击者无法从散列值恢复出口令；当用户在系统中输入口令时，系统对其进行同样的散列运算，如果计算得到的散列值与预先存放的散列值相同，则认为用户是合法用户，可以通过其身份认证。

（5）**抗弱碰撞攻击**：对于任意给定的数据块 M，找到另一个数据块 N，使其满足条件 $H(N)=H(M)$，是不可能的。

抗弱碰撞攻击可用于保证消息的完整性。比如，发送方发送加密消息 M 的同时，发送对应的散列值 h，攻击者截获了 M 和 h，不可能找到另一个 N，使其产生同样的散列值 h，这样，攻击者也就无法对 M 进行任何修改，或者重新投放一个 N，接收方只要计算一下收到的 M 对应的散列值，与收到的散列值对比，如果不同，则 M 被篡改过，完整性遭到了破坏，不能接收。

（6）**抗强碰撞攻击**：找到任意的 (M,N)，使其满足条件 $H(M)=H(N)$，是不可能的。满足抗强碰撞攻击要求的散列函数 H 也一定是抗弱碰撞攻击的。

（7）**伪随机性**：散列值具有随机性，但对于同样的数据块输入，散列函数将产生确定的相同的散列值。

满足第1～5条安全性要求的散列函数称为弱散列函数，满足第1～6条安全性要求的散列函数称为强散列函数。

目前，最常使用的散列算法是MD5和SHA-1。

1）MD5算法

MD（消息摘要）是Rivest开发的系列散列函数的统称，MD5之前还有MD2、

MD3、MD4。1991年，Rivest发表的RFC 1321描述了MD5算法。MD5算法可以输入任意长度的消息，输出为固定长度128位的摘要，其主要流程如下。

第一步：填充1，在消息尾部追加"10…0"模式的位填充，如果消息位数和填充位数（二进制）分别为 L 和 T 位，则 $(L+T) \bmod 512=488$。填充位至少是1位，最多是512位。

第二步：填充2，在填充位后再加上64位，表示原消息的长度。所以，消息最长不超过 2^{64}。经过两次消息填充，扩展后消息的总长度是512位的整数倍，即 $(L+T+64) \bmod 512=0$，可将填充后的扩展消息分为 N 块，每个消息块 M_i 都是512位的块，$i=0,1,\cdots,N-1$；扩展消息如图9-33所示。

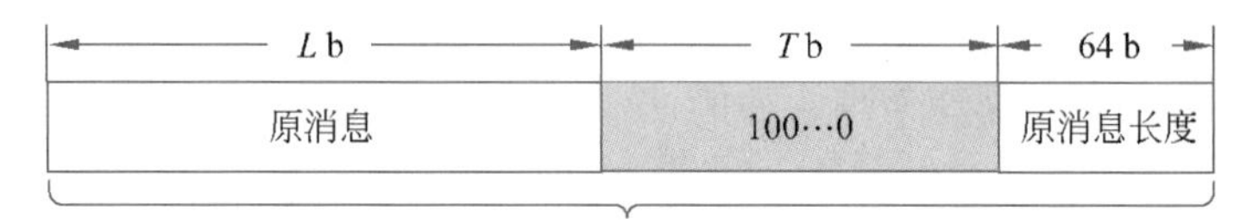

图9-33　MD5算法数据准备：两次填充后的扩展消息

第三步：初始化寄存器[①]**（字，word）**，以512位的消息块（或分组），参与循环运算。4个寄存器A、B、C和D的初始值（也称为幻数）如下：

A：01 23 45 67

B：89 ab cd ef

C：fe dc ba 98

D：76 54 32 10

第四步：算法核心，RFC 1231定义了4个辅助函数 F、G、H 和 I，如下：

$$F(X,Y,Z)=XY \vee \text{not}(X)\, Z$$

$$G(X,Y,Z)=XZ \vee Y\, \text{not}(Z)$$

$$H(X,Y,Z)=X \text{ xor } Y \text{ xor } Z$$

$$I(X,Y,Z)=Y \text{ xor } (X \vee \text{not}(Z))$$

在核心模块内，每个512位的消息块 M_i 都被分成了16个32位，每个32位消息块与4个寄存器的值参与到 F 变换、H 变换、G 变换、I 变换、加法、移位等逻辑操作构成的4轮循环，辅助函数 F、G、H 和 I 被轮流使用，共64次子循环；4个寄存器的值发生了变化，新的值被引入主循环，与下一个512位消息块一起参与下一轮运算。

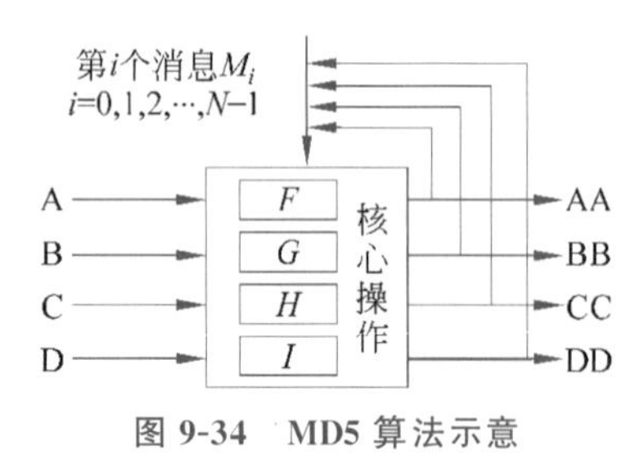

图9-34　MD5算法示意

主循环次数是512位消息块的数量，每轮主循环，投入一个新的512位消息块 M_i。

第五步：获取最后的散列值，将4个寄存器的值级联起来，形成 $4\times32=128$ 位的MD5值。原消息的每位都参与了运算，MD5值与消息的每位都有关。

MD5算法示意如图9-34所示。

① RFC 1321中，一个字（word）长32位，它就是一个寄存器，实际上就是存放初值、中间结果和最终结果的缓存。

为了让读者对散列值有个直观的理解，使用 Python 内置函数库 hashlib，直接生成了 5 个字符串对应的 MD5 值(32 位十六进制数，对应 128 位二进制位)，如下所示：

md5(“”)：d41d8cd98f00b204e9800998ecf8427e

md5(“a”)：0cc175b9c0f1b6a831c399e269772661

md5(“Hello”)：b9d9c2ac6b1db88fdf3def2cfffe1cc7

md5(“HELLO”)：eb61eead90e3b899c6bcbe27ac581660

md5(“HELL0”)：33537bb3dd394abef74aa0929bd19cb2

第四个和第五个字符串分别是“HELLO”和“HELL0”，仅仅是最后一个字符不相同，但它们对应的 MD5 散列值却已完全不同，两个散列值对应位相同的位一个都没有，在一定程度上，体现了它的随机性；但每次运行程序获得的 MD5 值是确定的，这正体现了它的伪随机性。

与 MD4 算法相比，MD5 算法修改了 G 函数的定义，减小了对称性，每轮都加入了前一步的结果，还打乱了引入消息块的顺序，目的都是加大“雪崩效应”，让结果更加“随机”。

MD5 推出后的 10 多年来，都是安全的，无人能破解。2004 年举行的国际密码学会议(Crypto’2004)上，中国山东大学的王小云教授报告了包括 MD5 算法在内的破译报告。尽管如此，在一些安全性要求不是特别高的场景，MD5 仍然不失为一种可用的散列函数算法。

2）SHA-1 算法

安全散列算法(Secure Hash Algorithm，SHA)由 NIST 和美国国家安全局(National Security Agency，NSA)提出，包括 SHA-1 和 SHA-2，其中的 SHA-2 包括 SHA-224、SHA-256、SHA-384、SHA-512 共 4 个。1995 年，NIST 和 NSA 发布标准推出正式的联邦信息处理标准(Federal Information Processing Standard，FIPS) FIPS PUB 180-1，对应著名的 SHA-1。这 5 个 SHA 算法的主要参数如表 9-9 所示。

表 9-9　5 个 SHA 算法的主要参数

参　数	SHA-1	SHA-2			
		SHA-224	SHA-256	SHA-384	SHA-512
散列值长度	160	224	256	384	512
原消息长度	$<2^{64}$	$<2^{64}$	$<2^{64}$	$<2^{128}$	$<2^{128}$
消息块长度	512	512	512	1024	1024
寄存器(字)长度	32	32	32	64	64
子循环次数	80	64	64	80	80

SHA-224 是 SHA-256 的截短版，最后的结果只取前 7 个寄存器(字)的值级联，即 $7\times32=224$。SHA-384 是 SHA-512 的截短版，最后的结果只取前 6 个寄存器(字)的值级联 $6\times64=384$。SHA256 和 SH512 所用的寄存器(字)的格式都为 8 个，但长度不同，前者的字长度是 32 位，后者的字长度是 64 位。

使用最为广泛的是 SHA-1，其构建在 MD4 算法上，输入任意长度的消息，产生 160 位的散列值；它曾经可以抵御有充足计算资源的攻击者，但是，2005 年，有多位研究人员宣布了攻破其防碰撞攻击性，其安全性受到严重质疑。目前，微软、谷歌等多家公司已经宣布停止支持 SHA-1 算法的证书，美国政府宣布 2030 年后停止使用 SHA-1 算法。所以，未来，SHA-2 将逐渐登场，且为了安全，散列值的位数会越来越大。

SHA-512 算法过程类似 SHA-1，输入任意长度的消息，产生固定长度为 512 位的摘要，下面简要介绍 SHA-512 算法的大概流程。

第一步：填充 1，在消息尾部追加“10…0”模式的填充，如果消息位数和填充位数(二进制)分别为 L 位和 T 位，则 $(L+T) \bmod 1024=896$。

第二步：填充 2，在填充位后再加上 128 位，用以表示原消息的长度。所以，消息最长不超过 2^{128}。经过两次消息填充，扩展后消息的总长度是 1024 位的整数倍，即 $(L+T+128) \bmod 1024=0$，可将填充后的扩展消息分为 N 块(分组)，每个消息块 M_i 都是 1024 位的块，$i=0,1,\cdots,N-1$；扩展消息如图 9-35 所示。

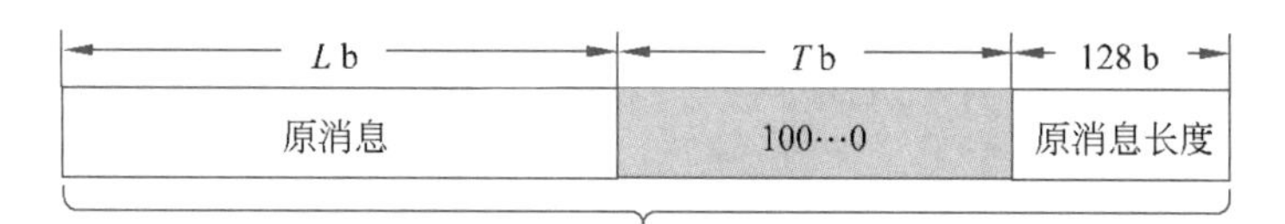

图 9-35 SHA-512 算法数据准备：原消息扩展后的消息

第三步：初始化缓冲区，每个缓冲区都由 8 个 64 位的寄存器(字)构成，这些寄存器的初始值分别如下：

$H=$6a09e667f3bcc908　　$H1=$bb67ae8584caa73b
$H2=$3c6ef372fe94f82b　　$H3=$a54ff53a5f1d36f1
$H4=$510e527fade682d1　　$H5=$9b05688c2b3e6c1f
$H6=$1f83d9abfb41bd6b　　$H7=$5be0cd19137e2179

第四步：核心算法，以 1024 位的消息块 M_i 进行处理。每个消息块分成 16 个 64 位更小的块，一起进行 80 轮的运算，如果用 j 表示轮数，$j=0,1,2,\cdots,79$。第 j 轮运算，首先输入 8 个寄存器的值，使用一个 64 位的值 W_j，W_j 由 64 位的小消息块导入，导入时使用了一个常数 K_j①，以消除输入消息中的统计规律。消息块和寄存器中的值经过多次按位逻辑运算，使 8 个寄存器的值具备了伪随机性。每个 1024 位的消息块都如此处理，直到 N 个消息块处理完成；还定义了一些辅助函数进行扰乱运算。整个算法较复杂，有兴趣看到更多实现细节的读者可自行参考标准 FIPS PUB 180-2(2002 年)。

第五步：获取最后的散列值，将 8 个寄存器的值和对应的中间寄存器的值进行模 2^{64} 加法，形成 $8\times 64=512$ 位的 SHA-512 值。原消息的每位都参与了运算，SHA-512 散列值与消息的每位都有关。

为了让读者更直观地了解 SHA-512 散列值，使用 Python 内置库 hashlib 计算 5 个字符串的 SHA-512 散列值，每个散列值是 128 位的十六进制数，即 512 位二进制数，如下所示：

SHA-512(“”)：cf83e1357eefb8bdf1542850d66d8007d620e4050b5715dc83f4a921d36ce9ce47d0d13c5d85f2b0ff8318d2877eec2f63b931bd47417a81a538327af927da3e。

---

① K_j 是常数，共 80 个不同的常数值；分别对 2,3,5,7,…,401,409 等前 80 个素数取平方根，再取小数部分的前 64 位，作为 K_j。其中的 $j=0,1,2,\cdots,79$。

SHA-512(“a”)：1f40fc92da241694750979ee6cf582f2d5d7d28e18335de05abc54d0560e0f5302860c652bf08d560252aa5e74210546f369fbbbce8c12cfc7957b2652fe9a75。

SHA-512(“Hello”)：3615f80c9d293ed7402687f94b22d58e529b8cc7916f8fac7fddf7fbd5af4cf777d3d795a7a00a16bf7e7f3fb9561ee9baae480da9fe7a18769e71886b03f315。

SHA-512(“HELLO”)：33df2dcc31d35e7bc2568bebf5d73a1e43a0e624b651ba5ef3157bbfb728446674a231b8b6e97fa1e570c3b1de6d6c677541b262ac22afda5878fa2b591c7f08。

SHA-512(“HELL0”)：5e16fe5690c94887d9362679a1e1d3162334d0880622e49d56ea9e40d11ea1534801870fe1b0ca15c8242337758fc1185f34b7f599c78df8c1e9eaeeea02ccc5。

第四个和第五个字符串分别是“HELLO”和“HELL0”，仅仅是最后一个字符不相同，但它们对应的512位散列值却几乎完全不同，两个散列值对应位相同的位数仅有7个(7/512＝1.37％)，在一定程度上，体现了它的随机性；但每次运行程序获得的SHA-512散列值是确定的，这正体现了它的伪随机性。

目前，尚未有SHA-2被攻破的报告，但随着计算技术的进步，SHA-2的安全性还有待时间的考验。NIST已经于2007开始公开征集SHA-3，2012年公布了优胜算法Keccak，这是一种不同于SHA-2的算法，是基于海绵结构的算法，于2015年被NIST标准化为FIPS 202。

2010年，我国国家密码管理局发布密码散列函数标准：SM3密码杂凑算法(GM/T 0004—2012)，其安全性和效率相当于SHA-256。

9.3.3 密钥管理和数字证书

一些军事、保密机构所用的算法和密钥都是机密的，外人无从知晓；而普通用户使用的加密算法通常都是公开的，那么要保证信息的安全性，关键要保证密钥的绝对安全。

1. 对称密钥系统中的密钥管理

在对称密钥系统中，通信双方使用的密钥相同，称为共用密钥、共享密钥。

要保证密钥的安全，可以采用物理送达的方式，一方生成密钥，再通过物理的手段安全送达另外一方，这种方式不适合“一次一密”的安全场景；当需要密钥的用户较多时，物理送达要付出很大的代价；双方也可以约定一种共同生成密钥的方式，但是，一旦生成密钥的方式泄露，安全性就完全失效。

一种比较好的方法是，有一个权威机构，可以为用户提供密钥的生成和分发服务，这个权威机构就是**密钥分发中心**(Key Distribution Center，KDC)。

比如一个用户A想和用户B进行秘密通信，它向KDC说明这个意愿，请求分发一个密钥给它和B共享。KDC生成一个A、B共用的密钥K_{AB}。A和B都是KDC的合法用户，分别拥有身份标识ID_A和ID_B，且A和B分别与KDC享有它们各自的共享密钥K_A和K_B。KDC为A和B生成和分发共享主密钥K_{AB}的过程(图9-36中有阴影的报文是密文)如下。

(1) 请求共享密钥：A向KDC发送明文请求消息，说明拟与B进行通信，请求为即将进行的A、B通信分配一个共享密钥；前提是A需要知道B在KDC的身份信息。

(2) 回发密文：KDC收到A的请求消息后，生成密钥K_{AB}，连同一张用K_B加密的票据Tic，用与A共享的密钥K_A加密形成密文应答，发回给A。

使用 A 和 KDC 共享的密钥 K_A 加密的应答消息表示为 $C_R=E_{K_A}(K_{AB},\text{Tic})$，其中 Tic 是加密票据(ticket)，主要使用 B 和 KDC 共享的密钥 K_B 对 A 的身份标识、B 的身份标识和共享密钥 K_{AB} 进行加密而成，表示为：$\text{Tic}=E_{K_B}(K_{AB},\text{ID}_A,\text{ID}_B)$。

因为这张票据是 K_B 加密而成，A 并不能知道票据的具体内容。

(3) A 获得共享密钥并发送票据：A 用 K_A 解密 KDC 发来的密文应答，从中提取出 K_{AB}，同时还提取出一张 K_B 加密的票据 Tic，但 A 无法解密这张票据，它只是原封不动地将加密票据 Tic 转发给 B。

(4) B 获得共享密钥：B 收到加密票据 Tic，使用自己和 KDC 的共享密钥 K_B 解密，从解出的明文中，获知 A 将要和自己通信，同时获得将发生的通信所使用的共享密钥 K_{AB}。

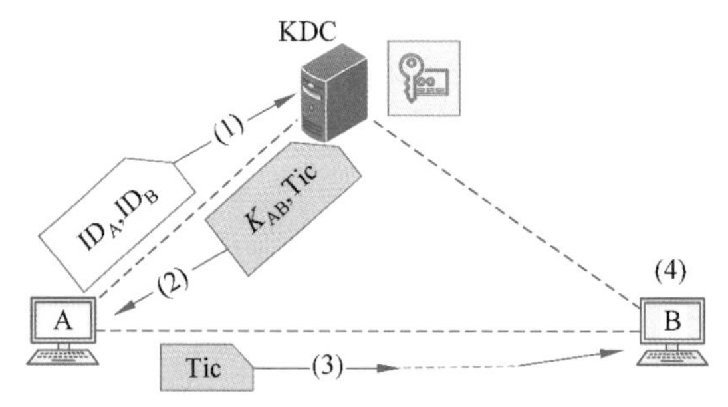

图 9-36 KDC 为通信用户生成并分发共享密钥的过程

经过上述 4 步之后，双方获得了一个共同的密钥，使用此密钥进行后续的通信，一般使用之后，密钥即失效；下次 A 和 B 如需再次通信，还要重新获取新的密码，一次一密，更加安全。

如此获取的密钥，具有机密性、完整性、真实性和可用性。上述密钥产生和分发的过程仅仅是一个很粗的流程，真实的分发系统也许有多台物理服务器，过程会更复杂些；且仅适用于共享密钥的对称加密体系。

2. 公钥密码系统的数字证书

公钥密码系统中的密钥管理有很大不同，因为有两个不同的密钥，安全要求有所不同。其中的公钥只需要保证完整性和真实性，并不需要机密性；而私钥不仅要求完整性和真实性，还要求机密性。

因为公钥是公开的，攻击者容易伪造公钥，并谎称是某个用户的公钥，从而诱使被攻击者与其通信；之所以对方会相信，是因为无从判定用户与公钥之间的隶属关系是否真实。为此，在公钥密码系统中，采用将公钥和公钥所有人信息绑定的方法，由此产生了**数字证书**(Digital Certificate，**DC**)，数字证书出具了一个用户及其拥有的公钥等信息。

数字证书必须绝对真实，数字证书拥有者与证书中的公钥的隶属关系是真实的；为防止证书被篡改，证书中携带了数字签名，以保证证书的真实性和完整性；发放数字证书的机构必须是权威部门或可信机构，称为**数字证书认证中心**(Certificate Authority，**CA**)。

数字证书被认为是“网络身份证”，为了提供数字证书的申请、发放、查询和撤销等服务，需要一套特别的软硬件系统，这就是**公钥基础设施**(Public Key Infrastructure，

PKI)。通常,一个 PKI 系统包括注册中心(Registration Authority,RA)、认证中心(CA)、证书发布系统等部分。

常用的证书标准是 ITU-T 制定的 **X.509** 标准(同时也是 ISO/IEC 9594-8),它是 X.500 目录服务标准的一部分,是一种通用的证书格式,有三个版本。1999 年,IETF 发布了建议标准 RFC 2459,将 X.509 v3 证书和 X.509 v2 证书撤销列表(Certificate Revocation List,CRL)用于互联网中,并详细描述了为适应互联网之用增加的信息,比如互联网相关的证书扩展、CRL 扩展等。RFC 3280(2002 年)、RFC 5280(2008 年)进行了两次修订,X.509 v3 成为了通用的证书格式。

X.509 证书的结构采用 ANS.1 语法描述(RFC 5280,2008 年),证书由三大部分构成,tbsCertificate、**签名算法**(signature algorithm)和**签名值**(signature value)。

为了便于读者直观理解,将证书的主要部分(tbsCertificate)表示为图 9-37,X.509 v3 是在 v2 版本的基础上增加了扩展性构成,而 X.509 v2 是在 v1 版本的基础上增加了两个字段构成。下面逐个字段介绍 X.509 v3 证书的主要部分(tbsCertificate)的构成。

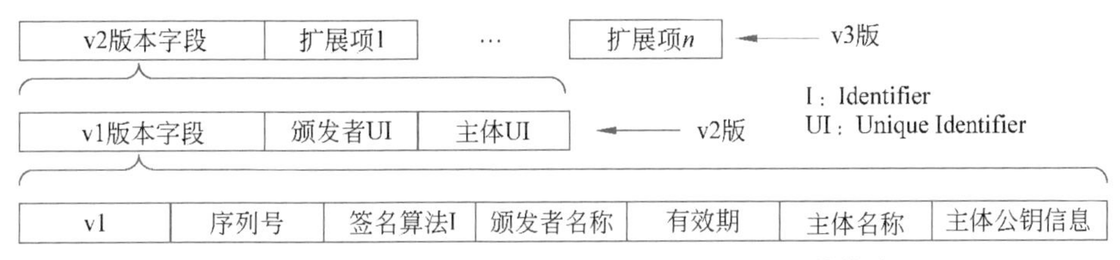

图 9-37 X.509 v3 证书主要部分(tbsCertificate)的构成

版本号:表示 X.509 证书的版本号,目前只有 0、1、2 三个值,代表 3 个版本,常用的是 v3 版本。

序列号(serial number):证书的编号,也是证书的唯一标识符,当证书撤销时,放入撤销列表的就是这个序列号。

签名算法标识符(signature algorithm identifier):用以指明 CA 签发证书时所使用的公钥算法和签名算法。比如,这个字段的值可能是 RSA 和 SHA-256(参考 9.3.2 节)。

颁发者名称(issuer name):表示签发证书的 CA 的名称,包括国家、省、机构、通用名等信息。

有效期(validity):该证书的有效期限。使用证书时,都应该查看这个值,核查是否在有效期内。

主体名称(subject name):用于标识与存储在主体公钥字段中的公钥关联的实体,是证书的持有者。主体可以是 CA,如果是 CA,其他相关的字段必须与此一致。

主体公钥信息(subject public key info):主要包括证书拥有者的公开密钥的值,还有公开密钥所用的算法标识,比如 RSA、DSA 或 Diffie-Hellman,最常用的是 RSA(参考 9.3.2 节)。

颁发者唯一标识(issuer unique identifier):唯一地标识证书颁发者,是一个可选字段,实际应用中很少使用。

主体唯一标识(subject unique identifier):唯一地标识了证书的持有者,即主体,是一个可选字段。

扩展项(extension)：可选字段，每个扩展项包括三部分：扩展类型(extnID)、是否关键、该扩展项的值(extnValue)，如图 9-38 所示。

RFC 5280 定义了 15 种标准扩展项(standard extensions)，还有 2 种私有互联网扩展项(private internet extensions)，这 2 种扩展项用于互联网 PKI 中，将应用程序指向有关颁发者(issuer)或主体(subject)的在线信息。每个扩展项包含一系列访问方法和访问位置。图 9-38 是扩展项的 ANS.1 通用定义。

```
Extension  ::=  SEQUENCE  {
        extnID       OBJECT IDENTIFIER,
        critical     BOOLEAN DEFAULT FALSE,
        extnValue    OCTET STRING
                    -- contains the DER encoding of an ASN.1  value
                    -- corresponding to the extension type identified
```

图 9-38　扩展项的 ANS.1 通用定义(摘自 RFC 5280)

CA 签发的证书最后一部分是附在最后的签名值：包含根据 ASN.1 唯一编码规则(Distinguished Encoding Rules，DER)编码的 tbsCertificate 计算出的数字签名，即使用 DER 编码的 tbsCertificate 作为签名函数的输入得出的结果值，被编码为 BITstring 并放入签名值字段中。

通过生成此签名，CA 可以证明 tbsCertificate 字段中信息的有效性，尤其是，CA 对公钥材料与证书主体之间的绑定进行了认证。

可以在浏览器中查看安装在设备上的数字证书[①]，图 9-39 是在微软 Edge 浏览器中查看的一个典型数字证书的截图。图 9-39(a)是这个证书的常规信息截图，显示了证书的目的、颁发者(CA)、主体、有效期。图 9-39(b)是同一个证书的详细信息截图，显示了上面讲到的版本、序列号、签名算法、颁发者(CA)、主体、公钥等信息，下拉滚动

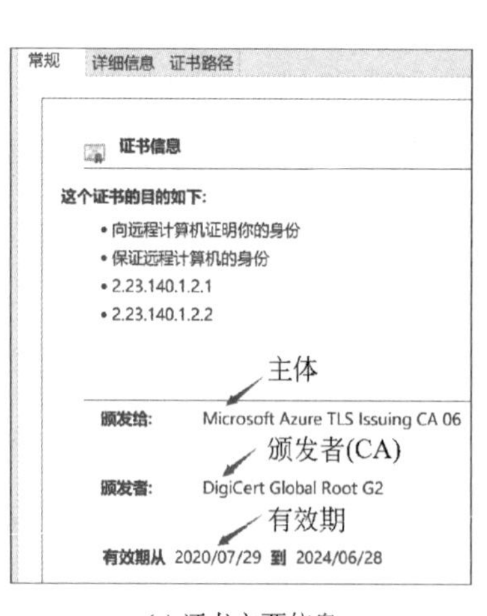

(a) 证书主要信息

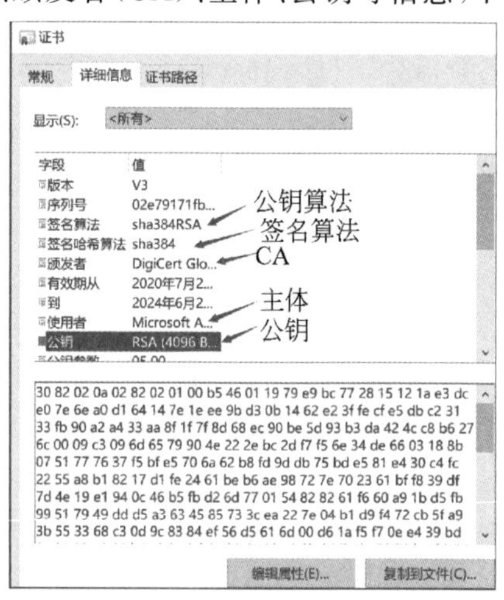

(b) 证书内容

图 9-39　一个典型 X.509 数字证书的截图

① 在 Edge 浏览器中，通过选择菜单，更多工具→Internet 选项→内容，从弹窗中选中“证书”。不同的浏览器进入证书查看的方式不同。

条还可以看到更多证书字段，比如 9 个扩展项，其中 2 个是关键扩展项，说明了密钥的使用方法和基本约束。图 9-39(b)中高亮的公钥，是 RSA 算法产生的 4096 位公钥，点开后，可以看到这个非常长的公钥十六进制数值。

CA 是数字证书受信任的起点，在互联网使用数字证书的用户众多，单有一个签发机构远远不够，全球有很多的 CA，构建了类似域名系统那样的 CA 层次树状模型，这是一个信任模型，CA 本身也有自己的数字证书。CA 通过离线或在线两种方式签发证书。

在实际应用中，数字证书首先要得到认证才能使用。过期的证书需要撤销，也有一些证书违规需要冻结或撤销。撤销证书可以使用实时查询和定期公布 CRL 两种方式，前者具有实时性，但运行成本较大；后者适用于离线操作。

总而言之，公钥通过数字证书得到验证和分发，从而应用到各种场合，比如 TLS、SSL 和 IPsec。数字证书在银行、电子商务等领域广泛使用，我们常用的银行 U 盾或优盾(usb key)是一种常见的证书载体。

9.3.4 报文认证和身份认证

通信双方的通信安全需求主要包括：传送的报文内容是完整的，未经篡改的，也是真实的，不是过时的重放信息；收发双方的身份是真实的，前者需要进行报文认证，后者需要进行身份认证。

1. 报文认证

报文认证(message authentication)也称为报文鉴别、消息鉴别等。报文认证是对报文的内容进行认证或鉴别，保证它的完整性、真实性及顺序等属性。下面介绍用加密的方法和报文认证码的方法进行报文认证。

1）加密的方法

用密钥对报文进行加密传送，可以有效地保证报文的安全属性。比如 A 和 B 通信，使用对称密钥进行加解密，双方共享密钥 K_{AB}，A 发送报文用 K_{AB}加密 M 的密文给 B，B 收到密文后，用 K_{AB}解密获得原始报文 M。这种加解密方式很简洁，潜在的隐患在于：接收方解密出的报文是否是正确的原始报文呢？如果报文被篡改，接收方无法判定或鉴别。

可以使用图 9-40(a)所示的方法，发送方 A 使用哈希函数 H 对报文进行哈希运算，获得散列值 h，与报文 M 拼接后加密形成密文 C_{M+h}，接收方自己对收到的密文解密，对提取出的报文 M 进行相同的哈希运算获得散列值 h'，如果 $h'=h$，则认为报文 M 在传输过程没有被篡改过，保证了报文的完整性；但双方共享密钥，B 如果获悉了共享密钥，可以伪造 A 没有发送过的消息，无法保证不可否认性。

如果用公钥加密，方法与图 9-40(a)所示的方法相同，是否起到一样的安全效果呢？如图 9-40(b)所示，发送方 A 加密时使用接收方 B 的公钥 $K_B^{公}$，B 接收到密文后，只能使用自己的私钥 $K_B^{私}$ 进行解密，效果看起来差不多。攻击者和收发双方一样，都知道加密密钥——公钥，如果攻击者伪造一条消息，使用 B 的公钥对报文和哈希值进行加密，B 可以用自己的私钥解密出来，B 无法判别这条消息是伪造的，破坏了报文的完整性；所以，这种方法仅能保证机密性。

如果将图 9-40(b)中的加密密钥修改为 A 自己的私钥加密，如图 9-40(c)所示，情

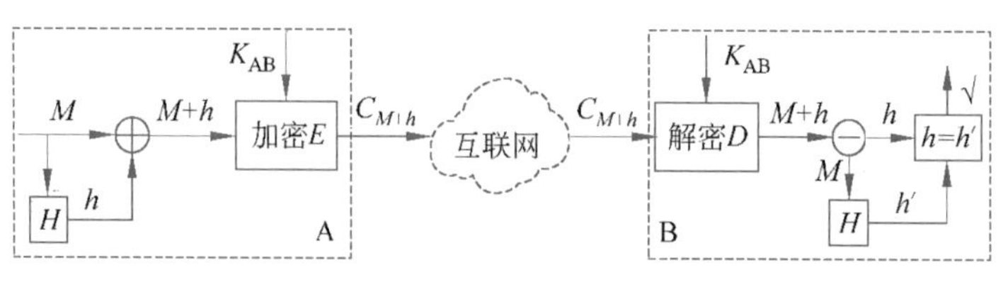

(a) 对称加密方法实现报文内容认证

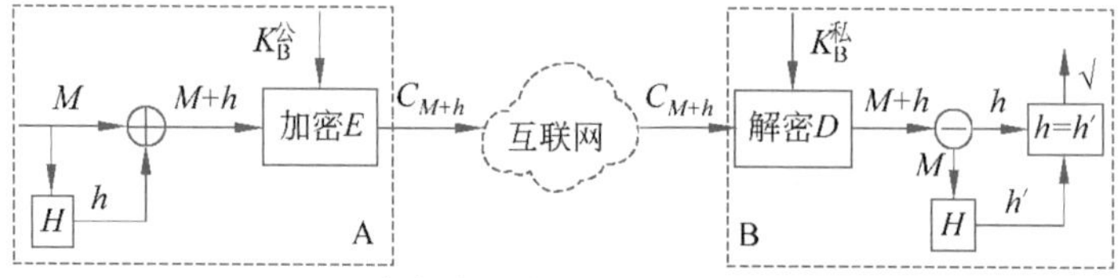

(b) 公钥加密方法实现报文内容认证

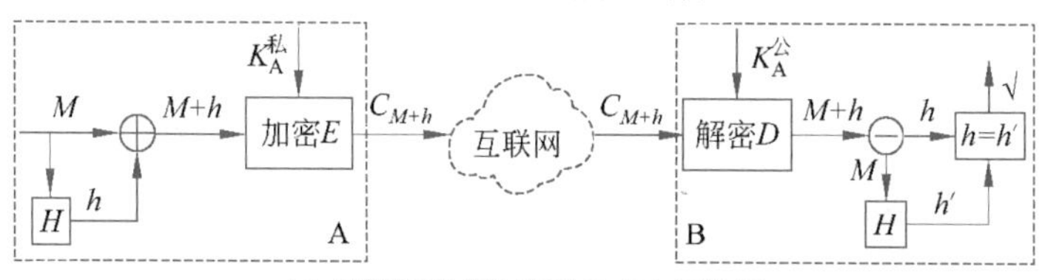

(c) 私钥加密方法实现报文内容认证

图 9-40　报文内容的认证方法

况又如何呢？其他情况不变，因为 A 使用了自己的私钥加密，所以，只要使用 A 的公钥即可解密，机密性无法保证，但可以保证完整性和不可否认性。

可见，图 9-40 所示的三种不同的加解密方式带来的安全效果有所不同，适用于不同的应用场景。图 9-40 所示的方法实现报文内容认证，要计算散列值，还要对报文内容和散列值进行加解密，计算资源开销较大，有的报文，并不需要机密性，比如公报、公告、规则、命令等，但要保证完整性，此时，可以使用图 9-41 所示的方法。

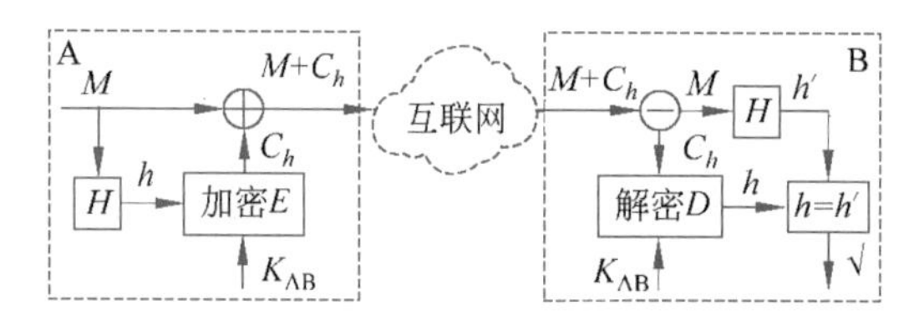

(a) 对称加密方法实现报文内容的完整性认证

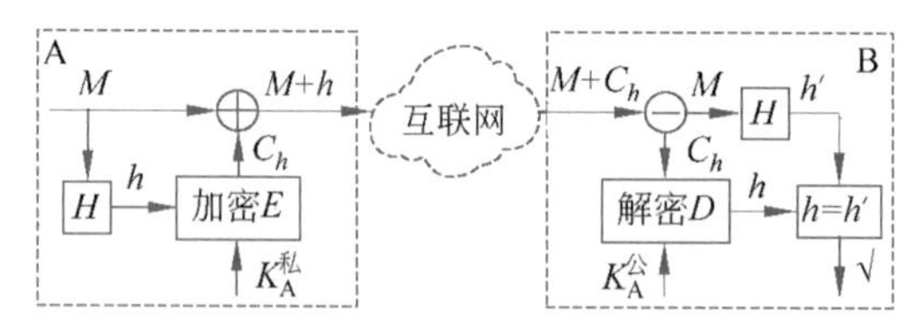

(b) 私钥加密方法实现报文内容的完整性认证

图 9-41　报文内容的完整性认证方法

图 9-41(a)所示的方法使用对称性密钥加密实现报文内容的完整性保证，A 使用哈希函数对报文内容 M 进行运算，生成散列值 h，使用共享密钥 K_{AB}对 h 进行加密形成加密的散列值 C_h，将 C_h 拼接到明文报文 M 后进行传送。接收方 B 提取出 M 和 C_h，对 M 进行哈希运算，得到 h'，同时，对 C_h 解密得到 A 运算得到的散列值 h，比较

h'和h,如果两者相等,则验证了报文M未被篡改,保证了报文的完整性。

图9-41(b)所示的方法采用A自己的私钥加密散列值h,第三人虽然可以用A的公钥解密h,但无法伪造一条A没有发送的消息,保证了完整性的同时,又保证了不可否认性。

如果把图9-41(b)中的A、B两边的公、私密钥换下来,用B的公钥加密,B的私钥解密,则无法保证完整性,攻击者可以伪造A的报文,而B无法鉴别,不可否认性也得不到保证。

2)报文认证码的方法

报文认证码(Message Authentication Code,MAC),也译为消息认证码,是一种不依赖加密算法的报文内容完整性认证的方法。

报文认证码的方法类似于图9-41所示的方法,如图9-42所示。

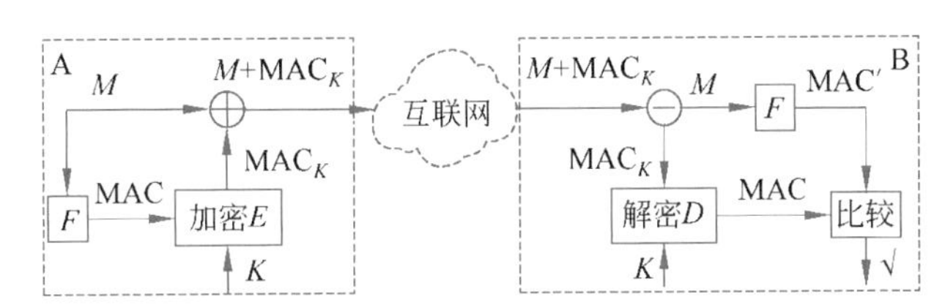

图9-42 报文认证码实现报文内容的完整性认证

发送方A使用某种函数F,对报文内容M运算得到MAC值,再用密钥K对其加密成为密文MAC_K,明文M拼接密文认证码后发出$M+\mathrm{MAC}_K$;接收方B收到报文后,提取出M和MAC_K,对MAC_K解密得到MAC,对M用同样的函数F运算获得MAC',再将两个认证码比较,如果$\mathrm{MAC}=\mathrm{MAC}'$,则认为消息未经篡改,完整性得到验证。

当函数F使用哈希函数,比如MD5、SHA时,此时的认证码称为散列报文认证码,或者散列消息认证码(Hashed Message Authentication Code,HMAC)。其安全性与散列值的长度有关,长度越长,被认为越难被破解。

你知道吗:如果删掉图9-41中的加密模块E和解密模块,其完整性还能保证吗?答案是否定的,原因在于,如果只是将认证码MAC附在明文后传送,攻击者可以随意伪造消息,并计算认证码附在后面传送,接收方无法判别这是伪造的消息,完整性无法保证。

HMAC的散列值计算是单向的,相对于其他采用密文作为认证码的方法计算简单,开销更小;广泛用于IPsec、SSL/TLS、SET等安全协议中。除此之外,HMAC还用于认证报文内容的顺序和源认证。

2. 身份认证

通信的双方都需要识别和核对对方的身份,即身份认证(Identity Authentication,IA)。几乎所有的网络应用系统都提供身份认证服务,确保合法的用户才能进入系统,这是安全防护基础的一步。如果攻击者突破身份认证这道防线,它可能在系统内窃取信息,或单纯消耗服务器的资源,造成拒绝服务攻击。

通过身份认证的用户是合法用户,也称为授权用户。身份认证/鉴别和授权容易被混淆,其实它们是两种不同的技术,身份认证只是确认了用户的身份,而授权确认了用户可以在系统中访问资源的类型、方式和时间等；只有通过了身份认证的用户才被授权，很多系统把未经身份认证的用户称为过客(guest)。

身份认证的一般方法：待认证用户提供独特(有区分性)的身份信息，系统对这些信息进行核查，以鉴别用户的真实身份；用户的信息通常采用某种方式输入系统，存储在安全的地方。根据待认证用户能够提供的信息分类，可以把身份认证归为四大类，如表9-10所示。

表9-10　身份认证的种类

<table>
<tr><th colspan="2">用户信息分类</th><th>用户信息</th><th>认证方法</th><th>特　点</th></tr>
<tr><td rowspan="2">被赋予</td><td>软</td><td>口令、密码</td><td>口令认证</td><td>实现简单，广为使用；泄露风险</td></tr>
<tr><td>实物</td><td>各种卡、身份证</td><td>信物认证</td><td>实现简单，广为使用；丢失风险</td></tr>
<tr><td colspan="2">位置</td><td>IP地址、家地址</td><td>地址认证</td><td>对用户透明，方便；伪造地址攻击风险</td></tr>
<tr><td colspan="2">独特性</td><td>生物特征、行为特征</td><td>用户特征认证</td><td>越来越成熟，用户方便；无法识别、伪造特征</td></tr>
</table>

1) **口令认证**

几乎每位读者都有登录和进入某个网络应用系统的经历，在登录系统之前，必须成为系统的合法用户，用户可以注册或通过系统分配成为合法用户，拥有账号和口令(password，也称密码)，并由系统负责存储所有合法用户的账号和口令等信息。当用户登录并传送口令给系统时，系统负责核查是否有这个用户，以及这个用户的信息是否正确，一切无误，则通过身份认证。

口令认证部署和实施简单，使用极为广泛，但是一旦泄露，这一条安全防线就沦陷了。有可能是不小心泄露，也有可能是攻击者通过盗号木马盗取了账号和口令；还有可能是攻击者窃取到了明文传输的账号、密码；一些攻击者还会采用暴力破解的方式猜测出口令。

很多应用系统，在用户的输入界面，产生一个验证码，用户在输入账号、密码等信息时，输入实时产生的验证码，验证码的正确与否可以区分真人和机器人(恶意程序)，从而防范了暴力破解等风险。

更好的办法是不采用静态密码(长期不变的密码)，而是采用动态密码。动态密码是指在登录时，添加一些随机因素或不确定因素，称为动态因子，与账号、密码(静态因子)一起形成的密码，因为每次都不同，所以，也称为**一次性口令**/密码(One Time Password，OTP)。

动态密码的关键是动态因子。可以是永远在流逝变化的时间；也可以是系统产生的随机数，上面提到的验证码是一种，因为需要用户输入，验证码通常较简单；生成的长随机数通常对用户透明，称为挑战(challenge)，挑战发给用户设备，由用户设备进行约定的哈希运算，并将运算结果，即应答返回，系统也做同样的哈希运算，如果运算结果与收到的应答一致，则可通过验证，这种方式较常用，比如PPP的CHAP认证就使用的这种动态密码验证方式。

1991年，贝尔通信研究中心研制的著名身份认证系统S/KEY也采用挑战/应答(challenge/response)工作方式；S/KEY系统支持使用MD4、MD5、SHA三种散列函数。

2）信物认证

用户持有的磁卡、智能卡等都可作为进入系统的通行证，磁卡因易受损、易复制、安全性低等使用缺陷，已经逐渐被淘汰。常用的智能卡还有一些别名，如IC卡、智慧卡、微芯片卡等；智能卡具有容量大、安全性高等特点，在金融、安保、交通、医疗等领域广为使用。这些卡的使用需要读卡器，分为接触式和非接触式两大类。

有些应用系统在采用账号、口令初步登录之后，要求上传身份证或其他有效证件作为信物，做进一步的身份确认和认证。

智能卡的优势：用户无须输入任何信息，登录系统的信息都在卡中，只要卡物理出现，就会验证通过。这些卡是用户的物理持有，认证只验证卡的真假，无法判定持有者是否是卡的真正所有者，所以，卡的丢失、被盗都是极大的安全隐患。

3）地址认证

地址认证是指使用用户的位置作为身份认证的一种方式。常用的地址是用户设备登录时的IP地址。IP地址本身携带了地理位置的信息，这个地理位置通常是一个范围，所以，这种认证方式常针对某类用户，比如，华南理工大学购买了某个期刊数据库，仅开放给校内师生使用，只要是在校内使用这个数据库，因为其IP地址所在网段在校内，不管是谁，都可以放他/她进入系统使用这个数据库。当某位学生放暑假回到家中，再访问数据库就不可以了，因为其IP地址不在校园网中。

使用IP地址进行身份认证，主要优点在于对用户透明，用户无须输入账号、口令或其他任何信息，非常方便。缺点是IP地址的伪造比较容易，攻击者可以利用这种方式混入系统伺机而动。

4）用户特征认证

用户特征认证是指，利用个人的生物特征和行为特征进行身份认证的方式。用户独有的生物特征主要包括指纹、人脸、虹膜、语音、掌纹、DNA等，其中指纹识别、人脸识别算法已经较为成熟，广泛应用于金融、安保、电子商务等领域，DNA鉴定更是成为身份认证的金标准，只是成本高昂，并不普及。用户的独特行为特征也可用于进行身份认证，比如走路的姿势，即步态；手写签名及签名时的笔势，落笔压力、断连笔等。

下面以指纹识别为例，说明用户特征认证过程。

（1）**录入**：事前将合法用户的指纹录入系统的指纹数据库。

（2）**实时采集**：指纹采集器提供使用系统时的指纹采集服务，并将指纹上传服务器。

（3）**核查**：服务器将指纹和指纹数据库中的指纹进行比对，如果找到一样的指纹，则通过身份认证，否则不予通过。

用户特征认证最大的好处是非常方便，无须牢记口令，也无须携带和保管信物，生物特征和行为特征都是用户固有的。但用户特征认证也有缺点：生物特征识别不是百分百准确，比如指纹识别准确度受雨水、汗水、采集器实时环境等因素的影响。另外，生物特征虽然绝不丢失，但并不是绝对安全，比如使用拓模指纹、照片代替真人欺骗识别算法等。

5）基于密码学的认证

基于密码学的认证是指，利用密码学的某种用户认证协议进行身份的验证。用户认证协议规定了一系列的消息格式和交换次序，以确定对方身份。基于密码学的认证有基于共享密钥的认证、基于公钥证书的认证等。

基于共享密钥的认证，在用户较少时，可以物理送达，用户较多时，可以采用可信的第三方（比如KDC）作为认证者。Needham-Schroeder双向认证协议（简称N-S协议）是一个基础的身份认证协议，后来的一些认证协议以此为基础，比如Kerberos认证协议。下面介绍N-S协议进行认证的流程，如图9-43所示。

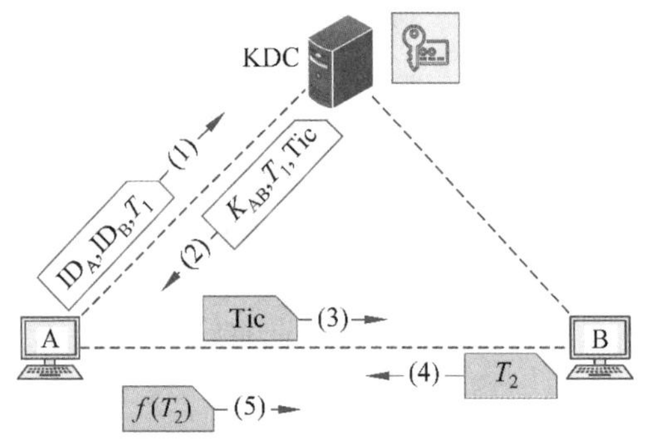

图9-43　N-S双向身份认证过程

图9-43中，有阴影的报文是密文。一个用户A想和用户B进行秘密通信，它向KDC亮明身份，请求分发一个共享密钥，且A和B验证彼此的身份。KDC生成一个A、B共用的密钥K_{AB}。A和B都是KDC的合法用户，分别拥有身份标识ID_A和ID_B，且A和B分别与KDC享有它们各自的共享主密钥K_A和K_B。KDC为A和B分发共享密钥K_{AB}并进行身份认证的过程如下。

（1）A→B明文：A向KDC发送明文请求消息，说明拟与B进行通信，请求为即将进行的A、B通信分配一个共享密钥；且验证B的身份；消息中还含有一个时间戳T_1。

（2）KDC→A密文：KDC收到A的请求消息后，生成时间戳T_1和密钥K_{AB}，连同一张用K_B加密的票据Tic，用与A共享的主密钥K_A加密形成密文应答，发回给A。

使用A和KDC共享的主密钥K_A加密的应答消息密文表示为$C_R=E_{K_A}(K_{AB}, T_1, \text{Tic})$，其中Tic是加密票据，其使用B和KDC共享的主密钥K_B对A的身份标识、B的身份标识和共享密钥K_{AB}进行加密而成，表示为$\text{Tic}=E_{K_B}(K_{AB}, ID_A, ID_B)$。因为这张票据是$K_B$加密而成的，A并不能知道票据的具体内容。

A使用K_A解密，提取出共享密钥K_{AB}，也提取出时间戳T_1，通过T_1判断是否回放攻击。

（3）A→B密文票据：A用K_A解密时，还提取出一张K_B加密的票据Tic，但A无法解密这张票据，它只是原封不动地将加密票据Tic转发给B。B用K_B解密，获得共享密钥K_{AB}，同时获知A的身份标识ID_A。

（4）B→A密文时间戳：B用共享密钥K_{AB}加密时间戳T_2，A收到后用共享密钥解密，获得时间戳T_2。此时A明确B已经获知共享密钥，且B的身份得到验证。

（5）A→B密文$f(T_2)$：A对时间戳T_2进行运算并使用共享密钥加密，表示为$E_{K_{AB}}(f(T_2))$，发送给B。B收到后，解密出$f'(T_2)$，并自己计算出$f(T_2)$，如果两者相同，表明这不是重放消息，且已明确知道A已经获得共享密钥。函数f通常使用某种散列函数。

上述过程中双方通过第三方信任机构KDC验证了通信双方的身份;加入了时间戳信息,以避免回放攻击。

9.3.5 通信安全协议

安全是一个系统工程,涉及参考模型的每一层;网络层和传输层是最核心的两层,这两层的安全对端到端的安全起到重要的作用。本节将介绍这两层涉及的重要安全协议,还将介绍可能影响应用安全的域名系统的安全协议。

1. IP安全(IPsec)框架

IPv4为路由提供了编址方案和分组定义,但IPv4分组传输没有加密,也没有包含源地址字段在内的内容的认证,IPv4分组所经过的每跳都要改写分组,无法保证完整性。攻击者可以假冒IPv4地址,可以篡改报文,可以发起DoS攻击、中间人攻击、源路由攻击等,存在比较大的安全风险。

IPsec是IP安全(IP security)的简称。RFC 6701(2005年)描述了IPsec相关的通用概念,安全需求、定义和概要;描述了相关RFC系列文档以及文档之间的关系,对不同的版本也进行了说明;还说明了互联网密钥交换(IKE)的相关文档和版本情况。图9-44显示了IPsec各部分文档之间的关系,将IPsec相关的RFC文档分成了七个群,读者可以找到感兴趣的群,并追踪到对应的RFC文档和它的简介。

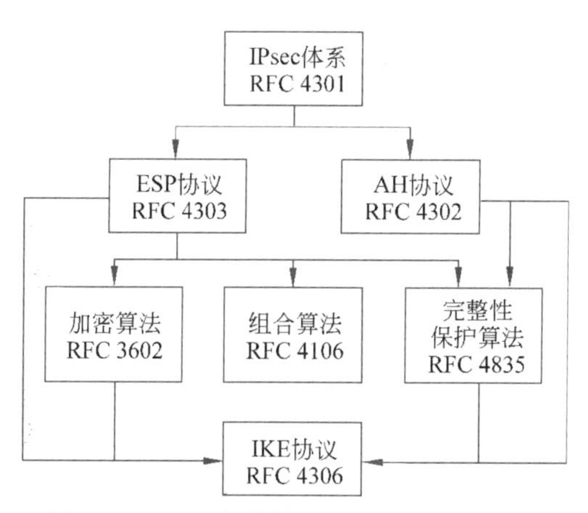

图9-44 IPsec相关的RFC文档之间的关系

IPsec不是一个协议,而是一套端到端的通信安全体系,为了IP通信的安全而提出。在目前的IPv4/IPv6网络的过渡时期,IPsec在IPv4网络中是可选的,而在IPv6网络中是必备的。

1) IPsec体系和基础概念

1995年,IETF发布建议标准"IP协议安全体系"(RFC 1825,1995年,已作废),分别于1998年和2005年被RFC 2401(IPsec v2)和RFC 4301(IPsec v3)替代。

IPsec力图为IPv4网络和IPv6网络提供可互操作的、高质量的基于密码学的安全服务。它能够提供的安全服务包括访问控制、无连接的完整性、源认证、检测和抗重放攻击、机密性和有限制的加密流量。IPsec在网络层为所有构建在IP之上(包括IP自己)的协议提供这些服务。

IPsec 大多数通过使用两种通信安全协议，即身份验证头（AH）和封装安全载荷（ESP），提供安全服务。本节稍后将详细介绍 AH 和 ESP。

IPsec 建议标准（RFC 4301，2005 年）规范了在 IP 层提供安全服务的机制、过程和组成部分（component）。IPsec 的主要组件如下。

（1）**安全关联**（SA）：是两个通信对等体之间的单向逻辑连接，指定其为通信提供 IPsec 保护，包括要应用的特定安全保护、加密算法和密钥，以及要保护的特定流量类型。如果两个通信实体之间要双向通信，至少需要两条不同方向的 SA，即一对 SA。

（2）**安全参数索引**（SPI）：该值与目的地址和安全协议（AH 或 ESP）一起唯一地标识了一条 SA。

（3）**安全关联数据库**（Security Association Database，SAD）：每个对等体都有一个安全关联数据库，包含 SPI、序列号计数器、反重放窗口（anti—replay window）、AH 信息（可为空）、ESP 信息（可为空）、IPsec 协议模式（隧道模式或传输模式）、路径最大传输单元（Path MTU）等。

（4）**安全策略库**（Security Policy Database，SPD）：是存储所有安全策略的数据库。安全策略指定对 IP 数据分组提供何种保护，以何种方式实施保护。SPD 的每条策略都包含了本地 IP 地址、远方 IP 地址、下一层协议、用户标识、端口号、对应动作等信息。在公共的 IP 网络中，既有未加保护的普通分组流，也有 IPsec 保护的分组流，要对不同的流量采用不同的策略。这些最终的策略施加到出方向或入方向，对于出方向（要发出）的分组，处理动作主要有丢弃（discard）、通过（pass）和保护（protect）三种。

（5）**对等体认证数据库**（Peer Authorization Database，PAD）：这是 IPsec v3（RFC 4301，2005 年）新增的数据库，包含了一些引导对等体认证的必要信息，在 IPsec 和 IKE 之间提供一条逻辑连接。

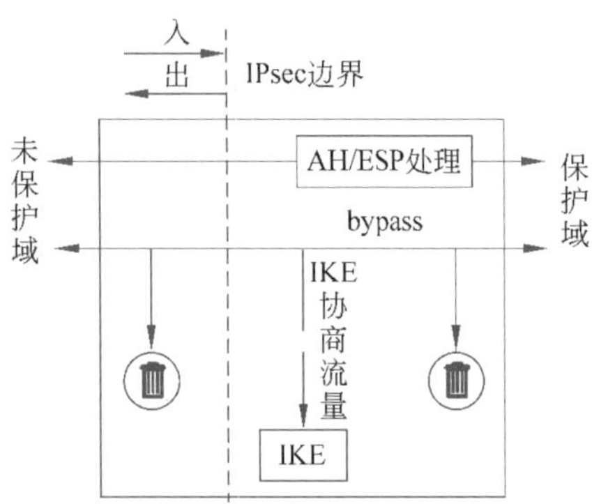

图 9-45　IPsec 的顶层处理模型

IPsec 的实施可以在主机、路由器或一台独立的设备上进行，不改变原有 IP 网络的承运机制。IPsec 的实施在 IP 网络中竖起了一道无形的边界，如图 9-45 所示。

不同的流量流经 IPsec 边界时，会被区别对待：通过查找安全策略库，旁路（bypass）流量会直接穿过本地设备，进行常规处理；IPsec 流量交由 AH 或 ESP 模块处理；还有一种 IKE 协商流量，交由 IKE 模块根据安全策略进行相应处理。

RFC 4301—4303 明确定义了入向流量和出向流量，以及怎么处理这两种流量（处理时将查询安全策略库、安全关联数据库等）。有兴趣的读者可直接查阅 RFC 4301—4303 获得更多的技术细节。

2）AH 协议

认证头（Authentication Header，AH）协议是 IPsec 中的核心协议之一，提供 IP 分组的完整性、数据来源认证和抗重放攻击服务。AH 协议通过携带相关参数提供安全服务。

当 IP 分组的“下一个头”字段值为 51 时，其紧跟的就是 AH（即 5.4.1 节所提认证扩展头)。AH 含有若干字段,具体格式如图 5-50 所示。每个字段的解释参考 5.4.1 节,这里不再赘述。

AH 协议工作在两种模式,即传输模式(transport mode)和隧道模式(tunnel mode)下,如图 9-46 所示。原始 IP 分组包括头部和数据载荷两大部分,而载荷就是原始数据段,可能是 TCP 数据段或 UDP 数据段。

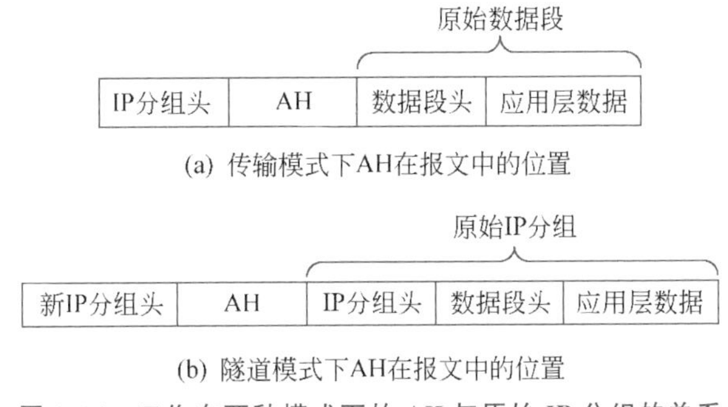

图 9-46 工作在两种模式下的 AH 与原始 IP 分组的关系

当 AH 协议工作在传输模式下时,AH 搭载到原始 IP 分组头之后,净载荷之前,如图 9-46(a)所示。

当 AH 协议工作在隧道模式下时,IP 分组被作为载荷封装成一个新的安全数据,在原始 IP 分组之前增加新 IP 分组头和 AH,如图 9-46(b)所示。

AH 认证的是整个 IP 分组,包括 IP 分组头,在传输的过程中,如果分组经过 NAT 转换器(参考 5.3.3 节),源地址和目的地址将被修改,导致完整性检查失败,所以,AH 不能穿越 NAT 转换器。

AH 可以单独使用,也可以和 ESP 头一起使用。

使用 AH 进行完整性检查的流程如下。

发送方:将整个 IP 分组和密钥一起作为 HMAC 算法的输入,再将计算出的认证码填充到 AH 中的 ICV 字段中。

接收方:和发送方进行一样的运算,将整个 IP 分组和密钥输入 HMAC 算法,获得计算结果,并与收到的 ICV 相比较,如果相等,则通过完整性检查,分组未被篡改。

细心的读者可能发现了问题:IP 分组在传输的过程中,有些字段必然会发生变化,比如 TTL、校验和等,如果这些字段参与运算,必然不能通过完整性检查。所以,在使用 HMAC 算法运算时,下面的几个字段被填写为 0,包括服务类型(ToS)、标记、片偏移、TTL、头部校验和、选项。

所以,真正受到 AH 保护的数据应该是 IP 分组中不变的字段[①],包括版本、头部长度、总长度、标识、协议、源 IP 地址和目的 IP 地址。

AH 中的序列号用于抗重放攻击,在 SA 建立时,其初值为 0,每发送一个分组,其值增 1。接收方通过检查序列号,就知道这个分组是否是攻击者重放的,所以,序列号不允许循环使用,如果序列号达到最大值,必须重新建立 SA,从头计数。

但是,IP 分组路由具有独立寻径、乱序到达的特点,为此,IPsec 设置了一个窗口

---

① 这里描述的变和不变的字段,都是针对 IP 分组而言的,如果 AH 应用于 IPv6 分组,则 HMAC 算法的输入不同(可参看 RFC 4302 中 3.3.3.1.2 节)。

来宽容一定程度的乱序。假设窗口的大小为 $w=\text{Seq}_{max}-\text{Seq}_{min}+1$(默认值为64),则序列号落入区间[$\text{Seq}_{min}$,$\text{Seq}_{max}$]的分组被认为不是重放的分组。抗重放攻击的原理如图9-47所示。

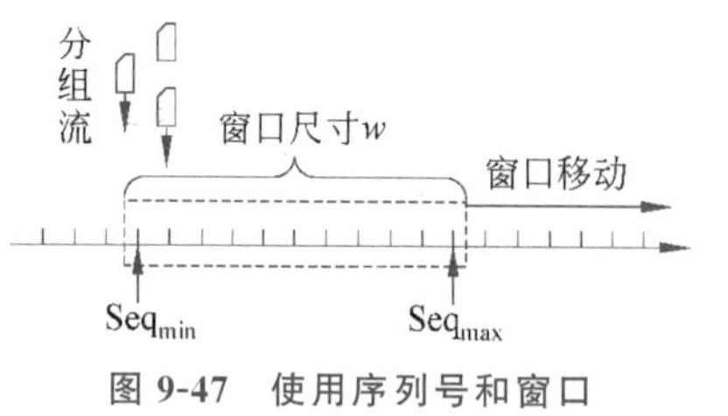

图9-47　使用序列号和窗口抗重放攻击的原理

接收方收到分组之后,首先判断AH中的序列号是否落在窗口内,如果是,且不是重复分组,则进行完整性检查,如果通过检查,可认为收到了安全的、正确的分组。如果收到的分组的序列号比 Seq_{min} 小,则认为该分组疑似重放攻击,丢弃该分组,并进行记录。标准并没有规定怎么实现窗口的移动,但窗口的右边界应该是已经收到的合法的安全分组的最大序列号。

3)ESP协议

ESP协议除了提供AH协议能够提供的服务之外,还能够提供分组内容的加密和数据流(隧道模式下的含头部的整个分组)的加密服务。IPsec选择了对称加密算法,规定所有IPsec都必须实现DES-CBC算法和NULL算法。

当IP分组的"下一个头"字段值为50时,其紧跟的就是ESP头(即5.4.1节所提封装安全载荷扩展头)。ESP头包含若干字段,其格式如图5-51所示。每个字段的解释参考5.4.1节,这里不再赘述。

ESP头中的填充字段,跟在载荷数据字段之后,填充数据长度字段之前。填充字段最长为255字节。填充字段、填充数据长度字段和下一个头字段共3个字段构成ESP**尾部**(trailer)。可以在载荷数据和填充字段之间增加一个填充字段,旨在隐藏与业务流机密性相关的流量特征,所以,这个额外的填充字段也称为**通信业务流机密性**(Traffic Flow Confidentiality,TFC)填充字段,但只有在载荷数据中包含了IP分组的长度信息,才可以增加TFC填充字段。

与AH协议类似,ESP协议也工作在两种模式,即传输模式和隧道模式下,如图9-48所示。

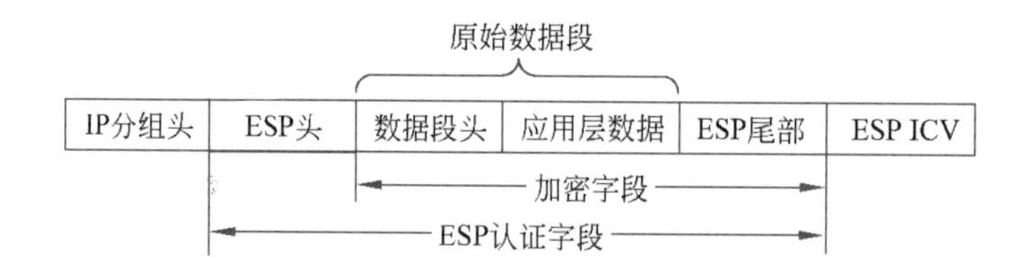

(a) 传输模式下,ESP头在IP分组中的位置

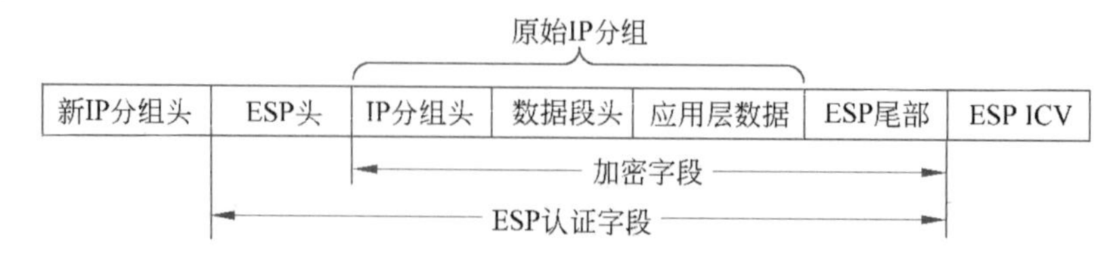

(b) 隧道模式下,ESP头在IP分组中的位置

图9-48　工作在两种模式下的ESP头与原始IP分组的关系

传输模式下,ESP头保护的是IP分组的净载荷,比如TCP数据段、UDP数据段、ICMP消息等,不包括分组头,所以,可以穿越NAT转换器;如果选择加密服务,加密的数据包括IP分组的净载荷(原始数据段)和ESP尾部。传输模式下,ESP头与原始IP分组的关系如图9-48(a)所示。

隧道模式下,ESP头保护的是整个IP分组,对整个IP分组和ESP尾部进行加密。但新IP分组头不被加密,也不参加认证码运算,可以穿透NAT转换器。隧道模式下,ESP头与原始IP分组的关系如图9-48(b)所示

不管是哪种工作模式,ESP头都不在加密的字段中,因为ESP头中的SPI是SA的唯一标识,没有它,就无法查找对应的SA,后续的检查也就无从完成。ESP头中的序列号用于检查是否是重放攻击,也不能加密。另外,ICV也不在加密保护的范围,以便完成完整性检查。

ESP头的认证范围不包含IP分组头,所以ESP分组可以穿过NAT转换器,这与AH认证不同。

两种模式都可以同时使用AH协议和ESP协议。ESP协议的IP分组头不受保护,易受攻击,如果需要更强的认证且通信双方都是公有IP地址,则应该采用AH协议;如果希望得到较强的认证服务,并要保证报文的机密性,可以综合使用AH协议和ESP协议。两种工作模式下,综合使用AH协议和ESP协议的报文如图9-49所示。

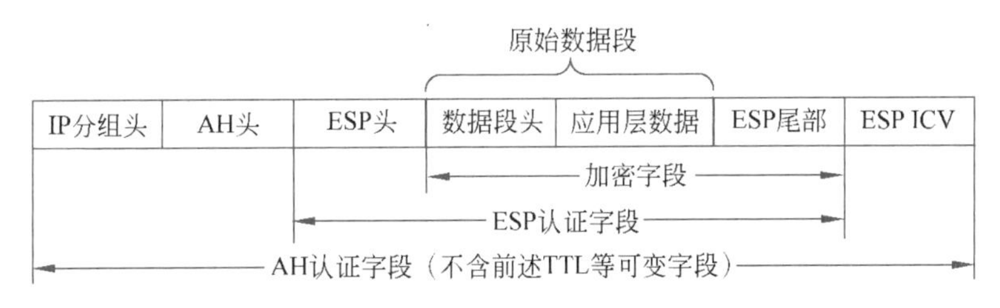

(a) 传输模式下综合使用AH协议和ESP协议的报文结构

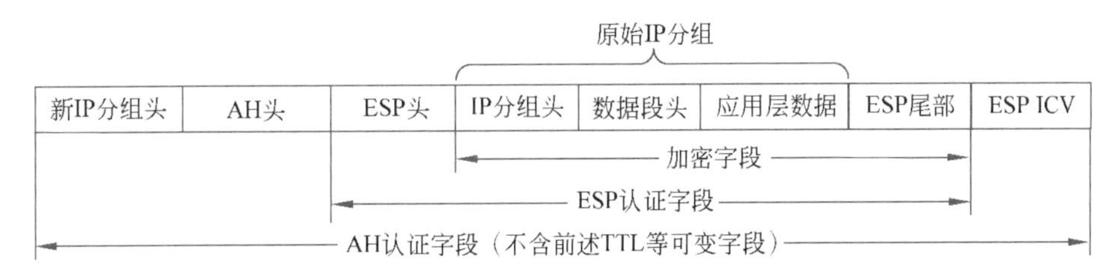

(b) 隧道模式下综合使用AH协议和ESP协议的报文结构

图9-49 两种模式下综合使用AH协议和ESP协议的报文结构

AH协议和ESP协议都运行在安全关联之上,要使用算法、密钥等,那么如何安全关联?使用什么算法和密钥?IKE就用于解决这些问题。

4) IKE

IPsec支持密钥管理等信息的手动(manual)配置和自动(automated)配置两种方式。管理人员手动配置的方式只适合用于规模小且节点配置相对稳定的场景,自动配置方式则通过IKE进行。

互联网密钥交换(IKE)在双方进行认证、建立安全关联,并分发密钥等重要参数,

提供对 AH 协议和 ESP 协议的支持。IKE 有两个版本：IKE v1（RFC 2407、RFC 2408、RFC 2409，1998 年）和 IKE v2（RFC 4306，2005 年）。IKE v2 和 IKE v1 不兼容。2010 年，RFC 5996 对 IKE 做了更新，2014 年，RFC 7296 再次对 IKE 做了更新，并正式成为互联网标准（STD 79）。以下介绍的内容是关于 IKE v2 的。

IKE 协议定义了建立、协商、修改和删除安全关联的过程和报文格式。IKE 报文由 IKE 头和载荷（数据）两大部分构成，其中 IKE 头包括 9 个字段，而载荷部分从 4 个特别定义的字段开始，如图 9-50 所示。下面逐字段介绍。

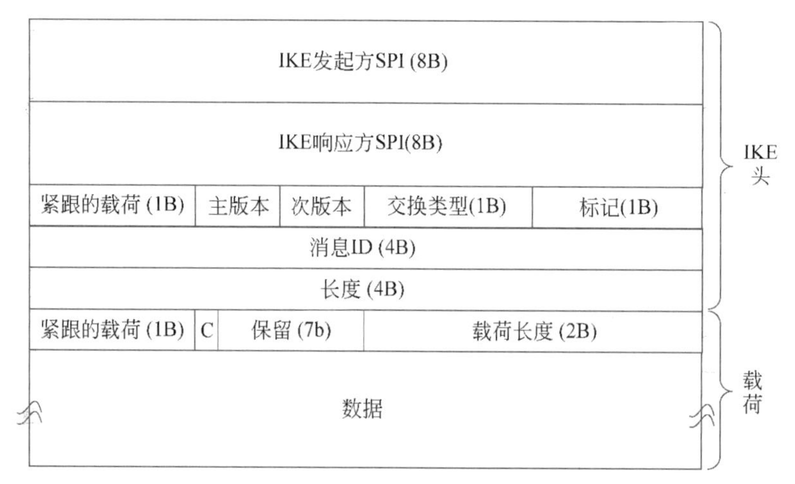

图 9-50　IKE 报文的格式

IKE 发起方 SPI（initiator' SPI）：长 64 位，由发起方选定的用于唯一标识 IKE 安全关联的值。该字段不能为 0。

IKE 响应方 SPI（responder' SPI）：长 64 位，由应答方选定的用于唯一标识 IKE 安全关联的值，在 IKE 初始交换的第一条消息中，该值必须为零。

紧跟的载荷（next payload）：长 1 字节，指明紧跟在 IKE 头面的载荷的类型，已经定义了 22 种。

主版本（major version）：长 4 位，指明正使用的 IKE 协议的主版本号。基于 RFC 7296 的实现，主版本字段应该设为 v2；IKE v2 将拒绝或忽略版本号大于 2 的 IKE 报文。

次版本（minor version）：长 4 位，指明正使用的 IKE 协议的次版本号。基于 IKE v2 协议的实现，次版本号必须设置为 0。

交换类型（exchange type）：长 1 字节，指明交换的类型。目前已经定义了 11 种交换类型，表 9-11 列出了其中 4 种不同的类型，这 4 种不同的类型对应着 4 个不同的值，如表 9-11（源自 RFC 7296）所示。

表 9-11　IKE 交换类型

类型名	IKE_SA_INIT	IKE_AUTH	CREATE_CHILD_SA	INFORMATION
对应的值	34	35	36	37

标记：长 1 字节，即 8 位，指明了 IKE 报文的一些特定选项。8 位中有 5 位保留，未被定义；其余 3 位的定义如图 9-51 所示。响应（R）标记位置位表示这是一个响应，

否则是请求。版本(V)标记位必须为0,表示支持IKE v2。发起方(I)标记位置位,表示该IKE报文由IKE SA的发起方发出;否则,I=0,表示该IKE报文由IKE SA的响应方发出。

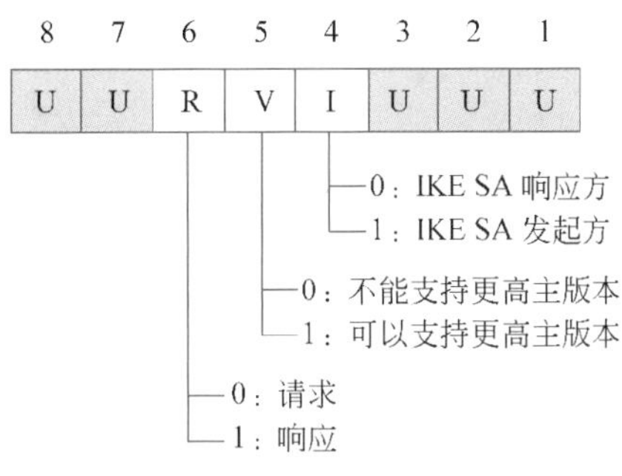

图 9-51 IKE 头中的标记字段定义

消息ID:长32位,IKE报文的唯一标识。其用于控制丢失报文的重传,以及匹配请求和响应。

长度:长32位,表示IKE报文的总长度,包括头部和所有载荷。

紧跟在IKE头后面的是载荷,可以有多个载荷。每个载荷都包括载荷头和数据两大部分,载荷头包括以下4个字段。

紧跟的载荷:长1字节,与IKE头中的同名字段的含义相同,表示紧跟在IKE头后的载荷的类型。目前已经定义了22种载荷类型。当某个载荷的该字段的值为0时,表示这是最后一个载荷了。这些载荷类型有密钥交换、证书、认证、随机数(nonce)、加密、扩展认证等,用于获取安全相关的参数。

接收方读取紧跟的载荷类型字段的值,并通过这个值判断紧跟的是哪种类型的数据,是否是最后一个载荷。这些紧跟的载荷形成了载荷链(chain),直到紧跟的载荷类型字段的值为0,结束该载荷链。

IKE的密钥确定算法基于Diffie-Hellman算法(参考9.3.2节),但弥补了它的不足:允许交换D-H的公钥值,采用了Cookie机制防止拥塞攻击,使用现时值(随机数)抗重放攻击。Cookie交换要求各方在初始消息中发送一个伪随机数Cookie,并要求对方确认,如果攻击者伪造了源地址,就得不到应答,这样攻击者无法引起接收者开启D-H计算,从而避免了这类攻击。

关键(C,Critical)标记位:长1位,表示当前载荷是否关键。当接收方不能理解收到的IKE报文中的某种载荷类型时,如果发送方希望接收方跳过对应的载荷,设置C=0;否则,如果发送方希望接收方不理解则必须拒绝,那么设置C=1。

保留:共7位,未被定义。

载荷长度:长2字节,指明包含载荷头在内的载荷总长度,以字节为单位。

IKE报文运行在传输层UDP之上,本质上是应用层的协议,采用端口号500或4500[两个端口下的封装略有不同(RFC 7296)]。

IKE通过初始交换,协商建立一条IKE SA和第一条IPsec SA。初始交换过程如图9-52所示。IKE定义了请求/响应成对的数据报文(也称为IKE消息)完成交换;图示的初始交换过程包括2次交换(IKE_SA_INIT交换和IKE_AUTH交换)和4个IKE消息。

IKE发起方发送请求消息①,响应方发回了响应消息②,这一对明文消息完成了IKE_SA_INIT交换,协商了IKE SA的参数,包括加密和认证算法、现时值、D-H交换等。本次交换完成了IKE SA的建立,并生成了一个共享密钥材料,基于此,可以衍生出IPsec SA的所有密钥。

IKE消息③和④是一对密文消息,完成IKE_AUTH交换,运行在IKE SA之上,

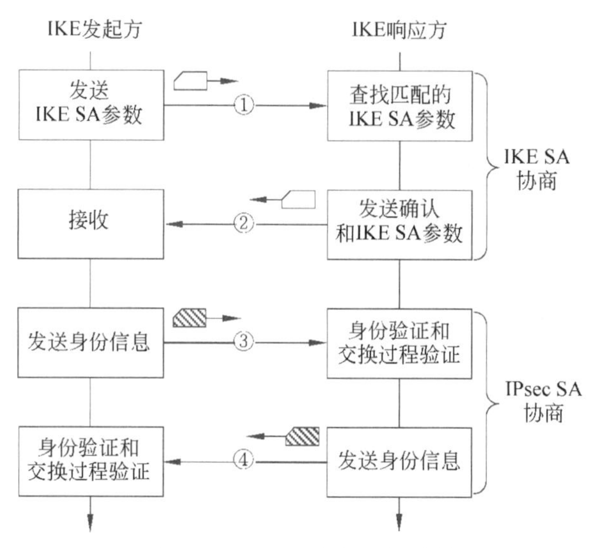

图 9-52　IKE v2 初始交换过程

以加密的方式交换了身份信息，对 IKE_SA_INIT 交换中的两个消息进行认证，进行 IPsec SA 的参数协商；IKE v2 支持 RSA 签名认证、预共享密钥认证以及扩展认证协议(Extensible Authentication Protocol，EAP)。此次交换完成之后，建立了第一对 IPsec SA。IKE SA 允许建立多对 IPsec SA。

5）IPsec 的应用

IPsec 作用于 IP 层，对受保护的分组流进行认证和加密，所以，基于 IP 的分布式网络应用均可使用，如 C/S 应用、电子邮件、文件传输、Web 应用等。

IPsec 提供的服务通过建立安全关联进行，安全关联可以在主机与主机之间、主机与网关(路由器)之间、网关和网关之间搭建，还可以进行安全关联的组合。

前面介绍 AH 协议和 ESP 协议时，我们已经看到了 AH 和 ESP 头在两种工作模式下，在分组中的位置不同。的确，IPsec 有两种运行模式，传输模式和隧道模式。

传输模式为上层协议提供安全保护。如果两台主机的通信需要得到端到端的 IPsec 保护，此时的 IPsec 常使用传输模式。

隧道模式保护的是整个 IP 分组，在隧道起点，AH 或 ESP 头尾，连同原始的 IP 分组作为“载荷”被封装到一个新的 IP 分组头之后，沿途的路由器都不会看到“载荷”的任何信息；在隧道终点，新的 IP 分组头才会被拆除；然后进行 IPsec 处理。一个企业网络需要与远程的一个企业网络进行安全通信，可以在两个企业网络的边界路由器之间使用隧道模式的 IPsec，或者一个在外出差的员工与公司本部需要进行安全通信，也可以使用隧道模式的 IPsec，在主机和路由器之间建立 IPsec 安全关联。

隧道模式的 IPsec 常用于建设**虚拟专用网**(VPN)。通过在通信双方实体之间建立逻辑安全关联，可在无安全保障的公网上构建一条虚拟的安全通道，而使用 IPsec 的认证和加密，保证了通道的机密性和安全性。如图 9-53 所示，公司总部和分公司之间协商了一对 IPsec SA，用于安全地通过中间的网络，中间的网络可以是 IPv4 网络，也可以是 IPv6 网络；IPsex 隧道对于公司的员工是透明的，公司员工可享受安全的通信，不用进行额外的安全培训。

使用 IPsec 实现安全通信的主要优点如下：

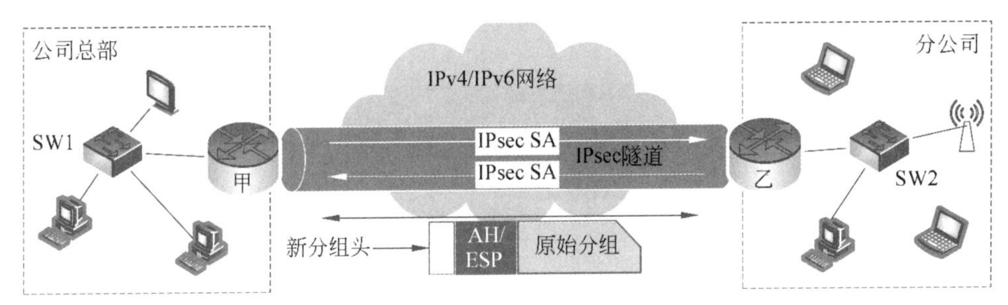

图 9-53 IPsec 隧道典型应用(VPN)

(1) **透明性**：IPsec 位于 IP 层，在传输层之下，对于应用层是透明的，网络应用软件无须做任何修改。同时，IPsec 对 VPN 内部终端用户也是透明的，用户无须进行专门培训。

(2) **保护粒度可大可小**：一个企业网络，只需要在边界路由器或防火墙上进行适当的配置，启用 IPsec，即可保护内部所有员工的主机。如果在主机上启用 IPsec，保护粒度就是这台主机。

(3) **灵活性**：IPsec 是一个安全框架，其中的一些服务是可选的，用户可以根据实际需要进行选择。

当然，IPsec 安全通信也有缺点，比如 IKE 比较复杂；作用在 IP 层，端用户几乎没有操作的空间。

2. 传输层安全(TLS)

传输层为网络应用提供了端到端的通信支持，TCP 和 UDP 提供了方便的套接字接口分别实现面向连接的流式服务和无连接的数据报服务。尤其是 TCP 提供了多种措施，保证端到端的字节流传输是可靠的。很多服务是构建在 TCP 之上的，比如最广泛使用的 Web 应用、电子邮件等；但是，TCP 并没有提供安全相关的措施实现安全的传输服务。

1994 年，网景公司开发了安全套接字层(SSL)协议，很快就在浏览器中得到了广泛的支持，1995 年推出 SSL 2.0 版本，1996 年推出 SSL 3.0 版本，2011 年，RFC 6101 描述了 SSL 3.0 规范。同年，IETF RFC 6167 建议禁用 SSL 2.0，2015 年，IETF RFC 7568 建议禁用 SSL 3.0。SSL 2.0 基本难觅踪迹，SSL 3.0 也正逐步淘汰。

早在 1995 年，IETF 就着手将 SSL 标准化。IETF 基于 SSL 3.0，设计了传输层安全(TLS)协议，1999 年，发布 TLS 1.0(RFC 2246)，随后发布了 TLS 1.1(RFC 4346，2006 年)、TLS 1.2(RFC 5246，2008 年)、TLS 1.3(RFC 8446，2018 年)等 3 个版本，其中 TLS 1.3 尚处于实验性试用中。目前，TLS 1.2 和 TLS 1.3 使用最广泛，几乎被所有的浏览器支持。

SSL/TLS 的发展历程如图 9-54 所示。

因为 SSL 和 TLS 的这种关系，人们常将传输层的安全协议记为 SSL/TLS。TLS 协议构建在 TCP 基础上，如果 UDP 要使用安全套接字，可以使用数据报传输层安全(Datagram Transport Layer Security，DTLS)协议，它是 TLS 的扩展应用，不在本书讨论范围。本节主要介绍 TLS 1.3 的内容。

TLS 协议由两个子层的协议构成，如图 9-55 所示，图中深蓝色框和深蓝色字体的协议就是 TLS 的 5 个构成协议。

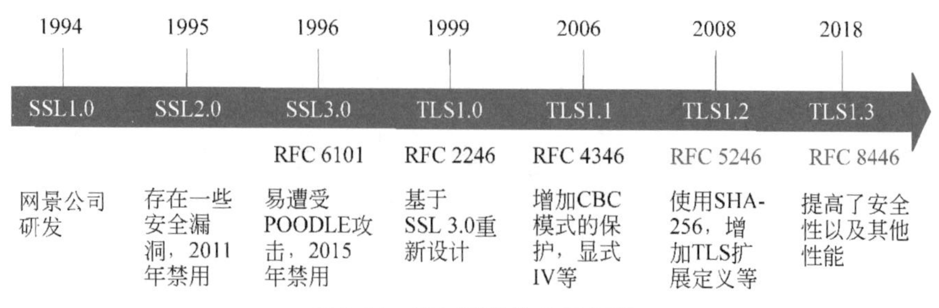

图 9-54　SSL/TLS 的发展历程

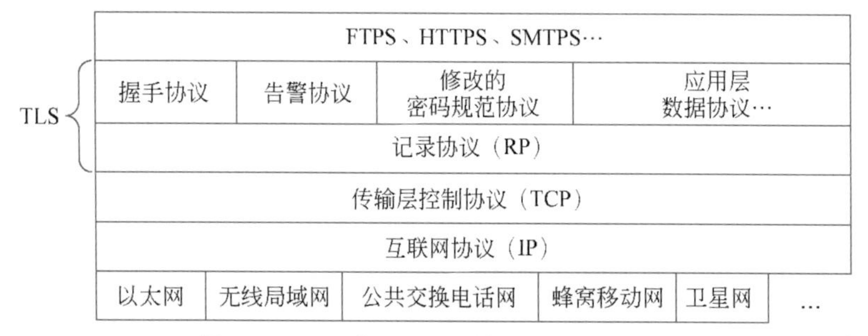

图 9-55　TLS 在 TCP/IP 模型中的位置示意

TCP 之上的是 TLS 下层协议，即记录协议（Record Protocol，RP），它是 TLS 的重要协议。记录协议（RFC 8446，第 5 节）使用握手协议获取的参数保护对等体之间的通信；它将流量划分为一系列的记录，每个记录都使用流量密钥进行独立保护。发送方的记录层实体从应用层拿到传输的消息，将数据分割成可管理的块（不大于 2^{14} 字节），然后加密数据，并将加密后的密文交付给下层。接收方的记录层实体，对接收到的数据进行验证、解密、重新组装，然后交付给上层应用。

记录协议之上的 TLS 子层包括 4 个协议，其中的握手协议（Handshake Protocol，HP）是核心协议，握手协议（RFC 8446，第 4 节）用于对通信双方进行身份验证，协商加密模式和参数，并建立共享的密钥材料。设计握手协议是为了对抗攻击；主动攻击者不能强迫对等体重新协商未受到攻击时的不同参数。告警协议用于报告通信中发生的错误；修改的密码规范仅用作兼容目的；而应用层数据协议对应着各种使用 TLS 的应用层协议。

从所提供的重要程度来看，TLS 的两个关键协议是记录协议和握手协议。相对于之前的版本，TLS 1.3 的握手过程做了较大的改变，其大致的握手流程如图 9-56 所示。

在图 9-56 所示的密钥交换阶段，双方建立共享密钥材料并选择密钥参数；此阶段之后的一切都是加密的（深蓝色线）。客户端发送 ClientHello 消息，其中包含一个随机数、协议版本、一组 Diffie-Hellman 共享密钥（key_share）、一组预共享密钥（Pre_Shared_Key，PSK）标签等。服务器处理 ClientHello 消息，为连接确定适当的加密参数；再用自己的 ServerHello 消息进行响应，它指示协商的连接参数；ClientHello 和 ServerHello 两个消息的交互决定了共享密钥。

图 9-56 中的深蓝色线上的信息都进行了加密，用到了不同的密钥，比如握手密钥，用过就丢弃了；还有通信密钥、恢复密钥、导出密钥等。之所以用不同的密码，

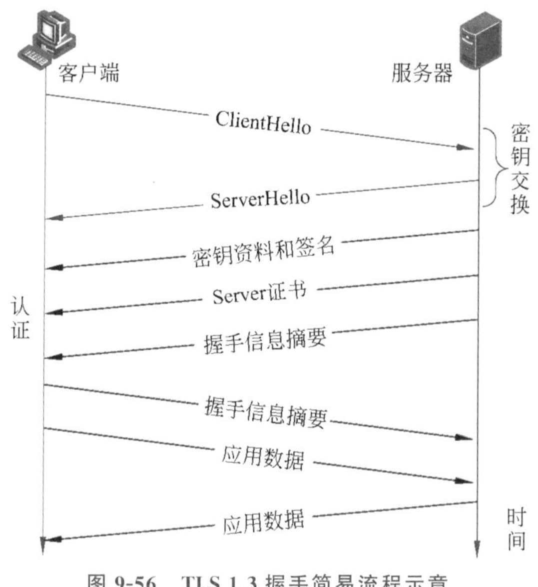

图 9-56 TLS 1.3 握手简易流程示意

是基于安全的考虑。在 TLS 1.3 中,采用了一个称为基于 HMAC 的密钥导出函数(HMAC-based Extract-and-Expand Key Derivation Function,HKDF)来导出多个密钥。该函数先从输入密钥与参数中提取一个固定长度的密钥,然后拓展为多个额外的密钥;导出的密钥在密码学上是安全的,并且即使其中一个密钥被泄露,也不会导致其他由相同的密钥材料导出的密钥存在安全风险。

目前广泛使用的传输层安全协议是 TLS 1.2。随着 TLS 1.2 安全漏洞和握手性能问题的逐渐暴露,以及 TLS 1.3 标准的发布,TLS 1.3 的使用将越来越广泛。TLS 1.3 的主要优势如下。

(1) **安全性能增强**:要求 Hello 消息后的握手交互必须加密,且使用多个不同的密钥,大大增强了前向安全性能;废弃了老版本中存在安全漏洞的算法,比如 MD5、SHA-1、RSA 密钥交换、静态 D-H 等,定义了一些最新的密钥套件,用在前述的密钥导出等过程中,比如 TLS_AES_128_GCM_SHA256、TLS_AES_256_GCM_SHA384、TLS_CHACHA20_POLY1305_SHA256、TLS_AES_128_CCM_SHA256、TLS_AES_128_8_CCM_SHA256(RFC 8446),这些新的套件不能用于 TLS 1.2 等早期版本。

(2) **性能提升**:TLS 1.3 启用了预共享密钥机制,取代了早期版本中的会话 ID(session ID),实现了 Zero-RTT;图 9-56 中的服务器在初步交换密钥之后,发送带现时值和密钥套件等参数的票据,双方都可以根据这些参数导出预共享密钥,由此再导出其他密钥,现时值可以防范前向安全风险;如果需要 Zero-RTT,此时则可使用早期数据加密密钥对通信流加密。相比 TLS 1.2,TLS 1.3 的握手时间可缩短约 100ms,性能得到极大提升。

TLS 独立于应用层,所以,采用 TCP 的网络应用都可以用它来提供安全性服务,比如 Web 应用、电子邮件、文件传输等,其中最著名的就是超文本传输安全协议(HyperText Transfer Protocol Secure,**HTTPS**),该协议是一种 HTTP 结合了 TLS 来实现 Web 浏览器和服务器之间安全通信的协议,也常被称为 **HTTP over TLS**。

大多数浏览器都默认支持 TLS,比如,图 9-57 是微软公司 Edge 浏览器的

“Internet 属性”对话框，选择“高级”选项卡，可以看到传输层安全协议中列举了5个选项，其中的 TLS 1.0 等同于 SSL 3.0，现在很少有应用去使用它们，它们基本被淘汰了；Edge 浏览器默认启用了 TLS 1.2，这是目前使用最多的一个版本，但因为 TLS 1.2 采用的算法逐渐显现出很大的安全风险，且握手需要的时间较长，大概需要 300ms，所以，TLS 1.2 在新的标准规范(RFC 8446）中已经被弃用。

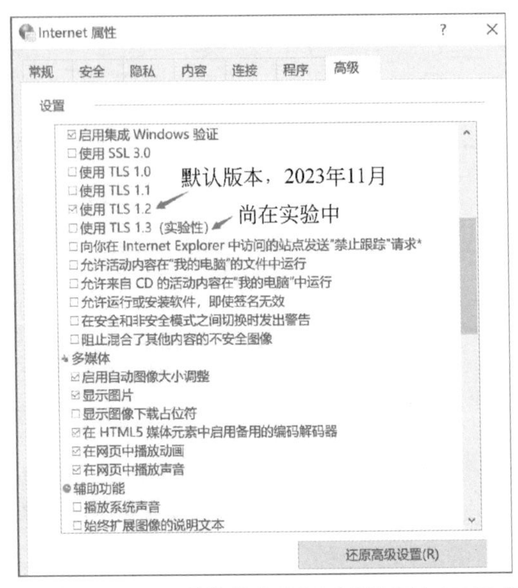

图 9-57　微软公司 Edge 浏览器中的“高级”选项卡(2023 年 11 月)

TLS 1.3 不向前兼容，它与所有的早期版本都不兼容。但在标准规范中定义了影响 TLS 1.2 运行的更新，比如版本降级保护机制、签名机制、ClientHello 消息中的版本扩展支持、签名算法(允许客户端指明 X.509 证书中的签名算法)等。

一个标准的 HTTP 服务构建在 80 端口，而一个标准的 HTTPS 端口构建于 443 端口。当我们通过浏览器访问一个标准 HTTP 服务时，该标准 HTTP 服务常常被自动升级为 HHTPS 安全服务。

利用 TLS 可以构建 VPN，当远程终端通过浏览器访问内部网络的应用服务器时，比如 Web 服务器、电子邮件服务器、办公系统服务器等，适用 TLS VPN。TLS VPN 客户无须安装客户程序，非常方便，且可进行细粒度(相对于 IPsec VPN 而言)的访问控制，并且不会因为这种访问泄露企业内部网络拓扑信息。

3. 域名系统安全扩展(DNSSEC)

域名解析属于网络应用。提供域名解析服务的根域服务器已经从 13 台扩展到将近 2000 个服务站点。这些服务站点产生了大量域名解析所需的请求和应答，据统计，每天单个根域服务器接收的查询请求达数十亿条，但其安全形势却令人担忧。

DNS 发明于 20 世纪 80 年代，当时的互联网规模小，运行环境单纯，DNS 的设计以互相信任为基础，没有认证服务，因此 DNS 不能判定消息的真实性和完整性；当互联网不断成长壮大时，运行环境变得非常复杂，DNS 的脆弱性逐渐地显现出来，因此 DNS 面临越来越多的安全威胁。

(1) **域名欺骗**：客户主机在访问某个域名之前，会发出域名解析查询请求，正常情况下，主机会收到本地域名服务器的域名解析应答，从中提取出 IP 地址以进行后续访问。攻击者如果伪造错误的，甚至恶意应答发给查询主机，而主机认为这是真正的应答，就形成了域名欺骗。域名欺骗的后果可能是流量劫持、信息泄露、甚至可能导致巨大的经济损失或大面积网络瘫痪。

(2) **事务 ID 欺骗**：是域名欺骗的一种常见手段。DNS 消息头部有个事务 ID，客户主机收到应答后，凭借它判断是否是自己发出的查询请求对应的应答。攻击者通过网络窃听获取事务 ID，或者尝试猜测事务 ID(16 位表示的事务 ID 值，最多猜测 65 536 次即可破解)，抢先向主机发送含这个事务 ID 的错误应答，欺骗主机。

(3) **缓存投毒**：为了提高域名解析效率，在主机和各级服务器内部都有一个缓存，该缓存存储着最近解析过的域名及其资源记录、TTL 信息等，当有客户发起域名解析请求时，DNS 首先查看这个缓存，以快速响应客户的查询请求。在上述事务 ID 欺骗中，客户主机获得错误的应答后，将其存储到缓存中，并拥有一个很大的 TTL 值；根据 DNS 接收策略，后续真正的应答到来时，会被丢弃；缓存中的资源记录已经被"污染"，假如被污染的记录中的 IP 地址是一个无效的 IP 地址，那么，其他客户主机解析后会获得这个错误的结果，将无法访问真正想访问的网站。

(4) **域名仿冒**：通过错误的拼写、字符组合仿冒、错误的顶级域名、国际化域名(Internationalized Domain Name，IDN)的同形异义词，假冒著名的域名，让客户以为访问的是著名的网站，却不知道已经被骗了。仿冒的域名通常会搭建与被仿冒域名对应的网站一样的界面，从而诱使客户登录(获取密码)、下载恶意软件等。

(5) **分布式拒绝服务攻击**：分布式拒绝服务(DDoS)攻击的目的是造成 DNS 无法提供正常的解析服务，这是一个大类的攻击，包含各式各样的攻击方法和手段，比如截获客户的查询请求，直接回应域名不存在。

(6) **反射攻击**：攻击者查找被攻击目标的 IP 地址，控制它，或伪造它向域名服务器泛洪大量的域名查询请求，使域名服务器发出应答，此时，域名服务器充当了一个反射点，导致源源不断的应答发往被攻击目标，最终导致拒绝服务。域名查询请求通常只有几十字节，而应答通常较大，基于 UDP 的应答最大可达 512 字节，所以，反射攻击也成为放大攻击。2016 年奥运期间，攻击者发起的对巴西政府的 DDoS 攻击的流量，峰值达到 540Gb/s。

(7) **恶意重定向**：攻击者伪装成可信实体，对查询-应答过程进行分析和篡改，将用户的请求重定向到假冒的站点(比如钓鱼网站)或与请求不符的站点，从而窃取用户机密信息，进而进行金融诈骗。

(8) **路径劫持**：运营商的 DNS 服务器因为投放广告等原因受到客户的质疑，而公共 DNS 服务器受到客户的信任，攻击者利用这一点，伪装成公共服务器去做应答，或者监控和分析查询请求，将满足某些条件的查询转发到中间盒子(middle box)，发起中间人攻击。这种攻击类似上面的恶意重定向，目的是获取客户的机密信息，进而实施金融犯罪。

(9) **实现漏洞**：域名解析工具实现的代码存在错误，或者测试不全面，导致在某些特定场景下，产生异常和错误，有时可能发生灾难性后果。比如，在 UNIX 或 Linux 系统中广泛使用的域名服务软件 BIND(Berkeley Internet Name Domain)存在不少的实现漏洞，其中一个称为生日悖论(birthday paradox)的攻击，就是 BIND 4.x/8.x 两个系列允许用户向同一个 IP 地址发送多个递归查询请求而引发的。微软公司的操作系统也时常被发现实现漏洞，比如，2020 年 7 月，2003—2019 年发布的 Windows Server 版本，被发现了一个 DNS 服务的高危“可蠕虫级”漏洞[①]（CVE-2020-1350），该漏洞具备蠕虫攻击的能力，远程攻击者可不经过身份验证，向受影响的服务器发送特制的请求包，最终触发该漏洞。成功利用此漏洞的攻击者可在受影响的系统上执行任意代码。

近几年，随着物联网、工业互联网、无线网络的不断部署和扩张，DNS 威胁已经渗透到了更多的智联网设备、无线设备中。据国家互联网应急中心报道，2021 年第 3 季度，中国国家安全漏洞库（China National Vulnerability Database，CNVD）共收录联网智能设备漏洞 2792 个；监测到联网智能设备恶意程序样本 579.29 万个，样本家族 116 个，发现恶意程序传播源 IP 地址 40.18 万个，境内恶意程序下载端 IP 地址 67.66 万个；僵尸网络控制端 IP 地址 43.06 万个，境内僵尸网络受控端 IP 地址 4309.39 万个。这些数据令人触目惊心。

综上所述，DNS 的安全形势很严峻。1997 年，IETF 发布 **DNS 安全扩展（DNSSEC）**建议标准（RFC 2065，1997 年），两年后 RFC 2065 被 RFC 2535 替换，2005 年，RFC 4033—4035 成为 DNSSEC 的最新版本，这个版本现在也得到了广泛支持，比如 BIND 就支持这个版本。如果没有特别说明，下面的介绍以 RFC 4033—4035 为准。

DNSSEC 提供的安全服务建立在公钥密码学之上，主要包括：

（1）**源认证**：验证 DNS 消息的来源是真实的。

（2）**完整性验证**：验证 DNS 消息是完整的，且未经任何篡改的。

（3）**否定回答权威验证**：对否定应答报文进行验证，以避免事实上的拒绝服务攻击。

DNSSEC 的基本工作原理如下。

（1）**离线产生签名资源记录**：支持 DNSSEC 的域名服务器，通常是区域内的主域名服务器。该服务器产生一对密钥，即一个公钥和一个私钥，然后用自己的私钥对其授权的区域内的每条资源记录（RR）进行加密运算，得到一条新的同名签名资源记录（Resource Record Signature，RRSIG）。这个过程离线进行。RRSIG 包含公钥或数字签名算法等信息。

（2）**验证和解析**：当收到一个支持 DNSSEC 的（客户）解析器的查询请求时，DNS 服务器将经过签名的 RRSIG 与未经签名的 RR 一起作为应答发回给客户。客户收到应答后，采用公钥对 RR 进行加密运算，得到 RRSIG，如果计算出的 RRSIG 与收到的 RRSIG 相同，则认为该 RR 通过了签名者（源）的认证和完整性验证，可以放心使用；如果两者不相等，则该 RR 可能源不真实或被篡改了，不能使用。

（3）**密钥分发**：上述过程存在一个问题，如果攻击者可以同时伪造公钥和数字签名，其安全性就形同虚设。DNSSEC 设计了一个信任锚（trust anchor）的信任链机制。

---

① CVE（Common Vulnerabilities & Exposures）漏洞编号由 MITRE 公司维护，美国国土安全部（U.S. Department of Homeland Security）网络安全和基础设施安全局资助，其编号规则为“CVE-发现年份-当年的唯一编号”。目前相关网站已经公布二十一万七千多个漏洞（https://cve.mitre.org/cve/search_cve_list.html）。

信任链中的上一级节点为它的下一级节点的公钥散列值进行数字签名，从而保证信任链中的每个公钥都是真实的。理想情况下，所有的域名服务器都支持DNSSEC，每个域名服务器只需要保留根域服务器的密钥即可。

(4) **否定回答权威验证**：攻击者可以使用否定回答，对客户端发起事实上的拒绝服务攻击，为了验证否定回答的真实性，DNSSEC设计了一个特殊类型的资源记录NSEC(Next Secure)，NSEC包含它的所有者的下一个记录和类型，这个特殊的资源记录类型和它的所有者的签名一起被发回给客户解析器，客户解析器通过检查签名来确认这个回答是真实的，还是被攻击者删除的。

为提供安全服务功能，DNSSEC增加了4种类型的资源记录。

(1) **DNSKEY**：记录了域名服务器的公钥信息，指示了是区域签名密钥(Zone Signing Key，ZSK)还是密钥签名密钥(Key Signing Key，KSK)。该资源记录除了包含公钥之外，还包含签名算法，比如MD5、D-H、DSA/SHA-1、ECC等，其中MD5已经不推荐使用了。

(2) **RRSET**：是资源记录集(Resource Record SET，RRSET)的签名。所有具有相同名称、类别和类型的资源记录都可被归并为一个RRSET。该资源记录除了包含签名之外，还包含签名的有效时间、密钥标签等信息。

(3) **NSEC**：是为了那些不存在的资源记录而特别设计的。为了保证服务器的服务性能，所有的签名记录都是事前离线生成的，DNSSEC不能简单地生成一条不存在的公共签名记录，因为易受重放攻击，也不可能事前生成一条还不知是什么记录的不存在签名。在区域签名生成时，DNSSEC自动生成NSEC，插入两条资源记录之间。NSEC包含下一条资源记录的名称、类型等信息的签名。

(4) **DS**：代理签名者(Delegation Signer，DS)资源记录包含DNSKEY的散列值，用于验证DNSKEY的真实性，从而建立一条信任链。DS资源记录保存在上级域名服务器中。

DNSSEC新增的资源记录的长度已经超过了最初DNS协议的512字节的上限，为了支持DNSSEC，必须首先支持**扩展DNS**(Extension Mechanism for DNS，EDNS)，EDNS最新的标准规范由RFC 6891(2013年)定义。DNS已经被广泛部署和使用，为了保持向后兼容，在不更改DNS协议框架的前提下，只能对DNS的数据部分进行扩展。EDNS定义了一种新的资源记录，即**伪资源记录**(Pseudo-RR，OPT RR)。之所以称为伪资源记录，是因为它并不包含任何DNS记录，不能被缓存或转发，也不能存储在区域文件中。OPT RR被放在DNS消息的额外数据区域中。

OPT RR包含固定部分和可变部分，固定部分包含了原DNS的元数据(meta data)字段。OPT RR的固定部分在原有DNS资源记录的格式基础上，保留字段名(原字段名参考7.2.4节)不变，但对字段含义做了重新定义，如表9-12所示。

表9-12　OPT RR各字段的含义

原字段名	长度	重新定义(向后兼容)的含义
NAME	变长	必须为0(根域)
TYPE	2B	类型编号，OPT RR的值为41(0x29)

续表

原字段名	长度	重新定义(向后兼容)的含义
CLASS	2B	发送者的UDP的载荷大小
TTL	4B	扩展DNS消息头部
RDLENGTH	2B	可变部分RDATA的长度
RDATA	变长	含0或多个(属性,值)对,每个DNS消息中只能有一个OPT RR,当有多个扩展时,(属性,值)对,一对接一对排列成字节流

表9-12中的TTL字段,总长为4字节,分为4个子字段,如图9-58所示。

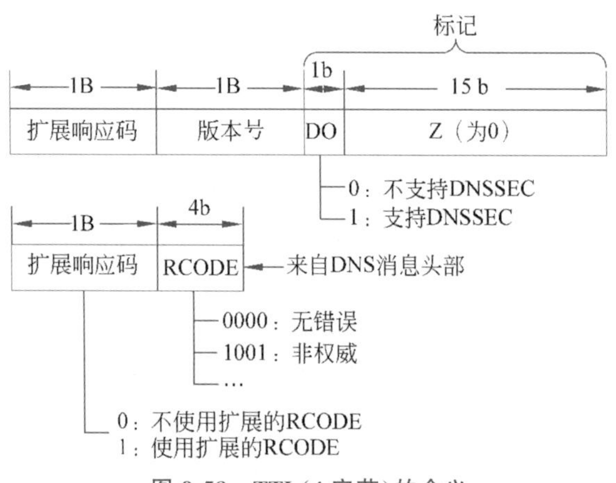

图9-58　TTL(4字节)的含义

扩展响应码(Extended Response CODE,E-RCODE)：长1字节,与DNS消息头部的RCODE一起构成12位的扩展响应码,可以表示更多的响应类型,其值为0时,表示不使用扩展响应码。最早的RCODE只定义了前6个值,比如,0000(十进制0)代表无错误,0001(十进制1)代表格式错误,目前定义到了1011(十进制11),12～15保留。当E-RCODE为1时,定义了10000(16)～10111(23)[①],比如10001(17)表示DADKEY,密钥不识别;其余保留。

版本号：目前版本号为0。如果服务器不能识别这样的EDNS查询,将DNS消息头部的E-RCODE设置为1,此时,12位的扩展响应码为10000(十进制16)。

DO(DNSSEC Ok)**标记位**：支持DNSSEC的解析器必须查询到报文的DO位置为1,否则,服务器不返回RRSIG等签名记录。

Z标记：长度为15位,目前保留未用,全为0。

DNS消息头部为支持DNSSEC而做了修改：在DNS消息头部,新增了认证数据(Authentic Data,AD)和关闭检查(Checking Disabled,CD)两个标记位(RFC 2535,1999年)。

原来的DNS消息头部(RFC 1035,1987年)的前2字节是事务ID,由客户解析器产生,紧跟着事务ID的是2字节的标记位,其中的3位Z字段全部为0,未使用,其余

① 来自IANA官网：https://www.iana.org/assignments/dns-parameters/dns-parameters.xhtml#dns-parameters-11。

各字段的含义参考 7.2.4 节,图 9-59(a)显示了原 DNS 头部的最开始 4 字节的内容。

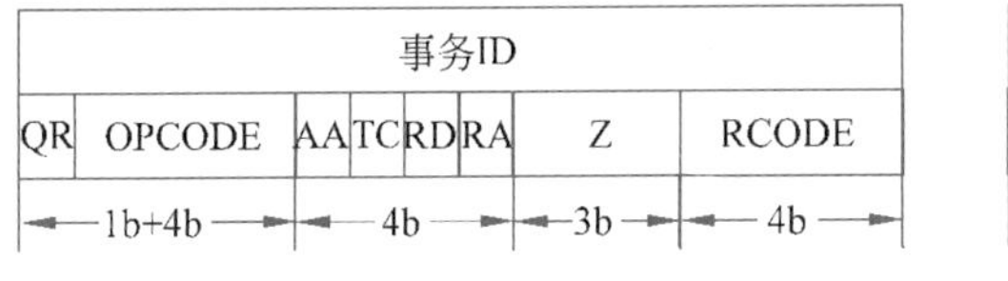

(a) 原DNS消息头部的前4字节

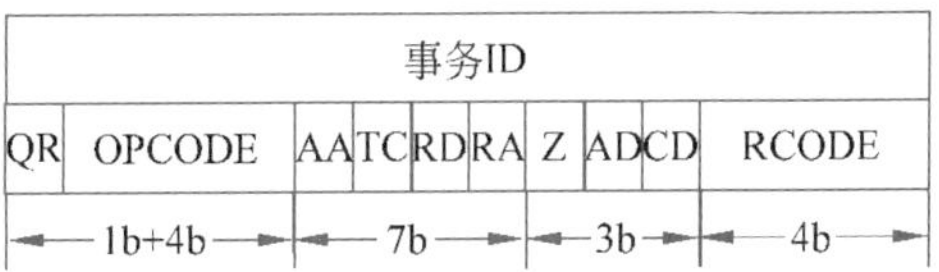

(b) 新增AD和CD位的DNS消息头部的前4字节

图 9-59 DNS 消息头部的改变

将未使用的 3 位 Z 字段,分成 Z(仍为 0)、AD 和 CD 三个独立的位,如图 9-59(b)所示。

AD 标记位:如果服务器验证了 DNSSEC 相关的数字签名,则将 AD 位置位,否则为 0。当客户机和递归解析域名服务器之间的通信信道是安全的时候,客户机可以不进行认证,而简单地信任它的递归解析域名服务器,只要看到服务器返回的应答中 AD=1,它就可以接收这个应答。

CD 标记位:如果支持 DNSSEC 的解析器想自己进行验证,就在发出的查询请求中将 CD 位置 1。递归解析域名服务器收到 CD=1 的查询请求,不再做数字签名的认证,只简单地返回查询结果,由解析器自行验证。

DNSSEC 部署增加了开销,降低了性能,部署规模并不理想,据 ICANN 官网报告①,2023 年 9—11 月启用了 DNSSEC 的解析器不到 50%,历史最高记录为 43.83%;顶级域的服务器的 DNSSEC 支持率比较高,但二级域名服务器的 DNSSEC 支持率只有个位数。即使部署了 DNSSEC,也不能保证 DNS 的安全:DNSSEC 不提供机密性保证服务,增加的记录消息长度远超 512 字节;部署不完全等因素的影响,导致部署了 DNSSEC 的域名解析过程仍然不能避免遭受放大攻击、反射攻击、DDoS 攻击等。

IETF 已经开始考虑 DNS 数据的机密性问题(RFC 7626,2015 年,后被 RFC 9076 更新),但直到现在,DNS 数据的机密性保证方面的研究进展缓慢。将 DNS 构建在 TCP 和 TLS 之上,称为 DNS over TLS(RFC 7858,2016 年),简称 DoT。DoT 提供了 DNS 数据的机密性保证服务,是 DNSSEC 的一个很好的补充。谷歌公司的公开 DNS 服务器已经实现 DoT。除此之外,运行在 UDP 之上的 DNSoD(DNS over Datagram Transport Layer Security,也称为 DTLS)、DoH (DNS-over-HTTPS)等都可提供 DNS 机密性保证服务。

有人说,自创建以来,DNS 一直是网络的阿喀琉斯之踵,是网络罪犯的首选目标。这些攻击者利用其脆弱性,获得对网络的访问权限,并泄露数据。最新数据显示,基于 DNS 的安全威胁仍在持续上涨,因此保证 DNS 安全之路任重道远。

9.3.6 防火墙和入侵检测

前面介绍了一些具体的安全协议或技术,每种协议和技术有它能够提供的保护范围,也有它的缺陷,没有一种协议或技术可以解决所有的安全问题。安全威胁和攻击突破防护屏障后,会威胁网络设备和主机的正常运行,进行各种电子窃取操作。防火墙可以建立规则,允许或拒绝对网络资源的访问;入侵检测是防火墙的有力补充,可针

① 数据来源:https://ithi.research.icann.org/。

对漏网的攻击,提供流量特征和通信行为的分析,判断异常,从而采取安全防范的手段。

1. 防火墙

2020年4月,我国颁布了《信息安全技术—防火墙安全技术要求和测试评价方法》(GB/T 20281—2020)[①]。该标准于当年11月1日生效。标准定义了**防火墙**(firewall):对经过的数据流进行解析,并实现访问控制和安全防护功能的网络安全产品。根据安全目的和实现原理的不同,防火墙通常可分为网络型防火墙、Web应用防火墙、数据库防火墙和主机型防火墙等4种。本书关注网络型防火墙。

标准定义了**网络型防火墙**(network-based firewall):部署于不同的安全域之间,对经过的数据进行解析,具备网络层、应用层访问控制及安全防护功能的网络安全产品。

网络型防火墙置于要保护的内网和互联网之间,对过往的数据进行监控、审计,将网络攻击拦截在内网边界。保护内网的防火墙采用的网络结构通常如图9-60所示。在被保护的内网和外网之间放置两道防火墙,两道防火墙之间形成**非军事化区**(Demilitarized Zone,DMZ),企业的公共服务器,比如Web服务器、电子邮件服务器、文件服务器、代理服务器等为公众提供服务的服务器放置于非军事化区中。一线防火墙位于互联网和非军事化区的边界,进行粗过滤,允许普通公众流量进入;二线防火墙位于非军事化区和内网之间的边界,进行细粒度的过滤,比如只允许企业的员工数据进入,或只允许员工的特定应用数据外出。

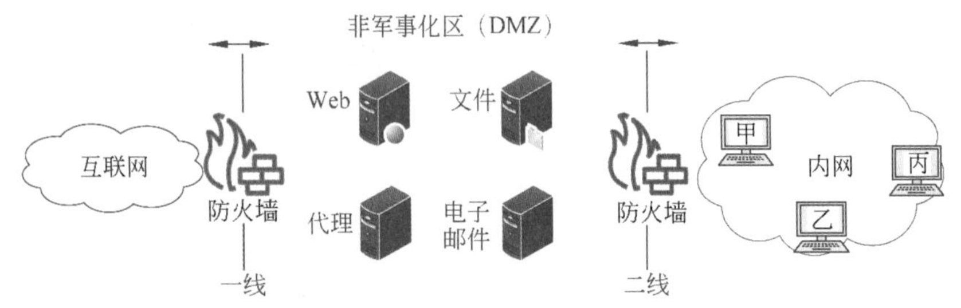

图9-60　保护内网的防火墙位置

根据防火墙的工作原理,防火墙分为包过滤防火墙和应用网关防火墙两大类。

包过滤(Packet Filter,PF)防火墙的基本原理:检查过往数据分组的头部信息,根据实现设定的过滤规则,决定分组通过还是丢弃。分组头部的源IP地址、目的IP地址、协议类型、端口号、TCP SYN标记位、TCP ACK标记位等信息都是被检查的对象,也都是制定过滤规则的主要参数。可见,包过滤检查的参数不仅仅在分组头部,传输层头部的参数也要被检查,所以,包过滤防火墙作用于网络层和传输层。

包过滤防火墙相当于在路由器上增加了包过滤功能。制定的过滤规则可用于防火墙的入方向和出方向,不同的方向制定的过滤规则通常不相同。

每条过滤规则都由匹配条件和操作两部分构成。匹配条件是对分组的头部信息进行检查和匹配,可以使用通配符(wild mask)设定一个参数的范围,条件检查只可能

① 标准可在此在线浏览:https://openstd.samr.gov.cn/bzgk/gb/newGbInfo?hcno=DC339A62C32B0B5C64F567DD5F09EDE0。

有两种结果之一，即匹配或不匹配；而过滤规则中的操作，也只能二选一，即允许(permit)通过或拒绝(deny)通过。

一个包过滤防火墙的过滤规则不止一条，而通常有很多条。**访问控制列表**(Access Control List，ACL)是一条条过滤规则的顺序集合。ACL 被应用于防火墙的入方向或出方向。调整列表中规则的顺序，可导致包过滤结果的不同。防火墙在检查 ACL 时，会按照顺序检查，只要检查到一条规则匹配，就不再执行下一条规则，执行逻辑是 if→elif→elif→…→else。

【例 9-6】 图 9-60 所示的二线防火墙需要设计一个包含两条规则的访问控制列表，一条规则是拒绝来自 202.112.0.0/16 网络的分组进入内网，记为 deny source IP 202.112.0.0/16；另一条规则是允许来自 202.112.18.0/24 网络的分组进入内网，记为 permit source IP 202.112.18.0/24。(1) 这两条规则应该怎样排列，才能形成恰当的 ACL，起到仅允许来自 202.112.18.0/24 网络的分组进入内网的效果？(2) 该 ACL 应该应用于哪个方向？(3) 如果二线防火墙收到一个分组，其源地址是 202.112.18.6，它会被允许通过还是拒绝通过？

【解】 (1) ACL 应该这样排列，IP 地址范围窄的匹配条件应该放在拒绝规则的前面，如下：

① permit source IP 202.112.18.0/24

② deny source IP 202.112.0.0/16

(2) 该 ACL 应该应用于防火墙的入方向，所有从此防火墙经过、欲进入内网的分组头部都将被检查。

(3) 分组的源地址是 202.112.18.6，正好匹配第一条规则的条件 202.112.18.0/24，则允许它通过，进入内网。假如 ACL 中的这两条规则反过来，变成这样：

① deny source IP 202.112.0.0/16

② permit source IP 202.112.18.0/24

同样，来自 202.112.18.6 的分组到达，二线防火墙检查第一条过滤规则，正好满足条件 202.112.0.0/16，则执行规则的操作，拒绝通过，并将其丢弃；只要匹配一条规则，则终止检查 ACL，防火墙永远不会去检查第二条规则，满足不了过滤需求。

包过滤防火墙除了可以检查分组源 IP 地址、目的 IP 地址，也可以检查协议字段，还可以制定匹配协议(比如 TCP、UDP、ICMP 等)的规则；可以检查端口号，意味着可以对默认的知名端口进行检查和匹配，以达到控制某种特定应用访问的目的；甚至可以设定过滤规则执行的时间，进行分时段的访问控制。

有时，还需要更精准的过滤规则，比如不允许互联网中的主机主动发起 TCP 连接请求，以避免 TCP SYN 泛洪攻击，但内网的主机可以向外网发起 TCP 连接请求，而且返回的 TCP 握手信息等能够顺利穿过防火墙回来，这种过滤规则需要检查 TCP 连接的状态，比如 SYN SENT、ESTABLISHED(参考 6.4.3 节)。使用以 TCP 连接状态为基础的包过滤规则，可以进行更精准的访问控制，但也会付出较大的开销和代价。

应用网关防火墙除了检查网络层和传输层的信息，还要检查应用层信息。应用网关防火墙是以代理服务器(Proxy Server)为基础的。代理服务器的最初作用是高速缓存最近访问过的页面，为内网用户提供快速响应服务(参考 7.4 节)；现在，代理服务器已经发展为一种安全防护技术——应用网关防火墙，它作为内网用户的全权代理，是内外网通信的必经要道，直接与外网程序打交道，不仅检查分组头部信息，还可以检查应用数据上下文，进行更细粒度的过滤。但应用网关防火墙需要专门的过滤模块，因为检查的信息多，性能往往不如普通包过滤防火墙。

GB/T 20281—2020 对防火墙本身的安全也提出了要求，还给出了防火墙的性能要求和评测方法。表 9-13 列出了防火墙的一些性能指标要求（表中线速指的是对应端口的速率）。

表 9-13　防火墙的性能指标要求（GB/T 20281—2020）

<table>
<tr><th>名称</th><th>具体名称</th><th>百兆产品</th><th>千兆产品</th><th>万兆产品</th><th>备　　注</th></tr>
<tr><td rowspan="3">吞吐量</td><td>网络层吞吐量</td><td>线速的 20%/70%/90%</td><td>线速的 35%/80%/95%</td><td>线速的 35%/80%/95%</td><td rowspan="3">分别对应 64B、512B 和 1518B 等 3 种分组大小</td></tr>
<tr><td>混合应用层吞吐量</td><td>60 Mb/s</td><td>600 Mb/s</td><td>5Gb/s/整机 20Gb/s</td></tr>
<tr><td>HTTP 吞吐量</td><td>80 Mb/s</td><td>800 Mb/s</td><td>6 Gb/s</td></tr>
<tr><td>时延</td><td>处理时延</td><td>500 μs</td><td>90 μs</td><td>90 μs</td><td rowspan="7">不管分组大小</td></tr>
<tr><td rowspan="3">连接速率</td><td>TCP 连接建立</td><td>1500 个/s</td><td>5000 个/s</td><td>50 000 个/s</td></tr>
<tr><td>HTTP 请求速率</td><td>800 个/s</td><td>3000 个/s</td><td>5000 个/s</td></tr>
<tr><td>SQL 请求速率</td><td>2000 个/s</td><td>10 000 个/s</td><td>50 000 个/s</td></tr>
<tr><td rowspan="3">并发连接数</td><td>TCP 并发连接数</td><td>50 000 个</td><td>200 000 个</td><td>2 000 000 个</td></tr>
<tr><td>HTTP 并发连接数</td><td>50 000 个</td><td>200 000 个</td><td>2 000 000 个</td></tr>
<tr><td>SQL 并发连接数</td><td>800 个</td><td>2000 个</td><td>4000 个</td></tr>
</table>

表 9-13 中的性能指标是国标对防火墙的最低性能要求。

作为一种被动安全防护技术，防火墙也存在一些缺陷：防火墙的防护并不全面，有些攻击它无法察觉，尤其是只执行一些匹配范围较广、粒度较粗的过滤规则的防火墙，就像大孔渔网捞鱼，总会有漏网之鱼；一些利用协议漏洞发起的攻击，防火墙对此很难防范，同时，防火墙本身也可能有漏洞；防火墙的检查和过滤，带来了比较大的开销，影响了正常的数据通信速率。

防火墙作为不可或缺的防护产品，提供的防护功能越来越多，采用的技术也越来越先进。下一代的防火墙将是综合防护能力很强的产品，具有高性能、多功能、智能化、协作化、更安全等特点。

2. 入侵检测

如前所述，防火墙的防护并不完全，总有漏网之鱼，潜入受保护的内网，伺机破坏或窃取电子信息等。入侵(intrusion)指的是对信息系统的非授权访问以及未经许可对信息系统所作的操作。入侵检测(Intrusion Detection，ID)指的是从计算机系统或网络的若干关键点收集信息并进行分析，从中发现系统或网络中是否有违反安全策略的行为和被攻击迹象的安全技术。入侵检测系统(Intrusion Detection System，IDS)是以网络上的数据包作为数据源，监听所保护网络节点的所有数据包并进行分析，从而发现异常行为的产品(GB/T 20275—2021)。

《网络入侵检测系统技术要求》(GB/T 26269—2010)定义了网络 IDS 及其模型，

网络 IDS 主要由事件发生器、事件分析器、响应单元和事件数据库 4 个核心组件构成。网络 IDS 通常还包括日志审计、系统管理、统计等模块。网络 IDS 模型如图 9-61 所示。

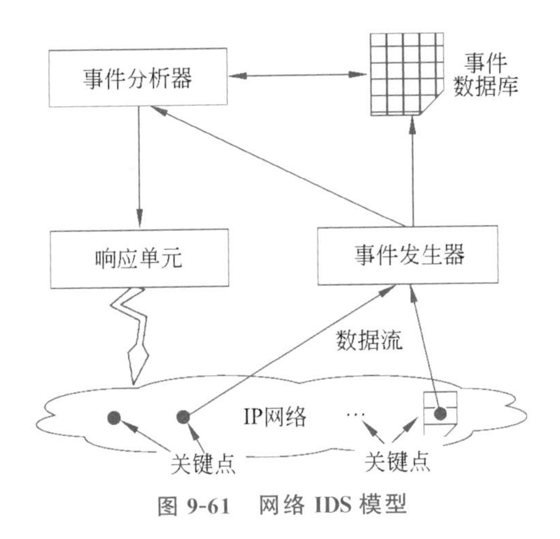

图 9-61 网络 IDS 模型

事件发生器(Event Generator):事件发生器从网络中选取关键点进行数据采集,按照一定的格式形成初始事件并送去事件数据库和事件分析器。

事件分析器(Event Analyzer):在事件发生器产生的新事件中,通过特征检测、学习预测、关联分析等,分析是否有异常事件发生,并将结果写入事件数据库。事件分析器还定期对事件数据库进行统计分析。

响应单元(Response Unit):收到事件分析器的结果后,根据策略采取响应动作。响应分为被动响应和主动响应两大类。被动响应包括告警、日志通知等,主动响应则根据预定策略自动对目标系统或者相应的网络设备进行修改、阻断、实时切断会话连接等操作。

事件数据库(Event Database):存储不同级别的事件,包括异常事件。

到目前为止,虽然 IETF 的入侵检测工作组(Intrusion Detection Working Group,IDWG)并未产生任何标准,但产生的 ID 信息交换、通用结构、API 等草案内容(RFC 4765—4767)涉及的思想和方法,在现有的 IDS 中产生了广泛的影响。

IDS 的关键是事件分析方法。事件分析方法主要分为特征检测和异常检测两大类。

特征检测(Signature Detection,SD):这类方法假设网络攻击和入侵行为具有一定的模式或特征,且可被提取和描述,一旦在检测的数据中出现这些特征,即判定被检查点出现了攻击。攻击的特征可以是字符串、病毒或木马的散列值(特征码)、IP 地址、域名等信息,还可以是复杂的、刻画攻击的数学模型,匹配攻击特征的活动被判定为入侵。没有被描述和定义的特征,不会被检测,零日攻击利用的正是特征还未进入特征数据库,或漏洞还未修补而发起的攻击。特征检测方法主要包括专家系统法、模式匹配法和状态迁移法等。

专家系统(expert system)法:此种方法的核心是专家规则库,只要事件匹配专家库的规则,就被判定为入侵。此种方法实现简单,主要的缺陷是处理速度较慢,专家规则库需要人工维护,更新不及时。所以,此种方法常见于早期 IDS。

模式匹配法:此种方法是基本的特征检测方法。入侵攻击的信息被收集和转换为模式后，会被存入模式数据库。IDS将采集到的数据与模式数据库的模式进行比对，若匹配则判为入侵。此种方法的实现类似专家系统，只是不需要转换为专家规则，使效率得到了提升。

状态迁移法：被保护的系统正常情况时具有正常的工作状态，如果被攻击，系统的状态会发生迁移，变化到非正常状态，被检测的系统一旦偏离正常状态，即判为入侵。这种方法可以检查出多协同的攻击和新的攻击，但难点在于收集哪些信息可以感知状态及状态的迁移。

异常检测（Anomaly Detection，AD）：异常检测假设用户行为、网络行为或系统行为通常都有稳定的模式，如果偏离了正常的模式，则判为有入侵发生。这种方法的关键是归纳出正常的行为模式，并以此为基础进行判别。比如，一个网络的流量呈现明显的午夜高峰、清晨低谷的特征，如果某天清晨突然出现了流量高峰，则可能发生了入侵现象，如果多个行为模式都偏离了正常状态，则发生入侵现象的概率大大提高。

正常和异常并不是非黑即白的，正常模式的各种特征参数通常有一个正常的范围值，常用**阈值**（threshold）作为正常和异常的临界点，一个IDS常有若干阈值，设置阈值时需对多个参数进行综合权衡，过高的阈值，可能起不到防护的作用，过低的阈值却会导致告警频频，所以，阈值设置必须恰当。

统计分析法、人工免疫法和机器学习法是异常检测的三种典型方法，本书不再赘述，有兴趣的读者请参考相关文献或书籍了解这些方法的细节。

有些量化指标可以衡量入侵检测的效果，比如**检测率**，指被监视网络在受到入侵攻击时，系统能够正确报警的概率，它表征了IDS检测到入侵攻击的能力；**误报率**（Rate of False Positive，RFP），指把正常行为判为入侵和把一种知名攻击判为另一种攻击的概率，误报率越高，错误的报警越多，这样会增加了不必要的工作开销；**漏报率**（Rate of False Negative，RFN），指被监视网络在受到入侵攻击时，却不能正确报警的概率，漏报率越高，未被发现的入侵攻击越多，被保护的网络越危险。上述三个量化指标定义（GB/T 26269—2010）如下：

$$\text{检测率} = \frac{\text{入侵报警的数量}}{\text{入侵攻击的总数}}$$

$$\text{误报率} = \frac{\text{错误报警的数量}}{\text{正常行为总数} + \text{入侵攻击总数}}$$

$$\text{漏报率} = \frac{\text{未正确报警总数}}{\text{入侵攻击的总数}}$$

GB/T 20275—2021规范了IDS测试评价方法，提出了对IDS的技术要求（误报率和漏报率都不得超过15%）。在IPv6网络中的检测也应该满足这两个技术要求。

未来的入侵检测技术将会综合其他安全技术，继续向分布式、智能化、标准化等方向发展。

9.4　本章小结

本章的内容围绕网络运行的管理和安全展开。

网络管理的对象是基础设施，包括网络中的软硬件。本章介绍了网络管理的基本概念及其包含的五大组成内容，即配置管理、故障管理、性能管理、计费管理和安全管理，并探讨了目前网络管理面临的挑战。

本章介绍了简单网络管理发展的脉络。简单网络管理由网络管理站和被管设备(SNMP代理)两种基本元素构成；简单网络管理框架包括管理信息结构、管理信息库、简单网络管理协议以及安全性和管理等。

管理信息结构(SMI)描述了MIB对象的通用特性，负责定义MIB对象构造、描述和组织的规则。每个MIB对象都有一个文本标签和数字标签(表征了其在对象树中的位置)。每个MIB对象都关联着对象名、语法、最大访问、状态和定义等5个必备特性。为了在网络管理站和代理之间传输，MIB对象采用了BER编码，转换成可传输的串行字节流。

每个被管设备都包含了很多MIB对象，所有MIB对象合起来构成了管理信息库。

简单网络管理协议用于网络管理站和代理之间的信息交互，网络管理站执行读操作，可从代理处获取信息；执行写操作，可指示代理修改自己所在被管设备的运行参数。SNMPv2/v3共定义了读、写、响应和通知4类PDU。可以采用轮询或非请求的方式获取代理的信息。

SNMP构建于161和162两个端口号的UDP之上，整个SNMP报文由头部和PDU载荷两部分构成。本章介绍了使用MIB浏览器查看MIB库的方法，以及开启WireShark抓取SNMP报文的方法。

远程网络监视(RMON)定义了一个MIB模块，补充了简单网络管理框架。可使用专用网络管理设备，比如网络分析仪、监视器和探针有效地远程管理网络。

数据中心网络是网络基础设施中不可或缺的一部分，本章介绍了数据中心网络的物理拓扑变迁、路由协议和管理。

网络安全是本章的另外一个重要内容。本章介绍了密码学基础的对称密钥体系、公开密钥体系和散列函数，以及密钥、明文、唯密文、块密码、DES/3DES/AES、RSA/DSA/DH/ECC、MD5/SHA-1/SHA-2等基础概念。

本章探讨了报文认证的方法——加密的方法和报文认证码的方法；介绍了使用口令、信物、地址、用户特征等进行身份认证的方法，还介绍了基于密码学进行身份认证的方法。

通信安全内容广泛，本章选取并探讨了网络层、传输层和应用层的三个典型而重要的安全技术进行介绍。IPsec框架部分涉及认证头(AH)、封装安全载荷(ESP)、网络密钥交换(IKE)等内容，本章介绍了它们的报文格式、使用方法，以及IPsec的应用，比如IPsec专网。

构建于TCP之上的TLS为应用层提供了安全的套接字，嵌入在传输层和应用层之间，本章介绍了TLS 1.3的握手过程。

DNS工作简单高效，却因明文传输和广泛使用，面临各种威胁，成为网络中的最薄弱环节。DNSSEC在现有的DNS基础上进行扩展，提供了源认证和完整性验证服务，但不提供机密性验证服务；新增了4种资源记录，且支持扩展DNS(EDNS)，对现有DNS进行了向后兼容的修改。

网络防火墙包含包过滤防火墙和应用网关防火墙，本章介绍了包过滤方法，同时列出了国标要求的防火墙性能指标。入侵检测是防火墙的有力补充,有特征检测和异常检测两类方法。

本章的客观题练习

第9章 客观题练习

习题

1. 什么是网络管理？网络管理的目标是什么？
2. 简单网络管理框架由哪些部分组成？
3. SNMP的通信方式有哪些？其作用是什么？
4. 简述SNMPv1和SNMPv2协议数据单元的异同。
5. 简述SNMP报文的发送和接收过程。
6. 简述ROMN的概念。RMON是如何工作的？
7. 网络安全的四个特性是什么？请分别简述这四个特性。
8. 对称加密和非对称加密的区别是什么？
9. 数字证书中的数字签名是如何确保证书的真实性和完整性的？
10. 什么是报文认证？
11. TLS协议中,哪个协议体现了机密性？
12. DNSSEC提供了哪几种安全服务？

参 考 文 献

跋

当我在四川大学攻读博士时，互联网正经历着第一次泡沫，但它把我从沾了灰尘的故纸堆中拯救了出来。当在图书馆的计算机上的浏览器页面看到遥远地方传来的资料时，我惊喜不已，因为我再也不需要去小抽屉查找书目、找寻、复印参考文献了！虽然那时坐在计算机前等了很久，但互联网完全改变了我查找资料的方式。

很荣幸，博士毕业进入华南理工大学后，我的第一门本科课程教学任务是"计算机网络"，后来我还承担了研究生课程"高级计算机网络"的教学任务。在20多年的教学生涯中，我见证了最大的计算机网络，即互联网的高速成长。2001年，中国网民人数仅3300多万，普及率仅约3%，到了2023年，网民人数约11亿，普及率已经高达约80%。这样一组简单的对照数据，表明其间发生了多少的技术变迁和技术传奇啊！

教学采用的计算机网络教材一变再变，知名的教材也是一版再版。作为一线教师，我深深地感受到了学生的变化，他们是天生的互联网原住民，他们获取知识的来源和方法多种多样，他们见多识广、眼界开阔，传统的教学模式越来越不适应他们的需求，教材和老师的角色都需要调整和重新定位。

以学生为中心设计和开展教学活动，关注学生的感受和认知，关注学生的个性特征，激发学生的兴趣和主观能动性，混合式教学正是朝着这个大方向去的。我从2017年左右开始半混合式教学的探索，并不断改进和改善它，使它逐渐演变为深度混合式教学。2020年，我负责的"计算机网络"课程被认定为首批国家级一流本科课程(线上线下混合式一流课程)。

我酝酿写计算机网络教材比较久了，但迟迟未动笔，因为认知水平所限，也因为没有想好教材的定位；此次非常荣幸地参加"101计划"教材组的编撰工作，我认为网络时代的教材，应该是全方位、立体的教材，应该是为可以开展混合式教学的师生服务的，应该是各种知识来源的一条主脉络。

网络时代的计算机网络教材，必须在网上。除了本书之外，我们还配套了视频、思维导图、练习题、技术传奇等，读者可以扫描二维码查看。开展混合式教学的老师，可以与编者(QQ：51946394)联系，获得预习、翻转课堂的全套雨课件和额外的教学支持。

希望读者可以从围绕教材的生态资源体系里自主安排自己的学习，知悉自己的学习效果，调整自己的学习方法和节奏，根据自己的情况个性化地学习；通过学习提升自己的理解力、融会贯通的能力以及学习力，这比学习知识本身更加重要。

非常感谢王昊翔和黄敏两位一线老师在非常繁忙的情况下，参加了教材的编著，我们三人构成的编撰组，分工协作，一起面对问题和困难，终于完成了这项艰巨的任务！

成书的过程比较漫长，其间我的女儿从小学升入了初中，她在烦恼的成长中还不忘时时关注书稿的进展，这给了我极大的精神支撑，感谢我的女儿！感谢每周末为我们烹饪美食的娃她爸！

袁　华

2024年3月

于广州五山华园